H. Frohne / E. Ueckert

Grundlagen der elektrischen Meßtechnik

Moeller

Leitfaden der Elektrotechnik

Herausgegeben von

Dr.-Ing. Hans Fricke
Professor an der Technischen Universität Braunschweig

Dr.-Ing. Heinrich Frohne
Professor an der Universität Hannover

Dr.-Ing. Paul Vaske
Professor an der Fachhochschule Hamburg

Band IV

B. G. Teubner Stuttgart

Grundlagen der elektrischen Meßtechnik

Von Dr.-Ing. Heinrich Frohne
Professor an der Universität Hannover

und Dr.-Ing. Erwin Ueckert
Professor an der Universität Hannover

Mit 271 Bildern, 48 Tafeln und 111 Beispielen

B. G. Teubner Stuttgart 1984

CIP-Kurztitelaufnahme der Deutschen Bibliothek

Leitfaden der Elektrotechnik / Moeller. Hrsg.
von Hans Fricke ... - Stuttgart : Teubner

NE: Moeller, Franz [Begr.] ; Fricke, Hans [Hrsg.]

Bd. 4. → Frohne, Heinrich: Grundlagen
der elektrischen Meßtechnik

Frohne, Heinrich:
Grundlagen der elektrischen Meßtechnik / von Heinrich Frohne
u. Erwin Ueckert. –
Stuttgart : Teubner, 1984
  (Leitfaden der Elektrotechnik ; Bd. 4)
  ISBN 978-3-322-94026-1   ISBN 978-3-322-94025-4 (eBook)
  DOI 10.1007/978-3-322-94025-4
NE: Ueckert, Erwin:

© B. G. Teubner, Stuttgart 1984
Softcover reprint of the hardcover 1st edition 1984
Gesamtherstellung: Zechnersche Buchdruckerei GmbH, Speyer
Umschlaggestaltung: W. Koch, Sindelfingen

Vorwort

Die Meßtechnik ist für alle Bereiche der Naturwissenschaft und Technik von
großer Bedeutung. Dementsprechend existieren viele gute und lesenswerte
Fachbücher, die den unterschiedlichen Aufgabenstellungen und Lösungsmöglichkeiten der verschiedenen Anwendungsgebiete gewidmet sind. Naturgemäß
treten in solchen – meist nach Meßgrößen und Meßverfahren bzw. Meßgeräten
gegliederten – fachspezifischen Darstellungen die allen praktischen Anwendungen gemeinsamen theoretischen Grundlagen etwas in den Hintergrund.
Spezielle Literatur, in der diese Grundlagen geschlossen behandelt werden,
gibt es bisher kaum, abgesehen vielleicht von der Theorie der Maßsysteme und
der Meßfehler. Dieses Lehrbuch soll dazu beitragen, die Lücke zu schließen.
Es soll das Verständnis für das Wesen der Meßtechnik vertiefen und die Übertragung spezieller Erkenntnisse einzelner Fachgebiete auf andere erleichtern.

Das Buch wendet sich an Leser, die Grundkenntnisse über meßtechnische Vorgänge und Geräte etwa in dem Umfang besitzen, wie sie zur Teilnahme an den
elektrotechnischen und meßtechnischen Grundlagenlaboratorien der Hoch-
schulen vor dem Vorexamen erforderlich sind. Soweit diese Kenntnisse nicht
bereits aus den naturwissenschaftlichen und technischen Unterrichtsveranstal-
tungen und Praktika der Schulen mitgebracht werden, können sie ohne große
Mühe parallel zum Studium dieses Buches erarbeitet werden, z. B. anhand des
im gleichen Verlag erschienenen Buches „Elektrische Meßtechnik" von
Stöckl/Winterling. Neben diesem mehr praxisorientierten Wissen werden sy-
stemtheoretische Grundlagenkenntnisse vorausgesetzt, wie sie beispielsweise
die ebenfalls im Teubner-Verlag erschienene „Einführung in die Systemdynamik" von Profos vermittelt.

Im ersten Abschnitt dieses Bandes sind die grundlegenden Begriffe und
Definitionen, die fundamentalen Meßprinzipien und Meßverfahren sowie die
Betriebs- und Meßeigenschaften von Meßeinrichtungen erläutert. Er soll in erster Linie Studienanfängern helfen, ihr Grundwissen zu systematisieren und sie
auf die Theorie der Meßtechnik vorzubereiten, die in den Abschnitten zwei bis
vier dargestellt ist.

Die Meßgröße, die Grundlage und Ausgangspunkt jeglichen Messens ist, wird
ausführlich erläutert. Dabei wird auch auf die Bedeutung der Einheitendefinitionen eingegangen unter dem Gesichtspunkt, daß in ihrer Realisierung bzw.
Konservierung letztlich die zeit- und ortsunabhängige Reproduzierbarkeit konkreter Meßergebnisse begründet ist. Zur Abrundung dieser Thematik wird in

einer knappen Übersicht ein Einblick in die internationalen Vorschriften und die nationale Gesetzgebung vermittelt, mit denen die Vertrauensbasis im alltäglichen Geschäftsverkehr hergestellt und die früher vorherrschende Definitionsvielfalt eingeschränkt wird.

Der zweite Abschnitt behandelt die quantitative Bestimmung der Meßgröße. Da prinzipiell nur fehlerbehaftete Meßwerte bestimmt und deren Fehlergrenzen lediglich mit einer statistischen Wahrscheinlichkeit angegeben werden können, ist die Fehler- und Ausgleichsrechnung Kernthema dieses Abschnittes. Mathematische Ableitungen, die in der einschlägigen Literatur nachzulesen sind, werden bewußt knapp gehalten zugunsten anwendungsbezogener Erläuterungen der Verfahren.

Die Gliederung und Gewichtung des Stoffes sind an den Eigenheiten praktischer Aufgabenstellungen orientiert, bei denen konkrete Messungen im allgemeinen mit Meßgeräten reproduzierbarer Anzeige erfolgen, so daß sich die Anwendung statistischer Verfahren auf die Auswertung bzw. Weiterverarbeitung solcher Meßwerte konzentriert, z. B. bei der Ermittlung von Zufallsvariablen oder bei der Bestimmung von Meßergebnissen aus mehreren Meßwerten.

Im dritten Abschnitt wird das die Meß- und Fehlereigenschaften bestimmende Übertragungsverhalten von Meßeinrichtungen als Kriterium für die Auswahl und Dimensionierung von Meßgliedern erläutert. Die statischen Meßeigenschaften sind als Grenzfall in den dynamischen enthalten; dennoch werden sie getrennt in einem eigenen Unterabschnitt behandelt, da in vielen praktisch wichtigen Fällen nur die wesentlich leichter erfaßbaren statischen Meßeigenschaften interessieren. Außerdem lassen sich nichtlineare dynamische Meßsysteme häufig als Kombination eines nichtlinearen statischen und eines linearen dynamischen Systems auffassen, so daß man sich – auch für einen Einblick in die Systemdynamik nichtlinearer Meßglieder – auf die Betrachtung der dynamischen Eigenschaften linearer Systeme beschränken kann und damit die dem Anfänger in der Regel fremde Zustandsbeschreibung dynamischer Systeme vermeidet.

Ein besonderer Unterabschnitt ist den Maßnahmen zur Verminderung superponierender Einflußeffekte gewidmet, der insoweit eine Sonderstellung innerhalb des dritten Abschnittes einnimmt, als in ihm exemplarisch spezielle Belange elektrischer Meßeinrichtungen wie Erdung, Potentialausgleich und Schirmung behandelt sind, die sinnvoll nur anwendungsbezogen diskutiert werden können, weil sie sich einer Einordnung in ein übergeordnetes theoretisches Konzept weitgehend entziehen.

Der vierte Abschnitt behandelt Verfahren und Konzepte, nach denen bestimmte Meßinformationen über gegebene physikalische Systeme gewonnen werden können. Die getroffene Unterscheidung zwischen Zustandsgrößen (Signalen) und Systemparametern mag in anderen Zusammenhängen fragwürdig erscheinen, da eine bestimmte physikalische Größe in einem physikalischen System als Zustandsgröße, in einem anderen aber auch als Systemparameter auftreten kann. Hier ist diese Unterscheidung jedoch sinnvoll, da die Wahl des

Meßverfahrens entscheidend davon abhängt, in welcher ihrer möglichen Erscheinungsformen eine physikalische Größe meßtechnisch untersucht werden soll. So kann beispielsweise eine Masse über die von ihr ausgeübte Gewichtskraft als Zustandsgröße erfaßt werden, aber auch über ihre in der Beschleunigungsdifferentialgleichung zum Ausdruck kommende Eigenschaft als Systemparameter, was aber unterschiedliche Meßstrategien erfordert. Letztlich lassen sich zwar alle Aufgaben auf die Messung von Signalen zurückführen; es soll aber hier gerade gezeigt werden, daß man, anders als bei der Bestimmung einer Zustandsgröße, die Information über einen Systemparameter erst durch den Vergleich zweier Signale erhält, nämlich des Testsignals am Eingang und des zugehörigen Antwortsignals am Ausgang des untersuchten Systems.

Aus der Schreibweise der Formelzeichen soll in einem Lehrbuch über die theoretischen Grundlagen der Meßtechnik klar und unmißverständlich hervorgehen, welcher Art die Beschreibung der Zeitabhängigkeit einer Größe ist. Da zeitabhängige Größen gleichwertig als Zeit- oder als Spektralfunktion dargestellt werden können, wird im vorliegenden Band zur Kennzeichnung der jeweiligen Darstellungsweise das entsprechende Formelzeichen in Verallgemeinerung von DIN 5483, 1.1b) als Kleinbuchstabe für die Zeitfunktion und nach DIN 5487 als Großbuchstabe für die zugehörige Spektralfunktion gewählt. Aus der Zeitfunktion einer Größe abgeleitete Werte werden durch eine zusätzliche Auszeichnung des unverändert beibehaltenen Kleinbuchstabens gekennzeichnet. Bei dieser DIN 5483 entsprechenden Festlegung entfällt allerdings die Möglichkeit, mit Groß- und Kleinbuchstaben Größen verschiedener Größenart zu benennen. Da aber selbst bei Einbeziehung der durch Groß- und Kleinschreibung erhöhten Symbolvielfalt nicht einmal die in DIN 1304 festgelegten allgemeinen Formelzeichen frei von Mehrfachbedeutung sind, erscheint dieser Nachteil unbedeutend gegenüber dem Vorteil einer konsequent zu handhabenden Schreibweise zur Unterscheidung zwischen Zeit- und Spektralfunktionen. Selbstverständlich wird nur wie in DIN 5483, 1.1b) vorgesehen verfahren, d. h., der DIN 1304 entsprechende Buchstabe wird in jedem Falle beibehalten, er wird lediglich als Kleinbuchstabe geschrieben, wenn er eine – im allgemeinen zeitabhängige – Zustandsgröße symbolisiert. Wie alle Vereinbarungen über Größenbezeichnungen stellt auch die hier getroffene letztlich einen Kompromiß dar. So werden alle im vorliegenden Band als zeitunabhängig aufgefaßte Größen, wie Systemparameter oder Naturkonstanten, mit den in DIN 1304 festgelegten Klein- bzw. Großbuchstaben gekennzeichnet.

Die Verfasser sind sich dessen bewußt, daß in dem vorliegenden Band in vielerlei Hinsicht noch Unzulänglichkeiten zu finden sein werden, und sind für entsprechende Anregungen zur Weiterentwicklung des Buches dankbar.

Dem Verlag danken die Verfasser für das geduldige Eingehen auf ihre Wünsche und die mühevolle Arbeit bei der Herstellung des Werkes.

Hannover, im Januar 1984   H. Frohne   E. Ueckert

Inhalt

2 Fehler- und Ausgleichsrechnung (Heinrich Frohne)

4 Messung von Signal- und Systemeigenschaften (Erwin Ueckert)

Anhang

Hinweise auf DIN-Normen in diesem Werk entsprechen dem Stand der Normung bei Abschluß des Manuskriptes. Maßgebend sind die jeweils neuesten Ausgaben der Normblätter des DIN Deutsches Institut für Normung e. V. im Format A 4, die durch die Beuth-Verlag GmbH, Berlin und Köln zu beziehen sind. - Sinngemäß gilt das gleiche für alle in diesem Buche angezogenen amtlichen Richtlinien, Bestimmungen, Verordnungen usw.

1 Allgemeine Grundlagen

Hier werden die häufig verwendeten Begriffe mit dem Ziel erläutert, einerseits die den allgemeinen Sprachgebrauch einengenden strengen Definitionen dieser Begriffe klarzustellen und andererseits die den Begriffsbildungen zugrunde liegenden unterschiedlichen Gliederungshierarchien anschaulich aufzuzeigen, um dadurch den Überblick über das umfangreiche Gebiet der Meßtechnik zu erleichtern und in ihre Denkungsart einzuführen.

Da dieser Abschnitt über die einleitende Information hinaus zum Nachschlagen der Begriffe dienen soll, mußte eine gewisse Vollständigkeit der Übersicht angestrebt werden, bei der aber die Vorgriffe auf spätere ausführlichere Erläuterungen durch anschauliche einfache Beispiele in Grenzen gehalten sind.

1.1 Aufgaben und Lösungswege in der Meßtechnik

Aufgabe der Meßtechnik ist die objektive und reproduzierbare quantitative Bestimmung physikalischer Größen wie Länge, Zeit, Spannung, Strom usw. Die Forderung nach Objektivität und Reproduzierbarkeit muß in Verbindung mit Begriffen wie Genauigkeit und Auflösung gesehen werden und bedarf daher einer weiteren Erläuterung. Grundsätzlich schließt die Forderung nach Objektivität nicht aus, daß auch subjektive Empfindungen bei der Messung genutzt werden. Allerdings dürfen diese nur zum Vergleich der Meßgröße mit einem geeigneten, aber objektiven Maßstab genutzt werden, keinesfalls darf der Maßstab selbst aus subjektiven Empfindungen abgeleitet werden, wie folgendes extremes Beispiel zeigt.

Eine elektrische Spannung in der Größenordnung von 100 V läßt sich allein durch Berührung über Schmerzempfindungen subjektiv wohl feststellen, aber nicht messen. Unterschiedlich sensible Personen werden dieselbe einwirkende Spannung mit extrem unterschiedlichen Werten angeben. Dazu kommt noch, daß zunächst über die Berührung bekannter Spannungen Erfahrungen über den Zusammenhang von Schmerzintensität und Spannungswert gesammelt sein müssen.

Solche Verfahren, bei denen die Meßgröße subjektiv erfaßt und mit einem über Erfahrungen im Gedächtnis angelegten - also subjektiven - „Maßstab" verglichen wird, zählen eindeutig zu den subjektiven Verfahren. Die so ermittelten Werte werden nicht als Meßwerte, sondern als Schätzwerte bezeichnet.

Selbstverständlich gibt es bei den Schätzverfahren auf der Basis subjektiver Erfahrungswerte Rangunterschiede hinsichtlich der „Genauigkeit" der Schätzwerte. Das erwähnte extreme Beispiel kann in der Praxis kaum noch als Schätzverfahren angesehen werden, da sich die Berührung spannungsführender Teile auf wenige, im allgemeinen unbeabsichtigte Fälle beschränkt und so keine Erfahrungswerte gesammelt werden. Dagegen sind Meßgrößen wie Länge, Geschwindigkeit, Gewicht usw. wesentlich geeigneter für eine rein subjektive Messung, die man zu Recht als Schätzverfahren bezeichnen kann, da abhängig von der Routine des Schätzenden sogar beachtliche Genauigkeiten erreicht werden können. Grundvoraussetzung für das objektive Messen ist also offensichtlich der Vergleich der Meßgröße mit einem objektiven Maßstab.

Wird beispielsweise mit Hilfe eines Spannungsmeßgerätes mit Skalenanzeige die zu bestimmende Spannung in eine ihr proportionale Länge umgeformt und durch den Zeiger auf einer Skala abgebildet, so läßt sich diese Länge visuell, d.h. ebenfalls subjektiv wahrnehmbar, erfassen. Erfolgt die Längenanzeige auf einer entsprechend eingeteilten Skala, so läßt sich durch den subjektiven Vergleich der Zeigerstellung mit der Skala – also einem objektiven Maßstab – ein Meßwert feststellen, der im allgemeinen als objektiv angesehen werden kann. Er ist aber dennoch nur bis zu einem bestimmten Grad, d.h. bis zu einer bestimmten Auflösung, reproduzierbar. Soll beispielsweise der von einer Zeigerstellung zwischen zwei Skalenstrichen angezeigte Spannungswert mit einer Stellenzahl angegeben werden, die größer ist als die durch die Skalenstriche gegebene, so werden verschiedene Personen – oder wird dieselbe Person zu verschiedenen Zeiten – unterschiedliche Spannungswerte angeben.
Wesentlich ungenauer als der visuelle Vergleich bei der Ablesung einer Zeigerstellung ist der die Muskelanspannung auswertende Vergleich des unbekannten Gewichtes eines Körpers mit dem bekannten Gewicht eines zweiten Körpers (Normal) durch gleichzeitiges Anheben. Bei beiden Vergleichsvorgängen werden zwar objektive Normale verwendet, aber durch die unterschiedliche Art des Vergleichens und Nutzung unterschiedlicher Sinneswahrnehmungen sind die Genauigkeiten der Ergebnisse extrem unterschiedlich.

Die Beispiele zeigen, wie man die objektiven und subjektiven Verfahren, also das Messen und das Schätzen, gegeneinander abgrenzen könnte. Bei subjektiven Verfahren wird nicht nur die Meßgröße über Sinneswahrnehmungen erfaßt, sondern auch mit einem ausschließlich subjektiven „Maßstab" verglichen. Im allgemeinen besteht ein solcher subjektiver Maßstab aus Gedächtniswerten von Sinneseindrücken, d.h. dem gedanklichen Rückgriff auf Erfahrungswerte. Bei objektiven Verfahren muß dagegen ein objektiver Maßstab zugrunde liegen. Subjektive Empfindungen dürfen auch bei objektiven Verfahren genutzt werden, aber nur, wenn mit diesen Meßgröße und Maßstab gleichermaßen und in gleicher Art subjektiv erfaßt und der Meßwert aus einem subjektiven Vergleich beider so abgeleitet wird, daß eine ausreichende R e p r o d u z i e r b a r k e i t gewährleistet ist. Für die Meßtechnik haben allein die visuellen und in bescheidenem Maße die akustischen Empfindungen praktische Bedeutung. Für solche die visuellen Empfindungen nutzende Meßverfahren sind mechanische Größen weitgehend direkt oder nach einfachsten Umformungen geeignet, z.B. die Messung von Längen mit einem Maßstab. Dagegen müssen elektrische Größen erst durch kompliziertere Umformungen in visuell erfaßbare Größen umgeformt werden, z. B. die Größe Spannung mit einem Zeigerinstrument in die Größe Länge.

Weitere wichtige Merkmale, die bei der Lösung meßtechnischer Aufgaben beachtet werden müssen, sind die geforderten Genauigkeiten der Ergebnisse und der Aufwand, der dafür sowohl in der Meßeinrichtung selbst als auch für ihren Einsatz bei der Durchführung der Meßaufgaben erforderlich ist.

Hier haben die Möglichkeiten der modernen Elektronik nicht nur grundlegend neue Verfahren zur Messung elektrischer Größen eröffnet, sondern insbesondere auch zur Messung mechanischer, thermischer und anderer nichtelektrischer Größen. Während in der historischen Entwicklung zunächst elektrische Größen in nichtelektrische umgeformt wurden, insbesondere in Längen mit Hilfe von Zeigerinstrumenten – um sie visuell erfassen zu können –, werden heute in zunehmendem Maße nichtelektrische Größen in elektrische umgeformt und so die auf direktem visuellem Vergleich basierenden Verfahren durch elektrische abgelöst. Bei diesem Trend sind die motivierenden Einflüsse wie Aufwand, Eleganz des Verfahrens und die geforderte Genauigkeit der Ergebnisse nur noch schwer zu erkennen. Beispielsweise wird der Zusammenhang zwischen Aufwand und Genauigkeit bei mechanischen und elektrischen Meßverfahren häufig falsch eingeschätzt. Daher sind in Tafel **1**.1 und in Beispiel 1.1 die Genauigkeiten von mechanischen und elektrischen Meßgeräten vergleichend gegenübergestellt.

Beispiel 1.1. Für ein Meßgerät mit Skalenanzeige gibt die Fehlerklasse den größtmöglichen Fehler in Prozent des Meßbereichendwertes (Meßende) an (s. Abschn. 2.1.2). Wird mit einem Spannungsmesser der Fehlerklasse 0,5 und dem Meßende $u_E = 300$ V eine Spannung von 200 V gemessen, so ist die Anzeige mit einem Fehler behaftet, der maximal $f_{max} = \pm(0,5/100)\ 300$ V $= \pm 1,5$ V betragen darf. Für diesen recht günstigen Fall, daß der Meßwert im oberen Teil des Meßbereiches liegt, beträgt der auf den Meßwert bezogene relative Fehler, der maximal auftreten darf, $f_{rel} = \pm(1,5$ V$/200$ V$)$ 100% $= \pm 0,75\%$.

Ein solches elektrisches Meßgerät der Fehlerklasse 0,5 zählt eher zu den Präzisionsmeßgeräten (Fehlerklasse 0,1) als zu den Betriebsmeßgeräten (Fehlerklasse 1,5). Präzisionsmeßgeräte für nichtelektrische Größen wären beispielsweise die Schieblehre für die Längenmessung bzw. die mechanische Präzisionsuhr für die Zeitmessung. Die möglichen absoluten Fehler dieser Meßgeräte ergeben sich aber mit der Annahme einer vergleichbaren Fehlerklasse erheblich größer als die für diese Meßgeräte mittlerer Qualität üblichen Fehler (s. Tafel **1**.1), wie folgende Rechnung zeigt.

Bei der Messung einer Länge von 100 mm mit der Schieblehre könnte ein maximaler Fehler $f_{max} = \pm(0,75/100)\ 100$ mm $= \pm 0,75$ mm auftreten. Eine mechanische Präzisionsuhr hätte möglicherweise einen maximalen Fehler pro Tag $f_{max} = (0,75/100)$ 24 h$\cdot$60 min/h $= 11$ min.

Die Erläuterungen zeigen bereits, daß die meßtechnischen Aufgabenstellungen vielschichtig sind. Sie lassen sich grundsätzlich zwar in allen Fällen auf das einfach erscheinende Problem der Erfassung bestimmter Einzelwerte zurück-

Tafel **1.1** Genauigkeitsvergleich von mechanischen und elektrischen Meßgeräten

		geringe Genauigkeit	mittlere Genauigkeit	hohe Genauigkeit
mechanische Meßgeräte	Längenmeßgerät (0 bis 100 mm Meßlänge)	Maßstab aus Stahl	Schieblehre	Mikrometerschraube
	maximal zulässige Abweichung der Anzeige absolut bezogen auf Endwert	$\pm$0,21 mm $\pm$0,21%	$\pm$0,04 mm $\pm$0,04%	$\pm$0,005 mm $\pm$0,005%
	Zeitmeßgerät (mechanische Uhr)	Gebrauchsuhr (Wecker)	Präzisionsuhr	Chronometer
	maximal zulässige Abweichung der Anzeige absolut bezogen auf einen Tag	$\pm$1,5 min/d $\pm$0,1%	$\pm$20 s/d $\pm$0,02%	$\pm$5 s/d $\pm$0,006%
	Gewichtsmeßgerät (Waage)	Haushaltswaage	Tischschaltgewicht-Waage (z. B. im Einzelhandel)	Tischschaltgewicht-Waage hoher Genauigkeit
	maximal zulässige Abweichung der Anzeige absolut bezogen auf Endwert	$\pm$2 Skalenteile $\pm$2% (Endwert 100 Skt.)	$\pm$2,5 g $\pm$0,25% (Endwert 1 kg)	$\pm$0,5 g $\pm$0,05% (Endwert 1 kg)
elektrische Meßgeräte	Meßgeräte mit Skalenanzeige Fehlergrenze bezogen auf Endwert	Betriebsmeßgeräte $\pm$1,5%	Labormeßgeräte $\pm$0,5%	Präzisionsmeßgeräte $\pm$0,1%
	elektronische Meßgeräte mit Ziffernanzeige Anzeigebereich Fehlergrenze bezogen auf Meßwert	3-4 Dekaden $\pm$1%	4-5 Dekaden $\pm$0,1%	6 und mehr Dekaden $\pm$0,001%

führen, aber dieser Hinweis ist für den Anfänger ebenso wenig hilfreich wie eine systematische Unterteilung nach Anwendungsgebieten, nach dem physikalischen Charakter der Meßgrößen oder nach dem zugrundeliegenden Meßverfahren oder ähnlichem mehr. Da eine allgemeingültige Systematik fragwürdig und wenig zweckmäßig ist, soll hier durch die in Tafel 1.2 dargestellte Einordnung einiger Beispiele in charakteristische Gruppen meßtechnischer Aufgabenstellungen wenigstens ein Eindruck vermittelt werden, in welche grundsätzlichen Richtungen das Aufgabenfeld aufgespannt ist.

Tafel 1.2 Aufgabenstellungen in der Meßtechnik

Meßgrößen sind Meßgrößen werden erfaßt als	*Zustandsgrößen*	*Systemeigenschaften*
Einzelwerte	Bestimmung einer diskreten Spannung diskreten Frequenz diskreten Länge ⋮	Bestimmung eines diskreten Verstärkungsfaktors einer Skalenkonstanten eines Meßgerätes mit Skalenausgabe der Zeitkonstanten eines RL-Gliedes ⋮
Funktionen	Bestimmung einer Spannung als Funktion der Zeit Frequenz als Funktion einer Induktivität Länge als Funktion der Temperatur ⋮	Bestimmung des Verstärkungsfaktors als Funktion der Frequenz einer Skalenkonstanten eines Meßgerätes mit Skalenausgabe als Funktion der Temperatur der Zeitkonstanten eines RL-Gliedes als Funktion der Temperatur ⋮

Vom Meßgegenstand her muß unterschieden werden, ob Zustandsgrößen als Einzelgrößen meßtechnisch direkt erfaßt werden können, wie z.B. ein Strom, eine Länge usw., oder ob die Eigenschaften eines Systems bestimmt werden sollen, wozu im allgemeinen auf der Basis einer mehr oder weniger komplizierten Meßstrategie die Erfassung mehrerer Größen und deren Auswertung erforderlich ist, wie z.B. die Bestimmung der Übertragungseigenschaften eines Vierpoles. Von der Meßgröße her muß unterschieden werden, ob ein diskreter Einzelwert einer Größe, z.B. der Wert einer Gleichspannung, oder der funktionale Zusammenhang zwischen zwei oder mehreren Größen, z.B. die Zeitfunktion einer Wechselspannung, bestimmt werden soll.

Außerdem muß von der Aufgabenstellung her unterschieden werden, ob die Meßgröße als diskrete Einzelgröße oder als Zufallsvariable zu betrachten ist. Im letzten Fall ist die Aufgabenstellung unmittelbar statistischer Natur, z.B. könnte die Bestimmung der Verteilung eines Fertigungskollektivs oder die Bestimmung der Standardabweichung eines Meßgerätes gefordert sein.

1.2 Elementare Begriffe und Normen

Metrologie. Die Wissenschaft vom Messen im weitesten Sinne wird heute unter dem Begriff Metrologie zusammengefaßt. Dieser in VDI/VDE 2600 definierte Begriff steht damit umfassend für die bisher gebräuchlichen Ausdrücke wie Meßtechnik, Meßwesen oder ähnliches. Die Anwendungsgebiete der Metrologie umfassen alle Fachdisziplinen wie die elektrische Meßtechnik, das medizinische Meßwesen usw. mit ihren möglichen Organisationsformen wie industrielles Meßwesen, wissenschaftliches Meßwesen, gesetzliches Meßwesen usw. Für alle diese Bereiche läßt sich die Metrologie in drei Gebiete unterteilen (s. Bild 1.3).

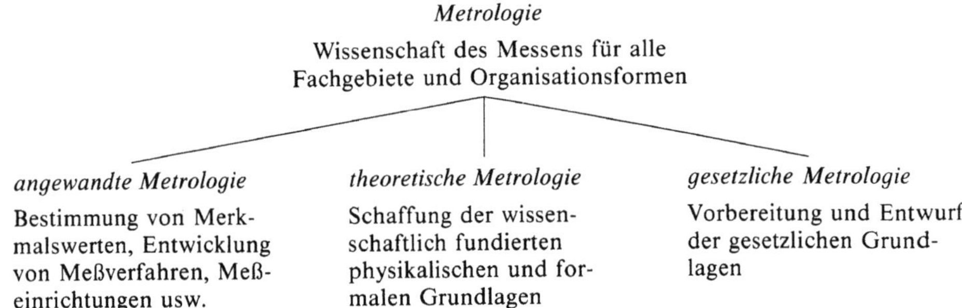

1.3 Arbeitsgebiete der Metrologie

Die angewandte Metrologie befaßt sich mit der Entwicklung von Geräten, Verfahren usw. für Messungen im weitesten Sinne und mit der eigentlichen Tätigkeit zur Erfassung von Merkmalswerten. Die theoretische Metrologie befaßt sich mit den wissenschaftlichen und formalen Grundlagen. Die gesetzliche Metrologie befaßt sich mit den gesetzlichen Grundlagen. Sie stellt aus fachlicher Sicht zwar den kleinsten Bereich dar, der aber für die tägliche Arbeit im Rahmen des Geschäftsverkehrs äußerst wichtig ist. Unter Berücksichtigung praktischer Möglichkeiten werden wissenschaftlich fundiert Grundlagen geschaffen, nach denen eindeutige und leicht zu handhabende Vorschriften für die allgemeinen, täglich angewandten Tätigkeiten des Messens vom Gesetzgeber erlassen werden.

Meßgröße. Mit Meßgröße wird die physikalische Größe (s. Abschn. 1.3.1) bezeichnet, die durch die Messung bestimmt werden soll. Es handelt sich dabei also immer um eine ganz bestimmte physikalische Größe, z. B. die Spannung 113 V, den Widerstand 10,8 Ω usw. Die Meßgröße muß eindeutig definiert sein bezüglich ihrer quantitativen und qualitativen Meßbarkeit wie auch ihrer Orts- und Zeitzuordnung (s. Bild **1.4**). Von der Meßgröße zu unterscheiden sind Störgrößen bzw. Einflußgrößen, die im allgemeinen zur gleichen Zeit zusammen mit der Meßgröße auftreten, gegebenenfalls ungewollt mit dieser erfaßt werden und so die Ursache für Meßfehler sind.

Neben dieser auf die bestimmte Einzelgröße abgestimmten Definition wird der Begriff der Meßgröße gegebenenfalls auch allgemeiner angewandt zur Kennzeichnung meßtechnischer Aufgabenstellungen, die über die Bestimmung einer einzigen Größe hinausgehen. Soll z. B. eine Zufallsvariable oder eine Zeitfunktion bestimmt werden, so bezeichnet man auch diese als Meßgröße, obwohl hierbei mehrere Einzelgrößen, also mehrere Einzelmeßgrößen bestimmt werden müssen (s. Abschn. 2.4 und 4.1). Da der Begriff Meßgröße sich in der elementaren Definition auf die Einzelgröße bezieht, muß man bei seiner darüber hinausgehenden Anwendung durch die verbindenden Formulierungen dafür sorgen, daß Mißverständnisse ausgeschlossen sind.

Von großer Bedeutung für meßtechnische Probleme ist eine Unterteilung der Meßgrößen ihrem Charakter nach in Zustandsgrößen und Systemparameter (s. Abschn. 1.4.2.5).

Meßparameter. Grundsätzlich wird die Meßgröße nur ein Merkmal der Eingangsgröße der Meßeinrichtung sein. Soll beispielsweise die Frequenz einer Spannung gemessen werden und wird diese Spannung auf den Eingang eines Frequenzmesser geschaltet, so ist die Spannung die Eingangsgröße, in der die Meßgröße Frequenz als ein Merkmal dieser Spannung enthalten ist. In solchen Fällen sagt man, die Eingangsgröße enthalte die Meßgröße als Meßparameter.

Meßwert. Der Meßwert einer Meßgröße ist im strengen Sinne wie die physikalische Größe als Zahlenwert mal Einheit definiert (s. Abschn. 1.3.1). Der Begriff Meßwert ist aber nicht als Synonym für den Begriff Meßgröße zu deuten. Eine physikalische Größe ist aus der hier interessierenden makroskopischen Sicht, bei der die durch die Mikrostruktur bedingten Unbestimmtheiten außer acht gelassen werden, durch einen einzigen Wert eindeutig festgelegt, der als wahrer Wert bezeichnet wird. Wird eine Meßgröße praktisch gemessen, so ist der ermittelte Meßwert unvermeidbar und nicht reproduzierbar mit mehr oder weniger großen Fehlern behaftet, d. h., der Meßwert unterscheidet sich im allgemeinen von dem wahren Wert der Meßgröße. Beispielsweise existiert für die Größe Länge einer bestimmten Körperkante für einen bestimmten Augenblick (bestimmter Zustand) ein einziger ganz bestimmter Längenwert. Wird diese Länge gemessen, so ergeben sich aber beispielsweise mit unter-

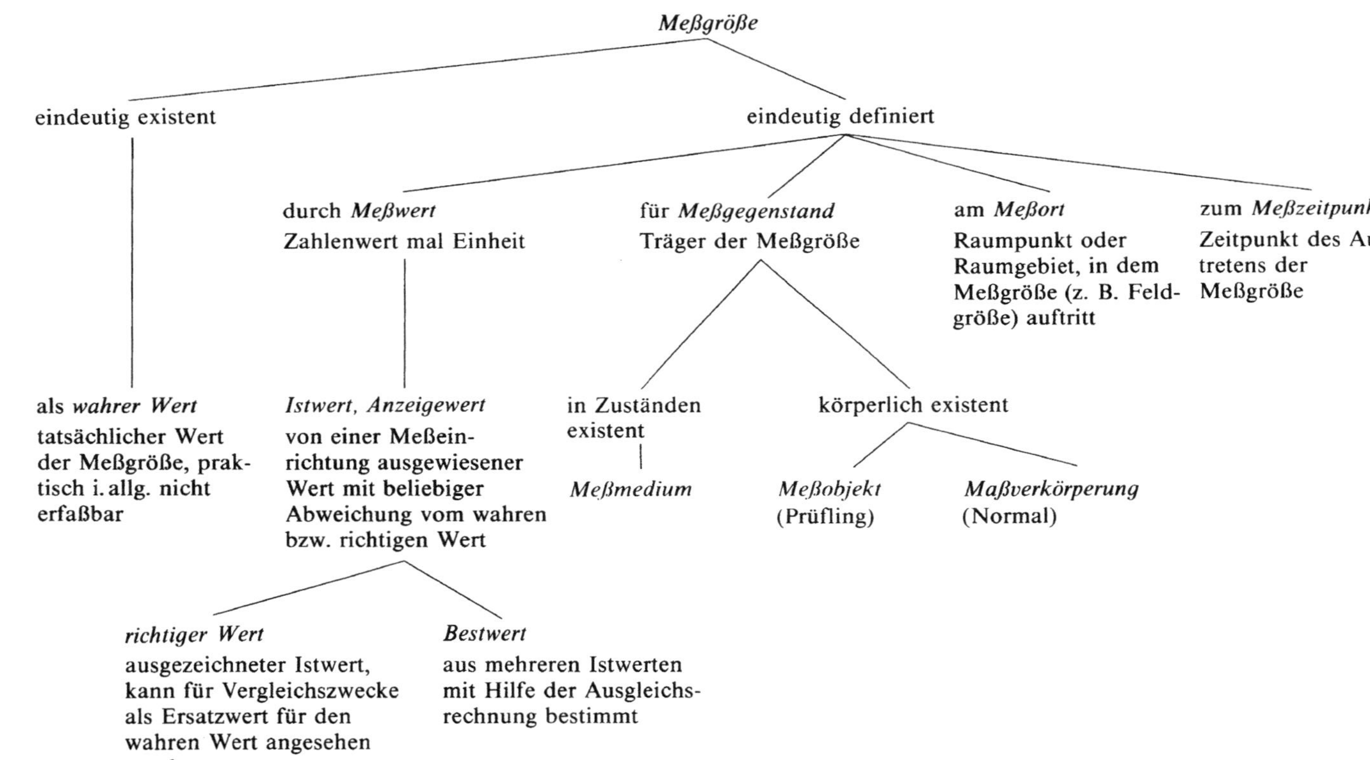

1.4 Definition der Meßgröße

schiedlichen Längenmeßgeräten, insbesondere solchen unterschiedlicher Fehlerklassen (Zollstock, Schieblehre, Mikrometerschraube), unterschiedliche Meßwerte für dieselbe Meßgröße der Länge der Körperkante. Der praktisch ermittelte Wert einer Meßgröße ist also ohne weitere Erläuterung nicht eindeutig und erfordert Angaben über die Gegebenheiten, unter denen er ermittelt wurde (s. Bild 1.4).

Der *wahre Wert* der Meßgröße ist der *eindeutig existente*, dem Meßgegenstand bei nicht vorhandenem Aufnehmer, d.h. ohne Rückwirkung der Meßeinrichtung auf den Meßgegenstand, eigene Wert, der aber in der Praxis nicht erfaßt werden kann (s. Abschn. 2.2). Daher wird der in dem Ausgeber einer Meßeinrichtung *ausgewiesene* Wert als der *Istwert* der Meßgröße bezeichnet, der im allgemeinen von dem wahren Wert der Meßgröße abweicht; grundsätzlich kann diese Abweichung sogar beliebig groß sein. Da der wahre Wert im allgemeinen nicht bekannt ist, kann auch die Abweichung des Istwertes von dem wahren Wert im allgemeinen nicht bestimmt werden. Wird in einer konkreten Problemstellung ein Istwert entsprechend sorgfältig und mit entsprechend genauen Meßeinrichtungen ermittelt, so daß seine Abweichung vom wahren Wert der Meßgröße - die zwar als Einzelwert nicht bestimmbar ist - in einem Bereich liegt, der im Rahmen der Aufgabenstellung als vernachlässigbar klein anzusehen ist, so gilt dieser ausgezeichnete Istwert als *Ersatzgröße* für den wahren Wert und wird als *richtiger Wert* bezeichnet. Zu beachten ist die Bezugnahme auf die jeweilige Problemstellung, d.h., der richtige Wert ist nicht mehr frei von subjektiven Entscheidungen (s. Abschn. 2.1.1 und Beispiel 2.1).

Wird dieselbe Meßgröße unter gleichen Bedingungen mehrmals gemessen, so bekommt man mehrere Istwerte, die i. allg. untereinander wie auch vom wahren Wert der Meßgröße abweichen. Aus diesen Istwerten läßt sich mit Hilfe der Ausgleichsrechnung (s. Abschn. 2.6.2) ein Wert ermitteln, der eine geringere Abweichung vom wahren Wert aufweist als der Einzelwert. Ein solcher Wert wird sinngemäß als *Bestwert* bezeichnet. Der Bestwert hat also wohl einen geringeren Fehler als der einzelne Istwert, er hat i. allg. sogar einen den Umständen entsprechenden geringstmöglichen Fehler, der aber grundsätzlich immer noch beliebig groß sein kann, zumindest so groß, daß er nicht vernach-

Näherung für den wahren Wert
einer Meßgröße

richtiger Wert	*Bestwert*
Abweichung vom wahren Wert im Rahmen der Aufgabenstellung *vernachlässigbar* klein (Ersatzgröße für wahren Wert)	Ergebnis der Ausgleichsrechnung, Abweichung vom wahren Wert *möglichst klein*
Definition basiert auf einem aus der Aufgabenstellung resultierenden Grenzwert.	Definition basiert auf einer Minimierungsvorschrift für den Fehler.

1.5 Definition der Ersatzgrößen und Näherungen für den wahren Wert einer Meßgröße

lässigt werden darf. Insofern unterscheidet er sich von dem richtigen Wert, der nur dann als solcher gilt, wenn sein Fehler vernachlässigbar klein ist (s. Bild **1.**5).

Meßgegenstand. Als Meßgegenstand wird im allgemeinen der Träger der Meßgröße bezeichnet. Verkörperte Meßgegenstände, z. B. Spannungsquellen, Widerstände, werden, wenn ihr Wert bestimmt werden soll, als Meßobjekt bezeichnet, als Maßverkörperung, wenn sie als Normale dienen, d. h., wenn aus ihnen Vergleichswerte für eine Messung abgeleitet werden. Vom Meßmedium spricht man bei nichtkörperlichen Trägern der Meßgröße, z. B. bei elektrischen und magnetischen Feldern.

Meßort. Der Meßort bezeichnet die räumliche Stelle, an der die Meßgröße auftritt, im allgemeinen also die Stelle, an der sich der Aufnehmer befindet, mit dem die Meßgröße primär erfaßt wird. Dem Meßort kommt z. B. besondere Bedeutung bei der Messung von Feldgrößen zu, die Raumpunkten zugeordnet sind, oder bei der Beurteilung von Störeinwirkungen durch Magnet-, Gravitations- oder ähnliche Felder. Hierbei ist auch die Begrenzung des Meßortes durch den Aufnehmer zu beachten. Beispielsweise kann, wie in Bild **1.**6a skizziert, mit einem Taststift als Aufnehmer der Meßort praktisch punktförmig begrenzt und so die ortsabhängige Feldgröße auch inhomogener elektrischer Potentialfelder recht genau gemessen werden. Die zur Messung magnetischer Felder verwendeten Hallsonden haben dagegen immer eine räumliche Ausdehnung, und mit ihnen kann eine auf einen Raumpunkt bezogene magnetische Feldgröße nur näherungsweise als Mittelwert über eine bestimmte Fläche erfaßt werden (s. Bild **1.**6b).

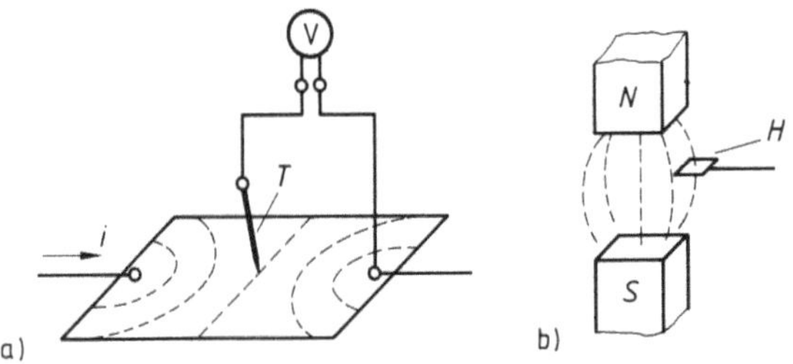

1.6
Begrenzung des Meßortes
durch den Meßaufnehmer
a) als Punkt durch Taststift T
b) als Fläche durch Hallsonde H

Meßzeitpunkt. Als Meßzeitpunkt ist der Augenblick definiert, zu dem die Meßgröße am Meßort erfaßt wird. Die Bedeutung des Meßzeitpunktes wird offensichtlich, wenn die Meßgröße als Zeitfunktion bestimmt werden soll. Bei Meßgeräten, die vom Verfahren her den Augenblickswert messen (s. Abschn. 4.1), ist diesem naturgemäß auch ein bestimmter Zeitpunkt zugeordnet, der in vielen Fällen auch erfaßt werden kann (s. Bild **1.**7, Meßwert *1*). Dagegen muß für Verfahren, die den Meßwert als Mittelwert bzw. Integral über eine Zeitspanne ermitteln (s. Bild **1.**7, Meßwerte *2* bzw. *3*), durch eine zusätzliche Angabe ein Meßzeitpunkt festgelegt werden, z. B. als Zeitpunkt t_m in der Mitte zwischen dem Anfangs- und Endzeitpunkt t_2 und t_3, die die Meßzeit begrenzen, in Bild **1.**7 also $t_\mathrm{m} = (t_2 + t_3)/2$.

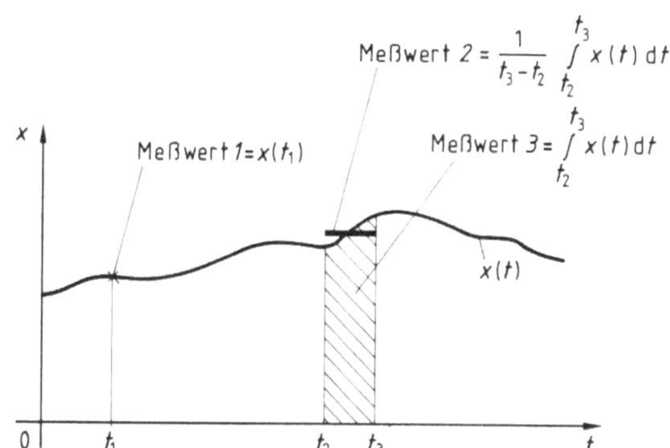

1.7
Meßwerte bei zeitabhängigen
Meßgrößen
1 Augenblickswert mit defi-
niertem Meßzeitpunkt
2 zeitlicher Mittelwert
3 Zeitintegral über eine definierte Zeitspanne

Meßergebnis. Das Meßergebnis bezeichnet ganz allgemein das Ziel einer Messung und ist demzufolge der Oberbegriff, der auch den Meßwert als das Meßergebnis einer einzelnen Messung einer einzigen Meßgröße als Sonderfall einschließt. Im allgemeinen bezeichnet man mit Meßergebnis den Wert einer physikalischen Größe, der aus mehreren Meßwerten ermittelt wird (s. Bild 1.8). Das Meßergebnis kann der Wert einer physikalischen Größe sein, der nach einer bestimmten Rechenvorschrift aus den Meßwerten verschiedener Meßgrößen berechnet wird. Beispielsweise können die Scheinleistung $S = \tilde{u}\,\tilde{\imath}$ als Produkt der Meßwerte für die Effektivwerte von Spannung $\tilde{u}$ und Strom $\tilde{\imath}$ oder der Wirkungsgrad $\eta = \bar{p}_2/\bar{p}_1$ als Quotient der Meßwerte für die abgegebene Wirkleistung $\bar{p}_2$ und die aufgenommene Wirkleistung $\bar{p}_1$ berechnet werden. Weiter gilt als Meßergebnis auch der Wert einer Meßgröße, der aus mehreren Meßwerten derselben Meßgröße berechnet wird, z. B. der zur Verbesserung der

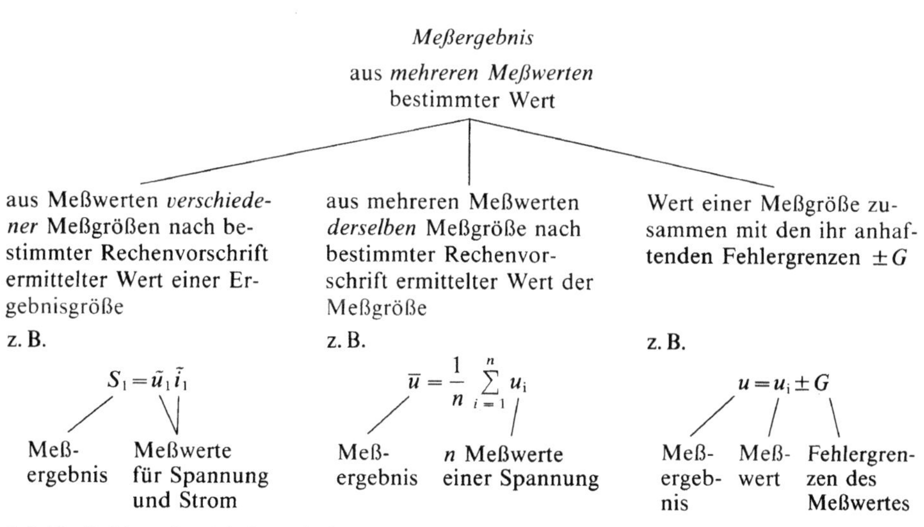

1.8 Definition des Meßergebnisses

Genauigkeit aus mehreren Meßwerten derselben Meßgröße berechnete Mittelwert (s. Abschn. 2.6.2.1). Werden außer dem Meßwert einer Meßgröße als solchem auch die ihm anhaftenden Fehlergrenzen bestimmt und angegeben, z. B. 220 V $\pm$ 2,5 V, so bezeichnet man dieses ebenfalls als Meßergebnis.

Wird ein Meßwert oder ein Meßergebnis weiter v e r a r b e i t e t, ohne d a ß neue Meßwerte hinzugefügt werden, so werden diese Arbeitsgänge häufig auch als Meßwertverarbeitung bezeichnet. Beispielsweise zählen die Darstellung der in festen Zeitabständen aufgenommenen Spannungswerte durch Hinzuziehen der zugeordneten Zeitwerte in einer Zeitfunktion oder die Normierung der aufgenommenen Meßwerte zur Meßwertverarbeitung.

Meßtechnische Tätigkeiten. Die meßtechnische Tätigkeit läßt sich hinsichtlich ihrer verschiedenen Zielsetzungen wie folgt unterteilen (s. Bild **1.**9).

Der Begriff M e s s e n wird häufig als Oberbegriff für die Tätigkeit des Messens im weitesten Sinne verwendet. In der schärferen Definition nach DIN 1319 und VDI/VDE 2600 versteht man aber unter Messen ausschließlich die quantitative Bestimmung der Meßgröße als Meßwert aus Zahlenwert mal Einheit. Dieses geschieht durch den mittelbaren oder unmittelbaren Vergleich der Meßgröße mit einer bekannten Vergleichsgröße (s. Abschn. 1.3.3). Im allgemeinen wird analog gemessen (s. Abschn. 1.4.2.3), d. h., der Meßwert wird vom Prinzip her mit einer nichtendlichen Stellenzahl nach dem Komma angezeigt, z. B. als analoge Länge auf einer Skala. In vielen modernen Meßgeräten wird jedoch der Meßwert digital ermittelt, indem ausgezählt wird, wie oft die Vergleichsgröße als endlicher Wert in der Meßgröße enthalten ist (s. Abschn. 1.4.2.3). Der dabei im allgemeinen auftretende Rest kann nicht im Meßwert zum Ausdruck kommen und muß als ein durch Rundung bedingter Digitalisierungsfehler (s. Beispiel 2.3) in Kauf genommen werden. Diese Art des Messens könnte man also auch als Zählen bezeichnen.

Nach DIN 1319 und VDI/VDE 2600 wird das Z ä h l e n allgemeiner und gleichrangig zum Messen definiert. Danach versteht man unter Zählen das Ermitteln der Anzahl von Elementen oder Ereignissen, z. B. die Zahl elektrischer Impulse, Umdrehungen, Verkehrsteilnehmer. Gezählt wird im allgemeinen die Anzahl gleichartiger Elemente während einer bestimmten Zeitspanne, eines bestimmten Vorganges usw.

Beim P r ü f e n stellt man fest, ob der Prüfgegenstand oder die Probe vereinbarte, vorgeschriebene oder auch erwartete Bedingungen erfüllt. Prüfen bedeutet im Gegensatz zum Messen eine einfache J a - N e i n - E n t s c h e i d u n g, d. h. die Entscheidung, ob der Prüfgegenstand eine Forderung erfüllt oder nicht. Beispielsweise fällt unter Prüfung die Feststellung, ob der gemessene Wert eines Widerstandes innerhalb der garantierten Toleranzgrenzen liegt. Prüfen nennt man auch eine subjektive, d. h. allein auf Sinneswahrnehmung basierende Entscheidung. Das Ergebnis einer solchen Prüfung ist eine qualitative Angabe, z. B. das Gehäuse zeigt Lackfehler, das Glas ist nicht bis zur Markierung ge-

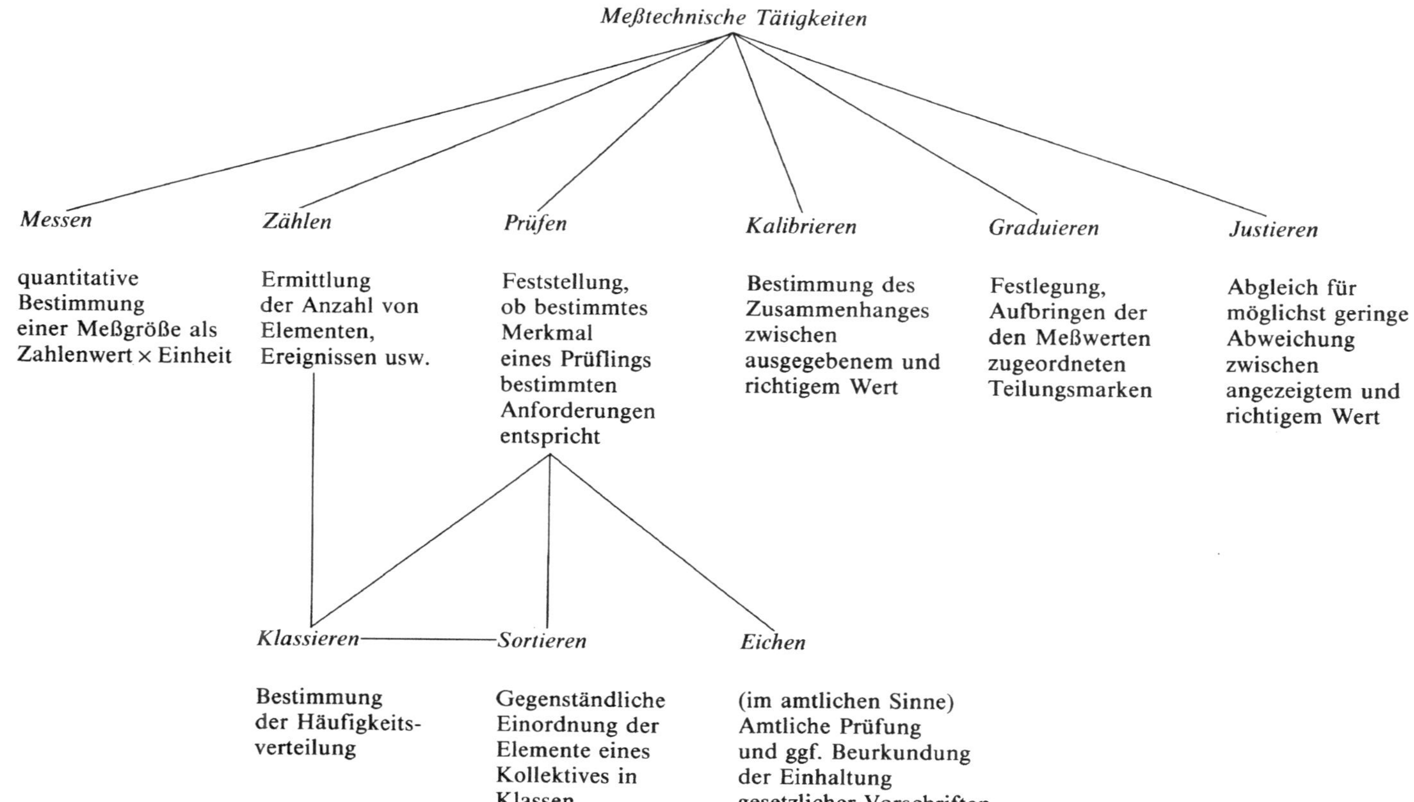

1.9 Definition meßtechnischer Tätigkeiten

füllt. Bestimmte Prüfungen in der Fertigungstechnik, bei denen durch spezielle Meßwerkzeuge, den Lehren, festgestellt wird, ob bestimmte Längen oder Formen eines Werkstückes eingehalten sind, werden als Lehren bezeichnet.

Klassieren ist eine meßtechnische Tätigkeit, bei der durch Prüfen und Zählen die Häufigkeitsverteilung (s. Abschn. 2.3.2.2) eines bestimmten Merkmales der Elemente eines Kollektivs festgestellt wird. Beispielsweise werden für eine bestimmte Charge gefertigter Widerstände (Kollektiv) die Werte der einzelnen Widerstände gemessen. Dann werden für festgelegte Widerstandsklassen die Anzahl der Widerstände gezählt, deren Widerstandswert in der jeweiligen Klasse liegt, und diese Anzahl der Widerstandsklasse zugeordnet.

Das Sortieren unterscheidet sich vom Klassieren lediglich dadurch, daß die Elemente der einzelnen Klassen auch gegenständlich voneinander getrennt werden. Beispielsweise werden die Widerstände einer Fertigung durch Prüfen, ob ihr Wert innerhalb bestimmter Grenzwerte liegt, in die Toleranzklassen 1%, 5%, 10% usw. aufgeteilt, d. h. sortiert. Häufig werden dabei auch die Widerstände, die in jede Klasse fallen, gezählt und so die Häufigkeit in den Klassen festgestellt, so daß der Vorgang des Sortierens mit dem des Klassierens zusammengefaßt wird.

Unter Eichen im amtlichen Sinne versteht man eine von Amts wegen durchgeführte Prüfung (s. Abschn. 1.6.2). Von der zuständigen Eichbehörde wird nach den gesetzlichen Vorschriften und Anforderungen ein Meßgerät, Meßnormal oder ähnliches geprüft, ob es den Vorschriften und Anforderungen entspricht, z.B., ob es innerhalb der Eichfehlergrenzen anzeigt bzw. liegt. Ist das der Fall, so wird durch Stempelung beurkundet, daß der Prüfgegenstand zum Zeitpunkt der Prüfung den gesetzlichen Forderungen genügt hat. Die Beurkundung schließt dabei ein, daß es bei einer Handhabung entsprechend den Regeln der Technik auch innerhalb einer ebenfalls vorgeschriebenen Nacheichfrist den Anforderungen genügen wird.

Im allgemeinen Sprachgebrauch der Technik wird Eichen häufig als Synonym für die im folgenden beschriebenen Tätigkeiten Kalibrieren, Justieren bzw. Graduieren verwendet. Eine solche Mehrfachbedeutung des Begriffes Eichen ist nach DIN 1319 und VDI/VDE 2600 ausdrücklich zugelassen. Bei der Verwendung des Ausdruckes Eichen muß daher die spezielle Bedeutung unmißverständlich aus dem Zusammenhang des Textes zu entnehmen sein.

Mit Kalibrieren bezeichnet man die Bestimmung des für eine bestimmte Meßeinrichtung gültigen Zusammenhanges zwischen dem angezeigten oder ausgegebenen Wert und dem richtigen Wert der Meßgröße. Das kann die Bestimmung der Skalenkonstanten oder die Zuordnung von Skalenteilung und Meßwerten, die Ermittlung der Ausgabekennlinie und die Zuordnung der Nennkennlinie ebenso wie die Bestimmung des Anzeigefehlers sein.

Das Graduieren ist eng mit dem Kalibrieren verbunden. Es bezeichnet das Festlegen und Aufbringen der mit dem Kalibrieren den Meßwerten zugeordneten Teilungsmarken auf dem Skalenträger eines Meßgerätes. Handelt es sich dabei um Teilstriche einer Strichskala, so wird dieses häufig auch dem Kalibrieren direkt zugeordnet. Zum Graduieren gehört auch das Aufbringen von Punkten über der Strichskala z. B. von Weicheiseninstrumenten zur Markierung des Gültigkeitsbereiches der Fehlerklasse (das ist der in Abschn. 1.5.1.1 erläuterte Meßbereich).

Unter Justieren versteht man den Vorgang des Abgleichens eines Meßgerätes bzw. einer Maßverkörperung, um die Abweichung zwischen dem ausgegebenen Wert bzw. dem aufgedruckten Nennwert und dem richtigen Wert der Meßgröße möglichst klein zu machen. Typische Beispiele sind das Justieren des Zeigers eines Anzeigeinstrumentes auf den Nullpunkt, das Justieren eines Widerstandes auf den Sollwert durch Ändern der Drahtlänge, das Justieren der Unruhe einer Uhr durch Verändern der Spiralfederlänge. Auch die Anpassung der Ausgabekennlinie an die vorgegebene Nennkennlinie durch Eingriffe in entsprechende Meßglieder zählt zum Justieren (s. Abschn. 3.2.2.1).

1.3 Wesen und Vorgang des Messens

Das Messen, wie es in Abschn. 1.1 erläutert ist, setzt voraus, daß die Meßgröße eine physikalische Größe ist, ein Meßnormal für diese Meßgröße durch Konvention festgelegt ist und geeignete Einrichtungen und Verfahren bestehen, die einen Vergleich der Meßgröße mit dem Meßnormal ermöglichen (s. Bild 1.10).

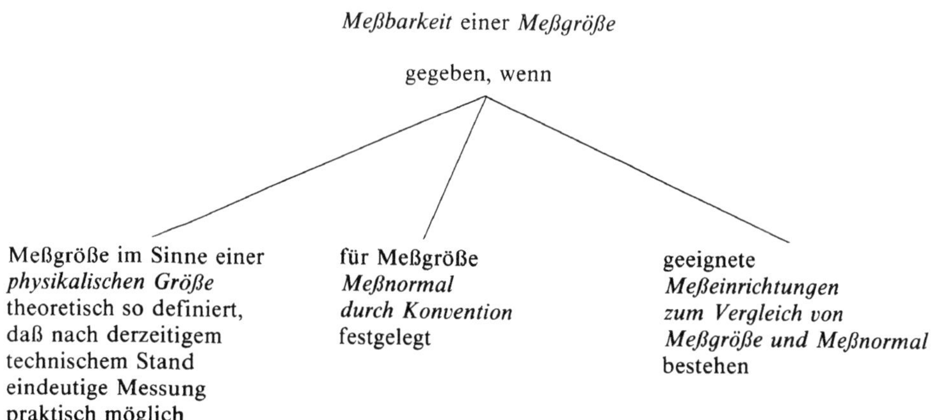

1.10 Voraussetzungen für die Meßbarkeit einer Meßgröße

1.3.1 Meßgrößen als physikalische Größen

Die Meßgröße muß im Zusammenhang mit einem Meßnormal eindeutig im Sinne der Meßbarkeit definiert sein. Wie schwierig diese Aufgabe sein kann, wird an den Bemühungen um die Formulierung sogenannter Meßgrößen in nicht naturwissenschaftlichen Disziplinen deutlich. Man denke etwa an Versuche, Meßgrößen für Intelligenz oder Behaglichkeit im Sinne physikalischer Größen in einer allgemein anerkannten Weise objektiv meßbar (reproduzierbar) zu definieren. In Naturwissenschaft und Technik interessieren überwiegend physikalische Größen. Diese zeichnen sich dadurch aus, daß ihnen auf bestimmte Gegenstände oder Zustände bezogen jeweils nur ein Merkmal eindeutig zugeordnet ist, welches durch Beobachtung auch eindeutig festgestellt werden kann. Das ist durchaus nicht selbstverständlich wie z. B. bei der Analyse des Begriffes Behaglichkeit klar wird. Mit „Behaglichkeit" verbindet man wohl einen einzigen Zustand, unter dem man das allgemeine Wohlbefinden im weitesten Sinne versteht. Dieser eine Zustand kann aber nun durchaus nicht mit einem einzigen Merkmal eindeutig gekennzeichnet werden, sondern die Merkmale, die den Zustand Behaglichkeit kennzeichnen, sind beispielsweise die Umgebungstemperatur, der Grad des Ärgers, der Grad der Sattheit usw.

Eine physikalische Größe beschreibt eindeutig jeweils nur ein Merkmal. Um dieses objektiv und eindeutig messen zu können, muß dieses Merkmal aber auch noch bewertbar sein. Der Größe muß über eine Meßvorschrift eine allgemein gültige Maßskala so zugeordnet sein, daß eindeutig entschieden werden kann, ob die Größe 1 eines Merkmals kleiner, gleich oder größer ist als die Größe 2 des gleichen Merkmals. Beispielsweise kann für das Merkmal der subjektiven Temperaturempfindung (Wärmeempfindung) eine solche Bewertung nicht festgelegt werden, da diese subjektive Empfindung nicht allein von der Gegenstands- oder Umgebungstemperatur abhängt, sondern auch von der jeweiligen körperlichen Konstitution, der Luftbewegung usw. Wird dagegen das Merkmal Temperatur über die Ausdehnung einer Flüssigkeit (Thermometer) als Länge auf einer Zahlenskala bewertet, so kann darüber eindeutig festgestellt werden, ob die Größe Temperatur eines Raumes zu einem bestimmten Zeitpunkt kleiner, gleich oder größer als zu einem anderen Zeitpunkt ist. Über dieses Verfahren ist also der physikalischen Größe Temperatur eine praktisch realisierbare Bewertung im Sinne einer Meßgröße zugeordnet.

In der Technik lassen sich drei Kategorien von Meßgrößen unterscheiden (s. Bild 1.11). In der ersten sind alle physikalischen Größen zu sehen, die vorstehende Forderungen sozusagen von Natur aus erfüllen, wie z. B. die Länge, die Zeit usw. Meßgrößen der zweiten Kategorie sind Größen, die zwar im Sinne physikalischer Größen allgemein definiert sind, aber für die Messung zusätzlicher Definitionen bedürfen. Beispielsweise ist die Größe Verstärkung, allgemein als Quotient aus Ausgangsgröße zu Eingangsgröße definiert, für einen

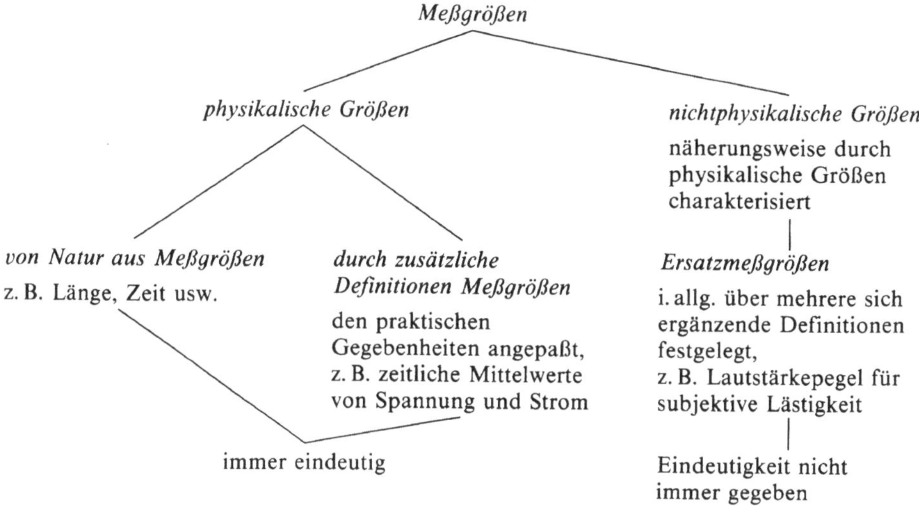

1.11 Unterteilung der Arten von Meßgrößen

Übertrager nur eindeutig, wenn zusätzlich festgelegt ist, ob es sich um die Spannungsverstärkung oder die Leistungsverstärkung handelt. Für zeitveränderliche Größen, z. B. die Spannung, ist ihre allgemeine Definition als physikalische Größe, z. B. Spannung gleich Energie pro Ladung, im Sinne einer Meßgröße, also einer eindeutigen praktischen Meßmöglichkeit, zunächst nur für Augenblickswerte zu deuten. Ist als Meßgröße ein zeitlicher Mittelwert gefordert, z. B. der Mittelwert einer Wechselspannung, so muß in einer zusätzlichen Definition festgelegt sein, ob der lineare Mittelwert, der Gleichrichtwert oder der Effektivwert gemeint ist (s. Bild 1.12). Mit einer dritten Kategorie von

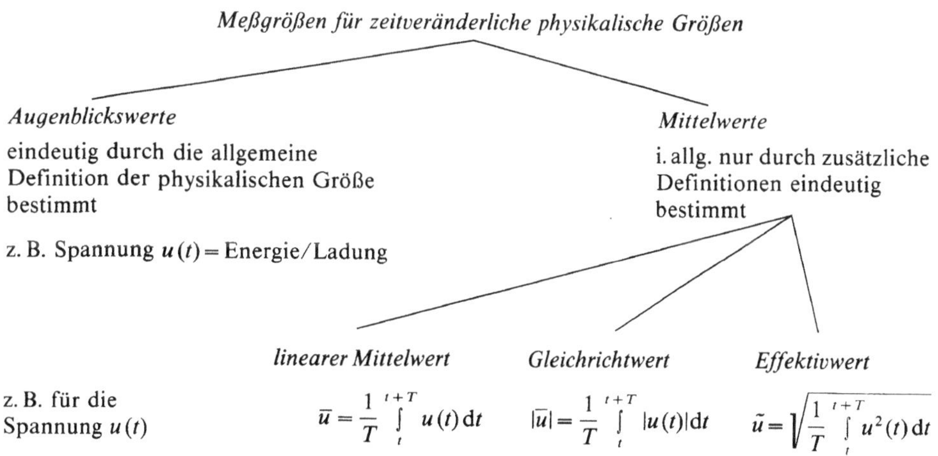

1.12 Definition der Meßgröße für Zeitfunktionen

Meßgrößen versucht man, nichtphysikalische Größen, im allgemeinen subjektive Empfindungen, für einen möglichst großen Bereich praktischer Gegebenheiten wenigstens näherungsweise durch objektive Meßverfahren zu erfassen. Es liegt in der Natur solcher „Größen", daß sie für bestimmte Konstellationen möglicherweise nicht mehr eindeutig sind.

Ein typisches Beispiel für diese Kategorie ist das Problem, für die subjektive Lästigkeit einer Geräuschquelle eine Meßgröße zu definieren mit allgemeiner Gültigkeit für alle Geräuscharten, Umgebungsverhältnisse usw. Die heute übliche Meßgröße ist definiert als Mittelwert aus frequenzbewerteten – der Frequenzempfindlichkeit des menschlichen Gehörs entsprechenden – Schalldruckmessungen an mehreren räumlich um die Geräuschquelle verteilten Punkten. Sie muß als eine Ersatzmeßgröße (s. Abschn. 2.2.2) angesehen werden und ist insofern nicht eindeutig, als sich z. B. für dieselbe Geräuschquelle in Räumen mit unterschiedlichen Reflexions- und Absorptionsverhältnissen oder bei unterschiedlicher Verteilung der Schalldruckaufnehmer unterschiedliche Meßwerte ergeben, abgesehen davon, daß sich Geräuschquellen abhängig vom Frequenzspektrum, den Umgebungsverhältnissen usw. bei gleichem Meßwert für den Geräuschpegel unterschiedlich lästig auf das subjektive Empfinden auswirken können.

1.3.2 Einheiten und Normale

Physikalische Größen als Produkt aus Zahlenwert und Einheit sind ausschließlich für meßbare Merkmale von Gegenständen, Zuständen usw. definiert und bieten daher von Natur aus – zumindest im Prinzip – auch die Möglichkeit, Vergleichsnormale und dadurch Einheiten festzulegen, so daß sich bei der quantitativen Bestimmung ein eindeutiger Zahlenwert ergibt. Die Realisierung, d. h. die Verkörperung, dieser Einheit für die praktische Messung ist dabei häufig in der Natur der Größe selbst gegeben. Das Merkmal Masse, welches Körpern anhaftet, wird z. B. über die Größenart Masse erfaßt. Die Einheit dieser Größenart ist durch eine ganz bestimmte Größe dieser Größenart Masse definiert, nämlich durch die per Gesetz als internationaler Prototyp der Einheit Kilogramm festgelegte. Man hat also per Definition eine ganz bestimmte konkrete Masse zum Normal erklärt, d. h. zur Verkörperung und Konservierung der Einheit Masse. Damit kann der Wert jeder beliebigen Größe der Größenart Masse in Vielfachen dieses Normals (kg) festgestellt werden.

So anschaulich das Beispiel der Masse für die Festlegung von Einheiten und ihre praktische Realisierung in einem Normal auch ist, so darf daraus keinesfalls abgeleitet werden, die Wahl und Festlegung von Einheiten sei immer bereits mit der Definition physikalischer Größen gelöst. Gerade die Definition der Masseneinheit als Verkörperung der Masse selbst gilt heute als äußerst unbefriedigend, da man eine als Normal verkörperte Masse nur mit relativ großer Unsicherheit aufbewahren und weitergeben kann. Ein Massennormal selbst ist trotz sorgfältiger Lagerung durch Umwelteinflüsse Veränderungen ausgesetzt. Die Weitergabe der so realisierten Masseneinheit ist an Wägeverfahren gebunden, deren Genauigkeit zeit- und ortsabhängig ist.

Die Zielsetzung der Metrologie ist es, ein Einheitensystem zu schaffen, welches weitgehend frei ist von Einflüssen, wie sie jeglichen Verkörperungen anhaften. Als ideale Einheitendefinitionen gelten heute Naturkonstanten, die selbst weitgehend zeit- und ortsunabhängig sind, so daß die Genauigkeiten der daraus realisierten Einheiten ausschließlich durch die Meßverfahren bestimmt sind. Wird ein Meßverfahren genauer, wird auch die Darstellung der betreffenden Einheit genauer, ohne daß ihre Definition geändert werden muß.

Es ist hier weder notwendig noch möglich, auf die historische Entwicklung der Einheitensysteme einzugehen. Daher wird im folgenden ohne ausführlichere Einleitung das heute ausschließlich gebräuchliche SI-Einheitensystem erläutert, bei dem alle Einheiten aus sechs Basiseinheiten abgeleitet werden (s. Tafel 1.13 und 1.14). Im Zusammenhang mit Größengleichungen verliert neben diesem Einheitensystem ein besonderes Größen- bzw. Größenartensystem [8] an praktischer Bedeutung, d.h., wird wie heute üblich konsequent mit Größengleichungen gerechnet, so kann man sich mit der Kenntnis des SI-Einheitensystems begnügen. Allein aus didaktischen Gründen ist in Tafel 1.13 und 1.14 zusätzlich zu dem SI-Einheitensystem ein auf dieses zugeschnittenes Größensystem angegeben, um zum einen die Definitionsgleichungen für die abgeleiteten Einheiten zu erläutern und zum anderen dem näher interessierten Leser die Notwendigkeit einer bestimmten Anzahl von Basiseinheiten vor Augen zu führen, die aus einer Bilanz der Größen des dem SI-Einheitensystem zugrunde liegenden Größensystems folgt. Es muß aber besonders betont werden, daß die auf der linken Seite der Tafel 1.13 angeführten Größengleichungen allein unter dem Gesichtspunkt ausgewählt wurden, das auf der rechten Seite aufgeführte SI-Einheitensystem weitergehend zu erklären. Eine andere Auswahl wäre nicht nur möglich, sondern könnte auch zweckmäßiger sein, um z.B. ein geschlossenes Größenartensystem zu erläutern. Dieses müßte auch nicht zu Widersprüchen führen, da die Wahl der Basiseinheiten keinesfalls voraussetzt, daß die ihnen entsprechenden Größen auch als Basisgrößen definiert sind, d.h., man kann neben dem SI-Einheitensystem ein Größenartensystem verwenden, in dem die a priori eingeführten Basisgrößen von anderer Größenart sind als die Basiseinheiten [8].

1.3.2.1 SI-Einheiten. Die SI-Einheiten (Système International d'Unités) wurden 1954 von der 10. Generalkonferenz für Maß und Gewicht angenommen und gelten damit als international vereinbart. Diese SI-Einheiten, die häufig auch als internationale Einheiten bezeichnet werden, dürfen nicht verwechselt werden mit den 1908 von der Internationalen Konferenz für elektrische Einheiten und Normale eingeführten internationalen Einheiten [8], die mit dem Index „int" geschrieben werden, z.B. für die Einheit Volt (V_{int}) oder Ampere (A_{int}), aber im Gesetz für Einheiten im Meßwesen nur bis zum 31.12.1974 zugelassen waren. Auf der nationalen Ebene der Bundesrepublik Deutschland sind die SI-Einheiten seit 1969 verbindlich vorgeschrieben (s. Abschn. 1.6.1).

Tafel **1.13** Definition der SI-Einheiten

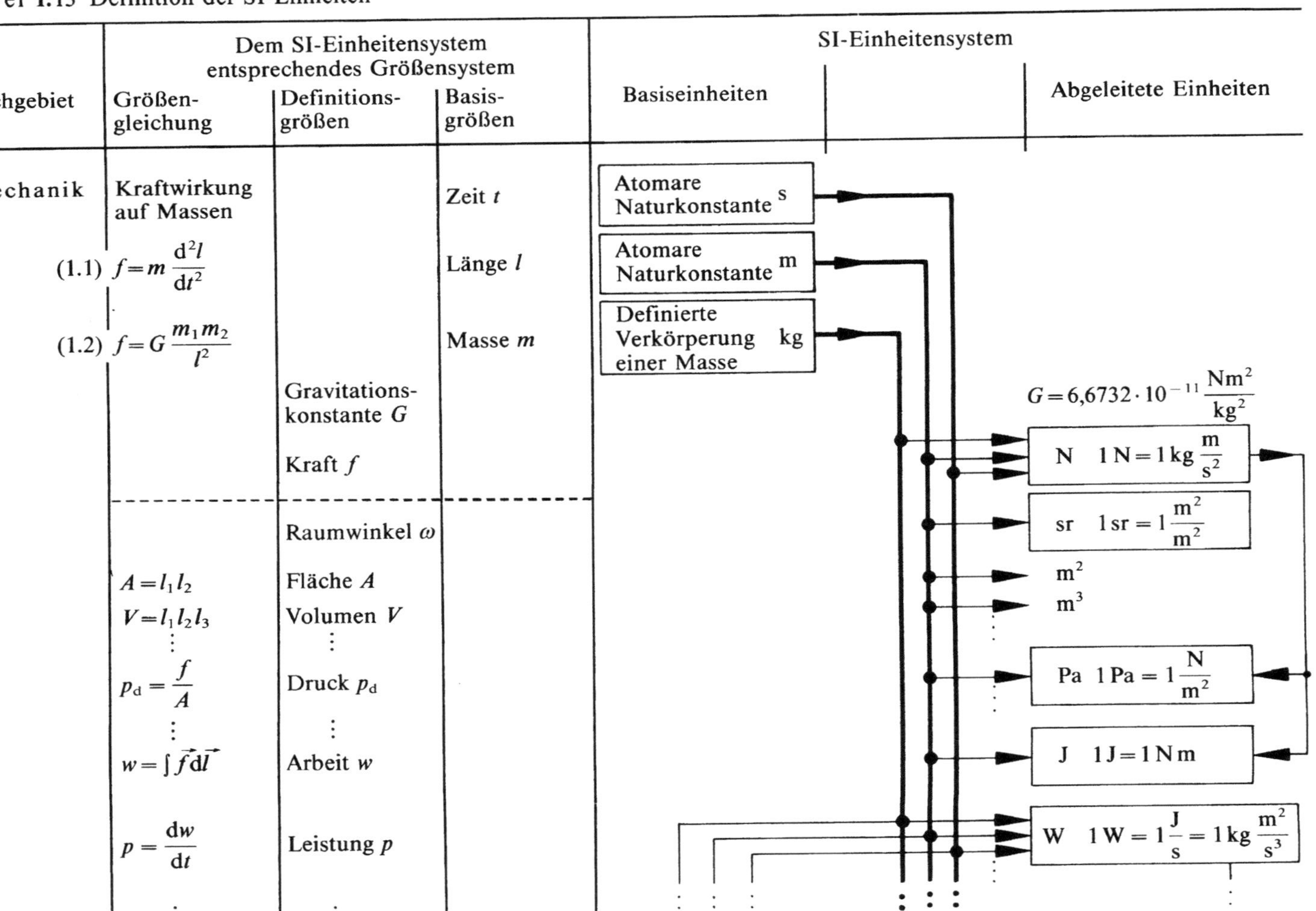

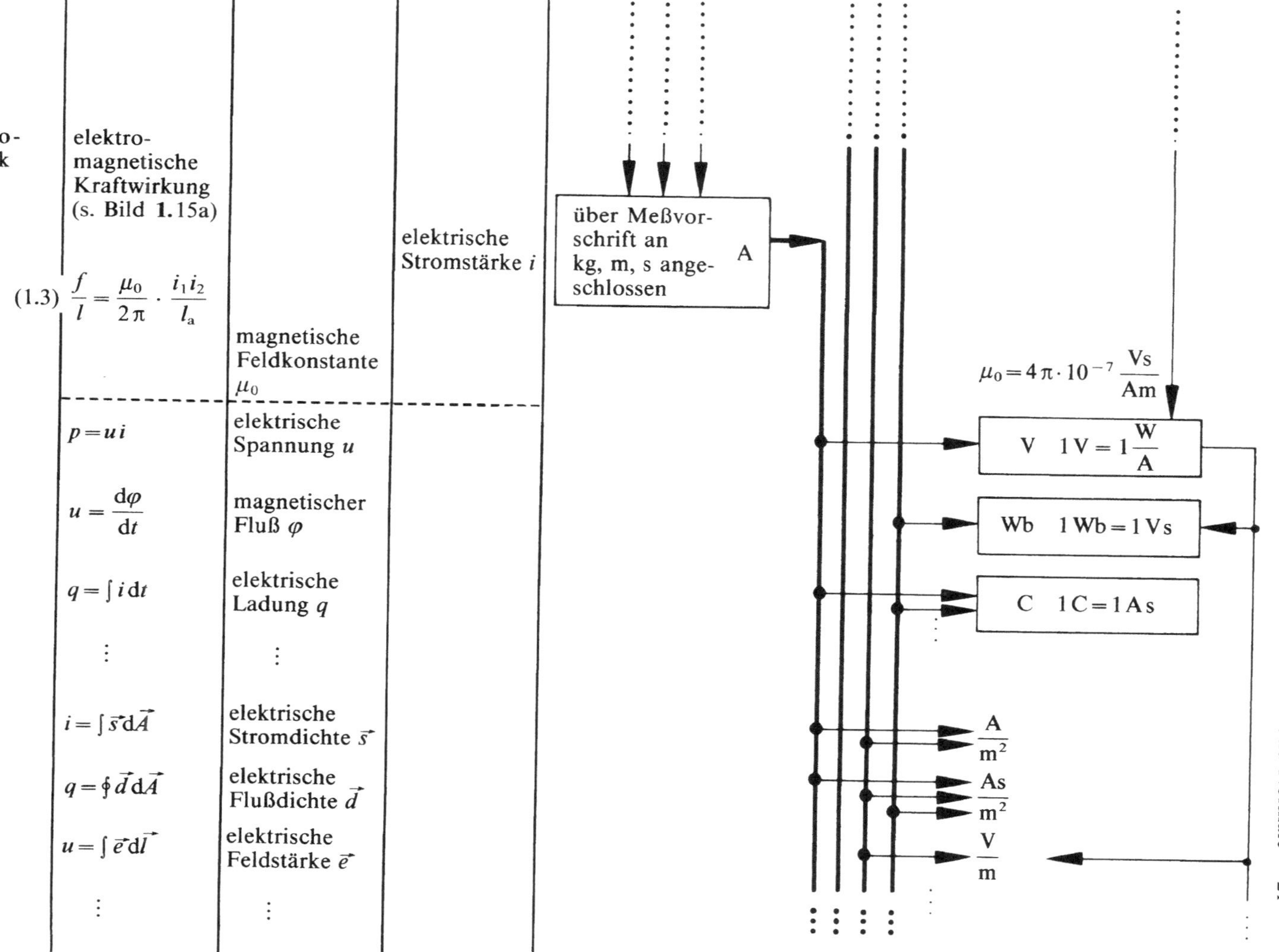

Elektrotechnik
elektromagnetische Kraftwirkung (s. Bild 1.15a)
(1.3) $\dfrac{f}{l}=\dfrac{\mu_0}{2\pi}\cdot\dfrac{i_1 i_2}{l_a}$
elektrische Stromstärke i
über Meßvorschrift an kg, m, s angeschlossen
A
$\mu_0 = 4\pi\cdot10^{-7}\ \dfrac{\text{Vs}}{\text{Am}}$
V $1\text{V} = 1\ \dfrac{\text{W}}{\text{A}}$
Wb $1\text{Wb}=1\text{Vs}$
C $1\text{C}=1\text{As}$
$\dfrac{\text{A}}{\text{m}^2}$
$\dfrac{\text{As}}{\text{m}^2}$
$\dfrac{\text{V}}{\text{m}}$
magnetische Feldkonstante μ_0
$p=ui$ elektrische Spannung u
$u=\dfrac{\mathrm{d}\varphi}{\mathrm{d}t}$ magnetischer Fluß φ
$q=\int i\,\mathrm{d}t$ elektrische Ladung q
$i=\int\vec{s}\,\mathrm{d}\vec{A}$ elektrische Stromdichte $\vec{s}$
$q=\oint\vec{d}\,\mathrm{d}\vec{A}$ elektrische Flußdichte $\vec{d}$
$u=\int\vec{e}\,\mathrm{d}\vec{l}$ elektrische Feldstärke $\vec{e}$

Tafel 1.13 Fortsetzung

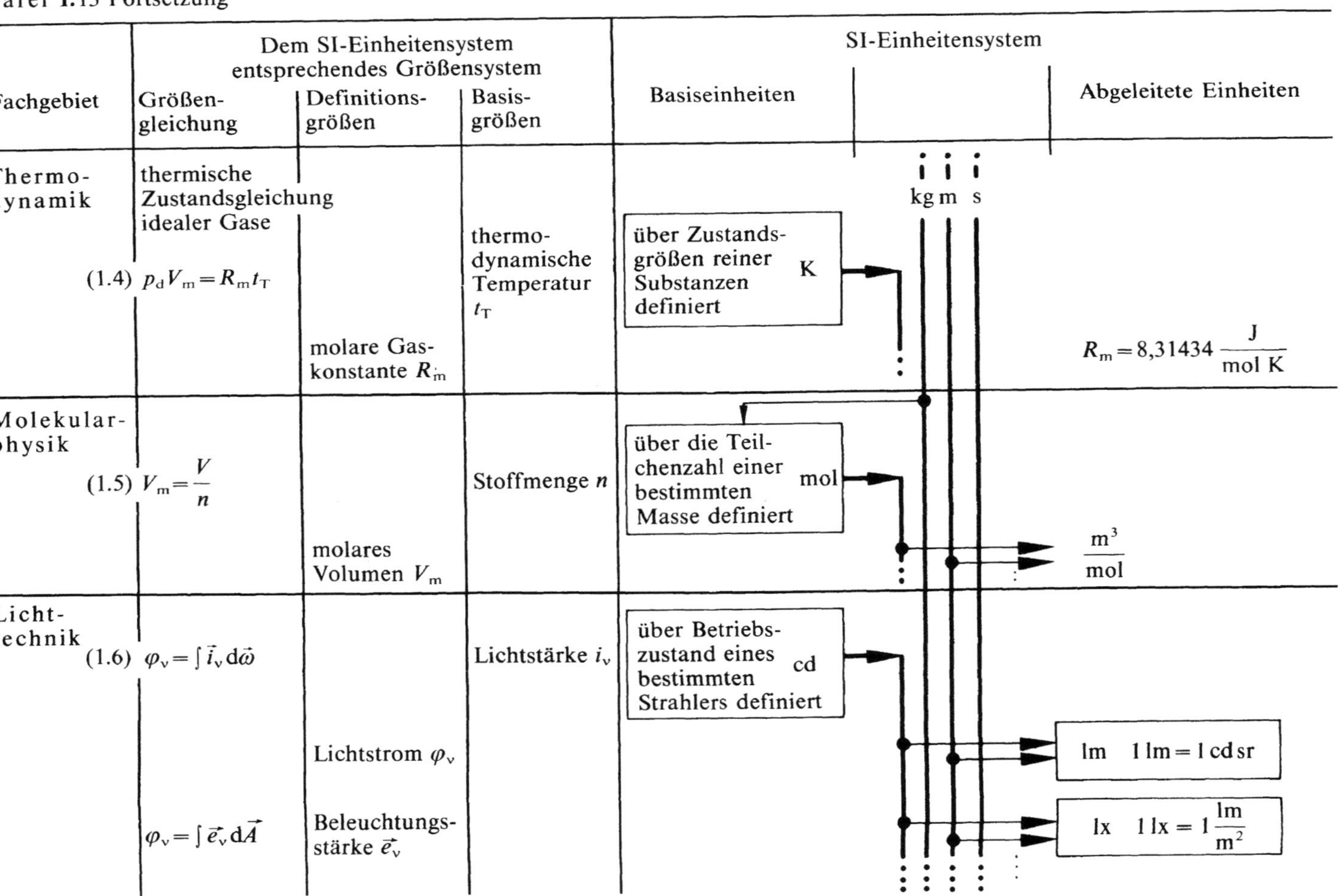

Die SI-Einheiten sind ein kohärentes Einheitensystem, d. h., in den Definitionsgleichungen für alle aus den a priori eingeführten Basiseinheiten abgeleiteten Einheiten treten nur Zahlenfaktoren des Wertes Eins und Potenzprodukte der Basiseinheiten mit ganzzahligen Exponenten auf (s. Tafel **1.**13 und **1.**14).

Tafel **1.**14 SI-Basiseinheiten (gesperrt) und abgeleitete SI-Einheiten, für die ein besonderer Name festgelegt ist

Gebiet	Größen der SI-Einheiten			SI-Einheiten		
	Name	Formelzeichen	Name	Symbol	Definition
Mechanik	Zeit	t	Sekunde	s	
	Länge	l	Meter	m	
	Masse	m	Kilogramm	kg	
	Frequenz	f	Hertz	Hz	$1\,Hz = 1/s$
	ebener Winkel	α	Radiant	rad	$1\,rad = 1\,m/m$
	Raumwinkel	ω	Steradiant	sr	$1\,sr = 1\,m^2/m^2$
	Kraft	f	Newton	N	$1\,N = 1\,kg\,m/s^2$
	Druck	p_d	Pascal	Pa	$1\,Pa = 1\,N/m^2$
	Arbeit	w	Joule	J	$1\,J = 1\,N\,m$
	Leistung	p	Watt	W	$1\,W = 1\,J/s$
Elektrotechnik	elektrische Stromstärke	i	Ampere	A	
	elektrische Spannung	u	Volt	V	$1\,V = 1\,W/A$
	elektrische Ladung	q	Coulomb	C	$1\,C = 1\,A\,s$
	magnetischer Fluß	φ	Weber	Wb	$1\,Wb = 1\,V\,s$
	elektrischer Widerstand	R	Ohm	Ω	$1\,\Omega = 1\,V/A$
	elektrischer Leitwert	G	Siemens	S	$1\,S = 1/\Omega$
	Induktivität	L	Henry	H	$1\,H = 1\,Vs/A$
	Kapazität	C	Farad	F	$1\,F = 1\,As/V$
	magnetische Induktion	b	Tesla	T	$1\,T = 1\,Vs/m^2$
Thermodynamik	Thermodynamische Temperatur	t_T	Kelvin	K	
Molekularphysik	Stoffmenge	n	Mol	mol	
	Aktivität einer radioaktiven Substanz	a	Becquerel	Bq	$1\,Bq = 1/s$
	Energiedosis	d	Gray	Gy	$1\,Gy = 1\,J/kg$
Lichttechnik	Lichtstärke	i_v	Candela	cd	
	Lichtstrom	φ_v	Lumen	lm	$1\,lm = 1\,cd\,sr$
	Beleuchtungsstärke	e_v	Lux	lx	$1\,lx = 1\,lm/m^2$

Dem SI-Einheitensystem liegen sieben Basiseinheiten zugrunde. Sie sind unter dem Gesichtspunkt gewählt, daß sie mit den derzeitigen technischen Möglichkeiten, Einrichtungen und Verfahren befriedigend realisiert werden können, um die Definitionen dieser Basiseinheiten möglichst genau in Form eines Normals praktisch verfügbar darzustellen und weitgehend unabhängig von zeitlichen und örtlichen Einflüssen aufbewahren und weitergeben zu können. Die aus diesen sieben Basiseinheiten abgeleiteten Einheiten, als Definitionseinheiten bezeichnet, werden im allgemeinen als Potenzprodukte der Basiseinheiten geschrieben, z. B. für die Größe Fläche A die Einheit m^2, für die Größe Geschwindigkeit v die Einheit m/s, für die Größe Stromdichte s die Einheit A/m^2 oder für die Größe elektrische Erregung d die Einheit As/m^2 (s. Anhang Tafel **A**.1). Lediglich für 19 der so abgeleiteten Definitionseinheiten wurde ein besonderer Name geprägt und für ihre Potenzprodukte aus den Basiseinheiten ein besonderes Symbol festgelegt, z. B. für die Größe Druck p_d die Einheit Pascal (Pa), für die Größe Kraft f die Einheit Newton (N), für die Größe Leistung p die Einheit Watt (W) oder für die Größe Spannung u die Einheit Volt (V) (s. Tafel **1.13** und **1.14**).

Von den sieben Basiseinheiten wurden drei aus dem Gebiet der Mechanik gewählt. Für die Größen Zeit t und Länge l sind die Einheiten Sekunde (s) und Meter (m) über atomare Naturkonstanten wie folgt definiert:

„Die Basiseinheit 1 Sekunde ist das 9192631770-fache der Periodendauer der dem Übergang zwischen den beiden Hyperfeinstrukturniveaus des Grundzustandes von Atomen des Nuklids ^{133}Cs entsprechenden Strahlung."

„Die Basiseinheit 1 Meter ist das 1650763,73-fache der Wellenlänge der von Atomen des Nuklids ^{86}Kr beim Übergang vom Zustand 5 d$_5$ zum Zustand 2 p$_{10}$ ausgesandten, sich im Vacuum ausbreitenden Strahlung."

Diese Definitionen erfüllen infolge ihrer zeitlichen und örtlichen Unabhängigkeit die Forderungen an ein Einheitennormal in nahezu idealer Weise. Die Genauigkeit, mit der die Einheiten Sekunde und Meter praktisch auswertbar dargestellt werden, ist durch das Verfahren bestimmt, mit dem sie an die atomaren Konstanten angeschlossen werden. Eine technische Verbesserung der Verfahren (Verbesserung der Meßtechnik) bedeutet damit gleichzeitig eine Genauigkeitssteigerung der Einheitennormale, ohne daß dabei die Definition dieser Einheiten geändert werden muß.

Die dritte mechanische Basiseinheit Kilogramm (kg) ist für die Masse m in ihrer Verkörperung selbst definiert.

„Die Basiseinheit Kilogramm ist die Masse des internationalen Kilogrammprototyps."

Diese Einheit ist als Verkörperung einer bestimmten Masse in Form eines Platin-Iridium-Zylinders definiert und als internationaler kg-Prototyp im internationalen Büro für Maß und Gewicht (BIPM) in Sèvres bei Paris hinterlegt, auf das letztlich alle Massennormale über Wägeverfahren zurückgeführt werden. Im Gegensatz zu den Naturkonstanten unterliegen aber verkörperte Massen zeitlichen und die Wägeverfahren zeitlichen und örtlichen Veränderungen, so daß die derzeitige Definition der Einheit nicht als ideal gilt. Allerdings ist in naher Zukunft noch keine andere zu erwarten. Die erwähnten Unsicherheiten sind aber mehr für die widerspruchsfreie Definition des Einheitensystems von Bedeutung und liegen um mehrere Zehnerpotenzen unter den Unsicherheiten, mit denen die täglichen Messungen in der routinemäßigen Meßtechnik durchgeführt werden.

Alle weiteren Definitionseinheiten für mechanische Größen sind als Potenzprodukte mit ganzzahligen Exponenten aus diesen drei Basiseinheiten abgeleitet (Tafel **1.13**). Zur Vereinfachung der Schreibweise sind für häufig vorkommende Potenzprodukte eigene Symbole eingeführt worden, d. h., in den Definitionsgleichungen für abgeleitete Einheiten werden auch Einheiten verwendet, die ihrerseits bereits als abgeleitete Einheiten definiert sind. Beispielsweise wird die abgeleitete Einheit Newton (N) in vielen abgeleiteten Einheiten wie Pascal (1 Pa $= 1$ N/m^2), Joule (1 J $= 1$ N m) direkt eingesetzt statt ihrer Definition (1 N $= 1$ kg m/s^2) aus den drei Basiseinheiten kg, m und s (s. Tafel **1.13**).

Für das Gebiet der Elektrotechnik wird eine vierte Basisgröße für notwendig erachtet, die in den SI-Einheiten als Ampere (A) für die Größe elektrische Stromstärke i mit folgender Definition eingeführt wurde:

„Die Basiseinheit 1 Ampere ist die Stärke eines zeitlich unveränderlichen elektrischen Stromes, der, durch zwei im Vakuum parallel im Abstand 1 Meter voneinander angeordnete, geradlinige, unendlich lange Leiter von vernachlässigbar kleinem, kreisförmigem Querschnitt fließend, zwischen diesen Leitern je 1 Meter Leiterlänge elektrodynamisch die Kraft 1/5 000 000 Kilogrammeter durch Sekundenquadrat hervorrufen würde."

Nach dieser Definition wird das Ampere über die Kraftwirkung f zwischen zwei stromdurchflossenen Leitern entsprechend Gl. (1.3) in Tafel **1**.13

$$\frac{f}{l} = \frac{\mu_0}{2\pi} \frac{i_1 i_2}{l_\mathrm{a}}$$

(s. Bild **1**.15 a) auf die drei Basiseinheiten der Mechanik, Länge l, Zeit t und Masse m, zurückgeführt. Damit bestimmt aber die ungenaueste Einheit dieser drei auch die Genauigkeit des Ampere, d. h., z. Zt. wirkt sich die unvermeidbare Unsicherheit der Masseeinheit Kilogramm zwangsläufig auch in der Einheit der elektrischen Stromstärke aus. Praktisch wird das Wägeverfahren zur Ableitung des Ampere aus dem Kilogramm über eine Spulenanordnung realisiert, wie z. B. in Bild **1**.15 b skizziert.

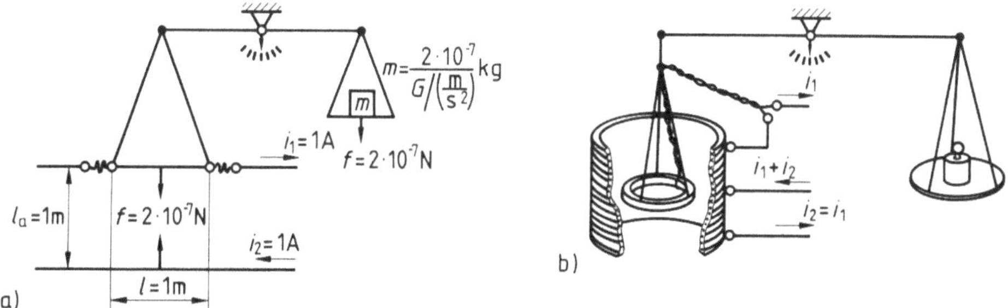

1.15 Realisierung der Definition der Einheit Ampere
   a) Modellvorstellung nach dem Wortlaut der Definition (G Fallbeschleunigung)
   b) Stromwaage zur praktischen Darstellung der Einheit

Alle weiteren elektromagnetischen Definitionseinheiten ergeben sich als abgeleitete Einheiten aus den Potenzprodukten der vier Basiseinheiten Meter, Sekunde, Kilogramm, Ampere, wie in Tafel **1**.13 angedeutet ist. Dabei können aus Gründen der Übersichtlichkeit auch hier die abgeleiteten Einheiten mit besonderen Namen statt ihrer Potenzprodukte in die Definitionsgleichungen eingeführt werden, z. B. in der abgeleiteten Einheit Ohm (1 Ω = 1 V/A) die abgeleitete Einheit Volt (V) statt ihres Potenzproduktes 1 V = 1 kg m^2 s^{-3} A^{-1} aus den Basiseinheiten kg, m, s und A (s. Tafel **1**.13 und Tafel A.1 im Anhang).

Erwähnenswert ist, wie die mit dem heute üblichen Vierer-System der Elektrotechnik eingeführten Proportionalitätsfaktoren μ_0 und ε_0 in dem SI-Einheitensystem bestimmt sind. Neben den fundamentalen Kraftwirkungen auf Massen, die in den beiden unabhängigen Grundgleichungen der Mechanik – Gl. (1.1) und (1.2) in Tafel **1**.13 – beschrieben sind, scheint die Kraftwirkung zwischen elektrischen Ladungen ein weiteres Grundphänomen zu sein, welches in einer weiteren unabhängigen Grundgleichung beschrieben wird. Im Vierersystem kann dieses Grundphänomen über die Lorentzkraft, d. h. als Kraft zwischen bewegten Ladungen in der unabhängigen Grundgleichung (1.3),

Tafel 1.13, beschrieben werden. Es entspricht den Eigenheiten des Vierersystems [8], daß mit dieser einen Gleichung zwei neue Größen, nämlich der Strom i (bewegte Ladung) und ein Proportionalitätsfaktor μ_0 eingeführt werden, so daß eine dieser beiden als Basisgröße a priori festgelegt werden muß, damit das Gleichungssystem bestimmt ist. Dient also Gl. (1.3) zur Definition der Einheit Ampere, so ist diese Definition nur eindeutig, wenn der Proportionalitätsfaktor μ_0, der auch als magnetische Feldkonstante bezeichnet wird, mit einem bestimmten festgelegten Wert in Gl. (1.3) eingeführt wird. Im Zusammenhang mit der Definition der Basiseinheit Ampere, nach der sich entsprechend Bild **1.**15 a die Kraft auf ein gerades Leiterstück der Länge $l = 1$ m zu

$$f = \left(\frac{f}{l}\right) \cdot 1 \text{ m} = \left(\frac{\mu_0}{2\pi} \cdot \frac{1 \text{ A} \cdot 1 \text{ A}}{1 \text{ m}}\right) \cdot 1 \text{ m} = 2 \cdot 10^{-7} \text{ N}$$

ergibt, ist die Induktionskonstante mit

$$\mu_0 = \frac{2 \cdot 10^{-7} \text{ N} \cdot 2\pi \cdot 1 \text{ m}}{1 \text{ A}^2 \cdot 1 \text{ m}} = 4\pi \cdot 10^{-7} \frac{\text{Vs}}{\text{Am}} \tag{1.7}$$

definitiv festgelegt worden.

Die elektrische Feldkonstante ε_0 kann nun auf zwei unabhängigen Wegen, nämlich über die Lichtgeschwindigkeit c_0 oder das Coulombsche Gesetz, bestimmt werden.

Aus den Maxwell'schen Gleichungen ergibt sich die Ausbreitungsgeschwindigkeit elektromagnetischer Wellen im Vakuum zu

$$c_0 = \sqrt{\frac{1}{\varepsilon_0 \mu_0}} \cdot \tag{1.8}$$

Da μ_0 über die Definition des Ampere entsprechend Gl. (1.7) festgelegt ist, kann über eine Messung der Ausbreitungsgeschwindigkeit c_0 die elektrische Feldkonstante

$$\varepsilon_0 = \frac{1}{c_0^2 \mu_0}$$

experimentell nach Gl. (1.8) bestimmt werden. Derzeitig gilt als genauester Meßwert für die Ausbreitungsgeschwindigkeit im Vakuum $c_0 = 299\,792\,458$ m/s, so daß der mit ihr berechnete Wert für die elektrische Feldkonstante

$$\varepsilon_0 = \frac{1}{299\,792\,458^2 \, (\text{m/s})^2 \, 4\pi \cdot 10^{-7} \text{ Vs/Am}} = 8{,}854188 \cdot 10^{-12} \frac{\text{As}}{\text{Vm}} \tag{1.9}$$

auch als der derzeitig genaueste Wert gilt.

In dem Coulombschen Gesetz, welches die Kraftwirkung f zwischen zwei als punktförmig anzusehenden ruhenden Ladungen q_1 und q_2 beschreibt (s. Bild **1.**16 a)

$$f = \frac{1}{4\pi\varepsilon_0} \cdot \frac{q_1 q_2}{l_a^2}\,, \tag{1.10}$$

sind die SI-Einheiten Coulomb (1 C = 1 A s) für die elektrische Ladung q, Meter (m als Basiseinheit) für die Länge l und Newton (1 N = 1 kg m/s^2) für die Kraft f festgelegt, nicht aber die elektrische Feldkonstante ε_0. Diese könnte somit grundsätzlich aus den Meßwerten für Kraft, Ladung und Abstand f, q_1, q_2 und l_a zu

$$\varepsilon_0 = \frac{q_1 q_2}{4\pi f l_a^2} \tag{1.11}$$

bestimmt werden. Bei der Realisierung von Meßeinrichtungen auf der Basis des Coulombschen Gesetzes – als elektrostatische Spannungsmesser bekannt – wählt man als Träger der Ladungen Elektroden, die einen übersichtlichen Feldverlauf gewährleisten, z. B. wie in Bild **1.**16 b schematisch dargestellt.

1.16
Meßeinrichtungen nach dem Prinzip der Kraftwirkungen zwischen elektrischen Ladungen
a) Modellvorstellung nach dem Coulombschen Gesetz
b) Elektrostatischer Spannungsmesser

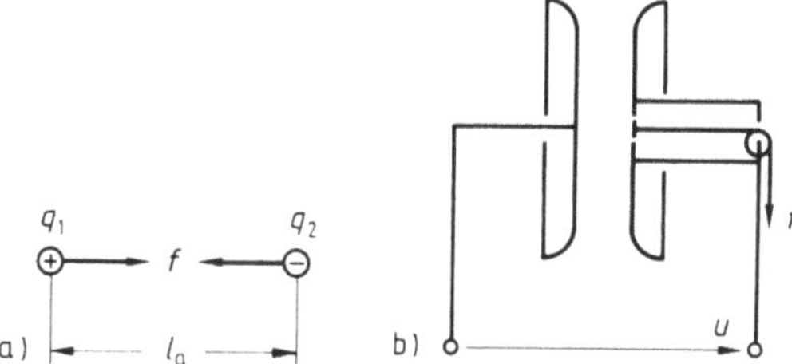

Ob sich aus der in den beiden unabhängigen Verfahren zum Ausdruck kommenden Überbestimmtheit des Wertes für die elektrische Feldkonstante Konsequenzen ergeben, kann und muß hier nicht diskutiert werden, zumal bei der Bestimmung von ε_0 über die Coulombkraft mit elektrostatischen Spannungsmessern eine Meßunsicherheit (s. Abschn. 2.4.1) von etwa $2 \cdot 10^{-6}$ auftritt, die wesentlich größer ist als die, die sich bei der Bestimmung über die Lichtgeschwindigkeit mit etwa $4 \cdot 10^{-9}$ ergibt.

Für das Gebiet der Thermodynamik wird ähnlich wie für das der Elektrotechnik eine weitere Basisgröße für notwendig erachtet. In dem SI-Einheitensystem wurde daher die Basiseinheit Kelvin (K) für die thermodynamische Temperatur t_T eingeführt mit folgender Definition:

„Die Basiseinheit 1 Kelvin ist der 273,16te Teil der thermodynamischen Temperatur des Tripelpunktes des Wassers."

Nach dieser Definition kann über die Gesetze der Thermodynamik – z. B. Gl. (1.4) in Tafel **1.**13 – mit einem System im thermodynamischen Gleichgewicht auch die kontinuierliche thermodynamische Temperaturskala realisiert werden. Die praktische Erfassung thermodynamischer Temperaturen nach diesem Prinzip ist aber enorm aufwendig, und man beschränkt sich daher auf die Bestimmung weniger definierter Fixpunkte dieser Temperaturskala. Durch sie legt man die Kennlinie (s. Abschn. 1.5.2.1) einfach zu handhabender Meßgeräte, wie z. B. Widerstandsthermometer, Pyrometer, wodurch eine praktisch auswertbare kontinuierliche Temperaturskala gegeben ist. Die derzeit verbindliche internationale praktische Temperaturskala (IPTS) wurde 1968 von der Generalkonferenz für Maß und Gewicht angenommen (IPTS-68) und beruht darauf, daß auf ihr im Bereich von 10 K bis 1400 K elf Fixpunkte definiert sind, die durch die Realisierung von Gleichgewichtszuständen zwischen den Phasen reiner Substanzen dargestellt werden. Beispielsweise sind auf der IPTS-68 die Temperaturen $T_{68} = 13,81$ K durch den Tripelpunkt des Gleichgewichtswasserstoffes, $T_{68} = 90,188$ K durch den Siedepunkt des Sauerstoffes, $T_{68} = 273,16$ K durch den Tripelpunkt des Wassers, $T_{68} = 373,15$ K durch den Siedepunkt des Wassers, $T_{68} = 1337,58$ K durch den Erstarrungspunkt des Goldes usw. festgelegt. Da bereits vor 1968 praktische Temperaturskalen festgelegt waren, die sich aber von der jetzt verbindlichen – geringfügig – unterscheiden, muß die Bezugsskala durch einen Index an dem Größensymbol angegeben werden. Für den praktischen Einsatz wird als Normalgerät zur Interpolation der Fixpunkte, d. h. zur Darstellung einer kontinuierlichen internationalen praktischen Temperaturskala, im Bereich von 13,8 K bis 900 K das Platin-Widerstandsthermometer verwendet.

Für die Lichtstärke i_v ist in den SI-Einheiten die Basiseinheit Candela (cd) festgelegt mit der Definition:

„Die Basiseinheit 1 Candela ist die Lichtstärke, mit der 1/600 000 Quadratmeter der Oberfläche eines schwarzen Strahlers bei der Temperatur des beim Druck 101 325 Kilogramm durch Meter und durch Sekundequadrat erstarrenden Platins senkrecht zu seiner Oberfläche leuchtet."

Die praktische Darstellung der Einheit Candela über Platin in der Erstarrungsphase ist sehr aufwendig, und daher sind ähnlich wie bei der thermodynamischen Temperatur Sekundär-Normale festgelegt, z.B. Wolfram-Glühlampen, die so betrieben werden, daß ihre Strahlung die gleiche relative spektrale Verteilung hat wie ein schwarzer Strahler der Temperatur von 2045 K.

Als letzte Basiseinheit wurde 1974 das Mol (mol) für die Größe Stoffmenge n in das SI-Einheiten-System übernommen mit folgender Definition:

„Die Basiseinheit 1 Mol ist die Stoffmenge eines Systems, das aus ebensoviel Einzelteilchen besteht, wie Atome in (12/1000) Kilogramm des Kohlenstoffnuklids ^{12}C enthalten sind. Bei Verwendung des Mol müssen die Einzelteilchen des Systems spezifiziert sein und können Atome, Moleküle, Ionen, Elektronen sowie andere Teilchen oder Gruppen solcher Teilchen genau angegebener Zusammensetzung sein."

Die praktische Darstellung dieser Einheit folgt direkt aus ihrer Definition.

1.3.2.2 Normale für SI-Einheiten. Die SI-Basiseinheiten und damit auch alle abgeleiteten Einheiten sind so gewählt, daß sie mit möglichst kleiner Meßunsicherheit und möglichst großer zeitlicher und örtlicher Unabhängigkeit praktisch dargestellt werden können. Dem dafür erforderlichen zeitlichen und apparativen Aufwand wie auch den einfachen Durchführungsmöglichkeiten der Verfahren kann dabei keine wesentliche Bedeutung zugemessen werden. Damit sind aber die meisten dieser Verfahren für den praktischen, insbesondere den routinemäßigen Einsatz in den kommerziellen Bereichen der Metrologie nicht geeignet. Für die laufende routinemäßige Kalibrierung, Justierung, Prüfung und Eichung von Meß-, Kontroll- und Normalgeräten in Betrieben und Eichämtern müssen die Einheiten durch solche Normale realisiert werden, die einmal einen möglichst geringen apparativen und zeitlichen Aufwand erfordern, zum anderen aber doch der jeweils geforderten Genauigkeit gerecht werden. Für die Schaffung der Normale muß man also von der aus dem jeweiligen Verwendungsbereich abgeleiteten Zweckmäßigkeit ausgehen, die

a) den Kompromiß zwischen Aufwand und Genauigkeit bestimmt und
b) nicht unbedingt und immer wieder die direkte Realisierung der Definition der Basiseinheiten erfordert.

Aus a) folgt, daß es eine Hierarchie in den Normalen geben muß, deren Prinzip sich anhand des Bildes 1.17 erläutern läßt. Auf der untersten Genauigkeitsstufe stehen die Normale, die in den marktüblichen Meßgeräten verwendet werden, auf die also die Meßgrößen bei der Routinemessung zurückgeführt werden, z.B. die Gewichtssätze für Hebelwaagen, die Vergleichswiderstände in Meßbrücken, die Normalspannungen bei Kompensatoren usw. Diese „Normale", die häufig in den Meßgeräten mehr oder weniger fest eingebaut nicht als solche in Erscheinung treten, werden i. allg. als Vergleichsgrößen bezeichnet. Die Genauigkeit dieser „Normale" in der Art von Vergleichsgrößen muß

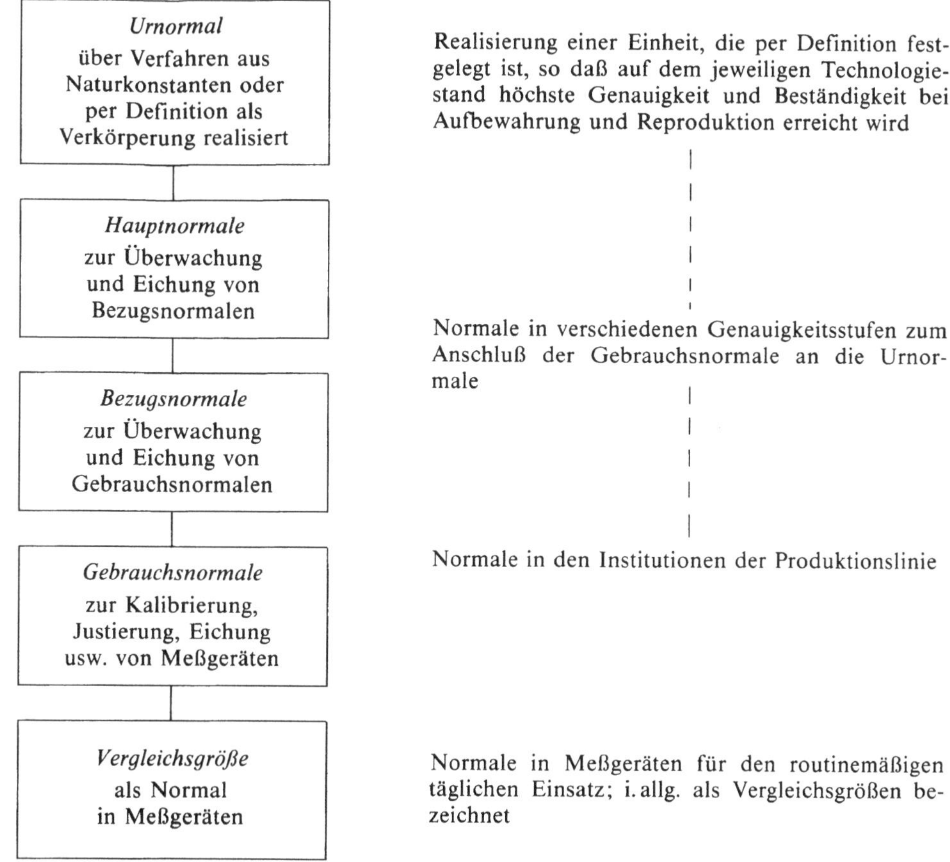

1.17 Hierarchie der Normale zur praktischen Darstellung von Einheiten

lediglich der Genauigkeit des Meßgerätes, in dem sie eingesetzt sind, entsprechen. Die Kalibrierung, Justierung, Eichung usw. bei der Herstellung, aber
auch bei der laufenden Überprüfung solcher Meßgeräte erfolgt mit Hilfe geeigneter Normale, deren Genauigkeit selbstverständlich über der der Meßgeräte
liegen muß. Diese Normale, die als Gebrauchsnormale bezeichnet werden,
sind wie die Meßgeräte durch den täglichen Einsatz in Betrieben, Eichämtern
usw. Einflüssen der Umgebung wie Temperatur und Luftfeuchtigkeit, der Behandlung durch Stöße und Überlastung, der Alterung und ähnlichem mehr
ausgesetzt, so daß eine Änderung ihres Wertes unvermeidbar ist. Der Nennwert der Gebrauchsnormale und dessen Toleranz müssen also nicht nur während der Herstellung bestimmt, sondern darüber hinaus laufend überwacht
werden, wozu wiederum Normale benötigt werden, deren Genauigkeit aber
besser sein muß als die der an ihnen gemessenen Gebrauchsnormale.

Solche Bezugsnormale, die im wesentlichen zur Überwachung der Gebrauchsnormale dienen, stellen in Firmen und Eichdirektionen i. allg. die höchste Genauigkeitsstufe dar, mit denen diese Einheiten praktisch realisiert werden können. Sie setzen bereits ein hohes Maß an Sorgfalt bei ihrer Anwendung und Aufbewahrung voraus, müssen aber dennoch überwacht werden, was natürlich wiederum Normale mit einer nochmals höheren Genauigkeitsstufe als die der Bezugsnormale verlangt. Solche Hauptnormale werden im Bundesgebiet im allgemeinen von der PTB (Physikalisch-Technische Bundesanstalt) aufbewahrt und bereitgehalten, die dazu durch das Gesetz über Einheiten im Meßwesen (s. Abschn. 1.6.1) beauftragt ist. Damit ist die PTB auch verpflichtet, diese Bezugsnormale an die nochmals genaueren internationalen Bezugs- und damit letztlich an die internationalen Urnormale oder auch Einheiten-Prototypen anzuschließen.

Punkt b) spricht die Realisierung von Einheiten als Subnormale an, die unter rein praktischen Gesichtspunkten erfolgt. Solche Subnormale basieren nicht auf der direkten Realisierung der Definitionen von Basiseinheiten, sondern realisieren abgeleitete Einheiten. Beispielsweise wird die Einheit Volt für die Spannung nicht ihrer Definition $1\,\mathrm{V} = 1\,\mathrm{W/A} = 1\,\mathrm{kg}\,\mathrm{m}^2/(\mathrm{s}^3\,\mathrm{A})$ entsprechend aus Normalen der mechanischen und elektrischen Basiseinheiten Kilogramm, Meter, Sekunde und Ampere abgeleitet, da dieses ein viel zu aufwendiges und

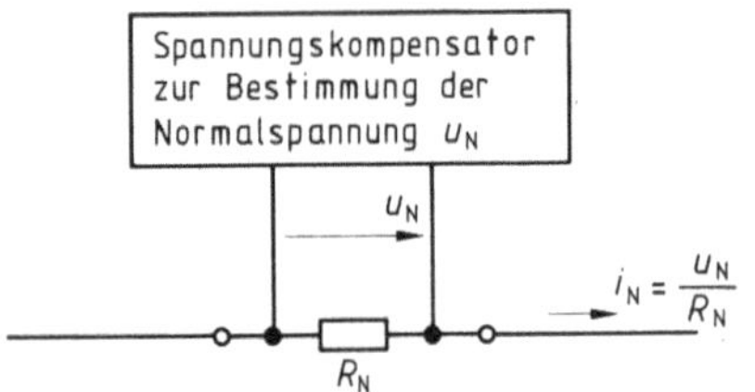

1.18
Darstellung der Einheit Ampere aus den Subnormalen für die Einheiten Volt und Ohm

umständliches Verfahren wäre. Es wurde vielmehr für die Realisierung der Einheit Volt ein Subnormal in der Form eines galvanischen Elementes geschaffen, aus dem die Spannungseinheit direkt abgeleitet wird. Auch die Einheit Ohm des elektrischen Widerstandes wird i. allg. durch Subnormale in Form von Metallwiderständen realisiert, und die Basiseinheit Ampere wird häufig nach dem Ohmschen Gesetz $i = u/R$ aus den Subnormalen für die Einheiten Ohm und Volt dargestellt (s. Bild 1.18). Die Beispiele können lediglich einen Einblick in die Problematik, aber nicht in etwa einen Überblick über die Vielzahl der heute in der Praxis verwendeten Normale und Subnormale geben.

1.3.3 Meßvorgang

Die formale Beschreibung des Meßvorganges erfolgt im vorliegenden Band mit Hilfe von Signalflußplänen, die in Band I, Teil 1, Abschn. Signalflußplan[1]) und VDI/VDE 2600 näher erläutert sind.

Der Meßvorgang wird allgemein mathematisch in Abschn. 3 und konkreter in den Beispielen der Abschn. 3 und 4 für die verschiedenen Meßverfahren, Meßprinzipien und Anwendungen erläutert. Analysiert man diese zunächst schwer überschaubare Vielfalt, so erkennt man ein allen Meßvorgängen gemeinsames Grundschema, welches sich anhand des Bildes 1.19 wie folgt beschreiben läßt.

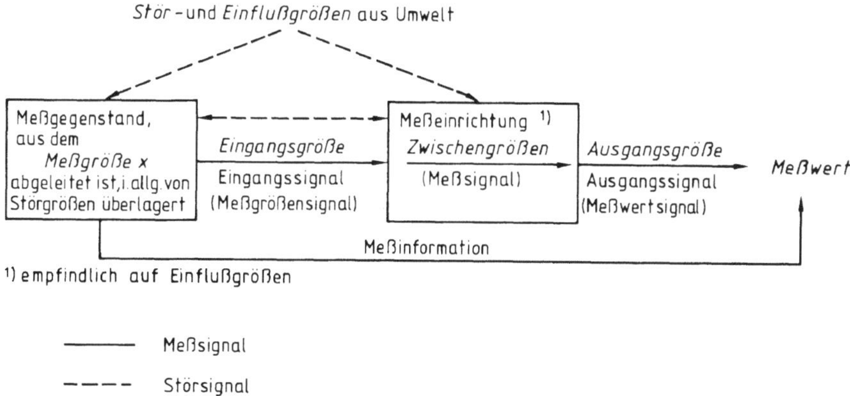

1.19 Meßsystem aus Meßgegenstand, Meßeinrichtung und Umgebung, in dem ein Meßvorgang abläuft

Der Meßvorgang läuft aufgabengemäß zwischen Meßgegenstand und Meßeinrichtung ab, beide dürfen aber nicht als isoliert gegenüber der Umwelt betrachtet werden. Man muß also bei der Beschreibung eines Meßvorganges grundsätzlich von einem System ausgehen, in dem Meßgegenstand, Meßeinrichtung und Umwelt miteinander gekoppelt sind. In diesem System wird die Meßgröße x als Eingangsgröße u – oder als Meßparameter in der Eingangsgröße u enthalten – der Meßeinrichtung zugeführt, die über die Ausgangsgröße y den Meßwert liefert. Dabei wird die Eingangsgröße u unter Nutzung entsprechender physikalischer Phänomene in Zwischengrößen umgeformt, für die sich zweckmäßige Vergleicher und Vergleichsgrößen so realisieren lassen, daß eine für den jeweiligen Zweck geeignete Ausgangsgröße entsteht. Jeder Meßvorgang läßt sich somit über eine Kette von Meßumformern beschreiben, in der Zwischen- und Ausgangsgröße von anderer Größenart sein können als die Eingangsgröße selbst. Die Meßgröße muß in den Eingangs-, Zwischen- und Ausgangsgrößen abgebildet, d.h. als Meßparame-

---

[1]) Zusammenstellung der Leitfadenbände s. Anzeigenteil

ter in diesen enthalten sein. Da dadurch aber diese Größen nicht etwa der Meßgröße gleichgesetzt werden dürfen, empfiehlt es sich, den Begriff Meßsignal einzuführen. Das Meßsignal umfaßt alle Größen, die bei der Übertragung des Wertes der Meßgröße als Träger der Meßinformation – Meßparameter – genutzt werden.

Da reale Meßsysteme auch auf Stör- bzw. Einflußgrößen reagieren (empfindlich sind, s. Abschn. 1.5.2.1), sind in dem Meßsignal nicht nur die Meßgröße als Meßparameter enthalten, sondern auch die durch Stör- bzw. Einflußgrößen verursachten Fehler.

Bereits die Meßgröße läßt sich i. allg. nicht ohne Störgrößen, d. h. nicht fehlerfrei, von dem Meßgegenstand in den Meßparameter der Eingangsgröße überführen. Soll beispielsweise die Frequenz der Ausgangsspannung eines Oszillators gemessen werden, so wird der Meßeinrichtung als Eingangsgröße die Spannung zugeführt, die die Meßgröße Frequenz als Meßparameter enthält. Durch die Kopplung des Oszillators – Meßgegenstand – mit der Umwelt bzw. mit der Meßeinrichtung kann seine Frequenz beeinflußt werden, z. B. durch Temperatureinflüsse bzw. durch den als Belastung wirkenden komplexen Eingangswiderstand der Meßeinrichtung. Ist als Meßgröße die Frequenz des unbelasteten Oszillators bei einer bestimmten Temperatur gefordert, so wird durch die genannten Störgrößen die Meßgröße als fehlerbehafteter Meßparameter in der Eingangsgröße abgebildet. Weitere Beispiele dafür, wie sich Störgrößen bereits mit der Meßgröße in der Eingangsgröße auswirken, wären die Messung eines temperaturabhängigen Widerstandes, dessen Wert durch den Meßstrom und die von der Umgebung bestimmten Wärmeableitungsverhältnisse bestimmt ist, oder die Messung der Quellenspannung einer Spannungsquelle, deren Wert um den durch den Meßstrom verursachten inneren Spannungsabfall verfälscht ist.

Auch in der Meßeinrichtung können sich durch ihre Kopplung mit der Umwelt oder/und dem Meßgegenstand Einflußgrößen im Meßsignal auswirken. Ein typisches Beispiel hierfür wäre die Änderung des Übertragungsverhaltens durch Temperatureinflüsse. Allerdings wird man i. allg. Meßeinrichtungen so bauen, daß sie möglichst geringfügig auf Umwelteinflüsse reagieren (kleine Empfindlichkeit für Einflußgrößen).

Bei vielen Meßverfahren können sich auch über die Art der Einstellung des Meßwertes während des Meßvorganges Einflußgrößen auswirken. Wird beispielsweise ein Widerstand mit einer Meßbrücke gemessen, so zeigt der Nullindikator dieser Brücke eine Abweichung zwischen dem Wert des zu messenden Widerstandes und dem des Vergleichswiderstandes in der Brücke an. Abhängig von dieser Anzeige verändert der Bediener der Meßbrücke den Vergleichswiderstand solange, bis der Nullindikator Null anzeigt. Es handelt sich hierbei also um einen meß- und regelungstechnischen Vorgang, bei dem der Bediener die Funktion des Reglers übernimmt und über die Ablesung des Nullindikators den Meßvorgang subjektiv beeinflußt. In ähnlicher Weise verläuft z. B. die Feststellung des Wertes einer Masse auf einer Hebelwaage, bei der vom Bediener die Vergleichsgröße (Gewichtsstücke) oder der Vergleicher selbst (Hebellänge) solange verändert wird, bis die Waage in Nullstellung steht.

Meßvorgänge sind also häufig eng mit Regelvorgängen verknüpft, da die Vergleichsgrößen, Elemente der Vergleichseinrichtung oder der Meßgegenstand abhängig von einer Nullanzeige solange verändert werden, bis ein Gleichgewichtszustand zwischen Meßgegenstand und Vergleichsgröße erreicht ist und der Meßwert aus der Vergleichsgröße abgeleitet werden kann. Bei den erwähnten manuell ausgeführten Meß- und Regelvorgängen läßt sich die Verflechtung noch sehr gut übersehen im Gegensatz zu vielen modernen Meßgeräten auf der Basis automatischer Abgleichverfahren, bei denen Regel- und Meßvorgänge eng ineinander greifen.

Auch bei Verfahren mit wesentlich einfacheren Einstellvorgängen werden naturgemäß Einflußgrößen wirksam. Beispielsweise wird bei Meßgeräten mit Skalenanzeige die Anzeige infolge der Lagerreibung in einem Bereich um die Gleichgewichtslage unsicher.

Letztlich können sich aber auch in der Ausgabe Einflußgrößen auswirken. In vielen Fällen wird der Meßwert als diskreter Zahlenwert ausgegeben. Erfolgt dieses beispielsweise durch die Beobachtung eines Zeigerausschlages, so bedeutet das die Umsetzung der Zeigerstellung auf der Skala in einen diskreten Zahlenwert. Dabei wird der Meßwert durch eine endliche Zahl angegeben, d. h., die Skala wird im Bereich der Zeigerstellung endlich unterteilt angenommen und die Zeigerstellung durch Auf- und Abrunden dem nächstliegenden diskreten Zahlenwert zugeordnet. Erfolgt die Ausgabe durch eine Ziffernanzeige, so setzt das ebenfalls eine Rundung voraus, die lediglich automatisiert abläuft. In beiden Fällen kann diese Auf- oder Abrundung zu Fehlern des Meßwertes führen (Digitalisierungsfehler s. Beispiel 2.3).

1.4 Meßprinzip und Meßverfahren

Der Meßvorgang beruht auf der Nutzung eines oder mehrerer physikalischer Phänomene, die das Meßprinzip des Vorganges kennzeichnen. Der Ablauf des Meßvorganges, der auf der praktischen Anwendung des Meßprinzips beruht, wird als Meßverfahren bezeichnet (s. Bild 1.20). Eine Meßeinrichtung kann also nach dem genutzten Meßprinzip und/oder dem realisierten Verfahren bezeichnet werden, wie in Tafel 1.21 beispielhaft für einige bekannte Meßeinrichtungen dargestellt ist.

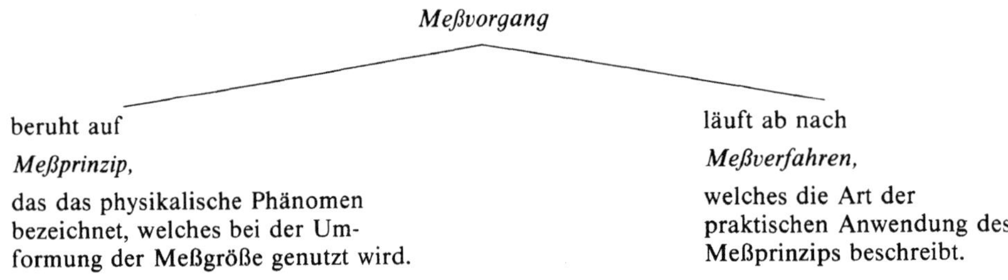

Meßprinzip,

das das physikalische Phänomen bezeichnet, welches bei der Umformung der Meßgröße genutzt wird.

Meßverfahren,

welches die Art der praktischen Anwendung des Meßprinzips beschreibt.

1.20 Bezeichnung des Meßvorganges durch Meßprinzip und Meßverfahren

Tafel **1.**21 Beispiele zur Erläuterung der Begriffe Meßprinzip und Meßverfahren
$m(i)$ vom Strom i verursachtes Drehmoment, c_d Federkonstante

Meßgröße	Meßeinrichtung	Meßprinzip	Meßverfahren
Spannung	Drehspulinstrument	Kraft auf stromdurchflossenen Leiter und Ohmsches Gesetz	analog, Ausschlag, kontinuierlich, je nach Auffassung a) direkt $\alpha = f(u)$ oder b) indirekt über elektromechanischen Energieumformer $m(i) = f(i), \alpha = m(i)/c_d, u = iR$
	Spannungskompensator	Maschensatz	Kompensation, diskontinuierlich (während des Abgleichens kein Meßwert), direkt, je nach praktischer Ausführung des Widerstandes R a) analog (R analoges Potentiometer) oder b) diskret (R Widerstandsdekaden)
Temperatur	Widerstandsthermometer in Brückenschaltung	temperaturabhängige Widerstandsänderung	je nach praktischer Ausführung a) Brücke als Abgleichverfahren, diskontinuierlich, analog oder diskret (R als Potentiometer oder Widerstandsdekaden), indirekt b) Brücke als Ausschlagverfahren, kontinuierlich, analog, indirekt

1.4.1 Meßprinzip

In den meisten Meßvorgängen werden nicht nur ein, sondern mehrere physikalische Phänomene genutzt, um die Meßgröße über Zwischengrößen in die Ausgangsgröße umzuformen, wie dieses beispielsweise in Bild 1.27 für die Temperaturmessung mit Thermoelement und Drehspulspannungsmesser dargestellt ist. Jedes im Zuge des Meßvorganges genutzte Phänomen kann, als Meßumformer aufgefaßt und durch Ein- und Ausgangsgröße gekennzeichnet, als Signalblock symbolisch in einem Signalflußplan dargestellt werden (s. Band I, Teil 1, Abschn. Signalflußplan und VDI/VDE 2600), in dem der Meßvorgang übersichtlich beschrieben wird. In der den Meßvorgang charakterisierenden Bezeichnung werden aber nicht alle realisierten Meßprinzipien aufgenommen, sondern nur das eine, welches für das Verfahren im Rahmen der jeweiligen Betrachtung typisch ist. Beispielsweise wird bei der Temperaturmessung mit Hilfe des Thermoelementes nach Bild 1.27 der thermoelektrische Effekt als Meßprinzip angegeben, da dieses die charakteristische Eigenheit beschreibt, z. B. im Gegensatz zu der Temperaturmessung mit Flüssigkeitsthermometer nach Bild 1.26b,

für die als Meßprinzip die Volumenausdehnung, oder der Temperaturmessung mit Hilfe eines Kalt- oder Heißleiters, für die als Meßprinzip die Widerstandsänderung angegeben wird.

In Bild 1.22 sind beispielhaft einige physikalische Phänomene zusammengestellt, die als charakteristische Meßprinzipien – Meßumformer – in geläufigen Meßvorgängen genutzt werden. Beispielsweise: in Bild 1.22a die Lorentzkraft $\vec{f} = q(\vec{v} \times \vec{b})$ als elektromechanischer Umformer im Drehspul-

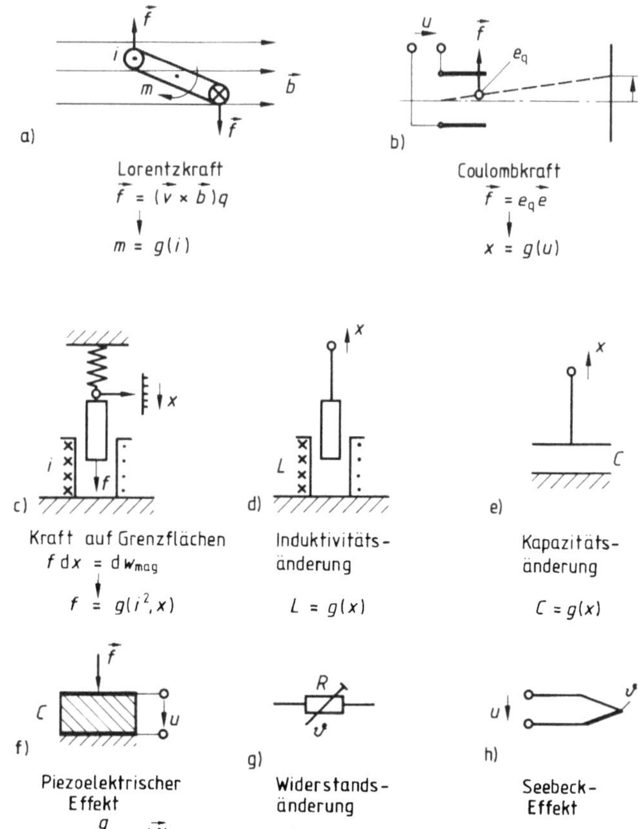

1.22
Physikalische Phänomene, die häufig als Meßprinzip genutzt werden

instrument ($\vec{v}$ Geschwindigkeit der Ladung q, $\vec{b}$ magnetische Induktion); in Bild **1.**22 b die Coulombkraft $\vec{f} = e_q \vec{e}$ als Spannung-Weg-Umformer im Kathodenstrahloszilloskop (e_q Elementarladung der Elektronen, $\vec{e}$ elektrische Feldstärke zwischen den Ablenkplatten, an denen die Meßspannung u anliegt); in Bild **1.**22 c die Kraftwirkung $\vec{f}$ durch Änderung der magnetischen Feldenergie w_{mag} als elektromechanischer Umformer im Weicheiseninstrument; in Bild **1.**22 d oder e die Änderung der Induktivität L oder Kapazität C als mechanisch-elektrischer Umformer bei Weggebern; in Bild **1.**22 f der piezo-elektrische Effekt als mechanisch-elektrischer Umformer bei Kraftgebern (C Kapazität, q elektrische Ladung) und in Bild **1.**22 g oder h die Widerstandsänderung oder der Seebeckeffekt als thermo-elektrischer Umformer. Da es wenig Sinn hat, in einer vollständigen Übersicht alle physikalischen Phänomene aufzulisten, die als Meßprinzip bzw. Meßumformer genutzt werden oder in Zukunft genutzt werden könnten, ist in Tafel **1.**23 lediglich eine Matrix angegeben, die eine Einordnung der in Meßeinrichtungen nutzbaren Umformer ermöglicht und damit den Überblick erleichtert. Die Umformer, mit denen elektrische Größen in nichtelektrische umgeformt werden bzw. nichtelektrische in elektrische, sind im Rahmen vorliegender Betrachtungen besonders interessant und daher beispielhaft in die Matrix eingetragen.

Tafel 1.23 Übersicht über Meßumformer

| | physikalische Art der Ausgangsgröße | | | | | | | |
	mechanisch	thermisch	optisch	elektrisch	magnetisch	akustisch	chemisch	nuklear
mechanisch	Getriebe ⋮ Norm- blende			Dehnungs- meßstreifen ⋮ piezoelektr. Umformer				
thermisch				Thermo- element ⋮ Wider- stand				
optisch				Photo- zelle ⋮				
elektrisch	Drehspul- instrument ⋮	Wider- stand ⋮	Leucht- diode ⋮	Wandler ⋮ Teiler ⋮ Umrichter	Elektro- magnet ⋮	Laut- sprecher ⋮	Akku- mulator ⋮	Röntgen- röhre ⋮
magnetisch				Hall- generator ⋮ induktive Geber				
akustisch				Mikrophon ⋮				
chemisch				Weston- Element ⋮				
nuklear				Ionisa- tions- kammer ⋮				

(Zeilenbeschriftung: physikalische Art der Eingangsgröße)

1.4.2 Meßverfahren

Das Meßverfahren beschreibt die Art der praktischen Anwendung eines Meßprinzips. Beispielsweise kann bei der Temperaturmessung nach dem Prinzip
der Widerstandsänderung diese Widerstandsänderung durch Vergleich mit einem bekannten Widerstand in einer Brückenschaltung oder mit einer Kon-
stantspannung über eine Strommessung erfaßt werden. Den ersten Fall könnte
man unter Brückenverfahren, den zweiten unter Ausschlagverfahren einord-
nen. Darüber hinaus könnten beide auch als indirekte Analogverfahren angesehen werden. Schon dieses Beispiel zeigt, daß die praktischen Ausführungen
von Meßprinzipien, also die Meßverfahren, nach verschiedenen Gesichtspunkten geordnet werden können. In Bild 1.24 ist ein Ordnungsschema der Meßverfahren dargestellt, das die Charakterisierung und Beschreibung der Arbeits-
weise üblicher Meßverfahren erleichtert. Wie alle solche definitiven Einteilun-
gen ist auch die der Meßverfahren an den Grenzen nicht frei von Willkür.

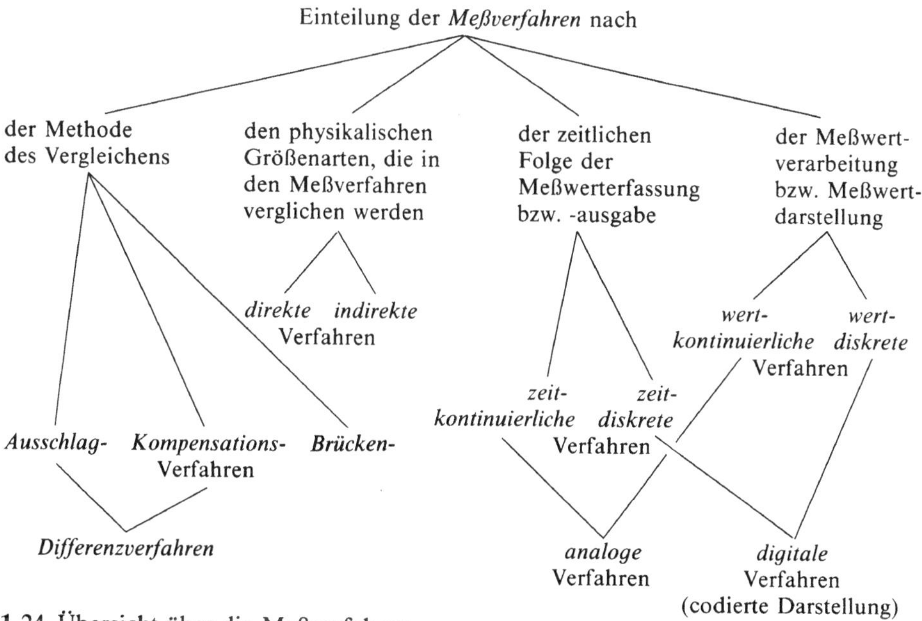

1.24 Übersicht über die Meßverfahren

1.4.2.1 Direkte und indirekte Verfahren. In Bild 1.25 oben ist ein Meßvorgang
schematisch dargestellt. Die Meßgröße x wird in dem Vergleicher der Meßeinrichtung mit einer Vergleichsgröße verglichen, so daß sich der Meßwert
x_i als Zahlenwert mal Einheit ergibt. Der Meßwert bzw. die Einheit des Meßwertes wird immer in der gleichen Größenart angegeben wie die Meßgröße.

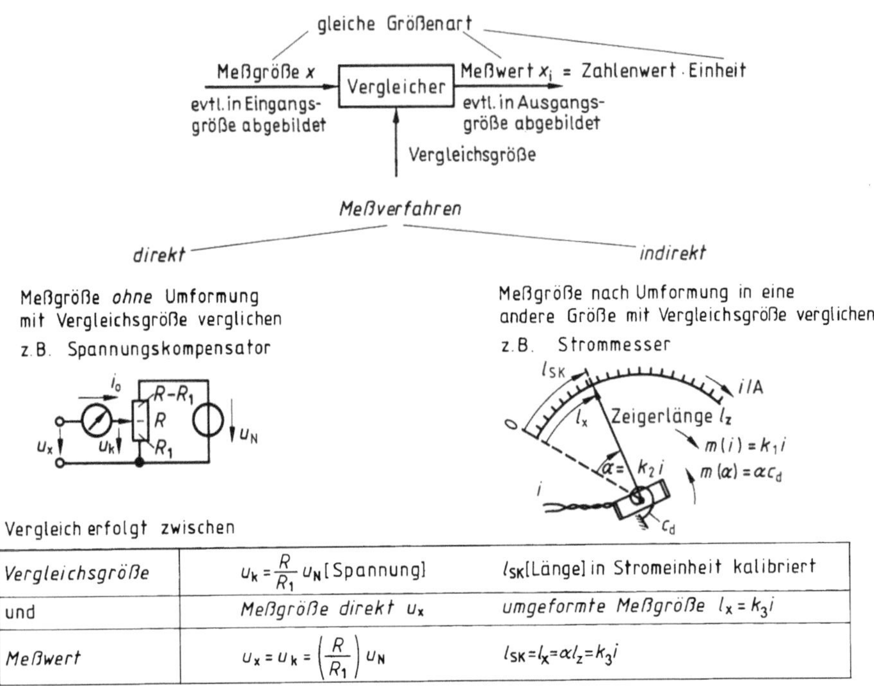

Vergleichsgröße	$u_k = \dfrac{R}{R_1} u_N$ [Spannung]	l_{SK} [Länge] in Stromeinheit kalibriert
und	Meßgröße direkt u_x	umgeformte Meßgröße $l_x = k_3 i$
Meßwert	$u_x = u_k = \left(\dfrac{R}{R_1}\right) u_N$	$l_{SK} = l_x = \alpha l_z = k_3 i$

1.25 Unterscheidungsmerkmale direkter und indirekter Meßverfahren.
(Spannungskompensator s. Beispiel 1.3; Strommesser s. Beispiel 1.5)

Für den zur Gewinnung des Meßwertes erforderlichen Vergleich der Meßgröße mit einer Vergleichsgröße kann es aber zweckmäßig sein, die Meßgröße
in eine Zwischengröße anderer Größenart umzuformen, und man unterscheidet danach direkte und indirekte Meßverfahren.

Direkte Meßverfahren. Wird in einer Meßeinrichtung die Meßgröße unmittelbar mit der Vergleichsgröße verglichen, d.h., sind Meßgröße und Vergleichsgröße von gleicher Größenart, so spricht man von direkten
Meßverfahren. Bei den einfachsten direkten Meßverfahren wird der Meßwert durch einen unmittelbaren i. allg. visuellen Vergleich mit einer Vergleichsgröße gewonnen.

Beispiel 1.2. In Bild 1.26a ist die Messung der Länge eines Körpers mit einem Längen-
maßstab (Meßgerät) dargestellt. Meßgröße ist die Länge des Körpers, Meßeinrichtung
und Vergleichsgröße sind in der gleichen Größenart Länge gemeinsam in dem Längen-
maßstab verkörpert. Der Meßvorgang besteht in dem visuellen Vergleich der Meßgröße
mit dem Maßstab, bei dem der Meßwert direkt auf der Skala des Maßstabes abgelesen
wird.

Direkte Meßverfahren können aber auch komplizierter ablaufen als in Beispiel
1.2, so daß sie nicht mehr so offensichtlich als solche zu erkennen sind.

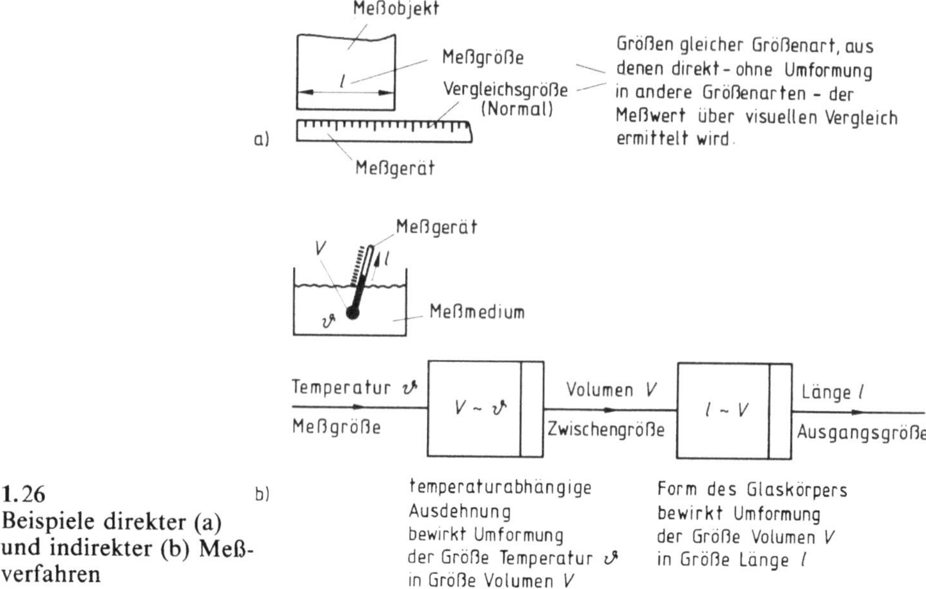

1.26
Beispiele direkter (a)
und indirekter (b) Meß-
verfahren

Beispiel 1.3. Mit einem Spannungskompensator, wie er in Bild **1.**25 links dargestellt ist, wird die Meßgröße u_x direkt mit einer Vergleichsspannung u_k verglichen, die über ein Potentiometer aus einem – nur mit festen Spannungswerten u_N realisierbaren – Spannungsnormal abgeleitet wird. Der Vergleich erfolgt durch Verstellen des Potentiometers, das hier lediglich die Funktion eines Interpolators erfüllt, so daß die Vergleichsspannung $u_k = u_N R_1/R$ so eingestellt werden kann, daß ihr Wert gleich der zu messenden Spannung u_x ist, was von einem Nullindikator durch $i_0 = 0$ angezeigt wird. Das an dem Potentiometer abgelesene Widerstandsverhältnis R_1/R ist ein reiner Zahlenwert der Dimension Eins, der multipliziert mit der Normalspannung u_N die Vergleichsspannung u_k ergibt, die gleich der Meßgröße ist ($u_x = u_k$). Meßgröße u_x und Vergleichsgröße $u_k = u_N R_1/R$ sind von gleicher Größenart, d.h., man hat die typischen Gegebenheiten eines direkten Meßverfahrens.

Das Beispiel zeigt weiter, daß ein Normal – hier das Spannungsnormal – nicht identisch mit der Einheit – hier 1 V – sein muß. Hat beispielsweise die Normalspannung in dem erwähnten Kompensator die Größe $u_N = 10$ V und wird im abgeglichenen Zustand an dem Potentiometer ein Widerstandsverhältnis von $R_1/R = 0{,}7$ abgelesen, so beträgt der Meßwert

$$u_x = \left(\frac{R_1}{R}\right) u_N = \underbrace{0{,}7 \cdot \overbrace{10 \text{ V}}^{\text{Normalspannung}}}_{\text{Meßwert}}$$

Meßwert   = Zahlenwert × Einheit

Der Zahlenwert ist also das Produkt aus dem Zahlenwert des Widerstandsverhältnisses und dem der Normalspannung, die Einheit ergibt sich als Einheit der Normalspannung.

Weitere Beispiele für direkte Meßverfahren sind in Bild 1.28a bis c angeführt.

Indirekte Meßverfahren. Wird in einer Meßeinrichtung die Meßgröße nicht direkt mit der Vergleichsgröße verglichen, sondern erst nach Umformung in eine Zwischengröße von anderer Größenart als die der Meßgröße, so spricht man von indirekten Verfahren. Zunächst sei ein Beispiel angeführt, welches das Charakteristische des indirekten Verfahrens offensichtlich erkennen läßt.

Beispiel 1.4. In Bild 1.26b ist die Temperaturmessung mit einem Flüssigkeitsthermometer dargestellt, bei dem als Meßprinzip der physikalische Effekt der Temperaturausdehnung einer inkompressiblen Flüssigkeit genutzt wird. Das Meßmedium, dessen Temperatur ϑ bestimmt werden soll, überträgt durch Wärmeaustausch seine Temperatur auf die Flüssigkeit in dem Thermometer, so daß die Temperatur in dem Volumen V der Flüssigkeit abgebildet ist ($V \sim \vartheta$). Durch die besondere Form des Thermometers wird das Flüssigkeitsvolumen, insbesondere dessen Änderung, in dem Temperaturmeßbereich des Thermometers in eine eindimensionale Ausdehnung, d.h. in eine Länge $l \sim V$, umgeformt. Diese Länge wird mit einer in der Temperatureinheit kalibrierten Vergleichslänge, der Skala, visuell verglichen und so der Meßwert der Temperaturmeßgröße des Mediums ermittelt.

Kompliziertere indirekte Meßvorgänge unterscheiden sich von dem im Beispiel erläuterten nur durch die Anzahl der verschiedenartigen physikalischen Phänomene, die in dem Meßverfahren genutzt werden.

Beispiel 1.5. In Bild 1.27 ist die Temperaturmessung über ein Thermoelement mit nachgeschaltetem Drehspulinstrument dargestellt. In dem Thermoelement wird der Seebeck-Effekt genutzt und die Meßgröße Temperatur ϑ in die Thermospannung u_ϑ umgeformt. In dem galvanisch geschlossenen Kreis aus Thermoelement und Drehspulinstrument mit dem resultierenden Widerstand R bewirkt die Thermospannung einen ihr proportiona-

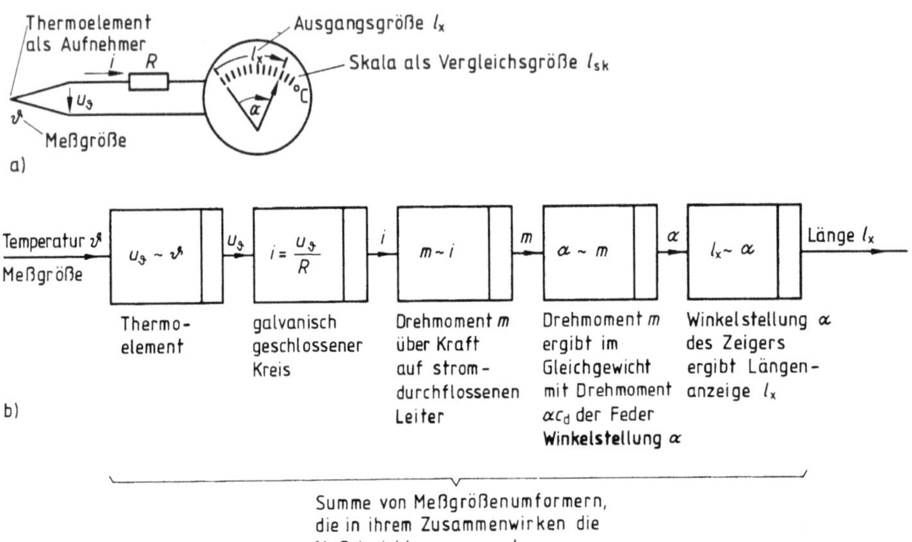

1.27 Indirektes Temperaturmeßverfahren mit Thermoelement und Drehspulmeßgerät
a) Gerätebild, b) zugehöriger Signalflußplan

len Thermostrom i. In dem Drehspulinstrument wird das physikalische Phänomen der Lorentzkraft genutzt, nach dem auf die vom Thermostrom durchflossenen Leiter der Drehspule in dem magnetischen Feld des Naturmagneten ein Kräftepaar wirkt (s. Bild 1.25 rechts). Dem Drehmoment $m(i) = k_1 i$ dieses Kräftepaars wird das Drehmoment $m(\alpha) = \alpha c_d$ einer mechanischen Feder über die Welle der Drehspule entgegengeschaltet, so daß sich in der Gleichgewichtslage ein dem Strommoment proportionaler Winkelausschlag $\alpha = k_2 i$ der Drehspule ergibt. Dieser Winkel wird letztlich über den Zeiger der Länge l_z in eine Anzeigelänge l_x umgewandelt, die mit einer Vergleichslänge, der Skala, visuell verglichen werden kann. Ist die Vergleichslänge in der Temperatureinheit kalibriert, erfolgt mit dem Vergleich gleichzeitig die Ablesung des Meßwertes in Kelvin.

Weitere Beispiele indirekter Meßverfahren sind in Bild **1.28** d bis f angeführt. Nach den vorstehenden Erläuterungen erfolgt die Einteilung der Meßverfahren in direkte und indirekte ausschließlich nach der Beurteilung der Größenart

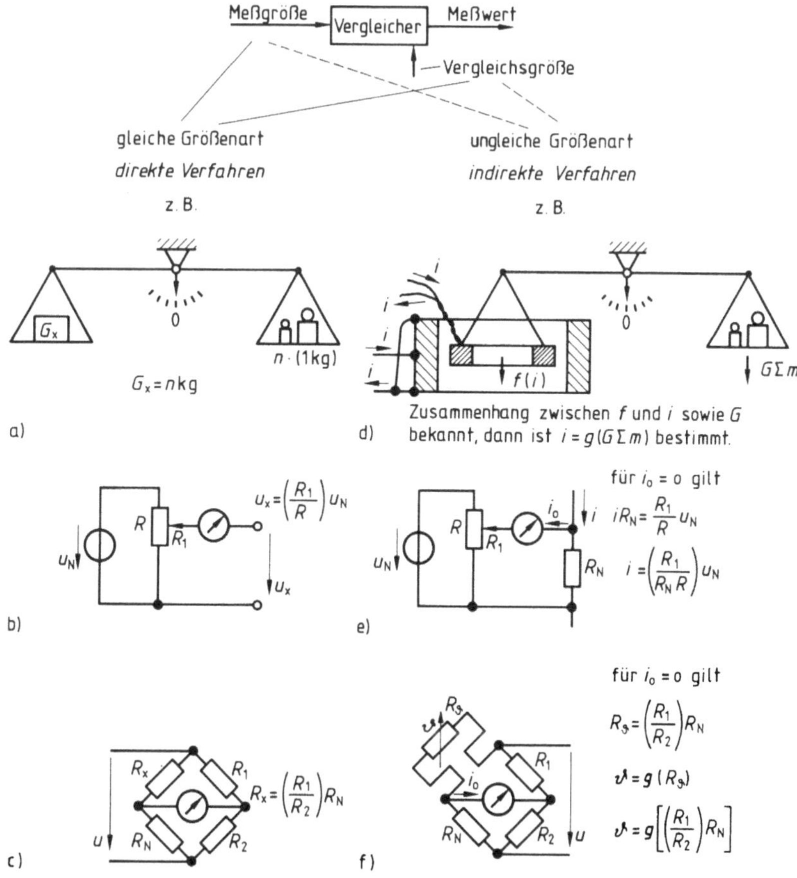

1.28 Beispiele für direkte und indirekte Meßverfahren
a) Massenwaage, b) Spannungskompensator, c) Brücke zur Widerstandsmessung, d) Stromwaage (s. Bild **1.15**), e) Strommessung mit Spannungskompensator, f) Temperaturmessung mit Widerstandsthermometer

von Meß- und Vergleichsgröße, was eine genaue Kenntnis des Meßvorganges voraussetzt. In der Praxis werden allerdings die Verfahren auch nach einer mehr vordergründigen Betrachtung der Handhabung des Meßgerätes in direkte und indirekte unterteilt. Die Norm läßt ausdrücklich zu, daß Meßgeräte, bei denen der Wert der Meßgröße ohne Umrechnungen direkt auf der in den Einheiten der Meßgröße kalibrierten Skala abgelesen werden kann, zu den direkten Meßverfahren gezählt werden dürfen. Um Mißverständnisse auszuschließen, sollte man sie aber besser als quasidirekte Meßverfahren bezeichnen.

1.4.2.2 Zeitkontinuierliche und zeitdiskrete Verfahren. Hinsichtlich der zeitlichen Folge der Meßwerterfassung bzw. der Meßwertausgabe unterscheidet man kontinuierliche und diskrete Meßverfahren. In Bild 1.29 sind einige charakteristische Realisierungen einander gegenübergestellt, die die Unterscheidungskriterien deutlich aufzeigen.

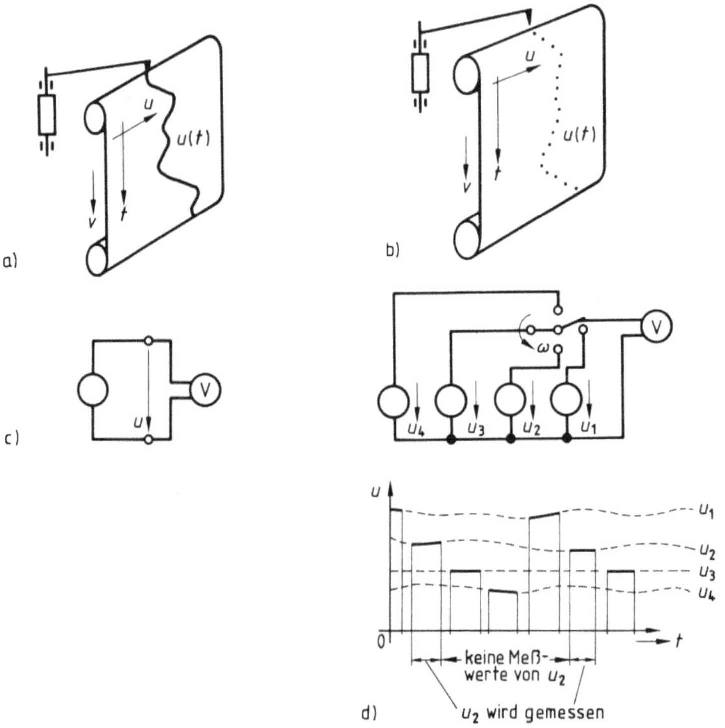

1.29 Beispiele für zeitkontinuierliche (a und c) und zeitdiskrete (b und d) Verfahren
  a) Linien-, b) Punktschreiber, c) dauernd angeschlossener Spannungsmesser,
  d) Spannungen u_1 bis u_4 werden über Meßstellenumschalter nacheinander mit dem Spannungsmesser verbunden und angezeigt

Beispiel 1.6. In einem Linienschreiber nach Bild 1.29 a schleift der als Schreiber ausgebildete Zeiger des Meßwerkes kontinuierlich über den sich zeitlich vorwärtsbewegenden Informationsträger (Papier). Die Zeitfunktion des Meßwertes wird dadurch als geschlossener Linienzug dargestellt. Er ist also in jedem Zeitpunkt vom Prinzip her erfaßt und man spricht von einem zeitkontinuierlichen – genauer zeit- und wertkontinuierlichen oder analogen – Verfahren. Ob er auch zu jedem Zeitpunkt richtig erfaßt wird, hängt von den dynamischen Eigenschaften des Meßwerkes ab (s. Abschn. 3.3), was aber für die Einordnung des prinzipiellen Verfahrens ohne Bedeutung ist.

Um die Reibungskraft zu vermindern, läßt man den Schreibstift des Zeigers häufig nicht über das Papier schleifen, sondern man läßt den Zeiger des Instrumentes sich frei einstellen. In bestimmten Zeitabständen wird dann der Schreibstift über eine Mechanik auf den sich zeitproportional vorwärtsbewegenden Informationsträger (Papier) gedrückt, so daß die jeweilige Zeigerstellung durch einen Punkt abgebildet wird. Danach hebt der Zeiger wieder ab und kann sich entsprechend der Meßgröße wiederum frei einstellen, bis der nächste Punkt geschrieben wird. Bei diesem zeitdiskreten Verfahren wird die Zeitfunktion des Meßwertes nicht mehr als ein geschlossener Linienzug, sondern als eine gepunktete Linie geschrieben. Der Wert der Meßgröße ist nur noch in den Punkten erfaßt, also zeitdiskret. Zwischen den Punkten ist keine Information über die Meßgröße gespeichert.

Beispiel 1.7. In Bild 1.29 c und d sind zwei unterschiedliche Verfahren der Spannungsmessung dargestellt. Ist der Spannungsmesser zeitlich dauernd mit dem Meßobjekt verbunden (s. Bild 1.29 c), so zeigt er kontinuierlich die Meßwerte an. Wird der Spannungsmesser aber über einen Meßstellenumschalter nacheinander mit mehreren Meßobjekten verbunden (s. Bild 1.29 d), so zeigt er jeweils nacheinander die Meßwerte dieser Meßobjekte an. Dadurch wird der Meßwert der einzelnen Meßgrößen jeweils nur über einen kurzen Zeitraum eines Meßzyklus erfaßt und angezeigt. Während der übrigen Zeit, in der die jeweils anderen Meßwerte angezeigt werden, bleibt er aber unbeachtet. Üblicherweise wird bei diesen Verfahren ein schreibender Spannungsmesser, ähnlich wie in Beispiel 1.6 beschrieben, eingesetzt. Die Zeitfunktionen der einzelnen Spannungen sind so nur punkt- bzw. stückweise – zeitdiskret – aufgezeichnet, wie in Bild 1.29 d skizziert.

Die diskontinuierlichen Verfahren können gegenüber den kontinuierlichen einen Informationsverlust bewirken, der abhängt von dem zeitlichen Abstand, mit dem die Meßwerte aufeinanderfolgend aufgenommen werden (s. Abschn. 4.1.1.2).

1.4.2.3 Wertkontinuierliche und zeitdiskrete Verfahren.

Ein wesentliches Unterscheidungsmerkmal der Meßverfahren ist die Art der Signalverarbeitung in der Meßeinrichtung. Bei wertkontinuierlichen Meßverfahren wird z. B. eine wert- und zeitkontinuierliche Meßgröße als analoges Eingangssignal von dem Aufnehmer erfaßt, über eine Reihe von Meßumformern in Größen gleicher oder ungleicher Größenart umgeformt, ohne daß dabei die analoge Signalstruktur verändert wird. Der Wertevorrat der Informationsparameter des Meßsignals bleibt dabei also bis zum Ausgang unendlich groß, d. h., das Ausgangssignal kann wie das Eingangssignal, also wie die Meßgröße selbst, innerhalb bestimmter Grenzen (des Meßbereiches) jeden Wert annehmen.

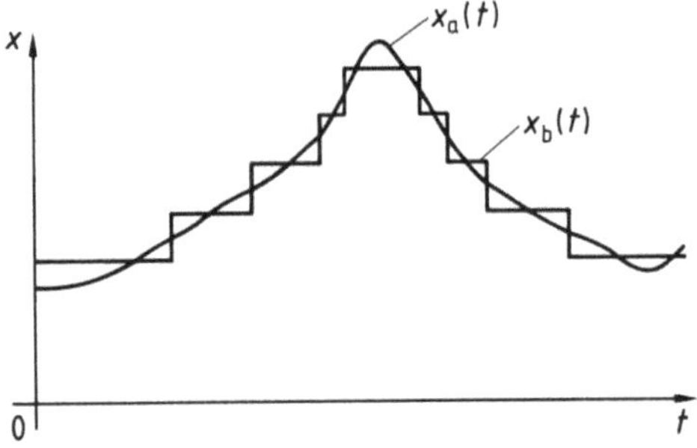

1.30
Zeitveränderliches Meßsignal,
x_a analoge Form,
x_b wertdiskrete zeitkontinuierliche Form

Wird dagegen bei der Umformung des Meßsignals im Zuge des Signalflusses von der analogen (s. Bild 1.30, Kurve x_a) in die wertdiskrete – oder wert- und zeitdiskrete – Form (s. Bild 1.30, die wertdiskrete zeitkontinuierliche Kurve x_b) gewechselt, so wird der unendlich große Wertevorrat des Informationsparameters durch die Diskretisierung vom Prinzip her begrenzt. Bei der Analog-Digitalwandlung wird z. B. das analoge Meßsignal über einen gestuften Vergleicher in die digitale Darstellung umgesetzt. Innerhalb einer Stufe der Digitaldarstellung kann sich das analoge Signal beliebig ändern, ohne daß sich dadurch auch das digitale Meßsignal ändern würde. Der Übergang von der analogen in die digitale Signalstruktur ist also immer mit einem Informationsverlust bezüglich der Werte und ggf. auch der Zeit verbunden.

Beispiel 1.8. Die charakteristischen Unterschiede der wertkontinuierlichen und wertdiskreten Verfahren können am Beispiel der Hebelwaage in Bild 1.31a und b anschaulich aufgezeigt werden. Bei der Hebelwaage, wie sie in Bild 1.31a skizziert ist, wird die Meßgröße Masse m_x an dem Hebelarm der konstanten Länge l_1 mit einer konstanten Vergleichsmasse m_N verglichen, deren Hebelarm l_x aber wertkontinuierlich eingestellt werden kann. Im abgeglichenen Zustand (Nullage) folgt aus dem Gleichgewicht der Dreh-

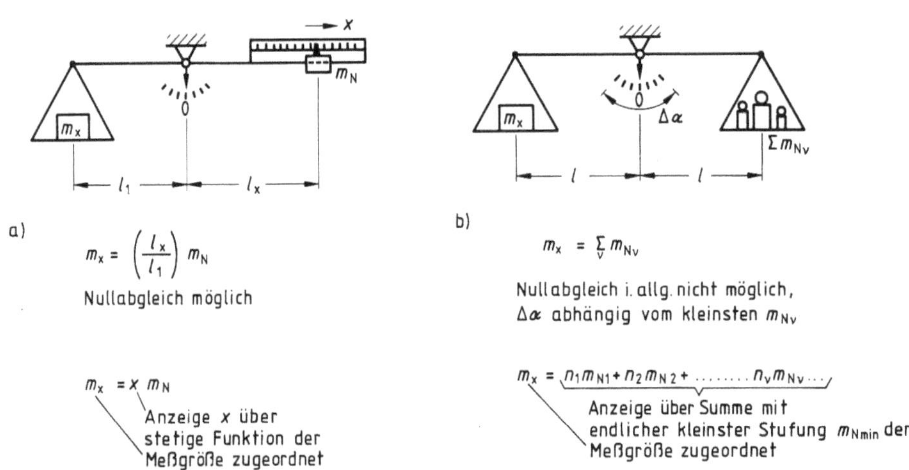

$$m_x = \left(\frac{l_x}{l_1}\right) m_N$$

Nullabgleich möglich

$$m_x = x \, m_N$$

Anzeige x über
stetige Funktion der
Meßgröße zugeordnet

$$m_x = \sum_v m_{Nv}$$

Nullabgleich i. allg. nicht möglich,
Δα abhängig vom kleinsten m_{Nv}

$$m_x = n_1 m_{N1} + n_2 m_{N2} + \ldots\ldots n_v m_{Nv}\ldots$$

Anzeige über Summe mit
endlicher kleinster Stufung m_{Nmin} der
Meßgröße zugeordnet

1.31 Beispiel eines wertkontinuierlichen (a) und wertdiskreten (b) Meßverfahrens

momente der Meßwert für die zu bestimmende Masse $m_x = m_N l_x / l_1$. Der Meßwert der Meßgröße wird also auf die kontinuierlich einstellbare Länge des Hebelarmes l_x zurückgeführt und stellt sich somit als wertkontinuierliche Größe dar.

Bei der Hebelwaage mit Gewichtsabgleich nach Bild 1.31b sind beide Waagschalen über konstante Hebelarme l mit dem Drehpunkt verbunden. Die Meßgröße m_x wird hier auf eine veränderliche Vergleichsmasse $\sum m_{Nv}$ zurückgeführt. Der Abgleich erfolgt durch eine wertdiskrete Veränderung der Vergleichsmasse, d.h., die Summe der Vergleichsgewichtsstücke $\sum m_{Nv}$ wird solange verändert, bis die Nullage genügend genau eingestellt ist. Der Meßwert wird dann durch Summieren der Vergleichsgewichte ermittelt. Es ist offensichtlich, daß der Meßwert hier nur in Stufungen ermittelt werden kann, deren Größe durch das kleinste Vergleichsgewichtsstück, d.h. die kleinste mögliche Stufung der Vergleichsmasse, bestimmt ist. Dadurch ist dieses Verfahren aber vom Prinzip her ungenauer (schlechtere Auflösung, s. auch Beispiel 2.12) als das wertkontinuierliche Verfahren. Infolge der möglichen kontinuierlichen Veränderung des Hebelarmes l_x der Waage nach Bild 1.31a läßt sich der Nullabgleich immer genau erreichen. Im Fall der Waage nach Bild 1.31b ist der Nullabgleich dagegen im allgemeinen nicht möglich. Die Waage läßt sich nur in einem Bereich $\Delta\alpha$ um die Nullage einstellen, der von der kleinsten Stufung der Vergleichsmasse abhängig ist.

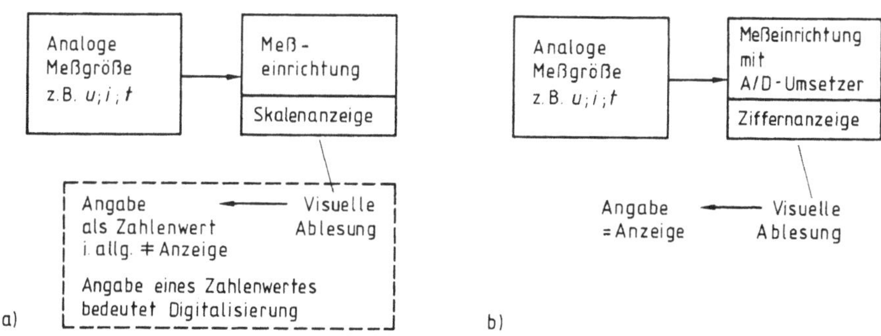

1.32 Ablesung von Skalen- und Ziffernanzeigen

Bei digitalen Verfahren tritt immer ein Digitalisierungsfehler auf, der zusätzlich zu den analogen Fehlern beachtet werden muß. Auch bei vielen Analogverfahren wird die Skalenanzeige letztlich visuell abgelesen und als diskreter Zahlenwert angegeben (s. Bild 1.32a). Ein solcher Meßwert unterscheidet sich von dem aus einer Ziffernanzeige (s. Bild 1.32b) abgelesenen lediglich dadurch, daß die Digitalisierung subjektiv vorgenommen wird. Aber auch diese Digitalisierung bedingt einen Digitalisierungsfehler, der in Beispiel 2.3 näher erläutert ist.

1.4.2.4 Vergleichsverfahren. Für die die Methode des Vergleichens charakterisierenden üblichen und genormten Begriffe wie Ausschlag-, Abgleich-, Kompensations- oder Brückenverfahren gilt ganz besonders, daß sie nicht frei von Überschneidungen und ihre Definitionen zum Teil durch die historische Entwicklung belastet sind. Man muß daher beachten, ob man mit der Bezeichnung die Art des Vergleichsablaufes charakterisieren will – dann würde man

z. B. Ausschlag- und Abgleichverfahren unterscheiden – oder das beim Vergleich genutzte physikalische Phänomen – dann muß man Ausschlag-, Kompensations- und Brückenverfahren unterscheiden. Werden Meßeinrichtungen nach dem Ablauf ihres Verfahrens unterschieden und bezeichnet, so kommt hierin schon eine ausreichende Erklärung über die charakteristischen Eigenheiten zum Ausdruck. Die Ausschlagverfahren sind direkt anzeigende, bei den Abgleichverfahren wird der Meßwert über einen manuell oder automatisch gesteuerten Einstellvorgang erfaßt, z. B. über die Einstellung von Stufenwiderständen einer Brücke oder eines Kompensators in Abhängigkeit von der Anzeige eines Nullindikators. Werden dagegen Meßeinrichtungen nach dem physikalischen Ablauf des Meßvorganges charakterisiert und bezeichnet, so ist dieses nicht mehr nach vordergründigen Unterscheidungskriterien möglich und bedarf einer näheren Erläuterung.

Ausschlagverfahren. Bei den Ausschlagverfahren steuert die Eingangsgröße (Meßgröße) einer Meßeinrichtung unmittelbar die Ausgangsgröße (Anzeige). Die dazu erforderliche Energie wird mit der Meßgröße dem Meßgegenstand entzogen, d. h., der Signalfluß vom Ein- zum Ausgang der Meßeinrichtung repräsentiert einen Informations- und Energiefluß.

Beispiel 1.9. Ein typisches Ausschlagverfahren ist die in Bild 1.33 dargestellte Spannungsmessung mit einem Drehspulspannungsmesser. Der Zeigerausschlag α, d. h. die Anzeige, ist stromproportional ($\alpha \sim i$) und damit bei konstantem Innenwiderstand R_D auch proportional der anliegenden, d. h. der gemessenen Spannung ($\alpha \sim i R_D = u$). Der gleiche Strom i, der über die Kraftwirkung im Magnetfeld den Ausschlag α hervorruft, bewirkt aber auch über den Innenwiderstand R_D eine Leistungsaufnahme $p_i = i^2 R_D$ des Spannungsmessers, die der Quelle, deren Spannung gemessen werden soll, entzogen wird. Die Wirkungslinie im Signalflußplan des Bildes 1.33b beschreibt also nicht nur den Informationsfluß, sondern gleichzeitig auch den damit unvermeidbar verknüpften Energietransport vom Ein- zum Ausgang.

Für die Meßtechnik ist nun weniger wichtig, daß bei dem Ausschlagverfahren Energie transportiert wird, sondern daß diese dem Meßgegenstand entzogen und dadurch i. allg. die Meßgröße verfälscht wird. Man sagt auch, Ausschlagverfahren seien nicht rückwirkungsfrei.

Beispiel 1.10. Soll mit der Spannungsmessung nach Bild 1.33 die Quellenspannung u_q einer Spannungsquelle gemessen werden, so ist dieses mit dem dargestellten Ausschlagverfahren nicht möglich. Durch den Energieentzug infolge des Stromes i tritt an dem inneren Widerstand R_i der Spannungsquelle ein Spannungsabfall $u_i = i R_i$ auf, und praktisch wird statt der Quellen- die Klemmenspannung u gemessen. Im Signalflußplan nach Bild 1.33c wird diese Rückwirkung durch einen Rückführzweig dargestellt. Die Meßgröße u_q wird in der Additionsstelle um u_i vermindert, so daß als Meßsignal die Klemmenspannung $u = u_q - u_i$ wirksam wird, die dann in den Strom $i = u / R_D$ umgeformt wird. Das Meßsignal Strom verzweigt sich einmal zu der Umformung in das Antriebsmoment $m(i) = k_1 i$ und den Ausschlag α, zum anderen in die Umformung zum inneren Spannungsabfall $u_i = i R_i$ der Spannungsquelle, der über die Additionsstelle die eigentliche Meßgröße u_q beeinflußt.

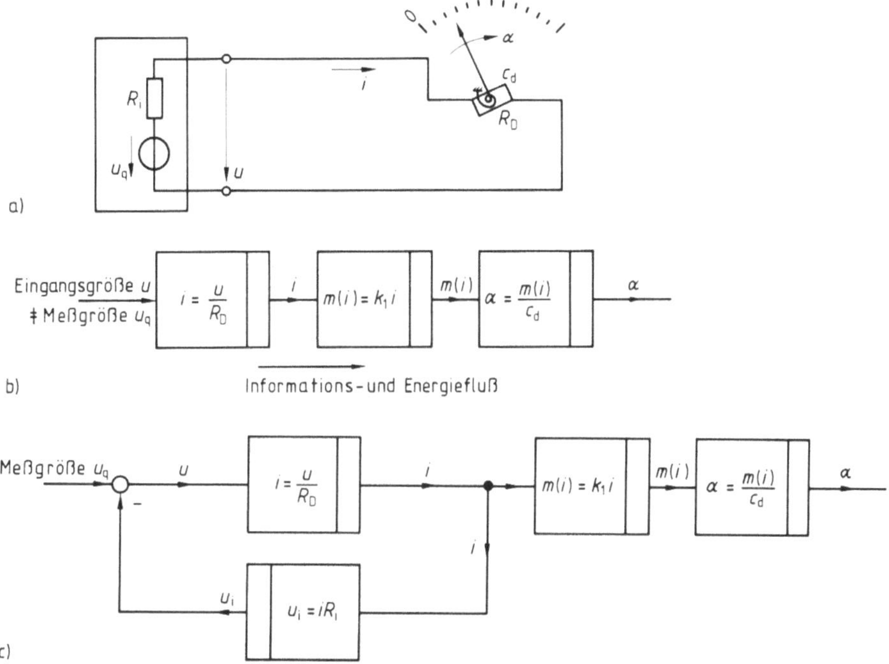

1.33 Ausschlagverfahren
   a) Ersatzschaltung mit Gerätebild
   b) Signalflußplan für die Messung der Klemmenspannung u
   c) Signalflußplan für die Messung der Quellenspannung u_q

Der Nachteil der Ausschlagverfahren ist also in deren Rückwirkungen auf den Meßgegenstand zu sehen, über die i. allg. eine Verfälschung der Meßgröße, d. h. ein systematischer Fehler (s. Abschn. 2.2.1), bewirkt wird. Weiter sind durch den Energieentzug aus dem Meßgegenstand der Empfindlichkeit der Ausschlagverfahren (s. Abschn. 1.5.2.1) vom Prinzip her Grenzen gesetzt.

Der Vorteil der Ausschlagverfahren ist durch ihren relativ einfachen praktischen Aufbau gegeben. Weiter sind sie i. allg. dynamisch problemlos, da ihre Dämpfung stets positiv ist im Gegensatz zu Regelkreisen mit Energiezufuhr.

Kompensationsverfahren. Mit den Kompensationsverfahren wird im Gegensatz zu den Ausschlagverfahren zum Meßzeitpunkt die Information ohne gleichzeitige Energieentnahme aus dem Meßgegenstand abgeleitet. Es geht also nur der Informationsfluß von der Ein- zur Ausgangsgröße. Die auch hier für den eigentlichen Meßvorgang benötigte Energie wird normalerweise einer Hilfsenergiequelle und nicht dem Meßobjekt entnommen, so daß der Energiefluß über die Eingangsgröße – zumindest zum Zeitpunkt der Meßwertentnahme – gleich Null ist.

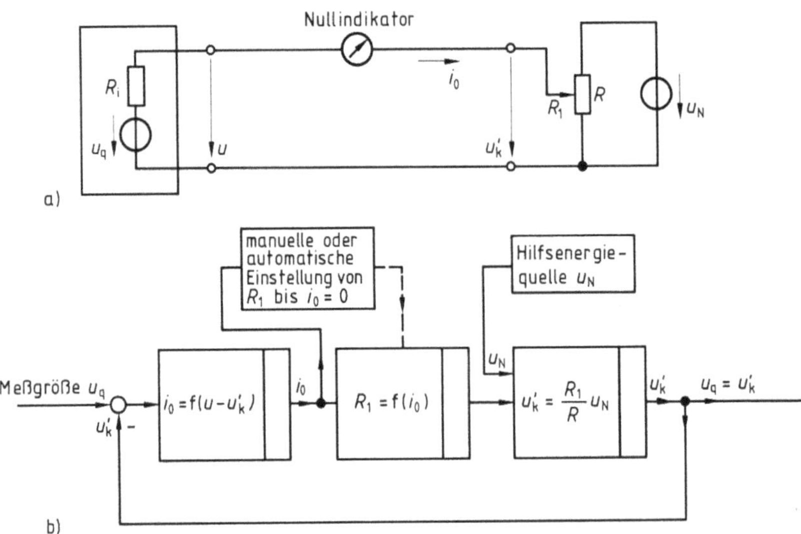

1.34 Kompensationsverfahren
    a) Ersatzschaltung
    b) Signalflußplan

Beispiel 1.11. Ein klassisches Kompensationsverfahren ist der in Bild **1.34** skizzierte Spannungskompensator. Der Meßgröße u_q einer Spannungsquelle wird eine über den Potentiometerabgriff R_1 einstellbare Vergleichsspannung $u_k = u_N R_1 / R$ entgegengeschaltet. Die Potentiometerstellung (R_1) wird solange verändert, bis der Nullindikator den Strom $i_0 = 0$ anzeigt. Dann gilt, daß beide Spannungen u_k und u_q gleich sind und der Meßwert $u_q = R_1 u_N / R$ mit der bekannten Spannung u_N und dem abgelesenen Widerstandswert R_1 bestimmt ist. In diesem abgeglichenen Zustand wird infolge $i_0 = 0$ dem Meßobjekt keine Energie entzogen, d. h., es tritt kein Spannungsabfall am inneren Widerstand R_i der Spannungsquelle auf ($i_0 R_i = 0$), und die Meßgröße u_q wird unverfälscht erfaßt.

Der Vorteil der Kompensationsverfahren liegt in der rückwirkungsfreien Erfassung der Meßgröße. Sie sind mit hohen Empfindlichkeiten und Genauigkeiten zu realisieren.

Der Nachteil der Kompensationsverfahren ist in dem großen Aufwand zu sehen. Kompensationsverfahren sind grundsätzlich gesehen Regelverfahren, die für dynamische Messungen problematisch sein können. Wird der Regelvorgang manuell ausgeführt (z. B. manuelle Potentiometereinstellung abhängig von der visuellen Beobachtung des Nullindikators), so ist außer dem apparativen auch noch ein hoher Bedienungsaufwand erforderlich. Neuerdings arbeiten viele elektronische Meßeinrichtungen nach dem Kompensationsverfahren, allerdings mit automatischem Abgleich (selbstabgleichende Kompensatoren, s. Beispiel 3.21). Dabei hält sich infolge der Preisentwicklung elektronischer Bauteile der Kostenaufwand in Grenzen, wenn keine extremen Ansprüche an Genauigkeit und Abgleichzeit gestellt werden.

Selbstabgleichende Kompensatoren, die den Meßwert direkt anzeigen, werden häufig auch als Ausschlagverfahren bezeichnet, womit dann allerdings nicht das Funktionsprinzip, sondern die vordergründig gesehene Art der Anzeige gemeint ist. Um Verwirrungen zu vermeiden, sollte man die Bezeichnung Ausschlagverfahren nur in einem Zusammenhang anführen, der Mißverständnisse ausschließt.

Brückenverfahren. Die Brückenverfahren sind durch die Art ihrer Schaltungskonfiguration charakterisiert. Sie können wegen ihrer großen Bedeutung für die Meßtechnik unter dieser Bezeichnung als besondere Verfahrensgruppe parallel zu den Ausschlag- und Kompensationsverfahren aufgeführt werden, wenngleich sie vom Energiefluß her den Ausschlagverfahren zuzuordnen sind.

Die Funktion der Brückenschaltungen ist aus der auch für sinusförmigen Wechselstrom gültigen Grundschaltung nach Bild **1.35** abzuleiten. Ist der Brückendiagonalstrom $\underline{I}_0 = 0$, so läßt sich nach der Gleichung

$$\frac{\underline{Z}_1}{\underline{Z}_2} = \frac{\underline{Z}_3}{\underline{Z}_4} \tag{1.12}$$

ein unbekannter Widerstand bestimmen, wenn die übrigen drei bekannt sind. In der praktischen Ausführung sind drei Widerstände, z. B. $\underline{Z}_2$ bis $\underline{Z}_4$, einstellbar, aus denen der Meßwert für den zu bestimmenden, z. B. $\underline{Z}_1$, abgeleitet wird. Die Einstellung der Widerstände geschieht manuell oder automatisch in Abhängigkeit von dem über den Nullindikator ausgewiesenen Wert für den Brückendiagonalstrom $\underline{I}_0$.

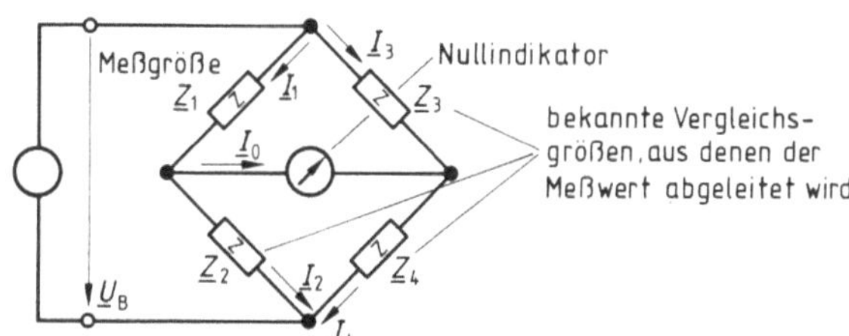

1.35
Brückenschaltung

Will man die praktische Handhabung des Brückenverfahrens charakterisieren, kann man also auch von einem Abgleichverfahren sprechen, welches einem Regelverfahren gleichkommt und damit der Handhabung des Kompensationsverfahrens ähnelt. Die für den Meßvorgang benötigte Energie wird über die Brückenspannung einer Hilfsenergiequelle entnommen. Dabei darf aber nicht übersehen werden, daß im Gegensatz zu den Kompensationsverfahren auch im abgeglichenen Zustand, in dem der Meßwert erfaßt wird, der zu messende Widerstand, z. B. $\underline{Z}_1$, von dem Brückenzweigstrom $\underline{I}_1$ durchflossen wird. Vom Energiefluß her liegt also ein Ausschlagverfahren vor, da in dem Brückenverfahren das Meßobjekt $\underline{Z}_1$ durch den Brückenzweigstrom belastet - erwärmt - und dadurch die Meßgröße verfälscht wird. Daß die Rückwirkung auf das

Meßobjekt hier nicht über den Energieentzug wie im Beispiel der Spannungsmessung nach Bild 1.33 erfolgt, sondern über Energiezufuhr, ist für die prinzipielle Beurteilung ohne Bedeutung.

Häufig wird eine Brückenschaltung nicht im Abgleichverfahren, sondern ohne Abgleich im Anzeigeverfahren betrieben. Werden beispielsweise bei einem indirekten Temperaturmeßverfahren mit Widerstandsthermometer in Brückenschaltung entsprechend Bild 1.28f die drei außer dem Widerstandsthermometer erforderlichen Brückenwiderstände R_1, R_2 und R_N fest eingestellt, so bewirkt eine Änderung des temperaturabhängigen Widerstandswertes R_9, des Widerstandsthermometers, eine Änderung des Brückendiagonalstromes i_0. Ein Meßgerät, welches den Wert dieses Stromes anzeigt und direkt in der Temperatureinheit kalibriert ist, zeigt somit ohne Abgleichvorgang die Temperatur ϑ an.

$$i_0 = g\,(\vartheta)_{R_1, R_2, R_N = \text{konst.}}$$

Differenzverfahren. Das Differenzverfahren (s. Bild 1.36a) vereinigt die charakteristischen Eigenschaften von Ausschlag- und Kompensationsverfahren. Die Meßgröße u wird nicht vollständig, sondern nur zum Teil kompensiert. Im Gegensatz zur vollständigen Kompensation, die nur mit einer im Regelkreis gestellten, d.h. der Meßgröße angepaßten, Kompensationsgröße möglich ist, erfordert das Differenzverfahren nur eine konstante Kompensationsgröße u_N, allerdings tritt damit im allgemeinen eine Differenzgröße $u_D = u - u_N$ zwischen Meßgröße und konstanter Kompensationsgröße auf. Diese Differenzgröße u_D wird dann gegebenenfalls über weitere Meßglieder zur Ausgangsgröße $y = g\,(u_D)$ umgeformt, aus der unter Berücksichtigung der konstanten Kompensationsgröße u_N der Meßwert $g^{-1}(y) + u_N$ abgeleitet wird. $g^{-1}(y) = u_D$ ist die Umkehrfunktion zu $g\,(u_D) = y$.

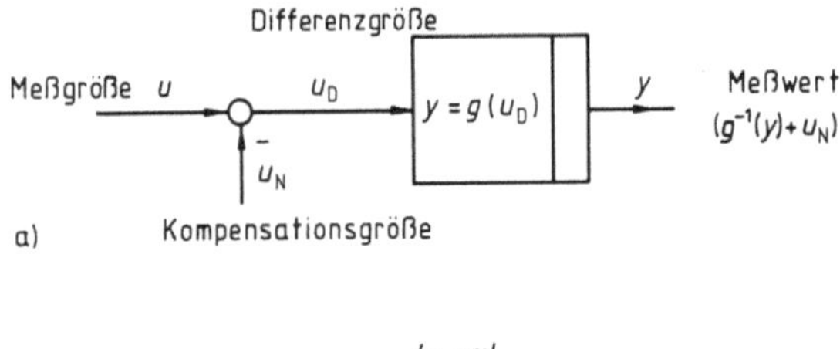

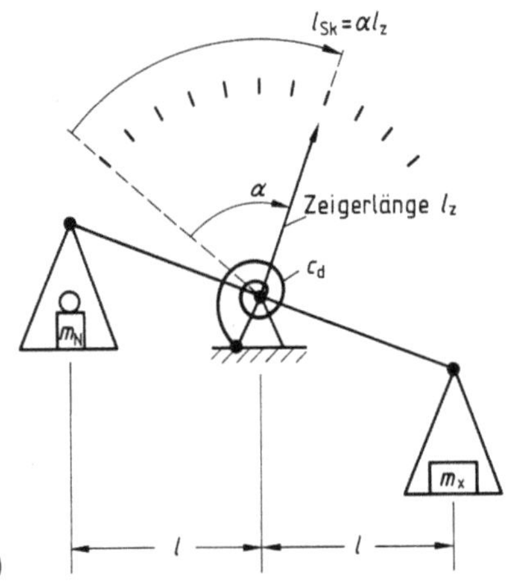

1.36
Differenzverfahren
a) Signalflußplan
b) Beispiel der Schaltgewichtswaage

Beispiel 1.12. Bei einer Schaltgewichtswaage nach Bild **1.**36b wird ein Teil der zu messenden Masse m_x durch die Kompensationsmasse m_N kompensiert. Die Differenz $(m_x - m_N)$ wird nach dem Prinzip der Federwaage in der Gleichgewichtslage zwischen dem Drehmoment $(m_x - m_N)\,Gl$ der Gewichtskraft (G Fallbeschleunigung) und dem Drehfedermoment $\alpha\,c_d$ in einen Winkelausschlag α umgeformt, der über die Zeigerlänge l_z als Skalenlänge $l_{Sk} = \alpha\,l_z$ abgelesen werden kann. Ist die Skala entsprechend der Drehfederzahl c_d und der Hebelarmlänge l für den Fall $m_N = 0$ kalibriert, so kann auf ihr die Differenzmasse $(m_x - m_N)$ abgelesen werden, und der Meßwert für die zu bestimmende Masse

$$m_x = l_{Sk} \frac{c_d}{Gl_z l} + m_N$$

ergibt sich als Summe aus abgelesenem Massenwert (Ausgangsgröße) und Wert der Kompensationsmasse m_N.

Das Beispiel zeigt die Vorteile des Differenzverfahrens, nämlich die Realisierung voll ausgenutzter Meßbereiche. Es ist ein bevorzugtes Verfahren zur Nullpunktunterdrückung oder ganz allgemein zur Meßbereichsanpassung.

1.4.2.5 Meßgrößen und Vergleichsverfahren. Für die Wahl oder die Beurteilung der Vergleichsverfahren ist die physikalische Größenart der Meßgröße von entscheidender Bedeutung. Meßgrößen können in zwei charakteristische Gruppen unterteilt werden (s. Tafel **1.**2), nämlich Zustandsgrößen oder Systemparameter.

Zustandsgrößen wie Spannung, Strom, Druck, Temperatur sind naturgemäß prädestiniert für Ausschlag- und Kompensations-, nicht dagegen für Brückenverfahren (s. Bild **1.**37).

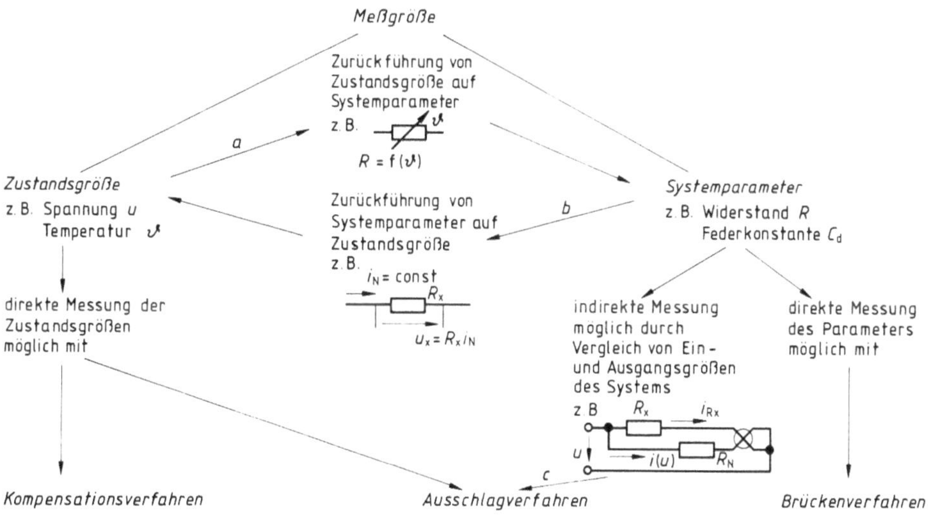

1.37 Arten von Meßgrößen und die für ihre Messung typischen Verfahren

Systemparameter wie Widerstand, Induktivität, Übertragungsfaktor, Zeitkonstante können grundsätzlich mit Hilfe von Hilfsenergie auf zwei oder mehrere Zustandsgrößen zurückgeführt und so ebenfalls mit Kompensations- oder Ausschlagverfahren gemessen werden. Aus diesen Meßwerten läßt sich dann der Wert des Systemparameters als Meßergebnis bestimmen (Zweig b in Bild 1.37). Beispielsweise läßt sich der Widerstand R aus den Meßwerten i und u einer Strom- und Spannungsmessung als Quotient $R = u/i$ berechnen. Prägt man definierte Eingangsgrößen ein, so läßt sich in vielen Fällen ein Systemparameter auch auf eine einzige Zustandsgröße zurückführen, die dann mit einem Kompensations- oder Ausschlagverfahren gemessen werden kann.

In bestimmten Fällen lassen sich mit speziellen Meßgeräten die Ein- und Ausgangsgrößen eines Systems miteinander vergleichen, so daß die Ausgangsgröße den Meßwert des zu bestimmenden Systemparameters darstellt. Ein typisches Beispiel hierfür ist das Quotientenmeßwerk als Widerstandsmesser. Solche in Zweig c des Bildes 1.37 einzuordnende Möglichkeiten können zu den Ausschlagverfahren gezählt werden.

Einige Systemparameter wie Widerstand R, Induktivität L usw. können unmittelbar nur mit Brückenverfahren gemessen werden. In solchen Brückenverfahren wird i. allg. der zu bestimmende Systemparameter, z.B. der Widerstand R_x, mit einem einstellbaren bekannten Systemparameter, z.B. dem Vergleichswiderstand $R_N (R_1/R_2)$ der Brücke in Bild 1.28 c, verglichen. Vergleichsgröße ist also ebenfalls ein Systemparameter. Man könnte so das Brückenverfahren für Systemparameter als Pendant zum Kompensationsverfahren für Zustandsgrößen ansehen, allerdings unter Beachtung, daß das Brückenverfahren in energetischer Hinsicht kein Kompensationsverfahren ist, da eine Rückwirkung der Brücke auf den Meßgegenstand besteht.

Grundsätzlich lassen sich auch Zustandsgrößen in Systemparametern abbilden und dann wie diese meßtechnisch erfassen (Zweig a in Bild 1.37). Beispielsweise kann die Zustandsgröße Temperatur mit Hilfe eines temperaturabhängigen Widerstandes in dessen Systemparameter Widerstand umgeformt werden.

1.5 Kenngrößen für Meßeinrichtungen

Kenngrößen sollen in knapper, leicht überschaubarer Form möglichst als Zahlenwerte die charakteristischen Eigenschaften von Meßeinrichtungen beschreiben. Sie sollen dem Anwender zeigen, welche Meßmittel für die Lösung eines bestimmten Meßproblems am besten geeignet sind. Da die praktisch auftretenden Meßaufgaben und deren Lösungsmöglichkeiten sehr vielfältig sein können, müssen für eine Beurteilung i. allg. mehrere Kenngrößen einer Meßeinrichtung beachtet werden. Man unterscheidet die

Kenngrößen danach, ob sie sich auf die Betriebseigenschaften wie Meßbereich, Überlastbereich usw. beziehen oder auf die Meßeigenschaften wie
Empfindlichkeit, dynamisches Verhalten, Fehlereigenschaften usw. Einen
Überblick über die Unterteilung der Eigenschaften von Meßeinrichtungen vermittelt Bild 1.38.

1.5.1 Betriebseigenschaften

Voraussetzung für eine richtige, d.h. brauchbare Messung ist die Beachtung
der Betriebseigenschaften, für die eine Meßeinrichtung ausgelegt ist. Man
muß wissen, daß die in der Betriebsanleitung bzw. der Skalenbeschriftung angegebenen maximalen Fehlergrenzen nur innerhalb der in der Betriebsanleitung vorgeschriebenen Grenzen für den Einsatzbereich der Meßeinrichtung
gelten. Betriebsbereiche werden sowohl für die Meßgröße selbst angegeben als
auch für die Einflußgrößen.

1.5.1.1 Bereich und Grenzen für Meßgrößen. Für den Meßbereich – auch als
Meßspanne bezeichnet – gelten die angegebenen Fehlergrenzen, d.h., für alle
Messungen, deren Anzeigewerte in dem Meßbereich liegen und die im übrigen
mit der gebotenen Sorgfalt unter Beachtung der Grenzen für Einflußgrößen
durchgeführt werden, darf angenommen werden, daß der angegebene maximale Fehler der Meßeinrichtung – Fehlergrenze (s. Abschn. 2.1.2) – nicht überschritten wurde. Die Grenzen des Meßbereiches werden als Meßanfang bzw.
Meßende bezeichnet (s. Bild 1.39a).

Der Anzeigebereich – auch als Arbeitsbereich bezeichnet – ist bei vielen
Meßgeräten gleich dem Meßbereich. Bei stark nichtlinearen Skalen kann im
Anfangs- und Endbereich die Skalenteilung gedrängt sein (s. Bild 1.39a). Für
diese relativ zur ganzen Skalenlänge meist nur kleinen Bereiche gelten naturgemäß größere Fehlergrenzen als für den gespreizten Mittelbereich. Bei solchen
Meßgeräten wird häufig als Fehlergrenze der für den größeren mittleren Skalenbereich geltende kleinere Wert angegeben und nur dieser Bereich als Meßbereich bezeichnet. Gegenüber dem ganzen Skalenbereich, der als Anzeigebereich bezeichnet wird, muß dann aber der Meßbereich besonders
gekennzeichnet sein, z.B. durch Punkte, die auf der Skala die Grenze zwischen
Meß- und Anzeigebereich markieren (s. Bild 1.39a).

Im Überlastbereich kann nicht mehr gemessen werden, d.h., es erfolgt keine
auswertbare Ausgabe (Anzeige). Wird die Meßeinrichtung aber dennoch in
diesem Bereich betrieben, z.B. versehentlich oder infolge von Einschalt- oder
Kurzschlußvorgängen, so dürfen keine Schäden auftreten, d.h., die Meßeigenschaften dürfen sich nicht bleibend verändern. Die Grenze des Überlastberei-
ches wird als Überlastgrenze bezeichnet (s. Bild 1.39a).

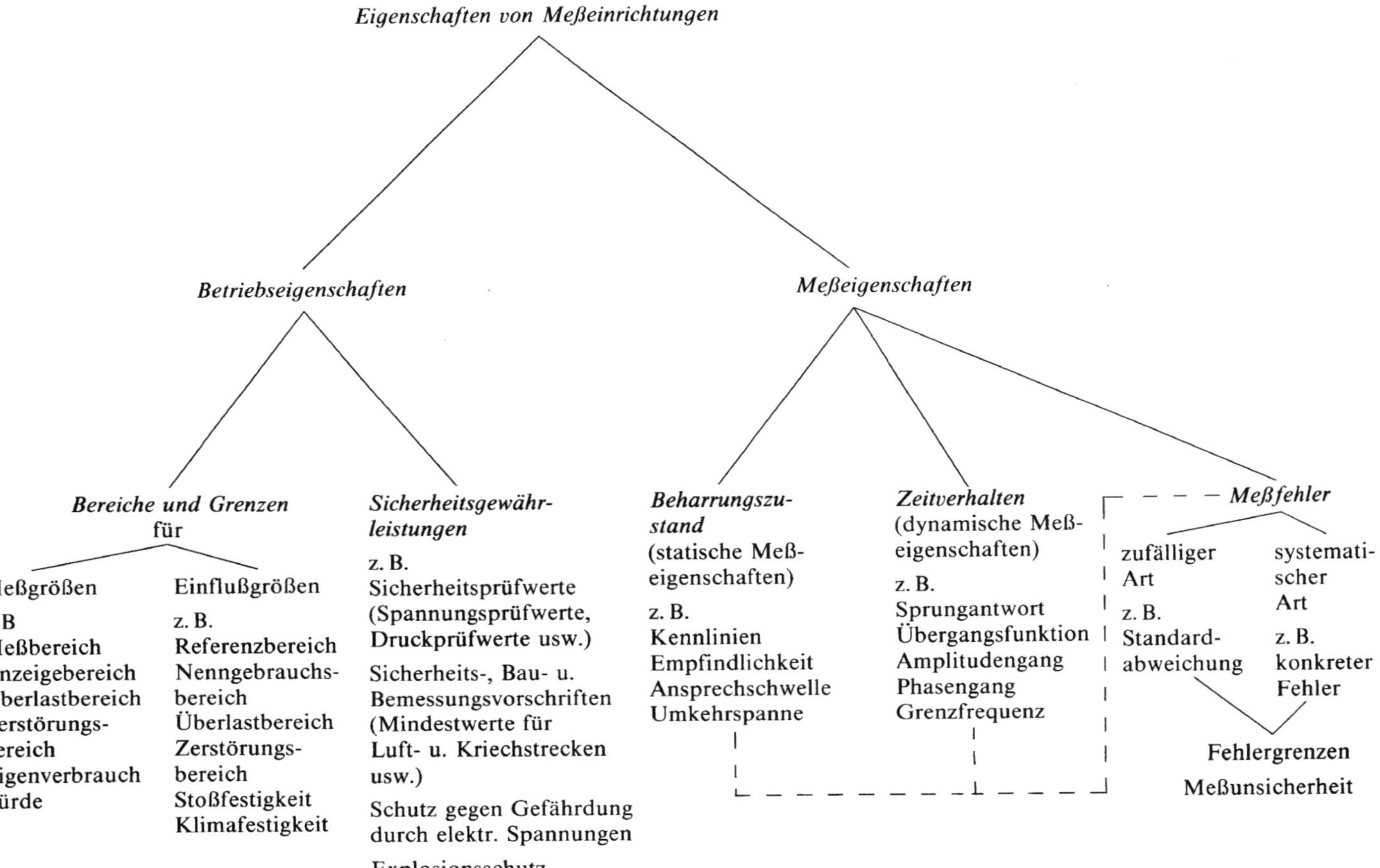

1.38 Definitionen zur Kennzeichnung der Eigenschaften von Meßeinrichtungen

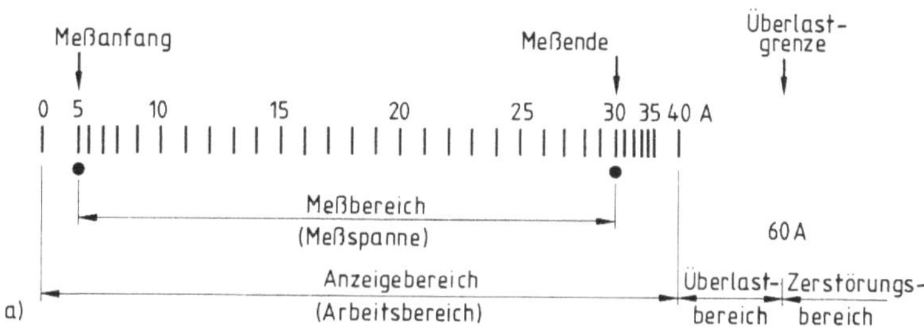

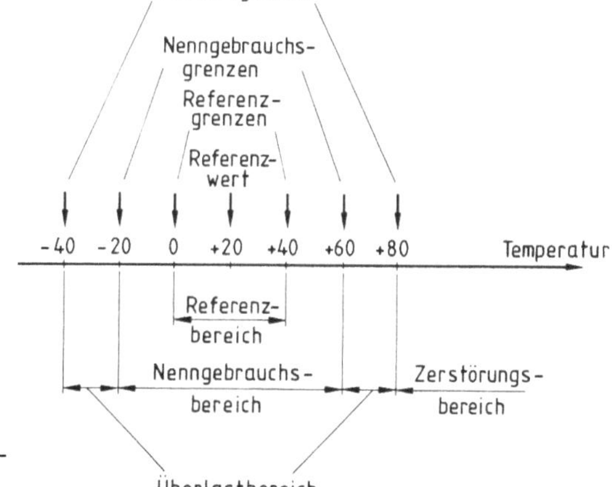

1.39
Beispiele für
Bereiche und
Grenzen
a) einer Meß-
   größe Strom
b) einer Einfluß-
   größe Umgebungs-
   temperatur

Im Zerstörungsbereich (s. Bild 1.39a) darf eine Meßeinrichtung keinesfalls betrieben werden, da die hier auftretenden Belastungen bleibende Veränderungen bzw. Zerstörungen bewirken würden.

Beispiel 1.13. In Bild 1.39a sind schematisch die verschiedenen Begriffe anhand der Skala eines Strommessers dargestellt. Im Meßbereich von 5 A bis 30 A, der durch Punkte unter der Strichskala gekennzeichnet ist, gilt die Fehlerklasse des Instrumentes. Wäre diese z.B. 1,0, so wäre eine Anzeige in diesem Bereich mit einem Fehler, der kleiner ist als $\pm 1{,}0 \cdot 30\,\text{A}/100 = \pm 0{,}3\,\text{A}$, behaftet. In den Bereichen zwischen 0 A bis 5 A und 30 A bis 40 A, die infolge des nichtlinearen Verhaltens des Meßwerkes sehr gedrängt erscheinen, gilt die Fehlerklasse nicht mehr. Für die Anzeigen, die hier ggf. abgelesen werden, können keine Fehlerangaben gemacht werden, d.h., sie müssen mehr als Schätzwerte angesehen werden. Treten in dem Zweig, in dem der Strommesser eingeschaltet ist, Ströme zwischen 40 A bis 60 A auf (z.B. bei Schaltvorgängen), die also über dem Anzeigebereich liegen, so können diese zwar nicht mehr abgelesen werden, sie dürfen aber dennoch keine Beschädigungen, d.h. bleibende Veränderungen, des Strommessers hervorrufen. Erst wenn Ströme über 60 A in dem Strommesser auftreten, dürfen bleibende Veränderungen an dem Meßgerät hervorgerufen werden, z.B. infolge thermischer oder mechanischer Einwirkungen (verbogene Zeiger bei Stromstößen).

Für den Überlastbereich wird häufig noch zwischen Stoß- und Dauerüberlastung unterschieden. Tritt beispielsweise ein Stromstoß von sehr kurzer Dauer – Einschaltstrom – auf, so könnte dieser bei einem Zeigerinstrument über die mechanische Beanspruchung des an die Endbegrenzung anschlagenden Zeigers bereits zu einer Beschädigung führen, dagegen nicht bei einer Meßeinrichtung, die durch den Strom lediglich thermisch beansprucht wird, wenn infolge der kurzen Zeit der Einwirkung und der thermischen Zeitkonstanten der Meßeinrichtung ihre zulässige Temperatur nicht überschritten würde. Im zweiten Fall wäre die Überlastgrenze für die Stoßüberlastung größer als für die Dauerüberlastung.

1.5.1.2 Bereich und Grenzen für Einflußgrößen. Ähnlich wie für die Meßgröße sind auch für die Einflußgrößen Grenzen bzw. Bereiche angegeben, innerhalb derer die angegebenen Fehlergrenzen gelten bzw. keine Beschädigung des Meßgerätes eintreten dürfen. Die Begriffe seien anhand des typischen Beispiels der Umgebungstemperatur, bei der eine Meßeinrichtung betrieben werden darf, erläutert (s. Bild **1.**39 b).

Für die Einhaltung der Garantiewerte (Fehlergrenzen) einer Meßeinrichtung werden vom Hersteller bestimmte Werte für alle zugelassenen Einflußgrößen festgelegt, die man als Referenzwerte bezeichnet. Ist beispielsweise für eine Meßeinrichtung die Referenztemperatur der Umgebung mit 20°C festgelegt, so gilt die Kalibrierung bzw. die Graduierung mit ihren garantierten Fehlergrenzen nur für diese Umgebungstemperatur. Häufig werden – den Erfordernissen der Praxis entsprechend – nicht einzelne Referenzwerte, sondern Referenzbereiche festgelegt, in denen sich die Einflußgrößen ändern dürfen, ohne daß die Ausgangsgröße dann die Garantiefehlergrenzen überschreitet. Z. B. muß die Fehlerklasse eingehalten werden für jeden beliebigen Wert der Umgebungstemperatur innerhalb eines Referenzbereiches 0°C bis +40°C, wenn auch alle weiteren Störgrößen den für sie festgelegten Referenzbereich nicht überschreiten.

Werden alle Einflußgrößen bis auf eine auf ihrem Referenzwert konstant gehalten, so wird die durch die Abweichung dieser einen Einflußgröße von ihrem Referenzwert verursachte Änderung der Ausgangsgröße als der Einflußeffekt dieser einen Einflußgröße bezeichnet. Der Einflußeffekt wird häufig über die Einflußempfindlichkeit (s. Abschn. 1.5.2.1, Empfindlichkeit mehrfach ausgesteuerter Systeme) berechnet (s. Beispiel 2.21).

Es kann für einzelne Einflußgrößen auch noch ein über den Referenzbereich hinausgehender, also erweiterter Bereich festgelegt werden, der als Nenngebrauchsbereich bezeichnet wird. In diesem Nenngebrauchsbereich (z. B. in Bild **1.**39 b von −20°C bis +60°C) darf die betreffende Einflußgröße variiert werden, ohne daß der Einflußeffekt, also die Änderung der Ausgangsgröße, bestimmte zusätzlich vereinbarte Grenzwerte überschreitet. Werden also alle Einflußgrößen bis auf eine auf ihrem Referenzwert gehalten bzw. nur innerhalb ihres Referenzbereiches variiert, so kann die eine Einflußgröße auch innerhalb ihres Nenngebrauchsbereiches variieren, ohne daß die für diesen Nenngebrauchsbereich vereinbarten Grenzwerte überschritten werden.

Im Überlastbereich darf die Meßeinrichtung noch betrieben werden, ohne daß bleibende Veränderungen, d.h. Beschädigungen, eintreten. Die angegebenen (garantierten) Eigenschaften der Meßeinrichtung müssen aber nicht mehr eingehalten werden. Beispielsweise ist in Bild 1.39b ein Überlastbereich von $-40\,^\circ$C bis $-20\,^\circ$C und $+60\,^\circ$C bis $+80\,^\circ$C eingetragen).

Im Zerstörungsbereich kann ein Betrieb der Meßeinrichtung ihre Beschädigung oder Zerstörung zur Folge haben, beispielsweise nach Bild 1.39b bei Umgebungstemperaturen größer $+80\,^\circ$C.

1.5.2 Meßeigenschaften

In der Meßtechnik unterscheidet man zwischen den statischen Meßeigenschaften für den Beharrungszustand und den dynamischen Meßeigenschaften, die das Zeitverhalten einer Meßeinrichtung beschreiben (s. Bild 1.38). Zur Erläuterung werden zunächst die allgemeinen Begriffe statisch bzw. dynamisch, stationär bzw. nichtstationär und zeitkonstant bzw. zeitveränderlich gegeneinander abgegrenzt.

Zeitkonstant und zeitveränderlich sind Begriffe, die für sich verständlich und ohne zusätzliche Erläuterung eindeutig sind. Indem man z.B. von zeitkonstanten oder zeitveränderlichen Meßsignalen, Störeinflüssen, Fehlern, Systemparametern usw. spricht, vermittelt man eine unmißverständliche Information über deren Zeitverhalten, wenn auch ohne Bezug auf die Ursachen oder die quantitativen Zusammenhänge dieser Eigenschaften. Dagegen werden mit der Anwendung der Begriffe statisch und dynamisch i. allg. weitergehende Aussagen über kausale Zusammenhänge verbunden. Primär charakterisieren diese Begriffe Zustände, in denen Systeme betrieben werden (s. Bild 1.40).

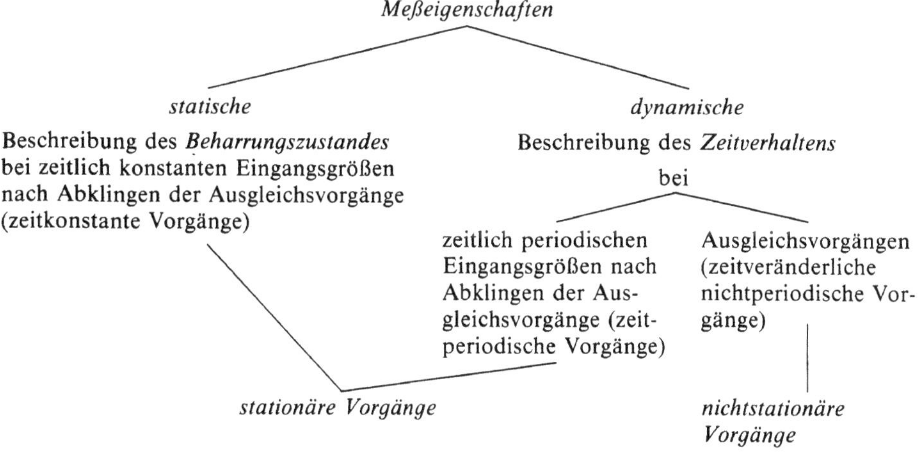

1.40 Unterteilung der Meßeigenschaften

Der statische Zustand ist der Beharrungszustand, d.h. der Zustand, in dem ein System bei zeitlicher Konstanz aller Eingangsgrößen und nach Abklingen aller Ausgleichsvorgänge verbleibt (beharrt).

Ändern sich die Eingangsgrößen zeitlich periodisch, so wird sich die Ausgangsgröße nach Abklingen des Ausgleichsvorganges ebenfalls periodisch ändern. Dieser Zustand, bei dem sich also jeweils Eingangsgrößen und Ausgangsgröße zeitlich in gleichartiger Wiederholung ändern, ist nach der Definition nicht mehr statisch, sondern dynamisch. Durch die Periodizität wird er aber zu einem sehr einfachen und übersichtlichen Sonderfall dynamischer Vorgänge, der als stationärer Zustand bezeichnet wird.

Die verbleibenden dynamischen Zustände, die als Ausgleichsvorgänge beim Übergang von einem zeitkonstanten oder stationären Zustand zum anderen zeitkonstanten oder stationären Zustand auftreten, werden dann als nichtstationär bezeichnet.

Die aus den verschiedenen Betriebszuständen der Meßsysteme resultierenden Fehler zählen ebenfalls zu den Meßeigenschaften (s. Bild 1.38). Man spricht von statischen Meßfehlern, wenn diese Fehler im Beharrungszustand eines Systems auftreten, von dynamischen, wenn sie durch periodische oder nichtperiodische (Ausgleichsvorgänge) Änderungen der Zustände von Systemen mit Speichereigenschaften verursacht werden. Dynamische Fehler sind deshalb stets zeitveränderlich; statische Fehler sind in der Regel zeitkonstant, sie können grundsätzlich aber auch als zeitveränderliche Fehler auftreten. Werden nämlich speicherlose Systeme, die sich immer im Beharrungszustand befinden, durch zeitveränderliche Eingangssignale erregt, dann führt z.B. ein aussteuerungsabhängiger Kennlinienfehler zu einem zeitveränderlichen statischen Fehler des Ausgangssignals. Dieser Fall kann näherungsweise gegeben sein bei realen Systemen mit vernachlässigbar kleiner Speicherwirkung bzw. langsamer Änderung der Eingangsgröße.

Superponierende, d.h. sich additiv der Meßgröße überlagernde (s. Abschn. 3.3.2), zeitveränderliche Störgrößen verursachen stets superponierende zeitveränderliche Fehler, die statischen oder dynamischen Veränderungen durch das Meßsystem unterworfen sein können.

1.5.2.1 Meßeigenschaften im Beharrungszustand (statische Meßeigenschaften). Da die zu den Meßeigenschaften zählenden Fehler ausführlich in Abschn. 2 und 3.2 behandelt werden, kann sich der vorliegende Abschnitt auf die Kennlinien von Meßsystemen sowie die mit diesen in Verbindung stehenden wichtigsten Begriffe beschränken.

Kennlinien und Kennlinienfelder. Meßsysteme mit einer Eingangs- und einer Ausgangsgröße werden als einfach ausgesteuerte Systeme (s. Abschn. 3.1.2.2) bezeichnet. Bei diesen Systemen ist in jeder stabilen Gleichgewichtslage zeitkonstanter Größen, also in jedem Beharrungszustand, einem bestimm-

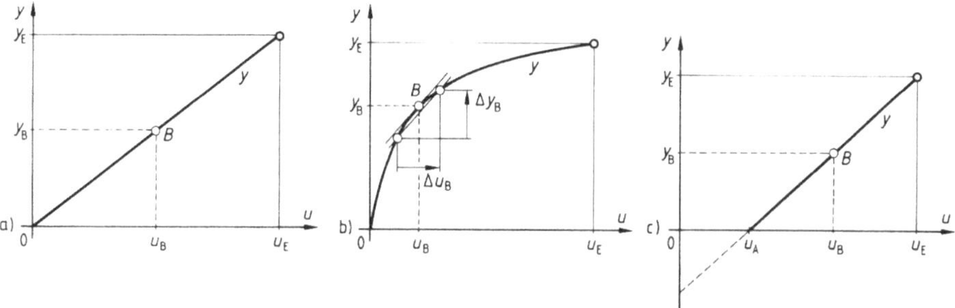

1.41 Kennlinien von Meßsystemen
  a) lineare Kennlinie
  b) nichtlineare Kennlinie
  c) lineare Kennlinie mit unterdrücktem Nullpunkt

ten Wert der Eingangsgröße u ein bestimmter Wert der Ausgangsgröße y eindeutig zugeordnet. Diese Zuordnung $y = f(u)$ – häufig graphisch dargestellt – nennt man Kennlinie (s. Bild 1.41). Für Meßsysteme strebt man im allgemeinen lineare Kennlinien $y = ku$ an, wie sie beispielhaft in Bild 1.41a dargestellt sind. Aufgrund der Eigenschaften meßtechnisch genutzter physikalischer Phänomene, z. B. der Kraft auf Grenzflächen in Dreheisenmeßwerken, ergeben sich allerdings auch nichtlineare Kennlinien. Für Ausgangsgrößen von Meßsystemen versucht man i. allg. solche nichtlinearen Kennlinien, wie beispielhaft in Bild 1.41b dargestellt, zumindest über größere Bereiche der Meßspanne zu linearisieren, z. B. bei dem Dreheisenmeßwerk durch die Formgebung des Dreheisens. Insbesondere für einzelne Meßglieder kann aber auch eine ganz bestimmte Nichtlinearität ausgesprochen erwünscht sein, z. B. für Logarithmierer eine Kennlinie, die der Exponentialfunktion $y/y_0 = \log(u/u_0)$ entspricht. Unter Verwendung von Halbleiterbauelementen kann man heute nahezu jede gewünschte nichtlineare Kennlinie zumindest näherungsweise realisieren.

Meßsysteme mit mehreren Eingangsgrößen werden als mehrfach ausgesteuerte Systeme bezeichnet (s. Abschn. 3.1.2.2). Beispielsweise wird bei einem Leistungsmesser aus den beiden Eingangsgrößen Strom und Spannung durch Multiplikation die Ausgangsgröße Leistung gebildet. Die Ausgangsgröße y solcher mehrfach ausgesteuerter Systeme kann als Funktion der Eingangsgrößen u_1, u_2, u_3, ... nicht mehr durch eine einzige Kennlinie, sondern nur durch eine Kennlinienschar beschrieben werden, die auch als Kennlinienfeld bezeichnet wird. In Bild 1.42a ist beispielhaft ein zweifach ausgesteuertes System mit den Eingangsgrößen u_1 und u_2 dargestellt. Die Ausgangsgröße y kann dafür, wie in Bild 1.42b skizziert, als Funktion der einen Eingangsgröße u_1 mit der zweiten Eingangsgröße u_2 als Parameter dargestellt werden. Es ergibt sich so das Kennlinienfeld $y = f(u_1)_{u_2 = \text{konst.}}$ als Kennlinienschar, bei der jeder einzelnen Kennlinie ein ganz bestimmter konstanter Wert der Eingangsgröße u_2 zugeordnet ist.

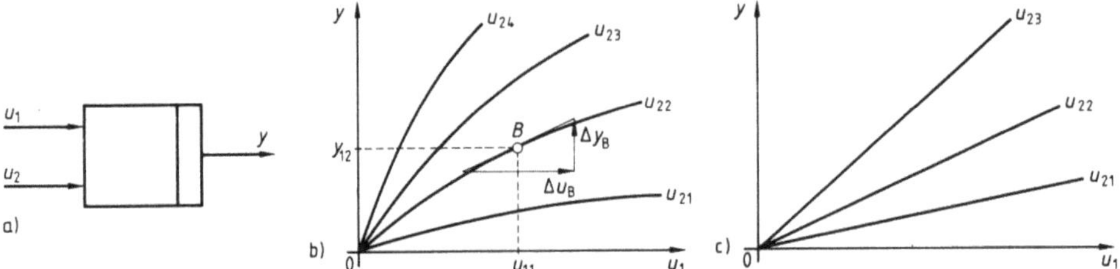

1.42 Kennlinienfelder eines zweifach ausgesteuerten Systems
a) Signalblock mit zwei Eingangsgrößen u_1 und u_2
b) und c) Kennlinienfeld mit $y = f(u_1)$ und u_2 als Parameter

Mehrfach ausgesteuerte Systeme können auch der Beschreibung der von Stör- oder Einflußgrößen verursachten Fehler dienen, wenn diese Größen als zusätzliche Eingangsgrößen aufgefaßt werden. Beispielsweise könnte der deformierende, d.h. die Kennlinienform verändernde (s. Abschn. 3.2.2.2) Temperatureinfluß auf eine Meßeinrichtung beschrieben werden, indem diese Temperatur, als eine zusätzliche Eingangsgröße des Meßsystems aufgefaßt, eine Aufspreizung der Kennlinie dieser Meßeinrichtung zu einer Kennlinienschar bewirkt, in der jeder einzelnen Kennlinie eine bestimmte, aber konstante Temperatur als Parameter zugeordnet ist.

Aus Kennlinienfeldern mit Geraden, wie z.B. in der Darstellung nach Bild **1.42**c, darf nicht unbedingt auf ein lineares System geschlossen werden. Beispielsweise ist die Ausgangsgröße y, obwohl sie nach Bild **1.42**c durch Geraden in Abhängigkeit von nur einer Eingangsgröße u_1 beschrieben wird $y = u_1 k_{u_2 = \text{konst.}}$, trotzdem nichtlinear von den beiden Eingangsgrößen u_1 und u_2 abhängig, wenn $y = f(u_1 u_2)$ eine Funktion des Produktes aus u_1 und u_2 ist. Bei einem linearen System würden die Geraden parallel verlaufen, z.B. $y = k_1 u_1 + k_2 u_2$.

Kennlinien können nur für solche Meßglieder angegeben werden, für die im Beharrungszustand allen endlichen Eingangsgrößen endliche Ausgangsgrößen zugeordnet sind. Um diese Eigenschaft schon in der Bezeichnung zum Ausdruck zu bringen, spricht man von Meßgliedern mit Ausgleich (s. Abschn. 3.3.1). Demnach sind also Meßglieder ohne Ausgleich, wie z.B. Differenzierer oder Integrierer, solche, bei denen die Ausgangsgröße y nicht direkt der Eingangsgröße u durch eine Kennlinie zugeordnet werden kann. Selbstverständlich können Meßglieder ohne Ausgleich durch Kennlinien anderer Art beschrieben werden, z.B. kann die Ausgangsgröße y bei Differenzierern als Funktion der Ableitung der Eingangsgröße $y = f(du/dt)$ oder bei Integrierern als Funktion des Integrals der Eingangsgröße $y = f(\int u \, dt)$ dargestellt werden, nicht aber als Funktion $y = f(u)$ der Eingangsgröße u selbst.

Empfindlichkeit einfach ausgesteuerter linearer Systeme. Die Empfindlichkeit

$$E = \Delta y / \Delta u, \tag{1.13}$$

auch als Übertragungsbeiwert bezeichnet, ist für ein System mit einer Eingangsgröße und einer Ausgangsgröße nach DIN 1319 definiert als die Änderung der Ausgangsgröße Δy, bezogen auf die sie verursachende Änderung der Eingangsgröße Δu. Für Meßsysteme mit linearer Kennlinie ergibt Gl. (1.13) über die gesamte Meßspanne stets den gleichen Wert.

Eine so definierte Empfindlichkeit kann sich auf eine Meßeinrichtung als Ganzes, aber auch auf einzelne Teilsysteme der Meßeinrichtung beziehen.

Beispiel 1.14. In Bild 1.27 ist ein Temperaturmeßgerät aus Thermoumformer mit nachgeschaltetem Drehspulinstrument dargestellt. Die Empfindlichkeit dieses Gerätes als Ganzes (Bild 1.43b) ergibt sich bei Linearität über die Meßspanne entsprechend 160 Skt (Skalenteilen) zwischen Meßanfang von $+0\,°C$ und Meßende von $+160\,°C$ nach Gl. (1.13) bzw. (1.15)

$$E = \frac{160\,\text{Skt}}{160\,°C - 0\,°C} = 1\,\frac{\text{Skt}}{\text{K}}.$$

Es kann zweckmäßig sein, die Empfindlichkeiten der beiden wesentlichen Bauelemente Thermoumformer und Drehspulinstrument (Bild 1.43a) für sich zu betrachten. Die Gesamtempfindlichkeit des Temperaturmeßgerätes ergibt sich dann, wie in Abschn. 3.2.1 erläutert, als Produkt der Einzelempfindlichkeiten des Thermoumformers $E_\text{T} = 10\,\mu V/K$ und des Drehspulinstrumentes $E_\text{D} = 100\,\text{Skt/mV}$.

$$E = E_\text{T} E_\text{D} = 10\,\frac{\mu V}{K} \cdot 100\,\frac{\text{Skt}}{\text{mV}} = 1\,\frac{\text{Skt}}{\text{K}}$$

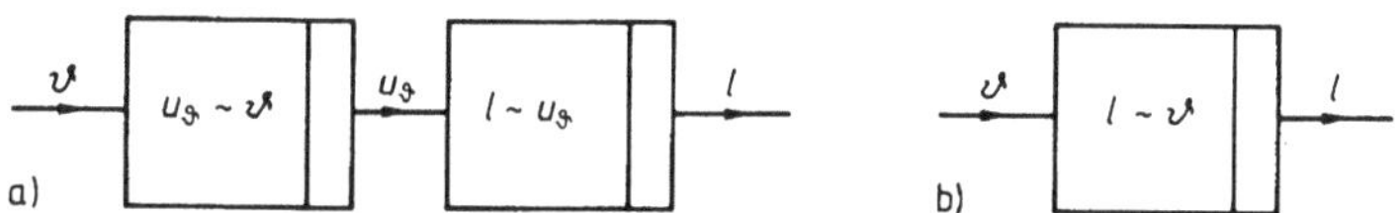

1.43 Komprimierte Signalflußpläne für ein Temperaturmeßgerät nach Bild 1.27

Die Empfindlichkeit ist i. allg. eine dimensionsbehaftete Größe, z. B. bei Meßgeräten mit Skalenanzeige der Quotient aus Länge, ausgedrückt in Skalenteilen, und der Eingangsgröße, z. B. Spannung, Strom, Druck, also ein Produkt aus Zahlenwert und Einheit. In Ausnahmefällen, z. B. bei anzeigenden Längenmeßgeräten wie Meßuhr oder Mikrometerschraube, könnte die Dimension auf 1 gekürzt werden, was man aber aus Gründen der Eindeutigkeit vermeiden sollte. Beispielsweise sollte man $E = 2 \cdot 10^3$ mm/mm oder $E = 2$ mm/μm angeben und nicht $E = 2 \cdot 10^3$.

Die dimensionsbehaftete Definition der Empfindlichkeit läßt einen sinnvollen Vergleich von Meßeinrichtungen für Meßgrößen unterschiedlicher Größenart hinsichtlich ihrer Empfindlichkeiten nicht zu. Beispielsweise gibt ein Vergleich der Empfindlichkeit eines Strommessers von 10 Skt/A und der eines Spannungsmessers von 1 Skt/V keinen Sinn.

Über die Kennlinie läßt sich die Empfindlichkeit auch als Steigung deuten. Bei einer über den Meßbereich linearen Kennlinie (s. Bild **1.41**a und c), ist die Steigung und damit die Empfindlichkeit über den Meßbereich konstant. In den Differenzenquotienten für die Empfindlichkeit nach Gl. (1.13) lassen sich dann für Δy bzw. Δu die jeweiligen Endwerte y_E und u_E einsetzen (s. Bild **1.41**a)

$$E = y_E / u_E \tag{1.14}$$

bzw. bei unterdrücktem Nullpunkt die Differenzen aus den End- und Anfangswerten (s. Bild **1.41**c)

$$E = \frac{y_E}{u_E - u_A} . \tag{1.15}$$

Relative Empfindlichkeit. Mangels einheitlicher und verbindlicher Definitionen ist die Angabe einer relativen Empfindlichkeit stets mit einer vollständigen Definitionsgleichung zu versehen. Beispielsweise ist für Dehnungsmeßstreifen eine relative Empfindlichkeit gebräuchlich, die häufig als

$$E_{rel} = \frac{\Delta R/R}{\Delta l/l} = \frac{\text{relative Änderung des Widerstandes}}{\text{relative Längenänderung}}$$

definiert wird und auch immer mit dieser eindeutig zu verstehenden vollständigen Definition $(\Delta R/R)/(\Delta l/l)$ angegeben werden sollte. So kann auch für Meßbrückenschaltungen die relative Empfindlichkeit nach der Definition

$$E_{rel} = \frac{\Delta \alpha}{\Delta R/R} = \frac{\text{Ausschlag des Nullindikators}}{\text{relative Widerstandsänderung}}$$

zweckmäßig sein.

Empfindlichkeit nichtlinearer Systeme. Ein zwischen Eingangs- und Ausgangsgröße bestehender nichtlinearer Zusammenhang kann nicht mehr durch einen einzigen Empfindlichkeitswert charakterisiert werden, da sich i. allg. für die einzelnen Kennlinienpunkte unterschiedliche Empfindlichkeiten ergeben. Ändert sich die Kennliniensteigung stetig (s. Bild **1.41**b), so ist auch die Empfindlichkeit $E(u)$ eine stetige Funktion der Eingangsgröße u. Aus der Betrachtung eines bestimmten Arbeitspunktes (Betriebspunktes), z. B. des Punktes B der Kennlinie in Bild **1.41**b, ergibt sich, daß die Definition der Empfindlichkeit nach Gl. (1.13) über den Differenzenquotienten $\Delta y_B / \Delta u_B$, der die Steigung einer durch zwei Kennlinienpunkte gezeichneten Sekante angibt, keinen dem Arbeitspunkt eindeutig zuzuordnenden Wert hat, sondern von der willkürlich wählbaren Eingangsgrößendifferenz Δu abhängt. Um wenigstens über einen

theoretisch eindeutig definierten Empfindlichkeitsbegriff zu verfügen, empfiehlt es sich, von verschwindend kleinen Eingangsgrößenänderungen $\Delta u \rightarrow du$
auszugehen und die Empfindlichkeit allgemeingültig über den Differentialquotienten dy/du entsprechend der Tangente an die Kennlinie im Arbeitspunkt

$$E = dy/du = f(y) \tag{1.16}$$

zu definieren.

Wird die Empfindlichkeit experimentell ermittelt, so muß von endlichen, d. h.
von noch beobachtbaren Änderungen Δy ausgegangen werden, die in den Differenzenquotienten Gl. (1.13) eingesetzt einen meist ausreichenden Näherungswert für die nach Gl. (1.16) definierte Empfindlichkeit

$$E = dy/du \approx \Delta y/\Delta u$$

ergeben. Diese Empfindlichkeit läßt sich graphisch an der Kennlinie so deuten, daß für den Arbeitspunkt die Sekante parallel zur Tangente verläuft.

Bei der hier definierten Empfindlichkeit aus den Änderungen der Aus- und
Eingangsgröße in der Umgebung des Arbeitspunktes ist eine hysteresefreie
(s. Abschn. 1.5.2.1, Hysterese) Kennlinie vorausgesetzt. Man kann evtl. vorhandene Hystereseeinflüsse bei der experimentellen Bestimmung der Empfindlichkeit erfassen, indem man zunächst die vollständige Kennlinie aufnimmt (auf-
und absteigender Bereich) und daraus für die interessierenden Arbeitspunkte
die Empfindlichkeiten als Tangenten graphisch bestimmt. Es können sich dabei für den gleichen Wert der Eingangsgröße unterschiedliche Empfindlich-
keitswerte ergeben, je nachdem, ob man sich auf den Bereich steigender oder
fallender Werte der Eingangsgrößen bezieht.

Da bei Meßgeräten mit nichtlinearen Kennlinien i. allg. die Empfindlichkeit
stetig verläuft, ist es vielfach ausreichend, statt einer Empfindlichkeitskurve
nur je eine Empfindlichkeit für den Anfangs-, Mittel- und Endbereich der
Meßspanne anzugeben, die für den jeweiligen Bereich als mittlere, d. h. charakteristische Werte angesehen werden können. Man bezeichnet diese nicht
schärfer definierten Empfindlichkeiten ihren zugeordneten Bereichen entsprechend als Anfangs-, Mittel- und Endempfindlichkeit.

Empfindlichkeit mehrfach ausgesteuerter Systeme. Die erläuterten Definitionen
für die Empfindlichkeit sind sinngemäß auf zwei- bzw. mehrfach ausgesteuerte
Systeme anwendbar, indem man alle Eingangssignale bis auf eines konstant
hält und die Empfindlichkeit bezüglich dieses einen Eingangssignals bestimmt.
Beispielsweise gilt für das zweifach ausgesteuerte System entsprechend Bild
1.42

$$E_{u_1} = \left(\frac{\partial y}{\partial u_1}\right)_{u_2 = \text{const}} \quad ; \quad E_{u_2} = \left(\frac{\partial y}{\partial u_2}\right)_{u_1 = \text{const}} . \tag{1.17}$$

Bei nichtlinearen Systemen, z. B. Multiplizierern, hängt diese Empfindlichkeit von dem Wert des konstant gehaltenen zweiten Eingangssignals ab, dessen Wert deshalb unbedingt angegeben werden muß.

Werden Stör- oder Einflußgrößen als zusätzliche Eingangsgrößen aufgefaßt (s. Abschn. 1.5.2.1, Kennlinien und Kennlinienfelder), so kann nach Gl. (1.17) auch eine Stör- oder Einflußempfindlichkeit angegeben werden (s. Beispiel 2.21).

Ansprechschwelle, Ansprechwert, Anlaufwert. Kennlinien beschreiben i. allg. die Abhängigkeit der Ausgangsgröße von der Eingangsgröße unter Vernachlässigung von Effekten, die in der Mechanik mit dem Begriff der ruhenden Reibung beschrieben werden. In einem Meßsystem wird sich z. B. entsprechend Bild **1.44** für eine stationäre Eingangsgröße u_1 im Beharrungszustand die Ausgangsgröße y_1 einstellen. Ändert man nun die Eingangsgröße u stetig von u_1 auf $(u_1 + \Delta u)$, so wird die Ausgangsgröße y i. allg. zunächst konstant bleiben $(y = y_1)$, sich also nicht der statischen Kennlinie (ausgezogene Linie in Bild **1.44**) entsprechend von y_1 auf $(y_1 + \Delta y)$ ändern. Erst wenn die Änderung des Eingangssignals einen bestimmten Wert erreicht hat, in Bild **1.44** z. B. bei $u = u_2$, ändert sich auch die Ausgangsgröße, aber dann gleich auf einen Wert y_2, der im Beharrungszustand der Eingangsgröße u_2 entspricht. Dieser gestörte Einstellvorgang aus einer Ruhelage in eine andere wird in Bild **1.44** durch die gestrichelt gezeichnete reale Kennlinie dargestellt. Demgegenüber muß die in Bild **1.44** ausgezogen gezeichnete Kennlinie, die die Ausgangswerte y_1 und y_2 eindeutig den Eingangswerten u_1 und u_2 zuordnet, als ideale Kennlinie angesehen werden. Der zeitliche Verlauf, mit dem sich die Ausgangsgröße von y_1 entsprechend der realen Kennlinie auf y_2 einstellt, wird durch das Zeitverhalten bestimmt. Das hier angesprochene Problem der Einstellung von einem Punkt der Kennlinie zu einem anderen berührt also sowohl die statischen wie auch die dynamischen Meßeigenschaften.

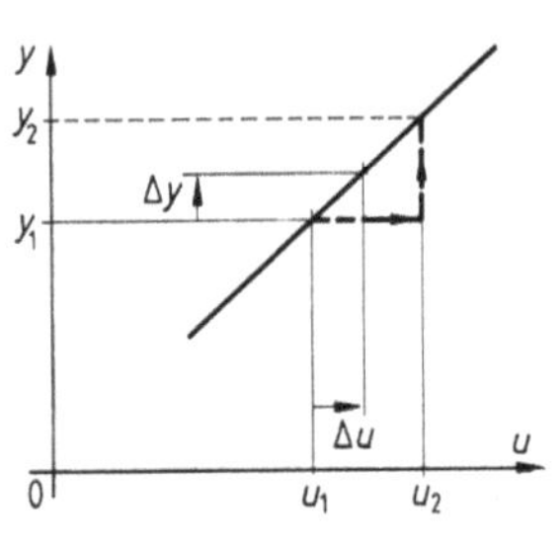

1.44 Ansprechschwelle $(u_2 - u_1)$

Als Ansprechschwelle ist der kleinste Wert der Änderung der Eingangsgröße eines Systems definiert, der den Zustand des Systems so ändert, daß bei der Ausgangsgröße eine erste, aber bereits eindeutig feststellbare Änderung eintritt.

Beispiel 1.15. Für einen Drehspulstrommesser *A1* soll die Ansprechschwelle in der Skalenmitte (etwa 1 A entsprechend) bestimmt werden.
Dazu wird entsprechend Bild **2.5** der Strommesser *A1* mit einem Vergleichsstrommesser *A2* (Ansprechschwelle von *A2* ist vernachlässigbar klein), in einen Gleichstromkreis geschaltet und ein konstanter Gleichstrom entsprechend der Anzeige des Vergleichsstrommessers von $i_2 = 1{,}000$ A eingestellt. Nachdem der Zeiger des zu untersuchenden Strommessers *A1* völlig ruhig steht, z. B. mit der Anzeige $i_1 \approx 1{,}001$ A, erhöht man den Strom sehr langsam und beobachtet dabei die Anzeige von i_1. Zeigt diese eine erste Reaktion,

z. B. indem sich der Zeiger von der zunächst unveränderten Stellung der Anzeige von 1,001 A deutlich sichtbar auf die Stellung ca. 1,005 A bewegt, so wird der Strom, der diese sprungartige Änderung bewirkte, auf dem Vergleichsstrommesser $A2$ abgelesen. Zeigt dieser z. B. $i_2 = 1,003$ A an, so beträgt die **Ansprechschwelle** 3 mA.

Bei dem Beispiel 1.15 ist die Ursache der Ansprechschwelle im wesentlichen in der ruhenden Reibung, z. B. der Spitzenlagerung der Drehspule, zu sehen. Damit wird deutlich, daß die Ansprechschwelle entsprechend ihrer Ursache, wie z. B. der Reibung, i. allg. keine Konstante ist. Es wird daher häufig für die Ansprechschwelle ein Grenzwert angegeben.

Die Ansprechschwelle, die im **Nullpunkt** eines Meßbereiches – i. allg. der Meßanfang – auftritt, wird auch als **Ansprechwert** bezeichnet. Bei integrierenden Meßgeräten wie Elektrizitäts-, Volumendurchflußzähler usw. nennt man die Ansprechschwelle auch **Anlaufwert**. Der Anlaufwert ist also der Wert der zu integrierenden Größe, bei dem der Zähler sicher anläuft.

Auflösung. Der Begriff der Auflösung ist vor allem im Zusammenhang mit einer unstetigen Stellbarkeit oder einer optischen Erkennbarkeit geprägt.

So ist die Auflösung bei Einrichtungen mit einer einzigen veränderlichen Größe, z. B. Widerstands-, Induktivitäts- oder Kapazitätsdekaden, die kleinste noch stellbare Stufung. Auch bei Drahtpotentiometern ergibt sich eine endliche Auflösung durch den nur von Windung zu Windung verstellbaren Abgriff.

Bei Meßgeräten mit Ziffernanzeige entspricht die Auflösung dem Wert eines Ziffernsprunges in der letzten Anzeigestelle. Im ungünstigsten Falle – die Eingangsgröße entspricht einem Wert, bei dem gerade ein Ziffernsprung der Anzeige aufgetreten ist – muß auch die Eingangsgröße mindestens um den Wert eines Ziffernsprunges der letzten Stelle der Anzeige verändert werden, um eine feststellbare Änderung – einen weiteren Ziffernsprung – der Ausgangsgröße zu bewirken. Hier hätte die Auflösung den gleichen Wert wie der – maximale – Grenzwert der Ansprechschwelle.

Bei Meßgeräten mit Skalenanzeigen wäre die Auflösung für die Ausgangsgröße die Differenz der gerade noch als unterschiedlich erkennbaren Zeigerstellungen. Hierbei läßt sich auch der Unterschied zwischen den Begriffen der Auflösung und der Ansprechschwelle aufzeigen. Die durch die Erkennbarkeit von unterschiedlichen Zeigerstellungen gegebene Auflösung liegt je nach Skalen- und Zeigerausführung bei etwa 1/10 der Skalenteilung, bei Lupenablesung noch darunter. Die hauptsächlich durch die Lagerreibung bewirkte Ansprechschwelle liegt dagegen häufig bei 1/5 der Skalenteilung, also deutlich über der Auflösung der Anzeige.

Hysterese. Unter dem Begriff Hysterese faßt man alle die Nichtlinearitäten zusammen, die einem Wert u der Eingangsgröße unterschiedliche Werte y_S, y_F der Ausgangsgröße zuordnen, abhängig davon, ob der Wert u der Eingangsgröße steigend oder fallend eingestellt wird (s. Bild **1.45**). Derartige Erscheinungen

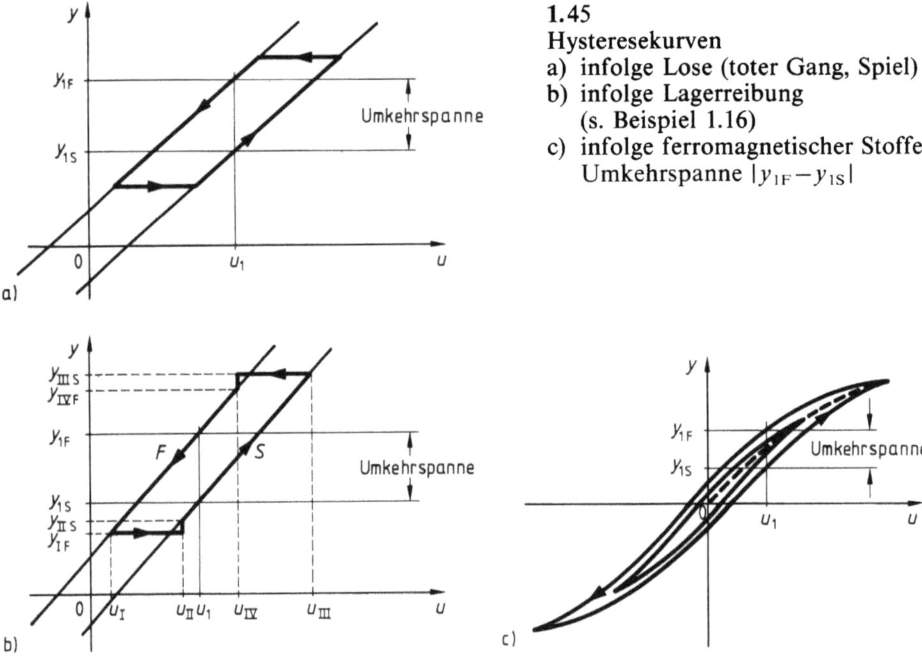

1.45
Hysteresekurven
a) infolge Lose (toter Gang, Spiel)
b) infolge Lagerreibung
   (s. Beispiel 1.16)
c) infolge ferromagnetischer Stoffe
   Umkehrspanne $|y_{1F}-y_{1S}|$

treten beispielsweise in Form von Lose (toter Gang oder Spiel) bei Meßgetrieben (s. Bild **1**.45 a) oder als Folge Coulombscher Reibung in der Lagerung mechanischer Anzeigegeräte (s. Bild **1**.45 b) auf. Auch elektromagnetisch wirkende Meßsysteme mit ferromagnetischen Werkstoffen zeigen vom Prinzip her ein Hystereseverhalten, welches die Kennlinie, ähnlich wie in Bild **1**.45 c dargestellt, spreizt.

Beispiel 1.16. Bei Meßgeräten mit Skalenanzeige, z. B. Drehspulinstrumenten, wird die Gleichgewichtslage im Beharrungszustand, die in Bild **1**.25, rechte Seite für den Idealfall beschrieben ist, grundsätzlich durch das Lagerreibungsmoment beeinflußt. Die Gleichgewichtsbedingung, nach der sich der Beharrungszustand einstellt, lautet damit entsprechend Bild **1**.25 $m(i) - c_{\mathrm{d}}\alpha \pm m_{\mu} = 0$, wenn $m(i)$ das stromproportionale Antriebsmoment, c_{d} die Federkonstante der Rückstellfeder, α der Ausschlagwinkel und m_{μ} das Lagerreibungsmoment ist. Da das Lagerreibungsmoment immer der Bewegungsrichtung entgegenwirkt, muß es negativ eingesetzt werden, wenn sich das Drehsystem infolge Vergrößerung des Antriebsmomentes von einem kleineren auf einen größeren Ausschlag α einstellt (in Bild **1**.46 Richtung S), aber positiv, wenn die Einstellung infolge Verkleinerung des Antriebsmomentes von einem größeren auf einen kleineren Ausschlag erfolgt (in Bild **1**.46 Richtung F). Aus Bild **1**.46 wird deutlich, daß dadurch einem bestimmten Antriebsmoment $m(i)_1$ (Eingangsgröße) jeweils zwei verschiedene Ausschläge α_{1S} bzw. α_{1F} (Ausgangsgrößen) zugeordnet sind. Die ideale Kennlinie in Bild **1**.46 a, die allein durch das Rückstellmoment der Feder bestimmt ist, wird also durch den Einfluß der Lagerreibung in zwei Kennlinienzweige aufgespreizt, d. h. in eine Hysteresekurve, wie in Bild **1**.46 b dargestellt, von denen jeder der beiden Zweige jeweils für eine der beiden möglichen Bewegungsrichtungen des Drehsystems gilt. Da die Lagerreibungsmo-

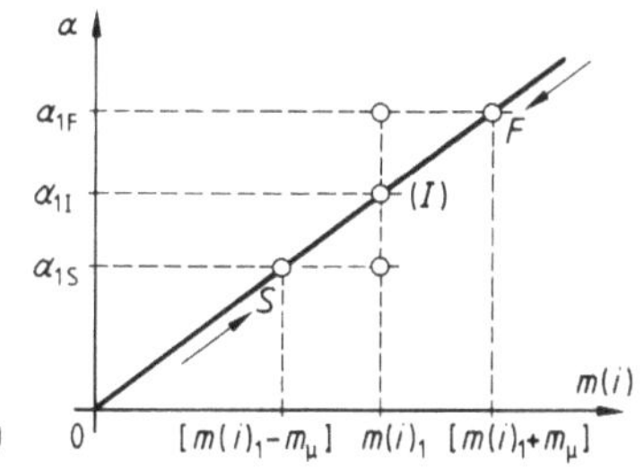
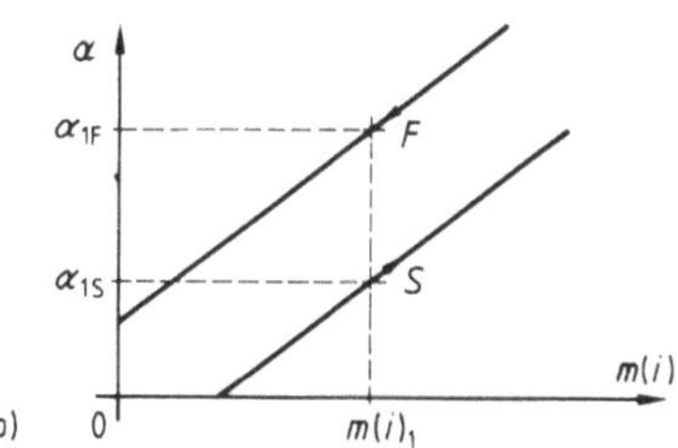

1.46 Hysterese infolge Lagerreibung
  a) Gleichgewichtslagen im Ausschlag-Antriebsmoment-Diagramm $\alpha = f\,[m\,(i)]$
   I Gleichgewichtslage ohne Lagerreibung (ideale Kennlinie) $m\,(i)_1 - C_d\,\alpha = 0$
   S Gleichgewichtslage mit Lagerreibung bei angestiegenem Antriebsmoment
    $[m\,(i)_1 - m_\mu] - C_d\,\alpha = 0$
   F Gleichgewichtslage mit Lagerreibung bei abgefallenem Antriebsmoment
    $[m\,(i)_1 + m_\mu] - C_d\,\alpha = 0$
  b) Hysteresekennlinie, die den in a) dargestellten Effekt berücksichtigt

mente bei Meßgeräten immer relativ klein sind, wird bei praktischen Auswertungen der Hystereseeinfluß im allgemeinen vernachlässigt und die ideale Kennlinie entsprechend Bild **1.**46a zugrundegelegt.

Bei der hier angestellten vereinfachenden Betrachtung ist die „Breite" der Hysteresekurve in Bild **1.**46b konstant angenommen. Das setzt voraus, daß auch die Reibung, die beim Übergang des Systems aus der Bewegung in die Ruhelage und umgekehrt wirksam ist und diese „Breite" bestimmt, konstant ist. In der Praxis ist dieses jedoch nicht gegeben, da gerade im Gebiet der Übergangszustände die Reibungsverhältnisse sehr unübersichtlich sind. So erklärt sich auch die relativ komplizierte Hystereseschleife in Bild **1.**45b für den Fall, daß als Eingangsgröße u eines Zeigerinstrumentes das Antriebsmoment $u = m\,(i)$ in fortwährend aufeinanderfolgenden Zyklen von einem Wert $u_1 = m\,(i)_1$ auf einen Wert $u_{III} = m\,(i)_{III}$ gesteigert und von dort wieder auf $u_1 = m\,(i)_1$ vermindert wird. Bei der stetigen Vergrößerung des Antriebsmomentes von u_1 aus muß zunächst die durch die Reibung der Ruhe bestimmte Ansprechschwelle $(u_{II} - u_1)$ überwunden werden. Erst dann verändert sich die Ausgangsgröße $y = \alpha$ (Ausschlag α) von $y_{1F} = \alpha_{1F}$ auf den Wert $y_{IIS} = \alpha_{IIS}$, der dem für steigende Werte gültigen Zweig (S) der Hysteresekennlinie entspricht und der durch eine Lagerreibung bestimmt ist, die im allgemeinen geringer ist als die in der Ruhelage wirksame. Bei stetig fortschreitender Vergrößerung von u über u_{II} hinaus bis u_{III} folgt der Ausschlag entsprechend diesem Kennlinienzweig bis auf $y_{IIIS} = \alpha_{IIIS}$. Wird nun das Antriebsmoment wieder stetig verkleinert, folgt der Ausschlag, wie erläutert, allerdings nun auf dem Kennlinienzweig (F), der für fallende Werte gilt.

Die Darstellungen in Beispiel 1.16 sind bewußt einfach gehalten, um die hier interessierenden Begriffe anschaulich zu erläutern. In der Praxis werden die genannten Wirkungen der Hysterese in den zufälligen Fehlern berücksichtigt (s. Abschn. 2.2), da sie quantitativ nicht reproduzierbar bestimmt werden können.

Die durch ferromagnetische Werkstoffe bedingten Hysteresekennlinien entsprechend Bild **1.**45c werden i. allg. näherungsweise durch die gestrichelt eingetragene Magnetisierungskennlinie – idealisierte Kennlinie – als geometrischer Ort der Umkehrpunkte der Hysteresekennlinien beschrieben.

Umkehrspanne. Hysteresekurven werden in der Praxis häufig durch einfache ideale Kennlinien angenähert. Um den Fehler abschätzen zu können, der einer solchen Näherung anhaftet, sind Kenngrößen definiert, mit denen der Einfluß der hystereseähnlichen Nichtlinearitäten beschrieben werden kann. So hat man die Differenz der Ausgangswerte y_F und y_S, die sich für dieselbe Eingangsgröße ergeben, wenn diese jeweils von kleineren oder größeren Werten ausgehend eingestellt wurden, als Umkehrspanne definiert (s. Bild 1.45). Die Umkehrspanne ist i. allg. nicht konstant, so daß sie auch als Grenzwert angegeben wird. Beispielsweise ist die Umkehrspanne der Hysterese infolge Lagerreibung von der Konstellation der Oberflächenrauhigkeiten des Zapfens und der Lagerschale im Berührungsbereich abhängig und dadurch ein Zufallswert, der nicht reproduzierbar ist. Bei ferromagnetisch bedingtem Hystereseverhalten ist die Umkehrspanne zwar reproduzierbar, aber abhängig von den Maximalwerten, in denen die Richtungsumkehrung erfolgt (s. Bild 1.45 c).

1.5.2.2 Dynamische Meßeigenschaften (Zeitverhalten). Zur Beschreibung der charakteristischen dynamischen Meßeigenschaften wird die Zeitabhängigkeit der Ausgangsgröße angegeben bei angenommener, d. h. vorgegebener Zeitfunktion der Eingangsgröße. In der Meßtechnik wird häufig für die Eingangsgröße eine instationäre sprungförmige (Sprungfunktion) oder eine stationäre sinusförmige zeitliche Änderung angenommen. Mit solchen charakteristischen Zeitfunktionen der Ein- und Ausgangsgrößen läßt sich das Eingangs-Ausgangs-Zeitverhalten von Meßsystemen vollständig beschreiben. Da ihre Handhabung jedoch für die tägliche Routinearbeit umständlich ist, hat man Kenngrößen definiert, die charakteristische Merkmale des Verlaufs der Zeitfunktionen sind. Da der Informationsverlust beim Übergang von einer vollständigen Funktion zu einem einzelnen Wert sehr groß ist, wird eine Kenngröße i. allg. auch nur eine bestimmte Eigenschaft der Funktion charakterisieren, so daß mehrere Kenngrößen definiert sind.

Hier in dem einleitenden Abschnitt werden im folgenden nur die wichtigsten Definitionen zur Charakterisierung des Zeitverhaltens von Meßsystemen aufgeführt unter Verweis auf die ausführlichere Behandlung in Abschn. 3.3.1.

Kennwerte der Sprungantwort. Das Eingangssignal $u(t)$ soll sich zeitlich sprungförmig ändern, wie in Bild 1.47 als gestrichelte Kurve dargestellt. Das Ausgangssignal $y(t)$ kann sich dann aber nur bei Gliedern ohne Energiespeicher ebenfalls unstetig ändern (s. Bild 1.47 a, ausgezogene Kurve). Sind Energiespeicher vorhanden, ändert sich das Ausgangssignal stetig, wie z. B. in Bild 1.47 b dargestellt (s. Band I, Teil 1, Abschn. Übergangsverhalten).

Die Zeitfunktion des durch eine Sprungfunktion des Eingangssignals verursachten Ausgangssignals nennt man Sprungantwort. Sie zeigt einen den dynamischen Eigenschaften der Meßeinrichtung entsprechenden charakteristischen Verlauf, z. B. wie in den ausgezogenen Kurven in Bild 1.47 b und 1.48

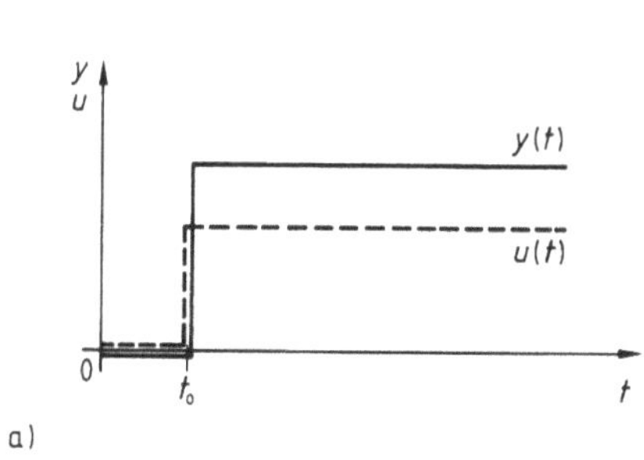

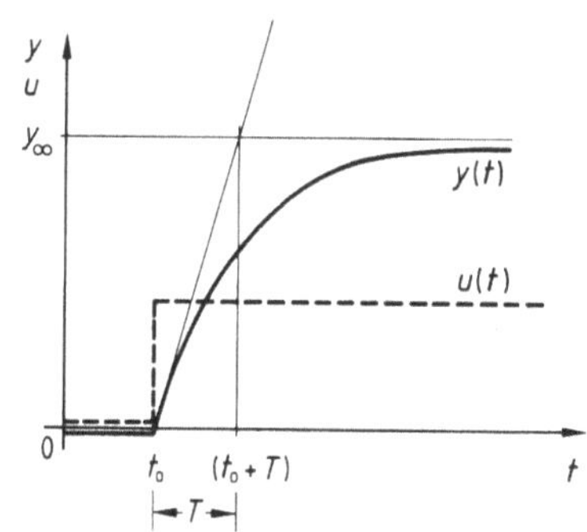

1.47 Sprungantwort des Ausgangssignals $y(t)$ (ausgezogene Kurve) bei unstetiger sprungförmiger Änderung des Eingangssignals $u(t)$ (gestrichelte Kurve)
a) System ohne Energiespeicher
b) System mit Energiespeicher

skizziert. Wird das Ausgangssignal auf die Sprunghöhe des Eingangssignals bezogen angegeben, spricht man von der bezogenen Sprungantwort oder auch von der **Übergangsfunktion**.

Aus der Sprungantwort bzw. der Übergangsfunktion können Kennwerte zur schnellen Information über das Zeitverhalten eines Systems abgeleitet werden. Sie sind wie folgt definiert.

Einstellzeit T_a ist die Zeit zwischen dem Auftreten eines Sprunges des Eingangssignals $u(t)$ und dem Zeitpunkt, ab dem der Wert des Ausgangssignals $y(t)$ dauernd innerhalb vorgegebener Grenzen $\pm G_y$ bleibt.

Anschwingzeit T_{an} ist die Zeit zwischen dem Auftreten eines Sprunges des Eingangssignals $u(t)$ und dem Zeitpunkt, zu dem der Wert des Ausgangssignals $y(t)$ erstmals eine der vorgegebenen Grenzen $\pm G_y$ erreicht.

Verzugszeit T_u ist die Zeit zwischen dem Auftreten eines Sprunges des Eingangssignals $u(t)$ und dem Schnittpunkt der ersten Wendetangente der Funktion des Ausgangssignals $y(t)$ mit der Zeitachse.

Halbwertzeit T_h ist die Zeit zwischen dem Auftreten eines Sprunges des Eingangssignals $u(t)$ und dem Zeitpunkt, zu dem der Wert des Ausgangssignals $y(t)$ 50% seines Endwertes y_∞ erreicht hat.

Ausgleichszeit T_g ist die Zeit zwischen den Schnittpunkten

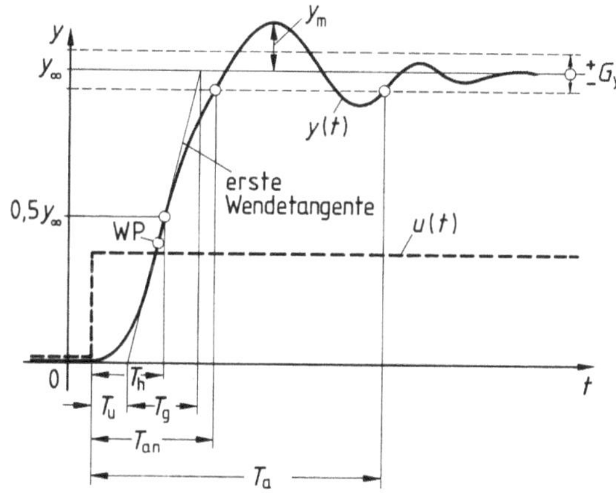

1.48 Kenngrößen zur Charakterisierung einer Sprungantwort

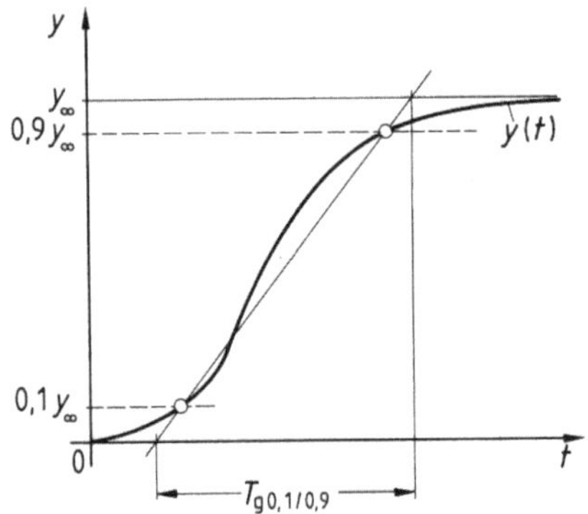

1.49 Ausgleichszeit T_g nach der Definition über die Sekante

der ersten Wendetangente der Funktion des Ausgangssignals $y(t)$ mit der Zeitachse und mit der Geraden $y(t)=y_\infty$, die dem Endwert y_∞ des Ausgangssignals entspricht.

Aus praktischen Erwägungen wird häufig statt der ersten Wendetangente eine Sekante betrachtet, die entsprechend Bild **1.49** definiert ist. Diese Sekante läßt sich als Gerade durch festgelegte Werte der Funktion des Ausgangssignals – z. B. die Werte $y(t)=0{,}1\,y_\infty$ und $y(t)=0{,}9\,y_\infty$, die 10% bzw. 90% des Endwertes y_∞ des Ausgangssignals betragen – objektiver (reproduzierbar) bestimmen als eine Tangente im Wendepunkt. Um die Ausgleichszeit T_g, die durch die Sekante bestimmt ist, von der durch die Tangente bestimmten zu unterscheiden, werden die Bestimmungswerte für die Sekante auf den Endwert des Ausgangssignals bezogen als Index angegeben, z. B. $T_{\mathrm{g}\,0{,}1/0{,}9}$ in Bild **1.49**.

Überschwingweite y_m ist die größte Abweichung des Ausgangssignals $y(t)$ von dessen Endwert y_∞ nach dem ersten Überschreiten einer vorgegebenen Grenze $\pm G_\mathrm{y}$ (Abweichung der ersten Überschwingung).

Kennwerte des spektralen Verhaltens eines Systems. Der Quotient aus den komplexen Effektivwerten $\underline{\tilde{y}}(\omega)$ und $\underline{\tilde{u}}(\omega)$ eines stationären sinusförmigen Ausgangssignals $y(t)$ und des dieses verursachenden stationären sinusförmigen Eingangssignals $u(t)$ ist eine Funktion der Kreisfrequenz ω, die als Frequenzgang

$$\underline{G}(\omega)=\underline{\tilde{y}}(\omega)/\underline{\tilde{u}}(\omega) \tag{1.18}$$

bezeichnet wird (s. Band I, Teil 1, Abschn. Frequenzgang[1])). Dieser Frequenzgang, der als Kennfunktion das spektrale Verhalten eines Systems vollständig beschreibt, kann als Ortskurve wie in Bild **1.50** a dargestellt werden oder als Frequenzkennlinie in Form von Amplituden- und Phasenkennlinien wie in Bild **1.50** b und c. Aus Zweckmäßigkeitsgründen ist der Frequenzgang $\underline{G}(\omega)$ normiert dargestellt, d. h., das Effektivwertverhältnis $\tilde{y}(\omega)/\tilde{u}(\omega)$ ist auf die statische Empfindlichkeit E entsprechend Gl. (1.13) und die Kreisfre-

---

[1]) Hier ist für den positive und negative Frequenzen umfassenden Frequenzgang allgemein das Formelzeichen $G(\omega)$ eingeführt, da dieser Frequenzgang eines übertragungsstabilen Systems und die mit $g(t)$ bezeichnete Gewichtsfunktion wechselseitige Fouriertransformierte $g(t)\,\circ\!\!-\!\!\bullet\, G(\omega)$ sind (s. Abschn. 3.3.1). Dementsprechend wird für den nur positive Frequenzen umfassenden Frequenzgang als Quotient der komplexen Effektivwerte das Formelzeichen $\underline{G}(\omega)$ gewählt anstelle des in Band I, Teil 1 verwendeten $\underline{F}(\omega)$.

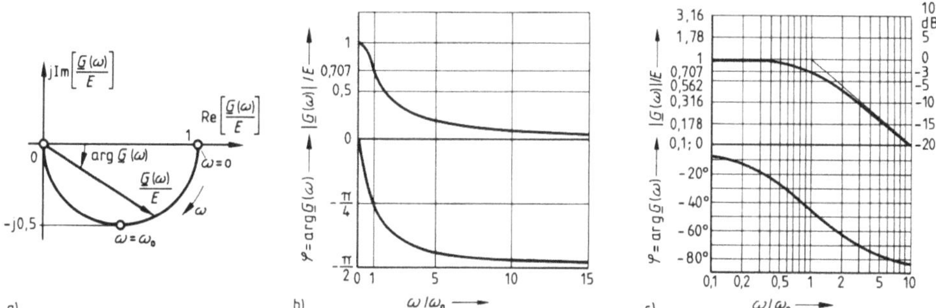

1.50 Beispiele für die graphische Darstellung des Frequenzganges eines P-T_1-Gliedes
$\underline{G}(\omega)/E = 1/(1+\mathrm{j}\omega/\omega_0)$ (E ist die statische Empfindlichkeit des Systems)
  a) als Ortskurve
  b) als Frequenzkennlinien im linearen Maßstab
  c) als Bode-Diagramm, d. h. als Frequenzkennlinien im doppeltlogarithmischen (Amplitudenkennlinie) bzw. einfachlogarithmischen (Phasenkennlinie) Maßstab

quenz ω auf die Kennkreisfrequenz ω_0 bezogen. Für meßtechnische Aufgabenstellungen werden bevorzugt die Amplitudenverhältnisse im logarithmischen Maßstab und die Phasenwinkel im linearen Maßstab als Funktion der im logarithmischen Maßstab aufgetragenen Frequenz graphisch dargestellt (s. aber dazu Abschn. 3.3.1). Eine solche auch als Bode-Diagramm bezeichnete Darstellung ist in Bild 1.50c wiedergegeben.

Bei Meßgliedern mit Ausgleich wird meist ein frequenzunabhängiger Amplitudengang angestrebt, der aus physikalischen Gründen aber nur bis zu endlich hohen Frequenzen realisierbar ist. Ab einer bestimmten Frequenz, oft nach vorherigem Anstieg infolge resonanzartiger Vorgänge im System, fällt das Ausgangssignal allmählich auf einen gegen Null strebenden Wert ab. Da derartige Systeme nur tiefe Frequenzen ungeschwächt passieren lassen, spricht man von Tiefpaßsystemen oder einfach von Tiefpässen (s. Bild 1.51a). Systeme, die Signale hoher und auch tiefer Frequenzen sperren (s. Bild 1.51b), wer-

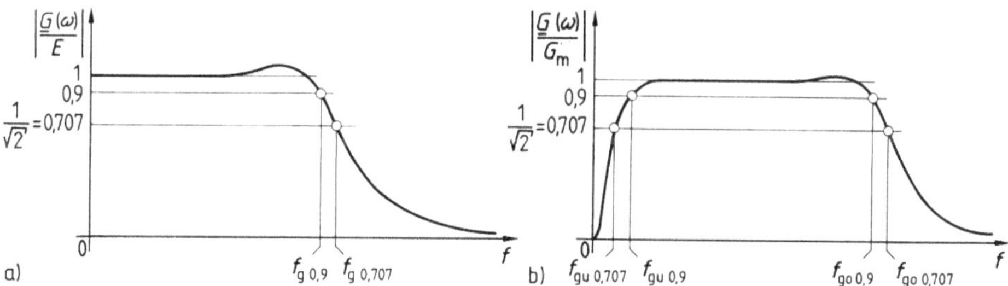

1.51 Definitionen für Grenzfrequenz und Bandbreite
  a) Tiefpaßsystem (System mit Ausgleich) (E ist die statische Empfindlichkeit)
  b) Bandpaßsystem (G_m ist der Betrag des Frequenzganges im mittleren Frequenzbereich des Bandpasses)

den als Bandpaßsysteme oder Bandpässe bezeichnet. Der häufig gebrauchte Begriff des Hochpasses wird hier bewußt vermieden. Da kein reales System Signale mit beliebig hohen Frequenzen durchläßt, sind die sogenannten Hochpässe genaugenommen immer nur Bandpässe.

Zur Charakterisierung der Frequenzbereiche, in denen der Amplitudengang frequenzunabhängig ist oder nur innerhalb vereinbarter Grenzen von einem frequenzunabhängigen Wert abweicht, sind die Kenngrößen obere bzw. untere Grenzfrequenz f_{go} bzw. f_{gu} oder gegebenenfalls deren Differenz als Bandbreite

$$B = f_{go} - f_{gu} \tag{1.19}$$

definiert. Bei Tiefpässen ist die untere Grenzfrequenz Null, also die Bandbreite gleich der oberen Grenzfrequenz f_{go}.

In der Nachrichtentechnik ist es üblich, die Frequenzen als Grenzfrequenzen anzugeben, bei denen ein Amplitudenabfall $|\underline{G}(\omega)|/E$ auf $1/\sqrt{2} = 0{,}707$ eintritt, während in der Meßtechnik aus naheliegenden Gründen häufig von einem Amplitudenabfall $|\underline{G}(\omega)|/E$ auf nur 0,9 oder 0,95 ausgegangen wird (s. Bild 1.51). Zur Vermeidung von Irrtümern empfiehlt es sich, die Grenzfrequenzen und die Bandbreite durch entsprechende Indizes genauer zu kennzeichnen, z. B. durch die Angabe $f_{go\,0{,}9}$ oder $B_{0{,}9}$.

Zahlenmäßig wird statt des Amplitudenverhältnisses häufig dessen Logarithmus angegeben, z. B. in der Form

$$\frac{|\underline{G}(\omega)|/E}{\mathrm{dB}} = 20 \log \frac{|\underline{G}(\omega)|}{E} . \tag{1.20}$$

Sinkt das Amplitudenverhältnis $|\underline{G}(\omega)|/E$ z. B. von 1 auf 0,9 bzw. 0,707, so entspricht dem eine Verringerung des logarithmischen Amplitudenverhältnisses $|\underline{G}(\omega)|/E$ um 0,915 dB bzw. um 3 dB. Die Grenzfrequenzen bezeichnet man dann konsequenterweise z. B. mit $f_{go\,3\,\mathrm{dB}}$ usw.

1.6 Gesetzliche Grundlagen der Meßtechnik

Die Meßtechnik reicht weit verzweigt in die verschiedensten Bereiche des privaten und öffentlichen Lebens wie Handel, Gesetze, Vorschriften und ist eng mit den institutionellen oder persönlichen Eigentumsinteressen verknüpft. Für diese Bereiche der Meßtechnik sind daher gesetzliche Regelungen unbedingt erforderlich und auch in allen Kulturstaaten festgelegt. Solche Regelungen sollen dem täglichen routinemäßigen Umgang mit gemessenen Sachen oder Leistungen die Sicherheit verleihen, die Voraussetzung für ein unerläßliches Vertrauen zwischen den Vertrags- oder Verkehrspartnern sind. Die Messung soll also sicherstellen, daß der Käufer das bekommt, was er gekauft und bezahlt hat, und der Verkäufer nur das abgibt, was er nach seiner Preiskalkulation verkauft hat. Auch soll sie die Öffentlichkeit vor den Auswirkungen falscher Meßergebnisse in der Heilkunde und im Verkehr mit öffentlichen Stellen schützen. Daneben dienen die gesetzlichen Regelungen als allgemeines Ordnungsrecht der Wirtschaft zur Förderung des Leistungswettbewerbes und zur Unterdrückung unlauterer Geschäftspraktiken. Darüber hinaus sollen die gesetzlichen Regelungen die tägliche Arbeit erleichtern, indem ausschließlich einheitliche Einheiten verwendet werden, so daß ein zeitaufwendiges, mit Fehlerrisiko behaftetes Umdenken bzw. Umrechnen in jeweils eigene geläufige, aber im gegebenen Fall abweichende Vorstellungen entfallen. Gerade dieser letzte Punkt spricht dafür, die gesetzlichen Festlegungen über Einheiten auch in den Bereichen zu beachten, in denen sie nicht zwingend vorgeschrieben sind, z.B. in Lehre und Forschung.

Die gesetzlichen Regelungen für das Meßwesen in den oben angedeuteten Bereichen umfassen

a) die gesetzlichen Vorschriften, die festlegen, welche Einheiten zu verwenden und wie diese zu bezeichnen sind, und

b) die gesetzlichen Vorschriften über das Meß- und Eichwesen, die sich auf die Meßgeräte und Meßverfahren beziehen.

1.6.1 Gesetze und Verordnungen über Einheiten

Für die Bundesrepublik Deutschland sind die Einheiten seit 1970 durch folgende Gesetze bzw. Verordnungen verbindlich festgelegt:

a) Gesetz über Einheiten im Meßwesen - Einheitengesetz - vom 2. Juli 1969

a1) Gesetz zur Änderung des Gesetzes über Einheiten vom 6. Juli 1973

b) Ausführungsverordnung zum Gesetz über Einheiten im Meßwesen vom 26. Juni 1970

b1) Verordnung zur Änderung der Ausführungsverordnung zum Gesetz über Einheiten im Meßwesen vom 27. November 1973

b2) Zweite Verordnung zur Änderung der Ausführungsverordnung zum Gesetz über Einheiten im Meßwesen vom 12. Dezember 1977

Gesetzliche Einheiten. Mit Inkrafttreten der angeführten Gesetze bzw. Verordnungen ist die bis dahin infolge der dürftigen gesetzlichen Regelungen nahezu unübersehbare Vielfalt an üblichen Einheiten abgelöst, und nur die allein auf dem SI-Einheitensystem basierenden gesetzlichen Einheiten sind vorgeschrieben. Mit Rücksicht auf die Schwierigkeit einer solchen Umstellung wurden einigen Ländern und Branchen für sehr geläufige spezifische Einheiten wie PS, Kp, at usw. Übergangsfristen eingeräumt, die aber im wesentlichen nur bis zum Jahre 1978 liefen, so daß heute ausschließlich die gesetzlichen Einheiten verbindlich sind.

Den gesetzlichen Einheiten liegt das SI-Einheitensystem zugrunde (s. Abschn. 1.3.2.1). Alle in Tafel 1.14 aufgeführten SI-Einheiten mit besonderen Namen sind auch gesetzliche Einheiten. Darüber hinaus sind weitere Einheiten gesetzlich zugelassen, die für bestimmte Bereiche eine besondere Bedeutung haben, wie z. B. Bar (bar), Karat (Kt) usw., oder soweit Allgemeingut sind, daß eine Umstellung nicht vertretbar erscheint, wie z. B. Minute (min), Stunde (h) u. ä. Weiter zählen zu den gesetzlichen Einheiten auch solche, die mit den gesetzlich zugelassenen Vorsätzen für Zehnerpotenzen versehen werden, wie sie in Tafel A.2 im Anhang zusammengestellt sind, also z. B. mg für 10^{-3} g, Mt für 10^{6} t usw.

Bild 1.53 gibt eine Übersicht über die gesetzlichen Einheiten. Z. Zt. sind die 7 SI-Basiseinheiten und die 19 SI-Definitionseinheiten mit besonderen Namen (s. Tafel 1.14) auch gesetzliche Einheiten.

Darüber hinaus sind weitere 17 Definitionseinheiten mit uneingeschränktem Gültigkeitsbereich gesetzlich festgelegt und mit besonderen Namen und Symbolen versehen (s. Tafel 1.52), die aber – zwar nicht in allen Fällen kohärent – alle auf die SI-Einheiten zurückgeführt werden können. Aus diesen 43 Einheiten mit besonderen Namen können beliebig viele weitere abgeleitete Einheiten als Potenzprodukte gebildet und geschrieben werden, die ebenfalls als gesetzliche Einheiten gelten. Weiter zählen alle vorstehend angeführten Einheiten, wenn sie mit den international vereinbarten Vorsätzen für Zehnerpotenzen versehen werden, ebenfalls noch zu den gesetzlichen Einheiten. Schließlich zählen auch noch die 5 Einheiten mit eingeschränktem Gültigkeitsbereich zu den gesetzlichen Einheiten. Potenzprodukte mit diesen Einheiten sind aber keine gesetzlichen Einheiten mehr.

1.6.2 Gesetze und Verordnungen über das Meß- und Eichwesen

Die gesetzliche Festlegung von Einheiten könnte man als die theoretische Grundlage ansehen, die dem eingangs erwähnten Zweck für Handel und Verkehr aber nur so gut dient, wie sie in die Praxis umgesetzt wird. Es müssen also auch noch gesetzliche Regelungen getroffen werden für praktisch realisierbare Meßeinrichtungen und Meßverfahren, mit denen Größen in diesen Einheiten gemessen werden. Für die Bundesrepublik Deutschland sind diese im wesentlichen in folgenden Gesetz- und Rechtsverordnungen festgelegt:

Gesetz über das Meß- und Eichwesen – E i c h g e s e t z – vom 11. Juli 1969 mit den Änderungen vom 6. Juli 1973 und 20. Januar 1976

Verordnung über Ausnahmen von der Eichpflicht – E i c h p f l i c h t a u s n a h m e - v e r o r d n u n g – vom 26. Juni 1970

Gültigkeitsdauer der Eichung – E i c h g ü l t i g k e i t s v e r o r d n u n g – vom 18. Juni 1970 mit Änderungen vom 12. November 1971, 4. Juli 1974 und 5. August 1976

Verordnung über die Eichpflicht von Meßgeräten – E i c h p f l i c h t v e r o r d - n u n g – vom 10. März 1972

Tafel **1**.52 Zusätzlich zu den SI-Einheiten festgelegte gesetzliche Einheiten mit besonderen Namen. Einheiten mit eingeschränktem Gültigkeitsbereich sind in Klammern gesetzt.

	Größen der Einheiten		Einheiten		
	Name	Formel-zeichen	Name	Symbol	Definition
Mechanik	Zeit	t	Minute	min	$1\,\text{min} = 60\,\text{s}$
			Stunde	h	$1\,\text{h} = 3600\,\text{s}$
			Tag	d	$1\,\text{d} = 86\,400\,\text{s}$
	reziproke Länge	l^{-1}	(Dioptrie)	(dpt)	$(1\,\text{dpt} = 1\,\text{m}^{-1})$
	Masse	m	Tonne	t	$1\,\text{t} = 10^{3}\,\text{kg}$
			Gramm	g	$1\,\text{g} = 10^{-3}\,\text{kg}$
			(Karat)	(Kt)	$(1\,\text{Kt} = 1\,\text{kg}/5000)$
	längenbezogene Masse	m/l	(Tex)	(tex)	$(1\,\text{tex} = 10^{-6}\,\text{kg/m})$
	ebener Winkel	α	Vollwinkel	–	$1\,\text{Vollw.} = 2\,\pi\,\text{rad}$
			Rechter Winkel	L	$1\,\text{L} = \pi\,\text{rad}/2$
			Grad	°	$1° = \pi\,\text{rad}/180$
			Minute	′	$1' = 1°/60$
			Sekunde	″	$1'' = 1'/60$
			Gon	gon	$1\,\text{gon} = \pi\,\text{rad}/200$
	Fläche	A	(Ar)	(a)	$(1\,\text{a} = 10^{2}\,\text{m}^{2})$
			(Hektar)	(ha)	$(1\,\text{ha} = 10^{4}\,\text{m}^{2})$
	Volumen	V	Liter	l	$1\,\text{l} = 10^{-3}\,\text{m}^{3}$
	Druck	p_d	Bar	bar	$1\,\text{bar} = 10^{5}\,\text{Pa}$
Elektrotechnik	Blindleistung	Q	Voltampere reaktiv	var	$1\,\text{var} = 1\,\text{VA}$
Thermodynamik	Temperaturdifferenz	ϑ	Grad Celsius	°C	$1\,°\text{C} = 1\,\text{K}$
Molekularphysik	Atommasse	m_a	atomare Masseneinheit	u	$1\,\text{u} = 1{,}66053 \cdot 10^{-27}\,\text{kg}$
	Energie	w	Elektronvolt	eV	$1\,\text{eV} = 1{,}60219 \cdot 10^{-19}\,\text{J}$

Verordnung über die Pflichten der Besitzer von Meßgeräten – Meßgerätebesitzer-Pflichtverordnung – vom 4. Juli 1974

Verordnung über Prüfstellen für die Beglaubigung von Meßgeräten für Elektrizität, Gas, Wasser oder Wärme – Prüfstellenverordnung – vom 18. Juni 1974

In diesen Gesetzen und Verordnungen ist festgelegt, für welche Meßeinrichtungen in welchen Anwendungsbereichen eine Eichpflicht besteht, wer unter welchen Voraussetzungen die Eichung einzuleiten und durchzuführen hat, wie

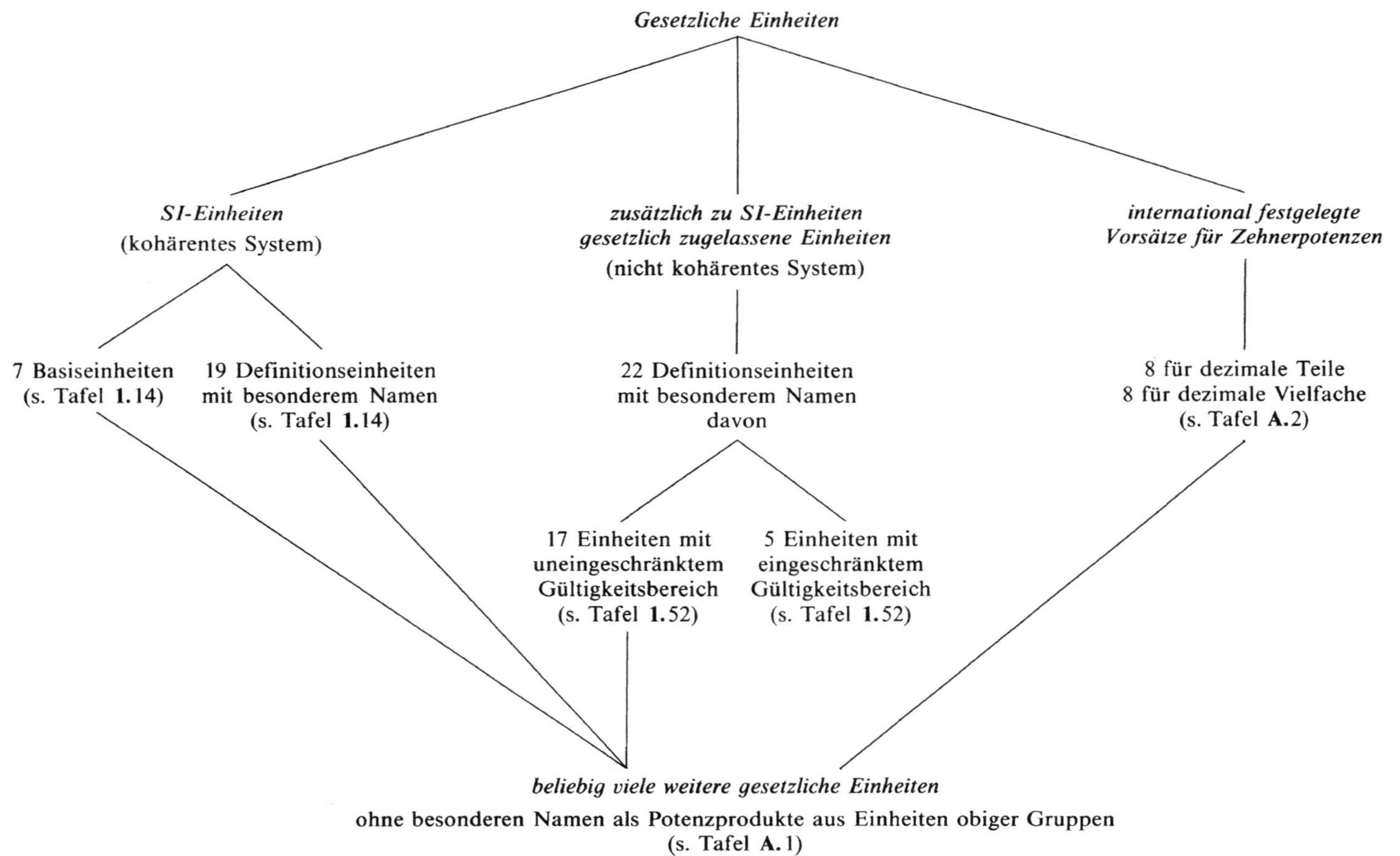

1.53 Übersicht über die gesetzlichen Einheiten

zu eichende Geräte beschaffen sein müssen, insbesondere welche Fehler zulässig sind, wie geeichte Geräte zu handhaben sind u. ä. m.

Eichgesetz. Wesentlich ist der erste Abschnitt des Eichgesetzes, in dem für die
Eichung und Beglaubigung von Meßgeräten die Vorschriften festgelegt sind. In
§ 1 ist definiert, welche Meßgeräte für den geschäftlichen Verkehr der Eichpflicht unterliegen. Er lautet:

„Meßgeräte zur unmittelbaren oder mittelbaren Bestimmung.
1. der Länge, der Fläche, des Volumens, der Masse, der thermischen oder elektrischen
Energie, der thermischen oder elektrischen Leistung, der Durchflußmenge von Flüssigkeiten oder Gasen sowie der Dichte von Flüssigkeiten oder der aus einer Dichtemessung
abgeleiteten Gehaltsangaben, ... müssen geeicht sein, wenn sie im geschäftlichen Verkehr verwendet oder so bereitgehalten werden, daß sie ohne besondere Vorbereitungen
in Gebrauch genommen werden können."

Der Anwendungsbereich des geschäftlichen Verkehrs ist ähnlich definiert wie
im Einheitengesetz. Im Eichgesetz werden allerdings naturgemäß nur Bereiche
der praktischen Durchführung von Messungen, also des praktischen Einsatzes
von Meßgeräten, angesprochen.

Die Pflicht, Meßgeräte der Eichung zuzuführen, trifft den jeweiligen Besitzer
des eichpflichtigen Meßgerätes. Es ist eine Bringpflicht, d. h., der Besitzer des
Meßgerätes muß das Anliegen der Eichung oder Nacheichung an die Eichbehörde herantragen, die Wahl des Eichamtes oder der Nacheichstelle bleibt ihm
überlassen.

In den §§ 2 bis 5 ist die Eichpflicht für Meßgeräte im amtlichen Verkehr im Bereich des Verkehrswesens, der Heilkunde sowie für Zusatzeinrichtungen geregelt.

Eine Beglaubigung von Meßgeräten anstelle ihrer Eichung kann für bestimmte Meßgeräte, wie in § 6 festgelegt ist, erfolgen und hat den gleichen
Rechtscharakter wie eine Eichung. Es heißt dort:

„§ 1, Abs. 1 gilt nicht für Meßgeräte, die im geschäftlichen Verkehr bei der Abgabe von
Elektrizität, Gas, Wasser oder Wärme verwendet werden, wenn die Meßgeräte von einer
staatlich anerkannten Prüfstelle eines Versorgungsunternehmens, eines Herstellerbetrie-
bes oder einer der Gewerbeförderung dienenden Körperschaft des öffentlichen Rechts
beglaubigt sind."

Die Eichfähigkeit und Zulassung zur Eichung werden in § 9 geregelt.
Hier wird gefordert:

„Die Bauart eines Meßgerätes, das geeicht sein muß, ist zur Eichung zuzulassen, wenn
die Bauart richtige Meßergebnisse und eine ausreichende Meßbeständigkeit erwarten
läßt (Meßsicherheit). Die Bauarten anderer Meßgeräte können unter den Voraussetzungen des Satzes 1 zur Eichung zugelassen werden. Meßwerte müssen in gesetzlichen Einheiten angezeigt werden. Der Bundesminister für Wirtschaft wird ermächtigt, durch
Rechtsverordnung mit Zustimmung des Bundesrates einheitliche Anforderungen für alle
Bauarten einer Meßgeräteart festzulegen, insbesondere hinsichtlich der Werkstoffe, Fehlergrenzen und Stempelstellen sowie der Verwendungs- und Meßbereiche."

Für die Zulassung zur Eichung ist die Physikalisch-Technische Bundesanstalt (PTB) zuständig, das Verfahren wird in einer Zulassungsordnung geregelt.

Rechtsverordnungen. Das Gesetz über das Meß- und Eichwesen sieht vor, daß der vom Gesetzgeber geschaffene Rahmen durch Rechtsverordnungen mit den erforderlichen Einzelregelungen ausgefüllt wird. Da hier allein aus Umfangsgründen nicht auf die Verordnungen näher eingegangen werden kann, sollen nur einige wichtige Bestandteile mehr beispielhaft erwähnt werden.

Die Gültigkeitsdauer der Eichung von Meßgeräten wird allgemein auf 2 Jahre befristet. Es werden aber gleichzeitig für viele Meßgeräte besondere Gültigkeitsdauern festgelegt, z. B. ein Jahr für selbsttätige Kontrollwaagen, Radlastmesser und Geschwindigkeitsmesser zur amtlichen Überwachung des Straßenverkehrs u.ä.m., 4 Jahre für Gleichstromelektrizitätszähler, Heizölzähler für Wohnungen u.ä.m., 12 Jahre für Wechselstromzähler, Elektrolytzähler, Balgengaszähler u.ä.m. Überhaupt nicht befristet ist die Gültigkeitsdauer der Eichung für Meßgeräte und formbeständige Behältnisse, die ganz aus Glas hergestellt sind, medizinische Quecksilber-Glasthermometer mit Maximumeinrichtungen u.ä.m.

Zur Aufstellung und Benutzung eichpflichtiger Meßgeräte ist festgelegt, daß die Anforderungen, die mit der Zulassung zur Eichung festgelegt wurden, einzuhalten sind, daß in offenen Verkaufsstellen der Käufer den Meßvorgang beobachten kann, daß der Hauptstempel, der das Meßgerät als geeicht ausweist, entfernt wird, wenn die Gültigkeit der Eichung vorzeitig erloschen ist usw.

2 Fehler- und Ausgleichsrechnung

Grundsätzlich lassen sich alle in Tafel **1.**2 aufgezeigten Aufgaben der Meßtechnik auf die quantitative Bestimmung einer Einzelmeßgröße zurückführen,
d. h. auf die Bestimmung des Istwertes und dessen tatsächlicher oder möglicher
Abweichung vom wahren Wert dieser Meßgröße. Um diese grundsätzliche Problemstellung der Meßtechnik verstehen und Lösungsmöglichkeiten erarbeiten
zu können, müssen die Ursachen und Auswirkungen der Abweichungen des
Istwertes vom wahren Wert sowie die Methoden ihrer Erfassung und Beschreibung erläutert werden. Dabei nimmt die Behandlung der zufälligen Abweichungen insofern eine Sonderstellung ein, als sie zweckmäßigerweise nach den
nicht nur für die Meßtechnik, sondern allgemein gültigen Methoden der Statistik erfolgt. In der Meßtechnik steht dabei aber neben der Ermittlung einer mathematischen Funktion (Kennfunktion) zur Beschreibung der Verteilung von
Zufallsvariablen insbesondere die Bestimmung von Kenngrößen im Vordergrund, mit denen charakteristische Merkmale dieser Verteilung ohne großen
Aufwand beschrieben werden können. Durch Bild **2.**1 wird ein grober Überblick vermittelt, in welchen Aufgabenbereichen welche Kenngrößen Bedeutung haben. Es handelt sich einmal um die Bestimmung der Kenngrößen, die

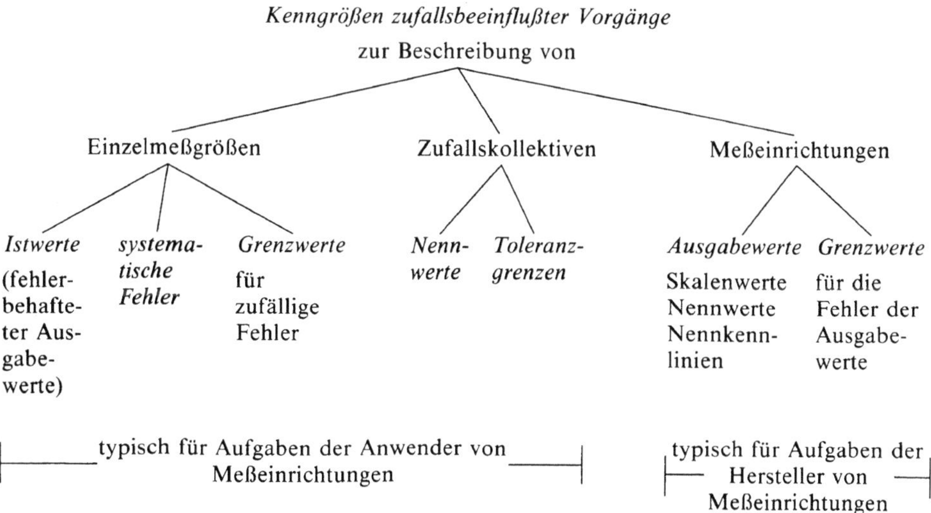

2.1 Statistische Aufgabenstellungen in der Meßtechnik

die zufälligen und systematischen Abweichungen der Einzelmeßwerte einer
einzigen Meßgröße von ihrem wahren Wert oder die Abweichungen der Meßgrößen eines Kollektivs von dem für dieses Kollektiv charakteristischen Nennwert beschreiben, und zum anderen um die Kennzeichnung des Streubereiches
der von einer Meßeinrichtung angezeigten Istwerte. Während die erstgenannte
Aufgabenstellung als typisch für den Einsatz von Meßgeräten anzusehen ist,
tritt die letztgenannte i. allg. bei der Meßgeräteherstellung auf, z. B. bei der
Festlegung der Fehlerklasse eines Meßgerätes. Da in der Meßtechnik den Abweichungen der gemessenen Istwerte von den zugehörigen wahren Werten eine
grundlegende Bedeutung zukommt, werden in Abschn. 2.1 und 2.2 zunächst
diese Abweichungen allgemein erläutert und erst in Abschn. 2.3 die ausschließlich zufälligen Abweichungen, die dort in einem größeren Zusammenhang als
allgemeine Zufallsgrößen aufgefaßt als statistisches Problem behandelt werden.

2.1 Allgemeine Definition von Meßfehler und Abweichung

Wie in Abschn. 1.2 erläutert, existiert für eine Meßgröße – physikalische Größe
– ein eindeutiger Wert. Dieser wahre Wert ist aber praktisch selbst unter Ausschaltung aller systematischen Einflüsse nicht reproduzierbar zu messen, d. h.,
wird die Meßgröße mehrmals gemessen, so werden diese Meßwerte infolge zufälliger Einflüsse mehr oder weniger stark voneinander abweichen. Würde man
einen Widerstand dreimal hintereinander messen und dabei beispielsweise die
Werte $R_1 = 98{,}36\ \Omega$, $R_2 = 98{,}30\ \Omega$ und $R_3 = 98{,}39\ \Omega$ ermitteln, so müßte man zunächst alle drei Werte als gleichrangig betrachten. Die Entscheidung, e i n e n
dieser drei Meßwerte als d e n M e ß w e r t – im Sinne des wahren Wertes – des
Widerstandes anzugeben, wäre vollkommen willkürlich. Ob es sinnvoll ist, z. B.
den Mittelwert der drei Werte als d e n Meßwert anzugeben, ist für das hier angesprochene Problem ohne Bedeutung und wird in einem anderen Zusammenhang in Abschn. 2.6.2 behandelt. Man kann also den Meßvorgang als einen z u -
f a l l s b e e i n f l u ß t e n V o r g a n g ansehen, in dem die zufällig voneinander abweichenden Meßwerte als Summe aus wahrem Wert und zufälligem Fehler,
d. h. als Z u f a l l s g r ö ß e n, auftreten.

Werden die voneinander abweichenden Meßwerte einer Meßgröße näher untersucht, so stellt man häufig fest, daß in den zufälligen Abweichungen auch
eine systematische Komponente enthalten ist, die man noch von den zufälligen
Abweichungen absondern könnte. Ein solcher systematischer Einfluß ist immer reproduzierbar nachzuweisen. Die Zufallsvariable der Meßwerte kann
also allgemein als S u m m e a u s w a h r e m W e r t, s y s t e m a t i s c h e m F e h l e r
u n d z u f ä l l i g e m F e h l e r aufgefaßt werden. Tritt ein systematischer Fehler
auf, so kann über diesen häufig auch eine Rangfolge für die Genauigkeit der
gemessenen Werte festgelegt werden. Bei der Messung eines Widerstandes

könnte beispielsweise eine nachweislich durch die Messung bedingte Erwärmung des Widerstandes die Begründung dafür liefern, daß der erste Meßwert kleiner als der zweite, der wiederum kleiner als der dritte ist usw. Soll nun laut Aufgabenstellung der Wert des Widerstandes bei Raumtemperatur bestimmt werden, so ist der erste Meßwert als genauer anzusehen als der letzte, bei dem die Temperatur des Widerstandes am weitesten von der Raumtemperatur abgewichen ist. Der sich bei diesen Abweichungen der Meßwerte untereinander abzeichnende Trend in der Änderung des Meßwertes mit fortschreitender Anzahl der Messungen ist charakteristisch für einen systematischen Fehler.

Würde man durch umfangreiche Analysen alle erkennbaren Gründe für Meßfehler ausschalten und eine konkrete Meßgröße mehrfach messen, so träten auch unter nahezu idealen Bedingungen immer noch Abweichungen zwischen den einzelnen Meßwerten auf, vorausgesetzt die Auflösung des Meßgerätes wäre entsprechend groß. Man könnte lediglich feststellen, daß der Streubereich, in dem die Meßwerte anfallen, um so kleiner wird, je mehr Aufwand man der Messung zubilligt, um Fehlerursachen auszuschalten. Beispielsweise könnte man den oben erwähnten Widerstand jeweils mehrfach hintereinander durch eine Strom-Spannungs-Messung, mit einer Betriebsmeßbrücke oder einer Präzisionsmeßbrücke messen, eventuell auch in einem klimatisierten Raum. In keinem dieser Fälle könnte man aber die Meßwerte als die wahren Werte ansehen. Es wäre lediglich wahrscheinlich, daß ein einzelner Meßwert, der mit einer Präzisionsmeßbrücke im klimatisierten Raum ermittelt wird, eine kleinere Abweichung vom wahren Wert aufweist als ein mit den übrigen Verfahren ermittelter.

Meßwerte sind also immer mit Fehlern behaftet. Die Aufgabenstellung kann deshalb nur lauten, systematische Fehler entweder zu vermeiden oder sie zu erfassen und zu korrigieren und für die nicht reproduzierbaren zufälligen Fehler einen Bereich um die korrigierten Meßwerte festzulegen, in dem der wahre Wert der gemessenen Größe vermutlich, d.h. mit einer bestimmten Wahrscheinlichkeit, liegt.

Nach dem allgemeinen Sprachgebrauch haftet dem Begriff des Fehlers auch der eines Mangels im Sinne der Qualitätsminderung an. Da ein Meßwert – Istwert – i. allg. als eine mangelhafte Ersatzgröße für den wahren Wert angesehen werden muß, ist die Abweichung zwischen beiden auch ein Fehler in diesem Sinne. Damit ist allerdings nicht ausgesagt, daß dieser Fehler auch in jedem Fall praktisch als qualitätsmindernd für den Meßwert oder das Meßgerät angesehen werden muß. Beispielsweise sei die experimentelle Bestimmung einer Meßgröße x gefordert in einem Bereich von $\pm 5\%$ um ihren wahren Wert. Ermittelt man nun einen Meßwert x_i für diese Meßgröße in einem Bereich von $\pm 0{,}5\%$ um ihren wahren Wert, so ist dieser Meßwert zwar fehlerbehaftet im Hinblick auf den wahren Wert, er genügt dabei aber mehr als ausreichend den gestellten Forderungen und wäre aus dieser Sicht keinesfalls als mangelhaft zu bezeichnen. Man sollte in diesem Falle vielleicht besser sagen, der Meßwert zeige eine Abweichung vom wahren Wert, die sich aber nicht als ein Fehler des Meßwertes auswirke. Der historischen Entwicklung und der heute noch überwiegenden Sprachgepflogenheit folgend soll in dieser Einführung der Begriff des Fehlers mit der Bedeutung des Meßfehlers als Abweichung des Istwertes einer Meßgröße von seinem wahren Wert verwendet werden.

Bei der Definition der Meßfehler wird unterschieden zwischen dem Fehler, der einem Einzelmeßwert bzw. Einzelmeßergebnis anhaftet, und den Fehlergrenzwerten, die Fehlerbereiche kennzeichnen, in denen der Fehler eines Meßwertes liegen kann bzw. muß (s. Bild **2.2**). Die Fehler werden ihrerseits unterschieden nach ihrer Art in systematische und zufällige Fehler (s. Abschn. 2.2.1) bzw. entsprechend ihrem Bezugswert in absolute und scheinbare Fehler (s. Abschn. 2.1.1). Die Fehlergrenzen werden je nach ihrer statistischen Sicherheit und Verbindlichkeit unterschieden in sichere und statistische Fehlergrenzen (s. Abschn. 2.1.2). Werden letztere nach mathematischen Methoden bestimmt, spricht man auch von Vertrauensgrenzen (s. Abschn. 2.3.2.4 und 2.3.3.3), werden in ihnen darüber hinaus abgeschätzte systematische Fehler berücksichtigt, von der Meßunsicherheit (s. Abschn. 2.4.1).

Meßgenauigkeit. Der Begriff Genauigkeit oder auch Meßgenauigkeit ist nicht im Zusammenhang mit einer quantitativen Angabe definiert. Er wird lediglich in vergleichender Weise oder zur qualitativen Charakterisierung verwendet. Beispielsweise bezeichnet man eine von zwei Messungen als die genauere, oder man spricht von Meßverfahren höchster, mittlerer oder geringer Genauigkeit. Die im allgemeinen Sprachgebrauch auftretende Vermischung der Begriffe Fehler und Genauigkeit sollte in jedem Falle vermieden werden, z. B. sollte die Fehlerklasse nicht mit Klassengenauigkeit bezeichnet werden.

2.1.1 Fehler von Einzelwerten

Ein Fehler stellt die Abweichung eines Meßwertes oder Meßergebnisses von einem Bezugswert dar (s. Bild **2.3**). Er ist also eine physikalische Größe von gleicher Größenart wie die Meßgröße, auf deren Meßwert er sich bezieht, und kann demzufolge den Charakter einer Zustandsgröße oder eines Systemparameters haben. Unabhängig davon muß unterschieden werden, ob er systematischer oder zufälliger Art ist und ob er sich auf den wahren oder den Bestwert bezieht. Um alle diese Unterscheidungen in dem für eine allgemeine Beschreibung des Fehlers gewählten einen Buchstaben F oder f (Formelzeichen) zum Ausdruck zu bringen, wird folgende Festlegung getroffen: In Darstellungen, die eine Unterscheidung nach der Fehlerart erfordern, wird diese durch einen Index - s für systematische, z für zufällige Fehler - gekennzeichnet. In Darstellungen, die eine Unterscheidung nach dem Bezugswert erfordern, wird unab-

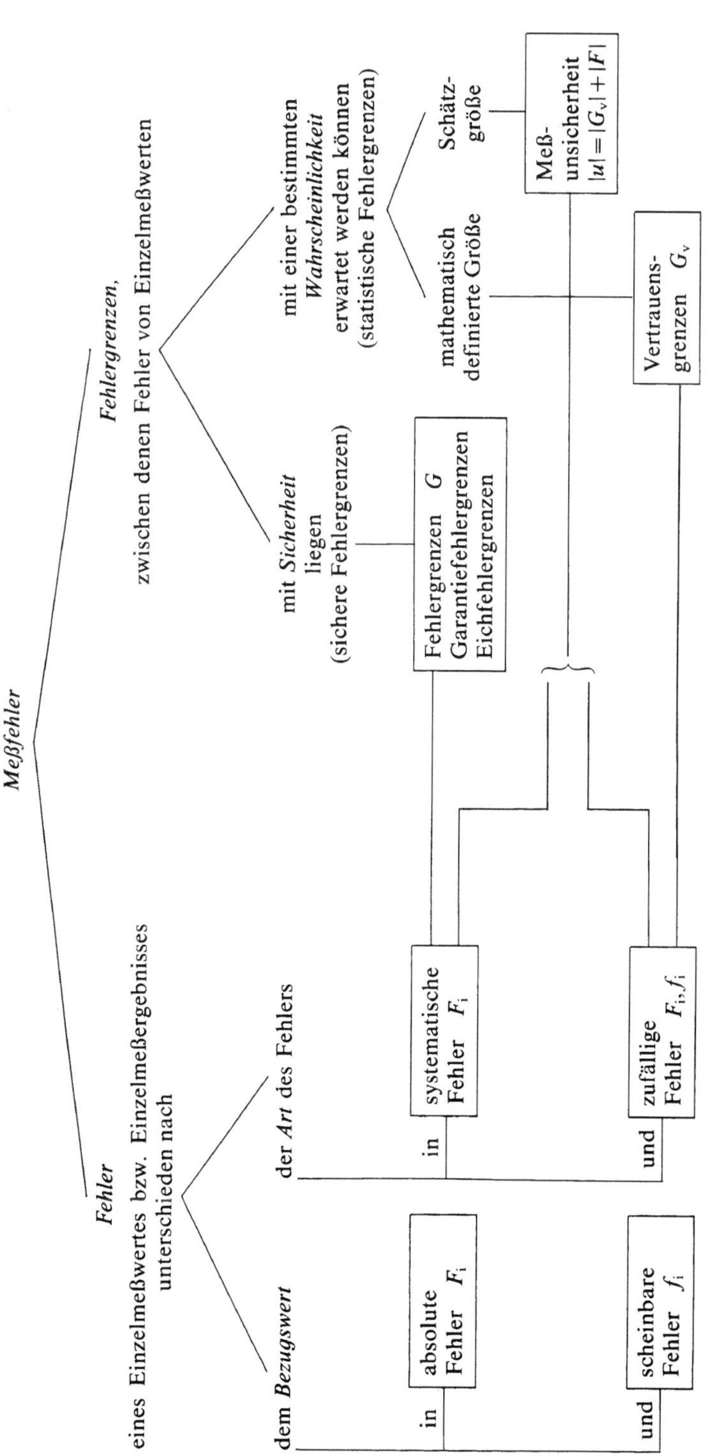

2.2 Definitionen für Meßfehler

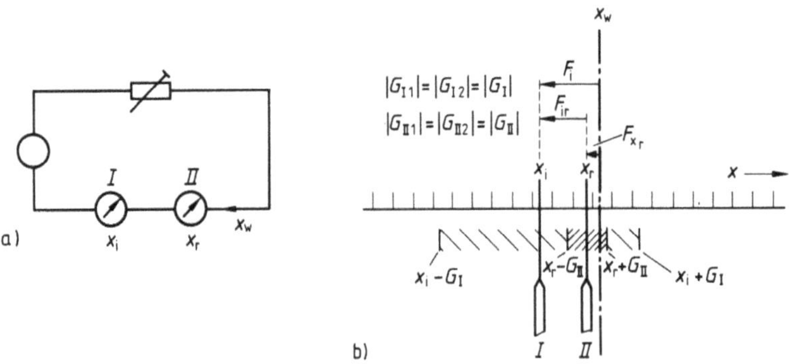

2.3 Meßwert- und Fehlerdefinitionen am Beispiel der Anzeigen zweier Meßgeräte ungleicher Genauigkeit (a), dargestellt auf einer gemeinsamen Skala (b)
I Anzeige des fehlerbehafteten Meßwertes; *II* Anzeige des als richtig geltenden Meßwertes; x_w wahrer Wert, i. allg. nicht bestimmbar; x_i angezeigter fehlerbehafteter Istwert; $F_i=x_i-x_w$ absoluter Fehler des Istwertes, i. allg. nicht bestimmbar; x_r gemessener richtiger Istwert gilt als wahrer Wert, da absoluter Fehler $F_{xr}=x_r-x_w$ des richtigen Wertes vernachlässigbar sein muß; $F_{ir}=x_i-x_r$ gilt als gleich $F_i=x_i-x_w$; G Fehlergrenze

hängig davon, ob der Fehler den Charakter einer Zustandsgröße oder eines Systemparameters hat, der Kleinbuchstabe *f* für die Kennzeichnung des scheinbaren und der Großbuchstabe *F* für die des absoluten Fehlers gewählt. In allen Fällen, in denen nicht nach dem Bezugswert unterschieden werden muß, wird ein Fehler grundsätzlich mit *f* bezeichnet.

Die Abweichung eines Meßwertes oder Meßergebnisses – Istwert x_i – von dem wahren Wert x_w einer Meßgröße wird unabhängig von Art und Ursache dieser Abweichung als absoluter Fehler

$$F_i=x_i-x_w \tag{2.1}$$

bezeichnet. In der zusätzlichen Bezeichnung absolut und in dem Großbuchstaben *F* des Größensymbols wird zum Ausdruck gebracht, daß dieser Fehler die Abweichung von dem wahren Wert x_w darstellt.

Ausgegebene, i. allg. also fehlerbehaftete Meßwerte werden mit dem Index i gekennzeichnet, der gleichermaßen den Istwert bezeichnet wie auch für die laufende Numerierung mehrerer Meßwerte einer Meßgröße steht. Wird also in konkreten Fällen eine bestimmte Anzahl von Istwerten aufgenommen, so werden diese nur mit ihrer laufenden Nummer indiziert, z. B. ein konkreter Meßwert mit x_1, zwei konkrete Meßwerte mit x_1, x_2 und n konkrete Meßwerte mit $x_1, \ldots, x_i, \ldots, x_n$.

Wie in Abschn. 1.2 erläutert, ist der wahre Wert einer Meßgröße i. allg. nicht bestimmbar, und man hat als Ersatzgröße für den wahren Wert x_w einen meßtechnisch erfaßbaren richtigen Wert x_r definiert, dessen Abweichung vom wahren Wert, also dessen absoluter Fehler,

$$F_{x_r} = x_r - x_w \tag{2.2}$$

aber im Rahmen der gegebenen Aufgabenstellung vernachlässigbar klein sein muß ($F_{x_r} \approx 0$). Unter dieser Voraussetzung kann auch der absolute Fehler eines Istwertes ersatzweise mit dem richtigen Wert berechnet werden

$$F_{ir} = x_i - x_r \approx F_i, \tag{2.3}$$

da die Abweichung zwischen den beiden so bestimmten absoluten Fehlern $(x_i - x_w) - (x_i - x_r) = x_r - x_w$ gleich ist dem absoluten Fehler des richtigen Wertes und somit wie dieser vernachlässigt werden kann. Diese praktische Handhabung soll durch die Verwendung des gleichen Symbols F_i für die beiden – grundsätzlich unterschiedlichen – Fehler $(x_i - x_w)$ und $(x_i - x_r)$ zum Ausdruck gebracht werden. Der in Gl. (2.3) formalmathematisch erforderliche Index r wird also nur geschrieben, wenn man bewußt einen Unterschied zwischen diesen beiden **praktisch gleichen Fehlern** aufzeigen will.

Liegen mehrere Meßwerte x_i derselben Meßgröße vor, die sich nur durch zufällige Fehler unterscheiden, so läßt sich aus diesen ein Bestwert x_B berechnen (s. Abschn. 2.6.2) mit der Bedingung, daß er eine möglichst kleine Abweichung von dem wahren Wert der Meßgröße oder, besser gesagt, einen möglichst kleinen zufälligen Fehler hat. Nach Abschn. 2.6.2.1 wird dieser Bestwert als linearer Mittelwert der Meßwerte berechnet ($x_B = \bar{x}$). Der absolute Fehler dieses Bestwertes

$$F_{\bar{x}} = \bar{x} - x_w \quad \text{oder} \quad F_{\bar{x}r} = \bar{x} - x_r \tag{2.4}$$

kann aber grundsätzlich beliebig groß sein, so daß er – anders als der des richtigen Wertes – nicht mehr in jedem Falle vernachlässigbar ist. Wird nun der Fehler des einzelnen Istwertes x_i statt als Abweichung von dem wahren Wert $F_i = x_i - x_w$ als Abweichung von dem Bestwert $\bar{x}$ berechnet $(x_i - \bar{x})$ – z.B. weil weder der wahre noch der richtige Wert bekannt sind –, so weist dieser Fehler $(x_i - \bar{x})$ seinerseits einen Fehler auf, der sich als Differenz des fehlerbehafteten Fehlers und des absoluten, d.h. fehlerfreien Fehlers angeben läßt

$$(x_i - \bar{x}) - (x_i - x_w) = x_w - \bar{x} = -F_{\bar{x}} \tag{2.5}$$

und der dem negativen absoluten Fehler $F_{\bar{x}}$ des Bestwertes entspricht. Man bezeichnet die Abweichung des Istwertes vom Bestwert als **scheinbaren Fehler**

$$f_i = x_i - \bar{x} \tag{2.6}$$

und schreibt das Größensymbol als Kleinbuchstaben f_i.

Der Istwert x_i einer Meßgröße ist eindeutig definiert; z.B. ist dieses bei anzeigenden Geräten der abgelesene Wert, bei Maßverkörperungen der durch die Bezeichnung angegebene **Nennwert** x_N. Der wahre Wert x_w ist als der tatsächlich vorhandene Wert ebenfalls eindeutig definiert, wenn er auch i. allg. praktisch nicht festgestellt werden kann. Damit ist der absolute Fehler F_i eines

Istwertes ebenfalls eindeutig. Dieses gilt auch für den scheinbaren Fehler f_i eines Istwertes, da der Bestwert $\bar{x}$ über eine Rechenvorschrift (s. Abschn. 2.6.2) eindeutig definiert ist. Dagegen ist der richtige Wert x_r nicht mehr eindeutig, da er nach der Definition dann als Ersatzwert für den wahren Wert x_w gilt, wenn die Abweichung zwischen beiden als vernachlässigbar anzusehen ist, die Entscheidung darüber, was im konkreten Fall als vernachlässigbar gilt, aber freigestellt ist. Entsprechend ist auch der absolute Fehler F_{ir} eines Istwertes x_i nach Gl. (2.3), der mit Hilfe des richtigen Wertes x_r berechnet wird, letztlich nicht frei von subjektiven Einflüssen.

2.1.1.1 Relative Fehler. Sowohl die absoluten als auch die scheinbaren Fehler können auf den Wert der Meßgröße bezogen als relative Fehler angegeben werden. Bei Meßwerten oder Meßergebnissen wird für den relativen Fehler

$$F_{rel} = \frac{x_i - x_r}{x_r} \tag{2.7}$$

als Bezugswert der richtige Wert x_r bzw. der wahre Wert x_w gewählt, für den relativen Fehler bei Maßverkörperungen

$$F_{rel} = \frac{x_N - x_r}{x_r} \tag{2.8}$$

der richtige Wert und für den relativen Fehler bei Meßgeräten

$$F_{rel} = \frac{x_i - x_r}{x_E} \tag{2.9}$$

häufig auch der Meßbereichendwert x_E (Meßende).

2.1.1.2 Korrektion. In DIN 1319 ist auch noch ein negativer Fehler definiert, der als Korrektion

$$K_i = -F_i = x_w - x_i \tag{2.10}$$

bezeichnet wird. Mit dieser Definition ergibt sich für die Korrektion K in der Korrekturgleichung $x_r = x_i + K_i$ ein positives Operationszeichen, während in der Korrekturgleichung $x_r = x_i - F_i$ für den Fehler ein negatives auftritt.

Es sei erwähnt, daß diese Korrekturgleichungen i. allg. nur für systematische Fehler bzw. Korrektionen Bedeutung haben.

2.1.2 Fehlergrenzen

Fehlergrenzen G bezeichnen einen Fehlerbereich (s. Bild 2.2), in dem unter bestimmten Gegebenheiten ein Fehler liegt. Dabei ist zu unterscheiden, ob es sich um vertraglich garantierte Fehlergrenzen – Garantiefehlergrenzen –,

um durch Vorschriften festgelegte Fehlergrenzen – Eichfehlergrenzen –
handelt oder um Fehlergrenzen, die mit Hilfe statistischer Methoden bestimmt
wurden. Die beiden zunächst genannten bezeichnet man auch als sichere
Fehlergrenzen, wobei der Zusatz sicher häufig weggelassen wird, wenn
keine Mißverständnisse möglich sind, die letztgenannten auch als statistische Fehlergrenzen. Ein Fehler, der dem Istwert einer Anzeige oder dem
Nennwert einer Maßverkörperung anhaftet, darf die sicheren Fehlergrenzen
nicht überschreiten, solange die Meßeinrichtung ordnungsgemäß betrieben
wird. Dies setzt voraus, daß sichere Fehlergrenzen mit einem entsprechenden
Sicherheitsabstand von den natürlicherweise auftretenden oder zu erwartenden
maximalen Fehlern der Einrichtung festgelegt werden. Sie haben insofern also
einen mehr definitiven Charakter im Gegensatz zu den statistischen Fehlergrenzen, die ausschließlich durch die physikalischen Gesetze der natürlichen
Gegebenheiten der Meßanordnung bestimmt sind. Da diese Gesetzmäßigkeiten aber statistischer Natur sind, werden die statistischen Fehlergrenzen in diesem Abschnitt lediglich der Vollständigkeit halber erwähnt, während ihre Erläuterung und Berechnung in Abschn. 2.3 im Rahmen einer allgemeinen Betrachtung von Zufallsgrößen erfolgt.

Sichere Fehlergrenzen. Sichere Fehlergrenzen bezeichnen einen Bereich um die
Anzeige eines Meßgerätes bzw. um das Nennmaß (Nennwert) einer Maßverkörperung, in dem der wahre Wert der Meßgröße, die diese Anzeige hervorruft, bzw. der wahre Wert der Maßverkörperung liegt. Werden beispielsweise
für einen Spannungsmesser die sicheren Fehlergrenzen $G_{1/2} = \pm 0,1$ V angegeben, so darf der Fehler F_i einer beliebigen Anzeige u_i diese Grenzwerte nicht
über- bzw. unterschreiten ($-0,1\ \text{V} \leqq F_i \leqq 0,1$ V). Der wahre Wert der Spannung
u_w, die die Anzeige u_i bewirkt, liegt also innerhalb der Grenzwerte $u_i \pm 0,1$ V,
d. h., es gilt $(u_i - 0,1\ \text{V}) \leqq u_w \leqq (u_i + 0,1\ \text{V})$. Oder werden für einen Widerstand
des Nennwertes $R_N = 10\ \Omega$ die sicheren Fehlergrenzen $G_{1/2} = \pm 0,1\ \Omega$ angegeben, so liegt der wahre Wert dieses Widerstandes R_w in den Grenzen
$10\ \Omega \pm 0,1\ \Omega$, d. h., es gilt $9,9\ \Omega \leqq R_w \leqq 10,1\ \Omega$. Der Fehler des Istwertes
$F_i = R_N - R_w$ darf also die Werte $\pm 0,1\ \Omega$ nicht über- bzw. unterschreiten
($-0,1\ \Omega \leqq F_i \leqq +0,1\ \Omega$).
Fehlergrenzen müssen nicht immer, wie in obigen Erläuterungen zunächst angenommen, symmetrisch, d. h. mit gleichem Betrag positiv oder negativ, zum
Anzeige- bzw. Nennwert angegeben sein (s. Bild 2.4a). Sie können auch un-

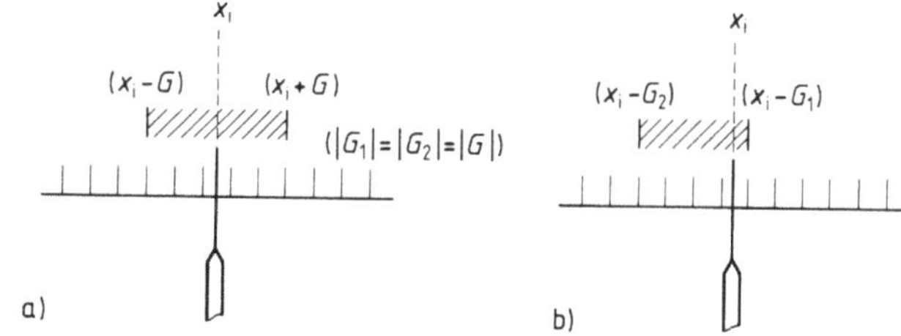

2.4
Beispiele für symmetri-
sche (a) und unsymmetri-
sche (b) Fehlergrenzen G

symmetrisch oder auch einseitig, also mit gleichen – positiven oder negativen – Vorzeichen zum Anzeige- bzw. Nennwert festgelegt sein (s. Bild **2.4**b). Allgemein sind also die Fehlergrenzen G_1 und G_2 unterschiedliche Werte mit beliebigen Vorzeichen, die so festgelegt sind, daß der absolute Fehler $F_i = x_i - x_w$ des Meßwertes x_i für eine Meßgröße innerhalb dieser Grenzwerte liegt.

$$G_1 \leqq F_i \leqq G_2 \tag{2.11}$$

Daraus folgt mit F_i nach Gl. (2.1) bzw. (2.3) für die Meßgröße, daß der wahre Wert x_w bzw. ihr richtiger Wert $x_r \approx x_w$ zwischen den Grenzen liegen muß, die durch den Anzeigewert x_i bzw. Nennwert x_N minus der Fehlergrenzen gegeben sind

$$(x_i - G_2) \leqq x_w \leqq (x_i - G_1)$$
$$(x_i - G_2) \leqq x_r \leqq (x_i - G_1). \tag{2.12}$$

Die sicheren Fehlergrenzen beinhalten i. allg. alle zufälligen und systematischen Fehler. Da in vielen Fällen der Wert eines Fehlers von dem Wert der ihn verursachenden Einflußgröße abhängt, sind gegebenenfalls für diese einzuhaltende Referenzgrenzen in den Betriebseigenschaften festgelegt (s. Abschn. 1.5.1.2). Beispielsweise tritt bei Weicheisenspannungsmessern ein frequenzabhängiger systematischer Fehler auf, der mit größer werdender Frequenz auch bis über 100% ansteigen kann. Es ist daher zu den Fehlergrenzen anzugeben, auf welchen Frequenzbereich sie sich beziehen, z. B. 45 Hz bis 55 Hz. Sichere Fehlergrenzen sind somit immer eindeutig und klar in ihrer Aussage. Soweit sie sich auf systematische Fehler beziehen, stößt ihre Festlegung auch auf keine begrifflichen Schwierigkeiten.

Problematisch kann die praktische Kontrolle der Einhaltung sicherer Fehlergrenzen werden, da für sie statt des wahren Wertes der Meßgröße i. allg. nur der richtige Wert zur Verfügung steht, der im Prinzip immer noch fehlerbehaftet ist. Dadurch ist der ermittelte Fehler selbst wiederum fehlerbehaftet, was gegebenenfalls bei der Beurteilung, ob er die Fehlergrenzen überschreitet oder nicht, beachtet werden muß. Dabei bereitet aber der in Abschn. 2.2.1 erläuterte zufällige Fehler Schwierigkeiten, da durch ihn der zur Kontrolle von Fehlergrenzen aufgenommene richtige Wert innerhalb eines Bereiches unsicher, d. h. nicht näher bestimmbar ist. Durch hinreichend viele Messungen derselben Meßgröße kann aber ein Bestwert bestimmt werden (s. Abschn. 2.6.2), dem mit größter Wahrscheinlichkeit ein so kleiner zufälliger Fehler anhaftet, daß er bei der Beurteilung der Einhaltung von Fehlergrenzwerten außer acht gelassen werden kann. Bei praktischen Messungen bleibt aber das Problem der Beurteilung, wie groß der zufällige Fehler in einem bestimmten Fall sein darf, d. h. die Entscheidung, ob zur Bestimmung des richtigen Wertes eine einzige Messung genügt oder ob er als Bestwert aus mehreren – und damit aus wie vielen – Messungen bestimmt werden muß. Ein Kriterium für diese Entscheidung liefert

DIN 1319, nach der die praktisch unvermeidbare Meßunsicherheit, die sich nach Abschn. 2.4.1 aus den zufälligen Fehlern und einem Rest nicht erfaßbarer systematischer Fehler ergibt, kleiner als 1/5 des zu kontrollierenden sicheren Fehlerbereiches sein muß.

Garantiefehlergrenzen. Werden die Fehlergrenzen für ein Meßgerät, eine Maßverkörperung oder ähnliches von dem entsprechenden Hersteller garantiert, so spricht man von Garantiefehlergrenzen. Garantiefehlergrenzen berücksichtigen Fehler, die durch unvermeidbare Fertigungsstreuung bei der Herstellung und Prüfung von Meßgeräten dem jeweiligen Einzelgerät anhaften, sowie systematische Fehler durch Einflußgrößen, die durch den in der Betriebsanleitung definierten Einsatz – d.h. durch die Betriebs- und Meßeigenschaften (s. Abschn. 1.5) – zugelassen werden, z.B. Frequenz- oder Temperaturbereiche. Darüber hinaus umfassen die Garantiefehlergrenzen einen Sicherheitszuschlag, der dem Hersteller und Käufer gewährleistet, daß auch bei ungünstiger Konstellation der Einflußgrößen und normaler Alterung innerhalb der Garantiefrist die tatsächlich auftretenden Fehler nicht größer sind als die garantierten Fehlergrenzen.

Die oben erwähnte Unsicherheit bei der Kontrolle sicherer Fehlergrenzen hat bei der Prüfung der Einhaltung von Garantiefehlergrenzen besondere Bedeutung, da es hier in der letzten Konsequenz um die juristische Entscheidung gehen kann, ob ein Vertrag eingehalten wurde oder nicht.

Eichfehlergrenzen. Für eichpflichtige Meßgeräte sind die einzuhaltenden Fehlergrenzen in der Eichordnung festgelegt und werden dementsprechend als Eichfehlergrenzen bezeichnet (s. Abschn. 1.6.2). Ein Meßgerät oder eine Maßverkörperung bekommt den amtlichen Eichstempel nur dann, wenn unter anderem die bei der Eichung festgestellten Fehler kleiner sind als die in der Eichordnung für dieses Gerät festgelegten Grenzen. Für die Eichfehlergrenzen gilt sinngemäß das zu den Garantiefehlergrenzen Geschriebene.

Fehlerklasse (Klassenbezeichnung). Fehlergrenzen werden häufig auch in einer Klassenbezeichnung des betreffenden Gerätes zum Ausdruck gebracht. Für elektrische Meßgeräte sind die Klassen 0,1; 0,2; 0,5; 1; 1,5; 2; 5 üblich. Sie geben die Fehlergrenze in Prozent an bezogen auf das Meßende (Meßbereichendwert) oder den Nennwert. Für ein Meßgerät der Fehlerklasse K_l und einem Meßende x_E ergeben sich also die Fehlergrenzen

$$G_{1/2} = \pm \frac{K_l}{100} x_E .$$
(2.13)

Beispiel 2.1. Für einen Strommesser *A1* mit dem Meßende $i_E = 10$ A und der Fehlerklasse $K_l = 1,5$ sind die Fehler der Anzeigen (Istwerte) $i_i = 1,0$ A; 2,0 A; ...; 10,0 A zu bestimmen. Weiter ist zu kontrollieren, ob die Garantiefehlergrenzen $G_{A1; 1/2} = \pm G_{A1}$ der Fehlerklasse eingehalten werden.

Die Fehlerklasse und das Meßende bestimmen die Garantiefehlergrenzen nach Gl. (2.13)

$$G_{\mathrm{A1;\,1/2}} = \pm G_{\mathrm{A1}} = \pm \frac{1,5}{100}\,10\,\mathrm{A} = \pm 0,15\,\mathrm{A},$$

die bei beliebigen Anzeigen durch Fehler, die ausschließlich in dem Strommesser begründet liegen, nicht überschritten werden dürfen. Im allgemeinen wird aber der Fehler der Anzeige merklich kleiner sein als diese Grenzwerte, was in dieser Aufgabe zu prüfen ist.

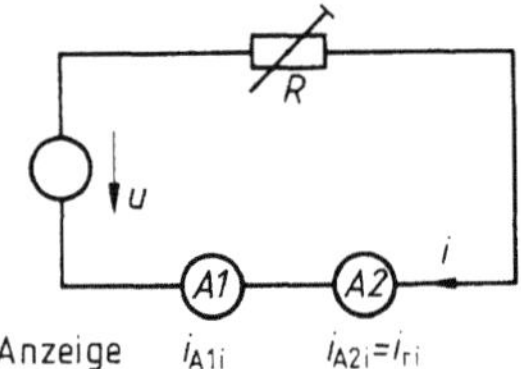

2.5
Experimentelle Bestimmung des Fehlers F_i der Anzeige eines Strommessers A_1 entsprechend Beispiel 2.1

Da es keine Möglichkeit gibt, einen Strom einzustellen, dessen wahrer Wert bekannt ist, muß sein richtiger gemessen werden. Dazu wird wie in Bild 2.5 dargestellt ein zweiter Strommesser *A2,* welcher „entsprechend genauer" (was darunter zu verstehen ist, wird unten erläutert) ist als der zu untersuchende Strommesser *A1,* mit diesem hintereinandergeschaltet. Es werden nacheinander die Ströme so eingestellt, daß der zu untersuchende Strommesser *A1* die Ströme

$$i_{\mathrm{A1i}} = 1,0\,\mathrm{A};\ 2,0\,\mathrm{A};\ \ldots;\ 10,0\,\mathrm{A}$$

anzeigt. Die absoluten Fehler dieser Istanzeigen ergeben sich unter der Voraussetzung, daß die auf dem Vergleichsstrommesser *A2* abgelesenen Istanzeigen i_{A2} die richtigen Werte sind

$$i_{\mathrm{ri}} = i_{\mathrm{A2i}} = 1,05\,\mathrm{A};\ 2,06\,\mathrm{A};\ \ldots;\ 10,04\,\mathrm{A},$$

zu

$$F_\mathrm{i} = i_{\mathrm{A1i}} - i_{\mathrm{ri}} = (1,0 - 1,05)\,\mathrm{A};\ (2,0 - 2,06)\,\mathrm{A};\ \ldots;\ (10,0 - 10,04)\,\mathrm{A}$$
$$= -0,05\,\mathrm{A};\ -0,06\,\mathrm{A};\ \ldots;\ -0,04\,\mathrm{A}.$$

Die Unsicherheit bei der Lösung vorliegender Aufgabe liegt in der Wahl des „entsprechend genaueren" Vergleichsstrommessers. Hat z.B. der Vergleichsstrommesser *A2* die seiner Fehlerklasse $K_\mathrm{t} = 0,2$ entsprechenden Fehlergrenzen $G_{\mathrm{A2;\,1/2}} = \pm G_{\mathrm{A2}} = \pm 0,02\,\mathrm{A}$, so können die auf ihm abgelesenen, als richtige Werte i_{A2i} angenommenen Ströme $i_{\mathrm{ri}} = i_{\mathrm{A2i}}$ um diesen Wert $\pm 0,02\,\mathrm{A}$ vom wahren Wert i_{wi} abweichen. Damit kommen diese Fehlergrenzen aber auch den Fehlern F_i zu, d.h., der oben berechnete Fehler müßte korrekt mit den für ihn geltenden Grenzen angegeben werden.

$$F_\mathrm{i} = (-0,05 \pm 0,02)\,\mathrm{A};\ (-0,06 \pm 0,02)\,\mathrm{A};\ \ldots;\ (-0,04 \pm 0,02)\,\mathrm{A}$$

Der absolute Fehler $F_\mathrm{i} = i_\mathrm{i} - i_\mathrm{w}$ liegt also für die Anzeige 1,0 A in den Grenzen $-0,07\,\mathrm{A}$ bis $-0,03\,\mathrm{A}$, für 2 A in den Grenzen $-0,08\,\mathrm{A}$ bis $-0,04\,\mathrm{A}$ usw.

Soll in der Aufgabenstellung mit dem so ermittelten Fehler lediglich kontrolliert werden, ob der durch die Fehlerklasse zugelassene Grenzwert $\pm G_{\mathrm{A1}} = \pm 0,15\,\mathrm{A}$ von dem Strommesser *A1* eingehalten wird, so läßt sich der Fehler des Fehlers von maximal $\pm 0,02\,\mathrm{A}$ vernachlässigen. Soll dagegen in der Aufgabe der Fehler der Anzeige selbst ermittelt werden – z.B. um die Fehlerkurve des Strommessers zu bestimmen –, so läßt sich der

Fehler der Vergleichswerte keinesfalls mehr vernachlässigen. In diesem Fall ist der Fehler der Anzeige $F_i = i_{A1i} - i_{ri}$ sozusagen die zu bestimmende Größe. Die Werte dieser Größe Fehler liegen mit $F_{A1} = -0,05$ A; $F_{A2} = -0,06$ A; ... in der gleichen Größenordnung wie der Fehler $\pm 0,02$ A, mit dem sie bestimmt wurden, so daß dieser hierbei auch nicht mehr als vernachlässigbar anzusehen ist. In dieser Aufgabenstellung gelten die auf dem Vergleichsstrommesser A_2 abgelesenen Stromwerte i_{A2} also nicht mehr als richtige Werte, sondern man müßte einen wesentlich genaueren Vergleichsstrommesser wählen, z. B. einen mit den Fehlergrenzen $\pm 0,005$ A.

Beispiel 2.1 zeigt, daß die Beurteilung, welcher Fehler dem richtigen Wert zugebilligt werden kann bzw. bis zu welchen Fehlern man einen Vergleichswert noch als richtigen Wert ansehen kann, in starkem Maße abhängig ist von der Aufgabenstellung, insbesondere von der Sicherheit, die in dieser Aufgabenstellung von den Aussagen gefordert wird. Die Lösungen von Aufgaben dieser Art sind damit nicht mehr frei von subjektiven Entscheidungen.

2.2 Fehlerarten und Fehlerquellen

Die in Abschn. 2.1 erläuterten Fehlerdefinitionen dienen der allgemeinen quantitativen Beschreibung des Fehlers ohne Bezugnahme auf seine Art und Ursache. Beispielsweise beinhalten die Fehlergrenzen eines Meßgerätes alle Fehler, die durch dieses Gerät verursacht werden - aber auch nur diese -, und zwar als Grenzwerte, die auch bei ungünstigster Konstellation aller zugelassenen Betriebsbedingungen nicht überschritten werden. Da bei einzelnen Messungen solche ungünstigen Konstellationen i. allg. nicht auftreten, wird aber der angezeigte Fehler normalerweise merklich kleiner als die Grenzwerte sein. Allerdings können mit einem solchen Meßgerät auch Meßwerte ermittelt werden, deren Fehler größer sind als die Fehlergrenzen, wenn nämlich weitere Fehlerursachen auftreten, die nicht mehr ausschließlich in den Eigenschaften des Meßgerätes begründet sind.

Die folgenden Beispiele sollen zur Einführung das Problem der Zuordnung und Beurteilung von Fehlern deutlicher aufzeigen.

Beispiel 2.2. Die Quellenspannung u_q von vier hintereinander geschalteten NC-Babyzellen (Nennspannung $u_{qN} = 4,8$ V) soll gemessen werden (s. Bild **2.6**a). Zur Verfügung stehen ein Drehspulspannungsmesser (Index 1) der Fehlerklasse $K_{11} = 1,5$, dem Meßende $u_{E1} = 10$ V und dem Innenwiderstand $R_{V1} = (1\ \mathrm{k\Omega/V})\ 10$ V sowie ein Weicheisenspannungsmesser (Index 2) der Fehlerklasse $K_{12} = 1,5$, dem Meßende $u_{E2} = 6$ V bei einem Strom $i_{E2} = 60$ mA.

Die Fehlergrenzen der beiden Instrumente betragen entspr. Gl. (2.13)

$$G_{1;1/2} = \pm G_1 = \pm 10\ \mathrm{V}\ \frac{1,5}{100} = \pm 0,15\ \mathrm{V}$$

$$G_{2;1/2} = \pm G_2 = \pm\ 6\ \mathrm{V}\ \frac{1,5}{100} = \pm 0,09\ \mathrm{V}.$$

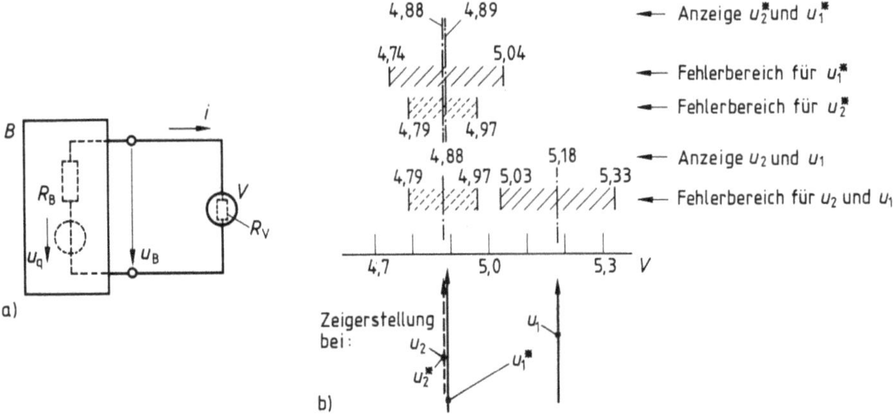

2.6 Messung und Anzeige einer Batteriespannung entsprechend Beispiel 2.2

Trotz gleicher Fehlerklassen sind die Fehlergrenzen des Weicheiseninstrumentes kleiner, da der Wert des Meßendes kleiner ist.

Die Spannung der Batterie wurde wie folgt gemessen:

a) mit dem Drehspulspannungsmesser allein $u_1 = 5{,}18$ V,
b) mit dem Weicheisenspannungsmesser allein $u_2 = 4{,}88$ V,
c) mit beiden Instrumenten parallel geschaltet $u_1^* = 4{,}89$ V und $u_2^* = 4{,}88$ V.

Es soll untersucht werden, ob die gemessenen Spannungswerte lediglich mit den Fehlern der Instrumente behaftet als Meßwerte für die Meßgröße Quellenspannung u_q angegeben werden können.

Würden bei den betrachteten Spannungsmessungen lediglich die Fehler der Instrumente auftreten, so müßte der wahre Wert der zu messenden Quellenspannung u_qw der Batterie bei einer Messung nach a) entsprechend Gl. (2.12) in dem Bereich

$$(5{,}18 - 0{,}15)\ \mathrm{V} \leqq u_\mathrm{qw} \leqq (5{,}18 + 0{,}15)\ \mathrm{V}$$

liegen (s. Bild **2.6**b) und bei einer Messung nach b) in dem Bereich

$$(4{,}88 - 0{,}09)\ \mathrm{V} \leqq u_\mathrm{qw} \leqq (4{,}88 + 0{,}09)\ \mathrm{V}.$$

Da es nur einen wahren Wert u_qw der Quellenspannung geben kann, müßten sich die Fehlerbereiche der beiden Anzeigen, in denen dieser eine wahre Wert u_qw nur liegen kann, überschneiden, was aber nicht der Fall ist (s. Bild **2.6**b).

Bei parallel geschalteten Instrumenten der Messung c) liegen beide an derselben Batteriespannung u_B (Klemmenspannung). Die Differenz ihrer Anzeigen muß dann also gleich sein der Differenz ihrer Anzeigefehler

$$(u_1^* - u_2^*) = 4{,}89\ \mathrm{V} - 4{,}88\ \mathrm{V} = (u_1^* - u_\mathrm{B}) - (u_2^* - u_\mathrm{B})$$
$$= F_1^* - F_2^*,$$

die im vorliegenden Fall 0,01 V beträgt (s. Bild **2.6**b). Im Extremfall könnte die eine Anzeige mit ihrem positiven Fehlergrenzwert behaftet sein und die andere mit ihrem negativen (bzw. umgekehrt), so daß die maximale Fehlerdifferenz, d.h. die Abweichung der Anzeigen

$$|G_1| + |G_2| = 0{,}15\ \mathrm{V} + 0{,}09\ \mathrm{V} = 0{,}24\ \mathrm{V},$$

auftreten könnte, die durchaus noch der Fehlerklasse gerecht würde. Aber auch in diesem Falle müßte bei den Messungen nach a) und b) noch eine Berührung oder Überdeckung der Fehlerbereiche um die Anzeigen auftreten, was aber nicht der Fall ist.

Aus beiden vorstehenden Überlegungen folgt, daß die Abweichung zwischen den mit je einem Spannungsmesser - Messungen a) und b) - ermittelten Meßwerten nicht mehr aus den Instrumentenfehlern allein erklärt werden kann, sondern daß die Anzeigen, mindestens aber eine Anzeige, mit einem weiteren Fehler behaftet sein muß als mit den in der Fehlerklasse berücksichtigten. Nimmt man an, daß beide Instrumente noch ihrer Fehlerklasse genügen, so kann die Abweichung nur dadurch erklärt werden, daß bei den Messungen a) bzw. b) an dem Weicheisenspannungsmesser eine geringere Spannung anliegt als an dem Drehspulspannungsmesser. Da Weicheiseninstrumente einen erheblich höheren Eigenverbrauch als Drehspulinstrumente haben, ist zu vermuten, daß durch den Strom, der diesem Eigenverbrauch entspricht, ein merklicher Spannungsabfall an dem Innenwiderstand der zu messenden Batterie hervorgerufen wird. Die Rechnung ergibt für eine Meßspannung 4,9 V die Stromaufnahme des Weicheisenspannungsmessers

$$i_2 = \frac{u_2}{R_{V2}} = \frac{u_2}{u_{E2}/i_{E2}} = \frac{4,9\text{ V}}{6\text{ V}/60\text{ mA}} = 49\text{ mA}.$$

Wird die Anzeige des Drehspulspannungsmessers näherungsweise als die der Leerlaufspannung $u_{B0} = u_1 = u_q$ angenommen, was durch die weitere Rechnung gerechtfertigt wird, und die des Weicheiseninstrumentes als die Klemmenspannung der belasteten Quelle $u_B = u_2$, so ergibt sich aus dem Maschensatz (s. Bild **2.**6 a) $u_q - u_B - i R_B = 0$ der Innenwiderstand der Batterie

$$R_B = \frac{u_1 - u_2}{i_2} = \frac{5,18\text{ V} - 4,88\text{ V}}{49\text{ mA}} \approx 6\ \Omega.$$

Führt man die Messung allein mit dem Drehspulinstrument aus, welches einen Innenwiderstand von $R_{V1} = 10\text{ V} \cdot 1\text{ k}\Omega/\text{V} = 10\text{ k}\Omega$ hat, so bewirkt der Strom des Eigenverbrauches dieses Instrumentes selbstverständlich auch einen Spannungsabfall an dem Innenwiderstand der Batterie und dadurch einen Fehler

$$F_1 = u_1 - u_q = u_1 \left(1 - \frac{R_{V1} + R_B}{R_{V1}} \right) = 5,18\text{ V}\ \frac{-6\ \Omega}{10^4\ \Omega} \approx -3\text{ mV},$$

der aber vernachlässigbar klein ist. Ein Wert von 3 mV ist auf einer Anzeigeskala mit 6 V Meßende nicht mehr ablesbar. Da es sich hier lediglich um Überschlagsrechnungen handelt, kann die Nichtlinearität des Innenwiderstandes von NC-Batterien außer acht gelassen werden.

Als Ergebnis der Meßaufgabe kann festgestellt werden, daß bei der Messung der Quellenspannung u_q über die Klemmenspannung u_B außer dem Instrumenten- auch ein Verfahrensfehler (s. Abschn. 2.2.2) auftritt, da infolge des Meßstromes, den ein Spannungsmesser aufnimmt, die tatsächlich gemessene Klemmenspannung kleiner ist als die Quellenspannung, die als Meßgröße gefordert ist. Dieser Verfahrensfehler kann wie folgt vermieden oder korrigiert werden.

1) Bei der Messung nach a) mit dem Drehspulspannungsmesser ist der Verfahrensfehler vernachlässigbar klein gegenüber dem Gerätefehler, so daß die Anzeige allein mit dem Fehler des Gerätes behaftet angegeben werden kann.

$$u_B = 5,18\text{ V} \pm 0,15\text{ V}$$

Dies gilt natürlich nur dann, wenn die Messung entsprechend den Vorschriften der Betriebsanleitung des Gerätes durchgeführt wird, d. h., wenn keine unzulässigen Temperatur-, Fremdfeld-, Lage- oder sonstige Einflüsse vorliegen, die die Messung ebenfalls unzulässig beeinflussen könnten. Auf die Frage, ob eine gerundete Angabe zweckmäßig bzw. zulässig ist, z. B. $u_B = 5,2\ V \pm 0,15\ V$, wird in Beispiel 2.3 eingegangen.

2) Bei der Messung nach b) mit dem Weicheisenspannungsmesser ist der Verfahrensfehler nicht mehr vernachlässigbar. Kann er als systematischer Fehler nach Betrag und Vorzeichen bestimmt werden, so läßt sich der Anzeigewert korrigieren. In diesem Beispiel könnte mit einem als bekannt und konstant angenommenen Innenwiderstand der Batterie $R_B = 6\ \Omega$ und dem von dem Weicheisenspannungsmesser während der Ablesung aufgenommenen Strom $i_2 = 49\ mA$ der systematische Verfahrensfehler zu $F_{V2} = u_2 - u_q = -i_2 R_B \approx -0,3\ V$ (Fehler ist negativ, da $u_q > u_2$) bestimmt und der angezeigte Wert u_2 entsprechend Gl. (2.1) korrigiert werden. Der korrigierte Meßwert kann dann ebenfalls als nur mit dem Gerätefehler behaftet angegeben werden.

$$u_q = (u_2 - F_{V2}) \pm 0,09\ V = [4,88\ V - (-0,3\ V)] \pm 0,09\ V$$

Diese Korrektur bei der Spannungsmessung mit dem Weicheiseninstrument ist hier mehr beispielhaft beschrieben. Häufig ist der Innenwiderstand einer Spannungsquelle nicht bekannt und auch nur schwer zu erfassen. Die Aufgabe wird in den meisten Fällen so gelöst, daß der Innenwiderstand der zu messenden Spannungsquelle geschätzt und zur Vermeidung von Verfahrensfehlern ein Spannungsmesser gewählt wird, dessen Innenwiderstand demgegenüber sehr groß ist, z. B. wie unter a) beschrieben.

Beispiel 2.3. In Beispiel 2.2 wird in der Messung a) mit dem Drehspulspannungsmesser die Quellenspannung $u_q = u_1 = 5,18\ V$ der Batterie gemessen. Alle Einflußeffekte, z. B. durch Temperatur, Fremdfeld, wie auch Verfahrensfehler usw. sollen vernachlässigbar sein; dann werden nur die Fehler des Meßgerätes wirksam, und man kann davon ausgehen, daß der wahre Wert der Quellenspannung u_{qw} im Bereich von $5,18\ V \pm 0,15\ V$ liegt, d. h., es gilt $5,03\ V \leqq u_{qw} \leqq 5,33\ V$. Da der Meßwert im Bereich von 5,03 V bis 5,33 V unsicher ist, scheint es sinnvoll zu sein, den abgelesenen Wert 5,18 V zu runden und nur die erste Stelle nach dem Komma anzugeben, also $u_q = 5,2\ V$. Durch diese Rundung um maximal $\pm 0,05\ V$ vergrößert sich aber der der Angabe 5,2 V anhaftende Fehler, wie folgende Erläuterungen zeigen.

Tafel **2.7** Fehlerbereiche bei gerundeten Angaben (s. Bild **2.8**)

Angabe des um $\pm 0,05\ V$ gerundeten Meßwertes u_i	5,1 V	5,2 V
zugehöriger Anzeigebereich $u_a = u_i \pm 0,05\ V$	5,05 V bis 5,15 V	5,15 V bis 5,25 V
Fehlerbereich dieser Anzeige $u_F = u_a \pm 0,15\ V$	4,9 V bis 5,3 V	5,0 V bis 5,4 V
Fehler der Angabe $F = u_i - u_F$	$\pm 0,2\ V$	$\pm 0,2\ V$

Es werden beispielhaft zwei um jeweils $\pm 0,05\ V$ gerundete Angaben $u_i = 5,1\ V$ bzw. 5,2 V betrachtet. Diesen Angaben entsprechen Anzeigen u_a, die in dem jeweiligen Bereich $5,05\ V < u_a \leqq 5,15\ V$ bzw. $5,15\ V < u_a \leqq 5,25\ V$ liegen können (s. Bild **2.8**). Da der wahre Wert u_{qw}, der die Anzeige u_a bewirkt, aber in dem Bereich des Gerätefehlers um diese Anzeige u_a liegen kann, vergrößert sich also der Fehlerbereich um den Wert der Rundung. Hier ist der gerundete Wert mit dem Fehler $\pm 0,2\ V$ behaftet, der um den Rundungswert 0,05 V größer ist als der Fehler $\pm 0,15\ V$, der der Fehlerklasse entspricht.

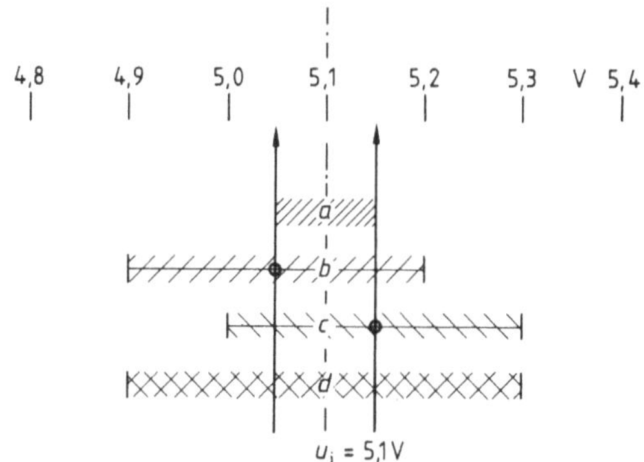

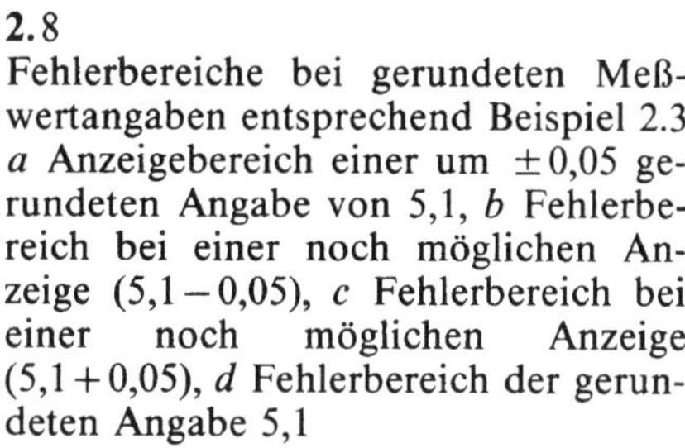

2.8
Fehlerbereiche bei gerundeten Meßwertangaben entsprechend Beispiel 2.3 *a* Anzeigebereich einer um $\pm 0{,}05$ gerundeten Angabe von 5,1, *b* Fehlerbereich bei einer noch möglichen Anzeige $(5{,}1-0{,}05)$, *c* Fehlerbereich bei einer noch möglichen Anzeige $(5{,}1+0{,}05)$, *d* Fehlerbereich der gerundeten Angabe 5,1

Eine Rundungsvorschrift, d. h. eine Vereinbarung, den angezeigten Wert bis zu einer bestimmten Stelle anzugeben, bewirkt immer einen zusätzlichen Quantisierungsfehler, um den der Fehler des angezeigten Wertes vergrößert wird.

Beispiel 2.4. Der tatsächliche Fehler des in Beispiel 2.2 verwendeten Weicheisenspannungsmessers ist zu ermitteln.

Die Aufgabe wird mit einer stabilisierten, auf ± 5 mV genau einstellbaren Gleichspannung (Normalspannung) u_N gelöst, an die der Weicheisenspannungsmesser angeschlossen wird. Stellt man nacheinander die Spannungswerte $u_\mathrm{N} = 1{,}00$ V; $2{,}00$ V; ...; $6{,}00$ V ein und liest die zugehörigen Anzeigen $u_\mathrm{i} = 1{,}02$ V; $2{,}03$ V; ...; $5{,}98$ V ab, so lassen sich daraus mit $u_\mathrm{N} = u_\mathrm{r}$ die Fehler der Anzeigen $F_\mathrm{i} = u_\mathrm{i} - u_\mathrm{N} = +0{,}02$ V; $+0{,}03$ V; ...; $-0{,}02$ V entsprechend Gl. (2.3) bestimmen. Der tatsächliche Fehler liegt also merklich unter den durch die Fehlerklasse beschriebenen Grenzwerten von $\pm 0{,}09$ V.

Bestimmt man in ähnlicher Weise die Anzeigefehler des Weicheisenspannungsmessers bei einer anderen Temperatur des Instrumentes oder/und bei Wechselspannung verschiedener Frequenz und Kurvenform, so werden infolge geänderter Einflußgrößen auch andere Anzeigefehler ermittelt. Der Fehler wird i. allg. um so größer, je weiter die Betriebsbedingungen, unter denen gemessen wird, von den in der Betriebsanleitung festgelegten Referenzwerten abweichen (s. Abschn. 1.5.1). Beispielsweise könnte der Fehler der Anzeige einer Wechselspannung, deren Scheitelfaktor und Frequenz gerade noch den zugelassenen Werten entsprechen, bei einer ebenfalls noch gerade zugelassenen Temperatur durchaus in der Nähe der Fehlergrenzwerte von $\pm 0{,}09$ V liegen. Überschreitet er sie jedoch, genügt das Instrument nicht mehr der Garantie.

Die einleitenden Beispiele sollen einen Eindruck vermitteln, wie komplex die Bestimmung des Fehlers, der einer Messung anhaftet, sein kann. Im allgemeinen läßt sich nur über eine sorgfältige und umfassende Analyse vor bzw. während einer Messung ermitteln, ob und wie Fehler sich bemerkbar machen und wieweit sich diese Fehler vermeiden bzw. quantitativ erfassen lassen. Bei einer solchen Analyse wirkt sich insbesondere für den Anfänger erschwerend aus, daß eine allgemeingültige Zuordnung von Fehlerart und Fehlerquelle nicht möglich ist. Daher werden in den folgenden Abschnitten von den Fehlerarten ausgehend beispielhaft Fehlerquellen aufgezeigt, die für bestimmte Fehlerarten typisch sind.

2.2.1 Fehlerarten

Die den Meßwerten anhaftenden Fehler werden ihrer Art entsprechend in zufällige und systematische unterteilt (s. Bild **2.9**). Diese Unterteilung ist für die Beurteilung und Auswertung der Fehler von wesentlicher Bedeutung. Durch s y s t e m a t i s c h e Fehler wird ein Meßwert immer u n r i c h t i g, durch z u f ä l lige dagegen lediglich u n s i c h e r, d. h. nicht unbedingt auch unrichtig, wie in Beispiel 2.5 und 2.6 erläutert ist. Daraus folgt bereits, daß ein eindeutig und r e p r o d u z i e r b a r nachgewiesener Fehler systematischer Art ist, ein n i c h t r e produzierbar von Messung zu Messung unterschiedlich auftretender dagegen zufälliger Art.

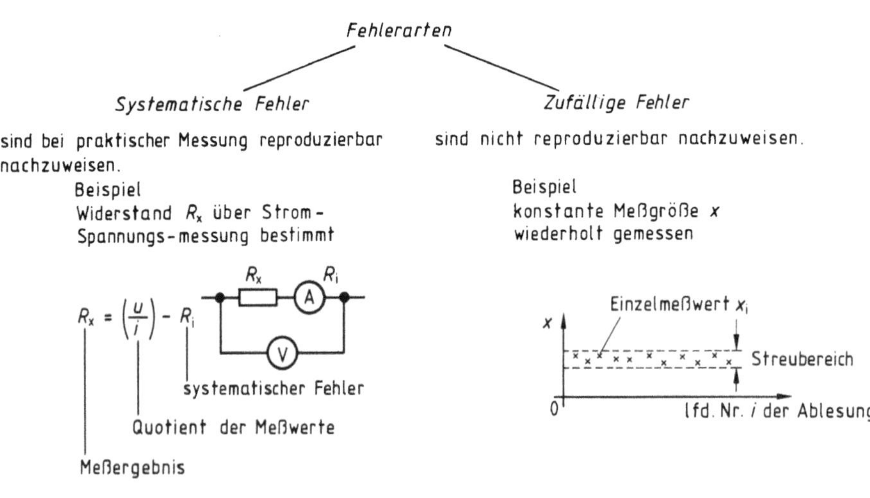

2.9 Unterteilung der Fehlerarten

Beispiel 2.5. Für die Berechnung der Kupferverluste bestimmter elektrischer Maschinen ist der Wicklungswiderstand R_{75} bei der Wicklungstemperatur $\vartheta_{cu} = 75\,°C$ maßgebend. Wird dieser Wicklungswiderstand R_{75} als Meßgröße gefordert, die Widerstandsmessung aber bei Raumtemperatur der Wicklung von z. B. 20 °C durchgeführt, so ist der dabei ermittelte Meßwert $R_{20;\,i}$ fehlerbehaftet. Der nach Gl. (2.1) definierte Fehler $F_R = R_{20;\,i} - R_{75}$ als Differenz aus angezeigtem Meßwert $R_{20;\,i}$ und dem wahren Wert R_{75} der geforderten Meßgröße ist analytisch durch die Gleichung $F_R = R_{20;\,i}\,\alpha_{cu}$ (75 °C − 20 °C) bestimmt. Er kann bei entsprechender Meßeinrichtung und Meßdurchführung (s. Beispiel 2.8) eindeutig und reproduzierbar erfaßt werden, wenn man weiß, die Wicklung befand sich genügend lange in einem Raum mit der konstanten Temperatur von 20 °C, so daß der Meßwert $R_{20;\,i}$ tatsächlich bei der Wicklungstemperatur von $\vartheta_{cu} = 20\,°C$ gemessen wurde, und wenn der Wert des Temperaturkoeffizienten α_{cu} bekannt ist. Er ist systematischer Art und läßt sich korrigieren. Wird dieses unterlassen, ist der bei 20 °C gemessene Wert mit Sicherheit falsch.

Beispiel 2.6. Der Zeiger eines Meßgerätes mit Skalenanzeige soll beispielsweise auf der mit entsprechenden Hilfsmitteln genau bestimmten Stellung von $l_{Skw} = 10,24$ St (Skalenteile) zwischen den benachbarten Skalenstrichen 10,0 St und 10,5 St stehen. Veranlaßt man mehrere Meßtechniker, die von ihnen abgelesenen Werte mit nur einer Stelle hinter dem Komma anzugeben, so werden sie unterschiedliche Werte ablesen, vermutlich in unregelmäßiger Folge die Werte $l_{Ski} = 10,2$ St und 10,3 St. Entschließen sich die Ablesenden – z. B. aus ihrer Unsicherheit heraus, wie sie runden sollen –, den angezeigten Wert auf zwei Stellen nach dem Komma abzulesen, so werden statt der zwei Werte 10,2 St und 10,3 St weitere unterschiedliche Werte abgelesen, aber wahrscheinlich alle im Bereich zwischen 10,20 St und 10,30 St. Wiederholt jeder Meßtechniker die Ablesung viele Male oder läßt man sehr viele Meßtechniker ablesen, so läßt sich zwar eine gewisse Gesetzmäßigkeit derart feststellen, daß Werte in unmittelbarer Nähe von 10,24 St häufiger sind als bei 10,20 St und 10,30 St oder gar außerhalb dieser Grenzen, aber eine Abhängigkeit einer einzelnen Ablesung von irgendwelchen Einflußgrößen in dem Sinne, daß man den nächsten abgelesenen Wert voraussagen könnte, läßt sich nicht finden.

Da in dem hier angenommenen Beispiel der Zeiger bei allen Ablesungen unverändert auf der gleichen Skalenstelle steht, deren Wert man mit geeigneten Hilfsmitteln als wahren – richtigen – Wert zu $l_{Skw} = l_{Skr} = 10,24$ St ermittelt hat, läßt sich der Fehler $F_{li} = l_{Ski} - 10,24$ St, der jedem abgelesenen Wert l_{Ski} anhaftet, nach Gl. (2.1) bestimmen. Er ist wie die Meßwerte selbst von Messung zu Messung unterschiedlich, sein Wert kann nicht reproduzierbar nachgewiesen werden, es handelt sich um einen zufälligen Fehler.

Praktisch wird man i. allg. nicht, wie hier angenommen, durch zusätzlichen Aufwand die genaue Zeigerstellung l_{Skw} ermitteln, sondern man wird sich mit einem abgelesenen Wert l_{Ski} begnügen. Dieser abgelesene Wert wird dann ein bestimmter Wert sein, der in dem Bereich zwischen 10,20 St und 10,30 St liegt, z. B. $l_{Ski} = 10,25$ St. Man weiß nun zwar aus Erfahrung, daß solche abgelesenen Zeigerstellungen mit zufälligen Fehlern behaftet sind, aber deren Wert ist naturgemäß nicht bestimmbar. Er läßt sich somit auch nicht korrigieren, was allerdings nicht dazu berechtigt, den Meßwert unbedingt als falsch zu bezeichnen. Beispielsweise könnte es durchaus sein, daß im vorliegenden Beispiel die Anzeige mit $l_{Ski} = 10,24$ St, also fehlerfrei abgelesen wurde. Da aber auch dieser ausgezeichnete Fall nicht als fehlerfrei zu erkennen ist, muß ein Meßwert aus einer Messung, die zufälligen Einflüssen unterlag, als u n s i c h e r angesehen werden.

Nach den beiden Beispielen erscheint die Definition, daß nichtreproduzierbar auftretende Fehler zufälliger Art sind, als eindeutiges Kriterium zur Einordnung praktisch auftretender Fehler in zufällige und systematische. Da die Definition aber grundsätzlich auf die R e p r o d u z i e r b a r k e i t p r a k t i s c h a u s g e f ü h r t e r M e s s u n g e n Bezug nimmt, wird diese Einordnung der Fehler in zufällige oder systematische in starkem Maße durch den Betrachtungsstandpunkt und die jeweilige Meßaufgabe bestimmt.

Von der A u f g a b e n s t e l l u n g her kann es begründet sein, daß derselbe Fehler im einen Fall als zufälliger, im anderen aber als systematischer einzuordnen ist, wie folgendes Beispiel zeigt.

Beispiel 2.7. Bei der Serienfertigung von Drehspulspannungsmessern wirken sich Fertigungseinflüsse unvermeidbar in Ungleichmäßigkeiten der Luftspaltinduktion, der Drehspulenlagerung, der Rückstellfedern, des Innenwiderstandes usw. aus. Dadurch weicht die a u s g e g e b e n e K e n n l i n i e $l = f(u)$ (angezeigte Skalenlänge l in Abhängigkeit von

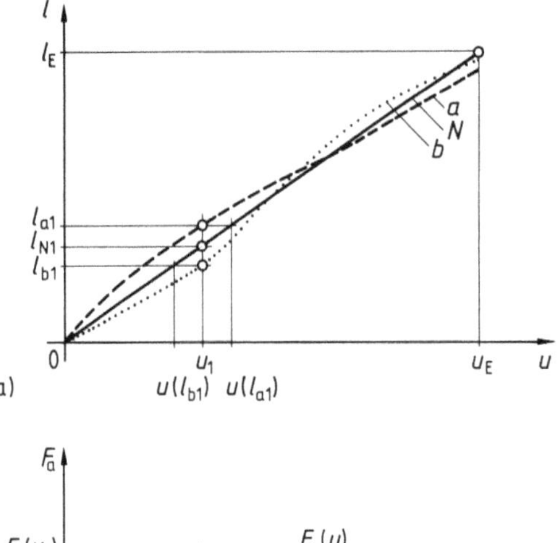

2.10
Kennlinien $l=g_1(u)$ und Fehlerkurve $F_a=g_2(u)$ eines Drehspulspannungsmessers nach Beispiel 2.7 N Nennkennlinie, die der Ausgangsgröße Skalenlänge l die Eingangsgröße Spannung u zuordnet und nach der die Skalenteilung festgelegt ist. a und b ausgegebene Kennlinien zweier verschiedener Spannungsmesser a und b

der anliegenden Spannung u, s. Abschn. 3.2.2.1) eines gefertigten Meßgerätes (z. B. Kurve a in Bild **2.**10a) in unregelmäßiger Weise von dem linearen Verlauf (z. B. Kurve N in Bild **2.**10a) eines ideal gefertigt angenommenen Gerätes ab. Weiter liegt es in der Natur einer solchen Serienfertigung, daß die fertigungsbedingten Unregelmäßigkeiten des Kennlinienverlaufes von Meßgerät zu Meßgerät geringfügig anders ausfallen, z. B. gilt für ein bestimmtes Meßgerät a die ausgegebene Kennlinie a in Bild **2.**10a, für ein Meßgerät b die ausgegebene Kennlinie b usw.

In einer Serienfertigung werden nun aber nicht dem jeweiligen Kennlinienverlauf der einzelnen Meßgeräte angepaßte Skalen individuell gefertigt, sondern gedruckte Skalen verwendet, die allen Instrumenten denselben Maßstab zuordnen, der durch die **Nennkennlinie** (s. Abschn. 3.2.2.1) festgelegt ist, die z. B. der Geraden N in Bild **2.**10a entspricht.

Wird eine bestimmte Spannung u_1 gemessen, so stellt sich der Zeiger auf eine Skalenlänge l ein, die der individuell ausgegebenen Kennlinie des einen für diese Messung eingesetzten Spannungsmessers entspricht, z. B. nach Bild **2.**10a auf l_{a1}, wenn mit dem Spannungsmesser a, auf l_{b1}, wenn mit dem Spannungsmesser b gemessen wird usw. Da die Zeigerstellungen aber mit einer für alle Instrumente gleichen, durch die gedruckte Skala über den linearen Nennkennlinienverlauf N festgelegten Vergleichsgröße verglichen werden, sind die abgelesenen Spannungswerte fehlerbehaftet. Der Fehler ist entsprechend dem unregelmäßigen Kennlinienverlauf sowohl von der jeweils gemessenen Spannung als auch von dem jeweils verwendeten Meßgerät abhängig. Für die mit dem Meßgerät a, b usw. gemessene Spannung u_1 beträgt der Fehler der Ausgangsgröße Skalenlänge l

$$F_a(l_{a1})=l_{a1}-l_{N1}, \qquad F_b(l_{b1})=l_{b1}-l_{N1} \quad \text{usw.}$$

oder bezogen auf die Eingangsgröße u der Fehler der angezeigten Spannung

$$F_a(u_1)=u(l_{a1})-u_1, \qquad F_b(u_1)=u(l_{b1})-u_1 \quad \text{usw.}$$

Bei einem einzelnen bestimmten Meßgerät ist der Fehler systematischer Art, sofern die individuell ausgegebene Kennlinie dieses einen konkreten Meßgerätes reproduzierbar ist. Man könnte beispielsweise die Abweichungen der ausgegebenen Kennlinie von der

Nennkennlinie in einer Fehlerkurve erfassen, z. B. für das Meßgerät a als $F_a(u) = u(l_a) - u$, wie in Bild **2.**10 b skizziert. Diese Fehlerkurve ist wie die ausgegebene Kennlinie reproduzierbar. Wird also für eine Spannung u_1 der Meßwert $u(l_{a1})$ abgelesen, so läßt sich der ihm anhaftende Fehler $F_a(u_1)$ über die Fehlerkurve bestimmen und entsprechend Gl. (2.1) der korrigierte Meßwert $u_{1k} = u(l_{a1}) - F_a(u_1)$ berechnen. Wird dagegen mit einem beliebigen, nicht näher untersuchten Spannungsmesser dieser Fertigung eine Spannung u_1 gemessen, so kann der dem abgelesenen Meßwert anhaftende Fehler nicht angegeben werden. Er ist nämlich abhängig von der für diese angelegte Spannung u_1 bei diesem einen Spannungsmesser maßgebenden Abweichung zwischen ausgegebener Kennlinie und Nennkennlinie. Da diese Abweichung aber von den zufälligen Auswirkungen der Fertigung abhängig und nicht bekannt ist, muß auch der dadurch bedingte Fehler als zufälliger eingeordnet werden.

Zusammenfassend läßt sich feststellen, daß die ausgegebenen Kennlinien der gefertigten Spannungsmesser in einem Bereich um die Nennkennlinie nicht näher bestimmt streuen. Beim praktischen Einsatz dieser Spannungsmesser sind also die abgelesenen Spannungswerte mit Fehlern behaftet, die zwar innerhalb eines festgelegten Bereiches liegen, hier aber zufälliger Art sind. Wird aber ein einzelner bestimmter Spannungsmesser betrachtet, so kommt diesem auch eine einzige bestimmte ausgegebene Kennlinie zu. Wird diese aufgenommen, so kann daraus die individuelle Fehlerkurve für diesen einen Spannungsmesser reproduzierbar bestimmt werden. Sie weist für diesen einen Spannungsmesser den von den Zufälligkeiten der Fertigung abhängigen Fehler als einen für die wiederholte Anwendung desselben Gerätes systematisch auftretenden Fehler aus.

Auch die Art des gewählten Verfahrens und der eingesetzten Meßeinrichtungen hat Einfluß darauf, ob ein praktisch auftretender Fehler als zufälliger oder systematischer erkannt wird.

Beispiel 2.8. In Beispiel 2.5 ist vorausgesetzt, daß sich für den bei der Raumtemperatur 20 °C gemessenen Wicklungswiderstand $R_{20;i}$ bei wiederholter Messung immer der gleiche Meßwert $R_{20;1} = R_{20;2} = \ldots = R_{20;i} = \ldots$ ergibt. Bei jeder Messung hat demnach der Widerstand die gleiche Temperatur, und die bei jeder Messung unvermeidbaren zufälligen Einflußgrößen, wie z. B. das Rauschen, werden durch die Auflösung der Meßeinrichtung bedingt in der Anzeige nicht bemerkt (s. Beispiel 2.12). Nur deshalb fallen die Meßwerte als nur mit systematischen Fehlern behaftet an.

Bestimmt man den Wicklungswiderstand mit einer Strom-Spannungs-Messung bei einem Meßstrom i_M, der sich über die verursachte Verlustleistung $i_M^2 R_{20}$, d. h. über die Wicklungserwärmung, in einer Änderung des gemessenen Widerstandswertes auswirkt, so ist der Meßwert i. allg. nicht mehr reproduzierbar. Wiederholt man jetzt die Messung mehrere Male mit unterschiedlichen Zeitabständen und läßt den Meßstrom während der Messungen unterschiedlich lange eingeschaltet, so werden sich für jede Messung unterschiedliche Wicklungstemperaturen einstellen infolge unterschiedlicher Erwärmungen während der Messungen und unterschiedlicher Anfangserwärmungen infolge unterschiedlicher Abkühlungen zwischen den Messungen. Entsprechend sind auch die Meßwerte von Messung zu Messung unterschiedlich. Sie erscheinen ohne weitergehende Untersuchung als nicht reproduzierbar. Da diese Meßwerte von einer Meßgröße stammen, die gemäß Aufgabenstellung einen konstanten wahren Wert R_{75} hat, müssen die nicht reproduzierbaren Meßwerte $R_1 \neq R_2 \neq R_3 \neq \ldots$ entsprechend Gl. (2.1) als mit einem nicht reproduzierbaren Fehler $F_i = R_i - R_{75}$ behaftet angesehen werden. Im Gegensatz zu Beispiel 2.5 sind hier die Meßwerte außer mit systematischen Fehlern auch noch mit zufälligen Fehlern behaftet, verursacht durch die sich zufällig ändernde Einflußgröße Meßstrom. Da die Wicklungstemperatur nicht gemessen wurde, aber auch nicht wie in Beispiel 2.5 mit Raumtemperatur angenommen werden kann und der wahre Wert R_{75} erst durch die Messung bestimmt werden soll, ist der Fehler quantitativ nicht festgestellt.

Die aus dem Vergleich der Beispiele 2.5, 2.6 und 2.8 folgende Erkenntnis, daß zufällige Fehler durch Verfahren und Geräte bedingt auftreten können, läßt sich weitgehend verallgemeinern. Man kann also in der Praxis durch die Wahl geeigneter Verfahren und Geräte zufällige Fehler zumindest bis zu einem bestimmten Grad vermeiden. Außer Verfahren und Geräten hat aber auch die Art der Auswertung Einfluß darauf, ob Fehler als zufällige oder systematische erkannt werden, wie das folgende Beispiel zeigen soll.

Beispiel 2.9. Ein temperaturabhängiger Widerstand R wird mit derselben Meßeinrichtung mehrfach gemessen. Durch die Verlustleistung $i_M^2 R$ des Meßstromes i_M erwärmt sich der Widerstand, so daß der jeweils abgelesene Widerstandsmeßwert R_i unter anderem abhängig ist von dem Meßstrom i_M und der Meßzeit T_M zwischen Einschalten des Meßstromes und Ablesen des Meßwertes R_i. Dabei sei vorausgesetzt, daß jede weitere Messung erst begonnen wird, wenn der Widerstand seine Ausgangstemperatur, z.B. die Raumtemperatur, praktisch wieder erreicht hat.

a) In einer ersten Meßreihe (Index a) werden n Messungen mit dem gleichen Meßstrom i_{Ma} durchgeführt und die abgelesenen Widerstandsmeßwerte $R_1, R_2, \ldots, R_i, \ldots$ entsprechend Bild 2.11a über der laufenden Nummer i der Messungen aufgetragen. Die einzelnen Meßwerte R_i streuen in einem Bereich zwischen den Grenzen R_{max} und R_{min}. Nach Abschn. 2.3.2.1 kann der aus den n Meßwerten berechnete lineare Mittelwert $\overline{R}_a = \left(\sum_n R_i\right)/n$ näherungsweise als der durch den wahren Wert und die systematischen

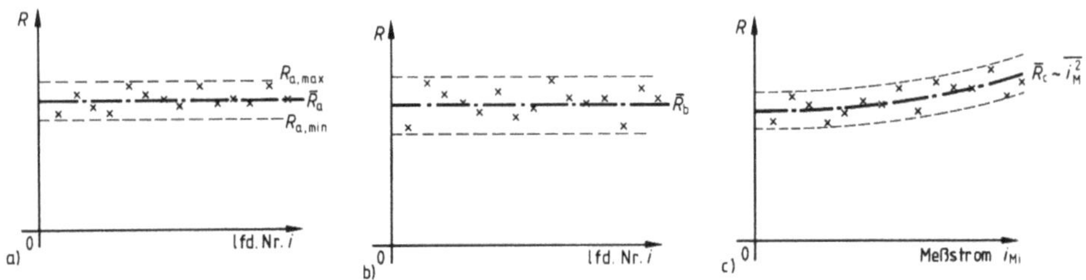

2.11 Streubereich von Meßwerten aus Mehrfachmessungen entsprechend Beispiel 2.9

Fehler bestimmte Anteil der Meßgröße angesehen werden. Die Abweichungen $f_i = R_i - \overline{R}_a$ der Einzelmeßwerte R_i von diesem Mittelwert - nach Gl. (2.6) also die scheinbaren Fehler - sind nicht reproduzierbar, d.h. von Messung zu Messung unterschiedlich. Sie müssen somit nach dem vorliegenden, allein über die Meßwerte gegebenen Kenntnisstand als zufällige Fehler angesehen werden, die die Meßwerte innerhalb eines Streubereiches unsicher machen.

Eine Aussage, ob den Meßwerten auch systematische Fehler anhaften, ist allein aus den vorliegenden Meßwerten nicht abzuleiten, da systematische Fehler sich in der Abweichung des Mittelwertes $\overline{R}_a$ vom wahren Wert R_w auswirken, der aber nicht bekannt ist, sondern aufgabengemäß durch die Messung bestimmt werden soll.

Der Mittelwert $\overline{R}$ gilt als der Bestwert einer Meßreihe in dem Sinne, daß er vermutlich die beste Näherung für den nur mit systematischen Fehlern behafteten wahren Wert der Meßgröße darstellt, dem der geringstmögliche zufällige Restfehler (s. Abschn. 2.6.2) anhaftet. Bei vorliegender Meßreihe wäre es damit auch der beste Näherungswert für den während der Messung tatsächlich vorhandenen Wert des Widerstandes, das ist aber der Wert des durch den Meßstrom i_M über die Raumtemperatur erwärmten Widerstandes

$R_w(i_M)$. Ist als Meßgröße der Widerstand bei Raumtemperatur, also ohne Stromerwärmung ($i_M = 0$), mit dem wahren Wert $R_w(0)$ gefordert, so ist jeder Meßwert unter anderem mit einem stromabhängigen Fehler $F(i_M) = R_w(i_M) - R_w(0)$ behaftet. Sind, wie im vorliegenden Fall, Meßstrom und Erwärmungsbedingungen für alle Messungen der Reihe konstant, so sind auch alle Einzelmeßwerte R_i unter anderem mit dem gleichen konstanten Erwärmungsfehler $F(i_M)$ behaftet, der somit systematischer Art ist. Die Einzelmeßwerte können entsprechend Gl. (2.1) dargestellt werden als Summe einer Komponente $R_i(i_M = 0)$, die beim Meßstrom Null gemessen würde, und dem systematischen Fehler $F(i_M)$.

$$R_i(i_M) = R_i(i_M = 0) + F(i_M)$$

Wird nun bei der Mittelwertbildung der konstante Anteil $F(i_M)$ ausgeklammert

$$\overline{R}(i_M) = \frac{1}{n} \sum_{i=1}^{n} [R_i(i_M = 0) + F(i_M)] = F(i_M) + \frac{1}{n} \sum_{i=1}^{n} R_i(i_M = 0)$$
$$= \overline{R}(i_M = 0) + F(i_M),$$

so erkennt man, daß sich der für alle Einzelmeßwerte R_i der Reihe konstante systematische Erwärmungsfehler $F(i_M)$ allein in der Erhöhung des Mittelwertes $\overline{R}(i_M)$ auswirkt, nicht aber in der Breite des Streubereiches $R_{max} - R_{min}$, die ausschließlich durch die zufälligen Fehler bestimmt ist.

b) In Unkenntnis der physikalischen Zusammenhänge könnte man versuchen, durch wiederholtes, aber rein zufälliges Variieren des Meßstromes von Messung zu Messung die Meßergebnisse zu verbessern. Dazu sei eine weitere Meßreihe aufgenommen (Index b), bei der der Meßstrom i_{Mi} von Messung zu Messung in einem begrenzten Bereich $i_{M\,min}$ bis $i_{M\,max}$ eingestellt wird. Wie bei a) habe der Widerstand vor jeder Messung Raumtemperatur und erreiche bei jeder Messung die dem jeweiligen Strom entsprechende Endtemperatur.

Man erkennt auch hier aus der Darstellung der abgelesenen Widerstandswerte $R_i(i_{Mi})$ über der Anzahl der Messungen entsprechend Bild **2.11** b zunächst nur zufällige Abweichungen. Wie bei a) streuen die Einzelwerte $R_i(i_{Mi})$ rein zufällig um den aus ihnen berechneten linearen Mittelwert $\overline{R}_b$, d.h., der Einzelwert ist mit zufälligen Fehlern behaftet, durch die er innerhalb des Streubereiches unsicher ist.

Bei der Meßreihe a) wird die Streubreite $R_{max} - R_{min}$ der Einzelmeßwerte $R_i(i_M = const)$ nicht durch die Erwärmung des Widerstandes beeinflußt, da diese bei allen Messungen infolge des konstanten Meßstromes ($i_{Mi} = const$) gleich ist und so bei allen Meßwerten den gleichen systematischen Fehler $F(i_M = const)$ verursacht, der in einer Verschiebung des Mittelwertes $\overline{R}(i_M = const)$ zum Ausdruck kommt. Bei der Meßreihe b) wird der Meßstrom i_{Mi} von Messung zu Messung zufällig variiert, d.h., er wirkt sich auch als eine zufällige Einflußgröße aus, die sich den übrigen zufälligen Einflußgrößen überlagert und den Streubereich der zufälligen Fehler gegenüber a) vergrößert. Zu beachten ist, daß sich die Einflußgröße Meßstrom nicht linear, sondern quadratisch, auf das Meßergebnis auswirkt. Man kann nun das Quadrat des Meßstromes i_{Mi}^2 zerlegen in eine für alle Messungen konstante Komponente $\overline{i_M^2} = \left(\sum_n i_{Mi}^2 \right)/n$, die für eine bestimmte Meßreihe als Mittelwert der Stromquadrate bestimmt werden kann, und eine sich diesem Mittelwert überlagernde zufällige Komponente $(i_{Mi}^2 - \overline{i_M^2})$. Der Mittelwert des Stromquadrates $\overline{i_M^2}$ bestimmt den systematischen Erwärmungsfehler $F(i_M)$, der allein in der Abweichung des Mittelwertes $\overline{R}(i_M)$ der Meßwerte $R_i(i_{Mi})$ der Reihe vom wahren Wert zum Ausdruck kommt. Die sich dem Mittelwert des Stromquadrates $\overline{i_M^2}$ überlagernden zufälligen Änderungen $(i_{Mi}^2 - \overline{i_M^2})$ wirken sich in der Vergrößerung der zufälligen Fehler aus, also in der Verbreiterung des Streubereiches $R_{max} - R_{min}$. Da, wie in Bild **2.11** dargestellt, der Mittelwert der Meßwerte bei b) größer ist als der bei a) ($\overline{R}_\mathrm{b} > \overline{R}_\mathrm{a}$), muß auch der Mittelwert der Quadrate des Meßstromes bei b) größer gewesen sein als das Quadrat des konstanten Meßstromes bei a) ($\overline{i^2_\mathrm{Mb}} > i^2_\mathrm{Ma}$).

c) Der Meßaufwand einer Meßreihe entsprechend b) werde gesteigert, indem man zu jedem abgelesenen Meßwert R_i auch den Meßstrom i_Mi ermittelt und die Meßwerte nach dem zugehörigen Meßstrom i_Mi geordnet aufträgt, entsprechend Bild 2.11 c. In dieser Darstellung kommt der systematische Erwärmungseinfluß des Stromes ($R\,i^2_\mathrm{M}$) auf den Meßwert $R_\mathrm{i}(i_\mathrm{Mi})$, meßtechnisch erkenn- und auswertbar als ein systematischer Fehler zum Ausdruck. Im Gegensatz zu der Darstellung der Meßwerte nach b) ist hier zu jedem Meßwert die Einflußgröße Strom i_Mi bekannt und wirkt sich in der Auswertung systematisch aus.

Skizziert man in die Darstellung der Meßreihe c) die Grenzlinien des Streubereiches sowie eine Mittellinie zwischen beiden, so hat man eine, wenn auch subjektiv beeinflußte Methode vor Augen, nach der der vom Meßstromquadrat abhängige systematische Einfluß von den übrigen zufälligen Einflüssen getrennt werden kann. Bei dem Meßstrom Null ist der seiner Natur nach systematische Erwärmungsfehler Null, und man kann daher den hierfür geltenden Mittelwert $\overline{R}\,(i_\mathrm{M} = 0)$, um den die Einzelmeßwerte nur noch infolge der übrigen zufälligen Fehler streuen, als die beste Näherung für den wahren Wert ansehen, vorausgesetzt, er enthält nicht noch andere systematische Fehler. Mit zunehmendem Strom i_M werden die Erwärmung und damit der Widerstand größer, was durch den Anstieg des Mittelwertes $\overline{R}\,(i_\mathrm{M})$ auch als systematischer Fehler eindeutig und reproduzierbar ausgewiesen wird. Der durch die zufälligen Einflußgrößen bestimmte Streubereich ist unabhängig von der Erwärmung und somit über i_M aufgetragen konstant, vorausgesetzt, die hier noch auftretenden zufälligen Fehler sind nicht mehr abhängig von i_M.

Im Gegensatz zu der Auswertung entsprechend c) läßt sich aus der Auswertung der Meßreihe b) der hier selbstverständlich genau so vorhandene Erwärmungseinfluß nicht als Fehler systematischer Art erkennen. Erst wenn der wahre Wert des Widerstandes R_w bekannt wäre, könnte die systematische Fehlerkomponente, z. B. als Differenz zwischen dem Mittelwert $\overline{R}_\mathrm{b}$ und dem wahren Wert $R_\mathrm{w}\,(i_\mathrm{M} = 0)$, bestimmt werden.

Die aus den Beispielen 2.6 bis 2.9 zu ziehenden Schlüsse lassen eine für die Praxis wichtige allgemeine Aussage zu.

Führt man eine Meßreihe ohne großen Aufwand durch, so kann sich für die Einzelmeßwerte ein relativ großer Streubereich ergeben, der definitionsgemäß nur durch zufällige Fehler erklärt werden kann. Steigert man den Aufwand für theoretische Voruntersuchungen sowie für die sich daran orientierenden Meßprogramme oder/und verfeinert man die Auswertung der Meßergebnisse, so lassen sich mehr und mehr Einflußgrößen ermitteln, die sich vermeidbar oder meßtechnisch reproduzierbar, also auch korrigierbar, auf das Ergebnis auswirken und die somit als systematische Fehler einzuordnen sind. Bei praktischen Aufgabenstellungen ist also eine Unterscheidung in systematische und zufällige Fehler á priori im allgemeinen nur schwer möglich und bleibt in letzter Konsequenz auch wohl immer fragwürdig. Sie wird stark beeinflußt von der Genauigkeit, mit der man die Messung durchführt. Mit zunehmendem Aufwand bei der Durchführung und Auswertung einer Meßreihe wird der Streubereich für den zufälligen Fehler kleiner, da immer mehr Einflußgrößen als systematische erkannt und als solche berücksichtigt werden können, d. h., mehr und mehr zufällige Fehler werden in systematische überführt.

Mit diesen Aussagen soll allerdings nicht darüber hinweggetäuscht werden, daß in der Praxis solchen Bemühungen letztlich doch Grenzen gesetzt sind. Beispielsweise können mit empfindlichen analogen Meßverfahren auch bei umfassender Systemanalyse und einem daraus abgeleiteten aufwendigen und sorgfältig durchgeführten Versuchsaufbau bei wiederholter Messung derselben konstanten Meßgröße unterschiedliche, nichtreproduzierbare Meßwerte ermittelt werden. Die Meßwerte sind also mit zufälligen Fehlern behaftet, die anscheinend meßtechnisch nicht zu vermeiden oder in systematische zu überführen sind, so daß ihre Zufälligkeit grundsätzlicher Natur zu sein scheint. Ein typisches Beispiel hierfür ist die über die Mikrostruktur der Materie erklärte Erscheinung, die allgemein als „Rauschen" bezeichnet wird.

Zusammenfassend läßt sich feststellen, daß jede praktisch ausgeführte Messung letztlich mit zufälligen Fehlern behaftet ist, da immer Fehlerkomponenten auftreten, deren Systematik (Reproduzierbarkeit) auch durch noch so großen Aufwand meßtechnisch nicht nachzuweisen ist. Durch solche zufälligen Fehler wird das Ergebnis in einem bestimmten Bereich unsicher, man kann aber nicht sagen, daß dieses unsichere Ergebnis in jedem Fall auch unrichtig ist, denn es kann im Einzelfall durchaus sein, daß sich alle zufälligen Einflußeffekte gerade zu Null ergänzen und der Meßwert fehlerfrei, also richtig ist. Für die hier zunächst mehr qualitativ erläuterten zufälligen Fehler lassen sich aber dennoch Gesetzmäßigkeiten finden und mathematisch formulieren. Dies erfolgt in Abschn. 2.3, in dem im Zusammenhang mit der Betrachtung allgemeiner Zufallsgrößen Wahrscheinlichkeitsaussagen für das Auftreten von zufälligen Fehlern im Einzelfall abgeleitet werden.

2.2.2 Fehlerquellen

Die in Abschn. 2.2.1 erläuterten zufälligen und systematischen Fehler werden durch Unvollkommenheiten der Meßgrößen, Meßverfahren und Meßeinrichtungen bzw. Maßverkörperungen sowie durch umweltbedingte und persönliche Einflüsse verursacht (s. Bild **2.**12).

Wie die bisherigen Erläuterungen zeigen, kann aber kein allgemeingültiger Zusammenhang zwischen einer bestimmten Fehlerquelle und der Art des Fehlers, den sie verursacht, aufgezeigt werden. In Bild **2.**12 sind daher nur beispielhaft einige Fehlerquellen angegeben, die jeweils als typische Ursachen für zufällige bzw. systematische Fehler angesehen werden können.

Irrtum. Auch der Irrtum ist eine Fehlerquelle, dessen Auswirkung aber in der Fehlerrechnung nicht berücksichtigt werden kann. Die durch Irrtümer verursachten Fehler können nicht immer als grobe Fehler erkannt und so bezeichnet werden im Sinne quantitativ bedeutender Fehler, wie folgende Beispiele zeigen sollen.

Fehler- quellen Fehler- arten	*Unvollkommenheiten*			*Einflüsse*	
	Meßgrößen	Meßverfahren	Meßeinrich- tungen u. Maßverkör- perungen	Umwelt	Persönliche
syste- matische Fehler		Leistungs- messung Widerstands- messung	Temperatur- empfindlichkeit Frequenz- empfindlichkeit Eigen- verbrauch	Temperatur elektrische Felder magnetische Felder	
zufällige Fehler	Ersatzmeß- größen	Digitalisierung	Lagerreibung endliche Skalenteilung	elektromag- netische Felder	subjektive Entschei- dungen
					Irrtum

2.12 Fehlerquellen und Fehlerarten mit charakteristischen Beispielen

Beispiel 2.10. Bei einer Spannungsmessung mit einem Vielfachmeßgerät wird auf der 30-V-Skala der Wert $u' = 27$ V abgelesen. Dabei ist aber der Meßbereichumschalter irrtümlich nicht auf 30 V, sondern auf 10 V eingestellt, so daß tatsächlich die Spannung $u = 9$ V auf der 10-V-Skala angezeigt wird. Der durch diese irrtümliche Annahme einer unzutreffenden Meßbereichschaltung entstandene relative Fehler entsprechend Gl. (2.7) $F = (u' - u)/u = 100\% (27 \text{ V} - 9 \text{ V})/9 \text{ V} = 200\%$ ist so groß, daß der abgelesene Meßwert bei entsprechender Erfahrung als Folge eines Irrtums erkannt wird.

Beispiel 2.11. Der Effektivwert eines nichtsinusförmigen Stromes $\tilde{i} = 8,0$ A mit dem Formfaktor 1,15 (Formfaktor = Effektivwert/Gleichrichtwert) soll mit einem Weicheisenstrommesser richtig gemessen worden sein. Mißt man diesen Strom irrtümlich mit einem Drehspulinstrument mit vorgeschaltetem Gleichrichter und einer für Sinusstrom (Formfaktor = 1,11) in Effektivwerten kalibrierten Skala, so beträgt die Anzeige $\tilde{i}' = 7,75$ A, da der Drehspulstrommesser vom Prinzip her den Gleichrichtwert mißt. Der durch die irrtümliche Wahl eines ungeeigneten Meßgerätes verursachte Fehler ist entsprechend Gl. (2.7) $F = (\tilde{i}' - \tilde{i})/\tilde{i} = 100\% (7,75 \text{ A} - 8,0 \text{ A})/8,0 \text{ A} = -3,1\%$ relativ gering und keineswegs mehr offensichtlich zu erkennen.

Irrtümer haben nicht immer so große Fehler zur Folge, daß sie offensichtlich sind. Deshalb bleiben sie häufig unerkannt und unkorrigiert. Als typisches Einzelereignis kann der durch einen Irrtum verursachte Fehler aber auch nicht statistisch erfaßt und beschrieben werden. Eine Summe wiederholter Irrtümer, die statistisch gestreut sind, ist zwar denkbar, aber praktisch ohne Bedeutung. Bei der Fehlerrechnung muß daher der Irrtum unberücksichtigt bleiben. Dies heißt allerdings nicht, daß in der Meßtechnik dem Problem der Vermeidung von Irrtümern keine Bedeutung zukommt, nur muß dieses in einem anderen Zusammenhang behandelt werden.

Unvollkommenheiten von Meßgrößen. Ist eine Meßgröße nach dem Stand der Technik nicht oder nur mit einem unvertretbaren Aufwand erfaßbar, so versucht man das eigentlich zu quantisierende Merkmal über eine Ersatzmeßgröße zu erfassen (s. Abschn. 1.3.1). Solche Ersatzmeßgrößen werden häufig als Kompromiß zwischen dem erforderlichen meßtechnischen Aufwand und dem Grad, bis zu dem sie das interessierende, aber meßtechnisch nicht direkt zu erfassende Merkmal repräsentieren, definiert. In einer solchen Definition kann dann grundsätzlich die Ursache eines Fehlers begründet sein in dem Sinne, daß sich für die Ersatzmeßgröße kein reproduzierbarer Meßwert ergibt. In Abschn. 1.3.1 ist als typisches Beispiel für diese Fehlerursache die Schalldruckmessung von Geräuschquellen erläutert.

Unvollkommenheiten von Meßverfahren. In den Eigenheiten der Meßverfahren ist vielfach begründet, daß sie den Meßwert verfälschen bzw. es nicht ermöglichen, die Meßgröße fehlerfrei zu erfassen.

Beispielsweise wird bei der Bestimmung eines Widerstandes über die Strom-Spannungs-Messung der Innenwiderstand des Spannungs- oder Strommessers oder bei der Messung der Leistung mit einem elektrodynamischen Meßgerät die Leistung des Spannungs- oder des Strompfades mitgemessen.

Bei digitalen Meßverfahren wird der analog anfallende Meßwert quantisiert, also auf- oder abgerundet. Der dabei entstehende Fehler wird als Quantisierungsfehler bezeichnet. Er tritt grundsätzlich bei allen praktisch angegebenen konkreten Meßwerten auf, z. B. auch bei den an Meßgeräten mit Skalenanzeige mit begrenzter Stellenzahl abgelesenen Meßwerten (s. Beispiel 2.3). Der Rundungsfehler darf seiner Natur nach nicht mit dem durch persönliche Einflüsse auftretenden Ablesefehler (s. Beispiel 2.6) verwechselt werden. Ein Parallaxefehler beim Ablesen tritt z. B. unabhängig von dem Rundungs- (Digitalisierungs-)fehler auf.

Unvollkommenheiten von Meßeinrichtungen und Maßverkörperungen. Meßgeräte als solche messen i. allg. fehlerhaft infolge Lagerreibung, fehlerhafter Kalibrierung der Skala (s. Beispiel 2.7), fertigungsbedingter Abweichung des tatsächlichen Wertes eines Normalwiderstandes von dem aufgedruckten Nennwert usw. Weiter können als Folgen von Unvollkommenheiten der Meßgeräte die Meßwerte auch verfälscht werden durch Störgrößen aus der Umgebung oder der Meßgröße selbst.

Beispielsweise kann die Umgebungstemperatur Widerstände oder das Verhalten von Halbleiterbauelementen beeinflussen, die Frequenz der zu messenden Spannung kann das Übertragungsverhalten eines Meßverstärkers oder den Innenwiderstand eines Weicheisenspannungsmessers verändern. Außerdem sind charakteristische Empfindlichkeiten für Störgrößen bei Meßeinrichtungen durch die räumlichen Ausdehnungen elektrischer Kreise gegeben, in die Fremdfelder Störspannungen induzieren oder influenzieren können usw.

Wird der Meßwert einer zeitlich nicht konstanten Meßgröße als Zeitfunktion gemessen, so können auch die Energiespeicher (Induktivitäten, Kapazitäten, Massen, Federn, Wärmekapazitäten usw.) oder die endlichen Laufzeiten in der Meßeinrichtung einen – dynamischen – Fehler bewirken (s. Abschn. 3.3.2).

Umwelteinflüsse. Zustandsgrößen der Umgebung können sich als Einflußgrößen über die Meßeinrichtung oder das Meßverfahren verfälschend auf den Meßwert auswirken, z. B. Temperatur, magnetische und elektrische Felder, Luftfeuchtigkeit, Luftdruck usw. (s. Abschn. 1.3.3).

Persönliche Einflüsse. Das subjektive Verhalten des Beobachters bedingt in vielen Fällen eine fehlerhafte Angabe von Meßergebnissen.

Beispielsweise wird eine Zeigerstellung zwischen zwei Teilstrichen im allgemeinen von verschiedenen Beobachtern oder auch von einem Beobachter zu verschiedenen Zeiten mit unterschiedlichen Werten angegeben werden (s. Beispiel 2.6). Die Betonung liegt darauf, daß die Meßwerte von Mal zu Mal unterschiedlich angegeben werden, und nicht darauf, daß die analog anfallende Anzeige nur mit endlicher Stellenzahl – also mit einem Digitalisierungsfehler behaftet – angegeben werden kann. Wieweit sich persönliche Einflüsse als Fehlerursache verfälschend auf ein Meßergebnis auswirken, hängt von der Routine, dem Konzentrations- und Schätzungsvermögen usw. des Beobachters ab.

2.2.3 Auswirkungen der Fehlerquellen

Für die Vermeidung oder Korrektur von Meßfehlern ist nicht nur der Überblick über die möglichen Fehlerquellen erforderlich, sondern auch die Kenntnis, ob eine Fehlerquelle bereits für sich allein oder erst im Zusammenwirken mit anderen Fehlerquellen das Meßergebnis verfälscht. Die Lagerreibung eines Meßgerätes mit Skalenanzeige verursacht bereits für sich allein einen Fehler, der auch nur über diese Fehlerquelle allein beeinflußt werden kann. Er läßt sich z. B. nur durch eine bessere Lagerung wie Übergang von Spitzen- auf Spannbandlagerung verringern. Dagegen sind die Temperaturempfindlichkeit einer Meßeinrichtung und die Umgebungstemperatur Fehlerquellen, die nur in ihrem Zusammenwirken einen Fehler des Meßwertes verursachen. Dieser Fehler kann bereits vermieden werden, wenn lediglich eine der beiden Ursachen ausgeschaltet wird. Die Temperaturempfindlichkeit eines Meßgerätes wirkt sich z. B. nicht aus, wenn in einem klimatisierten Raum gemessen wird. Ein weiteres Beispiel wäre der subjektive Ablesefehler, der nur auftritt bei Verwendung von Meßgeräten mit Skalenanzeige. Vermeidet man die eine Fehlerquelle, z. B. durch eine Digitalanzeige, so kann sich die andere, z. B. der persönliche Einfluß, bei der Ablesung nicht mehr als Fehler auswirken.

Rückwirkung der Meßeinrichtung auf das Meßobjekt. Die – häufig auch als Fehlerquelle eingestufte – Rückwirkung ist ein weiteres Beispiel für eine Fehlerursache durch Zusammenwirken mehrerer Fehlerquellen. Sie tritt immer dann auf, wenn durch den Eigenverbrauch des Meßgerätes dem Meßobjekt mit der Information auch Energie entzogen und dadurch die erfaßte Meßgröße verändert wird. Beispielsweise wird durch die Eigenerwärmung eines Thermometers bei der Temperaturmessung dem Meßobjekt Wärme entzogen, so daß ein Temperaturgefälle zwischen Meßobjekt und Meßstelle entsteht. Eine in der

Elektrotechnik häufig zu beachtende Rückwirkung ist in Beispiel 2.2 beschrieben. Ergänzend hierzu sei erwähnt, daß auch durch die Blindleistungsbelastung (z. B. kapazitive Eingangswiderstände von Meßeinrichtungen) eines Meßobjektes der Meßwert verändert werden kann. Ebenso können bei der mechanischen Schwingungsmessung kleiner Meßobjekte mit einem als Feder-Masse-System ausgebildeten Schwingungsaufnehmers infolge der Rückwirkungskräfte des Schwingungsaufnehmers die Bewegungen des Meßobjektes beeinflußt werden.

2.3 Zufallsgrößen

In dieser Einführung sollen möglichst anschaulich mit geringem mathematischem Aufwand die Fehler- und Ausgleichsrechnung im Hinblick auf ihre praktische Anwendung erläutert werden. Die allgemeinen Begriffe Zufallsprozeß und Wahrscheinlichkeit werden dabei nur kurz erläutert, ohne auf ihre exakte mathematische Darstellung einzugehen. Erforderliche Grundbegriffe der Wahrscheinlichkeitsrechnung und der Statistik werden unter Verzicht auf mathematisch vollständige Darstellungen nur soweit erläutert, daß ihre Verwendung ohne Gefahr von Mißverständnissen möglich ist.

2.3.1 Zufallsbeeinflußte Vorgänge und Zufallsgrößen

Viele physikalische oder technische Vorgänge wie Fertigungsabläufe, Meßvorgänge usw. laufen zwar nach einer genauen Planung unter bestimmten, genau festgelegten Bedingungen – mit determinierten Einflußgrößen – ab, denen sich aber unvermeidliche und im einzelnen nicht erfaßbare zufällige Einflußgrößen überlagern. Beispielsweise werden bei der Fertigung eines Werkstückes die Bearbeitungsmaschinen den in der Zeichnung festgelegten Maßen entsprechend eingestellt; die erzielten Maße des Werkstückes – Istmaße – werden aber zusätzlich durch Führungsungenauigkeiten und Elastizitäten der Bearbeitungsmaschinen, Inhomogenitäten des Werkstückmaterials usw. beeinflußt. Das Ergebnis hängt deshalb nicht mehr allein von den determinierten Einflußgrößen ab, was eine eindeutige Voraussage gestatten würde, sondern auch von den zufälligen Einflußgrößen, so daß eine Voraussage des Ergebnisses nicht mehr möglich ist. Wiederholt man den Vorgang unter gleichen Bedingungen mehrfach, d. h. mit den gleichen Werten der determinierten Einflußgrößen, so werden die Ergebnisse nicht genau gleich sein, sondern voneinander abweichen.

Solche Vorgänge, die nach einer bestimmten Gesetzmäßigkeit bzw. Vorschrift unter auch sonst gleichen Bedingungen beliebig oft wiederholbar ablaufen – oder aber auch nur in der Vorstellung ablaufen können – und bei denen sich infolge zufälliger Einflußgrößen die Ergebnisgröße bei jeder Wiederholung des Vorganges – und sei es noch so geringfügig – in einer nicht vorhersehbaren Weise ändert, sollen allgemein zufallsbeeinflußte Vorgänge genannt werden.

Da hier nur zufallsbeeinflußte Vorgänge interessieren, die durch physikalische Größen beschrieben werden, ist das Ergebnis eines solchen Vorganges immer eine physikalische Größe, die man zur deutlichen Kennzeichnung ihres Zufallscharakters einengend als Zufallsgröße x bezeichnet. Wird ein bestimmter zufallsbeeinflußter Vorgang n-mal gleichartig wiederholt, so bekommt man n Zufallsgrößen

$$x_1, x_2, \ldots, x_i, \ldots, x_n.$$

Jede dieser einzelnen Zufallsgrößen stellt eine bestimmte Größe dar, die jeweils allein betrachtet noch keine statistischen Eigenschaften hat. Diese haften erst der Zusammenfassung aller Zufallsgrößen an, die man als Zufallsvariable

$$\{x\} = x_1, x_2, \ldots, x_i, \ldots, x_n$$

bezeichnet.

Eine Zufallsvariable ordnet jedem Ablauf eines bestimmten zufallsbeeinflußten Vorganges einen nicht vorherbestimmbaren Wert, die Zufallsgröße, zu.

Ein klassisches Beispiel für einen ausschließlich zufälligen Vorgang ist das Würfelspiel. Das Ergebnis dieses Vorganges ist die begrenzte diskrete Zahlenmenge Eins bis Sechs. Die Zufallsvariable umfaßt hier also Zufallsgrößen, die als diskrete Größen nur mit den reinen Zahlenwerten $1; 2; \ldots; 6$ auftreten können. Für einen Wurf kann nicht vorausgesagt werden, welche Augenzahl als Ergebnis erscheint, d.h., welches der sechs möglichen einander ausschließenden Ergebnisse Augenzahl $= 1$; Augenzahl $= 2$ usw. eintritt. Man sagt, die Augenzahl, die sich bei einem Wurf einstellt, sei vom Zufall abhängig, also eine Zufallsgröße.

Bei technischen Prozessen ist der Zufallscharakter eines Vorganges häufig nicht mehr so offensichtlich erkennbar. Wird auf einer Drehmaschine ein Zylinder nach einer vorliegenden Zeichnung gedreht, so denkt man zunächst mehr an die gezielte Fertigung eines Einzelstückes und weniger an einen zufallsbeeinflußten Vorgang. Stellt man sich aber vor, der Dreher würde statt des einen Zylinders auf der gleichen Maschine nacheinander eine ganze Serie von Zylindern drehen, so ist dieses ebenfalls ein Vorgang, in dem die Fertigung jedes Zylinders einen gleichartigen Ablauf darstellt. Trotz dieser Gleichartigkeit des Drehvorganges für jeden einzelnen Zylinder, also auch der Einstellung für die Endbearbeitung entsprechend der durch die Zeichnungsmaße determinierten Durchmessergröße, wird aber der Durchmesser bei genauer Messung von Zylinder zu Zylinder unterschiedlich sein. Die Ursachen dafür sind i. allg. vielschichtig, z.B. wird die manuelle Einstellung für die Endbearbeitung infolge subjektiver Einflüsse – wenn auch nur geringfügig, aber bei genügend genauer Beobachtung doch feststellbar – von Mal zu Mal unterschiedlich sein, oder infolge unvermeidbarer Inhomogenitäten des Materials wird der Zerspannungsvorgang unterschiedlich verlaufen. Der Fertigungsvorgang wird bestimmt durch die gezielt auf die Einhaltung des durch die Zeichnung eindeutig festgelegten Durchmessermaßes – des Sollwertes – ausgerichteten determinierten Größen, denen sich aber weitere Einflußgrößen – Störgrößen – in einer zufälligen Konstellation überlagern. Das Ergebnis ist dadurch nicht mehr eindeutig voraussagbar. Der Drehvorgang ist demnach ein zufallsbeeinflußter Vorgang, dessen Ergebnis, der Zylinderdurchmesser, eine Zufallsvariable ist.

Der zufallsbeeinflußte Vorgang des Drehens unterscheidet sich von dem des Würfelns lediglich dadurch, daß sich einmal die zufälligen Einflußgrößen quantitativ nur sehr geringfügig in dem Ergebnis auswirken und daß zum anderen das Ergebnis – die Zufallsvariable – nicht mehr aus einer begrenzten Zahl diskreter Zufallsgrößen besteht. Beim Würfeln können als Ergebnis nur sechs unterschiedliche Zufallsgrößen auftreten, nämlich die diskreten Zahlen 1; 2; ...; 6. Beim Drehen ist die Zufallsvariable der Zylinderdurchmesser, der als wertkontinuierliche Größe unendlich viele Werte annehmen kann, und es ist in erster Linie eine Frage der Auflösung der Meßeinrichtung, wie deutlich die Durchmesserunterschiede festgestellt werden. Bei der Messung mit einer einfachen Schieblehre haben möglicherweise alle Zylinder scheinbar den gleichen Durchmesser, werden sie aber mit einer Präzisionsschieblehre, einer Mikrometerschraube oder einer Meßeinrichtung mit Feintaster gemessen, so können die Durchmesserunterschiede mit wachsender Auflösung der Meßeinrichtung deutlicher hervortreten.

Das Beispiel zeigt auch deutlich, daß der Zufallscharakter des Durchmessers der gefertigten Zylinder nicht von der Stückzahl der insgesamt in gleichartiger Wiederholung gefertigten Zylinder abhängt. Auch in einem einzigen Vorgang würden sich die zufälligen Einflüsse auswirken, und der Wert des gezielt angestrebten Durchmessers wäre nicht vorauszusagen, d. h., er müßte als Zufallsgröße betrachtet werden.

Ein weiteres Beispiel wäre die Fertigung eines Kondensators, der als Einzelexemplar in einer Versuchswerkstatt – z. B. als Normal – gebaut wird. Soll die Kapazität dieses einen Kondensators gemessen werden, so wird man die Meßgröße als Einzelgröße mit einem einzigen wahren Wert ansehen. Dieser Einzelwert ist aber auch nur das zufällige Ergebnis einer durchaus gezielten Fertigung der Versuchswerkstatt, die ja in gleicher Art eine ganze Reihe solcher Kondensatoren bauen könnte, wodurch der eine gebaute lediglich der erste, nicht aber mehr der ausgezeichnete einzige wäre. Wesentlich ist, daß der Kapazitätswert des ersten genau wie der der eventuell weiteren gebauten Kondensatoren als ein nicht genau vorauszubestimmender, also zufälliger Wert in einem Streubereich um einen durch Zeichnungen oder/und Anweisungen lediglich theoretisch eindeutig festgelegten – determinierten – Kapazitätswert liegt, der als Sollwert anzusehen ist. Es ist einleuchtend, daß die Größe des Streubereiches eine charakteristische Eigenschaft einer bestimmten Versuchswerkstatt, also eines bestimmten zufallsbeeinflußten Vorganges ist, die durch den Zustand des jeweiligen Maschinenparks, die Sorgfalt, das fachliche Vermögen des Personals usw. bestimmt wird. Selbstverständlich können sich beim Bau mehrerer Kondensatoren infolge Übung der Werkstatt Veränderungen ergeben, die einen eindeutigen Trend aufweisen und somit als systematischer Einfluß in den Ergebnissen erkennbar werden.

Man könnte viele Beispiele anführen, die aufzeigen, daß auch die technischen Vorgänge, die einmalig mit einer gezielten Ausrichtung auf ein eindeutiges Ergebnis ablaufen, letztlich doch als Einzelereignis eines zufallsbeeinflußten Vorganges anzusehen sind in dem Sinne, daß ihr Ergebnis in einem Streubereich – der noch so klein sein mag – um das gezielt angestrebte eindeutige Ergebnis unsicher ist und in diesem Bereich auch nicht mehr näher vorausbestimmt werden kann. Der Zufallscharakter des Ergebnisses eines einmaligen Vorganges wird auch offensichtlich, wenn man diesen zumindest in der Vorstellung mehrmals in gleicher Weise ablaufen läßt. Das Ergebnis würde dann als Zufallsvariable in dem oben erwähnten Streubereich mit unterschiedlichen Werten auftreten. Ein einmaliger Vorgang kann also bestenfalls als ein praktisch nicht wiederholter erster zufallsbeeinflußter Vorgang angesehen werden, sein Ergebnis wird dadurch aber nicht ausgezeichnet, sondern ist auch hier eine Zufallsgröße.

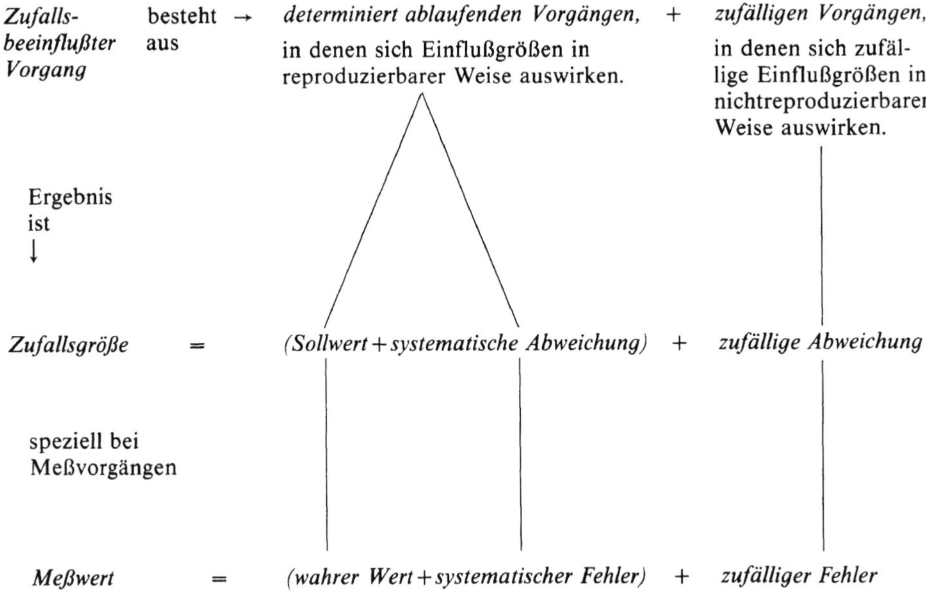

2.13 Modellhafte Vorstellung eines zufallsbeeinflußten Vorganges

Zusammenfassend läßt sich feststellen, daß man sich physikalische und technische Vorgänge vorstellen kann als Überlagerung determiniert ablaufender Vorgänge, in denen sich die Einflußgrößen in reproduzierbarer Weise auswirken, und zufälliger Vorgänge, in denen sich die Einflußgrößen in zufälliger Weise auswirken, so daß sich diese beiden Gruppen auch in dem Ergebnis – in der Zufallsgröße – getrennt widerspiegeln, wie in Bild 2.13 schematisch dargestellt. Bei dem vorstehend erwähnten Beispiel der Kondensatorfertigung würde der determinierte Vorgang die gezielt nach den Zeichnungsmaßen ablaufende Fertigung umfassen. Weicht der Wert der Dielektrizitätszahl des praktisch verwendeten Dielektrikums von dem in der Zeichnung geforderten ab – z.B. um einen durchaus noch in der für die Materiallieferung zugelassenen Toleranz liegenden –, so wird dadurch auch der Kapazitätswert des gefertigten Kondensators von dem Sollwert abweichen. Dies ist eine systematische Abweichung, da sie bei allen weiteren eventuell gefertigten Kondensatoren mit gleichem voraussagbarem Wert – solange das Dielektrikum aus derselben Materialcharge stammt – auftritt. Die fertigungsbedingten Abweichungen der Maße des praktisch ausgeführten Kondensators von den in der Zeichnung vorgeschriebenen infolge Bearbeitungsungenauigkeiten müssen dagegen als zufällige Einflußgrößen des Fertigungsvorganges aufgefaßt werden, da sie bei einer eventuellen Wiederholung der Fertigung anders ausfallen würden. Die dadurch bedingten Abweichungen der Kapazitätswerte müssen dementsprechend auch zu den zufälligen Abweichungen gezählt werden.

2.3.1.1 Meßwerte als Zufallsgrößen. Meßgrößen sind, wie in Abschn. 1.3.1 erläutert, als Einzelgrößen durch einen einzigen wahren Wert eindeutig definiert. Beispielsweise hat ein einzelner konkreter Kondensator unter definierten Bedingungen, wie z. B. bestimmter Temperatur, einen einzigen ganz bestimmten Kapazitätswert. Dieser wahre Wert der Meßgröße ist aber ein Wert, der lediglich in der Vorstellung mit einer nicht realisierbaren idealen Meßeinrichtung unter idealen Bedingungen bestimmt werden könnte (unterer Zweig in Bild 2.14). Bei der praktischen Messung wirken sich immer unvermeidbar die in

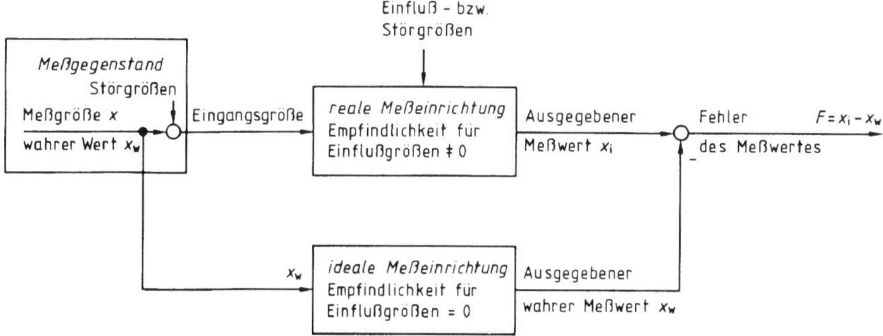

2.14 Modellhafter Signalflußplan zur Fehlerdefinition

2.2.2 erläuterten Fehlerquellen als Einfluß- oder Störgrößen aus, die in der realen Meßeinrichtung das Meßsignal beeinflussen. Auch die Meßgröße selbst kann durch Störgrößen beeinflußt sein, so daß mit der Meßgröße auch noch die Störgrößen in der Eingangsgröße der realen Meßeinrichtung wirksam werden (s. oberer Zweig in Bild 2.14). Weiter kann man sich vorstellen, die Einfluß- oder Störgrößen seien getrennt nach ihrer Art als systematische und zufällige mit ihren Auswirkungen auf das Meßsignal zu erfassen. Dann läßt sich der Meßwert (Ausgangssignal der realen Meßeinrichtung) als Überlagerung des wahren Wertes der Meßgröße und der zufälligen und systematischen Fehler auffassen.

Auch der Meßvorgang ist also ein zufallsbeeinflußter Vorgang, bei dem der Meßwert die Zufallsgröße ist, die entsprechend Bild 2.13 als reproduzierbare Komponente die Summe aus wahrem Wert und systematischen Fehlern enthält, der sich die zufälligen Fehler überlagern.

Die vorstehenden Betrachtungen sind zunächst grundsätzlicher Art. Selbstverständlich hängt es bei praktisch ausgeführten Messungen von den jeweiligen konkreten Gegebenheiten ab, ob und wie deutlich der Zufallscharakter des Meßwertes in Erscheinung tritt, wie folgende Beispiele zeigen.

Beispiel 2.12. Ein Widerstand $R = 10\ \Omega$ wird mit einem Widerstandsmesser mit Ziffernanzeige gemessen. Mißt man bei einem Anzeigebereich, der mit einer Einerstelle aufhört, den Widerstand mehrfach, so wird immer der gleiche Meßwert $10\ \Omega$ angezeigt (vorausgesetzt, der wahre Wert des Widerstandes liegt nicht an der Rundungsgrenze des Digitalisierungsverfahrens). Die Auswirkungen der auch hier vorhandenen zufälligen Störgrößen sind so gering, daß sie bei einer Auflösung von 1 Ω nicht in Erscheinung treten. Dieser Meßwert wäre dann allerdings allein von der Auflösung her mit der Meßunsicherheit von $\pm 1\,\Omega$ – gegebenenfalls auch $\pm 0,5\,\Omega$ – behaftet. Schaltet man den Meßbereich so um, daß die 4. Stelle nach dem Komma noch angezeigt wird und mißt den Widerstand mehrfach hintereinander, so liest man beispielsweise unterschiedliche Meßwerte im Bereich 9,9820 Ω bis 9,9870 Ω ab. Die nun vorhandene Auflösung 0,0001 Ω ist kleiner als die durch die zufälligen Störgrößen verursachten zufälligen Änderungen des Meßwertes, so daß der Zufallscharakter des Meßwertes deutlich wird. Damit wird die Meßunsicherheit des Meßwertes aber außer von der Auflösung auch von den Auswirkungen der zufälligen Störgrößen bestimmt.

Beispiel 2.13. Die Temperaturdifferenz zweier räumlich voneinander entfernter Punkte wird über die Thermospannung zweier hintereinandergeschalteter Thermoelemente gemessen. Hier wird die Meßgröße Temperatur in das ihr proportionale Meßsignal Spannung umgeformt. Die Thermospannung wird als Gleichspannung reproduzierbar angezeigt, wenn die Rauschspannung, die grundsätzlich der Thermogleichspannung überlagert ist, unterhalb des Auflösungsvermögens der Meßeinrichtung liegt, was z. B. bei der Messung großer Temperaturdifferenzen, d. h. relativ großer Thermogleichspannungen, gegeben ist. Die zufällige Einflußgröße Rauschspannung kommt somit nicht als zufälliger Fehler in den angezeigten Meßwerten zum Ausdruck. Bei sehr kleinen Temperaturdifferenzen wird auch die Thermogleichspannung sehr klein, während die von der absoluten Temperatur abhängige Rauschspannung in gleicher Größenordnung bestehen bleibt. Die dann bei entsprechend kleinem Meßbereich angezeigten Meßwerte der zeitlich veränderlichen Ausgangsgröße aus Thermogleichspannung und überlagerter Rauschspannung können merklich von der Thermogleichspannungskomponente abweichen, d. h., der jeweils angezeigte Augenblickswert ist nicht mehr reproduzierbar und somit eine Zufallsgröße. Voraussetzung ist natürlich ein Meßgerät, welches Augenblickswerte anzeigt, z. B. ein solches mit Ziffernanzeige.

2.3.1.2 Wahrscheinlichkeit.

Der Wert von Zufallsgrößen – auch ein Meßwert – ist in einem bestimmten Streubereich unsicher. In der Praxis kann dieses in vielen Fällen außer acht gelassen werden, da man aus Erfahrung, hinreichend genauer Kenntnis des zufallsbeeinflußten Vorganges oder Angaben in Betriebsanleitungen weiß, daß der Streubereich der Zufallsgröße vernachlässigbar klein ist gegenüber dem Mittelwert dieses Streubereiches. Wird beispielsweise eine Spannung gemessen, so ist die Anzeige ein Zufallswert aus einem zufallsbeeinflußten technischen Prozeß, der in dem System aus Meßgerät und Spannungsquelle abläuft. Üblicherweise wird zwar eine gemessene Spannung mit einem einzigen Wert angegeben, aber nur dann, wenn man weiß, daß die zufälligen Einflußgrößen, die sich außer der zu messenden Spannung der Quelle in der Anzeige auswirken, bestimmte relativ enge Grenzen nicht überschreiten.

Eine nähere Betrachtung zeigt allerdings, daß alle Aussagen über die Breite des Streubereiches, in dem Zufallsgrößen auftreten, letztlich nur Wahrscheinlichkeitsaussagen sein können. Bei einer Spannungsmessung weiß man beispielsweise nicht einmal mit letzter Sicherheit, ob der Meßtechniker den richtigen Meßbereich gewählt hatte, so daß der abgelesene Wert extrem falsch sein kann. Es ist lediglich sehr wahrscheinlich, daß bei entsprechender Sorgfalt der abgelesene Wert nur soweit von dem der zu messenden Spannung abweicht, daß diese Abweichung vernachlässigt werden kann. Solche vagen Formulierungen wie sehr wahrscheinlich reichen nun aber keineswegs zur Charakterisierung technischer Aufgabenstellungen aus, sondern der Begriff der Wahrscheinlichkeit muß im qualitativen wie quantitativen Sinne eindeutig definiert sein.

Am anschaulichsten ist der von Laplace für das relativ einfache Problem des zufallsbeeinflußten Vorganges eines Würfelspiels eingeführte Wahrscheinlichkeitsbegriff. Er definiert die Wahrscheinlichkeit, mit einem einzelnen Wurf ein bestimmtes Ergebnis zu bekommen, als Quotient aus der Anzahl der dieses Ergebnis darstellenden Fälle zu der Anzahl der insgesamt überhaupt möglichen Fälle.

Beispielsweise bestehen beim Würfeln mit einem Würfel insgesamt sechs Möglichkeiten (Augenzahlen 1 bis 6). Eine bestimmte Augenzahl zu würfeln, ist e i n e dieser sechs Möglichkeiten, so daß die Wahrscheinlichkeit dafür gleich 1/6 ist. Die Wahrscheinlichkeit, mit einem Wurf eine gerade Augenzahl zu treffen, ist 1/2, da es für das Ergebnis gerade Augenzahlen von den insgesamt sechs möglichen Fällen (1; 2; 3; 4; 5; 6 Augen) drei Fälle (2; 4; 6 Augen) gibt.

In ähnlicher Weise lassen sich auch andere zufallsbeeinflußte Vorgänge analysieren, bei denen es eine endliche Anzahl n gleich möglicher, d. h. gleich wahrscheinlicher, Fälle gibt, von denen aber nur e Fälle ($e \leqq n$) ein bestimmtes interessierendes Ergebnis E liefern. Man wird dabei immer wieder zu dem Schluß kommen, daß der Quotient e/n die Wahrscheinlichkeit charakterisiert, mit der bei einem Ablauf des Vorganges das interessierende Ergebnis E eintrifft. Aus diesen Überlegungen hat Laplace die mathematische Definition der W a h r -
s c h e i n l i c h k e i t

$$P(E) = e/n \tag{2.14}$$

abgeleitet. Danach ist die Wahrscheinlichkeit $P(E)$, daß bei dem Ablauf eines zufallsbeeinflußten Vorganges ein bestimmtes Ergebnis E eintrifft, gleich dem Quotienten aus der Anzahl e der für E und der Anzahl n der überhaupt möglichen Fälle. Die so definierte Wahrscheinlichkeit ist also eine reine Zahl mit Werten zwischen Null und Eins. Ein Ergebnis, das mit der Wahrscheinlichkeit Null erwartet werden kann, ist ein u n w a h r s c h e i n l i c h e s Ergebnis, ein s i c h e r e s Ergebnis hat die Wahrscheinlichkeit Eins.

Technische Prozesse sind wesentlich komplizierter als die vorstehend beschriebenen Spiele. Da es aber hier lediglich um die Erläuterung der praktischen Anwendung des Wahrscheinlichkeitsbegriffes geht, genügt die obige sehr anschauliche Definition, um die weiteren Darstellungen zu verstehen.

2.3.2 Beschreibung von Zufallsvariablen

Im folgenden werden die Methoden zur Beschreibung von Zufallsvariablen bevorzugt am Beispiel des Meßfehlers erläutert. Sie gelten aber in gleicher Weise allgemein für Zufallsvariable, lediglich spricht man dann statt vom w a h r e n Wert bzw. F e h l e r vom M i t t e l - oder N e n n w e r t bzw. von der A b w e i - c h u n g.

Wird eine bestimmte Meßgröße n-mal u n t e r A u s s c h a l t u n g a l l e r s y s t e m a - t i s c h e n E i n f l u ß g r ö ß e n gemessen, so streuen die Meßwerte $x_i = x_w + F_{zi}$ entsprechend ihrem zufälligen Fehler F_{zi} um den wahren Wert x_w der Meßgröße (s. Bild **2.**15a). Würde man den wahren Wert x_w kennen, so könnte man diesen für alle Meßwerte gleichen Anteil eliminieren und ausschließlich die zufällige Komponente der Zufallsgrößen als zufälligen Fehler $F_{zi} = x_i - x_w$ darstellen, der dann in gleicher Weise um den Wert Null streut wie die Meßwerte um den wahren Wert (s. Bild **2.**15a).

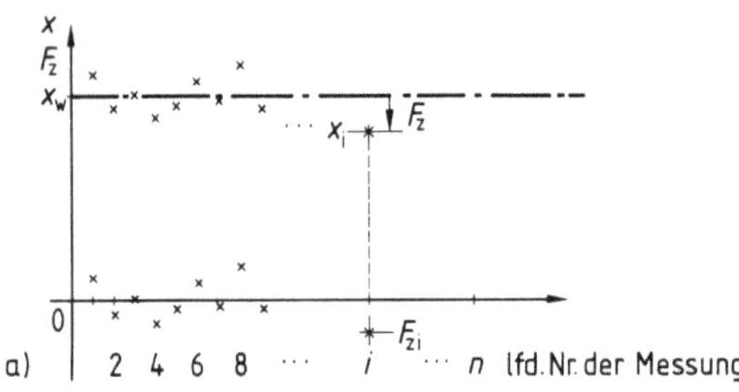

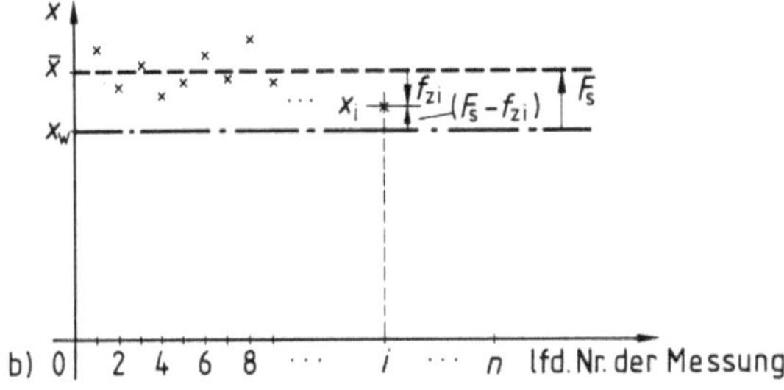

2.15
Streuung der Meßwerte x_i um den wahren Wert x_w bzw. der zufälligen Fehler F_{zi} um den Wert Null (a) und Streuung der Meßwerte um den Mittelwert $\bar{x}$ (b), wenn ein für alle Meßwerte x_i gleicher systematischer Fehler F_s auftritt

Praktisch aufgenommene Meßwerte – Zufallsvariable – werden aber infolge der immer vorhandenen systematischen Einflüsse nicht ausschließlich zufällig um den wahren Wert streuen. Wie in Beispiel 2.9 aufgezeigt ist, wirken sich systematische Einflußgrößen i. allg. in einer für alle Meßwerte gleichartigen Tendenz der Fehler bzw. Abweichungen aus. Dadurch tritt der Streubereich der Meßwerte gegenüber dem wahren Wert verschoben auf (s. Bild **2.**15b). Bei der meßtechnischen Erfassung des Zufallswertes – Meßwertes – einer Meßgröße besteht daher häufig das Problem darin, einmal dessen aus wahrem Wert und systematischen Fehlern bestehende reproduzierbare Komponente festzustellen und zum anderen die dieser überlagerte rein zufällige Komponente als eine um den Wert Null streuende Zufallsvariable – zufälliger Fehler – zu beschreiben (s. Bild **2.**13).

2.3.2.1 Bestimmung der nicht zufälligen Komponente. Im folgenden wird angenommen, eine bestimmte Einzelgröße x mit einem konstanten wahren Wert x_w sei n mal unter gleichen Bedingungen gemessen worden. Alle einzelnen Meßwerte x_i derselben Meßgröße x sollen also als mit dem gleichen konstanten systematischen Fehler $F_{si} = F_s = \text{const}$ behaftet angenommen werden, dem sich der zufällige Fehler F_{zi} überlagert. Dann ergibt sich entsprechend Gl. (2.1) der einzelne Meßwert als Zufallsgröße

$$x_i = x_w + F_s + F_{zi}, \tag{2.15}$$

die sich aus den beiden konstanten Anteilen x_w und F_s sowie dem zufälligen Anteil F_{zi} zusammensetzt. Bildet man den linearen Mittelwert $\bar{x}$ aus allen Meßwerten

$$\bar{x} = \frac{1}{n} \sum_{i=1}^{n} x_i = \frac{1}{n} \sum_{i=1}^{n} (x_w + F_s + F_{zi}) \tag{2.16}$$

und klammert die konstanten Anteile $(x_w + F_s)$ aus

$$\bar{x} = (x_w + F_s) + \frac{1}{n} \sum_{i=1}^{n} F_{zi}, \tag{2.17}$$

so läßt sich der verbleibende Summenausdruck als der lineare Mittelwert der zufälligen Fehler

$$\frac{1}{n} \sum_{i=1}^{n} F_{zi} = \bar{F}_z \tag{2.18}$$

deuten.

Zufällige Fehler sind im allgemeinen dadurch gekennzeichnet, daß sie in einer Meßreihe mit etwa gleich großen positiven und negativen Werten etwa gleich häufig auftreten. Der arithmetische Mittelwert der zufälligen Fehler aller Meßwerte einer bestimmten Meßgröße wird also gegen Null streben

$$\lim_{n \to \infty} \frac{1}{n} \sum_{i=1}^{n} F_{zi} = 0, \tag{2.19}$$

wenn genügend viele Meßwerte aufgenommen wurden. Damit wird sich aber auch entsprechend Gl. (2.17) der lineare Mittelwert der Meßwerte dem mit systematischen Fehlern behafteten wahren Wert $(x_w + F_s)$ der Zufallsvariablen nähern.

$$(x_w + F_s) = \lim_{n \to \infty} \frac{1}{n} \sum_{i=1}^{n} x_i \tag{2.20}$$

Bei praktischen Messungen läßt sich dieser Grenzfall allerdings nicht realisieren. In den meisten Fällen wird eine bestimmte Einzelmeßgröße x nur ein einziges Mal gemessen. Aus dem dann vorliegenden einzigen Meßwert x_1 läßt sich keine statistische Aussage ableiten, d.h., dieser eine Meßwert x_1 läßt sich ohne weitergehende Kenntnisse und Untersuchungen nicht in seine Komponente $(x_w + F_s)$ aus wahrem Wert mit systematischen Fehlern und seine zufällige Komponente F_{z1} zerlegen. Es läßt sich also allein aus einem einzelnen Meßwert x_1 weder der wahre Wert x_w noch der resultierende Fehler $(F_s + F_{z1})$ genau bestimmen.

Wird dagegen eine bestimmte Einzelgröße x mehrere Male unter gleichen Bedingungen gemessen, so daß ihr wahrer Wert und auch die systematischen Fehler $(x_w + F_s)$ konstant bleiben, so läßt sich aus den n Meßwerten x_i entsprechend Gl. (2.16) ein Mittelwert $\bar{x}$ berechnen, der um so genauer dem nur noch mit systematischen Fehlern behafteten wahren Wert $(x_w + F_s)$ der Meßgröße entspricht, je größer die Anzahl n der Meßwerte ist.

Da man aber nicht annehmen kann, daß bereits bei einer endlichen Anzahl n von Meßwerten der Mittelwert der zufälligen Fehler entsprechend Gl. (2.18) Null wird, bleibt der nach Gl. (2.16) berechnete Mittelwert der Meßwerte mit einem zufälligen Restfehler $\bar{F}_z$ behaftet, der in Abschn. 2.6.2.2 näher erläutert ist. Praktisch läßt sich also auch bei Mehrfachmessungen einer konkreten Meßgröße ihr aus wahrem Wert und systematischen Fehlern bestehender konstanter Wert entsprechend Gl. (2.20) nur näherungsweise bestimmen.

$$(x_w + F_s) \approx \bar{x} \tag{2.21}$$

Der zufällige Restfehler $\bar{F}_z$ des Mittelwertes kann nach Abschn. 2.6.2.2 bestimmt werden.

Der Mittelwert erfaßt – abgesehen von seinem zufälligen Fehler – aber immer den wahren Wert zusammen mit allen systematischen Fehlern. Eine weitere Zerlegung des Mittelwertes $\bar{x}$ in wahren Wert x_w und systematische Fehler F_s erfordert weitergehende Untersuchungen, da i. allg. bei meßtechnischen Aufgabenstellungen der wahre Wert der Meßgröße nicht bekannt ist, sondern bestimmt werden soll. Dies wird bereits in Beispiel 2.9 deutlich, bei dem in den Meßreihen a) und b) der systematische Erwärmungsfehler nicht bestimmt werden konnte. Dagegen ermöglichten die Gegebenheiten dieses Beispiels eine erweiterte Auswertung, wie sie in der Meßreihe c) beschrieben ist, nach der der systematische Erwärmungsfehler für sich erfaßbar ist.

Die für die Zufallsvariable der Meßwerte einer Meßgröße angeführten Erläuterungen gelten allgemein für Zufallsvariable beliebiger Art. Man kann also – zumindest näherungsweise – die allen Zufallsgrößen dieser Zufallsvariablen gemeinsame konstante systematische Komponente als Mittelwert dieser Zufallsgrößen berechnen. Somit lassen sich nicht nur die Zufallsgrößen x_i selbst, sondern auch ihre Abweichungen vom Mittelwert, d.h. ihre zufälligen Komponenten allein, als Zufallsvariable graphisch oder tabellarisch (s. Bild **2.19**) darstellen und liefern einen anschaulichen Eindruck von ihrem Streubereich. Ein solcher subjektiver Eindruck reicht aber nicht aus, um Zufallsvariable zu beurteilen, und man hat daher objektive Größen definiert, die im folgenden beschrieben werden.

2.3.2.2 Verteilung von Zufallsvariablen. Die hier interessierenden statistischen Begriffe sind in Bild **2.16** zusammengestellt und werden im folgenden näher erläutert.

Zufallsvariablen, z.B. die Meßwerte einer bestimmten Meßgröße bzw. ihre zufälligen Fehler, die Zufallsgrößen eines Fertigungskollektivs bzw. ihre zufälligen Abweichungen vom Mittelwert usw., werden praktisch in Meßreihen bzw. deren Auswertung erfaßt. Beispielsweise wird eine verrauschte Spannung nacheinander n-mal gemessen, oder aus einer Serienfertigung werden n Kondensatoren entnommen und gemessen. Entsprechend den aufeinanderfolgenden Messungen einer Zufallsvariablen gewinnt man zunächst eine Liste von Meßwerten oder Meßgrößen, die in der Meßtechnik als Protokoll, in der allgemeinen Statistik auch als Urliste bezeichnet wird (s. Tafel **2.18**).

Grundgesamtheit, Stichprobe. Da man i. allg. nicht alle Größen bzw. Werte aus einem zu betrachtenden zufallsbeeinflußten Vorgang erfaßt, sondern häufig sogar nur eine relativ kleine Anzahl, bezeichnet man diese im Protokoll erfaßte Teilmenge von Meßwerten als Stichprobe aus der Gesamtmenge aller Zufallsgrößen eines bestimmten zufallsbeeinflußten Vorganges. Eine zeitkontinuierliche verrauschte Spannung besteht aus unendlich vielen Spannungswerten. Mißt man diese Spannung in diskreten Zeitpunkten mit von Null verschiedenen Zeitabständen, so erhält man eine Stichprobe mit einer endlichen Anzahl von Meßwerten, die nicht mehr unbedingt die volle Information enthält. Eine Stichprobe kann somit niemals die charakteristischen Eigenschaften eines zufallsbeeinflußten Vorganges vollständig beschreiben. Ihr Umfang sollte aber so gewählt werden, daß sie als repräsentativ für das gesamte Kollektiv der Zufallsgrößen gelten kann.

Das statistische Verhalten eines Kollektivs von Zufallsgrößen wird durch die Eigenheiten des zufallsbeeinflußten Vorganges bestimmt (s. Abschn. 2.3.1). Eine exakte Beschreibung dieses sozusagen naturgemäß festliegenden Zufallsverhaltens ist aber nur möglich, wenn man die Gesamtmenge der unendlich vielen denkbaren Zufallsgrößen aus diesem zufallsbeeinflußten Vorgang erfaßt und auswertet, die man als Grundgesamtheit bezeichnet. Über die praktisch immer nur als Stichprobe aufgenommene Teilmenge einer endlichen Anzahl von Zufallsgrößen aus der Grundgesamtheit des zufallsbeeinflußten Vorganges kann das naturgegebene statistische Verhalten immer nur näherungsweise beschrieben werden. Diese Näherung ist um so besser - repräsentativer -, je größer die Anzahl der in der Stichprobe erfaßten Größen ist.

Klassierung, Häufigkeitstabelle. In dem Protokoll einer Stichprobe stehen die Werte der Zufallsgrößen (Meßwerte) i. allg. in der Reihenfolge, in der sie zeitlich nacheinander angefallen sind. Sie vermitteln so aber keine gute Übersicht über die Art ihrer Streuung. Auch eine Auflistung nach steigenden Werten würde bestenfalls bei sehr kleinen Stichproben die Übersicht verbessern. Man

$$\textit{Kollektiv von Zufallsgrößen } x$$

bestimmt durch die Eigenschaften des Zufallsprozesses
dargestellt durch

Stichprobe

gibt als endliche Teilmenge der Grundgesamtheit die Eigenschaften
des Zufallsprozesses näherungsweise wieder.

Erfassung der Stichprobe in *Häufigkeitstabelle* mit

Klassenhäufigkeit Δn *relativer Häufigkeit* $(\Delta n / n)$

Grundgesamtheit

gibt als theoretischer Begriff, vorgestellt als Kollektiv unendlich vieler Meßwerte, die Eigenschaften des zufallsbeeinflußten Vorganges vollständig wieder.

Kennfunktionen
zur Beschreibung des Kollektivs

Häufigkeitsverteilung

(relative Häufigkeit als
Funktion der Zufallsgröße)

$$h(x_k, \Delta x_k) = \left(\frac{\Delta n_k}{n}\right)$$

Häufigkeitsdichte

(auf Klassenweite bezogene
Häufigkeitsverteilung)

$$h'(x_k, \Delta x_k) = \frac{\Delta n_k}{n\,\Delta x_k}$$

Summenhäufigkeit

$$H(x_k) = \sum_{v=1}^{k} h(x_v)$$

Wahrscheinlichkeitsverteilung $\quad \Delta P(x_k, \Delta x_k) = \lim_{n \to \infty} \left(\frac{\Delta n_k}{n}\right)$

$$\Delta P(x_k, \Delta x_k) = \int_{x_k - \Delta x_k/2}^{x_k + \Delta x_k/2} p(x)\,dx = P\left(x_k + \frac{\Delta x_k}{2}\right) - P\left(x_k - \frac{\Delta x_k}{2}\right)$$

Wahrscheinlichkeitsdichte $\quad p(x) = \lim_{\substack{n \to \infty \\ \Delta x \to 0}} \frac{\Delta n}{n\,\Delta x}, \quad p(x) = \frac{dP(x)}{dx}$

Verteilungsfunktion $\qquad P(x) = \int_{-\infty}^{x} p(\xi)\,d\xi$

Kenngrößen
zur Beschreibung des Kollektivs

Mittelwert

der Stichprobe

$$\bar{x} = \frac{1}{n} \sum_{i=1}^{n} x_i$$

Standardabweichung

der Stichprobe
(mittlerer Fehler)

$$s = \sqrt{\frac{1}{n-1} \sum_{i=1}^{n} (x_i - \bar{x})^2}$$

Mittelwert

der Grundgesamtheit

$$\mu = \lim_{n \to \infty} \frac{1}{n} \sum_{i=1}^{n} x_i$$

Standardabweichung

der Grundgesamtheit

$$\sigma = \lim_{n \to \infty} \sqrt{\frac{1}{n} \sum_{i=1}^{n} (x_i - \mu)^2}$$

2.16 Definitionen zur Beschreibung und Darstellung von Zufallsvariablen

unterteilt daher den als Wertebereich der Stichprobe bezeichneten Streubereich, in dem alle Werte der Stichprobe liegen, in einzelne Teilbereiche, die
einander ausschließen, d.h. sich nicht überschneiden, und bezeichnet diese als
Klassen der Stichprobe. Die Klassen, die den ganzen Wertebereich der Stichprobe erfassen, werden fortlaufend mit $1, \ldots, k, \ldots, q$ gezählt, und durch ihre
jeweilige Klassenmitte gekennzeichnet. Für die k-te Klasse ergibt sich die
Klassenmitte

$$x_k = \frac{1}{2}(x_{ku} + x_{ko}) \tag{2.22}$$

als arithmetisches Mittel der oberen und unteren Klassengrenze x_{ko} bzw.
x_{ku}. Die Klassengrenzen legen die Klassenweite

$$\Delta x_k = x_{ko} - x_{ku} \tag{2.23}$$

fest. Bei wertkontinuierlichen Zufallsgrößen ist die Klassenweite im Sinne
halboffener Intervalle zu sehen, d.h., das Intervall der k-ten Klasse zählt
für x gleich oder größer x_{ku} bis x kleiner x_{ko}.

Für jede der so festgelegten Klassen läßt sich dann die Besetzungszahl Δn_k
– auch als Klassenhäufigkeit oder absolute Häufigkeit bezeichnet – ermitteln, das ist die Anzahl der Größen einer Stichprobe, deren Meßwerte in die
Klasse fallen. Man legt dazu zweckmäßigerweise eine Häufigkeitstabelle
an (s. Tafel **2.**17). In der ersten Spalte werden die Klassen fortlaufend nume-
riert und/oder durch ihre Klassenmitte x_k gekennzeichnet. Gegebenenfalls
werden auch die Klassengrenzen

$$x_{ko} = x_k + \frac{\Delta x_k}{2} \; ; \quad x_{ku} = x_k - \frac{\Delta x_k}{2} \tag{2.24}$$

angeführt (s. Tafel **2.**17, Spalte 3). Die Klassenhäufigkeit Δn_k wird zweckmäßi-

Tafel **2.**17 Häufigkeitstabelle

| Klassen-bezeichnung | | Klassengrenzen | | absolute Häufigkeit | | relative Häufig-keit | Summen-häufigkeit |
fort-laufende Nummer	Klassen-mitte	untere x_{ku}	obere x_{ko}	Strich-liste	Zahlen-wert Δn	$h(x_k, \Delta x_k)$	$H(x_k) = \sum\limits_{v=1}^{k} h(x_v, \Delta x_v)$
1	x_1	$(x_1 - \Delta x_1/2)$	$(x_1 + \Delta x_1/2)$	|||	Δn_1	$\Delta n_1/n$	$\Delta n_1/n$
2	x_2	$(x_2 - \Delta x_2/2)$	$(x_2 + \Delta x_2/2)$	┼╫	Δn_2	$\Delta n_2/n$	$\Delta n_1/n + \Delta n_2/n$
⋮							
k	x_k	$(x_k - \Delta x_k/2)$	$(x_k + \Delta x_k/2)$	┼╫ ||||	Δn_k	$\Delta n_k/n$	$\sum\limits_{v=1}^{k} \Delta n_v/n$
⋮							
q	x_q	$(x_q - \Delta x_q/2)$	$(x_q + \Delta x_q/2)$	||	Δn_q	$\Delta n_q/n$	$\sum\limits_{v=1}^{q} \Delta n_v/n$
				Summe	n	1	

gerweise über eine Strichliste ermittelt. Anhand des Protokolls überträgt man jeden dort aufgeführten Meßwert x_i mit einem Strich in die ihm zugehörige Klasse (s. Tafel **2.**17, Spalte 4), d.h., ein Meßwert x_i wird der Klasse k entsprechend

$$\left(x_k - \frac{\Delta x_k}{2}\right) \leqq x_i < \left(x_k + \frac{\Delta x_k}{2}\right) \tag{2.25}$$

zugeordnet.

Aus der Strichliste folgt der Wert der Klassenhäufigkeit Δn_k durch Auszählen der Striche (s. Tafel **2.**17, Spalte 5). Wird die Klassenhäufigkeit Δn_k durch die Gesamtanzahl n der Meßwerte der Stichprobe dividiert, so bekommt man die **relative Häufigkeit** $\Delta n_k/n$.

Nach der Klassierung treten die Einzelmeßwerte nicht mehr in Erscheinung. Es ist gegebenenfalls zweckmäßig, sich alle Meßwerte einer Klasse als der Klassenmitte zugeordnet vorzustellen, also anzunehmen, alle in dem jeweiligen Klassenintervall auftretenden Δn Meßwerte hätten den Wert ihrer Klassenmitte.

Damit die Rechnung möglichst einfach und die Ergebnisse möglichst übersichtlich werden, wählt man zweckmäßig die Klassenmitte mit Zahlenwerten weniger Ziffern (z. B. ganzzahlig) und die Klassenweiten für alle Klassen gleich ($\Delta x_1 = \Delta x_2, \ldots, = \Delta x_K = \Delta x$). Für die Festlegung der Klassenweite und damit die Anzahl der Klassen läßt sich nur schwer eine allgemeine Regel angeben. Wird die Anzahl der Klassen zu klein gewählt, so ergibt sich unter Umständen ein zu großer Informationsverlust über die Verteilung der Meßwerte über das gesamte Intervall. Wird die Anzahl der Klassen zu groß gewählt, so treten unter Umständen so wenige Meßwerte in jeder Klasse auf, daß die Häufigkeitstabelle nicht mehr viel übersichtlicher ist als ein nach Werten geordnetes Protokoll. In DIN 55302 sind Richtwerte für die zu wählende Anzahl q der Klassen in Abhängigkeit von der Anzahl n der Meßwerte angegeben, die in der Stichprobe erfaßt sind. Danach sollte bei einer Anzahl n bis etwa 100; 1000 usw. die Anzahl q der Klassen mindestens 10; 13 usw. betragen und die Klassenbreite kleiner als das 0,6fache der Standardabweichung s (s. Abschn. 2.3.2.3) gewählt werden.

Häufigkeitsverteilung. Zufallsgrößen streuen um einen ausgezeichneten Wert in einer ganz bestimmten, für das jeweilige Problem (den zufallsbeeinflußten Vorgang) charakteristischen Art. Beispielsweise treten die gemessenen Ansprechzeiten eines Relais in Beispiel 2.14 gehäuft in einem relativ engen Streubereich von 189 ms bis 189,4 ms auf. Kürzere oder längere Ansprechzeiten werden um so weniger gemessen, je weiter sie von diesem Streubereich abweichen. Die Klassenhäufigkeit der gemessenen Ansprechzeiten nimmt also in einem relativ kleinen Bereich Maximalwerte an, fällt aber außerhalb dieses Bereiches nach kürzeren und längeren Ansprechzeiten hin relativ steil bis auf Null ab,

d. h., es tritt keine Ansprechzeit unter oder über einem bestimmten Grenzwert auf. Die Häufigkeitstabelle in Bild **2.**19a, Beispiel 2.14 liefert bereits einen Überblick über die Abhängigkeit der Klassenhäufigkeit von dem Wert der Ansprechzeit, also von der Zufallsgröße. Anschaulicher ist eine graphische Darstellung, die folgendermaßen angelegt werden kann.

Betrachtet man die relative Häufigkeit $\Delta n/n$ einer Stichprobe in Abhängigkeit von dem Wert der Zufallsvariablen, also als Funktion der Zufallsgröße x, so nennt man diese Funktion Häufigkeitsverteilung

$$h(x_k, \Delta x_k) = \frac{\Delta n_k}{n} \tag{2.26}$$

– Verteilung der Klassenhäufigkeit über der Zufallsgröße –. Man bezeichnet $h(x_k, \Delta x_k)$ auch als Häufigkeitsfunktion, weil sie die Häufigkeit des Auftretens bestimmter Werte einer Stichprobe beschreibt. Die Häufigkeitsverteilung kann graphisch, analytisch, aber auch tabellarisch dargestellt werden. Die tabellarisch für eine Stichprobe erfaßte relative Häufigkeit ($\Delta n_k/n$) wird also auch mit dem allgemeineren Begriff der Häufigkeitsverteilung $h(x_k, \Delta x)$ belegt.

Histogramm. Nach der Häufigkeitsverteilung $h(x_k, \Delta x_k)$ sind alle Meßwerte x_{ki} der k-ten Klasse dem Wert x_k der Klassenmitte zugeordnet. Im mathematischen Sinne stellt diese Häufigkeitsverteilung $h(x_k, \Delta x_k)$ also eine unstetige Funktion dar, deren Werte nur zu den jeweiligen diskreten Werten x_k der Klassenmitte erklärt sind. Ihre graphische Darstellung ergibt somit ein Stabdiagramm, wie es beispielsweise in Bild **2.**26 für die Zufallsvariable der gewürfelten Augenzahl dargestellt ist. Hier entspricht die Interpretation der mathematischen Formulierung auch der natürlichen Gegebenheit der Zufallsvariablen, die nur mit diskreten Werten auftritt. In der Technik kommen aber überwiegend wertkontinuierliche Größen vor, die man sich lediglich durch den formalen Vorgang der Klassierung als nur mit diskreten Werten ihrer Klassenmitte auftretend vorstellt. Um nun den physikalischen Gegebenheiten der kontinuierlichen Verteilung der Zufallsvariablen in der graphischen Darstellung gerecht zu werden, kann man statt eines Stabdiagrammes (s. Bild **2.**26) auch ein Histogramm zeichnen, bei dem der eigentlich nur über x_k als Punkt definierte Funktionswert $h(x_k)$ als waagerechter Strich über die Klassenbreite ausgedehnt wird (s. Bild **2.**19b). Der Funktionswert (Punkt) $h(x_k, \Delta x_k)$ wird also definitiv über den Bereich $(x_k - \Delta x_k/2)$ bis $(x_k + \Delta x_k/2)$ als Funktionsgerade

$$h(x_k, \Delta x_k) = \text{const über } \Delta x_k$$

erklärt. Diese Funktion der Häufigkeitsverteilung $h(x_k, \Delta x_k)$ wird somit eine Treppenkurve, die sich jeweils an den Klassengrenzen sprungartig ändert. Den waagerechten – konstanten – Verlauf der Häufigkeitsverteilung über die jeweiligen Klassen kann man auch so deuten, daß man sich innerhalb der Klassen die Zufallsvariable mit einer konstanten Häufigkeits- bzw. Wahrscheinlichkeitsdichte (s. unter diesen Abschnitten) auftretend vorstellt. Vorstehende Erläuterungen gelten sinngemäß für alle weiteren histogrammähnlichen Darstellungen, wie z. B. Häufigkeitsdichte $h'(x_k, \Delta x_k)$, Wahrscheinlichkeitsverteilung $P(x_k, \Delta x_k)$ und Summenhäufigkeit $H(x_k)$.

In Bild **2.**19b ist z. B. das Histogramm für die relative Häufigkeit der Ansprechzeiten aus der Häufigkeitstabelle in Bild 2.19 a dargestellt. Man erkennt deutlich das für dieses Problem charakteristische ausgeprägte Maximum der Häufigkeit und den relativ steilen Abfall auf Null.

Die Häufigkeitsverteilung vermittelt zwar einen anschaulichen Überblick, der aber mit einem Informationsverlust über die Stichprobe erkauft werden muß. So geht z. B. beim Übergang vom Protokoll der Meßwerte zur Strichliste der absoluten Häufigkeit die Information über die Einzelmeßwerte innerhalb einer Klasse verloren, beim Übergang von der absoluten auf die relative Häufigkeit die Information über den Umfang der Stichprobe, dafür lassen sich aber verschieden große Stichproben leichter miteinander vergleichen.

Beispiel 2.14. Aus einer Aufgabenstellung, die in Beispiel 2.23 ausführlicher erläutert ist, folgt als Teilaufgabe die statistische Untersuchung der Ansprechzeit t_v eines Relais.

In einer Stichprobe wurde 105mal die Ansprechzeit als Zeit zwischen Einschalten der Erregerspule und Schließen der Relaiskontakte gemessen. Die einzelnen Meßwerte t_{vi} sind in der Reihenfolge der durchgeführten Messungen in dem in Tafel 2.18 wiedergegebenen Protokoll aufgelistet. Für das Anlegen der Häufigkeitstabelle wurde entsprechend der in der Stichprobe gemessenen kleinsten und größten Ansprechzeit $t_{v\,min} = 188{,}712$ ms und $t_{v\,max} = 189{,}874$ ms ein Bereich von 188,8 ms bis 189,8 ms in 6 Klassen unterteilt. Mit Rücksicht auf die Übersichtlichkeit des Beispiels wurde die Anzahl der Klassen relativ niedrig gewählt. Klassenmitten und Klassengrenzen wurden entsprechend Gl. (2.22) und (2.24) festgelegt und in die Häufigkeitstabelle Bild 2.19 a einge-

T a f e l **2.**18 Protokoll der gemessenen Ansprechzeiten t_{vi} in ms eines Relais (s. Beispiel 2.14)

189,472	188,945	189,145	188,989	188,963	189,118
189,110	189,016	189,029	188,901	189,254	189,166
189,396	188,849	189,033	189,116	189,668	189,622
189,195	188,969	189,066	188,801	189,353	189,019
189,166	189,025	188,861	188,897	189,070	188,972
189,138	189,206	189,019	188,914	189,651	189,154
189,128	189,321	189,083	189,021	189,344	188,983
189,671	189,568	188,959	188,874	189,367	189,357
188,719	189,874	189,038	188,712	189,182	189,051
189,082	189,139	189,354	189,098	189,256	189,375
189,275	189,097	189,550	188,904	189,803	189,111
189,242	189,000	189,381	188,897	189,039	189,561
189,025	189,129	189,318	189,102	189,533	189,171
189,185	189,236	189,302	189,224	189,070	189,291
189,174	189,391	189,128	189,220	189,215	189,281
189,094	189,222	188,881	189,261	189,236	
189,236	189,321	188,827	189,163	189,247	
189,338	189,295	189,003	189,037	189,406	

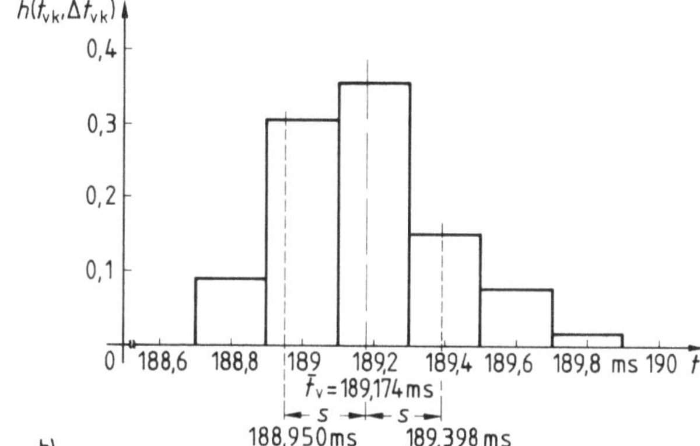

Klassen-mitte t_{vk} in ms	Klassengrenzen t_{vku} t_{vko} in ms		Klassenhäufigkeit	Δn	$\Delta n/n$
188,8	188,7	188,9	⫴⫴ ⫴⫴	10	0,095
189,0	188,9	189,1	⫴⫴ ⫴⫴ ⫴⫴ ⫴⫴ ⫴⫴ ⫴⫴ II	32	0,305
189,2	189,1	189,3	⫴⫴ ⫴⫴ ⫴⫴ ⫴⫴ ⫴⫴ ⫴⫴ ⫴⫴ II	37	0,353
189,4	189,3	189,5	⫴⫴ ⫴⫴ ⫴⫴ I	16	0,152
189,6	189,5	189,7	⫴⫴ III	8	0,076
189,8	189,7	189,9	II	2	0,019
			Summe	105	1,000

a)

b)

2.19 Häufigkeitstabelle (a) und Histogramm (b) der Zufallsvariablen Ansprechzeit $\{t_v\}$ aus Tafel 2.18

tragen. Dann wurde Meßwert für Meßwert des Protokolls in Tafel 2.18 gemäß Gl. (2.25) auf seine Klassenzugehörigkeit geprüft und mit einem Strich in die ihm entsprechende Klassenzeile, Spalte 3 der Häufigkeitstabelle in Bild 2.19b, übertragen. Schließlich wurde durch Auszählen der Striche die Klassenhäufigkeit Δn in Spalte 3 und nach ihrer Division durch die Gesamtanzahl 105 der Meßwerte auch die relative Häufigkeit $\Delta n/n$ in Spalte 4 der Häufigkeitstabelle eingetragen. Zur Kontrolle wurden die Klassenhäufigkeiten Δn und die relativen Häufigkeiten $(\Delta n/n)$ über alle Klassen summiert. Erstere muß der Gesamtanzahl der Meßwerte $\sum \Delta n_k = n$ entsprechen, letztere muß $\sum (\Delta n_k/n) = 1$ ergeben.

Häufigkeitsdichte. Bei dem Vergleich der Häufigkeitsverteilung zweier Stichproben wirkt sich eine unterschiedliche Klassenweite unter Umständen störend aus. Es kann daher zweckmäßig sein, die relative Häufigkeit auf die Klassenweite zu beziehen, um so eine Stichprobe durch die Häufigkeitsdichte

$$h'(x_k, \Delta x_k) = \frac{\Delta n_k}{n \Delta x_k} \qquad (2.27)$$

zu charakterisieren (s. Beispiel 2.18). Auch für eine einzelne Stichprobe liefert die Häufigkeitsdichte ein besseres Bild als die Häufigkeitsverteilung, wenn die Klassenweite für diese Stichprobe nicht konstant ist – was man allerdings möglichst vermeiden sollte – oder wenn die Häufigkeitsverteilung einer Stichprobe mit der Wahrscheinlichkeitsdichte verglichen werden soll (s. Beispiel 2.18).

Wahrscheinlichkeitsverteilung. Würde man aus einer bestimmten Grundgesamtheit einer Zufallsvariablen mehrere Stichproben entnehmen, z. B. die Ansprechzeiten eines bestimmten Relais entsprechend Beispiel 2.14 in mehreren Meßreihen aufnehmen, so würden die Histogramme dieser Stichproben nur wenig untereinander abweichen. Die Abweichungen wären um so geringer, je größer die Anzahl der Meßwerte wäre, die in den verschiedenen Stichproben erfaßt würden. Dies leuchtet ein, wenn man davon ausgeht, daß eine eindeutige theoretische Häufigkeitsverteilung existiert, z. B. ein Histogramm der aus unendlich vielen Meßwerten bestehenden Grundgesamtheit, welches aber praktisch nur näherungsweise als Histogramm einer wenn auch noch so großen, aber immer endlichen Stichprobe bestimmt werden kann. Die relativen Häufigkeiten – Häufigkeitsverteilungen – verschiedener Stichproben streuen in jeder Klasse also um die durch die natürlichen Eigenschaften des zufallsbeeinflußten Vorganges bestimmte relative Häufigkeit der Grundgesamtheit (s. Bild 2.20). Analog zu den Vorstellungen über eine Meßgröße könnte man sagen, daß der Grundgesamtheit einer Zufallsvariablen eine einzige „wahre" Häufigkeitsverteilung entspricht, ähnlich wie eine Meßgröße auch einen einzigen wahren Wert hat. Beides kann in der Praxis aber nur näherungsweise durch die „Ist"-Häufigkeitsverteilung einer Stichprobe bzw. den Istwert einer Meßgröße erfaßt werden.

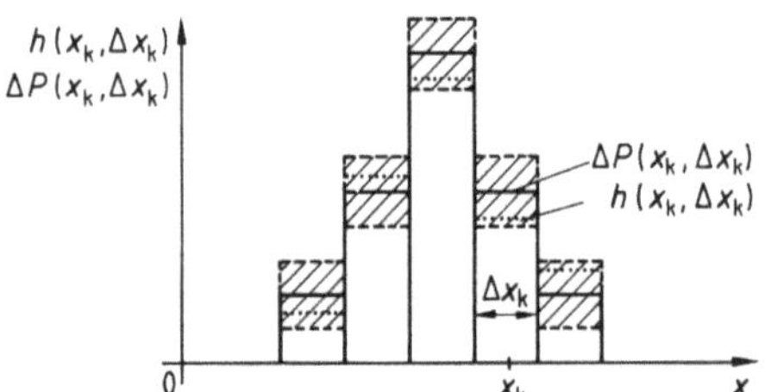

2.20 Streubereich der Histogramme von Stichproben aus einem bestimmten zufallsbeeinflußten Vorgang
ausgezogene Treppe: durch die natürlichen Eigenschaften des zufallsbeeinflußten Vorganges bestimmtes (wahres) Histogramm $\Delta P(x_k, \Delta x_k)$ der Grundgesamtheit
punktierte Treppe: Histogramm (Isthistogramm) $h(x_k, \Delta x_k)$ einer bestimmten Stichprobe
schraffierter Bereich: Bereich, in dem Histogramme verschiedener Stichproben liegen können

Theoretisch kann man sich die Häufigkeitsverteilung der Grundgesamtheit als Häufigkeitsverteilung einer Meßreihe vorstellen, bei der die Anzahl der Zufallsgrößen gegen unendlich strebt.

$$\Delta P(x_k, \Delta x_k) = \lim_{n \to \infty} h(x_k, \Delta x_k) = \lim_{n \to \infty} \frac{\Delta n_k}{n} \qquad (2.28)$$

Man nennt diese Häufigkeitsverteilung der Grundgesamtheit W a h r s c h e i n - l i c h k e i t s v e r t e i l u n g, um bereits in der Bezeichnung anzudeuten, daß diese Funktion nicht das Ergebnis einer einzelnen Stichprobe ist, sondern die statistische Eigenschaft eines zufallsbeeinflußten Vorganges vollständig beschreibt und damit Voraussagen – Wahrscheinlichkeitsaussagen – über die Besetzung der Klassen (Verteilung) in beliebigen einzelnen Stichproben ermöglicht.

Faßt man die Häufigkeitsverteilung der Grundgesamtheit als eine durch die natürlichen Eigenschaften eines zufallsbeeinflußten Vorganges bestimmte Funktion auf, so gibt diese a priori auch den Anteil aller Zufallsgrößen der Grundgesamtheit an, die in die jeweiligen Klassen fallen, bezogen auf die Gesamtzahl aller auftretenden Zufallsgrößen. Sie kann damit nach Abschn. 2.3.1.2 auch als Wahrscheinlichkeit entsprechend Gl. (2.14) gedeutet werden (s. Abschn. 2.3.2.4, dritter Absatz). Kennt man also für einen bestimmten zufallsbeeinflußten Vorgang seine Wahrscheinlichkeitsverteilung, so gilt diese für eine Stichprobe aus diesem Vorgang als Voraussage, wieviel Prozent ihrer endlichen Anzahl von Meßwerten innerhalb der einzelnen Klassen zu erwarten sind, oder aber auch dafür, mit welcher Wahrscheinlichkeit ein einzelner Meßwert aus diesem zufallsbeeinflußten Vorgang innerhalb der jeweiligen Klasse erwartet werden kann.

Wahrscheinlichkeitsdichte. Die Wahrscheinlichkeitsverteilung $\Delta P(x_k, \Delta x_k)$ läßt sich als Histogramm der Grundgesamtheit aus unendlich vielen Meßwerten anschaulich erläutern. Ähnlich, wie die Häufigkeitsverteilung $h(x_k, \Delta x_k)$ auf die Klassenweite bezogen als Häufigkeitsdichte $h'(x_k, \Delta x_k)$ dargestellt wird, läßt sich auch die Wahrscheinlichkeitsverteilung nach Gl. (2.28) durch die Klassenweite Δx_k dividieren und als Wahrscheinlichkeitsdichte darstellen. Die aus der Vorstellung des Histogrammes mit endlicher Anzahl von Meßwerten notwendige endliche Klassenweite Δx_k kann hier aber als gegen Null strebend angenommen werden, so daß man sich die Wahrscheinlichkeitsdichte

$$p(x) = \lim_{\substack{n \to \infty \\ \Delta x \to 0}} \frac{\Delta n}{n \, \Delta x} \tag{2.29}$$

als ein unendlich fein gestuftes „Histogramm" der Häufigkeitsdichte der Grundgesamtheit vorstellen kann (s. Bild 2.21). Da bei der Wahrscheinlich-

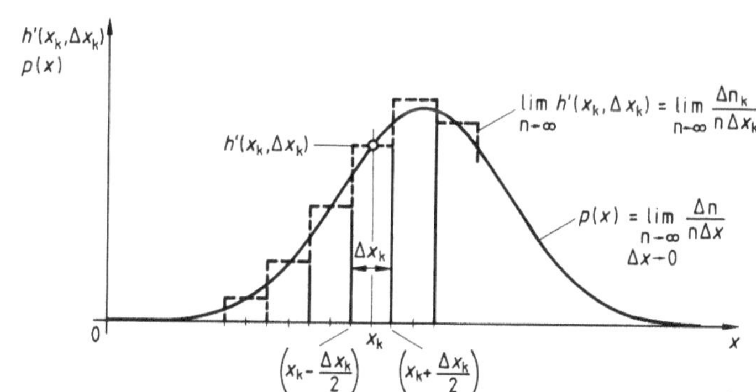

2.21
Histogramm der Häufigkeitsdichte $h'(x_k, \Delta x_k)$ der Grundgesamtheit und Wahrscheinlichkeitsdichte $p(x)$

keitsdichte die Klassenweite Δx mit der Größenart der Zufallsgröße x im Nenner steht, hat sie die Dimension des Kehrwertes der Zufallsgröße

$$\dim[p(x)] = \dim(1/x)$$

und unterscheidet sich somit auch qualitativ von der Wahrscheinlichkeitsverteilung $\Delta P(x_k, \Delta x_k)$, die als reiner Zahlenwert (Zahlenverhältnis) eine Größe der Dimension Eins ist.

Summenhäufigkeit. Die Häufigkeitsverteilung $h(x_k, \Delta x_k)$ einer Stichprobe liefert einen anschaulichen und schnellen Überblick, mit welcher Häufigkeit Meßwerte bzw. Meßgrößen einer Zufallsvariablen in den einzelnen Klassen auftreten. Bei vielen Problemstellungen ist es aber lediglich von Interesse, wieviel Meßwerte über oder unter einem einzelnen bestimmten Grenzwert liegen. Beispielsweise will man häufig für ein Relais nach Beispiel 2.14 lediglich wissen, in wie vielen Fällen aller Schaltungen die Ansprechzeit größer als ein bestimmter Grenzwert ist. Eine solche Aussage bekommt man durch Summation der Klassenhäufigkeit bis zu diesem Grenzwert.

Üblicherweise werden die Klassensummen fortlaufend gebildet und als Summenhäufigkeit bezeichnet. Praktisch geht man von der Häufigkeitstabelle aus und ordnet jeder Klasse k die Summe der absoluten bzw. relativen Häufigkeiten von der ersten bis zur k-ten Klasse zu. In der Summenhäufigkeitstabelle steht also in der ersten Klasse die – absolute oder relative – Häufigkeit der ersten, in der zweiten die Summe der Häufigkeiten der ersten und zweiten Klasse, in der dritten die Summe der Häufigkeiten aus der ersten, zweiten und dritten Klasse usw. (s. Tafel **2.**17, Spalte 7 und Beispiel 2.19).

Mathematisch formuliert ergibt sich mit der unstetigen Funktion der Häufigkeitsverteilung $h(x_k, \Delta x_k)$ nach Gl. (2.26) die Summenhäufigkeit

$$H(x_k) = \sum_{v=1}^{k} h(x_v, \Delta x_v) = \sum_{v=1}^{k} \frac{\Delta n_v}{n} \tag{2.30}$$

ebenfalls als unstetige Funktion. Die Häufigkeitsfunktion $H(x_k)$ gibt also den Anteil der Zufallsgrößen einer Stichprobe an, der jeweils kleiner ist als der Mittenwert x_k der k-ten Klasse, vorausgesetzt man ordnet allen Meßwerten der jeweiligen Klasse den Wert ihrer Klassenmitte zu.

Die Summenhäufigkeit läßt sich ähnlich wie die Häufigkeitsverteilung graphisch darstellen (s. Bild **2.**22). Diese Summenhäufigkeitsfunktion ist eine Treppenkurve, deren Sprünge bei den Klassenmitten auftreten (s. Bild **2.**22a, Kurve *H1*), da sich an diesen Stellen die Summenhäufigkeit um die Häufigkeit der jeweiligen Klasse sprungartig ändert. Man kann aber die Sprungstellen der Summenhäufigkeit auch den Sprungstellen der Häufigkeitsverteilung, also den Klassengrenzen, in dem Sinne zuordnen, daß der jeweilige obere Wert des Treppensprunges die Häufigkeit der Meßwerte angibt, deren Wert kleiner ist als der Wert, an dem diese Sprungstelle auftritt (s. Bild **2.**22a, Kurve *H2*). Aus

Gründen einheitlicher Darstellungen sollte man aber der Gl. (2.30) entsprechend die Summenhäufigkeit wie die Häufigkeitsverteilung als auf die Klassenmitten bezogen entsprechend Bild 2.22a, Kurve *H1* darstellen.

Verteilungsfunktion. In ähnlicher Weise wie für die Stichprobe ist auch für die Grundgesamtheit eine Summenhäufigkeit definiert. Beide Definitionen unterscheiden sich grundsätzlich in gleicher Weise wie die der Häufigkeitsverteilung von Stichprobe und Grundgesamtheit (Wahrscheinlichkeitsverteilung). Die Summenhäufigkeit der Stichprobe ist das Ergebnis einer praktisch aufgenommenen Meßreihe und kann infolge der endlichen Anzahl von Meßgrößen bestenfalls näherungsweise die charakteristischen Eigenschaften des zufallsbeeinflußten Vorganges, dem die Stichprobe entstammt, beschreiben. Die Summenhäufigkeit der Grundgesamtheit beschreibt dagegen als Funktion – ähn-

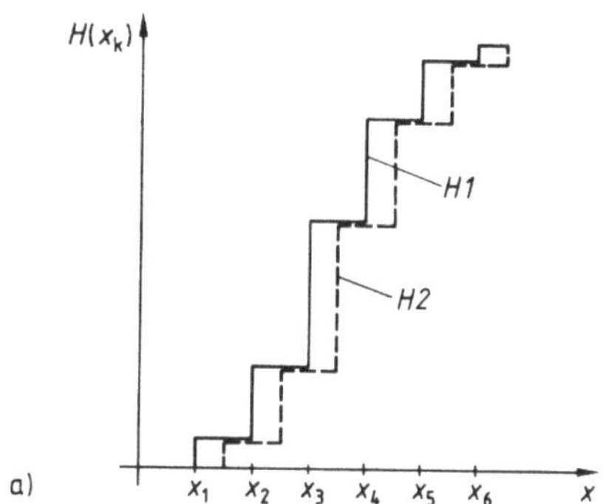

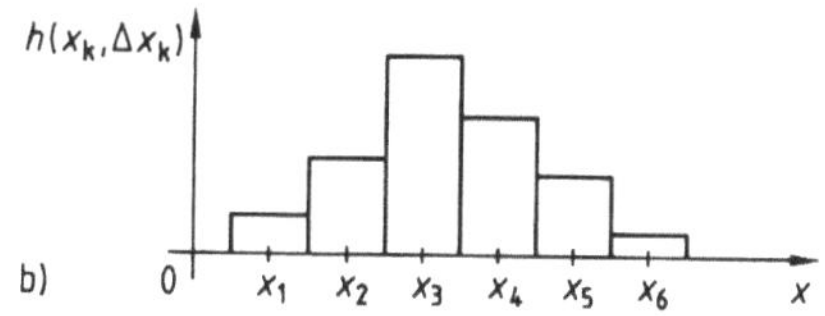

2.22
Summenhäufigkeit $H(x_k)$ (a) der Häufigkeitsverteilung $h(x_k, \Delta x_k)$ (b)
Kurve *H1* alle Größen einer Klasse sind den Klassenmitten zugeordnet
Kurve *H2* Summenhäufigkeit bezieht sich auf die oberen Klassengrenzen

lich wie die Wahrscheinlichkeitsverteilung – die Eigenschaften des zufallsbeeinflußten Vorganges vollständig. Dem entspricht die Vorstellung, daß diese Summenhäufigkeit aus unendlich vielen Zufallsgrößen, eben der Grundgesamtheit, eines Kollektivs ermittelt werde, was mathematisch durch die Integration der Wahrscheinlichkeitsdichte $p(x)$ von minus Unendlich bis x beschrieben wird. Man bezeichnet dieses Integral als Verteilungsfunktion

$$P(x) = \int_{-\infty}^{x} p(\xi)\,\mathrm{d}\xi, \tag{2.31}$$

die angibt, welcher Anteil der unendlich vielen Zufallsgrößen der Grundgesamtheit kleiner ist als der Wert x der Zufallsgröße. Graphisch läßt sich die Verteilungsfunktion auch als Fläche unter der Wahrscheinlichkeitsdichte $p(x)$ bis zum Wert x deuten (s. Bild 2.23).
Ähnlich läßt sich auch die Wahrscheinlichkeitsverteilung $\Delta P(x_k, \Delta x_k)$ entsprechend Gl. (2.28) über das Integral der Wahrscheinlichkeitsdichte bzw. die Werte der Verteilungsfunktion beschreiben (s. Bild 2.24). Die Wahrscheinlichkeitsverteilung $\Delta P(x_k, \Delta x_k)$ – relative Klassenhäufigkeit der Grundgesamtheit – ist als Fläche unter der Wahrscheinlichkeitsdichte $p(x)$ zwischen den jeweili-

gen Grenzen $(x_k - \Delta x_k/2)$ und $(x_k + \Delta x_k/2)$ zu deuten, die durch das bestimmte Integral

$$\Delta P(x_k, \Delta x_k) = \int\limits_{(x_k - \Delta x_k/2)}^{(x_k + \Delta x_k/2)} p(x)\,\mathrm{d}x = P\left(x_k + \frac{\Delta x_k}{2}\right) - P\left(x_k - \frac{\Delta x_k}{2}\right) \quad (2.32)$$

beschrieben wird.

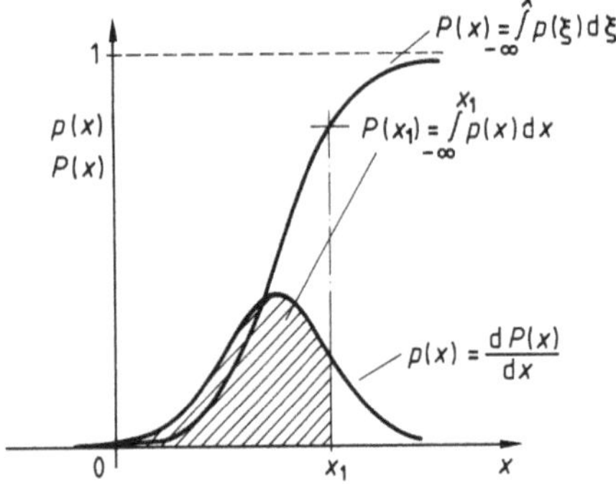

2.23 Verteilungsfunktion $P(x)$ als Integral der Wahrscheinlichkeitsdichte $p(x)$

Über die Verteilungsfunktion $P(x)$ läßt sich die Wahrscheinlichkeitsdichte $p(x)$ nach Gl. (2.29) auch als deren erste Ableitung nach der Zufallsgröße x deuten.

$$p(x) = \mathrm{d}P(x)/\mathrm{d}x \quad (2.33)$$

Kontinuierliche und diskrete Verteilungen. Die in der Technik interessierenden Zufallsgrößen sind häufig wertkontinuierliche Größen wie die durch einen Zeiger auf der Skala eines Meßgerätes angezeigten Meßwerte oder der Kapazitätswert gefertigter Kondensatoren usw. Diese Zufallsgrößen können also auf einer Skala unendlich feiner Auflösung in einem bestimmten Bereich jeden beliebigen Wert annehmen. Verteilungen, die sich auf solche wertkontinuierliche Größen beziehen, nennt man kontinuierliche Verteilungen. Sie können allerdings infolge einer Klasseneinteilung durch eine unstetige Funktion (Treppenkurve) beschrieben werden. Man muß also bei kontinuierlichen Verteilungen zwischen ihrer stetigen Darstellung, z. B. als Wahrscheinlichkeitsdichte $p(x)$ nach Gl. (2.29), und ihrer unstetigen, z. B. als Häufigkeitsdichte $h'(x_k, \Delta x_k)$ nach Gl. (2.27), (s. Bild 2.21) unterscheiden.

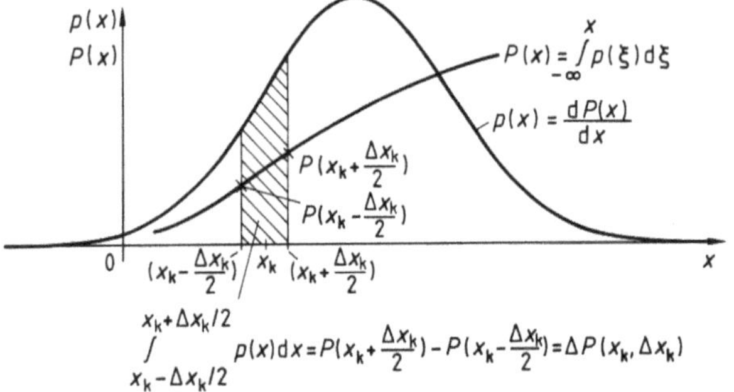

2.24
Zusammenhang zwischen Wahrscheinlichkeitsverteilung $\Delta P(x_k, \Delta x_k)$, Wahrscheinlichkeitsdichte $p(x)$ und Verteilungsfunktion $P(x)$

Ist die Zufallsgröße keine wertkontinuierliche Größe, sondern kann sie nur bestimmte diskrete Werte annehmen, so spricht man von einer diskreten Verteilung. Ein klassisches Beispiel für eine diskrete Verteilung ist die gewürfelte Augenzahl, die nur ganze Zahlen von Eins bis Sechs annehmen kann.

Beispiel 2.15. Für die Zufallsvariable $\{x_k\}$ der beim Wurf zweier regelmäßiger Würfel erzielten Augensumme ist die Wahrscheinlichkeitsverteilung zu ermitteln.

Die Augensumme $x_k = x_1 + x_2$ mit x_1 bzw. x_2 der jeweils mit dem Würfel 1 bzw. 2 gewürfelten Augenzahl kann nur die diskreten Werte 2; 3; 4; ...; 12 annehmen. In den insgesamt möglichen $n = 6 \cdot 6 = 36$ Fällen werden die Augenzahlen $(1; 1), (1; 2), \ldots, (1; 6)$, $(2; 1), (2; 2), \ldots, (6; 6)$ gewürfelt, wobei die erste Zahl die Augenzahl x_1 des ersten Würfels und die zweite x_2 die des zweiten Würfels angibt. Die Zahl e der Fälle, in denen eine ganz bestimmte Augensumme $x_k = x_1 + x_2$ gewürfelt wird, ergibt sich wie folgt:

Für $x_k = 2$ ist $e = 1$ entsprechend der einzigen Möglichkeit $(1; 1)$, für $x_k = 3$ ist $e = 2$ entsprechend den beiden Möglichkeiten $(1; 2)$ und $(2; 1)$, für $x_k = 4$ ist $e = 3$ entsprechend den Möglichkeiten $(1; 3), (3; 1), (2; 2)$ usw.

Damit läßt sich für jede Augensumme die Wahrscheinlichkeit entsprechend Gl. (2.14) berechnen, wie in Tafel **2.25** dargestellt. Die Ergebnisse sind als naturgemäß diskret gegebene Wahrscheinlichkeitsverteilung in Bild **2.26** dargestellt.

Tafel **2.25** Nach Beispiel 2.15 berechnete Wahrscheinlichkeiten

$x_k = x_1 + x_2$	2	3	4	5	6	7	8	9	10	11	12
e	1	2	3	4	5	6	5	4	3	2	1
$\Delta P(x_k) = \dfrac{e}{n}$	$\dfrac{1}{36}$	$\dfrac{1}{18}$	$\dfrac{1}{12}$	$\dfrac{1}{9}$	$\dfrac{5}{36}$	$\dfrac{1}{6}$	$\dfrac{5}{36}$	$\dfrac{1}{9}$	$\dfrac{1}{12}$	$\dfrac{1}{18}$	$\dfrac{1}{36}$

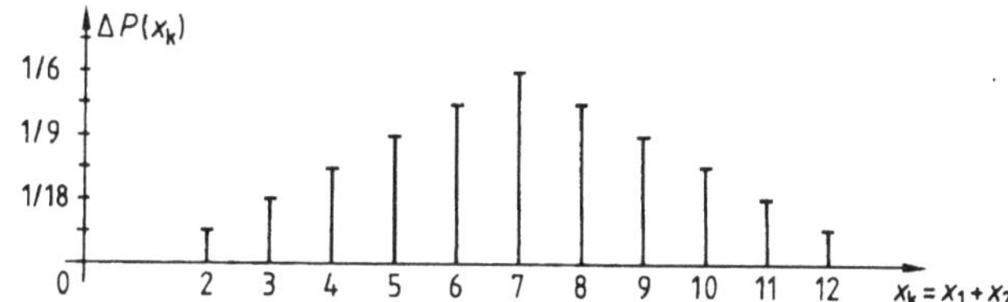

2.26 Diskrete Wahrscheinlichkeitsverteilung $\Delta P(x_k)$ für die diskrete Zufallsvariable $\{x_k\}$ der gewürfelten Augenzahl

Im technischen Bereich treten diskrete Verteilungen für digitale Meßwerte auf. Wird beispielsweise eine Meßgröße digital gemessen, so können sich ihre Meßwerte nur diskret im Abstand der Digitalisierungsstufen einstellen.

2.3.2.3 Kenngrößen für die Verteilung von Zufallsvariablen. Die Verteilung der Grundgesamtheit bzw. Stichprobe einer Zufallsvariablen wird durch die in Abschn. 2.3.2.2 erläuterten Funktionen umfassend beschrieben. Diese Information erfordert allerdings eine aufwendige tabellarische oder graphische Darstellung. In vielen Fällen genügt es, die Verteilung statt durch eine solche ins Detail gehende K e n n f u n k t i o n durch einfacher zu handhabende K e n n g r ö ß e n zu charakterisieren. Eine solche Vereinfachung der Darstellung muß allerdings mit einem Verlust an Information erkauft werden, wenn die Art (Form) der Verteilung nicht bekannt ist.

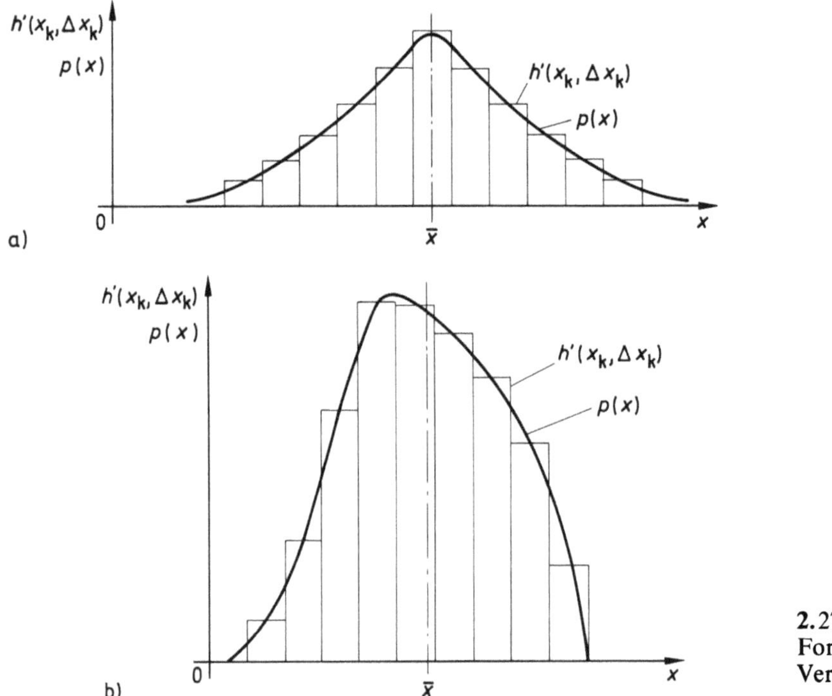

2.27
Formen von
Verteilungen

Betrachtet man die beiden in Bild **2.**27 dargestellten Verteilungen, so erkennt
man, daß die beiden sich in der Lage des Maximums, der mittleren
Lage, der Breite des Streubereiches, der Symmetrie zum Maximum,
der Steilheit und der Wölbung der Flanken offensichtlich unterscheiden.
Man kann für alle solche charakteristischen Merkmale der Verteilungsfunktion
Kenngrößen definieren, die als eine einzige Größe aber jeweils auch nur ein
Merkmal charakterisieren. Hier werden nur die Kenngrößen für die beiden
wichtigsten Merkmale behandelt, nämlich der lineare Mittelwert als Kenngröße für die mittlere Lage und die Standardabweichung als Kenngröße
für die Breite des Streubereiches.

Mittelwert. Der lineare Mittelwert $\bar{x}$ einer Stichprobe kennzeichnet die mittlere Lage einer Verteilung. In der geometrischen Interpretation wäre das
entsprechend Gl. (2.36) die Abszisse des Schwerpunktes der Fläche unter der
Kurve der Wahrscheinlichkeitsverteilung. Dieser Vorstellung entsprechend bezeichnet man den arithmetischen Mittelwert auch als Moment 1. Ordnung.

Der lineare Mittelwert, im allgemeinen kurz als Mittelwert bezeichnet, kann
nach Abschn. 2.3.2.1 auch als ein durch die systematischen Einflüsse bestimmter Bezugswert einer Zufallsvariablen angesehen werden, um den die einzelnen
Größen dieser Zufallsvariablen streuen. Die Abweichung der Einzelgrößen

von ihrem Mittelwert ist dann die ausschließlich durch zufällige Einflüsse bestimmte Zufallsvariable, die ihrerseits zwangsläufig den Mittelwert Null hat (s. Bild **2.**15). Man könnte also den Mittelwert auch als eine Art Nennwert des Kollektivs bezeichnen. Dies wird auch durch die Erfahrung gestützt, daß bei vielen technischen Prozessen am häufigsten in einer Stichprobe Zufallsgrößen auftreten, deren Wert dem Mittelwert entspricht (z. B. bei Normalverteilung, s. Abschn. 2.3.3.1). Beispielsweise hat in Beispiel 2.14 die Häufigkeitsverteilung der gemessenen Ansprechzeiten eines Relais ein ausgeprägtes Maximum bei dem Mittelwert aus allen gemessenen Ansprechzeiten (s. Bild **2.**19b). Es ist also sinnvoll, diesen Mittelwert als den Nennwert der Relaisansprechzeit anzugeben, der mit einem einzigen Wert die Ansprechzeit charakterisiert als die Zeit, die bei dem praktischen Betrieb des Relais am häufigsten auftritt. Oder wurde eine bestimmte Einzelmeßgröße unter unveränderten Bedingungen mehrfach gemessen, so stellt der Mittelwert aus den gewonnenen Meßwerten die beste Näherung für den nur mit systematischen Fehlern behafteten wahren Wert dieser Meßgröße dar.

Beim Mittelwert muß ähnlich wie bei der Verteilung unterschieden werden, ob er sich auf eine Stichprobe oder auf die Grundgesamtheit bezieht.

Der Mittelwert einer Stichprobe hat in den hier interessierenden Fällen immer einen eindeutig definierten, aus der Summe der n diskreten Meßwerte $x_1, \ldots, x_i, \ldots, x_n$ berechenbaren Mittelwert

$$\bar{x} = \frac{1}{n} \sum_{i=1}^{n} x_i. \tag{2.34}$$

Der Mittelwert der Grundgesamtheit

$$\mu = \lim_{n \to \infty} \frac{1}{n} \sum_{i=1}^{n} x_i \tag{2.35}$$

eines zufallsbeeinflußten Vorganges kann praktisch genau so wenig erfaßt werden wie die Wahrscheinlichkeitsverteilung oder Wahrscheinlichkeitsdichte dieser Grundgesamtheit. Es handelt sich also um eine theoretische Kenngröße, die man sich als Mittelwert der unendlich vielen Meßwerte der Grundgesamtheit vorstellen kann.

Mit der Wahrscheinlichkeitsverteilung $\Delta P(x_k, \Delta x_k)$ nach Gl. (2.28) oder der Wahrscheinlichkeitsdichte $p(x)$ Gl. (2.29) kann der Mittelwert der Grundgesamtheit

$$\mu = \sum_{k=1}^{q} x_k \Delta P(x_k, \Delta x_k) = \int_{-\infty}^{+\infty} x p(x)\, \mathrm{d}x \tag{2.36}$$

definiert werden. Dieser fiktive Mittelwert der Grundgesamtheit wird zur Unterscheidung von dem für eine Stichprobe berechenbaren Mittelwert $\bar{x}$ mit dem Formelzeichen μ gekennzeichnet.

Standardabweichung. Zur Charakterisierung der Breite des Streubereiches einer Stichprobe von Zufallsgrößen sind verschiedene Kenngrößen definiert worden, von denen sich die Mittelwerte der Abweichungen der Einzelwerte x_i vom Mittelwert $\bar{x}$ durchgesetzt haben. Der arithmetische Mittelwert dieser Abweichungen scheidet allerdings aus, da er definitionsgemäß Null ist. Von den weiteren Möglichkeiten der Definition eines Mittelwertes der Abweichungen, wie z. B. dem der Absolutwerte $(\sum |x_i - \bar{x}|)/n$ oder dem der potenzierten Werte $[(\sum |x_i - \bar{x}|^p)/n]^{1/p}$ hat sich der quadratische Mittelwert ($p = 2$) nach allen Erfahrungen als zweckmäßig erwiesen, und man bezeichnet diesen als Standardabweichung.

Wie beim Mittelwert der Zufallsgrößen unterschieden wird, ob er sich auf eine Stichprobe ($\bar{x}$) oder auf die Grundgesamtheit (μ) bezieht, ist auch bei der Standardabweichung diese Unterscheidung eingeführt. Am übersichtlichsten läßt sich die Definition der Standardabweichung für die Grundgesamtheit erläutern, da es für diese bei einem bestimmten zufallsbeeinflußten Vorgang auch nur einen bestimmten Mittelwert μ entsprechend Gl. (2.35 bzw. 2.36) gibt. Stellt man sich also vor, man habe einen zufallsbeeinflußten Vorgang durch unendlich viele Meßwerte ($n \to \infty$) vollständig erfaßt, so würde die Standardabweichung der Grundgesamtheit

$$\sigma = \lim_{n \to \infty} \sqrt{\frac{1}{n} \sum_{i=1}^{n} (x_i - \mu)^2} \tag{2.37}$$

ein eindeutiges Ergebnis liefern. Ist die Verteilung einer Grundgesamtheit über die Wahrscheinlichkeitsverteilung $\Delta P(x_k, \Delta x_k)$ nach Gl. (2.28) oder die Wahrscheinlichkeitsdichte $p(x)$ nach Gl. (2.29) beschrieben, so läßt sich auch daraus die Standardabweichung der Grundgesamtheit

$$\sigma = \sqrt{\sum_{k=1}^{q} (x_k - \mu)^2 \Delta P(x_k, \Delta x_k)} = \sqrt{\int_{-\infty}^{+\infty} (x - \mu)^2 p(x)\,\mathrm{d}x} \tag{2.38}$$

definieren. Wie der Mittelwert μ auch als Moment 1. Ordnung aufgefaßt werden kann, was deutlich aus Gl. (2.36) hervorgeht, wird in Analogie zu dem Trägheitsmoment in der Mechanik das Quadrat der Standardabweichung – auch Varianz (σ^2) genannt – als Moment 2. Ordnung bezeichnet.

Die so definierte Standardabweichung der Grundgesamtheit ist mehr von theoretischem als von praktischem Nutzen. In der Praxis lassen sich Zufallsvariable nur über Stichproben mit einer endlichen Anzahl n von Meßwerten x_i erfassen, deren berechneter Mittelwert $\bar{x}$ demzufolge nur als ein Näherungswert für μ gelten kann. Man sagt zwar allgemein, die Meßwerte der Stichprobe streuen um ihren Mittelwert, was aber insofern nicht den Kern des Problems trifft, als sie als Elemente der Grundgesamtheit naturgemäß um den Mittelwert der Grundgesamtheit μ streuen, der aber von dem Mittelwert der Stichprobe $\bar{x}$ abweichen kann.

Die Standardabweichung kann als eine die Streubreite der Grundgesamtheit charakterisierende Kenngröße entsprechend der Definition nach Gl. (2.37) aus den Meßwerten einer Stichprobe immer nur näherungsweise berechnet werden. Hierbei ist zu beachten, daß nach der Definition der Standardabweichung σ entsprechend Gl. (2.37) zwei Grenzübergänge zu vollziehen sind,

$$\sigma^2 = \lim_{n \to \infty} \frac{1}{n} \sum_{i=1}^{n} \left[x_i - \underbrace{\lim_{n \to \infty} \left(\frac{1}{n} \sum_{i=1}^{n} x_i \right)}_{= \mu} \right]^2,$$

einmal bei der Mittelung der Abweichungsquadrate $(x_i - \mu)^2$ der Grundgesamtheit und zum anderen bei der Bestimmung des darin auftretenden Mittelwertes μ der Grundgesamtheit. Die Bestimmung der Standardabweichung aus endlich vielen Meßwerten einer Stichprobe stellt demnach in zweifacher Hinsicht eine Näherung dar. Die einfachste Näherung ergibt sich, wenn die Standardabweichung zwar als endliche Summe aus einer Stichprobe berechnet werden muß, für die aber der Mittelwert der Grundgesamtheit μ bekannt ist. Dann berechnet man die Standardabweichung nach Gl. (2.37), indem der Grenzwert des Mittelwertes (innerer Grenzübergang) durch den bekannten Mittelwert der Grundgesamtheit μ und die unendliche Summe der Abweichungsquadrate $(x_i - \mu)^2$ (äußerer Grenzübergang) durch die endliche Summe ersetzt wird.

$$s = \sqrt{\frac{1}{n} \sum_{i=1}^{n} (x_i - \mu)^2} \qquad (2.39)$$

Ein solcher Näherungswert ($s \approx \sigma$) hat Bedeutung für meßtechnische Probleme, bei denen der wahre Wert x_w einer konkreten Meßgröße bekannt ist, z. B. bei der Bestimmung der Fehlereigenschaften einer Meßeinrichtung, bei der man den wahren Wert dem richtigen Wert gleichsetzen darf ($x_w = x_r$). Wird diese Meßgröße mit dem wahren Wert x_w durch eine Meßreihe mit einer endlichen Anzahl von n Meßwerten x_i erfaßt, die n u r mit z u f ä l l i g e n F e h l e r n b e h a f t e t s i n d, so stellen diese n Meßwerte eine Stichprobe von Zufallsgrößen dar aus einer Grundgesamtheit, deren Mittelwert μ dem wahren Wert x_w entspricht. Die Abweichung des einzelnen Meßwertes x_i vom wahren Wert x_w ist der absolute Fehler dieses Meßwertes $F_i = (x_i - x_w)$ entsprechend Gl. (2.1), so daß die Standardabweichung dieser Stichprobe auch als der q u a d r a t i s c h e M i t t e l w e r t des absoluten Fehlers

$$s = \sqrt{\frac{1}{n} \sum_{i=1}^{n} (x_i - x_w)^2} = \sqrt{\frac{1}{n} \sum_{i=1}^{n} F_i^2} \qquad (2.40)$$

gedeutet werden kann, die auch als m i t t l e r e r F e h l e r d e s E i n z e l m e ß w e r t e s bezeichnet wird. Keinesfalls darf also in der Meßtechnik der lineare Mittelwert der Fehler ohne besondere Kennzeichnung als mittlerer Fehler bezeichnet werden, da dieser Begriff für den quadratischen Mittelwert der Fehler festgelegt ist.

Soll die Standardabweichung aus einer Stichprobe berechnet werden, für die nicht der Mittelwert μ der Grundgesamtheit bekannt ist, so müssen beide unendlichen Summen (Grenzübergänge) in Gl. (2.37) durch endliche ersetzt werden. Die dadurch bedingte Näherung wird im folgenden beispielhaft erläutert.

Die absoluten Fehler $F_i = x_i - x_w$ der Einzelmeßwerte x_i unterscheiden sich von deren scheinbaren Fehlern $f_i = (x_i - \bar{x})$ um den absoluten Fehler $F_{\bar{x}} = \bar{x} - x_w$ des Mittelwertes, wie aus den Gln. (2.1) bis (2.6) hervorgeht. Der absolute Fehler F_i läßt sich also als Summe aus dem scheinbaren Fehler f_i und dem absoluten Fehler des Mittelwertes $(\bar{x} - x_w)$ entsprechend Gl. (2.5)

$$F_i = f_i + (\bar{x} - x_w)$$

darstellen. Um aus diesen absoluten Fehlern F_i die Standardabweichung entsprechend Gl. (2.40) zu berechnen, wird die rechte Seite der Gleichung quadriert und über alle n Werte summiert.

$$s^2 = \frac{1}{n} \sum_{i=1}^{n} f_i^2 + \frac{1}{n} \sum_{i=1}^{n} 2 f_i (\bar{x} - x_w) + \frac{1}{n} \sum_{i=1}^{n} (\bar{x} - x_w)^2$$

Da der absolute Fehler des Mittelwertes $(\bar{x} - x_w)$ für alle n Glieder in den Summen eine Konstante ist und die Summe der scheinbaren Fehler Null ergibt $(\sum f_i = 0)$, läßt sich vereinfacht

$$s^2 = \frac{1}{n} \sum_{i=1}^{n} f_i^2 + (\bar{x} - x_w)^2$$

schreiben. Wie in Abschn. 2.6.2.2 beschrieben, ergibt sich der mittlere Fehler des Mittelwertes, also seine Standardabweichung $s_{\bar{x}} = s/\sqrt{n}$, aus der Standardabweichung des Einzelwertes s. Dieser mittlere Fehler des Mittelwertes $s_{\bar{x}}$ nähert sich mit zunehmender Anzahl n von Messungen der Stichprobe dem absoluten Fehler des Mittelwertes - $s_{\bar{x}} = s/\sqrt{n} \rightarrow (\bar{x} - x_w)$ -, so daß die Näherung

$$s^2 \approx \frac{1}{n} \sum_{i=1}^{n} f_i^2 + \frac{s^2}{n}$$

gilt, die nach s aufgelöst die Gleichung

$$s \approx \sqrt{\frac{1}{n-1} \sum_{i=1}^{n} f_i^2}$$

ergibt.

Die für den scheinbaren Fehler angestellten Betrachtungen gelten auch für allgemeine Zufallsgrößen x_i, so daß sich die Standardabweichung σ entsprechend Gl. (2.37) näherungsweise nach der Gleichung

$$s = \sqrt{\frac{1}{n-1} \sum_{i=1}^{n} (x_i - \bar{x})^2} = \sqrt{\frac{1}{n-1} \sum_{i=1}^{n} f_i^2} \qquad (2.41)$$

berechnen läßt.

Zusammenfassung. Die näherungsweise Berechnung der Standardabweichung ist naturgemäß etwas komplizierter als die des Mittelwertes, so daß eine abschließende Gegenüberstellung der verschiedenen Verfahren zweckmäßig ist.

Häufig soll laut Aufgabenstellungen die Meßgröße selbst als Zufallsvariable untersucht werden (s. Abschn. 2.4.2). Laut Aufgabenstellung ist also eine Stichprobe von Meßgrößen zu erfassen, z. B. eine Stichprobe aus einem Lieferungs- bzw. Fertigungskollektiv oder eine Stichprobe zeitdiskreter Augenblickswerte aus einer Zeitfunktion. Soll für ein solches Kollektiv von Meßgrößen die Standardabweichung über eine Stichprobe mit n Meßgrößen bestimmt werden, so ist der Mittelwert μ ihrer Grundgesamtheit i. allg. nicht bekannt. Die Lösung erfolgt dann entsprechend dem rechten Zweig in Bild **2.28**. Da hier in der Aufgabenstellung ausdrücklich die Untersuchung einer Zufallsvariablen gefordert wird, sind Stichproben mit einer einzigen Meßgröße von vornherein ausgeschlossen. Der Grenzwert, der sich für $n = 1$ aus Gl. (2.41) ergibt und für den grundsätzlich die Erläuterungen im übernächsten Absatz gelten, muß also nicht betrachtet werden.

Meßgrößen als Zufallsvariable
mit den Kenngrößen der Grundgesamtheit

Mittelwert μ   *Standardabweichung σ*

näherungsweise erfaßt durch eine Stichprobe
mit den Kenngrößen

Mittelwert $\bar{x}$ *Standardabweichung s*

Berechnung der Kenngrößen
aus n Einzelgrößen x der Stichprobe

μ ist bekannt

$$s = \sqrt{\frac{1}{n} \sum_{i=1}^{n} (x_i - \mu)^2} \quad \text{nach Gl. (2.39)}$$

μ ist nicht bekannt

$$s = \sqrt{\frac{1}{n-1} \sum_{i=1}^{n} (x_i - \bar{x})^2} \quad \text{nach Gl. (2.41)}$$

mit

$$\bar{x} = \frac{1}{n} \sum_{i=1}^{n} x_i \quad \text{nach Gl. (2.34)}$$

2.28 Berechnung der Kenngrößen für Zufallsvariable

Soll laut Aufgabenstellung eine einzelne Meßgröße bestimmt werden, so bilden die Meßwerte der Einzelmeßgröße die Zufallsvariable (s. Abschn. 2.4.1). Für die Bestimmung ihrer Standardabweichung s aus einer Stichprobe mit n Meßwerten ist je nach Aufgabenstellung zu unterscheiden, ob der Mittelwert der Grundgesamtheit bekannt ist oder näherungsweise aus der Stichprobe berechnet werden muß (linker oder rechter Zweig in Bild 2.29). Ersteres ist auch von praktischer Bedeutung, da der richtige Wert – der ja vielfach bekannt ist – als der wahre Wert einer Meßgröße gilt, der seinerseits aber bei Ausschaltung aller systematischen Einflüsse als der Mittelwert der Grundgesamtheit aller Meßwerte einer Meßgröße anzusehen ist ($\mu = x_w \approx x_r$). Ist also für eine Einzelmeßgröße ihr richtiger Wert x_r bekannt, so kann entsprechend dem linken Zweig in Bild 2.29 mit $x_w = x_r$ die Standardabweichung aus den absoluten Fehlern $F_i = x_i - x_r$ berechnet werden. Ist der richtige Wert der Meßgröße nicht bekannt, wird entsprechend dem rechten Zweig in Bild 2.29 zunächst der Mittelwert $\bar{x}$ der Meßwerte der Stichprobe und mit diesem über die scheinbaren Fehler $f_i = x_i - \bar{x}$ die Standardabweichung berechnet.

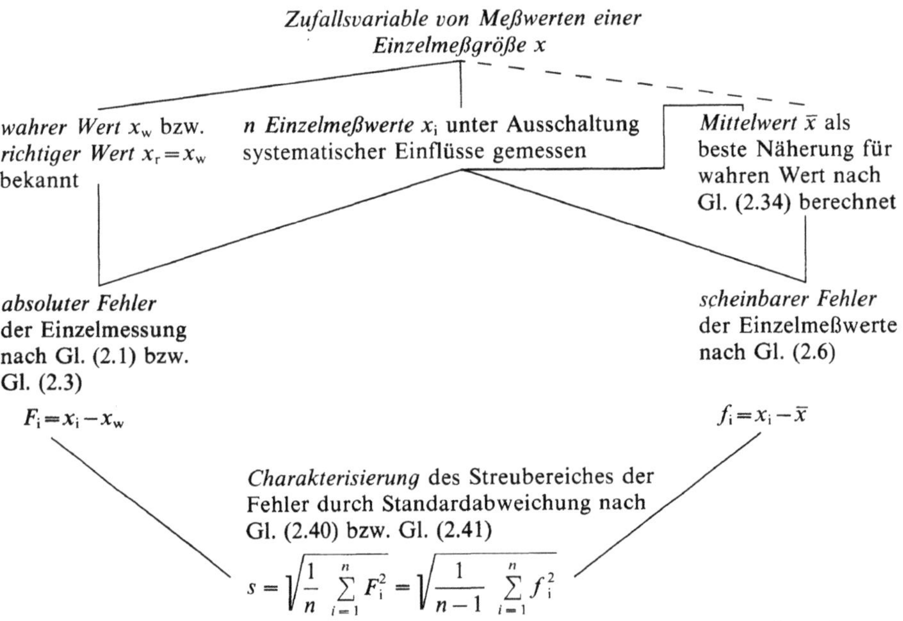

2.29 Berechnung der Kenngrößen für die Zufallsvariable der Meßwerte einer konkreten Meßgröße

Bei der Messung einer Einzelgröße wird bei vielen praktischen Meßaufgaben nur eine einzige Messung durchgeführt. Sinnvoll ist eine einzelne Messung aber nur, wenn die Verteilung der Zufallsvariablen der Meßwerte, die von einer bestimmten verwendeten Meßeinrichtung ausgegeben werden, bekannt ist.

Nur dann kann nämlich für diesen einen Meßwert ein Grenzwert für einen zufälligen Fehler angegeben werden, der mit einer bestimmten Wahrscheinlichkeit nicht überschritten wird. Ist für eine Meßeinrichtung die Verteilung nicht bekannt – soll sie z. B. erst durch eine Meßreihe ermittelt werden –, so läßt sich aus einem einzigen Meßwert einer Meßgröße, die mit dieser Meßeinrichtung gemessen wurde, weder eine Angabe über den scheinbaren zufälligen Fehler dieses einen Meßwertes noch über einen besten Näherungswert für den wahren Wert der Meßgröße ableiten. Die Standardabweichung nach Gl. (2.41) ergibt sich für diesen Fall $(n=1)$ mit $(n-1)=0$ und $\bar{x}=(\sum x_i)/n = x_i$, d. h. mit $f_i = (x_i - \bar{x}) = 0$, als unbestimmter Ausdruck $s = \sqrt{0/0}$.

Standardabweichung als verteilungsunabhängiges Fehlermaß. In der Meßtechnik wird die Standardabweichung nicht nur als allgemeine Kenngröße zur Charakterisierung der Verteilung angesehen, sondern auch als der einer Meßeinrichtung naturgemäß anhaftende **mittlere Fehler**. Ein solcher mittlerer Fehler kann selbstverständlich keine Voraussage für den zu erwartenden Wert des Fehlers einer Einzelmessung ermöglichen. Er kann aber insofern charakteristisch sein, als sich, jeweils aus Stichproben mit einer jeweils größeren Anzahl von Messungen bei unveränderten Bedingungen, immer ein ungefähr gleicher Wert für den mittleren Fehler ergibt. Es liegt also in der Natur einer bestimmten Meßeinrichtung, daß bei unveränderten Bedingungen die Meßwerte immer mit einer ungefähr gleich großen mittleren Abweichung von dem wahren Wert der Meßgröße auftreten (s. Abschn. 2.3.2.2, Wahrscheinlichkeitsverteilung). Während der zufällige Fehler einer Einzelmessung nicht vorausgesagt werden kann, ist eine solche Voraussage für den mittleren Fehler aus mehreren Meßwerten – zumindest bedingt – möglich.

Beispiel 2.16. Für die in Beispiel 2.14 aufgenommene Stichprobe der Ansprechzeiten t_v eines Relais sind der Mittelwert $\bar{t}_v$ und die Standardabweichung s zu berechnen.

Der Mittelwert wird entsprechend Gl. (2.34) als Summe aus allen in Tafel 2.18 protokollierten gemessenen Ansprechzeiten t_{vi}, dividiert durch die Anzahl $n = 105$ aller Meßwerte, berechnet.

$$\bar{t}_v = \frac{1}{n} \sum_{i=1}^{n} t_{vi} = \frac{1}{105} \sum_{i=1}^{105} t_{vi} = 189{,}174 \text{ ms}$$

Da dieser aus einer Stichprobe berechnete Mittelwert $\bar{t}_v$ nur als Näherung für den Mittelwert μ der Grundgesamtheit angesehen werden kann, muß die Standardabweichung nach Gl. (2.41) berechnet werden.

$$s = \sqrt{\frac{1}{n-1} \sum_{i=1}^{n} (t_{vi} - \bar{t}_v)^2} = \sqrt{\frac{1}{105-1} \sum_{i=1}^{105} (t_{vi} - 189{,}174 \text{ ms})^2} = 0{,}224 \text{ ms}$$

Auch dieser Wert ist nur eine Näherung für die Standardabweichung σ der Grundgesamtheit, da er aus der endlichen Anzahl von Abweichungsquadraten einer Stichprobe berechnet ist und auch die Abweichungen selbst Näherungen darstellen, da sie sich auf $\bar{t}_v$ und nicht auf μ beziehen.

Die berechneten Kennwerte $\bar{t}_v$ und s sind in Bild 2.19 eingetragen, und man erkennt, daß sie den Zweck, mit je einem einzigen Wert die Lage und die Breite der Verteilung quantitativ zu charakterisieren, recht gut erfüllen.

2.3.2.4 Vertrauensgrenzen, Vertrauensbereich. Die Standardabweichung ist eine Kenngröße für die Breite des Streubereiches einer Zufallsvariablen und damit eine Maßzahl, die eine Schätzung des zufälligen Fehlers von Meßwerten, Meßeinrichtungen oder der Gleichmäßigkeit eines Fertigungsablaufes, Lieferungen gleichartiger Bauelemente usw. ermöglicht. Sie dient so bevorzugt zur vergleichenden Beurteilung verschiedener Meßreihen, Meßgeräte, Fertigungs- bzw. Lieferungskollektive usw. untereinander. Beispielsweise streuen bei einem Meßgerät der Standardabweichung $\sigma = 0{,}1$ die Meßwerte einer Meßgröße in einem engeren Bereich um den wahren Wert als bei einem Meßgerät der Standardabweichung $\sigma = 0{,}2$. Aus einer Serienfertigung von Kondensatoren mit der Standardabweichung $\sigma = 1\%$ in den Kapazitätswerten wird man Kondensatoren erwarten, deren Kapazitätswerte in einem engeren Toleranzbereich anfallen als aus einer Serienfertigung mit der Standardabweichung $\sigma = 1{,}5\%$. Die Standardabweichung gibt aber nicht an, wie groß die Abweichung im Einzelfall sein wird. Eine solche Angabe ist nur mit Hilfe der Statistik als Wahrscheinlichkeitsaussage möglich. So läßt sich beispielsweise angeben, mit welcher Wahrscheinlichkeit der Fehler einer Einzelmessung kleiner bzw. für wieviel Prozent der Meßwerte ihr Fehler kleiner zu erwarten ist als ein vorgegebener Grenzwert. Ebenso läßt sich angeben, wieviel Prozent der insgesamt in Serienfertigung hergestellten Kondensatoren Kapazitätswerte haben werden, die innerhalb bestimmter Grenzen liegen usw.

Solche Grenzwerte, die mit einer bestimmten Wahrscheinlichkeit nicht überschritten werden, nennt man Vertrauensgrenzen; man vertraut sozusagen darauf, daß sie mit der angegebenen Wahrscheinlichkeit nicht überschritten werden. Vertrauensgrenzen sind nur eindeutig, wenn gleichzeitig die zugehörige Wahrscheinlichkeit P angegeben wird. Der Bereich, der durch die Vertrauensgrenzen eingeschlossen wird, heißt Vertrauensbereich.

Vor dem Hintergrund der anschaulichen Erläuterung des Wahrscheinlichkeitsbegriffes in Abschn. 2.3.1.2 lassen sich die in einer Stichprobe aufgenommenen n Meßgrößen aus einem bestimmten zufallsbeeinflußten Vorgang als n Ergebnisse des n mal gleichartig ablaufenden Vorganges deuten. Es gibt also insgesamt n gleich wahrscheinliche Fälle für ein beliebiges Ergebnis dieses Vorganges, von denen aber nur in Δn_k Fällen ein Ergebnis eintritt, bei dem der Wert der Meßgröße innerhalb einer bestimmten Klasse Δx_k liegt. Entsprechend Gl. (2.14) ist also die Wahrscheinlichkeit, daß von den n Meßwerten einer Stichprobe Δn_k Meßwerte in der k-ten Klasse auftreten, gleich dem Quotienten $\Delta n_k / n$, also gleich der relativen Häufigkeit dieser Klasse. Damit ist aber auch einleuchtend, daß man die in Abschn. 2.3.2.2 erläuterte relative Häufigkeitsverteilung der Grundgesamtheit mit Wahrscheinlichkeitsverteilung bezeichnet, da diese eben als die durch den zufallsbeeinflußten Vorgang selbst gegebene Wahrscheinlichkeit gedeutet werden kann, mit der eine einzelne Zufallsgröße aus diesem Vorgang in den jeweiligen Klassen auftritt.

Alle aus diesen Überlegungen abgeleiteten Wahrscheinlichkeitsaussagen basieren letztlich auf dem Bernoulli-Theorem, nach welchem für die Grundgesamtheit der Zufallsgrößen eines bestimmten zufallsbeeinflußten Vorganges auch eine ganz bestimmte Wahrscheinlichkeitsverteilung existiert, die durch die Eigenheiten des betrachteten Vorganges bestimmt ist (s. Abschn. 2.3.2.2). Diese naturgemäß gegebene Wahrscheinlichkeitsverteilung läßt sich praktisch allerdings infolge der immer nur möglichen endlichen Anzahl von Messungen einer Stichprobe nur näherungsweise als Häufigkeitsverteilung erfassen, z. B. durch die Aufnahme des Histogrammes einer Stichprobe. Die Näherung wird aber mit zunehmender Anzahl von Messungen und zunehmend feinerer Klassenaufteilung in die a priori existierende Wahrscheinlichkeitsverteilung übergehen. Man kann also davon ausgehen, daß es für jede Klasse Δx_k einer bestimmten Zufallsvariablen $\{x\}$ eine relative Häufigkeit ($\Delta n_k/n$) a priori gibt, nämlich die Wahrscheinlichkeitsverteilung $\Delta P(x_k, \Delta x_k)$, so daß die von jeder praktisch aufgenommenen Stichprobe berechnete relative Häufigkeit immer nur unwesentlich von dieser a priori gegebenen abweicht, jedenfalls solange die Anzahl der in der Stichprobe erfaßten Meßwerte genügend groß ist und man sich sorgfältig bemüht hat, alle systematischen Einflüsse auszuschalten. Kennt man also die Wahrscheinlichkeitsverteilung für einen zufallsbeeinflußten Vorgang zumindest näherungsweise, so läßt sich für eine Stichprobe aus diesem zufallsbeeinflußten Vorgang auch voraussagen, wie groß ihre relativen Klassenhäufigkeiten zu erwarten sind, d. h., man kann voraussagen, wieviel Prozent aller Zufallsgrößen in den jeweiligen Klassen zu erwarten sind.

Mathematisch formuliert man die Wahrscheinlichkeitsaussage, daß ein bestimmter Wert x_i innerhalb eines Bereiches zwischen den Vertrauensgrenzen G_{v1} und G_{v2} erwartet werden kann, durch die symbolische Schreibweise

$$w[G_{v1} \leqq x_i < G_{v2}] = P(G_{v1}, G_{v2}) \tag{2.42}$$

und liest: Die Wahrscheinlichkeit, daß x_i gleich oder größer G_{v1} und kleiner G_{v2} auftritt, ist gleich P.

Ist die Wahrscheinlichkeitsverteilung $\Delta P(x_k, \Delta x_k)$ nach Gl. (2.28) oder (2.32) der Grundgesamtheit einer bestimmten Zufallsvariablen gegeben oder kann die durch eine Stichprobe aus dem zugehörigen zufallsbeeinflußten Vorgang gewonnene Häufigkeitsverteilung $h(x_k, \Delta x_k)$ nach Gl. (2.26) näherungsweise als Wahrscheinlichkeitsverteilung $\Delta P(x_k, \Delta x_k) \approx h(x_k, \Delta x_k)$ angesehen werden, so ist die Wahrscheinlichkeit, daß eine Einzelgröße x_i dieser Zufallsvariablen innerhalb einer Klasse Δx_k mit der Klassenmitte x_k auftritt, gleich dem Wert der Wahrscheinlichkeitsverteilung (relative Häufigkeit) für diese Klasse Δx_k.

$$w\left[\left(x_k - \frac{\Delta x_k}{2}\right) \leqq x_i < \left(x_k + \frac{\Delta x_k}{2}\right)\right] = \Delta P(x_k, \Delta x_k) \tag{2.43}$$

Werden mit der Klassierung per Definition alle Zufallsgrößen einer Klasse mit dem Wert der Klassenmitte angenommen oder handelt es sich um eine wertdis-

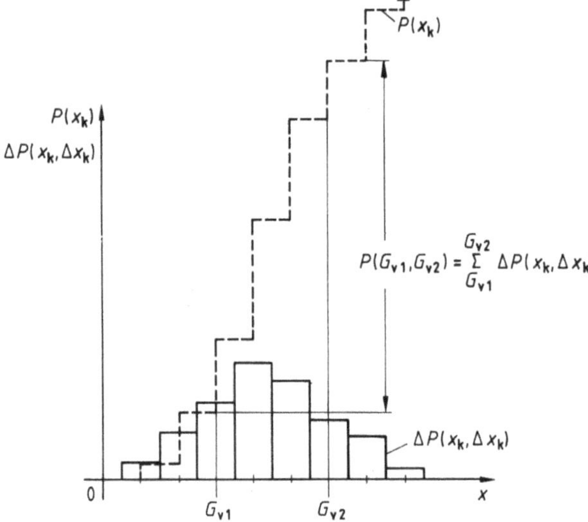

2.30
Darstellung der Wahrscheinlichkeit $P(G_{v1}, G_{v2})$ als Summe der Wahrscheinlichkeitsverteilung $\Delta P(x_k, \Delta x_k)$

krete Verteilung, bei der die Klassenmitten den Digitalisierungsschritten entsprechen (Werte können nur jeweils in der Klassenmitte auftreten), so könnte bzw. müßte die Gl. (2.43) konsequenterweise in der Form

$$w(x_i = x_k) = \Delta P(x_k, \Delta x_k) \tag{2.44}$$

geschrieben werden.

Es ist nach den bisherigen Erläuterungen einzusehen, daß die Wahrscheinlichkeit des Auftretens einer Einzelgröße in einem beliebigen Bereich zwischen den Grenzen G_{v1} und G_{v2} gleich ist der relativen Häufigkeit der Grundgesamtheit zwischen diesen Grenzen und so als Summe der Wahrscheinlichkeitsverteilung zwischen diesen Grenzen ermittelt werden kann (s. Bild **2.30**).

$$w(G_{v1} \leqq x_i < G_{v2}) = \sum_{G_{v1}}^{G_{v2}} \Delta P(x_k, \Delta x_k) = P(G_{v1}, G_{v2}) \tag{2.45}$$

Ist die Verteilung einer Grundgesamtheit durch die stetige Funktion der Wahrscheinlichkeitsdichte $p(x)$ nach Gl. (2.29) oder die Verteilungsfunktion $P(x)$ nach Gl. (2.31) gegeben, so läßt sich die Wahrscheinlichkeit für das Auftreten einer Einzelgröße in einem endlichen Bereich zwischen den Grenzen G_{v1} und G_{v2} als Integral der Wahrscheinlichkeitsdichte zwischen diesen Grenzen oder als Differenz der Werte der Verteilungsfunktion für diese Grenzen berechnen.

$$P(G_{v1}, G_{v2}) = \int_{G_{v1}}^{G_{v2}} p(x)\,dx = P(G_{v2}) - P(G_{v1}) \tag{2.46}$$

Die praktische Auswertung dieses Integrals wird für den Fall von Normalverteilungen in Abschn. 2.3.3.3 näher erläutert.

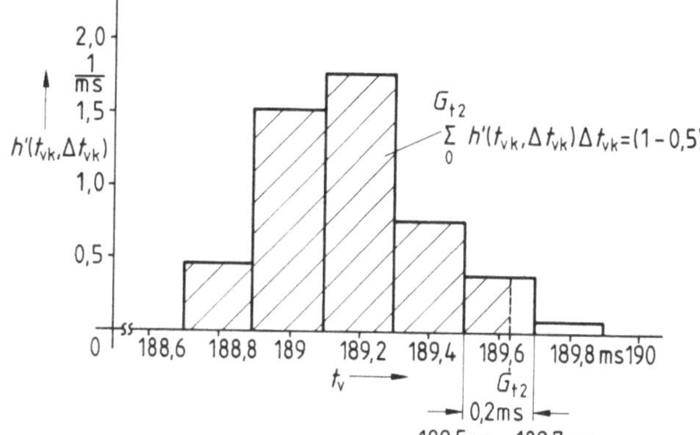

2.31
Histogramm der Ansprech-
zeiten mit eingetragener
Vertrauensgrenze G_{t2}
(s. Beispiel 2.17)

Beispiel 2.17. Das in Beispiel 2.14 untersuchte Relais soll in einer Steuerung eingesetzt werden. Bei der Beurteilung des Funktionsablaufes der Steuerung bzw. beim Entwurf der Schaltung ist die Ansprechzeit des Relais von entscheidender Bedeutung. Es soll daher für die Ansprechzeit ein Grenzwert bestimmt werden, der in höchstens 5% aller Schaltungen überschritten wird.

Mit einer Stichprobe wird, wie in Beispiel 2.14 erläutert, die Häufigkeitsverteilung $h(t_{vk}, \Delta t_{vk})$ der Ansprechzeit ermittelt. Das Ergebnis ist das in Bild 2.19b dargestellte Histogramm $h(t_{vk}, \Delta t_{vk})$, das als ausreichende Näherung für die Wahrscheinlichkeitsverteilung der Schaltzeiten $\Delta P(t_{vk}, \Delta t_{vk}) \approx h(t_{vk}, \Delta t_{vk})$ angesehen wird. Damit ist es möglich, die Vertrauensgrenzen entsprechend Gl. (2.45) zu berechnen.

Laut Aufgabenstellung interessiert nur der Prozentsatz der Schaltungen, bei denen die Ansprechzeit t_v einen bestimmten Grenzwert G_{t2} überschreitet, d.h., dieser wird als obere Vertrauensgrenze gesetzt. Die untere Vertrauensgrenze kann mit $G_{t1} = 0$ angenommen werden, da Ansprechzeiten, die unter dem Grenzwert G_{t2} liegen - selbst wenn sie Null wären -, zu keinen Störungen in der Steuerung führen würden. Mit diesen Vertrauensgrenzen ergibt sich entsprechend Gl. (2.45)

$$w(0 \leq t_{vi} < G_{t2}) = \sum_{G_{t1}}^{G_{t2}} \Delta P(t_{vk}, \Delta t_{vk}) = \sum_{0}^{G_{t2}} h(t_{vk}, \Delta t_{vk}) = (1 - 0,05)$$

der Wert für G_{t2} über eine Summation der relativen Häufigkeit $\Delta n/n$ aus Spalte 4 der Häufigkeitstabelle in Bild 2.19a folgendermaßen. Die Summe kann auch als eine von dem Histogramm der in Beispiel 2.18 berechneten Häufigkeitsdichte $h'(t_{vk}, \Delta t_{vk})$ bis G_{t2} beschriebene Fläche gedeutet werden, wie in Bild **2.31** skizziert. Aus Zweckmäßigkeitsgründen empfiehlt es sich, die Summation in der Form

$$\sum_{0}^{G_{t2}} h(t_{vk}, \Delta t_{vk}) = \underbrace{\sum_{k=188,8}^{189,8} \left(\frac{\Delta n}{n}\right)_k}_{=1,0} - \sum_{k=189,8}^{G_{t2}} \left(\frac{\Delta n}{n}\right)_k = 1 - 0,05$$

auszuführen. Durch Summandenvergleich ergibt sich

$$\sum_{k=189,8}^{G_{t2}} \left(\frac{\Delta n}{n}\right)_k = 0,05 .$$

Entsprechend der durch das Histogramm gegebenen konstanten Häufigkeitsdichte innerhalb der Klassen wird der Grenzwert G_{t2} proportional dem Flächenverhältnis zwischen den Klassengrenzen (s. Bild **2.**31) umgerechnet.

$$\sum_{k=189,8}^{G_{t2}} \left(\frac{\Delta n}{n}\right)_k = 0,019 + 0,076 \,\frac{(189,6+0,1)\,\text{ms} - G_{t2}}{0,2\,\text{ms}} = 0,05$$

Dies stellt eine Näherung dar, die durch Vergleich mit Beispiel 2.20 deutlich wird. Aus der Auflösung nach G_{t2} ergibt sich die Vertrauensgrenze $G_{t2} = 189,62$ ms für die Ansprechzeit, die im statistischen Mittel nur in 5% aller Schaltungen überschritten wird.

Da das Beispiel ausschließlich der Erläuterung dient, muß nicht erörtert werden, ob angesichts hier nicht betrachteter Einflüsse, z. B. eines systematischen Alterungseinflusses, die hohe Auflösung von 0,01 ms der Darstellung gerechtfertigt ist. Weiter sei erwähnt, daß sich die qualitativen Aussagen nur auf das eine in Beispiel 2.14 untersuchte Relais beziehen. Die Bestimmung eines Grenzwertes für die Ansprechzeit t_v, der für beliebige Relais einer Fertigungscharge gilt, kann nur über die statistische Untersuchung der Ansprechzeit einer Stichprobe von mehreren Relais aus dieser Fertigung erfolgen, da infolge der Fertigungseinflüsse die Histogramme der einzelnen Relais selbst wiederum statistisch streuen.

2.3.3 Normalverteilte Zufallsgrößen

Die im technischen Bereich praktisch interessierenden Wahrscheinlichkeitsdichten $p(x)$ von Zufallsvariablen $\{x\}$ zeigen überwiegend einen ganz charakteristischen Verlauf, der als Glockenkurve bezeichnet wird (s. Bild 2.32). Die analytische Beschreibung dieses Verlaufes der Wahrscheinlichkeitsdichte durch die Gleichung

$$p(x) = \frac{1}{\sigma\sqrt{2\pi}} \exp\left[-\frac{1}{2}\left(\frac{x-\mu}{\sigma}\right)^2\right] \tag{2.47}$$

wurde bereits von Gauß entwickelt. Man bezeichnet solche Verteilungen als Normal- oder Gaußverteilungen.

Die Erfahrung, daß die Verteilungsdichte praktisch auftretender Zufallsvariablen häufig durch die Gl. (2.47) zumindest näherungsweise beschrieben wird, läßt sich anhand folgender Modellvorstellung auch theoretisch erläutern. Nach Abschn. 2.3.2.1 kann eine Zufallsgröße x_i zerlegt werden in eine konstante Komponente, die für alle Zufallsgrößen x_i einer Zufallsvariablen $\{x\}$ den gleichen Wert $x = \mu$ hat, der sich somit als Mittelwert aus allen Zufallsgrößen berechnen läßt, und in die **zufällige Komponente**

$$z_i = x_i - \mu.$$

Diese zufälligen Komponenten $z_i = x_i - \mu$ der Zufallsgrößen x_i stellen eine Zufallsvariable $\{z\}$ dar, die entsprechend Gl. (2.47) ähnlich wie die Zufallsgrößen x_i selbst normalverteilt ist.

Jede einzelne Zufallsgröße z_i stellt man sich nun als Summe $z_i = \sum_j \Delta z_{ij}$ einer

sehr großen Anzahl von Elementargrößen z_{ij} vor, von denen aber jede für sich nur einen unbedeutenden Beitrag zu der Summe liefert. Diese Elementargrößen Δz_{ij} seien gleich häufig mit positiven wie negativen Werten so vertreten, daß sich in den Summen der verschiedenen Zufallsgrößen z_i immer verschiedene Vorzeichenkonstellationen der Elementargrößen Δz_{ij} ergeben. Dabei ist eine solche Kombination der Elementargrößen, die in der Summe Null ergibt, am wahrscheinlichsten, eine solche nur gleicher Vorzeichen am unwahrscheinlichsten. Bei wiederholter Messung einer so erklärten Zufallsvariablen werden also Werte um so häufiger gemessen, je näher sie bei Null liegen. Es kann nachgewiesen werden, daß sich im theoretischen Grenzfall unendlich vieler Elementargrößen Δz_{ij} für die Verteilungsdichte ihrer Summen, also der Zufallsvariablen $\{z\}$, die Gleichung

$$p(z) = \frac{1}{\sigma\sqrt{2\pi}}\, \exp\left[-\frac{1}{2}\left(\frac{z}{\sigma}\right)^2\right]$$

ergibt, die der mit Gl. (2.47) beschriebenen Normalverteilung entspricht. Kennzeichnend für die Normalverteilung ist also, daß

a) gleich große positive wie negative Zufallsgrößen z_i mit gleicher Häufigkeit auftreten und

b) Zufallsgrößen z_i ohne systematische Komponente ($\bar{z}\to 0$) treten um so häufiger auf, je näher ihr Wert bei Null liegt, bzw. Zufallsgrößen $x_i = \mu + z_i$ mit systematischer Komponente ($\bar{x}\to\mu$) treten um so häufiger auf, je näher ihr Wert bei einem bestimmten Mittelwert μ liegt. Es können aber durchaus auch Zufallsgrößen auftreten, deren Werte weit von Null bzw. dem Mittelwert abweichen, allerdings wird die Wahrscheinlichkeit für ihr Auftreten immer kleiner, je größer die Abweichung ist. Erst für das Auftreten einer Zufallsgröße mit einem gegen Unendlich strebenden Wert ist auch eine gegen Null strebende Wahrscheinlichkeit gegeben.

Auf praktische Gegebenheiten trifft die erläuterte Modellvorstellung immer nur eingeschränkt zu. Zum einen resultiert eine bestimmte Zufallsvariable $\{z\}$ immer nur aus einer beschränkten, häufig sogar nur einer extrem kleinen Anzahl von Ursachen, so daß ihre Zufallsgrößen z_i praktisch jeweils auch nur als Summe einer den Ursachen entsprechenden kleinen Anzahl von Elementargrößen Δz_{ij} dargestellt werden können, zum anderen treten diese Elementargrößen Δz_{ij} nicht immer so auf, daß sie in den Summen der einzelnen Zufallsgrößen z_i gleich häufig positiv wie negativ anfallen. Die Verteilungsdichte praktisch auftretender Zufallsvariablen wird daher immer nur näherungsweise als Normalverteilung entsprechend Gl. (2.47) zu beschreiben sein mit folgenden charakteristischen Abweichungen:

a) Die Werte aller Zufallsgrößen x_i einer Zufallsvariablen $\{x\}$ werden auf endliche, i. allg. sogar relativ kleine Bereiche beschränkt bleiben. Extreme Werte, die entsprechend Gl. (2.47) durchaus möglich wären, treten nicht auf, die Verteilung ähnelt bestenfalls einer abgeschnittenen Normalverteilung.

b) Die Verteilung weicht auch in ihrer mittleren Lage, Breite und Symmetrie mehr oder weniger von der durch Gl. (2.47) beschriebenen ab.

Im Hinblick auf die allen Messungen immer anhaftenden zufälligen Fehler gewinnt die unter a) angeführte Gegebenheit entscheidende Bedeutung, über die sich die Angabe von Garantiefehlergrenzen rechtfertigen läßt. Ginge man nämlich davon aus, daß die den Meßeinrichtungen anhaftenden zufälligen Fehler exakt normalverteilt sind, so daß ihre Verteilung durch die Gl. (2.47) beschrieben würde, dann könnten auch beliebig große Fehler auftreten. Es wäre dann grundsätzlich nicht möglich, für eine solche Meßeinrichtung eine endliche Garantiefehlergrenze anzugeben. Wie in Abschn. 2.1.2 erläutert, muß eine Garantiefehlergrenze mit Sicherheit eingehalten werden, d.h., die Wahrscheinlichkeit, daß ein zufälliger Fehler größer als dieser Grenzwert auftritt, muß Null sein, was bei Normalverteilung entsprechend Gl. (2.47) aber nur für einen unendlich großen Fehler, also auch unendlich große Garantiefehlergrenzen, zutrifft.

Mit der Gl. (2.47) wird die Normalverteilung in ihrer charakteristischen Form als Glockenkurve zunächst nur qualitativ beschrieben, da erst mit der quantitativen Festlegung der beiden freien Parameter μ und σ eine bestimmte Funktion $p(x)$ beschrieben ist. Man kann also durch die geeignete Wahl von μ und σ die durch die analytische Funktion Gl. (2.47) zunächst qualitativ beschriebene Glockenkurve in ihrer Breite und mittleren Lage der praktisch vorliegenden Wahrscheinlichkeitsdichte jeweils anpassen.

In Bild 2.32 ist die Funktion nach Gl. (2.47) für verschiedene Werte des Parameters σ dargestellt. Man erkennt daraus, daß μ unabhängig von σ die mittlere Lage bzw. das Maximum der symmetrisch zu μ verlaufenden Kurve bestimmt. Gleich große positive wie negative Abweichungen der Zufallsgröße x von μ heben sich in der Summe über x auf, so daß man μ als den Mittelwert der Funktion nach Gl. (2.47) erkennt, was übereinstimmt mit der Definition des Mittelwertes nach Gl. (2.35) bzw. Gl. (2.36).

Die Deutung des Parameters σ in Gl. (2.47) als Standardabweichung folgt zumindest qualitativ ebenfalls aus Bild 2.32. Die durch Gl. (2.47) beschriebene Glockenkurve verläuft mit kleiner werdendem Parameter σ steiler und schmaler, d.h., sie beschreibt eine immer größere und ausgeprägtere Häufung der Zu-

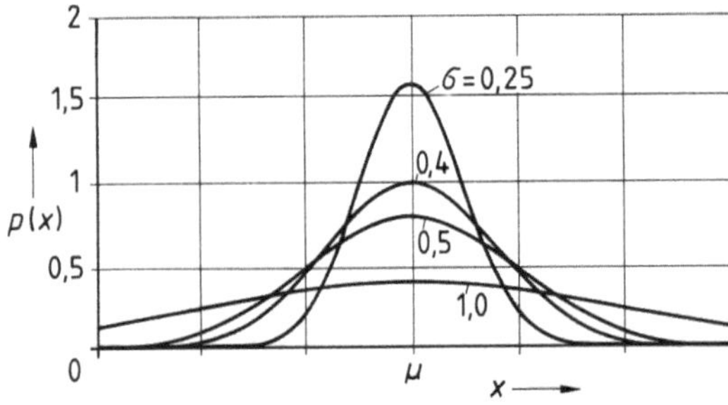

2.32
Funktionen für Normalverteilung nach Gl. (2.47) für verschiedene Parameter σ

fallsgrößen in unmittelbarer Nähe um den Mittelwert. Das entspricht der Definition der Standardabweichung als mittlere quadratische Abweichung der Zufallsgrößen vom Mittelwert entsprechend Gl. (2.39).

Die Erkenntnis, daß die Zufallsvariablen der meisten im Rahmen der allgemeinen Meßtechnik praktisch interessierenden zufallsbeeinflußten Vorgänge – zumindest näherungsweise – als normalverteilt angenommen werden können, erleichtert die Lösung der Problemstellungen erheblich, da die Zufallsvariablen dann allein mit den beiden Kenngrößen μ und σ vollständig beschrieben werden können. Die Aufgabenstellungen lassen sich ihrer grundsätzlichen Art nach in zwei Gruppen unterteilen. Entweder sollen für eine entsprechend Gl. (2.47) normalverteilt angenommene Zufallsvariable die Kenngrößen μ und σ bestimmt werden, z. B. wie in Abschn. 2.3.3.1 erläutert ist, oder für eine normalverteilt angenommene Zufallsvariable sind die Kenngrößen μ und σ als Näherungen bekannt ($\mu \approx \bar{x}$, $\sigma \approx s$), und die Vertrauensgrenzen für bestimmte Wahrscheinlichkeiten bzw. die Wahrscheinlichkeiten für bestimmte Vertrauensgrenzen sollen berechnet werden, was in Abschn. 2.3.3.3 erläutert ist. Erscheint die Voraussetzung der Normalverteilung bei einem gegebenen Problem zweifelhaft, so kann man – wie in Abschn. 2.3.3.2 beschrieben – prüfen, wieweit die Annahme der Normalverteilung für eine Stichprobe gesichert ist.

2.3.3.1 Bestimmung der Kenngrößen für Normalverteilung. Kann eine Zufallsvariable als normalverteilt angenommen werden, so müssen zu ihrer vollständigen Beschreibung lediglich ihre Kenngrößen μ und σ bestimmt werden. In der Praxis wird man dazu der Grundgesamtheit eine Stichprobe entnehmen, d. h. eine Meßreihe aufnehmen mit einer endlichen Anzahl n von Meßwerten $x_1, \dots, x_i, \dots, x_n$. Der daraus nach Gl. (2.34) berechnete Mittelwert $\bar{x}$ und die damit nach Gl. (2.40) bzw. (2.41) berechnete Standardabweichung s werden als Näherungen für die Kenngrößen μ und σ angesehen ($\mu \approx \bar{x}$ und $\sigma \approx s$), so daß die mit ihnen bestimmte Funktion nach Gl. (2.47)

$$p(x) = \frac{1}{s\sqrt{2\pi}} \exp\left[-\frac{1}{2}\left(\frac{x-\bar{x}}{s}\right)^2 \right] \qquad (2.48)$$

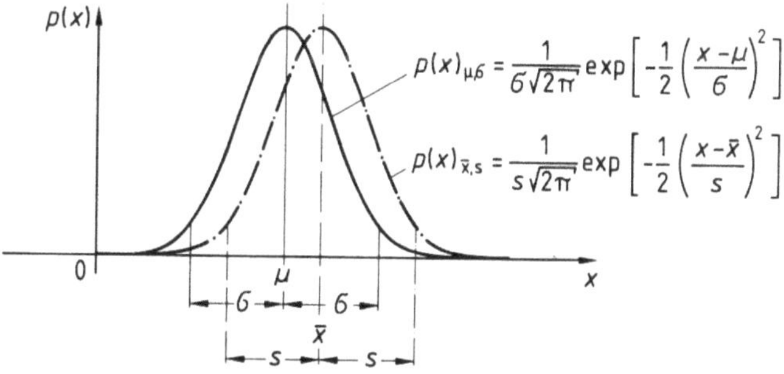

2.33
Normalverteilung der Grundgesamtheit $p(x)_{\mu,\sigma}$ nach Gl. (2.47) und deren Näherung durch die Normalverteilung einer Stichprobe $p(x)_{\bar{x},s}$ nach Gl. (2.48)

auch nur näherungsweise die Wahrscheinlichkeitsdichte der normalverteilten Grundgesamtheit entsprechend Gl. (2.47) beschreibt, $p(x)_{\bar{x},s} \approx p(x)_{\mu,\sigma}$ (s. Bild 2.33). Je umfangreicher die Stichprobe ist, d. h., je größer die Anzahl der Meßgrößen zur Berechnung von Mittelwert $\bar{x}$ und Standardabweichung s gewählt und je sorgfältiger systematische Einflüsse ausgeschieden werden, desto weniger wird die durch Gl. (2.48) näherungsweise beschriebene Wahrscheinlichkeitsdichte $p(x)_{\bar{x},s}$ von der tatsächlich vorliegenden Wahrscheinlichkeitsdichte $p(x)_{\mu,\sigma}$ nach Gl. (2.47) abweichen.

Beispiel 2.18. Für die in Beispiel 2.14 untersuchte Zufallsvariable Ansprechzeit $\{t_v\}$ wird angenommen, daß sie normalverteilt ist, ihre Funktion soll quantitativ bestimmt werden.

Mit der Annahme einer Normalverteilung ist der Verlauf der Wahrscheinlichkeitsdichte qualitativ durch Gl. (2.47) festgelegt. Für die quantitative Bestimmung müssen die Parameter μ und σ näherungsweise als Mittelwert $\bar{t}_v$ bzw. Standardabweichung s aus einer Stichprobe berechnet werden. Für vorliegende Aufgabe wurde dieses in Beispiel 2.16 durchgeführt mit den Ergebnissen $\bar{t}_v = 189{,}174$ ms und $s = 0{,}224$ ms, so daß sich mit diesen Werten nach Gl. (2.48) die Wahrscheinlichkeitsdichte der Ansprechzeiten

$$p(t_v) = \frac{1}{s\sqrt{2\pi}} \exp\left[-\frac{1}{2}\left(\frac{t_v - \bar{t}_v}{s}\right)^2\right] = \frac{1}{0{,}224 \text{ ms} \cdot \sqrt{2\pi}} \exp\left[-\frac{1}{2}\left(\frac{t_v - 189{,}174 \text{ ms}}{0{,}224 \text{ ms}}\right)^2\right]$$

als eine bestimmte Funktion ergibt, die in Bild 2.34 als ausgezogene Kurve dargestellt ist. Um die Abweichung der als Normalverteilung berechneten Wahrscheinlichkeitsdichte von der durch die Stichprobe gegebenen Häufigkeitsdichte zu beurteilen, ist letztere in Bild 2.34 als Histogramm gestrichelt eingetragen. Die Häufigkeitsdichte ergibt sich entsprechend Gl. (2.27), indem die für die Stichprobe ermittelte Häufigkeitsverteilung $h(t_{vk}, \Delta t_{vk})$ aus Spalte 4 der Häufigkeitstabelle in Bild 2.19a durch die Klassenbreite $\Delta t_v = 0{,}2$ ms dividiert wird (s. Tafel 2.36, Spalte 3).

$$h'(t_{vk}, \Delta t_{vk}) = \frac{h(t_{vk}, \Delta t_{vk})}{\Delta t_{vk}} = \left(\frac{\Delta n}{n}\right)_k \frac{1}{0{,}2 \text{ ms}}$$

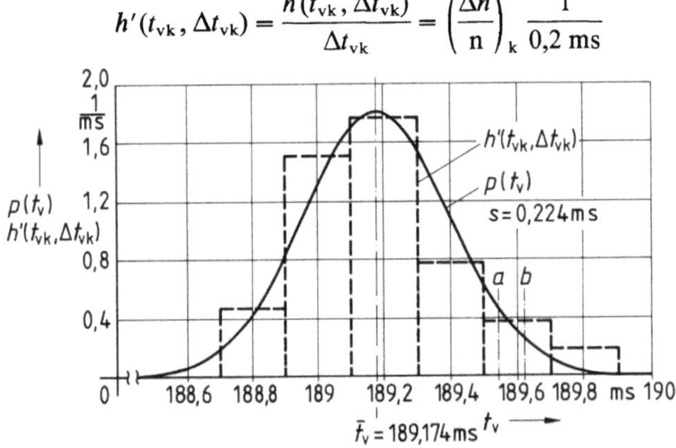

2.34 Häufigkeitsdichte einer Stichprobe der Ansprechzeit t_v aus Beispiel 2.18 als normalverteilt angenommene stetige Funktion (ausgezogene Kurve) und als unstetige Funktion des Histogramms (gestrichelte Kurve) mit eingetragenen Vertrauensgrenzen für $P = 0{,}95 = w(t_{vi} < G_{t2})$
a aus der Normalverteilung $p(t_v)$ nach Beispiel 2.20 berechnet
b aus dem Histogramm $h'(t_{vk}, \Delta t_{vk})$ nach Beispiel 2.17 berechnet

2.3.3.2 Prüfung auf Normalverteilung. Es gibt mehrere Möglichkeiten, um zu untersuchen, wie gut die Verteilung der Zufallsgrößen einer Stichprobe einer Normalverteilung entspricht, um daraus wiederum auf die Normalverteilung der zugehörigen Grundgesamtheit zu schließen. In der Meßtechnik genügt in vielen Fällen eine graphische Prüfung, die sich durch eine einfache Handhabung und große Anschaulichkeit auszeichnet. Der Nachteil des Verfahrens, die weitgehend subjektive Beurteilung, kann in den meisten Fällen in Kauf genommen werden.

Grundlage des Verfahrens ist das im Handel befindliche Wahrscheinlichkeitspapier. Dies ist ein Funktionspapier, bei dem die Ordinatenskala so geteilt ist, daß die im linearen Maßstab s-förmig verlaufende Kurve der Verteilungsfunktion nach Gl. (2.51) in eine Gerade abgebildet wird (s. Bild **2.35**). Überträgt man die aus den Zufallswerten einer Stichprobe tabellarisch ermittelte Summenhäufigkeit punktweise in ein solches Wahrscheinlichkeitspapier, so müssen diese also auf einer Geraden liegen, wenn die Zufallswerte der Stichprobe normalverteilt sind. Im allgemeinen ist das allerdings nicht bzw. nur näherungsweise der Fall. Man zeichnet dann eine Gerade so durch die Punktmenge, daß die Abweichungen aller Punkte von dieser Geraden im Mittel als möglichst gering erscheinen (s. Bild **2.37** zu Beispiel 2.19). Dabei sollten die Punkte der Summenhäufigkeit, die sich auf Klassen mit großem Abstand vom Mittelwert beziehen, schwächer gewertet werden als die der Klassen in der Nähe vom Mittelwert, da große Abweichungen vom Mittelwert in einer Stichprobe häufig durch andere als zufällige Einflüsse verursacht werden. Als praktische Regel gilt, die Summenhäufigkeiten mit Werten bis in die Größenordnung 10% und ab 90% gegebenenfalls nicht mehr stark zu bewerten (s. Beispiel 2.19).

2.35
Verteilungsfunktion $P(x)$ einer normalverteilten Zufallsvariablen $\{x\}$, dargestellt mit linearer Ordinatenskala (a) und nichtlinearer Ordinatenskala (b) (Wahrscheinlichkeitspapier)

Eine in Wahrscheinlichkeitspapier eingezeichnete Gerade entspricht exakt der Summenhäufigkeit einer Normalverteilung nach Gl. (2.47) bzw. Gl. (2.48). Damit liefern die Abweichungen der als Punkte eingetragenen Summenhäufigkeiten der ausgewerteten Stichprobe von der Geraden auch ein Kriterium für die subjektive Beurteilung, wie gesichert die Annahme einer Normalverteilung für die Stichprobe ist.

Auch die Kenngrößen, Mittelwert $\bar{x}$ und Standardabweichung s, einer Stichprobe lassen sich graphisch mit Hilfe des erwähnten Wahrscheinlichkeitspapiers ermitteln. Nach Abschn. 2.3.3.3 beträgt die Summenhäufigkeit an der Stelle des Mittelwertes 50% und an den Stellen im Abstand der positiven bzw. negativen einfachen Standardabweichung vom Mittelwert $(50-68/2)\% = 16\%$ bzw. $(50+68/2)\% = 84\%$. Man kann also für diese Häufigkeitswerte die Abszissenwerte $\bar{x}$, $(\bar{x}-s)$ und $(\bar{x}+s)$ ablesen und so den Mittelwert $\bar{x}$ und die Standardabweichung s der dargestellten Zufallsvariablen bestimmen.

Beispiel 2.19. In Beispiel 2.14 wird die Zufallsvariable $\{t_v\}$ der Ansprechzeit eines Relais in einer Stichprobe von Meßgrößen t_{vi} erfaßt. Es ist zu prüfen, ob die Meßgrößen dieser Stichprobe normalverteilt angenommen werden können.

Aus der bereits in Beispiel 2.14 ermittelten Häufigkeitsverteilung $h(t_{vk}, \Delta t_{vk})$ (s. Spalte 4 der Häufigkeitstabelle in Bild 2.19a) wird nach Gl. (2.30) die Summenhäufigkeit $H(t_{vk})$ berechnet (s. Tafel 2.36). Diese wird, wie in Bild 2.37 dargestellt, auf Wahrscheinlichkeitspapier über der Ansprechzeit t_v aufgetragen. Im Mittelbereich läßt sich die durch die Punkte gegebene Summenhäufigkeit recht gut durch eine Gerade annähern, wodurch die Annahme einer Normalverteilung für die Zufallsgröße t_v der Stichprobe gerechtfertigt erscheint.

Für die eingezeichnete Gerade, d. h. für die näherungsweise mit Gl. (2.30) graphisch bestimmte Verteilungsfunktion entsprechend Gl. (2.51), werden die Parameter mit folgenden Werten abgelesen:

Bei $H(\bar{t}_v) = 50\%$ ergibt sich der Mittelwert $\bar{t}_v = 189{,}04$ ms.

Bei $H(\bar{t}_v \pm s) = 84\%$ bzw. 16% ergeben sich die Ansprechzeiten 189,30 ms bzw. 188,78 ms, aus denen die Standardabweichung mit $s = 0{,}26$ ms berechnet wird.

Tafel 2.36 Häufigkeitstabelle mit Summenhäufigkeit der Ansprechzeit t_v des Relais aus Beispiel 2.14. Die Spalten 1 und 2 sind aus der Häufigkeitstabelle in Bild 2.19a übernommen.

Klassenmitte in ms	Häufigkeitsverteilung $h(t_{vk}, \Delta t_{vk}) = \left(\dfrac{\Delta n}{n}\right)_k$	Häufigkeitsdichte in $1/(ms)$ $h'(t_{vk}, \Delta t_{vk}) = \left(\dfrac{\Delta n}{n}\right)_k \dfrac{1}{\Delta t_{vk}}$	Summenhäufigkeit $H(t_{vk}) = \sum\limits_{v=1}^{k} \left(\dfrac{\Delta n}{n}\right)_v$
188,8	0,095	0,475	0,095
189,0	0,305	1,52	0,400
189,2	0,353	1,76	0,753
189,4	0,152	0,76	0,905
189,6	0,076	0,38	0,981
189,8	0,019	0,095	1,000

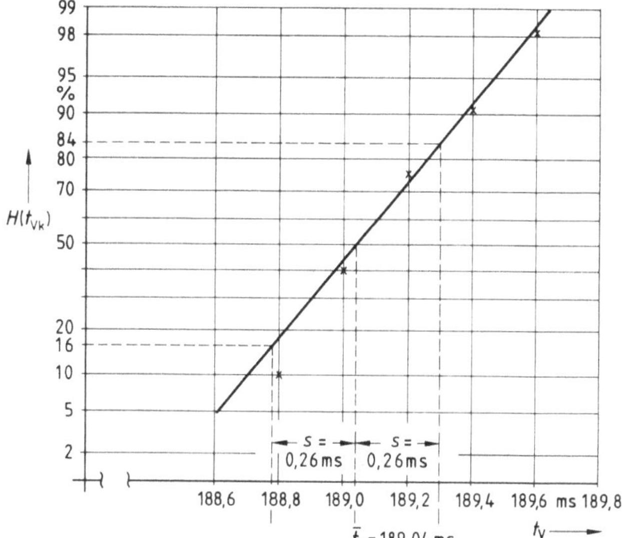

2.37
Verteilungsfunktion auf
Wahrscheinlichkeitspapier
(s. Beispiel 2.19)

Die Abweichungen der graphisch abgelesenen Werte von den in Beispiel 2.16 analytisch berechneten weisen darauf hin, daß die graphisch ermittelte Gerade als exakte Normalverteilung eben nur näherungsweise mit der tatsächlichen, leicht unsymmetrischen Verteilung der Stichprobe übereinstimmt (s. Bild 2.34).

2.3.3.3 Vertrauensgrenzen bei Normalverteilung. Ist von einer Zufallsvariablen bekannt, daß sie einer Normalverteilung entspricht, deren Kenngrößen als Mittelwert $\bar{x}$ und Standardabweichung s gegeben sind, so lassen sich für eine bestimmte Wahrscheinlichkeit P die Vertrauensgrenzen $G_{v\,1/2}$ oder für bestimmte Vertrauensgrenzen die Wahrscheinlichkeit berechnen. Beispielsweise können für den auf einem Meßgerät abgelesenen Meßwert x_i Vertrauensgrenzen berechnet werden, zwischen denen der wahre Wert x_w der Meßgröße mit einer Wahrscheinlichkeit P liegt, wenn die Standardabweichung für dieses Gerät bekannt ist.

Grundlage solcher Rechnungen ist die durch Gl. (2.47) definierte Funktion, die die Wahrscheinlichkeitsdichte $p(x)$ einer Normalverteilung als stetige Funktion beschreibt. Damit kann die Wahrscheinlichkeit entsprechend Gl. (2.46) zwischen den Vertrauensgrenzen G_{v1} und G_{v2} als Integral der Wahrscheinlichkeitsdichte zwischen diesen Grenzen

$$w(G_{v1} \leqq x_i < G_{v2}) = \frac{1}{\sigma \sqrt{2\pi}} \int\limits_{G_{v1}}^{G_{v2}} \exp\left[-\frac{1}{2}\left(\frac{x-\mu}{\sigma}\right)^2\right] dx \qquad (2.49)$$

angegeben werden. Dieses Integral ist allerdings nicht mehr elementar lösbar. Führt man die normierte Größe

$$z = \frac{x-\mu}{\sigma} \qquad (2.50)$$

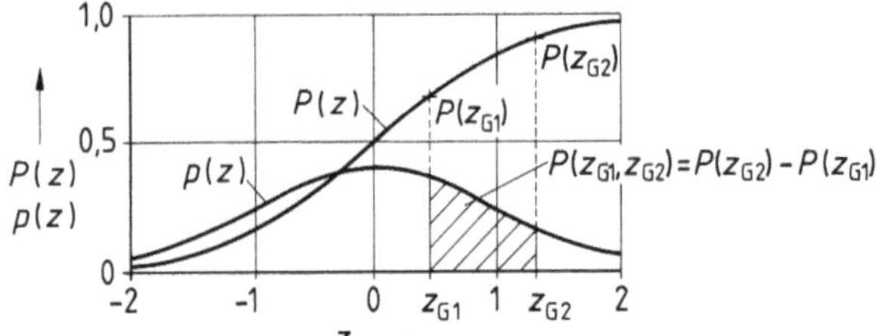

2.38
Wahrscheinlichkeitsdichte
$p(z)$ und Verteilungsfunktion
$P(z)$ für Normalverteilung
in Abhängigkeit von der bezogenen Zufallsgröße z

und die Grenzen $G_{v1} = -\infty$ und $G_{v2} = z$ ein, so bekommt man entsprechend Gl. (2.31) die **Verteilungsfunktion** für diese normierte Größe z (s. Bild **2.39**)

$$P(z) = \frac{1}{\sqrt{2\pi}} \int\limits_{-\infty}^{z} \exp\left[-\frac{1}{2}\xi^2\right] d\xi, \tag{2.51}$$

die in dieser Form tabelliert in der einschlägigen Literatur zur Verfügung steht und auszugsweise in Tafel **A.**3 im Anhang wiedergegeben ist. Diese Verteilungsfunktion stellt als Summenhäufigkeit einer normalverteilten Grundgesamtheit für eine beliebige bezogene Vertrauensgrenze G_v

$$z_G = \frac{G_v - \mu}{\sigma} \tag{2.52}$$

die **Wahrscheinlichkeit**

$$P(z_G) = w(-\infty < z_i < z_G) \tag{2.53}$$

dar, mit der ein bezogener Einzelwert $z_i = (x_i - \mu)/\sigma$ einer normalverteilten Zufallsvariablen mit den Kenngrößen μ und σ in den Grenzen zwischen $-\infty$ und z_G (z_i kleiner oder gleich z_G) erwartet werden kann. Damit läßt sich die Wahrscheinlichkeit für das Auftreten eines bezogenen Einzelwertes $z_i = (x_i - \mu)/\sigma$ zwischen den zwei endlichen bezogenen Vertrauensgrenzen $z_{G1} = (G_{v1} - \mu)/\sigma$ und $z_{G2} = (G_{v2} - \mu)/\sigma$ über das Integral der Wahrscheinlichkeitsdichte $p(x)$ zwischen diesen Grenzen, bei der praktischen Rechnung als Differenz der für die bezogenen Grenzen z_{G1} (untere Grenze) und z_{G2} (obere Grenze) aufgesuchten Werte der Verteilungsfunktion $P(z_{G1})$ und $P(z_{G2})$ entsprechend Gl. (2.46), bestimmen (s. Bild **2.38**). Da diese Wahrscheinlichkeit auch auf die nicht bezoge-

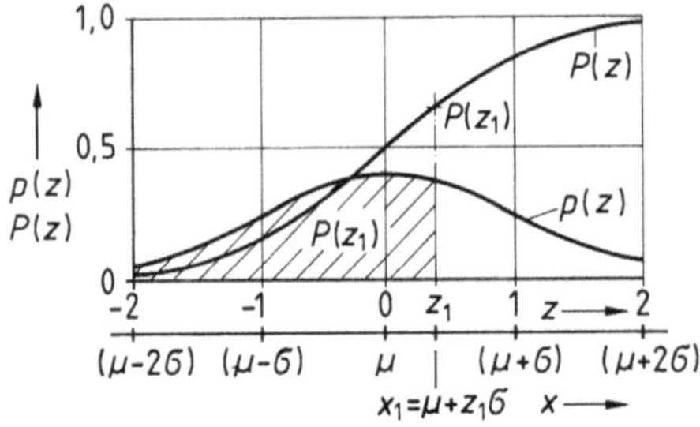

2.39
Wahrscheinlichkeitsintegral
nach Gl. (2.51)

nen Größen x_i, G_{v1} und G_{v2} übertragen werden kann, gilt allgemein

$$P(z_{G1}, z_{G2}) = w(z_{G1} \leqq z_i < z_{G2}) = w(G_{v1} \leqq x_i < G_{v2}) = P(z_{G2}) - P(z_{G1}).$$

$$(2.54)$$

Die bezogene Größe z kann als Zufallsgröße einer Zufallsvariablen gedeutet werden, deren Grundgesamtheit den Mittelwert $\mu = 0$ und die Standardabweichung $\sigma = 1$ hat (s. Bild **2**.38 und **2**.39).

Da die Wahrscheinlichkeit $P(-\infty, +\infty)$, also das Integral der Wahrscheinlichkeitsdichte nach Gl. (2.51) bis $z = +\infty$, gleich Eins ist und die Wahrscheinlichkeitsdichte $p(z)$ symmetrisch zu $z = 0$ verläuft, gilt die Beziehung

$$P(-z) = 1 - P(z),$$

$$(2.55)$$

die sich in vielen Fällen für die Lösung von Aufgaben als nützlich erweist.

In der Meßtechnik werden häufig die Vertrauensgrenzen über ganzzahlige Vielfache der Standardabweichung angegeben, z. B. für die Abweichungen die Grenzen $\pm g\sigma$ mit $g = 1; 2; 3$ symmetrisch zum Mittelwert liegend. Allgemein ergibt sich für solche Vertrauensgrenzen $G_{v1} = \mu - g\sigma$ und $G_{v2} = \mu + g\sigma$ die Wahrscheinlichkeit entsprechend Gl. (2.54)

$$w[(\mu - g\sigma) \leqq x_i < (\mu + g\sigma)] = P\left[\frac{(\mu + g\sigma) - \mu}{\sigma}\right] - P\left[\frac{(\mu - g\sigma) - \mu}{\sigma}\right]$$

$$= P[z = +g] - P[z = -g]$$

$$(2.56)$$

mit Werten nach Tafel **A**.3 im Anhang zu

$$w[(\mu - \sigma) \leqq x_i < (\mu + \sigma)] = 0{,}68$$
$$w[(\mu - 2\sigma) \leqq x_i < (\mu + 2\sigma)] = 0{,}955$$
$$w[(\mu - 3\sigma) \leqq x_i < (\mu + 3\sigma)] = 0{,}997.$$

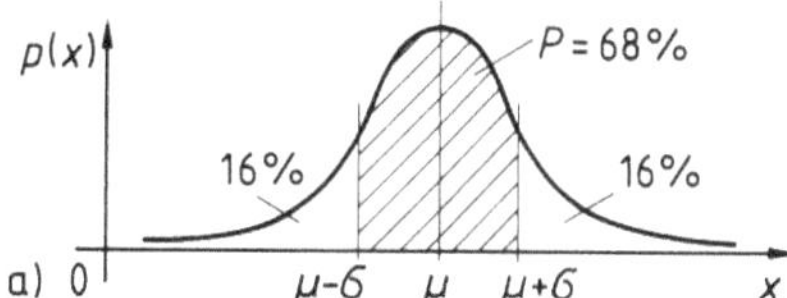

Bei normalverteilten Zufallsvariablen ist also ein Einzelwert mit der Wahrscheinlichkeit

$$P_\sigma = 68{,}0\% \text{ in den Grenzen } \mu \pm \sigma$$
$$P_{2\sigma} = 95{,}5\% \text{ in den Grenzen } \mu \pm 2\sigma$$
$$P_{3\sigma} = 99{,}7\% \text{ in den Grenzen } \mu \pm 3\sigma$$

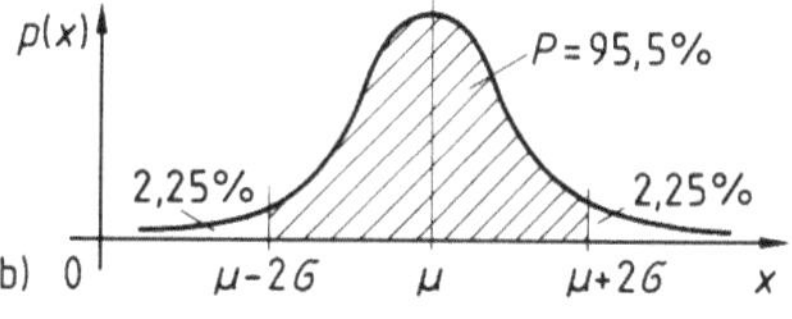

zu erwarten, oder für ihre Verteilung gilt, daß von allen Größen eines Zufallskollektivs

$$P_\sigma = 68{,}0\% \text{ in den Grenzen } \mu \pm \sigma$$
$$P_{2\sigma} = 95{,}5\% \text{ in den Grenzen } \mu \pm 2\sigma$$
$$P_{3\sigma} = 99{,}7\% \text{ in den Grenzen } \mu \pm 3\sigma$$

liegen (s. Bild **2**.40).

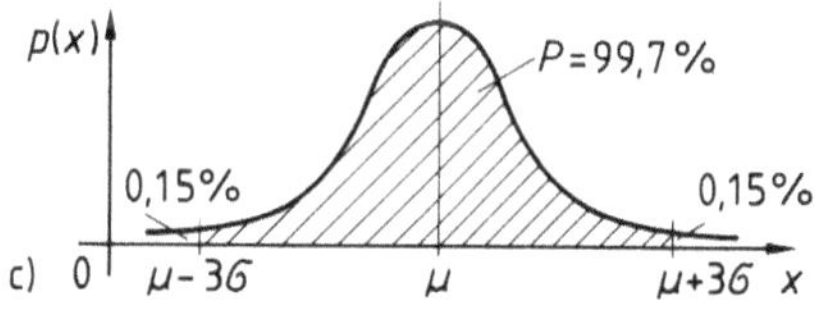

2.40
Wahrscheinlichkeiten für symmetrische Vertrauensgrenzen $(\mu \pm \sigma)$, $(\mu \pm 2\sigma)$ und $(\mu \pm 3\sigma)$

Der erläuterte Zusammenhang zwischen Vertrauensgrenzen $G_{v1/2}$ und Wahrscheinlichkeit P basiert auf den Kenngrößen μ und σ einer normalverteilten Grundgesamtheit. Die konkrete Verteilung praktisch gegebener Zufallsvariablen ist aber immer nur näherungsweise durch eine Normalverteilung entsprechend Gl. (2.47) beschrieben. Weiter läßt sich eine Zufallsvariable praktisch auch nur durch Stichproben erfassen, d. h., die daraus berechneten Kenngrößen Mittelwert $\bar{x}$ und Standardabweichung s sind Näherungen für μ und σ. Setzt man $\bar{x}$ und s statt μ und σ in Gl. (2.50) bzw. (2.52) ein, so sind auch die bezogenen Zufallsgrößen

$$z = \frac{x - \bar{x}}{s} \tag{2.57}$$

bzw. die bezogenen Vertrauensgrenzen

$$z_v = \frac{G_v - \bar{x}}{s} \tag{2.58}$$

als Näherungswerte anzusehen. Dies ist aber nur insofern von Bedeutung, als die über z berechneten Ergebnisse wie Vertrauensgrenzen und Wahrscheinlichkeit auch wiederum nur als Näherungswerte anzusehen sind. Wieweit dieses von praktischer Bedeutung ist, hängt von den Sicherheitsanforderungen ab, die man an die Ergebnisse stellt.

Beispiel 2.20. In Beispiel 2.17 wurde für die Ansprechzeit t_v des in Beispiel 2.14 untersuchten Relais ein Grenzwert G_{t2} gesucht, der in höchstens 5% aller Schaltfälle überschritten wird. Es soll hier dieser Grenzwert unter der Annahme bestimmt werden, daß die Ansprechzeit t_v des Relais normalverteilt ist.

Soll die Ansprechzeit t_{vi} eines einzelnen Schaltvorganges mit der Wahrscheinlichkeit von $P = (1 - 0,05)$ in den Vertrauensgrenzen $G_{t1} = 0$ und G_{t2} liegen, so gilt $w(G_{t1} \leqq t_{vi} < G_{t2}) = 0,95$. Die angenommene Normalverteilung für die Ansprechzeit wird quantitativ durch die über eine ausreichend umfangreiche Stichprobe berechneten Parameter μ und σ bestimmt. Werden die in Beispiel 2.16 als Näherungen mit $\mu \approx \bar{x} = 189,174$ ms und $\sigma \approx s = 0,224$ ms ermittelten Werte übernommen, so ergeben sich mit Gl. (2.58) die bezogenen Vertrauensgrenzen

$$z_{G1} = \frac{G_{t1} - \bar{x}}{s} = \frac{0 - 189,174 \text{ ms}}{0,224 \text{ ms}} = -844,5 \, ,$$

$$z_{G2} = \frac{G_{t2} - \bar{x}}{s} = \frac{G_{t2} - 189,174 \text{ ms}}{0,224 \text{ ms}} \, ,$$

mit denen sich die Wahrscheinlichkeit entsprechend Gl. (2.54) angeben läßt.

$$w(G_{t1} \leqq t_{vi} < G_{t2}) = P(z_{G2}) - P(z_{G1}) = 0,95$$

Da nach Tafel **A**.3 im Anhang für $z_{G1} = -844$ der Wert der Verteilungsfunktion $P(z_{G1})$ zu Null angenommen werden kann, ist der für z_{G2}

$$P(z_{G2}) = 0,95 + P(z_{G1}) = 0,95 \, ,$$

für den aus Tafel **A**.3 im Anhang der bezogene Grenzwert $z_{G2} = 1,64$ abgelesen wird.

Damit ist die Vertrauensgrenze für die Ansprechzeit $G_{t2} = z_{G2} \cdot 0{,}224$ ms $+ 189{,}174$ ms $=$ $1{,}64 \cdot 0{,}224$ ms $+ 189{,}174$ ms $= 189{,}54$ ms.

Diese Vertrauensgrenze, die sich mit der Annahme normalverteilter Ansprechzeiten ergibt, unterscheidet sich um etwa 40% des Wertes der Standardabweichung von der in Beispiel 2.17 aus der tatsächlich aufgenommenen Häufigkeitsverteilung der Stichprobe mit $G_{t2} = 189{,}62$ ms berechneten. Der Unterschied läßt sich einmal aus den in diesem Bereich auftretenden merklichen Unterschieden zwischen dem für die Stichprobe ermittelten Histogramm und der Wahrscheinlichkeitsdichte nach Gl. (2.48) (s. Bild **2.**34) erklären und zum anderen aus der in Beispiel 2.17 durch das Histogramm vorausgesetzten konstanten Häufigkeitsdichte innerhalb der Klasse. Bei diesem Vergleich wird auch deutlich, daß sich gerade in den Randgebieten die durch Stichproben immer gegebenen Näherungen beachtlich auf den Zusammenhang zwischen Vertrauensgrenze und Wahrscheinlichkeit auswirken können.

2.4 Praktische Meßaufgaben aus statistischer Sicht

Meßtechnische Aufgabenstellungen können als statistische Probleme betrachtet in zwei Kategorien unterteilt werden (s. Bild **2.**41), die Messung von Einzelgrößen und von Zufallsvariablen.

Häufig wird in der Praxis die Messung einer konkreten Einzelgröße x gefordert, die durch einen einzigen wahren Wert x_w eindeutig definiert ist. Durch diesen Bezug auf die Einzelgröße ist die Aufgabenstellung selbst kein statistisches Problem, wohl aber seine Lösung. Da in einem Meßsystem immer Stör- bzw. Einflußgrößen wirksam sind (s. Abschn. 1.3.3), kann immer nur der wahre Wert zusammen mit systematischen und zufälligen Fehlern, also als Zufallsvariable der Meßwerte, erfaßt werden. Deshalb kann auch bei der Messung einer Einzelgröße ein Meßergebnis nur mit Hilfe statistischer Verfahren ermittelt werden. Das kann direkt geschehen, z. B. indem durch Mehrfachmessungen derselben Einzelmeßgröße eine Verbesserung der Genauigkeit angestrebt wird (s. Abschn. 2.6.2), oder aber indirekt, indem für einen Einzelmeßwert einer Einzelmeßgröße Fehlergrenzen angegeben werden (s. Abschn. 2.4.1).

Bei der anderen Kategorie von Meßaufgaben soll nicht eine Meßgröße als Einzelgröße gemessen, sondern eine nur statistisch beschreibbare Zufallsvariable $\{x\}$ bestimmt werden. Im einfachsten Fall könnte die Meßaufgabe in der Bestimmung des Mittelwertes $\bar{x}$ der Zufallsvariablen bestehen, es können aber auch weitere Kennwerte ihrer Verteilung wie Standardabweichung s oder auch der vollständige Funktionsverlauf der Verteilung gefordert sein. Die Aufgabenstellung als solche erfordert also die Anwendung statistischer Verfahren. Selbstverständlich müssen aber auch hier zunächst die Einzelelemente der Zufallsvariablen als Meßwerte von Einzelmeßgrößen ermittelt werden, um die eigentliche Meßaufgabe, nämlich die Bestimmung der Verteilung der Einzelelemente, mit statistischen Verfahren lösen zu können. Während also die Messung

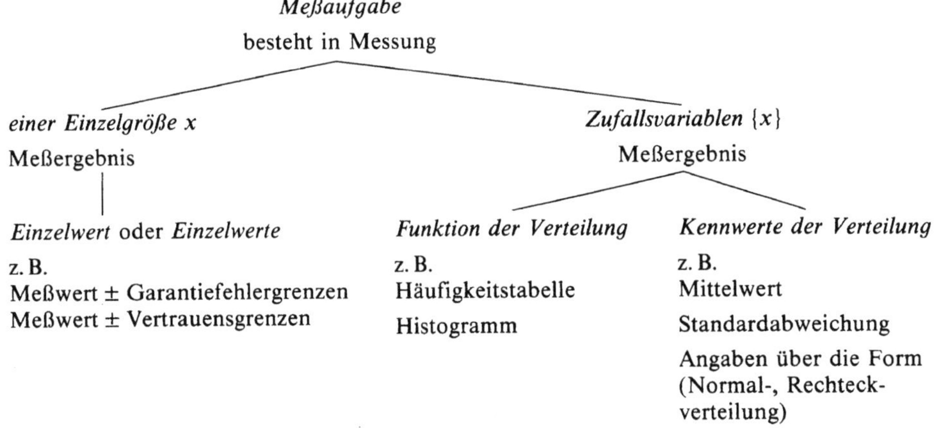

2.41 Unterteilung von Meßaufgaben nach der statistischen Problematik

der Einzelgröße (linker Zweig in Bild **2.**41) sozusagen den elementaren Meßvorgang darstellt, ist die Messung der Zufallsvariablen (rechter Zweig in Bild
2.41) ein weitergehender Meßvorgang, der aber immer auf einer Anzahl ele-
mentarer Meßvorgänge aufbaut.

2.4.1 Messung von Einzelgrößen

Soll laut Aufgabenstellung eine Einzelgröße x bestimmt werden, so ist diese
unter Beachtung der in Bild **1.**4 angegebenen Definitionen für die Meßgröße
durch einen einzigen wahren Wert x_w definiert. Könnte man ihn bestimmen, so
wäre das Meßergebnis eben nur dieser eine einzige Wert $x = x_w$. Bei praktischen Messungen kann man, grundsätzlich betrachtet, alle systematischen Fehler ausschalten, nicht aber die zufälligen Fehler, so daß sich auch eine Einzelgröße praktisch nur als eine Zufallsvariable der Meßwerte erfassen läßt
(s. Bild **2.**42). Da die zufälligen Einflüsse in dieser Aufgabenstellung nicht der
durch einen einzigen wahren Wert eindeutig bestimmten Meßgröße, sondern
dem Meßsystem anhaften, kommt in einer statistischen Untersuchung der
Meßwerte bzw. der Fehler primär die Eigenschaft der Meßeinrichtung und ihre
Reaktion auf Stör- oder Einflußgrößen zum Ausdruck.

In der Praxis sind i. allg. einer bestimmten Meßeinrichtung eine eindeutige Kalibrierung und die hierfür gültigen Fehlergrenzen (bezogen auf Referenzbedingungen) zugeordnet, die aus statistischen Untersuchungen bei der Herstellung
dieser Meßeinrichtung bestimmt wurden (s. Beispiel **2.**7). Wird mit einer sol-

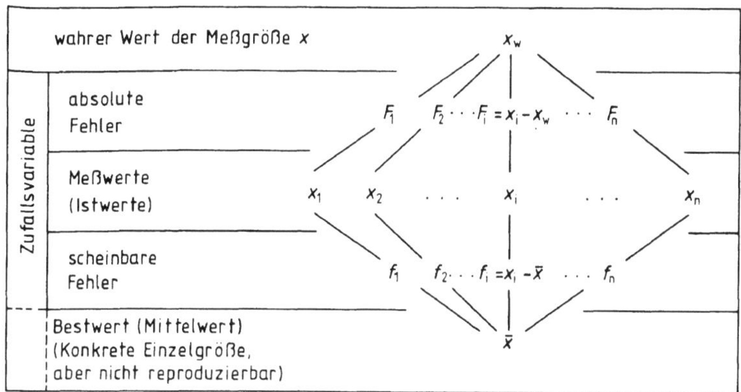

2.42 Zufallsvariable der Meßwerte bei der Messung einer Einzelmeßgröße

chen Meßeinrichtung unter Beachtung der Referenzbedingungen eine Einzelgröße x gemessen, so ist also bereits für jeden einzelnen ausgegebenen Meßwert x_i seine Fehlergrenze bestimmt. Da der einfachste, aber auch häufigste Fall der Messung einer Einzelgröße darin besteht, daß nur ein einziger Meßwert x_1 abgelesen wird, können bzw. müssen also auch diesem einzigen Meßwert x_1 die für die Meßeinrichtung festgelegten Fehlergrenzen $\pm G_x$ zugeordnet werden (s. Beispiel 2.21). Das Meßergebnis lautet dann $x_1 \pm G_x$. Da das statistische Problem hier bereits bei der Festlegung der Fehlergrenzen der Meßeinrichtung gelöst wurde, tritt es bei der Anwendung dieser Meßeinrichtung im Rahmen der genannten Meßaufgabe nur noch indirekt in Erscheinung.

Laut Aufgabenstellung könnte für den zu ermittelnden Wert einer Einzelgröße eine kleinere Fehlergrenze gefordert sein als die, die durch eine bestimmte Meßeinrichtung einem einzigen Meßwert naturgemäß zukommt. Eine naheliegende Lösung dieser Aufgabe besteht in der Auswahl genauerer Meßgeräte, der Ausschaltung von Fehlerquellen durch Verbesserung der Meßschaltung bzw. des Meßaufbaues oder ähnlichem mehr (s. Beispiel 2.21). Sind Möglichkeiten dieser Art ausgeschöpft, so können unter bestimmten Gegebenheiten, wie in Abschn. 2.6.2.1 erläutert, mehrere Meßwerte aufgenommen werden, aus denen der Mittelwert entsprechend Gl. (2.34) berechnet wird. Diesem Mittelwert haftet aber ebenfalls noch ein zufälliger Fehler an, da er praktisch nur aus einer endlichen Anzahl von Meßwerten berechnet werden kann und so, wie der Einzelwert selbst, nicht reproduzierbar ist. Die Fehlergrenze dieses Mittelwertes kann aber erheblich kleiner sein als die des Einzelwertes (s. Abschn. 2.6.2.2). In diesem Fall der Mehrfachmessung einer Einzelgröße ist das Meßergebnis wie bei der Einzelmessung aber auch nur ein einziger Wert – der Mittelwert aus mehreren Meßwerten –, der mit einer aus den Fehlern der Einzelmeßwerte berechneten Fehlergrenze angegeben wird (s. Beispiel 2.31). Allerdings erhält man dieses Einzelergebnis nur durch die direkte Anwendung statistischer Verfahren, da der Mittelwert wie auch seine Fehlergrenzen nach Vorschriften der Ausgleichsrechnung bestimmt werden.

Angabe von Einzelmeßwerten. Wird der Meßwert x einer Meßgröße mit den sicheren Fehlergrenzen $G_{1/2}$ angegeben, so kann man davon ausgehen, daß ihr wahrer Wert x_w mit Sicherheit, d. h. der Wahrscheinlichkeit $P = 1$, innerhalb des Bereiches $(x_i - G_1)$ bis $(x_i - G_2)$ liegt. Beispielsweise könnte man für eine einzige Messung einer Einzelmeßgröße den abgelesenen Meßwert x_i mit den Fehlergrenzen $G_{1/2}$ angeben

$$\text{Meßgröße} = \text{Meßwert} - G_{1/2},$$

die sich entsprechend Gl. (2.13) aus der Fehlerklasse des eingesetzten Meßgerätes ergeben, wenn man dafür gesorgt hat, daß bei der Messung die Referenzbedingungen eingehalten und Verfahrens- oder auch sonstige Fehler vermieden wurden.

Praktisch können die Referenzbedingungen nicht immer für alle Einflußgrößen eingehalten werden. Es müssen dann die Einflußeffekte dieser Einflußgrößen als zusätzliche Fehler erfaßt und berücksichtigt werden. Treten nicht direkt auf die Meßeinrichtung bezogene – nicht mit den Referenzbedingungen erfaßte – Fehler auf, z. B. Verfahrensfehler, so müssen auch diese quantitativ bestimmt werden. Während sich einige dieser Fehler als systematische Fehler F_s bestimmen und im Meßwert korrigieren lassen (z. B. Verfahrensfehler), können andere nur als Maximalwerte ermittelt und als sichere Fehlergrenzen G angegeben werden (z. B. der Einflußeffekt von Fremdfeldern). Bezeichnet man mit F_s die Summe aller systematischen Fehler und mit $|G_z|$ die Betragssumme aller maximal möglichen Fehler, die zusätzlich zu dem durch die Fehlerklasse nach Gl. (2.13) beschriebenen maximal möglichen Fehler $|G_{1/2}| = |G|$ auftreten könne, so läßt sich für einen abgelesenen Meßwert x_i das Meßergebnis

$$x = (x_i - F_s) \pm (|G| + |G_z|) \tag{2.59}$$

angeben. Alle systematischen Fehler werden also im Meßwert korrigiert. Alle lediglich als mögliche Maximalwerte erfaßbaren Fehler werden zu der aus der Fehlerklasse nach Gl. (2.13) berechneten Garantiefehlergrenze $|G|$ zugeschlagen und als sichere Gesamtfehlergrenzen $\pm(|G| + |G_z|)$ dem korrigierten Meßwert zugeordnet.

Beispiel 2.21. In einem Stromkreis soll der Effektivwert $\tilde{i}$ eines nichtsinusförmigen Stromes gemessen werden.
Lösung a). Da als Meßgröße der Effektivwert eines Stromes gefordert ist, wird ein Weicheisenstrommesser gewählt, z. B. ein übliches Laborvielfachmeßgerät der Fehlerklasse 1,5, wenn keine besonderen Genauigkeitsforderungen erhoben werden. Erfolgt die Messung im kleinstmöglichen Bereich mit dem Meßende $\tilde{i}_E = 60$ mA, so ergeben sich nach Gl. (2.13) die Fehlergrenzen $G_{1/2} = \pm 60$ mA $\cdot 1{,}5/100 = \pm 0{,}9$ mA. Um ihre Gültigkeit zu beurteilen, werden die Einflußeffekte (s. Abschn. 1.5.1.2) wie folgt abgeschätzt.

Erfolgt die Messung bei der Temperatur $\vartheta = 21\,°C$ und beträgt der Referenzwert für die Einflußgröße Temperatur 20 °C, so kann ihr Einflußeffekt bei der gegebenen Fehlerklasse vernachlässigt werden.

Als Fremdfeld soll nur das Erdfeld mit der magnetischen Erregung $h \approx 100\ A/m$ wirksam sein. Ist die Fremdfeldempfindlichkeit mit $< 1\%$ pro $400\ A/m$ (bezogen auf den angezeigten Wert) angegeben, so ist der Einflußeffekt des Erdfeldes $< 0,25\%$.

Kritisch kann die Frequenzempfindlichkeit bei einem für das Instrument angegebenen Referenzbereich von 15 Hz bis 150 Hz werden. Ist aber die Kurvenform des zu messenden nichtsinusförmigen Stromes qualitativ bekannt und läßt sich abschätzen, daß Komponenten größer 150 Hz nur noch mit sehr kleinen Amplituden auftreten, so kann man den Einflußeffekt der Frequenz als voll in der Fehlerklasse berücksichtigt auffassen.

Wird bei diesen Gegebenheiten der Meßwert $\tilde{i}_i = 23{,}4\ mA$ abgelesen, kann dieser grundsätzlich mit dem maximalen Geräte- und Fremdfeldfehler $0{,}9\ mA + 23{,}4\ mA \cdot 0{,}25/100 = 0{,}96\ mA$ behaftet sein, so daß nach Aufrundung das Meßergebnis

$$\tilde{i} = 23{,}4\ mA \pm 1\ mA \quad \text{(sichere Fehlergrenze)}$$

angegeben werden kann. Der wahre Effektivwert $\tilde{i}_w$ des gemessenen Stromes kann also mit Sicherheit in dem Bereich 22,4 mA bis 24,4 mA angenommen werden.

Die vergleichsweise große relative Fehlergrenze von etwa $\pm 1\ mA \cdot 100/(23{,}4\ mA) \approx \pm 4{,}3\%$ für den Meßwert ist wesentlich durch den ungünstigen Meßbereich und die Fehlerklasse bedingt. Erscheint diese Fehlergrenze im Rahmen der Aufgabenstellung zu groß, würde man also zunächst ein Meßgerät mit kleinerem Meßende und kleinerer Fehlerklasse suchen. Bei Verwendung eines Drehspulinstrumentes mit vorgeschaltetem Gleichrichter würde dies auf keine Schwierigkeiten stoßen, jedoch könnte dann ein zu großer Fehler durch den nichtsinusförmigen Verlauf des Stromes (Formfaktor) auftreten (s. Beispiel 2.11).

Lösung b). Wird ein Weicheisenpräzisionsinstrument der Fehlerklasse 0,2 und dem Meßende 30 mA verwendet und der Meßwert $\tilde{i}_i = 23{,}1\ mA$ abgelesen, so könnte dieser Meßwert mit einer Fehlergrenze $G_{1/2} = \pm 0{,}2 \cdot 30\ mA/100 = \pm 0{,}06\ mA$ angegeben werden, wenn gewährleistet ist, daß keine Fehler auftreten, die nicht in der Fehlerklasse berücksichtigt sind. Auf den Meßwert bezogen liegt dieser Fehler mit $\pm 0{,}06\ mA \cdot 100/(23{,}1\ mA) = \pm 0{,}26\%$ bereits um den Faktor 16 unter dem bei der Messung nach a). Selbstverständlich wird dadurch eine entsprechend sorgfältigere Prüfung der Einflußeffekte erforderlich. Erfolgt die Messung unter gleichen Bedingungen (gleiche Einflußgrößen) wie bei Lösung a), so können folgende zusätzliche Fehler auftreten.

Sind für das Meßgerät der Temperaturreferenzwert 20 °C und die Temperaturempfindlichkeit $< 0{,}2\%/10\ K$ (bezogen auf den angezeigten Wert) angegeben, so ist der Temperaturfehler bei 21 °C kleiner 0,02%.

Ist die Fremdfeldempfindlichkeit mit $< 0{,}75\%/(400\ A/m)$ (bezogen auf den angezeigten Wert) angegeben, so bewirkt das Erdfeld mit $h \approx 100\ A/m$ einen Fremdfeldfehler, der maximal 0,2% betragen kann.

Als Einflußeffekt der Frequenz ist für den Bereich von 65 Hz bis 500 Hz – Referenzbereich ist 15 Hz bis 65 Hz – ein zusätzlicher Fehler von 0,2% (bezogen auf den angezeigten Wert) angegeben.

Für das Meßergebnis können bei den angeführten Gegebenheiten keinesfalls die Fehlergrenzen der Fehlerklasse als sichere Fehlergrenzen angegeben werden, da man insbesondere durch den Frequenz- und Fremdfeldfehler mit einem Gesamtfehler von etwa 0,7% rechnen muß. Die Angabe der sicheren Fehlergrenze von 0,7% erscheint aber auch noch fragwürdig, da der über die i. allg. nur qualitativ bekannte Kurvenform des zu messenden Stromes bedingte Fehler bei Verwendung eines Weicheiseninstrumentes vom

Prinzip her nur schwer abzuschätzen ist. Die für den Einflußeffekt der Frequenz angegebene Fehlerkomponente von 0,2% kann daher nur als unsicherer Schätzwert gelten.

Lösung c). Werden für die Meßwerte des Effektivwertes Fehlergrenzen von merklich unter 1% verlangt, so ist, wie aus Lösung b) folgt, das Weicheiseninstrument ungeeignet. Sicher könnte man den Einflußeffekt des Fremdfeldes durch Lageveränderung oder Schirmung verringern, aber der durch die Kurvenform verursachte Einflußeffekt muß als gegeben und nicht genau abschätzbar hingenommen werden. Es empfiehlt sich daher, einen Strommesser zu wählen, bei dem vom Meßprinzip her eine kleinere Frequenzbzw. Kurvenformempfindlichkeit gegeben ist als bei einem Weicheisenstrommesser.

Wird ein elektrodynamischer Strommesser der Fehlerklasse 0,2 gewählt, der die gleiche Temperatur- und Fremdfeldempfindlichkeit wie der Weicheisenstrommesser unter b) hat, so gelten die in b) abgeschätzten zusätzlichen Fehler. Da der Referenzbereich für die Frequenz aber mit 15 Hz bis 2500 Hz angegeben ist, wird der Fehler bei nicht allzu extrem von der Sinusform abweichenden Stromkurven sicher unter 1% liegen.

Elektrodynamische Strommesser sind aber nicht sehr gebräuchlich, und deshalb wird man eher ein Drehspulinstrument mit vorgeschaltetem Thermoumformer einsetzen. Hat dieses die Fehlerklasse 0,2, eine Temperaturempfindlichkeit von $<0,2\%/(10\ \mathrm{K})$, eine Fremdfeldempfindlichkeit von $<0,2\%/(2000\ \mathrm{A/m})$ und einen zusätzlichen Frequenzfehler von $<0,5\%$ im Bereich von 3 Hz bis 60 kHz (bezogen auf den angezeigten Wert), so muß bei Messungen unter den gleichen Bedingungen wie bei a) und b) mit dem Temperaturfehler wie bei b) $<0,02\%$, dem Fremdfeldfehler $<0,2(100\ \mathrm{A/m})/(2000\ \mathrm{A/m})$ $<0,01\%$ und dem Frequenzfehler $<0,5\%$ gerechnet werden.

Wird im Meßbereich mit einem Meßende $\tilde{i}_\mathrm{E}=30\ \mathrm{mA}$ der Meßwert $\tilde{i}_\mathrm{i}=23{,}2\ \mathrm{mA}$ abgelesen, so kann dieser mit Fehlern behaftet sein, die durch das Meßgerät mit der Fehlerklasse 0,2 maximal $0{,}2\cdot30\ \mathrm{mA}/100=0{,}06\ \mathrm{mA}$ und durch den Frequenzeinflußeffekt maximal $0{,}5\cdot23{,}2\ \mathrm{mA}/100=0{,}12\ \mathrm{mA}$ betragen. Da Temperatur- und Fremdfeldfehler vernachlässigbar klein sind, beträgt das Meßergebnis

$$\tilde{i}=23{,}2\ \mathrm{mA}\pm0{,}2\ \mathrm{mA}\quad(\text{sichere Fehlergrenze}).$$

Weitere Lösungsmöglichkeiten. In allen Lösungen a) bis c) ist der Fehler des Meßwertes für die eine konstante Meßgröße (mit unveränderter Kurvenform) maßgebend durch systematische Komponenten geprägt, die durch die konstanten Einflußgrößen und das jeweilige Instrument mit seinen konstanten individuellen Fehlereigenschaften verursacht sind. In allen Fällen würde dadurch auch bei Mehrfachmessungen immer ein nahezu gleicher Meßwert abgelesen. Unterschiedliche Meßwerte könnten sich i. allg. nur durch zufällige Lagerreibungs-, Ablese- und Rundungsfehler ergeben. Da diese aber klein sind gegenüber den reproduzierbaren systematischen Komponenten, ist eine Mehrfachmessung nicht sinnvoll.

Weiter zeigen die Beispiele, daß auch die Aufnahme von Fehlerkurven, mit denen die individuellen systematischen Fehler eines bestimmten Meßgerätes erfaßt werden, nicht immer sinnvoll sind. Da solche Fehlerkurven immer nur für bestimmte Referenzwerte oder -bereiche gelten, könnte im Fall c) bestenfalls der Klassenfehler 0,06 mA unter der Voraussetzung sinusförmiger Ströme ausgewiesen werden, nicht aber der von der Kurvenform und damit von der individuellen Aufgabenstellung abhängige Frequenzfehler von 0,12 mA.

Der Vorteil sicherer Fehlergrenzen muß unter Umständen mit dem Nachteil relativ großer Fehlerbereiche erkauft werden, da sichere Fehlergrenzen so festgelegt sind, daß sie alle systematischen und zufälligen Fehler einschließen, die innerhalb des zugelassenen Meß- und Betriebsbereiches wie auch einer angemessenen Alterungszeit auftreten können. Nicht selten ist in den sicheren Fehlergrenzen auch noch ein Sicherheitszuschlag enthalten. Meßwerte können daher in einigen Fällen auch mit Fehlergrenzen angegeben werden, die geringer als die sicheren sind, allerdings wird dadurch der Aufwand einer Messung oder der Aufbereitung einer Meßeinrichtung (individuelle Kalibrierung, Fehlerkurve usw.) i. allg. erheblich erhöht. Wesentliche Voraussetzungen sind, daß die Meßeinrichtung vom Meßprinzip her für nicht zu kleine Referenzbereiche geeignet ist bzw. sich systematische Fehler eindeutig als Funktion einer genau bestimmbaren Einflußgröße ergeben und daß die verbleibenden zufälligen Fehler vernachlässigbar klein sind oder ihre Standardabweichung bestimmbar ist. Beispielsweise könnte man für ein bestimmtes Meßgerät eine individuelle Fehlerkurve festlegen (s. Beispiel 2.7), mit der sich die systematischen Gerätefehler korrigieren lassen. Gegebenenfalls erfordert eine solche Fehlerkurve die Einengung der Referenzbedingungen, was bei der Messung zu beachten wäre, z. B. Messung im klimatisierten und abgeschirmten Raum. Hat man auf solche Weise einen von allen systematischen Fehlern F_s korrigierten Meßwert $(x_i - F_s)$ gewonnen, so können die ihm dann noch unvermeidbar anhaftenden zufälligen Fehler als Vertrauensgrenzen (s. Abschn. 2.3.2.4 und 2.3.3.3) zugeordnet werden.

Ist also x_i der ausgegebene Wert – Meßwert – einer Meßgröße x, der mit einer durch das Meßsystem bedingten Standardabweichung s_x und einem festgestellten resultierenden systematischen Fehler F_{sx} gemessen wurde, so kann das Meßergebnis

$$x = (x_i - F_{sx}) - G_{v1/2} \quad \text{für} \quad P = \ldots \qquad (2.60)$$

als korrigierter Meßwert $(x_i - F_{sx})$ angegeben werden, dessen zufälliger Fehler in den Vertrauensgrenzen $G_{v1/2}$ berücksichtigt ist, die für eine Wahrscheinlichkeit P gelten. Selbstverständlich müssen in der Standardabweichung s_x, mit der der Zusammenhang zwischen G_v und P bestimmt wird (s. Abschn. 2.3.3.3), alle zufälligen Einflußgrößen berücksichtigt werden. Nur wenn gewährleistet ist, daß alle außer den der Meßeinrichtung selbst anhaftenden zufälligen Einflußgrößen vernachlässigbar klein sind, darf für s_x allein die für die Meßeinrichtung angegebene eingesetzt werden. Außerdem muß für die zufälligen Fehler näherungsweise Normalverteilung gelten, da anderenfalls die vollständige Verteilung der zufälligen Fehler ermittelt werden müßte, was i. allg. aber an dem erforderlichen Aufwand scheitert.

Da bis heute keine einheitlichen P-Werte für die Angabe von Vertrauensgrenzen in der Norm festgelegt sind, hat ein in konkreten Zahlenwerten angegebenes Meßergebnis entsprechend Gl. (2.60) nur einen Sinn, wenn auch P als bestimmter Zahlenwert angegeben wird. Beispielsweise kann das Meßergebnis $u = 100\,\text{V} \pm 0{,}05\,\text{V}$ nicht interpretiert werden. Es könnte sich grundsätzlich um eine sichere Fehlergrenze handeln ($P = 100\%$) oder um eine statistische, für die aber eine Wahrscheinlichkeitsangabe fehlt. Wird dagegen das Meßergebnis $u = 100\,\text{V} \pm 0,05\,\text{V}$; $P = 99\%$ geschrieben, liegt eindeutig fest, daß der wahre Wert der gemessenen Größe mit einer Wahrscheinlichkeit von 99% in dem Bereiche von 99,95 V bis 100,05 V liegt.

In der Praxis werden allerdings auch statistische Fehlergrenzen ohne Wahrscheinlichkeit angegeben, dann allerdings meistens nicht mit dem Symbol G_v für die Grenze, sondern mit dem der Standardabweichung s. Beispielsweise gibt man an, ein Meßwert sei mit der Standardabweichung $s = \ldots$ ermittelt oder ein Meßgerät habe den zufälligen Fehler $3s = \ldots$. Solche Angaben sind aber nicht eindeutig.

Im einfachsten Fall – der praktisch häufig zutreffen wird – könnte man annehmen, der durch diese Fehlergrenze charakterisierte Fehler entstamme einer Verteilung, die zumindest näherungsweise normalverteilt ist. Da die Fehlergrenze in Vielfachen der Standardabweichung s angegeben ist, liegt s als Zahlenwert vor, d.h., es ist auch die Normalverteilung quantitativ festgelegt, aus der die für die Fehlergrenzen gültige Wahrscheinlichkeit bestimmt werden kann. Beispielsweise gelten für die Fehlergrenzen $2s$; $3s$ usw. entsprechend Abschn. 2.3.3.3 die Wahrscheinlichkeiten $P = 95,5\%$; 99,7% usw.

Komplizierter wird der Fall, wenn man die Verteilung der Fehler, die durch die Fehlergrenzen angegeben werden, nicht als normalverteilt annehmen kann. Dann läßt sich naturgemäß auch keine Wahrscheinlichkeit für die Einhaltung dieser Fehlergrenzen ermitteln, und sie lassen sich nur noch im Sinne eines mittleren Fehlers deuten (s. Abschn. 2.3.2.3, Standardabweichung als verteilungsunabhängiges Fehlermaß).

Um die erläuterten Mehrdeutigkeiten zu vermeiden, sollten Fehlergrenzen, die ohne Wahrscheinlichkeit angegeben werden, zumindest mit einem Vermerk versehen werden, ob sie sich auf Fehler beziehen, für die näherungsweise Normalverteilung gilt, oder man sollte lediglich die Standardabweichung $s = \ldots$ angeben mit dem Vermerk, daß diese als mittlerer Fehler ohne Kenntnis der Verteilungsart zu beurteilen ist.

Meßunsicherheit. Theoretisch erscheint nach den bisherigen Erläuterungen die Angabe eines Meßergebnisses unproblematisch. Praktisch ergeben sich jedoch Schwierigkeiten, da es i. allg. nicht möglich ist, alle systematischen Fehler zu vermeiden bzw. exakt zu erfassen, um die Meßwerte zu korrigieren. Wird eine Messung geplant und durchgeführt, so sind die systematischen Fehler nur bis zu einem gewissen Grad auch als solche quantitativ zu erfassen und auszuweisen. Es wird also immer ein Rest an unerkannten systematischen Fehlern verbleiben, die sich unvermeidbar den zufälligen Fehlern überlagern und deren Auswertung in an sich unzulässiger Weise beeinträchtigen. Man hat daher für die Fehlerangabe bei Meßergebnissen den Begriff der Meßunsicherheit u definiert, die als Fehlergrenzwert den Vertrauensbereich und die nicht erfaßbaren, aber abschätzbaren systematischen Fehler einschließt.

Am anschaulichsten ist die Definition der Meßunsicherheit, wenn einem Meßwert symmetrische Vertrauensgrenzen $\pm G_v$, die ausschließlich zufällige Fehler berücksichtigen, und ein nicht erfaßbarer, aber abgeschätzter systematischer Fehler f_s getrennt und unabhängig voneinander zugeordnet werden können. Die Meßunsicherheit ist dann

$$u = |G_v| + |f_s| \tag{2.61}$$

und wird als symmetrischer Fehlerbereich dem Meßwert zugeordnet.

$$x = x_i \pm u \tag{2.62}$$

Als Wahrscheinlichkeit für die Einhaltung der durch die Meßunsicherheit beschriebenen Fehlergrenzen könnte in Ermangelung zuverlässigerer Werte die Wahrscheinlichkeit angegeben werden, mit der der Vertrauensbereich für die zufälligen Fehler berechnet wurde.

Ist für ein Problem eine relativ große Standardabweichung s unter unsicheren Gegebenheiten berechnet oder geschätzt, so muß angenommen werden, daß nichterfaßte systematische Fehler in dieser Standardabweichung s enthalten sind. Es kann dann zweckmäßig sein, die mit dieser Standardabweichung entsprechend Abschn. 2.3.3.3 i. allg. mit $g = 1; 2; 3; \ldots$ festgelegten symmetrischen Vertrauensgrenzen $G_v = g\,s$ als Meßunsicherheit

$$u = G_v$$

zu bezeichnen, um damit zum Ausdruck zu bringen, daß diese Grenzen nicht mit mathematischer Exaktheit, sondern unter praktischen Gegebenheiten mit systematischen Einflüssen behaftet ermittelt wurden. Die für den Vertrauensbereich, der durch Meßunsicherheiten $u = G_v$ begrenzt ist, angegebene Wahrscheinlichkeit P kann nur als Näherungswert gelten.

2.4.2 Messung von Zufallsvariablen

Soll eine Zufallsvariable bestimmt werden, so ist bereits durch die Aufgabenstellung ein statistisches Problem vorgegeben. Unabhängig davon, ob die Bestimmung der vollständigen Funktion der Verteilung oder nur ihre Kenngrößen wie Mittelwert oder/und Standardabweichung gefordert sind, muß hierzu in jedem Fall zunächst eine bestimmte Anzahl von Einzelgrößen der Zufallsvariablen gemessen werden. Im Sinne der Aufgabenstellung ist unter Meßgröße also nicht eine einzige Größe, sondern eine mehr oder weniger große Anzahl von Einzelgrößen zu verstehen, nämlich eine Zufallsvariable, in der jede der Zufallsgrößen $x_1, \ldots, x_j, \ldots, x_m$ für sich durch einen einzigen wahren Wert $x_{1w}, \ldots, x_{jw}, \ldots, x_{mw}$ bestimmt ist, der aber von Größe zu Größe infolge zufälliger Einflüsse unterschiedlich ist (s. Bild 2.43). Selbstverständlich besteht im Prinzip für jede dieser Einzelmeßgrößen x_j (Zufallsgrößen) der Zufallsvariablen wiederum das in Abschn. 2.4.1 erläuterte Problem, daß statt der wahren

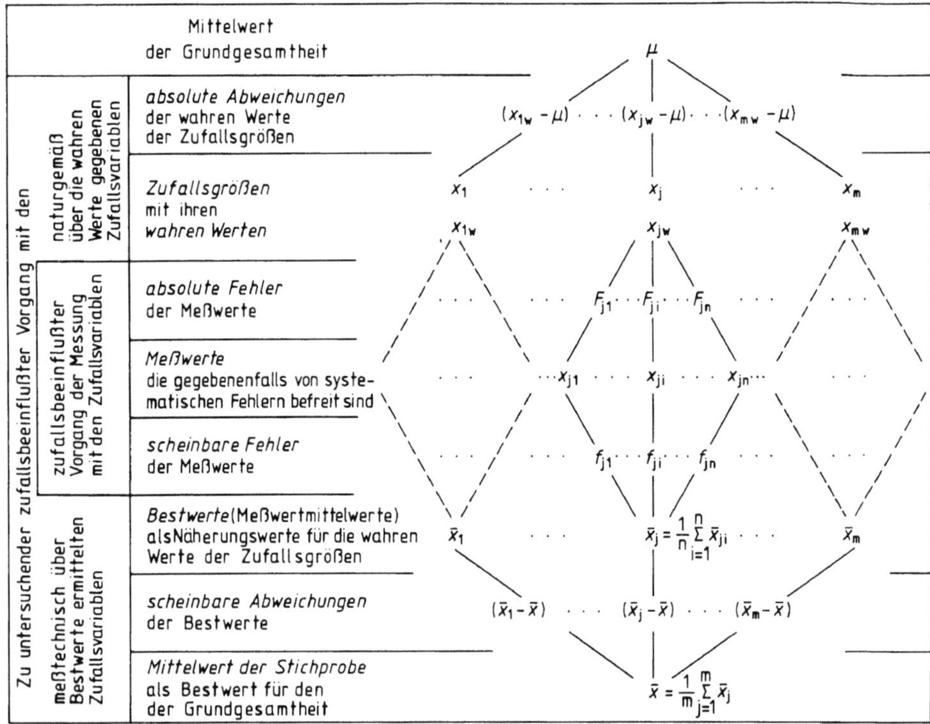

2.43 Meßgrößen und deren Meßwerte als Zufallsvariable

Werte x_{jw} der Einzelmeßgrößen nur ihre jeweiligen Zufallswerte, nämlich die jeweiligen Meßwerte x_{ji}, erfaßt werden können. Jede einzelne Zufallsgröße x_j der zu untersuchenden Zufallsvariablen läßt sich eigentlich wiederum nur als Zufallsvariable ihrer Meßwerte $x_{j1}, ..., x_{ji}, ..., x_{jn_j}$ ermitteln. Man könnte auch sagen, das Problem umfaßt zwei statistische Ebenen (s. Bild 2.43). In der einen Ebene liegt die Zufallsvariable der zu untersuchenden Zufallsgrößen x_j mit ihren eindeutig definierten wahren Werten x_{jw} bzw. die Zufallsvariable der Abweichungen $(x_{jw} - \mu)$ dieser Zufallsgrößen x_{jw} von dem Mittelwert μ der Grundgesamtheit. Auch diese Abweichungen sind als einzelne Zufallsgrößen für sich eindeutig definiert, da der Mittelwert μ der Grundgesamtheit eindeutig definiert ist. In der zweiten Ebene werden die wahren Werte x_{jw} der Zufallsgrößen durch je eine Zufallsvariable der Meßwerte x_{ji} (Zufallswerte) und eine Zufallsvariable der absoluten Fehler $F_{ji} = x_{ji} - x_{jw}$ der Meßwerte darge- stellt. Die statistischen Eigenschaften dieser zweiten Ebene, also der Meßwerte oder deren Fehler, sind aber nicht durch den laut Aufgabenstellung zu untersu- chenden zufallsbeeinflußten Vorgang gegeben, sondern durch den des einge- setzten Meßsystems.

Um zu einer statistischen Aussage über die zu untersuchende Zufallsvariable zu kommen, kann aus den zufälligen Meßwerten x_{ji} jeder einzelnen Zufallsgröße x_j der Meßwertmittelwert $\bar{x}_j = (1/n_j)\sum_{n_j} x_{ji}$ (Bestwert) berechnet werden, der – gegebenenfalls nach Korrektur um systematische Fehler – als konkreter Einzelwert näherungsweise für den nicht bestimmbaren wahren Wert der Zufallsgröße x_j gilt ($\bar{x}_j \approx x_{jw}$). Aus diesen Bestwerten $\bar{x}_j$ für die Zufallsgrößen x_j kann dann z. B. der Mittelwert $\bar{x} = (1/m)\sum_m \bar{x}_j$ der zu untersuchenden Zufallsvariablen als Näherung für den Mittelwert $\mu \approx \bar{x}$ ihrer Grundgesamtheit berechnet werden (Bild **2.43**). Weiter können damit dann die Abweichungen $(\bar{x}_j - \bar{x})$ der Meßwertmittelwerte $\bar{x}_j$ vom Mittelwert $\bar{x} \approx \mu$ der Zufallsvariablen der Meßgröße sowie ihre Standardabweichung $s = [\sum_m (\bar{x}_j - \bar{x})^2/(m-1)]^{-1/2}$ berechnet werden.

Die vorstehenden Erläuterungen sollen das grundsätzliche Problem deutlich und übersichtlich herausstellen. In der Praxis vereinfacht man dieses i. allg. erheblich, indem man zur Messung der einzelnen Zufallsgrößen x_j einer Stichprobe eine Meßeinrichtung wählt, deren Fehlergrenzen klein sind gegenüber dem Streubereich der zu untersuchenden Zufallsvariablen. Damit gilt bereits ein einziger Meßwert x_{j1} für jede Meßgröße x_j als richtiger Wert x_{jr} dieser Größe $x_{j1} = x_{jr} \approx x_{jw}$, der als Näherung für den wahren Wert x_{jw} angesehen werden darf.

Die praktischen Problemstellungen, bei denen eine Zufallsvariable meßtechnisch zu erfassen und zu untersuchen ist, sind äußerst vielschichtig. Vom Prozeßablauf her lassen sich zwei Kategorien unterscheiden. Einmal werden Zeitfunktionen als Zufallsvariable statistisch untersucht, d. h., die Zufallsgrößen sind Augenblickswerte, und zum anderen werden Kollektive untersucht, die aus zeitunabhängigen diskreten Einzelgrößen bestehen, wie z. B. Fertigungs- oder Lieferungskollektive. Da hier nur das grundsätzliche Problem interessiert, ist im folgenden der praktische Ablauf des meßtechnischen Lösungsweges beispielhaft für die besonders übersichtliche Aufgabe der Untersuchung zeitunabhängiger Zufallsvariablen geschildert.

Beispiel 2.22. Bei der Serienfertigung von gleichartigen Kondensatoren einer bestimmten Nennkapazität C_N ist jeder einzelne Kondensator jeweils durch einen einzigen wahren Kapazitätswert C_{jw} eindeutig gekennzeichnet. Diese Kapazitätswerte weichen aber durch zufällige Material- und Fertigungsschwankungen, also durch die Zufälligkeiten des Fertigungsprozesses, voneinander ab. Der Fertigungsprozeß bestimmt somit als zufallsbeeinflußter Vorgang die Zufallsgrößen Kapazität (s. Bild **2.44**). Zur Bestimmung der statistischen Eigenschaften dieses Fertigungsprozesses wird der Fertigung eine für das gesamte Fertigungskollektiv repräsentative Stichprobe mit m Kondensatoren entnommen und die Kapazität jedes einzelnen Kondensators mit einer Meßeinrichtung gemessen, deren Fehler vernachlässigbar klein ist gegenüber den zu bestimmenden zufälligen Unterschieden in den Kapazitätswerten verschiedener Kondensatoren. Gegebenenfalls ist es erforderlich, in einer ersten orientierenden Messung die Größe des Streubereiches der Kapazitätswerte abzuschätzen, um danach eine Meßeinrichtung mit entsprechend kleiner Garantiefehlergrenze auszuwählen.

	Kollektiv von Zufallsgrößen z. B. Stichprobe aus der Serienfertigung von Kondensatoren
Einzelne Kondensatoren stellen je eine Meßgröße C_j (Zufallsgröße) der Zufallsvariablen $\{C\}$ mit je einem einzigen wahren Wert C_{jw} dar.	C_1 ... C_j ... C_m
Streubereich ΔC_{jw} der wahren Werte C_{jw} ist durch die zufälligen Einflüsse des Fertigungsverfahrens bestimmt.	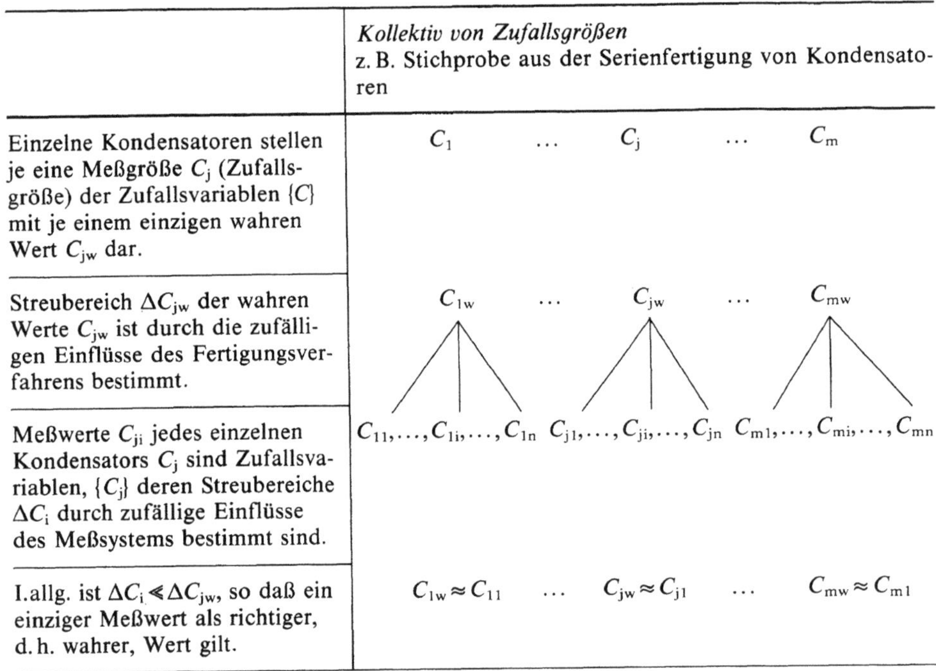
Meßwerte C_{ji} jedes einzelnen Kondensators C_j sind Zufallsvariablen, $\{C_j\}$ deren Streubereiche ΔC_i durch zufällige Einflüsse des Meßsystems bestimmt sind.	
I. allg. ist $\Delta C_i \ll \Delta C_{jw}$, so daß ein einziger Meßwert als richtiger, d. h. wahrer, Wert gilt.	$C_{1w} \approx C_{11}$ ... $C_{jw} \approx C_{j1}$ ... $C_{mw} \approx C_{m1}$

2.44 Messung einer Stichprobe von n Kondensatoren aus einem Fertigungskollektiv

Unter dieser Voraussetzung genügt es, jeden einzelnen Kondensator nur einmal zu messen, da die m Meßwerte $C_{11}, \dots, C_{j1}, \dots, C_{m1}$ als die richtigen Werte, d. h. als Ersatzgrößen für die wahren Werte der m Meßgrößen (Kondensatoren), angesehen werden können ($C_{j1} = C_{jr} \approx C_{jw}$). Aus diesen m Meßwerten lassen sich dann, wie in Abschn. 2.3.2.3 erläutert, der Mittelwert $\overline{C}$ und die Standardabweichung s berechnen, die einen Einblick in die Fertigung liefern und Anlaß für ihre Beeinflussung sein können.

Beispiel 2.23. Für ein mechanisches Relais ist die Ansprechzeit t_v zu messen, das ist die Zeit zwischen Einschalten der Spannung an der Erregerwicklung und dem Zeitpunkt, an dem der Relaiskontakt gerade geschlossen ist.
Wird das Relais zum Zeitpunkt t_0 an eine Gleichspannung geschaltet, so springt zu diesem Zeitpunkt die Spannung an der Erregerwicklung von Null auf einen danach konstanten Wert u_0. Der Strom in der Erregerwicklung steigt aber nach einer Exponentialfunktion von Null auf den Endwert i_∞. Entsprechend steigt auch die Kraft auf den Relaisanker verzögert auf einen Wert, bei dem dieser gegen die Federkräfte aus der Ruhelage gelöst wird und sich durch die Massenträgheit verzögert in die Schließlage bewegt. Der Bewegungsvorgang läßt sich über die Differentialgleichung des elektromechanischen Systems beschreiben, aus der die Ansprechzeit als eine determinierte Größe folgt, die im wesentlichen durch die Zeitkonstanten des elektrischen Systems – Spule und Eisenkreis – und des mechanischen Systems – Relaisanker, Rückstellfeder und Lagerreibung – bestimmt ist. Bei der praktischen Schaltung überlagern sich der aufgezeigten determinierten Größe infolge zufälliger Einflußgrößen, wie nichtkonstante Lagerreibung, geringfügig unterschiedliche Anfangs- und Endlagen des Relaisankers usw., zufällige Abweichungen. Diese sind insofern zufällig, als sich die genannten Einflußgrößen bei

jeder Schaltung ändern und in einer anderen Konstellation überlagern können. Die laut Aufgabenstellung als Meßgröße zu bestimmende Ansprechzeit t_v ist also ihrer Natur nach eine Zufallsgröße.

Sollen laut Aufgabenstellung die statistischen Eigenschaften der Zufallsvariablen Ansprechzeit $\{t_v\}$ erfaßt werden, z. B. weil dieses Relais in einer Steuerung eingesetzt werden soll, in der die genaue Schaltzeit von Bedeutung ist, so sind zunächst die erforderliche Auflösung und Genauigkeit festzustellen, mit denen die Ansprechzeit einer einzelnen Schaltung als Einzelwert gemessen werden muß. In orientierenden Messungen wird festgestellt, daß die Ansprechzeiten im Bereich um 190 ms liegen und sich von Schaltung zu Schaltung um 0,1 ms bis 1 ms unterscheiden. Dementsprechend wird ein Zeitmesser mit einer 6stelligen Ziffernanzeige gewählt, dessen Fehlergrenze praktisch allein durch die Auflösung 1 µs gegeben ist. Damit ist gewährleistet, daß der bei einer Schaltung, also für eine konkrete Zufallsgröße t_{vi} der Zufallsvariablen Ansprechzeit $\{t_v\}$, angezeigte Meßwert als der richtige Wert dieser Meßgröße angesehen werden kann. Der wahre Wert t_{vw} der jeweils gemessenen Ansprechzeit t_v liegt im Bereich von ± 1 µs um den angezeigten Meßwert t_{vi}, der Fehler ist also im Rahmen der Aufgabenstellung, in der die Zufallsvariable mit einer Auflösung von etwa 0,1 ms untersucht werden soll, zu vernachlässigen.

Um die statistischen Eigenschaften der Zufallsvariablen $\{t_v\}$ zu bestimmen, werden nun in einer Stichprobe durch ausreichend viele Schaltungen die Ansprechzeiten t_{vi} abgelesen und als wahre Werte der Zufallsgrößen in einem Protokoll festgehalten (s. Beispiel 2.14). Von diesem ausgehend kann dann je nach Aufgabenstellung folgende Auswertung durchzuführen sein:

Ist ein vollständiges Histogramm gefordert, um eine möglichst weitgehende statistische Information über die Stichprobe zu bekommen, so ist wie in Beispiel 2.14 zu verfahren.

Sind nur Mittelwert und Standardabweichung gefordert, so ist entsprechend Beispiel 2.16 vorzugehen.

Sollen Vertrauensgrenzen für die Ansprechzeiten angegeben werden, so gibt es dafür zwei Möglichkeiten, die sich im Aufwand und der Sicherheit der Ergebnisse unterscheiden. In Beispiel 2.17 wird gezeigt, wie die Vertrauensgrenzen aus dem Histogramm der Stichprobe bestimmt werden, und in Beispiel 2.20, wie unter Zugrundelegung einer Normalverteilung die Vertrauensgrenzen mit Mittelwert und Standardabweichungen zu berechnen sind.

Eine Prüfung, ob die Zufallsgrößen der Stichprobe einer Normalverteilung entsprechen, ist in Beispiel 2.19 durchgeführt.

Selbstverständlich gelten alle Ergebnisse nur für das eine individuelle Relais. Sollen die statistischen Eigenschaften einer Serienfertigung von Relais beschrieben werden, so genügt es keineswegs, ein einzelnes Relais wie vorstehend zu untersuchen. Es könnte beispielsweise sein, daß die Abweichungen der Ansprechzeiten zwischen verschiedenen Relais in einem Bereich streuen, der wesentlich größer ist als der Streubereich für ein einzelnes Relais.

2.5 Fehlerfortpflanzung

Häufig soll aus den Meßwerten mehrerer Meßgrößen nach einer bestimmten Rechenvorschrift ein Meßergebnis (s. Abschn. 1.2) ermittelt werden. In der Statistik bezeichnet man ein solches Meßergebnis auch als indirekte oder vermittelnde Beobachtung, bei der die interessierende, aber selbst nicht direkt meßbare Ergebnisgröße aus anderen direkt zu messenden – auch direkt zu beobachtenden – Meßgrößen bestimmt wird. Bei der Bestimmung der Gleichstromleistung $p = u\,i$ über eine Strom-Spannungs-Messung wird z. B. das Meßergebnis – Leistung p – als Produkt $u\,i$ der beiden Meßwerte für die Spannung u_i und den Strom i_i bestimmt. Da die Meßwerte für Strom i_i und Spannung u_i immer mit Fehlern behaftet sind, ist auch das Meßergebnis für die Leistung $p_i = u_i\,i_i$ fehlerbehaftet. Muß also ein Meßergebnis als Funktion von mehreren Meßgrößen ermittelt werden, die jede für sich nur fehlerbehaftet gemessen werden können, so stellt sich das Problem, den Fehler dieses Meßergebnisses direkt aus den Fehlern der Argumente dieser Funktion – also den Meßwerten – zu berechnen. Man spricht von der Fehlerfortpflanzung der Meßwerte in der Funktion bzw. von den Gesetzen der Fehlerfortpflanzung.

Ein weiteres wichtiges Gebiet für die Anwendung der Fehlerfortpflanzung ist die Bestimmung des Gesamtfehlers einer Meßeinrichtung aus den Einzelfehlern der einzelnen Meßglieder, aus denen sich das Meßsystem zusammensetzt. Beispielsweise soll der Gesamtfehler eines Temperaturmeßgerätes bestimmt werden, das mit einem Widerstandsthermometer in einer Brückenschaltung die Temperatur durch einen Spannungsmesser anzeigt. Sind die Fehler der einzelnen Meßglieder wie Widerstandsthermometer, Brückenschaltung und Spannungsmesser bekannt, so läßt sich mit Hilfe der Fehlerfortpflanzung auch der Gesamtfehler, der der Anzeige anhaftet, berechnen.

Die grundsätzlichen Unterschiede zwischen zufälligen Fehlern, systematischen Fehlern und Fehlergrenzen müssen in der Fehlerfortpflanzung berücksichtigt werden, was zu unterschiedlichen Gesetzmäßigkeiten führt. Da den Meßwerten im allgemeinen sowohl zufällige als auch systematische Fehler anhaften, werden getrennt voneinander nach den Regeln aus Abschn. 2.5.1 bzw. 2.5.2 aus den systematischen bzw. zufälligen Fehlern der direkten Meßwerte der systematische bzw. der zufällige Fehler des Meßergebnisses berechnet. In der Praxis ergeben sich häufig Schwierigkeiten, da nicht alle Fehler, die den Meßwerten anhaften, eindeutig als zufällige oder systematische einzuordnen sind. Die hierbei anzuwendenden Regeln werden in Abschn. 2.5.2.3 erläutert.

2.5.1 Fehlerfortpflanzung systematischer Fehler

Systematische Fehler sind nach Betrag und Vorzeichen bestimmbar. Aus einem mit systematischen Fehlern f_{sx} behafteten Meßwert x_i kann demnach immer entsprechend Gl. (2.1) ein korrigierter Meßwert

$$x_k = x_i - f_{sx} \tag{2.63}$$

berechnet werden. Dementsprechend muß sich auch ein aus mehreren solchen Meßwerten berechnetes Meßergebnis korrigieren lassen. Da in diesem Abschnitt ausschließlich systematische Fehler behandelt werden, Verwechslungen mit zufälligen Fehlern somit ausgeschlossen sind und die Unterscheidung zwischen absoluten oder scheinbaren Fehlern nicht betont werden muß, wird aus Gründen der Übersichtlichkeit in diesem Abschnitt als Fehlersymbol das kleingeschriebene f ohne Index s verwendet.

Es wird von m Meßgrößen $x_1, \ldots, x_j, \ldots, x_m$ ausgegangen, deren Meßwerte mit den systematischen Fehlern $f_{x1}, \ldots, f_{xj}, \ldots, f_{xm}$ behaftet sind und aus denen nach einer bekannten Vorschrift – Funktion – ein Meßergebnis

$$y = g(x_1, \ldots, x_j, \ldots, x_m) \tag{2.64}$$

berechnet werden soll.

Direkte Korrektur der Meßwerte. Die übersichtlichste und in allen Fällen genaueste Korrektur des Meßergebnisses erreicht man durch die direkte Korrektur aller Meßwerte. Liegt für jede Meßgröße x_j ein bestimmter Meßwert x_{ji} vor und ist dessen systematischer Fehler f_{xj} ebenfalls als bestimmter Wert bekannt, so wird zunächst jeder Meßwert entsprechend Gl. (2.63) korrigiert $(x_{jk} = x_{ji} - f_{xj})$ und so in die Funktion für das Meßergebnis eingesetzt. Das korrigierte Meßergebnis y_k ergibt sich also als Funktion

$$y_k = g(x_{1k}, \ldots, x_{jk}, \ldots, x_{mk}) \tag{2.65}$$

der korrigierten Meßwerte. Für viele praktisch auftretende Meßaufgaben wird man dieses Verfahren anwenden können.

Allgemeine Korrekturgleichung für Meßergebnisse. Für Problemstellungen, in denen nicht von konkreten systematischen Fehlern ausgegangen wird, z. B. für theoretische Untersuchungen oder für allgemeine Darstellungen der Gewichte, mit denen die Fehler der Einzelgrößen in das Meßergebnis eingehen, muß eine allgemeingültige Gleichung der Fehlerfortpflanzung systematischer Fehler aufgestellt werden.

Es wird zunächst eine beliebige, auch nichtlineare Funktion

$$y = g(x_1, x_2) \tag{2.66}$$

betrachtet, nach der ein Meßergebnis y aus zwei direkten Meßgrößen x_1 und x_2 berechnet wird. Sind die Meßwerte x_{1i} und x_{2i} der direkten Meßgrößen mit den systematischen Fehlern f_{x1} und f_{x2} behaftet, so ist auch das Meßergebnis y – Funktionswert y – mit einem systematischen Fehler f_y behaftet, der deutlich wird, wenn in Gl. (2.66) für die Meßgrößen x_1 und x_2 die korrigierten Meßwerte $x_k = x_i - f_x$ eingesetzt werden.

$$y = g[(x_{1i} - f_{x1}), (x_{2i} - f_{x2})] \tag{2.67}$$

Könnte man den Funktionswert als Meßgröße y direkt messen, so ergäbe sich ein mit dem systematischen Fehler f_y behafteter „Meßwert" y_i, aus dem entsprechend Gl. (2.63) der korrigierte „Meßwert" $y_k = y_i - f_y$ berechnet werden müßte. Setzt man diesen korrigierten „Meßwert" gleich der in eine Taylor-Reihe entwickelten rechten Seite der Gl. (2.67)

$$y_k = y_i - f_y = g\,(x_{1i}, x_{2i}) - \left\{ \frac{1}{1!} \left[\left(\frac{\partial g}{\partial x_1}\right) f_{x1} + \left(\frac{\partial g}{\partial x_2}\right) f_{x2} \right] \right. \tag{2.68}$$

$$- \frac{1}{2!} \left[\left(\frac{\partial^2 g}{\partial x_1^2}\right) f_{x1}^2 + 2 \left(\frac{\partial^2 g}{\partial x_1 \partial x_2}\right) f_{x1} f_{x2} + \left(\frac{\partial^2 g}{\partial x_2^2}\right) f_{x2}^2 \right] +$$

$$\left. \vdots \right\},$$

so ergibt sich aus einem Summandenvergleich

a) das mit den systematischen Fehlern behaftete Meßergebnis y_i – fiktiver Anzeigewert – als Funktionswert

$$y_i = g\,(x_{1i}, x_{2i}) \tag{2.69}$$

aus den mit systematischen Fehlern behafteten direkten Meßwerten x_{1i} und x_{2i} sowie

b) der systematische Fehler f_y des Meßergebnisses als die in der geschweiften Klammer stehende Summe mit den Gliedern 1.; ...; 2.; ...; n-ter Ordnung der Taylorreihe.

Sind die Fehler f_x hinreichend klein gegenüber den Meßwerten x_i, dann sind die Glieder 2. und höherer Ordnung der Taylor-Reihe so klein gegenüber dem ersten Glied, daß sie vernachlässigt werden können. Der systematische Fehler des Meßergebnisses y kann dann nach der Beziehung

$$f_y \approx \left(\frac{\partial g}{\partial x_1}\right) f_{x1} + \left(\frac{\partial g}{\partial x_2}\right) f_{x2} \tag{2.70}$$

bestimmt werden, die i. allg. nicht als Näherung ($\approx$), sondern als Gleichung ($=$) geschrieben wird.

Da in praktischen Aufgabenstellungen – von Ausnahmen abgesehen – obige Voraussetzung immer gegeben ist, kann die Vernachlässigung der Glieder höherer Ordnung allgemein eingeführt werden. Dann läßt sich nach den vorstehenden Erläuterungen auch für beliebige nichtlineare Funktionen $y = g(x_1, \ldots, x_j, \ldots, x_m)$ aus mehreren mit systematischen Fehlern f_{xj} behafteten Meßwerten x_{ji} das Gesetz der Fehlerfortpflanzung ableiten. Wie bei zwei Meßwerten ergibt sich auch für Funktionen mit m Meßwerten das Meßergebnis

$$y_k = y_i - f_y \tag{2.71}$$

als Differenz aus dem fehlerbehafteten – d. h. aus den fehlerbehafteten Meßwerten x_{ji} berechneten – Funktionswert

$$y_i = g(x_{1i}, \ldots, x_{ji}, \ldots, x_{mi}) \qquad (2.72)$$

und dessen systematischem Fehler

$$f_y = \sum_{j=1}^{m} \left(\frac{\partial g}{\partial x_j}\right)_i f_{xj}. \qquad (2.73)$$

Der systematische Fehler f_y eines Meßergebnisses y_i ergibt sich also als Summe der systematischen Fehler f_{xj} der einzelnen Meßwerte, die mit der partiellen Ableitung der Funktion nach der Meßgröße, der dieser Fehler anhaftet, gewichtet sind. Die Werte der partiellen Ableitungen $(\partial g/\partial x_j)_i$ werden mit den fehlerbehafteten Meßwerten x_{ji} berechnet, was durch den Index i an der Klammer angedeutet wird. Die Vorzeichen der Fehler wie auch die der partiellen Ableitungen sind zu beachten. Der Fehler, der dieser Näherung anhaftet, ist um so kleiner, je kleiner die Fehler der Meßwerte f_{xj} gegenüber den zugehörigen Meßwerten x_j sind und je weniger die Funktion $y = g(x_1, \ldots, x_j, \ldots, x_m)$ von einer linearen abweicht.

Beispiel 2.24. Bei der Widerstandsmessung mit einer Wheatstone-Brückenschaltung nach Bild 2.45 ergibt sich der zu messende unbekannte Widerstand $R_x = R_N R_1/R_2$ bei abgeglichener Brücke ($i_0 = 0$) aus den bekannten Widerständen R_N, R_1 und R_2. Es ist zu untersuchen, wie sich eventuelle systematische Fehler der bekannten Widerstände in dem Meßergebnis R_x auswirken.

Man nimmt an, die bekannten Widerstände R_N, R_1 und R_2 der Schaltung sind mit den systematischen Fehlern f_{RN}, f_{R1} und f_{R2} behaftet. Damit ergibt sich für das Ergebnis $R_x = g(R_1, R_2, R_N)$ nach Gl. (2.73) der Fehler

$$f_{Rx} = \sum_{j=1}^{m} \left(\frac{\partial R_x}{\partial R_j}\right) f_{Rj} = \frac{R_1}{R_2} f_{RN} + \frac{R_N}{R_2} f_{R1} - \frac{R_N R_1}{R_2^2} f_{R2}.$$

Da bei Wheatstone-Brücken häufig das Widerstandsverhältnis R_1/R_2 direkt als Quotient abgelesen werden kann (Schleifdrahtbrücke), ist es zweckmäßig diesen Quotienten auszuklammern.

$$f_{Rx} = \frac{R_1}{R_2} \left(f_{RN} + \frac{R_N}{R_1} f_{R1} - \frac{R_N}{R_2} f_{R2} \right)$$

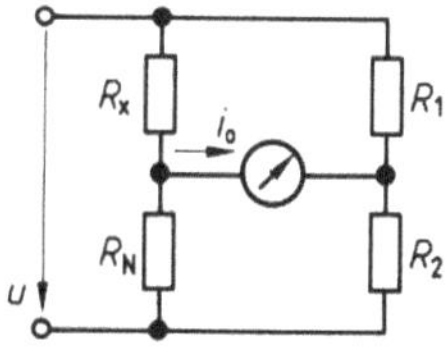

2.45 Brückenschaltung

Bei Brückensymmetrie, d.h. gleich großen Widerständen R_1 und R_2, ergibt sich die größte Empfindlichkeit für die Messung von R_x. Man wird also R_N möglichst so wählen, daß R_1/R_2 nahe Eins liegt. Für diesen Fall wird

a) ein Fehler f_{RN} des Vergleichswiderstandes R_N in gleicher Größe in den Fehler des Meßergebnisses f_{Rx} übertragen, dagegen

b) von den Fehlern f_{R1} und f_{R2} der Widerstände R_1 und R_2 nur die Differenz ihrer gewichteten Werte $(R_N/R_{1/2})f_{R\,1/2}$.

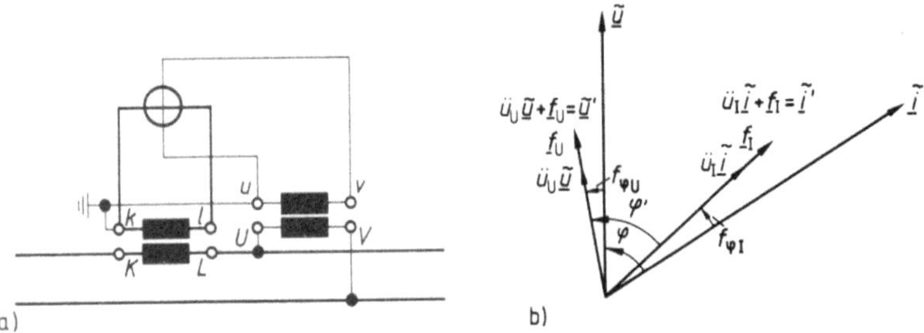

2.46 Leistungsmessung über Strom- und Spannungswandler
a) Schaltung, b) Zeigerdiagramm

Beispiel 2.25. Bei der Wirkleistungsmessung $\bar{p} = \tilde{u}\,\tilde{i}\cos\varphi$ werden häufig sowohl die Spannung $\tilde{u}$ als auch der Strom $\tilde{i}$ über Wandler mit dem Nennübersetzungsverhältnis $\ddot{u}_U$ bzw. $\ddot{u}_I$ dem Leistungsmesser zugeführt (s. Bild 2.46a). Da solche Wandler sowohl einen Übersetzungs- als auch einen Winkelfehler haben, wird von dem Leistungsmesser nicht der wahre Wert der Wirkleistung $\bar{p} = \tilde{u}\,\tilde{i}\cos\varphi$ erfaßt, sondern eine um den Stromfehler f_I, den Spannungsfehler f_U und den Winkelfehler $f_\varphi = f_{\varphi U} - f_{\varphi I}$ verfälschte Leistung

$$\bar{p}_i = \tilde{u}'\,\tilde{i}'\cos\varphi' = [(\ddot{u}_U\tilde{u}) + f_U][(\ddot{u}_I\tilde{i}) + f_I]\cos(\varphi + f_\varphi)$$

(s. Bild 2.46b). Es ist zu untersuchen, wie sich die verschiedenen Wandlerfehler auf den Fehler der gemessenen Leistung auswirken. Der tatsächlich über die Wandler erfaßte Leistungswert $\bar{p}_i/(\ddot{u}_U\ddot{u}_I)$ interessiert bei dem hier betrachteten Problem nicht.

Das Meßergebnis $\bar{p}$ wird in dem Leistungsmesser nach obiger Gleichung aus den drei an dem Leistungsmesser anliegenden Meßgrößen $\tilde{u}'$, $\tilde{i}'$ und φ' bestimmt, die jeweils mit den systematischen Fehlern f_U, f_I und f_φ behaftet sind. Der systematische Fehler f_p des angezeigten Ergebnisses $\bar{p}_i$ ist entsprechend Gl. (2.73) bestimmt.

$$f_p = \sum_{j=1}^{m}\left(\frac{\partial\bar{p}}{\partial x_j}\right)f_{xj} = (\tilde{i}'\cos\varphi')f_U + (\tilde{u}'\cos\varphi')f_I - (\tilde{u}'\tilde{i}'\sin\varphi')f_\varphi$$

Erweitert man die in den Klammern stehenden partiellen Ableitungen jeweils mit der fehlerbehafteten Größe $\tilde{u}'$, $\tilde{i}'$ oder $\cos\varphi'$, so daß die von dem Leistungsmesser angezeigte fehlerbehaftete Leistung $\bar{p}_i$ nach obiger Gleichung ausgeklammert werden kann, erhält man den relativen Fehler der angezeigten Leistung in der Form

$$\frac{f_p}{\bar{p}_i} = \frac{f_U}{\tilde{u}'} + \frac{f_I}{\tilde{i}'} - f_\varphi\tan(\varphi').$$

Im Gegensatz zu den Übersetzungsfehlern der Wandler kann der Winkelfehler das Meßergebnis entscheidend beeinflussen, nämlich bei Wirkleistungsmessungen von Verbrauchern mit großen Blindleistungskomponenten. Würde bei Präzisionswandlern der Fehlerklasse 0,2 ein resultierender Winkelfehler $f_\varphi = f_{\varphi I} - f_{\varphi U}$ (Differenz der Winkelfehler für Strom- und Spannungswandler) von nur 20' (Winkelminuten), also $f_\varphi = (20'/60')°$ $(\pi/180°)$ rad $= 0{,}0058$ rad, auftreten, so hätte dieser für eine mit dem $\cos\varphi = 0{,}1$ gemessene Wirkleistung $\bar{p}_i$ bereits den Fehler $f_p = 0{,}0058 \cdot \tan(\arccos 0{,}1) = 0{,}058$, also 5,8% zur Folge.

2.5.2 Fehlerfortpflanzung zufälliger Fehler

Wird aus m direkten Meßgrößen x_j, die mit zufälligen Fehlern f_{xj} behaftet sind, nach Gl. (2.64) ein Meßergebnis y gebildet, so hat auch das Meßergebnis y einen zufälligen Fehler f_y. Aus ähnlichen Gründen, wie in Abschn. 2.5.1 angeführt, wird hier das Fehlersymbol klein und ohne Index geschrieben. Dieser zufällige Fehler f_y des Meßergebnisses läßt sich grundsätzlich genau so wie in Abschn. 2.3.2 erläutert beschreiben, z. B. im Sinne einer Kenngröße als mittlerer Fehler s_y (Standardabweichung) entsprechend Gl. (2.41)

$$s_y = \sqrt{\frac{1}{n-1} \sum_{i-1}^{n} f_{yi}^2}$$

oder auch durch Fehlergrenzen G_v (Vertrauensgrenzen), die mit einer bestimmten Wahrscheinlichkeit $w(G_{v1} \leqq f_y < G_{v2}) = P$ eingehalten werden.

Für die praktische Berechnung kann man je nach Aufgabenstellung grundsätzlich von den Einzelwerten der zufälligen Fehler oder von ihren statistischen Kenngrößen ausgehen.

2.5.2.1 Fehlerfortpflanzung der Einzelwerte zufälliger Fehler. Sind für die einzelnen m direkten Meßwerte x_{ji}, aus denen jeweils ein Meßergebniswert y_i berechnet wird, die einzelnen zufälligen Fehler f_{xji} bekannt, so kann auch für jeden Meßergebniswert y_i ein einzelner zufälliger Fehler f_{yi} nach Gl. (2.73) berechnet werden. Dieser Fehler ist aber, obwohl er als einzelner bestimmter Wert wie ein systematischer Fehler behandelt werden kann, zufälliger Natur. Würde man die m direkten Meßgrößen jeweils wiederholt messen ($i = 1$ bis n), so würden sich die Meßwerte zufällig unterscheiden und damit auch das jeweils aus ihnen ermittelte Meßergebnis. Ermittelt man also in einer Stichprobe für alle m direkten Meßgrößen x_j jeweils n direkte Meßwerte x_{ji} und deren zufällige Fehler f_{xji}, so lassen sich auch für die Stichprobe der n Meßergebnisse y_i die zugehörigen n zufälligen Fehler nach Gl. (2.73) berechnen. Mit Hilfe dieser Stichprobe des Meßergebnisses können dann weitere Betrachtungen über die statistischen Eigenschaften der Zufallsvariablen $\{y\}$ des Meßergebnisses angestellt werden, z. B. zur Ermittlung der Art der Verteilung und deren Kenngrößen.

2.5.2.2 Bestimmung der Verteilung von Ergebnisfehlern aus den Verteilungen direkter Meßgrößen. Da das in Abschn. 2.5.2.1 geschilderte Verfahren zur Berechnung der Einzelwerte des zufälligen Fehlers von Meßergebnissen sehr aufwendig ist und in der Praxis häufig bereits für die direkten Meßgrößen die zufälligen Fehler durch ihre Kenngrößen und die Art der Verteilung angegeben sind, ist es einfacher, aus diesen Kenngrößen auch direkt eine Kenngröße für die zufälligen Fehler des Meßergebnisses zu berechnen. Man kann hierzu grundsätzlich wie folgt vorgehen.

a) Für die direkten Meßgrößen $x_1, \ldots, x_j, \ldots, x_m$ ist die Verteilung ihrer zufälligen Meßwerte x_{ji} bzw. ihrer zufälligen Fehler f_{xji} als Wahrscheinlichkeitsdichte $p(f_{x1}), \ldots, p(f_{xj}), \ldots, p(f_{xm})$, als Verteilungsfunktion $P(f_{x1}), \ldots, P(f_{xj}), \ldots,$ $P(f_{xm})$ o. ä. bekannt bzw. wird, wie in Abschn. 2.3.2 erläutert, bestimmt.

Beispielsweise könnten diese Zufallsvariablen bei allen direkten Meßgrößen zumindest näherungsweise einer Normalverteilung nach Gl. (2.48) entsprechen mit den Mittelwerten $\bar{x}_1, \ldots, \bar{x}_j, \ldots, \bar{x}_m$ und den Standardabweichungen $s_{x1}, \ldots, s_{xj}, \ldots, s_{xm}$.

b) Aus den bekannten Verteilungen der Meßwerte x_{ji} bzw. deren Fehler f_{ji} muß entsprechend der Funktion $y = g(x_1, \ldots, x_j, \ldots, x_m)$, nach der das Meßergebnis y berechnet wird, auf die Verteilung der Zufallsvariablen dieses Meßergebnisses y bzw. dessen Fehler f_y geschlossen werden.

Wird beispielsweise das Meßergebnis y aus der Summe der direkten Meßgrößen x_j

$$y = x_1 + \cdots + x_j + \cdots + x_m$$

berechnet und sind die Meßwerte $\{x_{ji}\}$ der direkten Meßgrößen bzw. deren Fehler $\{f_{xj}\}$ als Zufallsvariable entsprechend dem Beispiel unter a) normalverteilt, so läßt sich nachweisen [18], daß die Zufallsvariable des Meßergebnisses $\{y\}$ bzw. dessen Fehlers $\{f_y\}$ ebenfalls normalverteilt ist mit dem Mittelwert des Meßergebnisses

$$\bar{y} = \bar{x}_1 + \cdots + \bar{x}_j + \cdots + \bar{x}_m \tag{2.74}$$

und der Standardabweichung

$$s_y = \sqrt{s_{x1}^2 + \cdots + s_{xj}^2 + \cdots + s_{xm}^2} \; . \tag{2.75}$$

c) Für die entsprechend b) ermittelte (evtl. geschätzte) Verteilung der zufälligen Fehler f_y des Meßergebnisses können entsprechend Abschn. 2.3.2.4 bzw. 2.3.3.3 für vorgegebene Vertrauensgrenzen G_{v1} und G_{v2} die Wahrscheinlichkeit P oder umgekehrt für eine vorgegebene Wahrscheinlichkeit die Vertrauensgrenzen berechnet werden.

Ist beispielsweise der zufällige Fehler f_y des Meßergebnisses, wie unter b) ausgeführt, normalverteilt, so kann die Wahrscheinlichkeit P für die gegebenen Fehlergrenzen G_{v1} und G_{v2} oder umgekehrt nach Abschn. 2.3.3.3 bestimmt werden.

Beispiel 2.26. Die Stellwiderstände für drei Dualstellen entsprechend Bild **2.**47a werden aus serienmäßigen Widerständen R_1, R_2 und R_4 zusammengeschaltet. Alle drei Widerstände werden jeweiligen Großserien entnommen, deren Einzelwiderstände normalverteilt angenommen werden können, mit den Kenngrößen für $\{R_1\}$: $\bar{R}_1 = 995{,}4\ \Omega$, $s_1 = 3{,}2\ \Omega$, für $\{R_2\}$: $\bar{R}_2 = 1983{,}6\ \Omega$, $s_2 = 8{,}4\ \Omega$ und für $\{R_4\}$: $\bar{R}_4 = 3902{,}1\ \Omega$, $s_4 = 10{,}7\ \Omega$.
Wie groß ist der Vertrauensbereich (Toleranzbereich) $\pm\Delta R$ für die geschalteten Widerstände $(R_1 + R_2)$, $(R_1 + R_4)$, $(R_2 + R_4)$, $(R_1 + R_2 + R_4)$ anzugeben, wenn von allen gefertigten Stellwiderständen nur 1% Werte aufweisen dürfen, die außerhalb dieses Vertrauensbereiches liegen.
Im folgenden wird die Lösung exemplarisch für den Widerstandswert $R_{124} = R_1 + R_2 + R_4$ erläutert. Dieser Wert ergibt sich als Summe dreier normalverteilter Zufallsvariablen $\{R_1\}$, $\{R_2\}$ und $\{R_4\}$ und ist somit ebenfalls eine normalverteilte Zufallsvariable $\{R_{124}\}$ mit den Kenngrößen entsprechend Gl. (2.74) bzw. (2.75).

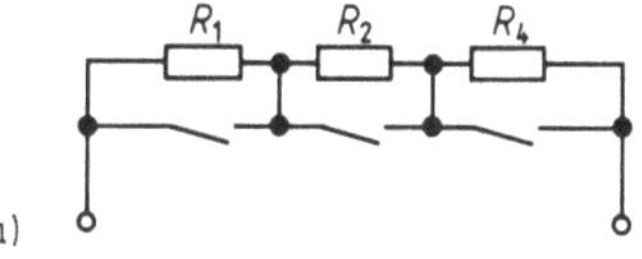

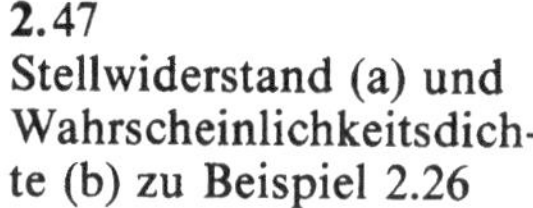

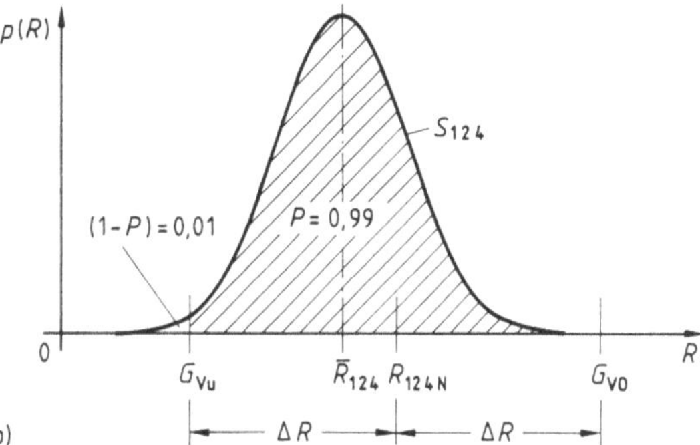

2.47
Stellwiderstand (a) und
Wahrscheinlichkeitsdichte (b) zu Beispiel 2.26

$$\overline{R}_{124} = \overline{R}_1 + \overline{R}_2 + \overline{R}_4 = 995{,}4\ \Omega + 1983{,}6\ \Omega + 3902{,}1\ \Omega = 6881{,}1\ \Omega$$

$$s_{124} = \sqrt{s_1^2 + s_2^2 + s_4^2} = \sqrt{3{,}2^2 + 8{,}4^2 + 10{,}7^2}\ \Omega = 13{,}97\ \Omega$$

Soll als Nennwert $R_{124\,\mathrm{N}} = 7\ \mathrm{k\Omega}$ angegeben werden, so liegt dieser erheblich über dem Mittelwert $\overline{R}_{124}$ der Normalverteilung. Die auf den Nennwert zu beziehenden symmetrischen Toleranzgrenzen werden damit maßgebend durch die **untere Vertrauensgrenze** G_{Vu} bestimmt (s. Bild **2.**47 b). Sollen also 99% aller Widerstandswerte innerhalb der Vertrauensgrenzen $R_{124\,\mathrm{N}} \pm \Delta R$ liegen, erhält man nach Gl. (2.54) $P(z_{\mathrm{Gu}}, z_{\mathrm{Go}}) = P(z_{\mathrm{Go}}) - P(z_{\mathrm{Gu}}) = 0{,}99$ und mit der Annahme $P(z_{\mathrm{Go}}) \approx 1$ die bezogene untere Grenze für $P(z_{\mathrm{Gu}}) = (1 - 0{,}99)$ aus Tafel **A.**3 im Anhang $z_{\mathrm{Gu}} = -2{,}32$. Hierfür beträgt nach Gl. (2.58) die untere Vertrauensgrenze $G_{\mathrm{Vu}} = z_{\mathrm{Gu}} s_{124} + \overline{R}_{124} = -2{,}32 \cdot 13{,}97\ \Omega + 6881{,}1\ \Omega = 6848{,}7\ \Omega$, die nach Bild **2.**47 b gleich ist der Toleranzgrenze $(R_{124\,\mathrm{N}} - \Delta R)$, d.h., es ist $\Delta R = R_{124\,\mathrm{N}} - G_{\mathrm{Vu}} = 7000\ \Omega - 6849\ \Omega = 151\ \Omega$ entsprechend $\Delta R / R_{124\,\mathrm{N}} = 151\ \Omega / (7000\ \Omega) = 2{,}2\%$.

Zur Kontrolle der Richtigkeit obiger Annahme $P(z_{\mathrm{Go}}) = 1$ wird mit der oberen Vertrauensgrenze $R_{124\,\mathrm{N}} + \Delta R = 7151\ \Omega$ nach Gl. (2.58) die obere bezogene Grenze $z_{\mathrm{Go}} = (7151 - 6881{,}1)\ \Omega / (13{,}97\ \Omega) = +19{,}3$ berechnet, die entsprechend Tafel **A.**3 im Anhang $P(z_{\mathrm{Go}}) = 1$ bestätigt.

In gleicher Weise können auch für die weiteren Widerstandswerte R_{24}, R_{14} und R_{12} die Toleranzbereiche bestimmt werden.

2.5.2.3 Fehlerfortpflanzung von Kenngrößen zufälliger Fehler.

So einleuchtend der in Abschn. 2.5.2.1 und 2.5.2.2 beschriebene Lösungsweg für die Erfassung der zufälligen Fehler eines Meßergebnisses grundsätzlich erscheint, so schwierig ist aber seine praktische Ausführung bei allgemeinen nichtlinearen Funktionen. Lediglich Summen normalverteilter Zufallsgrößen lassen sich relativ einfach erfassen. Eine allgemeingültige Anleitung für beliebige Verteilungen nichtlinearer Funktionen würde dagegen den Rahmen vorliegender Einführung überschreiten, da bei solchen Funktionen auch mit normalverteilten direkten Meßgrößen x_{j} das Meßergebnis y i. allg. nicht mehr normalverteilt ist. Aber auch die Kenntnis solcher allgemeinen Verfahren zur Berechnung von Vertrauensgrenzen mit zugehöriger Wahrscheinlichkeit für Meßergebnisse, die durch nichtlineare Funktionen direkter Meßgrößen mit beliebigen Verteilungen bestimmt sind, ist insofern wenig nützlich, weil ihre Anwendung für die Mehrzahl praktischer Meßaufgaben einen unvertretbaren Aufwand erfordert.

In solchen Fällen läßt sich das Problem der Bestimmung von Fehlergrenzen für ein Meßergebnis erheblich vereinfachen, wenn man sich mit der Angabe der Standardabweichung s_y für das Meßergebnis begnügt, die ja als mittlerer quadratischer Fehler unabhängig von der Art der Verteilung definiert ist. Selbstverständlich können dann aus dieser Standardabweichung allein, also ohne Kenntnis der Verteilung, keine Vertrauensgrenzen abgeleitet werden. Sie ist aber dennoch, wie für direkte Meßgrößen in Abschn. 2.3.2.3, Standardabweichung als verteilungsunabhängiges Fehlermaß erläutert, eine charakteristische Größe, die eine subjektive Wertung der möglichen Breite des Streubereiches – insbesondere zu Vergleichszwecken – erlaubt.

Fehlerfortpflanzung von Standardabweichungen. Für ein Meßergebnis y, welches entsprechend Gl. (2.64) durch eine beliebige Funktion $y = g(x_1, \ldots, x_j, \ldots, x_m)$ der direkten Meßgrößen $x_1, \ldots, x_j, \ldots, x_m$ bestimmt ist, soll der mittlere quadratische Fehler – Standardabweichung s_y – entsprechend der Definition nach Gl. (2.41)

$$s_y = \sqrt{\frac{1}{n-1} \sum_{i=1}^{n} (y_i - \bar{y})^2} = \sqrt{\frac{1}{n-1} \sum_{i=1}^{n} f_{yi}^2} \qquad (2.76)$$

berechnet werden. Man nimmt an, jede einzelne der m direkten Meßgrößen x_j werde unter Ausschaltung aller systematischen Einflüsse in einer Meßreihe mit je n Meßwerten x_{ji} erfaßt, die mit zufälligen Fehlern f_{xji} behaftet sind.

$$
\begin{aligned}
& x_{11}, f_{x11}; \ldots; x_{1i}, f_{x1i}; \ldots; x_{1n}, f_{x1n} \\
& \quad \vdots \\
& x_{j1}, f_{xj1}; \ldots; x_{ji}, f_{xji}; \ldots; x_{jn}, f_{xjn} \\
& \quad \vdots \\
& x_{m1}, f_{xm1}; \ldots; x_{mi}, f_{xmi}; \ldots; x_{mn}, f_{xmn}
\end{aligned}
\qquad (2.77)
$$

Für jeden dieser n Sätze von Meßwerten könnte man nach der vorgegebenen Funktion Gl. (2.64) jeweils auch ein einzelnes Meßergebnis $y_1, \ldots, y_i, \ldots, y_n$ berechnen, welches dann ebenfalls einen einzelnen zufälligen Fehler $f_{y1}, \ldots, f_{yi}, \ldots, f_{yn}$ aufweist. Ähnlich wie bei der Ableitung des systematischen Fehlers läßt sich jedes dieser Meßergebnisse y_i als fiktiver fehlerbehafteter Meßwert y_i auffassen, der um den fiktiven zufälligen Fehler f_{yi} entsprechend Gl. (2.71) korrigiert auf den korrigierten Ergebniswert

$$y_{ik} = y_i - f_{yi} = g\left[(x_{1i} - f_{x1i}), \ldots, (x_{ji} - f_{xji}), \ldots, (x_{mi} - f_{xmi})\right] \qquad (2.78)$$

führt. Um aus dieser Darstellung der einzelnen zufälligen Fehler f_{yi} des Meßergebnisses y_i ihren quadratischen Mittelwert – Standardabweichung s_y – entsprechend Gl. (2.76) abzuleiten, wird die rechte Seite der Gl. (2.78) in eine Taylorreihe entwickelt. Daraus läßt sich dann analog der Erläuterung der Fehlerfortpflanzung für systematische Fehler entsprechend Gl. (2.66) bis (2.73) das fehlerbehaftete Meßergebnis als Funktion der fehlerbehafteten Meßwerte wie folgt ableiten.

Der Fehler f_{yi} des Meßergebnisses y_i wird durch die Glieder erster und höherer Ordnung der Taylorreihe beschrieben. Sind die Fehler sehr klein gegenüber den Meßwerten ($f_{xj} \ll x_j$), so lassen sich die Glieder höherer Ordnung vernachlässigen, und man kann den jeweiligen einzelnen zufälligen Fehler f_{yi} des jeweiligen einzelnen Meßergebnisses y_i aus den jeweiligen einzelnen Fehlern $f_{x1i}, \ldots, f_{xji}, \ldots, f_{xmi}$ der direkten Meßwerte $x_{1i}, \ldots, x_{ji}, \ldots, x_{mi}$ entsprechend Gl. (2.73) bestimmen.

$$f_{yi} = \left(\frac{\partial g}{\partial x_1}\right)_i f_{x1i} + \cdots + \left(\frac{\partial g}{\partial x_j}\right)_i f_{xji} + \cdots + \left(\frac{\partial g}{\partial x_m}\right)_i f_{xmi} \tag{2.79}$$

Der Index i an den Klammern soll andeuten, daß in die partiellen Ableitungen der Funktionen $(\delta g / \delta x)$ jeweils die fehlerbehafteten Meßwerte $x_{1i}, \ldots x_{ji}, \ldots x_{mi}$ des i-ten Meßwertsatzes einzusetzen sind.

Entsprechend den n Sätzen von Meßwerten lassen sich so auch n zufällige Fehler $f_{y1}, \ldots, f_{yi}, \ldots, f_{yn}$ der n Meßergebnisse $y_1, \ldots, y_i, \ldots, y_n$ berechnen. Bildet man ihren quadratischen Mittelwert entsprechend der Definitionsgleichung (2.76), so führt dieses allerdings auf recht komplizierte Ausdrücke, die sich nur durch die folgenden Annahmen vereinfachen lassen.

a) Die Anzahl der Meßwertsätze n sei sehr groß.

b) Die Verteilung der Fehler f_{xji} bei jeder der Meßgrößen x_j sei so, daß gleich große positive und negative Werte gleich häufig auftreten.

c) Die Fehler f_{xji} seien sehr klein gegenüber den Meßwerten x_{ji}, so daß auch die Meßwerte der jeweiligen Meßgröße nur wenig untereinander abweichen.

$$x_{11} \approx \cdots \approx x_{1i} \approx \cdots \approx x_{1n}$$
$$\vdots$$
$$x_{j1} \approx \cdots \approx x_{ji} \approx \cdots \approx x_{jn}$$
$$\vdots$$
$$x_{m1} \approx \cdots \approx x_{mi} \approx \cdots \approx x_{mn}$$

Ohne die Einführung dieser Annahmen und die darauf gründenden Vernachlässigungen zu erläutern, sei hier das Ergebnis

$$s_y = \sqrt{\left(\frac{\partial g}{\partial x_1}\right)_i^2 s_{x1}^2 + \cdots + \left(\frac{\partial g}{\partial x_j}\right)_i^2 s_{xj}^2 + \cdots + \left(\frac{\partial g}{\partial x_m}\right)_i^2 s_{xm}^2} \tag{2.80}$$

als Näherungsgleichung angegeben. Die Standardabweichung s_y für ein Meßergebnis y, das nach einer beliebigen Funktion aus m direkten Meßgrößen x_j bestimmt ist, wird als quadratischer Mittelwert der mit den partiellen Ableitungen der Funktion gewichteten Standardabweichungen s_x für die direkten Meßgrößen x berechnet. Die Werte der partiellen Ableitungen werden mit den jeweiligen fehlerbehafteten Meßwerten berechnet, was durch einen Index i an der Klammer angedeutet wird.

$$s_y = \sqrt{\sum_{j=1}^{m} \left(\frac{\partial g}{\partial x_j}\right)_i^2 s_{xj}^2} \qquad (2.81)$$

Zur Beurteilung der Sicherheit, mit der die Näherung dem tatsächlich vorliegenden Sachverhalt gerecht wird, soll die Übersicht in Tafel 2.48 dienen.

Können für die direkten Meßgrößen x_j die Standardabweichungen σ_{xj} der Grundgesamtheit als bekannt angenommen werden, z. B. bei theoretischen Untersuchungen, so kann mit ihnen entsprechend Gl. (2.81) auch für das Meßergebnis y eine Standardabweichung der Grundgesamtheit

$$\sigma_y = \sqrt{\sum_{j=1}^{m} \left(\frac{\partial g}{\partial x_j}\right)_i^2 \sigma_{xj}^2} \qquad (2.82)$$

berechnet werden.

Fehlerfortpflanzung für Meßunsicherheiten. Soll ein Meßergebnis y als allgemeine Funktion der direkten Meßgrößen $x_1, \ldots, x_j, \ldots, x_m$ entsprechend Gl. (2.64) berechnet werden und sind die Fehler der direkten Meßgrößen durch ihre Meßunsicherheiten $u_{x1}, \ldots, u_{xj}, \ldots, u_{xm}$ charakterisiert, so kann auch für den Fehler des Meßergebnisses nur eine Meßunsicherheit u_y angegeben werden (s. Abschn. 2.4.1, Meßunsicherheit). Da die Meßunsicherheit nach Gl. (2.61) eine – wenn auch gegebenenfalls sehr unsichere – Vertrauensgrenze darstellt, die abhängig ist von der Größe der ihr zugeordneten Wahrscheinlichkeit, kann sie nicht wie die Standardabweichung als eine allgemeingültige, d. h. verteilungsunabhängige, Kenngröße behandelt werden. Eine allgemeingültige Gleichung für die Fehlerfortpflanzung der Meßunsicherheit kann daher auch nicht angegeben werden. Lediglich für den Sonderfall, daß für alle Meßunsicherheiten $u_{x1}, \ldots, u_{xj}, \ldots, u_{xm}$ der direkten Meßgrößen die gleiche Wahrscheinlichkeit P_x angenommen werden kann, darf nach DIN 1319 die Meßunsicherheit des Meßergebnisses u_y näherungsweise entsprechend Gl. (2.81) berechnet werden.

$$u_y = \sqrt{\sum_{j=1}^{m} \left(\frac{\partial g}{\partial x_j}\right)_i^2 u_{xj}^2} \qquad (2.83)$$

Es muß aber beachtet werden, daß der nach dieser Gleichung berechnete Wert lediglich auf einer definierten Festlegung beruht, die statistisch um so weniger gesichert ist, je größer der Anteil der in der Meßunsicherheit u_x enthaltenen unbekannten, abgeschätzten systematischen Fehler gegenüber den zufälligen Fehlern ist. Wegen der Undurchsichtigkeit des Gültigkeitsbereiches der Gl. (2.83) sollte die Berechnung einer Meßunsicherheit für das Meßergebnis möglichst vermieden werden.

Tafel **2.**48 Spezielle Funktionen für ein Meßergebnis mit den auf sie zugeschnittenen Fehlerfortpflanzungsgleichungen für die Standardabweichungen

A. Spezielle Funktion der Gl. (2.64), nach der ein Ergebnis y berechnet wird	1. Produkt mit fehlerfreiem Faktor $y = a x$	2. lineare Funktion $y = a_1 x_1 + \cdots + a_j x_j + \cdots + a_m x_m$	3. nichtlineare Funktion $y = g(x_1, \ldots, x_j, \ldots, x_m)$
B. Spezielle Gleichung, die aus Gl. (2.81) nach Einsetzen des speziellen Ausdruckes aus A. folgt	$s_y = a\, s_x$	$s_y = \sqrt{(a_1 s_{x_1})^2 + \cdots + (a_j s_{x_j})^2 + \cdots + (a_m s_{x_m})^2}$	$s_y = \sqrt{\sum_{j=1}^{m} \left(\dfrac{\partial g}{\partial x_j} \right)^2_i s_{x_j}^2}$
C. Voraussetzungen, unter denen die spezielle Gleichung in B. entsprechend dem Näherungscharakter von Gl. (2.81) gilt		a) Anzahl der Meßwerte n sehr groß b) Fehlerverteilung f_x so, daß gleich große positive und negative Fehler gleich häufig auftreten	a) und b) wie unter 2. c) Fehler sehr klein gegenüber Meßwerten; Glieder 2. und höherer Ordnung gegenüber denen 1. Ordnung in Taylor-Reihe vernachlässigt

2.5.3 Fehlerfortpflanzung von sicheren Fehlergrenzen

Wie in Abschn. 2.4.1 erläutert, werden Meßwerte x_{ji} häufig mit sicheren Fehlergrenzen G_{xj} angegeben. Wird aus solchen direkten Meßwerten x_j ein Meßergebnis nach einer allgemeinen Funktion Gl. (2.64) berechnet, so lassen sich für dieses Ergebnis sichere oder statistische Fehlergrenzen ermitteln.

2.5.3.1 Sichere oder maximale Ergebnisfehlergrenzen. Sichere Fehlergrenzen G dürfen nach Abschn. 2.1.2 von dem tatsächlich auftretenden Fehler f zwar nicht überschritten, im Extremfall aber durchaus erreicht werden ($f_{max} = G$). Wird ein Meßergebnis $y = g(x_1, \ldots, x_j, \ldots, x_m)$ aus m direkten Meßwerten x_j ermittelt, für die dieser Extremfall $f_{xj\,max} = G_{xj}$ bei allen Meßwerten zutreffen würde, so wäre auch das Meßergebnis y mit einem entsprechend großen Fehler $f_{y\,max}$ behaftet, der nach folgenden Überlegungen bestimmt ist.

Nimmt man für die direkten Meßwerte x_j konkrete Fehler f_{xj} als gegeben an, die den möglichen Extremwerten ihrer jeweiligen Fehlergrenzen G_{xj} entsprechen ($f_{xj\,max} = G_{xj}$), so müssen diese in ihren Auswirkungen wie systematische Fehler behandelt werden, aus denen sich entsprechend Gl. (2.73) der Fehler $f_{y\,max}$ des Meßergebnisses ergibt. Da die konkreten extremen Fehler der direkten Meßgrößen sich in Gl. (2.73) im ungünstigsten Fall gleichsinnig überlagern können, führt man von vornherein die Addition der Beträge in Gl. (2.73) ein. Dann ergeben sich für ein Meßergebnis $y = g(x_1, \ldots, x_j, \ldots, x_m)$ aus den direkten Meßgrößen $(x_1 \pm |G_{x1}|), \ldots, (x_j \pm |G_{xj}|), \ldots, (x_m \pm |G_{xm}|)$, die jeweils mit symmetrischen Fehlergrenzen $\pm |G_{xj}|$ angegeben sind, symmetrische Fehlergrenzen

$$\pm G_y = \pm \sum_{j=1}^{m} \left| \frac{\partial g}{\partial x_j} \right|_i |G_{xj}|, \tag{2.84}$$

die mit Sicherheit nicht überschritten werden, also als s i c h e r e   F e h l e r g r e n z e n bezeichnet werden können.

In der Praxis werden die Fehlergrenzen G_x im allgemeinen mit entsprechenden Sicherheitsabständen von den in Extremfällen zu erwartenden Fehlern f_x angegeben. Es werden somit auch die mit ihnen berechneten Ergebnisfehlergrenzen G_y i. allg. entsprechend größer sein als die tatsächlich dem Ergebnis y anhaftenden Ergebnisfehler f_y. Man bezeichnet daher die nach Gl. (2.84) berechneten Ergebnisfehlergrenzen G_y auch als m a x i m a l e   F e h l e r g r e n z e n, um auszudrücken, daß diese auch in den denkbar ungünstigsten Konstellationen nicht überschritten werden. Dies gilt allerdings nur, solange die Vernachlässigungen bei der Ableitung der Gl. (2.73) und damit Gl. (2.84) gerechtfertigt sind.

Beispiel 2.27. Für einen Verbraucher wird aus den Meßwerten von Wirkleistung $\bar{p}_i$, Strom $\tilde{i}_i$ und Spannung $\tilde{u}_i$ entsprechend Bild **2.49** der Leistungsfaktor nach der Gleichung $\cos\varphi = \bar{p}/(\tilde{u}\tilde{i})$ berechnet. Die Angaben zu den eingesetzten Geräten und die jeweils abgelesenen Meßwerte sind in Tafel **2.50** zusammengestellt.

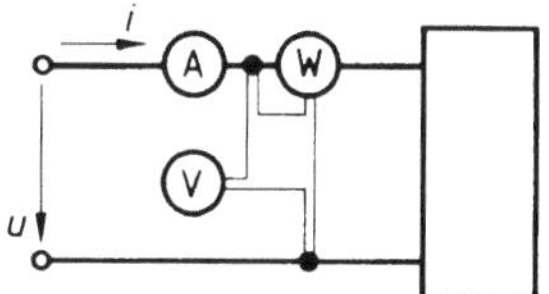

2.49
Schaltung zur Bestimmung des Leistungsfaktors
entsprechend Beispiel 2.27

Tafel 2.50 Angaben zu Beispiel 2.27

Meßgerät	Fehlerklasse	Meßende	abgelesener Meßwert
Leistungsmesser	0,5	650 W	$\bar{p}_i = 162$ W
Strommesser	1,5	6 A	$\tilde{i}_i = 4,8$ A
Spannungsmesser	1,5	300 V	$\tilde{u}_i = 222$ V

Das Meßergebnis für den Leistungsfaktor und die dafür geltenden maximalen Fehlergrenzen sind zu berechnen.
Die sicheren Fehlergrenzen für die abgelesenen Meßwerte betragen nach Gl. (2.13) $G_P = \pm 650$ W$\cdot 0{,}5/100 = \pm 3{,}25$ W, $G_I = \pm 6$ A$\cdot 1{,}5/100 = \pm 0{,}09$ A und $G_U = \pm 300$ V$\cdot 1{,}5/100 = \pm 4{,}5$ V (die symmetrischen Fehlergrenzen $|G_1| = |G_2| = |G|$ sind aus Gründen der Übersichtlichkeit ohne Index 1/2 geschrieben).
Die Gleichung für die maximalen Ergebnisfehlergrenzen G_y erhält man entsprechend Gl. (2.84) mit den partiellen Ableitungen der Gleichung $\cos\varphi = g(x_j)$.

$$G_{y\,1/2} = \pm \left[\left|\frac{1}{\tilde{u}\,\tilde{i}}\right|_i |G_P| + \left|\frac{\bar{p}}{\tilde{u}^2\,\tilde{i}}\right|_i |G_U| + \left|\frac{\bar{p}}{\tilde{u}\,\tilde{i}^2}\right|_i |G_I| \right]$$

Werden die abgelesenen Meßwerte und die berechneten Fehlergrenzen eingesetzt, bekommt man die Werte der Ergebnisfehlergrenzen

$$G_{y\,1/2} = \pm \left(\frac{3{,}25\ \text{W}}{4{,}8\ \text{A}\cdot 222\ \text{V}} + \frac{162\ \text{W}}{(222\ \text{V})^2\,4{,}8\ \text{A}}\,4{,}5\ \text{V} + \frac{162\ \text{W}}{222\ \text{V}\,(4{,}8\ \text{A})^2}\,0{,}09\ \text{A} \right)$$
$$= \pm (3{,}05 + 3{,}08 + 2{,}85) \cdot 10^{-3} = \pm 8{,}98 \cdot 10^{-3},$$

mit denen der aus den abgelesenen Meßwerten berechnete Leistungsfaktor

$$\cos\varphi = \frac{\bar{p}_i}{\tilde{u}_i\,\tilde{i}_i} = \frac{162\ \text{W}}{222\ \text{V}\cdot 4{,}8\ \text{A}} = 0{,}152$$

behaftet ist. Ergibt die Kontrolle, daß der Verfahrensfehler (Strom der Spannungspfade und Wirkleistung des Strompfades bewirken Fehler) und die Einflußeffekte von Temperatur und Fremdfeldern (s. Beispiel 2.21) vernachlässigbar klein sind, kann das Ergebnis

$$\cos\varphi = 0{,}152 \pm 0{,}009 \quad \text{(maximale Grenze)}$$

angegeben werden.
Da alle drei Komponenten, aus denen sich der Ergebnisfehler zusammensetzt, in gleicher Größenordnung liegen, ist bestätigt, daß es im vorliegenden Fall zweckmäßig ist, einen Leistungsmesser der Fehlerklasse 0,5 zu wählen, die erheblich kleiner ist als die der Strom- und Spannungsmesser mit 1,5.

Sind die direkten Meßwerte x_j mit unsymmetrischen Fehlergrenzen (s. Bild 2.4) behaftet angegeben (x_j; G_{xj1}, G_{xj2} mit $|G_{xj1}| \neq |G_{xj2}|$), so kann man entsprechend den hier angeführten Überlegungen die einzelnen Fehlergrenzen $G_{j1/2}$ in der ungünstigsten Konstellation der Beträge und Vorzeichen in Gl. (2.84) einführen und so die dann i. allg. ebenfalls unsymmetrischen Ergebnisfehlergrenzen $G_{y1/2}$ ermitteln. Sind die Fehlergrenzen nicht extrem unsymmetrisch, wird man sich damit begnügen dürfen, jeweils die betragsmäßig größere Fehlergrenze $G_{xj\,max} = |G_{xj1}| > |G_{xj2}|$ bzw. $G_{xj\,max} = |G_{xj2}| > |G_{xj1}|$ in die Gl. (2.84) einzuführen, und so eine Gleichung für symmetrische maximale Ergebnisfehlergrenzen

$$G_{y\,1/2} = \pm \sum_{j=1}^{m} \left| \frac{\partial g}{\partial x_j} \right|_i |G_{xj\,max}| \tag{2.85}$$

bekommen.

2.5.3.2 Statistische Ergebnisfehlergrenzen. Zur Berechnung von sicheren – maximalen – Ergebnisfehlergrenzen sind extreme Annahmen unerläßlich, wie sie in Abschn. 2.5.3.1 erläutert sind. Die praktisch auftretenden Fehler werden aber nur mit einer geringen Wahrscheinlichkeit diese maximalen Fehlergrenzen auch erreichen. Beispielsweise ist es sehr unwahrscheinlich, daß bei der experimentellen Bestimmung eines Widerstandes $R_i = u_i/i_i$ aus den Meßwerten u_i und i_i einer Strom-Spannungs-Messung sowohl bei dem Spannungsmesser als auch bei dem Strommesser ein Fehler auftritt in der Größe des durch die Fehlerklasse zugelassenen Maximalwertes und noch dazu bei den beiden Meßgeräten mit unterschiedlichen Vorzeichen (unterschiedliche Vorzeichen der Fehler von u_i und i_i wirken sich in dem Quotienten u_i/i_i beide vergrößernd auf den Ergebnisfehler von R aus). Man wird also für die meisten praktischen Meßaufgaben nach Abschn. 2.5.3.1 viel zu große Ergebnisfehlergrenzen berechnen und ist daher bemüht, praxisgerechtere Fehlergrenzen zu finden. Dieses ist jedoch mathematisch schwer zu begründen, wenn wie üblich zu den Fehlergrenzen der direkten Meßgrößen keine weiteren Angaben erfolgen, die diese näher erklären. Fehlergrenzen berücksichtigen systematische wie auch zufällige Fehler, deren Größe und Verteilung aber i. allg. nicht bekannt sind.

Die erwähnte Unsicherheit infolge mangelnder Detailkenntnisse über die Fehlergegebenheiten hat dazu geführt, daß in DIN 1319 ein Verfahren zur Berechnung von statistischen Ergebnisfehlergrenzen definitiv festgelegt ist. Es beruht auf der Überlegung, daß bei den Meßwerten der direkten Meßgrößen die tatsächlich auftretenden Fehler mit Wert und Vorzeichen zufällig streuen und die jeweiligen Fehlergrenzen nur mit einer sehr geringen Wahrscheinlichkeit erreichen. Die Wahrscheinlichkeit für das bei allen Meßwerten gleichzeitige Auftreten der den Fehlergrenzen entsprechenden maximalen Fehler mit ungünstigster Vorzeichenkonstellation strebt mit zunehmender Anzahl von Meßgrößen, aus denen das Meßergebnis gebildet wird, gegen Null. Es ist also sinnvoll, allerdings nicht mathematisch begründbar, die Fehlergrenzen G_{xj} wie

Kenngrößen für zufällige Fehler zu behandeln und sie wie die Standardabweichung s_{xj} in Gl. (2.81) einzusetzen, um so auch für das Meßergebnis y eine Kenngröße für dessen Fehlergrenzen G_y zu berechnen. Sind also direkte Meßwerte x_j mit symmetrischen Fehlergrenzen $\pm G_{xj}$ angegeben und wird aus den Meßwerten ein Meßergebnis $y = g(x_1, \ldots, x_j, \ldots, x_m)$ bestimmt, so können für dieses Meßergebnis nach DIN 1319 auch statistische Fehlergrenzen

$$G_{y\,1/2} = \sqrt{\sum_{j=1}^{m} \left(\frac{\partial g}{\partial x_j}\right)_i^2 G_{xj}^2} \tag{2.86}$$

berechnet werden. Eine Wahrscheinlichkeit, mit der der tatsächlich auftretende Fehler des Meßergebnisses innerhalb dieser statistischen Ergebnisfehlergrenzen erwartet werden kann, läßt sich allerdings nicht ermitteln. Es kann durchaus vorkommen, daß sie im Einzelfall überschritten werden, obgleich dieses nach den vorstehenden Erläuterungen kaum zu erwarten ist, es sei denn, die Fehlergrenzen der direkten Meßgrößen liegen unsymmetrisch.

Beispiel 2.28. Für den in Beispiel 2.27 berechneten Leistungsfaktor sind die statistischen Fehlergrenzen zu berechnen.
Mit den partiellen Ableitungen der Gleichung für den Leistungsfaktor $\cos\varphi = \bar{p}/(\tilde{u}\,\tilde{i}) = g(x_j)$ folgt aus Gl. (2.86) die Gleichung für die Fehlergrenzen

$$G_{y\,1/2} = \pm\sqrt{\left(\frac{1}{\tilde{u}\,\tilde{i}}\right)_i^2 G_P^2 + \left(\frac{\bar{p}}{\tilde{u}^2\,\tilde{i}}\right)_i^2 G_U^2 + \left(\frac{\bar{p}}{\tilde{u}\,\tilde{i}^2}\right)_i^2 G_I^2}\,,$$

die mit den Meßwerten aus Tafel **2.**50 und deren sicheren Fehlergrenzen nach Beispiel 2.27 die Grenzwerte

$$G_{y\,1/2} = \pm\sqrt{\left[\frac{3,25\ \mathrm{W}}{4,8\ \mathrm{A}\cdot 222\ \mathrm{V}}\right]^2 + \left[\frac{162\ \mathrm{W}\cdot 4,5\ \mathrm{V}}{(222\ \mathrm{V})^2\,4,8\ \mathrm{A}}\right]^2 + \left[\frac{162\ \mathrm{W}\cdot 0,09\ \mathrm{A}}{222\ \mathrm{V}\,(4,8\ \mathrm{A})^2}\right]^2} = \pm 5,19\cdot 10^{-3}$$

liefert. Werden diese statistischen Fehlergrenzen dem mit den direkten Meßwerten in Beispiel 2.27 berechneten Leistungsfaktor $\cos\varphi = 0{,}152$ zugeordnet, so lautet das Meßergebnis

$$\cos\varphi = 0{,}152 \pm 0{,}005 \ \text{(statistische Grenzen)},$$

wenn auch hier die zu dem Ergebnis in Beispiel 2.27 angegebenen Voraussetzungen erfüllt sind.

2.6 Ausgleichsverfahren

Mißt man eine in ihrem wahren Wert unveränderte Einzelmeßgröße mehrfach, so bestimmen die Meßwerte $x_2, x_3, \ldots, x_i, \ldots$, jeder für sich betrachtet, die Meßgröße genau so unsicher wie der erste Meßwert x_1. Bei fehlerfreier Messung reichte bereits ein einziger Meßwert x_1 aus, um die Meßgröße x als einzige Unbekannte in der Gleichung $x = x_1$ fehlerfrei zu bestimmen, z. B. würde ein fehlerfreier Meßwert $u_1 = 10$ V die gesuchte Spannungsgröße u eindeutig zu $u = u_1 = 10$ V bestimmen. Praktisch wird aber die Meßgröße x entsprechend der Gleichung $x = x_1 - F_{x1}$ mit einem Meßwert x_1 nicht eindeutig beschrieben, da die Gleichung außer der unbekannten Meßgröße x auch noch eine zweite Unbekannte, nämlich den Fehler F_{x1} enthält, dessen Wert infolge zufälliger Komponenten von Messung zu Messung unterschiedlich ist. Alle weiteren Messungen – auch als **überschüssige Messungen** bezeichnet – liefern zwar weitere Gleichungen $x = x_i + F_{xi}, \ldots$, aber auch je eine weitere Unbekannte $F_{xi}, \ldots$. Mehrfachmessungen reichen also ebenfalls nicht aus, den wahren Wert genau zu bestimmen, sie können aber genutzt werden, einen Näherungswert zu bestimmen, der dem wahren Wert besser gerecht wird als ein einzelner Wert. Man sagt auch, man berechnet durch Ausgleichung mehrerer Meßwerte einen Näherungswert, der sich am besten an die Meßwerte anschließt in dem Sinne, daß er die zufälligen Fehler weitgehend ausschließt. Die Frage ist aber, was man unter solchen zunächst vagen Zielsetzungen wie „dem wahren Wert möglichst gut gerecht werdend" oder „am besten an die Meßwerte anschließend" konkret zu verstehen hat. Bei der Mehrfachmessung einer konstanten Meßgröße kann man hierunter, wie leicht einzusehen ist, eine lineare Mittelung der Meßwerte verstehen, da sich dabei die zufälligen Fehler teilweise aufheben, also ausgleichen. Schwieriger stellt sich das Problem dar, wenn für zwei miteinander verknüpfte Größen x und y durch Aufnahme überschüssiger Meßwertepaare (x_1, y_1); (x_2, y_2); $\ldots$ eine Funktion $y = g(x)$ zu ermitteln ist, die sich den Meßwerten möglichst gut anschließt, beispielsweise, wenn durch die in Bild 2.58 dargestellten experimentell aufgenommenen Punkte die bestmögliche Gerade gelegt werden soll.

Man kann natürlich viele Kriterien finden, nach denen mit mathematischen Verfahren – Ausgleichsverfahren – ein Näherungswert oder eine Näherungsfunktion als an die Meßwerte anschließend zu ermitteln ist. Es ist aber schwierig, für ein bestimmtes Verfahren nachzuweisen, daß es nicht doch Werte gibt, die noch näher dem wahren Wert liegen, oder Funktionen, die noch besser den beobachteten Vorgang beschreiben als die mit dem gewählten Verfahren bestimmten.

2.6.1 Allgemeines Ausgleichsprinzip

Man geht davon aus, daß bei der experimentellen Ermittlung unbekannter Größen – Meßgrößen x oder Meßergebnisse – überschüssige Messungen durchgeführt werden. Die Ausgleichsrechnung soll dann die durch die überschüssigen Meßwerte gegebene zusätzliche Information nutzen, um ein Ergebnis zu ermitteln, welches das plausibelste oder das beste ist, das man aus den Meßwerten gewinnen kann. Als Lösung wurde bereits Anfang des 19. Jahrhunderts von Legendre und Gauß unabhängig voneinander ein Verfahren entwickelt, nach dem aus den n Meßwerten $x_1, \ldots, x_i, \ldots, x_n$ einer Meßgröße x ein

Bestwert x_B bestimmt wird mit der Bedingung, daß die Quadrate der Abweichungen $x_i - x_B$ zwischen dem Bestwert und den Meßwerten in der Summe zu einem Minimum wird.

$$\sum_{i=1}^{n} (x_i - x_B)^2 = \text{Minimum} \tag{2.87}$$

Dieses Verfahren, kurz als die Methode der kleinsten Quadrate – gemeint ist die kleinste Summe der Quadrate – bezeichnet, hat sich in der Praxis immer wieder bewährt, und es ist bis heute das praktisch allgemein übliche. Wenn es dafür auch keine mathematisch schlüssige Begründung gibt, so lassen sich aber doch bemerkenswerte Eigenschaften anführen, die die Methode der kleinsten Quadrate gegenüber anderen durchaus möglichen Ausgleichsverfahren auszeichnen. Z.B. ist der nach der Methode der kleinsten Quadrate ermittelte Bestwert aus normalverteilten Zufallsgrößen auch der wahrscheinlichste Wert.

Bei der praktischen Anwendung der Methode der kleinsten Quadrate unterscheidet man je nach Problemstellung folgende speziellere Verfahren.

Ausgleich direkter Beobachtungen (Meßwerte). Wird eine bestimmte Meßgröße x mehrfach direkt gemessen und aus den direkten Meßwerten $x_1, \ldots, x_i, \ldots, x_n$ ein Bestwert x_B ermittelt, so spricht man vom Ausgleich direkter Meßwerte oder direkter Beobachtungen.

Ausgleich bedingter Beobachtungen (Meßwerte). Werden mehrere Meßgrößen $x_1, \ldots, x_j, \ldots, x_m$, die durch eine Gleichung $g(x_1, \ldots, x_j, \ldots, x_m) = 0$ miteinander verbunden sind, jeweils mehrfach gemessen $(x_{j1}, \ldots, x_{ji}, \ldots, x_{jn})$ und müssen die aus den Meßwerten x_{ji} jeder Meßgröße x_j ermittelten Bestwerte x_{jB} exakt die gegebene Gleichung erfüllen, so spricht man vom Ausgleich bedingter Meßwerte. Als klassisches Beispiel kann der Ausgleich mehrerer Meßwerte für jeden der drei Winkel α, β, γ eines ebenen Dreiecks angeführt werden, der zwingend so erfolgen muß, daß die Summe der Bestwerte für α, β und γ den Wert $180°$ ergibt, also $\alpha_B + \beta_B + \gamma_B - 180° = 0$ gilt.

Ausgleich vermittelnder Beobachtungen (Meßergebnisse). Lautet die Problemstellung, ein Meßergebnis (indirekte Meßgröße) $y = g(x_1, \ldots, x_j, \ldots, x_m)$ als Funktion der direkten Meßgrößen x_j zu bestimmen, so ist das Ziel der Ausgleichsrechnung weniger auf die Bestimmung der Bestwerte x_{jB} für die jeweiligen direkten Meßgrößen x_j ausgerichtet, sondern mehr auf die des Bestwertes y_B für das Meßergebnis y. Die Methode der kleinsten Quadrate bezieht sich dann auf den Ausgleich der aus den Meßwerten x_{ji} der direkten Meßgrößen x_j ermittelten Meßergebnisse y_i, man spricht von dem Ausgleich vermittelnder Beobachtungen.

Ausgleich funktionaler Zusammenhänge. In der Technik soll häufig der Zusammenhang zwischen einer Größe y und einer oder mehreren anderen Größen x_v experimentell untersucht und beschrieben werden. Das Problem unterscheidet sich von dem der vermittelnden Beobachtung insofern, als dort aus mehreren Meßwerten x_{ji} jeweils konstanter, direkter Meßgrößen $x_j = \text{const}$ ein einziger Ergebniswert – Bestwert y_B – für die ebenfalls konstante Ergebnisgröße $y = \text{const}$ zu bestimmen ist, hier aber die Größen x_v u n d y zu messende v e r ä n d e r l i c h e G r ö ß e n sind, aus deren Meßwerten x_{vi} und y_i die beste Funktion $y(x_1, \ldots, x_v, \ldots)$ ermittelt werden soll. Ist nun für den zu untersuchenden Vorgang eine Funktion $y(x_1, \ldots, x_v, \ldots)$ von der Theorie her qualitativ bekannt, so lautet die Aufgabe, diese Funktion auch quantitativ, d. h. i. allg. ihre Konstanten, so zu bestimmen, daß sie möglichst gut an die Meßwerte für x_{vi} und y_i anschließt. Da sich laut Aufgabe die Fehler der den physikalischen Vorgang häufig nur näherungsweise beschreibenden Funktion $y(x_1, \ldots, x_v, \ldots)$ und die Fehler (f_{xvi}, f_{yi}) der Meßwerte (x_{vi}, y_i), die allein durch das Meßverfahren bedingt sind, nicht voneinander trennbar überlagern, sind mit Hilfe der Methode der kleinsten Quadrate nur bedingt Lösungen zu finden. In einfachsten Fällen, wie zum Beispiel bei der in Abschn. 2.6.3.2 erläuterten Bestimmung einer ausgleichenden Geraden, erfolgt die Lösung nach dem Ausgleich vermittelnder Beobachtungen.

Im Rahmen vorliegender Einführung kann das Problem der Ausgleichsrechnung nicht annähernd vollständig behandelt werden. Es wird daher im folgenden die Anwendung der Methode der kleinsten Quadrate lediglich an einigen einfachen, aber für die Praxis wichtigen Beispielen gezeigt.

Außer einer Methode zur Ermittlung von Bestwerten liefert die Ausgleichsrechnung auch noch Verfahren zur Bestimmung des Fehlers, der diesen Bestwerten naturgemäß immer noch anhaftet. Auch hierzu werden im folgenden nur die für die Praxis wichtigsten Verfahren erläutert.

2.6.2 Ausgleich direkter Meßwerte

Die einfachste Ausgleichsaufgabe besteht darin, aus n Meßwerten x_i derselben konstanten Meßgröße x den Wert x_B zu bestimmen, der als bester Näherungswert – Bestwert – für den wahren Wert x_w bzw. den wahren Wert plus den systematischen Fehler ($x_w + F_s$) der Meßgröße angesehen werden kann. In Abschn. 2.3.2.3 ist der lineare Mittelwert $\bar{x}$ als Bestwert eingeführt, die Begründung hierfür erfolgt in diesem Abschnitt mit Hilfe der Methode der kleinsten Quadrate. Es ist dabei zu unterscheiden, ob die Meßwerte, aus denen der Bestwert ermittelt werden soll, als gleich genau oder unterschiedlich genau aufzufassen sind.

2.6.2.1 Einfacher linearer Mittelwert. Eine konstante Meßgröße x wird n mal unter gleichen Bedingungen so gemessen, daß n Meßwerte gleicher mittlerer Genauigkeit vorliegen. Beispielsweise werden alle Meßwerte mit derselben Meßeinrichtung ermittelt, zumindest aber mit Meßeinrichtungen, für die gleiche Fehlergrenzen gelten. Dann können alle Meßwerte $x_1, \dots, x_i, \dots, x_n$ gleichrangig, d. h. mit gleichem Gewicht, in die Ausgleichsrechnung eingeführt werden. Soll nun die unbekannte Meßgröße x als Bestwert x_B nach der Methode der kleinsten Quadrate bestimmt werden, so werden die Abweichungen zwischen den Meßwerten x_i und dem unbekannten Bestwert x_B quadriert und über alle n Werte summiert. Diese Summe

$$\Gamma = \sum_{i=1}^{n} (x_i - x_B)^2$$

hat in Abhängigkeit von der Unbekannten x_B ein Minimum. Bildet man die Ableitung der Summe Γ nach der Unbekannten x_B und setzt diese gleich Null

$$\frac{\partial \Gamma}{\partial x_B} = \frac{\partial}{\partial x_B} \sum_{i=1}^{n} (x_i^2 - 2 x_i x_B + x_B^2) = \sum_{i=1}^{n} (-2 x_i + 2 x_B) = 0,$$

so ergibt sich eine Bestimmungsgleichung

$$\sum_{i=1}^{n} x_i = \sum_{i=1}^{n} x_B = n x_B,$$

aus der der Bestwert

$$x_B = \frac{1}{n} \sum_{i=1}^{n} x_i = \bar{x} \tag{2.88}$$

als linearer Mittelwert folgt. Der in Abschn. 2.3.2.3 mit Gl. (2.34) eingeführte arithmetische Mittelwert $\bar{x}$ ist also tatsächlich auch der Bestwert in dem Sinne, daß für ihn die Summe der Abweichungsquadrate minimal ist.

2.6.2.2 Standardabweichung (mittlerer Fehler) einfacher linearer Mittelwerte. Der nach Abschn. 2.6.2.1 als Bestwert bestimmte Mittelwert $\bar{x}$ gilt zwar als der Wert, der dem aus wahrem Wert plus systematischem Fehler bestehenden reproduzierbaren Anteil (s. Abschn. 2.6.2.3) einer Meßgröße am nächsten kommt, man kann aber nicht annehmen, daß er gleich diesem ist. Auch der lineare Mittelwert ist noch mit einem zufälligen Restfehler behaftet. Würde man eine konstante Meßgröße unter gleichen Bedingungen m mal wiederholt jeweils n mal messen, so bekäme man m Meßreihen mit jeweils n Meßwerten.

Für jede dieser Meßreihen ließe sich nun auch ein linearer Mittelwert

$$\text{1. Meßreihe:} \quad x_{11}, \dots, x_{1i}, \dots, x_{1n}\,; \qquad \bar{x}_1 = \frac{1}{n} \sum_{i=1}^{n} x_{1i}$$

$$\vdots$$

$$j\text{-te Meßreihe:} \quad x_{j1}, \dots, x_{ji}, \dots, x_{jn}\,; \qquad \bar{x}_j = \frac{1}{n} \sum_{i=1}^{n} x_{ji}$$

$$\vdots$$

$$m\text{-te Meßreihe:} \quad x_{m1}, \dots, x_{mi}, \dots, x_{mn}\,; \qquad \bar{x}_m = \frac{1}{n} \sum_{i=1}^{n} x_{mi}$$

bilden. Diese Mittelwerte $\bar{x}_j$ werden sich aber infolge der ihnen immer noch anhaftenden zufälligen Restfehler mehr oder weniger deutlich unterscheiden. Jeder einzelne Mittelwert $\bar{x}$ ist also auch wiederum eine Zufallsgröße, die sich vom Einzelwert nur dadurch unterscheidet, daß ihr zufälliger Fehler im Mittel kleiner ist als der des Einzelwertes. Quantitativ läßt sich auch der zufällige Fehler des Mittelwertes, wie für Einzelmeßwerte erläutert (s. Abschn. 2.3.2.3, Standardabweichung), durch eine Standardabweichung des Mittelwertes $s_{\bar{x}}$ beschreiben. Man könnte beispielsweise für die aus m Meßreihen ermittelten m Mittelwerte $\bar{x}_j$ wiederum einen linearen Mittelwert der Mittelwerte

$$\bar{\bar{x}} = \frac{1}{m} \sum_{j-1}^{m} \bar{x}_j \tag{2.89}$$

bilden. Dann ergäbe sich entsprechend Gl. (2.41) der mittlere Fehler, also die Standardabweichung, des – einzelnen – Mittelwertes

$$s_{\bar{x}} = \sqrt{\frac{1}{m-1} \sum_{j-1}^{m} (\bar{x}_j - \bar{\bar{x}})^2} \tag{2.90}$$

als quadratischer Mittelwert der scheinbaren Fehler $(\bar{x}_j - \bar{\bar{x}})$ der Mittelwerte $\bar{x}_j$.

Die Unterschiede zwischen der Zufallsvariablen $\{x\}$ (Einzelmeßwerte) und der Zufallsvariablen $\{\bar{x}\}$ (Mittelwerte) gehen aus Bild 2.51 hervor. Die Grundgesamtheit aller Einzelmeßwerte x_i wird durch die Wahrscheinlichkeitsdichte $p(x)$ mit dem Mittelwert μ und der Standardabweichung σ beschrieben, die der Mittelwerte durch die Wahrscheinlichkeitsdichte $p(\bar{x})$, die zwar den gleichen

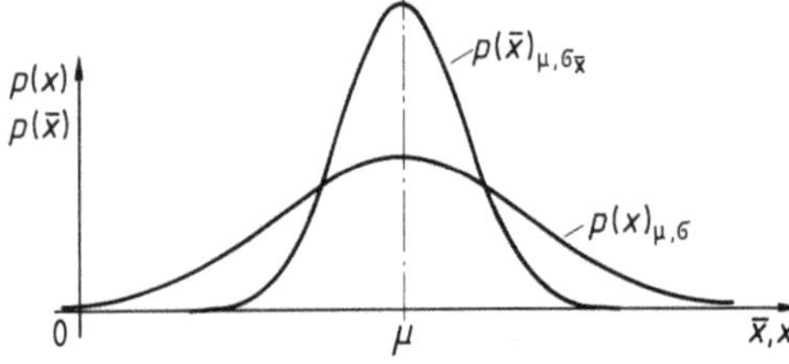

2.51
Wahrscheinlichkeitsdichte der normalverteilten Zufallsvariablen der Einzelwerte $\{x\}$ und deren Mittelwerte $\{\bar{x}\}_{n=\text{konst}}$

Mittelwert μ hat, aber eine Standardabweichung $\sigma_{\bar{x}}$, die um so kleiner ist, je größer die Anzahl n der Meßwerte ist, aus denen jeweils die Mittelwerte $\bar{x}$ berechnet werden. Die Einzelmeßwerte x_i wie auch die Mittelwerte $\bar{x}$ streuen um den Mittelwert μ der Grundgesamtheit allerdings mit unterschiedlicher Streubreite. Der Mittelwert $\bar{x}_\infty$ aus unendlich vielen Einzelmeßwerten x_i geht also wie der Mittelwert $\bar{\bar{x}}_\infty$ aus unendlich vielen Mittelwerten $\bar{x}$ in den Mittelwert μ der Grundgesamtheit der Einzelmeßwerte über.

$$\underbrace{\lim_{n \to \infty} \frac{1}{n} \sum_{i=1}^{n} x_i}_{= \bar{x}_\infty} = \underbrace{\lim_{m \to \infty} \frac{1}{m} \sum_{j=1}^{m} \bar{x}_j}_{= \bar{\bar{x}}_\infty} = \mu$$

In der Praxis liegt i. allg. nur eine einzige Meßreihe mit n Meßwerten $x_1, \ldots, x_i, \ldots, x_n$ vor. Der daraus berechnete Mittelwert $\bar{x}$ liefert als eine einzige Zufallsgröße $\bar{x}$ keine statistische Aussage über die Zufallsvariable $\{\bar{x}\} = \bar{x}_1, \ldots, \bar{x}_j, \ldots, \bar{x}_m$, der er angehört. Deshalb läßt sich aus einem einzigen Mittelwert $\bar{x}$ nicht seine Standardabweichung $s_{\bar{x}}$ nach Gl. (2.90) berechnen, die für $m = 1$ einen unbestimmten Ausdruck darstellt (s. Abschn. 2.3.2.3, Standardabweichung, Zusammenfassung). Im Gegensatz zum Einzelmeßwert x_i kann für den einzelnen Mittelwert $\bar{x}_j$ aber dennoch eine Standardabweichung $s_{\bar{x}}$ berechnet werden, da er sinnvoll immer nur aus m e h r e r e n E i n z e l m e ß w e r t e n gebildet wird, die naturgemäß eine auswertbare statistische Information enthalten. Geht man davon aus, daß allen n Einzelmeßwerten x_i die gleiche Genauigkeit anhaftet, so gilt für alle die gleiche Standardabweichung s, die entsprechend Gl. (2.40) oder (2.41) als m i t t l e r e r F e h l e r d e r E i n z e l m e s s u n g aus den n Einzelmeßwerten x_i bestimmt werden kann. Für den aus n Meßwerten nach Gl. (2.34) berechneten Mittelwert $\bar{x}$ kann die Summe auch in der Form

$$\bar{x} = \sum_{i=1}^{n} \left(\frac{1}{n}\right) x_i$$

geschrieben werden, nach der jeder Meßwert x_i mit dem konstanten Faktor $(1/n)$ behaftet ist. Nach den Gesetzen der Fehlerfortpflanzung (s. Abschn. 2.5.2.3) ergibt sich damit die Standardabweichung $s_{\bar{x}}$ einer solchen Summe aus n Meßwerten x_i, die mit der Standardabweichung s_{xi} behaftet sind, entsprechend Gl. (2.81) mit $(\partial \bar{x}/\partial x_i) = (1/n)$ zu

$$s_{\bar{x}} = \sqrt{\sum_{i=1}^{n} \left(\frac{1}{n}\right)^2 s_{xi}^2} \, .$$

Da für alle Einzelwerte x_i die gleiche Standardabweichung $s_{xi} = s$ gilt, kann die Summe durch das n-fache eines Summanden ersetzt werden, so daß sich einfacher

$$s_{\bar{x}} = s/\sqrt{n} \qquad\qquad\qquad (2.91)$$

schreiben läßt.

Die Gl. (2.91) bestätigt also, daß der arithmetische Mittelwert $\bar{x}$ als Bestwert einer Meßreihe von n Meßwerten im Mittel um so genauer ist, je mehr Meßwerte x_i für seine Bestimmung zur Verfügung stehen. Wird eine Meßgröße mit einer Meßeinrichtung gemessen, deren zufällige Fehler durch die angegebene Standardabweichung s charakterisiert sind, so kann ein einzelner Meßwert auch nur mit dieser Standardabweichung s behaftet bestimmt werden. Theoretisch läßt sich aber auch mit dieser Meßeinrichtung ein Meßergebnis mit einem gegen Null gehenden zufälligen Fehler ermitteln, wenn man die Messung nur genügend oft wiederholt ($s_{\bar{x}} = s/\sqrt{n} \rightarrow 0$ für $n \rightarrow \infty$). Praktisch sind diesem Verfahren jedoch Grenzen gesetzt. Der Aufwand für die Bestimmung einer Meßgröße steigt proportional mit der Anzahl n der Messungen an, der Fehler des Ergebnisses wird jedoch nur proportional der Wurzel aus n kleiner. Aus Bild **2.**52 erkennt man, daß bei einer Steigerung der Anzahl n der Messungen wesentlich über 10 hinaus die Standardabweichung des Mittelwertes $s_{\bar{x}} = s_x/\sqrt{n}$ nur noch geringfügig mit n kleiner wird, d.h., das Verhältnis Genauigkeit zu Aufwand wird immer ungünstiger. Weiter muß beachtet werden, daß bei der Ermittlung zufälliger Fehler unveränderte Meßbedingungen vorausgesetzt werden, was um so schwieriger einzuhalten ist, je größer die Zeitspanne zwischen erster und letzter Messung ist. Unter praktischen Gegebenheiten wird also mit zunehmender Anzahl von Messungen auch die Wahrscheinlichkeit für die Auswirkungen systematischer Einflußgrößen auf das Meßergebnis ansteigen, womit der durch viele Messungen erzielte Gewinn an Genauigkeit gegebenenfalls wieder fragwürdig wird (s. Abschn. 2.4.1, Meßunsicherheit).

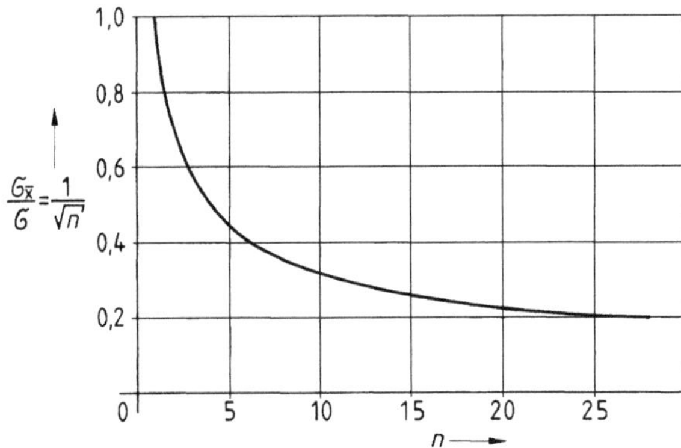

2.52
Quotient aus Standardabweichung des Mittelwertes $\sigma_{\bar{x}}$ und des Einzelwertes σ einer Zufallsvariablen $\{x\}$ in Abhängigkeit von der Anzahl n der Meßwerte

2.6.2.3 Fehler von Mittelwerten. Könnte man eine Meßgröße x unter unveränderten Bedingungen unendlichmal messen ($n \rightarrow \infty$), so wäre die Standardabweichung $s_{\bar{x}}$ des Mittelwertes $\bar{x}_\infty$ dieser Meßwerte x_i nach Gl. (2.91) Null ($s_{\bar{x}\infty} \rightarrow 0$). Diesem Mittelwert haftet kein zufälliger Restfehler mehr an ($\bar{x}_\infty = \mu$). Er gibt den reproduzierbaren Wert der Meßgröße x an, der allerdings nicht unbedingt als der wahre Wert x_w dieser Meßgröße anzusehen ist, sondern auch

noch reproduzierbare, d.h. systematische Fehler enthalten kann. Der Mittelwert

$$\bar{x}_\infty = x_\mathrm{w} + F_\mathrm{s} \tag{2.92}$$

ist somit als Summe aus wahrem Wert x_w und dem resultierenden systematischen Fehler F_s zu deuten. Um den wahren Wert einer Meßgröße zu bestimmen, muß der Mittelwert gegebenenfalls noch um den systematischen Fehler
korrigiert werden.

Ist der wahre Wert einer Meßgröße bekannt, so kann über den Mittelwert auch
der absolute systematische Fehler $F_\mathrm{s} = \bar{x}_\infty - x_\mathrm{w}$ bestimmt werden. Mißt man beispielsweise mit einer Meßeinrichtung ein Normal viele Male hintereinander
und bildet den Mittelwert $\bar{x}$ aus den angezeigten Meßwerten x_i, so gibt die Differenz aus dem Mittelwert $\bar{x}$ und dem Wert des Normals x_r (richtiger
Wert = wahrer Wert) entsprechend Gl. (2.3) den systematischen Fehler
$F_\mathrm{s} = \bar{x} - x_\mathrm{r}$ der Meßeinrichtung an.

Praktisch läßt sich eine Meßgröße nur mit einer endlichen Anzahl von Messungen erfassen. Der daraus berechnete Mittelwert $\bar{x}$ bleibt dann nach Abschn.
2.6.2.2 noch mit einem zufälligen Restfehler behaftet und kann nur als - wenn
auch beste - Näherung für den aus wahrem Wert x_w und systematischem Fehler F_s bestehenden reproduzierbaren Wert der Meßgröße gelten.

$$\bar{x} \approx x_\mathrm{w} + F_\mathrm{s} \tag{2.93}$$

Damit müssen auch alle mit diesem Mittelwert $\bar{x}$ berechneten Werte, wie z.B.
der wahre Wert oder der systematische Fehler, als Näherungen angesehen werden, denen ein gleicher zufälliger Restfehler anhaftet wie dem Mittelwert.

Wird der zufällige Restfehler des Mittelwertes $\bar{x}$ allein durch die Standardabweichung dieses Mittelwertes $s_{\bar{x}} = s/\sqrt{n}$ beschrieben (s. Abschn. 2.3.2.3, Standardabweichung als verteilungsunabhängiges Fehlermaß), so ist damit lediglich die Größe des Streubereiches der zufälligen Fehler charakterisiert. Sie sagt
nicht aus, welchen Wert der zufällige Fehler eines einzelnen Mittelwertes in einem bestimmten Fall tatsächlich haben wird. Eine solche Aussage ist auch
hier, wie für Einzelwerte in Abschn. 2.3.2.4 bzw. 2.3.3.3 erläutert, nur als Wahrscheinlichkeitsaussage im Zusammenhang mit Vertrauensgrenzen möglich.

Vertrauensgrenzen für Mittelwerte aus normalverteilten Einzelmeßwerten. Bei
der Berechnung der Vertrauensgrenzen ist der Mittelwert wie ein Einzelwert
anzusehen. Für ihn gilt aber ein anderer zufälliger Fehler als für die Einzelwerte, aus denen er berechnet ist, d.h., zunächst muß die Verteilung der zufälligen Fehler der Mittelwerte aus der der zufälligen Fehler der Einzelwerte bestimmt werden. Da bei vielen praktischen Meßaufgaben die zufälligen Fehler
der Einzelmeßwerte und damit auch der Mittelwerte als normalverteilt angenommen werden können, ist im folgenden die Berechnung der Vertrauensgrenzen für den Mittelwert auch unter dieser Voraussetzung erläutert.

Können die Einzelmeßwerte x_i als normalverteilt angenommen werden, gilt auch für Mittelwerte aus diesen Einzelwerten die Normalverteilung, da eine Summe normalverteilter Zufallsvariabler wiederum normalverteilt ist. Für einen Mittelwert $\bar{x}$ als einzelne Zufallsgröße einer normalverteilten Zufallsvariablen $\{\bar{x}\}$ lassen sich also die Vertrauensgrenzen genauso berechnen, wie es in Abschn. 2.3.3.3 für den Einzelwert erläutert ist, wenn man sich jeweils

den Einzelwert x_i durch den einzelnen Mittelwert $\bar{x}$,

den Mittelwert $\bar{x}$ durch den Mittelwert der Mittelwerte $\bar{\bar{x}}$ und

die Standardabweichung der Einzelwerte s durch die Standardabweichung des Mittelwertes $s_{\bar{x}} = s/\sqrt{n}$

ersetzt vorstellt. Problematisch ist allerdings die Überführung der Zufallsgröße Mittelwert $\bar{x}$ in die bezogene Zufallsgröße $z = (\bar{x} - \bar{\bar{x}})/s_{\bar{x}}$ entsprechend Gl. (2.57). Wird die hier einzuführende Standardabweichung der Mittelwerte $s_{\bar{x}}$ aus einer endlichen Anzahl n von Meßwerten x_i einer Stichprobe berechnet, so ist sie keine Konstante (wie die Standardabweichung der Grundgesamtheit σ), sondern wie der Mittelwert $\bar{x}$ eine Zufallsvariable. Im Gegensatz zur Zufallsvariablen Mittelwert $\{\bar{x}\}$ ist die Zufallsvariable Standardabweichung $\{s_{\bar{x}}\}$ des Mittelwertes aber nicht mehr normalverteilt (nur Summen von normalverteilten Größen sind wiederum normalverteilt), so daß auch für z nicht mehr eine Normalverteilung angenommen werden darf. Es muß daher bei der Berechnung der Vertrauensgrenzen für den Mittelwert unterschieden werden, ob die Standardabweichung für den Mittelwert als eine für die Grundgesamtheit geltende Konstante ($s_{\bar{x}} = \sigma_{\bar{x}}$) bekannt ist oder ob sie, aus einer – relativ kleinen – endlichen Anzahl von Meßwerten berechnet, eine nicht mehr vernachlässigbare Zufallskomponente enthält.

Vertrauensgrenzen für Mittelwerte aus normalverteilten Einzelmeßwerten bei bekannter Standardabweichung. Eine Meßgröße x soll unter unveränderten Bedingungen in einer Stichprobe n mal gemessen worden sein, so daß angenommen werden kann, die n Meßwerte $x_1, \ldots, x_i, \ldots, x_n$ stammen aus derselben Grundgesamtheit. Die Standardabweichung s dieser Einzelwerte soll bekannt sein und als ausreichende Näherung für die der Grundgesamtheit aller Meßwerte gelten ($s = \sigma$). Besteht die Stichprobe wie allgemein üblich aus einer relativ kleinen Anzahl von n Meßwerten, so ist diese Annahme nur berechtigt, wenn die Standardabweichung der Einzelmeßwerte $s \approx \sigma$ durch frühere entsprechend umfangreiche Untersuchungen des Systems ermittelt worden ist. Wird der Mittelwert $\bar{x}$ aus einer Stichprobe mit einer größeren Anzahl n von Meßwerten – als Richtwert gilt n größer 30 (s. Beispiel 2.30 u. 2.31) – ermittelt, so kann auch die aus dieser Stichprobe nach Gl. (2.41) berechnete Standardabweichung der Einzelmeßwerte als ausreichende Näherung für die der Grundgesamtheit angesehen werden.

Unter diesen Voraussetzungen kann also die Standardabweichung der Einzelwerte s als unabhängig von einer individuellen Stichprobe und damit als konstant angesehen werden im Gegensatz zu dem von Stichprobe zu Stichprobe unterschiedlichen Mittelwert $\bar{x}$. Deshalb läßt sich der einzelne Mittelwert $\bar{x}$ einer individuellen Stichprobe als Zufallsgröße aus einer Normalverteilung nach Gl. (2.50) in die bezogene Zufallsgröße

$$z = \frac{\bar{x}-\mu}{s_{\bar{x}}} = \frac{\bar{x}-\mu}{s/\sqrt{n}} \quad (\text{mit } s \approx \sigma) \tag{2.94}$$

überführen, die dann ebenfalls normalverteilt angenommen werden kann. In gleicher Weise lassen sich auch Vertrauensgrenzen G_v, die für den Mittelwert festgelegt werden, entsprechend Gl. (2.52) als bezogene Vertrauensgrenzen

$$z_G = \frac{G_v-\mu}{s_{\bar{x}}} = \frac{G_v-\mu}{s/\sqrt{n}} \tag{2.95}$$

schreiben. Der Zusammenhang zwischen diesen bezogenen Vertrauensgrenzen und der Wahrscheinlichkeit, mit der ein Mittelwert innerhalb dieser Vertrauensgrenzen erwartet werden kann, folgt entsprechend Gl. (2.54)

$$w(G_{v1} \leqq \bar{x} < G_{v2}) = P(z_{G2}) - P(z_{G1})$$

aus der Normalverteilung in Tafel **A**.3 im Anhang.

Beispiel 2.29. Für ein Präzisionslängenmeßgerät hoher Auflösung ist die Standardabweichung für den Einzelmeßwert $s = 1,2\ \mu\text{m}$ angegeben. Wie oft muß eine bestimmte Länge l nacheinander gemessen werden, damit für den zufälligen Fehler, für den Normalverteilung gelten soll, des aus n Anzeigewerten l_i berechneten Mittelwertes $\bar{l}$ die Vertrauensgrenzen $\pm 1\ \mu\text{m}$ angegeben werden können, für die die statistische Sicherheit $P = 99\%$ gilt?

Die Vertrauensgrenzen $\pm 1\ \mu\text{m}$ beziehen sich auf die zufälligen Abweichungen $F_z = \bar{l} - \mu$ des Mittelwertes $\bar{l}$ von dem Mittelwert μ der Grundgesamtheit, der aus wahrem Wert l_w und systematischem Fehler F_s besteht. Damit betragen die für den Mittelwert $\bar{l}$ geltenden Vertrauensgrenzen $G_{v1/2} = \mu \pm 1\ \mu\text{m}$, die in Gl. (2.95) eingesetzt die bezogenen Vertrauensgrenzen

$$z_{G1/2} = \frac{G_{1/2}-\mu}{s_{\bar{x}}} = \frac{\pm 1\ \mu\text{m}}{s/\sqrt{n}} \tag{2.96}$$

ergeben. Darf angenommen werden, daß die für das Meßgerät angegebene Standardabweichung $s = 1,2\ \mu\text{m}$ für die Grundgesamtheit aller Einzelmeßwerte gilt, so kann für die Berechnung des Zusammenhanges zwischen Wahrscheinlichkeit P und bezogenen Vertrauensgrenzen $z_{G1/2}$ Normalverteilung zugrunde gelegt werden. Nach Gl. (2.54) gilt mit $P(-z) = 1 - P(+z)$ entsprechend Gl. (2.55)

$$P(z_{G1}, z_{G2}) = P(+z_G) - P(-z_G) = 2P(z_G) - 1 = 0,99 ,$$

so daß aus Tafel **A**.3 im Anhang für $P(z_G) = 1,99/2$ die bezogene Grenze $+z_G = +2,58$ abgelesen werden kann. Nach Einsetzen in Gl. (2.96) ergibt sich $z_{G1/2} = \pm 2,58 = \pm 1\ \mu\text{m}/(1,2\ \mu\text{m}/\sqrt{n})$ und daraus die erforderliche Anzahl der Messungen

$$n = \left(2,58\ \frac{1,2\ \mu\text{m}}{1\ \mu\text{m}}\right)^2 = 9,6 .$$

Wird also 10mal eine bestimmte Länge l gemessen, so lautet das aus den 10 Meßwerten $l_1, l_2, \ldots, l_{10}$ berechnete Meßergebnis

$$l = \left(\frac{1}{10} \sum_{i=1}^{10} l_i \right) \pm 1 \text{ } \mu\text{m} \quad (P = 99\%),$$

d. h., mit der Wahrscheinlichkeit $P = 99\%$ liegt der gemessene Mittelwert $\bar{l}$ innerhalb des Bereiches $\mu \pm 1$ μm. Daraus folgt, daß die gesuchte Länge der Meßgröße als Summe aus wahrem Wert l_w und systematischem Fehler F_s mit einer Wahrscheinlichkeit von 99% innerhalb der Vertrauensgrenzen ± 1 μm um den Mittelwert $\bar{l}$ des Meßergebnisses liegt.

$$w[(\bar{l} - 1 \text{ } \mu\text{m}) \leqq (l_w + F_s) < (\bar{l} + 1 \text{ } \mu\text{m})] = 0,99$$

Vertrauensgrenzen für den Mittelwert aus normalverteilten Einzelgrößen bei unbekannter Standardabweichung. Wird eine Meßgröße x in einer Stichprobe unter unveränderten Bedingungen nur wenige Male (n kleiner ca. 30, s. Beispiel 2.30 und 2.31) nacheinander gemessen und ist für den einzelnen Meßwert x_i die Standardabweichung des Einzelmeßwertes s nicht aus früheren Untersuchungen bekannt, so müssen sowohl der Mittelwert $\bar{x}$ als auch die Standardabweichung des Einzelmeßwertes s als Einzelwerte aus den vorliegenden n Meßwerten der Stichprobe nach Gl. (2.34) bzw. (2.41) berechnet werden. Die mit dieser Standardabweichung des Einzelmeßwertes s nach Gl. (2.91) berechnete Standardabweichung des Mittelwertes $s_{\bar{x}} = s/\sqrt{n}$ kann nicht mehr als ein unabhängig von der Stichprobe konstant anzusehender Näherungswert für die Standardabweichung der Grundgesamtheit $\sigma_{\bar{x}}$ angesehen werden und führt somit, in Gl. (2.57) eingesetzt, auf eine bezogene Zufallsgröße

$$z = \frac{\bar{x} - \mu}{s_{\bar{x}}} = \frac{\bar{x} - \mu}{s/\sqrt{n}},$$

die mit $s \neq \sigma$ nicht mehr normalverteilt ist. Sie entspricht einer Wahrscheinlichkeitsdichte $p[z, (n-1)]$, die qualitativ zwar einen ähnlichen glockenförmigen Verlauf hat wie die Normalverteilung, aber die Breite dieser Glockenkurve – Streubereich der Zufallswerte z – ist nicht allein von der Standardabweichung $s_{\bar{x}}$, sondern auch noch von einem weiteren Parameter abhängig, der als die Anzahl der Freiheitsgrade $(n-1)$ bezeichnet wird [18]. Man nennt diese Verteilung, die von W. S. Gosset unter dem Pseudonym Student veröffentlicht wurde, t-Verteilung. Ihre Verteilungsfunktion $P[z, (n-1)]$ als Integral der Wahrscheinlichkeitsdichte $p[z, (n-1)]$ entsprechend Gl. (2.31) ist in Tafel **A.4** im Anhang tabelliert angegeben. Der Parameter $(n-1)$ – Anzahl der Freiheitsgrade – ist die um Eins verminderte Anzahl der Meßwerte, die in der Stichprobe erfaßt wurden.

Ist eine Meßgröße x unter gleichen Bedingungen n mal gemessen, werden aus den n Meßwerten x_i nach Gl. (2.34) der Mittelwert $\bar{x}$ und nach Gl. (2.41) die Standardabweichung s berechnet. Der Zusammenhang zwischen Vertrauensgrenzen $G_{v1/2}$ und zugehöriger Wahrscheinlichkeit P folgt dann über die bezogenen Vertrauensgrenzen – die wie bei konstant angenommener Standardabweichung $s = \sigma$ nach Gl. (2.95)

$$z_{\mathrm{G}1/2} = \frac{G_{\mathrm{v}1/2} - \mu}{s_{\bar{x}}} = \frac{G_{\mathrm{v}1/2} - \mu}{s/\sqrt{n}}$$

berechnet werden – aus der t-Verteilung in Tafel **A**.4 im Anhang mit der Anzahl der Freiheitsgrade $(n-1)$. Für die t-Verteilung gilt wie für die Normalverteilung Gl. (2.55).

Beispiel 2.30. Eine Meßgröße mit dem aus wahrem Wert x_{w} und systematischem Fehler F_{s} bestehenden konstanten Wert $\mu = x_{\mathrm{w}} + F_{\mathrm{s}}$ – das ist der Mittelwert der Grundgesamtheit aller Meßwerte x_{i} – wird n mal gemessen und aus den n Meßwerten x_{i} der Mittelwert $\bar{x}$ nach Gl. (2.34) berechnet. Wie groß können die symmetrischen Vertrauensgrenzen $G_{\mathrm{vF}1/2} = \pm a s$ für den zufälligen Fehler $F_{z\bar{x}} = \bar{x} - \mu$ dieses Mittelwertes in Abhängigkeit von der Anzahl n der Meßwerte angegeben werden, wenn sie mit einer Wahrscheinlichkeit $w(-a s \leqq F_{z\bar{x}} < +a s) = 0,99$ eingehalten werden sollen? Aus Gründen der Übersichtlichkeit sind die Vertrauensgrenzen als auf die Standardabweichung des Einzelmeßwertes s bezogen anzugeben ($\pm a = G_{\mathrm{vF}1/2}/s$).

Ausgangspunkt der Rechnung ist der einzelne Meßwert x_{i}, dessen zufälliger absoluter Fehler $F_{z\mathrm{i}} = x_{\mathrm{i}} - (x_{\mathrm{w}} + F_{\mathrm{s}})$ aber nicht bestimmt werden kann, da von der zu messenden Größe weder der wahre Wert x_{w} noch der systematische Fehler F_{s} bekannt sind. Es muß daher zunächst aus den n aufgenommenen Meßwerten x_{i}, die mit zufälligen Fehlern um $\mu = x_{\mathrm{w}} + F_{\mathrm{s}}$ streuen, der Mittelwert $\bar{x}$ nach Gl. (2.34) berechnet werden und mit diesem wiederum nach Gl. (2.41) die Standardabweichung des Einzelmeßwertes s dieser Stichprobe. Es wird nun verlangt, daß der zufällige Restfehler $F_{z\bar{x}}$ des berechneten Mittelwertes $\bar{x}$ mit 99% Wahrscheinlichkeit in den Vertrauensgrenzen $G_{\mathrm{vF}1/2}$ und damit der Mittelwert $\bar{x}$ mit 99% Wahrscheinlichkeit in den Vertrauensgrenzen $G_{\mathrm{v}1/2} = (\mu \pm a s)$ liegt, d. h., es gilt $w[(\mu - a s) \leqq \bar{x} < (\mu + a s)] = P(G_{\mathrm{v}1}, G_{\mathrm{v}2}) = 0,99$. Zur Bestimmung des Faktors a werden nach Gl. (2.95) die bezogenen Vertrauensgrenzen

$$z_{\mathrm{G}1/2} = \frac{G_{\mathrm{v}1/2} - \mu}{s/\sqrt{n}} = \frac{(\mu \pm a s) - \mu}{s/\sqrt{n}} = \frac{\pm a}{\sqrt{n}}$$

bestimmt. Da die Standardabweichung s für den Einzelwert aus der Stichprobe mit n Meßwerten berechnet ist, entspricht z grundsätzlich einer t-Verteilung. Aus Gl. (2.46) folgt mit $z_{\mathrm{G}1} = -z_{\mathrm{G}}$ und $z_{\mathrm{G}2} = +z_{\mathrm{G}}$ nach Gl. (2.55), die auch für t-Verteilung gilt,

$$P(z_{\mathrm{G}1}, z_{\mathrm{G}2}) = P(+z_{\mathrm{G}}) - P(-z_{\mathrm{G}}) = 2 P(+z_{\mathrm{G}}) - 1 = 0,99.$$

Damit werden für $P(+z_{\mathrm{G}}) = 1,99/2$ aus Tafel **A**.4 im Anhang die Argumente z in Abhängigkeit von der Anzahl der Freiheitsgrade $(n-1)$ abgelesen und in Tafel **2**.53 eingetragen. Diese z-Werte, in obige Gleichung eingesetzt, ergeben die gesuchten, auf s bezogenen Vertrauensgrenzen $\pm a = \pm z_{\mathrm{G}}/\sqrt{n}$, die ebenfalls in Tafel **2**.53 aufgeführt und in Bild **2**.54 über der Anzahl n der Messungen aufgetragen sind.

Beispiel 2.31. Die in Beispiel 2.30 erläuterte mehrfache Messung einer Meßgröße x wird mit einem Meßgerät durchgeführt, dessen Standardabweichung s für die Einzelmessung bekannt ist und als ausreichende Näherung für die Grundgesamtheit aller Einzelmeßwerte angesehen werden kann ($s \approx \sigma$). Wie groß sind dann die auf die Standardabweichung s der Einzelmeßwerte bezogenen Vertrauensgrenzen $(G_{\mathrm{vF}1/2}/s) = \pm b$ für den zufälligen Fehler $F_{z\bar{x}}$ eines aus n normalverteilten Meßwerten x_{i} berechneten Mittelwertes $\bar{x}$ bei der Wahrscheinlichkeit $P = 0,99$?

Tafel **2.**53 Bezogene Vertrauensgrenzen in Abhängigkeit von der Anzahl der Meßwerte
für $P = 99\%$ entsprechend Beispiel 2.30 und 2.31

Anzahl n der Meßwerte	2	3	4	5	7	10	15	30
Argument z für $P(z_\mathrm{G}) = 1,99/2$ und $(n-1)$ aus Tafel **A.**4 im Anhang (t-Verteilung)	63,7	9,93	5,84	4,60	3,71	3,25	2,98	2,75
Bezogene Vertrauensgrenze $a = z_\mathrm{G}/\sqrt{n}$	45	5,73	2,92	2,06	1,40	1,03	0,77	0,50
Argument z für $P(z_\mathrm{G}) = 1,99/2$ aus Tafel **A.**3 im Anhang (Normalverteilung)				2,58				
Bezogene Vertrauensgrenze $b = z_\mathrm{G}/\sqrt{n}$	1,82	1,49	1,29	1,15	0,98	0,82	0,67	0,47

Die Rechnung aus Beispiel 2.30 kann übernommen werden, lediglich gilt für die bezogene Größe z hier Normalverteilung. Es wird daher für $P(+z_\mathrm{G}) = 1,99/2$ aus Tafel **A.**3
im Anhang das Argument $z_\mathrm{G} = 2,58$ aufgesucht, welches unabhängig von der Anzahl der Meßwerte gilt. Die damit berechneten, auf s bezogenen Vertrauensgrenzen $\pm b = \pm z_\mathrm{G}/\sqrt{n}$ –
hier zur Unterscheidung von denen in Beispiel 2.30 mit b bezeichnet – sind in Tafel **2.**53
und Bild **2.**54 aufgetragen. Man erkennt aus Bild **2.**54, daß nach der t-Verteilung mit
abnehmender Anzahl von Meßwerten die Vertrauensgrenzen zunehmend größer werden
als die nach der Normalverteilung berechneten. Das ist verständlich, da die Normalverteilung eine unabhängig von der Anzahl der Meßwerte n konstante, für die Grundgesamtheit geltende Standardabweichung voraussetzt, die t-Verteilung aber eine lediglich

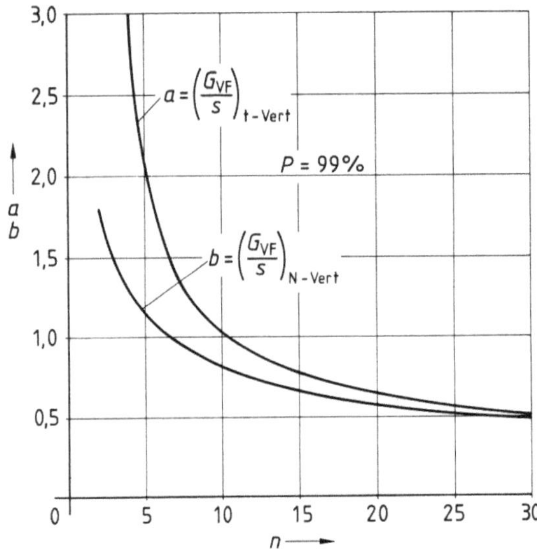

2.54
Auf die Standardabweichung s
der Einzelmeßwerte bezogene
symmetrische Vertrauensgrenzen
G_v (mit der Wahrscheinlichkeit
$P = 0,99$ eingehalten) für den zufälligen Fehler des Mittelwertes $\bar{x}$
in Abhängigkeit von der Anzahl n
der Meßwerte
a nach der t-Verteilung
(s. Beispiel 2.30)
b nach der Normalverteilung
(s. Beispiel 2.31)

aus der Stichprobe berechnete, die mit kleiner werdender Anzahl von Meßwerten immer unsicherer wird. Mit zunehmender Anzahl von Meßwerten gehen beide Arten von Vertrauensgrenzen ineinander über, und man kann bei Stichproben mit einer Anzahl von Meßwerten über 30 mit ausreichender Sicherheit immer Normalverteilung annehmen.

Beispiel 2.32. Mit einem manuell abzugleichenden Gleichspannungskompensator ist eine Normalspannungsquelle mit $u_N = 1{,}01861$ V viermal mit den Werten $u_1 = 1{,}0270$ V; $u_2 = 1{,}0265$ V; $u_3 = 1{,}0268$ V; $u_4 = 1{,}0266$ V gemessen. Wie groß ist der systematische Fehler des Kompensators für diesen Meßpunkt?

Die Normalspannung u_N gilt als richtiger Wert ersatzweise für den wahren Wert $u_w = u_N$ der gemessenen Spannung. Für den von zufälligen Fehlern befreiten Meßwert dieser Spannung kann als beste Näherung der Mittelwert $\bar{u}$ angesehen werden, so daß der systematische Fehler $F_s = \bar{u} - u_N$ entsprechend Gl. (2.93) bestimmt werden kann.

Für den zufälligen Restfehler des nach Gl. (2.34) berechneten Mittelwertes

$$\bar{u} = \frac{1}{n} \sum_{i=1}^{n} u_i = \frac{u_1 + u_2 + u_3 + u_4}{4} = 1{,}026725 \text{ V}$$

müssen die Vertrauensgrenzen nach der t-Verteilung bestimmt werden, da die Standardabweichung als Näherungswert aus den vier Meßwerten berechnet wird. Für t-Verteilung ergeben sich nach Beispiel 2.30, Bild **2.**54 mit $n = 4$ die bezogenen Vertrauensgrenzen $\pm a = G_{vF1/2}/s = \pm 2{,}92$. Aus diesen folgen mit der Standardabweichung für den Einzelmeßwert nach Gl. (2.41)

$$s = \sqrt{\frac{1}{n-1} \sum_{i=1}^{n} (x_i - \bar{x})^2} = \sqrt{\frac{1}{3} \sum_{i=1}^{4} (u_i - 1{,}026725 \text{ V})^2} = 0{,}000222 \text{ V}$$

die Vertrauensgrenzen $G_{vF1/2} = \pm a\,s = \pm 0{,}00065$ V.

Der völlig von zufälligen Fehlern freie, sozusagen wahre Anzeigewert - Mittelwert $\bar{u}_\infty = \mu$ der Grundgesamtheit aller Anzeigewerte -, liegt mit der Wahrscheinlichkeit $P = 99\%$ innerhalb der Grenzen $G_{v1} = (1{,}02672 - 0{,}00065)$ V und $G_{v2} = (1{,}02672 + 0{,}00065)$ V. Damit kann der systematische Fehler des Kompensators mit $F_s = \bar{u} - u_N = (1{,}02672 \pm 0{,}00065)$ V $- 1{,}01861$ V $= (0{,}00811 \pm 0{,}00065)$ V; $(P = 99\%)$ angegeben werden.

Beispiel 2.33. Für den in Beispiel 2.32 behandelten Gleichspannungskompensator soll in früheren Meßreihen mit über 30 Meßwerten die Standardabweichung des Einzelmeßwertes mit $s = 0{,}21 \cdot 10^{-3}$ V festgestellt worden sein, die als Standardabweichung der Grundgesamtheit aller mit dem Kompensator gemessenen Einzelwerte angesehen werden kann ($s = \sigma$). Mit dem Kompensator wird eine konstante Spannungsquelle nacheinander mit den Werten $u_1 = 0{,}8341$ V; $u_2 = 0{,}8341$ V und $u_3 = 0{,}8342$ V gemessen. Es soll der Mittelwert mit seinen für die Wahrscheinlichkeit $P = 99\%$ geltenden Vertrauensgrenzen angegeben werden.

Mit der bekannten Standardabweichung der Grundgesamtheit $s = \sigma = 0{,}21$ mV ergeben sich die nach Beispiel 2.31 für Normalverteilung ermittelten bezogenen Vertrauensgrenzen aus Bild **2.**54 mit $n = 3$ Meßwerten zu $\pm b = G_{vF1/2}/s = \pm 1{,}49$ und damit $G_{vF1/2} = \pm 1{,}49 \cdot 0{,}21$ mV $= \pm 0{,}31$ mV. Der Mittelwert aus den drei Meßwerten nach Gl. (2.34)

$$\bar{u}_i = \frac{1}{n} \sum_{i=1}^{n} u_i = \frac{1}{3} \sum_{i=1}^{3} u_i = 0{,}83413 \text{ V}$$

kann also als Meßergebnis

$$u = 0{,}8341 \text{ V} \pm 0{,}0003 \text{ V} \quad (P = 99\%)$$

angegeben werden. Die angegebenen Fehlergrenzen beziehen sich nur auf den zufälligen Fehler. Ist laut Aufgabenstellung die Bestimmung des wahren Wertes gefordert, muß der Mittelwert noch um den systematischen Wert korrigiert werden. Ist dieser nicht bekannt, aber erheblich größer als die Fehlergrenzen für den zufälligen Fehler, so ist die obige Angabe des unkorrigierten Mittelwertes mit Vertrauensgrenzen nicht sinnvoll. Sie könnte insofern sogar irreführend sein, als man in Unkenntnis des tatsächlichen Sachverhaltes angereizt würde, den gesuchten wahren Wert x_w der Meßgröße im Bereich $(0{,}8341 \pm 0{,}0003)\,\mathrm{V}$ zu sehen statt, wie es richtig ist, in dem Bereich $(0{,}8341 - F_s) \pm 0{,}0003\,\mathrm{V}$, denn es gilt

$$w[(0{,}8341 - F_s - 0{,}0003)\,\mathrm{V} \leqq u_w < (0{,}8341 - F_s + 0{,}0003)\,\mathrm{V}] = 0{,}99 \,.$$

2.6.2.4 Gewichtung von Meßwerten ungleicher Genauigkeit. In der Praxis sind auch Meßwerte auszugleichen, für die eine gleiche Genauigkeit nicht vorausgesetzt werden kann. Beispielsweise könnten für eine konstante Meßgröße x drei Meßwerte x_j vorliegen, die ihrerseits bereits als Mittelwerte $\bar{x}_1, \bar{x}_2, \bar{x}_3$ gewonnen wurden, aber jeweils aus einer unterschiedlichen Anzahl $n_1 \neq n_2 \neq n_3$ von Einzelmeßwerten x_{1i}, x_{2i}, x_{3i}. Haben alle Einzelmeßwerte x_{ji}, aus denen die drei Mittelwerte $\bar{x}_j$ berechnet wurden, die gleiche Genauigkeit, die durch eine für alle gleiche Standardabweichung s charakterisiert wird, so folgt aus Gl. (2.91) die Standardabweichung der aus den Einzelwerten berechneten Mittelwerte $\bar{x}_j$ zu $s_{\bar{x}j} = s/\sqrt{n_j}$. Die Standardabweichung, d.h. die Genauigkeit, der Mittelwerte ist also abhängig von der Anzahl der Einzelmeßwerte, aus denen dieser berechnet wurde. Die hier angenommenen Mittelwerte

$$\bar{x}_1 = \frac{x_{11} + x_{12} + x_{13}}{3}\,, \quad \bar{x}_2 = \frac{x_{21} + x_{22}}{2}\,, \quad \bar{x}_3 = \frac{x_{31} + x_{32} + x_{33} + x_{34}}{4} \quad (2.97)$$

sind entsprechend der unterschiedlichen Anzahl von Einzelmeßwerten auch unterschiedlich genau. Ihre Standardabweichungen ergeben sich aus der Standardabweichung der Einzelwerte s zu

$$s_{\bar{x}1} = s/\sqrt{3}\,, \quad s_{\bar{x}2} = s/\sqrt{2}\,, \quad s_{\bar{x}3} = s/\sqrt{4}\,. \tag{2.98}$$

Berechnet man aus diesen vorliegenden Mittelwerten $\bar{x}_1, \bar{x}_2, \bar{x}_3$ unterschiedlicher Genauigkeit einen einfachen linearen Mittelwert für die Meßgröße x (Mittelwert der Mittelwerte)

$$\bar{\bar{x}} = \frac{\bar{x}_1 + \bar{x}_2 + \bar{x}_3}{3}\,, \tag{2.99}$$

so genügt dieser offensichtlich nicht mehr dem Ausgleichskriterium der Methode der kleinsten Quadrate, das hier ja als Bestwert auf den arithmetischen Mittelwert

$$\bar{x} = \frac{x_{11} + x_{12} + x_{13} + x_{21} + x_{22} + x_{31} + x_{32} + x_{33} + x_{34}}{9} \tag{2.100}$$

aus allen $3 + 2 + 4 = 9$ Meßwerten führt entsprechend der Gl. (2.34). Der als

Bestwert geltende Mittelwert aus allen 9 Einzelwerten kann aber durchaus auch aus den Teilmittelwerten $\bar{x}_1$, $\bar{x}_2$ und $\bar{x}_3$ berechnet werden, wenn man die Gl. (2.97) wie folgt in die Gl. (2.100) überführt.

$$\bar{x} = \frac{3\left(\dfrac{x_{11}+x_{12}+x_{13}}{3}\right) + 2\left(\dfrac{x_{21}+x_{22}}{2}\right) + 4\left(\dfrac{x_{31}+x_{32}+x_{33}+x_{34}}{4}\right)}{3+2+4}$$

$$= \frac{3\bar{x}_1 + 2\bar{x}_2 + 4\bar{x}_3}{3+2+4} \tag{2.101}$$

Die Faktoren 3; 2 und 4 werden als Gewichte bezeichnet, mit denen die zu mittelnden Meßwerte hinsichtlich ihrer Genauigkeit charakterisiert werden.

Unterschiedliche Genauigkeiten und damit unterschiedliche Gewichtung von Meßwerten oder Meßergebnissen können nun nicht nur dadurch zustande kommen, daß diese als Teilmittelwerte aus einer unterschiedlichen Anzahl von Einzelmeßwerten bestimmt wurden. Auch Messungen, die mit Meßeinrichtungen unterschiedlicher Fehlergrenzen, unterschiedlicher Sorgfalt, unterschiedlichen Meßverfahren usw. durchgeführt wurden, können zu einer unterschiedlichen Gewichtung der Meßwerte führen. Es empfiehlt sich, diese durch beliebige Ursachen bedingte unterschiedliche Gewichtung ebenfalls als Folge einer Teilmittelwertbildung aus einer dem jeweiligen Gewicht entsprechenden Anzahl von fiktiven Einzelmessungen (Elementarmessungen) aufzufassen.

Werden also die unterschiedlichen Genauigkeiten der Meßwerte $x_1, \ldots, x_i, \ldots, x_n$ in einer entsprechenden fiktiven Anzahl $m_1, \ldots, m_i, \ldots, m_n$ fiktiver Elementarmessungen x_{iv} zum Ausdruck gebracht, so sind die Einzelmeßwerte x_i als fiktive Mittelwerte

$$\bar{x}_i = \frac{1}{m_i} \sum_{v=1}^{m_i} x_{iv} \tag{2.102}$$

der jeweiligen fiktiven m_i Elementarmessungen aufzufassen. Entsprechend Gl. (2.101) müssen damit den Meßwerten x_i Gewichtsfaktoren $\gamma_1, \ldots, \gamma_i, \ldots, \gamma_n$ zugeordnet werden

$$\gamma_1 x_1, \ldots, \gamma_i x_i, \ldots, \gamma_n x_n, \tag{2.103}$$

die gleich sind der jeweiligen Anzahl der fiktiven Elementarmessungen.

$$\gamma_1 = m_1, \ldots, \gamma_i = m_i, \ldots, \gamma_n = m_n \tag{2.104}$$

Die Gewichte γ_i sind reine Verhältniszahlen, die die Genauigkeiten der einzelnen Meßwerte quantitativ bewerten. Sie können also durch einen beliebigen für alle Meßwerte gleichen Faktor dividiert werden, ohne daß dadurch die Gewichtung der Meßwerte relativ zueinander verändert wird. Dividiert man alle Gewichte durch einen Faktor m_{max}, der gleich ist dem Gewicht eines bestimmten Meßwertes (im allgemeinen das Gewicht γ_{max} des genauesten Meßwertes), so bekommt dieser das Gewicht $\gamma_0 = m_{max}/m_{max} = 1$, und alle übrigen Gewichte

$$\gamma_1 = \frac{m_1}{m_{max}}, \quad \gamma_2 = \frac{m_2}{m_{max}}, \dots, \gamma_i = \frac{m_i}{m_{max}} \tag{2.105}$$

vermitteln als Verhältniszahlen zu diesem Gewicht $\gamma_0 = 1$ besonders übersichtlich die Rangordnung der Meßwerte hinsichtlich ihrer Genauigkeit.

Bestimmung der Gewichte aus den Fehlern. Mehrere Meßwerte $x_1, \dots, x_i, \dots, x_n$ einer konstanten Meßgröße x haben unterschiedliche Genauigkeiten, die durch ihre unterschiedlichen Standardabweichungen $s_1, \dots, s_i, \dots, s_n$ (mittlerer Fehler) gegeben sind. Sollen nun die unterschiedlichen Genauigkeiten der Meßwerte x_i durch entsprechende Gewichtsfaktoren γ_i berücksichtigt werden, so stellt man sich, wie oben erläutert, vor, die Meßwerte x_i wären aus einer dem jeweiligen mittleren Fehler s_i entsprechenden Anzahl m_i fiktiver Elementarmessungen nach Gl. (2.102) bestimmt. Jeder der Meßwerte $x_1, \dots, x_i, \dots, x_n$ wird also als Mittelwert $x_i \triangleq \bar{x}_i$ aus jeweils $m_1, \dots, m_i, \dots, m_n$ fiktiven Elementarmeßwerten x_{iv} aufgefaßt, so daß sich die gegebenen Standardabweichungen $s_1, \dots, s_i, \dots, s_n$ der Meßwerte x_i entsprechend Gl. (2.91) über die Anzahl $m_1, \dots, m_i, \dots, m_n$ der fiktiven Elementarmeßwerte x_{iv} auf eine fiktive für alle Elementarmeßwerte gleiche Standardabweichung s zurückführen lassen.

$$s_1 = \frac{s}{\sqrt{m_1}}, \dots, s_i = \frac{s}{\sqrt{m_i}}, \dots, s_n = \frac{s}{\sqrt{m_n}} \tag{2.106}$$

Danach verhalten sich die Standardabweichungen der Meßwerte zueinander wie die Kehrwerte der Wurzeln aus der ihnen entsprechenden Anzahl fiktiver Elementarmessungen.

$$s_1 : s_2 : s_3 : \cdots = \frac{1}{\sqrt{m_1}} : \frac{1}{\sqrt{m_2}} : \frac{1}{\sqrt{m_3}} : \cdots \tag{2.107}$$

Da nun die Anzahl m_i der Elementarmeßwerte x_{iv}, aus denen man sich den Meßwert x_i gemittelt vorstellt, nach Gl. (2.104) gleich ist dem Gewichtsfaktor $\gamma_i = m_i$, der die Genauigkeit dieses Meßwertes bewertet, verhalten sich die Gewichtsfaktoren $\gamma_1, \dots, \gamma_i, \dots, \gamma_n$ der Meßwerte $x_1, \dots, x_i, \dots, x_n$ wie die Kehrwerte der Quadrate ihrer Standardabweichungen.

$$\gamma_1 : \gamma_2 : \gamma_3 : \cdots = \frac{1}{s_1^2} : \frac{1}{s_2^2} : \frac{1}{s_3^2} : \cdots \tag{2.108}$$

Zweckmäßig ordnet man, wie erläutert, einem ausgezeichneten Meßwert, z.B. dem genauesten, d.h. dem mit der kleinsten Standardabweichung $s_{min} = s_0$, das Gewicht $\gamma_0 = 1$ zu. Dann folgen aus Gl. (2.108)

$$\gamma_1 : \gamma_2 : \cdots : 1 : \gamma_i : \cdots = \frac{1}{s_1^2} : \frac{1}{s_2^2} : \cdots : \frac{1}{s_0^2} : \frac{1}{s_i^2} : \cdots \tag{2.109}$$

entsprechend $\gamma_1 : 1 = (1/s_1^2) : (1/s_0^2) : \cdots$ die Bestimmungsgleichungen für die Gewichtsfaktoren.

$$\gamma_1 = \frac{s_0^2}{s_1^2}, \quad \gamma_2 = \frac{s_0^2}{s_2^2}, \quad \gamma_3 = \frac{s_0^2}{s_3^2}, \ldots \tag{2.110}$$

Allgemein kann man also von n vorliegenden Meßwerten $x_1, \ldots, x_i, \ldots, x_n$ mit den unterschiedlichen Standardabweichungen $s_1, \ldots, s_i, \ldots, s_n$ einen beliebigen – i. allg. nach Zweckmäßigkeitsgesichtspunkten den mit der kleinsten Standardabweichung $s_{\min} = s_0$ – auswählen und ihm den Gewichtsfaktor $\gamma_0 = 1$ zuordnen. Mit der für diesen Meßwert x_0 gegebenen Standardabweichung s_0 ergeben sich die Gewichtsfaktoren γ_i der übrigen $(n-1)$ Meßwerte entsprechend ihren Standardabweichungen s_i.

$$\gamma_i = \left(\frac{s_0}{s_i}\right)^2 \tag{2.111}$$

Diese Standardabweichung s_0, deren Meßwert x_0 man den Gewichtsfaktor $\gamma_0 = 1$ zugeordnet hat, wird auch als die Standardabweichung des Einzelmeßwertes mit dem Gewicht 1 bezeichnet.

2.6.2.5 Allgemeiner linearer Mittelwert. Hat man n Meßwerte $x_1, \ldots, x_i, \ldots, x_n$ einer konstanten Meßgröße, denen die Gewichtsfaktoren $\gamma_1, \ldots, \gamma_i, \ldots, \gamma_n$ zugeordnet sind – z. B. aus ihren Standardabweichungen nach Gl. (2.111) berechnet –, so kann ein Bestwert x_B nach der Methode der kleinsten Quadrate grundsätzlich nach Abschn. 2.6.2.1 bestimmt werden. Dabei muß allerdings ihre unterschiedliche Genauigkeit berücksichtigt werden, indem die Quadrate der Abweichungen $(x_i - x_B)^2$ nicht direkt, sondern gewichtet, d. h. auf das Quadrat ihrer jeweiligen Standardabweichungen bezogen $(x_i - x_B)^2/s_i^2$ summiert werden. Ersetzt man die Standardabweichung s_i durch das ihr entsprechende Gewicht γ_i nach Gl. (2.111), so bekommt man die Summe

$$\Gamma = \sum_{i=1}^{n} \frac{(x_i - x_B)^2}{s_i^2} = \frac{1}{s_0^2} \sum_{i=1}^{n} \gamma_i (x_i - x_B)^2, \tag{2.112}$$

aus der durch Nullsetzen ihrer ersten Ableitung nach der Unbekannten x_B

$$\frac{\partial \Gamma}{\partial x_B} = \frac{1}{s_0^2} \sum_{i=1}^{n} (-2\gamma_i x_i + 2\gamma_i x_B) = 0 \tag{2.113}$$

der Bestwert x_B als **allgemeiner linearer Mittelwert**

$$x_B = \frac{\displaystyle\sum_{i-1}^{n} \gamma_i x_i}{\displaystyle\sum_{i-1}^{n} \gamma_i} = \bar{x} \tag{2.114}$$

folgt.

Beispiel 2.34. Die spezifischen Verluste p eines ferromagnetischen Werkstoffes wurden mit drei verschiedenen Verfahren unterschiedlicher Genauigkeit, die durch die jeweilige Standardabweichung s_i quantitativ gegeben ist, gemessen.

$$\text{Verfahren 1: } p_1 = 4{,}12 \text{ W/kg} \qquad s_1 = 0{,}15 \text{ W/kg}$$
$$\text{Verfahren 2: } p_2 = 4{,}01 \text{ W/kg} \qquad s_2 = 0{,}2 \ \ \text{W/kg}$$
$$\text{Verfahren 3: } p_3 = 4{,}24 \text{ W/kg} \qquad s_3 = 0{,}12 \text{ W/kg}$$

Es soll aus den Meßwerten der drei Verfahren ein allgemeiner (gewichteter) Mittelwert für die spezifischen Verluste berechnet werden.

Wird für die Bestimmung der Gewichtsfaktoren dem Meßwert p_3 als dem genauesten der Gewichtsfaktor $\gamma_3 = \gamma_0 = 1$ zugeordnet, erhält man nach Gl. (2.111) mit $s_0 = s_3$ die Gewichtsfaktoren

$$\gamma_3 = 1, \qquad \gamma_1 = \left(\frac{s_3}{s_1}\right)^2 = \left(\frac{0{,}12}{0{,}15}\right)^2 = 0{,}64, \qquad \gamma_2 = \left(\frac{s_3}{s_2}\right)^2 = \left(\frac{0{,}12}{0{,}2}\right)^2 = 0{,}36.$$

Damit kann der allgemeine Mittelwert nach Gl. (2.114) berechnet werden.

$$\bar{p} = \frac{\displaystyle\sum_{i=1}^{3} \gamma_i p_i}{\displaystyle\sum_{i=1}^{3} \gamma_i} = \frac{0{,}64 \cdot 4{,}12 + 0{,}36 \cdot 4{,}01 + 1 \cdot 4{,}24}{0{,}64 + 0{,}36 + 1} \cdot \frac{\text{W}}{\text{kg}} = 4{,}16 \, \frac{\text{W}}{\text{kg}}$$

2.6.2.6 Standardabweichung (mittlerer Fehler) allgemeiner linearer Mittelwerte. Der allgemeine lineare Mittelwert ist wie der einfache Mittelwert zu werten (s. Abschn. 2.6.2.2, letzter Absatz). Er ist wie dieser mit einem Restfehler behaftet, der durch die Standardabweichung $s_{\bar{x}}$ als mittlerer Fehler charakterisiert werden kann. Die praktische Berechnung dieser Standardabweichung $s_{\bar{x}}$ für den allgemeinen arithmetischen Mittelwert $\bar{x}$ unterscheidet sich nur insofern von der für den einfachen Mittelwert, als hier nicht mehr von der für alle Einzelmeßwerte gleichen konstanten Standardabweichung s ausgegangen werden kann. Je nach Aufgabenstellung können folgende Gegebenheiten vorliegen.

a) Sind die Einzelmeßwerte $x_1, \ldots, x_i, \ldots, x_n$ mit ihren Gewichtsfaktoren $\gamma_1, \ldots, \gamma_i, \ldots, \gamma_n$ und ihren Standardabweichungen $s_1, \ldots, s_i, \ldots, s_n$ gegeben, ist die Aufgabe an sich überbestimmt, da Gewichtsfaktoren und Standardabweichungen entsprechend Gl. (2.108) voneinander abhängen. Widerspruchsfreie Werte vorausgesetzt kann die Standardabweichung $s_{\bar{x}}$ des Mittelwertes nach Gl. (2.117) berechnet werden.

b) Sind die Einzelmeßwerte $x_1, \ldots, x_i, \ldots, x_n$ und ihre Standardabweichungen $s_1, \ldots, s_i, \ldots, s_n$ gegeben, müssen zunächst, wie in Abschn. 2.6.2.4 erläutert, nach Gl. (2.111) die Gewichtsfaktoren $\gamma_1, \ldots, \gamma_i, \ldots, \gamma_n$ bestimmt werden. Danach kann wie unter a) die Standardabweichung $s_{\bar{x}}$ nach Gl. (2.117) berechnet werden.

c) Sind die Einzelmeßwerte $x_1, \ldots, x_i, \ldots, x_n$ mit ihren Gewichtsfaktoren $\gamma_1, \ldots, \gamma_i, \ldots, \gamma_n$ gegeben, aber die entsprechenden Standardabweichungen nicht, so müssen diese als Schätzwerte aus den vorliegenden Einzelmeßwerten bestimmt werden. Zweckmäßigerweise bestimmt man aber nach Gl. (2.115) lediglich eine Standardabweichung s_0 für einen Einzelmeßwert $x_{\gamma=1}$ mit der Gewichtung $\gamma=1$. Dieser Einzelmeßwert kann auch ein fiktiver sein, wenn alle gegebenen γ-Werte ungleich Eins sind. Dann kann wie unter d) verfahren werden.

d) Sind die Einzelmeßwerte $x_1, \ldots, x_i, \ldots, x_n$ mit ihren Gewichtsfaktoren $\gamma_1, \ldots, \gamma_i, \ldots, \gamma_n$ und die Standardabweichung s_0 eines Einzelwertes der Gewichtung $\gamma=1$ gegeben, kann die Standardabweichung des Mittelwertes $s_{\bar{x}}$ direkt nach Gl. (2.118) bestimmt werden.

Berechnung der Standardabweichung s für gewichtete Einzelmeßwerte. Liegen für eine konstante Meßgröße x die Meßwerte $x_1, \ldots, x_i, \ldots, x_n$ mit unterschiedlichen Genauigkeiten vor, entsprechend den angegebenen Gewichten $\gamma_1, \ldots, \gamma_i, \ldots, \gamma_n$, so kann der allgemeine arithmetische Mittelwert $\bar{x}$ der Meßgröße nach Gl. (2.114) bestimmt werden. Damit lassen sich dann auch die einzelnen scheinbaren Fehler $f_i = x_i - \bar{x}$ der Einzelmeßwerte entsprechend Gl. (2.6) bestimmen. Diese Fehler sind aber wie die Meßwerte, auf die sie sich beziehen, nicht als gleichrangig untereinander zu betrachten. Es läßt sich zeigen, daß die Berechnung des quadratischen Mittelwertes von Fehlern ungleicher Gewichtung – Standardabweichung – über die Summe der gewichteten Fehlerquadrate entsprechend

$$s_0 = \sqrt{\frac{1}{n-1} \sum_{i=1}^{n} \gamma_i (x_i - \bar{x})^2} \tag{2.115}$$

durchgeführt werden kann. Diese Standardabweichung s_0 kann als die eines Einzelmeßwertes der Gewichtung $\gamma_0 = 1$ angesehen werden, mit der für alle Meßwerte der Reihe entsprechend ihrer Gewichtung $\gamma \neq 1$ nach Gl. (2.111) ihre jeweilige Standardabweichung

$$s_i = s_0 / \sqrt{\gamma_i} \tag{2.116}$$

berechnet werden kann.

Berechnung der Standardabweichung für allgemeine lineare Mittelwerte. Sind die Standardabweichungen $s_1, \ldots, s_i, \ldots, s_n$ der Einzelmeßwerte $x_1, \ldots, x_i, \ldots, x_n$ mit ihren Gewichten $\gamma_1, \ldots, \gamma_i, \ldots, \gamma_n$ bekannt, so läßt sich die Standardabweichung $s_{\bar{x}}$ für den nach Gl. (2.114) berechneten allgemeinen linearen Mittelwert mit Hilfe der Fehlerfortpflanzung ähnlich wie in Abschn. 2.6.2.2 bestimmen. Man schreibt dazu den allgemeinen linearen Mittelwert nach Gl. (2.114) in der Form

$$\bar{x} = \sum_{i=1}^{n} \left(\frac{1}{\sum_{i=1}^{n} \gamma_i} \right) \gamma_i x_i,$$

in der die gewichteten Einzelmeßwerte $\gamma_i x_i$ mit dem konstanten Faktor $(1/\sum\gamma_i)$ multipliziert erscheinen. Gelten nun für die jeweiligen Meßwerte x_i die ihren Genauigkeiten entsprechenden Standardabweichungen s_i, so wird die Standardabweichung $s_{\bar{x}}$ der Summe, also des Mittelwertes, entsprechend der Fehlerfortpflanzungsgleichung (2.81)

$$s_{\bar{x}} = \sqrt{\sum_{i=1}^{n}\left(\frac{\partial\bar{x}}{\partial x_i}\right)^2 s_i^2} = \frac{1}{\sum\limits_{i=1}^{n}\gamma_i}\sqrt{\sum_{i=1}^{n}\gamma_i^2 s_i^2} \qquad (2.117)$$

berechnet. Sind nicht die unterschiedlichen Standardabweichungen $s_1, \ldots, s_i, \ldots, s_n$ der einzelnen Meßwerte $x_1, \ldots, x_i, \ldots, x_n$ bekannt, sondern die eine Standardabweichung s_0 als die eines fiktiven oder ausgezeichneten Einzelwertes der Gewichtung $\gamma_0 = 1$ entsprechend Gl. (2.115), so ergeben sich die tatsächlichen Standardabweichungen s_i für die Einzelmeßwerte x_i der Gewichtung $\gamma_i \neq 1$ nach Gl. (2.116).

$$s_1 = s_0/\sqrt{\gamma_1}, \quad s_2 = s_0/\sqrt{\gamma_2}, \ldots, s_i = s_0/\sqrt{\gamma_i}, \ldots$$

Werden diese in Gl. (2.117) eingesetzt

$$s_{\bar{x}} = \frac{1}{\sum\limits_{i=1}^{n}\gamma_i}\sqrt{\sum_{i=1}^{n}\gamma_i^2\left(\frac{s_0}{\sqrt{\gamma_i}}\right)^2} = \frac{s_0}{\sum\limits_{i=1}^{n}\gamma_i}\sqrt{\sum_{i=1}^{n}\gamma_i},$$

so ergibt sich die Standardabweichung des allgemeinen linearen Mittelwertes.

$$s_{\bar{x}} = s_0\left/\sqrt{\sum_{i=1}^{n}\gamma_i}\right. \qquad (2.118)$$

Beispiel 2.35. Für den in Beispiel 2.34 berechneten allgemeinen Mittelwert der spezifischen Verluste ist die Standardabweichung zu berechnen.
In Beispiel 2.34 wurden die Gewichtsfaktoren γ_i aus den gegebenen Standardabweichungen s_i berechnet, d.h., die jeweiligen γ_i- und s_i-Werte sind widerspruchsfrei. Da die Standardabweichung $s_0 = s_3 = 0,12$ W/kg des Meßwertes der Gewichtung Eins $(\gamma_0 = \gamma_3 = 1)$ bereits bekannt ist, berechnet man die Standardabweichung des allgemeinen Mittelwertes zweckmäßig nach Gl. (2.118).

$$s_{\bar{x}} = s_3\left/\sqrt{\sum_{i=1}^{3}\gamma_i}\right. = \frac{0,12\ \text{W/kg}}{\sqrt{0,64+0,36+1,0}} = 0,085\ \frac{\text{W}}{\text{kg}}$$

Es wird in Beispiel 2.34 wie auch hier nicht untersucht, ob sich die drei auszugleichenden Meßwerte infolge der verschiedenen Verfahren in einer systematischen Weise unterscheiden, so daß die hier ermittelten Ergebnisse in Frage gestellt würden.

2.6.3 Ausgleich funktionaler Zusammenhänge (Ausgleichskurven)

In der Technik wird häufig eine Größe y in Abhängigkeit von einer Größe x empirisch untersucht. Beispielsweise mißt man den Widerstand bei verschiedenen Temperaturen oder die Verluste in einem Dielektrikum bei verschiedenen Frequenzen usw. In solchen Fällen werden Wertepaare (x_1, y_1); (x_2, y_2); ... aufgenommen, die in einem kartesischen Koordinatensystem jeweils die Lage eines Punktes beschreiben. Die Aufgabe lautet nun, diesen experimentell aufgenommenen Zusammenhang durch eine Funktion $y = f(x)$ analytisch oder graphisch zu beschreiben. Dazu muß zunächst die Funktion qualitativ festgelegt werden, d. h., es muß festgestellt werden, durch welche Art von Funktion der Zusammenhang optimal beschrieben wird, z. B. durch eine lineare Gleichung $y = a + bx$, quadratische Gleichung $y = a + bx + cx^2$ usw. Im zweiten Schritt können dann mit Hilfe der Methode der kleinsten Quadrate die Konstanten – Parameter – der Funktion bestimmt werden.

In der Praxis begnügt man sich häufig, insbesondere beim graphischen Ausgleich, mit der Forderung, eine möglichst „glatte" Kurve durch die Meßpunkte zu zeichnen. Bei dieser Forderung bleibt im allgemeinen allerdings offen, was im konkreten Fall unter einer „glatten" Kurve zu verstehen ist.

Hat man außer den Meßpunkten keinerlei weitere Informationen über den Vorgang, dem die Meßpunkte entstammen, ergibt die Forderung nach einer Ausgleichskurve, die allein dem Minimum der Summe der Abweichungsquadrate genügt, keine eindeutige und damit sinnvolle Lösung, wie z. B. aus der Betrachtung der in Bild **2.**55 eingetragenen Meßpunkte (x_i, y_i) hervorgeht. Fordert man hierfür nämlich eine Ausgleichskurve, für die unabhängig von ihrer Art allein die Summe der Abweichungsquadrate ein Minimum wird, so könnte man die gestrichelt eingezeichnete Kurve a als die bestmögliche ansehen, für die die Abweichungen sogar Null sind. Aber auch für die punktiert eingetragene Kurve b und für beliebig viele andere, wie leicht einzusehen, würden die Abweichungen Null sein. Es gibt also beliebig viele in ihrer Art höchst unterschiedliche Ausgleichskurven, die unter dem alleinigen Gesichtspunkt des Minimums der Summe der Abweichungsquadrate als gleichrangig oder gleich gut ausgleichend gelten könnten.

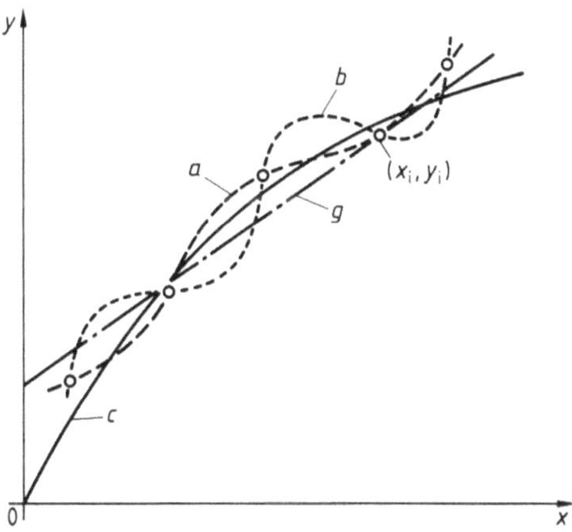

2.55
Beispiele verschiedener Ausgleichskurven $y = g(x)$ durch die als Kreise eingetragenen Meßpunkte (x_i, y_i)

Fordert man für eine Ausgleichskurve zum einen, daß die Summe der Abweichungsquadrate minimal wird, und zum anderen als Nebenbedingung, daß sie möglichst „glatt" verläuft, so wird dadurch das Problem im Sinne des Ausgleichens vermittelnder Beobachtungen eindeutig lösbar, wenn gleichzeitig die Nebenbedingung einer „glatten" Kurve mathematisch eindeutig definiert ist. Versteht man beispielsweise unter einer „glatten" Kurve eine mathematisch möglichst einfache Kurve, so könnte man als Ausgleichskurve für die Meßpunkte in Bild **2.**55 eine Gerade festlegen. Zu dieser lassen sich nach Abschn. 2.6.3.2 die Abstände der Meßpunkte mathematisch beschreiben und die Summe ihrer Quadrate minimieren, so daß sich die Kurve g in Bild **2.**55 als eindeutige Lösung ergibt. Dieser mathematisch zwar eindeutige Lösungsansatz muß aber physikalisch nicht unbedingt sinnvoll sein, z. B. wenn die Ausgleichskurve dem physikalischen Sachverhalt des Vorganges nicht gerecht wird. Beispielsweise ist die in Bild **2.**55 eingezeichnete Gerade g zwar mathematisch eindeutig zu bestimmen, sie wäre aber physikalisch unsinnig, wenn die Meßpunkte die zeitabhängige Spannung $u_c(t)$ an einem Kondensator C darstellen, der bei einer Anfangsladung Null über einen Widerstand R an eine Gleichspannung u geschaltet wurde. Sinnvoll und mathematisch eindeutig wird die Lösung hierfür erst, wenn man nach einer Analyse, d. h. einer Auswertung der physikalischen Gegebenheit, festlegt, daß die Meßpunkte einer Gleichung $u_c(t) = u_\infty (1 - e^{-t/\tau})$ genügen müssen, die die Ladespannung eines Kondensators mit den freien Parametern u_∞ (stationärer Endwert der Kondensatorspannung) und τ (Zeitkonstante) qualitativ beschreibt (ausgezogene Kurve c in Bild **2.**55). Nunmehr lassen sich die Abstände der Meßpunkte zu dieser den physikalischen Vorgang richtig beschreibenden, qualitativ bestimmten Ausgleichskurve mathematisch formulieren und ihre Quadrate über alle Meßpunkte summieren, so daß sich aus der Forderung ihres Minimums die Bestimmungsgleichungen für die Parameter u_∞ und τ der Kurve ableiten lassen.

Die knappen Erläuterungen mögen zeigen, daß das Problem der Ermittlung einer Ausgleichskurve äußerst komplex ist und im folgenden nur gestreift werden kann. Es berührt in starkem Maße die Korrelationsrechnung, mit der die Abhängigkeiten der Meßgrößen allein aus der Information über die Meßwerte untersucht werden, aber auch die Methoden der System- bzw. Prozeßanalyse, mit denen der physikalische Ablauf des Vorganges analysiert wird, um eine qualitative Funktion zu gewinnen, die seinen Ablauf beschreibt.

2.6.3.1 Graphische Bestimmung von Ausgleichskurven. Wird ein experimentell aufgenommener Zusammenhang zwischen zwei Größen x und y graphisch dargestellt, so bekommt man i. allg. eine bessere, d. h. eine anschaulichere Vorstellung über die Art der Abhängigkeit zwischen x und y, als sie die Tabelle der Meßwertepaare (x_i, y_i) vermittelt. Man legt eine graphische Darstellung zweckmäßigerweise so an, daß zunächst die experimentell aufgenommenen Meßwertepaare (x_i, y_i) als deutlich gekennzeichnete Punkte in das gewählte Koordinatensystem übertragen werden (s. Bild **2.**56 in Beispiel 2.37). Dann versucht man entsprechend den Erläuterungen in Abschn. 2.6.3 nach Augenmaß eine Kurve durch die Meßpunkte zu zeichnen, die zum einen den physikalisch bedingten Zusammenhang der gemessenen Größen x und y weitgehend richtig beschreibt und zum anderen geometrisch möglichst einfach, d. h. glatt verläuft, und zwar so, daß nach visueller Abschätzung die Quadrate der Abstände zwischen Kurve und Meßpunkten in der Summe minimal werden.

Beispiel 2.36. Für einen metallischen Widerstand werden die Widerstandswerte $R(\vartheta)$ in Abhängigkeit von der Temperatur aufgenommen und die gemessenen Wertepaare (ϑ_i, R_i) als Punkte in ein ϑ-R-Koordinatensystem eingetragen. Soll nun eine Ausgleichskurve durch diese Punkte gezeichnet werden, so weiß man aus Erfahrung, daß diese qualitativ durch die Funktion $R(\vartheta) = R(\vartheta_{20})[1 + \alpha\,\Delta\vartheta + \beta(\Delta\vartheta)^2]$ beschrieben werden kann. $\Delta\vartheta$ ist die Differenz zwischen den Temperaturen $\vartheta_{20} = 20\,°C$ und ϑ, bei der der Widerstand $R(\vartheta)$ gemessen ist, α und β sind Konstanten. Damit besteht die Ausgleichsaufgabe darin, eine bestimmte Kurve durch die Meßpunkte zu zeichnen, die bei kleineren Werten von $\Delta\vartheta$ weitgehend linear und zu größeren $\Delta\vartheta$-Werten in eine Parabel übergehend verläuft. Bei kleineren Temperaturdifferenzen $\Delta\vartheta$, d. h., solange das quadratische Glied vernachlässigbar klein bleibt, darf somit als Ausgleichskurve für die Meßwertepaare (ϑ_i, R_i) eine Gerade gezeichnet werden.

Beispiel 2.37. Die Magnetisierungseigenschaften von ferromagnetischen Materialien werden üblicherweise experimentell bestimmt und als Magnetisierungskurve $b = g(h)$ dargestellt. Dazu werden verschiedene Werte der magnetischen Erregung h eingestellt und die dabei auftretende Induktion b gemessen. Die ermittelten Wertepaare (h_i, b_i) werden, wie in Bild 2.56, als Punkte in ein kartesisches Koordinatensystem eingetragen und sollen durch eine Kurve der Funktion $b = g(h)$ graphisch ausgeglichen werden.

Aus experimentellen Erfahrungen und theoretischen Untersuchungen des Magnetisierungsmechanismus in ferromagnetischen Stoffen ist die qualitative Form der Magnetisierungskurve bekannt. Sie geht mit einer leichten Krümmung vom Ursprung in eine relativ steil ansteigende Gerade über und nähert sich im Sättigungsbereich nach einer ausgeprägten Krümmung asymptotisch einer Geraden mit der extrem geringen Steigung $db/dh \approx \mu_0$. Wird diese qualitativ bekannte Kurvenform, wie in Bild 2.56 mit zwei Gera-

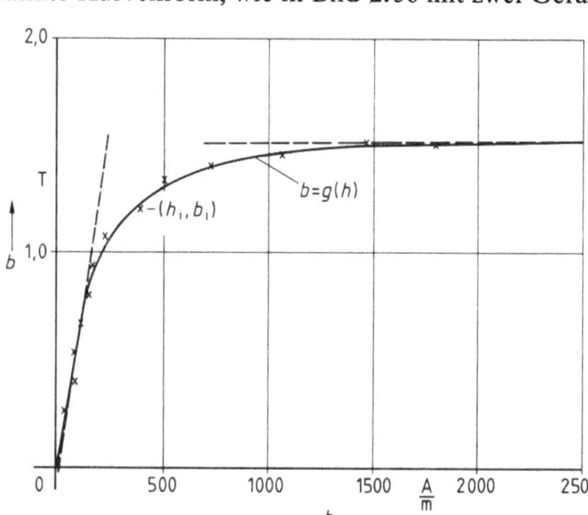

2.56
Graphisch konstruierte Ausgleichskurve durch die als Meßpunkte (h_i, b_i) aufgenommene Magnetisierungskennlinie $b = g(h)$

den (gestrichelt gezeichnet), die durch tangential anschließende Bogenstücke verbunden bzw. in den Ursprung fortgesetzt werden, so durch die Meßpunkte gelegt, daß die Summe der Abstände zwischen Meßpunkten und Kurve als minimal erscheint, so ist die Funktion $b = g(h)$ auch quantitativ festgelegt. Sie kann in dieser graphischen Form für viele Fälle mit ausreichender Genauigkeit angewandt werden, z. B. um bei Entwurfsrechnungen die zu magnetischen Erregungen h gehörenden magnetischen Induktionen b abzulesen oder umgekehrt.

Da der nach Augenschein vorgenommene Ausgleich am besten mit einer Geraden möglich ist, kann es nützlich sein, den graphischen Ausgleich statt in einem linearen Koordinatensystem in einem nichtlinearen durchzuführen, welches so ausgewählt ist, daß in diesem die nichtlineare Funktion zu einer Geraden wird. Beispielsweise lassen sich Exponential- oder Logarithmenfunktionen in Koordinatensystemen, in denen eine Achse linear, die andere logarithmisch geteilt ist (Exponentialpapier), als Geraden darstellen oder Potenzfunktionen in Koordinatensystemen, in denen beide Achsen logarithmisch geteilt sind (Potenzpapier).

Hat man in der beschriebenen Weise eine Ausgleichskurve $y = f(x)$ qualitativ als analytische Funktion festgelegt und graphisch dargestellt, so wird man in vielen Fällen auch die Konstanten dieser Funktion aus der graphischen Darstellung bestimmen können. Zum Beispiel ergeben sich für eine gezeichnete Ausgleichsgerade $y = a + bx$ die Konstanten a als y-Wert bei $x = 0$ und b als Steigung aus dy/dx. Genügt die graphische Bestimmung der Funktionskonstanten nicht mehr den Genauigkeitsansprüchen oder wird sie zu aufwendig, muß man zu den in Abschn. 2.6.3.2 erläuterten analytischen Methoden übergehen.

2.6.3.2 Analytische Bestimmung von Ausgleichskurven. Ist ein Zusammenhang zwischen zwei Größen x und y durch n Meßwertepaare (x_i, y_i) experimentell bestimmt, so kann eine möglichst gut an die Meßwerte anschließende Ausgleichskurve wie folgt analytisch ermittelt werden. Man bestimmt zunächst, nach Abschn. 2.6.3 und 2.6.3.1, durch physikalische Überlegungen oder/und graphische Darstellungen die Ausgleichskurve qualitativ, d. h., man stellt eine allgemeine Gleichung für die Ausgleichskurve auf. In vielen Fällen ist dieses relativ einfach, da der experimentell aufgenommene Vorgang physikalisch begründet durch eine einfache mathematische Funktion zu beschreiben ist (s. Beispiel 2.36). Es gibt aber auch Fälle, in denen aus physikalischen Überlegungen – Systemanalysen –, wenn überhaupt, nur sehr komplizierte mathematische Ausdrücke abgeleitet werden können. Hier wird man häufig den Ausgleich mit einer einfacheren Kurve vorzunehmen versuchen, d. h., man nimmt bewußt einen unvollkommenen Ausgleich, also eine größere Abweichung zwischen Meßpunkten und Kurve, in Kauf zugunsten einer mathematisch einfach zu beschreibenden Kurve. Dieses Vorgehen ist auch dann zweckmäßig, wenn zwischen der Genauigkeit der Meßpunkte und der Genauigkeit, mit der die zugrundegelegte Ausgleichskurve den physikalischen Vorgang beschreibt, eine zu große Diskrepanz entstehen würde.

Beispiel 2.38. In Beispiel 2.37 konnte die Magnetisierungskurve als graphische Ausgleichskurve ohne Schwierigkeiten aus den Meßpunkten abgeleitet werden. Sie gibt das magnetische Verhalten des Werkstoffes relativ genau wieder.

Soll die Magnetisierungskurve als Ausgleichskurve aus den Meßpunkten analytisch abgeleitet werden, so muß zunächst die allgemeine Form dieser Gleichung aufgestellt werden. Im vorliegenden Fall erfolgt dieses zweckmäßigerweise nicht durch die Analyse des physikalischen Magnetisierungsvorganges, sondern auf der Basis der zunächst graphisch ermittelten Magnetisierungskurve. Zweckmäßige analytische Ausdrücke zur Beschreibung dieser in Bild 2.56 dargestellten Kurvenform sind Polynome der Art

$$h = a_1 b + a_K b^k$$
$$h = a_1 b + a_3 b^3 + a_9 b^9$$
$$h = a_1 b + a_2 b^2 + a_3 b^3 + \ldots$$

Eine der so qualitativ, d. h. in der allgemeinen Form, festgelegten Gleichungen wird dem Ausgleichsverfahren zugrundegelegt. Entsprechend dem angewandten Ausgleichskriterium werden die Konstanten der Gleichung bestimmt, und somit liegt die Gleichung auch quantitativ fest. Es zeigt sich dabei, daß jedes der angegebenen Polynome eindeutig bestimmt werden kann, daß aber bei vielen Eisensorten die mittlere Abweichung der aufgenommenen Meßpunkte von der durch die Gleichung beschriebenen Kurve kleiner wird, je komplizierter die zugrundegelegte Gleichung ist. Dabei ist allerdings entscheidend, über welchen b- und h-Bereich der Ausgleich erfolgen soll. Im Extremfall der Betrachtung sehr kleiner Bereiche läßt sich auch mit einer linearen Gleichung $b_v = a_{0v} + a_{1v} h$ ein akzeptabler Ausgleich erreichen. Letztlich kann man so die Ausgleichskurve auch aus Abschnitten linearer Funktionen zusammensetzen, die graphisch einen Polygonzug darstellen (s. Bild 2.57).

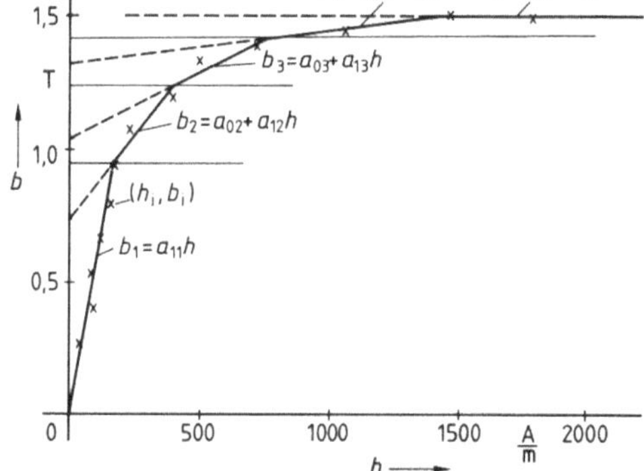

2.57
Bereichsweise durch Geraden $b_v = a_{0v} + a_{1v} h$ ausgeglichene Meßpunkte (h_i, b_i) einer Magnetisierungskurve nach Bild 2.56

Für die qualitative Aufstellung eines analytischen Ausdruckes, der durch das Ausgleichsverfahren quantitativ bestimmt werden soll, gibt es keine allgemeingültige Regel. Das Problem liegt praktisch in der Wahl einer mathematisch einfachen oder komplizierteren Ausgleichsfunktion, die so aufgestellt werden muß, daß ein optimaler Kompromiß erreicht wird zwischen

der Genauigkeit, mit der die gewählte Ausgleichsfunktion den durch physikalische Gesetze bestimmten Ablauf des Vorganges beschreibt,

der durch das Meßverfahren bestimmten Genauigkeit der Meßwerte und

dem für das Ausgleichsverfahren erforderlichen Aufwand.

Hat man in der beschriebenen Weise die Ausgleichskurve in einer Gleichung festgelegt, muß als nächstes das Ausgleichskriterium formuliert werden. Nach dem allgemeinen Ausgleichsprinzip (s. Abschn. 2.6.1) muß der Abstand zwischen den Meßpunkten und der quantitativ zu bestimmenden, qualitativ festgelegten Ausgleichskurve durch einen mathematischen Ausdruck beschrieben werden. Dieser quadriert und über alle Meßpunkte summiert liefert mit der Forderung nach dem Minimum der Summe die Bestimmungsgleichungen für die Konstanten der qualitativ vorgegebenen Funktion. So einfach dieses Verfahren klingt, so schwierig kann sich die Lösung in konkreten Fällen gestalten. Es kann hier nur durch die beispielhafte Erläuterung eines Lösungsweges auf die grundsätzlichen Gedankengänge der Ausgleichsrechnung hingewiesen werden. Als Beispiel wird das besonders einfache und dadurch anschauliche Problem der Ausgleichung durch eine Gerade gewählt. Ein solches Vorgehen beschränkt sich aber nicht nur auf Vorgänge, die auch im physikalischen Sinne linear verlaufen, sondern man legt mehr definitiv fest, daß der Vorgang durch eine lineare Funktion – gegebenenfalls nur näherungsweise – beschrieben werden soll. Obwohl die meisten physikalischen Vorgänge nichtlinearer Natur sind, hat dieses Verfahren einen großen praktischen Anwendungsbereich, wie unter anderem aus den Beispielen 2.36 und 2.38 hervorgeht.

Bestimmung einer Ausgleichsgeraden. Für die n Meßwertepaare (x_1, y_1), ..., (x_i, y_i), ..., (x_n, y_n) soll eine Ausgleichsgerade $y = a + bx$ bestimmt werden. Als Ausgleichskriterium dient die Summe der Abweichungsquadrate der einzelnen Meßpunkte von der Ausgleichsgeraden, die minimal werden soll. Wie aus Bild 2.58 zu ersehen, können aber drei sich prinzipiell unterscheidende Abweichungen definiert werden.

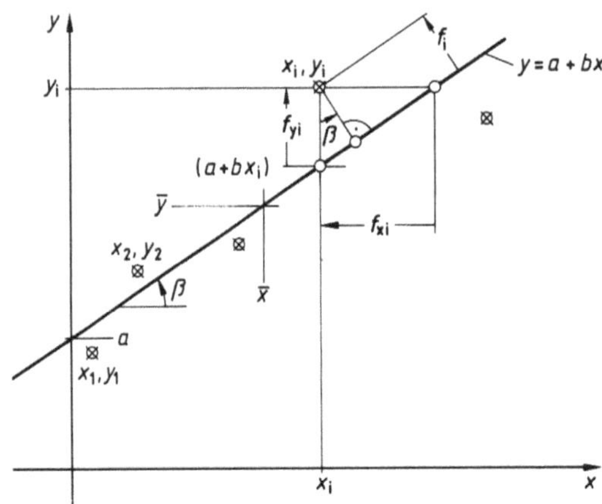

2.58 Ausgleichsgerade $y = a + bx$ durch die Meßpunkte (x_i, y_i)

Allgemein, d.h. ohne weitere Informationen, müßte man annehmen, daß die x- und y-Meßwerte gleichermaßen mit Fehlern behaftet sind. Sinnvollerweise werden dann sowohl die x- als auch y-Abweichungen der einzelnen Meßpunkte von der Geraden ausgeglichen. Nach Bild 2.58 kann hierfür der senkrechte Abstand f_i der Meßpunkte (x_i, y_i) von der Geraden $y = a + bx$ angenommen werden, so daß sich die Gerade wie folgt bestimmen läßt. Für einen Meßpunkt der Koordinate x_i ergibt sich der durch die

Ausgleichsgerade bestimmte Funktionswert $(a+bx_i)$ und damit der y-Abstand $f_{yi}=y_i-(a+bx_i)$ zu dem Meßwert y_i. Mit dem Steigungswinkel $\beta=\arctan b$ der Ausgleichsgeraden ist dann auch der senkrechte Abstand

$$f_i=[y_i-(a+bx_i)]\cos(\arctan b)$$

des i-ten Meßpunktes (x_i, y_i) zu der Geraden mathematisch beschrieben. Wird dieser Abstand quadriert und über alle Meßwerte summiert

$$\Gamma=\sum_{i=1}^{n}[y_i-(a+bx_i)]^2\cos^2(\arctan b),$$

so folgen aus der Forderung nach dem Minimum dieser Summe die Bestimmungsgleichungen für die Konstanten a und b der Ausgleichsgeraden. Da dieses Ausgleichsverfahren in der Praxis wenig angewandt wird, soll die Rechnung hier nicht weiter verfolgt werden.

Sind nur die x-Meßwerte mit Fehlern behaftet, so sollte nur die x-Abweichung $f_{xi}=x_i-(y_i-a)/b$ der Meßpunkte von der Ausgleichsgeraden ausgeglichen werden. Dazu wird diese Abweichung quadriert und summiert, um dann wieder über das Minimum der Summe die Konstanten der Ausgleichsgeraden zu bestimmen. Da auch dieser Fall aus den im nächsten Absatz angedeuteten Gründen keine große Bedeutung hat, wird auf seine konkrete Berechnung hier verzichtet.

In der Mehrzahl aller praktischen Aufgabenstellungen kann man davon ausgehen, daß eine als unabhängig aufzufassende Größe x recht genau eingestellt und gemessen wird, während die abhängige Größe y nur mit einem wesentlich größeren Fehler behaftet ermittelt werden kann. Man wählt dann die y-Abweichung f_y als Ausgleichskriterium. Nach Bild 2.58 ist für jeden x_i-Meßwert auch durch die Ausgleichsgerade ein Funktionswert $y(x_i)=a+bx_i$ bestimmt, so daß die y-Abweichung des x_i zugeordneten y_i-Meßwertes von der Ausgleichsgeraden durch

$$f_{yi}=y_i-(a+bx_i) \tag{2.119}$$

beschrieben werden kann. Die Summe der Abweichungsquadrate

$$\Gamma=\sum_{i=1}^{n}[y_i-(a+bx_i)]^2$$

hat als Funktion der zwei Unabhängigen a und b ein Minimum an der Stelle (a, b), an der die partiellen Ableitungen der Summe gleich Null sind.

$$\frac{\partial\Gamma}{\partial a}=0;\qquad\frac{\partial\Gamma}{\partial b}=0$$

Aus dem Gleichungspaar sind die gesuchten Geradenparameter a, b berechenbar. Die damit eindeutig bestimmte Geradengleichung $y=a+bx$ wird zweckmäßig in die Form

$$y-\bar{y}=b(x-\bar{x}) \tag{2.120}$$

gebracht, in welcher der Parameter a implizit durch die beiden linearen Mittelwerte

$$\bar{x} = \frac{1}{n} \sum_{i=1}^{n} x_i ; \qquad \bar{y} = \frac{1}{n} \sum_{i=1}^{n} y_i$$

entsprechend Gl. (2.34) ausgedrückt ist. Der Parameter

$$b = s_{xy}/s_x^2 \tag{2.121}$$

läßt sich als Steigung der Geraden deuten (s. Bild **2.**58). Im Nenner dieses Ausdruckes steht das Quadrat der Standardabweichung s_x^2 der x-Werte entsprechend Gl. (2.41), das in der Mathematik auch als Varianz

$$s_x^2 = \frac{1}{n-1} \sum_{i=1}^{n} (x_i - \bar{x})^2 ,$$

bezeichnet wird. Der Zähler s_{xy} stellt den Mittelwert aller Produkte aus den x- und y-Abweichungen dar entsprechend

$$s_{xy} = \frac{1}{n-1} \sum_{i=1}^{n} (x_i - \bar{x})(y_i - \bar{y}) . \tag{2.122}$$

In der Mathematik wird s_{xy} als Kovarianz bezeichnet. Die Ausgleichsgerade geht also mit einer Steigung b durch einen Punkt $(\bar{x}, \bar{y})$, der durch die linearen Mittelwerte $\bar{x}$ und $\bar{y}$ der x- und y-Meßwerte bestimmt ist (s. Bild **2.**58). Der Faktor b wird auch als Regressionskoeffizient und die Ausgleichsgerade nach Gl. (2.120) auch als Regressionsgerade bezeichnet. Zur Bestimmung der Regressionsfunktion sind in Bd. VII Programme für Taschenrechner angegeben.

Für die berechnete Ausgleichsgerade läßt sich auch ein Vertrauensbereich angeben, z.B. in Form von Vertrauensgrenzen für die Steigung b oder für die y-Werte. Wie in Bild **2.**59 skizziert, wird durch diese Vertrauensgrenzen ein Bereich gekennzeichnet, in dem mit einer bestimmten Wahrscheinlichkeit P die eine Ausgleichsgerade – wahre Gerade – verläuft, die der Grundgesamtheit der Meßwertepaare entspricht, vorausgesetzt, der Vorgang, dem die Meßwertepaare entstammen, wird überhaupt seiner Natur nach durch eine Gerade beschrieben.

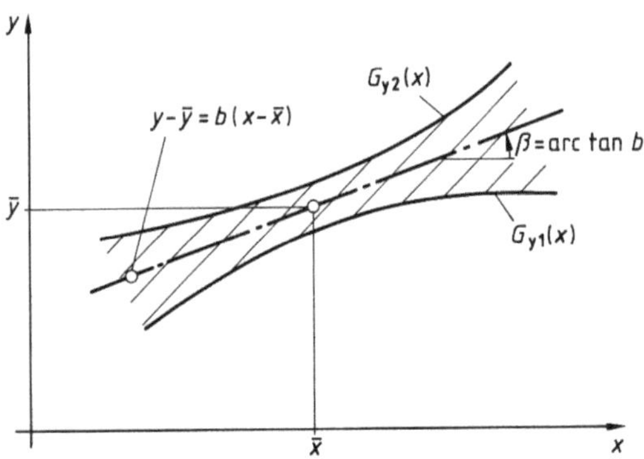

2.59 Vertrauensbereich für die Ausgleichsgerade
$(y - \bar{y}) = b(x - \bar{x})$

3 Statische und dynamische Eigenschaften von Meßeinrichtungen

Die wichtigsten Begriffe und Definitionen zur Beschreibung der Meßeigenschaften und die mathematischen Methoden zur Behandlung der Meßfehler von Meßeinrichtungen sind in Abschn. 1 und 2 ausführlich erläutert. Gegenstand der folgenden Betrachtungen ist das in den Meß- und Fehlereigenschaften zum Ausdruck kommende Übertragungsverhalten der Meßeinrichtung, dessen genaue Kenntnis eine Voraussetzung für die zweckmäßige Auswahl und Dimensionierung der Meßglieder ist.

3.1 Beschreibungsmethoden

Die in Abschn. 1.3.3 erläuterte Darstellung des Meßvorganges leitet bereits von der klassischen physikalisch-gerätetechnischen Betrachtungsweise der Meßtechnik über zu einer abstrakteren, an den Methoden der Meßinformationsverarbeitung orientierten Denkweise, die für die Untersuchung der Meß- und Fehlereigenschaften besonders vorteilhaft ist und deshalb im folgenden bevorzugt angewendet wird.

3.1.1 Meßeinrichtungen als informationsverarbeitende Systeme

Die mathematischen Methoden zur Beschreibung informationsverarbeitender Systeme sind Gegenstand der Signal- und Systemtheorie, deren Grundlagen in [30] ausführlich behandelt sind. Die vorliegende Einführung kann sich deshalb auf einige Hinweise zur Einordnung des realen Meßvorganges in die abstrakten Modellvorstellungen dieser Theorien beschränken.

3.1.1.1 Meßsignale. Eine Meßeinrichtung kann als eine Kette von Meßumformern aufgefaßt werden, welche die durch physikalische Größen verkörperte Meßinformation an ihrem Eingang aufnimmt und sie über physikalische Zwischengrößen zu ihrem Ausgang weiterleitet. Die als Träger der Meßinformation dienenden physikalischen Größen bezeichnet man als Meßsignale, ihre die Meßinformation repräsentierenden Merkmale als Informations- oder Meßparameter. Beispiele für elektrische Meßsignale sind die Größen Spannung, Strom, Widerstand, Leistung, für Meßparameter die Merkmale Amplitude, Phasenwinkel, Frequenz oder Mittelwert dieser Signale.

Das Eingangssignal ist die aus dem Meßobjekt abgeleitete und der Meßeinrichtung zugeführte physikalische Größe, mit der die Meßinformation in die Meßeinrichtung eingeleitet wird (s. Bild 1.19). Die Meßgröße ist durch die Meßaufgabe bestimmt, sie kann mit dem Eingangssignal identisch sein oder auch eine Funktion, eine Kenngröße oder einen Parameter des Eingangssignals darstellen (s. Bild 3.1). Wird beispielsweise einer Meßeinrichtung mit spannungsempfindlicher Eingangsstufe eine periodische Wechselspannung zugeführt, so ist diese Spannung unabhängig von der speziellen Meßaufgabe als Eingangssignal aufzufassen, mit dem der Meßeinrichtung alle Informationen über Eigenschaften und Merkmale der Spannung vermittelt werden, z. B. über zeitlichen Verlauf, Änderungsgeschwindigkeit, Amplitude, Frequenz, Effektivwert, Formfaktor usw. Erst durch die Aufgabenstellung wird eins oder werden mehrere der Merkmale des Eingangssignals zur Meßgröße erhoben und in der Meßeinrichtung ausgewertet, z. B. die Frequenz des Eingangssignals Spannung. Eingangssignal und Meßgröße sind daher i. allg. keine identischen Größen; sie können sogar von unterschiedlicher physikalischer Größenart sein. Zur näheren meßtechnischen Kennzeichnung des Eingangssignals sei dieses deshalb Meßgrößensignal genannt.

Das Eingangssignal ist oft für ein und dieselbe meßtechnische Gegebenheit unterschiedlich definierbar, wobei subjektive Auffassungsunterschiede oder rein praktische Zweckmäßigkeitserwägungen die Wahl beeinflussen können. Beispielsweise kann bei der Messung der Winkelgeschwindigkeit ω einer drehenden Welle mit einem Gleichspannungstachogenerator die Meßgröße ω selbst als Eingangssignal aufgefaßt werden. Dann ist der Augenblickswert $\omega(t)$ dieses Signals der Meßparameter, der über das Induktionsgesetz in der Form $u_i = c\varphi\omega(t)$ (c Gerätekonstante und φ magnetischer Polfluß des Tachogenerators) erfaßt und in die induzierte Spannung u_i abgebildet wird. Man kann aber völlig gleichberechtigt auch den Drehwinkel $\alpha(t) = \int \omega(t)\,dt$ als Eingangssignal definieren. Dann ist aber nicht das Eingangssignal $\alpha(t)$ selbst, sondern die Ableitung dieses Eingangssignals nach der Zeit $d\alpha(t)/dt = \omega(t)$ der Meßparameter, der über das Induktionsgesetz in der Form $u_i = c\varphi\,d\alpha(t)/dt$ erfaßt wird. Dementsprechend ist im ersten Fall der Tachogenerator als proportional wirkendes Meßglied mit $u_i \sim \omega(t)$, im zweiten Fall als differenzierend wirkendes Meßglied mit $u_i \sim d\alpha(t)/dt$ aufzufassen.

Entsprechende Begriffsunterscheidungen hat man auch bei den Ausgangsgrößen der Meßeinrichtung zu beachten. Dem Empfänger wird die Meßinformation mit dem Ausgangssignal - Meßwertsignal - zugeleitet, das eine Ziffernanzeige, ein Zeigerausschlag, eine nur indirekt wahrnehmbare physikalische Größe usw. sein kann. Hiervon ist streng genommen nur die Ziffernan-

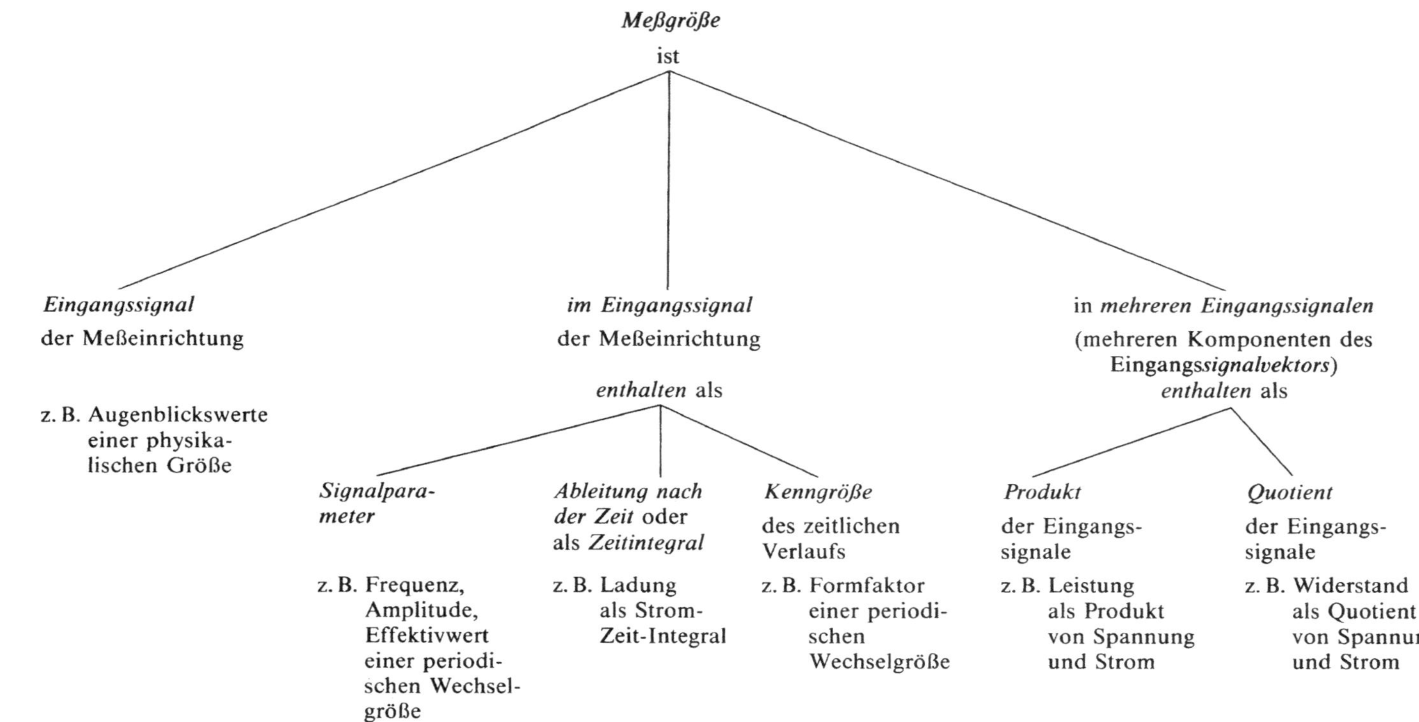

3.1 Eingangssignal und Meßgröße (Beispiele)

zeige als mit dem Meßwert identisch aufzufassen, während schon der Zeigerausschlag als eine den Meßwert nur repräsentierende Größe anzusehen ist, da der Meßwert erst durch einen subjektiven Vergleich des Zeigerausschlages mit der kalibrierten Skala erhalten wird.

Als Störsignale bezeichnet man die als Signale aufgefaßten Stör- oder Einflußgrößen (s. Abschn. 1.3.3).

Häufig wird die Meßinformation (Meßgröße) der Meßeinrichtung über mehrere Eingangssignale zugeführt, z. B. bei der elektrischen Leistungsmessung über ein Spannungs- und ein Stromsignal (s. Bild **3.**1). In einem solchen Fall ist es besser, von mehreren Komponenten eines Eingangssignals statt von mehreren Eingangssignalen zu sprechen. In Anlehnung an die Begriffe und Definitionen der Vektorrechnung nennt man dieses eine aus mehreren Komponenten bestehende Eingangssignal dann Eingangssignalvektor. In entsprechender Weise verwendet man die Begriffe Störsignal-, Ausgangssignalvektor usw.

3.1.1.2 Meßsysteme.

Unter System versteht man ein aus beliebig vielen Elementen bestehendes physikalisches Objekt, das über zeitabhängige physikalische Größen, also Signale, mit seiner Umwelt in Wechselwirkung steht. Meßgeräte und Meßeinrichtungen sind Systeme (Meßsysteme) im Sinn dieser Definition.

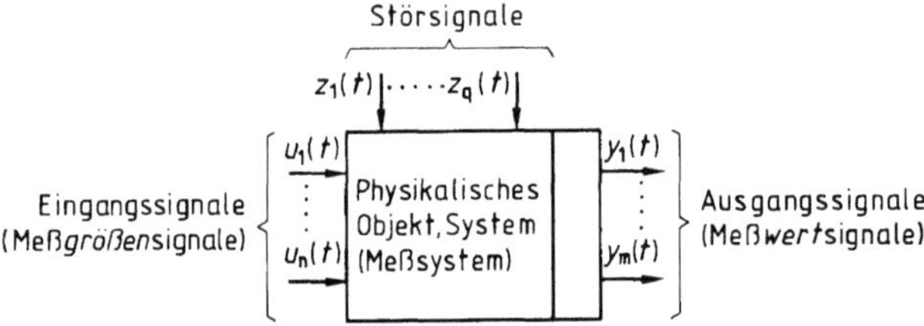

3.2 System mit Ein- und Ausgangssignalen

Die Wechselwirkung zwischen Meßsystem und Umwelt wird nach Bild **3.**2 vermittelt durch

Eingangssignale (Meßgrößensignale), durch die dem System einerseits die Meßinformation zugeführt und zum anderen das System in erwünschter Weise zur Erzeugung von Ausgangssignalen angeregt wird,

Störsignale, die ungewollt und meist störend auf die Übertragungseigenschaften (Meßeigenschaften) des Systems einwirken und/oder sich dem Meßsignal überlagern,

Ausgangssignale (Meßwertsignale), mit denen die Meßinformation in einer zur weiteren Verwendung geeigneten Form ausgegeben wird.

Meist besteht das Meßsystem (die Meßeinrichtung) aus mehreren Teil- oder Untersystemen (Meßglieder, Meßgeräte), die untereinander durch Zwischensignale verbunden sind.

Die Aufgabe der Meßeinrichtung als informationsverarbeitendes System besteht darin, dem Meßgrößen-(Eingangs-)Signal ein Meßwert-(Ausgangs-)Signal fehlerfrei zuzuordnen. Praktisch ist diese Aufgabe nur unvollkommen lösbar, weil

a) die Meßeigenschaften der Meßeinrichtung, d. h. die Übertragungseigenschaften des Meßsystems, den Erfordernissen der Meßaufgabe niemals in idealer Weise angepaßt werden können,

b) unvermeidliche Einflußgrößen (Störgrößen, Störsignale) die Meßinformation auf dem Weg durch das Meßsystem direkt und – über eine Veränderung der Meßeigenschaften – indirekt beeinflussen. Das Meßwertsignal wird daher im allgemeinen nur eine mit Fehlern behaftete Abbildung des Meßgrößensignals sein.

In einem allgemeineren Sinn umfaßt die Meßaufgabe daher nicht nur die Bestimmung von Meßwerten, sondern darüber hinaus auch die Bestimmung oder Abschätzung der Fehler dieser Meßwerte, die infolge der nichtidealen Meßeigenschaften der Meßeinrichtung und der Stör- bzw. Einflußgrößen auftreten. Dazu ist es unerläßlich,

a) die statischen und dynamischen Übertragungseigenschaften des Systems Meßeinrichtung für Meß- und Einflußgrößen,

b) die Abhängigkeit dieser Übertragungseigenschaften von Einflußgrößen und

c) die Rückwirkungen des Meßsystems auf die Meßgröße zu kennen. (Meßfehler durch Rückwirkungen des Meßsystems sind bereits in Abschn. 2.2.3 behandelt.)

3.1.1.3 Fehlerdefinitionen für Meßsignale.

Ein- und Ausgangsgrößen von Meßsystemen sind Signale, welche die jeweilige Meßinformation als Merkmalswert (Parameterwert) enthalten, aber nicht unbedingt selbst die Meßgröße bzw. den Meßwert darstellen. Ein Meßsignal wird beim Durchlaufen eines Meßgliedes im allgemeinen in seinem Wert (z. B. Übersetzungsverhältnis bei Wandlern) oder/und in seiner Größenart (z. B. Übertragungsfaktor bei Meßgrößenumformern) gewollt verändert. Darüber hinaus kann eine durch nichtideale Übertragungseigenschaft des Meßgliedes oder/und durch Stör- bzw. Einflußgrößen verursachte ungewollte Veränderung des Meßsignals eintreten, die sich der gewollten Veränderung überlagert und einen Fehler des Meßwertes verursachen kann. Um nun aus den resultierenden Veränderungen, die ein Signal bei seinem Durchgang durch ein Meßglied erfährt, auf die dadurch verursachten Meßfehler schließen zu können, ist es notwendig, aus der allgemeinen Fehlerdefinition $f_i = x_i - x_r$ nach Gl. (2.3), die sich auf den Meßwert x_i und den richtigen Wert x_r der Meßgröße bezieht, zweckmäßige Definitionen abzuleiten, die sich auf die Signale u am Eingang und y am Ausgang des Meßsystems beziehen.

In einfachen Fällen ist eine unmittelbare Übertragung von Gl. (2.3) auf die Signale möglich, wenn nämlich

a) das Eingangssignal eine analoge Abbildung der Meßgröße ist, d. h. der Augenblickswert $u(t)$ des Eingangssignals u den Meßparameter darstellt,

b) Ausgangssignal $y(t)$ und Eingangssignal $u(t)$ von gleicher physikalischer Größenart sind und

c) das Meßglied ein proportional wirkendes System (s. Abschn. 3.3.1.4) mit einer linearen Nennkennlinie der Empfindlichkeit $E_N = 1$ ist, z. B. eine Signalleitung oder ein Strom- bzw. Spannungswandler mit dem Übersetzungsverhältnis $1:1$, o. ä.

Der Fehler ist dann gleich der Abweichung

$$f(t) = y(t) - u(t) \tag{3.1}$$

der beiden Signale. Bei den meisten Meßsystemen trifft diese sehr einengende Voraussetzung nur insoweit zu, als die Ein- und Ausgangssignale die Meßinformation in augenblickswert- bzw. amplitudenbezogener Form enthalten, z. B. allgemeine lineare $(E \neq 1)$ oder auch nichtlineare Kennlinienglieder (s. Abschn. 3.1.2.2), Integrierer, Differenzierer, Amplitudenmodulatoren usw. Da in diesen Fällen das Ausgangssignal i. allg. eine andere physikalische Größenart und/oder einen prinzipbedingt andersartigen zeitlichen Verlauf hat als das Eingangssignal, können Aus- und Eingangssignal nicht mehr unmittelbar miteinander verglichen werden, sondern nur noch mittelbar über eine sinnvoll definierte Vergleichsgröße, welche die beabsichtigte Funktion des Meßgliedes berücksichtigt. Als eine in diesem Sinn zweckmäßige Vergleichsgröße wird ein fiktives, fehlerfreies Signal $y_N(t)$ eingeführt, das nach Bild 3.3a als Ausgangssignal eines fiktiven Meßgliedes aufgefaßt werden kann, in welchem die

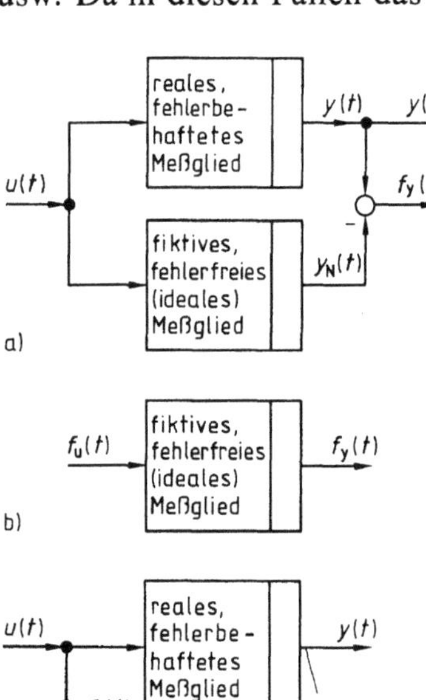

3.3
Zur Fehlerdefinition für ein Meßglied, dessen Signale $u(t)$ und $y(t)$ die Meßinformation in amplitudenbezogener Form enthalten (s. auch Bild 3.4)
$f_y(t)$, $f_u(t)$ Fehlersignale, $y(t)$ reales, fehlerbehaftetes Ausgangssignal, $y_N(t)$ fiktives, fehlerfreies Ausgangssignal, $u_y(t)$ dem fehlerbehafteten Ausgangssignal äquivalentes Eingangssignal des idealen Meßgliedes

beabsichtigte Funktion des Meßgliedes in idealer, fehlerfreier Weise realisiert ist (s. a. Bild **2**.14). Dieses Signal wird Nennausgangssignal genannt. Dann ergibt sich die der Gl. (3.1) sinngemäß entsprechende Definition für den auf die Ausgangsseite (y) bezogenen Fehler

$$f_y(t) = y(t) - y_N(t) \tag{3.2}$$

des Systems.

Da das Ziel einer Messung die Bestimmung des Meßparameters des Eingangssignals einer Meßeinrichtung ist, möchte man den Fehler meist auch in einer mit dem Eingangssignal unmittelbar vergleichbaren Form erhalten. Am einfachsten geht man dazu von dem nach Gl. (3.2) bestimmten Fehler $f_y(t)$ aus und rechnet diesen Fehler mit den Übertragungseigenschaften des fiktiven, fehlerfreien (idealen) Meßgliedes zurück auf dessen Eingangsseite. Für den statischen Fehler kann dies beispielsweise graphisch durch Spiegelung des Fehlers an der Kennlinie des idealen Meßgliedes (Nennkennlinie) geschehen (Bild **3**.4 und Beispiel 2.7). Bei Meßgliedern mit linearer Nennkennlinie entspricht diese Rückrechnung der in Bild **3**.3b angedeuteten Bestimmung desjenigen Fehlersignals $f_u(t)$, das – als Eingangssignal des idealen, linearen Meßgliedes aufgefaßt – an dessen Ausgang das Fehlersignal $f_y(t)$ zur Folge hätte.

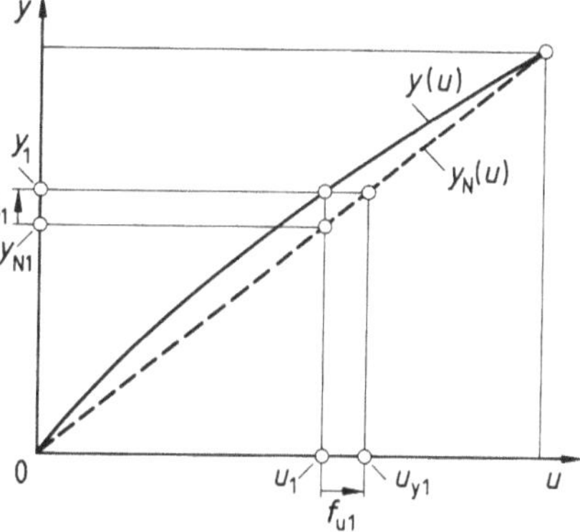

3.4
Reduktion des statischen Fehlers f_y eines Meßgliedes auf die Eingangsseite durch Spiegelung des Fehlers an der Nennkennlinie
$y_N(u)$ Nennkennlinie (Kennlinie des fiktiven, fehlerfreien Meßgliedes)
$y(u)$ ausgegebene Kennlinie des realen, fehlerbehafteten Meßgliedes

Definiert man ein fiktives Signal $u_y(t)$ so, daß es als Eingangssignal des idealen Meßgliedes das gleiche – fehlerbehaftete – Ausgangssignal $y(t)$ bewirken würde wie das reale Eingangssignal $u(t)$ am Ausgang des realen Meßgliedes (s. Bild **3**.3c), läßt sich das auf den Eingang bezogene Fehlersignal auch nach

$$f_u(t) = u_y(t) - u(t) \tag{3.3}$$

bestimmen.

Allgemein kann die Meßinformation in einem beliebigen, nach seinen Zeiteigenschaften als Meßparameter geeigneten Merkmal des Meßsignals enthalten sein. Es müssen daher auch noch die Fälle betrachtet werden, in denen ein nicht augenblickswert- bzw. amplitudenbezogener Meßparameter genutzt wird,

z. B. Meßglieder, deren Ein- und/oder Ausgangssignale frequenzmodulierte oder digitale Signale sind. Dann können stellvertretend für den gemessenen und den richtigen Wert in Gl. (2.3) nicht die Aus- und Eingangssignale des betrachteten Meßgliedes selbst eingeführt werden, sondern nur deren Meßparameter, die zu diesem Zweck explizit dargestellt werden müssen. Praktisch bedeutet dies die analytische oder graphische Umformung einer je nach Modulationsart mehr oder minder komplizierten mathematischen Funktion.

Wird beispielsweise eine frequenzmodulierte Wechselgröße $u(t)$, in der die Meßinformation $x_r(t)$ als modulierendes Signal enthalten ist, durch ein Meßglied in eine Ausgangsgröße $y(t) = g[u(t)]$ übertragen, so ist nicht die Abweichung zwischen den Signalen $y(t)$ und $u(t)$ selbst ein Maß für den vom Meßglied verursachten Teilfehler, sondern die Abweichung zwischen den Kreisfrequenzen – Meßparametern – $\omega_y(t)$ und $\omega_u(t)$ dieser Signale, die in den Zeitfunktionen $y(\omega_y, t)$ und $u(\omega_u, t)$ implizit enthalten sind.

Hier wird, sofern nicht ausdrücklich anders vermerkt, exemplarisch das Fehlerverhalten von Meßgliedern für analoge Meßsignale mit augenblickswert- bzw. amplitudenbezogenen Meßparametern betrachtet, d. h., es wird ihr Fehler nach der Definition von Gl. (3.2) bzw. (3.3) bestimmt.

Wird das Fehlerverhalten eines Meßgliedes analytisch untersucht, so ist zu beachten, daß der analytischen Betrachtung das reale Meßglied stets nur als mathematisches Systemmodell zugrunde liegt, dessen Eigenschaften denen des realen Gliedes nur in Näherung entsprechen können. Unterschiede zwischen realem Meßglied und seinem in der Untersuchung verwendeten Modell können sich in zusätzlichen Fehlerkomponenten auswirken und sind ggf. durch entsprechende – geschätzte oder überschlägig berechnete – Zuschläge zu den über das Modell bestimmten Fehlern zu berücksichtigen und gegebenenfalls als Meßunsicherheit (s. Abschn. 2.4.1) anzugeben.

Entsprechendes gilt auch für die analytische Bestimmung von Einflußeffekten, die selbstverständlich nur so genau sein kann, wie die im Einzelfall tatsächlich vorliegenden Einflußgrößen erfaßt und als Signalmodelle dargestellt werden können.

Systematische und zufällige Fehler. Werden Eingangs-, Ausgangs- und Störsignale als deterministische Signale erfaßt, und hat das Meßglied eine eindeutige, zeitinvariante Kennlinie, dann ist der nach Gl. (3.1) bzw. (3.2) ermittelte Fehler als systematischer Fehler anzusehen, da er qualitativ und quantitativ zu jedem Zeitpunkt eindeutig bestimmt, d. h. reproduzierbar ist. Werden diese Signale als stochastische Signale erfaßt, dann ist der ermittelte Fehler zufälliger Art (s. Abschn. 2.2.1).

Zufällige Fehler können darüber hinaus auch bei deterministischen Eingangsund/oder Störsignalen auftreten, wenn das Meßglied Übertragungseigenschaften hat, aufgrund derer einem bestimmten Eingangssignal zufallsbedingt unterschiedliche Ausgangssignale zugeordnet werden können, z. B. bei Meßgliedern mit Hysterese, Lose oder Reibung (s. Beispiel 1.16).

3.1.2 Kennzeichnung der Meßglieder

Eine zweckmäßige Aufgliederung der Meßeinrichtung in Teilsysteme (Meßglieder), in denen die Meßsignale erfaßt, entsprechend der Meßaufgabe umgeformt und ausgegeben werden, erleichtert sowohl die formale Beschreibung der meßtechnischen Funktion als auch die Untersuchung der Meß- und Fehlereigenschaften. Die Ordnungsprinzipien solcher Gliederungen sind je nach Betrachtungsweise unterschiedlich (s. Bild **3.**5 und **3.**6) und führen zu unterschiedlichen Begriffen, d. h., ein und dasselbe Meßglied kann durchaus sinnvoll mit mehreren verschiedenen Begriffen gekennzeichnet werden. So kann ein ohmscher Widerstand als temperaturempfindliches Glied eines elektrischen Widerstandsthermometers zum Beispiel als Meßfühler, als Temperatur-Widerstand-Meßumformer oder zur Kennzeichnung seiner Übertragungseigenschaft auch als Verzögerungsglied 1. Ordnung bezeichnet werden.

In Bild **3.**5 und **3.**6 sind die für die folgenden Betrachtungen wichtigen Ordnungsmerkmale zusammengestellt, denen weitere hinzugefügt werden könnten, z. B. die der physikalisch-gerätetechnischen Ausführung.

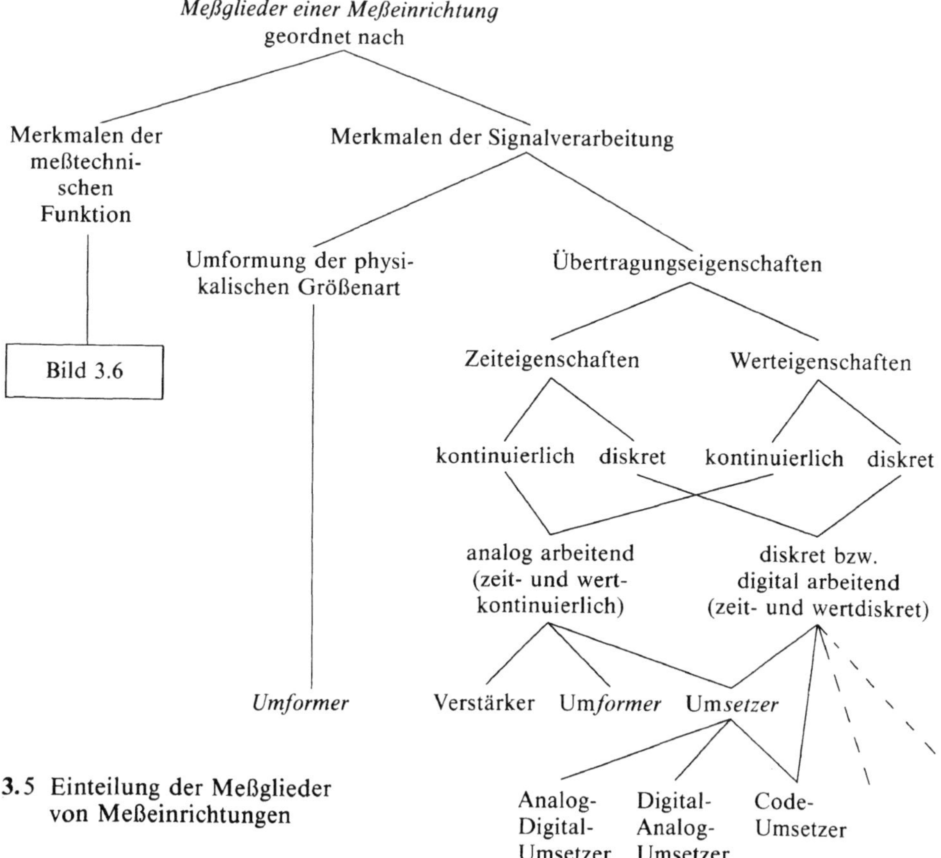

3.5 Einteilung der Meßglieder von Meßeinrichtungen

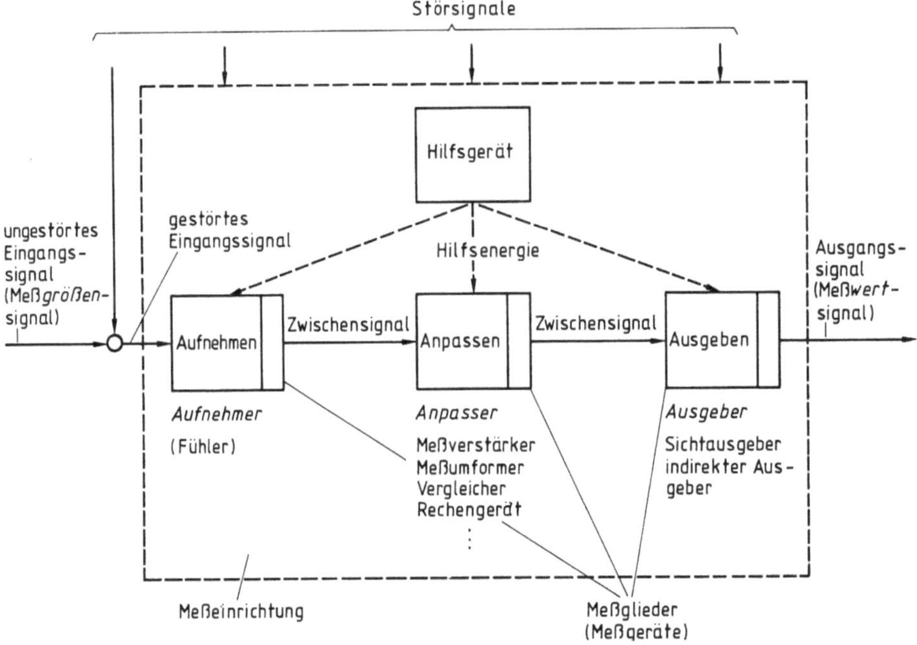

3.6 Schema einer Meßeinrichtung, unterteilt nach Funktionsgruppen

3.1.2.1 Meßtechnische Funktion der Teilsysteme. Aus der ganz allgemein formulierten, in Bild 1.19 schematisch dargestellten Aufgabe der Meßeinrichtung, Meßinformationen vom Meßobjekt zum Empfänger zu übertragen, ergeben sich unmittelbar drei wesentliche Teilaufgaben, nach denen die entsprechenden Teilsysteme der Meßeinrichtung benannt werden (s. Bild **3.6**).

Aufnehmer. Zur Erfassung der Meßgröße muß zwischen Meßobjekt und Meßeinrichtung eine signalgerechte Verbindung hergestellt werden, die im einfachsten Fall aus einem Signalleitungsanschluß bestehen kann, beispielsweise bei einem elektrischen Spannungsprüfer aus den Tastspitzen der elektrischen Signalleitung oder bei einem Reifendruckmesser aus dem Anschlußstück des druckfesten Schlauchs als pneumatischer Signalleitung. Von Meßaufnehmer spricht man, wenn die Erfassung der Meßgröße am oder im Meßobjekt unmittelbar mit einer Umformung oder Umwandlung des Meßgrößensignals in ein zur Weiterleitung oder zur weiteren Verarbeitung besser geeignetes Abbildungs-(Zwischen-)Signal verbunden ist. Beispiele für Meßaufnehmer sind das Thermoelement zur Umformung der Temperatur in eine elektrische Spannung, die Meßblende zur Umformung einer Strömungsgeschwindigkeit in einen Druck oder der Stromwandler zur Umwandlung des elektrischen Stromes in einen elektrischen Strom anderer Größe oder anderen elektrischen Potentials. Der Aufnehmer stellt das erste Glied der Meßeinrichtung dar. Er ist oft räumlich von den folgenden Gliedern getrennt und mit diesen durch Signalleitungen verbunden.

Als Fühler bezeichnet man denjenigen Teil des Aufnehmers, der die Meß-
größe unmittelbar aufnimmt (fühlt) und gegen diese empfindlich ist, z.B. die
Schweißstelle eines Thermoelementes oder die lichtempfindliche Zelle eines
Photoelementes.

Ausgeber. Sie dienen der Übergabe des Meßwertes an den Beobachter oder
eine nicht mehr zur Meßeinrichtung zählende Einrichtung. Sichtausgeber
vermitteln dem Beobachter die Meßinformation in einer für ihn unmittelbar
wahrnehmbaren und verständlichen Form. Hierzu gehören z.B. Analog- und
Digital-Anzeiger, Schreiber und Zähler. Indirekte Ausgeber verwenden besondere Datenträger, z.B. Lochkarten, Lochstreifen oder Magnetbänder, oder
sie führen den Meßwert in der Form eines analogen oder digitalen Meßwertsignals einer nachgeschalteten Auswerteinrichtung zu, z.B. einem Rechner
oder einem Regler.

Anpasser. Die Eigenschaften des vom Meßobjekt oder vom Aufnehmer kommenden Meßsignals sind durch Meßobjekt, Meßgröße und ggf. durch das im
Aufnehmer genutzte physikalische Prinzip vorgegeben und entsprechen i. allg.
nicht den Meß- und Betriebseigenschaften (s. Abschn. 1.5) des vorgesehenen
Ausgebers. Das Meßsignal muß daher bezüglich eines oder auch mehrerer seiner Merkmale physikalische Größenart, Meßparameter, Signalspektrum, Zeit-
und Werteigenschaften und Wert- bzw. Meßbereich entsprechend dem gewählten Meßverfahren an den Ausgeber angepaßt werden, wie dies in Bild **3.**7 für
eine Wirkleistungsmeßeinrichtung mit digitaler Ausgabe exemplarisch dargestellt ist.

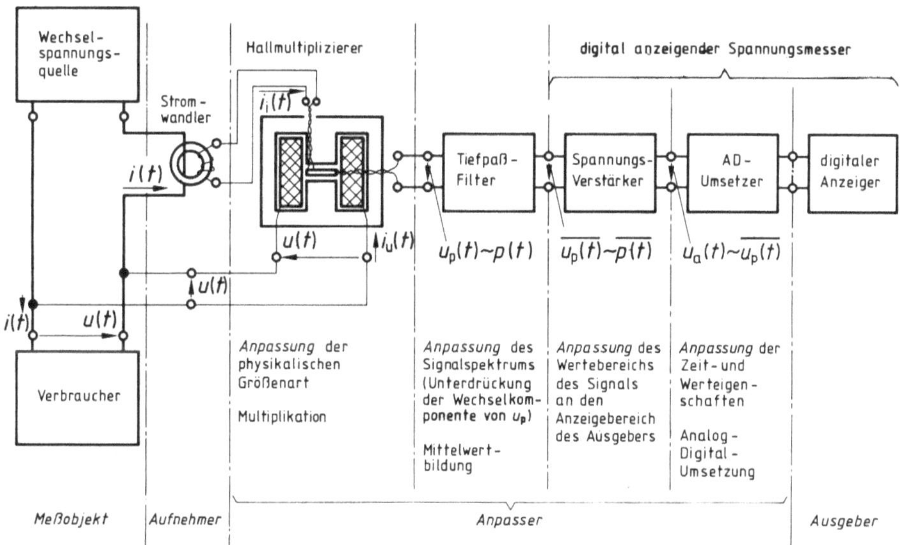

3.7 Meßsignalaufnahme, -anpassung und -ausgabe einer Leistungsmeßeinrichtung

Im weiteren Sinn werden zur Anpassung auch mathematische Rechenoperationen gezählt, beispielsweise die Differentiation eines Signals nach der Zeit, dessen Änderungsgeschwindigkeit gemessen werden soll, oder die Multiplikation eines Strom- und eines Spannungssignals bei der in Bild **3**.7 dargestellten elektrischen Leistungsmessung.

3.1.2.2 Übertragungseigenschaften. Unter dem Gesichtspunkt der Meßsignalverarbeitung lassen sich die Meßglieder unterscheiden nach der physikalischen Größenart ihrer Ein- und Ausgangssignale und nach ihrem Übertragungsverhalten (Bild **3**.5). Die genannten Merkmale sind nicht unabhängig voneinander, sondern durch das in einem Meßglied zur Signalumformung genutzte physikalische Phänomen und die gewählte gerätetechnische Realisierung miteinander verknüpft.

Da ein Meßglied durch die Größenart seiner Signale einer bestimmten physikalischen oder technischen Disziplin zugeordnet ist, z. B. der Mechanik oder der Elektrotechnik, empfehlen sich Gliederungen nach der physikalischen Größenart besonders für gerätetechnische oder anwendungsorientierte Darstellungen.

Von den Übertragungseigenschaften eines Meßgliedes hängt es ab, welche Veränderungen die Zeitfunktion eines Meßsignals bei Durchgang durch das Meßglied erfährt. Da die Meßinformation an einen Parameter (Meßparameter) des zeitlichen Signalverlaufs gebunden ist, geben die Übertragungseigenschaften direkten Aufschluß über die Meß- und Fehlereigenschaften des Meßgliedes. Sie bieten sich deshalb als das zweckmäßige Ordnungsmerkmal im Rahmen einer Betrachtung der Meß- und Fehlereigenschaften von Meßeinrichtungen an.

Nach Bild **3**.5 kann man die Übertragungseigenschaften eines Meßgliedes getrennt nach Zeit- und Werteigenschaften beschreiben. Eine herausragende praktische Bedeutung kommt den Gruppierungen der analog – d.h. zeit- und wertkontinuierlich – arbeitenden und der diskret bzw. digital – d.h. zeit- und wertdiskret – arbeitenden Meßeinrichtungen zu. Hier werden vorrangig die analogen Meßeinrichtungen behandelt, deren wichtigste Elementarsysteme nach ihren Zeit- und Frequenzeigenschaften geordnet in Bild **3**.8 zusammengestellt sind. Die Unterscheidung von Zeit- und Frequenzeigenschaften, die ineinander umrechenbar sind, ist insofern gerechtfertigt, als die typischen Eigenschaften der unter diesen Merkmalen aufgeführten Elementarglieder in der betreffenden Darstellung besonders einprägsam sind und deshalb diesen Gliedern auch den Namen gegeben haben.

Eine Übersicht der mathematischen Methoden, die im folgenden zur dynamischen Systembeschreibung benötigt werden und in [30] ausführlich erläutert sind, vermitteln die Eingang-Ausgang-Modelle in Bild **3**.9. Durch die Verwendung des Begriffes Modell in dieser Übersicht soll angedeutet werden, daß die gewählte mathematische Beschreibungsmethode stets nur eine Ersatzvorstel-

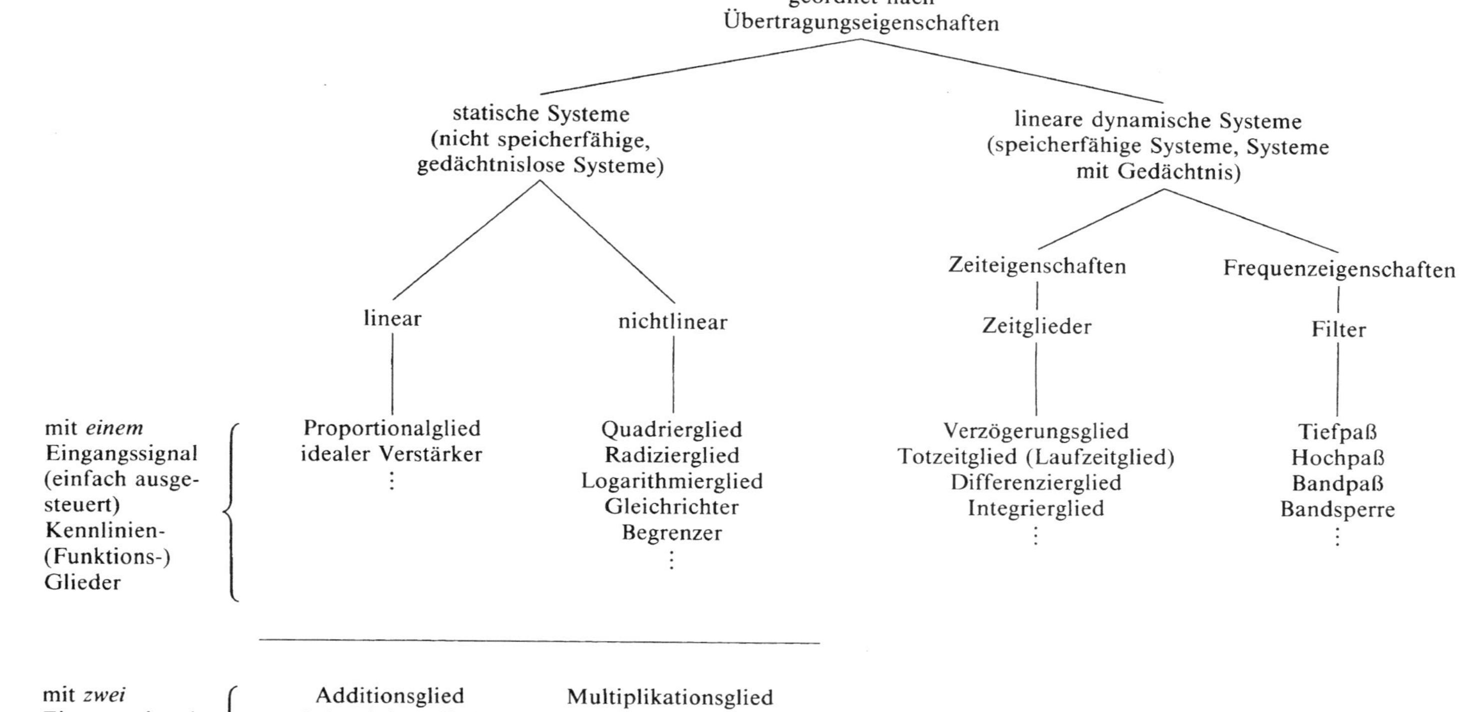

3.8 Elementare Systeme der analogen Signalverarbeitung, geordnet nach Übertragungseigenschaften

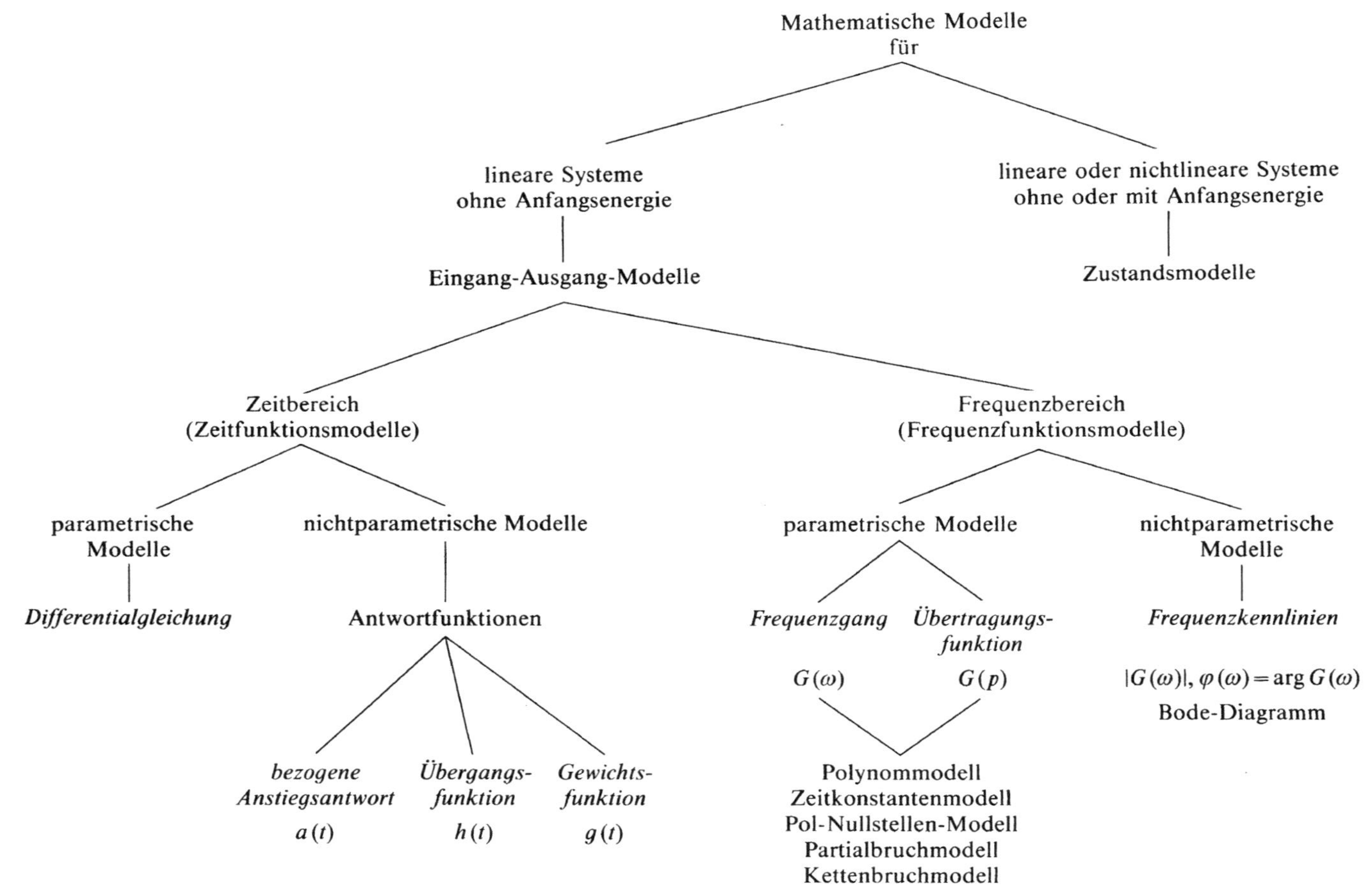

3.9 Beschreibung des Übertragungsverhaltens kontinuierlicher dynamischer Systeme durch mathematische Modelle

lung des realen Systems mit unter Umständen sehr großem, aber nicht unbeschränktem Gültigkeitsbereich repräsentiert, nicht aber das reale System selbst. Dieser Grenze systemtheoretischer Methoden sollte man sich gerade bei meßtechnischen Aufgabenstellungen stets bewußt bleiben.

3.2 Statische Meßeigenschaften

Die statischen Meßeigenschaften sind als Grenzfall in den dynamischen enthalten. Dennoch empfiehlt sich eine getrennte Behandlung, weil in vielen praktisch wichtigen Fällen nur die wesentlich leichter erfaßbaren statischen Eigenschaften interessieren. Außerdem lassen sich nichtlineare dynamische Systeme häufig als Kombination eines nichtlinearen statischen und eines linearen dynamischen Systems auffassen. Die Darstellung der dynamischen Eigenschaften kann deshalb auf lineare Systeme beschränkt werden, ohne daß dadurch die praktische Aussagefähigkeit der Ergebnisse allzusehr eingeschränkt würde.

3.2.1 Empfindlichkeit mehrgliedriger Systeme mit Ausgleich

Nach Abschn. 1.5.2.1 kann die Empfindlichkeit sowohl für eine Meßeinrichtung als Ganzes als auch für einzelne Teilsysteme angegeben werden. Für die zweckmäßige Auswahl und die optimale Auslegung von Meßeinrichtungen ist es unerläßlich, den Beitrag der einzelnen Übertragungsglieder zur Gesamtempfindlichkeit beurteilen zu können. Im folgenden werden deshalb die mathematischen Grundbeziehungen abgeleitet, nach denen die resultierende Empfindlichkeit eines aus mehreren Teilsystemen zusammengesetzten Systems über die Einzelempfindlichkeiten dieser Teilsysteme bestimmt werden kann. Da auch komplizierteste Verknüpfungen der Teilsysteme untereinander auf nur drei elementare Verknüpfungsarten (Grundstrukturen) zurückführbar sind, genügt es, nur diese Grundstrukturen zu betrachten. Dabei wird vorausgesetzt, daß zwischen zwei in Signalflußrichtung jeweils aufeinanderfolgenden Systemen keine Rückwirkung besteht, d.h. daß die Ausgangsgröße eines Teilsystems nur von dessen Eingangsgröße abhängt, nicht aber von den Eigenschaften des nachgeschalteten Systems.

3.2.1.1 Kettenstruktur (Multiplikative Verknüpfung der Empfindlichkeiten). Die resultierende Empfindlichkeit wird nach der Definition

$$E = \mathrm{d}y/\mathrm{d}u \qquad (3.4)$$

als Differentialquotient des Ausgangssignals nach dem Eingangssignal bestimmt (s. Abschn. 1.5.2.1).

Bei einer Meßkette nach Bild 3.10a ist die Eingangsgröße des i-ten Teilsystems identisch mit der Ausgangsgröße des $(i-1)$-ten Teilsystems, d.h., die Ausgangsgröße $y = y_n$ der gesamten Kette kann schrittweise auf die Eingangsgröße $u = u_1$ zurückgeführt werden.

$$
\begin{aligned}
y &= y_n &&= f_n(u_n) \\
u_n &= y_{n-1} &&= f_{n-1}(u_{n-1}) \\
&\;\;\vdots \\
u_2 &= y_1 &&= f_1(u_1) = f_1(u)
\end{aligned}
$$

Unter Anwendung der Kettenregel der Differentialrechnung läßt sich Gl. (3.4) daher in die Form

$$
E = \frac{dy}{du} = \frac{dy_n}{du_n} \cdot \frac{dy_{n-1}}{du_{n-1}} \cdots \frac{dy_1}{du_1}
$$

überführen, worin

$$
\frac{dy_n}{du_n} = E_n, \qquad \frac{dy_{n-1}}{du_{n-1}} = E_{n-1}, \quad \ldots, \quad \frac{dy_1}{du_1} = E_1
$$

die Empfindlichkeiten der einzelnen Meßglieder bedeuten.

Die resultierende Empfindlichkeit einer Meßkette aus n rückwirkungsfrei miteinander verbundenen Übertragungsgliedern ist demnach gleich dem Produkt

$$
E = E_1 E_2 \cdots E_n \tag{3.5}
$$

der einzelnen Empfindlichkeiten dieser Glieder. Im Fall nichtlinearer Teilsysteme, deren Empfindlichkeiten $E_i = E_i(u_i)$ aussteuerungsabhängig sind, hängt die resultierende Empfindlichkeit

$$
E(u_1, u_2, \ldots, u_n) = E_1(u_1) E_2(u_2) \cdots E_n(u_n) \tag{3.6}
$$

von den Aussteuerungen aller Teilsystem ab, die zu einem gegebenen Eingangssignal $u = u_1$ nacheinander aus den Kennlinien der Einzelsysteme bestimmt werden müssen. Weist, wie in vielen praktisch wichtigen Fällen, nur ein Teilsystem, z.B. das dritte, eine nicht vernachlässigbare Nichtlinearität auf, dann vereinfacht sich Gl. (3.6), z.B. zu

$$
E(u) = E_1 E_2 E_3(u_3) \cdots E_n,
$$

worin $u_3 = E_1 E_2 u$ als Produkt aus Eingangssignal und den Einzelempfindlichkeiten der vor dem nichtlinearen System liegenden Einzelsystem direkt berechenbar ist.

3.2.1.2 Parallelstruktur (Additive Verknüpfung der Empfindlichkeiten). Durch Differentiation der Ausgangsgröße

$$
y = \pm y_1 \pm y_2
$$

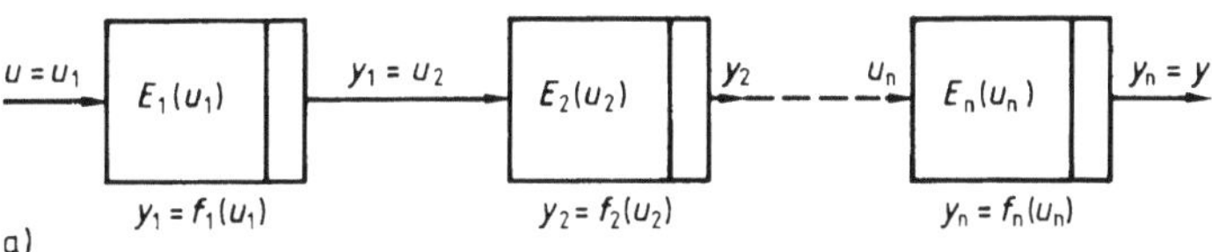

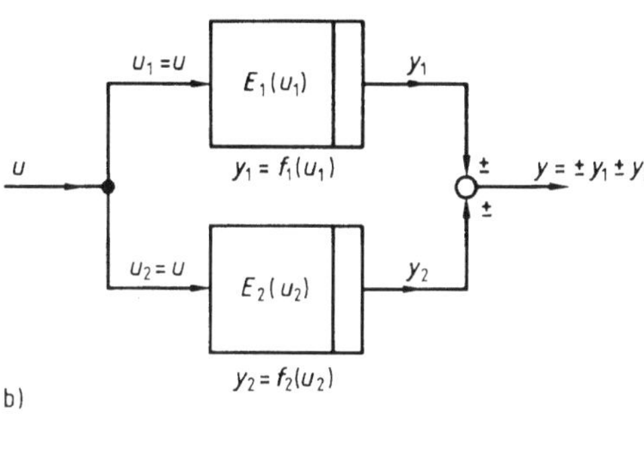

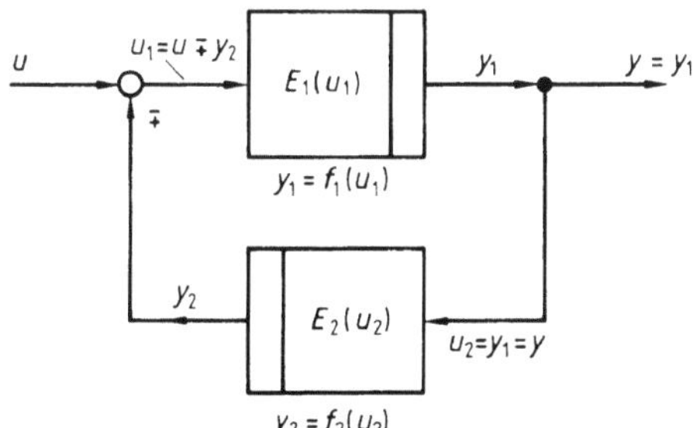

3.10
Zur Ermittlung der resultierenden Empfindlichkeit mehrgliedriger Systeme
a) Kettenstruktur
b) Parallelstruktur
c) Kreisstruktur

eines Systems mit Parallelstruktur nach der den parallelen Teilsystemen gemeinsamen Eingangsgröße $u = u_1 = u_2$ (s. Bild **3.10**b),

$$\frac{dy}{du} = \pm \frac{dy_1}{du} \pm \frac{dy_2}{du},$$

erhält man die resultierende Empfindlichkeit

$$E(u) = \pm E_1(u) \pm E_2(u)$$

als Summe bzw. Differenz der Einzelempfindlichkeiten. Allgemein, also auch für mehr als zwei parallele Meßglieder, gilt unter Beachtung der Signalvorzeichen an der Summierstelle

$$E(u) = \sum_i [\pm E_i(u)]. \tag{3.7}$$

3.2.1.3 Kreisstruktur. Das Übertragungsverhalten eines Systems mit Kreisstruktur wird durch die aus Bild **3.10**c ablesbaren Zusammenhänge

$$y = f_1(u_1) \qquad\qquad \text{mit} \quad y = y_1,$$

$$u_1 = u \mp y_2 = u \mp f_2(u_2) \quad \text{mit} \quad u_2 = y_1 = y$$

beschrieben. Das positive Vorzeichen entspricht einer positiven Rückkopplung (Mitkopplung), das negative einer negativen Rückkopplung (Gegenkopplung) des Ausgangssignals auf den Eingang. Für meßtechnische Anwendungen ist praktisch nur die Gegenkopplung von Bedeutung.

Differenziert man beide Gleichungen nach dem Eingangssignal u,

$$\frac{\mathrm{d}y}{\mathrm{d}u} = \frac{\mathrm{d}y}{\mathrm{d}u_1} \cdot \frac{\mathrm{d}u_1}{\mathrm{d}u} = E_1(u_1)\frac{\mathrm{d}u_1}{\mathrm{d}u},$$

$$\frac{\mathrm{d}u_1}{\mathrm{d}u} = 1 \mp \frac{\mathrm{d}y_2}{\mathrm{d}u_2} \cdot \frac{\mathrm{d}y}{\mathrm{d}u} = 1 \mp E_2(y)\frac{\mathrm{d}y}{\mathrm{d}u},$$

und beachtet, daß $\mathrm{d}y/\mathrm{d}u = E(u_1, y)$ die resultierende Empfindlichkeit bedeutet, erhält man den gesuchten allgemeingültigen Zusammenhang

$$E(u_1, y) = \frac{E_1(u_1)}{1 \pm E_1(u_1)E_2(y)} = \frac{1}{\dfrac{1}{E_1(u_1)} \pm E_2(y)}. \tag{3.8}$$

Für lineare Teilsysteme ist Gl. (3.8) unmittelbar auswertbar, da die Empfindlichkeiten E_1 und E_2 aussteuerungsunabhängig sind. Dagegen müssen bei nichtlinearen Teilsystemen zunächst wieder die Arbeitspunkte u_1 und y bestimmt werden, was analytisch nur unter der Voraussetzung analytisch gegebener Kennliniengleichungen $f_1(u_1)$ und $f_2(u_2 = y)$ möglich ist. Liegen f_1 und f_2 dagegen nur in Kurvenform vor, dann bestimmt man zweckmäßig zunächst die resultierende Kennlinie $y = f(u)$ punktweise, indem man nacheinander einzelne Werte für y annimmt und dazu aus den gegebenen Kurven $y = f_1(u_1)$ und $y_2 = f_2(y)$ die zugehörigen Werte von u_1 und y_2 abliest. Die zugehörigen Eingangssignale ergeben sich dann als Summe $u = u_1 \pm y_2$.
In den meisten praktisch wichtigen Fällen hat entweder nur der Vorwärtszweig oder nur der Rückwärtszweig eine nicht vernachlässigbare Nichtlinearität.

Beispiel 3.1. Es soll die Inversion einer nichtlinearen Kennlinie durch einen Operationsverstärker realisiert werden.
Operationsverstärker (Bild **3.**11a) sind Differenzverstärker (s. Abschn. 3.4.2.2, Symmetrierung und Band XII), deren statische Übertragungseigenschaften bei zweckmäßiger Wahl der äußeren Beschaltung auch für meßtechnische Anwendungen in vielen Fällen als ideal angenommen werden dürfen, d.h., Eingangsströme i_P, i_N, Gleichtaktverstärkung A_{CM} und Ausgangswiderstand sind vernachlässigbar klein, und für die Differenzverstärkung gilt $A_D \gg 1$.
Verwendet man einen Operationsverstärker im Vorwärtszweig von Schaltungen mit gegengekoppelten Kreisstrukturen, wird unter der Annahme $A_D \to \infty$ deren Übertragungsverhalten allein durch die Eigenschaften des Gegenkopplungszweiges bestimmt. In der

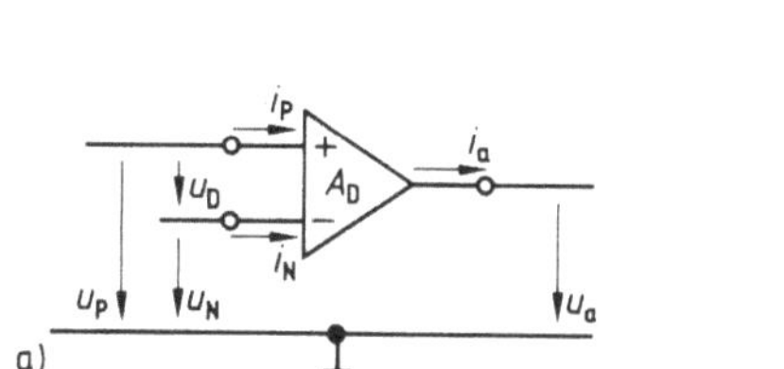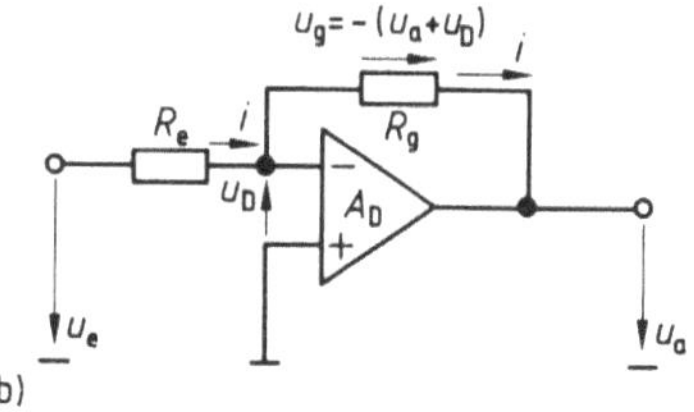

c)	Kenngrößen	ideal	typisch
Differenzverstärkung $A_D = \dfrac{u_a}{u_D}$		$\to \infty$	10^3 bis 10^6
Gleichtaktverstärkung $A_{CM} = \dfrac{u_a}{u_{CM}}$		$\to 0$	$\dfrac{A_D}{A_{CM}} \approx 10^3$ bis 10^5
$(u_{CM} = u_P = u_N)$			
Eingangswiderstand		$\to \infty$	$10^6\,\Omega$ bis $10^{12}\,\Omega$
Ausgangswiderstand		$\to 0$	$< 10^3\,\Omega$

3.11 Unbeschalteter (a) und gegengekoppelter (b) Operationsverstärker mit Kenngrößen der statischen Übertragungseigenschaften (c)

Grundschaltung des gegengekoppelten Operationsverstärkers von Bild 3.11b fließt wegen $i_N \approx 0$ der Eingangsstrom i über den Gegenkopplungszweig zum Ausgang des Operationsverstärkers. Nach dem Maschensatz gilt dann $u_D + u_g + u_a = 0$ mit $u_D = u_a/A_D$ und $u_g = R_g i$. Daraus ergibt sich die Ausgangsspannung

$$u_a = -i\,\frac{R_g}{1 + 1/A_D} = -i R_g \quad \text{für} \quad A_D \to \infty$$

bzw. bei gegebener Eingangsspannung u_e mit $i = u_e/R_e$ die Ausgangsspannung $u_a = -u_e R_g/R_e$.

Ist R_g ein nichtlinearer Widerstand, dessen Kennlinie durch die Funktion $i = f(u_g)$ bzw. durch die Umkehrfunktion $u_g = g(i) = f^{-1}(i)$ beschrieben wird, dann verläuft die Ausgangsspannung nach dieser Umkehrfunktion $u_a = -g(i) = -g(u_e/R_e)$.

Beispielsweise kann durch Umkehrung einer im Anlaufstromgebiet exponentiellen Strom-Spannung-Kennlinie einer Diode ein logarithmischer Meßverstärker realisiert werden (Bild 3.12a). Der Diodenstrom wird näherungsweise durch $i \approx i_0 [\exp(u_g/u_T) - 1]$ bzw. für $i \gg i_0$ durch $i \approx i_0 \exp(u_g/u_T)$ (i_0, u_T Diodenkonstanten, $u_T \approx 60$ mV bis 120 mV bei Zimmertemperatur) beschrieben [43]. Also erhält man mit $u_g = -(u_a + u_D) = -u_a$ für $A_D \to \infty$ eine logarithmische Abhängigkeit

$$u_a = -u_T \ln\frac{i}{i_0} = -u_T \ln\left(\frac{1}{i_0} \cdot \frac{u_e}{R_e}\right)$$

zwischen Aus- und Eingangsspannung des Verstärkers. Die Eingangsströme dürfen dabei in der Größenordnung nA bis mA liegen. Anwendung finden derartige Verstärker zur Messung von Größen, deren Wertbereich mehrere Dekaden umfaßt, z.B. in der Kernstrahlungsmeßtechnik.

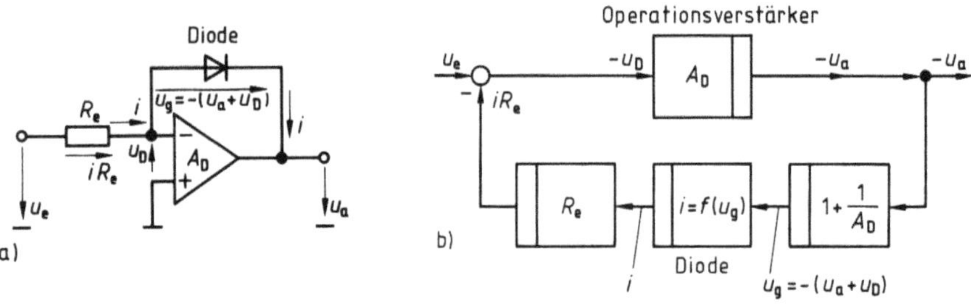

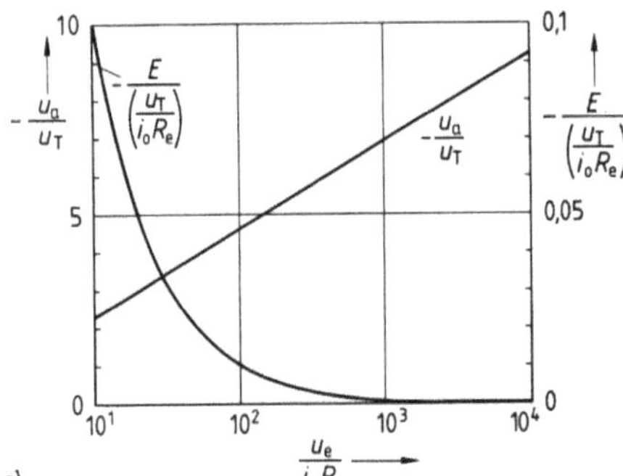

3.12
Grundschaltung (a), Signalflußplan (b) und normierte statische Betriebskennlinien (c) eines logarithmischen Meßverstärkers $-u_a/u_T = f[u_e/(i_o R_e)]$ normierte Kennlinie, $-E/[u_T/(i_o R_e)] = g[u_e/(i_o R_e)]$ normierte Empfindlichkeit (man beachte die logarithmische Abszissenteilung!)

Die Empfindlichkeit dieses Meßverstärkers ist aussteuerungsabhängig (Bild **3.12** c). Sie kann durch Differentiation der Ausgangsspannung nach der Eingangsspannung unmittelbar aus der Kennliniengleichung $u_a = f(u_e)$ als $E(u_e) = du_a/du_e = -u_T/u_e$ bestimmt werden. Durch Anwendung von Gl. (3.8) auf den in Bild **3.12** b dargestellten Signalflußplan des Meßverstärkers gelangt man zu dem gleichen Ergebnis

$$E(u_e) = \frac{du_a}{du_e} = -\frac{d(-u_a)}{du_e} = -\frac{1}{\dfrac{1}{E_1} + E_2(u_a)} = \frac{1}{E_2(u_a)} \qquad \text{für} \qquad E_1 = A_D \to \infty,$$

worin

$$E_2 = \frac{d(i R_e)}{d(-u_a)} = -\frac{d[R_e i_0 \exp(-u_a/u_T)]}{du_a} = \frac{R_e i_0}{u_T} \exp(-u_a/u_T)$$

bedeutet. Mit $u_a = -u_T \ln(i/i_0)$ und $R_e i = u_e$ erhält man somit $E = -1/E_2 = -u_T/u_e$.

3.2.2 Statische Meßfehler

In Abschn. 2.2.2 werden die Fehlerquellen allgemein erläutert. Hier können für die jetzt zu behandelnden systembedingten statischen Meßfehler folgende typische Ursachen angeführt werden (Bild **3.13**):

a) Veränderung der Meßgröße durch den Meßvorgang infolge Rückwirkung der Meßeinrichtung auf den Meßgegenstand (s. Abschn. 2.2.3),

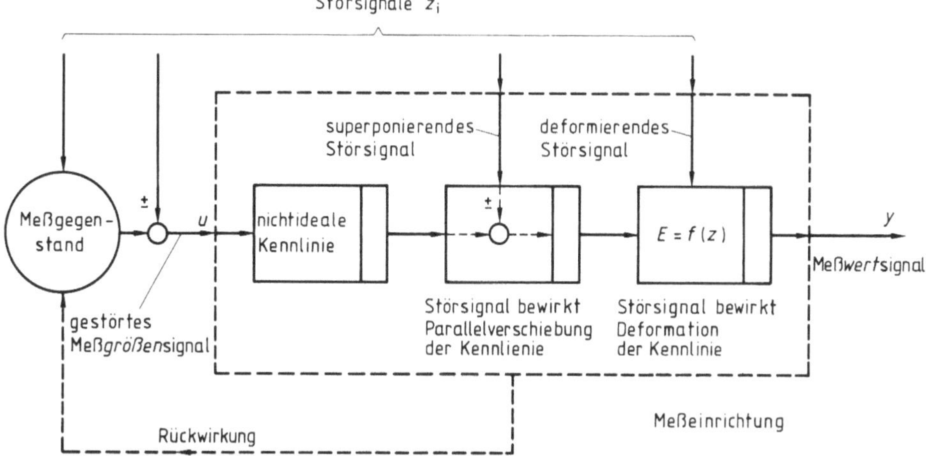

3.13 Entstehung statischer Meßfehler

b) Veränderung des Meßgrößensignals infolge der Einwirkung von Störsignalen auf den Meßgegenstand oder die Eingangs-Signalleitung (s. Abschn. 1.3.3),

c) nichtideale Kennlinie, die der Meßeinrichtung auch unter Referenzbedingungen, d.h. bei Abwesenheit von Störsignalen anhaftet, und

d) Veränderung der Kennlinie der Meßeinrichtung infolge Abweichung von den Referenzbedingungen.

Die unter a) und b) genannten Ursachen beziehen sich auf Fehler, die der Meßgröße oder dem Meßgrößensignal bereits vor Eintritt in die Meßeinrichtung anhaften (s. Abschn. 2.2.2).

Die unter c) und d) aufgeführten Fehlerursachen, denen das Meßsignal zwischen Ein- und Ausgang der Meßeinrichtung unmittelbar ausgesetzt ist, werden im folgenden näher erläutert. Ihre schematische Darstellung in Bild 3.13 ist exemplarisch zu verstehen; in realen Meßeinrichtungen sind unterschiedlichste Kombinationen dieser Fehlerursachen in allen möglichen Signalverknüpfungen anzutreffen.

3.2.2.1 Fehler infolge nichtidealer Kennlinie unter Referenzbedingungen. Die Ausgangsgröße y eines Meßgliedes hängt im allgemeinen außer von der Eingangsgröße u auch von verschiedenen Umwelteinflüssen – Stör- bzw. Einflußgrößen z_i – ab, z.B. von der Umgebungstemperatur, dem Luftdruck oder den elektrischen und magnetischen Raumzuständen. Die Übertragungseigenschaften des Meßgliedes lassen sich deshalb allgemeingültig nicht durch eine einzige, eindeutige Kennlinie $y = f(u)$ beschreiben, sondern nur durch Kennli-

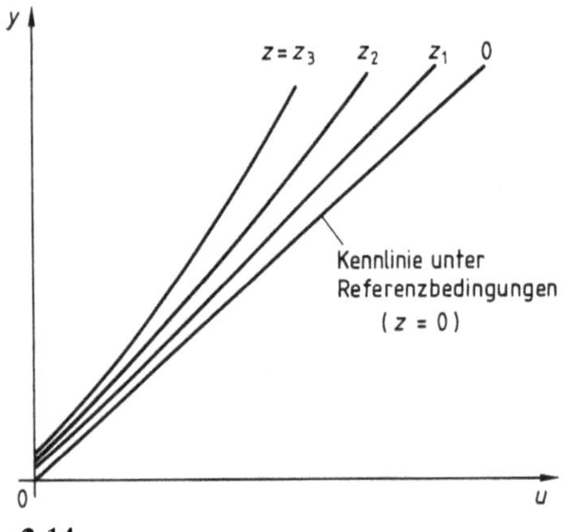

3.14
Ausgangssignal $y = f(u, z)$ eines von einer Störgröße z beeinflußten Meßgliedes $z_1, z_2, z_3, \ldots$ verschiedene Werte der Störgröße z

nienscharen $y = f(u, z_1, \ldots, z_i, \ldots, z_n)$, deren Parameter die Störgrößen $z_1, \ldots, z_i, \ldots, z_n$ sind. Bild **3.14** zeigt eine solche Kennlinienschar für ein Meßglied, das nur von einer Störgröße z beeinflußt wird.

Praktisch begnügt man sich meist mit der Bestimmung und Angabe einer einzigen Kennlinie, die dann aber auch nur für bestimmte, in Referenzbedingungen festgelegte Werte der Einflußgrößen, die Referenzwerte, gilt. Als Referenzwerte werden zweckmäßig diejenigen Werte der Einflußgrößen gewählt, die typischen Einsatzbedingungen entsprechen, z. B. der Umgebungstemperatur 20 °C,

einem magnetischen Fremdfeld in der Stärke des Erdfeldes, dem Luftdruck 1000 mbar, der relativen Luftfeuchtigkeit 50% usw.

Ziel der Auswahl bzw. Auslegung eines Meßgliedes ist die möglichst exakte Realisierung der durch die Meßaufgabe vorgeschriebenen Nennkennlinie unter den Referenzbedingungen. Beispielsweise wird man zur Messung des Gleichrichtwertes eines Wechselstromes eine exakt V-förmige Gleichrichterkennlinie $y_1 = k_1 |u_1|$ und eine exakt lineare Kennlinie $y_2 = k_2 u_2$ des nachgeschalteten Drehspulmeßgerätes anstreben (k_1 und k_2 Konstanten) oder zur Messung des Effektivwertes eine exakt quadratische Kennlinie des Quadrierers entsprechend Bild **3.15** b usw.

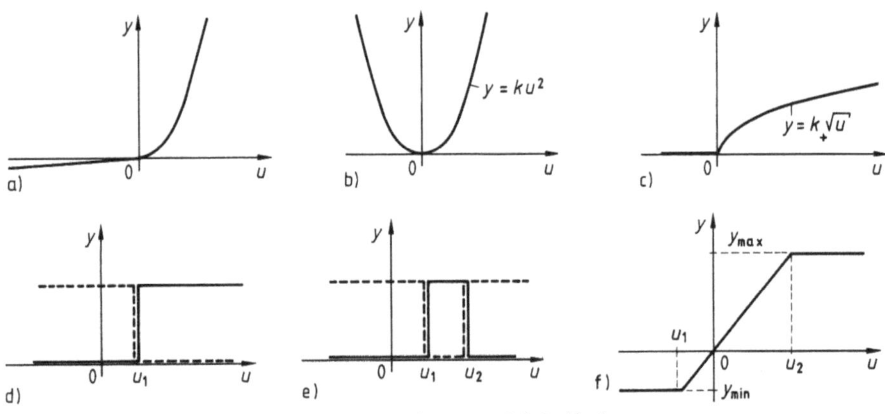

3.15 Beispiele für nichtlineare Kennlinien von Meßgliedern
 a) Einweggleichrichter, b) Quadrierer, quadratischer Zweiweggleichrichter,
 c) Radizierer, d) Schwellenwertbildner,
 e) Schwellenwertbildner mit unterer und oberer Schwelle, f) Begrenzer

Die Nennkennlinie beschreibt also denjenigen Zusammenhang zwischen Ausgangs- und Eingangsgröße, der – durch die Art der Meßaufgabe eindeutig bestimmt – bei einem Meßglied bestehen soll. Dieser Zusammenhang kann durch eine mathematische Gleichung, eine Kurvendarstellung oder bei einem Meßgerät mit Skalenanzeige auch durch die graduierte Skala gegeben sein.

Der in einem Meßglied tatsächlich realisierte Zusammenhang zwischen Ausgangs- und Eingangsgröße, d.h. die ausgegebene (gemessene) Kennlinie, weist aber mehr oder weniger starke Abweichungen von der Nennkennlinie auf, die durch Fertigungsstreuungen bei der Herstellung von Meßeinrichtungen, durch nichtideale Eigenschaften der genutzten physikalischen Phänomene, Reibungseinflüsse usw. bedingt sind. Wird der Ermittlung des Meßwertes nicht die ausgegebene, sondern die Nennkennlinie zugrundegelegt, was praktisch häufig aus Aufwandsgründen der Fall ist, dann wirken sich diese Abweichungen unmittelbar in Meßfehlern aus, die entsprechend ihrer Ursache als Kennlinienfehler (Eigenfehler) bezeichnet werden. Am Beispiel der bei den meisten Meßgliedern geforderten linearen Kennlinie seien im folgenden zwei typische Formen derartiger Abweichungen erläutert.

Linearitätsfehler. Man spricht von Linearitätsfehlern, wenn die im Meßglied realisierte, ausgegebene Kennlinie Abweichungen von einer linearen Nennkennlinie aufweist.

Exakt lineare Zusammenhänge zwischen Eingangs- und Ausgangsgröße kommen bei realen Systemen praktisch nicht vor. Oft weicht die Kennlinie sogar erheblich von einem an sich erwünschten linearen Verlauf ab, z.B. bei elektrischen Dreheisen- oder Kreuzspulmeßinstrumenten, deren Ausgangsgröße (Anzeigelänge auf der Skala) prinzipiell nichtlinear von der Eingangsgröße (Spannung, Strom oder Widerstand) abhängt. Durch geeignete Formgebung der aktiven Bauteile, z.B. des festen und des beweglichen Eisens im Dreheisenmeßwerk, wird zwar eine gewisse, aber im allgemeinen unzureichende Linearisierung erreicht. In solchen Fällen muß ein nichtlinearer Zusammenhang zwischen Ein- und Ausgangsgröße akzeptiert werden, was bei Meßgeräten mit Skalenanzeige im allgemeinen auch möglich ist, da deren Nichtlinearität in einer entsprechenden Skalenteilung, d.h. einer nichtlinearen Nennkennlinie, einfach und ohne nennenswerten Aufwand berücksichtigt werden kann. Als Fehler wirken sich dann nicht die Abweichungen der realen (ausgegebenen) Kennlinie von einer linearen Idealkennlinie aus, sondern lediglich die Abweichungen von der nichtlinearen Nennkennlinie. Z.B. wird bei in Serie gefertigten Dreheisenmeßinstrumenten die Kennlinie der einzelnen Instrumente infolge Fertigungsstreuungen unterschiedlich verlaufen und dadurch von der in einer für alle Instrumente gleichen, gedruckten Skalenteilung festgelegten Nennkennlinie abweichen (s. Beispiel 2.7).

In vielen Fällen sind nichtlineare Nennkennlinien aber unerwünscht. Beispielsweise kann bei Meßanlagen, die für spezielle Meßaufgaben aus Standard-Meßgliedern zusammengestellt sind, die Auswertung außerordentlich erschwert werden, wenn über Kurven oder Zahlentafeln nichtlineare Abhängigkeiten berücksichtigt werden müssen. Oder es können aufwendige Korrekturglieder zur Linearisierung erforderlich sein, wenn die Meßwerte indirekt ausgegeben werden sollen, um als Daten in Rechnern oder als Istwerte in Regelkreisen weiterverarbeitet zu werden.

Um die kompliziertere und aufwendigere Auswertung nichtlinearer Zusammenhänge zu umgehen, ordnet man Meßgliedern, deren Linearitätsabweichungen im Rahmen der konkret angestrebten Meßgenauigkeit als gering anzusehen sind, häufig lineare Nennkennlinien zu. Die zwischen linearer Nennkennlinie und nichtlinearer ausgegebener Kennlinie bestehenden Abweichungen ergeben einen systematischen Meßfehler, den Linearitätsfehler. Seine Größe hängt wesentlich davon ab, wie die Nennkennlinie und die ausgegebene Kennlinie einander zugeordnet werden, d.h., nach welchen Kriterien des Kennlinienvergleichs das Meßglied kalibriert oder justiert wird. Trotz gleichbleibender Form der ausgegebenen Kennlinie ergeben sich unterschiedliche maximale Kennlinienabweichungen – maximale Linearitätsfehler –, wie die im folgenden erläuterten und in Bild 3.16 dargestellten charakteristischen Fälle einer Kennlinienjustierung zeigen:

a) Festpunktmethode (Bild 3.16a). Die ausgegebene Kennlinie wird so justiert, daß sie sich im Anfangs- und im Endpunkt mit der linearen Nennkennlinie deckt.

b) Minimummethode (Bild 3.16b). Die ausgegebene Kennlinie wird so justiert, daß sie durch den Nullpunkt verläuft und die Summe der quadratischen Abweichungen von der linearen Nennkennlinie minimal wird (s. Abschn. 2.6.3).

c) Toleranzbandmethode (Bild 3.16c). Die ausgegebene Kennlinie wird so justiert, daß die Summe der quadratischen Abweichungen von der linearen Nennkennlinie minimal wird (ohne vorgegebenen Festpunkt, durch den die Kennlinie verlaufen soll).

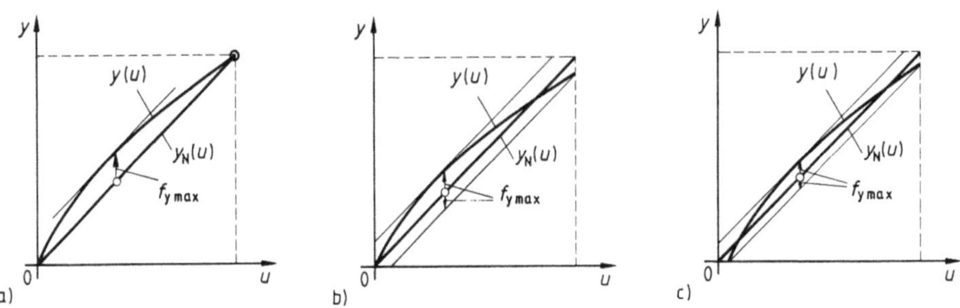

3.16 Maximaler Linearitätsfehler $f_{y\,max}$ bei Kennlinienjustierung nach der
Festpunktmethode (a), der Minimummethode (b) und der Toleranzbandmethode (c)
$y(u)$ ausgegebene (gemessene) Kennlinie, $y_N(u)$ lineare Nennkennlinie

Der maximale Linearitätsfehler ist bei der Toleranzbandjustierung am kleinsten. Diese erfordert aber auch den größten Meß- und Justageaufwand. Praktisch begnügt man sich meist mit der wesentlich schneller durchführbaren Festpunktjustierung.

Praktisch vorkommende nichtlineare Kennlinien lassen sich – z. B. für analytische Zwecke – häufig durch ein einfaches Polynom mit linearem und quadratischem Glied

$$y = k_1 u + k_2 u^2 \tag{3.9}$$

oder mit linearem und kubischem Glied

$$y = k_1 u + k_3 u^3 \tag{3.10}$$

(k_1, k_2 und k_3 Konstanten) genügend genau approximieren. In Tafel 3.17 sind für diese beiden Fälle die maximalen Linearitätsfehler angegeben, die bei der Wahl einer linearen Nennkennlinie entsprechend dem linearen Glied in Gl. (3.9) und (3.10) (nicht justierte Kennlinie) und zum anderen bei einer nach der Festpunktmethode justierten Kennlinie auftreten würden.

Umkehrspanne. Hystereseähnliche Abweichungen der ausgegebenen Kennlinie von der Nennkennlinie werden als Meßeigenschaften eines Meßgliedes quantitativ durch die Umkehrspanne gekennzeichnet (s. Abschn. 1.5.2.1). Die praktische Auswirkung dieses Einflusses auf das Ergebnis eines konkreten Meßvorganges hängt von der Vorgeschichte des Meßgliedes ab und ist daher im allgemeinen zufälliger Art.

3.2.2.2 Fehler infolge Abweichung von den Referenzbedingungen. Nach Abschn. 3.2.2.1 ist das Übertragungsverhalten eines Meßgliedes allgemeingültig nur durch Kennlinienscharen $y = f(u, z_1, \ldots, z_i, \ldots, z_n)$ zu beschreiben, deren Parameter die auf das Meßglied wirkenden Einflußgrößen (Störgrößen) $z_1, \ldots, z_i, \ldots, z_n$ sind. Abweichungen $\Delta z_1, \ldots, \Delta z_i, \ldots, \Delta z_n$ der Einflußgrößen von ihren Referenzwerten $z_{10}, \ldots, z_{i0}, \ldots, z_{n0}$, z. B. die Differenz 0,005 T zwischen einem magnetischen Fremdfeld von 0,005 T und dem Referenzwert 0 T oder die Differenz 25 K zwischen der Umgebungstemperatur 45 °C und dem Referenzwert 20 °C, haben daher Veränderungen der Kennlinie gegenüber ihrem für die Referenzwerte gültigen Verlauf zur Folge. Da die Änderungen reproduzierbar nachzuweisen sind, müssen sie als systematische Fehler angesehen werden.

Die durch die Änderung einer Stör- oder Einflußgröße verursachte Änderung des Ausgangssignals eines Meßgliedes nennt man den Einflußeffekt dieser Stör- oder Einflußgröße (s. Abschn. 1.5.1.2). Abhängig von der physikalischen Art der Stör- oder Einflußgrößen, der Art ihrer Einwirkung auf das Meßglied und der Empfindlichkeit des Meßgliedes auf die betreffenden Stör- oder Einflußgrößen (Stör- oder Einflußempfindlichkeit) können diese das Übertragungsverhalten des Meßgliedes verändern, d.h. die Kennlinie verfor-

Tafel 3.17 Linearitätsfehler bei nicht justierter und nach der Festpunktmethode justierter Kennlinie

Linearitätsfehler	
bei nicht justierter Kennlinie	bei justierter Kennlinie nach der Festpunktmethode

nichtlineare Kennlinie mit quadratischem Glied $y = k_1 u + k_2 u^2$

absoluter maximaler Fehler des Endwertes $$f_0 = k_2 u_E^2$$ endwertbezogener maximaler Fehler $$f_{0\,\mathrm{rel}} = \frac{f_0}{k_1 u_E} = \frac{k_2}{k_1} u_E$$	absoluter maximaler Fehler $$f = -0{,}25 f_0 = -0{,}25 k_2 u_E^2$$ endwertbezogener maximaler Fehler $$f_{\mathrm{rel}} = \frac{f}{k_1 u_E} = -0{,}25 \frac{k_2}{k_1} u_E$$ tritt auf an der Stelle $$u_1 = 0{,}5 u_E$$

nichtlineare Kennlinie mit kubischem Glied $y = k_1 u + k_3 u^3$

absoluter maximaler Fehler des Endwertes $$f_0 = k_3 u_E^3$$ endwertbezogener maximaler Fehler $$f_{0\,\mathrm{rel}} = \frac{f_0}{k_1 u_E} = \frac{k_3}{k_1} u_E^2$$	absoluter maximaler Fehler $$f = -0{,}39 f_0 = -0{,}39 k_3 u_E^3$$ endwertbezogener maximaler Fehler $$f_{\mathrm{rel}} = \frac{f}{k_1 u_E} = -0{,}39 \frac{k_3}{k_1} u_E^2$$ tritt auf an der Stelle $$u_1 = 0{,}58 u_E$$

men, oder zusätzliche Ausgangssignale hervorrufen, die sich dem Meßwertsignal überlagern, d. h. die Kennlinie verschieben (s. Bild 3.13). Dementsprechend unterscheidet man zwischen deformierenden und superponierenden Stör- bzw. Einflußgrößen bzw. Fehlern (s. Bild 3.18). Beide Arten können gleichzeitig auftreten, und es können bestimmte Stör- oder Einflußgrößen sowohl deformierende als auch superponierende Fehler zur Folge haben. Sind mehrere Stör- bzw. Einflußgrößen gleichzeitig wirksam, kann es in günstigen Fällen auch zu einer (meist allerdings unvollständigen) Kompensation der durch sie verursachten Einzelfehler kommen.

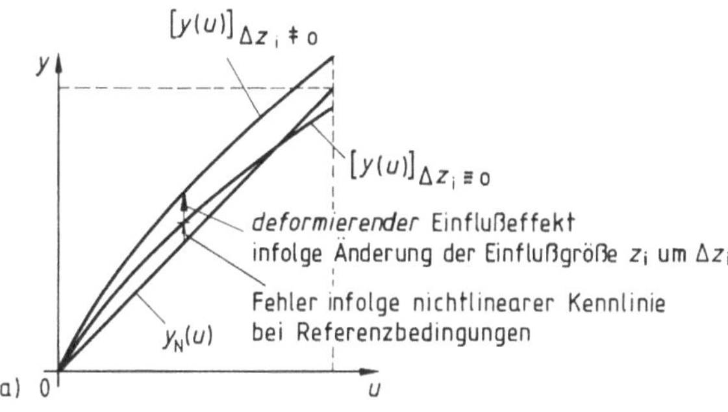

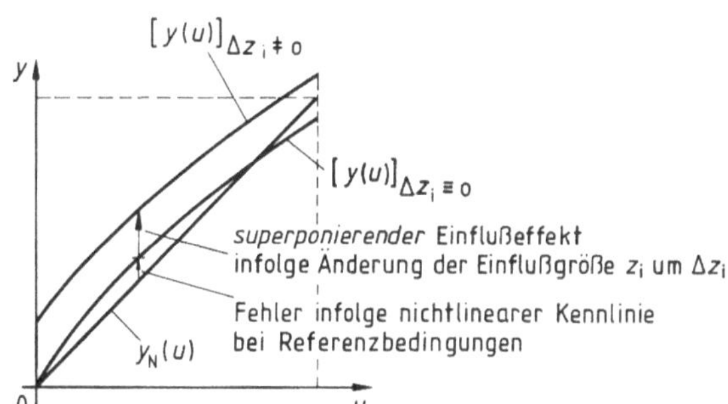

3.18
Veränderung der Kennlinie eines Meßgliedes durch nur deformierende Einflußgrößen (a) und durch nur superponierende Einflußgrößen (b)
$[y(u)]_{\Delta z_i \equiv 0}$ ausgegebene Kennlinie bei Referenzbedingungen, $[y(u)]_{\Delta z_i \neq 0}$ ausgegebene Kennlinie bei Abweichung von den Referenzbedingungen

Beispiel 3.2. Es ist der Temperatureinfluß auf ein Drehspulmeßinstrument zu untersuchen.

Die statische Gleichgewichtslage α des drehbaren Systems eines Drehspul-Strommessers nach Bild **3.**19 ist mit dem elektrisch verursachten Antriebsmoment m_a, dem Gegendrehmoment m_c der Drehfeder sowie der Länge l, dem Durchmesser D, der Windungszahl w und dem Strom i der Drehspule durch

$$m_a - m_c = b\,l\,i\,w\,\frac{D}{2} - c_d\alpha = 0$$

bestimmt. a ist abhängig von der Umgebungstemperatur ϑ, in der das Meßinstrument betrieben wird, da die von dem Naturmagneten erregte Luftspaltinduktion b und die Drehfedersteife c_d entsprechend $b \approx b_0[1 + \beta(\vartheta - \vartheta_0)]$ und $c_d \approx c_{d0}[1 + \delta(\vartheta - \vartheta_0)]$ temperaturabhängigen Änderungen unterliegen. b_0 bezeichnet die Luftspaltinduktion und c_{d0} die Federsteife bei dem Referenzwert ϑ_0 der Umgebungstemperatur ϑ, β den Temperatur-

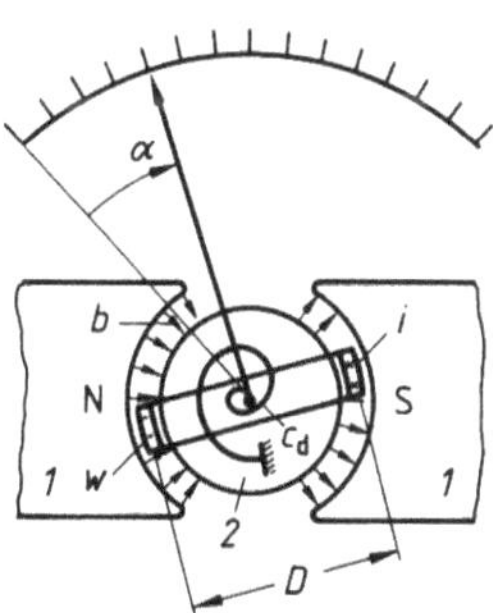

3.19
Prinzip eines Drehspul-Strommessers
b Luftspaltinduktion, die durch einen Dauermagneten 1 erregt wird, i Meßstrom, c_d Steife der das statische Gegendrehmoment erzeugenden Drehfeder, w Windungszahl der Drehspule, D Durchmesser der Drehspule, l Länge einer Spulenseite im Luftspaltfeld b, 2 Weicheisenkern

koeffizienten der Luftspaltinduktion, z. B. $\beta = -10^{-4}/K$, und δ den Temperaturkoeffizienten der Federsteife, z. B. $\delta = -3 \cdot 10^{-4}/K$. Weicht die Umgebungstemperatur von ihrem Referenzwert, z. B. von $\vartheta_0 = 20\,°C$ ab, so bewirken die Änderungen von Luftspaltinduktion und Drehfedersteife entgegengesetzte, einander teilweise kompensierende deformierende Teilfehler. In der Regel überwiegt der von der Drehfeder ausgehende Fehler.

Wird das Meßinstrument als Spannungsmesser betrieben, indem die zu messende Spannung u über den Drehspulenwiderstand R_{sp} in den Spulenstrom i umgewandelt wird, dann lautet die Gleichgewichtsbedingung

$$m_a - m_c = b\,l\,\frac{u}{R_{sp}}\,w\,\frac{D}{2} - c_d\,\alpha = 0\,.$$

Die Temperaturabhängigkeit des Spulenwiderstandes $R_{sp} \approx R_{sp0}[1 + \alpha(\vartheta - \vartheta_0)]$ (α Temperaturkoeffizient des Spulenwiderstandes, z. B. $\alpha = +4 \cdot 10^{-3}/K$) hat einen weiteren Teilfehler zur Folge, der sich mit gleichem Vorzeichen wie der Temperaturfehler der Luftspaltinduktion auswirkt. Da er um eine Zehnerpotenz größer ist als die beiden erstgenannten Teilfehler, wird der resultierende Temperaturfehler des Instrumentes im wesentlichen vom Spulenwiderstand bestimmt.

Bei höheren Spannungen werden zusätzliche Vorwiderstände erforderlich, deren Temperaturabhängigkeit durch entsprechende Wahl des Widerstandsmaterials zur Fehlerkompensation nutzbar ist, ebenso wie die Temperaturabhängigkeit von Parallelwiderständen bei der Strommessung (s. Beispiel 3.6).

Superponierende Einflußgrößen. Sie bewirken zusätzliche Signalkomponenten, die sich dem Meßwertsignal u überlagern, also im resultierenden Ausgangssignal y als additive Fehlersignale enthalten sind. Der durch sie verursachte Meßfehler ist daher unabhängig von der Größe des Meßwertsignals, d. h., die Kennlinie $y = f(u)$ wird um den konstanten Fehler parallel zu sich selbst verschoben (Bild **3.**18 b). Die Empfindlichkeit E der Meßeinrichtung wird durch superponierende Einflußgrößen nicht verändert. Ein typischer superponierender Fehler ist die **Nullpunktsverschiebung** einer Meßeinrichtung, die beispielsweise bei Zeigermeßinstrumenten durch mechanische Verstellung der Nullage des Zeigers oder bei analogen elektronischen Meßeinrichtungen als Folge des **Anwärmeeinflusses** entstehen kann.

Deformierende Einflußgrößen. Sie verändern die Form der Kennlinie, z. B. die Steigung einer linearen Kennlinie. Der entstehende Fehler ist von der Größe des Meßsignals abhängig, d. h., die Einflußgröße verändert die **Empfindlichkeit** der Meßeinrichtung. Typische deformierende Fehler werden in Beispiel 3.2 behandelt.

Die Charakterisierung einer bestimmten physikalischen Größe als deformierende oder superponierende Einflußgröße stellt nur im Zusammenhang mit den Übertragungseigenschaften einer konkreten Meßeinrichtung eine sinnvolle Aussage dar. So hat die Einflußgröße Temperatur ϑ in Beispiel 3.2 deformierende Fehler zur Folge, die Veränderung der Bezugstemperatur ϑ_R bei der Temperaturmessung mit Thermoelementen wirkt sich als superponierender Fehler aus (Bild **3.**20), und der Anwärmeeinfluß eines elektronischen Meßgliedes kann außer einem superponierenden auch einen deformierenden Fehler bewirken.

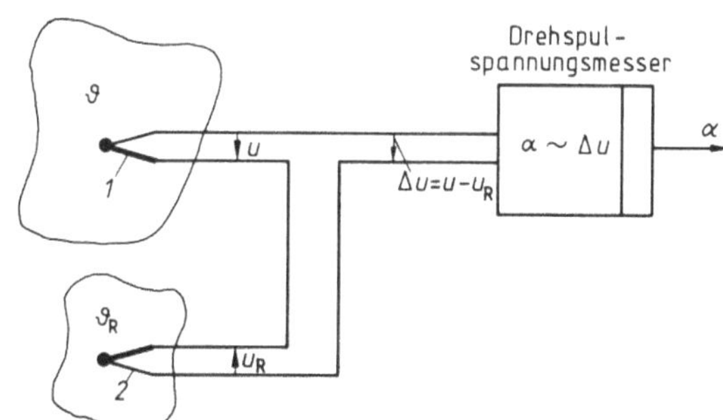

3.20
Temperaturmessung mit
Thermoelementen

3.2.3 Maßnahmen zur Verminderung statischer Meßfehler

Nach Abschn. 2.2.2 und 3.2.2 sind die wichtigsten Ursachen für die in den
Meßeinrichtungen entstehenden Meßfehler Unvollkommenheiten des Meßverfahrens, Unvollkommenheiten der das Meßverfahren realisierenden Bauelemente und Geräte sowie auf die Meßeinrichtung wirkende Einflußgrößen. Da
diese Fehlerursachen im allgemeinen nicht behoben werden können, ist man
bestrebt, ihre praktischen Auswirkungen klein zu halten. Dazu bieten sich je
nach Fehlerart verschiedene Möglichkeiten an, von denen besonders die folgenden praktisch häufig genutzt werden.

a) **Wahl günstiger Arbeitspunkte.** Meßglieder sollen möglichst in einem
Ein- bzw. Ausgangsgrößenbereich betrieben werden, in dem sie
- große Empfindlichkeit für die Meßgröße,
- kleine Einflußempfindlichkeit und
- kleine Kennlinienfehler
aufweisen. Ist die Meßgröße vorgegeben, so liegt durch sie der Arbeitspunkt einer Meßeinrichtung fest. Bei nicht bereichsumschaltbaren Meßeinrichtungen
kann den genannten Gesichtspunkten deshalb nur durch eine zweckmäßige
Auswahl der vollständigen Meßeinrichtung entsprochen werden. Stehen für
eine bestimmte Meßaufgabe z. B. mehrere anzeigende Meßgeräte gleicher Bauart und gleicher Fehlerklasse zur Verfügung, so empfiehlt es sich, dasjenige
auszuwählen, bei dem die Meßgröße möglichst nahe am Meßende liegt.

Sind dagegen einzelne Glieder einer Meßeinrichtung austauschbar oder können ihre Empfindlichkeiten verändert werden, so läßt sich über deren Empfindlichkeit die Signalgröße für die in Signalflußrichtung folgenden Meßglieder so einstellen, daß diese in für sie günstigen Arbeitsbereichen betrieben werden. Charakteristische Beispiele sind die bereichsumschaltbaren elektrischen
und elektronischen Meßgeräte mit umschaltbaren Strom- oder Spannungstei-
lern als Eingangsstufe. Die praktischen Möglichkeiten einer solchen Anpassung vervielfachen sich, wenn mehrere Glieder austauschbar sind, wie dies
häufig bei Meßeinrichtungen der Fall ist, die aus mehreren Einzelgeräten oder

getrennten Baugruppen zusammengestellt werden. Die Auswirkungen derartiger Maßnahmen hängen entscheidend ab von der Struktur der Meßeinrichtung und von der Lage der einzelnen Meßglieder zueinander in dieser Struktur. Beispielsweise ist für einen Meßverstärker, der durch die Eingangsgröße übersteuert wird, ein bereichsumschaltbarer Signalwandler nutzlos, wenn er nur für die Ausgangsgröße zur Verfügung steht, nicht aber für die Eingangsgröße.

b) **Kompensation ungünstiger Meßeigenschaften.** Ein äußerst wirksames, von Hersteller und Anwender einsetzbares Mittel zur Verbesserung nachteiliger Meßeigenschaften ist die Kombination mehrerer Meßglieder, die so ausgewählt und signalmäßig miteinander verbunden sind, daß die von ihnen verursachten Teilfehler sich gegeneinander – zumindest teilweise – aufheben. Ergänzt man z. B. ein Meßglied, dessen nichtlineare Kennlinie durch die Gleichung $y_1 = k_1 u + k_2 u^2$ approximierbar ist (s. Abschn. 3.2.2.1), durch ein zweites, das der Kennliniengleichung $y_2 = k_1 u - k_2 u^2$ annähernd entspricht, nach Bild 3.10b zu einer Parallelstruktur, so ergibt sich eine resultierende Kennlinie $y = y_1 + y_2 \approx 2 k_1 u$, die bis auf Fehler durch Glieder höherer Ordnung der Kennliniengleichungen linear ist.

c) **Schirmung.** Deformierende und superponierende Einflußeffekte lassen sich am wirkungsvollsten dadurch verringern, daß man die betreffenden Einflußgrößen von der Meßeinrichtung fernhält, indem man besonders empfindliche Teile der Meßeinrichtung oder die Meßeinrichtung als Ganzes mit einem für die betreffenden Einflußgröße möglichst undurchlässigen Schirm umgibt. Große praktische Bedeutung haben beispielsweise die thermische Schirmung (temperierter Meßraum) oder die elektromagnetische Schirmung (s. Abschn. 3.4.3).

d) **Verringerung der Stör- bzw. Einflußempfindlichkeit.** Läßt sich das Einwirken einer Einflußgröße auf die Meßeinrichtung nicht vermeiden, dann kann man versuchen, die Empfindlichkeit der Meßeinrichtung auf diese Einflußgröße oder wenigstens auf deren Änderungen zu verringern. Beispielsweise kann man den Einfluß der veränderlichen Umgebungstemperatur auf die Meßeigenschaften elektronischer Meßglieder wirksam vermindern, indem man die besonders temperaturempfindlichen Bauelemente dieser Meßglieder auf ein konstantes, gegenüber der Umgebungstemperatur hoch liegendes Temperaturniveau aufheizt. Besonders häufig macht man von dieser Möglichkeit zur Unterdrückung superponierender Störsignale Gebrauch. Unterscheiden sich Nutz- und Störsignal in irgendeinem Merkmal signifikant voneinander, z. B. in ihrer Frequenz, kann man die Empfindlichkeit der Meßeinrichtung für das überlagerte Störsignal, z. B. durch Einfügen eines Filters, oft so stark verringern, daß praktisch nur das Nutzsignal selektiv auf den Ausgang der Meßeinrichtung übertragen wird.

Von diesen für die statischen und die dynamischen Meßeigenschaften gleichermaßen wichtigen Maßnahmen werden die unter c) und d) genannten zusammenhängend in Abschn. 3.4.4 behandelt, da hier eine Unterscheidung zwischen statischen und dynamischen Gesichtspunkten nicht sinnvoll bzw. nicht möglich ist. Bei a) und b) ist eine solche Unterscheidung dagegen zweckmäßig, um den Kennlinieneinfluß auf den statischen Meßfehler angemessen berücksichtigen zu können.

Da die Wirksamkeit der unter a) und b) genannten Maßnahmen ganz wesentlich von der verwendeten Systemstruktur abhängt, werden diese im folgenden für die Grundstrukturen diskutiert, in die kompliziertere Strukturen zerlegt werden können.

3.2.3.1 Fehlerkompensation in Kettenstrukturen.

3.2.3.1 Fehlerkompensation in Kettenstrukturen. Die Gesamtempfindlichkeit E einer Meßeinrichtung, deren einzelne Glieder eine kettenförmige Struktur bilden, ergibt sich als Produkt der Einzelempfindlichkeiten E_i (s. Abschn. 3.2.1.1).

Dieser Zusammenhang eröffnet die im folgenden erläuterten Möglichkeiten der Korrektur unerwünschter Meßeigenschaften:

Linearitätsfehler. Durch Herabsetzen der ausgenutzten Meßspanne des nichtlinearen Meßgliedes lassen sich Linearitätsfehler vermindern (Bild 3.21a). Beispielsweise wird der maximale Linearitätsfehler $f_0 = k_2 u_E^2$ einer quadratischen Nichtlinearität (nach Tafel 3.17) auf $f_0' = k_2 (0,2 u_E)^2 = 0,04 f_0$, also um den Faktor 25 reduziert (bzw. der entsprechende relative Fehler um den Faktor 5), wenn die Meßspanne nur zu einem Fünftel ausgenutzt wird. Prinzipiell kann dies durch Herabsetzen der Empfindlichkeit (E_1 in Bild 3.21a) eines vor der Nichtlinearität liegenden Meßgliedes oder durch Einfügen eines zusätzlichen Meßgliedes mit entsprechend geringerer Empfindlichkeit erreicht werden. Soll die Gesamtempfindlichkeit unverändert bleiben, so ist hinter dem nichtlinearen Meßglied ein weiteres Glied mit einer zu E_1 umgekehrt proportionalen Empfindlichkeit (E_3 in Bild 3.21a) vorzusehen.

Beispiel 3.3. Dehnungsmeßstreifen (DMS) bestehen aus dünnen, elektrisch leitfähigen Streifen, deren Widerstand R_0 sich um einen bestimmten Wert ΔR ändert, wenn ihre Länge l_0 durch mechanische Beanspruchung um einen Betrag Δl vergrößert oder verkleinert wird. Die Widerstandsänderung beruht zum einen Teil auf der Veränderung des geometrischen Länge-Querschnitt-Verhältnisses des DMS, zum anderen Teil auf der Beeinflussung der spezifischen elektrischen Leitfähigkeit des Streifenmaterials infolge von Gefügeveränderungen. Verwendet werden metallische Leiter, z.B. die Cu-Ni-Legierung Konstantan, aber auch Halbleiter, z.B. p-Silizium. Letztere zeigen eine um Größenordnungen höhere Empfindlichkeit, aber auch eine wesentlich größere Nichtlinearität.
Zur Kraftmessung mit DMS eignet sich die in Bild 3.22a im Prinzip dargestellte Anordnung. Auf die Oberseite eines als Kraft-Dehnung-Meßumformer wirkenden biegeelastischen Stabes ist ein Dehnungsmeßstreifen fest aufgeklebt, dessen Länge l_0 um $\Delta l = \varepsilon l_0$ vergrößert wird, wenn auf den Stab 1 die zu messende Kraft f einwirkt ($\varepsilon = c f$). ε ist die relative Dehnung des Stabmaterials im Bereich der bei Durchbiegung auf Zug beanspruchten Staboberseite, c ein die Dehnungseigenschaften des Stabmaterials und die Stabgeometrie erfassender Proportionalitätsfaktor. Die Widerstandsänderung eines

Verminderung
von

Linearitätsfehlern durch		*deformierenden Einflußeffekten* durch	*superponierenden Einflußeffekten* durch
Herabsetzen der ausgenutzten Meßspanne des nichtlinearen Gliedes	Kompensation der Nichtlinearität	Kompensation des Einflußeffektes	Empfindlichkeitserhöhung der *vor* dem Angriffspunkt der Einflußgröße liegenden Meßglieder

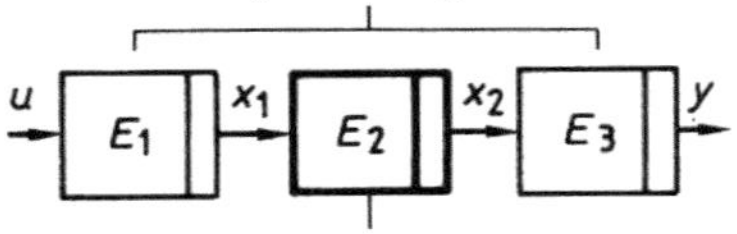

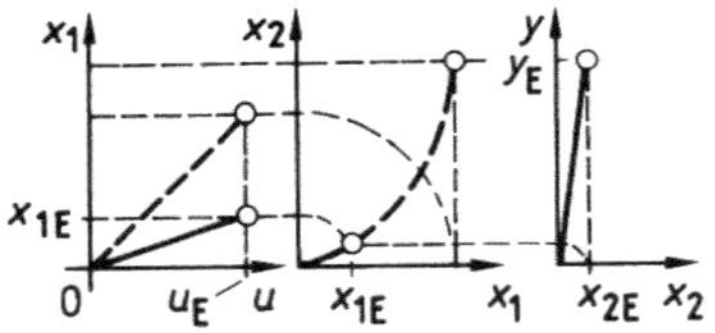

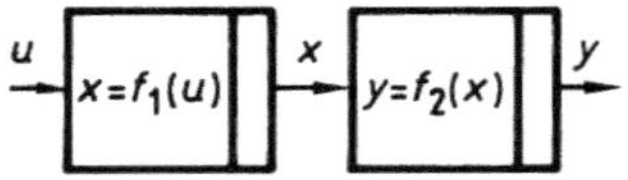

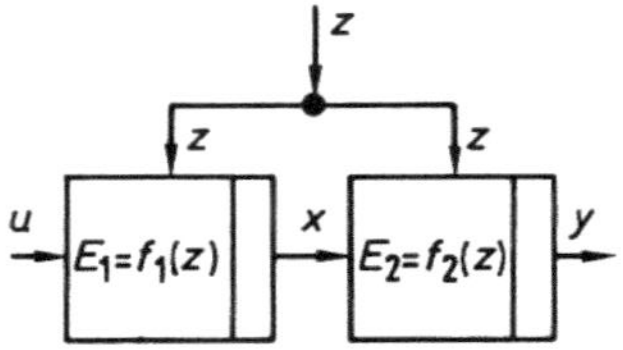

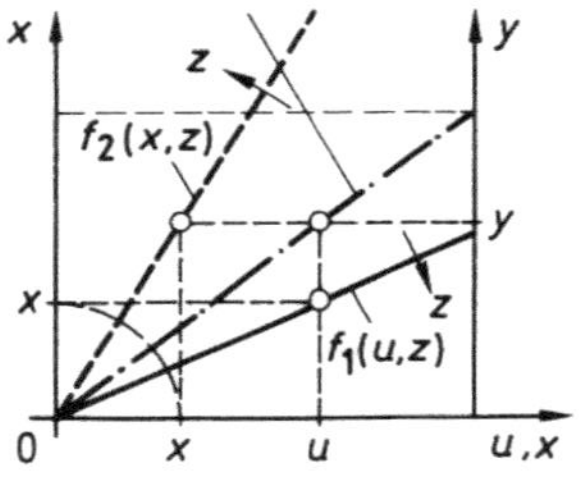

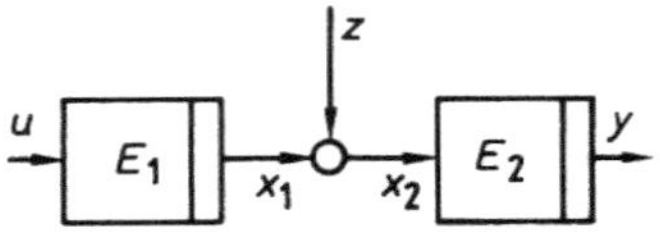

$E_1 < 1$ verringert ausgenutzte Meßspanne des nichtlinearen Meßgliedes; $E_3 > 1$ kompensiert den Empfindlichkeitsverlust.

$$y = f_2[f_1(u)]$$

$$y = E_1(z)\,E_2(z)\,u$$

$$y = E_1 E_2 u + E_2 z = y_\mathrm{u} + y_\mathrm{z}$$

Bedingung
$E_1 < 1$, $E_1 E_3 = 1$, dann ist $E = E_1 E_2 E_3 = E_2$, aber $x_{1\mathrm{E}} = E_1 u_\mathrm{E} < u_\mathrm{E}$.

Bedingung
$f_2(x) = f_1^{-1}(u)$ Umkehrfunktion von $f_1(u)$, dann ist $f_2[f_1(u)] = k\,u$ (k Konstante).

Bedingung
$E_1(z)\,E_2(z) = \mathrm{const}$, dann ist $y = k\,u$ unabhängig von z (k Konstante).

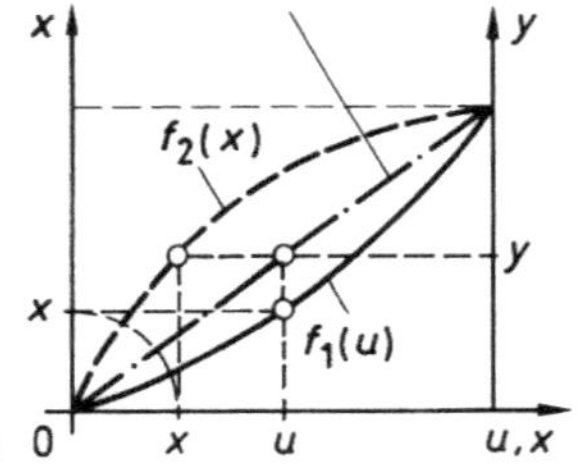

Bedingung
$E_1 \gg E_2$, dann ist $y_\mathrm{z} \ll y_\mathrm{u}$.

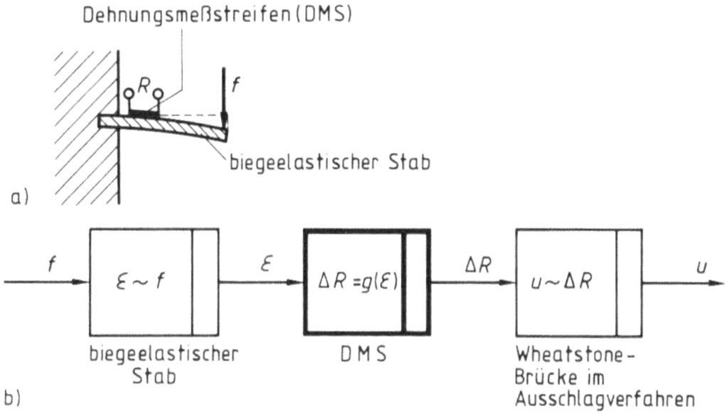

3.22
Prinzip der Kraftmessung mit Dehnungsmeßstreifen
a) Konstruktionsprinzip des Kraftaufnehmers
b) Signalflußplan der Meßeinrichtung

DMS auf p-Si-Basis ist näherungsweise $\Delta R/R_0 = k_1\varepsilon + k_2\varepsilon^2$. (Typische Werte sind $R_0 = 240\ \Omega$ bzw. $600\ \Omega$, $k_1 = 120$ und $k_2 = 4\cdot 10^3$ bei einem Meßendwert 10^{-3} m/m bis $4\cdot 10^{-3}$ m/m). Bei Linearität zwischen ε und f (also $\varepsilon = cf$) erhält man für den Kraftgeber die nichtlineare Kennlinie $\Delta R/R_0 = k_1 cf + k_2 c^2 f^2$. Ihre Linearität kann verbessert werden, indem man die mechanische Steifigkeit des Biegestabes erhöht oder den DMS näher am freien Stabende in einem Bereich geringerer Dehnung aufklebt, d. h. den Koeffizienten c verringert. Der damit ebenfalls verbundene Empfindlichkeitsverlust läßt sich über die der Widerstandsmessung dienende Wheatstone-Brücke (s. Bild **3.**22 b) oder einen der Brücke nachgeschalteten Verstärker ausgleichen.

Der Verringerung der Meßspanne ist eine natürliche Grenze gesetzt, da mit der ausgenutzten Meßspanne des nichtlinearen Gliedes auch die Nutzkomponente seines Ausgangssignals verkleinert wird, während die unter gegebenen Randbedingungen vorhandenen Störkomponenten unbeeinflußt bleiben, z. B. das Widerstandsrauschen des Dehnungsmeßstreifens in Beispiel 3.3 oder das Verstärkerrauschen und der Nullpunktsfehler des dem DMS nachgeschalteten elektronischen Spannungsverstärkers. Das Herabsetzen der ausgenutzten Meßspanne kann daher nur bis zu derjenigen Grenze erfolgen, unterhalb derer das Nutzsignal nicht mehr sicher vom überlagerten Störsignal unterscheidbar ist.

Weiter sollte geprüft werden, ob bzw. bis zu welchem Grad eine Verringerung der Meßspanne im Hinblick auf weitere Fehlerkomponenten noch sinnvoll ist. Beispielsweise ist bei einer nichtlinearen Kennlinie mit aussteuerungsunabhängiger Hysterese nach Bild **1.**45 a der durch die Hysterese bewirkte Teilfehler durch Herabsetzen der Meßspanne nicht beeinflußbar, so daß sich die Verringerung des Linearitätsfehlers auf den Gesamtfehler unterhalb einer bestimmten Grenze nur noch unwesentlich auswirkt.

Die im Prinzip wirksamste Methode zur Verringerung von Linearitätsfehlern besteht in der Kompensation der Nichtlinearität durch Einfügen eines ebenfalls nichtlinearen Kompensationsgliedes (s. Bild **3.**21 b), dessen Kennlinie invers zu der des zu korrigierenden Meßgliedes verläuft. Obgleich man die ideale Kompensationskennlinie nur in Ausnahmefällen exakt realisieren kann, sind die für die geforderte Meßgenauigkeit erforderlichen Linearitätsverbesserungen oft sogar mit geringem Aufwand erreichbar.

Beispiel 3.4. Die Nichtlinearität von Dehnungsmeßstreifen und Widerstandsthermometern soll durch Parallelwiderstände kompensiert werden.

Wegen der Abhängigkeit ihres ohmschen Widerstandes von der mechanischen Dehnung oder der Temperatur sind elektrische Leiter oder Halbleiter als Dehnungsmeßstreifen oder als Widerstandsthermometer zur Erfassung der Meßgrößen Dehnung ε (Beispiel 3.3) oder Temperatur ϑ geeignet. Die Widerstandsänderung ΔR des Leiters ist eine nichtlineare Funktion der Meßgröße Dehnung ε bzw. der Meßgröße Temperaturunterschied $\vartheta - \vartheta_0$, die mit $u = \varepsilon$ bzw. $u = \vartheta - \vartheta_0$ angenähert durch

$$\Delta R = R_0[k_1 u + k_2 u^2] \tag{3.11}$$

beschrieben werden kann. R_0 ist der Widerstandswert des Leiters bei der Meßgröße $u = 0$.

Der resultierende Widerstand der Parallelschaltung von dem Meßaufnehmer $R = R_0 + \Delta R = R_0[1 + k_1 u + k_2 u^2]$ und einem konstanten Kompensationswiderstand R_k (s. Bild **3.23** a) ist

$$R_\text{res} = \frac{R_0 + \Delta R}{1 + \dfrac{R_0}{R_k} + \dfrac{\Delta R}{R_k}},$$

dessen von ΔR abhängige Änderung

$$\Delta R_\text{res} = R_\text{res}(\Delta R = 0) - R_\text{res}(\Delta R) = \frac{R_k}{R_0 + R_k} \cdot \frac{\Delta R}{1 + \dfrac{R_0}{R_k} + \dfrac{\Delta R}{R_k}} \tag{3.12}$$

nichtlinear verläuft und zur Teilkompensation der Nichtlinearität von $\Delta R = f(u)$ dienen kann. Bezüglich der Widerstandsänderung ΔR läßt sich die Parallelschaltung aus R und R_k deuten als ein dem Meßaufnehmer nachgeschaltetes nichtlineares Kompensationsglied (Bild **3.23** b).

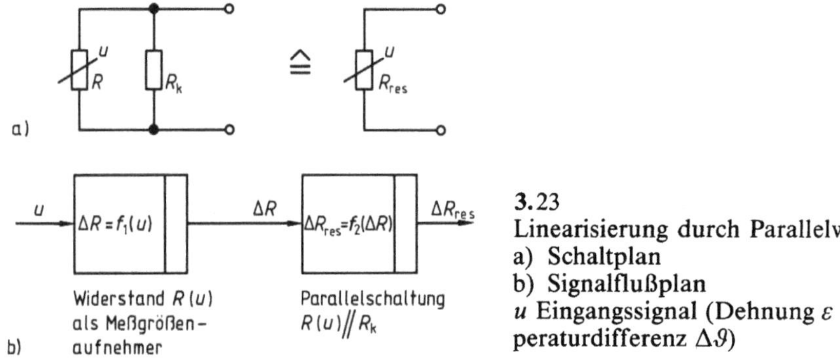

3.23
Linearisierung durch Parallelwiderstand
a) Schaltplan
b) Signalflußplan
u Eingangssignal (Dehnung ε oder Temperaturdifferenz $\Delta\vartheta$)

Durch Einsetzen von Gl. (3.11) in Gl. (3.12) erhält man nach kurzer Zwischenrechnung die resultierende Widerstandsänderung

$$\Delta R_\text{res} = R_0 k_1 u \frac{1}{\left(1 + \dfrac{R_0}{R_k}\right)^2} \cdot \frac{1 + \dfrac{k_2}{k_1} u}{1 + \dfrac{k_1}{1 + R_k/R_0} u + \dfrac{k_2}{1 + R_k/R_0} u^2} \cdot \tag{3.13}$$

Man erkennt den linearisierenden Einfluß eines geeignet bemessenen Parallelwiderstandes R_k, wenn man voraussetzt, daß in der Meßspanne $u=0$ bis u_E (u_E vereinbarter Meßendwert) stets die quadratische Komponente $R_0 k_2 u^2$ der Widerstandsänderung ΔR hinreichend klein ist gegen die lineare Komponente $R_0 k_1 u$. Näherungsweise gilt dann

$$\Delta R_{res} \approx R_0 k_1 u \; \frac{1}{\left(1+\dfrac{R_0}{R_k}\right)^2} \cdot \frac{1+\dfrac{k_2}{k_1}u}{1+\dfrac{k_1}{1+R_k/R_0}u},$$

was durch die Wahl

$$\frac{k_1}{1+R_k/R_0} = \frac{k_2}{k_1} \tag{3.14}$$

in den näherungsweise linearen Zusammenhang

$$\Delta R_{res} \approx R_0 k_1 u \; \frac{1}{(1+R_0/R_k)^2}$$

zwischen der Widerstandsänderung ΔR_{res} und der Meßgröße u übergeht. Aus Gl. (3.14) ergibt sich die Linearisierungsbedingung

$$\frac{R_k}{R_0} = \frac{k_1^2}{k_2} - 1. \tag{3.15}$$

Mit positiven ohmschen Widerständen ist sie nur erfüllbar unter den Voraussetzungen $k_2 > 0$ (Kennlinien mit negativem Koeffizienten k_2 des quadratischen Gliedes sind auf diese Weise nicht kompensierbar) und $k_2 < k_1^2$ (die Linearitätsabweichung der Kennlinie darf ein bestimmtes, von dem Koeffizienten k_1 abhängendes Maß nicht überschreiten). Mit Gl. (3.15) ergibt sich aus Gl. (3.13) die resultierende Kennlinie

$$\Delta R_{res} = R_0 k_1 u \left(1-\frac{k_2}{k_1^2}\right)^2 \; \frac{1+\dfrac{k_2}{k_1}u}{1+\dfrac{k_2}{k_1}u+\left(\dfrac{k_2}{k_1}\right)^2 u^2}. \tag{3.16}$$

Der Nachteil, der mit der Linearitätsverbesserung in Kauf genommen werden muß, besteht in der Verringerung der Empfindlichkeit um etwa den Faktor $(1-k_2/k_1^2)^2$, vgl. Gl. (3.11).

Der relative Linearitätsfehler (s. Tafel 3.17) des in Beispiel 3.3 behandelten p-Si-DMS ($k_1 = 120$, $k_2 = 4 \cdot 10^3$) beträgt bei dem Meßendwert $u_E = \varepsilon_E = 2 \cdot 10^{-3}$ m/m

$$f_{0rel} = \frac{k_2 u_E^2}{k_1 u_E} = \frac{k_2}{k_1} u_E = \frac{4 \cdot 10^3}{120} \cdot 2 \cdot 10^{-3} = 0{,}067 \, .$$

Durch Kompensation nach Gl. (3.15) wird er reduziert auf

$$f'_{0rel} = \frac{k_1 u \; \dfrac{1+(k_2/k_1)u_E}{1+(k_2/k_1)u_E+(k_2/k_1)^2 u_E^2} - k_1 u_E}{k_1 u_E} = -\frac{\left(\dfrac{k_2}{k_1}\right)^2 u_E^2}{1+\dfrac{k_2}{k_1}u_E+\left(\dfrac{k_2}{k_1}\right)^2 u_E^2}$$

$$= \frac{f_{0rel}^2}{1+f_{0rel}+f_{0rel}^2} = -0{,}0042 \, ,$$

also um den Faktor 16. Die Empfindlichkeit wird dagegen nur auf das $(1 - k_2/k_1^2)^2 = 0{,}52$-fache, also um den Faktor 2 verringert.

Eine Linearisierung kann auch in Verbindung mit einer zur Widerstandsmessung verwendeten Wheatstone-Brückenschaltung erreicht werden.

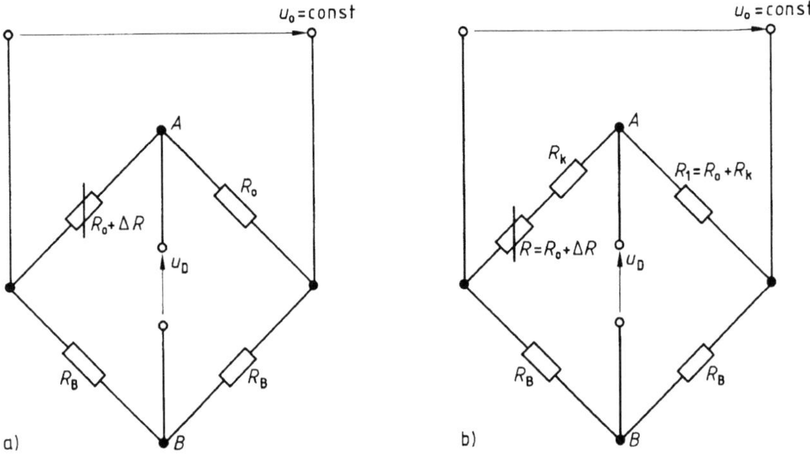

3.24 Wheatstone-Meßbrücke im Ausschlagverfahren als Widerstand-Spannung-Meßumformer
u_0 Speisespannung der Meßbrücke, u_D Leerlaufspannung des Diagonalzweiges (Ausgangssignal), ΔR Eingangssignal, R_k konstanter Kompensationswiderstand
a) Grundschaltung der Viertelbrücke
b) Viertelbrücke mit Kompensationswiderstand zur Linearisierung

Beispiel 3.5. Die im Ausschlagverfahren betriebene Wheatstone-Meßbrücke nach Bild 3.24a eignet sich gut zur Umformung einer Widerstandsänderung ΔR in eine von ΔR abhängige, im Diagonalzweig der Brücke abnehmbare Spannung, die sich bei unbelasteter Brücke zu

$$u_D = \frac{u_0}{2} \cdot \frac{\Delta R/2R_0}{1 + \Delta R/2R_0} \tag{3.17}$$

ergibt.

Tritt eine solche Widerstandsänderung wie in Bild 3.24a nur in einem Brückenzweig auf, so spricht man von Viertelbrücke, tritt sie – mit entsprechenden Vorzeichen – in zwei oder in allen vier Zweigen auf, von Halb- bzw. Vollbrücke.

Wegen des durch Gl. (3.17) beschriebenen nichtlinearen Zusammenhanges zwischen u_D und ΔR kann eine entsprechend Bild 3.24b ergänzte Brückenschaltung gleichzeitig als Kompensationsglied zur Linearisierung einer nichtlinearen Kennlinie $\Delta R/R_0 = f(\varepsilon)$ bzw. $\Delta R/R_0 = f(\vartheta - \vartheta_0)$ eines als Meßumformer verwendeten dehnungs- oder temperaturabhängigen Widerstandes dienen (vgl. Beispiel 3.4). Dem Meßumformer $R = R_0 + \Delta R$ wird in seinem Brückenzweig der konstante Kompensationswiderstand R_k in Reihe geschaltet, und der anliegende Brückenzweig erhält den Widerstand $R_1 = R_0 + R_k$. Im Diagonalzweig der Brücke stellt sich dann eine Leerlaufspannung

$$u_{\mathrm{D}} = \frac{u_0}{2} \cdot \frac{1}{R_{\mathrm{k}}} \cdot \frac{\frac{1}{2}\Delta R}{1 + \frac{R_0}{R_{\mathrm{k}}} + \frac{1}{2} \cdot \frac{\Delta R}{R_{\mathrm{k}}}} \tag{3.18}$$

ein. Die formale Ähnlichkeit dieser Beziehung mit Gl. (3.12) läßt erkennen, daß ein der Kompensation mit Parallelwiderstand vergleichbarer Linearisierungseffekt zu erzielen ist (s. Beispiel 3.4).

Deformierende Einflußeffekte. Sie sind kompensierbar durch Reihenschaltung eines Kompensationsgliedes, das auf die gleiche Einflußgröße empfindlich ist wie das zu kompensierende Meßglied, aber eine gegenläufige Kennliniendeformation aufweist, s. Bild 3.21c. Setzt man das Kompensationsglied dieser gleichen Einflußgröße aus, heben sich die Einflußeffekte von Meß- und Kompensationsglied ganz oder teilweise auf.

Beispiel 3.6. Der Einfluß der Umgebungstemperatur ϑ auf die Drehfedersteife $c_{\mathrm{d}} \approx c_{\mathrm{d}0}[1 + \delta(\vartheta - \vartheta_0)]$, $\delta < 0$ des Drehspul-Strommessers nach Beispiel 3.2 soll kompensiert werden.

Es bieten sich dazu grundsätzlich alle Bauelemente an, die im Innenraum des Instrumentes annähernd gleichartig den äußeren Temperaturänderungen folgen wie die Federn, aber einen entgegengesetzten Einfluß auf die Anzeige ausüben. Zum Beispiel ist hierzu die Drehspule mit dem Widerstand $R_{\mathrm{sp}} = R_{\mathrm{sp}0}[1 + \alpha(\vartheta - \vartheta_0)]$ bei $\alpha > 0$ geeignet. Bei Verwendung des Drehspulinstrumentes als empfindliches Strommeßgerät, d. h. ohne Parallelwiderstand zur Drehspule, wirkt sich ihr Einfluß auf die Anzeige nicht aus, da der Strom eingeprägt wird. Der Einfluß kommt jedoch zur Wirkung, wenn der Drehspule ein Widerstand R_{p} parallelgeschaltet wird, so daß eine Stromteilung entsteht. Verwendet man für den Parallelwiderstand ein praktisch temperaturunempfindliches Material, z. B. Manganin, fließt durch die Drehspule der Meßstrom

$$i_{\mathrm{m}} = i\,\frac{R_{\mathrm{p}}}{R_{\mathrm{p}} + R_{\mathrm{sp}0}[1 + \alpha(\vartheta - \vartheta_0)]} = i\,\frac{R_{\mathrm{p}}}{R_{\mathrm{p}} + R_{\mathrm{sp}0}} \cdot \frac{1}{1 + \alpha\,\dfrac{R_{\mathrm{sp}0}}{R_{\mathrm{p}} + R_{\mathrm{sp}0}}(\vartheta - \vartheta_0)},$$

der mit der Drehmoment-Konstanten k_{m} einen Ausschlag (vgl. Bild 3.25)

$$\alpha = i\,\frac{R_{\mathrm{p}}}{R_{\mathrm{p}} + R_{\mathrm{sp}0}} \cdot \frac{1}{1 + \alpha\,\dfrac{R_{\mathrm{sp}0}}{R_{\mathrm{p}} + R_{\mathrm{sp}0}}(\vartheta - \vartheta_0)}\,k_{\mathrm{m}}\,\frac{1}{c_{\mathrm{d}0}[1 + \delta(\vartheta - \vartheta_0)]}$$

$$= i\,\frac{R_{\mathrm{p}}}{R_{\mathrm{p}} + R_{\mathrm{sp}0}} \cdot \frac{k_{\mathrm{m}}}{c_{\mathrm{d}0}} \cdot \frac{1}{1 + \left(\alpha\,\dfrac{R_{\mathrm{sp}0}}{R_{\mathrm{p}} + R_{\mathrm{sp}0}} + \delta\right)(\vartheta - \vartheta_0) + \dfrac{R_{\mathrm{sp}0}}{R_{\mathrm{p}} + R_{\mathrm{sp}0}}\alpha\delta(\vartheta - \vartheta_0)^2}$$

zur Folge hat. Die Temperaturabhängigkeit der Anzeige wird bis auf den i. allg. vernachlässigbar kleinen Einfluß des quadratischen Gliedes beseitigt, wenn man im Nennerpolynom den Klammerausdruck $\alpha R_{\mathrm{sp}0}/(R_{\mathrm{p}} + R_{\mathrm{sp}0}) + \vartheta$ zu Null macht, indem man $R_{\mathrm{p}} = R_{\mathrm{sp}0}(-\alpha/\delta - 1)$ wählt. Mit $\alpha = 4 \cdot 10^{-3}/\mathrm{K}$, $\delta = -3 \cdot 10^{-4}/\mathrm{K}$ (s. Beispiel 3.2) und $R_{\mathrm{sp}0} = 1{,}3\ \Omega$ folgt für den Parallelwiderstand

$$R_{\mathrm{p}} = 1{,}3\ \Omega\left(-\frac{4 \cdot 10^{-3}}{-3 \cdot 10^{-4}} - 1\right) = 15{,}99\ \Omega.$$

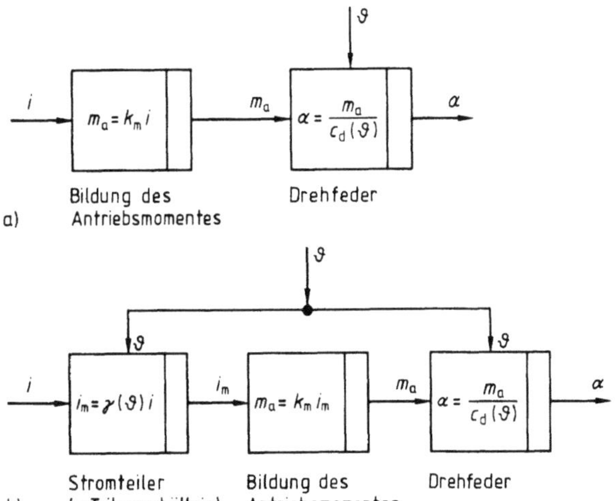

3.25 Temperaturkompensation eines empfindlichen Drehspul-Strommessers
a) unkompensiertes Meßinstrument,
b) kompensiertes Meßinstrument

Die Empfindlichkeit des Strommessers verringert sich durch die Temperaturkompensation um den Faktor $R_\mathrm{p}/(R_\mathrm{p}+R_\mathrm{sp\,0})=0{,}925$, also nur um 7,5%.

In entsprechender Weise kann auch die Temperaturabhängigkeit der Luftspaltinduktion und ggf. des elektrischen Widerstandes der Spiralfedern, die gleichzeitig der Stromzuführung zur Drehspule dienen, berücksichtigt werden. Bei Meßbereichserweiterungen oder Verwendung des Meßgerätes als Spannungsmesser können die dann erforderlichen Parallel- oder Vorwiderstände bzw. geeignete Widerstandskombinationen („Kunstschaltungen") gleichzeitig als Kompensationswiderstände dienen.

Die Temperaturen der verschiedenen Bauelemente des Meßgerätes hängen außer von der Umgebungstemperatur auch von deren Eigenerwärmung durch den Meßstrom ab, so daß sich unterschiedliche Endtemperaturen einstellen können, die gegebenenfalls bei der Dimensionierung der Kompensationswiderstände berücksichtigt werden müssen. Außerdem ist zu beachten, daß die thermischen Ausgleichsvorgänge unterschiedlich verlaufen können, so daß sich vorübergehende Temperaturunterschiede und damit eine unvollständige Kompensation ergeben, wenn der thermisch stationäre Zustand nicht abgewartet wird.

Superponierende Einflußeffekte. Sie lassen sich oft durch eine zweckmäßige Abstimmung der Einzelempfindlichkeiten der Meßglieder einer Meßkette untereinander vermindern (s. Bild **3.**21 d). Als Beispiel sei der Fehler betrachtet, der durch die Nullpunktsdrift eines Gleichspannungs-Meßverstärkers in einer Temperaturmeßeinrichtung entsteht.

Beispiel 3.7. Infolge temperaturabhängiger Eigenschaften der verwendeten Bauelemente treten am Ausgang von Gleichspannungsverstärkern Spannungen auf, auch wenn der Eingang kurzgeschlossen ist (s. Bild **3.**26). Man kann diese Erscheinung in der Ersatzschaltung des idealen Meßverstärkers durch die Offsetspannung $u_0(\vartheta)$ berücksichtigen, die durch eine im Verstärkereingang angenommene Spannungsquelle erzeugt wird (s. Band XII).

Unter Berücksichtigung der temperaturabhängigen Offsetspannung kann man die Ausgangsspannung u_2 des über R_2 gegengekoppelten Verstärkers aus den Maschengleichungen (vgl. Beispiel 3.1)

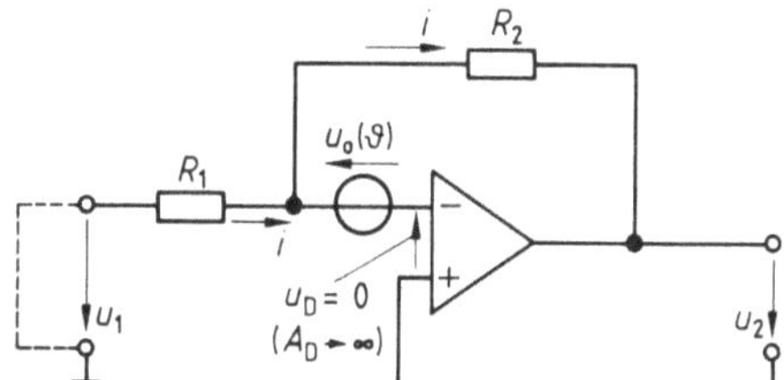

3.26
Offsetspannung eines Gleichspannungs-
Meßverstärkers

$$u_1+u_0(\vartheta)-iR_1=0 \quad \text{und} \quad u_2+u_0(\vartheta)+iR_2=0$$

bestimmen. Man findet so

$$u_2=-Au_1-(1+A)u_0(\vartheta) \quad \text{mit} \quad A=R_2/R_1.$$

In der Meßkette wirkt sich die Offsetspannung als superponierender Fehler aus.
Wird die Empfindlichkeit E_1 eines Thermopaares durch einen solchen nachgeschalteten
Meßverstärker auf $E=E_1E_2=E_1A$ erhöht, beispielsweise mit $A=R_2/R_1=100$ auf den
100-fachen Wert (s. Bild **3.27**a), enthält die Ausgangsspannung des Verstärkers den superponierenden Fehler $(1+A)u_0\approx100u_0$. Er reduziert sich, wenn ein Teil der Empfind-
lichkeitserhöhung in den Meßfühler verlagert wird, indem man z.B. 10 hintereinander-
geschaltete Thermopaare nach Bild **3.27**b zu einem Meßfühler zusammenfaßt. Bei gleicher Gesamtempfindlichkeit E kann dann die Teilempfindlichkeit des Meßverstärkers
um den Faktor 10 auf $E_2'=A'=R_2'/R_1'=10$ herabgesetzt werden. Der Nullpunktsfehler
verringert sich damit auf $(1+A')u_0=11u_0$.

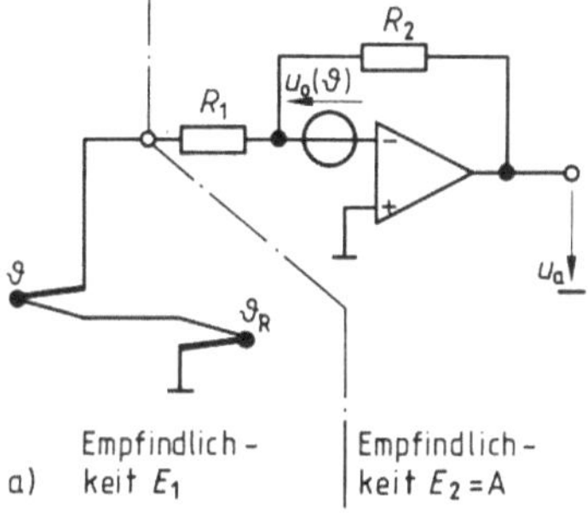

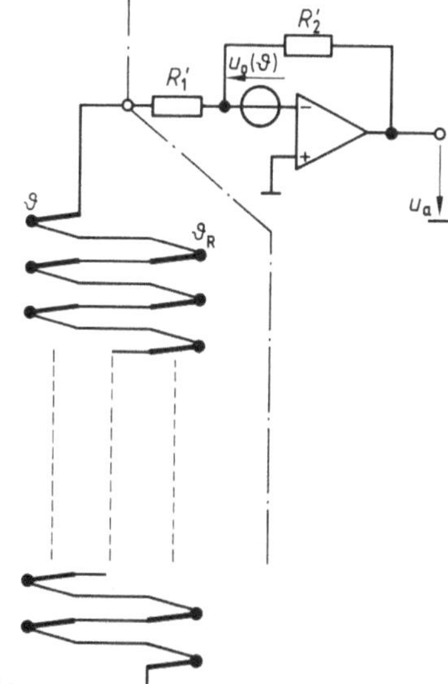

3.27
Erhöhung der Empfindlichkeit von Thermoelementen durch
a) Gleichspannungs-Meßverstärker
b) Kombination mehrerer Thermopaare
   und Meßverstärker

3.2.3.2 Fehlerkompensation in Parallelstrukturen. Parallelstrukturen mit Differenzbildung erweisen sich als sehr wirksam sowohl zur Kennlinienlineari-
sierung als auch zur Unterdrückung superponierender Einflußef-

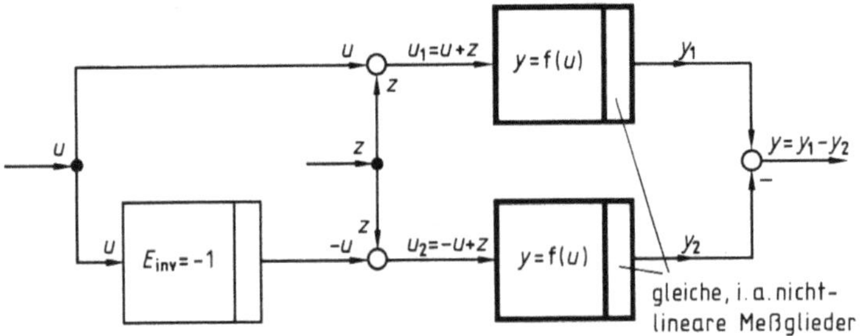

3.28 Prinzip der Parallelstruktur mit Differenzbildung

fekte (Bild **3.28**). Das Meßgrößensignal wird zwei parallelen, identischen Meßgliedern einmal mit positivem und zum anderen mit negativem Vorzeichen so zugeführt, daß die beiden Systeme gegensinnig ausgesteuert werden. Das resultierende Ausgangssignal y wird aus den Einzelsignalen als Differenz $y = y_1 - y_2$ gebildet. Für die Unterdrückung von Störeinflüssen, die an irgendeinem Teilsystem der Meßglieder, aber auch – wie in Bild **3.28** – direkt an ihrem Eingang angreifen können, und die beiden parallelen Systeme gleichsinnig aussteuern, ist es wichtig, daß das Vorzeichen des Nutzsignals u vor dem Angriffspunkt der Störgröße z umgekehrt wird, und daß beide parallele Systeme der gleichen Störgröße z ausgesetzt sind. Mit den Bezeichnungen von Bild **3.28** gilt dann für das Ausgangssignal

$$y = y_1 - y_2 = f(u + z) - f(-u + z). \tag{3.19}$$

Linearitätsfehler. Die Kennlinie der beiden parallelen Meßsysteme sei durch die Funktion $y_{1,2} = k_1 u_{1,2} + k_2 u_{1,2}^2$ approximierbar (s. Tafel **3.17**). Bei Abwesenheit von Störeinflüssen, also $z = 0$, ergibt sich ein Differenz-Ausgangssignal

$$y = y_1 - y_2 = k_1 u + k_2 u^2 - [k_1(-u) + k_2(-u)^2] = 2 k_1 u. \tag{3.20}$$

Das quadratische Glied wird vollständig unterdrückt, und die Empfindlichkeit der Parallelschaltung erhöht sich auf die doppelte Empfindlichkeit des einzelnen Gliedes. Man erhält eine im Prinzip exakt lineare resultierende Kennlinie.

Nichtlinearitären, zu deren Beschreibung auch Glieder höher als 2. Ordnung herangezogen werden müssen, werden jedoch nur unvollkommen linearisiert. Man überzeugt sich leicht, daß zwar alle Glieder gerader Ordnung (wie das quadratische Glied) vollständig unterdrückt werden, alle Glieder ungerader Ordnung (wie das lineare Glied) aber auf den zweifachen Wert ansteigen.

Beispiel 3.8. Zwei in der Zug- und der Druckzone eines biegeelastischen Stabes angebrachte Dehnungsmeßstreifen erfahren entgegengesetzt gleiche Dehnungen $+\varepsilon$ bzw. $-\varepsilon$ (s. Bild **3.29a**), wodurch die Meßgröße Kraft f in zwei gegensinnig verlaufende Meßsignale $\Delta R_1 = R_1 - R_0 = R_0(k_1 \varepsilon + k_2 \varepsilon^2)$ und $\Delta R_2 = R_2 - R_0 = R_0[k_1(-\varepsilon) + k_2(-\varepsilon)^2]$ $(\varepsilon > 0)$ umgesetzt wird (s. Beispiel **3.3**).

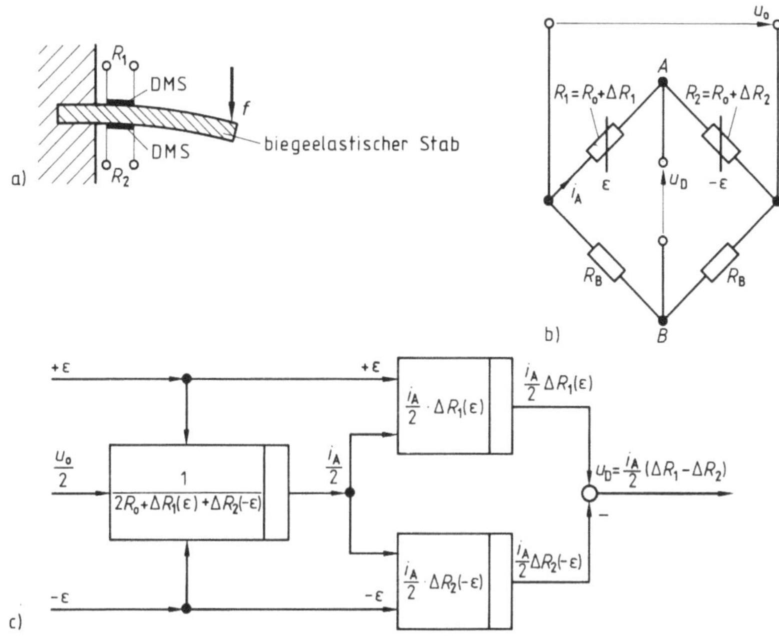

3.29 DMS-Halbbrücke
    a) Anordnung der DMS zur Kraftmessung
    b) Halbbrücke zur Differenzbildung
    c) Signalflußplan der im Leerlauf betriebenen Brücke

Die Differenz $\Delta R_1 - \Delta R_2$ kann direkt mit der als Widerstand-Spannung-Umformer wirkenden Wheatstone-Ausschlagmeßbrücke gebildet werden (Bild 3.30). Die Speisespannung u_0 der Brücke wird als Reihenschaltung zweier gleicher Quellen mit $u_0' = u_0'' = u_0/2$ aufgefaßt, so daß sich mit dem Überlagerungssatz über die Potentiale der Brückeneckpunkte A und B

$$\varphi_A = u_0' \frac{R_2}{R_1+R_2} - u_0'' \frac{R_1}{R_1+R_2} = \frac{u_0}{2} \cdot \frac{1}{R_1+R_2}(R_2-R_1) = \frac{i_A}{2}(R_2-R_1) \qquad (3.21)$$

und

$$\varphi_B = u_0' \frac{R_4}{R_3+R_4} - u_0'' \frac{R_3}{R_3+R_4} = \frac{u_0}{2} \cdot \frac{1}{R_3+R_4}(R_4-R_3) = \frac{i_B}{2}(R_4-R_3) \qquad (3.22)$$

die Brückenspannungen $u_{AB} = \varphi_A - \varphi_B$ bzw. $u_{BA} = \varphi_B - \varphi_A$ berechnen lassen. Werden nun die beiden Dehnungsmeßstreifen als Brückenwiderstände in benachbarten Brückenzweigen angeordnet (s. Bild 3.29b), so ergibt sich die Brückenausgangsspannung

$$u_D = \frac{u_0}{2} \cdot \frac{\Delta R_1(\varepsilon) - \Delta R_2(-\varepsilon)}{2R_0 + \Delta R_1(\varepsilon) + \Delta R_2(-\varepsilon)} = \frac{u_0}{2} \cdot \frac{k_1 \varepsilon}{1+k_2 \varepsilon^2},$$

was im Vergleich mit der Viertelbrücke aus Beispiel 3.5 einer Verdoppelung der Empfindlichkeit entspricht. Der linearisierende Einfluß der Differenzbildung ist am Zähler deutlich erkennbar; infolge der nichtlinearen Brückeneigenschaften (vgl. Beispiel 3.5) bleibt jedoch ein Linearitätsrestfehler bestehen, der mit den Werten aus Beispiel 3.4 als

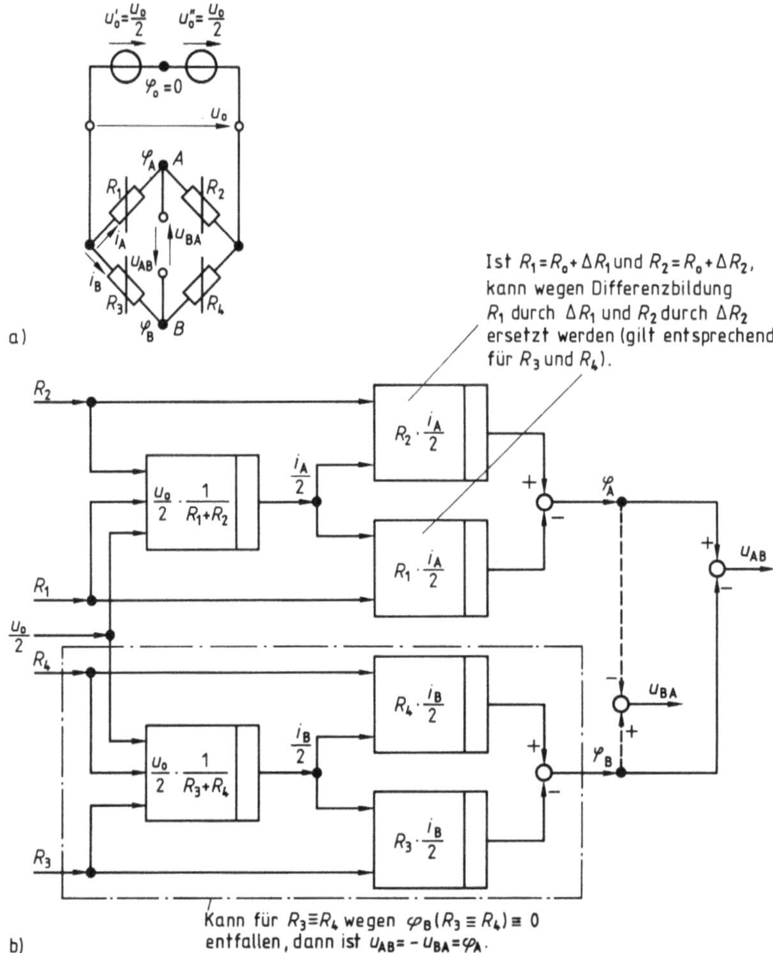

3.30 Darstellung der Wheatstone-Meßbrücke als Widerstand-Spannung-Umformer in
Parallelstruktur mit Differenzbildung
a) Schaltplan
b) Signalflußplan (alle Brückenwiderstände als Eingangssignale aufgefaßt)

relativer Fehler am Meßende

$$\frac{1}{1+k_1\varepsilon_E^2} - 1 = -\frac{k_1\varepsilon_E^2}{1+k_1\varepsilon_E^2} = -\frac{4\cdot10^3(2\cdot10^{-3})^2}{1+4\cdot10^3(2\cdot10^{-3})^2} = -0,016$$

beträgt. Der dem Dehnungsmeßstreifen anhaftende Linearitätsfehler wird betragsmäßig
also nur um den Faktor 4 reduziert, die Empfindlichkeit aber um den Faktor 2 vergrößert.

Ein bestimmter Typ nichtlinearer Kennlinien wird in der Grundschaltung des
Bildes **3.**29b theoretisch exakt linearisiert, wie dies im folgenden Beispiel gezeigt wird.

Beispiel 3.9. Als Meßumformer für kleine Längenänderungen wird oft ein Differentialkondensator nach Bild 3.31 verwendet. In Ruhestellung befinde sich die mit dem Wegfühler verbundene mittlere Kondensatorelektrode genau in der Mitte zwischen den äußeren Elektroden, und die Teilkapazitäten in dieser Stellung seien $C_1 = C_2 = C_0$. Bei Auslenkung der beweglichen Elektrode um Δl ändern sich die Teilkapazitäten

$$C_1 = C_0 \frac{l_0}{l_0 + \Delta l} \quad \text{und} \quad C_2 = C_0 \frac{l_0}{l_0 - \Delta l}$$

um

$$\Delta C_1 = -C_0 \frac{\Delta l}{l_0 + \Delta l} \quad \text{und} \quad \Delta C_2 = C_0 \frac{\Delta l}{l_0 - \Delta l}$$

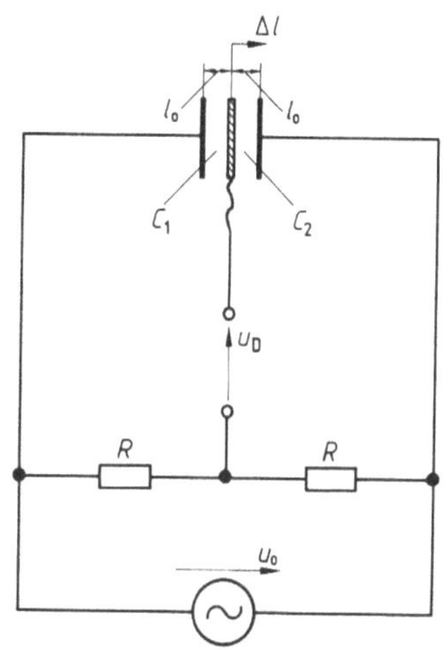

3.31 Längenmeßeinrichtung mit Differentialkondensator

in nichtlinearer Abhängigkeit von Δl. Die Diagonalspannung der Halbbrücke im Leerlauf

$$u_D = \frac{u_0}{2} \cdot \frac{\Delta C_2(\Delta l) - \Delta C_1(\Delta l)}{2C_0 + \Delta C_1(\Delta l) + \Delta C_2(\Delta l)} = \frac{u_0}{2} \cdot \frac{\Delta l}{l_0}$$

ist aber eine exakt lineare Funktion der relativen Längenänderung $\Delta l / l_0$. Als Speisespannung der Brücke wird in diesem Fall eine Sinusspannung vorausgesetzt.

Superponierende Einflußeffekte. Unter der Voraussetzung l i n e a r e r Meßglieder werden superponierende Einflußeffekte theoretisch vollständig unterdrückt, denn es gilt mit Gl. (3.19)

$$y = y_1 - y_2 = E \cdot (u + z) - E \cdot (-u + z) = 2Eu. \tag{3.23}$$

E ist die Empfindlichkeit der parallel geschalteten linearen Meßglieder.

Infolge meist vorhandener geringer Unterschiede in den Systemeigenschaften der beiden parallelen Meßglieder oder in den auf sie einwirkenden Einflußgrößen ist der Idealfall der vollständigen Fehlerkompensation nicht erreichbar. Aber es lassen sich wesentliche Einflußeffekte oft drastisch reduzieren, beispielsweise die temperaturabhängige Basis-Emitter-Spannungsdrift der Emitterschaltung des Transistors [43] im D i f f e r e n z v e r s t ä r k e r (Gegentaktverstärker), der eine für die Meßtechnik äußerst wichtige Anwendung des erläuterten Prinzips darstellt (s. Abschn. 3.4.2.2, Symmetrierung).

Als klassisches Anwendungsbeispiel sei das astatische eisenlose elektrodynamische Meßwerk genannt, dessen Fremdfeldempfindlichkeit je nach Betriebsweise zu superponierenden, aber auch zu deformierenden Einflußeffekten führt, die in diesem speziellen Fall ebenfalls kompensiert werden.

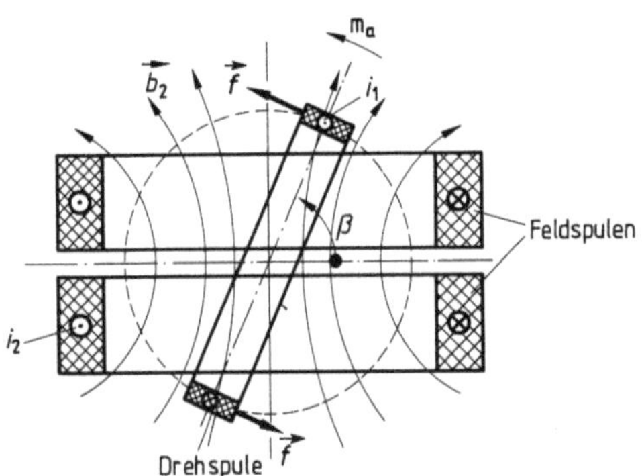

3.32 Prinzip der Drehmomenterzeugung bei einem eisenlosen elektrodynamischen Meßinstrument

Beispiel 3.10. Das eisenlose elektrodynamische Meßinstrument nach Bild 3.32 beruht wie das Drehspulmeßinstrument auf dem Prinzip der Lorentzkraft

$$\vec{f} = i_1 (\vec{l} \times \vec{b_2}).$$

f bezeichnet die Tangentialkraft auf eine Leiterseite der Drehspule, i_1 den Strom in der Drehspule, l die Länge einer Leiterseite im Luftfeld, b_2 die Induktion des von i_2 erregten Luftfeldes im Bereich der Drehspule. Das magnetische Feld der Induktion b_2, dem die vom Strom i_1 durchflossene Drehspule ausgesetzt ist, wird hier also nicht von einem Naturmagneten erregt, sondern von einer eisenlosen Feldspule, in der ein Erregerstrom i_2 fließt. Durch geeignete Formgebung der Spule läßt sich erreichen, daß über den Drehwinkelbereich $\beta \approx 45°$ bis $135°$ die Induktion b_2 im Bereich der Drehspulenseiten betragsmäßig praktisch drehwinkelunabhängig ist, so daß ein mechanisches Antriebsmoment $m_a = k i_1 i_2$ erzeugt wird, das proportional dem Produkt der beiden Ströme i_1 und i_2 ist. Die Anordnung ist als Antriebssystem eines Leistungsmeßgerätes ($i_1 \sim u$, $i_2 \sim i$) mit linearer Kennlinie oder bei Hintereinanderschaltung von Dreh- und Feldspule als Antriebssystem eines Strom- oder Spannungsmeßgerätes ($i_1, i_2 \sim i$ bzw. $i_1, i_2 \sim u$) mit quadratischer Kennlinie verwendbar.

Die Luftinduktion $b_2(i_2)$ beträgt etwa 0,01 T, bezogen auf das Meßende. Bei empfindlichen Meßinstrumenten führt daher schon das magnetische Erdfeld mit etwa 10^{-4} T, das sich dem Nutzfeld der Feldspule überlagert, zu einem u.U. merklichen Meßfehler. Erheblich stärkere magnetische Fremdfehler können durch energietechnische Anlagen und Geräte (Motoren, Transformatoren) verursacht werden, was beim Einsatz derartiger Meßgeräte unbedingt zu beachten ist.

Meßfehler durch Fremdfeldeinfluß werden vermieden, wenn man das Meßinstrument diesem Einfluß entzieht, es also in hinreichend großer Entfernung von stromführenden Anlagenteilen aufstellt und es räumlich so ausrichtet, daß der Induktionsvektor des Fremdfeldes senkrecht auf der Drehspulenebene steht. Oder man beseitigt die Fremdfeldempfindlichkeit des Instrumentes, indem man es mit einer magnetischen Schirmung versieht (s. Abschn. 3.4.3) oder es als eisengeschlossenes Meßinstrument ausführt.

Beim astatischen Leistungsmesser wird der Fremdfeldeinfluß durch Überlagerung der Antriebsmomente zweier identischer Meßsysteme unterdrückt. Die Systeme sind mit gleicher räumlicher Ausrichtung ihrer Spulenachsen auf einer gemeinsamen mechanischen Achse übereinander angeordnet (Bild 3.33). Ihre Feld- und Drehspulen sind so untereinander verbunden, daß die magnetischen Luftfelder der beiden Systeme räumlich genau entgegengesetzt gerichtet sind, die Antriebsmomente m_a sich aber gleichsinnig addieren. Für die Meßgröße hat das Meßgerät deshalb die zweifache Empfindlichkeit des Einzelsystems.

Ein auf beide Systeme einwirkendes räumlich homogenes Fremdfeld b_z hat dagegen in Verbindung mit den räumlich entgegengesetzt gerichteten Drehspulenströmen i_1 entgegengesetzt gleiche Drehmomentkomponenten zur Folge, die sich in jeder beliebigen Winkelstellung der Drehspulen gegeneinander aufheben. Die Empfindlichkeit des aus beiden Systemen bestehenden Meßgerätes für homogene Fremdfelder ist deshalb Null.

Der Einflußeffekt wird allerdings nur unvollständig unterdrückt, wenn das Fremdfeld im Bereich der Drehspulen inhomogen verläuft, so daß dem Betrage nach ungleiche Stördrehmomente entstehen.

Nach Beispiel 3.10 kann die praktische Realisierung von zwei vollständigen parallelen Meßgliedern sehr aufwendig sein. Oft ist es nicht möglich, die Meßglieder durch das Meßgrößensignal gegensinnig auszusteuern, wohl aber, sie der gleichen Einflußgröße so auszusetzen, daß die Einflußeffekte durch Differenzbildung kompensiert werden. Dieser Fall entspricht dem allgemeinen Schema in Bild 3.28,

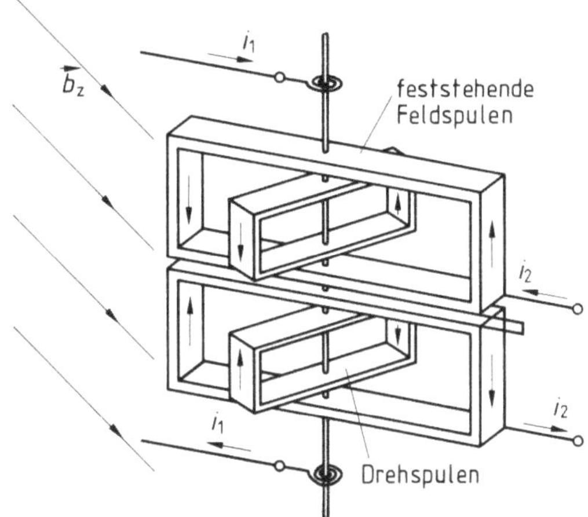

3.33 Schemazeichnung eines astatischen eisenlosen elektrodynamischen Meßwerkes unter Fremdfeldeinfluß
$\vec{b}_z$ homogenes Fremdfeld

wenn der linke untere Zweig entfällt ($E_{\mathrm{inv}} = 0$), so daß dem unteren der beiden parallelen Meßglieder mit $u_2 = z$ nur das Störsignal z zugeführt wird. Die resultierende Empfindlichkeit E für das Meßsignal u ist dann nur gleich der einfachen Empfindlichkeit des oberen Meßgliedes, dem das Signal $u_1 = u + z$ zugeführt wird, und die resultierende Empfindlichkeit für das superponierende Störsignal z ist bei exakt gleichen linearen Übertragungseigenschaften und exakt gleichartiger Beeinflussung der beiden Meßglieder nach Gl. (3.7) Null. Man erhält das ungestörte Ausgangssignal

$$y = y_1 - y_2 = E \cdot (u + z) - E z = E u . \tag{3.24}$$

Die praktische Realisierung des erforderlichen zweiten Meßgliedes ist hier oft verhältnismäßig einfach, da dieses nur die zu kompensierende Einflußgröße erfassen muß.

Beispiel 3.11. Prozeßmeßeinrichtungen sind häufig räumlich dezentral angeordnet. Beispielsweise sind die vielen in einem Kraftwerk zu überwachenden Temperaturen räumlich weit verstreut, Meßwertbildung und -ausgabe bzw. -registrierung dagegen in einer zentralen Warte konzentriert. Die zwischen Meß- und Ausgabeort zu verlegenden langen Verbindungsleitungen können dann zu einer nicht mehr vernachlässigbaren Fehlerquelle werden.

Bei einer Temperaturmeßeinrichtung nach Bild 3.34a zur Überwachung der Wicklungstemperatur ϑ eines Generators werde von folgenden Gegebenheiten ausgegangen:

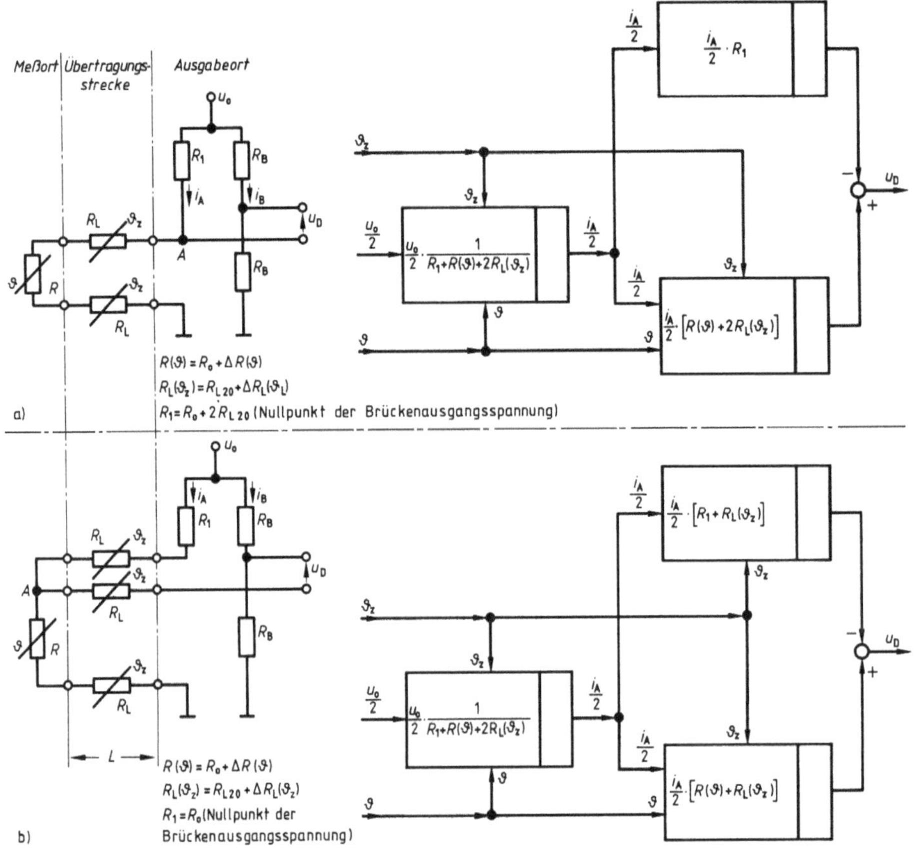

3.34 Schalt- und Signalflußplan einer Temperaturmeßeinrichtung mit Widerstandsthermometer
a) Zweileiterschaltung, b) Dreileiterschaltung

Meßspanne	$\vartheta = 0\,°C$ bis $150\,°C$
Temperaturaufnehmer	Widerstandsthermometer Pt 100 mit dem Widerstand $R_0 = 100\,\Omega$ bei $0\,°C$ und der Widerstandsänderung $\Delta R = 57{,}75\,\Omega$ bei der Temperaturänderung $\Delta\vartheta = 150\,K$
Länge der Übertragungsstrecke	$250\,m$
Verbindungsleitung	Kupfer, Drahtdurchmesser $0{,}8\,mm$, spez. Widerstand $\varrho_{Cu} = 0{,}0175\,\Omega\,mm^2/m$ bei $20\,°C$, Temperaturbeiwert $\alpha_{Cu} = 4\cdot10^{-3}/K$
Bereich des Temperatureinflusses auf die Verbindungsleitung	$\vartheta_z = -15\,°C$ bis $+55\,°C$

Der Leitungswiderstand beträgt demnach $R_{L20} = 8{,}70\,\Omega$ bei $\vartheta_{z0} = 20\,°C$. Seine temperaturabhängige Änderung überlagert sich zum einen additiv der meßgrößenabhängigen Änderung des Temperaturaufnehmers und ergibt einen superponierenden Meßfehler,

wirkt sich zum anderen aber auch in einem deformierenden Fehler aus. Wird die Meßbrücke in Bild 3.34a durch die Wahl $R_1 = R_0 + 2R_{L20}$ auf den Leitungswiderstand R_{L20}
abgeglichen, dann ergibt sich allein aufgrund des Temperatureinflusses auf die Verbin-
dungsleitungen z. B. bei $\vartheta_z = +55\,°C$ entsprechend $\Delta R_L = R_{L20}\alpha_{Cu}(\vartheta_z - \vartheta_{z0}) = 1,22\ \Omega$ die
Brückenausgangsspannung

$$u_{Dz}(\vartheta_z) = \frac{u_0}{2} \cdot \frac{\Delta R_L}{R_0 + 2R_{L20} + \Delta R_L} = 0,0103\ \frac{u_0}{2}.$$

Bezogen auf die Spannung $u_D(\vartheta_E)$ des Meßendwertes

$$u_D(\vartheta_E) = \frac{u_0}{2} \cdot \frac{\Delta R}{2R_0 + 4R_{L20} + \Delta R} = 0,197\ \frac{u_0}{2}$$

entspricht u_{Dz} dem superponierenden Fehler 5,2%. Er ist mit dem im folgenden beschriebenen Verfahren voll kompensierbar.

Der die Meßeinrichtung beschreibende Signalflußplan in Bild 3.34a zeigt die durch die
Brückenschaltung realisierte Parallelstruktur, die man sich aus einem einfach und einem
dreifach ausgesteuerten System zusammengesetzt denken kann, deren Ausgangssignale
sich als Produkte des halben Zweigstromes $i_A/2$ und des konstanten bzw. des von Meßsignal ϑ und Störsignal ϑ_z abhängigen Zweigwiderstandes ergeben. Trotz Differenzbildung der beiden Ausgangssignale wird der Störeinfluß ϑ_z nicht kompensiert, da dieser
nur auf eines der beiden parallelen Glieder wirkt. Der Parallelstruktur vorgeschaltet ist
ein Glied, in dem der Zweigstrom $i_A/2$ proportional zur Brückenspeisespannung $u_0/2$
und nichtlinear abhängig von ϑ und ϑ_z gebildet wird. Das Störsignal ϑ_z wirkt also auf
zweifache Weise auf das Ausgangssignal u_D ein, einmal über den Zweigstrom i_A – dieser
Effekt ist in der vorliegenden Anordnung nicht kompensierbar – und zum anderen über
die von dem Zweigstrom an den Zweigwiderständen erzeugten Spannungsabfälle. Der
letztgenannte Effekt würde kompensiert, wenn die vorliegende Parallelstruktur bezüglich der von ϑ_z abhängigen Zweigwiderstände R_L symmetrisch wäre.

In der **Dreileiterschaltung** nach Bild 3.34b wird diese Symmetrie durch Verlegung
des Diagonalpunktes A der Meßbrücke vom Ausgabe- zum Meßort erreicht. Der oberhalb des Punktes A liegende Zweig erhält hierdurch den gleichen und von der Störgröße
ϑ_z gleichartig abhängigen Zweigwiderstand $R_L(\vartheta_z)$ wie der unterhalb dieses Punktes liegende Zweig. Auf die Störgröße sind dann beide Zweige gleich empfindlich, so daß der
superponierende Einflußeffekt kompensiert wird. Da das Meßgrößensignal ϑ nur das
untere Teilsystem aussteuert, ist für die Meßgröße von den beiden parallelen Systemen
auch nur die Empfindlichkeit dieses Systems maßgebend.

Der Signalflußplan in Bild 3.34b zeigt, daß der von der Temperatur ϑ_z über den Zweigstrom i_A verursachte Fehler durch die Brückensymmetrierung nicht beseitigt wird. Da
am Meßanfang ($\vartheta = 0$) die Diagonalspannung u_D unabhängig von der Größe des Störsignals ϑ_z stets Null ist, wirkt der verbleibende Restfehler deformierend.

Parallelstrukturen, in denen in einem der beiden parallelen Zweige ausschließlich die Störgröße erfaßt wird, eignen sich auch zur Unterdrückung superponierender Störsignale, die dem Meßgrößensignal bereits bei seinem Eintritt in
die Meßeinrichtung überlagert sind. Voraussetzung ist allerdings, daß außer
der Summe aus Meß- und Störgröße auch die Störgröße für sich erfaßbar ist.
Durch Differenzbildung kann dann der Wert der Meßgröße dargestellt werden.

Ein Beispiel für diese Maßnahme ist die Übertemperaturmessung einer elektrischen Maschine mit Thermoelementen. Unter Übertemperatur (Erwärmung) versteht man den Unterschied zwischen der Temperatur des untersuchten Maschinenteils, z. B. der Ständerwicklung, und der Temperatur des Kühlmittels, z. B. der in die Maschine eintretenden Kühlluft. Sie ist explizit nicht meßbar, sondern stets nur implizit in der Summe aus Übertemperatur und Kühlmitteltemperatur, also in der Temperatur des betreffenden Maschinenteils. Setzt man das Thermoelement *1* einer Meßeinrichtung entsprechend Bild **3.**20 der Temperatur des Maschinenteils aus, dessen Übertemperatur bestimmt werden soll, das Thermoelement *2* – auch als Blindfühler bezeichnet – der Temperatur des Kühlmittels, dann entspricht die Anzeige der Differenz der beiden erfaßten Größen, die gleich der Meßgröße ist.

3.2.3.3 Fehlerkompensation in Kreisstrukturen. Die korrigierende Wirkung von Kreisstrukturen mit gegensinniger Rückführung des Ausgangssignals auf den Eingang (Gegenkopplung, Regelkreis) beruht darauf, daß über den Vorwärtszweig nicht das gesamte Eingangssignal u, sondern nur die Differenz $u_1 = u - y$ zwischen u und dem rückgeführten Ausgangssignal y übertragen wird (s. Bild **3.**35 a). Je empfindlicher die Meßglieder des Vorwärtszweiges sind, um so kleiner stellt sich diese Differenz ein, d. h., um so weniger kann sich die Ausgangsgröße von der Eingangsgröße unterscheiden; denn es gilt $y = E_1 u_1$ und damit $u - y = y/E_1$. Da unter der Voraussetzung einer positiven Empfindlichkeit $E_1 > 0$ die linke Seite dieser Gleichung stets ebenfalls positiv sein muß, kann y niemals größer als u werden, also strebt y/E_1 und damit auch das Differenz-Eingangssignal $u_1 = u - y$ mit wachsender Empfindlichkeit E_1 gegen Null. Im theoretischen Grenzfall $E_1 \to \infty$ würde das Meßglied des Vorwärtszweiges zu jedem endlichen Eingangssignal u ein verschwindendes Differenzeingangssignal $u_1 \to 0$ und damit die exakte Gleichheit $y = u$ von Ausgangs- und Eingangssignal der Kreisstruktur erzwingen.

Durch Betrachtung dieses theoretischen Grenzfalles, dem man bei elektrischen Meßeinrichtungen z. B. durch Einfügen eines elektronischen Verstärkers mit großem Verstärkungsfaktor $E_v = A$ in den Vorwärtszweig nahe kommen kann, werden Möglichkeiten und Grenzen der Fehlerkompensation in Kreisstrukturen besonders deutlich:

Alle in Bild **3.**35 b angedeuteten Fehlerquellen für den Vorwärtszweig, nämlich Nichtlinearitäten und deformierende Einflußgrößen vor oder nach dem Verstärker und superponierende Einflußgrößen nach dem Verstärker, werden unterdrückt, weil sie das Differenzeingangssignal $u_1 = u - y_2 = 0$ nicht verändern können. Unabhängig von ihrer Größe stellt sich stets $y_2 = u$ ein, bei linearer Rückführung mit $E_2 = 1$ damit auch $y = y_2 = u$. Hat das Rückführglied eine von 1 verschiedene, aber aussteuerungsunabhängige Empfindlichkeit E_2, so ändert sich lediglich die resultierende Empfindlichkeit

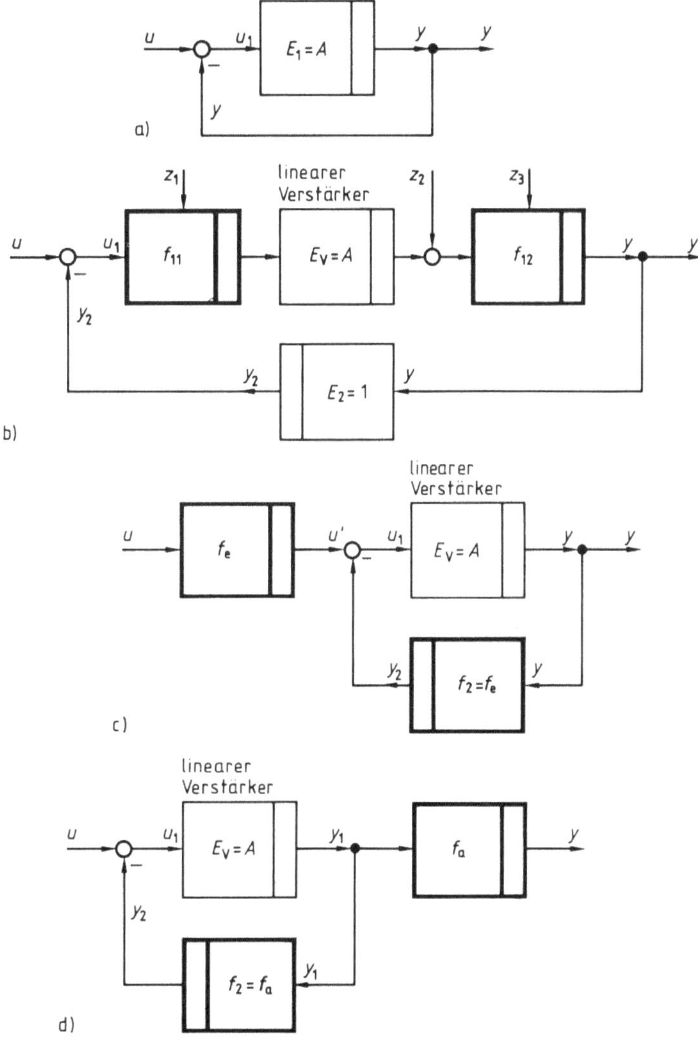

3.35 Möglichkeiten der Fehlerkompensation in Kreisstrukturen
   a) Grundstruktur
   b) kompensierbare Nichtlinearitäten und Einflußeffekte im Vorwärtszweig
   c) kompensierbare Nichtlinearität vor der Kreisstruktur
   d) kompensierbare Nichtlinearität hinter der Kreisstruktur

E der Kreisstruktur, da dann gilt

$$u_1 = 0 = u - E_2 y \quad \text{und} \quad E = y/u = 1/E_2,$$

vgl. Gl. (3.8) für $E_1 \to \infty$.

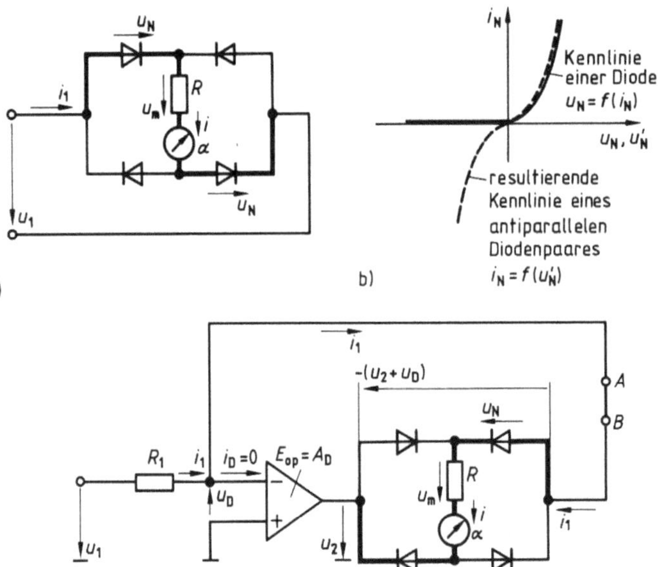

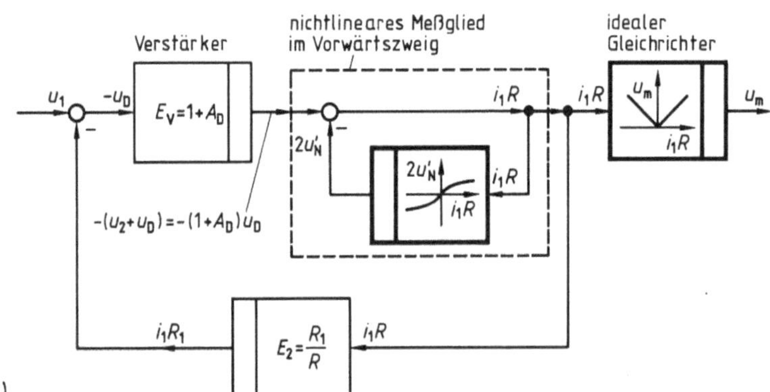

3.36 Verringerung des Linearitätsfehlers eines Meßgleichrichters durch Kreisstruktur mit Operationsverstärker im Vorwärtszweig
   a) normale Zweiweggleichrichterschaltung
   b) Diodenkennlinien
   c) Kreisstruktur mit Operationsverstärker
   d) Signalflußplan zu c)

Beispiel 3.12. Bei der Messung des Gleichrichtwertes

$$\overline{|u|} = \frac{1}{T} \int\limits_0^T |u(t)|\,\mathrm{d}t$$

einer Wechselspannung u mit der in Bild **3.36**a dargestellten Meßeinrichtung wird infolge der aussteuerungsabhängigen Durchlaßspannung u_N der Gleichrichterdioden vom Meßinstrument nicht die volle gleichgerichtete Eingangsspannung u_1, sondern die nach

Bild 3.36b um $2u'_N$ verminderte Spannung

$$u_m = |u_1 - 2u'_N|$$

erfaßt. Da u_N bzw. u'_N nichtlinear vom Strom i bzw. i_1 und damit von der Meßspannung u_1 abhängen, entsteht ein Linearitätsfehler, der mit einer Anordnung nach Bild 3.36c nahezu vollständig unterdrückt wird.

Die Wirkungsweise der Schaltung ist leicht zu verstehen, wenn man ideale Eigenschaften des Operationsverstärkers annimmt (vgl. Beispiel 3.1). Wegen $i_D = 0$ fließt der volle Eingangsstrom i_1 gleichgerichtet über das Meßgerät ($i = |i_1|$), wegen $A_D \to \infty$ (d. h. $u_D \to 0$) stellt sich dieser Strom $i_1 = u_1/R_1$ direkt proportional zur Eingangsspannung u_1 ein. Die am Meßgerät liegende Spannung

$$u_m = R\,i = R\left|\frac{u_1}{R_1}\right| = \frac{R}{R_1}\,|u_1|$$

ist deshalb unabhängig von der Durchlaßspannung der Dioden.

In Bild 3.36d ist der auch für endlich große Verstärkungen A_D gültige Signalflußplan der Meßeinrichtung dargestellt. Aus den Maschengleichungen

$$-u_D = u_1 - i_1 R_1 \quad \text{und} \quad -u_D = u_2 + i_1 R + 2u'_N$$

der Meßschaltung in Bild 3.36c und der Definition der Empfindlichkeit des als linear betrachteten Operationsverstärkers $E_{OP} = A_D = u_2/u_D$ folgt, daß im Signalflußplan dem Block Verstärker die Empfindlichkeit $E_V = 1 + A_D$ zuzuschreiben ist. Das nichtlineare Glied des Vorwärtszweiges der Kreisstruktur hat für sich betrachtet ebenfalls eine Kreisstruktur, wie man durch Vergleich mit Bild 3.36c erkennt. In der gewählten Darstellung sind die beiden Wirkungen des Brückengleichrichters (ideale Gleichrichtung und Verzerrung der Spannungskurvenform) getrennten Signalblöcken zugeordnet, wie es zwar nicht den gerätetechnischen, wohl aber den physikalischen Gegebenheiten entspricht.

Aus dem Signalflußplan ergibt sich $(1 + A_D)(u_1 - i_1 R_1) - 2u'_N = i_1 R$ und $u_m = |i_1 R|$, woraus sich die Meßspannung

$$u_m = \left|\frac{(1 + A_D)u_1 - 2u'_N}{1 + (1 + A_D)\dfrac{R_1}{R}}\right| \approx \left|u_1 - \frac{2u'_N}{A_D}\right| \tag{3.25}$$

errechnet, wenn man $R_1 = R$ setzt und $A_D \gg 1$ berücksichtigt. Der Einfluß der über i_1 nichtlinear von u_1 abhängigen Diodenspannung u'_N wird also durch den Verstärker im Vorwärtszweig der Kreisstruktur auf den $(1/A_D)$-ten Teil reduziert. Im theoretischen Grenzfall $A_D \to \infty$ würde dieser Einfluß vollständig aufgehoben.

Nach Bild 3.35b werden nicht nur Linearitätsabweichungen, sondern auch deformierende und superponierende Einflußeffekte vermindert. Ein **deformierender Einfluß** würde beispielsweise vorliegen, wenn der Verlauf der Diodenkennlinie temperaturabhängig verändert würde. Die Änderung von u'_N wird in dem gleichen Maß reduziert wie u'_N selbst. Als **superponierende Einflußgrößen** könnten bei hoher Empfindlichkeit der Meßeinrichtung Thermospannungen an Verbindungsstellen von Leitungen aus unterschiedlichen Leitermaterialien wirken. Auch sie werden reduziert, sofern sie im Vorwärtszweig der Kreisstruktur nach dem Verstärker auftreten. Eine beispielsweise zwischen die Punkte A und B der Schaltung in Bild 3.36c eingefügte Ersatz-Störspannung u_z würde elektrisch in Reihe mit der Diodenspannung $2u'_N$ liegen und wie diese nur mit dem $(1/A_D)$-ten Teil in die Ausgangsspannung u_m eingehen.

Das folgende Beispiel verdeutlicht, daß auch v o r dem Verstärker im Vorwärtszweig der Kreisstruktur wirkende deformierende Einflüsse und Linearitätsabweichungen reduziert werden, n i c h t aber superponierende Einflüsse und auch
nicht Fehlerquellen, gleich welcher Art, für den Rückführzweig.

Beispiel 3.13. Einfachstes Beispiel einer Kreisstruktur ist die Kompensationsmeßein-
richtung mit manuellem Abgleich in Bild 3.37a. Ein Ausschlag α des Differenzspan-
nungsmeßgerätes signalisiert eine zwischen Meßspannung u und Vergleichsspannung u_k
bestehende Abweichung Δu und veranlaßt den Benutzer, den Schleifer des Spannungsteilers in einer den Ausschlag vermindernden Richtung zu verstellen. Dieser Einstellvorgang endet mit dem Abgleich des Kompensators $\Delta u \sim \alpha = 0$. Die Kompensationsspannung u_k, die dann gleich der Meßspannung u ist, kann auf der in der Einheit Volt kalibrierten Skala des Spannungsteilers abgelesen werden.

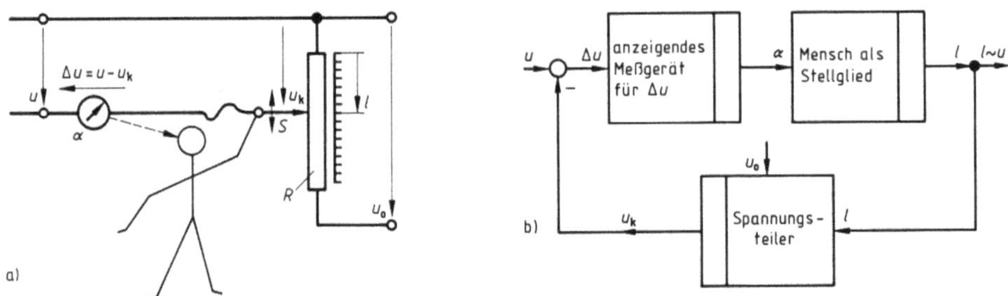

3.37 Kreisstruktur des Kompensationsmeßverfahrens
   a) Geräteplan
      S Potentiometerabgriff (Schleifer)
   b) Signalflußplan

Über den Benutzer wird ein geschlossener Wirkungskreis hergestellt, der sich im Signalflußplan in Bild 3.37b als Kreisstruktur darstellt. Unter der Voraussetzung, daß der als
Stellglied wirkende Mensch sehr sorgfältig arbeitet und auch den kleinsten erkennbaren
Ausschlag des Differenzspannungsmessers ausgleicht, ist bei abgeglichenem Kompensator die Eingangsgröße α des Stellgliedes Null, die Ausgangsgröße Schleiferweg l dagegen i. allg. von Null verschieden, d.h., der Mensch als Stellglied hat die Eigenschaft eines Verstärkers mit unendlich großer statischer Empfindlichkeit. Linearitäts- und deformierende Fehler des im Vorwärtszweig der Kreisstruktur liegenden Differenzspannungs-
meßgerätes üben keinen Einfluß auf das Ergebnis des Meßvorganges aus, da die Ablesung des Meßwertes ja immer erst dann erfolgt, wenn der Zeiger des Differenzspan-
nungsmeßgerätes exakt auf Null zeigt. Vor dem Stellglied auftretende superponierende
Einflußeffekte, z.B. Nullpunktsfehler des Differenzspannungsmessers oder fehlerhafte
Ablesungen durch den Menschen, gehen dagegen voll als Fehler in den Meßwert ein.
Ebenso wirken sich Einflüsse auf den Rückführzweig voll in einem Fehler aus, z. B. eine
nichtlineare Steigung des Spannungsteilers (Linearitätsfehler), Veränderungen der Refe-
renzspannung u_0 (deformierender Einfluß), Thermospannungen (superponierender Einfluß).

Kreisstrukturen können auch dazu dienen, Linearitätsfehler eines in Signalflußrichtung vor oder hinter der Kreisstruktur liegenden Meßgliedes zu kom-
pensieren (s. Bild **3.35**c und d). Anschaulich ist die Wirkungsweise wiederum
leicht erklärbar, wenn man – z. B. in Bild **3.35**c – vom theoretischen Grenzfall

einer unendlich großen Empfindlichkeit $E_v = A \to \infty$ des Verstärkers im Vorwärtszweig ausgeht. Der Verstärker erzwingt ein verschwindendes Differenz-Eingangssignal $u_1 = 0$ und damit die Gleichheit der dem Summenpunkt zufließenden Signale u' und y_2. Haben der vor der Kreisstruktur liegende Signalblock und der Rückführblock der Kreisstruktur beliebig nichtlineare, aber gleiche und eindeutige Übertragungskennlinien $f_e = f_2$, dann wird über die Gleichheit der Ausgangssignale u' und y_2 dieser Signalblöcke auch die Gleichheit ihrer Eingangssignale u und y erzwungen. Die Nichtlinearität des Blockes f_e wird durch eine identische Nichtlinearität im Gegenkopplungszweig der Kreisstruktur kompensiert, und zwar um so besser, je größer die Empfindlichkeit des Verstärkers im Vorwärtszweig der Kreisstruktur ist. Bei diesem Prinzip wird also die nichtlineare Kennlinie des Signalblockes f_e durch die zu f_e inverse resultierende Kennlinie $g_2 = f_2^{-1} = f_e^{-1}$ der in Reihe geschalteten Kreisstruktur kompensiert, wie dies in Abschn. 3.2.3.1 als eine Korrekturmöglichkeit der Kettenstruktur erläutert ist. Die Eigenschaften der Kreisstruktur werden in diesem Fall also dazu genutzt, die Korrekturkennlinie indirekt durch Inversion der zu korrigierenden Kennlinie zu gewinnen (vgl. Beispiel 3.1). Von dieser Möglichkeit macht man z. B. Gebrauch, wenn die Korrekturkennlinie direkt nur mit großem Aufwand erzeugt werden kann, oder wenn aus physikalischen oder technischen Gründen das Korrekturglied nicht mit der erforderlichen Wirkungsrichtung realisierbar ist. Beispielsweise kann man mit einem elektrodynamischen Tauchspulensystem die Umwandlung Strom in Kraft, nicht aber umgekehrt die Umwandlung Kraft in Strom verwirklichen.

Beispiel 3.14. Die zu messende Strömung einer Flüssigkeit oder eines Gases wird durch eine Blende, eine Düse oder das Venturirohr in Bild 3.38 eingeschnürt. Die Differenz Δp_d der dabei vor und hinter der Drosselstelle auftretenden Drücke ist proportional dem Quadrat der zu bestimmenden Strömungsgeschwindigkeit v. Über eine Membran wird der Differenzdruck Δp_d in eine dazu proportionale Kraft f_1 umgewandelt, die nach dem Kompensationsprinzip gemessen wird. Die Gegenkraft f_2 wird in einem elektrodynamischen Tauchspulensystem proportional dem Quadrat des Erregerstromes i erzeugt. Der Verstärker wird, z. B. über ein Hebelsystem und eine Brückenschaltung, so gesteuert, daß die Kräfte f_1 und f_2 im Gleichgewicht sind. Da nun beide Kräfte quadratisch von den sie verursachenden Größen Strömungsgeschwindigkeit v bzw. Erregerstrom i abhängen, also $v^2 \sim f_1 = f_2 \sim i^2$, ist der Strom i ein lineares Maß für die Strömungsgeschwindigkeit v.

Der Signalflußplan Bild 3.38 b verdeutlicht die Wirkungsweise der Anordnung. Die Nichtlinearität des Meßaufnehmers Venturirohr wird durch die gleichartige Nichtlinearität des Tauchspulensystems im Rückführzweig der Kreisstruktur kompensiert. Das Hebelsystem ist als ein Übertragungssystem mit unendlich großer statischer Verstärkung aufzufassen. Bei Gleichheit der Kräfte f_1 und f_2 verharrt es in der gerade erreichten Stellung, in der die Eingangsgröße $\Delta f = f_1 - f_2$ Null, aber die Ausgangsgröße Δl i. allg. ungleich Null ist.

Kreisstrukturen erweisen sich als ebenfalls sehr wirksames Mittel, Kennlinien zu linearisieren und Einflußeffekte zu vermindern. Voraussetzung für ihre Anwendung ist die Verfügbarkeit von Größen gleicher physikalischer Größenart an der Summierstelle. Nur dann ist die Differenzbildung physikalisch möglich

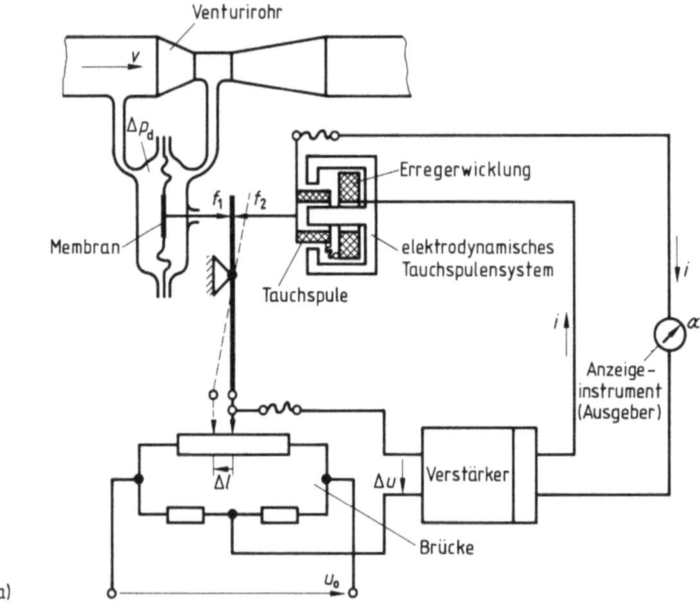

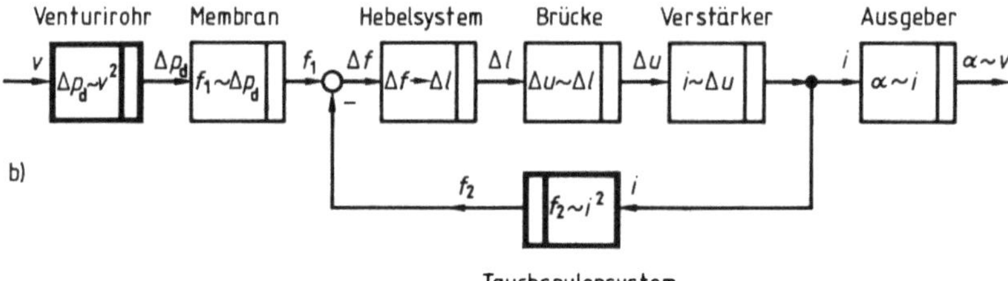

3.38 Prinzip der Durchflußmessung nach dem Differenzdruckverfahren
a) Geräteplan
b) Signalflußplan

(vgl. Beispiel 3.14). Grenzen für die Wirksamkeit von Kreisstrukturen ergeben sich aus ihrer Neigung, bei zu großen resultierenden Verstärkungen der geschlossenen Schleife instabil zu werden. Auf diese dynamische Eigenschaft wird in Abschn. 3.3.3 eingegangen.

3.2.3.4 Korrekturrechnung. Die bisher behandelten Maßnahmen zur Verminderung statischer Meßfehler zielten darauf ab, die Fehlerursachen zu unterdrücken, Fehler also möglichst gar nicht erst entstehen zu lassen.

Bei der Korrekturrechnung läßt man die Fehlerursachen zwar bestehen, erfaßt sie aber und schaltet die von ihnen verursachten Meßfehler durch rechnerische Korrektur aus. Die Korrektur kann in einem getrennten, z. B. manuellen Rechnungsgang im Anschluß an die eigentliche Messung erfolgen oder parallel zum Meßvorgang durch unmittelbare Weiterverarbeitung der aufgenommenen

Meß- und Störsignale in
einem mit der Meßein-
richtung   verbundenen
Analog- oder Digital-
rechner (s. Bild **3.**39).

Die Anwendung der
Korrekturrechnung setzt
voraus, daß die Übertra-
gungseigenschaften der
Meßeinrichtung   für
Meß- und Störsignale
und die Abhängigkeit
dieser   Eigenschaften
von Einflußgrößen hin-
reichend genau bekannt
sind und daß die Ein-
flußgrößen für sich mit
geeigneten Aufnehmern
erfaßt und dem Rechner
in einer für ihn verständlichen Form mitgeteilt werden können.

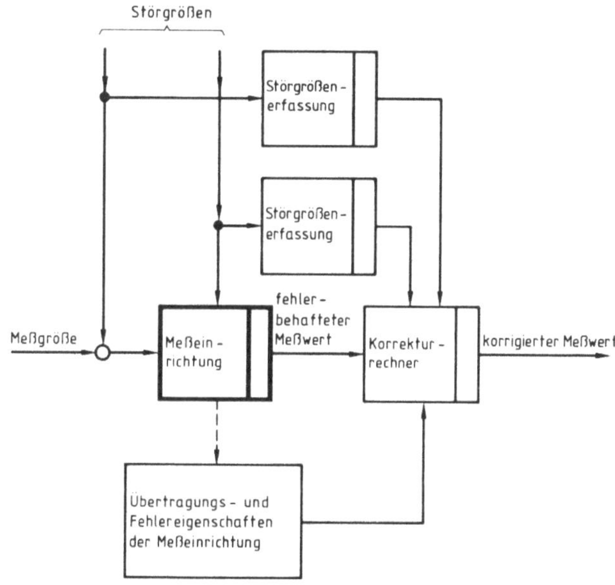

3.39 Prinzip der Fehlerkorrektur durch Korrekturrechner

Ohne auf diese Technik näher eingehen zu können, sei erwähnt, daß immer
häufiger dem Problem angepaßte Spezialrechner für Auswert- und Korrekturrechnungen in die Meßeinrichtung integriert werden. Die schnelle Entwicklung
insbesondere der digitalen Mikrorechner ermöglicht deren Verwendung auch
in einfacheren, preiswerten Meßeinrichtungen.

3.3 Meßeigenschaften linearer dynamischer Systeme

Der Zustand speicherfähiger Systeme kann sich nicht sprunghaft ändern,
sondern nur stetig in Form eines Überganges endlicher Dauer. Daher hängt
das Ausgangssignal solcher Systeme nicht nur von den momentanen Werten
des Eingangssignals, sondern auch von dessen zeitlich zurückliegendem Verlauf ab (s. Bild **3.**40). Man spricht deshalb von dynamischen Systemen
oder auch von Systemen mit Gedächtnis.

Dynamische Systeme können den in Abschn. 3.2 betrachteten Beharrungszustand nur annehmen, wenn die Meßgröße und alle Einflußgrößen solange
zeitkonstant sind, daß die – z. B. durch das Anlegen der Meßgröße angeregten
– Ausgleichsvorgänge des Systems abgeklungen sind. Obgleich sich nahezu alle
Meß- und Einflußgrößen mit der Zeit ändern, sind diese Voraussetzungen bei

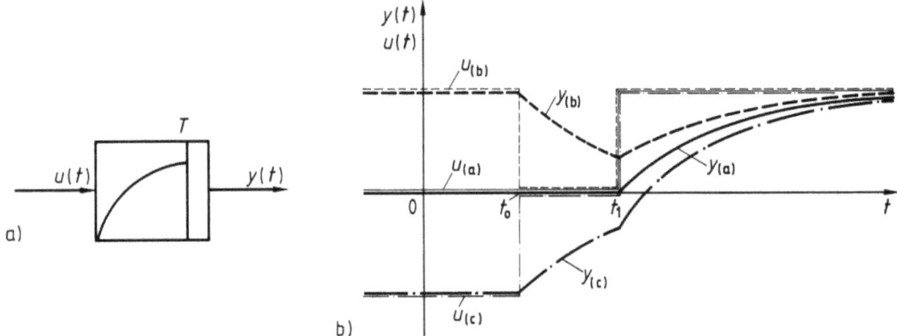

3.40 Ausgangssignal $y(t)$ eines zur Zeit t_1 sprunghaft erregten P-T_1-Gliedes (a) der Empfindlichkeit $E = 1$ bei unterschiedlicher Vorgeschichte des Eingangssignals $u(t)$

vielen praktischen Meßvorgängen annähernd erfüllt. Beispielsweise verlaufen die Änderungen der in einem Kraftwerk kontinuierlich gemessenen Wicklungs- und Lagertemperaturen der Generatoren, der Frequenz der erzeugten Wechselspannung oder der Spannung der Notstrombatterie meist so langsam, daß ihnen die Ausschläge selbst relativ träger elektromechanischer Meßgeräte mit Skalenanzeige praktisch unverzögert folgen. Ebenso können mit Netzfrequenz ablaufende Vorgänge von Flüssigkeitsstrahl- oder mittelfrequente Schwingungsvorgänge bis zu einigen kHz von Lichtstrahloszilloskopen ohne erkennbare Verzögerung wiedergegeben werden. Gemessen an den Speichereigenschaften (Trägheiten) der genannten Meßsysteme ändern sich die Signale in diesen Fällen so langsam, daß die Ausgangssignale zu jedem Zeitpunkt praktisch nur von den momentanen Werten der Eingangssignale abhängen, d. h., die Systeme befinden sich in einem dem Beharrungszustand vergleichbaren Betriebszustand, in dem das Systemverhalten durch die in Abschn. 3.2 betrachteten statischen Meßeigenschaften vollständig und eindeutig beschrieben wird.

Systeme, die auch bei beliebig schnellen zeitlichen Änderungen der Eingangssignale keine Abweichungen von ihren statischen Betriebseigenschaften erkennen lassen, nennt man statische, nicht speicherfähige oder auch gedächtnislose Systeme.

Reale Systeme sind streng genommen immer dynamische Systeme. Wie die im vorletzten Absatz erwähnten Beispiele zeigen, verhalten sich reale Meßglieder unter praktischen Meßbedingungen jedoch häufig wie statische Systeme. Im Rahmen einer bestimmten Meßaufgabe, d. h. unter genau festgelegten Randbedingungen bezüglich der Zeit- bzw. Frequenzeigenschaften der Meß- und Störsignale, können sie dann auch wie statische Systeme behandelt werden. Bis zu welcher Grenze dies im Einzelfall zulässig ist, hängt von den Speichereigenschaften des Meßgliedes und den geforderten Abbildungseigenschaften (s. Abschn. 3.3.1) ab.

Ändern sich die Signale so schnell, daß aufgrund der Speichereigenschaften die Ausgangssignale den Eingangssignaländerungen nicht mehr unverzögert folgen können, weichen die zeitlichen Verläufe der Ausgangssignale mehr oder weniger stark von denjenigen Verläufen ab, die nach den statischen Meßeigenschaften der Meßglieder zu erwarten wären. Das Verhalten der Meßglieder in derartigen Betriebszuständen wird durch die **dynamischen Meßeigenschaften** beschrieben. Ihnen entsprechen bestimmte charakteristische Erscheinungen, die häufig durch folgende Merkmale gekennzeichnet sind:

a) Das Ausgangssignal des Meßgliedes folgt dem Eingangssignal nur mit einer **zeitlichen Verzögerung**. Nach dem Anlegen eines **zeitkonstanten** Eingangssignals stellt sich eine dynamische Abweichung zwischen dem Ausgangssignal und dem zugehörigen Nennausgangssignal (s. Abschn. 3.1.1.3) ein, die erst nach einer gewissen Übergangszeit praktisch auf Null abklingt (Bild **3.41**a). Bei kontinuierlicher Messung **zeitvariabler** Signale besteht im Prinzip ständig eine solche dynamische Abweichung (Bild **3.41**b, c und e), wobei sich allerdings die Reaktionen des Systems auf unterschiedlich weit zurücklie-

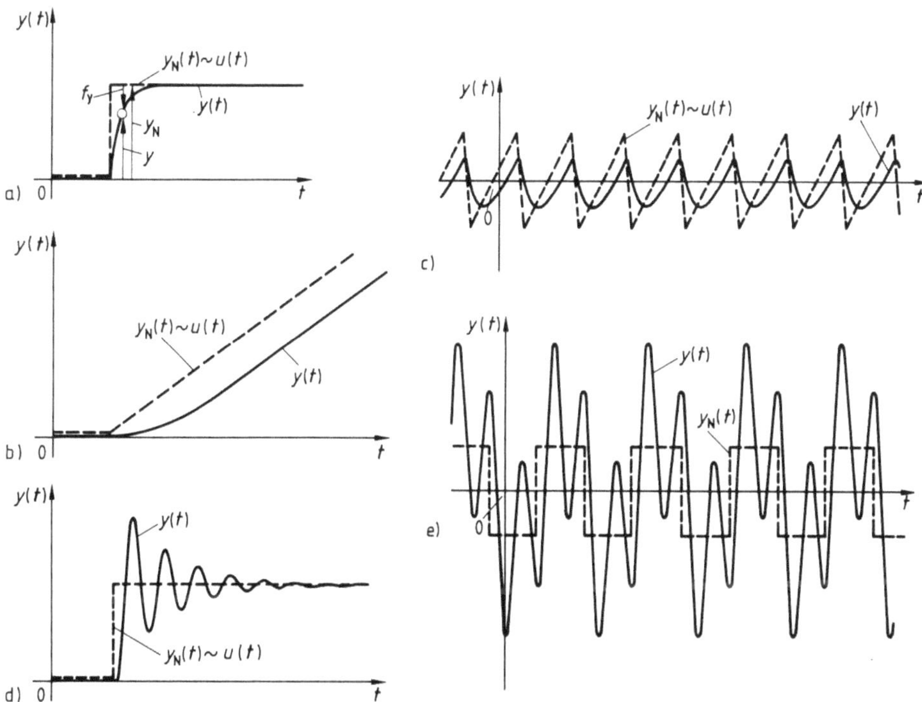

3.41 Auswirkungen der Speichereigenschaften von Meßeinrichtungen
    a), b), c) nicht schwingungsfähiges System
    d), e)   schwach gedämpftes schwingungsfähiges System
    $u(t)$ Eingangssignal, $y(t)$ Ausgangssignal, $y_N(t)$ Nenn-Ausgangssignal,
$f_y(t) = y(t) - y_N(t)$ Fehler des Ausgangssignals

gende und mit unterschiedlichen Vorzeichen aufgetretene Werte des Eingangssignals so überlagern können, daß die resultierende dynamische Abweichung zwischen Ausgangs- und Nennausgangssignal zu diskreten Zeitpunkten Null wird (Bild **3.41**c).

b) Enthält das Meßglied mindestens zwei Energiespeicher unterschiedlicher Energieform, z.B. Masse und Feder, zwischen denen die dem Meßglied mit dem Eingangssignal zugeführte Energie pendeln kann, so können sich dem Ausgangssignal Schwingungen überlagern (Bild **3.41**d), durch die es in ungünstigen Fällen bis zur Unkenntlichkeit verzerrt werden kann. Ein Beispiel hierfür bietet das in Bild **3.41**e dargestellte Ausgangssignal eines schwach gedämpften schwingungsfähigen Meßgliedes, dessen Eigenfrequenz in der Nähe einer Harmonischen des periodischen, rechteckförmigen Eingangssignals liegt.

c) Infolge der durch Energiespeicher verursachten Signalverzögerungen kann es in gegengekoppelten Kreisstrukturen zu selbsterregten Schwingungen kommen, wodurch der Kreis instabil wird (s. Abschn. 3.3.3).

d) Zwischen Energiespeichern des Meßobjektes und der Meßeinrichtung können Energiependelungen auftreten, die zu dynamischen Rückwirkungen auf die Meßgröße führen (s. Beispiel 3.15).

Beispiel 3.15. Zur Messung der Drehmoment-Drehzahl-Charakteristik eines Ventilators wird in den Wellenstrang zwischen Ventilator und drehzahlsteuerbarem Antriebsmotor eine Drehmoment-Meßwelle eingefügt (Bild **3.42**). Sie besteht aus einem kurzen, drehelastischen Wellenstück (Drehfeder) mit der Drehfedersteife c_d, dessen drehmomentproportionaler Verdrehungswinkel durch diagonal aufgeklebte Dehnungsmeßstreifen (DMS) erfaßt und über eine (nicht dargestellte) Schleifringanordnung abgenommen wird.

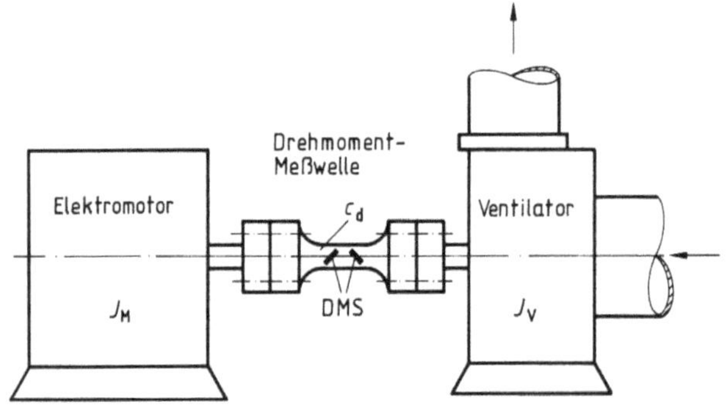

3.42
Anordnung zur Messung des Drehmomentes eines Ventilatorantriebs
J_M, J_V Massenträgheitsmomente von Motor und Ventilator, c_d Drehfedersteife der Meßwelle

Die rotierenden Teile des Motors und des Ventilators sind näherungsweise als starre Drehmassen mit den Massenträgheitsmomenten J_M und J_V aufzufassen, die als dynamische Energiespeicher wirken. Durch das Einfügen der Meßwelle, welche die Eigenschaften eines statischen Energiespeichers aufweist, entsteht ein schwingungsfähiges Zweimassensystem mit der Kennkreisfrequenz [6]

$$\omega_0 = \sqrt{c_d \frac{J_1 + J_2}{J_1 J_2}}.$$

Kleine periodische Schwankungen des Antriebs- oder des Lastdrehmomentes können nun bei bestimmten Antriebsdrehzahlen auch in der Nähe der Systemeigenfrequenz auftreten und resonanzartig überhöht werden. Abgesehen von der Gefahr einer mechanischen Beschädigung der Meßwelle oder der untersuchten Maschinen kann dadurch die Erfassung der gewünschten Meßinformation erschwert oder sogar völlig unmöglich gemacht werden.

Bild **3.**41 verdeutlicht, daß dynamische Abweichungen zwischen Meßgröße und Meßwert, also d y n a m i s c h e M e ß f e h l e r, beträchtlich werden können. Während die in Abschn. 3.2.2 betrachteten statischen Meßfehler sich meist nur in der Größenordnung Promille bis höchstens wenige Prozent bewegen, können dynamische Fehler leicht in die Größe von 10% oder gar 100% und mehr kommen. Den dynamischen Meßeigenschaften kommt daher eine große praktische Bedeutung zu. Da dynamische Meßfehler aber im Gegensatz zu den statischen immer außer von den dynamischen Übertragungseigenschaften einer gegebenen Meßeinrichtung auch von den Z e i t e i g e n s c h a f t e n d e r M e ß g r ö ß e abhängen, sind sie viel schwerer zu erkennen und im voraus abzuschätzen als die statischen. Denn wie für statische Messungen gilt ganz besonders für dynamische, daß die Meßgröße vor der Messung nicht und auch nach der Messung nur über ihre fehlerbehafteten Meßwerte bekannt ist. Eine zweckmäßige Auswahl der Meßeinrichtung hinsichtlich ihrer dynamischen Eignung für eine konkrete Meßaufgabe ist daher ohne eine gewisse Kenntnis vom Zeitverhalten der Meßgröße, z. B. von ihrer größten Änderungsgeschwindigkeit oder ihrer oberen Grenzfrequenz, kaum möglich.

Energiespeicher in Meßeinrichtungen verursachen aber nicht nur dynamische Meßfehler, sondern sie werden auch in vielfältiger Weise zur Realisierung bestimmter e r w ü n s c h t e r d y n a m i s c h e r M e ß e i g e n s c h a f t e n genutzt, z. B. zur Bildung des Zeitintegrals oder der zeitlichen Ableitung eines Meßsignals (s. Beispiel 3.16) oder zur Unterdrückung oder Heraushebung bestimmter harmonischer Komponenten eines periodischen Signals, also z. B. in Filterschaltungen (s. Beispiel 3.17).

Beispiel 3.16. Der magnetische Fluß φ in einer Anordnung nach Bild **3.**43 a soll durch induktive Erfassung der beim Einschalten des Erregerstromes $i_E(t)$ auftretenden Flußänderung $d\varphi/dt$ gemessen werden.

Dazu wird auf den Eisenkern eine Meßwicklung (Meßfühler) mit der Windungszahl w aufgebracht. Die Änderung des magnetischen Flusses vom Anfangswert $\varphi_0 = 0$ auf den Endwert φ_∞ bewirkt in der Meßwicklung eine Spannung $u(t) = w\,d\varphi/dt = d\psi/dt$, die als Meßgrößensignal dem folgenden Meßglied zugeführt wird, in dem durch Integration über die Zeit t das Meßwertsignal als Spannung-Zeit-Fläche

$$\psi_\infty = \int_{t_0}^{\infty} u(t)\,dt$$

gebildet wird. Da der magnetische Fluß exponentiell gegen seinen Endwert strebt, ist die Integration theoretisch über ein unendlich langes Zeitintervall zu erstrecken. Praktisch kann das Meßwertsignal aber bereits nach endlich langer Zeit mit vernachlässigbarem Fehler abgenommen werden (s. Bild **3.**43 b).

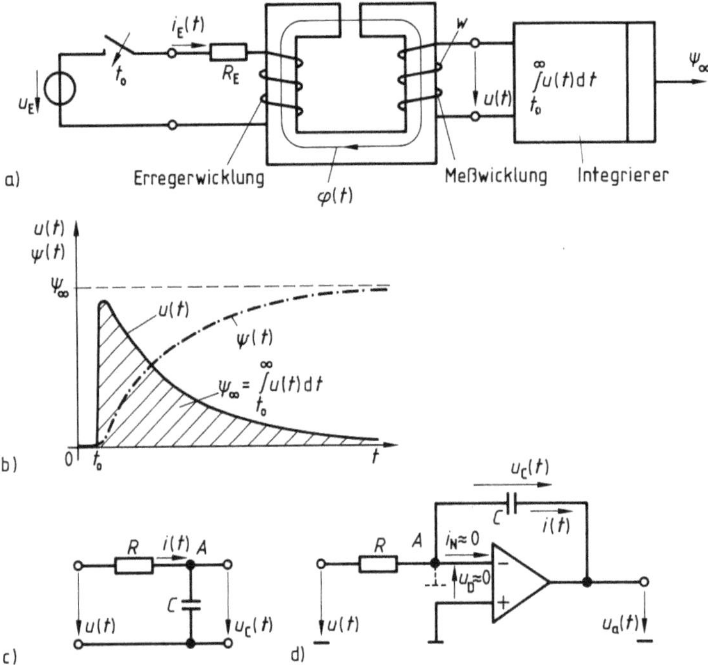

3.43 Prinzip der Messung einer magnetischen Flußänderung über den induzierten Spannungspuls
  a) Meßanordnung
  b) zeitlicher Verlauf des magnetischen Flusses $\varphi(t)$ und der induzierten Spannung $u(t)$
  c) Meßprinzip des Integrierers
  d) Grundschaltung eines rückwirkungsfreien Integrierers

Zur Bildung des Zeitintegrals der pulsartig verlaufenden elektrischen Spannung $u(t)$ kann der zwischen Strom $i(t)$ und Spannung $u_C(t)$ bestehende Zusammenhang

$$u_C(t) = \frac{1}{C} \int i(t)\,dt$$

eines verlustfreien, im Anfangszustand energielosen Kondensators der Kapazität C genutzt werden. Nach Bild **3.43**c wird die zu integrierende Spannung über einen ohmschen Widerstand R in den Strom $i(t)=[u(t)-u_C(t)]/R \approx u(t)/R$ umgeformt, der als Ladestrom dem Integrationskondensator zufließt und an diesem die Spannung

$$u_C(t) = \frac{1}{C} \int \frac{u(t)}{R}\,dt \sim \int u(t)\,dt$$

hervorruft, wenn $u_C(t)$ entsprechend klein gegenüber $u(t)$ bleibt.
Die nachteiligen Eigenschaften der Anordnung nach Bild **3.43**c
a) Rückwirkung der Ausgangsspannung $u_C(t)$ auf den Strom $i(t)=[u(t)/R]-u_C(t)/R$ und

b) Entladung des Kondensators über die Meßwicklung nach Absinken der Eingangsspannung $u(t)$ unter die Ausgangsspannung $u_C(t)$, die zu systematischen Fehlern führen, werden durch Einfügen eines Operationsverstärkers entsprechend Bild 3.43d beseitigt, welcher den Punkt A der Schaltung praktisch auf Bezugspotential hält (s. Beispiel 3.1). Als Meßwertsignal wird dann zweckmäßig die Ausgangsspannung

$$u_{\mathrm{a}}(t) = -u_{\mathrm{C}}(t) = -\frac{1}{RC} \int_{t_0}^{t} u(\tau)\,\mathrm{d}\tau = -\frac{1}{RC}\,\psi(t)$$

des Operationsverstärkers ausgewertet, die nach dem Maschensatz gleich der negativen Kondensatorspannung u_{C} ist. Bild 3.43d enthält die Grundschaltung des Operationsverstärkers als invertierender Integrierer. Seine Funktion beruht auf den Zeiteigenschaften des Energiespeichers Kondensator im Gegenkopplungszweig des Operationsverstärkers.

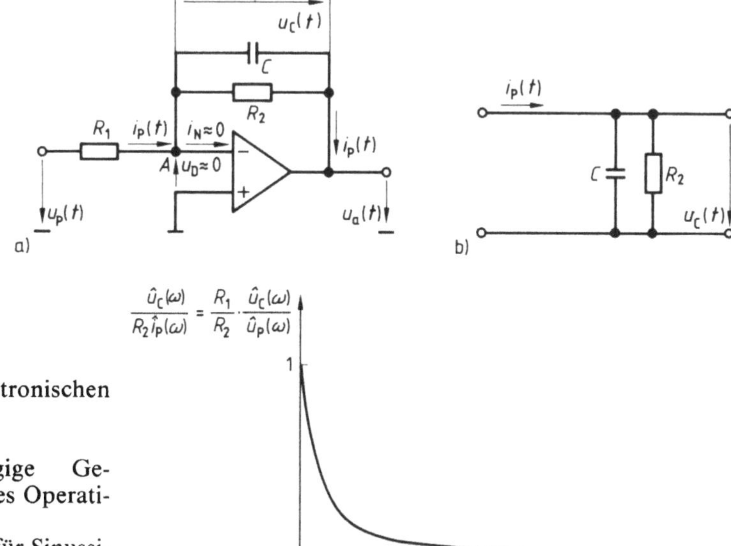

3.44
Prinzip eines elektronischen Mittelwertbildners
a) Schaltplan
b) frequenzabhängige Gegenkopplung des Operationsverstärkers
c) Filterkennlinie für Sinussignale der Kreisfrequenz ω

Beispiel 3.17. Schaltet man dem Kondensator im Gegenkopplungszweig des Operationsverstärkers in Bild 3.43d einen ohmschen Widerstand parallel, so erhält man ein einfaches Tiefpaßfilter, das als Mittelwertbildner für periodische Signale dienen kann. Die in Bild 3.44a dargestellte Schaltung könnte beispielsweise die Funktionen des Tiefpaßfilters und des nachgeschalteten Spannungsverstärkers in der Leistungsmeßeinrichtung nach Bild 3.7 erfüllen. Ist die Spannung $u_{\mathrm{p}}(t)$ das der Leistung $p(t)$ proportionale Abbildungssignal, das unter der Annahme sinusförmiger Strom- und Spannungsverläufe der Zeitfunktion $u_{\mathrm{p}}(t) = k\,p(t)$ mit der Konstanten k und der Leistung

$$p(t) = \frac{\hat{u}\hat{\imath}}{2}\left[\cos\varphi + \cos(2\omega_1 t + \varphi_{\mathrm{u}} + \varphi_{\mathrm{i}})\right], \qquad \varphi = \varphi_{\mathrm{u}} - \varphi_{\mathrm{i}} \tag{3.26}$$

folgt, so entspricht die Wirkleistung dem zeitlichen Mittelwert

$$\overline{u_{\mathrm{p}}(t)} = k\,\frac{\hat{u}\hat{\imath}}{2}\cos\varphi \tag{3.27}$$

dieses Signals. Um ein dieser Wirkleistung entsprechendes Abbildungssignal zu erhalten, muß demnach von dem Signal $u_p(t)$ der lineare Mittelwert gebildet werden. Da er nach Gl. (3.26) und Gl. (3.27) als Gleichkomponente u_{p0} des Signals $u_p(t) = u_{p0} + u_{p2}(t)$ gedeutet werden kann, der noch eine Sinuskomponente $u_{p2}(t)$ zweifacher Netzfrequenz überlagert ist, kann man den Mittelwert $\overline{u_p(t)} = u_{p0}$ auch durch Trennung der Gleich- von der Sinuskomponente des Signals $u_p(t)$ mit Hilfe eines Tiefpaßfilters erhalten (s. Abschn. 4.1.1.4).

Hier wird die gewünschte Filterwirkung über die Frequenzabhängigkeit des Wechselstromwiderstandes des Energiespeichers Kondensator in einer RC-Parallelschaltung nach Bild 3.44b erreicht, die als frequenzabhängiger Strom-Spannung-Umformer wirkt. Ihr wird als Eingangsgröße der Strom $i_p(t) = u_p(t)/R_1$ zugeführt (Bild 3.44a), der wie die Spannung $u_p(t)$ aus einer Gleichkomponente und einer Wechselkomponente besteht. Während die Gleichkomponente i_{p0} stationär über den Widerstand R_2 fließt und an ihm den Spannungsabfall $u_{C0} = i_{p0}R_2$ hervorruft, stellt eine hinreichend groß bemessene Kapazität $C \gg 1/(\omega_2 R_2)$ für die mit der Kreisfrequenz $\omega_2 = 2\omega_1$ pulsierende Sinuskomponente $i_{p2}(t)$ annähernd einen Kurzschluß dar, über dem nur eine vernachlässigbare kleine Wechselspannung abfällt (Bild 3.44c). Praktisch ist die Ausgangsspannung $u_C(t)$ der RC-Parallelschaltung deshalb eine der Gleichkomponente des Eingangsstromes proportionale Gleichspannung.

Verwendet man das RC-Glied als Gegenkopplungsnetzwerk eines Operationsverstärkers in der Schaltung nach Bild 3.44a, so gilt $u_a(t) = -u_C(t)$, d. h., wegen $i_p(t) = u_p(t)/R_1$ erreicht man für die Übertragung der Eingangsspannung $u_p(t)$ auf den Ausgang des beschalteten Operationsverstärkers die gleiche Filtercharakteristik wie für die Strom-Spannung-Umformung durch das RC-Glied. Für die Gleichkomponente der Eingangsspannung zeigt die Anordnung zugleich die Eigenschaft eines Verstärkers mit dem Verstärkungsfaktor $u_{a0}/u_{p0} = R_2/R_1$ (s. Bild 3.44c).

Mit Schaltungen, die mehrere Energiespeicher enthalten, können unterschiedlichste Filterkennlinien mit nahezu jeder gewünschten Frequenzcharakteristik realisiert werden.

3.3.1 Übertragungsverhalten für zeitveränderliche Eingangssignale

Im folgenden werden die Abbildungseigenschaften linearer zeitinvarianter dynamischer Systeme mit konzentrierten Parametern für zeitveränderliche Eingangssignale untersucht. Die Betrachtungen beschränken sich zunächst auf Systeme mit Ausgleich, d. h. auf Systeme, bei denen zwischen den Beharrungswerten des Eingangs- und des Ausgangssignals eine eindeutige, durch eine lineare Kennlinie beschriebene Zuordnung besteht. Sie werden in Abschn. 3.3.1.5 auf Systeme ohne Ausgleich ausgedehnt.

3.3.1.1 Aufgabenstellung und Anforderungen. Die Lösung von Meßproblemen zeitveränderlicher Größen läßt sich grundsätzlich auf die zeit- und wertkontinuierliche Abbildung der Zeitfunktion eines Signals in die eines anderen Signals mit einem geeigneten Meßglied zurückführen. Die durch lineare Meßglieder – nur solche werden hier betrachtet – vermittelte Signalabbildung[1]) wird im Zeitbereich beschrieben [30], [48] durch die Faltung des Eingangssignals $u(t)$ mit der Gewichtsfunktion $g(t)$ des Meßgliedes

$$y(t) = \int\limits_{-\infty}^{+\infty} u(\tau)g(t-\tau)\,d\tau = \int\limits_{-\infty}^{+\infty} u(t-\tau)g(\tau)\,d\tau \qquad (3.28)$$

bzw. der Ableitung $\dot{u}(t)$ des Eingangssignals $u(t)$ mit der Übergangsfunktion $h(t)$ des Meßgliedes

$$y(t) = \int\limits_{-\infty}^{+\infty} \dot{u}(\tau)h(t-\tau)\,d\tau = \int\limits_{-\infty}^{+\infty} \dot{u}(t-\tau)h(\tau)\,d\tau. \qquad (3.29)$$

Bei kausalen Systemen, deren Eingangssignal $u(t)$ für die Zeit $t<0$ verschwindet, kann man die untere Grenze $-\infty$ der Faltungsintegrale durch -0 und die obere Grenze $+\infty$ durch t ersetzen.

Die Signalabbildung wird im Frequenzbereich beschrieben [30], [48] durch die Laplace-Transformierte der Faltungsintegrale in Gl. (3.28) und (3.29)

$$Y(p) = U(p)\,G(p). \qquad (3.30)$$

Es bedeuten mit der Zeit t und der Bildvariablen $p = \sigma + j\omega$ (s. 1. und 2. Unterabschnitt im Anhang Abschn. 4)

$u(t) \circ\!\!-\!\!-\!\!\bullet\, U(p)$	Zeitfunktion bzw. Laplace-Transformierte des Eingangssignals,
$y(t) \circ\!\!-\!\!-\!\!\bullet\, Y(p)$	Zeitfunktion bzw. Laplace-Transformierte des Ausgangssignals,
$g(t) \circ\!\!-\!\!-\!\!\bullet\, G(p)$	Gewichtsfunktion bzw. Übertragungsfunktion des Meßgliedes,
$h(t)$	Übergangsfunktion des Meßgliedes,
$\dot{u}(t), \dot{h}(t)$	verallgemeinerte Ableitungen von $u(t)$, $h(t)$.

Durch Gl. (3.28), (3.29) und (3.30) werden beliebigen Verläufen des Eingangssignals umkehrbar eindeutig entsprechende Ausgangssignale zugeordnet, d.h., die dynamischen Übertragungseigenschaften des Meßgliedes werden durch Gewichtsfunktion $g(t)$, Übergangsfunktion $h(t)$ oder Übertragungsfunktion $G(p)$ eindeutig und vollständig charakterisiert. Für die praktische Messung und die graphische Darstellung dieser Eigenschaften eignen sich die Übergangsfunktion $h(t)$ und der Frequenzgang $G(\omega) = G(p=j\omega)$ besonders gut (s.a. Abschn. 3.3.3).

---

[1]) Im Interesse einer übersichtlichen Darstellung wird bei der analytischen Signal- und Systembeschreibung im folgenden die Laplace- und z.T. auch die Fourier-Transformation benutzt. Für eine Einführung in das Systemverhalten s.a. Band I, Teil 1 und [30].

Tafel **3.**45 Signalübertragung durch ein idealisiertes Meßglied,
$u(t)$ Eingangssignal, $y(t)$ Ausgangssignal, $y_N(t)$ angestrebter Verlauf des
Ausgangssignals (Nennausgangssignal), E Empfindlichkeit des Meßgliedes
im Beharrungszustand

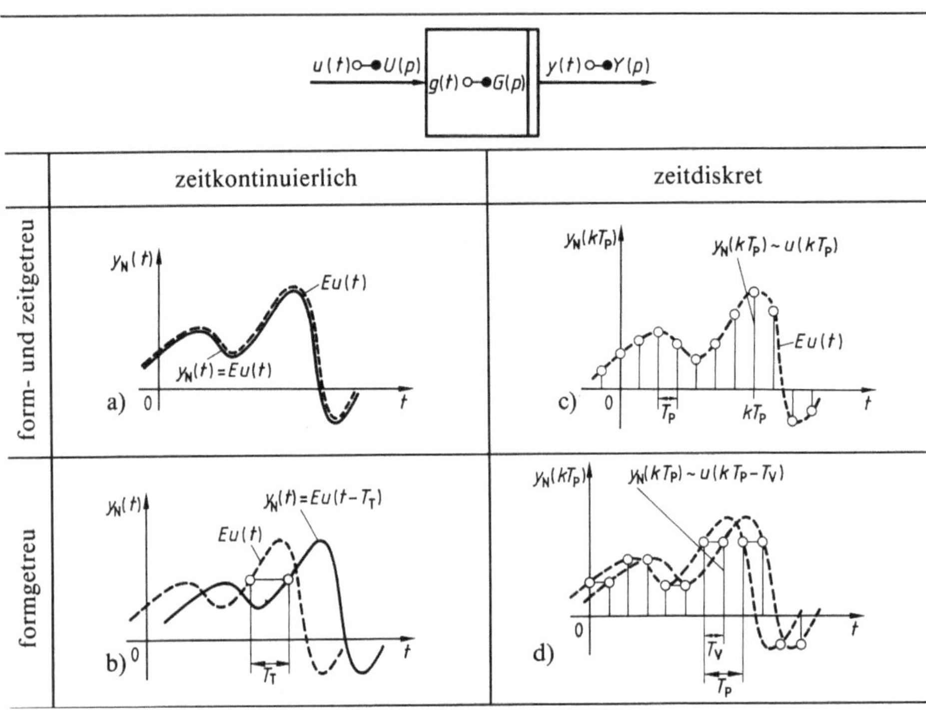

Analoge Abbildung. Die weitestgehende, strengste Forderung an ein Meßglied
würde die form- und zeitgetreue analoge Abbildung des Eingangssignals in
das Ausgangssignal vorsehen entsprechend der Darstellung $y(t)=Eu(t)$ mit
der konstanten statischen Empfindlichkeit E des Meßgliedes (s. Tafel **3.**45 a).

Derartige Aufgabenstellungen ergeben sich, wenn in Abhängigkeit von der zu
erfassenden Meßgröße ein zeitparallel ablaufender technischer Prozeß beeinflußt werden soll, wobei meist nur eine geringe zeitliche Verzögerung zwischen
Meßgrößen- und Meßwertsignal zulässig ist, z. B. im Zusammenhang mit Über-
wachungsaufgaben oder bei der Istwerterfassung in Regelkreisen.

Vollkommen könnte diese Aufgabe nur von einem statischen Meßglied erfüllt
werden, da nur dieses jeden momentanen Wert des Eingangssignals ohne Zeit-
verzug in einen dazu proportionalen Wert des Ausgangssignals umsetzt. Die
Übertragungseigenschaften eines solchen statischen Meßgliedes sind durch die
in Tafel **3.**46 a dargestellten durchgehend gezeichneten Kennfunktionen charakterisiert, d. h. durch eine unverzögert auftretende, sprungförmig verlaufende
Übergangsfunktion $h(t)$ und einen bis zu beliebig hoher Frequenz mit konstanter Amplitude und dem Phasenwinkel $\varphi=0$ verlaufenden Frequenzgang $G(\omega)$.

Tafel **3.**46 Übergangsfunktion $h(t)$ und Frequenzgang $G(\omega)$ idealisierter Meßglieder mit Ausgleich (Frequenzgang in linearer Darstellung)
E Empfindlichkeit des Meßgliedes im Beharrungszustand

Kennfunktionen des Meßgliedes Merkmale der Signalabbildung	Übergangsfunktion $h(t)$	Frequenzgang $G(\omega)$	
		Amplitudengang $\|G(\omega)\|$	Phasengang $\varphi(\omega)=\arg G(\omega)$
a) form- und zeitgetreue Abbildung entsprechend Tafel **3.**45a durch ein *statisches Meßglied*			
b) formgetreue Abbildung entsprechend Tafel **3.**45b durch ein *Totzeitglied*			

Dieses Idealverhalten ist aber praktisch nicht zu erreichen. Aufgrund der Trägheiten realer -d. h. dynamischer - Systeme nimmt die Übergangsfunktion ihren Endwert praktisch immer erst nach einer - wenn auch oft sehr kleinen - Verzögerungszeit an; dementsprechend werden Sinussignale nur in Bereichen genügend niedriger Signalfrequenzen unverzögert und amplitudenrichtig übertragen, d. h., mit steigender Frequenz weichen die Frequenzkennlinien mit der in Tafel **3.**46a gestrichelt angedeuteten Tendenz zunehmend von ihrem idealen Verlauf ab. Das gewünschte Übertragungsverhalten läßt sich also nur näherungsweise in einem Frequenzband endlicher Breite realisieren. Praktisch können daher Signale mit unbegrenztem Frequenzband, z. B. mathematisch exakt sprungförmig verlaufende Eingangssignale, nicht exakt form- und zeitgetreu abgebildet werden können (s. Bild **3.**41a). Derartige Signalverläufe kommen zwar praktisch nicht vor, da reale Signale - ähnlich wie die Übertragungsbereiche dynamischer Systeme - stets bandbegrenzt sind, jedoch überschreitet die Bandbreite der zu übertragenden Signale in vielen Fällen die des verfügbaren oder auch technisch realisierbaren Meßsystems.

Leichter lösbar sind Aufgabenstellungen, die eine formgetreue Abbildung $y(t) = E u(t - T_\mathrm{T})$ des Eingangssignals $u(t)$ unter Verzicht auf Zeittreue fordern. Hierbei wird eine konstante, die Kurvenform nicht verändernde Laufzeit (Totzeit) T_T des Signals durch das Meßglied entsprechend Tafel **3.**45b zugelassen, die sich lediglich in einer Zeitverschiebung des Ausgangssignals äußert. Da bei der Messung des Zeitverlaufs einer Meßgröße häufig nur deren Kurvenform interessiert, die Meßinformation aber nicht unbedingt gleichzeitig mit dem Auftreten der Meßgröße vorliegen muß, ist diese vereinfachte Aufgabenstellung in vielen Fällen durchaus praxisgerecht.

Auch diese Forderung ist streng nicht erfüllbar. Man erkennt aus Tafel **3.**46b, daß ein Meßglied, welches ein Signal zeitverschoben, aber formgetreu überträgt, ein ideales Totzeitglied darstellt, dessen Frequenzgang bis zu höchsten Kreisfrequenzen $\omega \to \infty$ eine konstante Amplitude und einen linearen, der Kreisfrequenz direkt proportionalen Verlauf des Phasenwinkels aufweist. Dieser Frequenzgang läßt sich praktisch ebenfalls nur näherungsweise in einem endlich breiten Frequenzband verwirklichen. Da aber infolge des Verzichts auf Zeittreue grundsätzlich auch Systeme mit Trägheiten in die Betrachtung einbezogen werden können, soweit sich diese Trägheiten lediglich in Laufzeiten, nicht aber in Formverzerrungen der Signale auswirken, läßt sich eine formgetreue Signalübertragung unter sonst gleichen Randbedingungen praktisch i. allg. für ein wesentlich breiteres Signalfrequenzband realisieren als eine form- und zeitgetreue Übertragung. Diese erleichterte Aufgabenstellung verlangt für den Phasengang zwar noch einen linearen Verlauf, dessen Steigung aber nicht vernachlässigbar klein sein muß, sondern im Prinzip beliebig groß sein darf.

Zeitdiskrete Abbildung. Bei bestimmten Meßaufgaben, beispielsweise zum Zweck der Mehrfachausnutzung des Meßgliedes, der Signalspeicherung, der

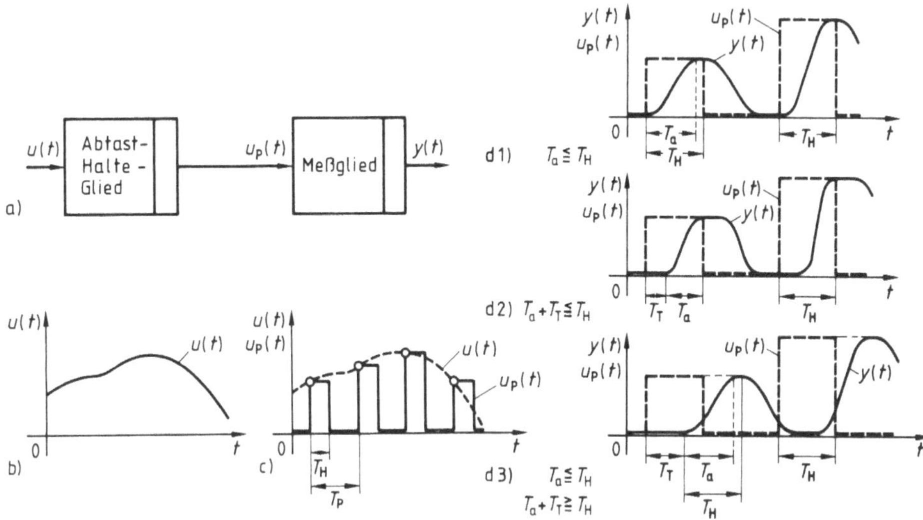

3.47 Zeitdiskrete (diskontinuierliche) Messung eines kontinuierlichen Signals $u(t)$
T_P Abtastperiode, T_H Haltezeit, T_H/T_P Halteverhältnis, T_a Einstellzeit (s. Bild
1.48), T_T Totzeit
a) Signalflußplan, b) Eingangssignal, c) Zwischensignal
d1), d2), d3) Ausgangssignal

Transformation des Zeit- bzw. Frequenzmaßstabes oder der Digitalisierung
werden nach Tafel 3.45 c und d nur diskrete, i. allg. äquidistante Werte $u(kT_P)$
des kontinuierlichen Meßgrößensignals $u(t)$ in das Ausgangssignal $y(t)$ abgebildet (T_P Abtastperiode, d. i. die Zeit zwischen zwei aufeinanderfolgenden Ab-
tastungen, $k = 0, 1, 2, \ldots$). Bei Beachtung des Abtasttheorems (s. Abschn. 4.1.1.2)
kann damit ebenfalls eine vollständige Information über bandbegrenzte
kontinuierliche Vorgänge vermittelt werden. Aus der Aufgabenstellung ergibt
sich im allgemeinen die Notwendigkeit, das kontinuierliche Meßgrößensignal
$u(t)$ entsprechend Bild 3.47 zunächst in eine Pulsfolge $u_P(t)$ mit einer den Si-
gnalwerten $u(kT_P)$ proportionalen Pulshöhe umzuformen. Dazu wird dem
Meßglied ein Abtast-Halte-Glied[1]) vorgeschaltet, dessen dynamische Eigenschaften soviel besser als die des Meßgliedes sein müssen, daß es im Vergleich
zu diesem praktisch als statisches System betrachtet werden kann (z. B. Tastkopf des Sampling-Oszilloskops in Beispiel 4.4).
Ändert sich das Meßgrößensignal so langsam, daß es während der Abtastperiode T_P innerhalb der angestrebten Meßgenauigkeit als praktisch zeitkonstant
anzusehen ist, dann kann bei bestimmten Anwendungen anstelle des Abtast-
Halte-Gliedes auch ein einfaches Schaltglied verwendet werden, welches die
Meßsignalquelle jeweils für eine Haltezeit T_H mit dem Meßglied verbindet
(z. B. Meßstellenumschalter in Bild 1.29 d).

---

[1]) Das Abtast-Halte-Glied ist ein lineares, aber nicht zeitinvariantes System, s. [7].

Hinsichtlich der Anforderungen an das Meßglied sind zwei charakteristische Betriebsarten zu unterscheiden:

a) Das Halteverhältnis des Abtast-Halte-Gliedes ist $T_H/T_P = 1$, d. h., die Pulsfolge geht in eine Stufenkurve über. Dieser Fall ist z. B. bei dem Sampling-Oszilloskop in Beispiel 4.4 gegeben. Unter der – bei entsprechenden Anwendungen immer erfüllten – Voraussetzung einer hinreichend großen Abtastrate (Abtastfrequenz mindestens um den Faktor 4 bis 5 höher als nach dem Abtasttheorem theoretisch erforderlich) unterscheiden sich das Meßgrößensignal und die aus diesem abgeleitete Stufenkurve sowohl in der Zeit- als auch der Spektraldarstellung so wenig voneinander (s. Tafel **3.48**), daß die Anforderungen an das Meßglied weitgehend denen der zeitkontinuierlichen Signalabbildung entsprechen, nur mit dem Unterschied, daß die in der Stufenkurve enthaltenen Spektralkomponenten oberhalb der größten Meßsignalkreisfrequenz ω_{gs} durch das Meßglied unterdrückt werden sollen.

b) Das Halteverhältnis des Abtast-Halte-Gliedes ist $T_H/T_P < 1$, und die Abtastperiode T_P ist so groß, daß das Meßglied zwischen zwei aufeinanderfolgenden Eingangssignalpulsen jeweils in seinen energielosen Anfangszustand zurückkehren kann. Die Übertragung jedes einzelnen Abtastwertes auf den Ausgang des Meßgliedes stellt dann einen eigenständigen – unabhängig von allen übrigen ablaufenden – Meßvorgang dar, d. h., die zeitdiskrete Messung des kontinuierlichen Meßgrößensignals ist auf eine Folge von Einzelmeßvorgängen zurückgeführt, die jeweils in der Abbildung einer Eingangs-Sprungfunktion durch ein Meßglied mit energielosem Anfangszustand bestehen. Der klassische Vorgang des Anlegens einer zeitkonstanten oder während der Meßdauer als zeitkonstant zu betrachtenden Meßgröße an ein Meßgerät mit Skalenanzeige und Ablesung des sich einstellenden Zeigerausschlages ist ein einfacher Sonderfall dieser Betriebsart. Das Ausgangssignal des Meßgliedes geht also hier nicht wie im erstgenannten Betriebsfall stetig von einem Abtastwert zum nächsten über, sondern muß sich jeweils von Null aus auf den Wert des betreffenden Eingangssignalpulses einstellen. Die Beurteilung der dynamischen Eignung des Meßgliedes erfolgt daher zweckmäßig im Zeitbereich anhand der Übergangsfunktion bzw. der Sprungantwort (s. Bild **1.47** und **1.48**). Die Einstellzeit T_a des Meßgliedes nach Bild **1.48** darf höchstens so groß wie die Pulsdauer T_H sein, damit die Pulshöhe noch sicher in den Endwert des Ausgangssignals abgebildet wird (s. Bild **3.47 d1**). Ist das Meßglied nicht nur trägheits-, sondern außerdem auch totzeitbehaftet, so braucht an sich die Pulsdauer nicht notwendig um die Totzeit T_T länger zu sein, wie aus Bild **3.49** für einen stark idealisierten Verlauf der Sprungantwort mit Totzeit hervorgeht, aber es muß im Hinblick auf die Weiterverarbeitung des Ausgangssignals ggf. beachtet werden, daß sich das Ausgangssignal um die Totzeit T_T verspätet. Der für die Messung relevante, ansteigende Abschnitt des Ausgangssignals kann sich dadurch u. U. in die Lücke zwischen zwei Eingangssignalpulsen verschieben (s. Bild **3.47 d3**).

Tafel 3.48 Verlauf der Zeit- und Spektralfunktionen der Ein- und Ausgangssignale eines Abtast-Halte-Gliedes
$T_{\mathrm{H}}/T_{\mathrm{P}}=1$; $T_{\mathrm{P}}=(1/5)\,(2\pi/\omega_{\mathrm{gs}})$

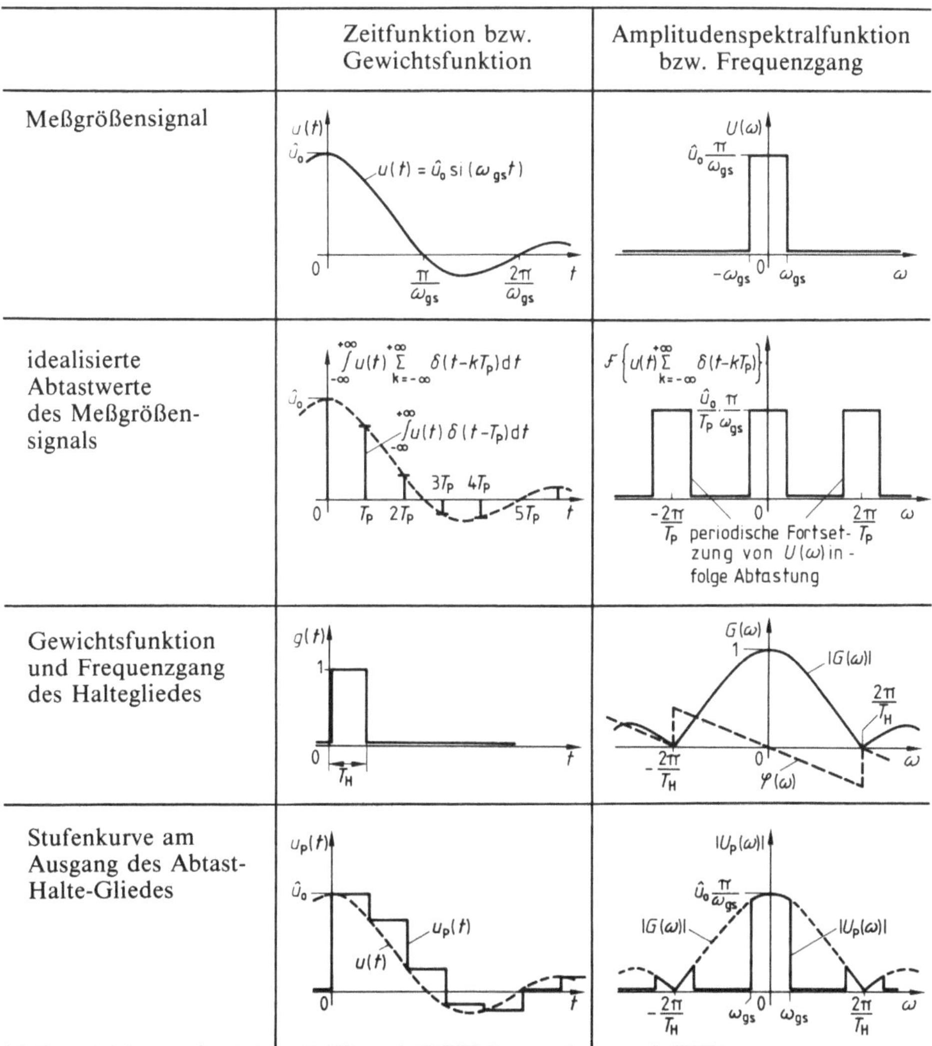

Auch bei Abtastverfahren ist also im Prinzip eine **formgetreue** Signalübertragung die einfacherere Problemstellung gegenüber einer form- und zeitgetreuen Abbildung, da letztere nicht nur eine verschwindende Einstellzeit, sondern auch eine vernachlässigbar kleine Totzeit des Meßgliedes erfordert.

3.3.1.2 Zusammenhang zwischen den Kenngrößen der Zeit- und Frequenzeigenschaften von Meßgliedern mit Ausgleich. Die Kennfunktionen des dynamischen Verhaltens eines linearen Systems im Zeitbereich – Übergangsfunk-

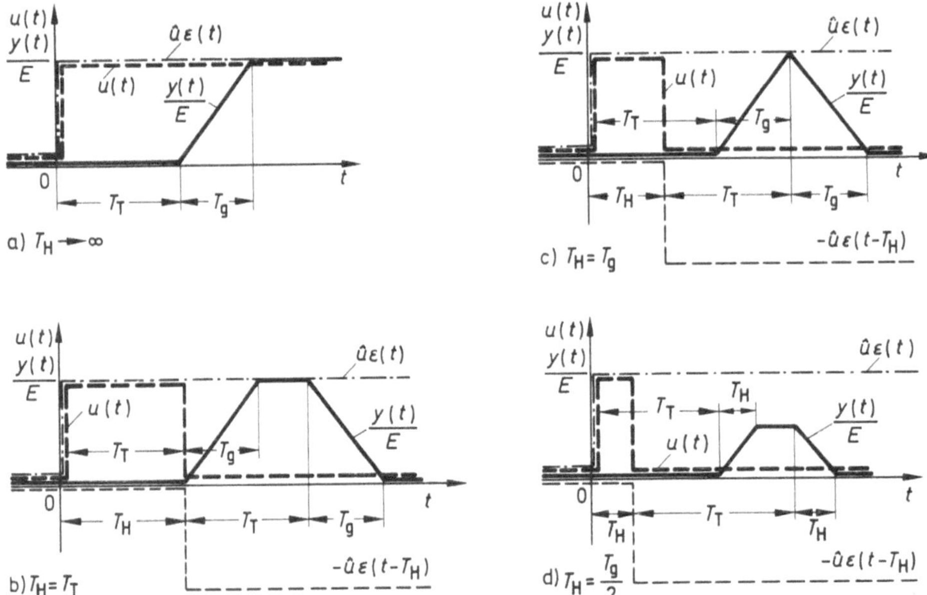

3.49 Erfassung des Dachwertes $\hat{u}$ von Rechteckpulsen $u(t) = \hat{u}[\varepsilon(t) - \varepsilon(t - T_H)]$ mit unterschiedlichen Breiten T_H durch eine idealisierte Meßeinrichtung mit Totzeit T_T und Ausgleichszeit T_g

tion, Gewichtsfunktion – sind mit den Kennfunktionen im **Frequenzbereich** – Übertragungsfunktion, Frequenzgang – über die Laplace- bzw. die Fourier-Transformation [30] eindeutig verknüpft. Indirekt bestehen daher auch zwischen den **Kenngrößen** der Kennfunktionen (s. Abschn. 1.5.2.2) im Zeit- und Frequenzbereich eindeutige Beziehungen, die aber quantitativ von den speziellen Systemeigenschaften abhängen und ohne Kenntnis der vollständigen Kennfunktionen nicht angegeben werden können.

Praktisch besteht ein erhebliches Ihteresse daran, wenigstens näherungsweise unmittelbar von den zeitlichen Kenngrößen auf die spektralen oder umgekehrt von den spektralen Kenngrößen auf die zeitlichen schließen zu können. Mit gewissen Idealisierungen ist es möglich, für einige wichtige Größen entsprechende quantitativ auswertbare Zusammenhänge aufzuzeigen, die für überschlägige Betrachtungen nützlich sind.

Die Übergangsfunktion eines Meßgliedes mit Ausgleich (Tiefpaßsystem) besitzt eine charakteristische Form (z. B. rechts in Bild **3.**50 a). Dieser Verlauf könnte von dem sprunghaft verlaufenden Eingangssignal auch dadurch hervorgerufen worden sein, daß

a) der Eingangssprung im Meßglied unter Beibehaltung seiner Form um eine Totzeit T_{Tm} verzögert und

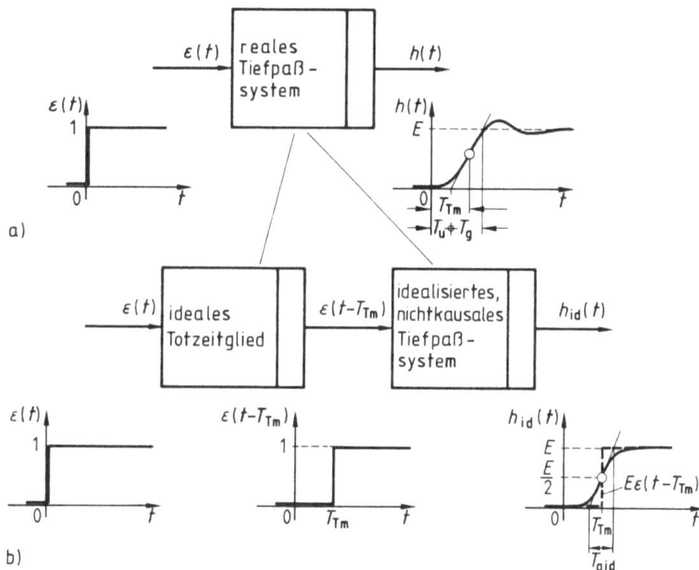

3.50 Approximation eines Tiefpaßsystems (a) durch ein ideales Totzeitglied und ein idealisiertes, nichtkausales Tiefpaßsystem (b)

b) die Stufenform des Signalanstieges unter Beibehaltung seiner mittleren zeitlichen Lage zu einer S-Form mit endlicher maximaler Steigung abgeflacht und verschliffen wurde (Bild 3.50a).

Dementsprechend kann man das Meßglied als eine Kette von zwei Teilgliedern auffassen, einem reinen Totzeitglied und einem idealisierten Tiefpaßglied ohne Totzeit (Bild 3.50b). Da es sich um eine nur gedachte Zerlegung eines realen Systems handelt, müssen diese Teilsysteme nicht unbedingt realisierbar sein.

Als eine naheliegende und sinnvolle Definition der Totzeit T_{Tm} (mittlere Totzeit) des Ersatztotzeitgliedes erscheint die Breite

$$T_{\text{Tm}} = \frac{1}{E} \int_0^\infty [E - h(t)]\mathrm{d}t \qquad (3.31)$$

eines Rechteckes der Höhe E, welches flächengleich ist dem Abweichungsintegral $\int_0^\infty [E - h(t)]\mathrm{d}t$ zwischen der Übergangsfunktion $E\varepsilon(t)$ eines statischen Meßgliedes gleicher Empfindlichkeit E und der Übergangsfunktion $h(t)$ des betrachteten dynamischen Meßgliedes (s. Tafel 3.51a). An der zugehörigen Gewichtsfunktion kann diese Größe entsprechend Tafel 3.51b als t-Koordinate

$$T_{\text{Tm}} = \frac{\int_0^\infty t\,g(t)\,\mathrm{d}t}{\int_0^\infty g(t)\,\mathrm{d}t} \qquad (3.32)$$

Tafel **3.**51 Bestimmung der mittleren Totzeit T_{Tm} eines Tiefpaßsystems im Zeit- und Frequenzbereich am Beispiel eines P-T_2-Gliedes mit $D = 0,6$

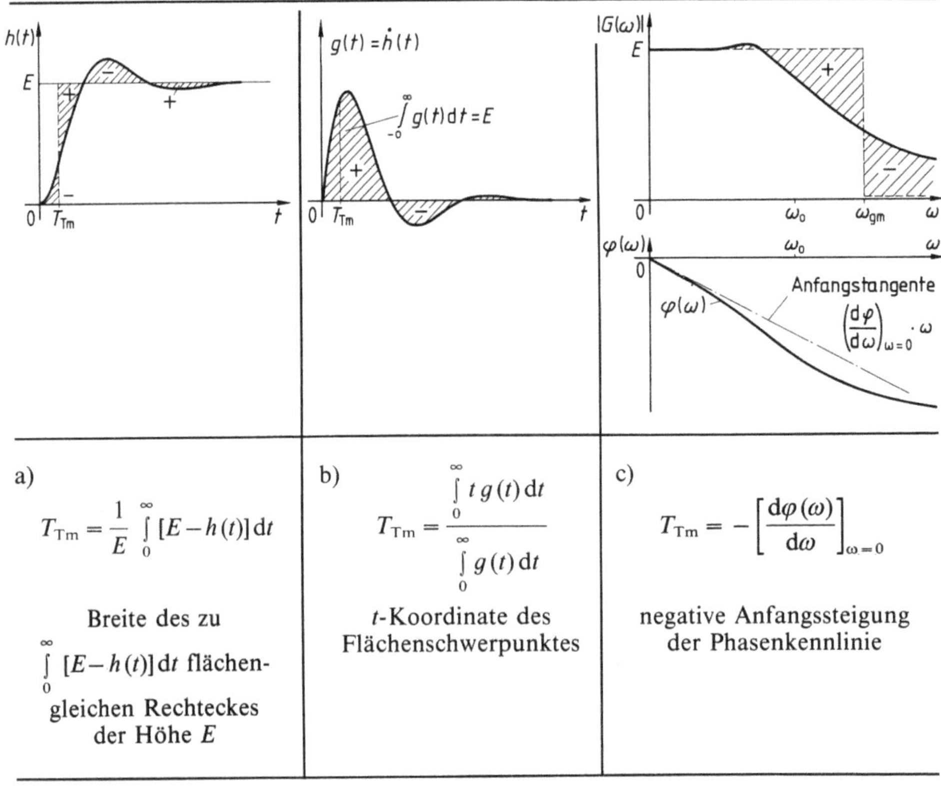

a)

$$T_{\text{Tm}} = \frac{1}{E} \int\limits_0^\infty [E - h(t)]\,\mathrm{d}t$$

Breite des zu

$\int\limits_0^\infty [E - h(t)]\,\mathrm{d}t$ flächen-

gleichen Rechteckes
der Höhe E

b)

$$T_{\text{Tm}} = \frac{\int\limits_0^\infty t\,g(t)\,\mathrm{d}t}{\int\limits_0^\infty g(t)\,\mathrm{d}t}$$

t-Koordinate des
Flächenschwerpunktes

c)

$$T_{\text{Tm}} = -\left[\frac{\mathrm{d}\varphi(\omega)}{\mathrm{d}\omega}\right]_{\omega=0}$$

negative Anfangssteigung
der Phasenkennlinie

des Schwerpunktes der Fläche unter der Kurve $g(t)$ gedeutet werden. Durch Transformation der Definitionsgleichungen (3.31) und (3.32) in den Frequenzbereich ergibt sich T_{Tm} gleichzeitig als negative Anfangssteigung

$$T_{\text{Tm}} = -\left[\frac{\mathrm{d}\varphi(\omega)}{\mathrm{d}\omega}\right]_{\omega=0} \tag{3.33}$$

der Phasenkennlinie $\varphi(\omega)$ des Meßgliedes (s. Tafel **3.**51 c).

Spaltet man nun von dem realen Meßglied ein fiktives Totzeitglied nach Bild **3.**50 ab, dessen Frequenzgang eine frequenzunabhängige Amplitude $|G(\omega)| = 1$ und einen linearen Phasenwinkel $\varphi(\omega) = \arg G(\omega) = -\omega\,T_{\text{Tm}}$ aufweist, so verbleibt ein fiktives, ausschließlich die Formverzerrung des Signals verursachendes Tiefpaßsystem mit der Amplitudenkennlinie des Meßgliedes, aber einer Phasenkennlinie, die der Abweichung zwischen der Phasenkennlinie des Meßgliedes und deren Anfangstangente entspricht. Ein solches System ist, wie man an dessen Übergangsfunktion anschaulich erkennt, nicht kausal, weil es an seinem Ausgang bereits Reaktionen auf ein Eingangssignal zeigt, bevor dieses überhaupt eingetroffen ist. Approximiert man dieses System nun durch ein ebenfalls nicht kausales ideales Ersatz-Tiefpaßsystem, dessen Amplitudenkennlinie flächengleich mit der Amplitudenkennlinie des Meßgliedes, dessen Phasenwinkel aber identisch Null ist, so läßt sich die für derartige Systeme gültige Beziehung [44]

$$T_g = \pi/\omega_{gm} \tag{3.34}$$

bzw.

$$T_g = 1/(2 f_{gm}) \tag{3.35}$$

zwischen Frequenzgang-Bandbreite $2\omega_{gm}$ und Zeitdauer T_g der Gewichtsfunktion als Näherung auf das Meßglied übertragen. Als Grenzkreisfrequenz ω_{gm} gilt hierbei die Breite eines mit der Fläche unter der Amplitudenkennlinie flächengleichen Rechteckes der Höhe $|G(\omega = 0)|$ (s. Tafel 3.51 c) und als Zeitdauer T_g der Gewichtsfunktion die Breite eines mit der Fläche unter der Gewichtsfunktion flächengleichen Rechteckes der Höhe $g(t = 0)$. Einige Beispiele derartiger Systeme sind mit den zugehörigen Übergangsfunktionen in Tafel 3.52 dargestellt. Die Breite T_g der Gewichtsfunktion ist danach gleich der Ausgleichszeit T_g der Übergangsfunktion (s. Bild 1.48), d.h., unabhängig vom speziellen Verlauf der Amplitudenkennlinie kann nach Gl. (3.34) und (3.35) die Ausgleichszeit T_g der Übergangsfunktion des Meßgliedes näherungsweise aus der mittleren Grenzkreisfrequenz ω_{gm} des Amplitudenganges bestimmt werden und umgekehrt.

Da die Bestimmung der mittleren Grenzkreisfrequenz ω_{gm} durch Ausplanimetrieren der Fläche unter der Amplitudenkennlinie umständlich ist und überdies die Kenntnis der vollständigen Kennlinie erfordert, ersetzt man bei praktischen Abschätzungen ω_{gm} meist durch einen der üblichen, von der speziellen Form des Amplitudenganges abhängigen Grenzwerte $\omega_{g0,707}$, $\omega_{g0,9}$ usw. Der letzten Spalte in Tafel 3.52 sind einige Anhaltswerte für die entsprechend der Kurvenform einzuführenden Korrekturfaktoren zu entnehmen.

Teilweise werden auch andere Abschätzungen verwendet, z. B. nach der empirisch gefundenen Gleichung [16]

$$T_{g0,1/0,9} = (0,6 \text{ bis } 0,9)\,\pi/\omega_{g0,707}, \tag{3.36}$$

die sich auf die etwas abweichend definierte, kurvenformabhängige Zeitkenngröße $T_{g0,1/0,9}$ bezieht (s. Bild 1.49), oder nach Ergebnissen anders gearteter analytischer Ansätze, mit denen z. B. schwingende Einstellvorgänge genauer erfaßt werden sollen. Wegen der schwierigeren praktischen Auswertung sind letztere aber mehr theoretisch interessant.

Beispiel 3.18. Die dynamischen Eigenschaften üblicher Laboroszilloskope werden gewöhnlich durch die Kenngrößen Grenzfrequenz $f_{g0,707}$ ($-3\,$dB) und Anstiegszeit (Ausgleichszeit) $T_{g0,1/0,9}$ gekennzeichnet.

Tafel 3.52 Übertragungseigenschaften idealisierter nichtkausaler Tiefpässe

Bezeichnung	Übergangsfunktion $h(t)$	Gewichtsfunktion $g(t)$	Frequenzgang $G(\omega)$	ω_g/ω_{gm}
Spalt-Tiefpaß	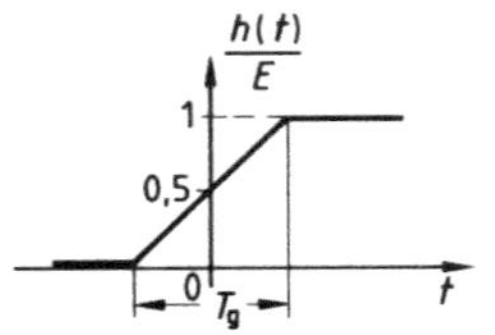	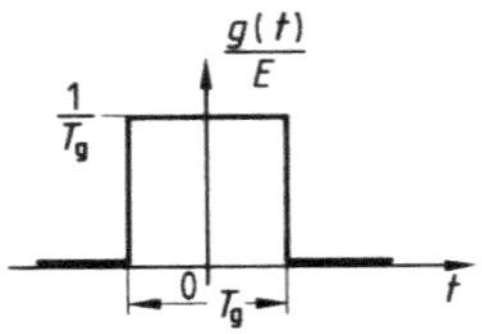	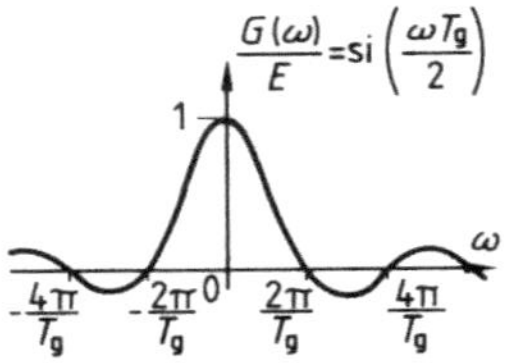 $\dfrac{G(\omega)}{E}=\mathrm{si}\left(\dfrac{\omega T_g}{2}\right)$	$\dfrac{\omega_{g\,0{,}707}}{\omega_{gm}}=0{,}88$ $\dfrac{\omega_{g\,0{,}9}}{\omega_{gm}}=0{,}50$ $\dfrac{\omega_{g\,0{,}95}}{\omega_{gm}}=0{,}35$
Gauß-Tiefpaß	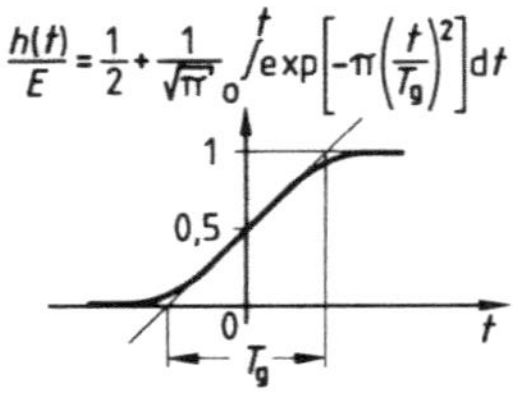 $\dfrac{h(t)}{E}=\dfrac{1}{2}+\dfrac{1}{\sqrt{\pi}}\int_0^t\exp\left[-\pi\left(\dfrac{t}{T_g}\right)^2\right]dt$	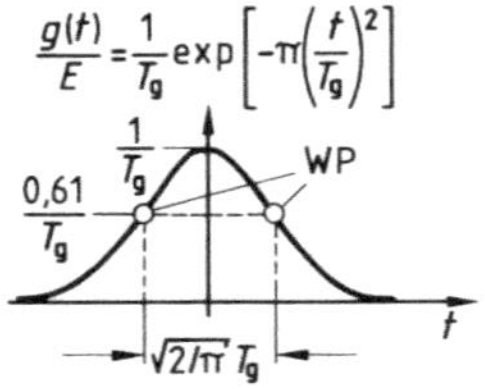 $\dfrac{g(t)}{E}=\dfrac{1}{T_g}\exp\left[-\pi\left(\dfrac{t}{T_g}\right)^2\right]$	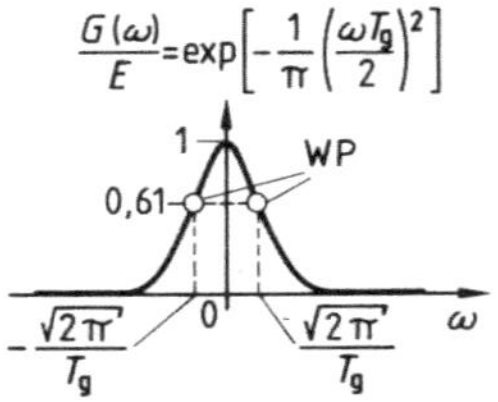 $\dfrac{G(\omega)}{E}=\exp\left[-\dfrac{1}{\pi}\left(\dfrac{\omega T_g}{2}\right)^2\right]$	$\dfrac{\omega_{g\,0{,}707}}{\omega_{gm}}=0{,}66$ $\dfrac{\omega_{g\,0{,}9}}{\omega_{gm}}=0{,}37$ $\dfrac{\omega_{g\,0{,}95}}{\omega_{gm}}=0{,}26$
Idealer Tiefpaß	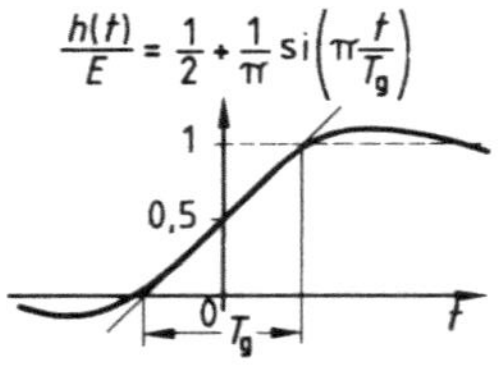 $\dfrac{h(t)}{E}=\dfrac{1}{2}+\dfrac{1}{\pi}\,\mathrm{si}\left(\pi\dfrac{t}{T_g}\right)$	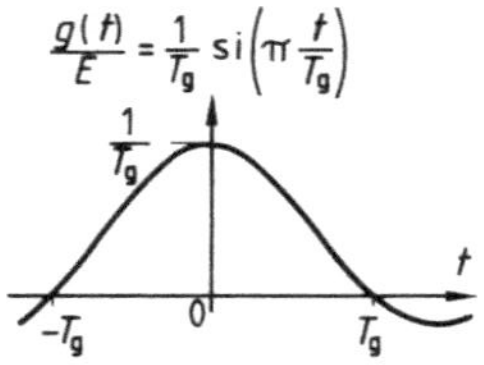 $\dfrac{g(t)}{E}=\dfrac{1}{T_g}\,\mathrm{si}\left(\pi\dfrac{t}{T_g}\right)$	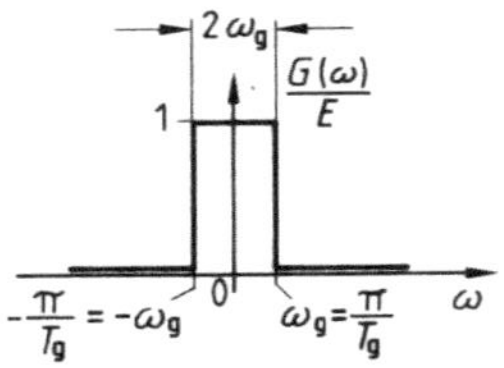	$\dfrac{\omega_{g\ldots}}{\omega_{gm}}\equiv 1$

Dem Datenblatt eines handelsüblichen Gerätes mittlerer Preisklasse sind z. B. die Kenngrößen $f_{g0,707}=10$ MHz und $T_{g0,1/0,9}=35$ ns zu entnehmen.

Ausgehend von der angegebenen Grenzfrequenz f_g würde man für die Ausgleichszeit T_g nach obigen Regeln folgende Schätzwerte erhalten:

nach Tafel **3.**52: $T_g=(0{,}66$ bis $1)$ $\pi/\omega_{g0,707}=(33$ bis $50)$ ns

nach Gl. (3.36): $T_{g0,1/0,9}=(0{,}6$ bis $0{,}9)$ $\pi/\omega_{g0,707}=(30$ bis $45)$ ns

Der vom Gerätehersteller angegebene Wert $T_{g0,1/0,9}=35$ ns liegt innerhalb dieser Bereiche.

Die Kenngrößen T_g und $T_{g0,1/0,9}$ dürfen hier gleichgesetzt werden, da ihr zahlenmäßiger Unterschied für eine Abschätzung vernachlässigbar ist.

3.3.1.3 Zusammenhang zwischen den dynamischen und den statischen Meßeigenschaften von Meßgliedern mit Ausgleich.

Die Übergangsfunktion $h(t-t_0)$ ist nach DIN 19229 die auf die Sprunghöhe u_∞ der Eingangsgröße $u(t)=u_\infty\varepsilon(t-t_0)$ bezogene Sprungantwort $y(t)$ eines dynamischen Systems (s. Bild **3.**53). Für $t\to\infty$ strebt die Ausgangsgröße $y(t)$ ihrem Beharrungswert

$$y_\infty=u_\infty h_\infty=u_\infty E \tag{3.37}$$

zu, der gleich dem mit der (statischen) Empfindlichkeit E multiplizierten Beharrungswert u_∞ der Eingangsgröße ist. Daher ist die (statische) Empfindlichkeit

$$E=h_\infty=\lim_{t\to\infty}h(t) \tag{3.38}$$

eines Systems gleich dem Beharrungswert h_∞ der Übergangsfunktion $h(t)$ dieses Systems.

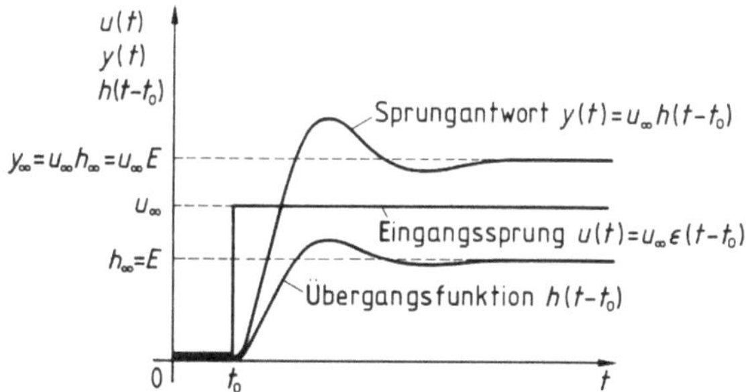

3.53
Zusammenhang zwischen Übergangsfunktion $h(t)$ und Empfindlichkeit E eines Meßgliedes mit Ausgleich

Da die Übergangsfunktion $h(t)$ gleich dem Zeitintegral der Gewichtsfunktion $g(t)$ ist, folgt weiter (s. Tafel **3.**51 b)

$$E=\lim_{t\to\infty}\int_{-0}^{t}g(\tau)\,d\tau. \tag{3.39}$$

Ein entsprechender Zusammenhang besteht auch im Frequenzbereich. Der Anfangswert $G(0)$ des Frequenzganges $G(\omega)$ ist deutbar als Quotient eines zeitkonstanten Ausgangssignals zu einem zeitkonstanten Eingangssignal. Er genügt daher ebenfalls der Empfindlichkeitsdefinition, d.h., es gilt

$$E = \lim_{\omega \to 0} G(\omega) \qquad\qquad (3.40)$$

(s. Tafel **3.**51 c). Durch Vergleich von Gl. (3.38) und (3.40) ergibt sich, daß der Endwert der Übergangsfunktion gleich dem Anfangswert des Frequenzgangs ist, da beide gleich der Empfindlichkeit sind.

$$\lim_{t \to \infty} h(t) = \lim_{\omega \to 0} G(\omega) = E \qquad\qquad (3.41)$$

Zu einem entsprechenden Zusammenhang zwischen den Grenzwerten von Übergangs- und Übertragungsfunktion und der Empfindlichkeit gelangt man über einen Grenzwertsatz der Laplace-Transformation [30]

$$\lim_{t \to \infty} h(t) = \lim_{p \to 0} G(p) = E. \qquad\qquad (3.42)$$

Gl. (3.42) ist über die Definition des Frequenzganges $G(\omega) = G(p = \mathrm{j}\omega)$ in Gl. (3.41) überführbar.

Diese Zusammenhänge gelten nicht nur für einfache, sondern sinngemäß auch für beliebig zusammengesetzte Systeme, deren Grundstrukturen mit den zugehörigen resultierenden Übertragungsfunktionen [30] in Tafel **3.**54 dargestellt sind. Durch einen Grenzübergang entsprechend Gl. (3.41) oder (3.42) erhält man aus den in Tafel **3.**54 angegebenen resultierenden Übertragungsfunktionen bzw. den entsprechenden Frequenzgängen die resultierenden Empfindlichkeiten analog zu Gl. (3.5), (3.7) und (3.8). Bei einem Vergleich ist zu beachten, daß die Empfindlichkeiten der hier betrachteten l i n e a r e n Systeme a u s s t e u e r u n g s u n a b h ä n g i g sind.

Tafel **3.**54 Übertragungsfunktionen mehrgliedriger linearer dynamischer Systeme (mit $G(p = \mathrm{j}\omega) = G(\omega)$ erhält man die entsprechenden Frequenzgänge)

Bezeichnung	Signalflußplan	resultierende Übertragungsfunktion
a) Kettenstruktur	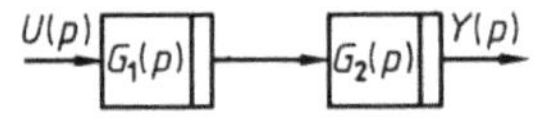	$G(p) = \dfrac{Y(p)}{U(p)} = G_1(p)\, G_2(p)$
b) Parallelstruktur	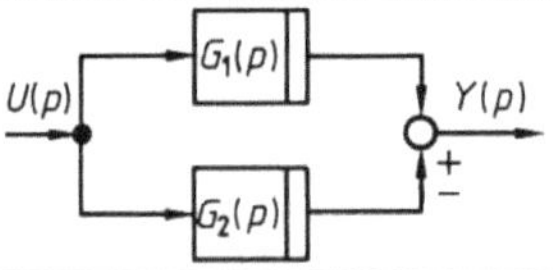	$G(p) = \dfrac{Y(p)}{U(p)} = G_1(p) \pm G_2(p)$
c) Kreisstruktur	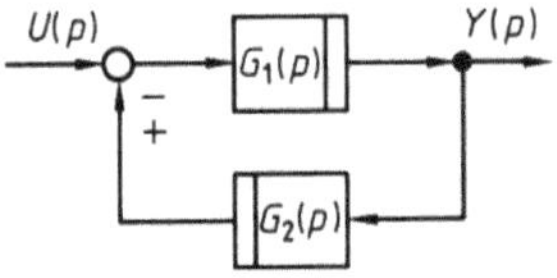	$G(p) = \dfrac{Y(p)}{U(p)} = \dfrac{G_1(p)}{1 \pm G_1(p)\, G_2(p)}$ $= \dfrac{1}{\dfrac{1}{G_1(p)} \pm G_2(p)}$

3.3.1.4 Kennfunktionen und Kenngrößen elementarer Meßglieder mit Ausgleich.

Meßglieder mit Ausgleich, die durch zeitinvariante lineare Systeme mit konzentrierten Parametern approximiert werden können, haben Übertragungsfunktionen der allgemeinen Form [30]

$$G(p) = \frac{b_0 + b_1 p + b_2 p^2 + \cdots + b_m p^m}{a_0 + a_1 p + a_2 p^2 + \cdots + a_n p^n}, \quad m \leq n, \quad b_0, a_0 \neq 0 \tag{3.43}$$

mit konstanten Koeffizienten a_i und b_i. Ihre Empfindlichkeit

$$E = b_0 / a_0 \tag{3.44}$$

erhält man nach Gl. (3.42) durch den Grenzübergang $p \to 0$. Eine ausführliche Darstellung der allgemeinen Zeit- und Frequenzeigenschaften solcher Systeme findet man in [30].

Der größte Teil praktisch wichtiger Meßglieder verhält sich wie das Proportionalglied mit Verzögerung n-ter Ordnung (Verzögerungs- oder auch Meßglied n-ter Ordnung), dessen Übertragungsfunktion

$$G_{\text{P-T}_n}(p) = \frac{b_0}{a_0 + a_1 p + \cdots + a_n p^n} = E \frac{1}{1 + \dfrac{a_1}{a_0} p + \cdots + \dfrac{a_n}{a_0} p^n} \tag{3.45}$$

lautet. Durch Bestimmung der Wurzeln des Nennerpolynoms kann Gl. (3.45) in eine Produktform überführt werden, in der nur Glieder der Form

$$G_{\text{P-T}_{1,i}}(p) = \frac{E_i}{1 + p T_i}$$

und

$$G_{\text{P-T}_{2,k}}(p) = \frac{E_k}{1 + p \dfrac{2 D_k}{\omega_{0k}} + p^2 \dfrac{1}{\omega_{0k}^2}} \quad \text{mit} \quad D_k < 1$$

auftreten. Ein solches System kann daher in eine Kettenstruktur zerlegt werden, deren einzelne Glieder entweder Verzögerungsglieder 1. Ordnung oder unterkritisch ($D < 1$) gedämpfte Verzögerungsglieder 2. Ordnung (Schwingungsglieder) sind[1]. In vielen einfacheren Fällen ist darüber hinaus die Approximation des Meßgliedes oder der Meßeinrichtung durch ein einziges P-T$_1$- oder P-T$_2$-Glied möglich. Diese beiden Grundtypen können daher gewissermaßen als die elementaren Meßglieder angesehen werden, weshalb sich die weiteren Betrachtungen auch vielfach an ihnen orientieren.

---

[1] Kritisch oder überkritisch gedämpfte P-T$_2$-Glieder mit dem Dämpfungsgrad $D \geq 1$, sind einer Kette aus zwei P-T$_1$-Gliedern äquivalent, s. [30].

Die wichtigsten Eigenschaften des P-T_1- und des P-T_2-Gliedes werden in knapper Form im folgenden beschrieben, wobei die Frequenzkennlinien entgegen der sonst überwiegend bevorzugten Darstellung [30] in linearem Ordinaten- und Abszissenmaßstab aufgetragen sind, um aus ihrer geometrischen Form unmittelbar die Bereiche ablesen zu können, in denen sie annähernd linear verlaufen (s. Abschn. 3.3.1.1).

P-T_1-Glied. Das Proportionalglied mit Verzögerung 1. Ordnung ist ein dynamisches System, das außer Systemwiderständen (ohmscher Widerstand, Reibung, usw.) e i n e n Energiespeicher enthält, dessen Ausgangsgröße auf die Eingangsgröße der Widerstände z u r ü c k w i r k t oder umgekehrt. Ein solches Glied kann im Signalflußplan als Kombination eines idealen Zeitgliedes (Integrierer, Differenzierer) und (mindestens) eines idealen Proportionalgliedes[1]) in Kreisstruktur dargestellt werden (s. Tafel **3.55**). Es hat die Ü b e r t r a g u n g s f u n k t i o n

$$G_{\text{P-T}_1}(p) = \frac{E}{1+pT} \tag{3.46}$$

und die G e w i c h t s f u n k t i o n

$$g_{\text{P-T}_1}(t) = \frac{E}{T} \exp\left(-\frac{t}{T}\right), \tag{3.47}$$

worin T die Zeitkonstante des Gliedes ist. Frequenzgang und Übergangsfunktion sind in Bild **3.56** dargestellt.

Beispiel 3.19. Im Thermoelement wird unter Nutzung des Seebeck-Effektes ein Temperaturunterschied in eine elektrische Spannung umgeformt, deren Wert allein von der Materialbeschaffenheit zweier elektrisch leitender Stoffe an ihrer Berührungsstelle und von ihrer Temperatur abhängt, nicht aber von ihrem Energieinhalt. Das Meßprinzip erfordert daher grundsätzlich keinen Energiespeicher. Dennoch führt die Realisierung des Meßprinzips zu einem speicherfähigen System, da der Meßumformer praktisch nicht masselos hergestellt werden kann, und die Masse einen Speicher für die Energieform Wärme darstellt, der dem Meßglied in Näherung ein P-T_1-Verhalten verleiht.
Betrachtet man den Mantel des Thermoelementes in Bild **3.57**a als homogene Masse m der spezifischen Wärmekapazität c_w und einer unendlich guten inneren Wärmeleitfähigkeit, läßt sich mit der Oberfläche A des Fühlers und der Wärmeübergangszahl α über eine Energiebilanz

z u g e f ü h r t e   W ä r m e   =   E r h ö h u n g   d e s   W ä r m e i n h a l t e s

$$\alpha A (\vartheta - \vartheta_{\text{F}}) = m c_w \, \mathrm{d}\vartheta_{\text{F}}(t)/\mathrm{d}t$$

die Abhängigkeit der Fühlertemperatur ϑ_{F} von der Temperatur ϑ des Meßgegenstandes, z.B. einer den Aufnehmer umspülenden Flüssigkeit, als Differentialgleichung $\vartheta(t) = \vartheta_{\text{F}}(t) + T \mathrm{d}\vartheta_{\text{F}}(t)/\mathrm{d}t$ bzw. als deren Laplace-Transformierte $\Theta(p) = \Theta_{\text{F}}(p)[1+pT]$

---

[1]) Durchgehende Signalleitungen sind als ideale P-Glieder der Empfindlichkeit $E = 1$ aufzufassen.

Tafel 3.55 Darstellungen eines $P\text{-}T_1$-Gliedes im Signalflußplan

Art	Kreisstruktur mit einem I-Glied	Kreisstruktur mit einem D-Glied	resultierendes Glied: $P\text{-}T_1$-Glied
allgemeines dynamisches System	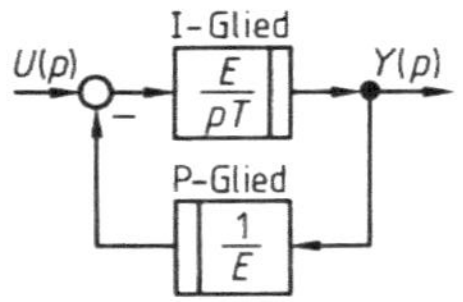	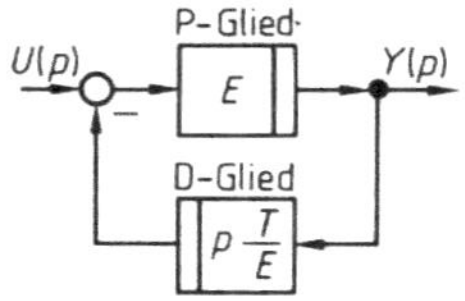	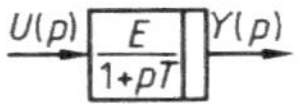
Kombination eines statischen und eines dynamischen Systems	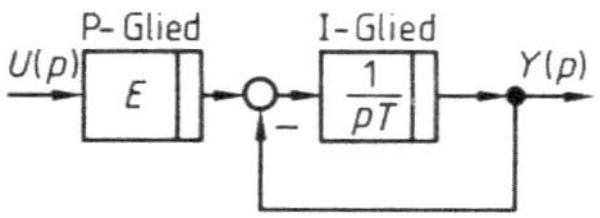	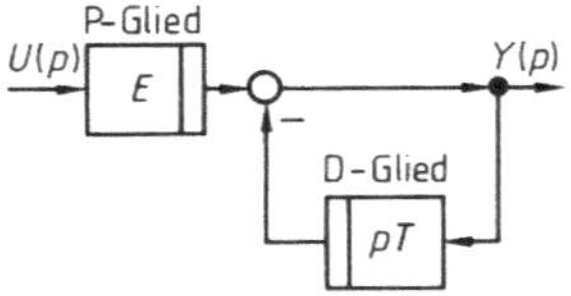	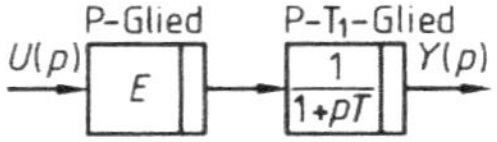

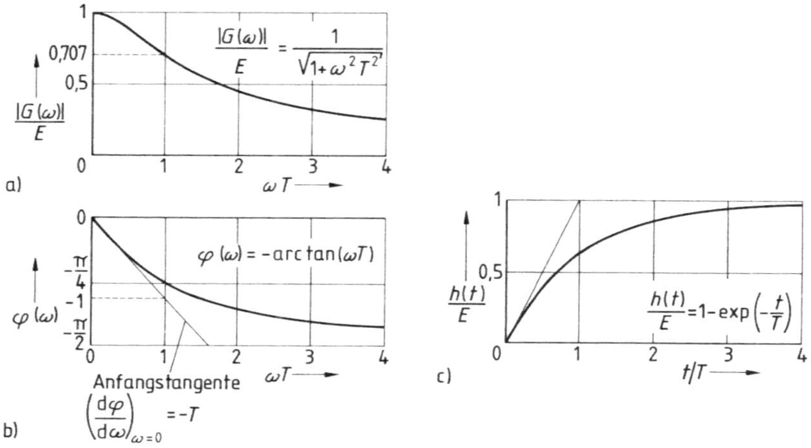

3.56
Amplitudengang (a), Phasengang (b) und Übergangsfunktion (c) des P-T$_1$-Gliedes

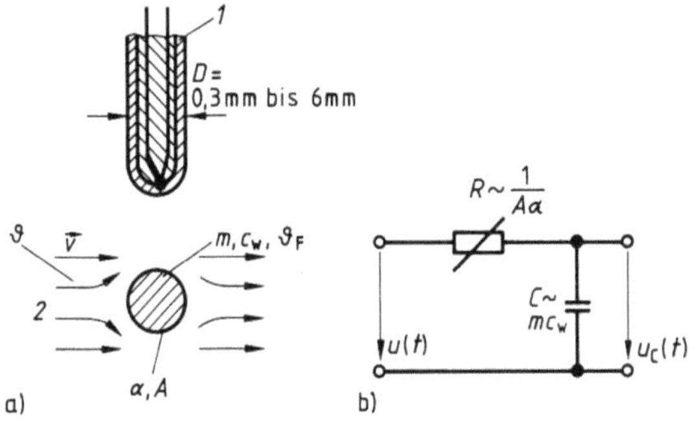

3.57
Mantel-Thermoelement als P-T_1-Glied (a) und elektrisches Analogon (b)
1 Mantel, 2 Meßmedium der Temperatur ϑ und der Strömungsgeschwindigkeit $\vec{v}$

mit der Zeitkonstanten

$$T = \frac{m\,c_\mathrm{w}}{\alpha\,A}$$

angeben. Die Übertragungsfunktion

$$G(p) = \frac{\Theta_\mathrm{F}(p)}{\Theta(p)} = \frac{1}{1+p\,T}$$

charakterisiert den Temperaturaufnehmer als P-T_1-Glied mit den in Bild 3.56 dargestellten Eigenschaften.

Die Zeitkonstante T des Meßgliedes hängt stark von den Meßbedingungen ab, z. B. von Aggregatzustand, Druck und Geschwindigkeit des Meßmediums, die sich auf die Wärmeübergangszahl und ggf. auf die wirksame Fühleroberfläche auswirken. Beispielsweise hat ein Mantel-Thermoelement von etwa 3 mm Durchmesser in Luft mit einer Strömungsgeschwindigkeit von etwa 1 m/s die Zeitkonstante $T \approx 30$ s, in Wasser mit einer Strömungsgeschwindigkeit von etwa 0,2 m/s dagegen nur die Zeitkonstante $T \approx 0,3$ s.

Je besser der Wärmeübergang vom Meßmedium auf den Fühler ist, desto stärker wirkt sich die innere Wärmeleitung des Fühlermantels auf das Zeitverhalten des Meßgliedes aus. Der mit endlicher Geschwindigkeit ablaufende Vorgang der Wärmeausbreitung innerhalb des Fühlermantels kann dann nicht mehr außer acht gelassen werden, d. h., daß das Wärmespeichervermögen des Mantels auch nicht mehr durch einen konzentrierten Wärmespeicher, sondern nur durch räumlich stetig verteilte Speicherelemente beschrieben werden kann. Das Zeitverhalten des Meßgliedes weicht dann mehr und mehr von dem des P-T_1-Gliedes ab.

P-T_2-Glied. Das Proportionalglied mit Verzögerung (Verzögerungsglied) 2. Ordnung ist ein dynamisches System, das außer Widerständen z w e i unabhängige Energiespeicher enthält, die untereinander und mit den Systemwiderständen r ü c k w i r k u n g s b e h a f t e t verbunden sind. Ein solches Glied kann im Signalflußplan als Kombination zweier idealer Zeitglieder und (mindestens) zweier idealer Proportionalglieder in geschachtelter Kreisstruktur dargestellt werden, beispielsweise in der Form von Tafel 3.58. Es hat die Übertragungsfunktion

$$G_{\text{P-T}_2}(p) = \frac{E}{1+2D\dfrac{p}{\omega_0}+\dfrac{p^2}{\omega_0^2}} \tag{3.48}$$

Tafel 3.58 Häufig verwendete Darstellungen des P-T_2-Gliedes im Signalflußplan (vgl. Tafel 3.55)

<table>
<tr><th></th><th>ineinandergeschachtelte Kreisstrukturen mit zwei I-Gliedern</th><th>resultierendes Glied: P-T_2-Glied</th></tr>
<tr><td>Signalflußplan</td><td>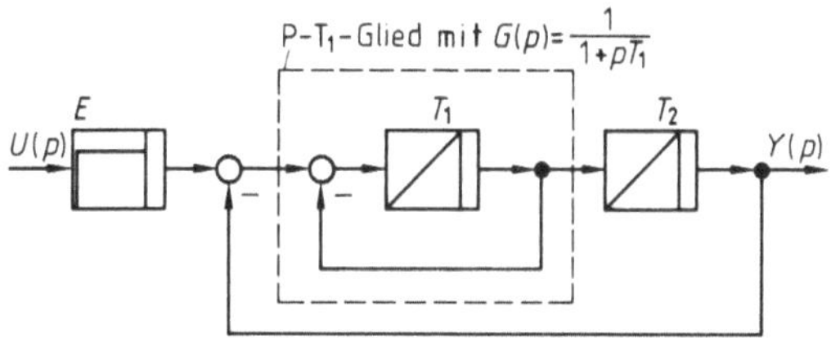
</td><td>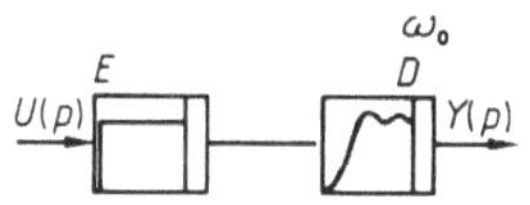
</td></tr>
<tr><td>Übertragungs-funktion</td><td>$G_{\text{P-T}_2}(p)=\dfrac{E}{1+p\,T_2(1+p\,T_1)}=\dfrac{E}{1+p\,T_2+p^2\,T_1\,T_2}$</td><td>$G_{\text{P-T}_2}(p)=\dfrac{E}{1+p\,\dfrac{2D}{\omega_0}+p^2\,\dfrac{1}{\omega_0^2}}$</td></tr>
<tr><td>Beziehungen zwischen den Kennwerten</td><td>$T_1=\dfrac{1}{2D\omega_0}$
$T_2=\dfrac{2D}{\omega_0}$</td><td>$\omega_0=\dfrac{1}{\sqrt{T_1\,T_2}}$
$D=\dfrac{\omega_0\,T_2}{2}=\dfrac{1}{2}\sqrt{\dfrac{T_2}{T_1}}$</td></tr>
</table>

und die Gewichtsfunktionen

$$g_{\text{P-T}_2}(t)=\left\{\begin{array}{ll} E\,\dfrac{\omega_0}{\sqrt{1-D^2}}\exp(-D\,\omega_0\,t)\sin(\sqrt{1-D^2}\,\omega_0\,t), & D<1 \\ E\,\dfrac{\omega_0}{\sqrt{D^2-1}}\exp(-D\,\omega_0\,t)\sinh(\sqrt{D^2-1}\,\omega_0\,t), & D>1 \end{array}\right\} \quad (3.49)$$

Darin bedeuten ω_0 die Eigenkreisfrequenz der ungedämpften Schwingung (Kennkreisfrequenz) und D den Dämpfungsgrad. Frequenzgang und Übergangsfunktion sind in den Bildern 3.59 und 3.60 dargestellt. Zur näheren Kennzeichnung des Übergangsverhaltens bei schwingender Einstellung mit einem Dämpfungsgrad $D<1$ können noch folgende Beziehungen dienen:

Das erste Extremum der Übergangsfunktion tritt auf an der Stelle

$$t_m=\frac{\pi}{\omega_0\sqrt{1-D^2}}, \quad (3.50)$$

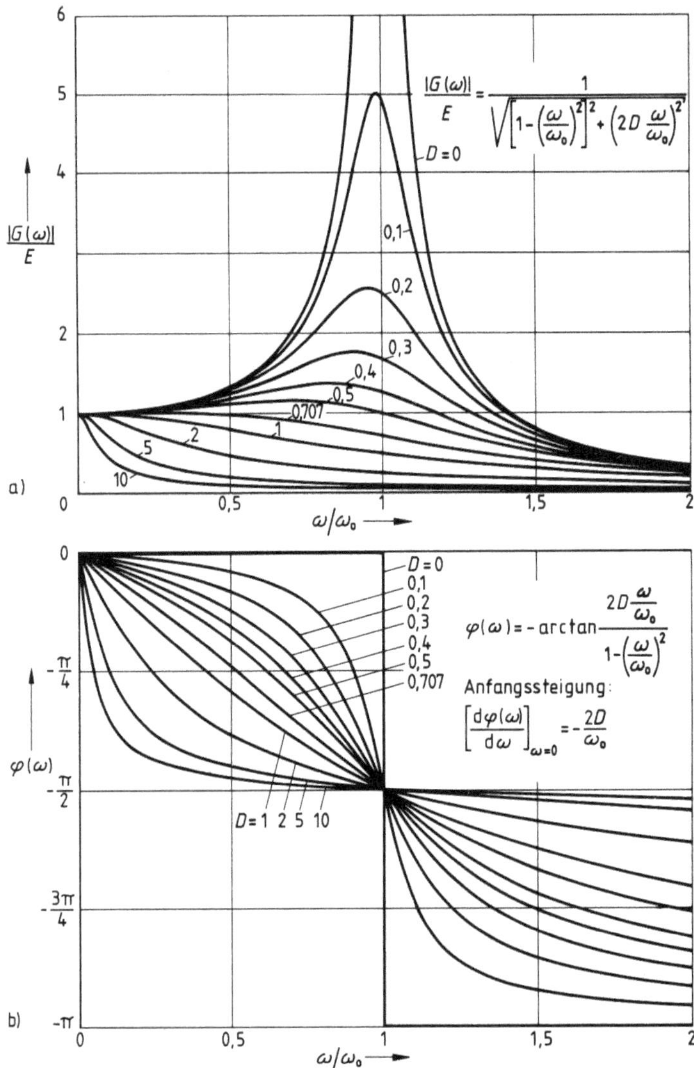

3.59 Amplitudengänge (a) und Phasengänge (b) des P-T₂-Gliedes

es beträgt

$$h(t_\mathrm{m}) = E\left[1 + \exp\left(-\frac{\pi D}{\sqrt{1-D^2}}\right)\right].\tag{3.51}$$

Aus ihr ergibt sich die Überschwingweite

$$h_\mathrm{m} = E\exp\left(-\frac{\pi D}{\sqrt{1-D^2}}\right).\tag{3.52}$$

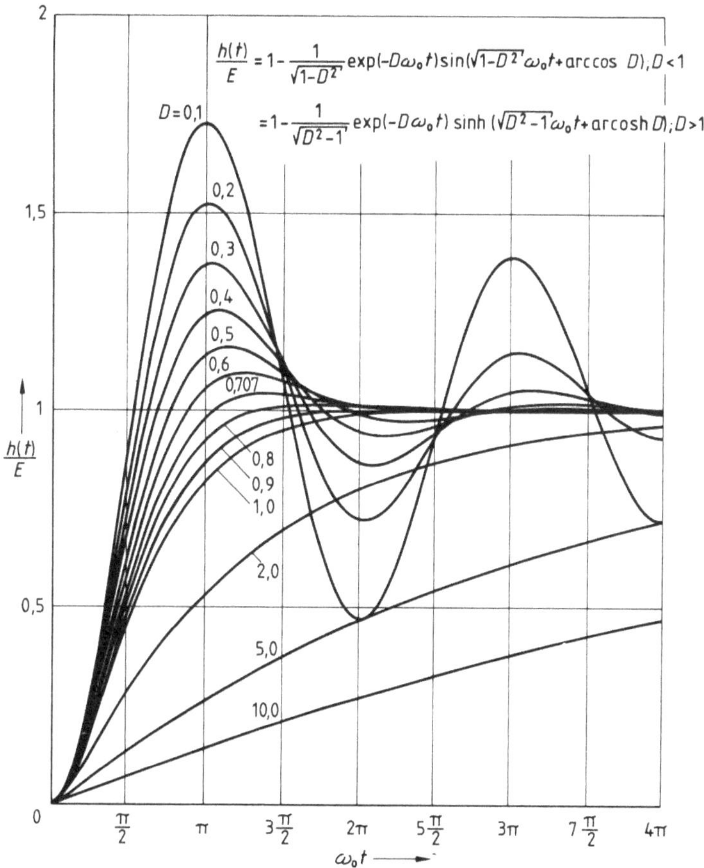

3.60 Übergangsfunktionen des P-T$_2$-Gliedes

Zwei aufeinanderfolgende **gleichsinnige** Überschwingweiten stehen im Verhältnis des **Dekrements**

$$\Delta = \exp\left(-\frac{2\pi D}{\sqrt{1-D^2}}\right) \tag{3.53}$$

zueinander, das häufig als **logarithmisches Dekrement**

$$\Lambda = -\ln\Delta = \frac{2\pi D}{\sqrt{1-D^2}} \tag{3.54}$$

angegeben wird.

Beispiel 3.20. Bei elektromechanischen Meßgeräten mit Skalenanzeige (Drehspul-, Dreheisenmeßinstrumente usw.) erfolgt die Umformung des Meßgrößensignals in einen Zeiger- oder Skalenausschlag meist über eine Feder als Kraft-Weg- bzw. als Drehmo-

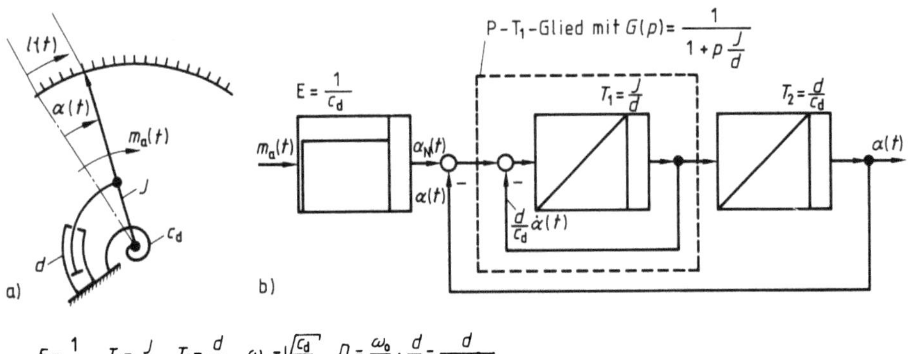

3.61 Prinzip der Drehmomentmessung durch elektromechanische Meßgeräte mit Skalenanzeige

c_d Drehfedersteife, d Dämpfungskonstante, J Massenträgheitsmoment, $m_a(t)$ Antriebsmoment (Meßgrößensignal), $\alpha(t)$ Zeigerausschlag (Meßwertsignal), $\alpha_N(t)$ Nennwert des Zeigerausschlages (fiktiver Zeigerausschlag eines statischen Meßgliedes gleicher Empfindlichkeit)

a) mechanisches System

b) Signalflußplan

c) Systemparameter

ment-Drehwinkel-Umformer, dem entsprechende Glieder zur Erzeugung der Antriebskraft bzw. des Antriebsdrehmomentes vorgeschaltet sind (s. Bild **1.**25 und Beispiel 1.5). Betrachtet sei im folgenden nur das in Bild **3.**61 dargestellte Prinzip des Drehmoment-Drehwinkel-Umformers über eine Drehfeder.

Anders als in Beispiel 3.19 setzt das gewählte Meßprinzip die Anwesenheit eines Energiespeichers voraus, nämlich den der Drehfeder c_d, zwischen deren Antriebsmoment $m_c(t)$ und Ausschlagwinkel $\alpha(t)$ die zur Signalumformung genutzte direkte Proportionalität $m_c(t)=c_d\alpha(t)$ besteht. Da die mechanisch bewegten Teile des Gerätes nicht masselos herstellbar sind, enthält das System außer dem prinzipbedingt vorhandenen statischen Energiespeicher Drehfeder noch den an sich unerwünschten, aber nicht vermeidbaren dynamischen Energiespeicher Drehmasse J. Mit dem der Beschleunigung $\ddot{\alpha}(t)$ proportionalen Drehmoment $m_J(t)=J\ddot{\alpha}(t)$ ergibt sich aus der dynamischen Gleichgewichtsbedingung $m_a(t)=m_c(t)+m_J(t)$ die Bewegungsdifferentialgleichung $m_a(t)=c_d\alpha(t)+J\ddot{\alpha}(t)$, die das für den vorliegenden meßtechnischen Zweck grundsätzlich nicht geeignete ungedämpfte Schwingungsglied beschreibt. Es müssen daher zusätzlich Dämpfungsglieder (mit der Dämpfungskonstante d) eingefügt werden, die einen geschwindigkeitsproportionalen Teil $m_d(t)=d\dot{\alpha}(t)$ des Antriebsmomentes irreversibel in Wärme umformen, wodurch die in dem System nach einer Anregung pendelnde Energie allmählich kleiner wird. Praktisch werden hierzu die elektrische Induktionswirkung, z. B. in dem geschlossenen Rahmen der Drehspule oder in der über den Meßstromkreis geschlossenen Drehspule selbst, oder die Wirkung von Luftreibungskräften in Dämpfungskammern genutzt. Die vollständige Bewegungsdifferentialgleichung, in der geschwindigkeitsunabhängige Reibungsdrehmomente vernachlässigt sind, lautet dann

$$m_a(t)=c_d\alpha(t)+d\dot{\alpha}(t)+J\ddot{\alpha}(t), \tag{3.55}$$

aus der man durch Laplace-Transformation mit $A(p)\bullet\!\!-\!\!\circ\alpha(t)$ und $M_a(p)\bullet\!\!-\!\!\circ m_a(t)$ die

Übertragungsfunktion

$$G(p) = \frac{A(p)}{M_a(p)} = \frac{1}{c_d} \cdot \frac{1}{1 + p\,\dfrac{d}{c_d} + p^2\,\dfrac{J}{c_d}} \tag{3.56}$$

erhält, die das System als ein P-T_2-Glied mit den in Tafel 3.58 und Bild 3.59 und 3.60 dargestellten Eigenschaften kennzeichnet.

Die Zusammenhänge zwischen den verschiedenen Systemparametern entsprechend Tafel 3.58 und den Parametern des Bildes 3.61a sind in Bild 3.61c angegeben.

Beispiel 3.21. In Beispiel 3.13 wird der Gleichspannungskompensator mit Handabgleich betrachtet. Ersetzt man in Bild 3.37 das Differenzspannungsmeßgerät und die Bedienungsperson durch ein aus Verstärker, Elektromotor und mechanisches Getriebe bestehendes elektromechanisches System, das bei Auftreten einer Spannungsdifferenz $\Delta u = u - u_k$ zwischen der Meßgröße u und der Kompensationsspannung u_k den Schleifer S in einer die Spannungsdifferenz verkleinernden Richtung so lange verschiebt, bis diese zu Null geworden ist, so erhält man einen selbstabgleichenden Kompensator, der nach Bild 3.62 einen geschlossenen Wirkungskreis (Regelkreis) enthält. In einer handelsüblichen Ausführung wird der Stellmotor (Nullmotor) M so angesteuert, daß sich die Stellgeschwindigkeit $v_a = dl/dt$ des Schleifers proportional zur Größe der Spannungsdifferenz Δu einstellt. Dadurch wird erreicht, daß große Abweichungen Δu schnell ausgeglichen werden, die Stellgeschwindigkeit bei Annäherung an den Abgleich $\Delta u \to 0$ aber gegen Null strebt, um Überschwingen des Schleifers über den Abgleichpunkt hinaus zu vermeiden.

Eine Stelleinrichtung, die die beschriebene Eigenschaft zumindest bei stationärer Betriebsweise $\Delta u = $ const aufweist, besteht gemäß Bild 3.62 aus einem ankergesteuerten, konstant erregten Gleichstrommotor mit Getriebe, dessen Leerlaufdrehzahl n sich stationär proportional zur Ankerspannung u_S einstellt. Zur Spannungs- und Leistungsanpassung des Motors an den Kompensationskreis dient der Verstärker V, dessen Eingangswiderstand möglichst groß sein muß, um eine leistungslose, d.h. rückwirkungsfreie Messung der Spannung Δu zu gewähren.

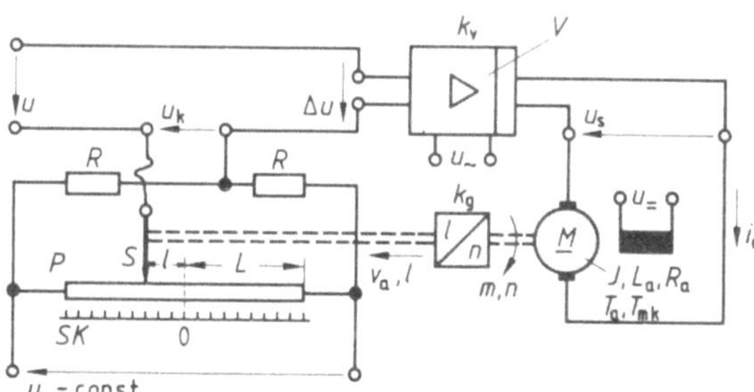

3.62
Prinzipschaltung eines selbstabgleichenden Kompensators nach dem Potentiometerverfahren

Dynamisch stellt die Meßeinrichtung in guter Näherung ein Proportionalglied mit Verzögerung 3. Ordnung dar, da in ihm drei wesentliche Trägheiten wirksam sind, nämlich das magnetische Ankerquerfeld des Motors (elektrische Ankerzeitkonstante T_a), die Massenträgheit der bewegten mechanischen Teile des Motorankers, des Getriebes und der Vorschubspindel (Kurzschluß-Anlaufzeitkonstante T_{mk}) sowie der durch ein Zeitintegral beschriebene Zusammenhang zwischen Drehzahl n und Stellweg l der Vorschubspindel (Zeitkonstante T_V). Mit den Größen

Anzeigegröße Länge	l
Meßgröße Spannung	u
Spannungsnormal	u_0
Vergleichsspannung	u_k
Anker-Steuerspannung des Motors	u_s
Quellenspannung des Motors	u_q
Hilfsspannungen	$u_\sim, u_=$
Motor-Ankerstrom	i_a
elektrische Ankerzeitkonstante des Motors	$T_a = L_a/R_a$
Kurzschluß-Anlaufzeitkonstante des Motors	$T_{mk} = 2\pi n_0 J/m_k$
Motorkenngröße	$m_k/n_0 = k_e k_t/R_a$
gesamtes Massenträgheitsmoment des mechanisch bewegten Systems, bezogen auf Motorwelle	J
inneres Motordrehmoment	m
Reibungsmoment	m_R
Stellgeschwindigkeit des Schleifers S	v_a
Integrierzeitkonstante der Vorschubbewegung	$T_V = L/v_0$
Bezugsgeschwindigkeit der Vorschubbewegung	v_0
konstante, teilweise dimensionsbehaftete Übertragungsfaktoren	k_e, k_t, k_g, k_u, k_V

erhält man die das System beschreibenden Differentialgleichungen für

den Kompensationskreis	$\Delta u(t) = u(t) - u_k(t)$
die Brückenschaltung	$u_k(t) = k_u l(t) = (u_0/L) l(t)$
den Verstärker V	$u_s(t) = k_V \Delta u(t)$
den Nullmotor M	$u_s(t) = u_q(t) + R_a i_a(t) + R_a T_a \, di_a/dt$
	$m(t) = m_R(t) + (m_k/n_0) T_{mk} \, dn/dt$
	$u_q(t) = k_e n(t)$
	$m(t) = k_t i_a(t)$
den Vorschub-Spindeltrieb	$v_a(t) = k_g n(t)$
	$l(t) = (L/v_0)(1/T_V) \int v_a \, dt.$

Durch Laplace-Transformation kann aus ihnen leicht die Übertragungsfunktion abgeleitet werden, deren Nenner ein Polynom 3. Grades ist. Von den drei Systemträgheiten entfallen zwei auf den Stellmotor (einschließlich der von ihm mitbewegten fremden Massen), d.h., der Stellmotor selbst repräsentiert nach Gl. (3.102) bereits ein Verzögerungsglied 2. Ordnung.

Praktisch ist die elektrische Ankerzeitkonstante T_a des Stellmotors oft klein im Vergleich zur Kurzschluß-Anlaufzeitkonstante T_{mk} (T_a deutlich kleiner als $T_{mk}/4$) und kann ohne nennenswerten Verlust an Genauigkeit vernachlässigt werden. Dann reduziert sich das dynamische System des Motors auf ein Verzögerungsglied 1. Ordnung, dessen Zeiteigenschaften durch die Kurzschluß-Anlaufzeitkonstante T_{mk} beschrieben wird.

Der Signalflußplan des Kompensators in Bild **3.63** enthält eine solche vereinfachte Darstellung des Stellmotors als P-T$_1$-Glied

$$G_{Mot}(p) = \frac{N(p)}{U_s(p)} = \frac{1}{k_e} \cdot \frac{1}{1 + p\,T_{mk}} \tag{3.57}$$

und führt damit auf die resultierende Übertragungsfunktion des Kompensators

$$G(p) = \frac{L(p)}{U(p)} = \frac{1}{k_u} \cdot \frac{1}{1 + p\,\dfrac{k_e}{k_u k_V k_g}(1 + p\,T_{mk})}, \tag{3.58}$$

der demnach näherungsweise wie das in Beispiel 3.20 betrachtete Feder-Masse-Dämp-

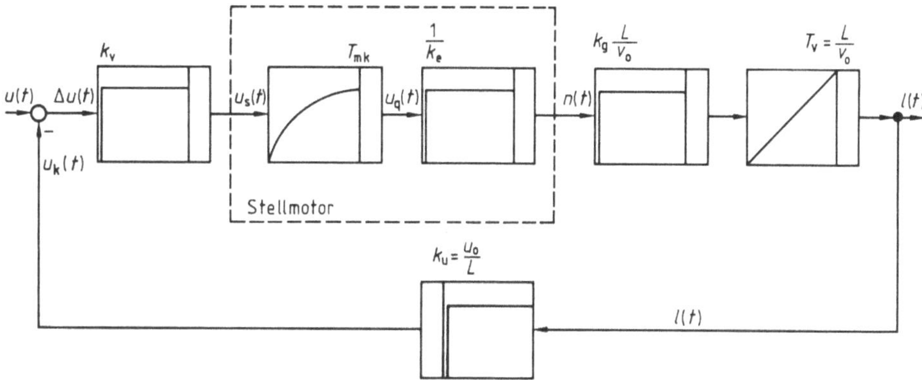

3.63 Signalflußplan des selbstabgleichenden Kompensators nach Bild **3.**62 (T_a als klein gegen T_{mk} vernachlässigt)

fung-System ein P-T$_2$-Glied darstellt. Über die Kenngrößen

$$E = \frac{1}{k_u}, \qquad \omega_0 = \sqrt{\frac{k_u k_v k_g}{k_e T_{mk}}}, \qquad D = \frac{1}{2}\sqrt{\frac{k_e}{k_u k_v k_g T_{mk}}} \tag{3.59}$$

läßt sich der Einfluß der verschiedenen Systemparameter auf die Zeit- und Frequenzeigenschaften nach Bild **3.**59 und **3.**60 leicht beurteilen, und man erkennt auch, daß diese durch verhältnismäßig geringfügige Eingriffe, z. B. durch Änderung der Spannungsverstärkung k_v des Verstärkers, verändert werden können. Beispielsweise ist die statische Empfindlichkeit $E = 1/k_u = L/u_0$ über die Brückenspeisespannung u_0 beeinflußbar. Zur Einstellung des Dämpfungsgrades D steht dann im wesentlichen noch der Übertragungs-(Verstärkungs-)Faktor k_v des Antriebsverstärkers V zur Verfügung. Bei festliegender Kurzschluß-Anlaufzeitkonstante T_{mk} des Stellmotors kann die Kennkreisfrequenz ω_0 des Systems nicht unabhängig vom Dämpfungsgrad D gewählt werden, da nach Gl. (3.59) das Produkt $\omega_0 D = 1/(2\,T_{mk})$ eine durch T_{mk} festgelegte Konstante darstellt, wie man durch Ausmultiplizieren der beiden Wurzelausdrücke in Gl. (3.59) leicht erkennt. Da für die Wahl von D praktisch nur ein verhältnismäßig kleiner Spielraum besteht (vgl. Abschn. 3.3.3), hängt die Reaktionsschnelligkeit des Systems hauptsächlich von der Antriebszeitkonstante T_{mk} ab. Beispielsweise ergibt sich für $D = 1/\sqrt{2} = 0{,}707$ die Kennkreisfrequenz $\omega_0 = 1/(\sqrt{2}\,T_{mk})$.
Hier sind nicht geschwindigkeitsproportionale Reibungseinflüsse vernachlässigt (vgl. a. Beispiel 3.20).

Nach Bild **3.**55, **3.**61 und **3.**63 sind alle in den Beispielen 3.19 bis 3.21 behandelten Systeme im Signalflußplan als Kreisstrukturen darstellbar, d. h. als geschlossene Wirkungskreise mit Rückführung des Ausgangssignals auf den Eingang (bzw. an einen dem Eingang näher gelegenen Summationspunkt), die vielfach als das charakteristische Merkmal eines Regelkreises angesehen werden. Von einem Regelkreis kann aber nur dann gesprochen werden, wenn die Rückführung des Ausgangssignals eines technischen Prozesses auf den Eingang dem Vergleich dieses Signals mit dem Eingangssignal dient und in Abhängigkeit vom Ergebnis dieses Vergleichs eine gezielte Beeinflussung des Prozesses erfolgt. In der Regelungstechnik wird das Eingangssignal auch als Führungssignal oder Führungsgröße bezeichnet. In diesem Sinn stellt der selbstabgleichende Kompensator einen (Lage-)Regelkreis dar, dessen Führungsgröße die Eingangsspannung $u(t)$ und dessen Regelgröße die Lagekoordinate $l(t)$ des Schleiferabgriffes S ist. Bei den beiden anderen Beispielen ist die Kreisstruktur dagegen lediglich Ausdruck innerer Rückwirkungen eines Systems, die sich sozusagen naturgegeben aus physikalischen Gleichgewichtsbedingungen ergeben, z.B. dem Maschensatz der elektrischen Spannung oder dem Knotensatz der mechanischen Kraft bzw. des mechanischen Drehmomentes.

3.3.1.5 Meßglieder ohne Ausgleich. Dies sind Systeme, zwischen deren Ein- und Ausgangssignal im Beharrungszustand keine eindeutige, als Kennlinie angebbare Zuordnung besteht [30]. Wichtigste Vertreter sind der Integrierer und der Differenzierer. In Kennlinienform kann für sie der Zusammenhang zwischen den Beharrungswerten des Ausgangssignals und der zeitlichen Ableitung des Eingangssignals (Differenzierer) bzw. des Ausgangssignals und des Zeitintegrals des Eingangssignals (Integrierer) entsprechend Tafel 3.64 angegeben werden. Diese Darstellungen sind insoweit Idealisierungen, als (Eingangs- oder Ausgangs-)Signale sich nur über eine begrenzte Zeit mit konstanter Geschwindigkeit ändern können. Sie verdeutlichen aber sehr gut die bestehenden Unterschiede zu den Systemen mit Ausgleich.

Tafel 3.64 Beispiele für ideale lineare Meßglieder ohne Ausgleich

	Differenzierer	Integrierer
Signalblock	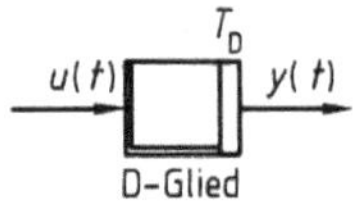 D-Glied	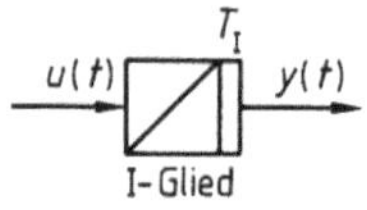 I-Glied
Differentialgleichung und Übertragungsfunktion	$y(t) = T_D \dfrac{du}{dt}$ $Y(p) = p\,T_D\,U(p)$ $G_D(p) = \dfrac{Y(p)}{U(p)} = p\,T_D$	$y(t) = \dfrac{1}{T_I} \int\limits_0^t u(\tau)\,d\tau$ $Y(p) = \dfrac{1}{p\,T_I}\,U(p)$ $G_I(p) = \dfrac{Y(p)}{U(p)} = \dfrac{1}{p\,T_I}$
Kennlinie	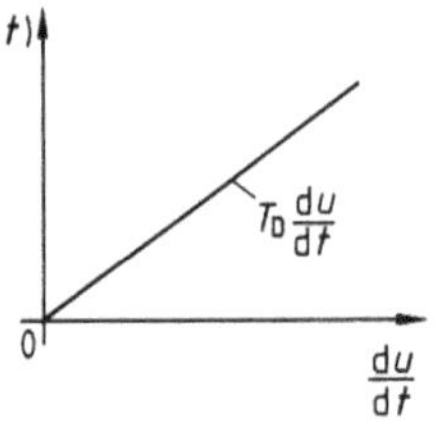	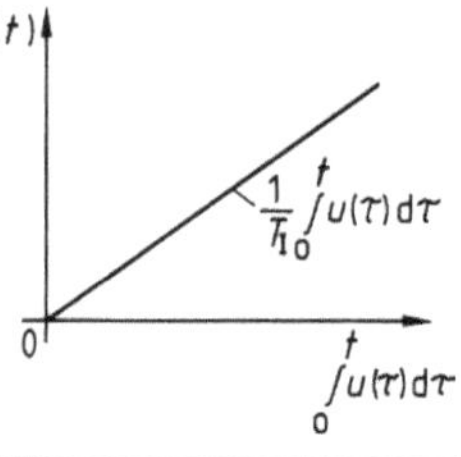

Tafel **3.65** Ideale Elemente linearer elektrischer und mechanischer Systeme und ihre mathematischen Modelle (Differentialgleichungen)

ideales, lineares Element / Art des physikalischen Systems	elektromagnetisches System		mechanisches System[1] translatorisch		rotatorisch		allgemeine Form der System-Dgl.
	Symbol	Dgl.[2] des Systems	Symbol	Dgl. des Systems	Symbol	Dgl. des Systems	
Widerstand elektrischer Widerstand, geschwindigkeitsproportionale Reibung (Dämpfung)		$u = R\,i$		$f = d\,v$		$m_\mathrm{d} = d_\mathrm{d}\,\omega$	$y = b_1 x$
Speicher für potentielle Energie Kondensator, Feder, Drehfeder		$i = C\,\dfrac{du}{dt}$		$v = \dfrac{1}{c}\cdot\dfrac{df}{dt}$		$\omega = \dfrac{1}{c_\mathrm{d}}\cdot\dfrac{dm_\mathrm{d}}{d\omega}$	$y = b_2\,\dfrac{dx}{dt}$
Speicher für kinetische Energie Induktivität, Masse, Drehmasse		$u = L\,\dfrac{di}{dt}$		$f = m\,\dfrac{dv}{dt}$		$m_\mathrm{d} = I\,\dfrac{d\omega}{dt}$	

[1] Bei nicht raumfestem Geschwindigkeits-Bezugspunkt ist in den ersten beiden Zeilen für v bzw. ω die Differenzgeschwindigkeit bzw. Differenzwinkelgeschwindigkeit einzusetzen.
[2] Dgl. = Differentialgleichung

In praktischen Realisierungen solcher Meßglieder ohne Ausgleich nutzt man den differentiellen oder integralen Zusammenhang aus, der zwischen Ein- und Ausgangsgröße eines Energiespeichers entsprechend Tafel **3.**65 besteht. Infolge stets vorhandener Wechselwirkungen mit anderen Elementen des Systems weicht das Übertragungsverhalten realer Meßglieder mehr oder weniger stark von dem idealen Verlauf nach Tafel **3.**64 ab. Realisierbare Übertragungsfunktionen haben aber häufig eine Form, die durch Partialbruchzerlegung auf die einer Reihenschaltung von idealem Meßglied und einem Verzögerungsglied zurückführbar ist, d.h., daß zur Beurteilung ihrer nichtidealen Übertragungseigenschaften die in Abschn. 3.3.1.4 erläuterten Zusammenhänge herangezogen werden können, wie die folgenden einfachen Beispiele zeigen.

Beispiel 3.22. Nach dem in Beispiel 3.16 erläuterten Prinzip des Integrierers läßt sich grundsätzlich auch ein Differenzierer aufbauen. Dazu müssen in der Schaltung von Bild **3.**43d Kondensator und Widerstand gegeneinander ausgetauscht werden. Die auf diese Weise erhaltene Grundschaltung in Bild **3.**66a zeigt jedoch einige schwerwiegende Nachteile infolge Rauschverstärkung und Schwingneigung, so daß man praktisch meist eine entsprechend Bild **3.**66b ergänzte Schaltung verwendet. Ihre Übertragungsfunktion

$$G(p) = \frac{U_a(p)}{U(p)} = p\,C_1\,R_2 \, \frac{1}{1+p\,C_1\,R_1} \cdot \frac{1}{1+p\,C_2\,R_2}$$

ist (vgl. Bild **3.**66c) als die einer Kette aus einem idealen Differenzierer und zwei P-T$_1$-

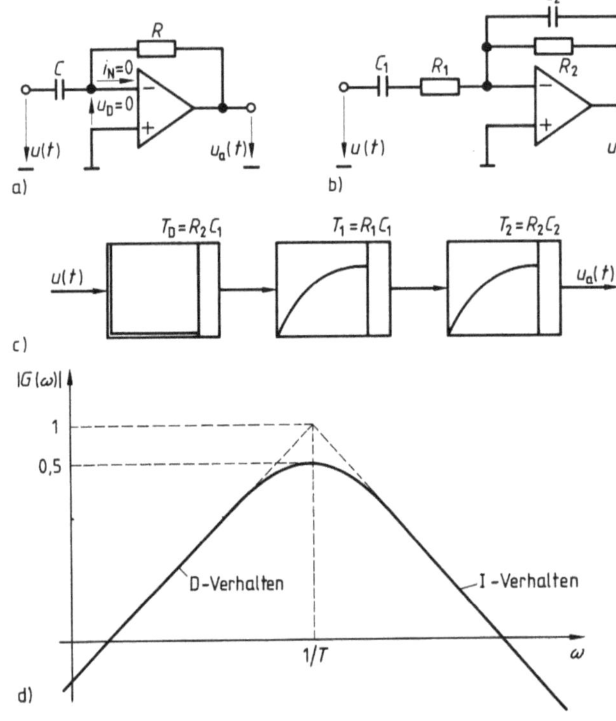

3.66
Differenzierer
a) Prinzipschaltung mit idealem Operationsverstärker
b) praktische Ausführung
c) Signalflußplan zu b)
d) Amplitudengang zu b) für $T_D = T_1 = T_2 = T$, im doppeltlogarithmischen Maßstab

Gliedern deutbar. Aus der doppeltlogarithmischen Darstellung des Amplitudenganges in Bild **3.66d** ist ablesbar, daß sich das System nur bis zu Kreisfrequenzen $\omega \ll 1/T_1$ mit $T_1 > T_2$ als Differenzierer verhält.

Beispiel 3.23. Zur Messung des Zeitintegrals pulsartig verlaufender Größen, z. B. des Spannungspulses in Beispiel 3.16, wurde vor dem Aufkommen elektronischer Integrierer vielfach das Integrations-(Kriech-)Galvanometer verwendet. Es ist im Prinzip ein empfindliches Drehspulmeßwerk, dessen in Beispiel 3.20 allgemeingültig beschriebenes mechanisches System so ausgelegt ist, daß das Antriebsmoment $m_a(t)$ zu jedem Zeitpunkt des Meßvorganges praktisch vollständig von dem Dämpfungsglied aufgenommen wird. Mit $c_d \alpha(t) \ll d\dot{\alpha}(t)$ und $J\ddot{\alpha}(t) \ll d\dot{\alpha}(t)$ vereinfacht sich die Bewegungsdifferentialgleichung (3.55) in $m_a(t) \approx d\dot{\alpha}(t)$, so daß für den Ausschlag

$$\alpha(t) \approx \frac{1}{d} \int_0^t m_a(\tau)\,d\tau$$

gilt. Praktisch kann das Rückstelldrehmoment $c_d \alpha(t)$ exakt zu Null gemacht werden, indem man das System ohne Rückstellfeder, z. B. mit Handrückstellung, ausführt. Das Beschleunigungsdrehmoment $J\ddot{\alpha}(t)$ ist dagegen unvermeidbar und macht sich bei höheren Frequenzen störend bemerkbar, da allgemein $m_a(t) = d\dot{\alpha}(t) + J\ddot{\alpha}(t)$ gilt. Durch Laplace-Transformation erhält man daraus die Übertragungsfunktion

$$G(p) = \frac{A(p)}{M_a(p)} = \frac{1}{pd} \cdot \frac{1}{1 + pJ/d},$$

die der Kettenschaltung eines idealen Integrierers und eines P-T_1-Gliedes entspricht. Nach dem Amplitudengang des Systems (s. Bild **3.67**) wirkt das Integrationsgalvanometer nur bis zu Frequenzen $\omega \ll d/J$ als (einfacher) Integrierer.

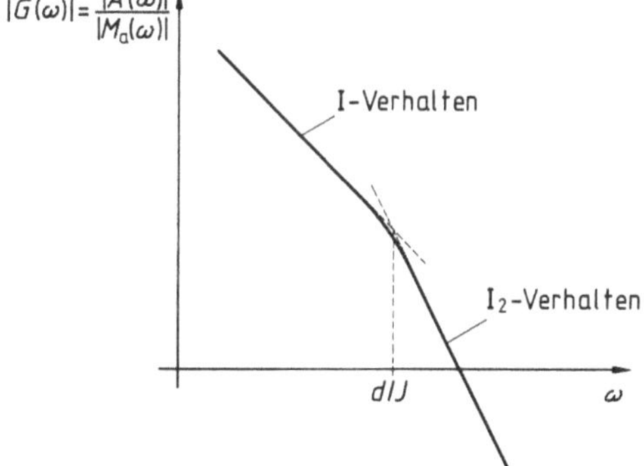

3.67
Amplitudengang des mechanischen Systems eines Integrationsgalvanometers (Darstellung im doppeltlogarithmischen Maßstab)

Diese Beispiele zeigen, daß reale Zeitglieder das gewünschte Idealverhalten nur innerhalb bestimmter Frequenzgrenzen aufweisen. Unter- oder oberhalb dieser Grenzen nehmen sie ein anderes Zeitverhalten an, z. B. der Differenzierer in Beispiel 3.22 für $\omega \gg 1/T_2$ das eines Integrierers oder der Integrierer in Beispiel 3.23 für $\omega \gg d/J$ das eines Zweifachintegrierers. Selbstverständlich kann auch dieses Zeitverhalten für entsprechende Aufgaben praktisch genutzt werden. Ebenso lassen sich Proportionalglieder mit Verzögerung als Zeitglieder verwenden, so das P-T_1-Glied als Integrierer für Kreisfrequenzen $\omega \gg 1/T$ oder das überkritisch gedämpfte P-T_2-Glied als Integrierer für Kreisfrequenzen

$1/T_1 \ll \omega \ll 1/T_2$ und als Zweifachintegrierer für Kreisfrequenzen $\omega \gg 1/T_2$ (s. Bild **3.68**). Insbesondere beim P-T$_1$-Glied macht man von dieser Möglichkeit praktisch häufig Gebrauch.

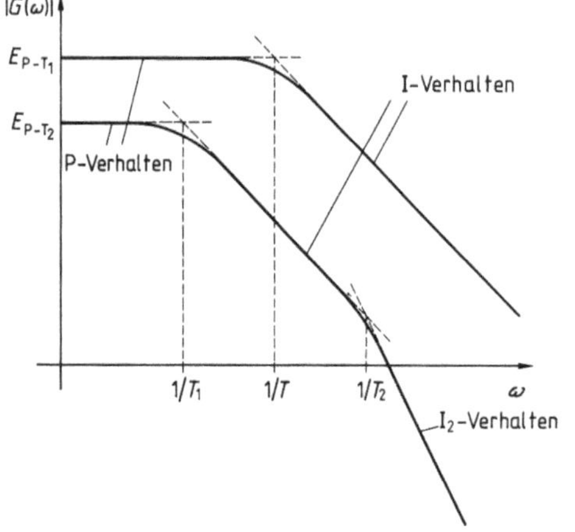

3.68
Amplitudengang des P-T$_1$-Gliedes und eines überkritisch gedämpften P-T$_2$-Gliedes (Darstellung im doppeltlogarithmischen Maßstab)

3.3.1.6 Spektrale dynamische Empfindlichkeit von Meßgliedern mit und ohne Ausgleich. Von einem linearen dynamischen System wird ein stationäres, sinusförmiges Eingangssignal $u(t) = \hat{u}\cos(\omega t + \varphi_\mathrm{u})$ in ein stationäres, sinusförmiges Ausgangssignal $y(t) = \hat{y}\cos(\omega t + \varphi_\mathrm{y})$ gleicher Frequenz abgebildet. Die Amplituden $\hat{u}(\omega)$, $\hat{y}(\omega)$ bzw. die Effektivwerte $\tilde{u}(\omega)$, $\tilde{y}(\omega)$ und die Nullphasenwinkel $\varphi_\mathrm{u}(\omega)$, $\varphi_\mathrm{y}(\omega)$ der Signale sind über den Betrag

$$|G(\omega)| = \frac{\hat{y}(\omega)}{\hat{u}(\omega)} = \frac{\tilde{y}(\omega)}{\tilde{u}(\omega)} \tag{3.60}$$

und den Phasenwinkel

$$\varphi(\omega) = \arg G(\omega) = \varphi_\mathrm{y}(\omega) - \varphi_\mathrm{u}(\omega) \tag{3.61}$$

des Frequenzganges $G(\omega)$ miteinander verknüpft (s. Abschn. 4.2.1.3). Gl. (3.60) und (3.61) können zusammengefaßt werden, indem man Ein- und Ausgangssignal $u(t)$ und $y(t)$ durch komplexe Festzeiger $\underline{\hat{u}}(\omega)$ und $\underline{\hat{y}}(\omega)$ symbolisiert. Nach den Regeln der komplexen Schwingungsrechnung gilt dann

$$\underline{G}(\omega) = \frac{\underline{\hat{y}}(\omega)}{\underline{\hat{u}}(\omega)} = \frac{|\underline{\hat{y}}(\omega)|\exp[\mathrm{j}\varphi_\mathrm{y}(\omega)]}{|\underline{\hat{u}}(\hat{\omega})|\exp[\mathrm{j}\varphi_\mathrm{u}(\omega)]}, \tag{3.62}$$

worin $\underline{G}(\omega) \equiv G(+|\omega|)$ als frequenzabhängiger komplexer Übertragungsfaktor des Systems deutbar ist. Demnach beschreibt der Frequenzgang $G(\omega)$ eines Meßgliedes für positive Kreisfrequenzen ω eine nach Betrag und Phasenwinkel eindeutige frequenzabhängige Zuordnung zwischen stationären, sinusförmigen Signalen am Eingang und am Ausgang dieses Gliedes, unabhängig davon, ob es sich um ein System mit oder ohne Ausgleich handelt. Man könnte $G(\omega)$ deshalb auch als spektrale dynamische Empfindlichkeit des Meßgliedes für stationäre Sinussignale bezeichnen, wobei zu beachten ist, daß $G(\omega)$ für $\omega \neq 0$ im allgemeinen eine komplexe Größe ist, die nicht die Augenblickswerte $u(t)$ und $y(t)$ von Eingangs- und Ausgangssignal miteinander verknüpft, sondern deren Parameter Amplitude (oder Effektivwert) und Nullphasenwinkel.

Bei einem Meßglied mit Ausgleich (vgl. Abschn. 3.3.1.3) geht $G(\omega)$ für $\omega \to 0$ in die statische Empfindlichkeit E dieses Gliedes über.

3.3.2 Meßfehler dynamischer Systeme

Nach der Einleitung zu Abschn. 3.3 weichen die in einer Meßeinrichtung entstehenden Fehler aufgrund dynamischer Wirkungen von den in Abschn. 3.2.2 betrachteten statischen Meßfehlern ab, wenn die Meßeinrichtung ein dynamisches System darstellt, was praktisch immer als gegeben anzunehmen ist, und außerdem die Meß- und/oder Störsignale sich – gemessen an der Größe der vorhandenen Systemträgheiten – entsprechend schnell zeitlich ändern.

Wie in Abschn. 3.2.2 ist auch hier zu unterscheiden zwischen Eigenfehlern aufgrund nichtidealer Eigenschaften der Meßeinrichtung unter Referenzbedingungen, superponierenden Einflußeffekten und deformierenden Einflußeffekten.

Die Fehler infolge zeitveränderlicher deformierender Einflußgrößen bewirken eine zeitliche Änderung der Systemeigenschaften, wodurch die Meßeinrichtung die Eigenschaften eines Systems mit zeitveränderlichen Parametern annimmt, auf dessen Behandlung wegen des mathematischen Aufwandes verzichtet werden muß. Häufig ändern sich die Einflußgrößen aber so langsam, daß sie für die Dauer eines einzelnen Meßvorganges als konstant angenommen werden können, so daß wohl ihre absoluten Niveaus als Einflußparameter, nicht aber ihre zeitlichen Änderungen berücksichtigt werden müssen. Die Betrachtung wird dadurch auf die eines Systems mit zeitkonstanten Parametern zurückgeführt, was beispielsweise fast immer hinsichtlich des Temperatureinflusses zulässig ist. Bei anderen, schneller zeitveränderlichen Einflußgrößen, z. B. störenden elektrischen oder magnetischen Wechselfeldern, ist dies natürlich i. allg. nicht der Fall. Gegenüber solchen Einflußgrößen sind die Systemeigenschaften aber häufig wenig empfindlich, so daß die Einflußeffekte vernachlässigbar klein bleiben.

Eigenfehler und superponierende Einflußeffekte entstehen aus grundlegend verschiedenen Ursachen, und sie hängen deshalb auch in unterschiedlicher Weise von den Eigenschaften der Meßanordnung ab. Die für den statischen Betrieb wesentlichen Unterschiede sind in Abschn. 3.2.2 erläutert, für den dynamischen Betrieb sind zusätzlich folgende zu beachten:

Der dynamische Eigenfehler ist eine Folge unerwünschter Veränderungen, welche die Zeitfunktion des Meßsignals bei der Übertragung durch das Meßsystem infolge der Trägheiten des Systems erfährt. Die Abweichung zwischen dem fehlerhaften Ausgangssignal und dem (fehlerfreien) Nennausgangssignal hängt sowohl vom zeitlichen Verlauf des Meßsignals ab als auch von den dynamischen Eigenschaften der Meßeinrichtung. Der dynamische Eigenfehler verschwindet, wenn das Meßsignal zeitkonstant ist oder/und die Meßeinrichtung sich wie ein statisches System verhält.

Superponierende Einflußeffekte entstehen dagegen unabhängig von absoluter Größe und/oder zeitlichem Verlauf des Meßsignals immer dann, wenn Störgrößen vorhanden sind, deren Wirkungen sich als additive Signale dem Meßsignal überlagern können, und wenn die Meßeinrichtung auf die betreffenden Störgrößen empfindlich ist. Die Zeiteigenschaften der Störgrößen und die dynamischen Übertragungseigenschaften der Meßeinrichtung spielen hierbei eine wichtige Rolle, da von ihnen letztlich die Störempfindlichkeit der Meßeinrichtung abhängt. Im übrigen aber bestehen zwischen statischer und dynamischer Betriebsweise keine grundsätzlichen, sondern nur graduelle Unterschiede, d.h., von den Speichereigenschaften der Meßeinrichtung hängt es i. allg. wohl ab, mit welcher Größe sich ein zeitveränderlicher, superponierender Einflußeffekt ausbildet, nicht aber, ob er sich überhaupt ausbilden kann.

Die Ursachen des Eigenfehlers einer Meßeinrichtung und des superponierenden Einflußeffektes sind also voneinander unabhängig. Bei Linearität der Meßeinrichtung können die Fehler daher auch unabhängig voneinander analytisch bestimmt werden. Hierbei ist zu berücksichtigen, daß für Meß- und Störsignal i. allg. unterschiedliche Übertragungsfunktionen maßgebend sind, da das Störsignal im allgemeinen Fall an einer anderen Stelle in die Meßeinrichtung eintritt als das Meßgrößensignal. Für die Ketten- und die Kreisstruktur sind die maßgebenden Übertragungsfunktionen in Tafel **3**.69 angegeben, die für eine Parallelstruktur gültigen folgen daraus sinngemäß.

Nach der Definition von Gl. (3.2) ist der Fehler $f_y(t)\ \circ\!\!-\!\!-\!\!\bullet\ F_y(p)$ am Ausgang einer Meßeinrichtung oder eines Meßgliedes im Zeitbereich

$$f_y(t) = y(t) - y_N(t) \tag{3.63}$$

und im Frequenzbereich

$$F_y(p) = Y(p) - Y_N(p), \tag{3.64}$$

worin $y(t)\ \circ\!\!-\!\!-\!\!\bullet\ Y(p)$ das fehlerhafte Ausgangssignal und $y_N(t)\ \circ\!\!-\!\!-\!\!\bullet\ Y_N(p)$ das fiktive, fehlerfreie Nennausgangssignal bedeuten (vgl. Bild **3**.3).

Das Ausgangssignal $Y(p)$ setzt sich aus zwei Komponenten zusammen, dem auf den Ausgang übertragenen Eingangssignal

$$Y_u(p) = G(p)\, U(p)\ ^1) \tag{3.65}$$

---

[1]) Das Ausgangssignal $y(t)\ \circ\!\!-\!\!-\!\!\bullet\ Y(p)$ erhält den Index u oder z im folgenden nur, wenn Verwechselungen zu befürchten sind.

Tafel **3.69** Übertragung von Nutz- und Störsignal auf den Ausgang einer Meßeinrichtung

	Kettenstruktur	Kreisstruktur
Signalflußplan	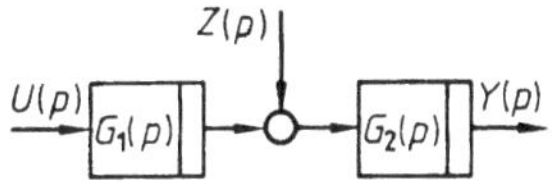	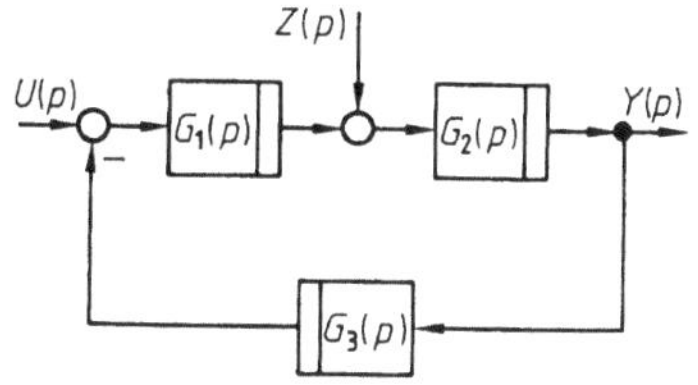
Übertragungs-funktion für das Meß-größensignal $u(t) \circ\!\!-\!\!\!\bullet\, U(p)$	$\begin{aligned} G(p) &= \dfrac{Y_{\mathrm{u}}(p)}{U(p)} \\[2mm] &= G_1(p)\,G_2(p) \end{aligned}$	$\begin{aligned} G(p) &= \dfrac{Y_{\mathrm{u}}(p)}{U(p)} \\[2mm] &= \dfrac{G_1(p)\,G_2(p)}{1+G_1(p)\,G_2(p)\,G_3(p)} \end{aligned}$
Übertragungs-funktion für das Störsignal $z(t) \circ\!\!-\!\!\!\bullet\, Z(p)$	$\begin{aligned} G_{\mathrm{z}}(p) &= \dfrac{Y_{\mathrm{z}}(p)}{Z(p)} \\[2mm] &= G_2(p) \\[2mm] &= \dfrac{G(p)}{G_1(p)} \end{aligned}$	$\begin{aligned} G_{\mathrm{z}}(p) &= \dfrac{Y_{\mathrm{z}}(p)}{Z(p)} \\[2mm] &= \dfrac{G_2(p)}{1+G_1(p)\,G_2(p)\,G_3(p)} \\[2mm] &= \dfrac{G(p)}{G_1(p)} \end{aligned}$
Ausgangssignal $y(t) \circ\!\!-\!\!\!\bullet\, Y(p)$	$\begin{aligned} Y(p) &= Y_{\mathrm{u}}(p)+Y_{\mathrm{z}}(p) \\ &= G(p)\,U(p)+G_{\mathrm{z}}(p)\,Z(p) \end{aligned}$	$\begin{aligned} Y(p) &= Y_{\mathrm{u}}(p)+Y_{\mathrm{z}}(p) \\ &= G(p)\,U(p)+G_{\mathrm{z}}(p)\,Z(p) \end{aligned}$

und dem superponierenden Einflußeffekt

$$Y_{\mathrm{z}}(p) = G_{\mathrm{z}}(p)\,Z(p)\ {}^{1)}. \tag{3.66}$$

Als Nennausgangssignal

$$Y_{\mathrm{N}}(p) = G_{\mathrm{N}}(p)\,U(p) \tag{3.67}$$

ist das eines fiktiven Meßgliedes einzusetzen, das die gewünschten Übertragungseigenschaften des Meßgliedes in idealer, fehlerfreier Weise realisiert. Hierin sind (vgl. Tafel **3.69**) $G(p)$ die Übertragungsfunktion des Meßgliedes, $G_{\mathrm{z}}(p)$ die Störungsübertragungsfunktion des Meßgliedes, $G_{\mathrm{N}}(p)$ die Übertragungsfunktion, die das Meßglied haben soll (Nennübertragungsfunktion),

$g(t)$, $g_z(t)$, $g_N(t)$ die Gewichtsfunktionen und $h(t)$, $h_z(t)$, $h_N(t)$ die Übergangsfunktionen zu diesen Übertragungsfunktionen.

Ausführlicher geschrieben gilt für den Meßfehler nach Gl. (3.64) somit

$$F_y(p) = Y_u(p) + Y_z(p) - Y_N(p)$$

und

$$F_y(p) = [G(p) - G_N(p)]\,U(p) + G_z(p)\,Z(p). \tag{3.68}$$

Nach Abschn. 3.1.1.3 folgt daraus der auf den Eingang des Meßgliedes bezogene Fehler

$$F_u(p) = \frac{F_y(p)}{G_N(p)} = \left[\frac{G(p)}{G_N(p)} - 1\right] U(p) + \frac{G_z(p)}{G_N(p)}\,Z(p) \tag{3.69}$$

durch Division mit der Nennübertragungsfunktion $G_N(p)$. In Gl. (3.68) und (3.69) beschreiben der erste Summand den Eigenfehler des Meßgliedes und der zweite Summand den superponierenden Einflußeffekt.

3.3.2.1 Eigenfehler. Der durch nichtideale dynamische Eigenschaften verursachte spektrale Fehler am Ausgang des Meßgliedes ist nach Gl. (3.68)

$$F_{uy}(p) = [G(p) - G_N(p)]\,U(p), \tag{3.70}$$

auf die Eingangsseite umgerechnet ist er nach Gl. (3.69)

$$F_{uu}(p) = \left[\frac{G(p)}{G_N(p)} - 1\right] U(p). \tag{3.71}$$

Bezieht man den spektralen Fehler nach Gl. (3.69) auf die Laplace-Transformierte $U(p)$ des Eingangssignals, so erhält man die Fehlerübertragungsfunktion[1]

$$G_F(p) = \frac{F_{uu}(p)}{U(p)} = \frac{G(p)}{G_N(p)} - 1, \tag{3.72}$$

deren praktische Aussage durch Bild **3.70** verdeutlicht wird.

Da als Ergebnis eines Meßvorganges i. allg. das Ausgangssignal und nicht das Eingangssignal bekannt ist, kann Gl. (3.70) in der Form

$$F_{uy}(p) = \left[1 - \frac{G_N(p)}{G(p)}\right] Y(p), \tag{3.73}$$

zweckmäßiger sein, die man durch Einsetzen von $U(p) = Y(p)/G(p)$ erhält.

---

[1]) Um Mißverständnissen vorzubeugen, sei unter Hinweis auf die Rechenregeln der Laplace-Transformation angemerkt, daß $G_F(p)$ nicht gleich der Laplace-Transformierten des relativen Fehlers $f_{uu}(t)/u(t)$ ist.

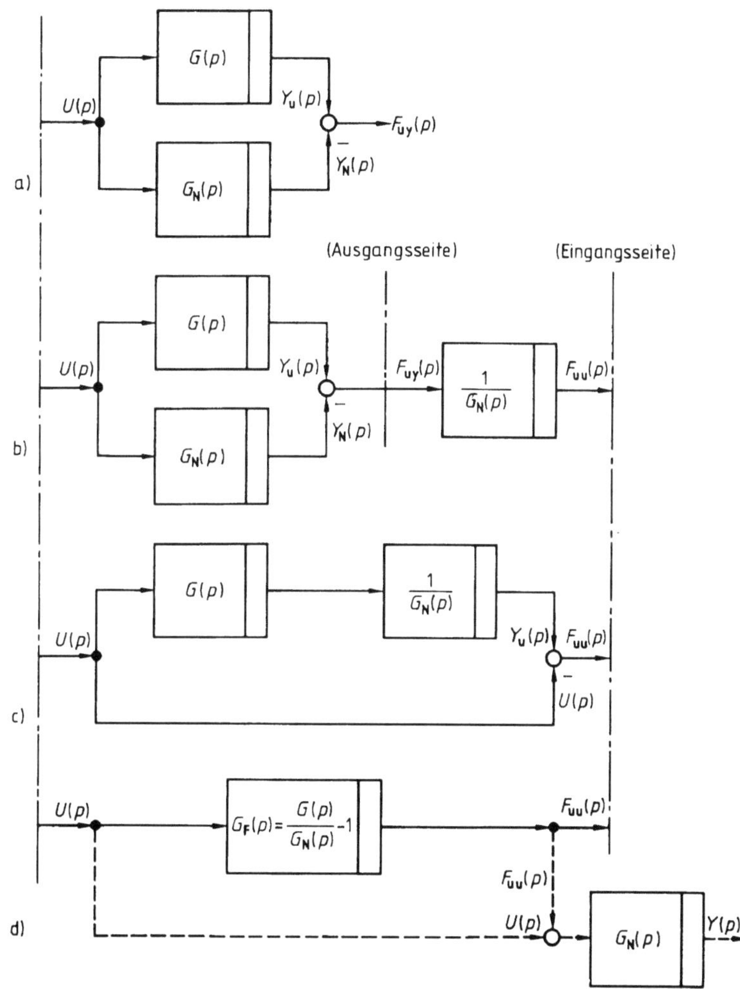

3.70 Zum Begriff der Fehlerübertragungsfunktion $G_F(p)$
- a) Signalflußplan zur Definition des auf die Ausgangsseite bezogenen spektralen Fehlers $F_{uy}(p)$
- b) Reduktion des Fehlers $F_{uy}(p)$ auf die Eingangsseite des Meßgliedes durch Multiplikation mit der reziproken Nennübertragungsfunktion $1/G_N(p)$
- c), d) Zusammenfassung des fiktiven Fehlerübertragungssystems in b) zu einem resultierenden fiktiven Übertragungsglied mit der Übertragungsfunktion $G_F(p)$

Im Zeitbereich ermittelt man den Fehler nach Gl. (3.70) über das Faltungsintegral

$$f_{uy}(t) = \int_{-0}^{t} u(\tau)[g(t-\tau) - g_N(t-\tau)]\,d\tau. \tag{3.74}$$

Bei zeitkonstantem Eingangssignal $u = u_-$ und nach Abklingen aller Ausgleichsvorgänge geht dann der Fehler in den statischen Fehler

$$f_{\mathrm{u\,y\,stat}} = \lim_{p \to 0} p\,F_{\mathrm{u\,y}}(p) = [G(0) - G_{\mathrm{N}}(0)]u_- = (E - E_{\mathrm{N}})u_- \qquad (3.75)$$

über, der bei statisch fehlerfreiem, linearem Meßglied ($E = E_{\mathrm{N}}$) den Wert Null annimmt. Hierbei sind $G(0) = E$ die statische Empfindlichkeit des Meßgliedes (Steigung der ausgegebenen statischen Kennlinie nach Abschn. 1.5.2.1 und 3.3.1.3) und $G_{\mathrm{N}}(0) = E_{\mathrm{N}}$ die statische Nennempfindlichkeit des Meßgliedes (Steigung der statischen Nennkennlinie nach Abschn. 3.2.2.1).

Nach Gl. (3.70) und (3.74) hängt der Eigenfehler sowohl von den dynamischen Systemeigenschaften als auch von den Zeit- bzw. Frequenzeigenschaften des Eingangssignals ab und kann ohne Kenntnis beider nicht angegeben oder auch nur abgeschätzt werden. Als Beispiele sind in Tafel **3.**71 die Verläufe des fehlerfreien und fehlerbehafteten Ausgangssignals eines Proportionalgliedes mit Verzögerung 1. Ordnung bzw. mit Totzeit (Laufzeit) für verschiedene Zeitfunktionen des Eingangssignals zusammengestellt. Jede Änderung des Eingangssignals hat somit einen dynamischen Fehler zur Folge. Ständig sich ändernde Eingangssignale werden in Ausgangssignale abgebildet, die zu jeder Zeit mit einem dynamischen Fehler behaftet sind, außer zu denjenigen diskreten Zeitpunkten, in denen die – noch nicht abgeklungenen – dynamischen Reaktionen des Systems auf unterschiedlich weit zurückliegende, einander entgegengerichtete Eingangssignaländerungen sich gegenseitig gerade aufheben (s. rechte Spalte in Tafel **3.**71). Der dynamische Fehler klingt nur dann mit der Zeit gegen Null – bzw. gegen den statischen Fehler f_{stat} – ab, wenn nach einer vorübergehenden Änderung des Eingangssignals dieses anschließend hinreichend lange zeitkonstant bleibt (s. linke Spalte in Tafel **3.**71).

Hieraus ist zu schließen (vgl. Abschn. 3.3.1.1), daß zeitveränderliche Meßgrößensignale form- und zeitgetreu nur mit Meßeinrichtungen hinreichend genau erfaßbar sind, deren Trägheiten in bezug auf die Änderungsgeschwindigkeiten des Meßgrößensignals vernachlässigbar sind. Man erkennt aber auch, daß durch Systemträgheiten, die sich in einer reinen Totzeit (Laufzeit) T_{T} äußern, die Form des Ausgangssignals nicht verfälscht wird. Verschiebt man nämlich in der zweiten Zeile der Tafel **3.**71 das Nennausgangssignal um die Systemtotzeit T_{T} nach rechts, so kommt es zur Deckung mit dem realen Ausgangssignal $y(t)$, und die Abweichung zwischen diesen beiden Kurvenverläufen wird zu jedem Zeitpunkt und für jede beliebige Zeitfunktion des Eingangssignals Null. Eine solche Signalabbildung durch das Meßglied ist zwar nicht mehr zeitgetreu, da das Ausgangssignal im Vergleich zu seinem Eingangssignal um die Totzeit T_{T} verspätet auftritt, wohl aber formgetreu. Beschränkt sich die Meßaufgabe auf die formgetreue Darstellung des Eingangssignals, dann erfolgt die Messung mit einem nur totzeitbehafteten Meßglied auch dynamisch fehlerfrei. Echte Totzeiten treten praktisch zwar nicht allzu häufig auf (abgesehen von Laufzeiteffekten wie im Elektronenstrahloszilloskop). Von großer

Tafel **3.71** Ausgangssignale $y(t)$ und Eigenfehler $f_{uy}(t)$ eines Proportionalgliedes mit Verzögerung 1. Ordnung bzw. mit Totzeit (Laufzeit) bei verschiedenen Zeitfunktionen des Eingangssignals

	Sprungfunktion	Anstiegsfunktion	Sinusfunktion
P-T$_1$-Glied $G_{P\text{-}T_1}(p) = E\,\dfrac{1}{1+pT}$	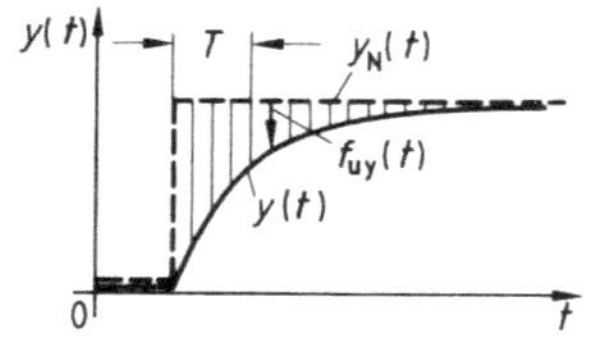	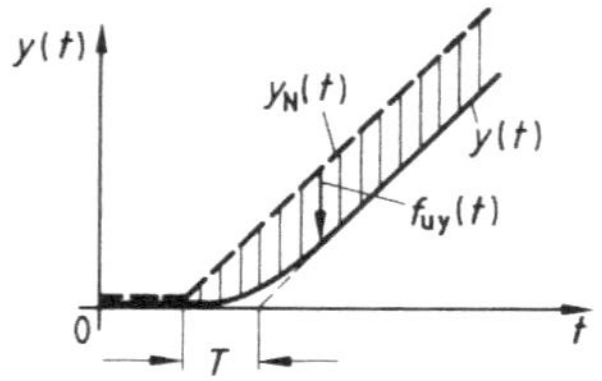	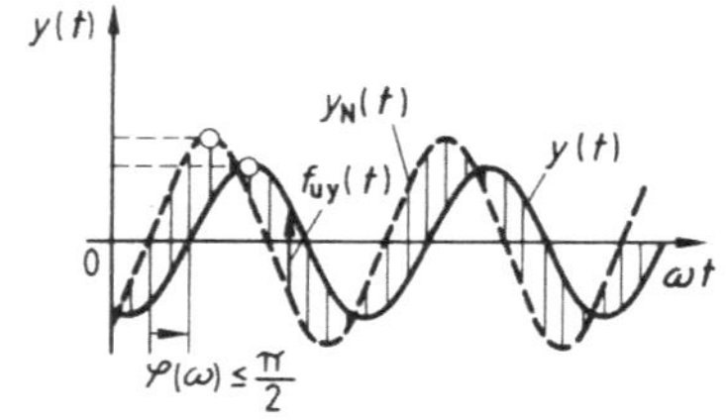
T$_T$-Glied $G_{T_T}(p) = E\exp(-p\,T_T)$	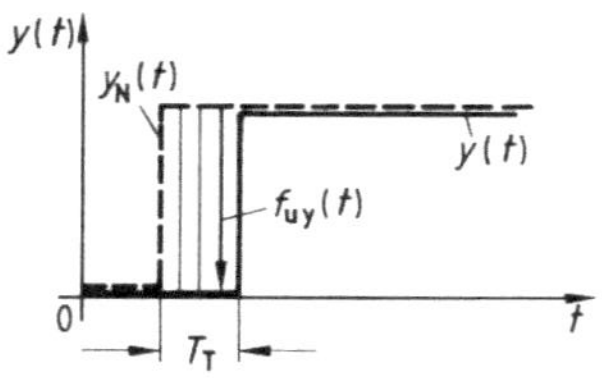	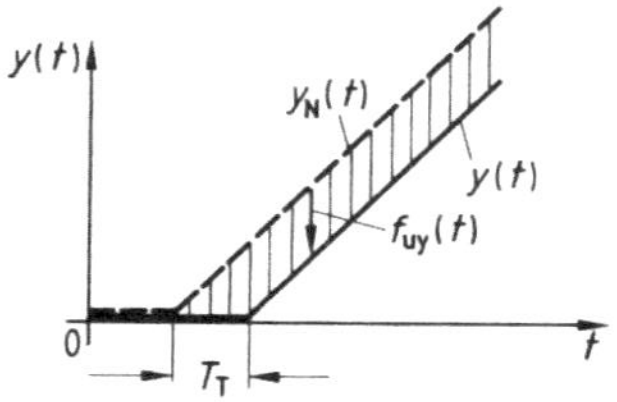	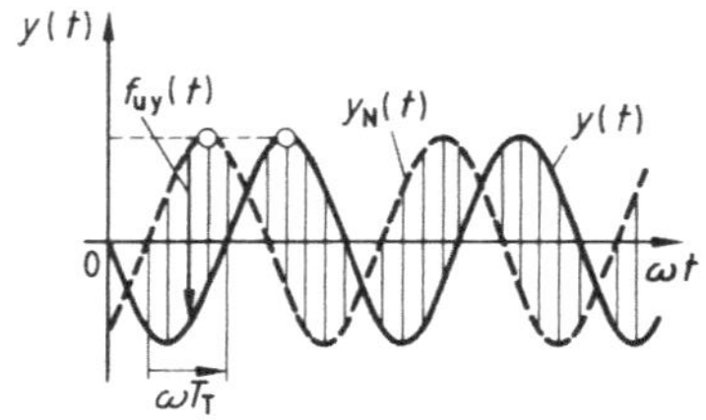

praktischer Bedeutung ist aber die Möglichkeit, die dynamischen Eigenschaften eines trägheitsbehafteten Meßgliedes durch Parameteroptimierung denen eines Totzeitgliedes anzunähern (vgl. Abschn. 3.3.1.1 und 3.3.3.2), wodurch der Frequenzbereich, in dem dieses Meßglied zur formgetreuen Signaldarstellung geeignet ist, u. U. bedeutend erweitert wird.

Die vorstehend erwähnten und in Abschn. 3.3.1.1 ausführlicher erläuterten Unterschiede in der Aufgabenstellung müssen natürlich bei der Festlegung der Nennübertragungsfunktion $G_N(p)$ berücksichtigt werden, die man der quantitativen Auswertung obiger Fehlerdefinitionen zugrundelegt. Diejenige Übertragungsfunktion gilt als Nennübertragungsfunktion, die das für die Aufgabenstellung angestrebte und durch diese eindeutig definierte Idealverhalten des Meßgliedes beschreibt. Dies ist bei dem Mantelthermoelement aus Beispiel 3.19 die Übertragungsfunktion des idealen Proportionalgliedes, die gleich dessen Nennempfindlichkeit E_N ist, bei dem verzögerten Differenzierer aus Beispiel 3.22 die Übertragungsfunktion $G_D(p) = p\,T_D$ eines idealen Differenzierers und bei dem Integrationsgalvanometer aus Beispiel 3.23 die Übertragungsfunktion $G_I(p) = 1/(p\,T_I)$ eines idealen Integrierers, wenn eine form- und zeitgetreue Signaldarstellung angestrebt wird. Genügt dagegen eine formgetreue Signaldarstellung, darf sich das Ausgangssignal um eine beliebige Totzeit T_T verspäten, ohne daß dies als fehlerhaft gewertet wird. Formal wird diese zulässige Signalverspätung um T_T zweckmäßig durch einen Faktor $\exp(-p\,T_T)$ in der Nennübertragungsfunktion berücksichtigt, d. h., im Fall eines Differenzierers würde die Nennübertragungsfunktion $p\,T_D \exp(-p\,T_T)$ statt $p\,T_D$ lauten.

Für T_T ist selbstverständlich die wirkliche Totzeit des betreffenden Meßgliedes einzusetzen und nicht irgendeine beliebige. Die Frage, welches diese wirkliche Totzeit ist, läßt sich in Fällen echter Totzeitglieder zweifelsfrei klären, z. B. bei dem Elektronenstrahloszilloskop, dessen Totzeit eine als Laufzeit eindeutig definierte Größe ist. Anders ist es aber bei Verzögerungsgliedern, d. h. unechten Totzeitgliedern, die nur in einem endlich breiten Frequenzbereich mit unscharfen Bandgrenzen näherungsweise die Eigenschaft eines Totzeitgliedes (mit der Ersatztotzeit T_{TE}) aufweisen, z. B. dem P-T$_1$-Glied in Tafel **3.71**. Anschaulich könnte die Ersatztotzeit T_{TE} in diesem Fall als diejenige Zeit definiert werden, um die das Nennausgangssignal $y_N(t)$ in Tafel **3.71**, obere Zeile, nach rechts zu verschieben ist, damit dessen Abweichung von dem realen Ausgangssignal $y(t)$ im Mittel möglichst klein wird, wobei die Bedingung im Mittel möglichst klein wiederum noch näher definiert werden müßte.

Praktisch ist es häufig möglich und ausreichend, als Ersatztotzeit T_{TE} die in Abschn. 3.3.1.2 definierte mittlere Totzeit T_{Tm} zu verwenden. Um sie zu bestimmen, spaltet man entsprechend Bild **3.72** von der Übertragungsfunktion $G(p)$ des Meßgliedes zunächst eine Nennübertragungsfunktion der form- und zeitgetreuen Signalübertragung $G_N'(p)$ ohne Totzeit ab und erhält mit $G_{RF}'(p) = G(p)/G_N'(p)$ die Übertragungsfunktion eines Restgliedes, das nur die

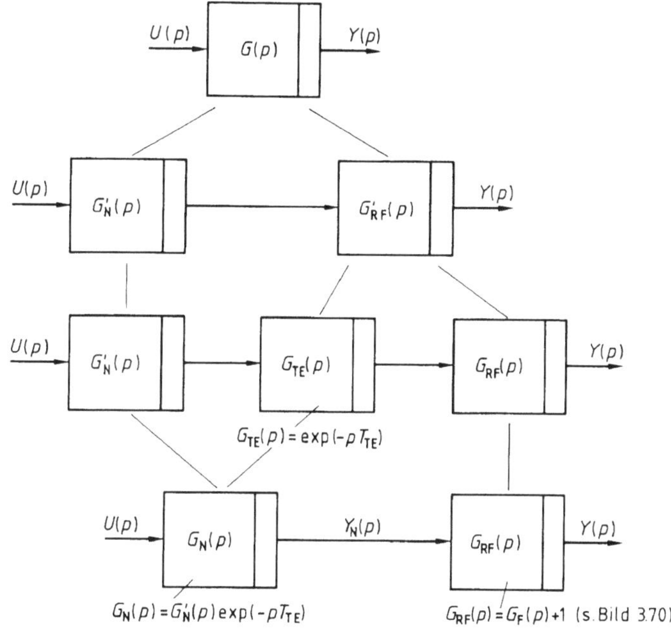

3.72 Zur Bestimmung der Nennübertragungsfunktion eines formgetreu übertragenden Meßgliedes
$G'_{\mathrm{N}}(p)$ Übertragungsfunktion des idealen, form- und zeitgetreu übertragenden Meßgliedes
$G_{\mathrm{N}}(p)$ Übertragungsfunktion des idealen, formgetreu übertragenden Meßgliedes

Trägheits- und Fehlereigenschaften des Meßgliedes repräsentiert. $G'_{\mathrm{RF}}(p)$ ist in vielen praktisch wichtigen Fällen die Übertragungsfunktion eines Tiefpaßsystems mit Verzögerung n-ter Ordnung (P-T_n-Glied) oder kann durch eine solche angenähert werden, d. h., die mittlere Totzeit T_{Tm} kann nach Abschn. 3.3.1.2 aus der Anfangssteigung der Phasenkennlinie bestimmt werden. Die Nennübertragungsfunktion ist dann durch $G_{\mathrm{N}}(p) = G'_{\mathrm{N}}(p)\exp(-p\,T_{\mathrm{Tm}})$ gegeben.

Die nach dieser Methode ermittelte Ersatztotzeit $T_{\mathrm{TE}} = T_{\mathrm{Tm}}$ ist nur als ein mittlerer Wert über einen größeren Frequenzbereich um $\omega = 0$ anzusehen und berücksichtigt keine resonanzartigen Erscheinungen. Umfaßt das Meßsignal nur eine diskrete Frequenz oder nur ein die Frequenz Null nicht enthaltendes schmales Frequenzband, bestimmt man die Ersatztotzeit T_{TE} zweckmäßiger aus der Steigung derjenigen durch den Koordinatenursprung verlaufenden linearen Phasenkennlinie, die sich mit der Phasenkennlinie des Restgliedes $G'_{\mathrm{RF}}(p)$ in dem durch das Meßsignal ausgenutzten Frequenzbereich möglichst gut zur Deckung bringen läßt.

Im Beispiel der Tafel **3.71**, obere Zeile, erkennt man deutlich, daß das P-T_1-Glied für die Anstiegsfunktion und die Sinusfunktion laufzeitähnliche Eigenschaften hat. Verschiebt man z. B. die unverzögert angenommene Anstiegsantwort $y_N(t)$ um die Zeitkonstante T des P-T_1-Gliedes nach rechts, so wird der dynamische Fehler für $t \gg T$ vernachlässigbar klein. T ist aber gerade die aus der Anfangstangente der Phasenkennlinie bestimmte mittlere Totzeit T_{Tm} des P-T_1-Gliedes. Oder der Fehler der Sinusantwort reduziert sich auf den Amplitudenfehler, wenn als Nennausgangssignal das um die Zeit $T_{TE} = \varphi(\omega)/\omega$ verzögerte Signal $y_N(t)$ angenommen wird (ω Kreisfrequenz der Sinusgröße, $\varphi(\omega)$ Phasenwinkel des P-T_1-Gliedes bei dieser Frequenz).

Amplituden- und Phasenfehler. Nach Abschn. 3.3.1.6 wird ein stationäres, sinusförmiges Eingangssignal $u(t)$ von einem linearen dynamischen System in ein stationäres, sinusförmiges Ausgangssignal $y(t)$ der gleichen Frequenz abgebildet. Der Eigenfehler $f_{uy}(t) = y(t) - y_N(t)$ verläuft dann ebenfalls sinusförmig mit dieser Frequenz; er kann deshalb auch komplex

$$\hat{\underline{f}}_{uy}(\omega) = \hat{\underline{y}}(\omega) - \hat{\underline{y}}_N(\omega) = [\underline{G}(\omega) - \underline{G}_N(\omega)]\hat{u} \tag{3.76}$$

geschrieben werden, worin $\underline{G}(\omega)$ den komplexen Frequenzgang und $\underline{G}_N(\omega)$ den komplexen Nennfrequenzgang des Meßgliedes bedeuten.

Gegenüber einer **form- und zeitgetreuen** Abbildung des Eingangssignals tritt somit ein Fehler auf, der häufig getrennt nach

Amplitudenfehler (algebraischer Unterschied der Amplituden)

$$\Delta\hat{y} = \hat{y} - \hat{y}_N = [|\underline{G}(\omega)| - |\underline{G}_N(\omega)|]\hat{u} \tag{3.77}$$

und **Phasenfehler** (algebraischer Unterschied der Nullphasenwinkel)

$$\Delta\varphi = \varphi_y - \varphi_{yN} = \arg\underline{G}(\omega) - \arg\underline{G}_N(\omega) \tag{3.78}$$

angegeben wird. Zu beachten ist, daß Gl. (3.77) nicht die Amplitude und Gl. (3.78) nicht den Nullphasenwinkel des durch Gl. (3.76) beschriebenen sinusförmigen Fehler angibt.

Nach Tafel **3.**71 tritt gegenüber einer **formgetreuen** Abbildung des Eingangssignals nur der Amplitudenfehler nach Gl. (3.77) in Erscheinung, d. h., daß in diesem Fall Gl. (3.78) unberücksichtigt bleiben kann.

3.3.2.2 Superponierende Einflußeffekte. Der durch ein **deterministisches** Störsignal $z(t) \circ\!\!-\!\!\bullet Z(p)$ verursachte Fehler am Ausgang des Meßgliedes ist nach Gl. (3.68) im **Frequenzbereich**

$$F_{zy}(p) = G_z(p)Z(p) \tag{3.79}$$

und im **Zeitbereich**

$$f_{zy}(t) = \int_{-0}^{t} z(\tau)g_z(t-\tau)\,d\tau. \tag{3.80}$$

Ist das Störsignal zeitkonstant ($z=z_-$), so geht der nach Gl. (3.79) bzw. (3.80) ermittelte dynamische Einflußeffekt in den statischen Einflußeffekt

$$f_{zy\,\text{stat}} = E_z z_- \tag{3.81}$$

über, der im allgemeinen ungleich Null ist.

Bei der Abschätzung dieser Fehlerkomponente ist zu beachten, daß die für sie maßgebende Übertragungsfunktion $G_z(p)$ bzw. Gewichtsfunktion $g_z(t)$ vom Ort innerhalb der Meßeinrichtung abhängt, an dem das Störsignal $z(t)$ angreift (s. Tafel **3**.69). Manchmal wird dieses zusammen mit dem Meßgrößensignal schon am Eingang der Meßeinrichtung aufgenommen; dann ist die Störungsübertragungsfunktion $G_z(p)$ gleich der Übertragungsfunktion $G(p)$ für das Meßsignal.

Hat man es mit rauschähnlichen Störungen zu tun, dann ist das Störsignal ein nur statistisch zu beschreibendes stochastisches (Zufalls-)Signal, dessen Zeit- bzw. Frequenzeigenschaften durch die Autokorrelationsfunktion $\varphi_z(\tau)$ bzw. durch die Leistungsspektralfunktion $\phi_z(\omega)$ und dessen Amplitudeneigenschaften durch die Wahrscheinlichkeitsdichte $p(z)$ bzw. die Verteilungsfunktion $P(z)$ gekennzeichnet werden [48].

Ein stochastisches Störsignal $z(t)$, das die Autokorrelationsfunktion $\varphi_z(\tau)$ und die Leistungsspektralfunktion $\phi_z(\omega)$ hat, verursacht am Ausgang des Meßgliedes einen Fehler $f_{zy}(t)$ mit der Autokorrelationsfunktion

$$\varphi_{f\,zy}(\tau) = \int\limits_{-\infty}^{\infty} \int\limits_{-\infty}^{\infty} g_z(\xi) g_z(\eta) \varphi_z(\tau+\xi-\eta)\, d\xi\, d\eta \tag{3.82}$$

und der Leistungsspektralfunktion

$$\phi_{f\,zy}(\omega) = |G_z(\omega)|^2 \phi_z(\omega), \tag{3.83}$$

wobei $\varphi(\tau) \circ\!\!-\!\!\bullet\, \phi(\omega)$ wechselseitige Fourier-Transformierte sind [39].

Hierin sind $|G_z(\omega)|$ der Betrag des Frequenzganges $G_z(\omega)$ zur Störungsübertragungsfunktion $G_z(p) \bullet\!\!-\!\!\circ\, g_z(t)$ und τ die unabhängige Verzögerungsvariable (Zeitverschiebung) der Autokorrelationsfunktion.

Zwischen Anfangswert $\varphi_z(0)$ bzw. Endwert $\varphi_z(\infty)$ der Autokorrelationsfunktion, Mittelwert $\overline{z(t)}$ bzw. Effektivwert $\tilde{z}$ der Zeitfunktion und Erwartungswert (Mittelwert der Grundgesamtheit) μ_z bzw. Streuung (Quadrat der Standardabweichung der Grundgesamtheit) σ_z^2 der Amplitudenverteilung eines stochastischen Störsignals $z(t)$ bestehen die allgemeingültigen Zusammenhänge [30]

$$\varphi_z(0) = \overline{z^2(t)} = \tilde{z}^2 = \sigma_z^2 + \mu_z^2, \tag{3.84}$$

$$\varphi_z(\infty) = \overline{z(t)}^2 = \mu_z^2, \tag{3.85}$$

oder

$$\mu_z^2 = \varphi_z(\infty) \tag{3.86}$$

$$\sigma_z^2 = \varphi_z(0) - \varphi_z(\infty), \tag{3.87}$$

die entsprechend auch für das von $z(t)$ verursachte Fehlersignal $f_{zy}(t)$ gelten.

Mit diesen Beziehungen ist der zeitliche Mittelwert $\overline{f_{zy}(t)}$ und der Effektivwert $\tilde{f}_{zy}$ des Fehlersignals $f_{zy}(t)$ am Ausgang des Meßgliedes im Prinzip bestimmbar, sofern die Autokorrelationsfunktion bzw. die Leistungsspektralfunktion des Störsignals $z(t)$ bekannt sind.

Die Augenblickswerte des Fehlersignals lassen sich explizit nicht angeben, sondern es sind nach [48] nur Aussagen über die Wahrscheinlichkeit des Auftretens von $f_{zy}(t)$ innerhalb bestimmter Amplitudenintervalle (Vertrauensbereiche) oder des Über- bzw. Unterschreitens bestimmter Amplitudengrenzwerte (Vertrauensgrenzen) möglich (s. Abschn. 2.3.2.4) und dies auch nur dann, wenn außer den Zeit- bzw. den Frequenzeigenschaften auch noch die Amplitudeneigenschaften des Störsignals $z(t)$ bekannt sind. Dies ist bei den praktisch vorkommenden Störungen nur selten der Fall. Erfahrungsgemäß gelangt man aber meist zu befriedigenden Abschätzungen, wenn man eine Normalverteilung (s. Abschn. 2.3.3) der Störsignalamplituden annimmt, die durch Erwartungswert und Streuung, also durch Anfangs- und Endwert der Autokorrelationsfunktion, vollständig bestimmt sind. Da ein normalverteiltes Eingangssignal eines linearen Systems ein ebenfalls normalverteiltes Ausgangssignal zu Folge hat [39], kann dann auch für den Fehler eine Normalverteilung angenommen werden.

Beispiel 3.24. Auf den Eingang des in Bild 3.73 a,b dargestellten RC-Tiefpasses, der als Mittelwertbildner oder als einfaches Filter verwendet wird, wirke neben dem (nicht gezeichneten) Meßsignal eine normalverteilte stochastische Störspannung $u_{Rq}(t)$ ein. Ihr Mittelwert sei $\overline{u_{Rq}(t)} = 0$ und ihre Leistungsspektralfunktion $\phi_{Rq}(\omega)$ sei über einen sehr breiten Frequenzbereich konstant gleich ϕ_{Rq0}. Wie groß sind die Effektivwerte der Eingangs- und der Ausgangsstörspannung, und wie groß muß die Kapazität C bei gegebenem Widerstand R gewählt werden, damit die Ausgangsstörspannung $u_R(t)$ betragsmäßig höchstens während 5% der Betriebszeit größer als ein vorgegebener Wert $u_{R\,max}$ ist?

Da das Störsignal als mittelwertfrei ($\overline{u_{Rq}} = 0$) vorausgesetzt ist, gilt für das Eingangs- wie für das Ausgangsstörsignal nach Gl. (3.87) $\sigma^2 = \varphi(0)$, wobei $\varphi(0)$ nach der Umkehrformel der Fourier-Transformation [48] durch das Integral

$$\varphi(0) = \frac{1}{2\pi} \int\limits_{-\infty}^{+\infty} \phi(\omega)\,d\omega \tag{3.88}$$

bestimmt ist. Das heißt, daß das Effektivwertquadrat des Störsignals proportional der Fläche unter der Kurve der zugehörigen Leistungsspektralfunktion $\phi(\omega)$ ist (Bild 3.73 c und e).

Der Effektivwert des Eingangssignals $u_{Rq}(t)$ kann nicht angegeben werden, da der genaue Verlauf der Leistungsspektralfunktion $\phi_{Rq}(\omega)$ für große Werte von ω nach der Aufgabenstellung nicht bekannt ist. Sicher ist die Bandbreite dieses Signals aber endlich, da sonst die Fläche unter der Kurve und mit ihr der Effektivwert der Störspannung unendlich groß sein würde, was physikalisch nicht möglich ist.

Unter der Voraussetzung einer gegen die Eingangssignal-Bandbreite kleinen Durchlaß-Bandbreite des RC-Gliedes ergibt sich für den Effektivwert des Ausgangssignals nach Gl. (3.88) und (3.83)

$$\tilde{u}_R^2 = \sigma_R^2 = \varphi_R(0) = \frac{1}{2\pi} \int\limits_{-\infty}^{+\infty} \phi_{Rq0}\,|G_z(\omega)|^2\,d\omega, \tag{3.89}$$

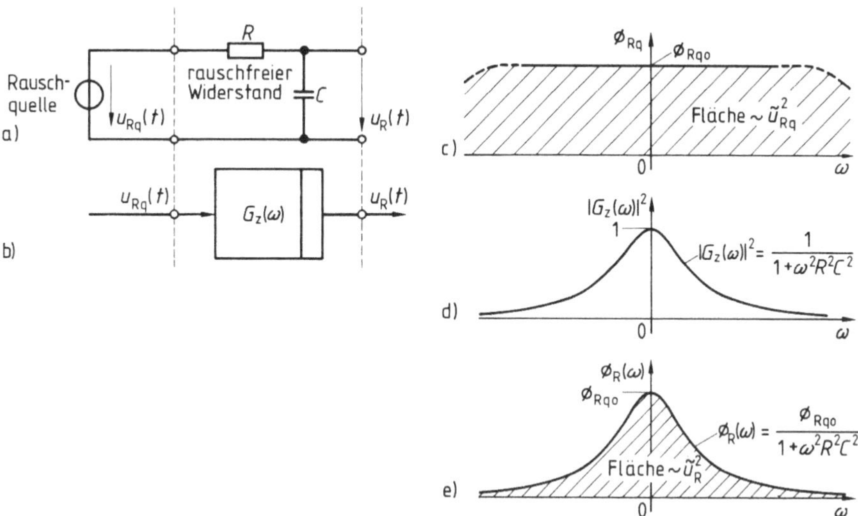

3.73 Übertragung eines breitbandigen Rauschsignals über einen RC-Tiefpaß
    a) Ersatzschaltung
    b) Signalflußplan
    c) Leistungsspektraldichte des Eingangs-Rauschsignals
    d) Betragsquadrat des Frequenzganges des RC-Gliedes
    e) Leistungsspektraldichte des Ausgangs-Rauschsignals

mit $G_z(\omega) = 1/(1 + j\omega C R)$ also

$$\tilde{u}_R^2 = \frac{\phi_{Rq0}}{2CR}. \tag{3.90}$$

Mit diesem Ergebnis könnte auch das Eigenrauschen des RC-Gliedes aufgrund des Widerstandsrauschens von R selbst bestimmt werden. Die Eingangsgröße $u_{Rq}(t)$ wäre dann als die Rauschspannung des Widerstandes R aufzufassen, deren Leistungsspektralfunktion nach [4] mit der Boltzmann-Konstante $k = 1{,}38 \cdot 10^{-23}$ Ws/K und der absoluten Temperatur t_T bis zu sehr hohen Frequenzen den konstanten Wert $\phi_{Rq0} = 2 k t_T R$ hat. Am Ausgang des RC-Gliedes würde sich dann der von R unabhängige Wert $\tilde{u}_R^2 = k t_T / C$ einstellen.

Soll nun der Betrag $|u_R(t)|$ des normalverteilten Zufallssignals $u_R(t)$ (Mittelwert $\mu_R = 0$) den Grenzwert (Vertrauensgrenze) $u_{R\,max}$ höchstens mit der Wahrscheinlichkeit $P = 5\%$ überschreiten – also mit mindestens 95% Wahrscheinlichkeit unter diesem Grenzwert liegen –, so ergibt sich mit den bezogenen Vertrauensgrenzen nach Gl. (2.52) $z_{G1/2} = (\pm u_{R\,max} - \mu_R)/\sigma_R = \pm u_{R\,max}/\sigma_R$ entsprechend Gl. (2.54)

$$w(-u_{R\,max} < u_R(t) \leqq +u_{R\,max}) = P(z_{G2}) - P(z_{G1}) = 0{,}95.$$

Mit $P(-z_G) = 1 - P(+z_G)$ kann für $P(z_G) = (1 + 0{,}95)/2$ aus Tafel A.3 $z_G = 1{,}96$ abgelesen werden, so daß sich die Bedingung $u_{R\,max} \geqq 1{,}96\,\sigma_R$ oder mit $\sigma_R = \tilde{u}_R$ die Bedingung $\tilde{u}_R \leqq u_{R\,max}/1{,}96$ ergibt, die nach Gl. (3.90) mit einer Kapazität

$$C \geqq \frac{\phi_{Rq0}}{2R} \left(\frac{1{,}96}{u_{R\,max}} \right)^2$$

erfüllt wird.

3.3.2.3 Parameterempfindlichkeit der Kenngrößen. Die Meßeigenschaften eines Systems werden durch K e n n f u n k t i o n e n und K e n n g r ö ß e n (Kennwerte) beschrieben, die ihrerseits von den P a r a m e t e r n des Systems abhängen. Beispielsweise ist die Übertragungsfunktion $G(p)$ nach Gl. (3.48) eine spektrale K e n n f u n k t i o n, die Kreisfrequenzen ω_0, ω_e und der Dämpfungsgrad D sind spektrale K e n n g r ö ß e n des in Beispiel 3.20 beschriebenen Feder-Masse-Dämpfung-Systems. Der Verlauf dieser Kennfunktionen und die Kennwerte hängen von den S y s t e m p a r a m e t e r n Drehfedersteife c_d, Massenträgheitsmoment J und Dämpfungskonstante d ab. Ändern sich die Systemparameter infolge d e f o r m i e r e n d e r   E i n f l u ß g r ö ß e n, z.B. infolge einer Änderung der Temperatur oder des Luftdruckes, so sind hiervon mittelbar auch die Kennfunktionen und die Kenngrößen betroffen, und zwar in einem von ihren P a r a m e t e r e m p f i n d l i c h k e i t e n abhängigen Maß.

Unter Parameterempfindlichkeit versteht man in diesem Zusammenhang die Änderung einer Systemkennfunktion oder einer -kenngröße, bezogen auf die sie verursachende Änderung des Systemparameters. Praktisch begnügt man sich meist damit, diese Empfindlichkeit für K e n n g r ö ß e n zu bestimmen.

Die wichtigsten Begriffe seien an dem Beispiel der Eigenkreisfrequenz

$$\omega_e = \omega_0 \sqrt{1 - D^2} = \sqrt{\frac{c_d}{J}\left(1 - \frac{d^2}{4Jc_d}\right)}$$

des Feder-Masse-Dämpfung-Systems erläutert, wobei kleine Abweichungen Δc_d, ΔJ, Δd von den Werten c_{d1}, J_1, d_1 der Parameter in einem Arbeitspunkt 1 betrachtet werden.

In Näherung kann dann für die Änderung $\Delta\omega_e$ der Eigenkreisfrequenz ω_e

$$\Delta\omega_e \approx \left[\frac{\partial\omega_e}{\partial c_d}\right]_{c_{d1},J_1,d_1} \cdot \Delta c_d + \left[\frac{\partial\omega_e}{\partial J}\right]_{c_{d1},J_1,d_1} \cdot \Delta J + \left[\frac{\partial\omega_e}{\partial d}\right]_{c_{d1},J_1,d_1} \cdot \Delta d \quad (3.91)$$

bzw. für ihre auf die Kreisfrequenz ω_{e1} im Arbeitspunkt bezogene Änderung

$$\frac{\Delta\omega_e}{\omega_{e1}} \approx \left[\frac{\partial(\omega_e/\omega_{e1})}{\partial(c_d/c_{d1})}\right]_{c_{d1},J_1,d_1} \cdot \left(\frac{\Delta c_d}{c_{d1}}\right) + \left[\frac{\partial(\omega_e/\omega_{e1})}{\partial(J/J_1)}\right]_{c_{d1},J_1,d_1} \cdot \left(\frac{\Delta J}{J_1}\right)$$

$$+ \left[\frac{\partial(\omega_e/\omega_{e1})}{\partial(d/d_1)}\right]_{c_{d1},J_1,d_1} \cdot \left(\frac{\Delta d}{d_1}\right) \quad (3.92)$$

angegeben werden. Als P a r a m e t e r e m p f i n d l i c h k e i t e n bezeichnet man die partiellen Ableitungen

$$\left[\frac{\partial\omega_e}{\partial c_d}\right]_{c_{d1},J_1,d_1}, \quad \left[\frac{\partial\omega_e}{\partial J}\right]_{c_{d1},J_1,d_1}, \quad \left[\frac{\partial\omega_e}{\partial d}\right]_{c_{d1},J_1,d_1} \quad (3.93)$$

der Kenngrößen nach dem betreffenden Parameter bzw. als r e l a t i v e P a r a m e t e r e m p f i n d l i c h k e i t e n die auf die Werte des Arbeitspunktes bezogenen partiellen Ableitungen

$$\left[\frac{\partial(\omega_e/\omega_{e1})}{\partial(c_d/c_{d1})}\right]_{c_{d1},J_1,d_1}, \quad \left[\frac{\partial(\omega_e/\omega_{e1})}{\partial(J/J_1)}\right]_{c_{d1},J_1,d_1}, \quad \left[\frac{\partial(\omega_e/\omega_{e1})}{\partial(d/d_1)}\right]_{c_{d1},J_1,d_1}. \tag{3.94}$$

Beispielsweise ergibt sich für die relative Empfindlichkeit der Eigenkreisfrequenz bezüglich des Parameters Drehfedersteife c_d im Arbeitspunkt *1* der Ausdruck $d(\omega_e/\omega_{e1})/d(c_d/c_{d1}) = c_{d1}/(2J_1\omega_{e1}^2)$. Eine Änderung der Drehfedersteife um z. B. 5% hätte also eine Änderung der Eigenkreisfrequenz um $5\% \cdot c_{d1}/(2J_1\omega_{e1}^2) = 2,5\%/[1 - d_1^2/(4J_1c_{d1})]$ zur Folge.

3.3.3 Auswahl- und Optimierungskriterien für dynamische Meßglieder

Nach Abschn. 3.3.1 und 3.3.2 entstehen dynamische Fehler durch das Zusammenwirken von Signal- und Systemeigenschaften. Daher kann die Güte einer Meßeinrichtung in dynamischer Hinsicht auch nicht losgelöst von der speziellen Meßaufgabe als absolute Größe beurteilt werden. Beispielsweise ist eine Meßeinrichtung, die verhältnismäßig langsam zeitveränderliche aperiodische Signale mit geringster zeitlicher Nacheilung abbilden soll, sicher nicht gleich gut zur Messung der Kurvenform periodischer Signale über einen größeren Frequenzbereich geeignet, oder eine hohe Empfindlichkeit eines Meßgliedes für hochfrequente Meßsignale ist i. allg. unvereinbar mit geringer Empfindlichkeit für superponierende Rauschstörungen usw. Es werden daher an der Meßaufgabe orientierte Kriterien (Gütekriterien) benötigt, die einen Vergleich der dynamischen Eignung verschiedener Meßeinrichtungen über ihre Systemparameter ermöglichen, nach denen gegebenenfalls aber auch die Parameteroptimierung bei der Projektierung einer Meßeinrichtung erfolgen kann. Derartige Kriterien können sich sowohl auf das Eigenverhalten eines Meßgliedes als auch auf seine Störempfindlichkeit beziehen, und es kann sein, daß sich unter verschiedenen, gleichzeitig zu beachtenden Gesichtspunkten einander widersprechende Forderungen an die Eigenschaften des Meßgliedes ergeben, so daß Kompromisse eingegangen werden müssen. Diese Fragen zusammenhängend in theoretischer Strenge zu behandeln, ist hier nicht möglich. Beispielhaft werden daher im folgenden nur Meßeigenschaften einfacher Meßglieder mit Ausgleich im Hinblick auf geringe dynamische Eigenfehler untersucht.

Bezüglich der praktischen Wahlmöglichkeit der Systemparameter beim Entwurf einer Meßeinrichtung ist folgendes anzumerken:

Die Größenordnungen der Energiespeicher (Trägheiten) einer Meßeinrichtung sind in der Regel durch Meßprinzip, Meßbereich und die vorgesehene gerätetechnische Ausführung (mechanische Empfindlichkeit, Bedienungsaufwand, Wartungsbedürftigkeit, Kosten, usw.) vorgegeben. Somit besteht für die Parameteroptimierung nur ein verhältnismäßig kleiner Spielraum, der allerdings davon abhängt, ob die Trägheiten des betrachteten Systems mehr parasitärer Art sind oder eine durch das Meßprinzip bedingte Eigenschaft darstellen.

Im ersten Fall, z. B. bei einem im Grundsatz immer kapazitäts- und induktivitätsbehafteten ohmschen Widerstand als Strom-Spannung-Umformer, lassen sich die magnetischen und elektrischen Speichereigenschaften durch geeignete Formgebung, Materialwahl usw. des Meßgliedes oft so klein halten, daß die Systemträgheiten erst bei sehr schnellen, außerhalb der Meßaufgabe liegenden Signaländerungen störend bemerkbar werden. Dagegen sind im zweiten Fall die Trägheiten häufig – durch die praktische Realisierung des Meßprinzips bestimmt – nicht oder nur sehr eingeschränkt beeinflußbar. Beispielsweise muß die Drehfedersteife c_d einer Spiralfeder als Drehmoment-Drehwinkel-Umformer eines Meßinstrumentes mit Skalenanzeige entsprechend der geforderten statischen Empfindlichkeit $E = \alpha/m_a = 1/c_d$ gewählt werden (s. Beispiel 3.20), wodurch aber gleichzeitig auch die Größe des durch die Drehfeder repräsentierten statischen Energiespeichers bestimmt ist. Die Systemzeitkonstanten können dann nur durch Wahl eines anderen Gerätetyps oder eines anderen Meßprinzips deutlich gesenkt werden, z. B. durch den Übergang vom elektromechanischen Meßinstrument mit Skalenanzeige zum Flüssigkeitsstrahloszilloskop (Konstruktionsprinzip) oder zum Elektronenstrahloszilloskop (Meßprinzip). Eine größere Freiheit der Wahl besteht meist in bezug auf die Systemwiderstände (Dämpfung) sowohl für den Konstrukteur einer Meßeinrichtung, z. B. durch die Bemessung der Dämpfungskammer eines Dreheisenmeßinstrumentes, als auch für den Anwender, z. B. durch Anpassung der Stromkreisdämpfung eines Lichtstrahl-(Spiegel-)Galvanometers. Insbesondere elektronische Meßeinrichtungen sind häufig mit einer Dämpfungseinstellung ausgestattet oder können leicht nachträglich mit ihr ausgerüstet werden.
Die weitaus häufigste Aufgabe für den praktischen Meßtechniker besteht weniger in der Optimierung der Systemparameter einer bestimmten Meßeinrichtung als in der Auswahl der für sein Meßproblem überhaupt oder optimal geeigneten Meßeinrichtung, d. h. einer Meßeinrichtung, deren konstruktiv festliegende Parameter weitgehend mit den für die vorliegende spezielle Meßaufgabe erforderlichen übereinstimmen. Aber auch hierzu bedarf es einer näheren Erläuterung, was unter optimaler Parameterabstimmung zu verstehen ist.
Anknüpfend an die grundlegenden Betrachtungen in Abschn. 3.3.1.1 sind in Bild **3.**74 die Auswahl- bzw. Optimierungskriterien in allgemeiner Form, nach praktisch wichtigen Signalklassen geordnet, zusammengestellt.
Meßvorgänge mit zeitdiskreter Signalabbildung sind nach Abschn. 3.3.1.1 auf die Grundaufgabe zurückführbar, ein zur Zeit t_0 eingeschaltetes zeitkonstantes Eingangssignal eines vorher energielosen Meßgliedes innerhalb einer vorgegebenen Einstellzeit T_a in den Endwert des Ausgangssignals abzubilden (linker Zweig in Bild **3.**74). Die maximal verfügbare Einstellzeit ist bei formgetreuer Abbildung durch die Einschaltdauer des Eingangssignals begrenzt, z. B. bei Abtastverfahren entsprechend Bild **3.**47 durch die Haltezeit T_H des Abtast-Halte-Gliedes (Pulsdauer), bei form- und zeitgetreuer Abbildung dagegen durch die im Einzelfall maximal zulässige Zeitverzögerung T_v des Ausgangssignals (vgl. Tafel **3.**45 d), die meist klein gegen die Pulsdauer ist.

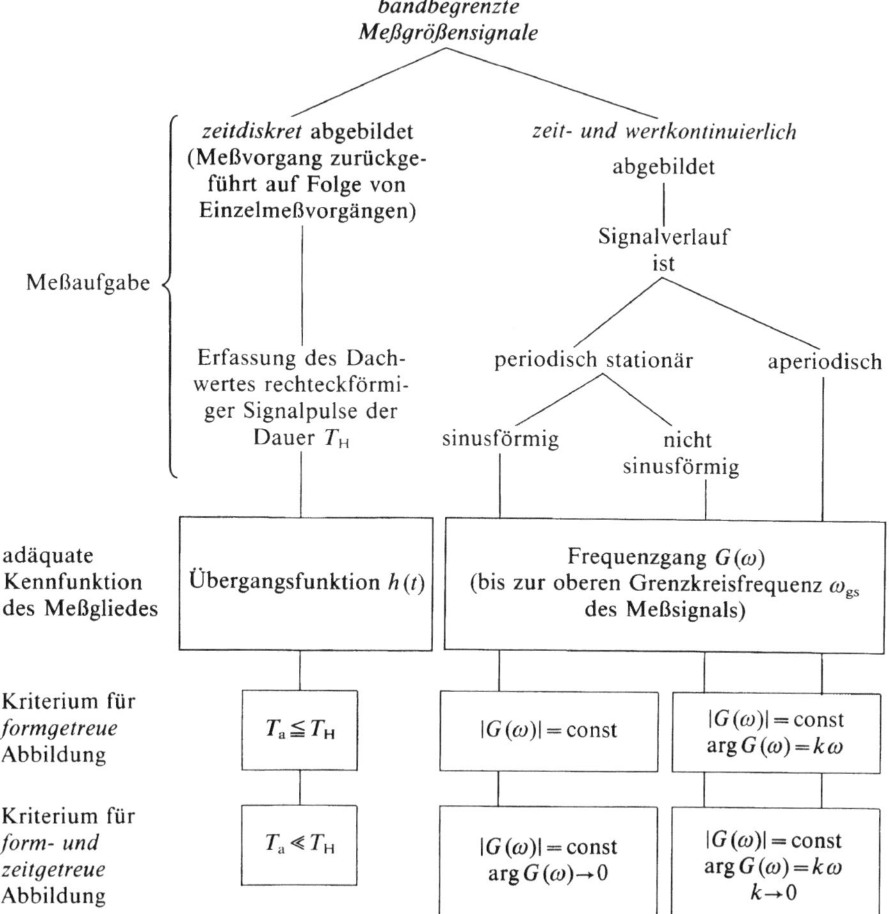

3.74 Auswahlkriterien für dynamische Meßglieder

Die für diese Betriebsart maßgebenden Zeiteigenschaften eines Meßgliedes sind unmittelbar aus seiner Übergangsfunktion $h(t) = y(t)/u_\infty$ nach Bild **1.48** ablesbar. Die Übergangsfunktion soll sich möglichst schnell bzw. mit wenigen Überschwingungen auf ihren Endwert einstellen, d.h., es sollen die Systemträgheiten hinreichend klein und bei Systemen mit schwingender Einstellung die Systemeigenschwingungen optimal gedämpft sein.

Die Meßeigenschaften zeit- und wertkontinuierlich messender Einrichtungen werden zweckmäßig im Frequenzbereich diskutiert, entsprechend dem rechten Zweig in Bild **3.74**. Es ergeben sich, nach steigenden Anforderungen gestaffelt, folgende Kriterien:

a) Konstanter Amplitudengang bis zur höchsten Signalkreisfrequenz ω_{gs}

$$|G(\omega)| = \text{const}, \qquad 0 \leq \omega \leq \omega_{gs}$$

Mit dieser Forderung kann man sich häufig bei Meßeinrichtungen für sinusförmige Meßgrößensignale begnügen, die formgetreu über einen größeren Frequenzbereich erfaßt werden sollen, z. B. bei der Aufnahme des Frequenzganges dynamischer Systeme mit getrennter Betrags- und Phasenwinkelmessung.

b) Konstanter Amplituden- und linearer Phasengang bis zur höchsten Signalkreisfrequenz ω_{gs}

$$\left.\begin{array}{l} |G(\omega)| = \mathrm{const} \\ \varphi(\omega) = \arg G(\omega) = T_T\omega \end{array}\right\} \; 0 \leq \omega \leq \omega_{gs}$$

Ein Meßglied mit diesen Eigenschaften verhält sich für Signalfrequenzen bis ω_{gs} wie ein Totzeitglied mit der Totzeit (Laufzeit) T_T, d. h., auf ω_{gs} bandbegrenzte nichtsinusförmige periodische oder aperiodische Signale werden formgetreu abgebildet.

c) Konstanter Amplituden- und verschwindender Phasengang bis zur höchsten Signalkreisfrequenz ω_{gs}

$$\left.\begin{array}{l} |G(\omega)| = \mathrm{const} \\ \varphi(\omega) = \arg G(\omega) = T_T\omega; \;\; T_T \to 0 \end{array}\right\} \; 0 \leq \omega \leq \omega_{gs}$$

Über die Forderung b) hinausgehend muß zur form- und zeitgetreuen Signalabbildung die Totzeit T_T des Meßgliedes so klein wie möglich sein, was auch für bandbegrenzte Signale prinzipiell nur angenähert erreichbar ist.

Im folgenden werden einige Hinweise zur praktischen Auswertung dieser allgemeinen Kriterien gegeben.

3.3.3.1 Optimierung nach Zeiteigenschaften (Übergangsfunktion).

Bei Proportionalgliedern mit Verzögerung 1. und 2. Ordnung lassen sich die Anforderungen an die Systemparameter direkt aus der Gleichung der Übergangsfunktion herleiten. Für Glieder höherer Ordnung, deren Übergangsfunktion mathematisch komplizierter und nicht mehr explizit nach den gesuchten Parametern auflösbar ist, existieren allgemeiner formulierte Kriterien, die den Verlauf der Übergangsfunktion nach bestimmten Gesichtspunkten bewerten, z. B. hinsichtlich des linearen oder quadratischen Fehlerintegrals, woraus sich Forderungen an die Systemparameter ableiten lassen. Im folgenden wird nur eines dieser Kriterien angeführt, im übrigen sei auf die regelungstechnische Literatur, z. B. [5], [7], [22], verwiesen.

P-T₁-Glied. Die Zeiteigenschaften des P-T_1-Gliedes werden durch die Zeitkonstante T vollständig beschrieben. Von ihr hängt die Schnelligkeit (quantitativer Verlauf) ab, mit der das Ausgangssignal einem Sprung des Eingangssignals folgt, nicht aber der qualitative Verlauf (Kurvenform) des Ausgleichsvorganges. Die Aufgabe der Optimierung reduziert sich also auf die Auswahl eines Meßgliedes, dessen Zeitkonstante eine für die Meßaufgabe zweckmäßige Größe hat. Dazu ist die Kenntnis folgender Zusammenhänge von Nutzen:

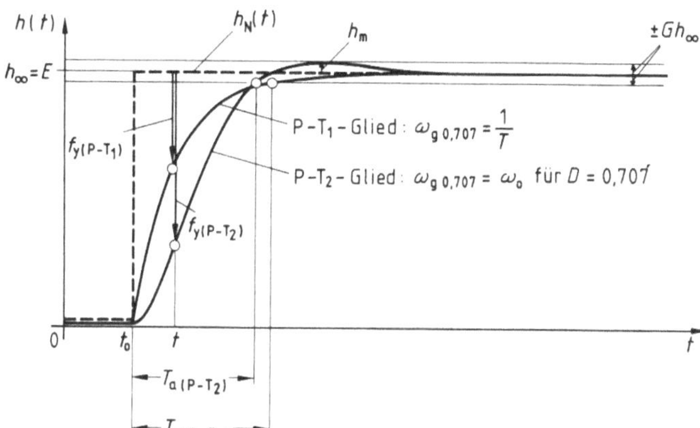

3.75
Übergangsfunktion eines P-T₁- und eines P-T₂-Gliedes gleicher Grenzkreisfrequenz $\omega_{g\,0,707}$

Die Übergangsfunktion $h(t)$ verläuft nach einer e-Funktion (s. Bild **3.**56 und Bild **3.**75). Eine vereinbarte Grenze $(1-G)h_\infty$ wird nach der Einstellzeit (s. Abschn. 1.5.2.2)

$$T_a = T \ln(1/G) \tag{3.95}$$

erreicht, die in diesem Fall gleich der Anschwingzeit T_{an} ist. Sie beträgt z. B. für $G = 1\%$ das 4,6fache der Zeitkonstante T oder für $G = 5\%$ das 3fache.

P-T₂-Glied. Die Zeiteigenschaften des P-T₂-Gliedes werden durch zwei Systemparameter, z. B. die Kennkreisfrequenz ω_0 und den Dämpfungsgrad D, vollständig beschrieben. Je nach D stellt sich das Ausgangssignal kriechend $(D \geq 1)$ oder schwingend $(D < 1)$ auf seinen Endwert ein (s. Bild **3.**60). Die kürzeste Einstellzeit wird bei einer schwingenden Einstellung erreicht, deren Dämpfungsgrad so gewählt ist, daß die Weite h_m der ersten Überschwingung gerade schon innerhalb der vereinbarten Grenzen bleibt (s. Bild **3.**75). Aus der Bedingung $h_m = +G h_\infty$ folgt nach Gl. (3.52) der optimale Dämpfungsgrad

$$D_{opt} = \sqrt{\dfrac{1}{1 + \left(\dfrac{\pi}{\ln G}\right)^2}} \cdot \tag{3.96}$$

Zum Beispiel ist für $G = 1\%$ der Dämpfungsgrad $D = 0,83$ anzustreben oder für $G = 5\%$ der Dämpfungsgrad $D = 0,7$. Die zugehörige Einstellzeit

$$T_a \approx \dfrac{\pi - \arccos D}{\omega_0 \sqrt{1 - D^2}} \tag{3.97}$$

läßt sich näherungsweise aus dem ersten Durchgang der Übergangsfunktion $h(t)$ durch den Ordinatenwert h_∞ bestimmen.

P-T$_n$-Glieder. Ein für meßtechnische Zwecke prinzipiell recht gut geeignetes Gütekriterium zur Beurteilung des Übergangsverhaltens eines Gliedes ist das ITAE-Kriterium (integral of time-multiplied absolute value of error). Es fordert, das Integral des mit der Zeit t multiplizierten Fehlerbetrages $|f_y(t)|$ zu minimieren,

$$\int_0^\infty t\,|f_y(t)|\,\mathrm{d}t \overset{!}{=} \text{Minimum}, \tag{3.98}$$

und bewertet so den bei der Übergangsfunktion nicht beeinflußbaren Anfangsfehler $f_y(0)$ mit Null, dafür aber die später auftretenden Fehler um so höher, je länger sie andauern.

Dieses Kriterium ist jedoch schwierig zu handhaben. Von Ausnahmefällen abgesehen (s. Abschn. 3.3.3.3) muß man sich numerischer Methoden oder des Analogrechners bedienen, wenn man aus Gl. (3.98) praktische Einstellanweisungen für die Systemparameter ableiten möchte. Man weicht deshalb häufig auf die in Abschn. 3.3.3.2 erläuterten Kriterien der Frequenzgangoptimierung aus, über die wegen der zwischen Zeit- und Frequenzbereich bestehenden Zusammenhänge auch die Zeiteigenschaften in bestimmten Richtungen beeinflußbar sind.

Zur Bestimmung der Ausgleichs- und der Einstellzeit sei auf die in Abschn. 3.3.1.2 angegebenen Näherungen verwiesen. Eine besonders gute Übereinstimmung mit den tatsächlichen Werten weisen diese Näherungswerte für Systeme auf, deren Frequenzgänge die Form von Bessel-Standardfrequenzgängen haben (s. Abschn. 3.3.3.3).

3.3.3.2 Optimierung nach Frequenzeigenschaften (Amplituden- und Phasengang).

Anzustreben ist nach Abschn. 3.3.3 ein Frequenzgang $G(\omega)$, der bis zur höchsten Signalkreisfrequenz ω_{gs} einen frequenzunabhängigen Betrags- und einen frequenzproportionalen, linearen Phasenwinkelverlauf aufweist. Bei form- und zeitgetreuer Abbildung soll darüber hinaus die Phasenkennlinie möglichst flach verlaufen.

Im allgemeinen soll der Übertragungsbereich des Meßgliedes bei der Frequenz Null beginnen (Tiefpaßsystem), so daß auch Gleichgrößen übertragen werden. Dieser Fall wird im folgenden näher betrachtet. Für Meßaufgaben in der Wechselstrom- und Schwingungsmeßtechnik ist es dagegen häufig zulässig oder sogar erwünscht, daß vom Meßglied nur zeitveränderliche Signalkomponenten oberhalb einer bestimmten Grenze ω_{gu} erfaßt werden. Dann brauchen die folgenden Forderungen auch nur im Übertragungsbereich $\omega_{gu} \leqq \omega \leqq \omega_{gs}$ erfüllt zu sein. Die Phasenkennlinie (bzw. die Verlängerung der Phasenkennlinie nach unten) muß aber auch dann durch den Koordinatenursprung verlaufen, wenn eine formgetreue Signalübertragung erreicht werden soll.

Um zweckmäßige Einstellregeln für die Systemparameter zu finden, kann man verschiedene Wege einschlagen. Wegen ihrer verhältnismäßig einfachen Auswertung werden folgende bevorzugt:

a) Man zeichnet die Amplituden- und Phasenkennlinien für verschiedene Werte der frei wählbaren Systemparameter auf, wie dieses z. B. in Bild 3.59 für das P-T$_2$-Glied dargestellt ist, und wählt diejenigen Parameterwerte und Frequenzbereiche aus, für welche die Kurven obengenannte Forderungen hinreichend gut entsprechen. Praktisch ist dieses Verfahren auf Systeme mit einem frei wählbaren Parameter beschränkt, weil bei zwei und mehr Parametern die zeichnerische Kennliniendarstellung aufwendig und unübersichtlich wird.

b) Man entwickelt die Kennliniengleichungen in Potenzreihen und bestimmt die Koeffizienten dieser Reihen unter Beachtung ihrer Konvergenzbereiche so, daß obengenannte Forderungen bis zu möglichst hohen Frequenzen erfüllt werden.

Im Fall b) empfiehlt sich folgende Vorgehensweise:

Die Potenzreihen haben die Form

$$|G(\omega)| = |G(\eta)| + \frac{|G(\eta)|'}{1!}(\omega - \eta) + \frac{|G(\eta)|''}{2!}(\omega - \eta)^2 + \cdots$$

bzw.

$$\varphi(\omega) = \varphi(\eta) + \frac{\varphi'(\eta)}{1!}(\omega - \eta) + \frac{\varphi''(\eta)}{2!}(\omega - \eta)^2 + \cdots,$$

worin $|G(\eta)|'$, $|G(\eta)|''$, ... die 1., 2., ... Ableitung des Amplitudenganges $|G(\omega)|$ nach der Frequenz an der Stelle $\omega = \eta$ und $\varphi'(\eta)$, $\varphi''(\eta)$, ... die entsprechenden Ableitungen des Phasenganges $\varphi(\omega) = \arg G(\omega)$ bedeuten.

Bei Tiefpaßsystemen wählt man als Entwicklungspunkt zweckmäßig die Kreisfrequenz $\omega = 0$; dann ist $\eta = 0$ zu setzen.

Die gesuchten Einstellbedingungen ergeben sich aus der Überlegung, daß die Amplitudenkennlinie um so weiter frequenzunabhängig verläuft, je mehr der auf das konstante Glied $|G(0)|$ folgenden Glieder der Reihe verschwinden, d. h., je mehr Ableitungen $|G(0)|'$, $|G(0)|''$, ... den Wert Null annehmen. Dies stimmt gut mit der geometrischen Vorstellung überein, daß die 1. Ableitung die Steigung, die 2. Ableitung die Krümmung einer Kurve beschreibt, usw. Dementsprechend gilt für die Phasenkennlinie, deren Anfangswert bei Systemen mit Ausgleich $\varphi(0) = 0$ beträgt, daß sie bis zu um so höheren Frequenzen linear verläuft, je mehr der auf $\varphi'(0)$ folgenden Ableitungen $\varphi''(0)$, $\varphi'''(0)$, ... verschwinden. Man wird also versuchen, durch entsprechende Wahl der Systemparameter nacheinander möglichst viele Ableitungen $|G(0)|'$, $|G(0)|''$, ... bzw. $\varphi''(0)$, $\varphi'''(0)$, ... zu Null zu machen. Praktisch muß man nacheinander so viele der dadurch gewonnenen Koeffizientenbedingungen erfüllen, wie freie Systemparameter zur Verfügung stehen. Für form- und zeitgetreue Signalabbildung ist zusätzlich noch die Anfangssteilheit der Phasenkennlinie, d. h. der Koeffizient $|\varphi'(0)|$ des linearen Gliedes der Phasenkennlinie, zu minimieren.

Anschließend hat man zu prüfen, ob die Abweichungen des nach diesen Gesichtspunkten optimierten Amplituden- oder Phasenganges von der entsprechenden Idealkennlinie bis zur oberen Grenzfrequenz des Meßsignals innerhalb der im Einzelfall zulässigen Grenzen bleiben. Sollen sowohl Amplituden- als auch Phasengang optimiert werden, so muß zwischen den entsprechenden, einander i. allg. ausschließenden Koeffizientenbedingungen ein Kompromiß gefunden werden.

Die Festlegung der maximal zulässigen spektralen Amplituden- und Phasenwinkelfehler ist nicht ganz einfach, da man aus der zulässigen Fehlergrenze des Augenblickswertes, die in der Regel vorgegeben sein wird, nicht ohne weiteres auf die spektralen Fehlergrenzen schließen kann (s. Abschn. 3.3.2.1). Zweckmäßig orientiert man sich an der gewünschten Abbildungsgenauigkeit der vermuteten höchsten spektralen Signalkomponente.

Im folgenden werden die Kriterien zunächst wieder am P-T_1- und P-T_2-Glied diskutiert, bevor sie allgemeiner formuliert werden.

P-T_1-Glied. Amplituden- und Phasenkennlinie sind in Bild **3.**56 in linearem Maßstab aufgetragen, so daß die nutzbaren Frequenzbereiche unmittelbar nach der Kennlinienform zu beurteilen sind. Eine Möglichkeit zur Beeinflussung der Kennlinienform besteht nicht, da die Systemeigenschaften von nur einem Parameter, der Zeitkonstanten T, abhängen, die lediglich auf den Frequenzmaßstab Einfluß hat. Aus den in Bild **3.**56 angegebenen Kennliniengleichungen können die frequenzabhängigen Fehler oder umgekehrt aus den zulässigen Fehlern die entsprechenden Grenzfrequenzen auch analytisch leicht bestimmt werden.

P-T_2-Glied. Aus den in Bild **3.**59 aufgetragenen Frequenzkennlinien ist zu ersehen, daß außer der den Frequenzmaßstab bestimmenden Kennkreisfrequenz ω_0 des Systems als weiterer Parameter der Dämpfungsgrad D verfügbar ist, über den die Kennlinienform beeinflußt werden kann. Dem Augenschein nach verläuft der Phasengang für einen zwischen $D = 0{,}7$ und $D = 1$ liegenden, noch näher zu bestimmenden Dämpfungsgrad bis zur Kennkreisfrequenz ω_0 fast linear. Der bei $D = 0{,}7$ auftretende optimale Amplitudengang weist dagegen bereits ab $\omega \approx 0{,}5\,\omega_0$ deutlich erkennbare Abweichungen von der horizontalen Nennkennlinie auf. Offensichtlich ist die Konstanz des Amplitudenganges das schärfere Kriterium. Grob gerechnet reicht demnach der nutzbare Kreisfrequenzbereich des Systems bei formgetreuer Abbildung etwa bis zur halben Kennkreisfrequenz.

Ergibt sich aus der Meßaufgabe die Forderung, die Zeittreue der Signalabbildung um einen bestimmten Faktor zu verbessern, so hat man entsprechend $T_{Tm} = [d\varphi(\omega)/d\omega]_{\omega=0} = -2D/\omega_0$ (s. Bild **3.**59) die Kennkreisfrequenz des Systems umgekehrt proportional zu erhöhen, das heißt praktisch, ein weniger träges Meßglied auszuwählen. Die nach Bild **3.**59 bis zu einem gewissen Grad auch mögliche Verringerung der Systemdämpfung empfiehlt sich nicht, weil dadurch einerseits der amplitudenmäßig nutzbare Frequenzbereich eingeengt wird, letztlich also doch wieder die Kennkreisfrequenz des Systems erhöht werden muß. Zum anderen aber ist mit der Entdämpfung eine Resonanzüberhöhung der Amplitudenkennlinie in der Umgebung der Systemkennkreisfrequenz verbunden, wodurch höherfrequente Störsignale oder unvermutete Meßsignalkomponenten, die in diesen Frequenzbereich fallen, resonanzartig erhöht werden und erhebliche dynamische Fehler verursachen können.

Analytisch ist in folgender Weise vorzugehen: Man berechnet so viele für $\omega = 0$ nicht verschwindende Ableitungen der in Bild 3.59 angegebenen Amplituden- und Phasenwinkelgleichung, wie freie Parameter zur Verfügung stehen, in vorliegendem Fall also eine. Zur Vereinfachung der Rechnung kann statt der Amplitudengangleichung deren Quadrat betrachtet werden. Man erhält

$$\left[\frac{\mathrm{d}\,|G(\omega)|^2}{\mathrm{d}\omega}\right]_{\omega=0} = 0$$

und

$$\left[\frac{\mathrm{d}^2\,|G(\omega)|^2}{\mathrm{d}\omega^2}\right]_{\omega=0} = 4E^2(1-2D^2).$$

Durch Nullsetzen der letztgenannten Gleichung ergibt sich der für den Amplitudengang optimale Dämpfungsgrad $D_{\mathrm{opt}} = 0{,}707$ (vgl. Bild 3.59 a). Weiter gilt

$$\left[\frac{\mathrm{d}\varphi(\omega)}{\mathrm{d}\omega}\right]_{\omega=0} = -\frac{2D}{\omega_0},$$

$$\left[\frac{\mathrm{d}^2\varphi(\omega)}{\mathrm{d}\omega^2}\right]_{\omega=0} = 0$$

und

$$\left[\frac{\mathrm{d}^3\varphi(\omega)}{\mathrm{d}\omega^3}\right]_{\omega=0} = 4D(3-4D^2),$$

woraus sich die für den Phasengang optimalen Dämpfungen $D_{\mathrm{opt}\,1} = 0$ und $D_{\mathrm{opt}\,2} = 0{,}866$ ergeben (vgl. Bild 3.59 b). Praktisch wird man nur den letzten Wert in Betracht ziehen können.

P-T$_n$-Glied und allgemeines rationales Glied. Den Frequenzgang des P-T$_n$-Gliedes

$$G_{\text{P-T}_n}(\omega) = \frac{b_0}{a_0 - a_2\omega^2 + a_4\omega^4 \mp \cdots + \mathrm{j}(a_1\omega - a_3\omega^3 + a_5\omega^5 \mp \cdots)} \tag{3.99}$$

erhält man durch Einsetzen von $p = \mathrm{j}\omega$ in Gl. (3.45). Namentlich bei kompensierten Systemen (s. Abschn. 3.3.4.1) hat man es oft auch mit allgemeinen rationalen Gliedern höherer Ordnung zu tun, deren Frequenzgang

$$G(\omega) = \frac{b_0 - b_2\omega^2 + b_4\omega^4 \mp \cdots + \mathrm{j}(b_1\omega - b_3\omega^3 + b_5\omega^5 \mp \cdots)}{a_0 - a_2\omega^2 + a_4\omega^4 \mp \cdots + \mathrm{j}(a_1\omega - a_3\omega^3 + a_5\omega^5 \mp \cdots)} \tag{3.100}$$

sich aus Gl. (3.43) ergibt. In ihm ist der des P-T$_n$-Gliedes als Sonderfall für $b_i = 0$, $i \geqq 1$, enthalten.

Durch Nullsetzen der ersten und aller höheren Ableitungen des Betrages $|G(\omega)|$ bzw. der zweiten und aller höheren Ableitungen des Phasenwinkels $\varphi(\omega) = \arg G(\omega)$ des Frequenzganges erhält man die in Tafel **3.**76 und **3.**77 angegebenen Koeffizientenbedingungen, von denen man nacheinander so viele zu erfüllen versucht, wie freie Systemparameter vorhanden sind. Da man über jeden Systemparameter nur einmal verfügen kann, lassen sich – wie schon für das P-T$_2$-Glied erläutert – aber nicht sowohl die Betrags- als auch die Phasenwinkelkriterien erfüllen, so daß man im konkreten Einzelfall abwägen muß, welches der beiden Kriterien als das kritischere anzusehen ist. Bei den hier betrachteten rationalen Tiefpaßsystemen ist das in der Regel das Amplitudenkriterium, da aufgrund des durch die Hilbert-Transformation [44] beschriebenen Zusammenhanges zwischen Betrag und Phasenwinkel eines solchen Systems dem Frequenzbereich, in dem die Amplitudenkennlinie horizontal verläuft, in erster Näherung auch ein linearer Phasengang zugeordnet ist, nicht aber umgekehrt.

Man kann in bestimmten Fällen aber auch versuchen, die Anwendung der Betrags- und Phasenkriterien miteinander zu verbinden. Stehen etwa bei einem P-T$_3$-System zwei frei wählbare Parameter zur Verfügung, so lassen sich auch zwei Koeffizientenbedingungen erfüllen, beispielsweise zuerst die Betragsbedingung $A_1^2 - 2A_2 = 0$ nach Tafel **3.**76 und anschließend anstelle der zweiten Betragsbedingung $A_2^2 - 2A_1A_3 = 0$ nach Tafel **3.**76 die Phasenwinkelbedingung $A_1A_2 - 3A_3 - A_1(A_1^2 - 2A_2) = 0$ nach Tafel **3.**77. Die Phasenwinkelbedingung reduziert sich nach Befriedigung der ersten Betragsbedingung auf $A_1A_2 - 3A_3 = 0$.

Durch Tafel **3.**76 bzw. **3.**77 sind nur die Relationen der Quotienten a_1/a_0, a_2/a_0, ... und b_1/b_0, b_2/b_0, ... untereinander festgelegt. Zur Verbesserung der Zeittreue einer Signalabbildung ist zusätzlich der Betrag der Anfangssteigung der Phasenkennlinie

$$\left[\frac{\mathrm{d}\varphi(\omega)}{\mathrm{d}\omega}\right]_{\omega=0} = \frac{a_1}{a_0} - \frac{b_1}{b_0} \tag{3.101}$$

zu minimieren, womit bei P-T$_n$-Gliedern wegen $b_k/b_0 \equiv 0$ für $k \geq 1$ auch über die absolute Größe der Quotienten a_1/a_0, a_2/a_0, ... verfügt wird (s. Abschn. 3.3.3.3).

Zur weiteren Erläuterung seien vorstehende Kriterien auf das einleitend bereits ausführlich behandelte P-T$_2$-Glied angewendet:

Seine Übertragungsfunktion lautet nach Gl. (3.48)

$$G(p) = \frac{E}{1 + p\,\dfrac{2D}{\omega_0} + p^2\,\dfrac{1}{\omega_0^2}},$$

Tafel 3.76 Bedingungen für das Anschmiegen der Amplitudenkennlinie $|G(\omega)|$ eines rationalen Übertragungsgliedes in der Umgebung von $\omega = 0$ an eine frequenzunabhängige horizontale Nennkennlinie. Zur Einstellung sind nacheinander so viele Gleichungen zu erfüllen, wie freie Systemparameter zur Verfügung stehen.

Übertragungsfunktion	$G(p) = \dfrac{b_0 + b_1 p + b_2 p^2 + \cdots + b_m p^m}{a_0 + a_1 p + a_2 p^2 + \cdots + a_n p^n} = E\,\dfrac{1 + B_1 p + B_2 p^2 + \cdots + B_m p^m}{1 + A_1 p + A_2 p^2 + \cdots + A_n p^n}\;;\quad m < n$
Bedeutung der Abkürzungen	$E = \dfrac{b_0}{a_0}\;;\quad A_1 = \dfrac{a_1}{a_0}\;;\quad A_2 = \dfrac{a_2}{a_0}\;;\ \ldots\;;\quad B_1 = \dfrac{b_1}{b_0}\;;\quad B_2 = \dfrac{b_2}{b_0}\;;\ \ldots$
Koeffizienten-Bedingungen	$\begin{aligned} A_1^2 - 2A_2 &= B_1^2 - 2B_2 \\ A_2^2 - 2A_1 A_3 + 2A_4 &= B_2^2 - 2B_1 B_3 + 2B_4 \\ A_3^2 - 2A_2 A_4 + 2A_1 A_5 - 2A_6 &= B_3^2 - 2B_2 B_4 + 2B_1 B_5 - 2B_6 \\ A_4^2 - 2A_3 A_5 + 2A_2 A_6 - 2A_1 A_7 + 2A_8 &= B_4^2 - 2B_3 B_5 + 2B_2 B_6 - 2B_1 B_7 + 2B_8 \\ &\ \vdots \end{aligned}$

Tafel 3.77 Bedingungen für das Anschmiegen der Phasenkennlinie $\varphi(\omega) = \arg G(\omega)$ eines rationalen Übertragungsgliedes in der Umgebung von $\omega = 0$ an eine durch den Ursprung verlaufende lineare Nennkennlinie. Zur Einstellung sind nacheinander so viele Gleichungen zu erfüllen, wie freie Systemparameter zur Verfügung stehen.

Übertragungsfunktion	$G(p) = \dfrac{b_0 + b_1 p + b_2 p^2 + \cdots + b_m p^m}{a_0 + a_1 p + a_2 p^2 + \cdots + a_n p^n} = E\,\dfrac{1 + B_1 p + B_2 p^2 + \cdots + B_m p^m}{1 + A_1 p + A_2 p^2 + \cdots + A_n p^n}\;;\quad m < n$
Bedeutung der Abkürzungen	$E = \dfrac{b_0}{a_0}\;;\quad A_1 = \dfrac{a_1}{a_0}\;;\quad A_2 = \dfrac{a_2}{a_0}\;;\ \ldots\;;\quad B_1 = \dfrac{b_1}{b_0}\;;\quad B_2 = \dfrac{b_2}{b_0}\;;\ \ldots$
Koeffizienten-bedingungen	$\begin{aligned} A_1 A_2 - 3A_3 - A_1(A_1^2 - 2A_2) &= B_1 B_2 - 3B_3 - B_1(B_1^2 - 2B_2) \\ A_2 A_3 - 3A_1 A_4 + 5A_5 - A_1(A_2^2 - 2A_1 A_3 + 2A_4) &= B_2 B_3 - 3B_1 B_4 + 5B_5 - B_1(B_2^2 - 2B_1 B_3 + 2B_4) \\ A_3 A_4 - 3A_2 A_5 + 5A_1 A_6 - 7A_7 - A_1(A_3^2 - 2A_2 A_4 + 2A_1 A_5 - 2A_6) &= B_3 B_4 - 3B_2 B_5 + 5B_1 B_6 - 7B_7 - B_1(B_3^2 - 2B_2 B_4 + 2B_1 B_5 - 2B_6) \\ \left.\begin{aligned} A_4 A_5 - 3A_3 A_6 + 5A_2 A_7 - 7A_1 A_8 + 9A_9 - \\ -\,A_1(A_4^2 - 2A_3 A_5 + 2A_2 A_6 - 2A_1 A_7 + 2A_8) \end{aligned}\right\} &= \left\{\begin{aligned} B_4 B_5 - 3B_3 B_6 + 5B_2 B_7 - 7B_1 B_8 + 9B_9 - \\ -\,B_1(B_4^2 - 2B_3 B_5 + 2B_2 B_6 - 2B_1 B_7 + 2B_8) \end{aligned}\right. \\ &\ \vdots \end{aligned}$

woraus sich durch Vergleich mit Gl. (3.45) die Koeffizientenverhältnisse

$$\frac{b_0}{a_0} = E, \qquad \frac{a_1}{a_0} = \frac{2D}{\omega_0}, \qquad \frac{a_2}{a_0} = \frac{1}{\omega_0^2}$$

ergeben. Alle weiteren Koeffizientenverhältnisse sind identisch Null, also

$$\frac{a_i}{a_0} \equiv 0 \quad \text{für} \quad i \geqq 3, \qquad \frac{b_k}{b_0} \equiv 0 \quad \text{für} \quad k \geqq 1.$$

Die Koeffizientenbedingungen der Betragsoptimierung nach Tafel **3.**76 reduzieren sich somit auf die einzige Gleichung

$$\left(\frac{a_1}{a_0}\right)^2 - 2\frac{a_2}{a_0} = 0$$

bzw. die der Phasenoptimierung nach Tafel **3.**77 auf

$$\left(\frac{a_1}{a_0}\right)^3 - 3\frac{a_1 a_2}{a_0^2} = 0.$$

Durch sie wird der Dämpfungsgrad D des Systems auf $D = \sqrt{2}$ bei Betragsoptimierung bzw. auf $D = \sqrt{3}$ bei Phasenoptimierung festgelegt. Die Zeittreue der Signalabbildung wird nach Gl. (3.101) durch Verringerung des Verhältnisses $a_1/a_0 = 2D/\omega_0$ verbessert, was bei festliegendem Dämpfungsgrad nur durch Vergrößerung der Systemkennkreisfrequenz ω_0 möglich ist.

Die unabhängig für das P-T_2-Glied ermittelten Optimierungskriterien sind daher als Sonderfall in den allgemein formulierten Bedingungen von Tafel **3.**76, Tafel **3.**77 und Gl. (3.101) enthalten.

Bei diesem Beispiel aus der Gruppe der besonders häufig vorkommenden P-T_n-Glieder liegt insofern ein Sonderfall vor, als das mit einstellbarem Dämpfungsgrad angenommene System, das von 2. Ordnung ist ($n = 2$), ebenso viele frei wählbare Parameter hat, wie Koeffizientenbedingungen nach Tafel **3.**76 bzw. Tafel **3.**77 angegeben werden können, nämlich $n - 1 = 1$. Praktisch kommt es oft vor, daß nur weniger als $n - 1$ freie Systemparameter eines P-T_n-Gliedes zur Verfügung stehen. Dann lassen sich nicht alle $n - 1$ Koeffizientenbedingungen erfüllen, und es wird nur eine entsprechend geringere Kennlinienverbesserung erreicht. Der Verlauf der optimierten Kennlinie kann dann auch nicht in allgemeingültiger Form angegeben werden, sondern muß in jedem Einzelfall unter Berücksichtigung der konkret vorliegenden Systemparameter separat ermittelt werden.

Der für die Systemsynthese (z. B. den Filterentwurf) besonders wichtige Sonderfall, daß bei einem Proportionalglied n-ter Ordnung $n - 1$ freie Parameter verfügbar sind, also ebensoviele, wie Koeffizientenbedingungen angeben werden können, wird in Abschn. 3.3.3.3 behandelt.

Beispiel 3.25. Der selbstabgleichende Kompensator aus Beispiel 3.21 werde jetzt unter der Annahme betrachtet, daß die elektrische Ankerzeitkonstante T_a des Stellmotors nicht vernachlässigbar ist. Aus den in Beispiel 3.21 angegebenen und erläuterten Grundgleichungen folgt dann die Übertragungsfunktion des Stellmotors

$$G_{\mathrm{Mot}}(p) = \frac{N(p)}{U_s(p)} = \frac{1}{k_e} \cdot \frac{1}{1 + p\,T_{\mathrm{mk}} + p^2\,T_a\,T_{\mathrm{mk}}} \qquad (3.102)$$

und damit die des Kompensators

$$G(p) = \frac{L(p)}{U(p)} = \frac{1}{k_u} \cdot \frac{1}{1 + p\,\dfrac{k_e}{k_u k_v k_g}\,(1 + p\,T_{\mathrm{mk}} + p^2\,T_a\,T_{\mathrm{mk}})}, \qquad (3.103)$$

vgl. Gl. (3.57) und (3.58). Faßt man in Gl. (3.103) noch die verschiedenen Übertragungsfaktoren zu der Zeitkonstanten

$$T_S = \frac{k_e}{k_u k_v k_g} \qquad (3.104)$$

zusammen, so ergibt sich die übersichtliche Form

$$G(p) = \frac{1}{k_u} \cdot \frac{1}{1 + p\,T_S + p^2\,T_S\,T_{\mathrm{mk}} + p^3\,T_S\,T_a\,T_{\mathrm{mk}}}, \qquad (3.105)$$

die den Kompensator als Verzögerungsglied 3. Ordnung kennzeichnet.

Über den Übertragungsfaktor $k_u = u_0/L$ läßt sich die statische Empfindlichkeit $E = 1/k_u$ und über die Zeitkonstante T_S, die außer von k_u insbesondere noch von dem frei wählbaren Übertragungsfaktor k_v abhängt, das dynamische Verhalten des Kompensators beeinflussen. Für die Optimierung der dynamischen Eigenschaften steht also nur ein Systemparameter zur Verfügung, der so eingestellt werden soll, daß der Kompensator über einen möglichst großen Frequenzbereich um $\omega = 0$ formgetreu abbildet.

Um die Koeffizientenbedingungen nach Tafel **3.**76 und **3.**77 übersichtlich anwenden zu können, seien die Normierungen

$$T_a = a\,T_{\mathrm{mk}}, \qquad T_S = b\,T_{\mathrm{mk}}, \qquad s = p\,T_{\mathrm{mk}} \qquad (3.106)$$

eingeführt, womit Gl. (3.105) in

$$\frac{G(p)}{E} = \frac{1}{1 + b\,p\,T_{\mathrm{mk}} + b\,(p\,T_{\mathrm{mk}})^2 + a\,b\,(p\,T_{\mathrm{mk}})^3} = \frac{1}{1 + b\,s + b\,s^2 + a\,b\,s^3} \qquad (3.107)$$

übergeht. Zwischen den Koeffizienten dieser Gleichung und den in Tafel **3.**76 und **3.**77 verwendeten besteht der Zusammenhang

$$A_1 = A_2 = b, \qquad A_3 = a\,b, \qquad A_i \equiv 0 \quad \text{für} \quad i \geq 4, \qquad B_k \equiv 0 \quad \text{für} \quad k \geq 1.$$

Da nur ein frei wählbarer Parameter, nämlich die bezogene Zeitkonstante $b = T_S/T_{\mathrm{mk}}$, zur Verfügung steht, kann jeweils nur die erste der in den Tafeln **3.**76 und **3.**77 angegebenen Koeffizientenbedingungen erfüllt werden:

Betragsanschmiegung. Nach Tafel **3.**76 ist das Zeitkonstantenverhältnis b so einzustellen, daß $A_1^2 - 2A_2 = b^2 - 2b = 0$ ist, woraus die von dem Zeitkonstantenverhältnis $a = T_a/T_{\mathrm{mk}}$ unabhängigen Einstellungen $b_1 = 0$ und $b_2 = 2$ folgen. Die erste ist nicht realisierbar, da nach dem Hurwitz-Kriterium [7] die betrachtete Kreisstruktur nur dann stabil ist, wenn alle aus der Hurwitz-Determinante abgeleiteten Bedingungen $H_1 = b > 0$, $H_2 = b^2 - a\,b > 0$, $H_3 = a\,b^3 - a^3\,b^3 > 0$ erfüllt sind. Dies ist für $b = 0$, d. h. für $k_v \to \infty$, nicht

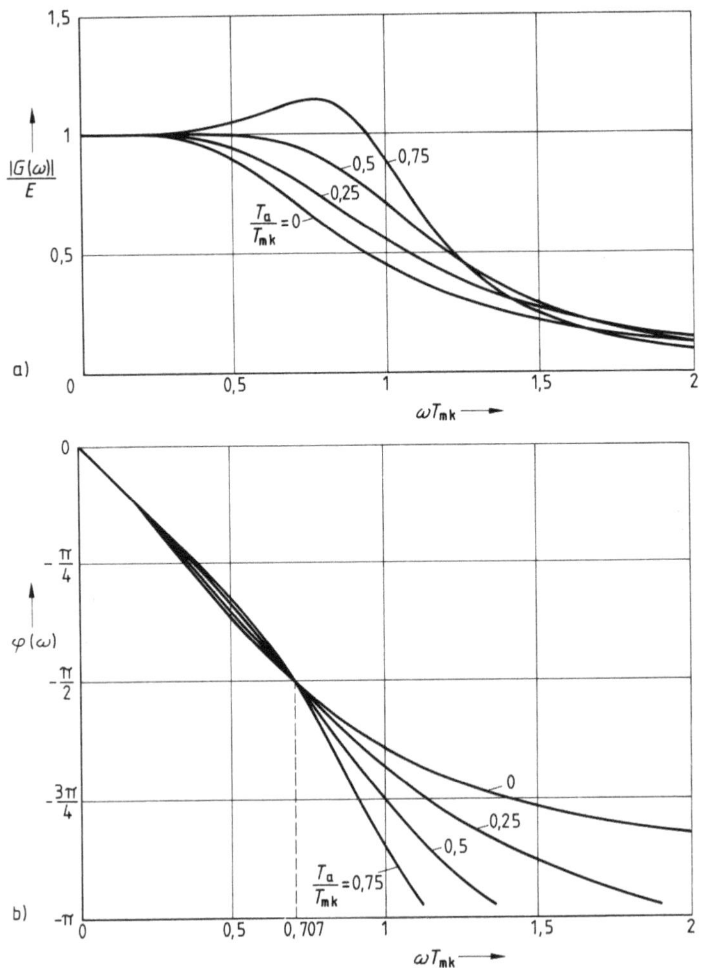

3.78 Amplitudengang (a) und Phasengang (b) des selbstabgleichenden Kompensators bei Einstellung nach dem Betragskriterium

der Fall. Die für $b_2 = 2$ sich ergebenden Betrags- und Phasenkennlinien sind in Bild 3.78 für verschiedene Zeitkonstantenverhältnisse $a = T_a/T_{mk}$ aufgetragen.

Phasenanschmiegung. Nach Tafel 3.77 lautet die zu erfüllende Koeffizientenbedingung $3A_1A_2 - 3A_3 - A_1^3 = 3b^2 - 3ab - b^3 = 0$. Aus ihr folgen für jedes Zeitkonstantenverhältnis $a = T_a/T_{mk}$ drei Werte b_1, b_2, b_3 (s. Tafel 3.79) des Zeitkonstantenverhältnisses $b = T_S/T_{mk}$ entsprechend den drei Lösungen der kubischen Gleichung, von denen aber wiederum nur die Einstellungen $b > 0$ einen stabilen Betrieb der Meßeinrichtung ergeben. Für $a > 0{,}75$ ist das Phasenkriterium mit reellen b-Werten nicht mehr erfüllbar. Die zu den b-Werten der rechten Spalte ($b = b_3$) von Tafel 3.79 gehörenden Frequenzkennlinien sind in Bild 3.80 zusammengestellt. Außerdem sind punktiert die Kurven für $a = 0{,}5$, $b = b_2 = 0{,}634$ eingezeichnet, die bereits eine für meßtechnische Anwendungen i. allg. unzureichende Dämpfung des Systems erkennen lassen. Für $a = 0{,}25$, $b = b_2 = 0{,}275$ (nicht eingezeichnet) würde sich diese Tendenz noch weiter verstärken.

Tafel 3.79 Zeitkonstantenverhältnis $b = T_S/T_{mk}$ zu Beispiel 3.25

a	b_1	b_2	b_3
0	0	0	3,0
0,25	0	0,275	2,725
0,5	0	0,634	2,37
0,75	0	1,5	1,5

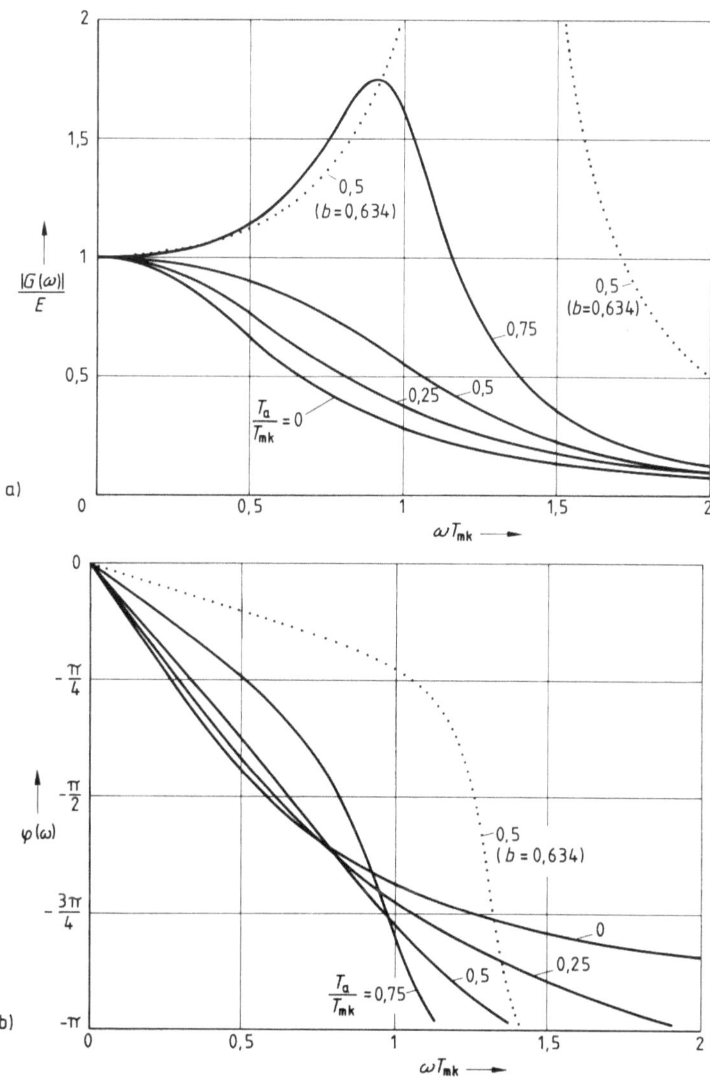

3.80 Amplitudengang (a) und Phasengang (b) des selbstabgleichenden Kompensators bei Einstellung nach dem Phasenkriterium

Vergleich. Die unterschiedlichen Auswirkungen der angewandten Einstellkriterien sind aus den Kennlinien in Bild **3.**78 und **3.**80 deutlich zu erkennen. Ohne einen genaueren quantitativen Vergleich durchführen zu müssen, kann danach bereits festgestellt werden, daß die Konstanz der Betragskennlinie offensichtlich die schärfere Forderung darstellt. Bei einer Einstellung nach Bild **3.**78, die demnach zu empfehlen ist, werden Si-

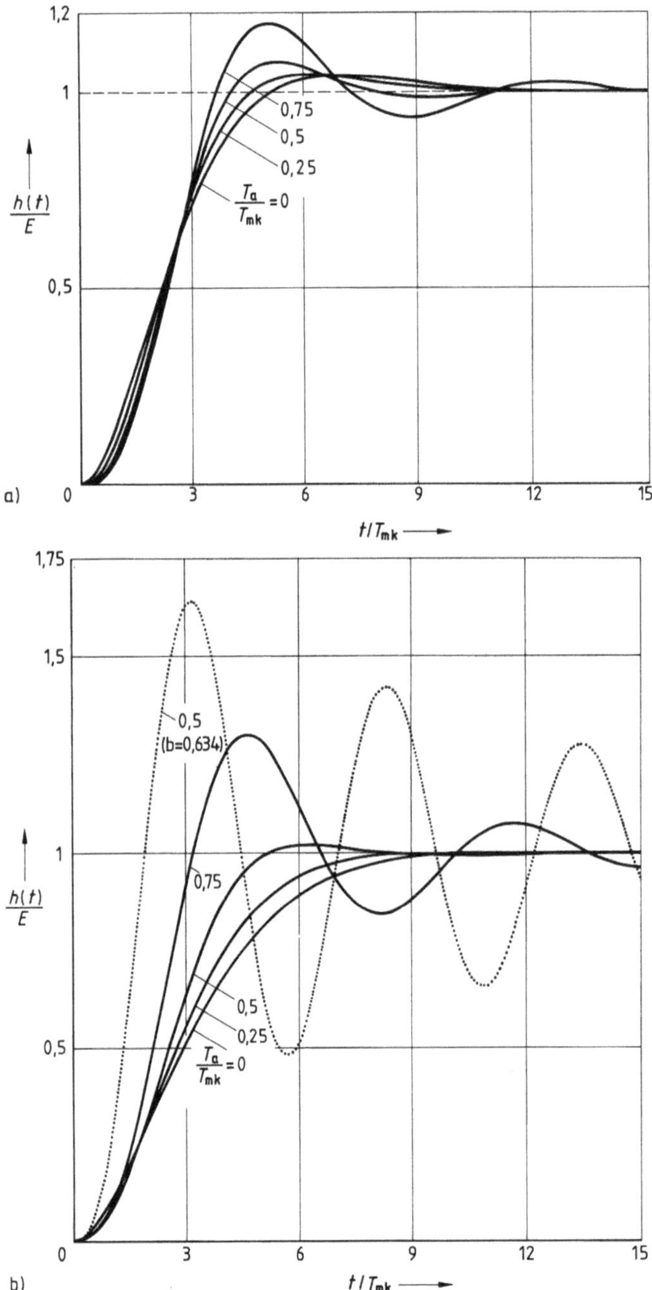

3.81
Übergangsfunktionen des betragsoptimal (a) und des phasenoptimal (b) eingestellten selbstabgleichenden Kompensators

gnale noch formgetreu übertragen, deren obere Grenzkreisfrequenz nicht größer ist als etwa $0{,}25/T_{mk}$. Bis dahin verlaufen sowohl die Betragskennlinien noch annähernd horizontal als auch die Phasenkennlinien noch annähernd linear.

Durch die Einstellung $b = 2$ für $T_a/T_{mk} = 0{,}5$ wird nicht nur die erste, sondern gleichzeitig auch die zweite Koeffizientenbedingung der Betragsanschmiegung erfüllt; demzufolge verläuft die zugehörige Betragskennlinie deutlich weiter frequenzunabhängig als in den anderen drei Fällen.

Die zum Vergleich in Bild 3.81 dargestellten Übergangsfunktionen lassen ein befriedigendes Einstellverhalten nur bis zu dem Zeitkonstantenverhältnis $T_a/T_{mk} \approx 0{,}5$ erkennen. Es empfiehlt sich daher, das Zeitkonstantenverhältnis – ggf. durch Vorwiderstände im Ankerkreis des Stellmotors – auf diesen Wert zu begrenzen, da man sonst zu u.U. aufwendigen Kompensationsmaßnahmen greifen müßte (s. Abschn. 3.3.4).

Nach Beispiel 3.25 bietet die Anwendung der Einstellkriterien nach Tafel **3.**76 und **3.**77 keine Gewähr dafür, daß die erhaltenen Frequenzkennlinien außer in der Umgebung von $\omega = 0$ auch sonst den Anforderungen der Meßaufgabe entsprechen, da in ihrem weiteren Verlauf beispielsweise resonanzartige Überhöhungen auftreten können, die bis zur Instabilität des Systems führen können. Insbesondere ersetzt diese Anwendung daher nicht die bei Kreisstrukturen mit Hilfsenergie stets erforderliche Stabilitätsuntersuchung, für die in der Regelungstheorie leistungsfähige mathematische Methoden zur Verfügung stehen [7].

3.3.3.3 Optimierung der Zeit- und Frequenzeigenschaften nach Standard-Übertragungsfunktionen. Bringt man die Übertragungsfunktion des P-T_n-Gliedes nach Gl. (3.45) auf die Form

$$
G_{\text{P-T}_n}(p) = \cfrac{\cfrac{b_0}{a_0}}{1 + \cfrac{a_1}{a_0}p + \cfrac{a_2}{a_0}p^2 + \cdots + \cfrac{a_n}{a_0}p^n}
$$

$$
= \frac{E}{1 + A_1 p + A_2 p^2 + \cdots + A_n p^n} \tag{3.108}
$$

(s. Tafel 3.76), so erkennt man, daß die Zeit- und Frequenzeigenschaften von den n Koeffizientenverhältnissen $a_1/a_0 = A_1, \ldots, a_n/a_0 = A_n$, abhängen, also durch n voneinander unabhängige Systemparameter festgelegt werden können. Qualitativ sind diese Eigenschaften schon durch $n-1$ Systemparameter eindeutig definiert, da es für die Form sowohl der Frequenz- als auch der Zeitkennlinien nur auf das Verhältnis der Nennerkoeffizienten A_1, A_2, ... in Gl. (3.108) zueinander ankommt, nicht aber auf ihre absoluten Werte. Diese bestimmen lediglich den Zeit- bzw. Frequenzmaßstab, in dem die Vorgänge ablaufen. Ersetzt man beispielsweise in Gl. (3.108) die Frequenzvariable p durch eine Frequenzvariable mp, wobei m einen reellen, konstanten Maßstabsfaktor bedeutet, dann wird durch diese lineare Substitution die Form des Frequenzganges nicht verändert, sondern nur der Frequenzmaßstab je nach Größe von

m gedehnt oder gestaucht. Nach der Substitutionsregel

$$G(mp) \bullet\!\!-\!\!-\!\!\circ \frac{1}{m}\, g\left(\frac{t}{m}\right)$$

der Laplace-Transformation gilt entsprechendes für die Zeiteigenschaften, wobei einer Dehnung des Frequenzmaßstabes eine Stauchung des Zeitmaßstabes entspricht und umgekehrt.

Durch die Substitution $mp \to p$ gewinnt man also die Übertragungsfunktion eines neuen P-T_n-Gliedes

$$G_{\text{P-}T_n}(mp) = \frac{E}{1 + mA_1 p + m^2 A_2 p^2 + \cdots + m^n A_n p^n}, \qquad (3.109)$$

dessen Zeit- und Frequenzkennlinien denen des durch Gl. (3.108) beschriebenen geometrisch ähnlich sind und für $m = 1$ mit diesen deckungsgleich verlaufen. Beispielsweise entsprechen den bezogenen Übertragungsfunktionen

$$\frac{G_1(p)}{E} = \frac{1}{1 + 2\,\text{s}\,p + 2\,\text{s}^2 p^2 + 1\,\text{s}^3 p^3}$$

und

$$\frac{G_2(p)}{E} = \frac{1}{1 + 1\,\text{s}\,p + 0{,}5\,\text{s}^2 p^2 + 0{,}125\,\text{s}^3 p^3}$$

geometrisch ähnliche Frequenz- und Zeitkennlinien, was man durch die Substitution $0{,}5p \to p$ in $G_1(p)$ bestätigt findet (s bedeutet hier die Zeiteinheit Sekunde). Unter Ausnutzung dieser Gesetzmäßigkeiten läßt sich ein sehr allgemeines Verfahren zur Gewinnung von Einstellvorschriften für die freien Parameter eines Meßgliedes angeben, dessen Übertragungseigenschaften auf eine bestimmte Meßaufgabe hin ausgerichtet werden sollen. Ist nämlich eine realisierbare Übertragungsfunktion (Standard-Übertragungsfunktion) eines Systems gleicher Struktur bekannt, dessen Zeit- oder Frequenzeigenschaften die Anforderungen qualitativ gut erfüllen, kann man versuchen, die Parameter des zu optimierenden Systems so auszuwählen oder einzustellen, daß die Übertragungsfunktion dieses Systems durch lineare Substitution der Frequenzvariablen auf die Standard-Übertragungsfunktion zurückführbar ist. Bis auf einen Zeit- bzw. Frequenzmaßstabsfaktor stimmen dann die Zeit- und Frequenzkennlinien des zu optimierenden Systems mit denen des Standardsystems überein. Anwendbar ist dieses Verfahren allerdings nur dann, wenn über so viele Systemparameter verfügt werden kann, daß alle Koeffizientenbedingungen erfüllbar sind. Da einer der n-Koeffizienten in Gl. (3.109) über den Maßstabsfaktor m angepaßt werden kann, sind dazu bei einem P-T_n-Glied $n-1$ frei verfügbare Systemparameter erforderlich.

Die Angabe einer Standard-Übertragungsfunktion erfolgt zweckmäßig in amplituden- und frequenznormierter Form entsprechend der allgemeinen Gleichung

$$\frac{G(p)}{E} = \frac{1}{1 + \Lambda_1 \dfrac{p}{\omega_g} + \Lambda_2 \left(\dfrac{p}{\omega_g}\right)^2 + \cdots + \Lambda_n \left(\dfrac{p}{\omega_g}\right)^n}, \tag{3.110}$$

worin ω_g eine – ggf. noch näher zu bezeichnende – charakteristische Kreisfrequenz des Systems darstellt, z. B. eine der in Abschn. 1.5.2.2 erläuterten Grenzfrequenzen, bei der die Betrags- oder Phasenkennlinie einen bestimmten vorgegebenen Schwellenwert durchläuft. Man könnte ω_g auch einfach als einen dimensionsbehafteten Maßstabsfaktor auffassen, d. h., daß zwei gleichartige Meßglieder G_1 und G_2 geometrisch ähnliche Zeit- und Frequenzkennlinien haben, wenn die Koeffizienten Λ_i ihrer in vorstehender Form geschriebenen Übertragungsfunktionen $G_1(p)$ und $G_2(p)$ übereinstimmen. Dann stellen die beiden Bezugskreisfrequenzen ω_{g1} bzw. ω_{g2}, die nicht übereinstimmen müssen, auch gleichartige Kennwerte der Frequenzgänge dar, z. B. diejenigen Kreisfrequenzen ($\omega_{g0,707}$), bei denen der Amplitudenabfall beider Frequenzgänge gerade 3 dB beträgt.

Geeignete Standard-Übertragungsfunktionen lassen sich je nach Meßaufgabe und Systemtyp in verschiedenster Art und Weise gewinnen. Hier soll anknüpfend an Abschn. 3.3.3.1 und Abschn. 3.3.3.2 wieder nur das P-T_n-Glied unter Beschränkung auf die meßtechnisch häufig benutzten Standardformen behandelt werden. Als Bezugskreisfrequenz wird – wie in der einschlägigen Literatur üblich – einheitlich die Grenzkreisfrequenz $\omega_{g0,707}$ verwendet. Für die auf $\omega_{g0,707}$ bezogene Frequenzvariable wird im folgenden abgekürzt

$$s = p/\omega_{g0,707} \tag{3.111}$$

geschrieben.

ITAE-Kriterium. Das ITAE-Kriterium dient der Optimierung des Übergangsverhaltens dynamischer Systeme. Nach Abschn. 3.3.3.1 läßt sich dieses durch Gl. (3.98) definierte Kriterium nur mit numerischen Methoden oder mit dem Analogrechner praktisch auswerten. Für P-T_n-Systeme, die mindestens über $n-1$ unabhängig einstellbare Parameter verfügen, kann das Ergebnis einer solchen Auswertung [5] allgemeingültig in Form von Standard-Übertragungsfunktionen angegeben werden (s. Tafel **3.**82). Die zugehörige Übergangsfunktion in Bild **3.**83 verläuft mit geringen Überschwingungen; beispielsweise ergibt das Kriterium für $n = 2$ den Dämpfungsgrad $D = 0{,}7$.

Betragsoptimum. Die Anwendung des in Abschn. 3.3.3.2 erläuterten Amplitudengangkriteriums auf $n-1$ freie Parameter eines P-T_n-Gliedes führt auf Standard-Übertragungsfunktionen, deren Nennerpolynome auch als Butter-

Tafel 3.82 Nennerpolynome der Standard-Übertragungsfunktionen nach dem ITAE-Kriterium für P-T$_n$-Glieder mit $s = p/\omega_{g\,0,707}$

n	Nennerpolynome	Produktform der Nennerpolynome
1	$1+s$	$1+s$
2	$1+1{,}41\,s+1{,}02\,s^2$	$1+1{,}41\,s+1{,}02\,s^2$
3	$1+2{,}22\,s+1{,}86\,s^2+1{,}10\,s^3$	$(1+1{,}46\,s)(1+0{,}76\,s+0{,}75\,s^2)$
4	$1+2{,}41\,s+2{,}72\,s^2+1{,}50\,s^3+0{,}64\,s^4$	$(1+2{,}00\,s+1{,}41\,s^2)(1+0{,}43\,s+0{,}45\,s^2)$
5	$1+2{,}62\,s+3{,}27\,s^2+2{,}29\,s^3+0{,}99\,s^4$ $+0{,}27\,s^5$	$(1+0{,}85\,s)(1+1{,}45\,s+0{,}97\,s^2)(1+0{,}33\,s$ $+0{,}33\,s^2)$

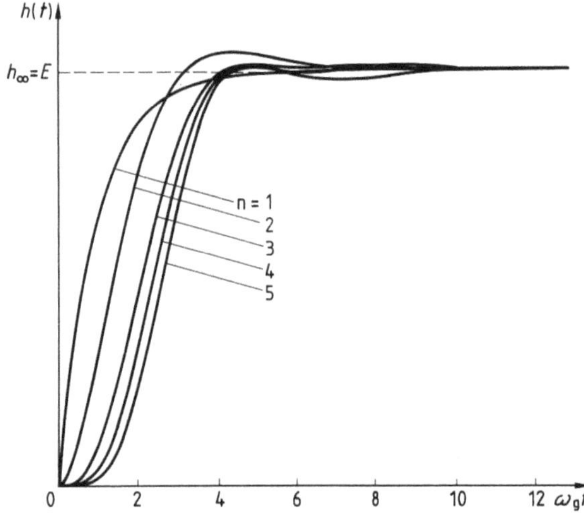

3.83
Standard-Übergangsfunktionen von ITAE-Tiefpässen gleicher Grenzkreisfrequenz $\omega_{g\,0,707}$. (n Ordnungszahl)

Tafel 3.84 Nennerpolynome der Standard-Übertragungsfunktionen betragsoptimierter P-T$_n$-Glieder (Butterworth-Tiefpässe) mit $s = p/\omega_{g\,0,707}$

n	Nennerpolynome	Produktform der Nennerpolynome
1	$1+s$	$1+s$
2	$1+\sqrt{2}\,s+s^2$	$1+\sqrt{2}\,s+s^2$
3	$1+2\,s+2\,s^2+s^3$	$(1+s)(1+s+s^2)$
4	$1+2{,}613\,s+3{,}414\,s^2+2{,}613\,s^3+s^4$	$(1+1{,}848\,s+s^2)(1+0{,}765\,s+s^2)$
5	$1+3{,}236\,s+5{,}236\,s^2+5{,}236\,s^3+3{,}236\,s^4+s^5$	$(1+s)(1+1{,}618\,s+s^2)(1+0{,}618\,s+s^2)$

worth-Polynome bezeichnet werden (s. Tafel **3.**84). Die Betragskennlinien des Frequenzganges folgen der allgemeinen Gleichung

$$|G(\omega)| = \frac{E}{\sqrt{1+(\omega/\omega_{g\,0,707})^{2n}}} \,. \tag{3.112}$$

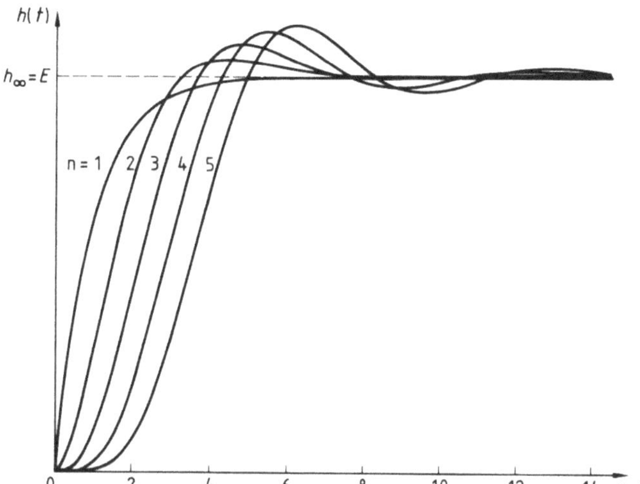

3.85
Standard-Übergangsfunktionen von Butterworth-Tiefpässen gleicher Grenzkreisfrequenz $\omega_{g\,0,707}$. (n Ordnungszahl)

Butterworth-Standardformen dienen in erster Linie zur Linearisierung des Amplitudenganges (s. Bild **3.**90). Anstelle des ITAE-Kriteriums sind sie aber auch als Einstellvorschrift für die Zeiteigenschaften verwendbar. Ihre Übergangsfunktionen in Bild **3.**85 zeigen einen dem Bild **3.**83 ähnlichen, ab $n = 3$ jedoch stärker überschwingenden Verlauf.

Phasenoptimum. Die Anwendung des Phasenkriteriums nach Abschn. 3.3.3.2 auf $n - 1$ Systemparameter eines P-T$_n$-Gliedes führt auf Bessel-Tiefpässe, deren Nennerpolynome in Tafel **3.**86 angegeben sind. Außer zur Linearisierung des Phasenganges (vgl. Bild **3.**90) eignen sich die Bessel-Standardformen auch gut zur Einstellung von Übergangsfunktionen mit äußerst geringen Überschwingweiten (s. Bild **3.**87). Beispielsweise beträgt die Überschwingweite des Systems 2. Ordnung nur etwa 0,4% und die des Systems 4. Ordnung nur etwa 0,8%.

Tafel **3.**86 Nennerpolynome der Standard-Übertragungsfunktionen phasenoptimierter P-T$_n$-Glieder (Bessel-Tiefpässe) mit $s = p/\omega_{g\,0,707}$

n	Nennerpolynome	Produktform der Nennerpolynome
1	$1 + s$	$1 + s$
2	$1 + 1{,}362\,s + 0{,}618\,s^2$	$1 + 1{,}362\,s + 0{,}618\,s^2$
3	$1 + 1{,}756\,s + 1{,}233\,s^2 + 0{,}361\,s^3$	$(1 + 0{,}756\,s)(1 + 1{,}000\,s + 0{,}477\,s^2)$
4	$1 + 2{,}114\,s + 1{,}915\,s^2 + 0{,}900\,s^3 + 0{,}190\,s^4$	$(1 + 1{,}340\,s + 0{,}489\,s^2)(1 + 0{,}774\,s + 0{,}389\,s^2)$
5	$1 + 2{,}428\,s + 2{,}620\,s^2 + 1{,}591\,s^3 + 0{,}552\,s^4 + 0{,}0893\,s^5$	$(1 + 0{,}668\,s)(1 + 1{,}138\,s + 0{,}410\,s^2)(1 + 0{,}623\,s + 0{,}326\,s^2)$

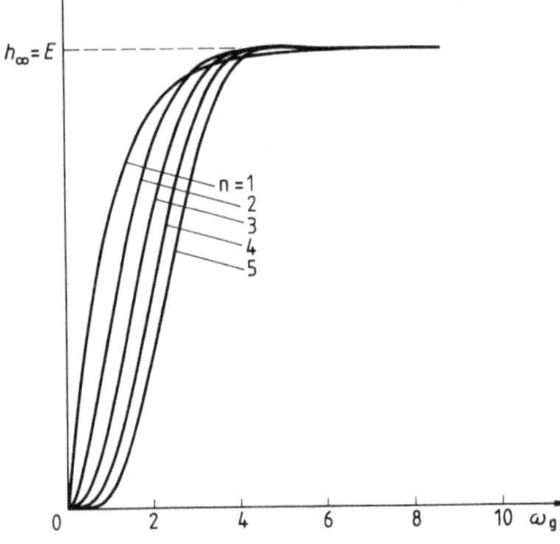

3.87
Standard-Übergangsfunktionen von Bessel-Tiefpässen gleicher Grenzkreisfrequenz $\omega_{g0,707}$. (n Ordnungszahl)

Tafel **3.**88 Nennerpolynome der Standard-Übertragungsfunktionen kritisch gedämpfter P-T$_n$-Glieder mit $s = p/\omega_{g0,707}$

n	Nennerpolynome	Produktform der Nennerpolynome
1	$1+s$	$1+s$
2	$1+1,287s+0,414s^2$	$(1+0,644s)^2$
3	$1+1,529s+0,780s^2+0,132s^3$	$(1+0,510s)^3$
4	$1+1,740s+1,135s^2+0,329s^3+0,0358s^4$	$(1+0,435s)^4$
5	$1+1,928s+1,487s^2+0,573s^3+0,111s^4+0,0085s^5$	$(1+0,386s)^5$

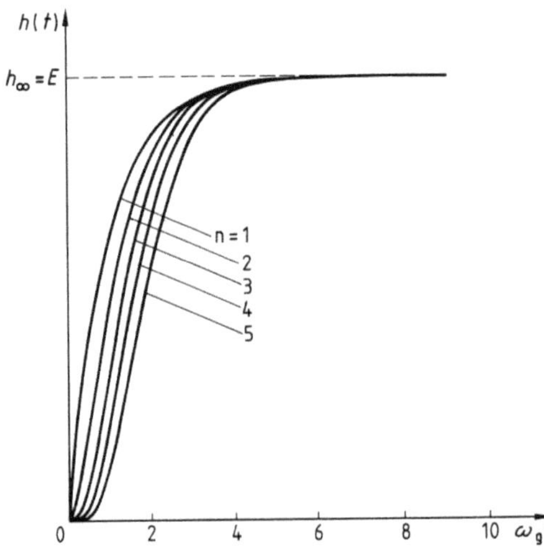

3.89
Standard-Übergangsfunktionen von kritisch gedämpften Tiefpässen gleicher Grenzkreisfrequenz $\omega_{g0,707}$ (n Ordnungszahl)

Kritische Dämpfung. Als kritisch gedämpft bezeichnet man $P\text{-}T_n$-Glieder, die auf eine Kettenanordnung von n $P\text{-}T_1$-Gliedern mit gleichen Zeitkonstanten zurückführbar sind (Tafel **3.**88). Die Übergangsfunktion Bild **3.**89 verläuft aperiodisch (kritisch) gedämpft, bei dem Glied 2. Ordnung beispielsweise mit dem Dämpfungsgrad $D = 1$, d. h. ohne Überschwingung.

Zum direkten Vergleich sind in den Bildern **3.**90 und **3.**91 die Standard-Frequenzgänge und Standard-Übergangsfunktionen von Systemen 3. Ordnung zusammengestellt. Für Systeme 2. Ordnung ergibt sich eine entsprechende Vergleichsmöglichkeit aus Bild **3.**59 und Bild **3.**60, da das $P\text{-}T_2$-Glied für $D = 0{,}7$ dem ITAE-Kriterium entspricht, für $D = 0{,}707$ dem Betragskriterium (Butterworth-Tiefpaß), für $D = 0{,}866$ dem Phasenkriterium (Bessel-Tiefpaß) und für $D = 1$ dem kritisch gedämpften Tiefpaß (vgl. die Tafeln **3.**82, **3.**84, **3.**86 und **3.**88).

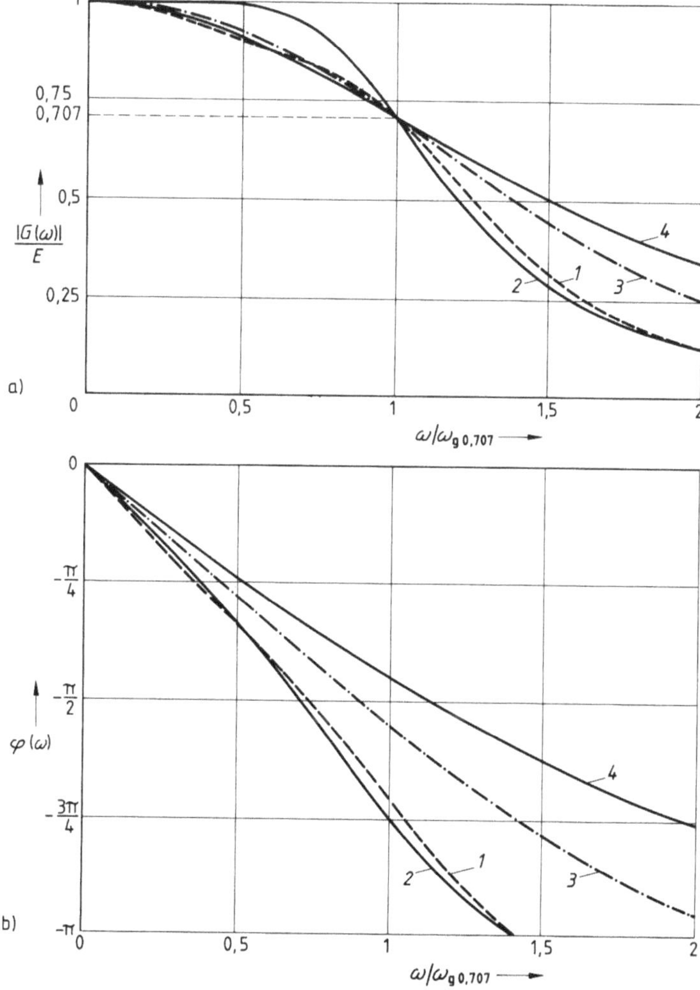

3.90 Standard-Frequenzgänge von Tiefpaßsystemen 3. Ordnung
1 nach ITAE-Kriterium, *2* Butterworth-Tiefpaß, *3* Bessel-Tiefpaß, *4* kritisch gedämpfter Tiefpaß
a) Amplitudengänge
b) Phasengänge

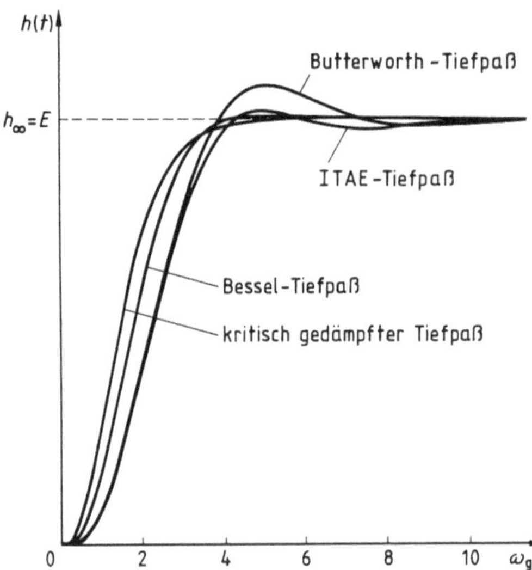

3.91
Standard-Übergangsfunktionen von Tiefpaßsystemen 3. Ordnung gleicher Grenzkreisfrequenz $\omega_{g\,0,707}$

Die angegebenen Standard-Übertragungsfunktionen können leicht auf andere Bezugsfrequenzen umgerechnet werden, wie folgendes Beispiel zeigt.

Beispiel 3.26. Die auf die Grenzkreisfrequenz $\omega_{g\,0,707}$ bezogene Übertragungsfunktion des Bessel-Tiefpasses 4. Ordnung

$$\frac{G(s)}{E} = \frac{1}{1+2{,}114\,s+1{,}915\,s^2+0{,}900\,s^3+0{,}190\,s^4} \quad \text{mit } s = \frac{p}{\omega_{g\,0,707}}$$

nach Tafel 3.86 soll auf die Grenzkreisfrequenz $\omega_{g\,0,9}$ umgerechnet werden, bei der die Betragskennlinie $|G(\omega)|/E$ den Wert 0,9 durchläuft. Zweckmäßig führt man dazu mittels eines reellen Maßstabfaktors m eine neue Frequenzvariable $s^* = s/m = p/\omega_{g\,0,9}$ ein, erhält hiermit die Übertragungsfunktion

$$\frac{G(s^*)}{E} = \frac{1}{1+2{,}114\,m\,s^*+1{,}915\,(m\,s^*)^2+0{,}900\,(m\,s^*)^3+0{,}190\,(m\,s^*)^4}$$

und bestimmt m so, daß sich

$$\frac{|G(m\,s^*=\mathrm{j}m)|}{E} = \frac{1}{\sqrt{(1-1{,}915\,m^2+0{,}190\,m^4)^2+(2{,}114\,m-0{,}900\,m^3)^2}} = 0{,}9$$

ergibt. Dazu müssen die Wurzeln der Gleichung $(1-1{,}915\,m^2+0{,}190\,m^4)^2 + (2{,}114\,m-0{,}900\,m^3)^2 = 1/0{,}9^2$, beispielsweise mit einem programmierbaren Taschenrechner (s. Band VII), bestimmt werden. In Betracht kommt nur eine reelle Wurzel, im vorliegenden Fall $m = 0{,}568$, womit man

$$\frac{G(s^*)}{E} = \frac{1}{1+2{,}114\cdot0{,}568\,s^*+1{,}915\,(0{,}568\,s^*)^2+\cdots}$$

erhält. Nach Ausrechnung der Nennerkoeffizienten und Ersatz von s^* durch s ergibt sich endgültig

$$\frac{G(s)}{E} = \frac{1}{1+1{,}201\,s+0{,}618\,s^2+0{,}165\,s^3+0{,}0198\,s^4}\,,$$

worin jetzt aber $s = p/\omega_{g\,0,9}$ ist.

3.3.3.4 Optimierung der Zeiteigenschaften nach der Fehlerübertragungsfunktion. Für rationale Systeme, in deren Übertragungsfunktionen die Zählerkoeffizienten b_1, b_2, ... nicht sämtlich identisch verschwinden, kann ein weiteres, leicht handhabbares Optimierungskriterium abgeleitet werden, das von der in Abschn. 3.3.2.1 definierten Fehlerübertragungsfunktion ausgeht. Ist

$$G(p) = E\,\frac{1 + B_1 p + B_2 p^2 + \cdots + B_m p^m}{1 + A_1 p + A_2 p^2 + \cdots + A_n p^n}, \quad m < n \tag{3.113}$$

mit

$$A_1 = \frac{a_1}{a_0}, \quad A_2 = \frac{a_2}{a_0}, \quad \ldots \quad B_1 = \frac{b_1}{b_0}, \quad B_2 = \frac{b_2}{b_0}, \quad \ldots \quad E = \frac{a_0}{b_0}$$

die Übertragungsfunktion des Meßgliedes, so erhält man über

$$G_F(p) = \frac{F_{uu}(p)}{U(p)} = \frac{G(p)}{G_N(p)} - 1$$

nach Gl. (3.72) mit $G_N(p) = E$ die zugehörige Fehlerübertragungsfunktion

$$G_F(p) = \frac{(B_1 - A_1)p + (B_2 - A_2)p^2 + \cdots}{1 + A_1 p + A_2 p^2 + \cdots + A_n p^n}. \tag{3.114}$$

Verlangt man, daß der spektrale Fehler $F_{uu}(p) = G_F(p)\,U(p)$ bis zu möglichst hohen Frequenzen verschwindet, so wird man analog zum Vorgehen in Abschn. 3.3.3.2 versuchen, die ersten Glieder der Potenzreihenentwicklung von Gl. (3.114) durch entsprechende Wahl der Systemparameter zu Null zu machen. Hieraus folgen die Einstellbedingungen

$$B_1 = A_1, \quad B_2 = A_2, \quad B_3 = A_3, \ \ldots. \tag{3.115}$$

Das Kriterium liefert keine Einstellvorschriften für das Verhältnis der Koeffizienten A_1, A_2, A_3, ... (bzw. B_1, B_2, B_3, ...) untereinander. Falls noch freie Parameter zur Verfügung stehen, kann man daher andere, ergänzende Kriterien hinzuziehen. Dabei ist zu beachten, daß der charakteristische Verlauf der – beispielsweise von einem Eingangssignalsprung – angeregten Eigenvorgänge des Systems ausschließlich vom Nennerpolynom in Gl. (3.113) bestimmt werden. Im Vergleich zum P-T$_n$-Glied bewirken die zusätzlichen Zählerterme $B_1 p$, $B_2 p^2$, ... wegen

$$\begin{aligned}
G(p) &= E\,\frac{1 + B_1 p + B_2 p^2 + \cdots}{1 + A_1 p + A_2 p^2 + \cdots + A_n p^n} \\[2mm]
&= E\left[\frac{1}{1 + A_1 p + A_2 p^2 + \cdots + A_n p^n} + \frac{B_1 p}{1 + A_1 p + A_2 p^2 + \cdots + A_n p^n}\right. \\[2mm]
&\left. \quad + \frac{B_2 p^2}{1 + A_1 p + A_2 p^2 + \cdots + A_n p^n} + \cdots\right],
\end{aligned}$$

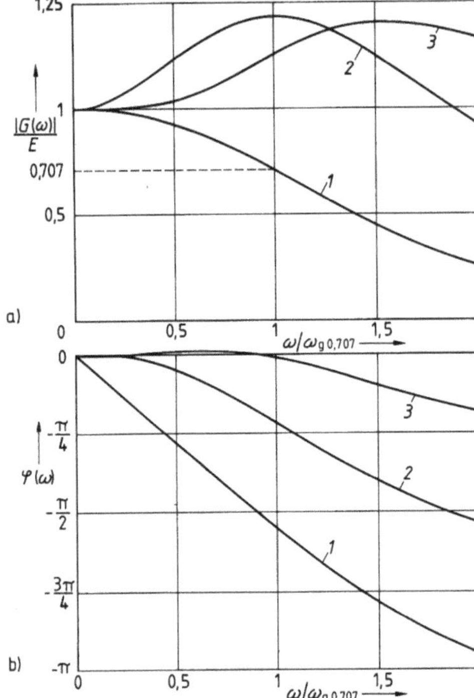

3.92
Frequenzgänge von Tiefpaßsystemen 3. Ordnung (Nennerpolynome nach Bessel)
1 P-T_3-Glied, *2* PD-T_3-Glied (geschwindigkeitstreu), *3* PDD$_2$-T_3-Glied (beschleunigungstreu)
a) Amplitudengänge
b) Phasengänge

daß sich seinem Ausgangssignal noch die mit B_1 multiplizierte 1. Ableitung, die mit B_2 multiplizierte 2. Ableitung dieses Signals usw. überlagern.

Die praktische Auswirkung der zusätzlichen, nach Gl. (3.115) eingestellten Zählerterme auf die Frequenzkennlinie eines Bessel-Tiefpasses 3. Ordnung sind als Beispiel in Bild **3.**92 und auf die Übergangsfunktion in Bild **3.**93 dargestellt. In den Übergangsfunktionen tritt starkes Überschwingen auf, das dem ein- bzw. mehrfach differenzierenden Einfluß der zusätzlichen Zählerglieder zuzuschreiben und auch bei starker Dämpfung der System-Eigenvorgänge vorhanden ist, die Einstellzeit des Systems aber nicht nachhaltig beeinflußt.

Dieses Überschwingen kennzeichnet derartige Systeme, da ihnen durch ihre Struktur und die gewählte Einstellung ganz spezielle Fehlereigenschaften erteilt werden. Beispielsweise muß der Endwert des Fehlerintegrals der Übergangsfunktion

$$\lim_{t \to \infty} \int_0^t f_{\mathrm{uu}}(\tau)\,\mathrm{d}\tau = \lim_{p \to 0} p\,\frac{1}{p}\left[\frac{1}{p}\,G_\mathrm{F}(p)\right]$$

$$= \lim_{p \to 0} \frac{1}{p}\cdot\frac{(B_1-A_1)p+(B_2-A_2)p^2+\cdots}{1+A_1 p+A_2 p^2+\cdots+A_n p^n} = B_1-A_1$$

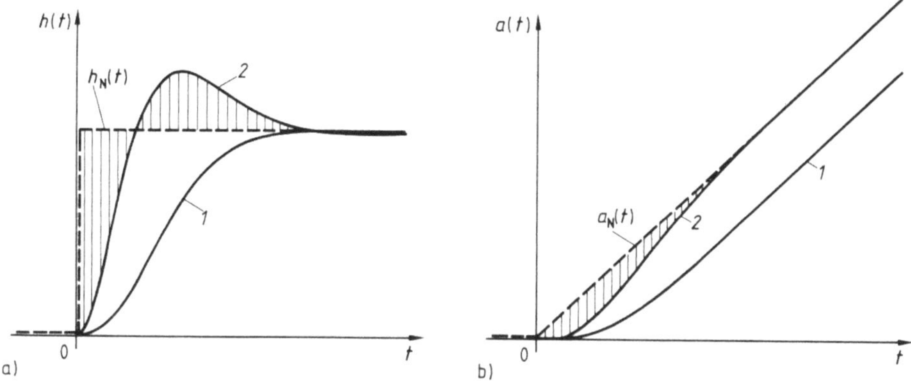

3.93 Kennfunktionen für die in Bild 3.92 beschriebenen Systeme
  a) Übergangsfunktion $h(t)$
  b) bezogene Anstiegsantwort $a(t)$

bei der Wahl $B_1 = A_1$ verschwinden, d. h., daß die anfänglichen negativen Fehler der Übergangsfunktion durch später auftretende positive Fehler so kompensiert werden müssen, daß in der grafischen Darstellung die negativen und die positiven Fehlerflächen sich zu Null ergänzen, (s. Bild 3.93 a). Ebenso muß der Endwert des Integrals des Fehlerintegrals, also des zweifach integrierten Fehlers,

$$\lim_{t \to \infty} \int_0^t \int_0^\xi f_{uu}(\tau)\,d\tau\,d\xi = \lim_{p \to 0} p\,\frac{1}{p^2}\left[\frac{1}{p}\,G_F(p)\right]$$

$$= \lim_{p \to 0} \frac{1}{p^2} \cdot \frac{(B_1 - A_1)p + (B_2 - A_2)p^2 + \cdots}{1 + A_1 p + A_2 p^2 + \cdots + A_n p^n}$$

$$= \lim_{p \to 0} \frac{B_1 - A_1}{p} + (B_2 - A_2)$$

bei der Wahl $B_1 = A_1$ und $B_2 = A_2$ verschwinden. Man kann dieses Verhalten auch dahingehend interpretieren, daß nach Abklingen der Ausgleichsvorgänge

Signale, die sich linear mit der Zeit ändern, von Systemen richtig abgebildet werden, deren Koeffizienten die Bedingung $B_1 = A_1$ erfüllen (s. Bild 3.93 b) und

Signale, die sich quadratisch mit der Zeit ändern (und noch eine zeitlineare Komponente enthalten können), von Systemen richtig abgebildet werden, deren Koeffizienten die Bedingungen $B_1 = A_1$ und $B_2 = A_2$ erfüllen.

Da im ersten Fall die Änderungsgeschwindigkeit des Eingangssignals konstant ist, im zweiten Fall die Signaländerungsbeschleunigung, spricht man auch von geschwindigkeitstreuen Systemen ($B_1 = A_1$) bzw. von beschleunigungstreuen Systemen ($B_1 = A_1$, $B_2 = A_2$).

3.3.4 Maßnahmen zur Verringerung der dynamischen Eigenfehler

Vom Prinzip her unterscheiden sich die möglichen Maßnahmen zur Verminderung dynamischer Eigenfehler nur wenig von denjenigen, die man bezüglich der statischen Eigenfehler anwenden kann (s. Abschn. 3.2.3). Dies ist schon aus dem formalen Zusammenhang zwischen Frequenzgang $G(\omega)$ und statischer Empfindlichkeit $E = G(\omega = 0)$ eines Meßgliedes mit Ausgleich abzulesen. Aus verschiedenen Gründen sind aber die in dynamischer Hinsicht praktisch erreichbaren Verbesserungen in den meisten Fällen eher bescheiden. Kompensationsmaßnahmen können daher eine an der Meßaufgabe orientierte zweckmäßige Auswahl des Meßprinzips und seiner gerätetechnischen Realisierung noch viel weniger ersetzen als im statischen Fall, erweisen sich aber oft als sinnvolle Ergänzung.

3.3.4.1 Verbesserung der dynamischen Systemeigenschaften durch Kompensationsglieder. Unbefriedigende dynamische Meßeigenschaften eines Gliedes, das die Übertragungsfunktion $G(p)$ hat, können prinzipiell verbessert werden, indem man es mit einem Kompensationsglied zu einem resultierenden Glied in Ketten-, Parallel- oder Kreisstruktur verbindet oder das Kompensationsglied in eine solche bereits bestehende Struktur einfügt und die Übertragungsfunktion $G_k(p)$ des Kompensationsgliedes so festlegt, daß das resultierende Glied eine der Meßaufgabe besser angepaßte Übertragungsfunktion $G_{res}(p)$ erhält.

Tafel 3.94 Grundlegende Möglichkeiten der dynamischen Kompensation träger Meßglieder mit dem Ziel einer **form-** und **zeitgetreuen** Signalübertragung $G_k(p)$, $G_{k1}(p)$, $G_{k2}(p)$ Übertragungsfunktion der Kompensationsglieder

Nr.	Schaltungsstruktur	form- und zeitgetreues Übertragungsverhalten $G_{res}(p) = E_{res}$ wird erreicht	
		unter der Bedingung	mit einem Kompensationsglied der Übertragungsfunktion
1	$u(t) \rightarrow \boxed{G} \rightarrow \boxed{G_K} \rightarrow y(t)$	$G_{res}(p) = E_{res}$ $= G(p)\,G_k(p)$	$G_k(p) = \dfrac{E_{res}}{G(p)}$
2	$u(t) \rightarrow \boxed{G},\ \boxed{G_K} \rightarrow y(t)$	$G_{res}(p) = E_{res}$ $= G(p) + G_k(p)$	$G_k(p) = E_{res} - G(p)$

Ideale dynamische Meßeigenschaften sind durch Kompensation nicht zu erreichen, weil die erforderlichen Glieder physikalisch oder technisch nicht verwirklicht werden können (vgl. die drei letzten Spalten in Tafel **3.**94). Realisierbare Annäherungen an das Idealverhalten sind darüber hinaus höchstens bis zu derjenigen Grenze sinnvoll, ab der nachteilige Begleitumstände der Kompensation gleich oder gar höher zu bewerten sind als der erzielte Gewinn, z. B. die Vergrößerung der statischen Meßfehler oder des Eigenrauschens durch das Kompensationsglied, oder der erforderliche Aufwand unangemessen hoch wird, wie z. B. bei der Parallelkompensation. Praktische Anwendung finden vorwiegend die Reihenkompensation (Kettenstruktur) und die Gegenkopplung (Kreisstruktur).

Um den Aufwand in Grenzen zu halten, ist bei der Wahl der Kompensationsmaßnahme und der Bemessung des Kompensationsgliedes die konkrete Aufgabenstellung entsprechend Abschn. 3.3.3.1 zu beachten. Allgemeingültige Regeln lassen sich hierfür nicht angeben, da die Realisierbarkeit einer bestimmten Kompensationsmaßnahme zu sehr von den speziellen Randbedingungen des Einzelfalles abhängt. Exemplarisch sind in Tafel **3.**94 grundlegende Möglichkeiten der dynamischen Kompensationträger Meßglieder zur **form- und zeitgetreuen** Signalübertragung zusammengestellt. Auf einige Besonderheiten der verschiedenen möglichen Schaltungsstrukturen wird im folgenden hingewiesen.

Kettenstruktur. Die ideale Kompensations-Übertragungsfunktion $G_k(p)$ für form- und zeitgetreue Signalübertragung eines P-T_n-Gliedes entspricht bis auf einen konstanten Faktor der reziproken Übertragungsfunktion $1/G(p)$ des zu kompensierenden Gliedes.

<table>
<tr><td colspan="3" align="center">dynamische Kompensation des P-T_1-Gliedes $G(p) = E\,\dfrac{1}{1+pT}$ als Beispiel</td></tr>
<tr><td align="center">Übertragungsfunktion des idealen Kompensationsgliedes</td><td align="center">prinzipiell realisierbares Kompensationsglied</td><td align="center">Bemerkungen</td></tr>
<tr><td align="center">$G_k(p) = \dfrac{E_{res}}{E}(1+pT)$</td><td align="center">$G_k(p) = E_k\,\dfrac{1+pT}{1+pkT}$

$k < 1$</td><td>Resultierendes Glied ist wieder ein P-T_1-Glied, aber mit der Zeitkonstanten kT, $k < 1$.</td></tr>
<tr><td align="center">$G_k(p) = E_{res}\,\dfrac{pT}{1+pT}$

mit $E_{res} = E$</td><td align="center">$G_k(p) = E_k\,\dfrac{pT}{1+pT}$</td><td>Kompensation erfordert vollständiges zweites Meßglied mit vorgegebenen Zeiteigenschaften und Realisierung einer Summierstelle (geringe praktische Bedeutung für dynamische Kompensation).</td></tr>
</table>

Tafel **3.94** (Fortsetzung)

Nr.	Schaltungsstruktur	form- und zeitgetreues Übertragungsverhalten $G_{res}(p) = E_{res}$ wird erreicht	
		unter der Bedingung	mit einem Kompensationsglied der Übertragungsfunktion
3.1			$G_{k1}(p) = E_{k1} \to \infty$: $G_{k2}(p) = \frac{1}{E_{res}}$
3.2			$G_{k2}(p) = E_{k2}$: $G_{k1}(p) = \frac{1}{G(p)} \cdot \frac{1}{\frac{1}{E_{res}} - E_{k2}}$
3.3	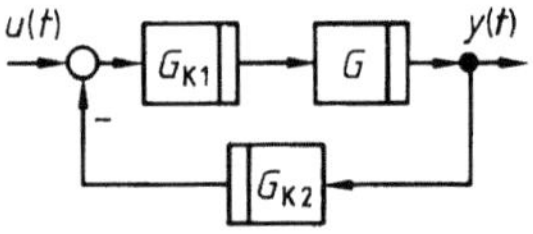	$G_{res}(p) = E_{res} = \frac{G(p)\, G_{k1}(p)}{1 + G(p)\, G_{k1}(p)\, G_{k2}(p)}$	
3.4			$G_{k1}(p) = E_{k1}$: $G_{k2}(p) = \frac{1}{E_{res}} - \frac{1}{E_{k1}} \cdot \frac{1}{G(p)}$
3.5			

dynamische Kompensation des $P\text{-}T_1$-Gliedes $G(p) = E\,\dfrac{1}{1+pT}$ als Beispiel		
Übertragungsfunktion des idealen Kompensationsgliedes	prinzipiell realisierbares Kompensationsglied	Bemerkungen
$G_{k2}(p) = \dfrac{1}{E_{\mathrm{res}}}$	$G_{k2}(p) = E_{k2}$	Empfindlichkeit (Verstärkung) E_{k1} des Verstärkers im Vorwärtszweig wird praktisch durch Schwingungsneigung des geschlossenen Kreises begrenzt.
$G_{k1}(p) = E_{k1}(1+pT)$ $E_{k1} = \dfrac{1}{E\left(\dfrac{1}{E_{\mathrm{res}}} - E_{k2}\right)}$	$G_{k1}(p) = E_{k1}$	Resultierendes Glied ist wieder ein $P\text{-}T_1$-Glied, aber mit der Empfindlichkeit $$E_{\mathrm{res}} = \frac{E\,E_{k1}}{1+E\,E_{k1}\,E_{k2}}$$ und der Zeitkonstanten $$T_{\mathrm{res}} = \frac{T}{1+E\,E_{k1}\,E_{k2}} < T.$$
	$G_{k1}(p) = E_{k1}\,\dfrac{1+pT}{1+pkT}$ $k < 1$	Resultierendes Glied ist wieder ein $P\text{-}T_1$-Glied, aber mit der Empfindlichkeit $$E_{\mathrm{res}} = \frac{E\,E_{k1}}{1+E\,E_{k1}\,E_{k2}}$$ und der Zeitkonstanten $$T_{\mathrm{res}} = \frac{kT}{1+E\,E_{k1}\,E_{k2}} < kT < T.$$
für $E_{\mathrm{res}} = E\,E_{k1}$: $G_{k2}(p) = -p\,\dfrac{T}{E\,E_{k1}}$	$G_{k2}(p) = -\,\dfrac{p\,\dfrac{T}{E\,E_{k1}}}{1+pkT}$	Resultierendes Glied ist geschwindigkeitstreu entsprechend $$G_{\mathrm{res}}(p) = E\,E_{k1}\,\frac{1+pkT}{1+pkT+p^2kT^2}.$$ Dämpfungsgrad der Systemeigenschwingung $D = 0{,}5\sqrt{k}$ (z. B. für $D = 0{,}707$ ist $k = 2$ erforderlich)
für $E_{\mathrm{res}} < E\,E_{k1}$: $G_{k2}(p) = \dfrac{1}{k\,E\,E_{k1}}(1-pkT)$ $k = \dfrac{1}{\dfrac{E\,E_{k1}}{E_{\mathrm{res}}} - 1}$	$G_{k2}(p)$ $= \dfrac{E_{k2}}{1+pkT+p^2k^2T^2+\cdots}$ $k = \dfrac{1}{E\,E_{k1}\,E_{k2}}$	Für $G_{k2}(p) = E_{k2}\dfrac{1}{1+pkT}$ ist das resultierende Glied geschwindigkeitstreu entsprechend $$G_{\mathrm{res}}(p) = E_{\mathrm{res}}\,\frac{1+pkT}{1+pkT+p^2\dfrac{k^2}{1+k}T^2}$$ mit $$E_{\mathrm{res}} = \frac{E\,E_{k1}}{1+E\,E_{k1}\,E_{k2}}.$$ Dämpfungsgrad der Systemeigenschwingung $D = 0{,}5\sqrt{1+k}$ (z. B. für $D = 0{,}707$ ist $k = 1$ erforderlich)

Hat beispielsweise ein P-T_2-Glied die Übertragungsfunktion

$$G(p) = E \frac{1}{1 + 2D\,\dfrac{p}{\omega_0} + \left(\dfrac{p}{\omega_0}\right)^2}$$

und soll das resultierende Glied ein statisches mit der Empfindlichkeit $G_{res}(p) = E_{res}$ sein, so muß das Kompensationsglied die Übertragungsfunktion

$$G_{k\,ideal}(p) = \frac{E_{res}}{E}\left[1 + 2D\,\frac{p}{\omega_0} + \left(\frac{p}{\omega_0}\right)^2\right]$$

aufweisen. Ein derartiges Glied ist aber prinzipiell nicht realisierbar [30], sondern höchstens ein Glied mit der Übertragungsfunktion

$$G_k(p) = \frac{E_{res}}{E} \cdot \frac{1 + 2D\,\dfrac{p}{\omega_0} + \left(\dfrac{p}{\omega_0}\right)^2}{1 + 2D_1\,\dfrac{p}{\omega_{0_1}} + \left(\dfrac{p}{\omega_{0_1}}\right)^2},$$

so daß die resultierende Funktion

$$G_{res}(p) = G(p)\,G_k(p) = E_{res} \frac{1}{1 + 2D_1\,\dfrac{p}{\omega_{0_1}} + \left(\dfrac{p}{\omega_{0_1}}\right)^2}$$

wiederum ein P-T_2-Glied repräsentiert. Der praktisch erreichbare Gewinn liegt in der Möglichkeit, die Eigenkreisfrequenz des Systems durch die Wahl der Kennkreisfrequenz $\omega_{0_1} > \omega_0$ im Verhältnis dieser beiden Kenngrößen zu erhöhen (s. a. Tafel **3.94**, Nr. 1).

Beispiel 3.27. Eine dynamische Kompensation wird häufig bei dem in Beispiel 3.19 behandelten relativ trägen Mantelthermometer angewendet. Dieses hat näherungsweise die Übertragungsfunktion eines P-T_1-Gliedes

$$G(p) = E \frac{1}{1 + pT}$$

und erfordert entsprechend Tafel **3.94**, Nr. 1 ein Reihen-Kompensationsglied 1. Ordnung. Bild **3.95** zeigt beispielhaft ein passives und ein aktives elektrisches Netzwerk, die sich für diesen Zweck eignen. Sie realisieren die allgemeine Kompensations-Übertragungsfunktion

$$G_k(p) = E_k \frac{1 + pT_k}{1 + pkT_k}, \tag{3.116}$$

welche der Meßeinrichtung die resultierende Übertragungsfunktion

$$G_{res}(p) \approx E \frac{1}{1 + pT}\,E_k \frac{1 + pT_k}{1 + pkT_k} \tag{3.117}$$

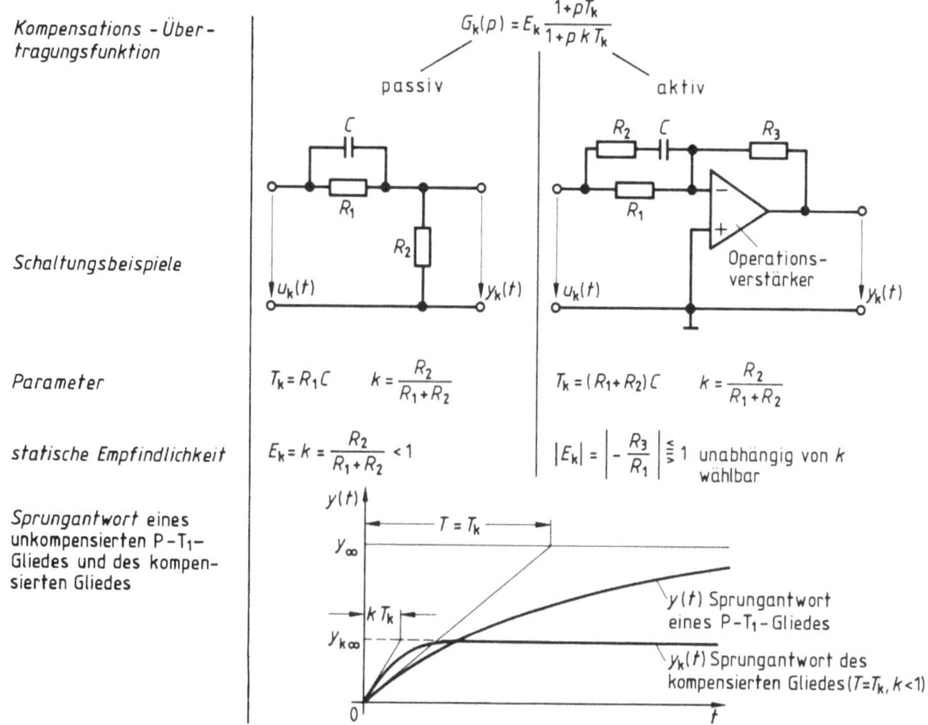

3.95 Beispiele für elektrische Kompensationsglieder 1. Ordnung

bzw. nach Erfüllung der Abgleichbedingung $T_k = T$

$$G_{res}(p) \approx E\,E_k \frac{1}{1+pkT_k} \qquad\qquad (3.118)$$

zuordnet. Die Dynamik wird dadurch um den in weiten Grenzen wählbaren Koeffizienten $k<1$ verbessert (Bild **3.95**).

Ein wesentlicher Nachteil des in Bild **3.95** dargestellten passiven Netzwerkes ist in der Empfindlichkeitsreduktion des resultierenden Gliedes um den gleichen Faktor $E_k = k < 1$ zu sehen, d. h., die Verbesserung der dynamischen Eigenschaften wird durch einen entsprechenden Empfindlichkeitsverlust erkauft, so daß ein Kompromiß zwischen den Anforderungen an die statischen und die dynamischen Eigenschaften eingegangen werden muß. Diesen Nachteil vermeiden bestimmte passive Netzwerke, insbesondere aber Schaltungen mit aktiven Bauelementen, z. B. die in Bild **3.95** rechts dargestellte, von denen eine große Zahl unterschiedlichster Varianten bekannt ist [14].

Das Ungefähr-Zeichen in Gl. (3.117) soll andeuten, daß sie nur bei einer vernachlässigbaren Rückwirkung des Kompensationsgliedes auf dessen Eingangssignal richtig ist, was bei konkreter Anwendung gesondert überprüft werden müßte. Auch in dieser Hinsicht ist das aktive, allerdings auch aufwendigere Kompensationsnetzwerk zu bevorzugen.

Bei dieser auch als Polkompensation bezeichneten Art des Abgleichs ($T_k = T$), die sich aus der Aufgabenstellung entsprechend Tafel **3.94**, Zeile 1 als die naheliegendste anbietet, hat die Übertragungsfunktion des kompensierten Systems die gleiche mathematische Form wie die des unkompensierten. Dies ist aber nicht die einzig mögliche Art des Abgleichs, wie man durch Ausmultiplizieren des Nenners in Gl. (3.117) sofort erkennt.

$$G_{\text{res}}(p) = E\,E_{\text{k}}\,\frac{1+p\,T_{\text{k}}}{1+p\,(T+k\,T_{\text{k}})+p^2\,k\,T\,T_{\text{k}}} \qquad (3.119)$$

Das so beschriebene resultierende System kann beispielsweise auch geschwindigkeitstreu entsprechend Abschn. 3.3.3.4 eingestellt werden, indem man die Koeffizienten des linearen Gliedes im Zähler- und im Nennerpolynom der Übertragungsfunktion gleich macht, also die Abgleichbedingung $T_{\text{k}} = T + k\,T_{\text{k}}$ mit $T_{\text{k}} = T/(1-k)$ erfüllt. Oder man stellt das System betragsoptimal ein, indem man $T_{\text{k}} = T/\sqrt{1-k^2}$ entsprechend der 1. Koeffizientenbedingung in Tafel **3**.76 wählt. Je nach Meßaufgabe, zeitlichem Verlauf des Meßsignals und dem praktisch erreichbaren Zeitkonstantenverhältnis k des Kompensationsgliedes kann eine dieser Einstellungen zweckmäßiger sein.

Zur optimalen Kompensation des P-T_{n}-Gliedes würde ein Kompensationsglied n-ter Ordnung benötigt. Wegen des wesentlich größeren Aufwandes zur Realisierung von Kompensationsgliedern 2. und höherer Ordnung begnügt man sich aber auch bei solchen Meßgliedern häufig mit einer Kompensation 1. Ordnung [14], [31].

Parallelstruktur. Auf diese zur dynamischen Kompensation seltener benutzte Schaltungsvariante (s. Tafel **3**.94, Nr. 2) soll hier nicht näher eingegangen werden.

Kreisstruktur. Aus der Eigenart der Kreisstruktur, daß das Ausgangssignal über einen Rückführzweig auf sich selbst zurückwirkt, ergeben sich prinzipiell vielfältige Kompensationsmöglichkeiten. Die wichtigsten sind in Tafel **3**.94, Nr. 3.1 bis 3.5 am Beispiel des P-T_1-Gliedes – wiederum für eine form- und zeitgetreue Signalübertragung – angegeben. Der Aufbau einer Kreisstruktur zu Kompensationszwecken setzt praktisch aber voraus, daß dem Eingang des Meßgliedes eine Summierstelle vorgeschaltet, die physikalische Größenart des Ausgangssignals über ein Umformerglied im Rückführzweig der physikalischen Größenart des Eingangssignals soweit erforderlich angepaßt und in die gebildete Kreisstruktur die benötigten Kompensationsglieder eingeschaltet werden können. Abgesehen von dem meist großen Aufwand sind diese Voraussetzungen oft nicht gegeben.

Je nach dem, ob die Rückführung des Ausgangssignals auf den Eingang der Meßeinrichtung als eine dem resultierenden System eigene innere Rückwirkung aufgefaßt werden muß, oder ob sie dem Vergleich von Ein- und Ausgangssignal zum Zweck der gezielten Beeinflussung des Ausgangssignals dient, könnte man zwischen einfachen Gegenkopplungsschaltungen und Re-

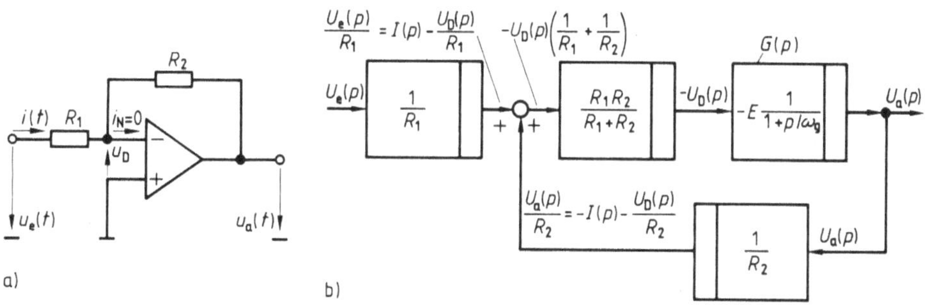

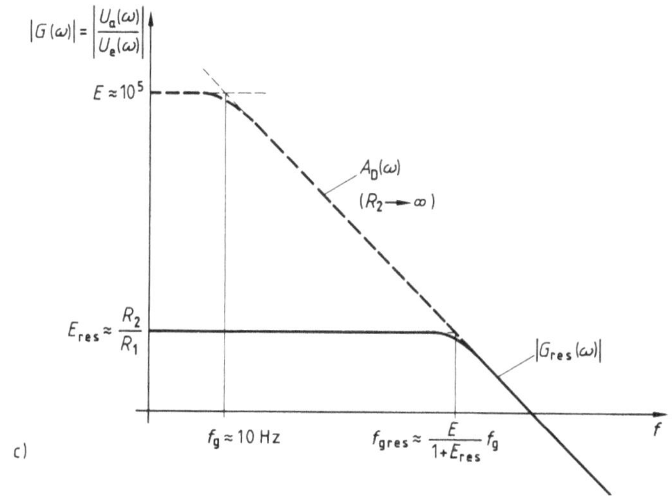

3.96 Frequenzgangkompensation eines Operationsverstärkers durch starre Gegenkopplung
a) Schaltung, b) Signalflußplan
c) Amplitudengang in doppeltlogarithmischer Darstellung

gelkreisen unterscheiden, obgleich die Grenzen zwischen beiden verschwim-
men. Die beiden folgenden Beispiele sind eher zur ersten Gruppe zu zählen.

Beispiel 3.28. Die Grenzfrequenz eines Operationsverstärkers soll durch Gegenkopplung erhöht werden.

Die Differenzverstärkung A_D eines Operationsverstärkers nach Beispiel 3.1 für harmonische Eingangssignale hat den in Bild **3.**96c gestrichelt eingezeichneten charakteristischen Verlauf, der annähernd dem Amplitudengang eines P-T_1-Gliedes

$$A_\mathrm{D}(\omega) = \left| \frac{U_\mathrm{a}(\omega)}{U_\mathrm{D}(\omega)} \right| \approx \left| E \frac{1}{1+\mathrm{j}\,\omega/\omega_\mathrm{g}} \right| \tag{3.120}$$

entspricht.

Typische Kennwerte sind Empfindlichkeit $E \approx 10^5$, Grenzkreisfrequenz $\omega_g = \omega_{g\,0,707}$ $\approx 2\pi \cdot 10\,\mathrm{s}^{-1}$; d.h., der Operationsverstärker hat zwar eine sehr große Leerlaufverstärkung, zugleich aber auch eine recht geringe Grenzfrequenz. Durch Gegenkopplung entsprechend Tafel **3.94**, Nr. 3.2 läßt sich die Grenzfrequenz zu Lasten der Empfindlichkeit erhöhen, wovon man praktisch sehr häufig Gebrauch macht.

Bei unbeschaltetem Operationsverstärker ($R_2 \to \infty$) ist die Differenzeingangsspannung u_D gleich der negativen Eingangsspannung u_e, so daß man mit Gl. (3.120) für die Übertragungsfunktion

$$G(p) = \frac{U_a(p)}{U_e(p)} = -\frac{U_a(p)}{U_D(p)} = -E\,\frac{1}{1+p/\omega_g} \tag{3.121}$$

schreiben kann. Der Betrieb des beschalteten Operationsverstärkers wird dagegen durch die transformierten Spannungsgleichungen

$$U_e(p) = R_1 I(p) - U_D(p) \quad \text{und} \quad U_a(p) = -R_2 I(p) - U_D(p) \tag{3.122}$$

beschrieben, aus denen mit $U_D(p) = -U_a(p)/G(p)$ die resultierende Übertragungsfunktion

$$G_{res}(p) = \frac{U_a(p)}{U_e(p)} = -\frac{G(p)}{(R_1/R_2)\,G(p) - (1 + R_1/R_2)}$$

bzw. mit Gl. (3.121)

$$G_{res}(p) = -\frac{E}{1 + (R_1/R_2)(1+E)} \cdot \frac{1}{1 + \dfrac{p}{\omega_g} \cdot \dfrac{1 + R_1/R_2}{1 + (R_1/R_2)(1+E)}} \tag{3.123}$$

folgt. Die Grenzkreisfrequenz des resultierenden Gliedes ist somit

$$\omega_{g\,res} = \omega_g\,\frac{1 + (R_1/R_2)(1+E)}{1 + R_1/R_2} \approx \omega_g\,\frac{E}{1 + R_2/R_1} \tag{3.124}$$

und die Empfindlichkeit

$$E_{res} = \frac{E}{1 + (R_1/R_2)(1+E)} \approx \frac{R_2}{R_1}. \tag{3.125}$$

Durch Zusammenfassung von Gl. (3.124) und Gl. (3.125) erhält man

$$\omega_g E \approx \omega_{g\,res}(1 + E_{res}) \tag{3.126}$$

bzw.

$$\omega_g E \approx \omega_{g\,res} E_{res} \quad \text{für} \quad E_{res} \gg 1. \tag{3.127}$$

Das Produkt aus Empfindlichkeit E_{res} und Bandbreite (Grenzkreisfrequenz) $\omega_{g\,res}$ des starr gegengekoppelten Operationsverstärkers ist also näherungsweise eine Konstante. Je stärker man gegenkoppelt, desto mehr erhöht man die wirksame Grenzfrequenz auf Kosten der wirksamen Empfindlichkeit des Gliedes.

Die logarithmische Amplitudenkennlinie knickt bei $f_{g1} \approx 3 \cdot 10^6$ Hz ein zweites Mal um
-1 nach unten weg, d. h., der unbeschaltete Operationsverstärker könnte genauer durch
die Übertragungsfunktion

$$G(p) = -E \frac{1}{(1+p/\omega_g)(1+p/\omega_{g1})}$$

mit $\omega_{g1} \approx 2\pi \cdot 3 \cdot 10^6$ s^{-1} beschrieben werden, was für die meisten praktischen Anwendungen aber bedeutungslos ist.

Beispiel 3.29. Der Frequenzgang der Spannungsspule eines elektrodynamischen Leistungsmessers soll kompensiert werden.

Elektrodynamische Meßgeräte nutzen das Prinzip der Lorentzkraft $\vec{f}(t) = i_1(t)[\vec{l} \times \vec{b}_2(t)]$
(s. Beispiel 3.10). Sollen sie zur Leistungsmessung über die Komponenten Strom $i_e(t)$
und Spannung $u_e(t)$ dienen, so wird über feste Feldspulen die magnetische Induktion
$b_2(t)$ proportional zum Strom $i_e(t)$ und der Strom $i_1(t)$ in der Drehspule proportional zur
Spannung $u_e(t)$ eingestellt. Zur Umformung der Spannung $u_e(t)$ in den Drehspulenstrom
$i_1(t)$ dient der ohmsche Widerstand R_1 der Drehspule, meist in Verbindung mit einem
Vorschaltwiderstand R_2 (s. Bild 3.97a).

Wegen der Induktivität L der Meßspule hat der Umformer eine Trägheit 1. Ordnung, die
durch den Vorschaltwiderstand reduziert wird. Um dynamische Meßfehler bei - z. B. periodisch - zeitveränderlichen Meßgrößen weiter zu reduzieren, wird üblicherweise die
Kompensationswirkung des Vorschaltwiderstandes durch einen Parallelkondensator der
Kapazität C erhöht. Vorschaltwiderstand und Parallelkondensator bilden zusammen ein
Kompensationsglied, das in der Ersatzschaltung als zum Meßglied in Reihe geschaltet
erscheint.

Für den Signalfluß (s. Bild 3.97b und c) liegt dagegen eine Kreisstruktur vor, da das
Kompensationsglied über seinen stromabhängigen Spannungsabfall $u_k(t)$ auf die Eingangsgröße Spannung $u(t)$ des Meßgliedes zurückwirkt.

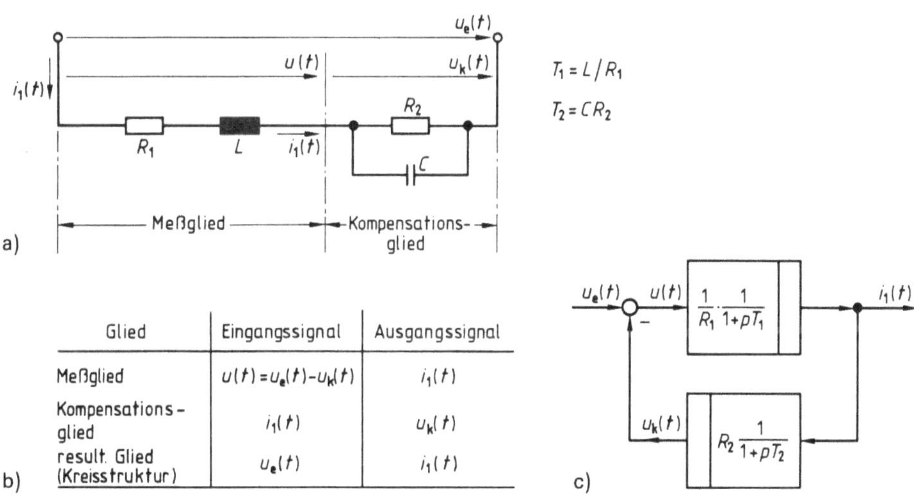

3.97 Dynamische Kompensation eines Spannung-Strom-Umformers mit Trägheit
1. Ordnung
   a) Schaltung, b) Ein- und Ausgangssignale, c) Signalflußplan

Die Übertragungsfunktionen lauten demnach für das

Meßglied $\quad G(p) = \dfrac{I_1(p)}{U(p)} = \dfrac{1}{R_1} \cdot \dfrac{1}{1+pT_1} \quad$ mit $\quad T_1 = \dfrac{L}{R_1}$ $\hfill$ (3.128)

Kompen-
sationsglied $\quad G_k(p) = \dfrac{U_k(p)}{I_1(p)} = R_2 \dfrac{1}{1+pT_2} \quad$ mit $\quad T_2 = CR_2$ $\hfill$ (3.129)

resultie-
rende $\quad G_{res}(p) = \dfrac{I_1(p)}{U_e(p)} = \dfrac{1}{R_1+R_2} \cdot \dfrac{1+pT_2}{1+p\,\dfrac{R_1}{R_1+R_2}(T_1+T_2)+p^2\,\dfrac{R_1}{R_1+R_2}T_1T_2}$ $\hfill$ (3.130)
Glied

Das Kompensationsglied liegt im Rückführzweig der Kreisstruktur und zeigt wie das
Meßglied ein P-T₁-Verhalten. Es muß auf möglichst form- und zeitgetreue Übertragung
hin eingestellt werden, da sowohl Amplituden- als auch Phasenwinkelfehler der Span-
nung-Strom-Umformung zu Fehlern bei der Leistungsbestimmung führen. Da i. allg. nur
ein Einstellparameter zur Verfügung steht, nämlich die Kapazität C des Parallelkonden-
sators, empfiehlt sich somit eine Einstellung nach Abschn. 3.3.3.4 auf geschwindigkeits-
treues Verhalten des Meßgliedes, das nach Bild 3.92 durch horizontale Anfangstangen-
ten sowohl der Amplituden- als auch der Phasenkennlinie gekennzeichnet ist.
Hierfür gilt nach Gl. (3.115) die Einstellbedingung $B_1 = A_1$, also nach Gl. (3.130) für die
Zeitkonstanten

$$T_2 = \frac{R_1}{R_1+R_2}(T_1+T_2) \quad \text{bzw.} \quad T_2 = T_1\frac{R_1}{R_2}\,,$$

woraus sich die erforderliche Kapazität

$$C = L/R_2^2 \hspace{4cm} (3.131)$$

ergibt. Dieses Ergebnis erhält man auch aus Tafel 3.94, Nr. 3.5, wenn man entsprechend
Bild 3.97 $T = L/R_1$, $kT = R_2C$ und $1/k = EE_{k1}E_{k2}$ mit $E = 1/R_1$, $E_{k1} = 1$, $E_{k2} = R_2$ setzt.
Bei Abgleich hat die kompensierte Spannungsspule die Übertragungsfunktion

$$G_{res}(p) = E_{res} \frac{1+p(R_1/R_2)T_1}{1+p(R_1/R_2)T_1+p^2\,\dfrac{(R_1/R_2)^2}{1+R_1/R_2}} T_1^2 \quad \text{mit} \quad E_{res} = \frac{1}{R_1+R_2}\,. \quad (3.132)$$

Die zugehörigen Frequenzkennlinien sind in Bild 3.98 für einige Widerstandsverhält-
nisse R_2/R_1 über der normierten Kreisfrequenz ωT_1 aufgetragen. Sie zeigen den praktisch nutzbaren Frequenzbereich.

Als charakteristisches Beispiel für die Anwendung einer Kompensationsmaßnahme in einer als Regelkreis zu betrachtenden Kreisstruktur sei nochmals
die Frequenzgangoptimierung des selbstabgleichenden Kompensators aus den
Beispielen 3.21 und 3.25 angeführt.

Beispiel 3.30. Durch Einfügen eines Vorhaltgliedes in den Rückführzweig des selbstabgleichenden Kompensators aus Beispiel 3.25 gewinnt man einen weiteren frei verfügbaren Systemparameter für die Frequenzgangoptimierung. Bild 3.99a gibt eine handelsüb-

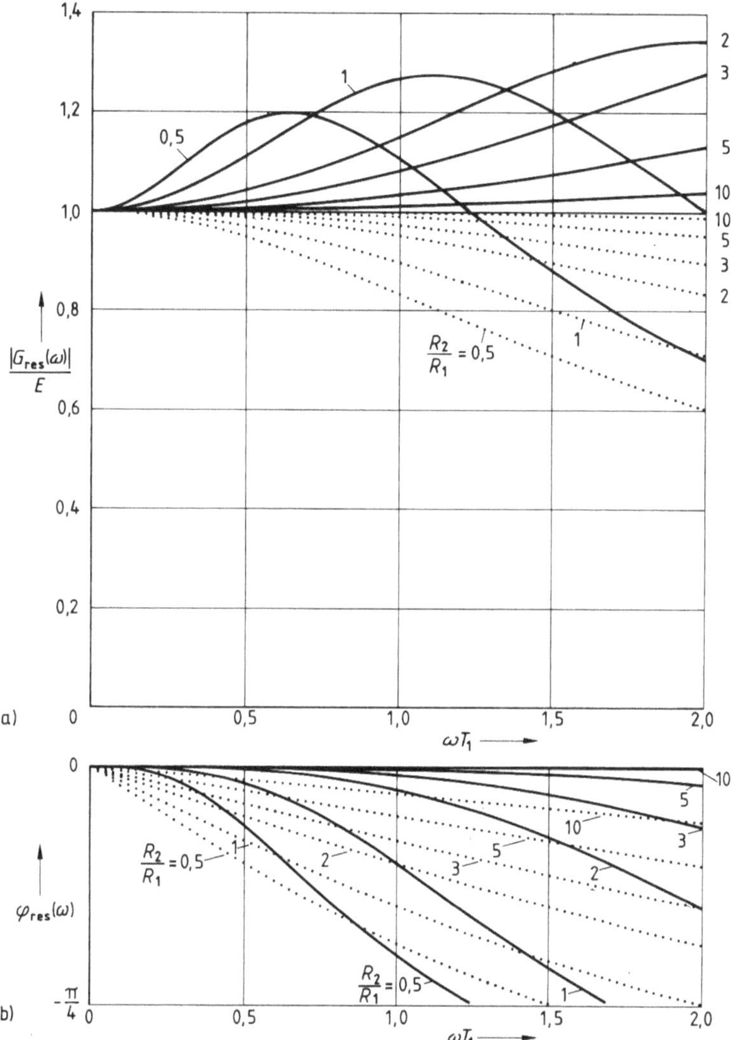

3.98 Frequenzkennlinien der kompensierten Spannungsspule eines elektrodynamischen Leistungsmessers

· · · · · · ohne⎫
─────── mit ⎭ Kompensationskapazität C

a) Amplitudengänge
b) Phasengänge

liche Ausführung geringfügig vereinfacht wieder und Bild **3.99** b den zugehörigen Signalflußplan. Die Übertragungsfunktion des auf diese Weise kompensierten Systems

$$G_{res}(p) = \frac{1}{k_u} \cdot \frac{1}{1 + p(T_k + T_S) + p^2\, T_S\, T_{mk} + p^3\, T_S\, T_a\, T_{mk}} \qquad (3.133)$$

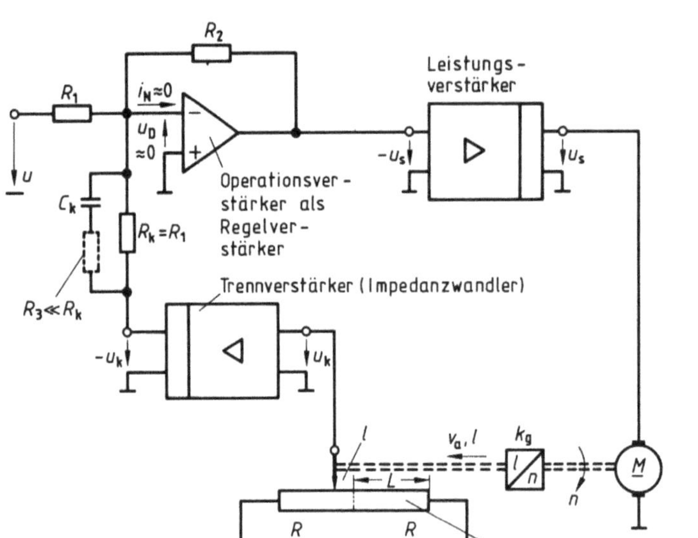

a)

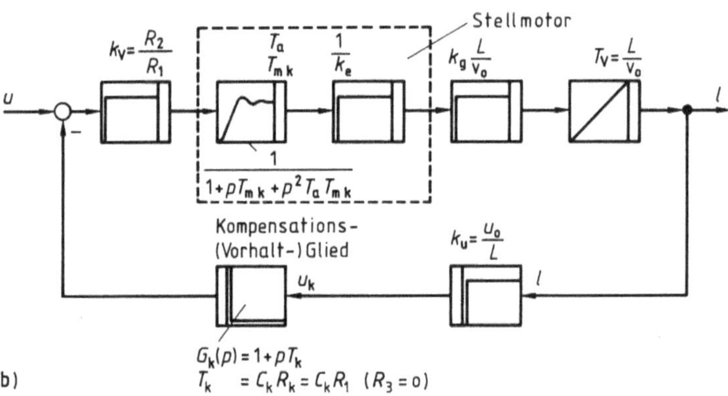

b)

3.99 Frequenzgangkompensation des selbstabgleichenden Kompensators durch Vorhaltglied im Rückführzweig
a) Schaltung
b) Signalflußplan

unterscheidet sich von der des unkompensierten Systems nach Gl. (3.105)

$$G(p) = \frac{1}{k_u} \cdot \frac{1}{1+p\,T_S+p^2\,T_S\,T_{mk}+p^3\,T_S\,T_a\,T_{mk}}$$

im Koeffizienten des linearen Gliedes des Nennerpolynoms, in dem zusätzlich die über C_k frei wählbare Kompensationszeitkonstante $T_k = C_k R_k$ auftritt. Somit stehen jetzt zwei freie Parameter T_S und T_k zur Verfügung, so daß grundsätzlich auch zwei Koeffizientenbedingungen aus Tafel 3.76 bzw. 3.77 erfüllbar sind. Da das System von 3. Ordnung $(n=3)$ ist und die Zahl der freien Parameter $n-1=2$ beträgt, kann andererseits auch nach Standardfrequenzgängen, wie sie in Tafel **3.**82, **3.**84, **3.**86 und **3.**88 dargestellt sind, optimiert werden.

Mit der Normierung $T_a = a\,T_{mk}$, $T_S = b\,T_{mk}$, $T_k = c\,T_{mk}$, $s = p\,T_{mk}$ erhält Gl. (3.133) die übersichtliche Form

$$\frac{G_{res}(s)}{E} = \frac{1}{1+(b+c)s+bs^2+abs^3}\,. \tag{3.134}$$

Phasenwinkelkriterium (Bessel-Standardform). Da die Frequenzvariable der Bessel-Polynome in Tafel 3.86 auf die Grenzkreisfrequenz $\omega_{g\,0,707}$ bezogen ist, die der Übertragungsfunktion von Gl. (3.134) aber auf den Kehrwert einer Systemzeitkonstanten $(1/T_{mk})$, werde die bezogene Frequenzvariable der Bessel-Polynome zur Unterscheidung im folgenden

$$s^* = p/\omega_{g\,0,707} \tag{3.135}$$

genannt. Zur Beschreibung des zwischen den beiden bezogenen Frequenzvariablen s und s^* bestehenden Zusammenhanges wird zweckmäßigerweise mit

$$s = m\,s^* \tag{3.136}$$

ein reeller Maßstabsfaktor m eingeführt, womit Gl. (3.134) die Form

$$\frac{G_{res}(s)}{E} = \frac{1}{1+(b+c)m\,s^*+b\,m^2 s^{*2}+a\,b\,m^3 s^{*3}} \tag{3.137}$$

erhält. Die zugehörige Bessel-Normalform nach Tafel 3.86 lautet

$$\frac{G_{Bessel}(s^*)}{E} = \frac{1}{1+1{,}756\,s^*+1{,}233\,s^{*2}+0{,}361\,s^{*3}}\,. \tag{3.138}$$

Durch Koeffizientenvergleich der Gleichungen (3.137) und (3.138) ergibt sich das Gleichungssystem

$$(b+c)m = 1{,}756, \quad b\,m^2 = 1{,}233, \quad a\,b\,m^3 = 0{,}361,$$

dessen Lösungen

$$b = 14{,}42\,a^2, \quad c = 5{,}99\,a(1-2{,}41\,a), \quad m = 0{,}292/a$$

die gesuchten Einstellbedingungen für b und c enthalten. Da $c = T_k/T_{mk}$ nicht negativ sein kann, ist diese Einstellung nur bis zu dem Zeitkonstantenverhältnis $T_a/T_{mk} \leq 0{,}42$ realisierbar.

Aus $s = m\,s^*$ nach Gl. (3.136) ergibt sich mit $s = p\,T_{mk}$ und $s^* = p/\omega_{g\,0,707}$ die zugehörige Grenzfrequenz $\omega_{g\,0,707} = m/T_{mk} = 0{,}292/(a\,T_{mk})$ des Systems.

Die Ergebnisse für b und c hätte man auch über die ersten beiden Koeffizientenbedingungen aus Tafel 3.77 erhalten.

Betragskriterium (Butterworth-Standardform). Durch Koeffizientenvergleich von Gl. (3.137) mit der entsprechenden Butterworth-Standardform aus Tafel 3.84 (oder auch über die ersten beiden Koeffizientenbedingungen aus Tafel 3.76) erhält man die höchstens bis zum Zeitkonstantenverhältnis $T_a/T_{mk} = 0{,}5$ realisierbaren Einstellvorschriften $b = 8\,a^2$, $c = 4\,a(1-2\,a)$ sowie den Maßstabsfaktor $m = 0{,}5/a$.

Gemischte Einstellung. Man kann auch versuchen, die Betrags- mit der Phasenoptimierung zu verbinden. Mit den Bezeichnungen von Tafel 3.76 und 3.77 gilt nach Gl. (3.134) im vorliegenden Fall $A_1 = b+c$, $A_2 = b$, $A_3 = a\,b$, $A_i = B_k \equiv 0$ für $i > 3$, $k > 0$. Es ist daher je eine Bedingung aus Tafel 3.76 und Tafel 3.77 erfüllbar. Man erhält die bis zu

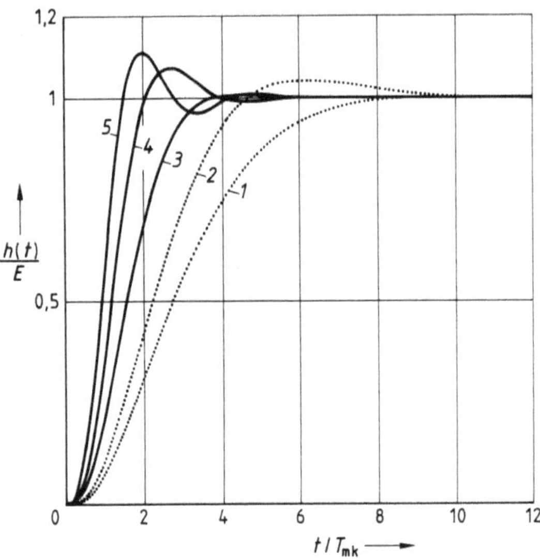

3.100 Übergangsfunktionen des nach verschiedenen Kriterien eingestellten selbstabgleichenden Kompensators, Zeitkonstantenverhältnis des Stellmotors $T_a/T_{mk} = 0{,}25$
1 Phasenkriterium ⎱ ohne Kompensationsglied
2 Betragskriterium ⎰ im Rückführzweig
3 Phasenkriterium ⎱
4 Betragskriterium ⎬ mit Kompensationsglied
5 gemischte Einstellung ⎰ im Rückführzweig
Die Kurven *3* und *4* entsprechen den Standardübertragungsfunktionen nach Tafel **3.86** und **3.84** für $n = 3$

dem Zeitkonstantenverhältnis $T_a/T_{mk} = 0{,}67$ realisierbaren Einstellvorschriften $b = 45a^2$, $c = 3a(1 - 1{,}5a)$.

Ergebnisse. Für das Zeitkonstantenverhältnis $T_a/T_{mk} = 0{,}25$ des Stellmotors sind die Frequenz- und Zeitkennlinien des unkompensierten und des nach obigen Kriterien eingestellten kompensierten Systems in Bild **3.100** und **3.101** wiedergegeben. Durch die Kompensationsmaßnahme wird also die nutzbare Frequenzbandbreite um den Faktor 3 bis 4 vergrößert.

Das Kompensationsnetzwerk wird aus den in Beispiel **3.22** geschilderten Gründen praktisch mit einem zusätzlichen Widerstand (R_3 in Bild **3.99** a) versehen, wodurch eine zusätzliche Zeitkonstante $T_k^* = R_3 C_k$ in dem System wirksam wird. T_k^* kann aber praktisch in der Regel so klein gehalten werden, daß sich die gefundenen Ergebnisse nur geringfügig ändern.

Für den Regelungstechniker stellt die Abbildung des Eingangssignals in das Ausgangssignal der Kreisstruktur eine Führungsregelung dar, d. h., das Ausgangssignal wird durch den Regelkreis so geführt, daß es mit geringst möglichen Abweichungen – entsprechend dem Führungsverhalten des Kreises – dem Eingangssignal folgt (man spricht von Störverhalten des Regelkreises in bezug auf seine Übertragungseigenschaften für superponierende Störsignale). Hinsichtlich der Auswahl und Bemessung geeigneter Kompensationsglieder für

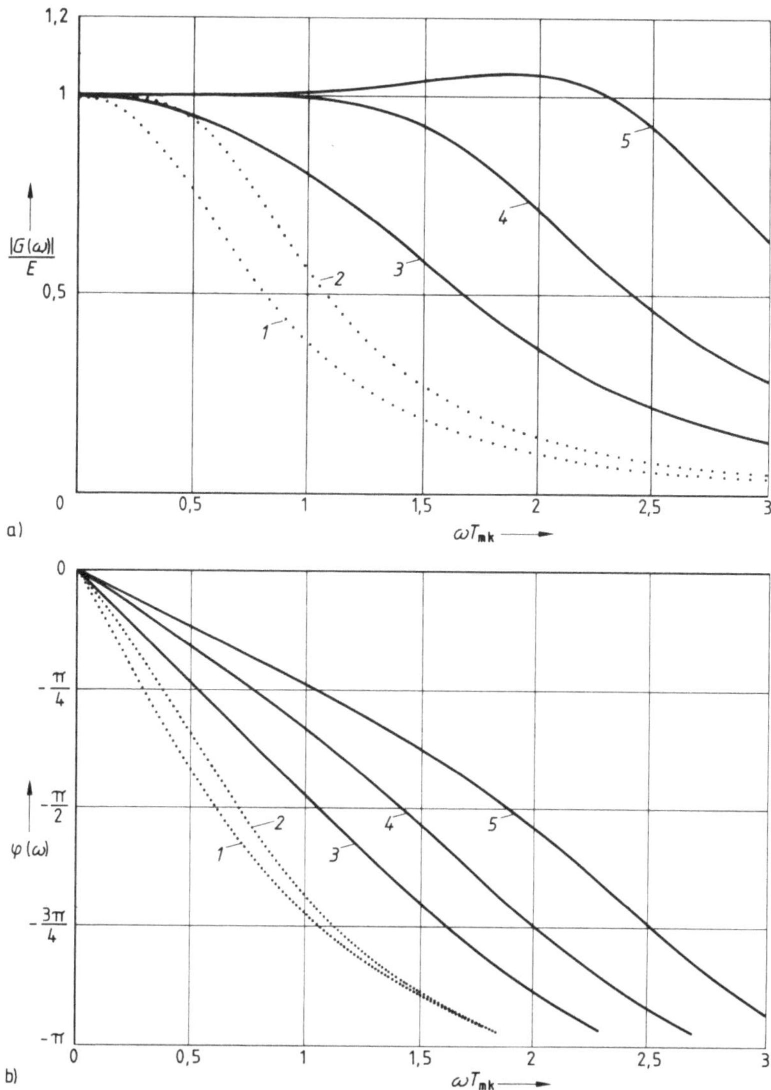

3.101 Amplitudengänge (a) und Phasengänge (b) zu den Übergangsfunktionen in Bild 3.100

Kreisstrukturen stehen hochentwickelte mathematische Methoden der modernen Regelungstechnik zur Verfügung, auf die an dieser Stelle nur hingewiesen werden kann, z. B. [5], [7], [22].

Der Einsatz von Regelkreisen zu reinen Kompensationszwecken bleibt i. allg. auf relativ einfach realisierbare Maßnahmen beschränkt. Hat die Meßeinrichtung dagegen bereits eine aus der speziellen Meßaufgabe resultierende Kreisstruktur, in die zusätzliche Kompensationsglieder eingefügt werden können, wie beispielsweise bei dem selbstabgleichenden Kompensator aus Beispiel 3.21 oder dem Differenzdruckmesser aus Beispiel 3.14, so lassen sich ihre dynamischen Eigenschaften i. allg. ohne großen Zusatzaufwand verbessern. Insofern unterscheiden sich derartige Systeme grundsätzlich von solchen, die aufgrund innerer Rückwirkungen lediglich f o r m a l eine Kreisstruktur aufweisen, wie das Feder-Masse-Dämpfung-System in Bild **3.**61, in dessen inneren Signalfluß keine zusätzlichen Glieder eingefügt werden können.

3.3.4.2 Grenzen dynamischer Kompensation. Die durch dynamische Kompensation erreichbare Verbesserung der Meßeigenschaften ist aus folgenden – z. T. schon in Abschn. 3.3.4.1 erwähnten – Gründen begrenzt:

a) Die zur idealen Kompensation erforderlichen Glieder sind nur in Näherung realisierbar.

b) Kompensationsglieder bewirken selbst wieder statische und dynamische, zufällige und systematische Fehler. Ihr Nutzen kann ab einem bestimmten Kompensationsgrad durch ihren unerwünschten Fehlereinfluß in Frage gestellt werden.

c) Bei elektronischen Meßgliedern werden Rauschstörungen um so stärker hervorgehoben, je mehr der Übertragungsfrequenzbereich durch die Kompensationsmaßnahme verbreitert wird (vgl. Beispiel 3.24).

d) Die Aufwand-Nutzen-Relation spricht oft gegen die Kompensationsmaßnahme und für die Verwendung einer u. U. aufwendigeren, aber prinzipiell besser geeigneten Meßeinrichtung.

e) Kompensierte Meßeinrichtungen sind i. allg. erheblich empfindlicher gegen Parameteränderungen als unkompensierte. Die Beurteilung und Angabe ihrer Fehlereigenschaften kann dadurch unsicher werden.

Der letzte Punkt bedarf einer Erläuterung:
Nach den Beispielen in Abschn. 3.3.4.1 hängt der Erfolg einer Kompensationsmaßnahme entscheidend von der möglichst genauen Einhaltung der entsprechenden Einstellbedingungen ab. Je höher der angestrebte Kompensationsgrad ist, desto stärker wirken sich bereits relativ geringe Fehlabstimmungen auf das Ergebnis aus. Die Folge hiervon ist eine i. allg. wesentlich höhere Parameterempfindlichkeit der dynamischen Meßeigenschaften des kompensierten Systems als der des unkompensierten.

Beispiel 3.31. In Beispiel 3.19 wird auf die Abhängigkeit der Zeitkonstanten T des Mantel-Thermoelementes von den Meßbedingungen hingewiesen. Bei dynamischen Meßvorgängen ist zu beachten, daß sich mit der Zeitkonstante T auch alle weiteren dynamischen Kenngrößen der Meßeinrichtung entsprechend ihrer maßgebenden Parameterempfindlichkeit ändern.
Beispielsweise gilt für die Einstellzeit des unkompensierten P-T_1-Gliedes nach Gl. (3.95) $T_a = T \ln(1/G)$, wenn G die vereinbarte Grenze der zulässigen dynamischen Abweichung nach Bild **3.**75 ist. Eine bestimmte Änderung der Zeitkonstanten T hat also eine prozentual gleichgroße Änderung der Einstellzeit T_a zur Folge.

Wesentlich unübersichtlicher sind die Verhältnisse bei einem entsprechend Beispiel 3.27 kompensierten System, dessen resultierende Übertragungsfunktion

$$G_{\text{res}}(p) = \underbrace{E\,\frac{1}{1+p\,T}}_{\substack{\text{unkompensiertes}\\\text{Meßglied}}} \cdot \underbrace{E_{\text{k}}\,\frac{1+p\,T_{\text{k}}}{1+p\,k\,T_{\text{K}}}}_{\substack{\text{Kompensations-}\\\text{glied}}} \tag{3.139}$$

lautet, da eine Änderung der Zeitkonstanten T bei gleichbleibender Kompensationszeitkonstante T_{k} nunmehr nicht nur eine Änderung eines Systemparameters, sondern darüber hinaus eine Änderung der Systemstruktur bedeutet. Bei Erfüllung der Kompensationsbedingung $T_{\text{k}} = T$ reduziert sich das PD-T_2-Glied [30] nach Gl. (3.139) infolge Polkompensation auf ein P-T_1-Glied mit der Übertragungsfunktion

$$G_{\text{res}}(p) = E\,E_{\text{k}}\,\frac{1}{1+p\,k\,T_{\text{k}}} \quad \text{und} \quad T_{\text{k}} = T \quad \text{sowie} \quad k < 1,$$

während bei Nichterfüllung dieser Bedingung (also $T_{\text{k}} \neq T$) der Charakter des PD-T_2-Gliedes nach Gl. (3.139) erhalten bleibt, dessen differenzierender Einfluß aufgrund des Zählergliedes $p\,T_{\text{k}}$ langsam abklingende Über- oder Unterschwingungen in der Übergangsfunktion verursacht. Die Auswirkung einer Änderung der Zeitkonstanten T ist

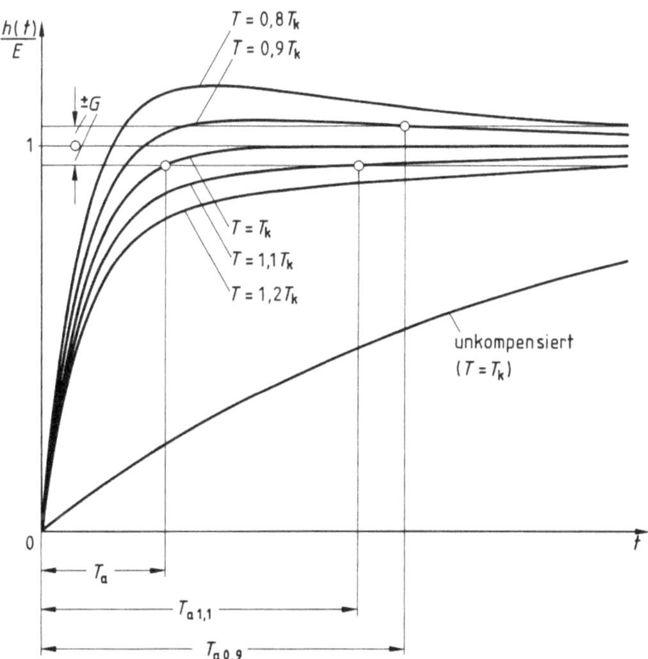

3.102 Verlauf der Übergangsfunktionen eines kompensierten P-T_1-Gliedes der Übertragungsfunktion Gl. (3.139) mit veränderlicher Zeitkonstante T und fest eingestellter Kompensationszeitkonstante T_{k}

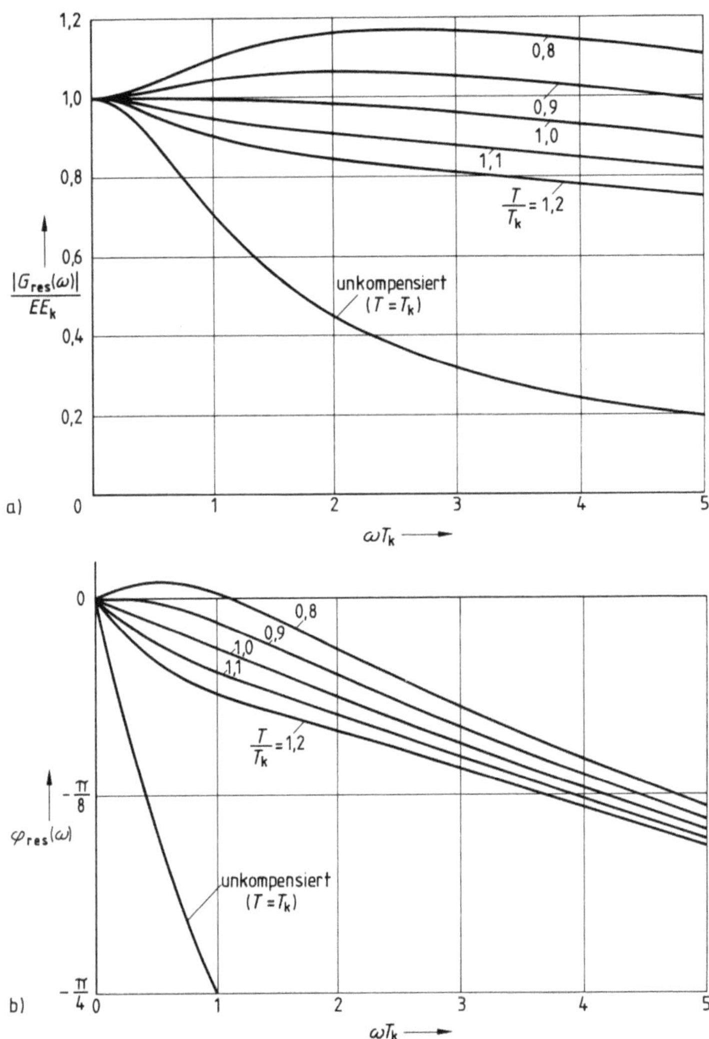

3.103 Amplitudengänge (a) und Phasengänge (b) des kompensierten P-T$_1$-Gliedes entsprechend Bild 3.102

dann wesentlich schwerer zu übersehen, da zunächst die Übergangsfunktion zu der Übertragungsfunktion Gl. (3.139) explizit bestimmt und aus dieser die Einstellzeit berechnet werden müßte. Dies ist in geschlossener Form i. allg. nicht möglich. Deshalb sind in Bild 3.102 die mit einem Analogrechner bestimmten Übergangsfunktionen des unkompensierten und des kompensierten P-T$_1$-Gliedes für ein Zeitkonstantenverhältnis $k = 0,1$ wiedergegeben. Man entnimmt den Kennlinien, daß eine Änderung der Zeitkonstanten T des Meßgliedes von $T = T_k$ auf $T = 1,1\,T_k$ bzw. $T = 0,9\,T_k$, also um etwa $\pm 10\%$, die resultierende Einstellzeit T_a des kompensierten Gliedes (für $G \approx 5\%$) auf das 2,5- bis 3fache, also um etwa 150% bis 200% vergrößert. Bei einem unkompensierten Meßglied würde sich die Einstellzeit dagegen proportional zur Zeitkonstanten T, also nur um etwa $\pm 10\%$ ändern.

Die Auswirkungen derartiger Fehlabstimmungen infolge unbeabsichtigter Parameteränderungen sind nicht nur darin zu sehen, daß der Erfolg der Kompensationsmaßnahme ganz oder teilweise zunichte gemacht wird, sondern vor allem auch darin, daß der Benutzer von einer nicht mehr gegebenen günstigen Dynamik des kompensierten Meßgliedes ausgehend zu schwerwiegenden Fehlmessungen kommen kann. In obigem Beispiel wird diese Gefahr noch dadurch verstärkt, daß die Übergangsfunktion bei verhältnismäßig geringer Fehlabstimmung nach einem anfänglich schnellen Anstieg in einen sehr flachen Verlauf abknickt, so daß man z. B. beim Ablesen eines direkten Ausgebers subjektiv den Eindruck haben kann, der stationäre Endwert sei bereits wesentlich früher erreicht, als dies tatsächlich der Fall ist.

Die Anwendung dynamischer Kompensationsmaßnahmen ist deshalb nur dann sinnvoll, wenn entweder das System nur vernachlässigbare Parameteränderungen erwarten läßt, nur verhältnismäßig kleine Kompensationsgrade benötigt werden oder eine selbsttätige Parameteranpassung des Kompensationsgliedes möglich ist. Unter diesem Gesichtspunkt ist beispielsweise die dynamische Kompensation eines Berührungsthermometers, das unter wechselnden Ankopplungsbedingungen des Meßfühlers an das Meßobjekt (Wärmeübergangszahl) betrieben werden soll, nicht sinnvoll.

3.3.5 Dynamische Rückwirkungen und Ankopplungsprobleme

Bei der Messung zeitveränderlicher Größen mit dynamischen Systemen treten außer den in Abschn. 2.2.3 behandelten statischen Rückwirkungen auch noch dynamische auf. Sie ergeben sich aus den energetischen Wechselwirkungen zwischen den Energiespeichern und Widerständen des Meßgegenstandes und denen der Meßeinrichtung und ggf. der Elemente, die der Verbindung von Meßgegenstand und Meßeinrichtung dienen. Dem einseitig gerichteten Energiefluß des statischen Zustandes (Wirkleistung) überlagern sich Energiependelungen (Blindleistung), die in ungünstigen Fällen ein nicht mehr vernachlässigbares Ausmaß annehmen können. Die Auswirkungen sind in zwei Fällen besonders schwerwiegend:

a) Die Energiespeicher des Meßgegenstandes und der Meßeinrichtung bilden ein schwach gedämpftes Resonanzsystem, dessen Eigenfrequenz in den Meßbereich fällt, so daß die Meßgröße bzw. eine Komponente der Meßgröße (s. Beispiel 3.15) resonanzartig erhöht wird oder eine resonanzartig vergrößerte Schwingungsgröße auf die Meßgröße zurückwirkt.

b) Der Meßgegenstand ist ein in der Nähe seiner Eigenfrequenz betriebenes schwach gedämpftes Resonanzsystem. Die Schwingungsgröße eines solchen Systems reagiert äußerst empfindlich auf Veränderungen sowohl seiner Dämpfung als auch seiner Eigenfrequenz (s. Bild **3.**59) so daß schon eine geringe zusätzliche Wirk- oder Blindbelastung (Eingangsimpedanz der Meßeinrichtung) zu einer deutlichen Veränderung der Meßgröße führt.

Ein nicht zu unterschätzender Einfluß geht häufig auch von den zur Meßeinrichtung zu zählenden **Koppelelementen** aus, z. B. den Verbindungsleitungen für elektrische Meßgrößen, die deshalb ebenso sorgfältig ausgewählt werden müssen wie die Meßeinrichtung selbst.

Beispiel 3.32. Die Eingangsimpedanz eines Elektronenstrahloszilloskops üblicher Ausführung kann bis zu seiner Grenzfrequenz in guter Näherung als Parallelschaltung eines
ohmschen Widerstandes $R_e \approx 1\,\text{M}\Omega$ und eines Kondensators der Kapazität $C_0 \approx 50\,\text{pF}$
aufgefaßt werden. Zur Verbindung des Oszilloskops mit leistungsschwachen Meßobjek-
ten kommen nur geschirmte Leitungen in Betracht, die meist als Koaxialkabel ausgeführt werden (s. Abschn. 3.4.3.2). Durch die Querkapazität des Koaxialkabels erhöht
sich die Eingangskapazität der Meßeinrichtung auf etwa 100 pF bei 1 m Leitungslänge
(s. Bild **3.**104). Dies ist ein Wert, der bei der Messung nachrichtentechnischer Prüflinge
häufig schon unzulässig hohe dynamische Rückwirkungen zur Folge hat, z. B. bei Messungen am Zwischenfrequenz-(ZF-)Filter von Rundfunk- oder Fernsehgeräten, einer in
der Resonanz betriebenen Kombination mehrerer gekoppelter Schwingkreise.

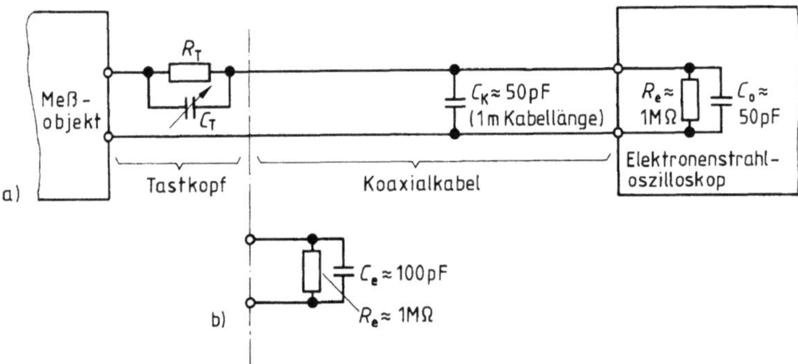

3.104 Eingangsschaltung eines Elektronenstrahloszilloskops (a) und Ersatzschaltung (b)

Zur Verminderung der kapazitiven Rückwirkung erhöht man unter Inkaufnahme des damit verbundenen Empfindlichkeitsverlustes den Eingangswiderstand durch einen in den
Tastkopf eingebauten Vorwiderstand $R_T = 9\,\text{M}\Omega$ oder 99 MΩ auf 10 MΩ bzw. 100 MΩ
entsprechend einer Eingangs-Spannungsteilung im Verhältnis 1 : 10 bzw. 1 : 100. Dynamische Teilungsfehler werden durch den auf $C_T = 100/9\,\text{pF}$ bzw. 100/99 pF justierbaren
Parallelkondensator verhindert (s. Bild **3.**104 und **3.**105). Durch diese Eingangsschaltung wird die Eingangskapazität der Meßeinrichtung auf etwa 10 pF bzw. 1 pF herabgesetzt.
Ähnliche günstige Eingangskapazitäten können mit aktiven Tastköpfen (FET-Tastköp-
fe) ohne Empfindlichkeitsverlust erreicht werden.

Ein weiteres Beispiel für den Einfluß der Koppelelemente ist die in Beispiel
3.19 behandelte Temperaturmeßeinrichtung, deren Zeitkonstante von der Wärmeübergangszahl Fühler-Meßobjekt abhängt.

Besondere Bedeutung haben die Probleme der dynamischen Rückwirkung und
Ankopplung für den Bereich der **mechanischen Schwingungsmeßtechnik.** Die Verschiedenartigkeit der Aufgabenstellungen erfordert in jedem Einzelfall eine sorgfältige Analyse des Meßobjektes und der Anpassungsbedin-

gungen [32], worauf hier aber nicht näher eingegangen werden kann. Fehlanpassungen zwischen Meßgegenstand und Meßfühler können auch nichtlineare Verzerrungen zur Folge haben, z. B. wenn der Taststift eines Tastschwingungsmessers nur kraftschlüssig mit dem Meßobjekt verbunden ist (Aufdrücken des Meßgerätes von Hand) und der Taststift infolge unvermuteter Trägheitskräfte regelmäßig oder unregelmäßig abhebt.

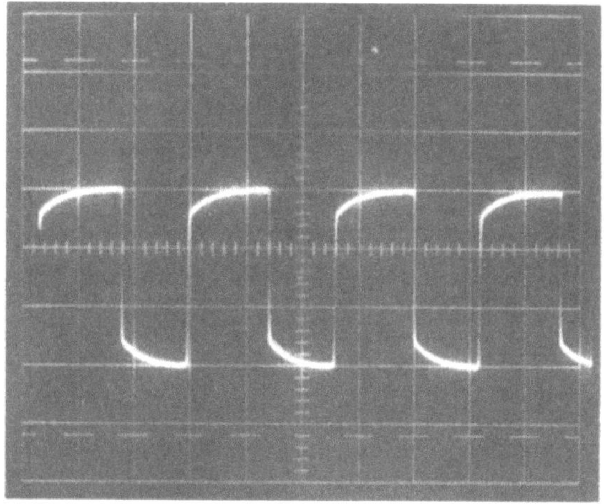

a)

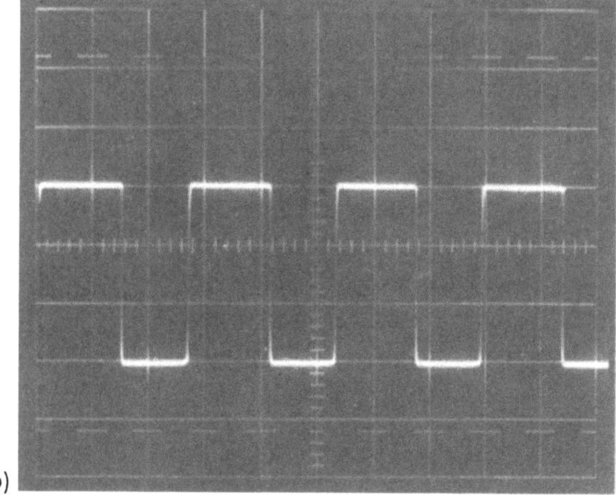

b)

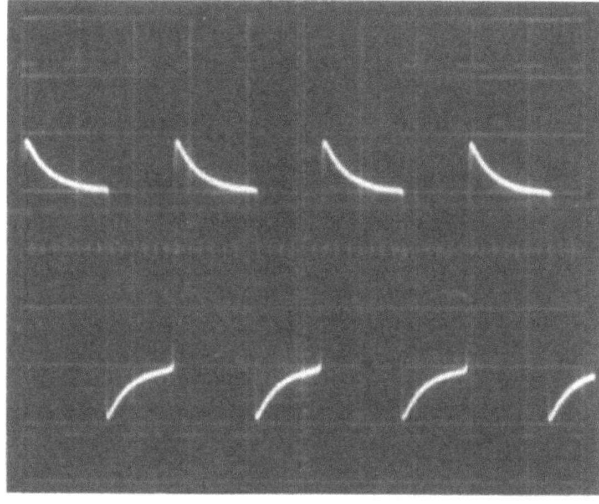

c)

3.105
Auswirkung des dynamischen Teilungsfehlers des Eingangs-Spannungsteilers eines Elektronenstrahloszilloskops entsprechend Bild **3.**104 bei der Übertragung einer Rechteckpulsfolge
a) C_T zu klein eingestellt
b) C_T richtig eingestellt
c) C_T zu groß eingestellt

3.3.6 Korrektur dynamischer Meßfehler

Die rechnerische Korrektur einer dynamisch fehlerhaft gemessenen Größe erfolgt im Prinzip nach dem in Abschn. 3.2.3.4 angegebenen Schema. Sie setzt voraus, daß außer den statischen auch die dynamischen Übertragungseigenschaften der Meßeinrichtung für Meß- und Störsignale genau bekannt und im Programm des Korrekturrechners erfaßt sind.

Manuelle Korrekturrechnungen oder -schätzungen können unter der Voraussetzung vernachlässigbar kleiner Einflußeffekte dazu dienen, die dynamische Eignung einer Meßeinrichtung für die vorliegende Meßaufgabe nachträglich zu überprüfen (vgl. hierzu Abschn. 3.3.2). Dazu hat man die systematische dynamische Korrektion als Funktion des dynamisch fehlerbehafteten Meßwertes zu bestimmen und zu diesem zu addieren. Mit vertretbarem Aufwand und hinreichender Genauigkeit ist dies für Meßeinrichtungen möglich, deren dynamische Fehlereigenschaften durch P-T_n-Glieder niederer Ordnung repräsentiert werden.

Der dynamische Eigenfehler einer Meßeinrichtung ist nach Gl. (3.73)

$$F_{\mathrm{uy}}(p) = \left[1 - \frac{G_{\mathrm{N}}(p)}{G(p)} \right] Y(p)$$

und die dynamische Korrektion

$$K_{\mathrm{uy}}(p) = -F_{\mathrm{uy}}(p) = \left[\frac{G_{\mathrm{N}}(p)}{G(p)} - 1 \right] Y(p). \tag{3.140}$$

Hieraus ist ein sehr einfach handhabbares Korrekturverfahren ableitbar für Meßeinrichtungen, deren reale Übertragungsfunktion

$$G(p) = \frac{1}{1 + A_1 p + A_2 p^2 + \cdots + A_n p^n} \, G_{\mathrm{N}}(p) \tag{3.141}$$

aus der idealen [$G_{\mathrm{N}}(p)$] durch Multiplikation mit der Übertragungsfunktion eines P-T_n-Gliedes der Empfindlichkeit $E = 1$ hervorgeht, d.h., deren dynamische Fehlereigenschaften denen eines P-T_n-Gliedes

$$G_{\mathrm{P\text{-}T_n}}(p) = \frac{E}{1 + A_1 p + A_2 p^2 + \cdots + A_n p^n} \quad \text{mit} \quad E = 1$$

entsprechen. Für solche Systeme hat der Klammerausdruck in Gl. (3.140) die Form

$$\frac{G_{\mathrm{N}}(p)}{G(p)} - 1 = 1 + A_1 p + A_2 p^2 + \cdots - 1 = A_1 p + A_2 p^2 + \cdots,$$

so daß man im Frequenzbereich die Beziehung

$$K_{uy}(p) = Y(p)\left[A_1 p + \underbrace{\frac{A_2}{A_1}p(A_1 p)}_{A_2 p^2} + \underbrace{\frac{A_3}{A_2}p(A_2 p^2)}_{A_3 p^3} + \cdots\right], \tag{3.142}$$

bzw. im Zeitbereich die Beziehung

$$k_{uy}(t) = A_1\frac{dy(t)}{dt} + \underbrace{\frac{A_2}{A_1}\frac{d}{dt}\left(A_1\frac{dy(t)}{dt}\right)}_{A_2\frac{d^2 y(t)}{dt^2}} + \underbrace{\frac{A_3}{A_2}\frac{d}{dt}\left(A_2\frac{d^2 y(t)}{dt}\right)}_{A_3\frac{d^3 y(t)}{dt^3}} + \cdots \tag{3.143}$$

erhält. Beispielsweise erfolgt die Korrektur bei einem System mit einer Übertragungsfunktion der Form

$$G(p) = \frac{1}{1+pT}\,G_N(p),$$

worin $G_N(p)$ ein beliebiges ideales Übertragungsglied beschreibt, auf einfache Weise durch Addition des – z.B. graphisch – nach der Zeit abgeleiteten und mit der Zeitkonstanten T multiplizierten Ausgangssignals zum Ausgangssignal,

$$y_k(t) = y(t) + T\frac{dy(t)}{dt}\,.$$

Beispiel 3.33. Die Anwort eines Integrierers mit Verzögerung 1. Ordnung

$$G_{I\text{-}T_1}(p) = \frac{1}{1+pT_1}\cdot\frac{1}{pT}$$

und begrenzter Aussteuerung auf das in Bild **3.**106 angenommene sprungförmige Eingangssignal enthält zwei Fehlerkomponenten,

a) den systematischen dynamischen Fehler infolge der Trägheit 1. Ordnung, der in der Korrektion

$$K_{uy}(p) = \left[\frac{G_I(p)}{G_{I\text{-}T_1}(p)} - 1\right] = pT_1\,Y(p)\;\bullet\!\!-\!\!-\!\!\circ\;k_{uy}(t) = T_1\frac{dy(t)}{dt}$$

berücksichtigt werden kann, und

b) den systematischen statischen Linearitätsfehler infolge der Begrenzung des Ausgangssignals des Integrierers.

Durch Addition der unter a) angegebenen Korrektion $k_{uy}(t)$ zu dem in Bild **3.**106b dargestellten Ausgangssignal $y(t)$ erhält man das korrigierte Signal $y_k(t)$, das im linearen Bereich, d.h. unterhalb der Aussteuerungsgrenze, dem richtigen Ausgangssignal $y_N(t)$ (Ausgangssignal des idealen Integrierers) in Bild **3.**106a entspricht. Durch Vergleich der Kurvenzüge $y(t)$ und $y_k(t) = y_N(t)$ kann die Eignung der Meßeinrichtung im Hinblick auf die vorliegenden Genauigkeitsansprüche beurteilt werden.

Überlagern sich dem systematischen dynamischen Fehler unvermutete Fehler anderer Ursachen, werden die aus einer rein dynamischen Korrektur zu ziehenden Schlüsse un-

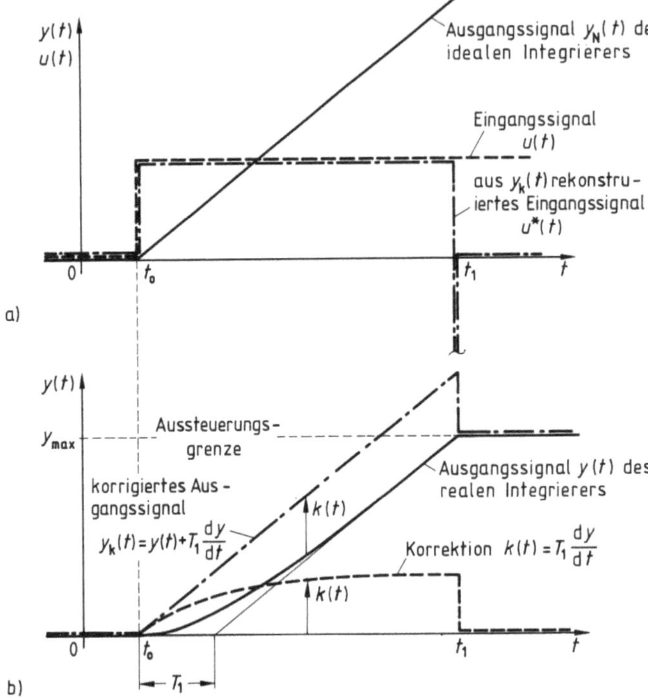

3.106
Zur dynamischen Korrektur der Sprungantwort eines Integrierers mit Verzögerung 1. Ordnung der Übertragungsfunktion

$$G_{\text{I-T}_1} = \frac{1}{p\,T} \cdot \frac{1}{1+p\,T_1}$$

mit Begrenzung des Ausgangssignals
a) Eingangs- und richtiges Ausgangssignal
b) unkorrigiertes und korrigiertes Ausgangssignal des realen Integrierers

sicher oder falsch. Im vorliegenden Fall ist eine Begrenzung des Ausgangssignals auf y_{max} angenommen, d.h., das System wirkt nach Erreichen der Aussteuerungsgrenze nichtlinear. In Bild **3.**106 sind die Auswirkungen deutlich erkennbar. Ab der Zeit $t=t_1$ unterscheidet sich der Verlauf des rekonstruierten fiktiven Eingangssignals $u^*(t)$ grundlegend von dem des wirklichen Eingangssignals. Aus dem Vergleich der Kurven $y(t)$ und $y_k(t)$ könnte man den irrigen Schluß ziehen, daß ab $t=t_1$ der systematische dynamische Systemfehler verschwindet, obgleich er von diesem Zeitpunkt an sogar zeitlinear wächst.

Hat die Übertragungsfunktion die Form

$$G(p) = \frac{1}{1+p\,\dfrac{2D}{\omega_0} + \dfrac{p^2}{\omega_0^2}}\,G_N(p),$$

ist folgendermaßen vorzugehen:

a) Das Ausgangssignal $y(t)$ der Meßeinrichtung wird nach der Zeit abgeleitet und mit dem Faktor $2D/\omega_0$ multipliziert.

b) Das nach a) erhaltene Signal $(2D/\omega_0)\,(dy/dt)$ wird nach der Zeit abgeleitet und mit dem Faktor

$$\frac{1}{\omega_0^2} \cdot \frac{\omega_0}{2D} = \frac{1}{2D\,\omega_0}$$

multipliziert, wodurch man das Signal

$$\frac{1}{2D\omega_0}\frac{d}{dt}\left[\frac{2D}{\omega_0}\frac{dy}{dt}\right]=\frac{1}{\omega_0^2}\frac{d^2y}{dt^2}$$

bekommt.

c) Zum Ausgangssignal $y(t)$ werden die gemäß a) und b) bestimmten Korrektursignale addiert.

Entsprechend geht man bei Systemverzögerungen höherer Ordnung vor.

Aus dem Vergleich des nach dieser Vorschrift erhaltenen korrigierten Signals mit dem Ausgangssignal $y(t)$ lassen sich Schlüsse auf die Eignung der Meßeinrichtung für die vorliegende Meßaufgabe ziehen.

Man erhält auf diese Weise letztlich aber nur indizienhaft zu wertende Hinweise, denn

a) eklatante Fehlanpassungen werden nicht erkannt; beispielsweise verursacht ein in der Meßgröße vorhandener sehr schmaler Impuls im Ausgangssignal eines vergleichsweise sehr trägen Meßsystems eine u. U. kaum erkennbare Änderung, die man nicht oder nur mit erheblichen Unsicherheiten graphisch differenzieren kann,

b) die Genauigkeit der graphischen Differentiation ist beschränkt; die Bildung schon der 2., sicher aber der 3. Ableitung dürfte – abgesehen vom Aufwand – in ihrer Aussagefähigkeit äußerst fragwürdig sein,

c) zufällige dynamische Fehler, unvermutete Linearitätsfehler (s. Beispiel 3.33) und Einflußeffekte usw. werden bei der Bildung der Ableitungen mit erfaßt, also wie systematische Systemfehler behandelt, und verfälschen die Aussage.

Diese Einflüsse und andere wirken sich erschwerend auch auf die im Prinzip leistungsfähigere Korrektur mit einem Korrekturrechner aus und beschränken ihren sinnvollen Einsatz auf Sonderfälle mit genau bekannten Randbedingungen.

3.4 Maßnahmen zur Verminderung superponierender Einflußeffekte

Auf einige Möglichkeiten zur Verminderung superponierender Einflußeffekte wird schon in Abschn. 3.2.3 bei der Betrachtung der statischen Meßeigenschaften eingegangen. Die dort behandelten Beispiele verdeutlichen, daß die praktische Auswirkung einer Störgröße und die möglichen Maßnahmen zu ihrer Verringerung sehr stark von der physikalischen Größenart der Meß- und Störsignale, den in der Meßeinrichtung zur Signalumformung genutzten physikalischen Phänomenen und der Art der Ankopplung der Störquelle an Meß-

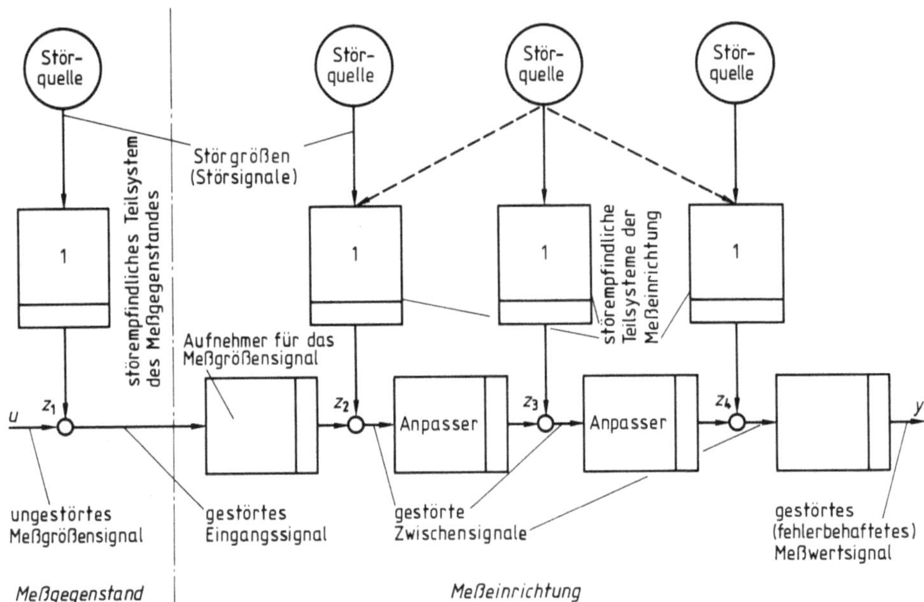

3.107 Schema der Entstehung superponierender Einflußeffekte
1 Aufnehmer für Störsignale

objekt oder Meßeinrichtung abhängen. In dieser Einführung können nur die grundlegenden Probleme der Beeinflussung und Störminderung am Beispiel elektrischer Systeme behandelt werden. Diese sind für die elektrische Meßtechnik naturgemäß aber auch von besonderem Interesse.

Grundsätzlich können superponierende Einflußeffekte (Bild 3.107) auftreten, wenn

a) Störquellen vorhanden sind,

b) die Störgrößen den Meßgegenstand und/oder die Meßeinrichtung auch erreichen,

c) Meßgegenstand und/oder Meßeinrichtung auf die Störgrößen empfindlich sind und

d) die Meßeinrichtung die aufgenommenen Störsignale zu ihrem Ausgang überträgt.

Hiervon ausgehend kann man folgende Maßnahmen zur Unterdrückung oder Minderung von Störeffekten einzeln oder kombiniert anwenden:

a) Verringerung der von den Störquellen ausgehenden Störgrößen: Hauptstörquellen für elektrische Meßeinrichtungen sind andere elektrische Einrichtungen, z.B. benachbarte energietechnische Anlagen, aus denen im normalen Betrieb, bei Schaltvorgängen oder in Störungsfällen elektromagnetische Störsignale über Netz- und Erdverbindungen oder auch drahtlos in Meßkreise eingekoppelt werden. Da derartige Störgrößen nicht nur auf Meßeinrichtungen, sondern naturgemäß auch auf alle anderen elektrischen Nachrichtensysteme einwirken, kommt der Quellenentstörung (Funkentstörung, Netzentstörung) eine sehr große, über die Meßtechnik weit hinausgehende Bedeutung zu. Diesbezüglich sei auf die einschlägige Fachliteratur verwiesen, z. B. [15], [42].

b) Verhinderung des Eindringens der Störsignale in den Meßgegenstand oder die Meßeinrichtung (Schirmung).

c) Verringerung der Empfindlichkeit des Meßgegenstandes oder der Meßeinrichtung für die Störgröße.

d) Sperrung des Signalweges in der Meßeinrichtung für das Störsignal durch selektive Übertragung des Meß-(Nutz-)Signals.

Die unter b) und c) genannten Maßnahmen haben beide zum Ziel, die Kopplung zwischen Meß- und Störkreis herabzusetzen. Sie werden in Abschn. 3.4.2 und 3.4.3 näher erläutert. Mit möglichen Maßnahmen zur Unterdrückung von bereits in die Meßeinrichtung eingedrungenen Störsignalen befaßt sich Abschn. 3.4.4.

3.4.1 Einflußgrößen und Kopplungsarten

Nach Bild 3.108 unterscheidet man das Eindringen nichtelektrischer und elektrischer Störsignale in die Meßeinrichtung und die störende Ankopplung benachbarter Systeme.

3.4.1.1 Nichtelektrische energetische Einflußgrößen. Nichtelektrische Einflußgrößen können in einer elektrischen Meßeinrichtung als additive Störsignale nur dann wirksam werden, wenn die Meßeinrichtung Energieumformer enthält, die auf die betreffenden Einflüsse empfindlich sind. Typische Beispiele

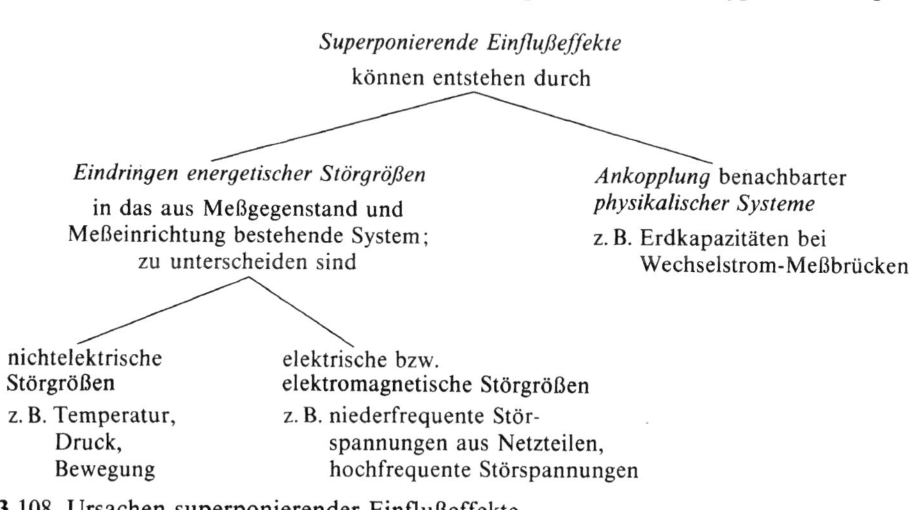

3.108 Ursachen superponierender Einflußeffekte

Tafel 3.109 Beispiele für die Entstehung superponierender elektrischer Störsignale infolge nichtelektrischer Einflußgrößen

Energieform der Einflußgröße	Einfluß	physikalisches Phänomen der Energiewandlung	Prinzip/Beispiel	Bezeichnung und Größenordnung des elektrischen Störsignals	Bemerkungen	Abhilfe
Wärme	Temperatur ϑ bzw. Temperaturunterschied $\Delta\vartheta$	*Seebeck-*Effekt	z. B. Strommessung über Nebenwiderstand aus Konstantan mit Übergang auf Kupferleitungen	*Thermospannung* $u_z = f(\Delta\vartheta)$ mit $\Delta\vartheta = \vartheta_1 - \vartheta_2$ $u_z/\Delta\vartheta \approx 1\ \mu\text{V/K}$ bis 100 $\mu\text{V/K}$ abhängig von den an den Kontaktstellen zusammentreffenden Leiterwerkstoffen	durch Umpolen der Meßgröße erkennbar und durch Mittelwertbildung der Meßwerte $i R_N + u_z$ und $-(-i R_N + u_z)$ korrigierbar	gleichartige Thermopaare auf gleicher Temperatur halten, Werkstoffpaarungen mit geringer Kontaktspannung wählen, z. B. Manganin/Cu statt Konstantan/Cu
		Rauschen infolge thermischer Eigenbewegungen der Ladungsträger in Widerständen, Halbleitern, Röhren usw.	Rauschersatzschaltbild	*Widerstandsrauschen* (s. Beispiel 3.24) $$\tilde{u}_z^2 = \frac{1}{2\pi} \int_{-\omega_g}^{\omega_g} \phi_{zq}\,d\omega$$ mit $\phi_{zq} = 2 k t_T R$ k Boltzmann-Konstante t_T absolute Temperatur R rauschfreier Widerstand $u_{zq} = i_{zq} R$	Da Leistungsspektralfunktion frequenzunabhängig, ist Effektivwert der Rauschspannung proportional der Wurzel aus der Bandbreite des übertragenen Frequenzbereiches, d. h., Rauschstörungen wirken sich um so stärker aus, je breitbandiger sie von der Meßeinrichtung übertragen werden.	
			Rauschersatzschaltbild [4]	*Verstärker-(Vierpol-)-Rauschen* Effektivwertquadrate der Rauschersatzgrößen u_{zq} und i_{zq} ergeben sich durch Integration der Leistungsspektralfunktionen über der Übertragungsfrequenzbandbreite.	u_{zq} und i_{zq} hängen vom speziellen Aufbau des Verstärkers (Vierpols) ab; u_{zq} und i_{zq} sind i. allg. korreliert, d. h., zur Berechnung der Rauschersatzgrößen muß auch deren Kreuzleistungsspektralfunktion bekannt sein.	

Energieform der Einflußgröße	Einfluß	physikalisches Phänomen der Energiewandlung	Prinzip/Beispiel	Bezeichnung und Größenordnung des elektrischen Störsignals	Bemerkungen	Abhilfe
chemische Energie	Elektrolytbildung (Feuchtigkeit in Verbindung mit Salzen oder Laugen)	*galvanischer* Effekt	*Galvanispannung* Größenordnung einige hundert mV, meist schwankend	Kann z. B. bei asbestisolierten Ausgleichsleitungen von Thermopaaren auftreten, da Asbest hygroskopisch ist und mit Feuchtigkeit einen Elektrolyten bildet.	gute Leitungsisolation, trockene Umgebung
mechanische Energie	Zug, Druck, Biegung	*Piezo-*Effekt	Bei bestimmten Dielektrika (z. B. Teflon), werden durch mechanische Zug-, Druck- oder Biegespannungen zwischen angrenzenden Leitern elektrische Ladungen influenziert, z. B. zwischen den Adern eines Zweileiter- oder zwischen Innen- und Außenleiter eines Koaxialkabels.	*Piezospannung* Größenordnung bis zu einigen hundert mV bei hochohmigen Aufnehmern und Abschlüssen		Leitungen für kleine Meßspannungen keinen wechselnden mechanischen Beanspruchungen oder Erschütterungen aussetzen; niederohmige Abschlußbedingungen schaffen.
	mechanische Bewegung	Parameterschwankung *(Mikrophonie)*	Erschütterungen mechanischer Kontakte, langer Meßleitungen, usw. können Übergangswiderstände und Leitungskapazitäten Leiter/Leiter oder Leiter/Schirm verändern	*Mikrophonie-Spannung*	Ähnlich wie beim Kohle- oder Kondensatormikrophon werden unter hochohmigen Abschlußbedingungen parametrisch erregte Wechselspannungen hervorgerufen.	Leitungen keinen Erschütterungen aussetzen; Spannungen an den störbeeinflußten Widerständen und Kapazitäten klein halten.

Prinzip/Beispiel (chemische Energie):

für diese Art von Einflußgrößen sind in Tafel **3.**109 zusammengestellt. Eine Anwendung der in der letzten Zeile erwähnten Abhilfemaßnahme wird im folgenden Beispiel beschrieben.

Beispiel 3.34. Zur rückwirkungsfreien Messung an einer hochohmigen Signal-Spannungsquelle sind Operationsverstärker in der Elektrometerschaltung von Bild **3.**110a als Impedanzwandler geeignet [43]. Wegen der großen Differenzverstärkung ($u_\mathrm{D} \ll 1$) des Elektrometerverstärkers wird seine Eingangsspannung u praktisch fehlerlos in die Ausgangsspannung $u_\mathrm{a} = u - u_\mathrm{D} \approx u$ übertragen.

Um kapazitive Beeinflussungen der hochohmig abgeschlossenen Eingangssignalleitung zu unterbinden, wird diese als Koaxialkabel ausgeführt, dessen Leitungskapazität $C'_\mathrm{L} \approx 30\ \mathrm{pF/m}$ bis $100\ \mathrm{pF/m}$ in der Schaltung des Bildes **3.**110a mit geerdetem Außenleiter eine verhältnismäßig große kapazitive Belastung der Quelle darstellt. Über sie kann durch den Mikrophonieeffekt (s. Tafel **3.**109) bei mechanischen Bewegungen der Koaxialleitung eine Störspannung hervorgerufen werden [43]. Da sich die Ladung $q = u\,C_\mathrm{L}$ dieser Kapazität über die hochohmigen Abschlußwiderstände der Leitung nur verhältnismäßig langsam ändern kann [Zeitkonstante $T_\mathrm{L} \approx C_\mathrm{L} R_\mathrm{i} R_\mathrm{e}/(R_\mathrm{i} + R_\mathrm{e})$], bewirken schnelle Änderungen der Kapazität C_L umgekehrt proportionale Änderungen der Eingangsspannung u des Elektrometerverstärkers. Beträgt die Spannung u_q der Signalquelle beispielsweise 10 V, so bewirkt eine sprunghafte Kapazitätsänderung um z. B. $+1\%$ einen Spannungssprung von etwa $-1\% \triangleq -100\ \mathrm{mV}$, der sich in gleicher Höhe auch auf die Ausgangsspannung überträgt. Das zeitliche Abklingen dieses Spannungssprunges wird durch die Zeitkonstante T_L und den weiteren zeitlichen Verlauf der Kapazitätsänderung bestimmt.

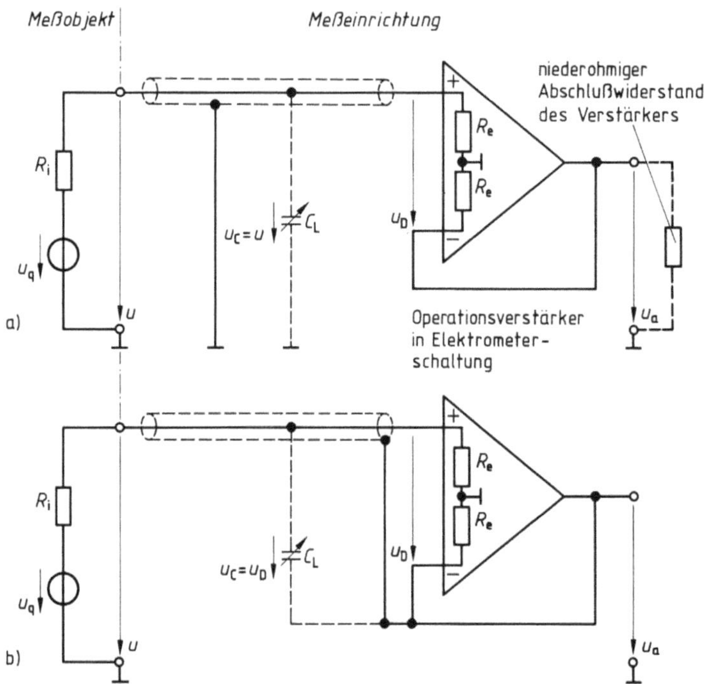

3.110 Verkleinerung des Mikrophonie-Rauschens eines Koaxialkabels (a) durch Herabsetzen der Leiterspannung (b)

Diese Mikrophoniespannung kann weitgehend vermieden werden, indem man den Schirm der Koaxialleitung nicht mit Masse, sondern entsprechend Bild **3.**110b mit dem Ausgang des Operationsverstärkers verbindet. Vorübergehende Änderungen der Spannung u_C an der Leitungskapazität C_L gehen dann zwar nach wie vor betragsmäßig voll in die Ausgangsspannung $u_a = u - u_D$ mit $u_D = u_C$ ein, aber sie sind erheblich reduziert, da zwischen Innenleiter und Schirm des Koaxialkabels nun nicht mehr die Spannung u, sondern die sehr viel kleinere Differenz-Eingangsspannung u_D des Operationsverstärkers liegt, die praktisch gleich dessen Offsetspannung (s. Beispiel 3.7) ist.

Die Schirmwirkung des Koaxialkabels (s. Abschn. 3.4.3.2) wird hierdurch kaum beeinträchtigt, da kapazitive Einstreuungen bei dieser Schaltung über den niederohmigen Abschlußwiderstand und/oder den Ausgangswiderstand (s. Bild **3.**11) des Operationsverstärkers kurzgeschlossen werden.

3.4.1.2 Elektromagnetische Einflußgrößen.

Sie sind die häufigsten Störer in elektrischen Meßschaltungen. Als Störquellen kommen nicht nur systemfremde Geräte und Anlagen in Betracht, sondern u. U. auch benachbarte Meßglieder derselben Meßeinrichtung. Beispielsweise treten häufig unerwünschte gegenseitige Beeinflussungen elektronischer Meßglieder über gemeinsame Netzgeräte auf.

Die elektromagnetische Beeinflussung umfaßt ein ziemlich umfang- und detailreiches Gebiet [15], [42]. Die hier für die Meßtechnik interessierenden Grundmechanismen der Beeinflussung und mögliche Abhilfemaßnahmen sind etwas vereinfacht in Tafel **3.**111 zusammengestellt. Auf sie lassen sich auch kompliziertere Fälle zurückführen.

3.4.1.3 Ankopplung benachbarter Systeme.

Außer durch die Einwirkung energetischer Störgrößen auf einen Meßkreis können auch durch eine den Meßkreis verändernde Ankopplung benachbarter, nicht zu Meßobjekt oder Meßeinrichtung gehörender physikalischer Systeme Meßfehler entstehen. Auch parasitäre Kopplungen zwischen verschiedenen Teilen der Meßeinrichtung können Systemparameter verändern und damit Meßfehler verursachen. Als Beispiel seien die Erd- und Schaltungskapazitäten einer Wechselstrom-Meßbrücke genannt, die parallel zu den Brückenwiderständen auftreten und den Brückenabgleich beeinflussen (s. Beispiel 3.36). Da die störenden Koppelimpedanzen sich auf den Meßvorgang ähnlich auswirken können wie eingekoppelte Störsignale, kommen sinngemäß auch ähnliche Abhilfemaßnahmen in Betracht.

3.4.2 Erdung und Potentialausgleich

Mit der Erdung eines Meßkreises verfolgt man das gleiche Ziel wie mit der Herstellung einer Potentialausgleichsverbindung zwischen zwei Punkten einer Meßanordnung, nämlich einen störenden Potentialunterschied zu Null zu machen oder seine Entstehung zu verhindern. Erdung bedeutet daher ebenfalls Potentialausgleich, aber mit der Besonderheit, daß der auszugleichende, störende Potentialunterschied gegenüber Erde besteht. Dieser Fall hat praktisch eine besondere Bedeutung, weil zwischen elektrischen Meßschaltungen und

Tafel **3.**111 Beeinflussung von Meßeinrichtungen durch elektromagnetische Größen

Art der Kopplung	Prinzip	Beispiel	Bemerkungen	Abhilfe
Widerstands-(Impedanz-) *Kopplung*	*gemeinsamer Leitungsabschnitt zweier Stromkreise*	*Bildung einer Erdschleife durch Zweifach-erdung* zur Abhilfe Erdschleife auftrennen	Dem Meßsignal u überlagert sich das Störsignal $$u_z \approx u_{qz}\,\frac{R_k}{R_z+R_k}\quad(R_z \ll R_m);$$ gemessen wird gestörtes Signal $u_m \approx u-u_z$; außer Leitungs-(Koppel-)Widerstand R_k ist ggf. auch Leitungs-(Koppel-)Induktivität L_k zu berücksichtigen (u_{qz} Unterschied der Erdpotentiale φ_{EA} und φ_{EB} im Leerlauf).	getrennte Leitungsführung; Stromkreise nur in einem Punkt zusammenführen; Meßkreise nur in einem Punkt erden (s. Abschn. 3.4.2.2); gemeinsame Leitung widerstandsarm ausführen (Potentialausgleich, s. Abschn. 3.4.2.3)
	gemeinsame Quelle für mehrere Verbraucher	*gemeinsames Netzteil (3) für mehrere elektronische Meßglieder* 1. mit Entkopplungskondensatoren 2. mit getrennten Versorgungsleitungen und Entkopplungskondensatoren	Zwei von gemeinsamer Quelle gespeiste Verbraucher (z. B. zwei elektronische Meßglieder am gleichen Netzteil) können sich über die am gemeinsamen Quellenwiderstand $$Z_k(p)=Z_i+2(R_L+p\,L_L)$$ hervorgerufenen Spannungsabfälle gegenseitig beeinflussen; bei analogen Meßgliedern sind dadurch selbsterregte Schwingungen, bei digitalen unerwünschter Impulsaustausch möglich.	1. Entkopplungskondensatoren C_{EK} zur Verminderung dynamischer (wechselstrommäßiger) Kopplungen; darauf achten, daß Entkopplungskondensatoren eine mindestens ebenso große Grenzfrequenz haben wie die Meßglieder 2. getrennte Versorgungsleitungen, evtl. in Verbindung mit Entkopplungskondensatoren; dabei auf hinreichende Dämpfung des aus Leitungsinduktivität und Entkopplungskondensator gebildeten Schwingkreises achten 3. separate Netzteile für empfindliche Vorverstärker und Leistungsstufen

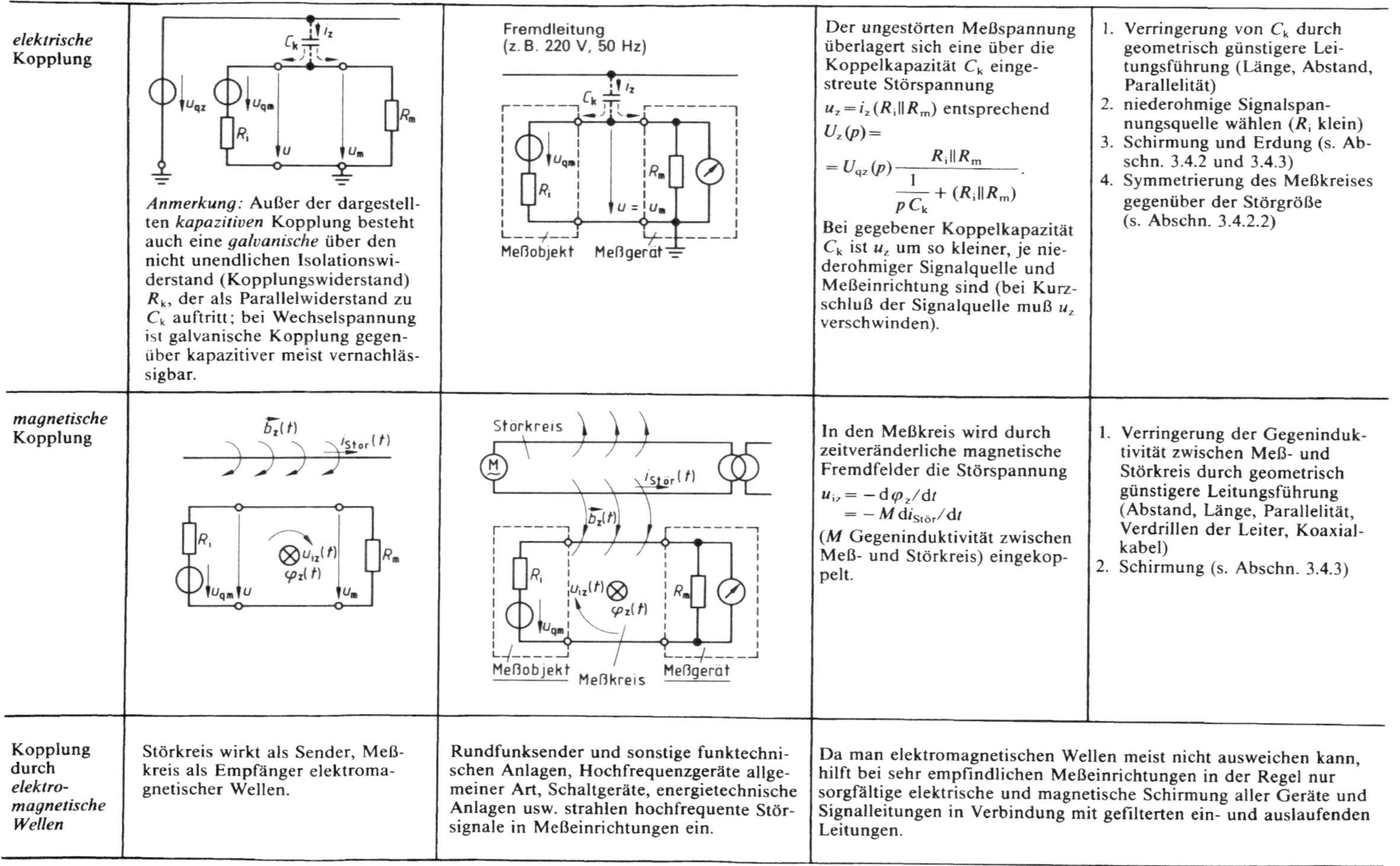

elektrische Kopplung	*Anmerkung:* Außer der dargestellten *kapazitiven* Kopplung besteht auch eine *galvanische* über den nicht unendlichen Isolationswiderstand (Kopplungswiderstand) R_k, der als Parallelwiderstand zu C_k auftritt; bei Wechselspannung ist galvanische Kopplung gegenüber kapazitiver meist vernachlässigbar.		Der ungestörten Meßspannung überlagert sich eine über die Koppelkapazität C_k eingestreute Störspannung $u_z = i_z (R_i \| R_m)$ entsprechend $$U_z(p) = \; = U_{qz}(p) \frac{R_i \| R_m}{\dfrac{1}{p\,C_k} + (R_i \| R_m)}.$$ Bei gegebener Koppelkapazität C_k ist u_z um so kleiner, je niederohmiger Signalquelle und Meßeinrichtung sind (bei Kurzschluß der Signalquelle muß u_z verschwinden).	1. Verringerung von C_k durch geometrisch günstigere Leitungsführung (Länge, Abstand, Parallelität) 2. niederohmige Signalspannungsquelle wählen (R_i klein) 3. Schirmung und Erdung (s. Abschn. 3.4.2 und 3.4.3) 4. Symmetrierung des Meßkreises gegenüber der Störgröße (s. Abschn. 3.4.2.2)
magnetische Kopplung			In den Meßkreis wird durch zeitveränderliche magnetische Fremdfelder die Störspannung $$u_{iz} = - \mathrm{d}\varphi_z/\mathrm{d}t = - M\,\mathrm{d}i_{Stör}/\mathrm{d}t$$ (M Gegeninduktivität zwischen Meß- und Störkreis) eingekoppelt.	1. Verringerung der Gegeninduktivität zwischen Meß- und Störkreis durch geometrisch günstigere Leitungsführung (Abstand, Länge, Parallelität, Verdrillen der Leiter, Koaxialkabel) 2. Schirmung (s. Abschn. 3.4.3)
Kopplung durch *elektromagnetische Wellen*	Störkreis wirkt als Sender, Meßkreis als Empfänger elektromagnetischer Wellen.	Rundfunksender und sonstige funktechnischen Anlagen, Hochfrequenzgeräte allgemeiner Art, Schaltgeräte, energietechnische Anlagen usw. strahlen hochfrequente Störsignale in Meßeinrichtungen ein.	Da man elektromagnetischen Wellen meist nicht ausweichen kann, hilft bei sehr empfindlichen Meßeinrichtungen in der Regel nur sorgfältige elektrische und magnetische Schirmung aller Geräte und Signalleitungen in Verbindung mit gefilterten ein- und auslaufenden Leitungen.	

Erde (oder Masse) naturgemäß immer elektrische – kapazitive und oft auch galvanische – Kopplungen bestehen, die als solche bereits stören können, und weil darüber hinaus die meisten als Störquellen in Betracht kommenden fremden elektrischen Anlagen fest auf Erde bezogene Potentiale haben.

3.4.2.1 Zweck der Erdung. Die Erfahrung zeigt, daß das Ergebnis einer Messung häufig unabhängig davon ist, ob zwischen dem aus Meßobjekt und Meßeinrichtung bestehenden Meßkreis und Erde eine elektrisch gut leitende Potentialverbindung (Erdung) besteht. Beispielsweise wird man bei der Messung der Klemmenspannung eines unbelasteten Akkumulators mit einem Drehspulmeßgerät reproduzierbar stets den gleichen Zeigerausschlag erhalten, gleichgültig ob man eine Klemme des Meßgerätes oder des Akkumulators erdet oder nicht. Da in einem solchen Fall kein Anlaß besteht zu erden, sollte man dies auch nicht tun, damit nicht bei Auftreten einer weiteren, unbeabsichtigten Erdverbindung, z. B. infolge eines Fehlers (Erdschluß) an irgendeiner anderen Stelle der Meßschaltung, Teile kurzgeschlossen oder störende Erdschleifen gebildet werden.

In komplizierteren Fällen ist häufig eine Erdung des Meßkreises aus meßtechnischen oder auch anderen Gründen zweckmäßig oder sogar unumgänglich. Man hat dann zu unterscheiden zwischen der erzwungenen Erdung, der Erdung als Schutzmaßnahme (Schutzerdung) und der Erdung als Betriebsmaßnahme (Betriebs- oder Funktionserdung). Nur letztere ist aus meßtechnischen Gründen erwünscht oder notwendig; in den beiden erstgenannten Fällen kann die Erdung u. U. sogar von Nachteil sein, beispielsweise wenn sich dadurch Doppelerdungen ergeben.

Erzwungene Erdung. Zu einer erzwungenen Erdung des Meßkreises kann es kommen, wenn zwischen einem geerdeten, leitenden Meßobjekt und dem Meßgrößenaufnehmer eine Potentialtrennung nicht möglich oder aus besonderen Gründen nicht erwünscht ist. Dies ist beispielsweise der Fall bei Thermopaaren, die zur Temperaturmessung an geerdete metallische Rohrleitungen angeschweißt sind (s. Bild **3.**122), oder bei Spannungsmeßgeräten, die ohne Zwischenschaltung eines Trennwandlers zur Messung in (geerdeten) Energieversorgungsnetzen eingesetzt werden. Besondere Vorsicht ist dann bei der Verwendung ebenfalls geerdeter Meßgeräte, z. B. von Elektronenstrahloszilloskopen, geboten, da die u. U. energiereiche Meßsignalquelle bei Falschpolung kurzgeschlossen werden kann.

Schutzerdung. Man versteht darunter die Erdung von Gehäusen und sonstigen der Berührung zugänglichen Metallteilen in Anlagen und bei Betriebsmitteln mit Spannungen von mehr als 65 V gegen Erde, die nach VDE 0100, § 6 als Schutzmaßnahme zur Verhinderung unzulässig hoher Berührungsspannungen gegen Erde vorgenommen wird. Beispielsweise werden metallische Gehäuse netzgespeister oder über Signalleitungen mit dem Netz verbundener Meßgeräte geerdet, sofern man nicht eine andere der nach VDE 0100 zulässigen Schutzmaßnahmen anwendet. Mit der Schutzerdung ist häufig indirekt auch eine Erdung des Meßkreises verbunden, da – namentlich bei elektronischen Verstärkerschaltungen – wegen der kapazitiven Kopplungen zwischen den aktiven Teilen des Meßgerätes und dem Metallgehäuse eine Potentialverbindung zwischen dem Bezugsleiter der Schaltung und dem Gehäuse erforderlich sein kann, womit dann aber auch der Bezugsleiter geerdet wird. Hierauf geht Abschn. 3.4.3 noch näher ein.

Die Notwendigkeit einer unmittelbaren Erdung des Meßkreises als Schutzmaßnahme kann sich ergeben, wenn aktive Teile des Meßkreises stellenweise der Berührung zugänglich sind, beispielsweise über die mit der Masseleitung verbundenen metallischen Steckerfassungen von Signalleitungen, und diese Teile bei Störungen unzulässig hohe Spannungen gegen Erde annehmen können.

Betriebserdung. Im Gegensatz zur erzwungenen Erdung und zur Schutzerdung dient die Betriebserdung primär meßtechnischen Zielen, nämlich der Schaffung definierter und reproduzierbarer Meßbedingungen und/oder als Maßnahme gegen Beeinflussungen.

Die Erdung des Meßkreises ist bei vielen einfachen Meßschaltungen unter meßtechnischen Gesichtspunkten nicht erforderlich. Bei sehr empfindlichen, hochohmigen Meßkreisen, hohen Signal- oder Störfrequenzen oder unter dem Einfluß starker elektromagnetischer Störfelder können sich jedoch Störungen des Meßvorganges bemerkbar machen, die durch Erdung des Meßkreises zu beheben oder zu verringern sind. Derartige Störungen machen sich oft in scheinbar unbegründeten zeitlichen Änderungen der Ausgangssignale bemerkbar oder in einer Abhängigkeit des Ausgangssignals vom Nähern oder Entfernen der Hand (Handempfindlichkeit) oder anderer leitender Gegenstände, von der Art der Leitungsführung usw. Auch das Auftreten netz- oder hochfrequenter Störsignale oder bei Verstärkerschaltungen das Einsetzen selbsterregter Schwingungen können eine Erdung erfordern. Da Erden, d. h. Herstellen einer potentialgleichen Verbindung zwischen einem Punkt des Meßkreises und Erde, primär nichts anderes bewirkt als die Schaffung eindeutiger Potentialverhältnisse zwischen Meßkreis, Erde und anderen auf Erdpotential bezogenen elektrischen Systemen, kann sich die Erdung als Betriebsmaßnahme nur gegen solche Beeinflussungen richten, die – auf Wirkungen des elektrischen Potentialfeldes beruhend – über galvanische und/oder kapazitive Kopplungen (Isolationswiderstände, Streukapazitäten) in den Meßkreis gelangen, i. allg. aber nicht gegen induktiv eingekoppelte Störungen.

3.4.2.2 Meßtechnische Wirkung der Erdung. Auswirkungen der Erdung werden im folgenden anhand eines einfachen Beeinflussungsmodells nach Bild 3.112 betrachtet, in dem ein Meßkreis dargestellt ist, der sich aus einem aktiven Zweipol, einem passiven Zweipol und einem diese beiden Zweipole verbinden-

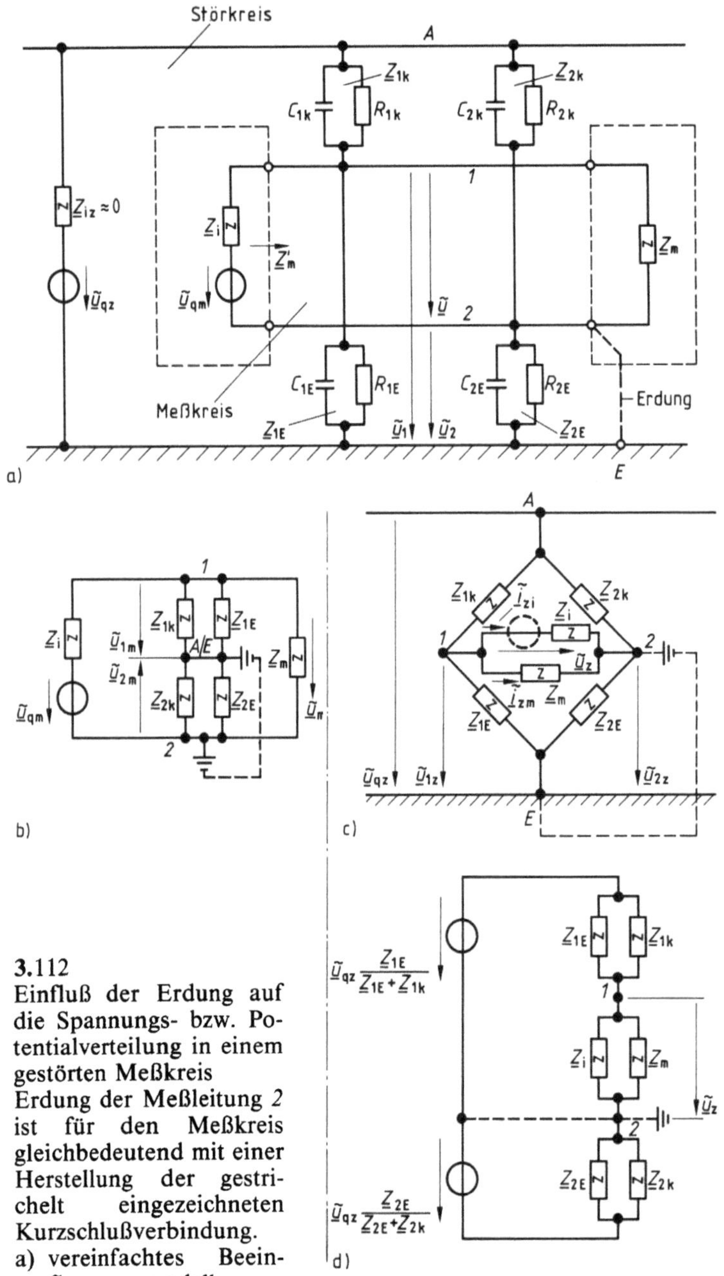

3.112
Einfluß der Erdung auf die Spannungs- bzw. Potentialverteilung in einem gestörten Meßkreis
Erdung der Meßleitung *2* ist für den Meßkreis gleichbedeutend mit einer Herstellung der gestrichelt eingezeichneten Kurzschlußverbindung.

a) vereinfachtes Beeinflussungsmodell

b) Ersatzschaltung für die Meßspannungsverteilung (da die innere Impedanz $\underline{Z}_{iz}$ der Störspannungsquelle vernachlässigbar klein ist, können die Punkte *A* und *E* für die Meßspannung als verbunden angenommen werden)

c) Ersatzschaltung für die Störspannungsverteilung

d) Spannungsquellen-Ersatzschaltung für die Störspannungsverteilung

den Leitungspaar zusammensetzt. Auf ein solches Modell wäre beispielsweise die Spannungsmessung einer Quelle oder die Impedanzmessung eines elektrischen Netzwerkes über Strom- und Spannungsmessung zurückführbar. Im ersten Fall würde der aktive Zweipol den Ersatzzweipol des Meßobjektes und der passive Zweipol den Ersatzzweipol des Spannungsmeßgerätes darstellen, im letzten Fall wäre der passive Zweipol als Ersatzzweipol des Meßobjektes und der aktive Zweipol als Ersatzzweipol der Testsignalquelle und der zugehörigen Strom- und Spannungsmeßgeräte aufzufassen.

Die Längsimpedanzen der Signalleitungen seien vernachlässigbar (was bei praktischen Problemstellungen keineswegs immer der Fall ist) und die Querimpedanzen, d.h. der Isolationswiderstand und die Kapazität zwischen den beiden Leitern, seien mit in der Impedanz $\underline{Z}_\mathrm{m}$ des passiven Zweipols erfaßt.

Der Meßkreis werde durch Erde und durch eine in seiner Nachbarschaft verlaufende Fremdleitung elektrisch beeinflußt. Die Leitung führe eine auf Erde bezogene Fremdspannung $u_\mathrm{qz}(t)$. Der zeitliche Verlauf der Fremdspannung $u_\mathrm{qz}(t)$ und der Meß- bzw. Testspannung $u_\mathrm{qm}(t)$ sei sinusförmig, so daß die folgenden Betrachtungen mit Hilfe der komplexen Rechnung erfolgen können.

Eine elektrische Beeinflussung des Meßkreises durch Erde und spannungsführende Fremdleitung ist über die zwischen diesen Systemen vorhandenen ohmschen Ableitungswiderstände infolge unvollkommener Isolation und bei Wechselspannung über kapazitive Kopplungen möglich. Ableitwiderstände und Koppelkapazitäten sind stetig über das System verteilt, hier sollen sie zu konzentrierten komplexen Ersatzelementen ($\underline{Z}_\mathrm{1E}$, $\underline{Z}_\mathrm{2E}$, $\underline{Z}_\mathrm{1k}$ und $\underline{Z}_\mathrm{2k}$ in Bild 3.112 a) zusammengefaßt werden. Auch diese Vereinfachung ist praktisch nicht immer zulässig; häufig ist zumindest die Annahme mehrerer über die Leitungslänge verteilter Ersatzelemente notwendig.

Störungen im ungeerdeten Meßkreis. Zunächst werden die Potentialverhältnisse des ungeerdeten Meßkreises betrachtet. Infolge des Fehlens einer niederohmigen Potentialverbindung zwischen Meßkreis und Erde stellen sich die Erdpotentiale der beiden Meßleitungen, also die komplexen Spannungen $\tilde{u}_1$ und $\tilde{u}_2$, entsprechend den komplexen Erd- und Koppelimpedanzen $\underline{Z}_\mathrm{1,2E}$ und $\underline{Z}_\mathrm{1,2k}$ in einer nicht genau vorhersehbaren, meist zeitlich nicht konstanten Weise ein. Schon durch geringe Veränderungen der Leitungsgeometrie oder anderer Einflußgrößen kann sich die Potentialverteilung verschieben. Man spricht deshalb sehr bildhaft auch von einem schwebenden Potentialzustand des Systems. Auf den Betrieb des Meßkreises hat dieser Zustand allerdings häufig keinen nachteiligen Einfluß. Sind die komplexen Widerstände $\underline{Z}_\mathrm{i}$ und $\underline{Z}_\mathrm{m}$ des Meßkreises klein gegenüber den komplexen Erd- und Koppelimpedanzen, was häufig der Fall ist, so wird die meßtechnisch ausgewertete komplexe Spannung $\tilde{u}$ zwischen den Meßleitungen von Verschiebungen des Potentials innerhalb des Meßkreises gegenüber dem Erdpotential kaum beeinflußt. Auch wird der Potentialunterschied (Spannung) zwischen Meßkreis und Erde keine störenden Werte annehmen, da die Impedanzen des Meßkreises gegen Erde meist erheblich kleiner sind als gegen andere Stromkreise, vorausgesetzt, daß die komplexe Meßspannung $\underline{\tilde{u}}_{qm}$ selbst hinreichend klein ist (vgl. Bild 3.112a).

Um zu erkennen, unter welchen Umständen der Meßvorgang durch die Erd- und Koppelimpedanzen gestört werden kann, wird im folgenden beispielhaft die Abhängigkeit der für eine Spannungs- bzw. Impedanzmessung maßgebenden Größen von den Eigenschaften des Gesamtsystems untersucht.

Bei einer **Spannungsmessung** sind $\underline{Z}_m$ der Innenwiderstand eines Spannungsmeßgerätes und $\underline{\tilde{u}}_{qm}$ die zu messende komplexe Quellenspannung. Von dem Meßgerät wird aber die Spannung $\underline{\tilde{u}}$ zwischen den Leitern des Meßkreises erfaßt, die sich nach Bild 3.112b und c aus zwei Komponenten zusammensetzt, die man bei Linearität des Systems unabhängig voneinander betrachten kann. Die Komponente $\underline{\tilde{u}}_m$ – Nutzkomponente – entspricht der Meßaufgabe. Sie soll sich möglichst unabhängig von allen äußeren Einflüssen einstellen. Nach Bild 3.112b ist dies der Fall, solange sich in dem durch die Impedanzen $\underline{Z}_{1k}\|\underline{Z}_{1E}$ und $\underline{Z}_{2k}\|\underline{Z}_{2E}$[1]) gebildeten, zu $\underline{Z}_m$ parallel liegenden Zweig nur ein so kleiner Störstrom ausbildet, daß der von ihm am Ersatzinnenwiderstand $\underline{Z}_i$ hervorgerufene relative Spannungsabfall

$$\frac{\Delta\underline{\tilde{u}}_m}{\underline{\tilde{u}}_m} = \frac{\underline{Z}_i\|\underline{Z}_m}{\underline{Z}_i\|\underline{Z}_m + \underline{Z}_{1k}\|\underline{Z}_{1E} + \underline{Z}_{2k}\|\underline{Z}_{2E}} \tag{3.144}$$

vernachlässigbar ist. (In der Ersatzschaltung nach Bild 3.112b ist der Leiter A des Störkreises mit Erde E verbunden angenommen, was zulässig ist, solange die innere Impedanz $\underline{Z}_{iz}$ der Störspannungsquelle nach Bild 3.112a vernachlässigbar klein ist.) Praktisch folgt hieraus die nicht immer erfüllbare Forderung, daß die Impedanzen möglichst beider Leiter des Meßkreises, mindestens aber eine von beiden, sowohl gegen Erde als auch gegen den Fremdleiter groß im Vergleich zu den Impedanzen $\underline{Z}_i$ und $\underline{Z}_m$ des Meßkreises sein sollen. Solange dies der Fall ist, bleiben Potentialverschiebungen des Meßkreises gegen Erde infolge veränderter Ableitungsverhältnisse ohne Auswirkung auf den Meßvorgang. Die Potentiale ändert sich dann stets so, daß ihre Differenz, die gleich der Spannung $\underline{\tilde{u}}$ des Meßkreises ist, konstant bleibt. Diese Konstanz wird durch die im Meßkreis wirkende und zu messende Quellenspannung $\underline{\tilde{u}}_{qm}$ erzwungen.

Bezüglich einer **äußeren Störspannung** $\underline{\tilde{u}}_{qz}$ stellt der Meßkreis nach Bild 3.112c den Diagonalzweig einer Brückenschaltung dar, deren äußere Zweige von den Ableit- und Koppelimpedanzen gebildet werden. Unabhängig von der Größe dieser Impedanzen bleibt der Meßkreis von $\underline{\tilde{u}}_{qz}$ unbeeinflußt, wenn die Impedanzen die in der Abgleichbedingung der Brücke $\underline{Z}_{1k}\underline{Z}_{2E}=\underline{Z}_{2k}\underline{Z}_{1E}$ zum

---

[1]) Die Symbolik $\underline{Z}_{1k}\|\underline{Z}_{1E}$ oder $\underline{Z}_{2k}\|\underline{Z}_{2E}$, allgemein $\underline{Z}_1\|\underline{Z}_2$, ist eine abgekürzte Schreibweise für die resultierende Impedanz zweier Parallelimpedanzen, d.h., $\underline{Z}_1\|\underline{Z}_2$ steht für den Ausdruck $\underline{Z}_1\underline{Z}_2/(\underline{Z}_1+\underline{Z}_2)$. Von dieser Symbolik wird im folgenden zur Vereinfachung der formalen Darstellung häufiger Gebrauch gemacht.

Ausdruck kommenden Symmetrieeigenschaften aufweisen. Praktisch ist dies nur selten in vollkommener Weise gegeben. Dann bildet sich im Meßkreis eine Störspannung $\tilde{\underline{u}}_z$ aus, deren Auswirkung auf die Messung von folgenden Faktoren abhängt:

a) Die Störspannung $\tilde{\underline{u}}_z$ ist gleich der Potentialdifferenz der Brückeneckpunkte, also gleich der Differenz der Leiterspannungen $\tilde{\underline{u}}_{1z}$ und $\tilde{\underline{u}}_{2z}$ des Meßkreises gegen Erde. Diese Differenz wird nun aber nicht von der innerhalb des Meßkreises wirkenden Spannung $\tilde{\underline{u}}_{qm}$ der zu messenden Quelle bestimmt, wie dies bei der Nutzkomponente nach Bild 3.112b der Fall ist, sondern sie ergibt sich aus der Impedanzverteilung in dem von der Störquellenspannung $\tilde{\underline{u}}_{qz}$ gespeisten Netzwerk von Bild 3.112c, in dem der Meßkreis lediglich eine Zweigimpedanz $\underline{Z}'_m = \underline{Z}_m \| \underline{Z}_i$ darstellt. Eine Verschiebung des Leiterpotentials $\tilde{\underline{u}}_{1z}$ oder $\tilde{\underline{u}}_{2z}$ infolge einer Änderung der Erd- bzw. Koppelimpedanzen hat deshalb nicht zwangsläufig auch eine entsprechende Verschiebung des zweiten Leiterpotentials zur Folge, so daß die Potentialdifferenz konstant bliebe, sondern sie bewirkt im allgemeinen eine Änderung der Potentialdifferenz. Diese hängt von dem Unsymmetriegrad der Brücke ab und ist in Näherung gegeben durch $\tilde{\underline{u}}_z \sim \tilde{\underline{u}}_{qz}(\underline{Z}_{1E}\underline{Z}_{2k} - \underline{Z}_{2E}\underline{Z}_{1k})$.

b) Von der bei einer Brückenverstimmung wirksamen komplexen Störquellenspannung (Leerlaufspannung eines aktiven Ersatzzweipols bezüglich der Punkte *1/2* in Bild 3.112c)

$$\tilde{\underline{u}}_{Lz} = \tilde{\underline{u}}_{qz}\left[\frac{\underline{Z}_{1E}}{\underline{Z}_{1E}+\underline{Z}_{1k}} - \frac{\underline{Z}_{2E}}{\underline{Z}_{2E}+\underline{Z}_{2k}}\right] = \tilde{\underline{u}}_{qz}\frac{\underline{Z}_{1E}\underline{Z}_{2k}-\underline{Z}_{2E}\underline{Z}_{1k}}{(\underline{Z}_{1E}+\underline{Z}_{1k})(\underline{Z}_{2E}+\underline{Z}_{2k})} \quad (3.145)$$

tritt im Meßkreis nur die Teilspannung

$$\tilde{\underline{u}}_z = \tilde{\underline{u}}_{Lz}\frac{\underline{Z}_i \| \underline{Z}_m}{\underline{Z}_i \| \underline{Z}_m + \underline{Z}_{1E} \| \underline{Z}_{1k} + \underline{Z}_{2E} \| \underline{Z}_{2k}} \quad (3.146)$$

auf, die einer Teilung der Leerlaufspannung zwischen den Widerstandspaaren $\underline{Z}_i \| \underline{Z}_m$, $\underline{Z}_{1E} \| \underline{Z}_{1k}$ und $\underline{Z}_{2E} \| \underline{Z}_{2k}$ entspricht (s. Bild 3.112d).

Die unter sonst gleichen Bedingungen im Meßkreis auftretende Störspannung $\tilde{\underline{u}}_z$ ist daher absolut genommen um so größer, je größer die Spannung $\tilde{\underline{u}}_{qz}$ der störenden Quelle ist und je größer die Impedanzen des Meßkreises im Verhältnis zu den Ableit- und Koppelimpedanzen sind. Im Hinblick auf geringe Beeinflussung sind daher niederohmige Meßkreise anzustreben.

c) Die durch Gl. (3.146) bestimmte Störspannung $\tilde{\underline{u}}_z$ wirkt sich auf den Meßvorgang um so stärker aus, je größer sie im Verhältnis zur Nutzspannung $\tilde{\underline{u}}_m$ des Meßkreises, d.h. je empfindlicher das Meßgerät ist. Häufig müssen in diesem Zusammenhang auch Empfindlichkeitsunterschiede des Meßgerätes für Stör- und Nutzspannung beachtet werden.

Treffen mehrere ungünstige Faktoren zusammen, z.B. ein hochempfindliches Meßgerät in einem sehr hochohmigen Meßkreis, der von einem auf hohem

Störpotential liegenden Störkreis beeinflußt wird, so können eingekoppelte Störspannungen $\tilde{\underline{u}}_z$, z. B. Brumm oder HF-Signale, eine gegen die Nutzspannung $\tilde{\underline{u}}_m$ des Meßkreises nicht mehr vernachlässigbare Größe annehmen und entsprechende Meßfehler verursachen. Durch zufällige Störungen, z. B. Veränderungen der Koppelimpedanzen durch mechanische Bewegungen im Meßaufbau, können sich darüber hinaus so starke regellose Schwankungen des Meßwertsignals einstellen, daß die Meßvorgänge auch nicht mehr reproduzierbar ablaufen. Unter Umständen kann sich auch eine Gefährdung elektronischer Schaltungen ergeben. Baut sich z. B. an der Gate-Source-Sperrschicht eines Halbleiters in MOS-Technologie eine Störspannung auf, so kann die Sperrschicht zerstört und damit die Schaltung unbrauchbar werden.

Bei der prinzipiellen Darstellung der Impedanzmessung nach Bild **3.**112 ist $\underline{Z}_m$ die zu bestimmende Impedanz; der aktive Ersatzzweipol repräsentiert die Eigenschaften der Meßspannungsquelle und der zugehörigen Strom- und Spannungsmeßgeräte. Hier kommt es in erster Linie auf die vom aktiven Zweipol aus gesehene resultierende Impedanz $\underline{Z}'_m = \underline{Z}_m \| [\underline{Z}_{1k} \| \underline{Z}_{1E} + \underline{Z}_{2k} \| \underline{Z}_{2E}]$ des Meßobjektes $\underline{Z}_m$ und der parallel liegenden Störimpedanzen $\underline{Z}_{1,2E}$ und $\underline{Z}_{1,2k}$ an (s. Bild **3.**112b). Auch hier zeigt sich die Möglichkeit einer Verfälschung des Meßergebnisses, wenn $\underline{Z}_m$ in die Größenordnung der Ableitimpedanzen kommt. Ein weiterer Einflußeffekt kann sich über eine eingekoppelte komplexe Störspannung $\tilde{\underline{u}}_z$ und den von ihr hervorgerufenen komplexen Strömen $\tilde{\underline{i}}_{zi} = \tilde{\underline{u}}_z / \underline{Z}_i$ und $\tilde{\underline{i}}_{zm} = \tilde{\underline{u}}_z / \underline{Z}_m$ ergeben (s. Bild **3.**112c), insbesondere bei Frequenzgleichheit von Meß- und Störspannung, beispielsweise bei Wechselstrommeßbrücken, deren Brückenspeisespannung über Transformatoren aus dem Energieversorgungsnetz bezogen wird.

Störungen im geerdeten Meßkreis. Durch Erdung des Meßkreises wird die Ursache der vorstehend betrachteten Störungen des Meßvorganges, nämlich die elektrische Kopplung des Meßkreises an einen Störkreis bzw. an Erde, nicht beseitigt, sondern es wird sogar umgekehrt die vor der Erdungsmaßnahme an der betreffenden Stelle des Meßkreises gegenüber Erde bestehende verhältnismäßig lose Kopplung – hochohmige Ableitimpedanz – durch eine sehr feste Kopplung – gut leitende Erdverbindung – ersetzt. Man kann deshalb i. allg. auch nicht erwarten, daß durch sie der Störeffekt beseitigt wird. Vorrangiges Ziel der Erdung als Betriebsmaßnahme kann hier lediglich die Herstellung reproduzierbarer, definierter Meßbedingungen sein, z. B.

veränderliche, d. h. auf Veränderungen der Störimpedanzen empfindlich reagierende Potentialverteilungen durch stabile zu ersetzen, so daß Meßvorgänge reproduzierbar ablaufen können, oder

undefinierte Potentialverhältnisse durch definierte zu ersetzen, so daß Beeinflussungen experimentell oder rechnerisch erfaßt und bei der Auswertung berücksichtigt werden können.

Es ist durchaus möglich, daß der Störeffekt durch die Erdungsmaßnahme u. U. sogar noch verstärkt wird und erst im Zusammenwirken mit zusätzlichen Maßnahmen, z. B. Schirmung oder Verringerung der Störempfindlichkeit der Meßeinrichtung, eine Verbesserung der Meßgenauigkeit erreicht werden kann.

Ist beispielsweise nur die Meßleitung 2 des in Bild 3.112 dargestellten Beeinflussungsmodells stark wechselnden Kopplungsbedingungen ausgesetzt, die sich in zufälligen Änderungen der im einzelnen nicht genau bekannten Impedanzen $\underline{Z}_{2E}$ und/oder $\underline{Z}_{2k}$ äußern und entsprechende Schwankungen des Ausgangssignals der Meßeinrichtung hervorrufen, empfiehlt es sich, diese Impedanzen durch Erdung der Meßleitung 2 unwirksam zu machen. Dadurch wird der nicht definierte, zufällig schwankende Einfluß dieser beiden Impedanzen auf den Meßkreis aufgehoben. Gleichzeitig wird aber der Meßkreis nun über die vorher nicht vorhandene, definierte Erdverbindung beeinflußt, wodurch vorhandene Störungen grundsätzlich vergrößert werden können, wie die folgenden Betrachtungen zeigen.

Bezüglich der Nutzspannungsverteilung entsprechend Bild 3.112b bewirkt eine Erdung des Punktes 2 der Meßschaltung eine Überbrückung der Störimpedanzen $\underline{Z}_{2E} \| \underline{Z}_{2k}$, d. h. eine Vergrößerung des Leitwertes des als Störimpedanz wirkenden Nebenschlusses zu $\underline{Z}_m$. (Die Punkte A und E können wegen $\underline{Z}_{iz} \approx 0$ als verbunden angenommen werden.)

Für die aus dem Störkreis eingekoppelte Spannung $\tilde{u}_z$ bedeutet eine Erdung des Punktes 2 der Schaltung die Überbrückung der Erdimpedanz $\underline{Z}_{2E}$ sowie die direkte Parallelschaltung der Koppelimpedanz $\underline{Z}_{2k}$ zur Störspannungsquelle $\tilde{u}_{qz}$, wodurch beide Störimpedanzen für den Meßkreis wirkungslos werden. Nach der Ersatzschaltung in Bild 3.112d wird der Störeffekt hierdurch in zweifacher Hinsicht erhöht. Einmal entfällt eine von zwei einander entgegengerichteten, sich teilweise aufhebenden Komponenten der Ersatz-Quellenspannung, wodurch der Einfluß der verbleibenden Komponente entsprechend ansteigt. Im Grenzfall könnte es sogar sein, daß die Anordnung bei nicht geerdetem Meßkreis eine abgeglichene Brücke bildet, so daß keine Störspannung $\tilde{u}_z$ auftritt, und somit durch die Erdung eine vorher nicht vorhandene Störung überhaupt erst hervorgerufen wird. Andererseits teilt sich die wirksame Leerlaufstörspannung nicht auf drei, sondern nur auf zwei komplexe Widerstandspaare auf, so daß am Meßkreis $\underline{Z}_i \| \underline{Z}_m$ eine entsprechend höhere Teilspannung abfällt (s. Bild 3.112d).

Hieraus darf nun aber nicht geschlossen werden, daß durch Erdung eine vorhandene Störbeeinflussung in jedem Fall vergrößert wird. Erdung kann auch eine wirkungsvolle Maßnahme zur Verringerung oder Beseitigung von Beeinflussungen sein, wenn nach den speziellen Gegebenheiten einer Meßschaltung durch sie die Störspannungsquelle in ihrer Wirkung auf den Meßkreis kurzgeschlossen (Bild 3.113a) oder eine Störimpedanz neutralisiert (Bild 3.113b) wird.

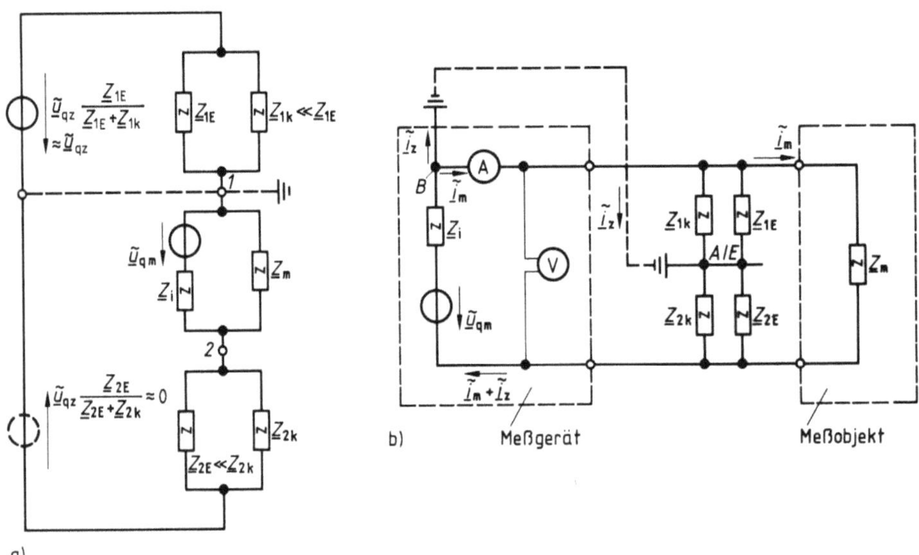

3.113 Unterdrückung des durch Erd- und Koppelimpedanzen verursachten Einflußeffektes durch Erdung des Meßkreises
a) Kurzschluß der Störspannungsquelle
b) Neutralisierung der Störimpedanzen

Kurzschluß der Störspannungsquelle. Sind die Koppelimpedanzen der beiden Meßleitungen des Beeinflussungsmodells in Bild 3.112 sehr unterschiedlich, z. B. $\underline{Z}_{1k} \ll \underline{Z}_{1E}$, $\underline{Z}_{2k} \gg \underline{Z}_{2E}$, so ist eine Meßleitung (Meßleitung *1*) eng an die potentialmäßig hoch liegende Fremdleitung und eine andere (Meßleitung *2*) eng an Erde angekoppelt. Das Gleichgewicht der Brücke in Bild 3.112c kann dann bereits bei ungeerdeter Meßschaltung so erheblich gestört sein, daß von den beiden Ersatz-Störspannungsquellen in der Ersatzschaltung nach Bild 3.112d unter praktischen Gesichtspunkten nur noch eine wirksam ist. Durch Erdung der gegen Erde potentialmäßig hochliegenden Meßleitung (Meßleitung *1*) wird diese nach Bild 3.113a in bezug auf den Meßkreis kurzgeschlossen und so die Wirkung des Störeinflusses ggf. erheblich vermindert. Eine Erdung der anderen Meßleitung hätte keinen Einfluß bzw. würde den Störeffekt noch vergrößern.

Beispiel 3.35. Bei netzversorgten elektronischen Meßgeräten besteht zwischen Meßkreis und Netz eine kapazitive Kopplung über die Wicklungskapazität C_k zwischen Primär- und Sekundärwicklung des Netztransformators. Da das Wechselspannungsnetz einseitig starr geerdet ist, kann sich bei nicht geerdetem Meßkreis und einer Netzanschlußpolung entsprechend Bild 3.114 ein Störstrom i_{z1} über die Wicklungskapazität C_k, den Eingangswiderstand R_e des Meßverstärkers V und die Erdkapazität C_e der Meßleitung *1* ausbilden, der an R_e eine Störspannung u_z hervorruft. Nach Erdung der Meßleitung *2* fließt der über C_k eingekoppelte Störstrom i_z hingegen direkt nach Erde ab, ohne über den Eingangswiderstand des Verstärkers eine Störspannung zu verursachen.

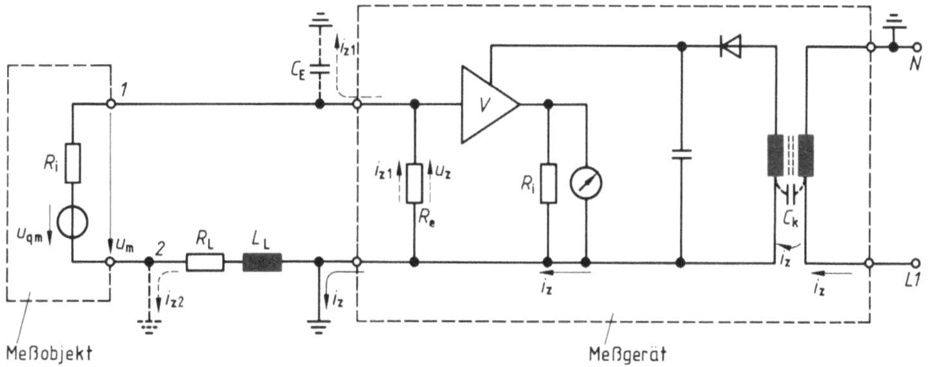

3.114 Erdung eines netzversorgten Meßgerätes

Dieses Beispiel zeigt, daß der Erfolg einer Erdung entscheidend von der richtigen Wahl des Erdungspunktes abhängt. Durch unzweckmäßige Erdung kann ein Störeffekt u. U. sogar noch vergrößert werden. Würde man statt der Meßleitung *2* die Meßleitung *1* erden, so würde die Störspannung u_z nicht nur nicht aufgehoben, sondern infolge Überbrückung der Erdkapazität C_E vergrößert. Hat die Meßleitung eine nicht vernachlässigbare Längsimpedanz (Leitungswiderstand R_L und Leitungsinduktivität L_L), so ist es außerdem auch nicht gleichgültig, ob die Meßleitung *2* am Meßobjekt oder am Meßgerät geerdet wird. Im ersteren Fall würde der Störstrom i_z über die Leitungsimpedanzen abfließen müssen (i_{z2}) und an ihnen eine Störspannung hervorrufen, die sich der Meßspannung u_m störend überlagert. Wegen der Leitungsinduktivität L_L können sich besonders hochfrequente Netzstörungen (z. B. Schaltüberspannungen) unangenehm bemerkbar machen. Die Erdung sollte daher in diesem Fall am Meßgerät vorgenommen werden.

Neutralisierung einer Störimpedanz. Die Wirkung einer Störimpedanz kann in manchen Fällen dadurch aufgehoben werden, daß man den beiden Punkten der Schaltung, zwischen denen die Störimpedanz auftritt, durch Erdung gleiches Potential zuweist. Der über die Impedanz sonst fließende Störstrom wird dadurch in einen anderen, durch die Lage des Erdungspunktes bestimmten Teil der Schaltung verlagert. Besonders bei Anordnungen zur Impedanzmessung macht man von dieser Möglichkeit Gebrauch. Das Grundprinzip läßt sich auch an dem Beeinflussungsmodell in Bild **3.**112 erklären. Verkörpert der passive Zweipol die zu bestimmende Impedanz $\underline{Z}_m$ und der aktive Zweipol das mit getrennter Spannungs- und Strommessung arbeitende Impedanzmeßgerät (s. Bild **3.**113b), so wird von diesem bei ungeerdetem Meßkreis die an der Impedanz $\underline{Z}_m$ liegende Spannung $\tilde{u}_m$ richtig erfaßt, statt des Stromes $\tilde{i}_m$ durch die zu messende Impedanz jedoch die Summe aus dem Strom $\tilde{i}_m$ und einem durch die Koppelimpedanzen fließenden Störstrom $\tilde{i}_z$ (der Strom durch den Spannungsmesser sei vernachlässigbar). Gemessen wird also nicht $\underline{Z}_m$, sondern nach Bild **3.**112b die Impedanz der Parallelschaltung von $\underline{Z}_m$ und den

Ableit-(Stör-)Impedanzen $\underline{Z}_{1k} \| \underline{Z}_{1E} + \underline{Z}_{2k} \| \underline{Z}_{2E}$. Durch Erdung des Punktes B der Meßschaltung (Bild 3.113b) wird der vorher an den Impedanzen $\underline{Z}_{1k} \| \underline{Z}_{1E}$ liegende Potentialunterschied aufgehoben, wodurch diese stromlos werden. Der Störstrom $\tilde{I}_z$ tritt nach wie vor in der Meßschaltung – sogar mit einem größeren Wert als vorher – auf; durch die Wahl des zwischen Spannungsquelle und Strommeßgerät liegenden Erdungspunktes wird er jedoch am Strommeßgerät vorbeigeleitet, wodurch sich eine insoweit fehlerfreie Strommessung ergibt.

Praktische Anwendung findet das erläuterte Prinzip in etwas abgewandelter Form vor allem bei Wechselstrom-Meßbrücken.

Beispiel 3.36. Bei empfindlichen Wechselstrommeßbrücken können durch Erd- und Schaltungskapazitäten merkliche Meßfehler entstehen. Während die Schaltungskapazitäten durch den Aufbau der Brücke festliegen und bei der Auswertung berücksichtigt werden können, ist dies bei den oft stark schwankenden Erdkapazitäten kaum möglich. Man muß daher versuchen, letztere unwirksam zu machen.

In Bild 3.115a sind die Erd- und Schaltungskapazitäten zu konzentrierten Ersatzschaltelementen zusammengefaßt mit gestrichelten Verbindungslinien in die Brückenschaltung eingezeichnet. Die zwischen den Brückeneckpunkten *1-2* bzw. *3-4* auftretenden Diagonalkapazitäten sind der Übersichtlichkeit halber fortgelassen, da sie parallel zur Spannungsquelle bzw. zum Nullinstrument liegen und den Abgleich nicht beeinflussen. Die parallel zu den Brückenwiderständen auftretenden Schaltungskapazitäten sind durch Erdungsmaßnahmen nicht zu beeinflussen, sondern müssen bei der Auswertung berücksichtigt werden. Sie werden daher hier nicht weiter betrachtet. Wandelt man den aus den vier Erdkapazitäten C_{1E} bis C_{4E} bestehenden vierstrahligen Stern gemäß Bild 3.115b in ein vollständiges Viereck um, so zeigt sich, daß von ihm ein prinzipiell ähnlicher Einfluß auf den Brückenabgleich ausgeht, wie von den zu den Brückenwiderständen parallelen Schaltungskapazitäten. Um diesen Einfluß zu verringern, erdet man häufig einen der beiden Diagonalpunkte *3* oder *4* der Brücke, z. B. den Punkt *3*, wodurch die Erdkapazität C_{3E} überbrückt wird. Bei Abgleich hat dann auch der Punkt *4* Erdpotential, d. h., die Erdkapazität C_{4E} dieses Punktes ist neutralisiert und daher ebenfalls unwirksam. Da der Punkt *3* starr geerdet ist, liegen die Erdkapazitäten C_{1E} bzw. C_{2E} jetzt aber parallel zu $\underline{Z}_u$ bzw. $\underline{Z}_N$ und beeinflussen den Abgleich. Diese Art der Erdung wird deshalb meist in Verbindung mit einer zusätzlichen Schirmung bestimmter Brückenteile angewendet (s. Beispiel 3.37).

Durch Schaffung eines künstlichen Erdungspunktes über einen Hilfszweig lassen sich die geschilderten Nachteile vermeiden. Dazu zeigt Bild 3.116a eine Brückenschaltung, in der nur Impedanzen $\underline{Z}_u$ und $\underline{Z}_N$ miteinander verglichen werden, die den gleichen Phasenwinkel φ aufweisen. Die beiden anderen Impedanzen können dann ohmsche Widerstände sein.

Den Hilfszweig bilden ebenfalls zwei ohmsche Widerstände R_a und R_b, welche die Brückenspeisespannung im gleichen Verhältnis teilen wie die Brückenwiderstände R_1 und R_2, d. h., sie erfüllen die Bedingung $R_a/R_b = R_1/R_2$. Die Punkte E und *4* und bei abgeglichener Brücke auch der Punkt *3* haben daher gleiches Potential. Erdet man nun den Punkt E des Hilfszweiges, so nehmen auch die Brückeneckpunkte *3* und *4* Erdpotential an, so daß die Erdimpedanzen $\underline{Z}_{3E}$ und $\underline{Z}_{4E}$ neutralisiert werden. Da sie dann zwischen Punkten gleichen Potentials liegen, führen sie keinen Strom und sind wirkungslos. Die Erdimpedanzen $\underline{Z}_{1E}$ bzw. $\underline{Z}_{2E}$ treten jetzt parallel zu R_a bzw. R_b auf; und ihr Einfluß kann durch hinreichend niederohmige Ausbildung des Hilfszweiges vernachlässigbar klein gehalten werden. Die Messung ist daher auch weitgehend frei von Beeinflussungen durch die Erdimpedanzen $\underline{Z}_{1E}$ und $\underline{Z}_{2E}$.

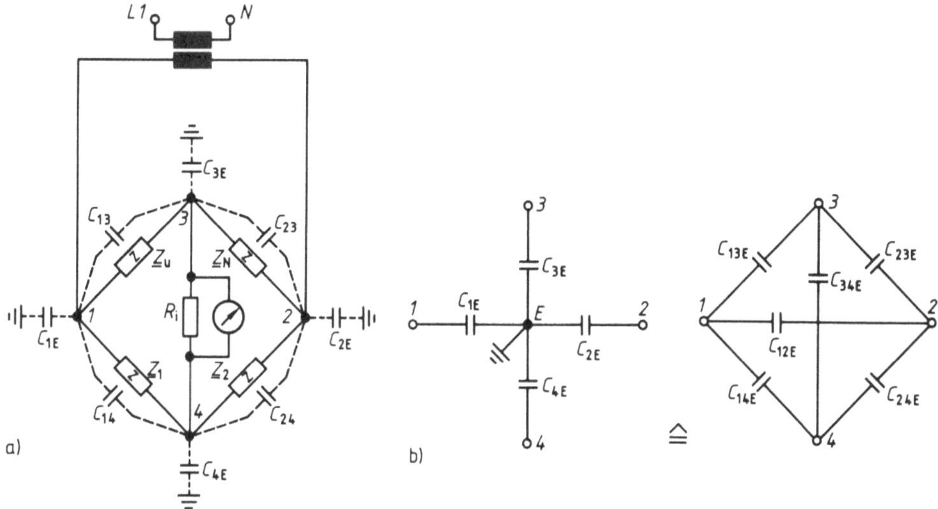

3.115 Schaltungs- und Erdkapazitäten einer Wechselstrommeßbrücke
a) Ersatzschaltung (ohne Diagonalkapazitäten)
b) Umwandlung des aus den Erdkapazitäten gebildeten vierstrahligen Sterns in ein vollständiges Viereck

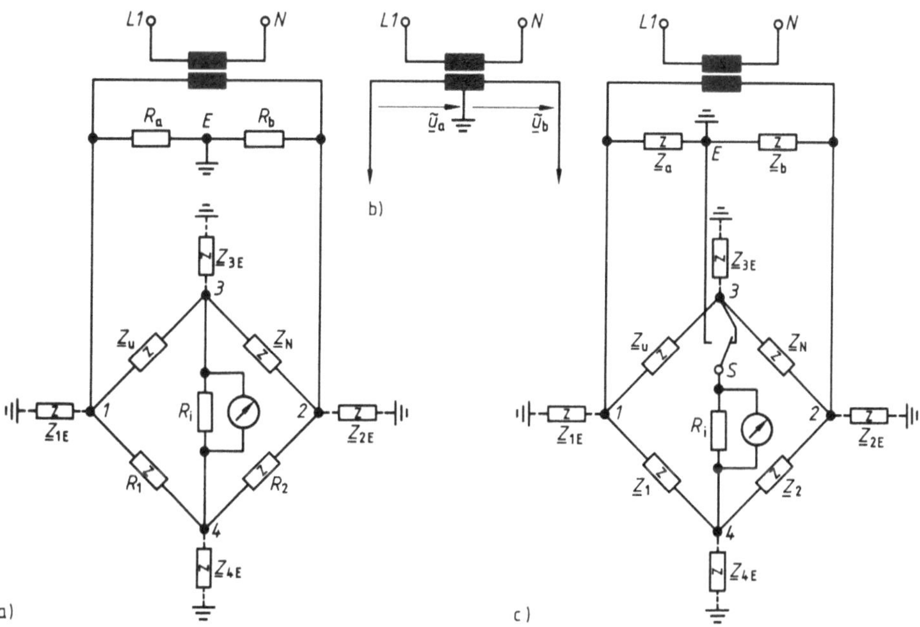

3.116 Erdung einer Wechselstrom-Meßbrücke
a), b) geerdete Brückenschaltung ohne und
c) mit Wagnerschem Hilfszweig

Anstelle des Hilfszweiges in Bild **3.**116a kann auch ein Speisespannungstransformator mit Anzapfung nach Bild **3.**116b verwendet werden, wenn seine Teilspannungen $\tilde{u}_a$ und $\tilde{u}_b$ sich zueinander wie die Widerstände R_1 und R_2 verhalten.

Bei Brückenschaltungen, in denen komplexe Impedanzen $\underline{Z}_u$ und $\underline{Z}_N$ mit unterschiedlichen Phasenwinkeln verglichen werden, müssen die ohmschen Widerstände sowohl des zweiten Brückenzweiges als auch des Hilfszweiges entsprechend Bild **3.**116c durch komplexe Impedanzen ersetzt werden, deren Teilerverhältnis sich von Messung zu Messung ändern kann. Beim praktischen Brückenabgleich müssen daher die Potentiale von drei Brückenpunkten (*3, 4* und *E*) aufeinander abgestimmt werden. Dazu verbindet man über das Nullgerät und den Umschalter *S* abwechselnd die Punkte *3-4* bzw. *E-4* miteinander und verändert die Spannungsteilerverhältnisse so lange, bis der Ausschlag des Nullgerätes in beiden Schalterstellungen Null ist, die Punkte *3, 4* und *E* also potentialgleich sind.

Da die parallel zu $\underline{Z}_a$ bzw. $\underline{Z}_b$ liegenden Erdimpedanzen $\underline{Z}_{1E}$ bzw. $\underline{Z}_{2E}$ beim Abgleich der Brücke auf den Hilfszweig automatisch mit erfaßt werden, brauchen in diesem Fall keine Randbedingungen bezüglich der Größe der Hilfszweigimpedanzen $\underline{Z}_a$, $\underline{Z}_b$ beachtet zu werden.

Der Hilfszweig in der Schaltung Bild **3.**116c wird auch als Wagnerscher Hilfszweig bezeichnet.

Beispiel 3.37. Die von Schering entwickelte und nach ihm benannte Meßbrücke in Bild **3.**117 dient der Kapazitäts- und Verlustwinkel-(tan δ-)Messung bei Hochspannung. Um den Bedienungsteil der Brücke auf einem für den Menschen ungefährlichen, niedrigen Potential halten zu können, werden der Brückeneckpunkt *4* geerdet und die Impedanzen der Brückenzweige *1-4* und *2-4* im Vergleich zu denen des Prüflings C_u und des Normals C_N so klein gewählt, daß an ihnen nur Spannungen von wenigen Volt abfallen.

Um Störeinstreuungen zu vermeiden, werden die aus dem Hochspannungsraum zum Bedienungsteil führenden Meßleitungen mit geerdeten Schirmen versehen. Der Einfluß der einseitig an Erde und deshalb parallel zu den Brückenzweigen *1-4* bzw. *2-4* liegenden

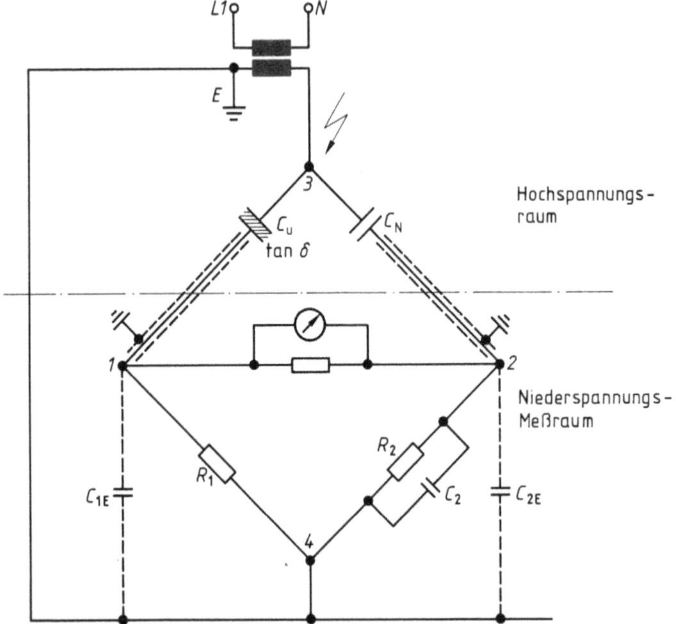

3.117
Erdung der Schering-Meßbrücke

$$R_1 \ll 1/(\omega\, C_{1E})$$
$$C_2 \gg C_{2E}$$

Schirmkapazitäten C_{1E}, C_{2E} auf die Meßgenauigkeit der Brücke wird durch die in Bild 3.117 angegebene Dimensionierung weitgehend aufgehoben.
Die Erdung hat in diesem Fall sowohl eine Schutz- als auch eine meßtechnische Funktion.

Wahl des Erdungspunktes. Richtig angewandte Erdung kann eine sinnvolle Betriebsmaßnahme sein. Dabei kommt es im Gegensatz zur Erdung als Schutzmaßnahme i. allg. weniger darauf an, eine gut leitende Verbindung mit dem wirklichen Erdreich herzustellen, als vielmehr auf die Schaffung definierter, stabiler Potentialverhältnisse des Meßkreises gegenüber der unmittelbaren Umgebung, auch als Masse bezeichnet, z. B. gegenüber dem Gerätechassis, dem Gehäuse, dem Labortisch usw. Mit Erdung des Meßkreises ist daher meist primär die Herstellung einer Potentialverbindung mit Masse gemeint. Die Masse ihrerseits kann – z. B. als Schutzmaßnahme – mit Erde verbunden sein. Da nun aber durch unzweckmäßige Erdungsmaßnahmen nicht nur keine Besserung, sondern oft sogar eine Verschlechterung der Meßbedingungen erreicht wird, kommt der Wahl des zweckmäßigen Erdungspunktes eine große Bedeutung zu, nicht nur bei der Erdung als Betriebsmaßnahme, sondern wegen ihrer unvermeidlichen Auswirkungen auf den Betrieb auch bei der Erdung als Schutzmaßnahme. Dazu lassen sich nur wenige allgemeingültige Regeln angeben, da der für die Erdung günstigste Punkt einer Meßschaltung ganz von den Besonderheiten der Meßaufgabe und den konkret vorliegenden Störeinflüssen abhängt:

a) Ist die Erdung als Schutzmaßnahme gedacht, wird man einen derjenigen Punkte der Schaltung wählen, die an sich schon eine geringe Impedanz gegen Erde aufweisen. Da die Erdimpedanz durch die Erdverbindung kurzgeschlossen wird, bleibt der Einfluß der Erdung auf den Meßkreis so auf das kleinstmögliche Maß beschränkt. Hat die Schaltung mehrere Punkte mit annähernd gleicher Erdimpedanz, dann ist derjenige zu wählen, dessen Erdung die geringste Änderung der Strom- bzw. Potentialverteilung an den empfindlichen Teilen der Meßschaltung (Nullgeräte, Verstärkereingänge, hochohmige Widerstände usw.) zur Folge hat. Diesen Punkt kann man beispielsweise durch probeweises Erden mehrerer Schaltungspunkte experimentell herausfinden.

b) Bei Erdung als Betriebsmaßnahme ergibt sich der zweckmäßige Erdungspunkt aus der jeweiligen Aufgabenstellung. Soll beispielsweise eine zufallsbeeinflußte zeitliche Änderung des Ausgangssignals einer Meßeinrichtung infolge zufälliger Änderungen einer Erdimpedanz beseitigt werden, so ist derjenige Punkt der Schaltung zu wählen, dessen Erdung die betreffende zufällig veränderliche Erdimpedanz kurzschließt.

Besonderes Augenmerk ist darauf zu richten, daß die Meßschaltung nur an einer Stelle geerdet wird. Die Erde (oder Masse) stellt nicht nur einen passiven Widerstand R_E dar. In ihr fließende Betriebs- oder Störströme benachbarter elektrischer Anlagen führen auch dazu, daß verschiedene Erdpunkte unter-

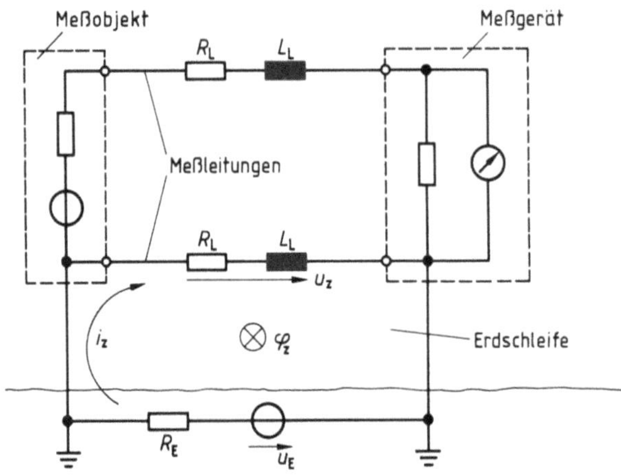

3.118
Bildung einer Erdschleife
durch Doppelerdung
R_E Erdwiderstand,
u_E Potentialunterschied
zweier Erdungspunkte

schiedliche elektrische Potentiale aufweisen. Durch Zweifacherdung nach Bild
3.118 wird daher eine Erdschleife gebildet, in welcher der Potentialunterschied
der beiden Erdungspunkte als aktive Störspannung u_E wirkt, die in Industrie-
anlagen mehrere Volt betragen kann. Umfaßt die u. U. großflächige Schleife
auch noch einen zeitveränderlichen magnetischen Störfluß φ_z, so tritt außerdem eine induzierte Störspannungskomponente auf. Beide Spannungskomponenten zusammen bewirken einen Störstrom i_z in der Erdschleife, der über die
Leiterwiderstände R_L, ωL_L des Meßkreises eine Störspannung u_z in den Meßkreis einkoppelt.

Die Bildung von Erdschleifen gehört zu den häufigsten Ursachen störender
Einflußeffekte in empfindlichen elektrischen Meßschaltungen. Sie sind ge-
fürchtet, weil sie angesichts der oft unübersichtlichen Erdungsverhältnisse in
ausgedehnten, komplizierten Meßanlagen nur schwer zu erkennen sind. Bei bestimmten Eingangsschaltungen elektrischer Meßgeräte (s. Tafel **3.**119) treten
sie in Verbindung mit geerdeten Meßobjekten zwangsläufig auf.

Symmetrierung. Lassen sich Zwei- oder Mehrfacherdungen nicht vermeiden, empfiehlt sich ein erdsymmetrischer Aufbau der Meßschaltung, dessen
Prinzip in Bild **3.**120a dargestellt ist. Die Meßspannung u_m wird in zwei gleiche Teilspannungen u_{m1}, u_{m2} unterteilt und der Verbindungspunkt E' der beiden Teilquellen geerdet. Dementsprechend wird auch die Meßeinrichtung
(bzw. ihre Eingangsstufe) aus zwei gleichen Meßgeräten zusammengesetzt, deren Verbindungspunkt E'' ebenfalls geerdet wird. Zwischen den beiden Er-
dungspunkten E' und E'' treten i. allg. Störspannungen und Impedanzen auf,
insbesondere der Potentialunterschied u_E der beiden Erdungspunkte und der
Erdungswiderstand R_E entsprechend Bild **3.**118, aber auch aus dem Meßobjekt
herrührende Potentiale und Impedanzen gegen Erde. Beide Komponenten sind
in Bild **3.**120a zu einer Ersatz-Störspannungsquelle mit der Spannung u_z und
dem Widerstand R_z zusammengefaßt und als Ersatzzweipol zwischen die
Punkte E' und E der Schaltung eingefügt.

Tafel **3.**119 Eingangsschaltungen elektrischer Meßgeräte

Art		Schaltungsbeispiel	Bemerkungen
bezugsfreier Meßeingang (galvanisch schwebend, floating input)	erdunsymmetrisch	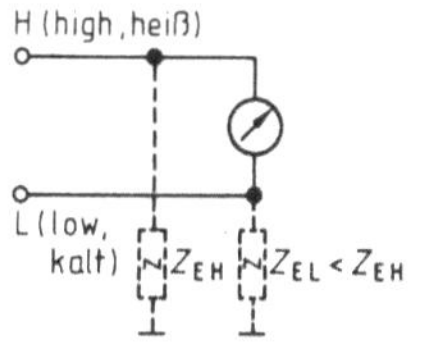 H (high, heiß) / L (low, kalt) Z_{EH} $Z_{EL} < Z_{EH}$	Durch unsymmetrischen Aufbau des Meßgerätes haben Eingangsklemmen (meist um mehrere Zehnerpotenzen) unterschiedliche Ableitimpedanzen gegen Erde (Masse), z. B. $Z_{EH} \approx 10^{12}\,\Omega$, $Z_{EL} \approx 10^{9}\,\Omega$.
	erdsymmetrisch	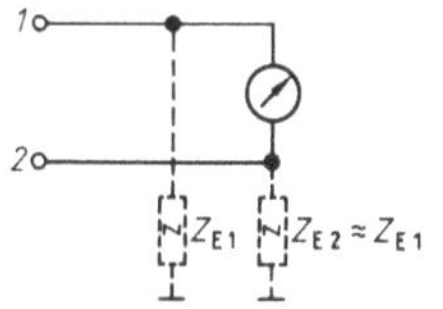 1 2 Z_{E1} $Z_{E2} \approx Z_{E1}$	Durch symmetrischen Aufbau des Meßgerätes haben beide Eingangsklemmen praktisch gleiche Ableitimpedanzen gegen Erde (Masse), z. B. Wechselspannungsvoltmeter mit Eingangsübertrager.
geerdeter Meßeingang	erdunsymmetrisch	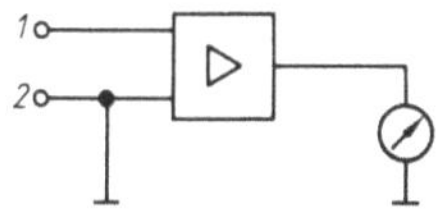 1 2	häufigste Eingangsschaltung bei netzgespeisten Meßgeräten
	erdsymmetrisch	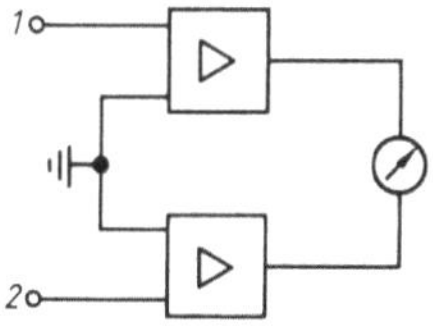 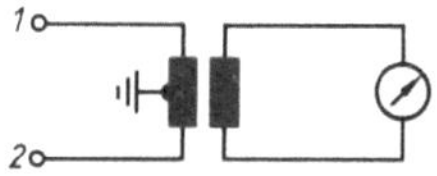 1 2 1 2	Meßgeräte mit Differenzverstärker oder Differenzübertrager als Eingangsstufe

Der Sinn der Symmetrierung wird durch Betrachtung der Ausgangsspannung

$$u_a = u_{a1} - u_{a2} = A_1 u_{e1} - A_2 u_{e2}$$

des Differenzverstärkers mit den Verstärkungsfaktoren A_1 und A_2 in Bild **3.**120a klar. Vernachlässigt man zunächst alle Spannungsabfälle an den Impedanzen des Kreises, gilt

$$u_{e1} = u_1 = u_{m1} + u_z, \qquad u_{e2} = u_2 = -u_{m2} + u_z, \tag{3.147}$$

also

$$u_a = A_1 u_{m1} + A_2 u_{m2} + u_z (A_1 - A_2). \tag{3.148}$$

Besteht der Differenzverstärker aus zwei identischen Teilverstärkern mit gleichen Verstärkungsfaktoren $A_1 = A_2 = A$, erhält man die Ausgangsspannung $u_a = A(u_{m1} + u_{m2}) = A u_m$, die nur von den beiden Komponenten u_{m1} und u_{m2} der Meßspannungsquelle abhängt, während der Einfluß der Störspannungsquelle u_z verschwindet.

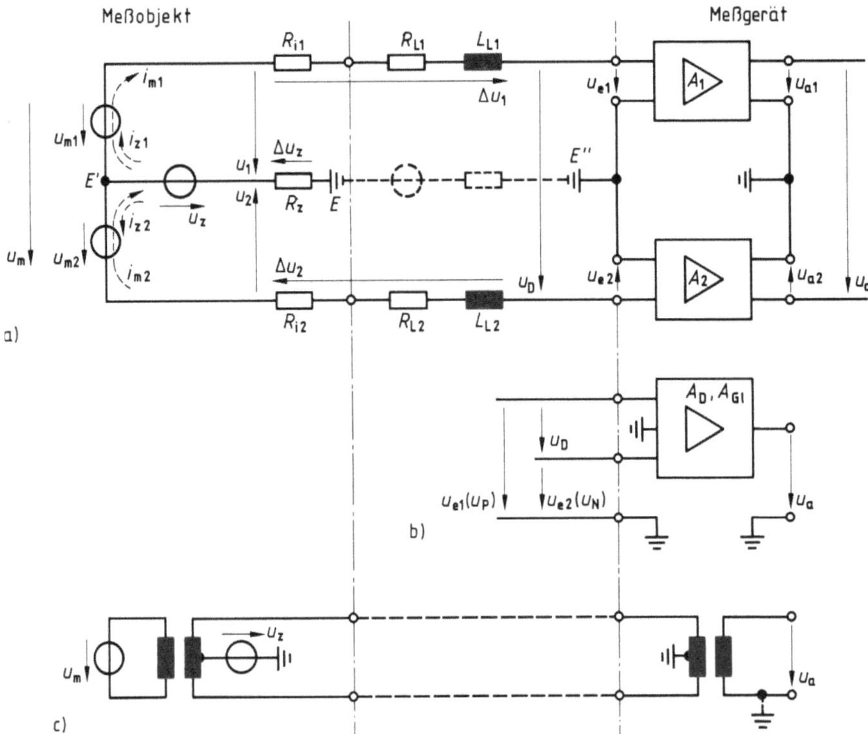

3.120 Erdsymmetrischer Betrieb einer Meßschaltung
Meßgeräte mit Differenz-Eingangsstufe
a) mit einem aus zwei gleichen Verstärkern ($A_1 = A_2$) zusammengesetzten Differenzverstärker
b) mit Differenzverstärker
c) mit Differenzübertrager

Die unterschiedliche Bewertung des Nutz- und des Störsignals durch den Differenzverstärker beruht darauf, daß diese in den beiden erdbezogenen Eingangsspannungen u_{e1} und u_{e2} nach Gl. (3.147) mit unterschiedlichen Vorzeichen auftreten. Während die Meßspannungskomponenten u_{m1} und u_{m2} ungleiches Vorzeichen haben, also im Gegentakt wirken, tritt die Störspannung u_z in beiden Eingangsspannungen mit gleichen Vorzeichen auf, wirkt also im Gleichtakt auf den Differenzverstärker ein. Man spricht deshalb auch von Gegentakt- und Gleichtaktsignalen. Wegen der Differenzbildung addieren sich am Ausgang des Differenzverstärkers die Gegentakt-(Nutz-)Komponenten, während die Gleichtakt-(Stör-)Komponenten sich ganz ($A_1 = A_2$) oder teilweise ($A_1 \neq A_2$) aufheben, d.h., die Anordnung entspricht der in Abschn. 3.2.3.2 betrachteten Parallelstruktur mit Differenzbildung.

Es ist also nützlich, Gegentakt- und Gleichtaktsignale bzw. -signalkomponenten zu unterscheiden. Da die Signalspannungen praktisch häufig als Spannungen gegen Erde – oder allgemeiner als Spannungen gegen einen Bezugspunkt –

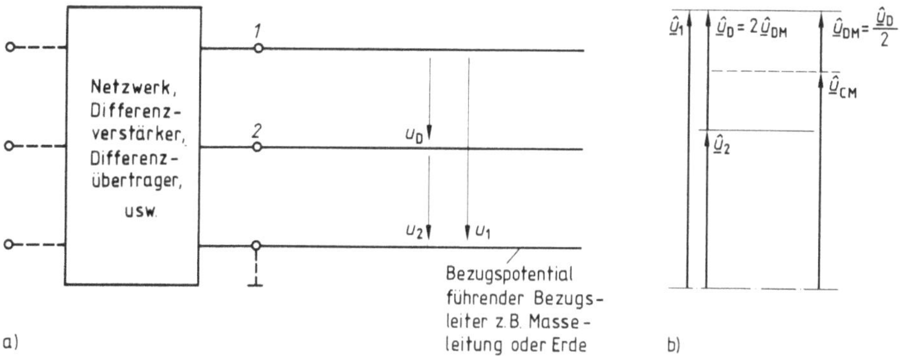

3.121 Zur Definition der Begriffe Gleichtaktspannung und Gegentaktspannung
    a) Schaltungsschema
    b) Zeigerdiagramm für sinusförmigen Spannungsverlauf

gegeben sind und aus den Schaltungsgegebenheiten nicht immer so einfach auf ihre Gegentakt- bzw. Gleichtaktkomponenten geschlossen werden kann wie bei der Anordnung in Bild **3.**120, werden im folgenden die allgemein gültigen Beziehungen zur Bestimmung dieser Komponenten angegeben. Dabei werden die in Bild **3.**121 gewählten Bezeichnungen verwendet.

Gleichtaktspannung (common mode)
$$u_{CM} = (u_1 + u_2)/2 \tag{3.149}$$

Gegentaktspannung (differential mode)
$$u_{DM} = (u_1 - u_2)/2 \tag{3.150}$$

Differenzspannung
$$u_D = u_1 - u_2 = 2u_{DM} \tag{3.151}$$

Danach sind die auf Erde bezogenen Spannungen $u_1 = u_{m1} + u_z$ und $u_2 = -u_{m2} + u_z$ der Anordnung in Bild **3.**120 mit $u_m = u_{m1} + u_{m2}$ in die Komponenten $u_{DM} = u_m/2$, $u_D = u_m$ und $u_{CM} = u_z + (u_{m1} - u_{m2})/2$ zerlegbar. Die Gleichtaktspannung u_{CM} enthält also auch einen aus den Nutzspannungen u_{m1} und u_{m2} folgenden Anteil, wenn diese beiden Spannungen ungleich sind.

Würden, wie hier angenommen, die aus dem Meßobjekt abgeleiteten erdbezogenen Spannungen u_1 und u_2 als erdbezogene Spannungen $u_{e1} = u_1$ und $u_{e2} = u_2$ einem idealen Differenzverstärker $(A_1 = A_2 = A)$ zugeleitet, so erhielte man auch das obige ideale Ergebnis, daß die Ausgangsspannung ein von der Störspannung u_z unbeeinflußtes Abbild der Meßspannung $u_m = u_{m1} + u_{m2}$ darstellt. Praktisch bewirken hauptsächlich zwei Ursachen gewisse Abweichungen von diesem idealen Ergebnis:

a) Die an den Impedanzen R_{i1}, R_{i2}, R_{L1}, R_{L2}, ωL_{L1}, ωL_{L2} und R_z auftretenden Spannungsabfälle Δu_1, Δu_2, Δu_z (s. Bild **3.**120 a) sind i. allg. nicht vernachlässigbar, so daß $u_{e1} = u_1 - \Delta u_1 - \Delta u_z \neq u_1$ bzw. $u_{e2} = u_2 + \Delta u_2 - \Delta u_z \neq u_2$ gilt und man die auf den Verstärkereingang bezogene Gegentaktkomponente

$$u_{\mathrm{DMV}} = \frac{u_{\mathrm{e1}} - u_{\mathrm{e2}}}{2} = \frac{u_{\mathrm{m}}}{2} - \frac{\Delta u_1 + \Delta u_2}{2}$$

erhält, die außer von den Quellenspannungen u_{m1} und u_{m2} auch noch von der Summe der Spannungsabfälle $\Delta u_1 + \Delta u_2$ abhängt. Die beiden Spannungsabfälle $\Delta u_1 = f_1(i_{\mathrm{m1}} + i_{\mathrm{z1}})$ und $\Delta u_2 = f_2(i_{\mathrm{m2}} - i_{\mathrm{z2}})$ sind wiederum von der Summe bzw. der Differenz der Teilströme i_{m1} und i_{z1} bzw. i_{m2} und i_{z2} abhängig, die von den Quellenspannungen u_{m1}, u_{m2} und u_{z} jeweils für sich hervorgerufen werden (s. Bild 3.120a). Die von den Teilströmen i_{m1} und i_{m2} verursachten Komponenten stören nicht weiter, da sie den Meßspannungen u_{m1} und u_{m2} proportional sind und somit bei der Auswertung berücksichtigt werden können. Dagegen können Fehler auftreten, wenn die von den Strömen i_{z1} und i_{z2} verursachten, einander entgegenwirkenden Spannungsabfälle sich nicht vollständig zu Null ergänzen. Dies ist offensichtlich immer dann zu erwarten, wenn die beiden Zweige der Meßschaltung nicht vollständig symmetrisch aufgebaut sind, so daß die in ihnen liegenden Impedanzen nicht exakt übereinstimmen. Über die an den Zweigimpedanzen hervorgerufenen, unterschiedlichen Spannungsabfälle hat dann eine Gleichtaktkomponente der Ausgangsspannungen u_1 und u_2 des Meßobjektes eine Gegentaktkomponente der Eingangsspannungen u_{e1} und u_{e2} des Meßgerätes zur Folge, die mit in die Ausgangsspannung abgebildet wird, so daß die Störspannung u_{z} in der Ausgangsspannung nur unvollständig unterdrückt ist. Man nennt diesen Vorgang Gleichtakt-Gegentakt-Konversion.

b) Sind die Verstärkungsfaktoren A_1 und A_2 der beiden Verstärkerteile des Differenzverstärkers in Bild 3.120a nicht exakt gleich, so trägt auch die am Eingang des Meßgerätes anstehende Gleichtaktspannung u_{CM} zur Ausgangsspannung $u_{\mathrm{a}} = u_{\mathrm{DM}}(A_1 + A_2) + u_{\mathrm{CM}}(A_1 - A_2)$ bei, so daß auch aufgrund unvermeidlicher Verstärkerunsymmetrien Gleichtaktstörspannungen in das Ausgangssignal übertragen werden.

Praktisch werden Differenzverstärker in der Regel nicht aus zwei Teilverstärkern zusammengesetzt, sondern als Einheit nach Bild 3.120b aufgebaut. Ihre Verstärkungseigenschaften werden i. allg. durch die Übertragungsfaktoren Differenzverstärkung

$$A_{\mathrm{D}} = \left(\frac{u_{\mathrm{a}}}{u_{\mathrm{D}}}\right)_{u_{\mathrm{CM}}=0} = \left(\frac{u_{\mathrm{a}}}{2\,u_{\mathrm{DM}}}\right)_{u_{\mathrm{CM}}=0} \tag{3.152}$$

und Gleichtaktverstärkung

$$A_{\mathrm{CM}} = \left(\frac{u_{\mathrm{a}}}{u_{\mathrm{CM}}}\right)_{u_{\mathrm{D}}=0} \tag{3.153}$$

gekennzeichnet und ihr Vermögen, Gleichtakt-Eingangssignale zu unterdrükken, durch die Gleichtaktunterdrückung

$$G = A_{\mathrm{D}}/A_{\mathrm{CM}}. \tag{3.154}$$

Demnach würde der nach Bild **3.**120a aufgebaute Differenzverstärker die Gleichtaktunterdrückung

$$G = \frac{1}{2} \cdot \frac{A_1 + A_2}{A_1 - A_2}$$

aufweisen, die durch die Einzelverstärkungen A_1 und A_2 festgelegt ist und für $A_1 \rightarrow A_2$ gegen Unendlich strebt. Praktisch werden von hochwertigen Differenzverstärkern Gleichtaktunterdrückungen von 10^6 und mehr erreicht.

Durch vorstehende Definitionen sind Differenzverstärker mit erdunsymmetrischem Ausgang hinsichtlich ihrer Verstärkungseigenschaften vollständig gekennzeichnet. Für Differenzverstärker mit erdsymmetrischem Ausgang nach Bild 3.120a sind weitere Kenngrößen definiert, in denen die Übertragungseigenschaften auch bezüglich des Ausgangssignals nach Gleich- und Gegentaktkomponente getrennt zum Ausdruck kommen, z. B. die Gleichtakt-Gleichtakt- oder die Gegentakt-Gleichtakt-Verstärkung usw. [3].

Zur Realisierung dieses Konzeptes muß die Meßspannung u_m nicht notwendig in zwei oder gar zwei identische Teilspannungen u_{m1} und u_{m2} aufgespalten werden. Ein derartiger, symmetrischer Aufbau des Meßaufnehmers läßt sich praktisch oft nicht erreichen. Die Symmetrieforderung bezieht sich nur auf die Impedanzen der beiden parallelen Zweige, nicht aber auf die Quellenspannungen u_{m1} und u_{m2}. Daher läßt sich die erdsymmetrische Signalübertragung auch bei nur einer Meßsignalquelle realisieren, beispielsweise dadurch, daß der Innenwiderstand R_i der in dem einen Zweig liegenden Meßsignalquelle durch einen gleich großen Ersatzwiderstand im zweiten Zweig nachgebildet wird, wodurch die Summe aller Zweigimpedanzen für beide Zweige gleich wird (s. Beispiel 3.38). Ist das Meßsignal eine Wechselgröße, so kann auch mit Hilfe zweier Differenzübertrager nach Bild 3.120c eine erdsymmetrische Signalübertragung verwirklicht werden.

Während die aus Potentialunterschieden verschiedener Erdungspunkte resultierenden Störspannungen in erdsymmetrischen Meßschaltungen wirkungsvoll unterdrückt werden, gilt dies für induktiv eingekoppelte Störungen nur, wenn es Gleichtaktspannungen sind. Solche können auftreten, wenn Hin- und Rückleitung in Bild 3.120a räumlich dicht beieinander liegen und die von diesen beiden Leitern einerseits und der Erde andererseits begrenzten Flächen von dem gleichen zeitveränderlichen magnetischen Fluß durchsetzt werden. Zeitveränderliche magnetische Flüsse, welche die von Hin- und Rückleiter umfaßte Fläche durchsetzen, induzieren dagegen stets Gegentaktstörspannungen, die entsprechend verstärkt auf den Ausgang des Differenzverstärkers übertragen werden. Diese lassen sich nur durch Verringerung der wirksamen Schleifenfläche (geringer Abstand zwischen Hin- und Rückleitung, Verdrillung) oder durch magnetische Schirmung reduzieren.

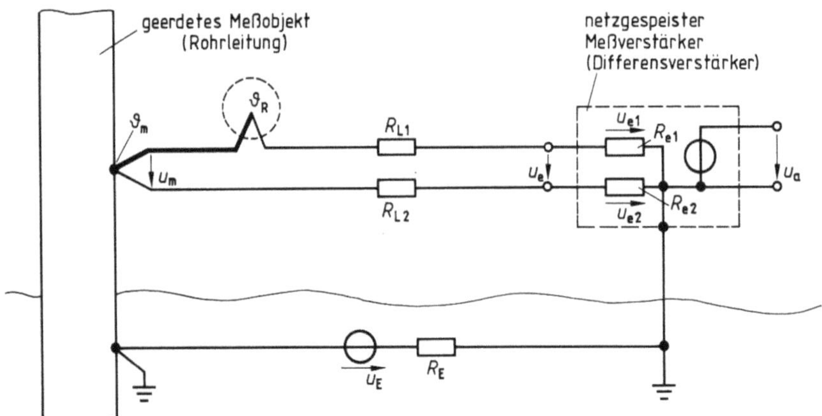

3.122 Erzwungene Doppelerdung eines Meßkreises durch geerdetes Meßobjekt und schutzgeerdetes Meßgerät

Beispiel 3.38. Zur Messung der Wandungstemperatur wird an ein geerdetes metallisches Rohr ein Thermoelement angeschweißt, dessen Thermospannung u_m von einem schutzgeerdeten, netzgespeisten Meßverstärker erfaßt werden soll. Die so erzwungene Doppelerdung des Meßkreises erfordert einen erdsymmetrischen Betrieb nach Bild **3.122** und die Einhaltung der Symmetriebedingung $R_{e1} + R_{L1} = R_{e2} + R_{L2}$.

Potentialtrennung. Erdsymmetrischer Betrieb ist häufig nicht möglich, weil die für ihn benötigten, symmetrisch aufgebauten Geräte nicht verfügbar sind. Störungen infolge Mehrfacherdung lassen sich dann durch galvanische Trennung der autark geerdeten Baugruppen vermeiden. Die Kopplung dieser Baugruppen erfolgt nichtgalvanisch durch magnetische Flüsse (Relais, Transformator), Lichtstrahlen (Optokoppler, Lichtschranken) o.ä. (s. Bild **3.123**).

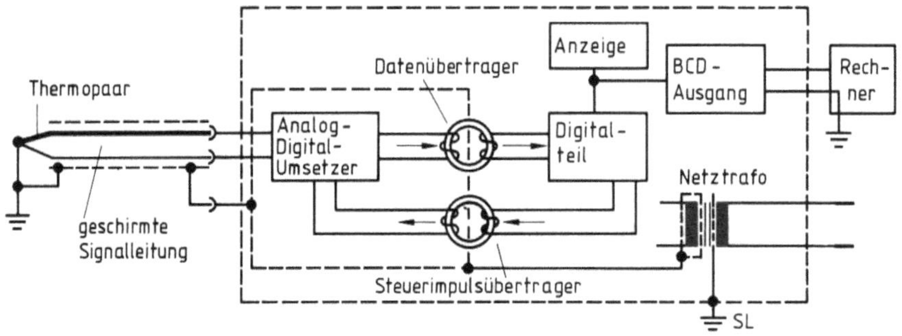

3.123 Digitalvoltmeter mit transformatorischer Kopplung von Analog- und Digitalteil Analogteil in Schutzschirmtechnik ausgeführt, zusätzliche Schirmwirkung durch metallisches, unabhängig geerdetes Meßgerätegehäuse

3.4.2.3 Potentialausgleich. Mit diesem Begriff verbinden sich zwei in ihrer Zielsetzung unterschiedliche Maßnahmen, einmal die Verminderung oder Unterdrückung elektrostatischer Kraftwirkungen auf Meßsysteme durch Aufhebung des diese Wirkung verursachenden elektrostatischen Feldes und zum anderen die Verminderung oder Unterdrückung von Widerstandskopplungen, über die Störsignale in einen Meßkreis gelangen, durch Verkleinerung der Koppelwiderstände (Aufbau eines Bezugsleitersystems).

Verminderung elektrostatischer Kraftwirkungen. Meßschaltungen bestehen häufig aus mehreren Stromkreisen, zwischen denen nur magnetische (Transformator), optische (Optokoppler), elektronische (Elektronenstrahloszilloskop) oder andere nichtgalvanische Verbindungen bestehen. Zwischen einzelnen Elementen dieser galvanisch getrennten Kreise stellen sich dann im allgemeinen Potentialunterschiede ein, die hauptsächlich von den mehr oder weniger zufälligen Koppelimpedanzen zwischen den Kreisen, aber auch von den Erdimpedanzen abhängen. Überschreiten die Potentialunterschiede ein bestimmtes Maß, so können sich störende gegenseitige Beeinflussungen zwischen den Meßkreisen durch elektrostatische Kraftwirkungen ergeben. Um sie zu verhindern, verbindet man die Kreise an zweckmäßig ausgewählten Punkten durch Potentialausgleichsleitungen oder Potentialverbindungen elektrisch gut leitend miteinander und hebt so die Potentialunterschiede auf oder begrenzt sie auf definierte Werte. Ist einer der Meßkreise aus anderen Gründen geerdet, was häufig der Fall ist, so werden über die Potentialverbindungen zwangsläufig auch die übrigen Kreise geerdet. In den beiden folgenden Beispielen werden zwei praktisch wichtige Anwendungen dieser Maßnahmen erläutert.

Beispiel 3.39. Die Strom- und Spannungsspulen elektrodynamischer Leistungsmesser sind meist nicht galvanisch miteinander verbunden. Die äußeren Schaltverbindungen müssen dann so vorgesehen werden, daß zwischen den beiden Meßspulen kein größerer Potentialunterschied als etwa 10 V bis 100 V (bei eisenlosen Meßgeräten) je nach Empfindlichkeit des Meßgerätes auftreten. Größere Potentialunterschiede können – abgesehen von der Gefährdung der Spulenisolation – zu nicht vernachlässigbaren Meßfehlern durch elektrostatische Kräfte zwischen den Spulen führen. Bei direktem Anschluß des Strom- und Spannungspfades sind ihre Potentiale durch Schaltungszwang eindeutig festgelegt. Erfordert die Größe der zu erfassenden Spannung einen Vorwiderstand zur

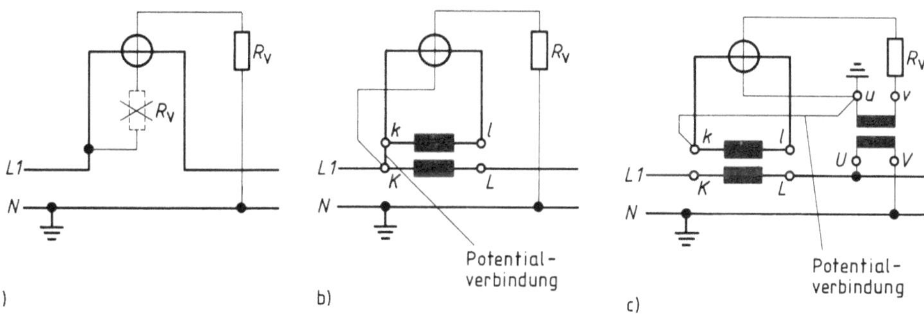

3.124 Leistungsmesserschaltungen
  a) direkter Anschluß des Spannungs- und des Strompfades
  b) Anschluß des Strompfades über Wandler
  c) Anschluß des Strom- und des Spannungspfades über Wandler

Spannungsspule des Meßgerätes, was praktisch in der Regel der Fall ist, dann ist allerdings auf die richtige Lage des Vorwiderstandes im Spannungsmeßkreis zu achten (s. Bild **3.**124 a).

Wird wenigstens eine der beiden Größen Strom oder Spannung über einen Meßwandler erfaßt, so können sich undefinierte Potentialverhältnisse einstellen. Bei einer Meßschaltung mit Stromwandler nach Bild **3.**124 b wird deshalb eine Potentialverbindung zwischen der Sekundärwicklung des Stromwandlers und demjenigen Punkt des Primärkreises hergestellt, der direkt mit der Spannungsspule verbunden ist. (Eine Erdung der Stromwandler-Sekundärwicklung anstelle der eingezeichneten Potentialverbindung wäre unter den Gegebenheiten des Bildes **3.**124 b verfehlt, da dann praktisch die volle Netzspannung zwischen Strom- und Spannungsspule auftreten würde.) Bei Meßschaltungen mit Strom- und Spannungswandler werden die beiden Meßwandler-Sekundärwicklungen untereinander verbunden (s. Bild **3.**124 c), wobei wieder auf die richtige Lage des Vorwiderstandes im Spannungs-Meßkreis zu achten ist. Da der Spannungswandler sekundärseitig i. allg. schutzgeerdet werden muß, wird über die Potentialverbindung zwangsläufig auch der Stromwandler geerdet.

Beispiel 3.40. Bei einem Elektronenstrahloszilloskop sind Strahlerzeugungs- und Ablenksystemkreis voneinander unabhängig. Um zu verhindern, daß der Elektronenstrahl durch einen zwischen der Anode des Strahlerzeugungskreises und den Ablenkplatten auftretenden Potentialunterschied beschleunigt oder abgebremst wird, muß das mittlere Potential zwischen den Ablenkplatten gleich dem Anodenpotential sein. Dies wird durch eine entsprechende Potentialverbindung erreicht. In Bild **3.**125 sind dazu zwei Schaltungsvarianten, einmal mit symmetrischer, zum anderen mit unsymmetrischer Eingangsschaltung des Ablenksystems dargestellt. Letztere ist zu bevorzugen, da bei ihr auch der Einfluß der Ablenkspannung u_A auf die Längsbeschleunigung des Elektronenstrahls weitgehend aufgehoben wird.

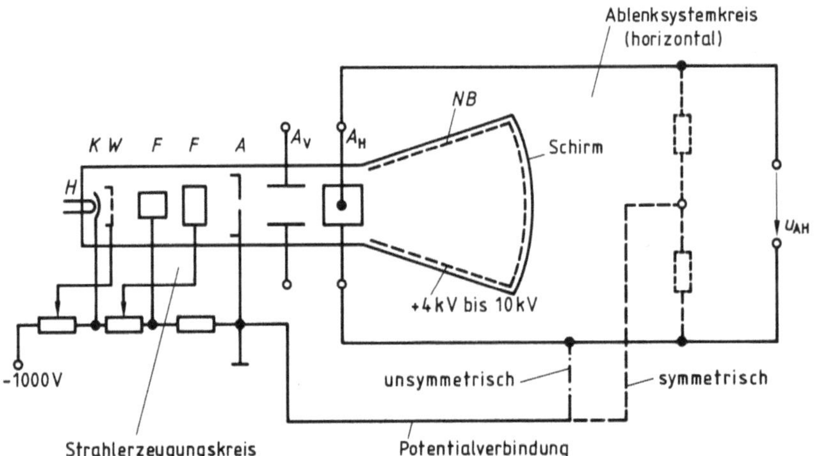

3.125 Potentialverbindung zwischen Strahlerzeugungskreis und Ablenksystemkreis eines Elektronenstrahloszilloskops (beispielhaft dargestellt für die Horizontalablenkung)
H Heizfaden, *K* Kathode, *W* Wehneltzylinder, *F* Fokussierungselektroden, *A* Anode, A_H, A_V horizontale bzw. vertikale Strahlablenkplatten, *NB* Nachbeschleunigungselektrode

Bezugsleitersystem. Bezugsleiter sind leitende Verbindungen elektrischer Systeme, auf die die Potentiale anderer Leiter, insbesondere der Signalleiter, bezogen sind. Die Gesamtheit aller Bezugsleiter einer Anlage nennt man Bezugsleitersystem. Es soll für alle Geräte oder Baugruppen der Anlage ein einheitliches Bezugspotential herstellen. Fehlt ein Bezugsleitersystem, können sich zwischen verschiedenen Baugruppen eines Meßsystems unterschiedliche Potentiale einstellen, die zu Beeinflussungen führen können.

Das **Prinzip des Bezugsleitersystems** wird anhand von Bild **3.**126 erläutert. Ein einfacher unverzweigter Meßkreis sei am Meßgerät geerdet. Über die Erdkapazität C_E des Meßobjektes schließt sich eine Erdschleife, in der sich ein Störstrom i_z ausbilden kann. Sein Spannungsabfall u_{Ez} an den Leitungswiderständen R_L und X_L (R_L und X_L seien klein gegen R_i und R_m) tritt als Störspannung in der Meßspannung in Erscheinung. Diese Beeinflussung, die sich in einem Potentialunterschied zwischen Anfang und Ende des betreffenden Leiters äußert, wird durch die zwischen Meßkreis und Erdschleife bestehende Widerstandskopplung – die Widerstände R_L und X_L des Leiters *1* der Meßschleife sind beiden Kreisen gemeinsam – ermöglicht. Führt man diesen Leiter als Bezugsleiter aus, d. h., reduziert man durch entsprechende Dimensionierung und Leitungsführung seinen ohmschen und induktiven Widerstand soweit, daß der Spannungsabfall (Potentialunterschied) an ihm auch im ungünstigsten Fall unterhalb eines für den Meßkreis noch zulässigen Wertes bleibt, so werden auch die an den Widerständen R_i bzw. R_m abfallenden Störspannungskomponenten in diesem Verhältnis verringert. Die Anforderungen an den Bezugsleiter sind um so größer, je empfindlicher die Meßeinrichtung und je niederohmiger der Störkreis ist. Beispielsweise wäre bei Zweifacherdung des Meßkreises (Überbrückung der Erdkapazität C_E durch eine widerstandslose Erdverbindung) ein Potentialausgleich mit vertretbarem Aufwand in vielen Fällen sicher nicht mehr möglich (s. Abschn. Symmetrierung).

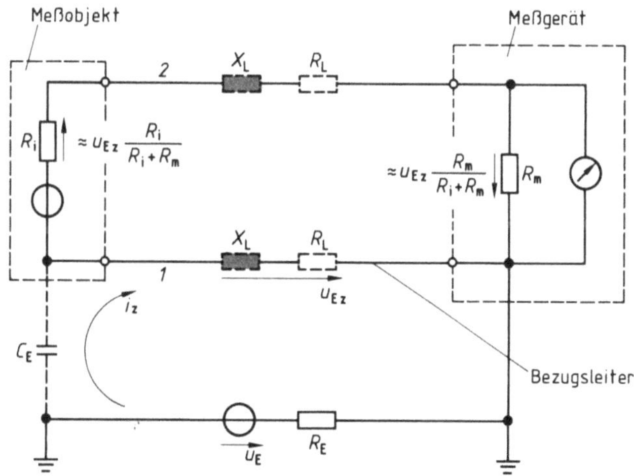

3.126
Einkopplung einer
Erdstörspannung u_{Ez}
in einen Meßkreis
($R_L,\ X_L \ll R_i,\ R_m$)

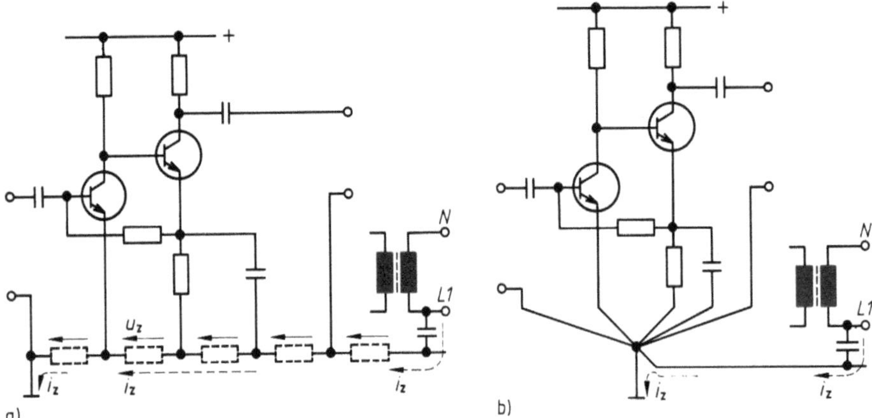

3.127 Unzweckmäßige (a) und zweckmäßige (b) Leitungsführung des Bezugsleiters einer elektronischen Schaltung

Bei der Leitungsführung des Bezugsleitersystems muß auch darauf Rücksicht genommen werden, daß sich verschiedene Stromkreise der gleichen Meßschaltung oder verschiedene Zweige der gleichen Baugruppe gegenseitig beeinflussen können, wenn diesen nach Bild **3.**127a einzelne Teile eines Bezugsleiters gemeinsam sind.

Die wichtigsten Gesichtspunkte für den praktischen Aufbau eines Bezugsleitersystems lassen sich in folgenden Regeln zusammenfassen:

a) Bezugsleiter sind so niederohmig auszuführen, daß die an ihnen im ungünstigsten Fall abfallenden Spannungen die für das jeweilige System zulässigen

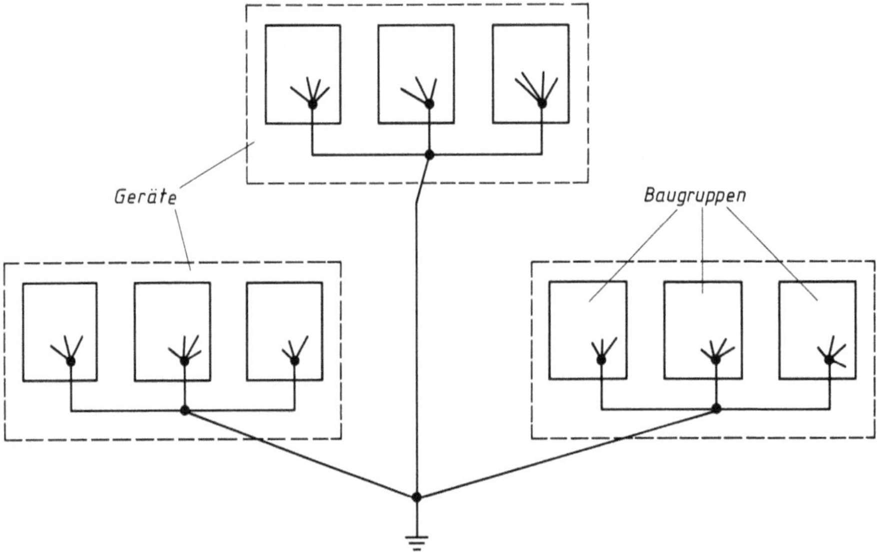

3.128 Sternförmiger Aufbau eines Bezugsleitersystems

Werte nicht überschreiten. Bei höheren Frequenzen ist für die Güte einer Potentialverbindung vor allem der induktive Leiterwiderstand maßgebend. Günstig sind daher breite, flache Leiter, die z. B. als Folien oder großflächig belegte Leiterplatten ausgeführt sind.

b) Bezugsleitersysteme sind möglichst nach Art eines einfachen (Bild 3.127 b) oder mehrfachen (Bild 3.128) Sterns aufzubauen, d. h., mehrere Zweige einer Baugruppe, mehrere Baugruppen eines Gerätes oder mehrere Geräte einer Meßeinrichtung sollen mit ihren Bezugsleitern jeweils nur in einem Punkt zusammengeführt werden. Eine ggf. vorgesehene Erdung des Bezugsleitersystems ist nur an einer Stelle, möglichst im Zentrum des Systems vorzunehmen (s. Bild 3.128).

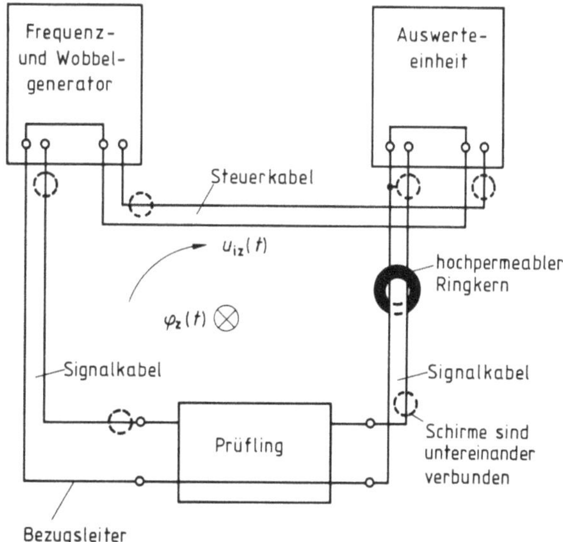

3.129 Hochfrequenzmäßige Unterbrechung der Bezugsleiter-Schleife eines Frequenzgang-Meßplatzes durch Ringkerndrossel („Verdrosselung" des Bezugsleiters)
$\varphi_z(t)$ zeitveränderlicher magnetischer Störfluß

c) Läßt sich ein ringförmiger Zusammenschluß der Bezugsleiter mehrerer Geräte nicht vermeiden, so daß wie in Bild 3.129 eine geschlossene Leiterschleife entsteht, in der durch zeitveränderliche magnetische Flüsse Störspannungen induziert werden können, so empfiehlt es sich, induktive Widerstände in dem Kreis vorzusehen, um die Störströme klein zu halten. Dazu werden Bezugs- und zugehöriger Signalleiter an einer Stelle der Schleife gemeinsam durch einen hochpermeablen magnetischen Ringkern geführt, der die Signalströme nicht behindert, da sie zu jedem Zeitpunkt wegen des gleichen Hin- und Rückstromes die Ringkern-Durchflutung Null ergeben, induzierten Kreisströmen aber einen entsprechend hohen induktiven Widerstand entgegensetzen.

3.4.3 Schirmung

Abschirmungen sollen verhindern, daß von außen kommende Störgrößen die Meßeinrichtung erreichen oder daß einzelne Elemente der Meßeinrichtung sich gegenseitig beeinflussen. Aufgabe der Schirme ist es, an sich bestehende unerwünschte galvanische, elektrische oder magnetische Kopplungen zwischen Meß- und Störkreis bzw. zwischen Teilen des Meßkreises aufzuheben oder wenigsten zu vermindern.

Im folgenden werden die wichtigsten Gesichtspunkte erläutert, die beim praktischen Aufbau von Abschirmungen zu beachten sind. Die Betrachtungen bleiben auf einen Frequenzbereich beschränkt, in dem noch keine nennenswerte Störstrahlung auftritt, so daß elektrische und magnetische Schirmung unabhängig voneinander behandelt werden können.

3.4.3.1 Verminderung galvanischer Kopplungen. Galvanische Kopplungen entstehen durch Isolationsströme, die durch Isolierungen oder als Kriechströme über ihre Oberflächen fließen. Das wichtigste Mittel, diese Kopplungen klein zu halten, ist die Wahl des richtigen Isoliermaterials, verbunden mit einer Formgebung des Isolators, die lange Kriechwege erzwingt. In manchen Fällen kann es notwendig sein, zusätzliche Schirmelektroden auf der Oberfläche des Isolators anzubringen, über die störende Kriechströme abgenommen und an den auf sie empfindlichen Teilen der Meßeinrichtung vorbeigeleitet werden. Einige Beispiele finden sich in [35].

3.4.3.2 Elektrische Schirmung. Die Schirmung gegen die Influenzwirkung elektrischer Felder beruht darauf, daß ein von einer elektrisch gut leitenden Hülle vollständig umschlossenes Raumgebiet feldfrei bleibt, wenn es einem äußeren elektrischen Feld ausgesetzt wird. Öffnungen in der Hülle vermindern die Schirmwirkung. Durch sie kann das Feld um so stärker eindringen, je größer die Öffnungen im Vergleich zur Entfernung der abzuschirmenden Elemente von der Hüllenoberfläche sind (kapazitiver Durchgriff).

Anforderungen. Die beste Schirmwirkung für eine Meßschaltung erhält man durch Anordnung eines vollständig geschlossenen Schirms, der die gesamte Schaltung vom Aufnehmer bis zum Ausgeber einschließt, z. B. nach Bild 3.130. Folgende Grundregeln sind hierbei zu beachten:

a) Der geschlossene Schirm um eine Meßschaltung spielt für diese eine ähnliche Rolle wie die Erde für eine ungeschirmte Meßschaltung. Ob und an welcher Stelle die geschirmte Meßschaltung potentialmäßig mit ihrem Schirm verbunden werden sollte, ist daher nach ähnlichen Gesichtspunkten zu entscheiden, wie sie für die Erdung der ungeschirmten Meßschaltung maßgebend sind. Es ist aber zu beachten, daß durch die Schirmung die i. allg. undefinierten Erdkapazitäten durch definierte, aber meist sehr viel größere Schirmkapazitäten ersetzt werden, die nach Tafel 3.131 unerwünschte Kopplungen zwischen ver-

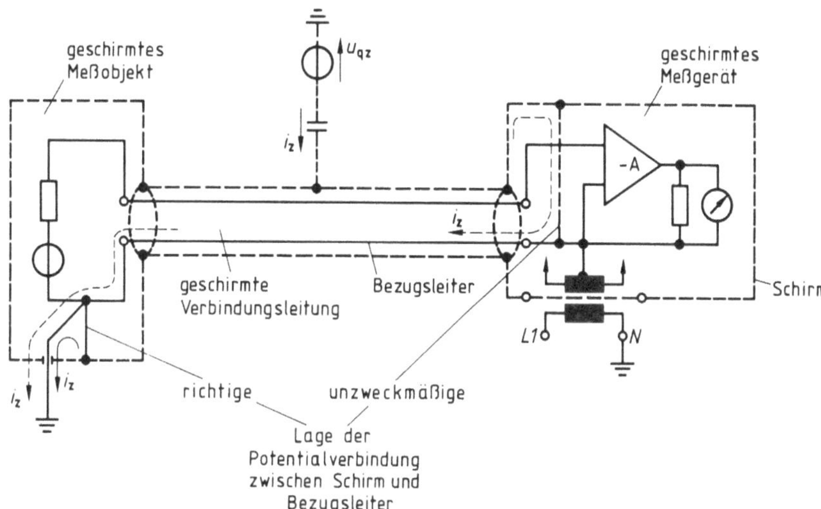

3.130 Elektrostatische Schirmung eines Meßkreises durch geschlossene Schirmhülle

schiedenen Zweigen der Meßschaltung zur Folge haben können. In der Regel wird man daher den Schirm mit dem Bezugsleiter der Meßschaltung verbinden und ihm dadurch das Bezugspotential des Meßkreises zuweisen.

b) Ist der Bezugsleiter des Meßkreises geerdet, so wird über den Bezugsleiter zwangsläufig auch der mit ihm gemäß a) verbundene Schirm geerdet. Den Schirm einer ungeerdeten Meßschaltung für sich zu erden, wäre sinnlos.

Tafel **3.**131 Einfluß der Schirmkapazitäten auf den Betriebszustand eines Meßverstärkers (*S* Schirm)
  a) Schwebendes Schirmpotential erlaubt störende Rückkopplung des Verstärkerausganges auf den Eingang.
  b) Potentialverbindung zwischen Schirm und Schaltungsmasse hebt die Rückkopplung auf.

Potentialzustand	Prinzipschaltung	Ersatzschaltung
a) Schirmpotential unbestimmt		
b) Schirm und Schaltungsmasse potentialgleich verbunden		

Mehrfacherdungen der durchgehend verbundenen Schirmhülle sind in jedem Fall zu vermeiden, da sonst u. U. große Ausgleichsströme über den Schirm fließen können, die meist unsymmetrisch verteilt sind und magnetische Einstreuungen in den Meßkreis zur Folge haben können. Durch Ausgleichsströme verursachte Potentialunterschiede des Schirms können den Meßkreis außerdem über die Schirmkapazitäten störend beeinflussen.

c) Der Schirm soll mit dem Bezugsleiter in dem Punkt verbunden werden, in dem der Bezugsleiter geerdet ist (Bild **3.**130). So wird sichergestellt, daß Störströme, die dem Schirm über Erd- oder Koppelkapazitäten zufließen, direkt zur Erde abfließen können, ohne Leiterabschnitte des Meßkreises zu passieren. Zum Vergleich ist in Bild **3.**130 gestrichelt eine unzweckmäßige Lage der Schirm-Bezugsleiter-Verbindung eingezeichnet, bei der Störströme über den Bezugsleiter abfließen müssen und an ihm einen Spannungsabfall hervorrufen, der als Störspannung in den Meßkreis eingekoppelt wird.

d) Notwendige Versorgungs- oder Signalverbindungen zwischen Meßkreis und außerhalb des Schirms liegenden Kreisen sollen möglichst durch nicht galvanische Koppelelemente so hergestellt werden, daß die geschlossene Schirmhülle durch sie nicht unterbrochen wird. Dies gilt ganz besonders für netzversorgte Meßgeräte, über deren Netzverbindung Störsignale sonst leichten Eingang in den Meßkreis finden würden. Die galvanische Trennung des Netzes vom Meßkreis durch einen Netztransformator allein reicht i. allg. nicht aus, da Primär- und Sekundärwicklung über ihre Wicklungskapazitäten verhältnismäßig eng miteinander gekoppelt sind. Zwischen die beiden Wicklungen muß daher eine leitende Folie, eine Schirmwicklung o. ä. eingelegt werden, die so mit dem Schirm der übrigen Meßschaltung zu verbinden ist, daß sie zu einem Teil der geschlossenen Schirmhülle um die Meßschaltung wird (s. Bild **3.**132a und b und Bild **3.**130). Um den bei sehr empfindlichen Schaltungen manchmal

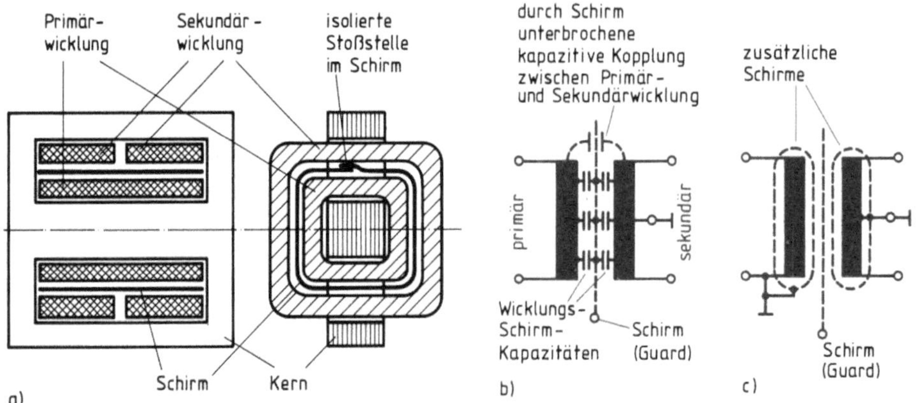

3.132 Geschirmter symmetrischer Übertrager
    a) Aufbau
    b) Ersatzschaltung eines einfach geschirmten Übertragers
    c) Mehrfachschirmung

noch störenden Einfluß der Wicklungs-Schirm-Kapazitäten weiter zu verringern, kann man Primär- und Sekundärwicklung mit zusätzlichen Schirmen versehen (Bild **3.**132 c).

Ausführung. Bei der praktischen Ausführung des Schirmes sind folgende allgemeinen Anforderungen zu berücksichtigen:

a) Der elektrische Widerstand des Schirms muß hinreichend klein sein, damit die durch Ladungsverschiebungen verursachten Ströme an ihm keinen nennenswerten Spannungsabfall hervorrufen. Bei höheren Frequenzen kommt es – ähnlich wie bei Potentialausgleichsleitern – besonders auf den induktiven Blindwiderstand des Schirms an.

b) Notwendige Durchbrüche im Schirm sollen mit Rücksicht auf die Schirmwirkung um so kleiner gehalten werden, je höher die Frequenz der Störung ist. Ebenso ist beim Aufbau einer geschlossenen Schirmhülle aus mehreren Teilen, z. B. aus Objekt-, Leitungs- und Meßgeräteschirm darauf zu achten, daß diese allseitig fugenlos und elektrisch gut leitend miteinander verbunden werden.

Von diesem Aufbau einer elektrischen Schirmung wird praktisch häufig abgewichen, vor allem aus zwei Gründen:

a) Über die relativ großen Schirmkapazitäten und die geschlossene Schirmhülle werden elektrische Kopplungen zwischen verschiedenen Teilen der Meßschaltung hergestellt. Nicht in jedem Fall können diese unerwünschten Kopplungen durch Verbinden eines Punktes der Meßschaltung mit dem Schirm unschädlich gemacht werden. Dann müssen der Schirm unterteilt und die Teilschirme für sich potentialmäßig mit geeigneten Schaltungspunkten verbunden werden (s. Beispiel 3.41).

b) Die Herstellung eines geschlossenen Schirms um die gesamte Meßschaltung ist oftmals nicht unbedingt erforderlich, weil große Bereiche des Meßkreises auf die vorliegenden Störeinflüsse wenig empfindlich sind oder aber weil nur bestimmte Teile der Meßschaltung diesem Störeinfluß ausgesetzt sind. Aus Kostengründen beschränkt man sich dann auf eine nach den jeweiligen Anforderungen gestaffelte Teilschirmung des Meßkreises. Ein vollkommen geschlossener Schirm ist vielfach aber auch schon deshalb nicht realisierbar, weil das Meßobjekt nicht in den Schirmbereich einbezogen werden kann, so daß der Schirm zwangsläufig in der Nähe des Meßobjektes bzw. am Meßaufnehmer enden muß.

Beispiel 3.41. Um Kopplungen zwischen den einzelnen Brückenzweigen über einen geschlossenen Schirm zu vermeiden, erhalten alle Schaltelemente der in Bild 3.133 dargestellten Meßbrücke getrennte Schirme, die jeweils mit den auf Erdpotential liegenden Brückeneckpunkten *3* und *4* (vgl. Beispiel 3.36) bzw. direkt mit Erde verbunden sind. Man erhält so die gleiche Schutzwirkung wie mit einem geschlossenen Schirm. Die Schirmkapazitäten treten hier aber nur noch als Parallelkapazitäten zu den jeweiligen Brückenwiderständen in Erscheinung und nicht mehr als Koppelkapazitäten zwischen den Zweigen, wodurch sie bei der Korrektur leichter berücksichtigt werden können.

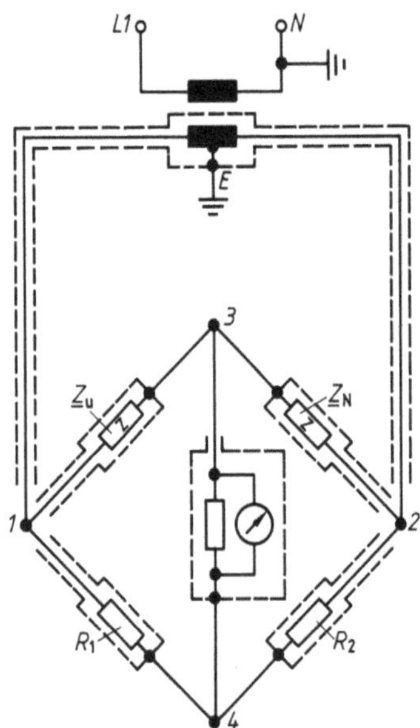

3.133 Schirmung einer erdsymmetrisch betriebenen Wechselstrommeßbrücke

Man kann bei elektrischen Schirmsystemen nach dem Grad ihrer Schirmwirkung grob zwei Gruppen unterscheiden, die Bauelementeschirmung und die Schutzschirmtechnik.

Bauelementeschirmung. Bei der konventionellen Bauelementeschirmung werden die Signalleitungen (s. Tafel 3.134) und empfindliche Bauelemente der Meßgeräte (Spulen und Übertrager, Kondensatoren, Widerstände, Röhren und Halbleiter) für sich geschirmt und die einzelnen Schirme so untereinander und mit dem Bezugsleitersystem verbunden, daß ihre Potentiale möglichst nah an die Bezugspotentiale der geschirmten Bauelemente heranrücken.

Schutzschirmtechnik. Empfindliche Meßgeräte werden zunehmend in der Schutzschirmtechnik ausgeführt. Man versteht darunter die Schirmung der vollständigen Schaltung oder oft auch die Schirmung nur der empfindlichen Eingangsschaltung des Meßgerätes. Der gegen die Schaltung und gegen Erde (Gehäuse) isolierte Schirm (Guard) ist auf einen getrennten Anschluß herausgeführt und kann deshalb mit dem Schirm anderer Geräte und den Signalleitungsschirmen zu einem weitgehend geschlossenen Schirmsystem verbunden und durch eine entsprechende Verbindung auf dem für die optimale Schirmwirkung günstigsten Potential der Meßschaltung gehalten werden (s. Bild 3.123).

3.4.3.3 Magnetische Schirmung. Sind Maßnahmen zur Verringerung der Gegeninduktivität zwischen Meß- und Störkreis über die Geometrie der Leiterschleifen nicht anwendbar oder führen sie allein nicht zum gewünschten Erfolg, so kann man die beeinflußten Geräte, Baugruppen oder Leitungen gegen das Eindringen der magnetischen Störfelder abschirmen. Sie werden mit metallischen Gehäusen oder Ummantelungen versehen, deren Schirmwirkung auf zwei unterschiedlichen physikalischen Phänomenen beruht:

Magnetostatische Schirme. Sie nutzen den Effekt der Flußkonzentration auf magnetisch gut leitende Bereiche. Wird z. B. eine ferromagnetische Hohlkugel in ein magnetisches Feld gebracht, so konzentrieren sich die magnetischen Feldlinien im Mantel der Hohlkugel und dringen nur zu einem geringen Teil in den Hohlraum ein. Die Schirmwirkung wächst mit der Permeabilität des Schirmmaterials, die ihrerseits aber mit zunehmender Sättigung, also zunehmender Flußkonzentration, fällt. Es wurden spezielle hochpermeable Legierungen, wie Mumetall, Permenorm usw., entwickelt. Man kann die Schirmwir-

Tafel **3.**134 Möglichkeiten der Leitungsschirmung

Übertragungs- leitung	Prinzip	Bemerkungen
Koaxial- kabel	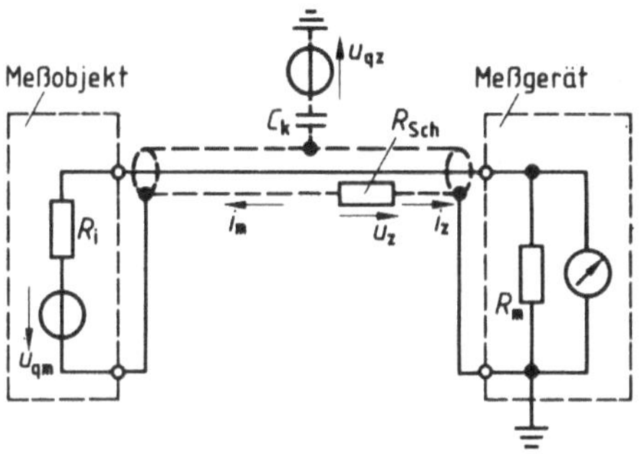 Meßobjekt, Meßgerät, u_{qz}, C_k, R_{Sch}, R_i, i_m, u_z, i_z, R_m, u_{qm}	Schirm (z. B. Außenleiter eines Koaxialkabels) dient als Rückleiter für Signalstrom i_m. Dadurch wird Spannungsabfall u_z des Störstromes i_z am Schirmwiderstand R_{Sch} in den Meßkreis eingekoppelt; unzweckmäßig, aber aus Kostengründen häufig verwendet, weil Koaxialkabel sehr gute Wellenschirmung [42] hat; besser Koaxialkabel mit zwei konzentrischen Außenleitern verwenden, von denen äußerer als Schirm dient.
Koaxialkabel mit getrennt verlegtem Bezugsleiter	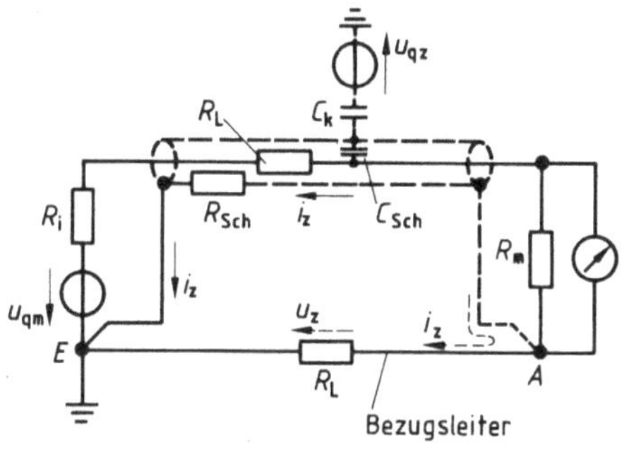 u_{qz}, R_L, C_k, R_i, R_{Sch}, i_z, C_{Sch}, R_m, u_{qm}, u_z, E, R_L, A, Bezugsleiter	Getrennter Rückleiter vermeidet Einkopplung von u_z in den Meßkreis; Schirm-Erde-Verbindung zu Punkt E erforderlich, da Störstrom i_z sonst über Schirmkapazität C_{Sch} in Signalleiter eingekoppelt wird; Verlegung Schirm-Erde-Verbindung nach Punkt A (gestrichelt) wäre falsch, da Störstrom i_z dann über Bezugsleiter abfließen müßte. Nachteil: Leiterschleife empfindlich gegenüber magnetischen Störfeldern
geschirmte Zweidraht-leitung	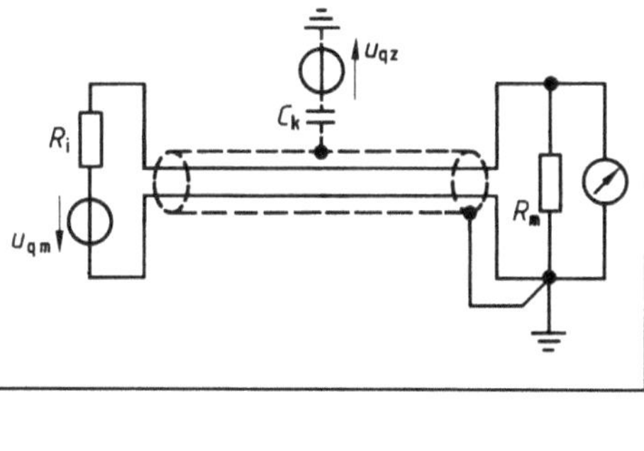 u_{qz}, C_k, R_i, R_m, u_{qm}	Vermeidet Nachteile der beiden erstgenannten Lösungen, auch für erdsymmetrischen Betrieb der Meßschaltung geeignet.

kung – insbesondere bei hoher Feldintensität – wesentlich steigern, indem man zwei (oder auch mehrere) Schirme ineinander schachtelt. Der äußere Schirm sollte dann eine möglichst große Sättigungsinduktion haben, damit auch bei großer Flußkonzentration die magnetische Erregung h genügend klein bleibt, da sie eine Fortpflanzung des Feldes in das Innere des Schirmes bewirkt. Da der innere Schirm immer nur relativ kleinen Induktionen ausgesetzt ist, sollte er eine möglichst große Anfangspermeabilität aufweisen.

Magnetodynamische Schirme (Wirbelstromschirme). Zur Abschirmung hochfrequenter Störfelder verwendet man Wirbelstromschirme, die aus elektrisch gut leitendem Material, z. B. Aluminium oder Kupfer, hergestellt werden. Ihre Schirmwirkung beruht auf der magnetischen Rückwirkung der in der Schirmhülle induzierten Wirbelströme. Bei niedrigen Frequenzen ist die Schirmwirkung gering. Soll also eine gute Schirmwirkung über einen großen Frequenzbereich unter Einschluß der Frequenz Null erreicht werden, müssen magnetostatische und Wirbelstromschirme kombiniert werden.

3.4.4 Trennung des Nutzsignals von den Störsignalen in der Meßeinrichtung

Läßt sich das Eindringen einer superponierenden Störgröße in die Meßeinrichtung nicht verhindern, dann besteht in manchen Fällen noch die Möglichkeit, den Signalweg für das Störsignal in der Meßeinrichtung durch selektive Übertragung des Nutzsignals zu sperren. Dazu ist es notwendig, daß Stör- und Nutzsignal sich in irgendeinem Merkmal deutlich voneinander unterscheiden, und die Meßeinrichtung selektive Übertragungseigenschaften in bezug auf dieses Merkmal hat.

Mögliche Unterscheidungsmerkmale, die abhängig von den konkreten Gegebenheiten auch kombiniert ausgewertet werden, sind Frequenzbereich, Symmetrieeigenschaften, statistische Eigenschaften und Einwirkungsort in der Meßeinrichtung.

Frequenzbereich. Nutz- und Störsignale, deren Frequenzbereiche sich nicht überschneiden, sind durch Filter voneinander trennbar. Diese Maßnahme ist um so wirkungsvoller bzw. der notwendige Filteraufwand (Ordnung oder Stufenzahl des Filters) um so geringer, je weiter die Frequenzbereiche auseinander liegen, da reale Filter (s. Abschn. 3.5) eine endliche, von der Stufenzahl abhängige Flankensteilheit des Überganges der Filterkennlinie vom Durchlaß- in den Sperrbereich aufweisen.

Bei der Auswahl eines Filters müssen auch seine möglichen Auswirkungen auf die Übertragungseigenschaften der Meßeinrichtung für das Nutzsignal bedacht und ggf. berücksichtigt werden. Häufig ist, z. B. mit Rücksicht auf das Ein-

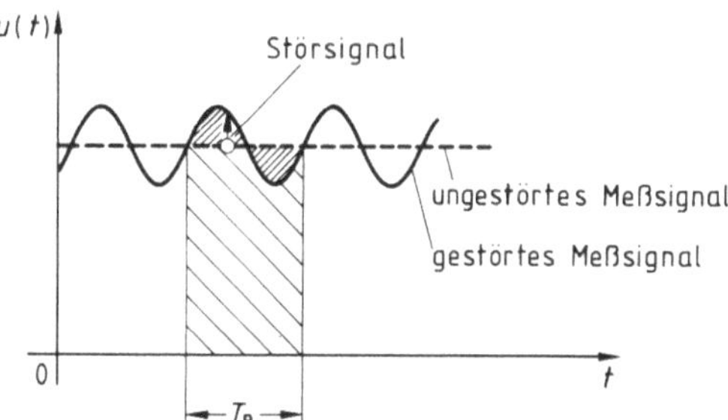

3.135
Unterdrückung eines periodischen Störsignals durch integrierende (mittelwertbildende) Meßeinrichtung

schwingverhalten oder die Linearität des Phasenganges der Meßeinrichtung, ein Kompromiß zwischen der angestrebten Störunterdrückung und den Anforderungen an die Meßeigenschaften für das Nutzsignal unumgänglich. Wird beispielsweise in den Signalweg einer zeitdiskret messenden Einrichtung für langsam zeitveränderliche Meßsignale ein Tiefpaß zur Unterdrückung einer überlagerten 50-Hz-Störspannung (Netzbrumm) eingeschaltet, so kann sich hierdurch eine spürbar längere resultierende Einstellzeit des Systems ergeben. Diese resultierende Einstellzeit kann verkürzt werden durch Erhöhung der Grenzfrequenz des Tiefpasses (vgl. Abschn. 3.3.1.2), wodurch aber die Sperrwirkung für das Störsignal vermindert wird.

Ist, wie hier angenommen, das überlagerte Störsignal periodisch mit dem Mittelwert Null, so kann es im Ausgangssignal auch dadurch unterdrückt werden, daß man eine mittelwertbildende (integrierende) Meßeinrichtung verwendet, deren Mittelungszeit (Integrationszeit) T_B gleich einem ganzzahligen Vielfachen der Periodendauer des Störsignals ist (s. Bild **3.**135 und Beispiel 4.2). Dient die Messung der Ermittlung des Augenblickswertes des Meßsignals, so darf dieses sich im Hinblick auf den Eigenfehler der Meßeinrichtung allerdings nur so langsam ändern, daß der von der Meßeinrichtung erfaßte Mittelwert des Meßsignals noch genügend genau dem Augenblickswert entspricht, d. h., die obere Grenzfrequenz des Meßsignals muß klein gegen die Grundfrequenz des Störsignals sein (s. Beispiel 4.2).

Symmetrieeigenschaften. Läßt sich die einer superponierenden Störgröße ausgesetzte Meßeinrichtung als Parallelstruktur entsprechend Abschn. 3.2.3.2 und 3.4.2.2 (Symmetrierung) so aufbauen, daß zum Gegentaktsignal in dieser Struktur nur das Nutzsignal beiträgt, während das Störsignal ausschließlich als Gleichtaktsignal oder als eine Komponente des Gleichtaktsignals in Erscheinung tritt (vgl. Bild **3.**28 und Bild **3.**121), kann das Störsignal durch Differenzbildung wirkungsvoll unterdrückt werden. Für weitere Einzelheiten wird auf Abschn. 3.2.3.2 und 3.4.2.2 verwiesen, in denen Prinzip und praktische Anwendungsbeispiele erläutert sind.

Statistische Eigenschaften. Einer der unangenehmsten Störer in elektrischen Meßeinrichtungen ist das Widerstands- bzw. Verstärkerrauschen. Es stellt den praktisch häufigsten Fall eines stochastischen Störeinflusses dar. Da es einen sehr weiten Frequenzbereich umfaßt (s. Beispiel 3.24), kann es nur in den seltensten Fällen durch Filter von den Nutzsignalen getrennt werden. Nutzsignale und stochastische Störsignale sind aber fast immer statistisch unabhängig, also auch unkorreliert, so daß eine Trennung durch Korrelationsverfahren [48] möglich ist. Über einige praktische Anwendungen wird z. B. in [45] berichtet.

Average-Verfahren. Ist das Nutzsignal periodisch und seine Periodendauer T_1 genau bekannt, läßt sich ein überlagertes Rauschsignal mit dem Mittelwert Null durch Anwendung des Average-(Mittelwert-)Verfahrens nahezu beliebig unterdrücken.

Betrachtet sei zunächst die Messung eines diskreten Wertes $u(t_1)$ des gestörten Signals

$$u(t) = u_\mathrm{r}(t) + z(t), \tag{3.155}$$

das sich, wie hier angenommen, aus einem periodischen Meßgrößensignal (Nutzsignal) $u_\mathrm{r}(t)$ und einem überlagerten, normalverteilten Rauschen (Störsignal) $z(t)$ mit dem Mittelwert $\mu_z = 0$ und der Standardabweichung $\sigma_z = \tilde z$ ($\tilde z$ Effektivwert) nach Gl. (3.84) bis (3.87) zusammensetzt. Ein diskreter Signalwert $u(t_1)$ ist daher auch als Summe des richtigen Wertes $u_\mathrm{r}(t_1)$ und eines zufälligen Fehlers $z(t_1)$ aufzufassen, wobei der Fehler $z(t_1)$ Element einer aus den unendlich vielen Augenblickswerten des Störsignals $z(t)$ bestehenden, normalverteilten Grundgesamtheit mit den Kenngrößen $\mu_z = 0$ und $\sigma_z = \tilde z$ ist. Die Standardabweichung dieses nur statistisch zu beschreibenden Fehlers (vgl. Abschn. 2.3.3.1) ist gleich der Quadratwurzel aus der der Streuung σ^2 der Grundgesamtheit, also gleich dem Effektivwert der Zeitfunktion $z(t)$ des Störsignals.

Nach Abschn. 2.6.2 läßt sich der zufällige Fehler durch Mehrfachmessung und Mittelwertbildung verringern. Für das Average-Verfahren werden dazu n diskrete, jeweils im Abstand der Periodendauer T_1 oder auch mehrerer Periodendauern $a T_1$ aufeinanderfolgende Einzelwerte $u(t_1)$, $u(t_1 + a T_1)$, $u(t_1 + 2a T_1)$, ..., $u[t_1 + (n-1)a T_1]$ des Meßsignals $u(t)$ verwendet (s. Bild **3.136**), die sich wegen der Periodizität des Nutzsignals jeweils aus den gleichen Werten $u_\mathrm{r}(t_1) = u_\mathrm{r}(t_1 + ia T_1)$ dieses Nutzsignals, aber unterschiedlichen Werten $z(t_1 + ia T_1)$ des zufälligen Fehlers zusammensetzen. Der Scharmittelwert[1])

$$\overline{u(t_1)} = \frac{1}{n} \sum_{i=0}^{n-1} u(t_1 + ia T_1) = \frac{1}{n} \sum_{i=0}^{n-1} u_\mathrm{r}(t_1 + ia T_1) + \frac{1}{n} \sum_{i=0}^{n-1} z(t_1 + ia T_1)$$

$$\overline{u(t_1)} = u_\mathrm{r}(t_1) + \frac{1}{n} \sum_{i=0}^{n-1} z(t_1 + ia T_1) \tag{3.156}$$

---

[1]) Das Symbol ⊓⊔⊓ in Gl. (3.156) kennzeichnet den Scharmittelwert (Ensemblemittelwert) [39]. Es wird hier anstelle des sonst auch üblichen Überstriches (vgl. Abschn. 2) verwendet, um den Unterschied zum zeitlichen Mittelwert $\overline{u(t)}$ zu betonen.

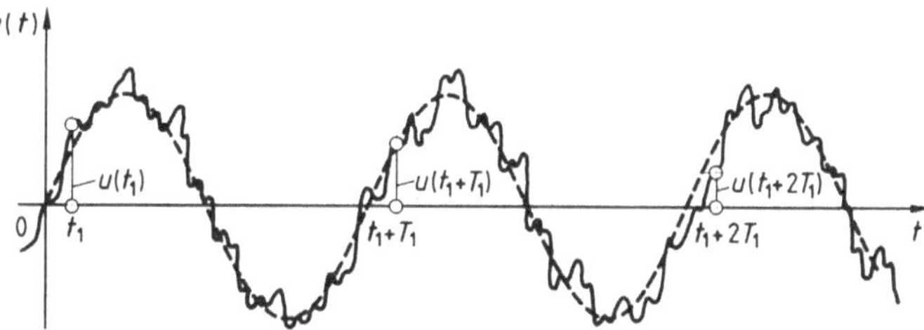

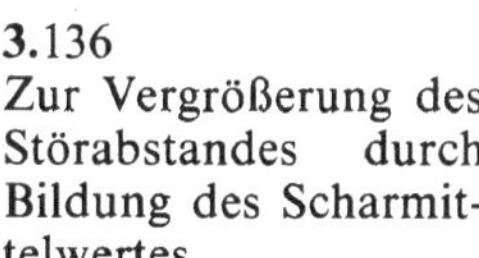

3.136
Zur Vergrößerung des Störabstandes durch Bildung des Scharmittelwertes

ist daher gleich dem zu bestimmenden Signalwert $u_r(t_1)$, der noch mit einem zufälligen Fehler entsprechend dem zweiten Summanden in Gl. (3.156) behaftet ist. Nach den Gesetzmäßigkeiten der Fehlerrechnung (s. Abschn. 2.6.2.2) hat dieser Fehler als Mittelwert aus n Einzelfehlern der gleichen Grundgesamtheit mit $\mu = 0$ aber entsprechend Gl. (2.91) nur noch die Standardabweichung

$$s_{\bar{z}} = \sigma_z/\sqrt{n} = \tilde{z}/\sqrt{n}, \tag{3.157}$$

die mit steigender Anzahl n der Einzelmeßwerte gegen Null strebt. Der zeitliche Abstand $a\,T_1$ zweier aufeinanderfolgender Meßwerte muß dabei größer als die Korrelationsdauer [30] des Störsignals sein.

Das hier für einen einzelnen Augenblickswert $u(t_1)$ des Signals $u(t)$ erläuterte Verfahren läßt sich über das Abtastverfahren auch auf den kontinuierlichen Signalverlauf $u(t)$ bis $u(t+\Delta t)$ in einem endlich langen Zeitintervall $\Delta t \leqq a\,T_1$ anwenden, in dem man die Mehrfachmessung und die Mittelwertbildung unter Beachtung des Abtasttheorems für so viele diskrete Augenblickswerte – Abtastwerte – aus dem betrachteten Intervall durchführt, daß aus ihnen das kontinuierliche Signal rekonstruiert werden kann. Als Ergebnis erhält man dann einen Signalverlauf, aus dem sich das periodische Nutzsignal um so deutlicher heraushebt, je größer die Zahl n der zur Mittelwertbildung herangezogenen Signalproben, also je größer der Umfang der Stichprobe ist. Der auf diese Weise ermittelte Signalverlauf entspricht einem Ausschnitt aus dem periodischen Nutzsignal $u_r(t)$, dem statt des stochastischen Störsignals mit dem Effektivwert $\tilde{z}$ aber nur noch ein solches mit dem Effektivwert $\tilde{z}/\sqrt{n}$ überlagert ist.

Das beschriebene Prinzip wird auch auf aperiodische Vorgänge angewendet, beispielsweise in der medizinischen Meßtechnik, in der es der Störunterdrückung bei der Auswertung mehrfach wiederholter gleichartiger Versuche zur Erfassung biologischer Reaktionen auf bestimmte, z. B. optische oder akustische Reize dient. Denkt man sich die aufgezeichneten Meßwertverläufe aller einzelnen Versuche äquidistant aneinandergereiht, so erhält man ein Signal, in dem die Nutzinformation als periodischer, von starken Störungen überlagerter und ohne Scharmittelwertbildung nicht erkennbarer Kurvenverlauf enthalten ist. Die Auswertung erfolgt durch rechnerische Mittelwertbildung einander zeitlich entsprechender Meß-(Abtast-)Werte. Aus dieser Anwendung wird besonders deutlich, daß das Verfahren der in Abschn. 2.6.2.2 erläuterten Bestimmung des Bestwertes einer n-fach unter gleichen Bedingungen wiederholten Einzelmessung entspricht.

Einwirkungsort in der Meßeinrichtung. Ist das Meßgrößensignal ungestört erfaßbar und treten superponierende Störsignale erst an einer näher am Ausgang gelegenen Stelle in die Meßeinrichtung ein, dann besteht die Möglichkeit, das Meßgrößensignal vor dem Durchgang durch den Störort so zu verändern, daß es für die nachfolgenden Glieder der Meßeinrichtung vom Störsignal unterscheidbar, d. h. trennbar wird. Beispielsweise kann das Meßgrößensignal durch Verstärkung oder Amplitudenmodulation in einen Amplituden- oder durch Frequenzmodulation in einen Frequenzbereich verlagert werden, in dem die Störeinflüsse unwirksam oder unschädlich sind. Insbesondere Meßverfahren, die mit Frequenzmodulation arbeiten, sind äußerst störfest und finden zunehmenden Eingang in die Meßtechnik (frequenzanaloge Meßverfahren) [21].

Diese Verfahren beruhen im Prinzip darauf, daß entsprechend Tafel 3.69 für die Übertragung des Meßgrößensignals $u(t)$ eine andere Übertragungsfunktion der Meßeinrichtung maßgebend ist als für die Übertragung des Störsignals $z(t)$, so daß die Meß- und die Störungsübertragungsfunktion bis zu einem gewissen Grad unabhängig voneinander optimiert werden können. Praktische Anwendungen sind in Abschn. 3.2.3 für die statischen Eigenschaften erläutert. Bei Beachtung der Besonderheiten dynamischer Vorgänge gelten diese Betrachtungen sinngemäß auch für den dynamischen Betrieb.

3.5 Nutzung dynamischer Systemeigenschaften für Meßzwecke

Nach Abschn. 3.3 werden Energiespeicher in Meßeinrichtungen häufig zur Realisierung bestimmter erwünschter dynamischer Meßeigenschaften genutzt. Einige praktische Beispiele sind in früheren Abschnitten bereits behandelt. In diesem Abschnitt wird ein zusammenfassender Überblick über wichtige Anwendungen anhand von Bild **3.137** vermittelt.

Größenart-Umformer. Bei der Verwendung eines Energiespeichers als Größenart-Umformer steht i. allg. nicht sein dynamisches Verhalten im Vordergrund des Interesses, sondern die mit diesem realisierbare Verknüpfung zweier physikalischer Größen unterschiedlicher Größenart, z. B. Kraft und Länge einer Feder oder Impuls und Geschwindigkeit einer Masse (s. Tafel **3.65**). Da aber die Speicher- von den Umformereigenschaften nicht getrennt werden können, ist es berechtigt, auch diese Anwendung als eine Nutzung dynamischer Systemeigenschaften aufzufassen.

Häufig als Größenart-Umformer verwendete Speicherelemente sind die beiden mechanischen Energiespeicher Feder und Masse. Mit ihren Eigenschaften befassen sich u. a. Beispiel 3.15, 3.20 und 3.23. Im folgenden Beispiel werden die Meßeigenschaften des Feder-Masse-Dämpfung-Systems als Meßumformer nochmals aus einer etwas allgemeineren Sicht behandelt.

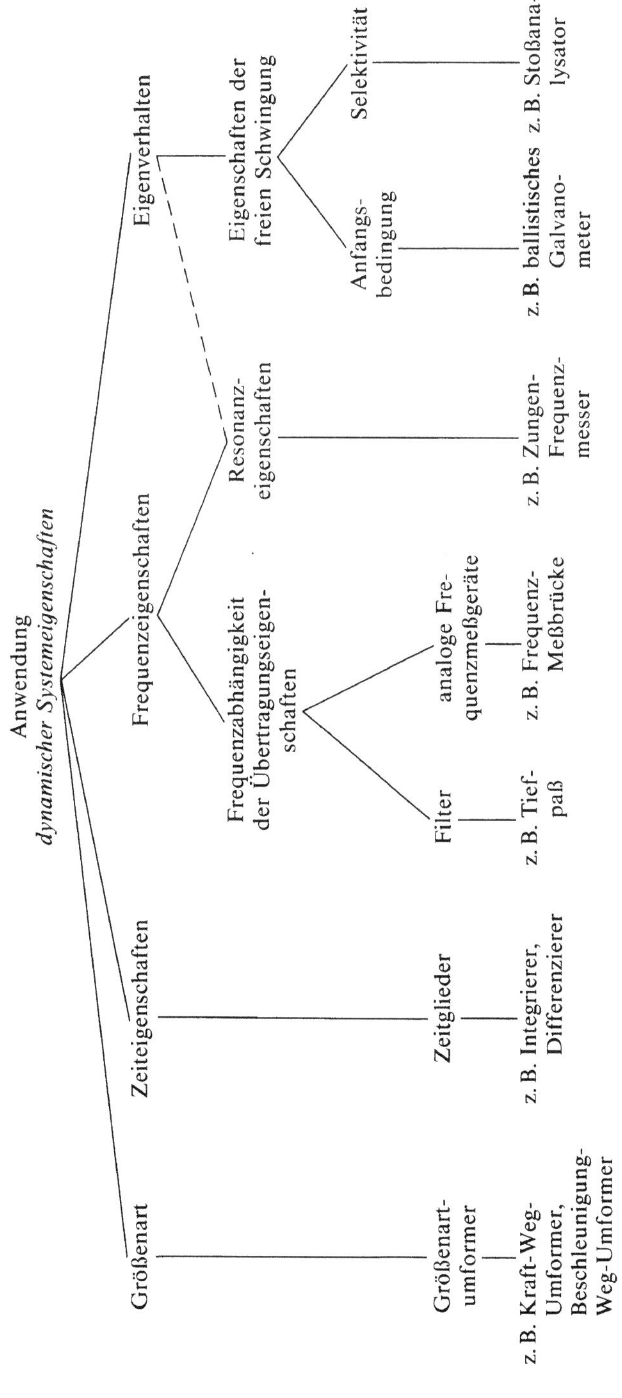

3.137 Beispiele für die Nutzung dynamischer Systemeigenschaften für Meßzwecke

Beispiel 3.42. Das mechanische System der meisten elektromechanischen Meßinstrumente und Schreiber, Lichtstrahl- und Flüssigkeitsstrahloszilloskope, mechanischen Weg-, Geschwindigkeits- und Beschleunigungsaufnehmer, Kraftaufnehmer u. a. ist auf ein mechanisches Ersatzsystem zurückführbar, das aus den drei Grundschaltelementen statischer Energiespeicher (Feder), kinetischer Energiespeicher (Masse) und Widerstand (geschwindigkeitsproportionale Reibung) in paralleler Anordnung besteht (s. Bild 3.138). Durch dieses System werden mehrere mechanische Bewegungsgrößen und Kräfte miteinander verknüpft, die in unterschiedlichen Kombinationen als die Ein- und Ausgangssignale eines Übertragungsgliedes betrachtet werden können. Praktische Bedeutung haben diejenigen Kombinationen, in denen eine am Kopfpunkt A angreifende mechanische Kraft o d e r eine dem Fußpunkt B aufgezwungene Bewegungsgröße Eingangssignal und die Relativbewegung des Kopfpunktes A gegenüber dem Fußpunkt B Ausgangssignal ist (s. Bild 3.138). Das Ausgangssignal kann z. B. als Zeigerausschlag gegenüber einer mit dem Fußpunkt fest verbundenen Längenskala direkt oder über einen wegempfindlichen Meßfühler, z. B. über den Differentialkondensator aus Beispiel 3.9, indirekt ausgegeben werden. Man spricht von einem f e d e r g e f e s s e l t e n System, wenn der Kopfpunkt über Dämpfungselemente (Reibung) und F e d e r an den Fußpunkt „gefesselt" ist, von r e i b u n g s g e f e s s e l t e n Systemen, wenn die Feder nicht vorhanden ist $(c = 0)$.

F e d e r g e f e s s e l t e s S y s t e m. Wird der Fußpunkt B festgehalten, d. h., sind $x(t) \equiv 0$ und $a(t) \equiv y(t)$, dann wirkt das System bezüglich einer an A angreifenden Kraft $f(t)$ als Kraft-Weg-Umformer mit dem Übertragungsverhalten eines P-T_2-Gliedes (s. Bild 3.138). In dieser Eigenschaft wird es, ausgeführt als Drehsystem, bei den üblichen elektromechanischen Meßinstrumenten mit Skalenanzeige verwendet (s. Beispiel 3.20).

Prägt man dagegen dem Fußpunkt eine Bewegungsgröße $x(t)$ ein, d. h., sind $f(t) \equiv 0$ und $a(t) = y(t) - x(t)$, dann wirkt das System für die 2. Ableitung $\ddot{x}(t)$ dieser Größe als Meßumformer mit den dynamischen Eigenschaften eines P-T_2-Gliedes, also nicht als Weg-Weg-, sondern als Beschleunigung-Weg-Umformer (s. Bild 3.138). In dieser Betriebsweise ist das System zur Erfassung von Absolutbewegungen geeignet, die in die Relativbewegung des Ausschlages $a(t)$ umgeformt werden, beispielsweise als Seismograph. Man nennt ein solches System daher seismisch und die Masse m, aufgrund deren Trägheit die Messung der Absolutbewegung überhaupt nur möglich ist, seismische Masse.

Eine Kennzeichnung des Systems als P-T_2-Glied ist nur in bezug auf die o. g. Ein- und Ausgangsgrößen berechtigt. Daneben sind andere Betriebsweisen denkbar und möglich. Beispielsweise könnte man das seismische System ebensogut als Weg-Weg-Umformer verwenden, nur in einem anderen Frequenzbereich. Dann wäre $x(t) \; \circ\!\!-\!\!-\!\!\bullet \; X(p)$ die Eingangs- und $a(t) \; \circ\!\!-\!\!-\!\!\bullet \; A(p)$ die Ausgangsgröße, d. h., das System hätte aufgrund der Übertragungsfunktion

$$G(p) = \frac{A(p)}{X(p)} = - \frac{p^2/\omega_0^2}{1 + p\,\dfrac{2D}{\omega_0} + \dfrac{p^2}{\omega_0^2}}$$

die Eigenschaften eines D_2-T_2-Gliedes, also eines Zweifachdifferenzierers mit Verzögerung 2. Ordnung, das periodische Eingangsgrößen hinreichend hoher Frequenz nahezu proportional auf den Ausgang überträgt, wie man aus dem Frequenzgang

$$G(\omega) = \frac{\omega^2/\omega_0^2}{1 + j2D\,\dfrac{\omega}{\omega_0} - \dfrac{\omega^2}{\omega_0^2}} \approx -1 \quad \text{für} \quad \omega \gg \omega_0$$

erkennt. Deshalb werden nur harmonische Signalkomponenten hinreichend hoher Frequenz proportional übertragen ($|G(\omega)| \to 1$ für $\omega \to \infty$); bezüglich der Eingangsgröße Weg $x(t)$ und der Ausgangsgröße Ausschlag $a(t)$ zeigt das System H o c h p a ß verhalten.

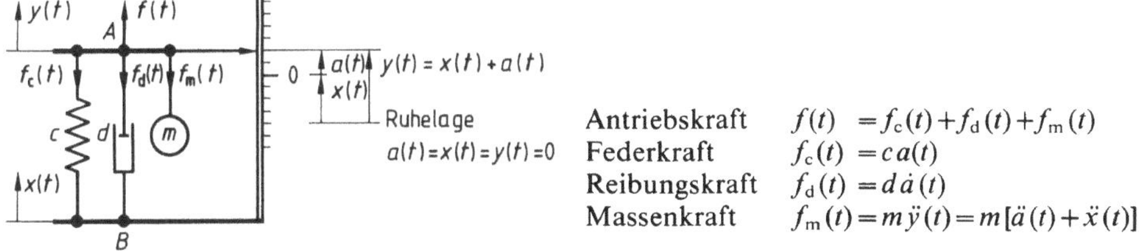

Antriebskraft	$f(t) = f_c(t) + f_d(t) + f_m(t)$
Federkraft	$f_c(t) = c\,a(t)$
Reibungskraft	$f_d(t) = d\,\dot{a}(t)$
Massenkraft	$f_m(t) = m\,\ddot{y}(t) = m\,[\ddot{a}(t) + \ddot{x}(t)]$

———————— *federgefesseltes System $(c \neq 0)$* ————————

Knotensatz der Kräfte im

Zeitbereich
$$f(t) - m\,\ddot{x}(t) = c\,a(t) + d\,\dot{a}(t) + m\,\ddot{a}(t)$$

$$\frac{1}{c}f(t) - \frac{1}{\omega_0^2}\ddot{x}(t) = a(t) + \frac{2D}{\omega_0}\dot{a}(t) + \frac{1}{\omega_0^2}\ddot{a}(t)$$

Spektralbereich
$$\frac{1}{c}F(p) - \frac{p^2}{\omega_0^2}X(p) = A(p)\left[1 + p\frac{2D}{\omega_0} + \frac{p^2}{\omega_0^2}\right]$$

mit
$$\omega_0 = \sqrt{\frac{c}{m}}$$
und
$$D = \frac{d}{2\sqrt{m\,c}}$$

Eingangsgröße

Kraft $f(t)$
$(\ddot{x}(t) \equiv 0)$

Kraft-Weg-Umformer

Beschleunigung $\ddot{x}(t)$
$(f(t) \equiv 0)$

Beschleunigung-Weg-Umformer
(seismisches System)

Ausgangsgröße

$$A(p) = \frac{F(p)}{c} \cdot \frac{1}{1 + p\frac{2D}{\omega_0} + \frac{p^2}{\omega_0^2}}$$

$$\mathfrak{L}\{a(t)\} = \mathfrak{L}\left\{\frac{1}{c}f(t)\right\} \cdot G_{\text{P-T}_2}(p)$$

$$A(p) = -X(p)\frac{p^2}{\omega_0^2} \cdot \frac{1}{1 + p\frac{2D}{\omega_0} + \frac{p^2}{\omega_0^2}}$$

$$\mathfrak{L}\{a(t)\} = -\mathfrak{L}\left\{\frac{1}{\omega_0^2}\ddot{x}(t)\right\} \cdot G_{\text{P-T}_2}(p)$$

———————— *reibungsgefesseltes System $(c = 0)$* ————————

Knotensatz der Kräfte im

Zeitbereich
$$f(t) - m\,\ddot{x}(t) = d\,\dot{a}(t) + m\,\ddot{a}(t)$$

$$\frac{1}{d}f(t) - T\ddot{x}(t) = \dot{a}(t) + T\ddot{a}(t)$$

Spektralbereich
$$\frac{1}{d}F(p) - p^2 T X(p) = A(p)\,p\,[1 + p\,T]$$

mit
$$T = \frac{m}{d}$$

Eingangsgröße

mechanischer Impuls $\int f(t)\,dt$
$(\ddot{x}(t) \equiv 0)$

Impuls-Weg-Umformer

Geschwindigkeit $\dot{x}(t)$
$(f(t) \equiv 0)$

Geschwindigkeit-Weg-Umformer
(seismisches System)

Ausgangsgröße

$$A(p) = F(p)\frac{1}{p\,d} \cdot \frac{1}{1 + p\,T}$$

$$\mathfrak{L}\{a(t)\} = \mathfrak{L}\left\{\frac{1}{d}\int f(t)\,dt\right\} \cdot G_{\text{P-T}_1}(p)$$

$$A(p) = -X(p)\,p\,T \cdot \frac{1}{1 + p\,T}$$

$$\mathfrak{L}\{a(t)\} = -\mathfrak{L}\{T\dot{x}(t)\} \cdot G_{\text{P-T}_1}(p)$$

3.138 Übertragungseigenschaften eines mechanischen Feder-Masse-Dämpfung-Systems

Reibungsgefesseltes System. Infolge des Wegfalls eines Energiespeichers ($c = 0$) reduzieren sich die Systemeigenschaften auf die eines Übertragungsgliedes mit Verzögerung 1. Ordnung. Für niedrige Frequenzen (Tiefpaß) ist es als Impuls-(Kraft-Zeit-Integral-)Weg-Umformer (s. Beispiel 3.23) bzw. als Geschwindigkeit-Weg-Umformer verwendbar (s. Bild **3**.138).

Zeitglieder. Die praktisch wichtigsten Zeitglieder sind der Integrierer und der Differenzierer. In ihnen wird der nach Tafel **3**.65 zwischen intensiver und extensiver Größe eines Speicherelementes bestehende mathematische Zusammenhang $y \sim \mathrm{d}u/\mathrm{d}t$ bzw. $y \sim \int u\,\mathrm{d}t$ als Meßprinzip genutzt. Praktische Anwendungen werden in den Beispielen 3.16, 3.22 und 3.23 behandelt.

Als ein für bestimmte Meßaufgaben, z. B. in der Korrelationsmeßtechnik [45], wichtiges Zeitglied sei das Laufzeit- oder Totzeitglied genannt. Im Bereich der elektrischen Hochfrequenz-Meßtechnik wird es häufig als Laufzeitleitung verwendet. Der Laufzeiteffekt kommt dabei durch die kontinuierliche räumliche Induktivitäts- und Kapazitätsverteilung entlang einer elektrisch langen, verlustarmen Leitung zustande. Oft werden auch die Laufzeiten materieller Transportvorgänge ausgenutzt, z. B. bei Magnetbandgeräten, deren Signal-Laufzeit der Laufzeit des Magnetbandes zwischen einem Aufsprech- und einem Lesekopf entspricht.

Filter. In Filterschaltungen wird die Frequenzabhängigkeit der Übertragungseigenschaften dynamischer Systeme genutzt mit dem Ziel, von einem gegebenen Signalspektrum nur einen bestimmten Ausschnitt zu übertragen und die übrigen Frequenzbereiche möglichst vollständig zu unterdrücken. Je nachdem, ob von einem Filter nur die tiefen, die hohen oder mittlere Frequenzen durchgelassen oder gesperrt werden, spricht man von Tiefpässen, Hochpässen und Bandpässen bzw. -sperren (s. Abschn. 1.5.2.2, Kennwerte des spektralen Verhaltens eines Systems).

Ideale Filtereigenschaften im Frequenzbereich, d. h. ein unendlich steiler Übergang der Amplitudenkennlinie vom Durchlaß- in den Sperrbereich sowie ein konstanter Amplitudengang und eine verschwindende Phasenverschiebung im Durchlaßbereich, sind praktisch nicht zu verwirklichen; sie wären häufig auch nicht mit den im Zeitbereich angestrebten Eigenschaften, z. B. überschwingungsfreier Sprungantwort, zu vereinbaren. Beim praktischen Entwurf von Filterschaltungen geht man deshalb meist von Standard-Frequenzgängen ähnlich den in Abschn. 3.3.3.3 beschriebenen aus und versucht, diese durch entsprechende passive oder aktive, elektrische oder auch nichtelektrische Netzwerke unter Verwendung geeigneter Speicherglieder zu realisieren. Einfachste Filterschaltungen (Filter 1. Ordnung) sind den Beispielen 3.17 und 3.24 zu entnehmen.

Für den Entwurf eines Tiefpasses können die in Abschn. 3.3.3.3 angegebenen Standard-Frequenzgänge unmittelbar herangezogen werden, wobei aber der Verlauf der Frequenzkennlinien nun nicht mehr nur unterhalb der Grenzfrequenz interessiert, sondern im Hinblick auf die Selektivität des Filters minde-

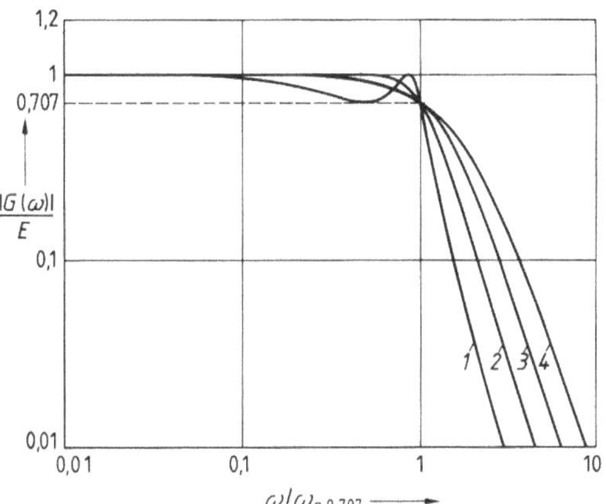

3.139
Amplitudenkennlinien von Filtern 3. Ordnung nach Standard-Frequenzgängen entsprechend Abschn. 3.3.3.3. (Darstellung in doppeltlogarithmischem Maßstab)
1 Tschebyscheff-Tiefpaß, *2* Butterworth-Tiefpaß, *3* Bessel-Tiefpaß, *4* kritisch gedämpfter Tiefpaß

stens mit dem gleichen Gewicht auch in der Umgebung und oberhalb der Grenzfrequenz. Außer den in Abschn. 3.3.3.3 genannten Filtertypen wird häufig noch der Tschebyscheff-Tiefpaß verwendet, dessen Amplitudenkennlinie (Bild **3.**139) eine besonders große Flankensteilheit aufweist, die aber mit einer gewissen Welligkeit der Kennlinie im Durchlaßbereich und einem ungünstigeren Zeitverhalten erkauft wird. Für weitere Einzelheiten des Filterentwurfs und andere Filtertypen s. [29], [43].

Analoge Frequenzmeßgeräte. Man kann die Frequenzabhängigkeit der Übertragungseigenschaften eines dynamischen Systems natürlich auch in der Weise meßtechnisch nutzen, daß man aus den Übertragungseigenschaften, die das System bei einer bestimmten Frequenz des Eingangssignal zeigt, auf die Frequenz dieses Signals schließt. Eine auch heute noch genutzte Anwendung dieses Prinzips ist die im folgenden Beispiel erläuterte Wien-Robinson-Meßbrücke.

Beispiel 3.43. Über die in Bild 3.140 dargestellte Brückenschaltung werden die frequenzabhängigen Impedanzen zweier RC-Glieder miteinander verglichen, die aufgrund ihrer unterschiedlichen Schaltung auch unterschiedliche Frequenzgänge aufweisen, so daß die Abgleichbedingung für sinusförmige Brückenspeisespannung

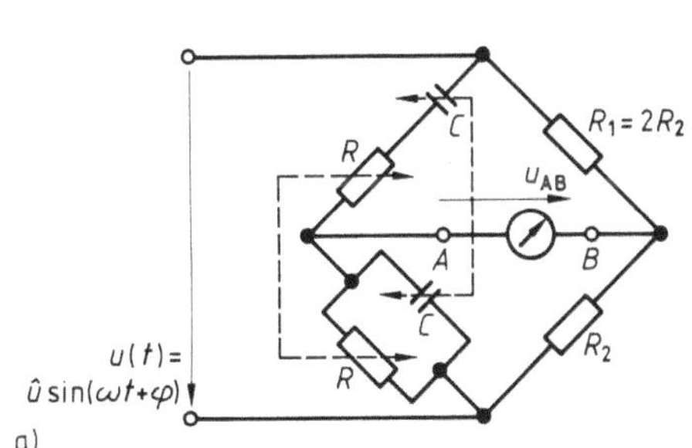
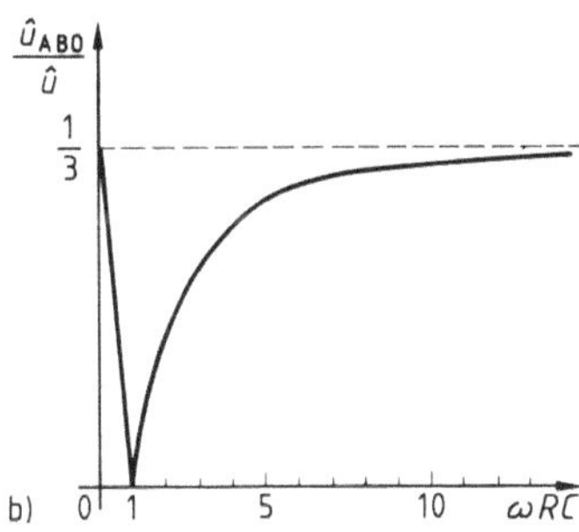

3.140 Wien-Robinson-Frequenzmeßbrücke
     a) Schaltung,   b) Amplitudengang der unbelasteten Brücke

$$\frac{2R_2}{R_2} = \frac{R + 1/(j\omega C)}{\dfrac{R/(j\omega C)}{R + 1/(j\omega C)}}$$

oder

$$j2\omega CR = 1 - \omega^2 C^2 R^2 + j2\omega CR \tag{3.158}$$

eine Funktion der Kreisfrequenz ist. Durch die in Bild **3.**140a gestrichelt angedeutete Kopplung der Widerstands- und der Kondensatoreinstellung wird erreicht, daß die Abgleichbedingung von Gl. (3.158) bezüglich des Imaginärteils frequenzunabhängig immer erfüllt ist, d. h., daß diese sich auf die Realteilbedingung $0 = 1 - \omega^2 C^2 R^2$ reduziert. Aus ihr folgt, daß bei Brückenabgleich die Kreisfrequenz bzw. Frequenz der Brückenspeisespannung

$$\omega = \frac{1}{CR} \quad \text{bzw.} \quad f = \frac{1}{2\pi CR} \tag{3.159}$$

ist und aus den eingestellten Werten C und R der Brückenimpedanzen errechnet werden kann.

Diese Brückenschaltung wird auch als Filter, z. B. in RC-Generatoren, verwendet. Ihre Filterwirkung ergibt sich daraus, daß sie bei festen Werten für R und C nur bei der nach Gl. (3.159) bestimmten Frequenz abgeglichen ist, d. h., bezüglich der zwischen den Punkten A–B im Leerlauf abnehmbaren Diagonalspannung u_{AB0} verhält sich die Brücke wie eine Bandsperre mit der Bandmittenkreisfrequenz $\omega_0 = 1/(RC)$ (s. Bild **3.**140b).

Resonanzmeßgeräte. Theoretisch kann man die bei kleiner Dämpfung besonders starke Resonanzüberhöhung eines Schwingungssystems zur Erzielung einer hohen spektralen Empfindlichkeit für die Messung von Schwingungsvorgängen nutzen, z. B. bei den Nullanzeigegeräten (Resonanzgalvanometern) von Wechselstrombrücken, die mit konstanter Speisefrequenz betrieben werden.

Die starke Frequenzabhängigkeit der Empfindlichkeit in der Umgebung der Resonanzfrequenz solcher schwach gedämpften Systeme ist für die meisten praktischen Anwendungsfälle jedoch ungünstig. Eine Ausnahme bilden die Resonanz-Frequenzmeßgeräte, in denen diese Frequenzabhängigkeit als M e ß - prinzip genutzt wird. Der wichtigste Vertreter dieser Gruppe ist der auch heute noch weitverbreitete Zungenfrequenzmesser [27], [28] (s. Beispiel 3.45).

Nutzung des Eigenverhaltens von Resonanzsystemen. Schwach gedämpfte Resonanzsysteme führen eine nur langsam abklingende Eigenschwingung aus, nachdem ihnen durch eine entsprechende Anregung eine Anfangsenergie zugeführt wurde. Aus der Anfangsamplitude der freien Schwingung kann auf die Anregung geschlossen werden, was man beispielsweise bei dem ballistischen Galvanometer nach Beispiel 3.44 und dem mechanischen Stoßanalysator nach Beispiel 3.45 zu Meßzwecken nutzt. Das zur Messung der Impulsstärke kurzer Strom- oder Spannungsimpulse dienende ballistische Galvanometer ist heute zwar weitgehend durch elektronische Integrierer verdrängt; da das darin genutzte Meßprinzip aber im vorliegenden Zusammenhang von grundlegender Bedeutung ist, wird es im folgenden Beispiel erläutert.

Beispiel 3.44. Das ballistische Galvanometer dient der Messung des Zeitintegrals impulsartig verlaufender elektrischer Größen. Es ist im Prinzip ein normales elektromechanisches Drehspulmeßgerät, dessen Eigenschaften in Beispiel 3.2 und 3.20 beschrieben sind, aber mit sehr kleiner Federkonstante c_d und ebenfalls sehr kleinem Dämpfungskoeffizienten d. Seine Funktion beruht auf der Überlegung, daß der Drehmasse J des Systems durch eine ideale Impulserregung $m_a(t) = M_{a0}\delta(t)$ eine zur Impulsfläche $\int m_a(t)\,dt$ des Antriebsmomentes $m_a(t)$ proportionale Anfangs-Winkelgeschwindigkeit

$$\dot{\alpha}(0) = \omega(0) = (1/J) \int\limits_{-\infty}^{+\infty} m_a(t)\,dt$$

erteilt wird. Danach ist das System sich selbst überlassen. Es führt eine freie, schwach gedämpfte harmonische Schwingung aus, deren momentane Ausschläge $\alpha(t)$ der Anfangs-Winkelgeschwindigkeit $\omega(0)$ und damit der Impulsfläche proportional sind. Zweckmäßig verwendet man das erste, auch dynamisch meist noch gut ablesbare Ausschlagsmaximum $\hat{\alpha}_1$ als Maß für die Impulsfläche.

Man kann diese Meßeigenschaften des ballistischen Galvanometers auch in folgender, schon zu der in Beispiel 3.45 geschilderten Anwendung überleitenden Weise beschreiben.

Die Übertragungsfunktion des mechanischen Feder-Masse-Dämpfung-Systems lautet nach Gl. (3.56) und (3.48)

$$G(p) = \frac{A(p)}{M_a(p)} = \frac{1/c_d}{1 + p\,\dfrac{d}{c_d} + p^2\,\dfrac{J}{c_d}} = \frac{E}{1 + p\,\dfrac{2D}{\omega_0} + \dfrac{p^2}{\omega_0^2}}. \tag{3.160}$$

Da $M_a(p)$ die Laplace-Transformierte des Antriebsmomentes $m_a(t)$ darstellt, ist die Laplace-Transformierte des Ausschlages $\alpha(t)$

$$A(p) = M_a(p)\,\frac{E}{1 + p\,\dfrac{2D}{\omega_0} + \dfrac{p^2}{\omega_0^2}}.$$

Zur Vereinfachung wird angenommen, daß die Dämpfung $D \ll 1$ des Systems exakt Null sei; dann wird

$$A(p) = M_a(p)\,\frac{E}{1 + \dfrac{p^2}{\omega_0^2}} = M_a(p)\,G(p). \tag{3.161}$$

Entsprechend dem zwischen Zeit- und Frequenzbereich bestehenden, durch Gl. (3.28) und (3.30) beschriebenen Zusammenhang folgt aus Gl. (3.161) die Zeitfunktion des Ausschlages

$$\alpha(t) = \int\limits_{-\infty}^{+\infty} m_a(\tau)\,g(t-\tau)\,dt, \tag{3.162}$$

worin $g(t) \equiv 0$ für $t < 0$ und $g(t) = E\omega_0 \sin(\omega_0 t)$ für $t \geqq 0$ [abgekürzt geschrieben $g(t) = E\omega_0\varepsilon(t)\sin(\omega_0 t)$ für $t \lesseqgtr 0$] die Gewichtsfunktion des Schwingungssystems für $D = 0$ ist. Gl. (3.162) kann daher weiter umgeformt werden in

$$\alpha(t) = E\omega_0 \int_{-\infty}^{+\infty} m_a(\tau)\,\varepsilon(t-\tau)\,\sin[\omega_0(t-\tau)]\,d\tau$$

$$= E\omega_0 \int_{-\infty}^{+\infty} m_a(\tau)\,\varepsilon(t-\tau)\,\frac{\exp[j\omega_0(t-\tau)] - \exp[-j\omega_0(t-\tau)]}{2j}\,d\tau$$

$$= \frac{E\omega_0}{2j}\left[\exp(j\omega_0 t)\int_{-\infty}^{+\infty} m_a(\tau)\,\varepsilon(t-\tau)\,\exp(-j\omega_0\tau)\,d\tau\right.$$

$$\left. - \exp(-j\omega_0 t)\int_{-\infty}^{+\infty} m_a(\tau)\,\varepsilon(t-\tau)\,\exp(j\omega_0 t)\,d\tau\right]. \tag{3.163}$$

Ist $m_a(t)$ ein impulsartiger Vorgang, der zur Zeit $t = t_1$ auf Null abgeklungen ist, und beschränkt man sich auf die Betrachtung des Ausschlages $\alpha(t)$ nach dem Abklingen dieses Impulses, also auf den Verlauf von $\alpha(t)$ für $t > t_1$, kann in Gl. (3.163) $\varepsilon(t-\tau)$ durch 1 ersetzt werden. Damit wird für $t > t_1$

$$\alpha(t) = \frac{E\omega_0}{2j}\left[\exp(j\omega_0 t)\int_{-\infty}^{+\infty} m_a(\tau)\,\exp(-j\omega_0\tau)\,d\tau\right.$$

$$\left. - \exp(-j\omega_0 t)\int_{-\infty}^{+\infty} m_a(\tau)\,\exp(j\omega_0\tau)\,d\tau\right],$$

worin nunmehr das erste Integral die Fourier-Transformierte [30] $\mathfrak{F}\{m_a(t)\} = M_a(\omega_0)$ an der Stelle $\omega = \omega_0$ und das zweite Integral die Fourier-Transformierte $\mathfrak{F}\{m_a(t)\} = M_a(-\omega_0)$ an der Stelle $\omega = -\omega_0$ bedeutet, also

$$\alpha(t) = E\omega_0\left[\frac{\exp(j\omega_0 t)}{2j}M_a(\omega_0) - \frac{\exp(-j\omega_0 t)}{2j}M_a(-\omega_0)\right].$$

Mit

$$M_a(\omega_0) = |M_a(\omega_0)|\exp(j\varphi_a) \quad \text{und} \quad M_a(-\omega_0) = |M_a(\omega_0)|\exp(-j\varphi_a)$$

kann dann auch geschrieben werden

$$\alpha(t) = E\omega_0|M_a(\omega_0)|\,\frac{\exp[j(\omega_0 t + \varphi_a)] - \exp[-j(\omega_0 t + \varphi_a)]}{2j}$$

oder

$$\alpha(t) = |M_a(\omega_0)|\,E\omega_0\sin(\omega_0 t + \varphi_a) \quad \text{für} \quad t > t_1. \tag{3.164}$$

Nach Gl. (3.164) ist die Amplitude der freien Schwingung des Galvanometers nach Abklingen des Eingangspulses ($t > t_1$) proportional der Amplitudendichte $|M_a(\omega)|$ des Eingangssignals $m_a(t)$ bei der durch die Resonanzkreisfrequenz ω_0 des Galvanometers bestimmten Kreisfrequenz $\omega = \omega_0$. Würde man das gleiche Eingangssignal $m_a(t)$ mehreren Resonanzsystemen unterschiedlicher Resonanzkreisfrequenzen ω_{01}, ω_{02}, ... zuführen, so erhielte man eine Information über die Amplitudendichte des Signals an den diskreten Stellen $\omega = \omega_{01}$, ω_{02}, ... Man könnte auf diese Weise eine punktweise Spektralanalyse des Signals $m_a(t)$ durchführen (s. Beispiel 3.45).
Die Messung der Impulsfläche des idealen Impulses $m_a(t) = M_{a0}\delta(t)$ ergibt sich so aus der Definition der Fourier-Transformierten

$$M_a(\omega) = \int_{-\infty}^{+\infty} m_a(t)\,\exp(-j\omega t)\,dt,$$

aus der für $\omega = 0$ mit $[\exp(-j\omega t)]_{\omega = 0} = 1$ der Zusammenhang

$$M_a(\omega = 0) = M_{a0} = \int\limits_{-\infty}^{+\infty} m_a(t)\, dt \qquad (3.165)$$

folgt. Da die Amplitudendichte des δ-Impulses frequenzunabhängig ist (s. Bild **3.**141), kann in Gl. (3.164) für $M_a(\omega_0)$ auch $M_a(\omega = 0) = M_{a0}$ eingesetzt werden, d.h., die Amplitude der freien Schwingung des Ausgangssignals $\alpha(t)$ ist für den idealen Eingangsimpuls $m_a(t) = M_{a0}\delta(t)$ auch ein Maß für die Impulsfläche nach Gl. (3.165). Reale Impulse haben eine von Null verschiedene Dauer T und eine endliche Höhe M_{a0}/T (s. Bild **3.**141). Ihre Amplitudendichte ist dann nicht konstant, sondern klingt monoton oder schwingend auf Null ab. Die Impulsfläche wird dann nur richtig gemessen, wenn die Impulsdauer genügend klein gegen die Periodendauer $2\pi/\omega_0$ der Eigenschwingung des Resonanzsystems ist. Beispielsweise gilt für den in Bild **3.**141 dargestellten Rechteckpuls der Dauer T, daß die nach Gl. (3.164) gemessene Amplitudendichte $|M_a(\omega_0)|$ näherungsweise gleich der Amplitudendichte $M_{a0} = \int m_a(t)\,dt$, also gleich der Impulsfläche ist, wenn $\omega = \omega_0 \ll 2\pi/T$ oder $T \ll 2\pi/\omega_0$ ist.

Mit dieser meßtechnischen Aufgabenstellung werden (bzw. wurden) ballistische Galvanometer üblicherweise eingesetzt. Bei der praktischen Abschätzung der systematischen Meßfehler des Gerätes ist auch die in dieser Ableitung vernachlässigte Dämpfung des Systems zu berücksichtigen.

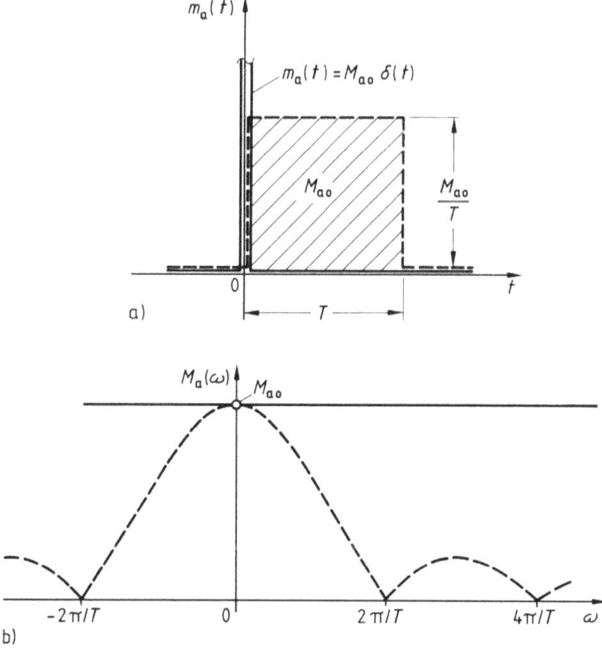

3.141 Pulsartige Signale und ihre Amplitudenspektralfunktionen
  a) Zeitfunktionen
  b) Amplitudenspektralfunktionen

Beispiel 3.45. Bei der Untersuchung mechanischer Stoßvorgänge stellt sich häufig die Aufgabe, die Amplitudenspektralfunktion stoßartiger mechanischer Auslenkungen $x(t)$ zu bestimmen. Eine geeignete Meßeinrichtung besteht aus einer Anzahl n schwach gedämpfter mechanischer Schwinger, deren Resonanzfrequenzen gleichmäßig über den zu analysierenden Frequenzbereich verteilt sind (Bild 3.142). Erteilt man der gemeinsamen Einspannstelle E eine stoßartige Auslenkung $x(t)$, so werden alle Schwinger in der ihnen eigenen Resonanzkreisfrequenz ω_{0i} zu periodischen Dauerschwingungen angeregt, die nur langsam entsprechend der sehr geringen Systemdämpfung $D \ll 1$ abklingen. Die Ausschläge eines Schwingers stellen sich um so intensiver ein, je größer die Signalkomponenten $X(\omega)$ sind, die in den Resonanzbereich des Schwingers fallen. Eine Durchrechnung zeigt, daß die Amplituden $\hat{a}_i$ der Schwingwege nach Ablauf der Anregung $(t > t_1)$ mit guter Näherung der Amplitudendichte des Eingangssignals im Resonanzpunkt des Schwingers multipliziert mit der Resonanzfrequenz entsprechen (vgl. Bild 3.142 und Beispiel 3.44).

Fühlt man die Ausschläge z.B. elektrisch, so lassen sich Betrag und ggf. auch Phasenwinkel der Amplitudenspektralfunktion als diskrete Werte (Abtastwerte) bequem bestimmen, aus denen die stetige Funktion durch Interpolation gewonnen werden kann.

Resonanzfilter der beschriebenen Art, die praktisch häufig als Biegeschwinger ausgeführt werden, sind auch zur Analyse periodischer Schwingungen verwendbar, z.B. in Form des Zungenfrequenzmessers, der auf elektromagnetischem Wege durch die Meßgröße angeregt wird.

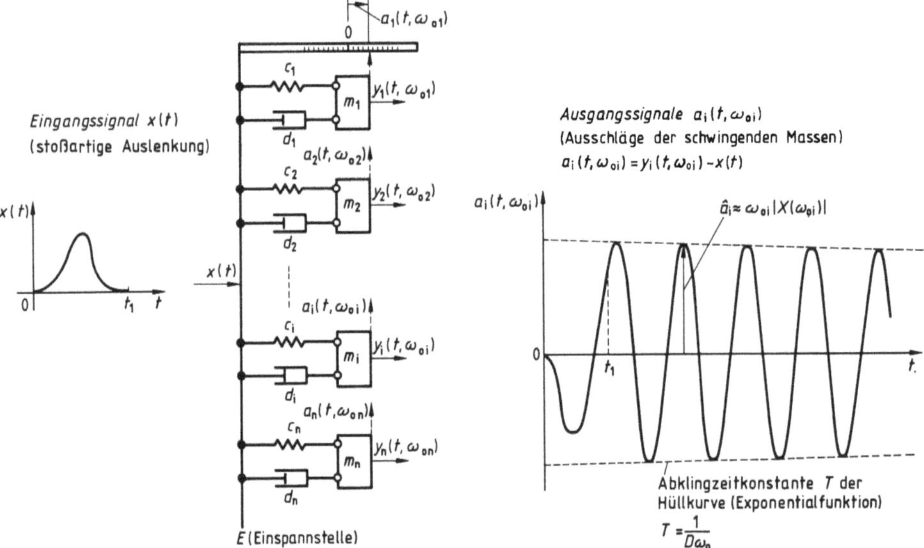

3.142 Prinzip eines mechanischen Stoßanalysators
Frequenzgang der schwingenden Systeme (s.a. Bild 3.138)

$$G_i(\omega) = \frac{A_i(\omega)}{X(\omega)} = \frac{\omega^2}{\omega_{0i}^2} \cdot \frac{1}{1 - \dfrac{\omega^2}{\omega_{0i}^2} + j2D\dfrac{\omega}{\omega_{0i}}} \qquad \omega_0 = \sqrt{\frac{c}{m}} \quad D = \frac{d}{2\sqrt{mc}}$$

$A_i(\omega)$, $X(\omega)$ Fourier-Transformierte der Zeitfunktionen $a_i(t)$, $x(t)$, m Masse, c Federsteife, d Dämpfungskoeffizient

Ausschläge der ungedämpft schwingenden Systeme ($D = 0$)

$$a_i(t) = -x(t) + |X(\omega_{0i})|\,\omega_{0i}\sin[\omega_{0i}t + \varphi_x(\omega_{0i})]$$

4 Messung von Signal- und Systemeigenschaften

In Abschn. 3 wurden die statischen und dynamischen Eigenschaften von Meßeinrichtungen diskutiert im Hinblick auf die meßtechnische Grundaufgabe, die
Zeitfunktion eines Signals mit Hilfe geeigneter Meßglieder in die Zeitfunktion
eines anderen Signals abzubilden bzw. umzuformen. Im Vordergrund der Betrachtungen standen dabei die Fehler, die bei dieser Umformung durch nichtideale Eigenschaften der Meßglieder und durch Stör- bzw. Einflußgrößen hervorgerufen werden sowie die Möglichkeiten zu ihrer Verminderung. Anknüpfend an Abschn. 1.4.2 sollen im folgenden die wichtigsten Konzepte für die
Struktur der Signalumformungen behandelt werden, nach denen die Meßeinrichtung aufgebaut und die geforderte Meßinformation gewonnen werden
kann.

In Abschn. 1.4.2.5 und in Bild **1.**37 wird nach dem physikalischen Charakter
der Meßgröße unterschieden zwischen Meßverfahren für Zustandsgrößen
und Meßverfahren für Systemparameter. Entsprechend der mehr system-
theoretisch orientierten Betrachtungsweise wird hier der Begriff Zustandsgröße
durch den allgemeineren Begriff Signal ersetzt.

4.1 Signaleigenschaften

Das Ziel der Messung eines Signals ist die Bestimmung seines zeitlichen Verlaufs oder bestimmter Merkmale (Parameter) dieses Verlaufs. Dazu kann man
sich der in Bild **4.**1 dargestellten grundlegenden Verfahren bedienen:

Bei dem Ausschlagverfahren nach Bild **4.**1a wird der meßtechnisch interessierende Parameter des Meßgrößensignals (Eingangssignal des Meßsystems)
entsprechend den im meßtechnischen Sinn eindeutig definierten Übertragungseigenschaften des gewählten Meßsystems in den Meßparameter des
Meßwertsignals (Ausgangssignal) abgebildet.

Bei dem in Bild **4.**1b dargestellten Kompensationsverfahren wird das
Meßgrößensignal oder ein aus dem Meßgrößensignal gebildetes Zwischensignal mit einem in seinem zeitlichen Verlauf gezielt einstellbaren, genau bekannten Kompensationssignal durch Differenzbildung verglichen. Über
das Differenzsignal wird der Verlauf des Kompensationssignals solange korri-

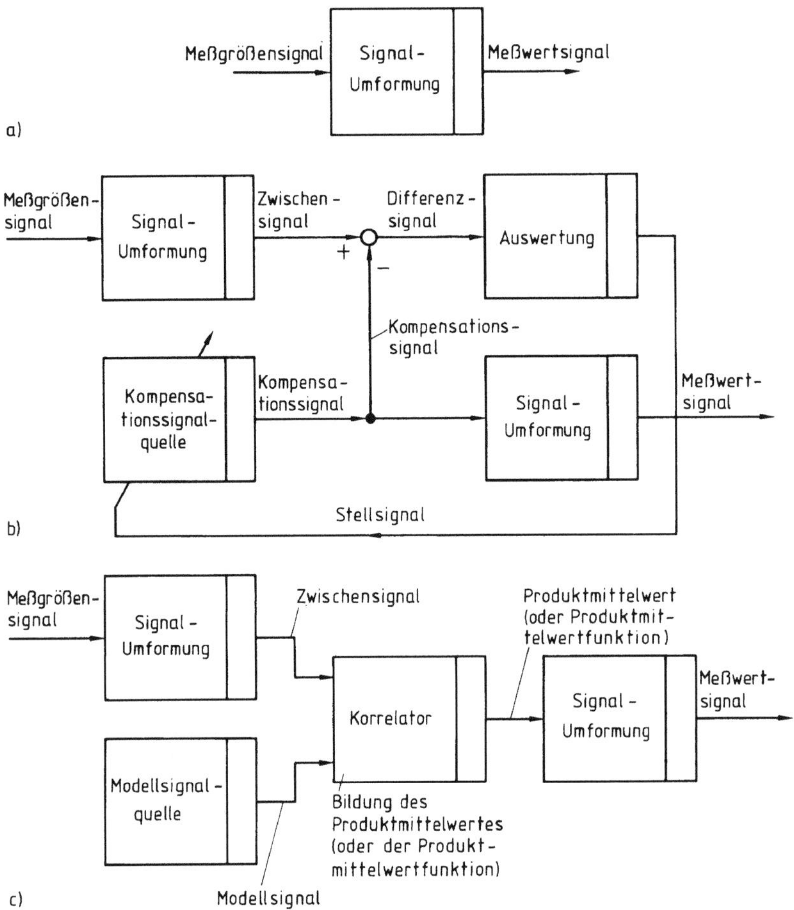

4.1 Meßverfahren für Signale
   a) Ausschlagverfahren
   b) Kompensationsverfahren
   c) Korrelationsverfahren

giert, bis aus der Gleichheit von Meßgrößen- bzw. Zwischensignal und Kompensationssignal auf den Verlauf des Meßgrößensignals geschlossen werden kann (s. Beispiel 3.13, 3.21, 3.25 und 3.30). Formt man das Meßgrößensignal vor dem Vergleich entsprechend um, so können auch bestimmte Signaleigenschaften, z. B. der Mittelwert, durch Kompensation gemessen werden (s. Beispiel 4.2).

Nach dem Prinzip des Vergleichs zweier Signale arbeitet auch das Korrelationsverfahren (s. Bild **4.1** c). Es unterscheidet sich von dem Kompensationsverfahren aber wesentlich darin, daß nicht ein bekanntes Vergleichssignal auf Gleichheit mit dem Meßgrößensignal oder einem diesem entsprechenden Zwischensignal eingestellt wird, sondern das Meßgrößensignal wird daraufhin untersucht, ob es bestimmte vorgegebene Eigenschaften besitzt. Dazu wird von dem Meßgrößensignal und einem geeignet gewählten Modellsignal oder von zwei verschiedenen Meßsignalen oder auch von dem Meßgrößensignal mit sich selbst die (Kreuz- bzw. Auto-)Korrelationsfunktion [30] gebildet und ausgewertet. Häufig genügt es, den Produktmittelwert dieser Signale zu bilden, der gleich dem Anfangswert der Korrelationsfunktion ist [30]. Aus dem Verlauf der Korrelationsfunktion oder der Größe des Produktmittelwertes kann dann beispielsweise gefolgert werden, ob ein unregelmäßig zeitveränderliches Signal eine verdeckte Periodizität besitzt [39], ob und mit welcher Größe eine bestimmte harmonische Komponente in einem periodischen Signal enthalten ist (s. Abschn. 4.1.2), oder ob zwei regellose Signale dem gleichen physikalischen Prozeß entstammen [45] usw. Die Hauptanwendung der Korrelationsmeßtechnik liegt auf dem Gebiet der stochastischen Signale, die in vorliegender Einführung nur gestreift werden können (s. Abschn. 3.3.2.2 und 3.4.4). Aber auch im Bereich der deterministischen Signale ergeben sich einige wichtige Anwendungen (s. Abschn. 4.1.2).

Im Kern unterscheiden sich die vorstehend genannten Verfahren in folgendem: Bei dem Ausschlagverfahren wird aus dem Ausgangssignal und den bekannten Übertragungseigenschaften des Meßsystems auf die im Eingangssignal enthaltene Meßinformation geschlossen. Bei dem Kompensations- und dem Korrelationsverfahren erhält man die Meßinformation dagegen aus dem Vergleich zweier Signale, die durch Differenzbildung auf Gleichheit oder durch Bildung der Korrelationsfunktion bzw. des Produktmittelwertes auf Verwandtschaften der Signalstruktur untersucht werden. Dementsprechend ergeben sich auch unterschiedliche praktische Anwendungsbereiche, die natürlich nicht frei von Überschneidungen sind.

Zur Festlegung einer Meßstrategie, nach der das geeignete Meßverfahren auszuwählen ist, geht man zweckmäßig von der analytischen Beschreibung der Signalklasse aus, der das Meßgrößensignal angehört. Dazu ist eine entsprechende a priori-Information über die Zeiteigenschaften der Meßgröße erforderlich. Aus der Definition des zu messenden Signalmerkmals (Meßparameter) können dann Anweisungen zur Realisierung des Meßverfahrens abgeleitet werden. Die Hauptschwierigkeit bei diesem Vorgehen liegt meist weniger auf der gerätetechnischen Seite, sondern mehr in der Beschaffung der notwendigen Vorinformationen über die zeitlichen (oder spektralen) Eigenschaften der Meßgröße, ohne die eine sinnvolle Auswahl des Meßverfahrens nicht möglich ist oder zumindest sehr erschwert wird. Neben praktischer Erfahrung ist die wichtigste Quelle für diese notwendige a priori-Information die Analyse des physikalischen Prozesses, aus dem die zu messende Größe herrührt. Der Ablauf des Prozesses, Grenzzustände und Grenzbeanspruchungen, Informationen über den zeitlichen Verlauf anderer Größen des gleichen Prozesses, Analogieüberlegungen usw. liefern Hinweise, aus denen die benötigte Vorinformation in der Regel abgeleitet werden kann. In extremen Fällen müssen orientierende Vormessungen durchgeführt werden.

Im folgenden wird die Klasse der deterministischen Signale [30] betrachtet, also die (zeitbegrenzten) aperiodischen Signale und die (zeitunbegrenzten) periodischen Signale. Zeitkonstante Signale, die zusammen mit den periodischen die Klasse der stationären deterministischen Signale bilden, können als Grenzfall der periodischen Signale aufgefaßt werden und bedürfen daher keiner besonderen Betrachtung.

Deterministische Signale werden vollständig beschrieben durch ihre Zeitfunktion $u(t)$ oder durch ihre Amplitudenspektralfunktion (Amplitudendichtefunktion) $U(\omega)$[1] [30]. Die beiden Darstellungen sind mathematisch völlig gleichwertig, da sie durch die Fourier-Transformation umkehrbar eindeutig miteinander verknüpft sind. Man kann deshalb ein Signal ebenso als einen zeitlichen Vorgang $u(t)$ wie als einen spektralen Vorgang $U(\omega)$ ansehen und durch die Wahl der Meßeinrichtung entscheiden, ob der Vorgang in seinem zeitlichen oder in seinem spektralen Erscheinungsbild betrachtet werden soll. So liefert der in Beispiel 3.45 beschriebene Stoßanalysator diskrete Abtast-

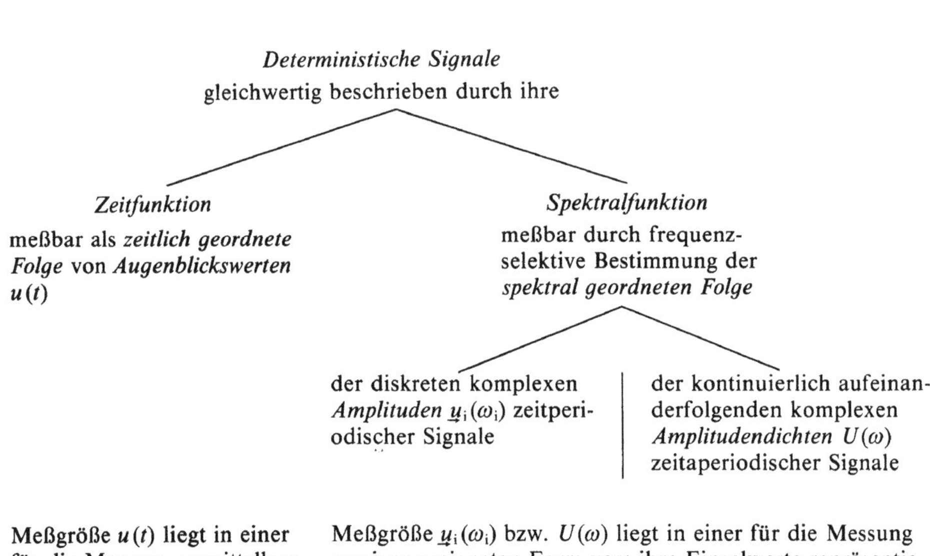

4.2 Beschreibung deterministischer Signale

---

[1]) Da die Laplace-Transformierte $U(p)$ der Zeitfunktion einer direkten Messung nicht zugänglich ist, wird im vorliegenden Zusammenhang vorwiegend die als Amplitudenspektralfunktion bezeichnete Fourier-Transformierte benutzt.

werte $X(\omega_{0i})$ der kontinuierlichen Amplitudenspektralfunktion $X(\omega)$ der Auslenkung des untersuchten mechanischen Stoßvorganges, also ein spektrales Bild, aus dem die zugehörige Zeitfunktion $x(t)$ über eine Fourier-Rücktransformation gewonnen werden könnte. Man hätte aber ebensogut die Auslenkung des Vorganges als Zeitfunktion $x(t)$ erfassen können, z. B. mit einem analogen Wegmeßsystem; dann hätte man primär das zeitliche Bild des Vorganges erhalten und daraus ggf. nach Fourier-Transformation das spektrale. Man erhält also formal unterschiedliche, aber inhaltlich gleichwertige Aussagen. Hinsichtlich der praktischen Meßbarkeit besteht jedoch ein wesentlicher prinzipieller Unterschied. Die Zeitfunktion setzt sich aus reellen Augenblickswerten $u(t)$ zusammen, die in ihrer natürlichen zeitlichen Aufeinanderfolge durch ein und dieselbe Meßeinrichtung zeitkontinuierlich erfaßt werden können (s. Bild **4.2**). Dagegen treten alle spektralen (komplexen) Einzelwerte $\underline{u}_i(\omega_i)$, $U(\omega)$, die jede für sich im Zeitbereich eine **stationäre Exponentialschwingung** endlich großer oder infinitesimal kleiner Amplitude repräsentieren, gleichzeitig auf, müssen also in der Meßeinrichtung spektral voneinander getrennt werden, wozu entsprechende Filter oder als solche wirkende Meßglieder benötigt werden (in Beispiel 3.45 je ein Resonanzsystem pro spektralem Einzelwert $X(\omega_{0i})$ zur Kreisfrequenz ω_{0i}).

4.1.1 Zeiteigenschaften

Die Zeiteigenschaften eines Signals sind durch die Zeitfunktion $u(t)$ gegeben, welche die kontinuierliche zeitliche Folge der Augenblickswerte $u(t_1)$, $u(t_2)$, ..., allgemein $u(t)$, des Signals beschreibt (das Symbol $u(t)$ wird i. allg. sowohl zur Kennzeichnung der Zeitfunktion im mathematischen Sinn als auch zur allgemeinen Kennzeichnung einzelner Augenblickswerte des Signals benutzt). Die grundlegende meßtechnische Aufgabe, diese kontinuierliche Folge der Augenblickswerte $u(t)$ eines Meßgrößensignals $u(t)$ mit Hilfe eines physikalischen Systems in die Augenblickswerte $y(t)$ eines zeitkontinuierlichen Meßwertsignals $y(t)$ abzubilden – oder auch diskrete Augenblickswerte $u(kT_P)$ in diskrete Augenblickswerte $y(kT_P)$ –, wurde in Abschn. 3 ausführlich behandelt. Als Ergänzung dazu wird in diesem Abschnitt schwerpunktmäßig auf die praktisch wichtigen Themenbereiche der Messung des Augenblickswertes über zeitliche Mittelwerte, der Anwendung von Abtastverfahren und der Messung von Mittelwerten periodischer Signale eingegangen.

4.1.1.1 Messung des Augenblickswertes über den Kurzzeitmittelwert. Eine Reihe praktisch wichtiger Meßeinrichtungen, z. B. das Elektronenstrahloszilloskop oder der Zweirampen-(Dual-Slope-)AD-Umsetzer, zur Bestimmung von Augenblickswerten erfassen vom Prinzip her nicht den Augenblickswert, sondern

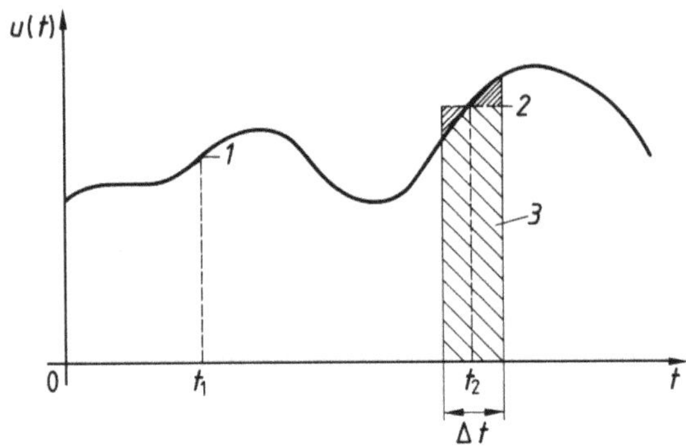

4.3
Zur Erläuterung der Begriffe Augenblickswert (*1*), Kurzzeitmittelwert (*2*) und Kurzzeitintegral (*3*)

den zeitlichen Mittelwert

$$\overline{u_{\Delta t}}(t) = \frac{1}{\Delta t} \int_{t-\frac{\Delta t}{2}}^{t+\frac{\Delta t}{2}} u(\tau)\,\mathrm{d}\tau \tag{4.1}$$

(s. Bild **4.**3) über einer bestimmten, durch das Verfahren festgelegten, möglichst kurzen Zeit Δt. Zur Unterscheidung von dem das Signal als Ganzes charakterisierenden Mittelwert $\overline{u(t)}$ über die gesamte Signaldauer wird dieser Mittelwert $\overline{u_{\Delta t}}$ Kurzzeitmittelwert genannt. Dieser Mittelwert ist eine Funktion der Zeit, $\overline{u_{\Delta t}} = \overline{u_{\Delta t}}(t)$, der – wie aus Bild **4.**3 zu erkennen – mit dem Augenblickswert $u(t)$ des Signals in der Mitte des Mittelungs-(Integrations-)Intervalls Δt annähernd übereinstimmt, $\overline{u_{\Delta t}}(t) \approx u(t)$, wenn sich die Zeitfunktion $u(t)$ während dieser Zeit Δt nur wenig oder näherungsweise zeitlinear ändert. Der Augenblickswert $u(t)$ des Signals kann also näherungsweise auch über den Kurzzeitmittelwert $\overline{u_{\Delta t}}(t)$ dargestellt werden, der praktisch als Kurzzeitintegral

$$\int_{t-\frac{\Delta t}{2}}^{t+\frac{\Delta t}{2}} u(\tau)\,\mathrm{d}\tau = \Delta t\, \overline{u_{\Delta t}}(t) \tag{4.2}$$

über der festen Integrationszeit Δt gemessen wird. Da sich das Kurzzeitintegral vom Kurzzeitmittelwert nur um den konstanten, dimensionsbehafteten Proportionalitätsfaktor $1/\Delta t$ unterscheidet, muß die Division des Integralwertes durch die konstante Integrationszeit nicht gerätetechnisch realisiert werden, sondern kann bei der Kalibrierung der Meßeinrichtung berücksichtigt werden, z. B. im Skalenfaktor eines anzeigenden Meßgerätes.

Der bei der näherungsweisen Messung des Augenblickswertes über den Kurzzeitmittelwert entstehende Verfahrensfehler ist um so größer, je stärker die Zeitfunktion $u(t)$ im Mittelungsintervall Δt von einem zeitlinearen Verlauf abweicht. Um diesen Fehler – oder allgemein die Übertragungseigenschaften eines den Kurzzeitmittelwert nach Gl. (4.1) kontinuierlich erfassenden Meßgliedes – mit den geläufigen, in Abschn. 3 benutzten Methoden beschreiben zu können, bestimmt man zweckmäßig die Frequenzkennfunktionen $G(p)$, $G(\omega)$ und die Zeitkennfunktionen $g(t)$, $h(t)$ des Meßgliedes. Hierbei ist zu berücksichtigen, daß der nach Gl. (4.1) theoretisch der Zeit t zugeordnete Mittelwert des Eingangssignals $u(t)$ über dem Zeitintervall $t - \Delta t/2$ bis $t + \Delta t/2$ von realen Systemen natürlich frühestens zur Zeit $t + \Delta t/2$ ausgegeben werden kann, da vor dieser Zeit noch nicht alle zum Mittelwert $\overline{u_{\Delta t}}$ beitragenden Augenblickswerte $u(t - \Delta t/2) \dots u(t + \Delta t/2)$ das Meßglied erreicht haben. Das Ausgangssignal $y(t)$ eines solchen realen Meßgliedes wird daher besser als Mittelwert des Eingangssignals

$$y(t) = \overline{u_{\Delta t}}(t) = \frac{1}{\Delta t} \int\limits_{t-\Delta t}^{t} u(\tau)\,\mathrm{d}\tau \tag{4.3}$$

über dem Zeitintervall $t - \Delta t$ bis t dargestellt. Aus der Laplace-Transformierten dieser Gleichung

$$Y(p) = \frac{U(p)}{p\,\Delta t}\,[1 - \exp(-p\,\Delta t)]$$

$$= \frac{U(p)}{p\,\Delta t}\left[\exp\left(p\,\frac{\Delta t}{2}\right) - \exp\left(-p\,\frac{\Delta t}{2}\right)\right]\exp\left(-p\,\frac{\Delta t}{2}\right)$$

erhält man unmittelbar die Übertragungsfunktion

$$G(p) = \frac{1 - \exp(-p\,\Delta t)}{p\,\Delta t} = \frac{\exp\left(p\,\dfrac{\Delta t}{2}\right) - \exp\left(-p\,\dfrac{\Delta t}{2}\right)}{p\,\Delta t}\exp\left(-p\,\frac{\Delta t}{2}\right), \tag{4.4}$$

die für $p = \mathrm{j}\omega$ in den Frequenzgang

$$G(\omega) = \frac{1 - \exp(-\mathrm{j}\omega\,\Delta t)}{\mathrm{j}\omega\,\Delta t} = \frac{\exp\left(\mathrm{j}\omega\,\dfrac{\Delta t}{2}\right) - \exp\left(-\mathrm{j}\omega\,\dfrac{\Delta t}{2}\right)}{\mathrm{j}\omega\,\Delta t}\exp\left(-\mathrm{j}\omega\,\frac{\Delta t}{2}\right)$$

übergeht, den man unter Beachtung der Eulerformel auch in der Form

$$G(\omega) = \frac{\sin\left(\omega\,\dfrac{\Delta t}{2}\right)}{\omega\,\dfrac{\Delta t}{2}}\exp\left(-\mathrm{j}\omega\,\frac{\Delta t}{2}\right) = \mathrm{si}\left(\omega\,\frac{\Delta t}{2}\right)\exp\left(-\mathrm{j}\omega\,\frac{\Delta t}{2}\right) \tag{4.5}$$

angeben kann.

Der Frequenzgang ist nach Betrag und Phase in Bild **4.4** aufgetragen. Der Verlauf des Amplitudenganges $|G(\omega)|$ wird durch die Fenster- oder Spaltfunktion $\mathrm{si}\,x = (\sin x)/x$ mit $x = \omega\,\Delta t/2$ bestimmt, die so benannt ist, weil in ihr die Wirkung des Zeit-„Fensters" oder des Zeit-„Spaltes" der Breite Δt auf die Mittel-

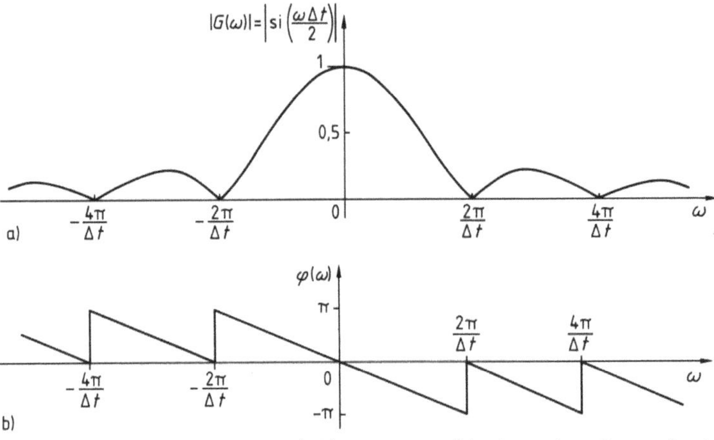

4.4 Amplitudengang (a) und Phasengang (b) einer den Kurzzeitmittelwert $\overline{u_{\Delta t}}(t)$ einer Zeitfunktion $u(t)$ stetig erfassenden Meßeinrichtung

wertbildung zum Ausdruck kommt. An den Nulldurchgängen $\omega = i\,(2\pi/\Delta t)$ mit $i = \pm 1;\ \pm 2;\ \dots$ des Amplitudenganges umfaßt das Zeitfenster jeweils gerade $|i|$ volle Perioden eines sinusförmigen Eingangssignals $u(t)$, deren Mittelwert Null ist. Die Anfangssteigung der Phasenkennlinie entspricht der in Tafel 4.5 erkennbaren **mittleren Totzeit** $T_{\mathrm{Tm}} = \Delta t/2$ des Systems, die ab einer Zeit t vergeht, bis der ein Eingangssignal $u(t)$ approximierende Kurzzeitmittelwert $y(t + \Delta t/2)$ am Systemausgang erscheint. $\Delta t/2$ ist die theoretische Mindestzeit, die von keinem kausalen System unterschritten, wohl aber überschritten werden kann.

Tafel 4.5 Deformation der Impuls- und der Sprungfunktion durch ein den Kurzzeitmittelwert bildendes Meßglied

	a) Gewichtsfunktion	b) Übergangsfunktion
bezogenes Eingangssignal		
bezogenes Ausgangssignal		

Aus den Frequenzkennlinien in Bild **4.**4 ist zu erkennen, daß von dem betrachteten System Signale **formgetreu** übertragen werden, deren obere Grenzkreisfrequenz ω_{gs} klein ist im Vergleich zur Kreisfrequenz

$$\omega_{gs} \ll \frac{2\pi}{\Delta t} \tag{4.6}$$

des ersten Nulldurchganges der Amplitudenkennlinie. Die Formverzerrung von Signalen, die dieser Bedingung nicht genügen, z. B. impuls- oder sprungartig verlaufende aperiodische Signale, kann anhand der in Tafel **4.**5 aufgezeichneten Zeitkennlinien Gewichtsfunktion $g(t)$ und Übergangsfunktion $h(t)$ qualitativ beurteilt werden. Danach werden impulsartige Vorgänge abgeflacht und zeitgedehnt, Sprünge zu einem rampenartigen Anstieg verbreitert. Zu beachten ist hierbei allerdings die Zeitdauer, in der die Vorgänge ablaufen. Praktisch machen sich derartige Verzerrungen häufig erst bei sehr hohen Frequenzen bzw. bei zeitlich sehr kurzen Vorgängen störend bemerkbar. Beispielsweise liegt bei einem Elektronenstrahloszilloskop die Zeit Δt in der Größenordnung 10^{-10} s bis 10^{-9} s (s. Beispiel 4.1), die selbst bei Vorgängen, deren Dauer nach ms oder auch µs gemessen wird, praktisch noch vernachlässigbar ist.

Als praktisches Beispiel der vorstehend erläuterten **zeitkontinuierlichen** Messung der Zeitfunktion eines Signals $u(t)$ über die Zeitfunktion des Kurzzeitmittelwertes $\overline{u_{\Delta t}}(t)$ wird im folgenden Beispiel die Strahlablenkung eines Elektronenstrahloszilloskops betrachtet.

Beispiel 4.1. In Bild **4.**6a ist eine Elektronenstrahlröhre schematisch dargestellt. Von der elektrisch beheizten Kathode K wird ein Elektronenstrom emittiert, der vom Wehneltzylinder W gesteuert und von der Anode A beschleunigt wird. Weitere Elektroden F (Fokussierung) bewirken eine scharfe Bündelung des Strahles, dessen Vertikalablenkung im folgenden betrachtet wird.

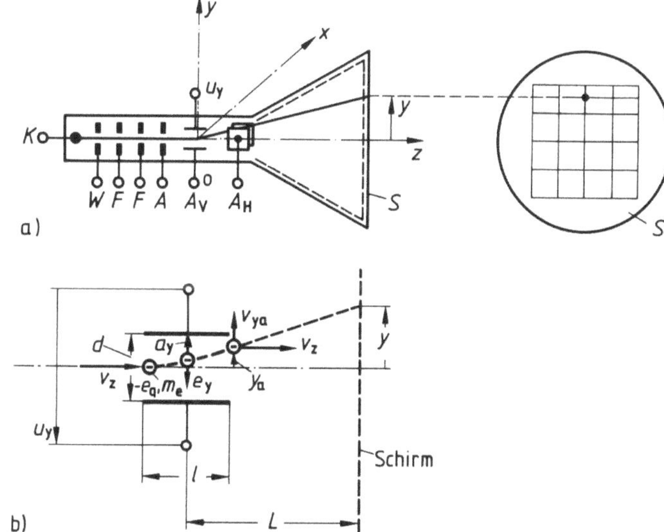

4.6
Prinzip der Strahlablenkung des Elektronenstrahloszilloskops
a) Schema der Elektronenstrahlröhre
b) Kinematik der Strahlablenkung

Die Strahlelektronen mit der Ladung $-e_q$ und der Masse m_e treten mit einer Geschwindigkeit v_z in das homogene elektrische Feld der Feldstärke e_y zwischen den Elektroden des Vertikal-Ablenksystems A_V ein und erfahren dort durch die Coulombkraft $f_y = -e_q e_y$ eine Beschleunigung a_y in y-Richtung. Bei Austritt aus dem Feld besitzen sie eine von der Feldstärke e_y abhängige Geschwindigkeitskomponente v_{ya} in y-Richtung bei unveränderter z-Komponente v_z. Sie treffen auf den Schirm S der Röhre mit dem Ausschlag y, der ein Maß für die zwischen den Ablenkelektroden herrschende Feldstärke e_y ist. Wird diese Feldstärke durch eine zu messende Spannung u_y hervorgerufen, die an die Anschlußklemmen des Ablenksystems gelegt wird, so ist der Ausschlag y ein Maß für diese Spannung.

Man kann diesen Vorgang durch die Proportionen

$$y(t) \sim v_{ya}(t) \sim \int_{\Delta t} a_y(t)\,dt$$

und

$$a_y(t) \sim e_y(t) \sim u_y(t),$$

also durch

$$y(t) \sim \int_{\Delta t} u_y(t)\,dt$$

beschreiben, worin $\Delta t = l/v_z$ die endliche Laufzeit der Elektronen im Bereich des elektrischen Feldes zwischen den Ablenkelektroden ist. Es werden also nicht die Augenblickswerte $u_y(t)$ der zu messenden Spannung in den vertikalen Strahlausschlag $y(t)$ abgebildet, sondern deren Kurzzeitmittelwerte $\overline{u_{y\Delta t}}(t)$, die um so mehr von den Augenblickswerten abweichen, je größer die zeitliche Änderung der Meßgröße während der Elektronenlaufzeit Δt durch das Ablenksystem ist.

Betrachtet wird die y-Ablenkung eines Strahlelektrons, das sich zu einer Zeit t_1 gerade in der (horizontalen) Mitte der Ablenkelektroden befindet, also zur Zeit $t_1 - \Delta t/2$ in den Feldbereich eingetreten ist und diesen zur Zeit $t_1 + \Delta t/2$ wieder verlassen wird. Im Feld wird dem Elektron die Ablenkbeschleunigung

$$a_y(t) = \frac{e_q e_y(t)}{m_e} = \frac{e_q}{m_e d} u_y(t) \tag{4.7}$$

erteilt. Bei Austritt aus dem Feldbereich zur Zeit $t_1 + \Delta t/2$ hat es die Ablenkgeschwindigkeit

$$v_y\left(t_1 + \frac{\Delta t}{2}\right) = v_{ya} = \int_{t_1 - \Delta t/2}^{t_1 + \Delta t/2} a_y(t)\,dt = \frac{e_q}{m_e d} \int_{t_1 - \Delta t/2}^{t_1 + \Delta t/2} u_y(t)\,dt \tag{4.8}$$

angenommen, die es dann bis zum Auftreffen auf dem Schirm zur Zeit $t_1 + L/v_z$ unverändert beibehält. Der von dem Elektron bis zu dieser Zeit zurückgelegte Weg in y-Richtung, also der Ausschlag $y(t_1 + L/v_z)$, beträgt dann

$$y\left(t_1 + \frac{L}{v_z}\right) = y_a + \left(\frac{L}{v_z} - \frac{\Delta t}{2}\right) v_{ya},$$

worin $y_a = y(t_1 + \Delta t/2)$ den Ausschlag am Ende der Beschleunigungszeit $t_1 + \Delta t/2$ und $(L/v_z) - \Delta t/2$ die Elektronenlaufzeit vom Ende des Ablenksystems bis zum Schirm bedeuten. Da die Plattenlänge l klein gegen den Schirmabstand L ist, genügt es, y_a näherungsweise über eine als zeitkonstant angenommene Ablenkbeschleunigung

$$a_{ym} \approx v_{ya}/\Delta t$$

zu

$$y_a \approx a_{ym} \frac{(\Delta t)^2}{2} = v_{ya} \frac{\Delta t}{2}$$

zu bestimmen. Damit ergibt sich der Ausschlag

$$y\left(t_1 + \frac{L}{v_z}\right) = \frac{L}{v_z} v_{ya} = \frac{lLe_q}{v_z^2 d\, m_e} \cdot \frac{1}{\Delta t} \int_{t_1 - \Delta t/2}^{t_1 + \Delta t/2} u_y(t)\, dt \qquad (4.9)$$

proportional zu dem Kurzzeitmittelwert

$$\overline{u_{y\Delta t}}(t_1) = \frac{1}{\Delta t} \int_{t_1 - \Delta t/2}^{t_1 + \Delta t/2} u_y(t)\, dt$$

des Eingangssignals $u_y(t)$ zur Zeit t_1.

Entsprechend ihrer Ableitung gibt Gl. (4.9) zunächst nur den Ausschlag eines Strahl-elektrons an, das sich zur Zeit t_1 gerade in der Mitte des Ablenksystems befindet und zur Zeit $t_1 + L/v_z$ den Schirm erreicht. Ersetzt man in der Ableitung die diskrete Zeit t_1 durch die Zeitvariable t, so beschreibt Gl. (4.9) als Zeitfunktion die zeitkontinuierliche Abbildung des Eingangssignals $u_y(t)$ in den Strahlausschlag $y(t)$.

Gemäß Gl. (4.9), die man nach Transformation der Zeitkoordinate $t + L/v_z = t^*$ auch

$$y(t^*) = \frac{lLe_q}{v_z^2 d\, m_e} \cdot \frac{1}{\Delta t} \int_{t^* - \frac{\Delta t}{2} - \frac{L}{v_z}}^{t^* + \frac{\Delta t}{2} - \frac{L}{v_z}} u_y(\tau)\, d\tau$$

schreiben kann, verhält sich das Oszilloskop als Meßglied so, wie es in den Bildern **4.4** und **4.5** allgemeingültig beschrieben ist, nur mit dem Unterschied, daß seine mittlere Totzeit T_{Tm} um die Strahllaufzeit $(L/v_z) - \Delta t/2$ vom Ablenksystem bis zum Schirm ver-längert ist, also L/v_z beträgt.

Die Verzerrung der Eingangssignale im Zeitbereich entsprechend Bild **4.5** läßt sich an dem betrachteten Modell der Strahlablenkung besonders gut anschaulich deuten:

a) Durch einen Dirac-Impuls $u_y(t) = \phi\,\delta(t)$ als Eingangssignal (ϕ Impulsstärke) wird al-len im Moment seines Auftretens gerade im Ablenkbereich befindlichen Strahlelektro-nen, aber auch nur diesen, momentan die gleiche Vertikalgeschwindigkeit

$$v_y = v_{ya} = \frac{e_q}{m_e d} \int_{-\Delta t/2}^{+\Delta t/2} \phi\,\delta(\tau)\, d\tau = \frac{e_q}{m_e d}\,\phi$$

erteilt, die eine Auslenkung von einheitlich

$$y \sim \frac{\phi}{\Delta t}$$

verursacht. Da die Strahllaufzeit durch das Ablenksystem Δt beträgt, trifft das letzte aus-gelenkte Strahlelektron gerade um diese Zeit Δt später auf dem Schirm ein als das erste, d.h., es wird genau die in Bild **4.5a** dargestellte Rechteckfunktion der Breite Δt ge-schrieben.

b) Bei einer Eingangssprungfunktion $u_y(t) = u_{y\infty}\varepsilon(t)$ werden die zur Zeit des Sprunges gerade aus dem Feldbereich austretenden Strahlelektronen und alle bereits ausgetrete-nen nicht mehr, die gerade eintretenden und alle folgenden um die volle Sprunghöhe ausgelenkt. Die Auslenkung der gerade im Feldbereich befindlichen Elektronen ist pro-portional zu ihrer augenblicklichen Entfernung von der Austrittsstelle. Man erhält als Ausgangssignal eine Rampenfunktion entsprechend Bild **4.5b** mit einer der Strahllauf-zeit Δt durch das Feld entsprechenden Anstiegszeit.

Die Strahllaufzeit Δt beträgt je nach Ausführung des Oszilloskops nur etwa 10^{-10} s bis 10^{-9} s . Die in diesem Beispiel mehr qualitativ diskutierten verzerrenden Einflüsse machen sich praktisch daher nur bei Signalabbildungen mit sehr großer zeitlicher Auflösung bemerkbar, wie sie in der Hochfrequenztechnik und verwandten Gebieten erforderlich sind. Vorstehend genannten Laufzeiten entspricht beispielsweise eine Grenzfrequenz $f_{g0,9} = 250$ MHz bis 2,5 GHz. Durch Unterteilung der Ablenkplatten in mehrere Segmente und Ansteuerung dieser Segmente über eine auf die Strahlgeschwindigkeit v_z abgestimmte Laufzeitleitung läßt sich die effektiv wirksame Strahllaufzeit Δt noch weiter verringern.

Die vom Elektronenstrahloszilloskop durch die Strahlablenkung bewirkte kontinuierliche Mittelwertbildung läßt sich mit **diskontinuierlich** arbeitenden Mittelwertbildnern nur näherungsweise realisieren, indem entsprechend Bild

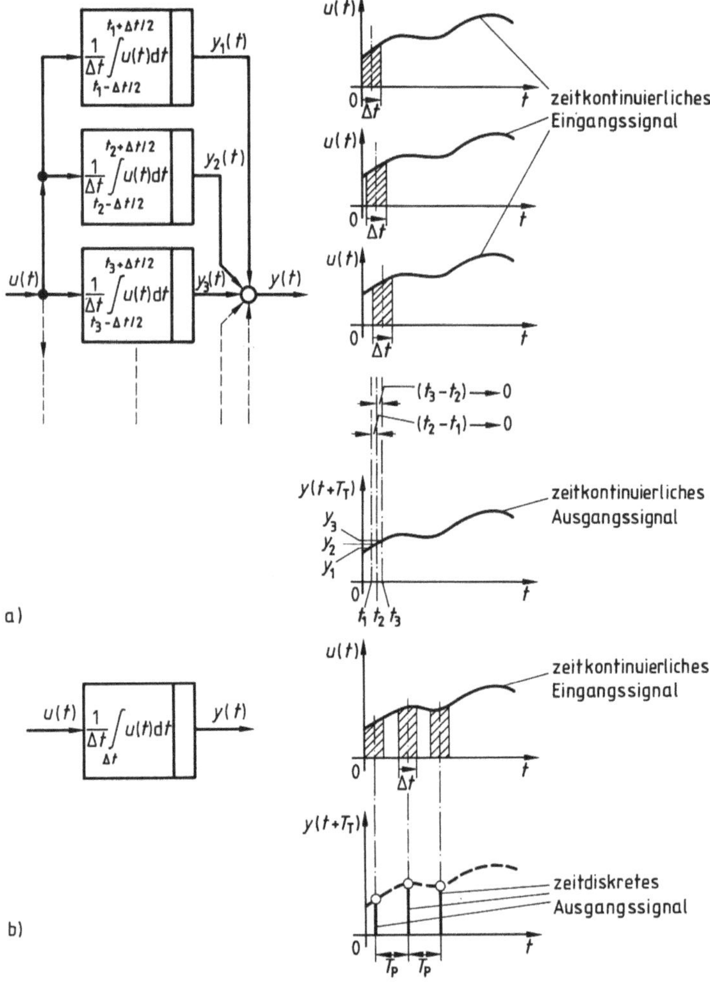

4.7 Zeitkontinuierliche (a) und zeitdiskrete (b) Messung des Kurzzeitmittelwertes eines zeitkontinuierlichen Signals $u(t)$

4.7 a eine größere Zahl solcher Glieder signalmäßig parallelgeschaltet und nacheinander in so kleinen Zeitabständen gestartet werden, daß die einzelnen Mittelungsintervalle Δt sich fast vollständig überdecken und die Folge der aneinandergereihten diskreten Ausgangssignalwerte annähernd wieder ein zeitkontinuierliches resultierendes Ausgangssignal ergibt. Praktisch enthält eine Meßeinrichtung aber meist nur einen einzigen Mittelwertbildner, der die einzelnen Integrationsvorgänge naturgemäß nur zeitseriell ausführen kann. Man erhält dann das in Bild 4.7 b dargestellte zeitdiskrete Ausgangssignal, dessen diskrete Werte $y(k\,T_\mathrm{P})$ Abtastwerte des zeitkontinuierlichen Signals $y(t)$ nach Bild 4.7 a sind. Die Zeit T_P zwischen je zwei aufeinanderfolgenden Ausgangssignalwerten hängt von der speziellen Wirkungsweise des Meßgliedes ab (vgl. Beispiel 4.2); sie ist mindestens so groß wie die Integrationszeit Δt des Verfahrens. Die eingangs erläuterten und in den Bildern 4.4 und 4.5 dargestellten Übertragungseigenschaften beziehen sich in diesem Fall natürlich auf das in Bild 4.7 b gestrichelt eingezeichnete zeitkontinuierliche Ausgangssignal, das aus den Abtastwerten $y(k\,T_\mathrm{P})$ bei Beachtung des Abtasttheorems (s. Abschn. 4.1.1.2) theoretisch fehlerfrei zurückgewonnen werden könnte.

Beispiel 4.2. Der Zweirampen-AD-Umsetzer, auch Dual-Slope-Umsetzer genannt, setzt das Integral einer zeitkontinuierlichen Eingangsspannung $u(t)$ über einer festen Integrationszeit Δt um in eine zu dem Integralwert proportionale Anzahl diskreter, zeitlich äquidistant aufeinanderfolgender Impulse, z. B. Spannungsimpulse. Er wirkt also als Analog-Digital-Umsetzer. Die Funktionsweise geht aus Bild 4.8 hervor. Durch die Steuereinrichtung wird die Signalquelle über einen Wahlschalter für eine einstellbare definierte Zeit Δt mit einem vorher auf Null gestellten Integrierer verbunden (Schalterstellung 2), der das Zeitintegral

$$u_\mathrm{a}(t_2) = \frac{1}{T_\mathrm{I}} \int\limits_{t_1}^{t_2} u(t)\,\mathrm{d}t,$$

(T_I Integrationszeitkonstante), das der schraffierten Fläche unter der Spannungskurve $u(t)$ in Bild 4.8 b proportional ist, bildet. Danach wird der Eingang des Integrierers umgeschaltet auf eine konstante Spannung u_k, die einen negativen Wert $u_\mathrm{k}<0$ aufweist, wenn vorstehender Integralwert sich positiv ergeben hat und umgekehrt, so daß die Ausgangsspannung $u_\mathrm{a}(t)$ des Integrierers in einer zu $u_\mathrm{a}(t_2)$ proportionalen Zeit t_i zeitlinear auf Null zurückgeführt wird (s. Bild 4.8 c). Ein Komparator meldet den Zeitpunkt t_4, zu dem $u_\mathrm{a}(t)$ gerade den Wert Null erreicht, der Steuereinheit, welche den Wahlschalter in die Ruhestellung 1 zurückstellt (oder in Stellung 2 einen erneuten Meßzyklus einleitet). Dadurch wird erreicht, daß die Spannungszeitflächen der beiden Integrationsvorgänge betragsmäßig gleich sind,

$$\left| \int\limits_{t_1}^{t_1+\Delta t} u(t)\,\mathrm{d}t \right| = \left| u_\mathrm{k} t_\mathrm{i} \right|,$$

bzw. daß sich die Zeitdifferenz

$$t_\mathrm{i} = t_4 - t_3$$

direkt proportional zum Integral der Eingangsgröße $u(t)$ über der Integrationszeit Δt einstellt. Die Zeit

$$t_\mathrm{i} = \left| \frac{1}{u_\mathrm{k}} \int\limits_{t_1}^{t_1+\Delta t} u(t)\,\mathrm{d}t \right|$$

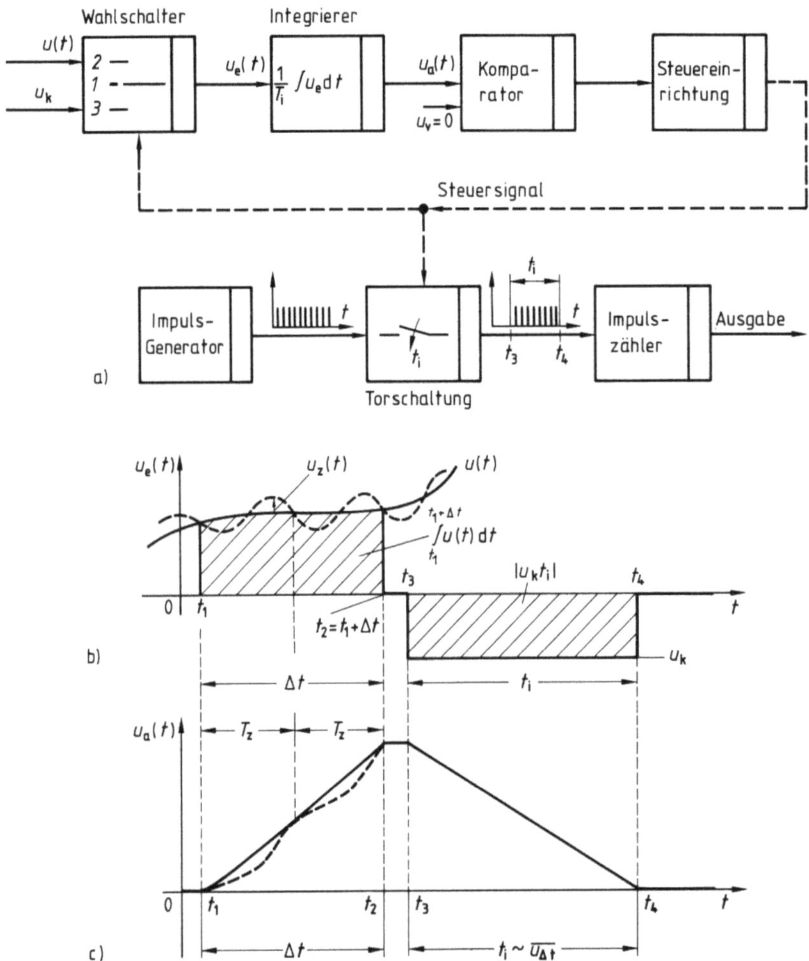

4.8 Prinzip eines AD-Umsetzers nach dem Dual-Slope- oder Zweirampen-Verfahren
a) Signalflußplan
b), c) Eingangs- und Ausgangssignal des Integrierers

kann digital gemessen werden, indem ein Impulsgenerator, der eine zeitlich äquidistante Folge einzelner Spannungsimpulse hoher Folgefrequenz erzeugt, für diese Zeit mit einem Impulszähler verbunden wird.

Bezieht man, z. B. in der Kalibrierung des Ausgebers, die gemessene Zeit t_i auf die Dauer Δt des ersten Integrationsvorganges, so erhält man einen Meßwert

$$\frac{t_i}{\Delta t} = \left| \frac{1}{u_k} \cdot \frac{1}{\Delta t} \int\limits_{t_1}^{t_1+\Delta t} u(t)\,dt \right| = \left| \frac{1}{u_k}\,\overline{u_{\Delta t}} \right|$$

der dem Mittelwert der Meßgröße $u(t)$ über der Zeit Δt proportional ist.

In Abschn. 3.4.4 wird die bei mittelwertbildenden Meßverfahren bestehende Möglichkeit erwähnt, superponierende periodische Störsignale $z(t)$ dadurch zu unterdrücken, daß die Mittelungszeit als ganzzahlig Vielfaches der Periodendauer T_z dieses Signals gewählt wird. Ein solcher Fall ist für $\Delta t = 2\,T_z$ in Bild **4.**8b und c gestrichelt angedeutet. Man erkennt, daß durch die der Meßgröße $u(t)$ überlagerte Störspannung $u_z(t)$ die Ausgangsspannung des Integrierers zu den diskreten Zeiten $t_1 + n\,T_z$ (n ganzzahlig) nicht beeinflußt wird. Um auf diese Weise einerseits die Störung zu unterdrücken, andererseits das Meßsignal möglichst fehlerfrei abzubilden, muß wegen Gl. (4.6) die obere Grenzfrequenz des Nutzsignals klein im Vergleich zur Grundfrequenz des Störsignals sein.

Das erläuterte Prinzip zur näherungsweisen Messung des Augenblickswertes über den Kurzzeitmittelwert ist grundsätzlich bei aperiodischen und bei periodischen Signalen anwendbar. Bei **periodischen Signalen** besteht darüber hinaus die Möglichkeit, die dynamische Messung des Kurzzeitmittelwertes durch die statische Messung des (Langzeit-)Mittelwertes periodischer Signalausschnitte (Proben) zu ersetzen, wie folgende Betrachtung zeigt.

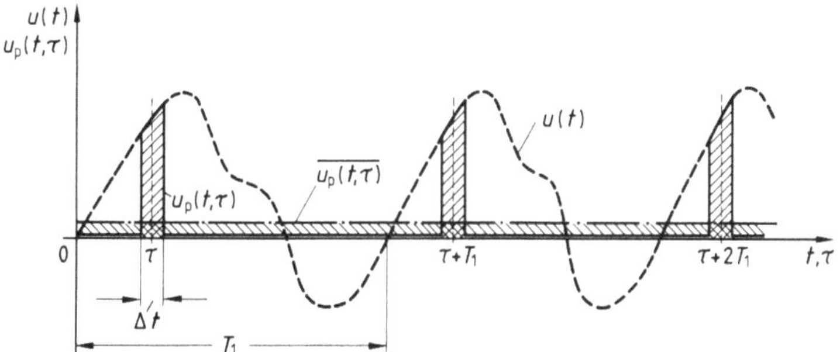

4.9 Zur Bestimmung des Kurzzeitmittelwertes eines periodischen Signals über den Mittelwert einer periodischen Signalprobe

Nach Abschn. 4.1.1.4 ist der Mittelwert eines periodischen Signals $u(t) = u(t + T_1)$ gegeben durch

$$\overline{u(t)} = \frac{1}{T_1} \int\limits_{t}^{t+T_1} u(\vartheta)\,\mathrm{d}\vartheta.$$

Entnimmt man diesem Signal entsprechend Bild **4.**9 periodische Ausschnitte der Dauer Δt, so erhält man wieder ein periodisches Signal $u_\mathrm{p}(t, \tau)$, dessen Mittelwert

$$\overline{u_\mathrm{p}(t, \tau)} = \frac{1}{T_1} \int\limits_{\tau - \frac{\Delta t}{2}}^{\tau + \frac{\Delta t}{2}} u(\vartheta)\,\mathrm{d}\vartheta = \frac{\Delta t}{T_1} \cdot \frac{1}{\Delta t} \int\limits_{\tau - \frac{\Delta t}{2}}^{\tau + \frac{\Delta t}{2}} u(\vartheta)\,\mathrm{d}\vartheta \tag{4.10}$$

bis auf einen konstanten Faktor gleich dem Kurzzeitmittelwert $\overline{u_{\Delta t}}(\tau)$ nach Gl. (4.1) ist,

$$\overline{u_\mathrm{p}(t, \tau)} = \frac{\Delta t}{T_1} \overline{u_{\Delta t}}(\tau). \tag{4.11}$$

Der durch Gl. (4.10) beschriebene Mittelwert ist jedoch als Gleichkomponente der periodischen Signalprobe statisch meßbar (s. Abschn. 4.1.1.4).

Den vollständigen Verlauf der Zeitfunktion $u(t)$ erhält man durch punktweise Messung einer hinreichend großen Zahl von Augenblickswerten

$$u(\tau) \approx \overline{u_{\Delta t}}(\tau) = \frac{T_1}{\Delta t} \overline{u_\mathrm{p}(t, \tau)}, \tag{4.12}$$

wobei die Zeitdauer Δt der Proben wieder unter Beachtung des Systemfrequenzganges $G(\omega)$ entsprechend Bild **4.4** und die zeitlichen Abstände zweier aufeinanderfolgender Augenblickswerte $u(\tau_1)$, $u(\tau_2)$ unter Beachtung des Abtasttheorems festzulegen sind.

Die periodische Probenentnahme erfolgt mit dem Synchrongleichrichter oder -demodulator, der heute mit elektronischen Schaltern realisiert wird, praktisch aber als Nachbildung des im folgenden Beispiel beschriebenen klassischen „Vektormessers" (Handelsbezeichnung) aufgefaßt werden kann.

Beispiel 4.3. Der Vektormesser besteht im Prinzip aus einem Drehspulmeßinstrument, dem ein mechanischer Synchrongleichrichter mit einstellbarem Schließwinkel $\Delta\varphi = \omega_1 \Delta t$ vorgeschaltet ist (s. Bild **4.10**). Die Kontaktsteuerung erfolgt über einen Synchronmotor durch die Meßgröße selbst oder eine mit dieser frequenzsynchron und phasenstarr gekoppelten Wechselspannungsquelle. Die Lage $\varphi = \omega_1 \tau$ des Schließwinkels relativ zu einem beliebig wählbaren Bezugswinkel, z. B. dem Nulldurchgang der Meßgröße, ist über eine volle Periode der Meßgröße stetig einstellbar und kann auf einer kalibrierten Skale des Synchrongleichrichters abgelesen werden.

Das Drehspulinstrument mißt frequenzselektiv die Gleichkomponente des periodischen Probensignals $u_p(t, \tau)$, die nach Gl. (4.11) angenähert gleich ist dem Produkt von Augenblickswert $u(\tau)$ des Meßgrößensignals und bezogenem Schließwinkel $\Delta\varphi/(2\pi)$.

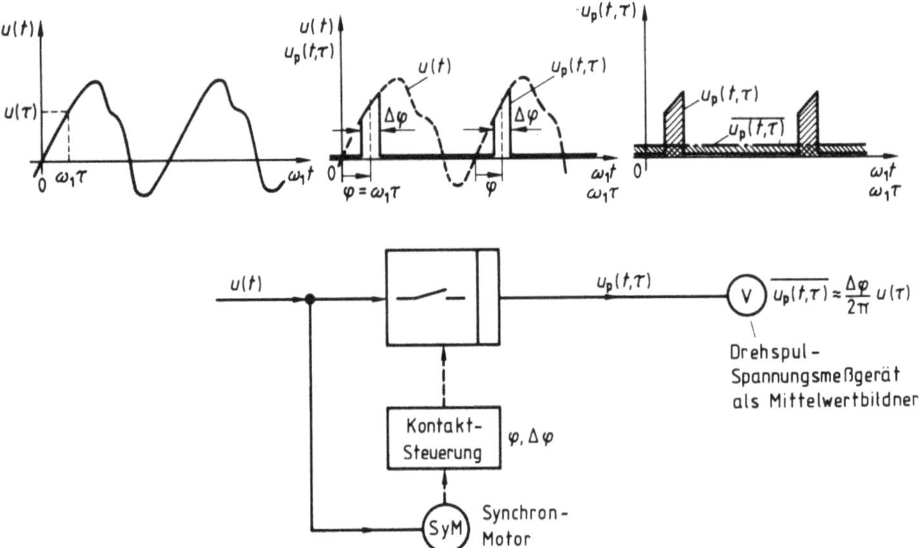

4.10 Schema einer Meßeinrichtung für Augenblickswerte periodischer elektrischer Spannungen mit mechanischem Präzisionsgleichrichter

Eine weitere Möglichkeit der statischen Messung von Augenblickswerten gibt es für **Wechselsignale**, deren negative Halbwellen gleich den um eine Halbperiode $T_1/2$ zeitverschobenen Spiegelbildern der positiven Halbwellen sind, die also die **Symmetrieeigenschaft**

$$u(t) = -u(t + T_1/2)$$

besitzen. Differenziert man derartige Signale und integriert den Differentialquotienten $\dot{u}(t)$ über einer Halbperiode

$$\int_{t}^{t+T_1/2} \dot{u}(\tau)\,d\tau = u(t+T_1/2) - u(t) = -2u(t),$$

so erhält man die Beziehung

$$u(t) = -\frac{T_1}{2} \cdot \frac{1}{T_1} \int_{t}^{t+T_1/2} \dot{u}(\tau)\,d\tau, \tag{4.13}$$

nach der Augenblickswerte $u(t)$ über die Halbwellenmittelwerte der differenzierten Funktion $\dot{u}(t)$ statisch meßbar sind. Die Differentiation der Signale
kann z. B. elektronisch erfolgen, die Messung des Halbwellenmittelwertes nach
dem Prinzip des Synchrongleichrichters, dessen Schließzeit dann genau auf die
halbe Periodendauer des Signals einzustellen ist. Die Messung ist prinzipiell
exakt ohne Rücksicht auf den Frequenzumfang (Oberwellengehalt) des Signals; sie ist aber beschränkt auf Zeitfunktionen, welche die obengenannte
Symmetriebedingung hinreichend genau erfüllen.

4.1.1.2 Zeitdiskrete Erfassung kontinuierlicher Zeitfunktionen. Bei vielen praktisch wichtigen Meßverfahren werden kontinuierliche Signalverläufe nur zu
diskreten, im allgemeinen äquidistanten Zeitpunkten erfaßt. Man spricht dann
von Abtastverfahren, zu denen beispielsweise alle digitalen Meßverfahren zählen wie der in Beispiel 4.2 beschriebene AD-Umsetzer.

Die Frage, wie viele Meßwerte pro Zeit aufgenommen werden müssen, um eine
Zeitfunktion fehlerfrei zu erkennen, und wie aus den diskreten Meßwerten die
vollständige Zeitfunktion rekonstruiert werden kann, wird durch das Shannon'sche Abtasttheorem [48] beantwortet.

Es ist einleuchtend, daß aus einer Folge diskreter Meßpunkte, wie sie bei Abtast-Meßverfahren gewonnen werden, die kontinuierliche Zeitfunktion des
Meßgrößensignals überhaupt nur bestimmt werden kann, wenn man gewisse
Merkmale ihres zeitlichen Verlaufs bereits kennt. Zunächst scheint ja die Information über die zwischen den Abtastzeitpunkten liegenden Signalwerte unwiderbringlich verloren zu sein. Um dies zu verdeutlichen, ist in Bild 4.11a der
sehr einfache Fall dargestellt, daß ein sinusförmiges Meßgrößensignal der Periodendauer T in verhältnismäßig großen zeitlichen Abständen $T_P \approx T$ abgetastet wird. Eine nach Gefühl durch die Meßpunkte gelegte möglichst glatte
Kurve würde etwa den gestrichelt eingezeichneten Verlauf haben, der das ursprüngliche Signal in seiner Frequenz nicht annähernd richtig wiedergibt. Eine
brauchbare Signalrekonstruktion würde man mit einer durch die Meßpunkte
gelegten glatten Kurve dagegen erhalten, wenn man die Meß-(Abtast-)Intervalle entsprechend dem in Bild 4.11b dargestellten Fall wesentlich verkürzt.
Auch dann kann man zwar noch nicht sicher sein, die richtige Signalform ermittelt zu haben, da natürlich auch diesen dichter aufeinander folgenden Meß-

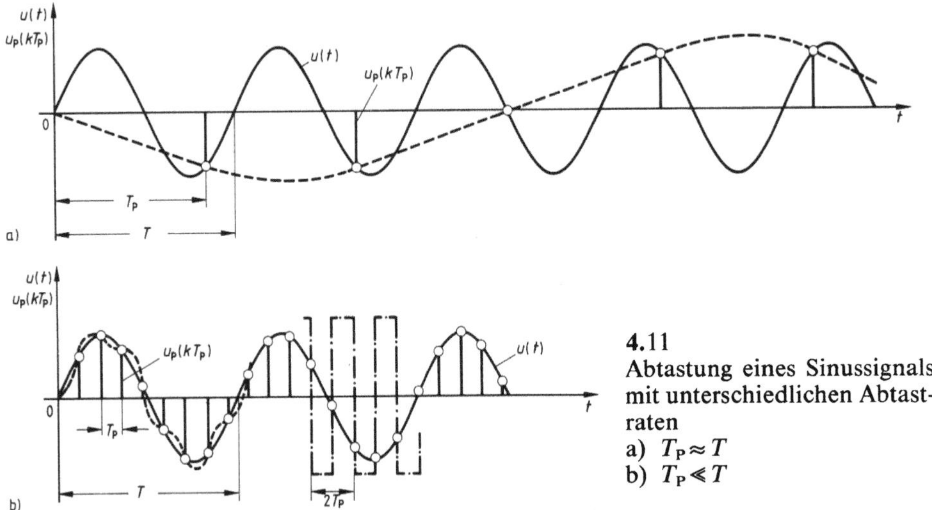

4.11
Abtastung eines Sinussignals
mit unterschiedlichen Abtast-
raten
a) $T_P \approx T$
b) $T_P \ll T$

punkten noch andere Kurvenformen zugeordnet werden können, beispielsweise die in Bild **4.11**b gestrichelt oder strichpunktiert eingezeichneten
Verläufe. Weiß man aber, daß diese Verläufe nicht die des gemessenen Signals sein können, weil die höchste Signalharmonische eine Kreisfrequenz besitzt (Grenzkreisfrequenz ω_{gS} des gemessenen Signals), die kleiner ist als die
halbe Abtastkreisfrequenz, also $\omega_{gS} < (2\pi/T_P)/2$, dann kann mit genügender
Sicherheit von den Abtastwerten auch auf die Zwischenwerte, also auf den
vollständigen zeitkontinuierlichen Signalverlauf geschlossen werden.

Aus dieser Betrachtung ist zu folgern, daß Abtastverfahren sinnvoll nur anwendbar sind, wenn die zu messenden Zeitfunktionen frequenzbegrenzt
(bandbegrenzt) sind, d.h., daß ihr Spektrum eine bestimmte höchste Kreisfrequenz (Grenzkreisfrequenz) ω_{gS} mit Sicherheit nicht überschreitet. Die Abtastkreisfrequenz muß dann einen von dieser Grenzkreisfrequenz ω_{gS} abhängigen Mindestwert aufweisen, damit die Zeitfunktion durch diskrete Abtastwerte
vollständig und fehlerfrei dargestellt werden kann.

Dieser Zusammenhang kommt in dem Abtasttheorem für bandbegrenzte Vorgänge [48] zum Ausdruck. Es ist die Grundlage aller digitalen Meßverfahren und besagt, daß eine auf $\omega_{gS} = 2\pi/T_{gS}$ bandbegrenzte aperiodische oder
periodische Signalfunktion durch Abtastwerte vollständig beschrieben wird,
die in äquidistanten zeitlichen Abständen, der Abtastperiodendauer

$$T_P < \frac{T_{gS}}{2},$$

(4.14)

also mit einer Abtastkreisfrequenz

$$\omega_P > 2\omega_{gS}$$

(4.15)

aufgenommen sind.

Bei Nichtbeachtung des Abtasttheorems gehen nicht nur die Informationen über die Signalkomponenten verloren, deren Frequenz g r ö ß e r ist als die halbe Abtastfrequenz, sondern es werden grundsätzlich auch Informationen über diejenigen Signalkomponenten verfälscht, die an sich dem Abtasttheorem genügen. Dieser A l i a s i n g - F e h l e r [30] kommt dadurch zustande, daß über den in Bild **4.**11 a dargestellten Effekt nicht vorhandene niederfrequente Signalanteile vorgetäuscht werden. Man kann diesen Fehler durch ein dem Abtastglied vorgeschaltetes E i n g a n g s f i l t e r (Anti-Aliasing-Filter) vermeiden, das die Bandbreite des Eingangssignals auf höchstens die halbe Abtastfrequenz begrenzt. Da man die Bandbreite der zu messenden Signale häufig nicht genau kennt, ist die Verwendung eines solchen Eingangsfilters immer zu empfehlen. Durch diese Bandbegrenzung werden zwar ggf. vorhandene höherfrequente Signalkomponenten unterdrückt, wodurch Meßfehler entstehen können, aber die von der Meßeinrichtung erfaßten Signalkomponenten bis zur Grenzfrequenz des Eingangsfilters werden richtig wiedergegeben.

4.1.1.3 Zeit- und Frequenztransformation von Meßsignalen. Die nach Abschn. 3.1.2.1 erforderliche Anpassung des aufgenommenen Meßgrößensignals an die Eigenschaften der in einer Meßkette folgenden Glieder kann sich auch auf den Zeit- bzw. Frequenzmaßstab beziehen. Beispielsweise läuft ein technischer Prozeß manchmal so schnell oder auch so langsam ab, daß eine wünschenswerte subjektive Beurteilung der Prozeßeigenschaften, z. B. die Analyse von Störungen, nicht mehr möglich ist. Oder es stehen für die Registrierung schnell zeitveränderlicher Vorgänge nur verhältnismäßig langsame Schreiber zur Verfügung usw. In solchen Fällen besteht grundsätzlich die Möglichkeit, das Meßsignal mittels analoger oder digitaler Zwischenspeicher einer Zeit- und damit auch einer Frequenztransformation zu unterwerfen. Beispielsweise kann man bandförmige analoge Signalspeicher verwenden, z. B. Magnetbänder, um ein Signal mit einer Aufnahmebandgeschwindigkeit v_1 aufzuzeichnen und es mit einer niedrigeren (oder auch höheren) Ausgabebandgeschwindigkeit $v_2 < v_1$ an nachfolgende Meßglieder weiterzugeben. Alle Signalfrequenzen werden dadurch im Verhältnis v_2/v_1 verkleinert, bzw. es wird die Signalkurve über der Zeit im umgekehrten Verhältnis zeitgedehnt. Die Kurvenform des Signals bleibt erhalten, wenn man ideale Aufnahme-, Speicher- und Wiedergabeeigenschaften des Bandspeichers voraussetzt. Die Anforderungen an die Grenzfrequenz der Meßglieder, denen das auf diese Weise frequenztransformierte Signal zugeführt wird, reduzieren sich im Verhältnis v_2/v_1, bzw. umgekehrt können gegebene Meßglieder noch Signale mit einem Frequenzumfang bis zum v_1/v_2-fachen der Grenzfrequenz der Meßglieder verarbeiten.

Dieses Verfahren ist auch mit digitalen Zwischenspeichern realisierbar, indem man diskrete Abtastwerte, die dem Meßsignal in äquidistanten zeitlichen Abständen T_P unter Beachtung des Abtasttheorems entnommen sind (s. Abschn. 4.1.1.2), digital speichert und sie in größeren zeitlichen Abständen $T_P^* > T_P$ nacheinander an die folgenden Meßglieder weitergibt.

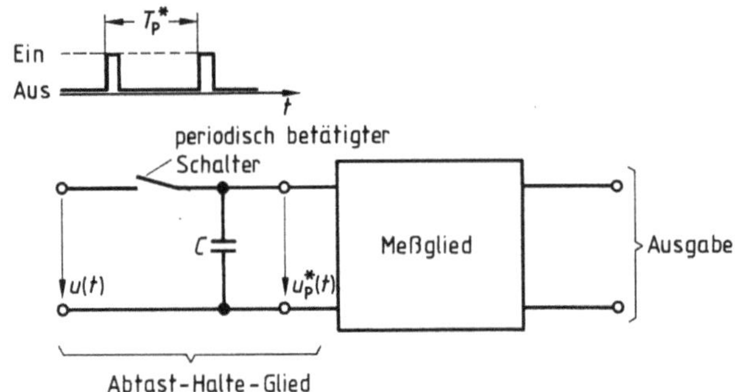

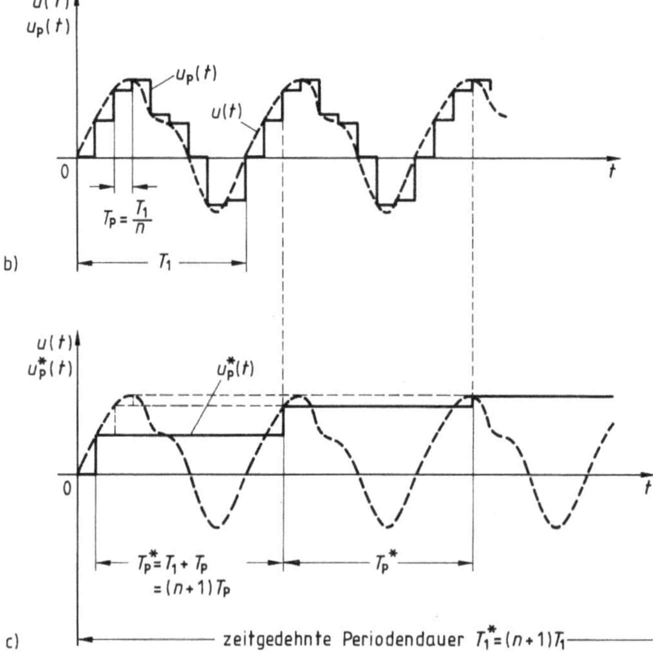

4.12
Frequenztransformation eines periodischen Meßsignals $u(t)$ mittels Abtastung (Abtast-Halte-Glied und Meßglied rückwirkungsfrei verbunden, z. B. über einen sehr großen Eingangswiderstand des Meßgliedes)
n Zahl der Stufen je Periode
a) Prinzipschaltung
b) Ableitung einer Stufenkurve $u_P(t)$ aus der Signalkurve $u(t)$ durch Abtast-Halte-Glied
c) Frequenztransformation durch Zeitdehnung der Stufenkurve um den Faktor $T_P^*/T_P = T_1^*/T_1 = n+1$

Zeitdehnung periodischer Signale. Besonders einfach gestaltet sich die Dehnung der Zeit zwischen zwei aufeinanderfolgenden Abtastwerten bei periodischen Meßsignalen. Der digitale Zwischenspeicher kann bei ihnen entfallen, weil sämtliche Signalwerte in periodischer Folge immer wieder neu zur Verfügung stehen. Bild **4.**12b verdeutlich das Prinzip der Abtastung zunächst ohne Zeitdehnung. Ein dem Meßglied vorgeschaltetes Abtast-Halte-Glied (s. Bild **4.**12a) formt aus dem kontinuierlichen Meßgrößensignal $u(t)$ eine Stufenkurve $u_P(t)$ mit der Stufenbreite (Abtastperiodendauer) $T_P = T_1/n$, worin T_1 die Periodendauer des Signals und n die Zahl der Abtastwerte pro Periode bedeuten (vgl. Abschn. 3.3.1.1 und Bild **3.**48). Die Abtastkreisfrequenz $\omega_P = 2\pi/T_P$ ist unter Beachtung der in Abschn. 4.1.1.2 erläuterten Gesichtspunkte so groß zu wählen, daß die höchste Signalfrequenz reproduzierbar erfaßt wird.

Die Zeitdehnung erfolgt nun in einfacher Weise dadurch, daß man die aufeinander folgenden Abtastwerte nicht der gleichen, sondern der jeweils nächsten (ggf. auch der übernächsten usw.) Signalperiode entnimmt, also die Abtastperiode $T_P = T_1/n$ durch die zeitgedehnte Abtastperiode

$$T_P^* = T_P + T_1 = (n+1)\,T_P = \frac{n+1}{n}\,T_1 \qquad (4.16)$$

ersetzt (s. Bild 4.12c). Die Stufenkurve mit der Periodendauer T_1 (s. Bild 4.12b) wird dadurch in die Stufenkurve mit der Periodendauer $T_1^* = (n+1)\,T_1$ entsprechend dem Verhältnis

$$\frac{T_1^*}{T_1} = \frac{T_P^*}{T_P} = n+1 \qquad (4.17)$$

gestreckt, ihre Kreisfrequenz dementsprechend im umgekehrten Verhältnis

$$\frac{\omega_1^*}{\omega_1} = \frac{T_1}{T_1^*} = \frac{1}{n+1} \qquad (4.18)$$

verringert. Man erhält somit das wichtige Ergebnis, daß die Grundfrequenz des zu messenden periodischen Signals durch die gewählte Zahl n der äquidistanten Abtastwerte einer Signalperiode auf ihren $(n+1)$-ten Teil herabgesetzt wird, und entsprechend werden auch alle Signalharmonischen in diesem Verhältnis frequenztransformiert. Mit einem Meßglied der meßtechnisch nutzbaren Grenzkreisfrequenz ω_g können durch Vorschalten eines derartigen Abtast-Halte-Gliedes periodische Meßsignale noch bis zu einer höchsten Signalkreisfrequenz $\omega_{gS} = (n+1)\,\omega_g$ gemessen werden.

Beispiel 4.4. Die Grenzfrequenz von Elektronenstrahloszilloskopen ist durch die Übertragungseigenschaften des Ablenkverstärkers und des Ablenksystems auf zur Zeit maximal etwa 500 MHz begrenzt. Wesentlich höhere Grenzfrequenzen bis > 10 GHz lassen sich bei der Darstellung periodischer Signale durch Anwendung des Abtastprinzips im Abtast- oder Sampling-Oszilloskop erzielen. Die Funktionsweise ist aus dem Blockschaltbild und dem zugehörigen Signaldiagramm in Bild 4.13 zu erkennen. Die darin dargestellte Zeitdehnung um den Faktor $n+1$ (n Zahl der Abtastwerte pro Signalperiode) kann noch vervielfacht werden, indem man die einzelnen Signalproben nicht den jeweils unmittelbar aufeinander folgenden, sondern nur jeder 2., jeder 3. oder jeder k-ten Signalperiode entnimmt.

4.1.1.4 Mittelwerte als Signalkennwerte periodischer Signale.

Zeitmittelwerte sind Kennwerte, durch die bestimmte Eigenschaften und Wirkungen eines Signals als durchschnittliche Werte charakterisiert werden. Man kann Mittelwerte grundsätzlich für jede Signalklasse definieren. Praktische Bedeutung kommt ihnen jedoch vorwiegend bei zeitunbegrenzten Signalen zu, im Rahmen der hier betrachteten deterministischen Signale also bei periodischen Signalen.

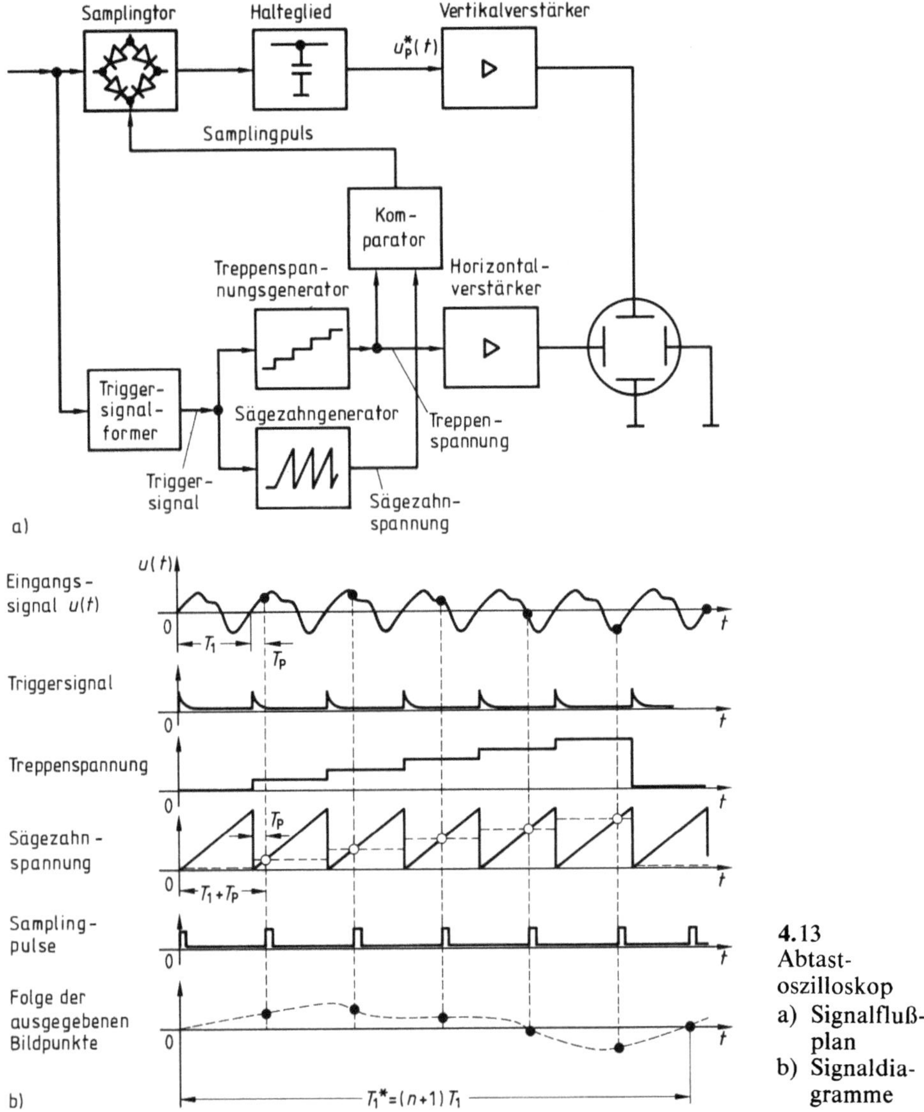

4.13
Abtast-
oszilloskop
a) **Signalfluß-
plan**
b) **Signaldia-
gramme**

Da periodische Signale zeitunbegrenzt sind, müssen Kennwerte, die das Signal als Ganzes charakterisieren sollen, grundsätzlich die gesamte Signaldauer berücksichtigen, die theoretisch von $t \rightarrow -\infty$ bis $t \rightarrow +\infty$ reicht. Die allgemeingültige Definition des Mittelwertes zeitunbegrenzter Signale lautet daher

$$\overline{u(t)} = \lim_{T_B \rightarrow \infty} \frac{1}{2\,T_B} \int_{-T_B}^{+T_B} u(t)\,\mathrm{d}t, \tag{4.19}$$

worin $2\,T_B$ die Mittelungs-(Meß- oder Beobachtungs-)Zeit bedeutet. Der durch Gl. (4.19) definierte Mittelwert werde Langzeitmittelwert genannt.

Da sich ein periodisches Signal nach jeder Periodendauer T_1 gleichartig wiederholt, ist die gesamte Information über die Signaleigenschaften in einer Signalperiode vollständig enthalten. Es genügt daher, die Mittelwertbildung über eine oder auch mehrere vollständige Signalperioden zu erstrecken. Man erhält damit die der Gl. (4.19) gleichwertige Definition

$$\overline{u(t)} = \frac{1}{T_1} \int_0^{T_1} u(t)\,\mathrm{d}t = \frac{1}{nT_1} \int_0^{nT_1} u(t)\,\mathrm{d}t, \quad n \text{ ganzzahlig.} \tag{4.20}$$

Da sich die Integration in Gl. (4.20) über eine oder n volle Perioden des Signals erstreckt, nennt man den durch diese Gleichung bestimmten Mittelwert auch Vollwellenmittelwert.

Entwickelt man das periodische Signal $u(t)$ in eine Fourier-Reihe

$$u(t) = u_0 + \sum_{k=1}^{\infty} \hat{u}_k \cos(k\omega_1 + \varphi_k) \tag{4.21}$$

und setzt diese Reihenentwicklung in Gl. (4.19) oder (4.20) ein, so erhält man das bekannte Ergebnis

$$\overline{u(t)} = u_0, \tag{4.22}$$

wonach der Mittelwert eines periodischen Signals $u(t)$ gleich seiner selektiv meßbaren Gleichkomponente u_0 ist.

Messung von Mittelwerten. Mit Gl. (4.19), (4.20) und (4.22) verfügt man über drei gleichwertige Definitionen, nach denen Einrichtungen zur Messung des Mittelwertes periodischer Signale aufgebaut werden können.

Langzeitmittelwert. Die Messung basiert auf einer Integration der Zeitfunktion $u(t)$. Da unendliche Integrationszeiten nicht realisiert werden können, ersetzt man Gl. (4.19) durch die Meßdefinition

$$\overline{u(t)} \approx \frac{1}{T_\mathrm{B}} \int_0^{T_\mathrm{B}} u(t)\,\mathrm{d}t \quad \text{mit} \quad T_\mathrm{B} \gg T_1, \tag{4.23}$$

der die in Tafel **4.**14a schematisch dargestellte Meßeinrichtung entspricht. Die Integrationszeit T_B wird i. allg. nicht ein ganzzahlig Vielfaches der Periodendauer T_1 des periodischen Signals sein. Dadurch wird der Mittelwert im Prinzip fehlerhaft gemessen. Um abschätzen zu können, wie groß T_B praktisch mindestens gewählt werden muß, um den Verfahrensfehler innerhalb zulässiger Grenzen zu halten, untersucht man zweckmäßig den Anteil

$$\overline{u_k(t)} = \frac{1}{T_\mathrm{B}} \int_0^{T_\mathrm{B}} \hat{u}_k \cos(\omega_k t + \varphi_k) \quad \text{mit} \quad \omega_k = k\omega_1,$$

$$\overline{u_k(t)} = \hat{u}_k \cos\left(\frac{k\omega_1 T_\mathrm{B}}{2} + \varphi_k\right) \cdot \mathrm{si}\left(\frac{k\omega_1 T_\mathrm{B}}{2}\right), \tag{4.24}$$

Tafel **4.14** Prinzipien der Mittelwertbildung periodischer Signale der Periodendauer T_1

Mittelwertbildung durch	Signalflußplan	Ausgabe
a) Integration $$\overline{u(t)} = \frac{1}{T_B} \int_0^{T_B} u(t)\,dt$$ über $T_B \gg T_1$, wobei T_B/T_1 i. allg. nicht ganzzahlig *(Langzeitmittelwert)*	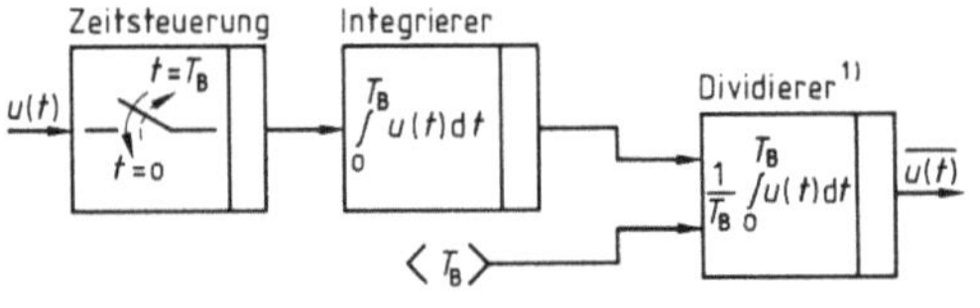 Zeitsteuerung, Integrierer, Dividierer[1] — $u(t)$, $t=T_B$, $t=0$, $\int_0^{T_B} u(t)\,dt$, $\frac{1}{T_B}\int_0^{T_B} u(t)\,dt$, $\overline{u(t)}$, $\langle T_B \rangle$. [1]) kann entfallen, wenn Division durch T_B in der Kalibrierung des Ausgebers berücksichtigt wird	diskontinuierlich nach Ablauf der Mittelungszeit T_B
b) Integration $$\overline{u(t)} = \frac{1}{T_B} \int_0^{T_B} u(t)\,dt$$ über $n \geq 1$ *volle* Grundwellenperioden $n\,T_1$ *(Vollwellenmittelwert)*		
c) selektive Messung der Gleichkomponente $u_0 = \overline{u(t)}$ des periodischen Signals $u(t)$ ($G_{TP}(\omega)$ Frequenzgang des Tiefpaßfilters)	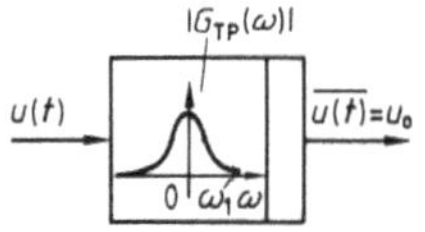 $u(t)$, $\lvert G_{TP}(\omega)\rvert$, $0\;\;\omega_1\,\omega$, $\overline{u(t)} = u_0$	kontinuierlich nach Abklingen der Einschwingvorgänge des Filters

der von der k-ten harmonischen Komponente des Signals zum Mittelwert beigesteuert wird. Dieser Anteil, der nach Gl. (4.19) bei unendlicher Integrationszeit Null ist, verschwindet unter folgenden Voraussetzungen auch bei endlicher Integrationszeit:

a) Das Mittelungsintervall liegt symmetrisch zum Nulldurchgang der Signalkomponente $u_k(t)$. Dann ist

$$\varphi_k = \frac{\pi}{2} + i\pi - \frac{k\omega_1 T_B}{2}, \quad i \text{ ganzzahlig}$$

und

$$\cos\left(\frac{k\omega_1 T_B}{2} + \varphi_k\right) = \cos\left(\frac{\pi}{2} + i\pi\right) = 0.$$

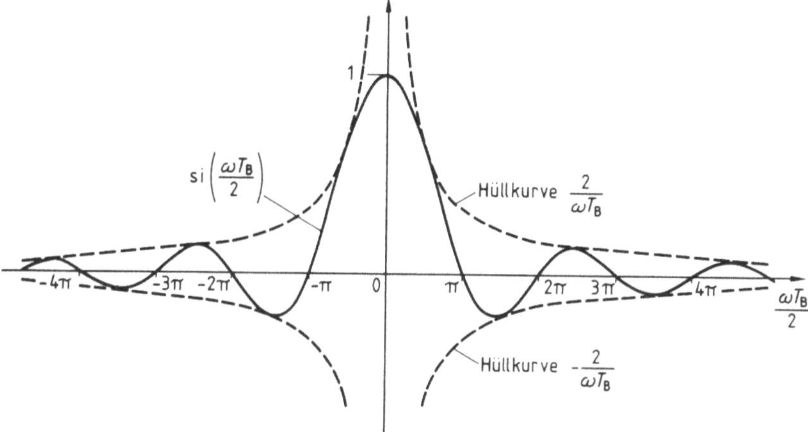

4.15 Spaltfunktion $\mathrm{si}\,(\omega\,T_\mathrm{B}/2)$
ω Kreisfrequenz, T_B Meß-(Beobachtungs-)Zeit

Dieser Fall hat keine praktische Bedeutung, da vorstehende Phasenbedingung mit entsprechendem Aufwand wohl für eine, i. allg. aber nicht für alle Signalharmonischen gleichzeitig erfüllt werden könnte.

b) Die Mittelungszeit T_B wird so groß gewählt ($T_\mathrm{B} \gg T_\mathrm{k}$ mit $T_\mathrm{k} = T_1/k$), daß die Hüllkurve der oszillierenden Fensterfunktion $\mathrm{si}\,(\omega\,T_\mathrm{B}/2)$, die für große Werte T_B näherungsweise wie

$$f_\mathrm{H}(T_\mathrm{B}) = \pm \frac{2}{\omega\,T_\mathrm{B}}$$

verläuft (s. Bild **4.15**), so weit abgeklungen ist, daß die nach Gl. (4.24) bestimmten Fehlerkomponenten $\overline{u_\mathrm{k}(t)}$ auch bei nicht ganzzahligem Verhältnis $T_\mathrm{B}/T_\mathrm{k} = T_\mathrm{B}/(2\pi/\omega_\mathrm{k})$ für alle Ordnungszahlen k genügend klein werden.

c) Man wählt T_B als ein ganzzahliges Vielfaches der Grundwellenperiode T_1 ($T_\mathrm{B} = n\,T_1$ mit n ganzzahlig). Dann wird

$$\frac{\omega_\mathrm{k}\,T_\mathrm{B}}{2} = \frac{k\,\omega_1\,T_\mathrm{B}}{2} = k\,\pi\,\frac{T_\mathrm{B}}{T_1} = k\,n\,\pi$$

ein ganzzahliges Vielfaches von π, d. h., die in Bild **4.15** dargestellte Fensterfunktion nimmt für jede beliebige Ordnungszahl $k \neq 0$ den Wert Null an. Dieser Sonderfall entspricht der in Bild **4.14b** dargestellten Messung des Vollwellenmittelwertes.

Zusammenfassend kann man feststellen, daß der Langzeitmittelwert bei beliebigem, nicht ganzzahligem Verhältnis T_B/T_1 n ä h e r u n g s w e i s e richtig gemessen wird, wenn die Mittelungszeit T_B entsprechend der unter b) angegebenen Bedingung gewählt wird.

Die erläuterten Zusammenhänge sind beispielsweise für das in Beispiel 4.2 beschriebene Dual-Slope-Verfahren von Bedeutung, wenn höherfrequente Störsignale unterdrückt werden sollen, deren Kreisfrequenz kein ganzzahliges Vielfaches von $2\pi/T_B$ beträgt.

Vollwellenmittelwert. Die Messung des Vollwellenmittelwertes basiert ebenfalls auf einer Integration der Zeitfunktion $u(t)$ (s. Tafel **4.**14b). Um Meßfehler zu vermeiden, muß die Zeitsteuerung um so exakter erfolgen, je weniger Perioden des Meßsignals bei der Integration erfaßt werden (s. Langzeitmittelwert).

Selektive Messung der Gleichkomponente. Die erläuterten Verfahren der Mittelwertbildung durch Integration des Meßgrößensignals $u(t)$ werden praktisch meist als diskontinuierlich arbeitende Meßverfahren realisiert. Man kann sie sich aber auch als kontinuierliche Verfahren vorstellen, nach denen kontinuierliche Zeitfunktionen $u(t)$ in kontinuierliche Zeitfunktionen $y(t)$ abgebildet werden, so daß den entsprechenden Meßeinrichtungen ein Frequenzgang $G(\omega)=Y(\omega)/U(\omega)$ zugeordnet werden kann. Wie in Abschn. 4.1.1.1 für den Kurzzeitmittelwert $\overline{u}_{\Delta t}(t)$ abgeleitet, hat eine kontinuierlich den Mittelwert

$$y(t)=\overline{u_{T_B}}(t) = \frac{1}{T_B} \int\limits_{t-T_B}^{t} u(\tau)\,\mathrm{d}\tau$$

erfassende Meßeinrichtung entsprechend Gl. (4.3) und (4.5) den Frequenzgang

$$G(\omega) = \mathrm{si}\left(\omega\,\frac{T_B}{2}\right)\exp\left(-\mathrm{j}\omega\,\frac{T_B}{2}\right). \tag{4.25}$$

Für $T_B=T_1$ und $T_B=2T_1$ ist dieser Frequenzgang unter Vernachlässigung des Totzeiteinflusses $\exp(-\mathrm{j}\omega\,T_B/2)$ in das Amplitudenspektrum des periodischen Signals $u(t)$ in Bild **4.**16a eingezeichnet. Er verläuft ähnlich der Betragskennlinie eines Tiefpaßfilters, aber mit der Besonderheit, daß er nicht stetig, sondern oszillierend auf Null abklingt (vgl. Bild **4.**4 und **4.**15). Signalkomponenten, deren Spektrallinien genau an Nulldurchgängen der Amplitudenkennlinie des Mittelwertbildners auftreten, werden vollständig unterdrückt, auch wenn die benachbarten Maxima der Amplitudenkennlinie bei weitem noch nicht auf Null abgeklungen sind (weshalb bei der Bildung des Vollwellenmittelwertes die Integrationszeit auch sehr genau eingehalten werden muß). Bei der Wahl $T_B=n\,T_1$ (n ganzzahlig) oder $T_B\gg T_1$ wird daher nur die Gleichkomponente u_0 des periodischen Signals $u(t)$, die nach Gl. (4.22) gleich dem Mittelwert $\overline{u(t)}$ ist, zum Ausgang des Meßgliedes übertragen. Näherungsweise die gleiche Wirkung auf die Zeitfunktion übt ein Meßglied aus, das die in Bild **4.**16b dargestellte Amplitudenkennlinie eines Tiefpaßfilters aufweist, z. B. eines P-T_1- oder eines gut gedämpften P-T_2-Gliedes. Von einem solchen Glied werden die zeitveränderlichen Signalkomponenten zwar nicht mathematisch exakt, bei hinreichend niedriger Filter-Grenzfrequenz (s. Bild **4.**16b) aber doch genügend stark

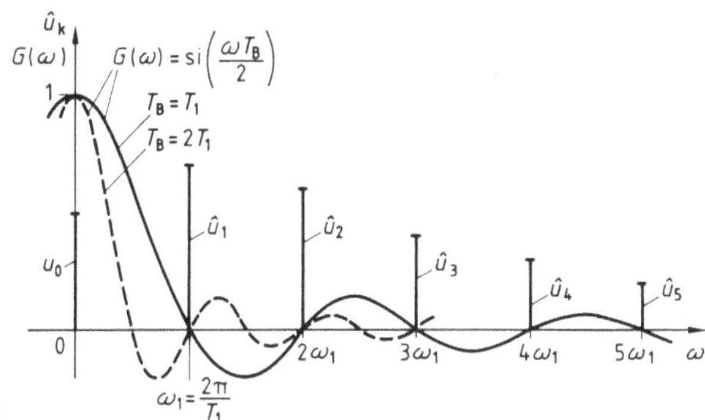

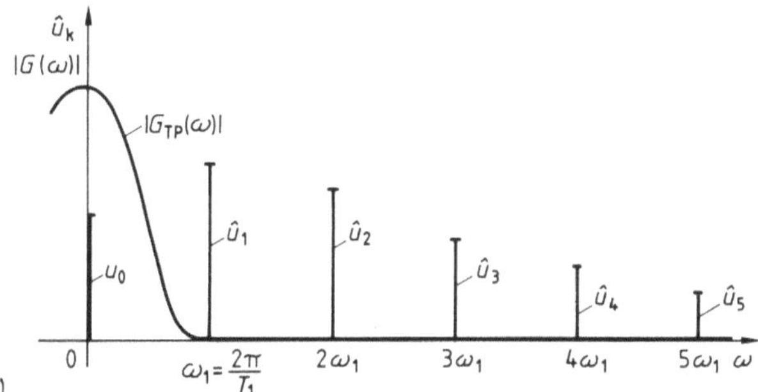

4.16 Darstellung der Mittelwertbildung periodischer Signale im Frequenzbereich
a) integrierende Mittelwertbildung nach Tafel 4.14b, aber als stetiger Vorgang aufgefaßt und Totzeit $T_\mathrm{B}/2$ vernachlässigt
b) selektive Messung der Gleichkomponente u_0 des periodischen Signals $u(t)$ über einen Tiefpaß TP entsprechend Tafel 4.14c

unterdrückt, so daß sie im Ausgangssignal nicht mehr stören. Am Ausgang dieses als Mittelwertbildner wirkenden Tiefpasses, an den sonst keine besonderen Forderungen gestellt werden müssen, tritt dann ebenfalls nur noch die Gleichkomponente u_0 des Eingangssignals $u(t)$ auf, die nach Gl. (4.22) gleich dessen Mittelwert $\overline{u(t)}$ ist (s. Bild **4.**14c).

Wegen ihres verhältnismäßig einfachen Aufbaues sind Tiefpaßfilter die praktisch am häufigsten verwendeten Geräte zur Mittelwertbildung. Oft kann dazu sogar die natürliche Trägheit eines vorhandenen Meßgliedes ausgenutzt werden, z. B. die mechanische Trägheit des Feder-Masse-Dämpfung-Systems von elektromechanischen Meßgeräten mit Skalenanzeige (vgl. Beispiel 3.20).

Mittelwertarten. Bisher wurde der lineare Mittelwert eines Signals $u(t)$ betrachtet. Daneben haben einige weitere Mittelwerte praktische Bedeutung, beispielsweise der Quadratmittelwert eines Signals bzw. die als Effektivwert bezeichnete Quadratwurzel dieses Mittelwertes oder der Produktmittelwert zweier Signale oder Signalkomponenten, der z. B. bei der elektrischen Leistungsmessung über Strom und Spannung zu bestimmen ist (s. Bild **3.**7).

Diese Mittelwerte werden grundsätzlich nach den gleichen Verfahren wie der lineare Mittelwert bestimmt. Nur muß die Meßeinrichtung um ein Kennlinienglied vor dem Mittelwertbildner erweitert werden, in welcher das Eingangssignal $u(t)$ – oder die Eingangssignale $u_1(t)$, $u_2(t)$ – in ein der gewünschten Mit-

Tafel 4.17 Meßanordnungen zur Bestimmung verschiedener Mittelwerte periodischer Signale

Mittelwert-Bezeichnung	Symbol	Bildung eines Zwischensignals $x(t)$ aus dem Eingangssignal $u(t)$ [bzw. $u_1(t)$ u. $u_2(t)$]	Mittelwertbildung	ggf. Anpassung des Ausgangssignals des Mittelwertbildners	Ausgabe
(linearer) Mittelwert	$\overline{u(t)}$	$u(t) \rightarrow x(t) = u(t)$		$\overline{u(t)} \rightarrow y = \overline{u(t)}$	
Gleichrichtwert	$\overline{\lvert u(t)\rvert}$	Doppelweg-Gleichrichter: $u(t) \rightarrow x(t) = \lvert u(t)\rvert$		$\overline{\lvert u(t)\rvert} \rightarrow y = \overline{\lvert u(t)\rvert}$	
Quadrat-Mittelwert	$\overline{u^2(t)}$	Quadrierer: $u(t) \rightarrow x(t) = u^2(t)$	$x(t) \rightarrow$ Mittelwertbildner $\rightarrow \overline{x(t)}$	$\overline{u^2(t)} \rightarrow y = \overline{u^2(t)}$	y
Effektivwert	$\tilde{u} = \sqrt{\overline{u^2(t)}}$	Multiplizierer: $u(t), u(t) \rightarrow u(t) \cdot u(t),\ x(t) = u^2(t)$		$\overline{u^2(t)} \rightarrow \sqrt{\overline{u^2(t)}},\ \sqrt{\overline{u^2(t)}} = y$	
Produkt-Mittelwert	$\overline{u_1(t)\,u_2(t)}$	Multiplizierer: $u_1(t), u_2(t) \rightarrow u_1(t)\cdot u_2(t),\ x(t) = u_1(t)u_2(t)$		$\overline{u_1(t)\,u_2(t)} \rightarrow y = \overline{u_1(t)\,u_2(t)}$	

telwertart entsprechendes Zwischensignal $x(t) = f[u(t)]$ umgeformt wird, und im Fall des Effektivwertes noch um ein weiteres Kennlinienglied hinter dem Mittelwertbildner, in dem die Quadratwurzel des Ausgangssignals gebildet wird.

Für die praktisch wichtigsten Mittelwerte periodischer Signale sind die erforderlichen Umformerglieder in Bild **4.**17 schematisch zusammengestellt.

Beispiel 4.5. In Verbindung mit einer auf die Grundwelle abgestimmten Bandsperre, z. B. der in Bild **4.**18 dargestellten Wechselstrombrücke, läßt sich der Klirrfaktor

$$K_u = \frac{\sqrt{\tilde{u}_2^2 + \tilde{u}_3^2 + \cdots}}{\tilde{u}} = \frac{\sqrt{\tilde{u}^2 - \tilde{u}_1^2}}{\tilde{u}} \tag{4.26}$$

einer nichtsinusförmigen Wechselspannung $u(t)$ über die Messung von Mittelwerten näherungsweise bestimmen. Der Signalflußplan Bild **4.**19 verdeutlicht das Meßprinzip: Die zu untersuchende Wechselspannung $u_e(t)$ wird über eine die Grundwelle $u_1(t)$ unterdrückende Bandsperre geleitet, an deren Ausgang die Spannung

$$u_a(t) = u_e(t) - u_1(t) = u_2(t) + u_3(t) + \cdots$$

abgenommen werden kann, deren Effektivwert

$$\tilde{u}_a = K_u \tilde{u}_e$$

nach Gl. (4.26) gleich dem Effektivwert $\tilde{u}_e$ der Eingangsspannung, multipliziert mit dem Klirrfaktor K_u, ist. Stellt man den Effektivwert $\tilde{u}_e$ der Eingangsspannung über die Ein-

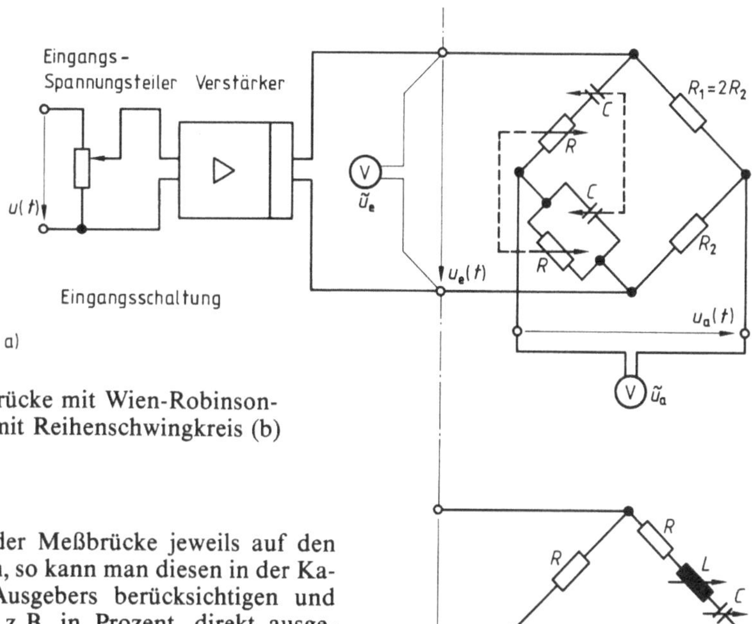

4.18
Klirrfaktormeßbrücke mit Wien-Robinson-Brücke (a) und mit Reihenschwingkreis (b)

gangsschaltung der Meßbrücke jeweils auf den gleichen Wert ein, so kann man diesen in der Kalibrierung des Ausgebers berücksichtigen und den Klirrfaktor, z.B. in Prozent, direkt ausgeben.

Als Bandsperre dient im vorliegenden Fall die Frequenz-Meßbrücke nach Wien-Robinson (s. Beispiel 3.43). Bei sinusförmiger Eingangsspannung der Kreisfrequenz ω ergibt sich der Effektivwert der Leerlaufspannung über dem Diagonalzweig bei der nach Bild **4.18** a gewählten Brückendimensionierung zu

$$\tilde{u}_a(\omega) = \tilde{u}_e(\omega) \, \frac{(\omega C R)^2 - 1}{3\sqrt{(\omega C R)^4 + 7(\omega C R)^2 + 1}}, \tag{4.27}$$

woraus die Abgleichbedingung

$$\omega = \omega_1 = \frac{1}{R C} \tag{4.28}$$

und mit $k = \omega/\omega_1 = \omega R C$ der Amplitudengang

$$\frac{\tilde{u}_{ak}}{\tilde{u}_{ek}} = \frac{k^2 - 1}{3\sqrt{k^4 + 7k^2 + 1}} \tag{4.29}$$

der Brücke unmittelbar folgen.

Gleicht man die Brücke auf die Grundkreisfrequenz ω_1 einer nichtsinusförmigen Eingangsspannung ab, so wird deren Grundwelle unterdrückt und man erhält eine aus den Oberwellen zusammengesetzte Diagonalspannung

$$u_a(t) \approx u_2(t) + u_3(t) + \cdots .$$

Das Ungefähr-Zeichen in dieser Gleichung soll andeuten, daß die Oberwellen niedriger Ordnungszahlen $k \neq 1$ nicht mit ihrer vollen Amplitude, sondern entsprechend dem Ver-

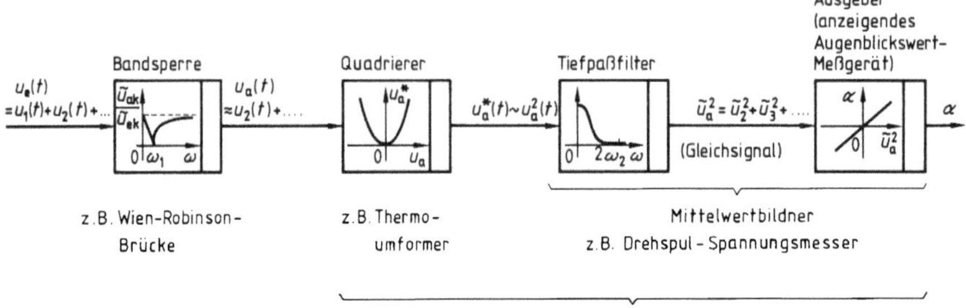

4.19
Signalflußplan der Klirrfaktormeßbrücke
nach Bild **4.**18 (ohne Eingangsschaltung)

lauf des Frequenzganges Gl. (4.29) geschwächt in den Diagonalzweig übertragen werden. Der dadurch entstehende Fehler ist um so kleiner, je geringer der Oberwellengehalt niedriger Ordnungszahlen ist.

Die Selektivität der Meßbrücke kann verbessert werden, indem man z. B. entsprechend Bild **4.**18b einen Reihenschwingkreis hoher Güte als frequenzbestimmendes Zweigelement verwendet.

Der **Effektivwertbildner** besteht in diesem Fall im Prinzip aus einer Quadrierstufe, z. B. einem Thermoumformer, welcher die Zeitfunktion der Spannung $u_a(t)$ in die Zeitfunktion $u_a^*(t) = u_a^2(t)$ der quadrierten Spannung umsetzt. Ihr Mittelwert $\overline{u_a^*(t)} = \overline{u_a^2(t)}$, der gleich dem Quadrat $\tilde{u}_a^2$ des Effektivwertes $\tilde{u}_a$ ist, kann als Gleichkomponente von $u_a^*(t)$ selektiv gemessen werden, wozu das in Beispiel 3.20 erläuterte Drehspulmeßgerät verwendbar wäre. Praktisch setzt man zur Effektivwertmessung auch Meßgeräte ein, welche die Funktion der Quadrierung und der Mittelwertbildung in sich vereinigen, z. B. das eisenlose elektrodynamische Meßgerät oder bei niedrigeren Frequenzen auch das Dreheisenmeßgerät.

Mittelwerte modulierter periodischer Signale. Ein periodisches Signal erfüllt streng die Bedingung $u(t) = u(t + T_1)$ für alle t, d. h., daß eine zu beliebiger Zeit herausgegriffene volle Signalschwingung die Eigenschaften des gesamten Signals repräsentiert. Daraus folgt auch, daß die (Langzeit-)Mittelwerte des Signals über entsprechende Vollwellenmittelwerte einer beliebigen Signalschwingung als zeitunabhängige Größen eindeutig bestimmt sind.

Neben periodischen Signalen treten in der Praxis häufig Signale auf, die man im weiteren Sinn als modulierte periodische Signale bezeichnet. Sie sind das Ergebnis eines technischen Prozesses (oder können als solches aufgefaßt werden), bei dem ein periodisches Signal (Trägersignal) $u_{Tr}(t) = u_{Tr}(t + 2\pi/\omega_{Tr})$ durch ein modulierendes Signal $u_M(t)$ so beeinflußt wird, daß ursprünglich zeitkonstante Merkmale seines zeitlichen Verlaufs, z. B. Amplitude oder Frequenz, zu Zeitfunktionen werden, die in Abhängigkeit vom modulierenden Signal $u_M(t)$ verlaufen. Beispielsweise unterliegen Amplitude oder Frequenz der Netzwechselspannung zeitlichen Änderungen, die durch Lastwechsel oder durch Regelvorgänge in den Kraftwerken verursacht werden, die Amplitude des von einem Wechselstrommotor aus dem Netz bezogenen, sinusähnlich verlaufenden Stromes ändert sich proportional zu der mechanischen Leistung, die an seiner Welle abgenommen wird, oder ein sinus- oder pulsförmiges periodisches Trägersignal ist mit einer Nachricht oder einer Meß-information moduliert (**Modulation im engeren Sinn**). Je zwei unmittelbar aufeinanderfolgende Einzelschwingungen derartiger Vorgänge, die mit der mittleren Periodendauer $T_{\mathrm{Tr}} = 2\pi/\omega_{\mathrm{Tr}}$ ablaufen, erfüllen häufig noch die Gleichung $u(t) = u(t + T_{\mathrm{Tr}})$ mit nur geringfügigen Abweichungen, zeitlich weiter auseinanderliegende Einzelschwingungen können sich aber in einem nicht mehr vernachlässigbaren Maß voneinander unterscheiden, $u(t) \neq u(t + n\,T_{\mathrm{Tr}})$.

Bei vielen praktischen Meßaufgaben interessiert nun nicht so sehr die genaue Zeitfunktion des modulierten periodischen Signals innerhalb jeder einzelnen Signalschwingung, sondern mehr die zeitliche Änderung bestimmter Kenngrö-ßen der aufeinanderfolgenden Schwingungen, also die Zeitfunktion, nach der sich z. B. die Signalamplitude, die Periodendauer oder aber ein Signalmittelwert mit der Zeit ändern. Beispielsweise kann bei einem Wechselstrommotor mit zeitlich veränderlicher mechanischer Belastung die Meßaufgabe in der Bestimmung des zeitlichen Verlaufs der Stromamplitude oder des Stromeffektivwertes bestehen.

Im folgenden wird die Messung von **Mittelwerten** modulierter periodischer Signale erläutert. Da die durch Modulation verursachte überlagerte Zeitabhängigkeit des Trägersignals nichtperiodisch oder auch periodisch sein kann, je nach den Zeiteigenschaften des modulierenden Vorganges, und weiter die Modulation sich auf Amplitude, Frequenz oder Nullphasenwinkel des periodischen Trägersignals oder seiner harmonischen Komponenten beziehen kann, müßte eine allgemeingültige Darstellung eine große Anzahl unterschiedlicher Signalformen berücksichtigen. Sie würde dadurch unübersichtlich werden. Deshalb werden die Betrachtungen im folgenden auf einfache Sonderfälle der Amplitudenmodulation beschränkt, die aber so ausgewählt sind, daß die charakteristischen Eigenheiten der hier angesprochenen Meßaufgaben erkennbar werden.

Durch Modulation der Amplitude eines **sinusförmigen Trägersignals** $u_{\mathrm{Tr}}(t)$ der Kreisfrequenz ω_{Tr} mit einem **periodischen Signal** $u_{\mathrm{M}}(t)$ der Grundkreisfrequenz ω_{M1} entsteht ein Signal $u(t)$, das allgemeingültig als Überlagerung des Trägersignals $u_{\mathrm{Tr}}(t) = \hat{u}_{\mathrm{Tr}} \cos(\omega_{\mathrm{Tr}} + \varphi_{\mathrm{Tr}})$ und eines i. allg. nichtperiodischen Differenzsignals $u_{\mathrm{D}}(t)$

$$u(t) = u_{\mathrm{Tr}}(t) + u_{\mathrm{D}}(t)$$

darstellbar ist. Das Differenzsignal $u_{\mathrm{D}}(t)$ setzt sich aus sinusförmigen Signalkomponenten der Kreisfrequenzen $\omega_{\mathrm{Tr}} \pm k\,\omega_{\mathrm{M1}}$ (mit $k = 1; 2; 3; \ldots; n$) den oberen und den unteren **Seitenbändern**, zusammen [48]. Durch die Modulation ist das aus nur einer diskreten Spektrallinie an der Stelle ω_{Tr} bestehende Signalspektrum des unmodulierten Signals also aufgefächert worden zu einer Folge diskreter Spektrallinien, die symmetrisch um die Mittenkreisfrequenz ω_{Tr} verteilt sind. Enthält das Trägersignal eine Gleichkomponente und/oder weitere sinusförmige Signalkomponenten, so werden deren Spektrallinien jede

für sich in entsprechender Weise zu einer Folge mehrerer Spektrallinien aufgefächert. Es kann natürlich auch vorkommen, daß nur eine spektrale Komponente des Trägersignals, z. B. die Gleichkomponente, moduliert ist (s. Beispiel
4.6).

Der Mittelwert des modulierten Signals über die gesamte Signaldauer
kann in bekannter Weise als Langzeitmittelwert nach Gl. (4.23) mit einer Mittelungszeit T_B bestimmt werden, die groß ist gegen die größte Periodendauer
der Signalkomponenten, $T_B \gg 2\pi/(\omega_{Tr}-n\omega_{M1})$. Sind im Ausnahmefall die
Kreisfrequenzen des modulierten Signals durch ganzzahlige Vielfache einer gemeinsamen Grundkreisfrequenz ω_1 darstellbar, z. B. bei einem modulierten
sinusförmigen Träger der Kreisfrequenz ω_{Tr} durch $\omega_{Tr}-n\omega_{M1}=m\omega_1$,
$\omega_{Tr}-(n-1)\omega_{M1}=(m+1)\omega_1$, $\omega_{Tr}-(n-2)\omega_{M1}=(m+2)\omega_1$ usw., dann ist das
modulierte sinusförmige Signal wiederum ein streng periodisches Signal, das
sich aber mit der Kreisfrequenz ω_1 wiederholt, so daß der Mittelwert auch als
Vollwellenmittelwert über der Periodendauer $T_1=2\pi/\omega_1$ gemessen werden
kann.

Von diesem Mittelwert, der als zeitunabhängige Kenngröße das Signal als
Ganzes charakterisiert, sind nun zeitabhängige Mittelwerte zu unterschei-
den, welche die durch Modulation hervorgerufene zeitliche Änderung mittlerer
Signaleigenschaften des periodischen Trägers zum Ausdruck bringen. Unter
Gesichtspunkten praktischer Meßmöglichkeiten kann zwischen den beiden fol-
genden Mittelwertdefinitionen gewählt werden:

a) Entsprechend der für periodische Signale geltenden Definition in Gl. (4.20)
wird der Mittelwert

$$\overline{u_{Tr}}(t) = \frac{1}{T_{Tr}} \int_{t-T_{Tr}}^{t} u(\tau)\,d\tau \tag{4.30}$$

über eine volle Periode $T_{Tr}=2\pi/\omega_{Tr}$ des periodischen Trägersignals (Vollwellenmittelwert des modulierten periodischen Signals) bestimmt. Für das
im modulierten Signal $u(t)$ als Komponente enthaltene periodische Trägersignal $u_{Tr}(t)$ stellt dieser Mittelwert über T_{Tr} ebenfalls den Vollwellenmittelwert nach Gl. (4.20) dar, der für Sinussignale identisch Null ist, d. h., der Träger leistet keinen Beitrag zum Mittelwert. Für das im modulierten Signal enthaltene Differenzsignal $u_D(t)$ ergibt die Mittelwertbildung über T_{Tr} dagegen
i. allg. einen Kurzzeitmittelwert entsprechend Gl. (4.3), der eine mit den
Frequenzen der Seitenbänder veränderliche Zeitfunktion darstellt.

Die praktische Messung dieser Mittelwert-Zeitfunktion erfolgt in der Regel
zeitdiskret, z. B. nach dem in Beispiel 4.2 beschriebenen Dual-Slope-Verfahren.

b) Entsprechend der bei (unmodulierten) periodischen Signalen nach Gl.
(4.22) möglichen selektiven Messung der Gleichkomponente wird als zeitabhängiger Mittelwert ein Signal aufgefaßt, das sich aus der Gleichkomponente
(sofern vorhanden) und niederfrequenten Komponenten des modulierten peri-

odischen Signals zusammensetzt. Nach diesem Prinzip arbeiten alle Meßglieder mit Tiefpaßverhalten, die zur zeitkontinuierlichen Erfassung von zeitabhängigen Mittelwerten verwendet werden, z. B. Effektivwertschreiber mit Dreheisenmeßwerken. Die für die Auswahl des Meßgliedes hinsichtlich der Grenzfrequenz wichtige Frage, welche spektralen Komponenten des modulierten periodischen Signals noch als Komponenten des zeitabhängigen Mittelwertes angesehen und zum Ausgang des Meßgliedes übertragen werden sollen, kann nicht nach objektiven Kriterien allgemeingültig beantwortet werden, sondern hängt von der im Einzelfall jeweils konkret vorliegenden Meßaufgabe ab.

Je nach der spektralen Zusammensetzung des zu messenden Signals kann man nach beiden Definitionen theoretisch identische Meßergebnisse erwarten, wie man dies von streng periodischen Signalen her gewohnt ist; die Meßergebnisse können aber auch bestimmte prinzipielle Unterschiede aufweisen. Hierauf wird in den beiden folgenden Beispielen eingegangen.

Beispiel 4.6. Es sei der zeitabhängige Mittelwert des mit der Kreisfrequenz ω_{Tr} periodischen Signals

$$u(t) = u^*_{\mathrm{Tr}0}(t) + \hat{u}_{\mathrm{Tr}}\cos(\omega_{\mathrm{Tr}}t)$$

zu messen, dessen Gleichkomponente entsprechend

$$u^*_{\mathrm{Tr}0} = u_{\mathrm{Tr}0}[1 + m\cos(\omega_{\mathrm{M}}t)] \quad \text{mit} \quad \omega_{\mathrm{M}} \ll \omega_{\mathrm{Tr}}$$

moduliert ist (s. Bild **4.**20a). Das modulierte Signal

$$u(t) = u_{\mathrm{Tr}0} + u_{\mathrm{Tr}0}m\cos(\omega_{\mathrm{M}}t) + \hat{u}_{\mathrm{Tr}}\cos(\omega_{\mathrm{Tr}}t)$$

hat das in Bild **4.**20b dargestellte Spektrum.
Der **Vollwellenmittelwert**

$$\overline{u_{\mathrm{TTr}}}(t) = u_{\mathrm{Tr}0} + u_{\mathrm{Tr}0}m\,\mathrm{si}\left(\pi\frac{\omega_{\mathrm{M}}}{\omega_{\mathrm{Tr}}}\right)\cos(\omega_{\mathrm{M}}t)$$

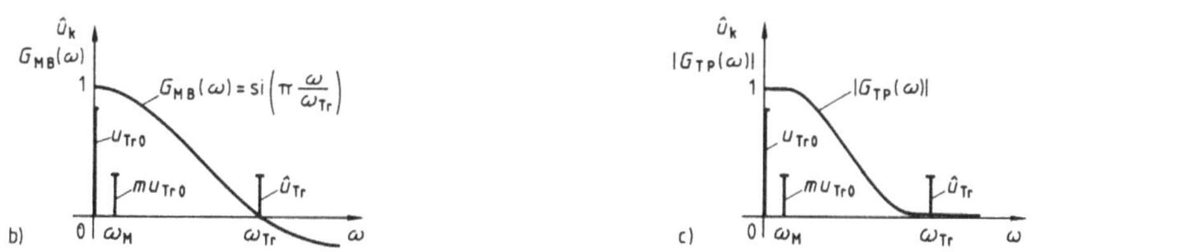

4.20 Zeitfunktion (a), Spektren und Filterkennlinien (b, c) der Mittelwertbildung des Signals $u(t) = u_{\mathrm{Tr}0}[1 + m\cos(\omega_{\mathrm{M}}t)] + \hat{u}_{\mathrm{Tr}}\cos(\omega_{\mathrm{Tr}}t)$

über der Periodendauer $T_{\mathrm{Tr}} = 2\pi/\omega_{\mathrm{Tr}}$ ändert sich zeitlich mit der Modulationskreisfrequenz ω_{M} und unterscheidet sich darin vom (zeitunabhängigen) Langzeitmittelwert $\overline{u(t)} = u_{\mathrm{Tr}0}$. Nach Bild 4.16 kann die (als zeitkontinuierlicher Vorgang aufgefaßte) Bildung dieses Mittelwertes über den Frequenzgang $G_{\mathrm{MB}}(\omega) = \mathrm{si}(\pi\omega/\omega_{\mathrm{Tr}})$ eines entsprechenden Meßgliedes beschrieben werden (s. Bild **4.**20b). Da $G_{\mathrm{MB}}(\omega)$ an der Stelle $\omega = \omega_{\mathrm{Tr}}$ eine Nullstelle hat, wird die Komponente $\hat{u}_{\mathrm{Tr}}\cos(\omega_{\mathrm{Tr}}t)$ unterdrückt, während die mit $\omega_{\mathrm{M}} \ll \omega_{\mathrm{Tr}}$ oszillierende Komponente entsprechend dem Faktor $\mathrm{si}(\pi\omega_{\mathrm{M}}/\omega_{\mathrm{Tr}}) \approx 1$ nur wenig abgeschwächt wird.

Der (stetige) Mittelwertbildner kann in diesem Fall gleichwertig durch einen Tiefpaß ersetzt werden, der selektiv nur die Gleichkomponente und die Komponente $u_{\mathrm{Tr}0}\, m \cos(\omega_{\mathrm{M}}t)$ zum Ausgang überträgt (s. Bild **4.**20c). Im Vergleich zur Mittelwertbildung eines unmodulierten Signals ($m = 0$) wird dazu ein Tiefpaß benötigt, der nicht nur Signalkomponenten der Kreisfrequenz Null, sondern mindestens auch noch der Modulationskreisfrequenz ω_{M} überträgt, d.h., der Durchlaßbereich des Filters muß breiter und die Steilheit der abfallenden Filterkennlinienflanke größer sein als im Fall des unmodulierten Signals $m = 0$.

Beispiel 4.7. Es sei der zeitabhängige Quadratmittelwert des mit der Kreisfrequenz ω_{Tr} periodischen Signals

$$u(t) = \hat{u}(t)\cos(\omega_{\mathrm{Tr}}t)$$

zu messen, dessen Amplitude entsprechend

$$\hat{u}(t) = \hat{u}_{\mathrm{Tr}}[1 + m\cos(\omega_{\mathrm{M}}t)]$$

moduliert ist (s. Bild **4.**21a).

Das modulierte Signal folgt der Zeitfunktion

$$u(t) = \hat{u}_{\mathrm{Tr}}\left\{ \cos(\omega_{\mathrm{Tr}}t) + \frac{m}{2}\cos[(\omega_{\mathrm{Tr}} - \omega_{\mathrm{M}})t] + \frac{m}{2}\cos[(\omega_{\mathrm{Tr}} + \omega_{\mathrm{M}})t] \right\}.$$

Neben der Trägerkreisfrequenz ω_{Tr} enthält es im Abstand $\pm\omega_{\mathrm{M}}$ die Seitenkreisfrequenzen $(\omega_{\mathrm{Tr}} - \omega_{\mathrm{M}})$ und $(\omega_{\mathrm{Tr}} + \omega_{\mathrm{M}})$ (s. Bild **4.**21b). Die Quadratfunktion

$$x(t) = u^2(t) = \frac{\hat{u}_{\mathrm{Tr}}^2}{2}\left\{ \left(1 + \frac{m^2}{2}\right) + 2m\cos(\omega_{\mathrm{M}}t) + \frac{m^2}{2}\cos(2\omega_{\mathrm{M}}t) \right.$$

$$+ \left(1 + \frac{m^2}{2}\right)\cos(2\omega_{\mathrm{Tr}}t) + m\cos[(2\omega_{\mathrm{Tr}} - \omega_{\mathrm{M}})t] + m\cos[(2\omega_{\mathrm{Tr}} + \omega_{\mathrm{M}})t]$$

$$+ \left. \frac{m^2}{4}\cos[(2\omega_{\mathrm{Tr}} - 2\omega_{\mathrm{M}})t] + \frac{m^2}{4}\cos[(2\omega_{\mathrm{Tr}} + 2\omega_{\mathrm{M}})t] \right\}$$

enthält jeweils zwei Seitenkreisfrequenzen, die im Abstand ω_{M} bzw. $2\omega_{\mathrm{M}}$ um die Mittenkreisfrequenzen $\omega = 0$ und $\omega = 2\omega_{\mathrm{Tr}}$ verteilt sind (s. Bild **4.**21c).

Man erkennt aus dem Signalspektrum in Bild **4.**21c, in das der Frequenzgang $G_{\mathrm{MB}}(\omega)$ eines über T_{Tr} integrierenden stetigen Mittelwertbildners eingezeichnet ist, daß der zeitabhängige Vollwellenmittelwert eine langsame zeitliche Änderung mit der einfachen bzw. der zweifachen Modulationskreisfrequenz ausführt, der aber noch höherfrequente periodische Änderungen mit den Kreisfrequenzen $2\omega_{\mathrm{Tr}} \pm \omega_{\mathrm{M}}$ und $2\omega_{\mathrm{Tr}} \pm 2\omega_{\mathrm{M}}$ überlagert sind. Da der Frequenzgang des Mittelwertbildners bei diesen Frequenzen zwar relativ kleine, aber nicht verschwindende Werte besitzt, werden diese Komponenten des Signals $x(t)$ nur unvollständig unterdrückt. Der Mittelwertbildner erfaßt also von diesen Komponenten nicht den Vollwellenmittelwert, der Null ist, sondern einen von Null verschiedenen Kurzzeitmittelwert.

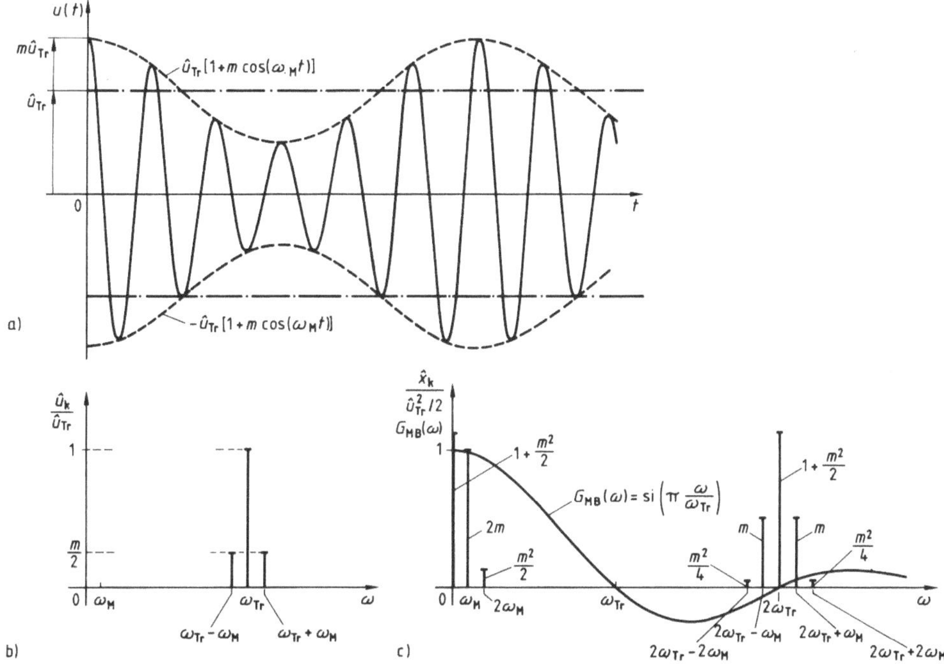

4.21 Zeitfunktion (a), Spektren und Filterkennlinie (b, c) des amplitudenmodulierten Signals $u(t) = \hat{u}_{\mathrm{Tr}}[1 + m\cos(\omega_{\mathrm{M}} t)]\cos(\omega_{\mathrm{Tr}} t)$ mit $m = 0{,}5$, dessen Quadratmittelwert über eine Periode $T_{\mathrm{Tr}} = 2\pi/\omega_{\mathrm{Tr}}$ gemessen wird

Von einem Tiefpaß, der so bemessen ist, daß die Signalkreisfrequenzen ω_{M} und $2\omega_{\mathrm{M}}$ in seinen Durchlaß-, die doppelte Trägerkreisfrequenz $2\omega_{\mathrm{Tr}}$ aber in seinen Sperrbereich fallen, würden dagegen sowohl die oberen als weitgehend auch die unteren Seitenfrequenzen des Trägers unterdrückt werden. Das als zeitabhängiger Mittelwert ausgegebene Signal wird daher nur niederfrequente Änderungen mit der ein- und zweifachen Modulationsfrequenz ausführen.

In diesem Fall besteht also ein prinzipieller Unterschied in der spektralen Zusammensetzung der von einem (stetigen) Mittelwertbildner und einem Tiefpaß ausgegebenen Meßwertsignale. Praktisch fallen diese Unterschiede um so weniger ins Gewicht, je kleiner die Modulationskreisfrequenz ω_{M} im Vergleich mit der Trägerkreisfrequenz ω_{Tr} ist (s. Bild **4.21** c).

4.1.2 Frequenzeigenschaften

Die Frequenzeigenschaften eines deterministischen Signals $u(t)$ werden durch die Amplitudenspektralfunktion $U(\omega)$ beschrieben. $U(\omega) \,\bullet\!\!-\!\!-\!\!\circ\, u(t)$ ist die Fourier-Transformierte [30]

$$U(\omega) = \int\limits_{-\infty}^{+\infty} u(t)\exp(-\mathrm{j}\omega t)\,\mathrm{d}t \tag{4.31}$$

der Zeitfunktion $u(t)$. Sie ist bei zeitbegrenzten (aperiodischen) Signalen eine kontinuierliche, beschränkte Funktion der Kreisfrequenz ω, bei periodischen Signalen eine diskrete Folge von Impulsen $\delta(\omega-\omega_k)$.

Im letzteren Fall ist $U(\omega)$ bei allen Kreisfrequenzen Null außer an den diskreten Stellen $\omega=\omega_k=k\omega_1$, $k=\ldots; -2; -1; 0; +1; +2; \ldots$, an denen $U(\omega)$ unendlich wird. Die Fourier-Transformierte einer periodischen Funktion kann daher allgemein durch die unendliche Summe diskreter Impulse

$$U(\omega) = \sum_{k=-\infty}^{+\infty} U(\omega_k)$$

mit

$$U(\omega_k) = 2\pi\underline{u}_k\delta(\omega-\omega_k) \quad \text{und} \quad \underline{u}_k = |\underline{u}_k|\exp(j\varphi_k),$$

also durch

$$U(\omega) = 2\pi \sum_{k=-\infty}^{+\infty} \underline{u}_k\delta(\omega-\omega_k) \tag{4.32}$$

beschrieben werden, aus der man über das Umkehrintegral der Fourier-Transformation

$$u(t) = \frac{1}{2\pi} \int_{-\infty}^{+\infty} U(\omega)\exp(j\omega t)\,d\omega \tag{4.33}$$

die als Fourier-Entwicklung oder Fourier-Reihe bekannte Darstellung [30]

$$u(t) = \sum_{k=-\infty}^{+\infty} \underline{u}_k\exp(j\omega_k t) \tag{4.34}$$

erhält, die mit

$$|\underline{u}_{(-k)}| = |\underline{u}_k| = \frac{\hat{u}_k}{2}, \quad \omega_{-k} = -\omega_k = -k\omega_1, \quad \varphi_{-k} = -\varphi_k \tag{4.35}$$

und

$$k = 1; 2; 3; \ldots$$

in die geläufige Form

$$u(t) = u_0 + \sum_{k=1}^{\infty} \frac{\hat{u}_k}{2}\exp[-j(k\omega_1 t+\varphi_k)]$$

$$+ \sum_{k=1}^{\infty} \frac{\hat{u}_k}{2}\exp[j(k\omega_1 t+\varphi_k)] \tag{4.36}$$

oder

$$u(t) = u_0 + \sum_{k=1}^{\infty} \hat{u}_k\cos(k\omega_1 t+\varphi_k)$$

$$= u_0 + \sum_{k=1}^{\infty} \hat{u}_{ka}\cos(k\omega_1 t) + \sum_{k=1}^{\infty} \hat{u}_{kb}\sin(k\omega_1 t) \tag{4.37}$$

übergeht. Die als Funktion der Kreisfrequenz aufgetragenen Koeffizienten (Fourier-Koeffizienten) vorstehender Gleichung ergeben das diskrete Amplitudenspektrum $\underline{u}_k$ bzw. $\hat{u}_k$, φ_k, das nur bei periodischen Signalen existiert und bei diesen anstelle des Amplitudendichtespektrums (Amplitudenspektralfunktion) überwiegend verwendet wird.

Gl. (4.31), (4.34) und (4.37) und die aus ihnen ableitbaren Beziehungen zur Bestimmung der Fourier-Koeffizienten periodischer Signale

$$u_0 = \frac{1}{T_1} \int_0^{T_1} u(t)\,\mathrm{d}t, \tag{4.38}$$

$$\hat{u}_{ka} = \hat{u}_k \cos\varphi_k = \frac{2}{T_1} \int_0^{T_1} u(t)\cos(k\,\omega_1 t)\,\mathrm{d}t, \tag{4.39}$$

$$\hat{u}_{kb} = -\hat{u}_k \sin\varphi_k = \frac{2}{T_1} \int_0^{T_1} u(t)\sin(k\,\omega_1 t)\,\mathrm{d}t \tag{4.40}$$

bzw.

$$\underline{u}_k = \frac{1}{T_1} \int_0^{T_1} u(t)\exp(-\mathrm{j}k\,\omega_1 t)\,\mathrm{d}t \tag{4.41}$$

mit

$$\hat{u}_k = 2\,|\underline{u}_k| = \sqrt{\hat{u}_{ka}^2 + \hat{u}_{kb}^2}, \tag{4.42}$$

$$\varphi_k = \arg\underline{u}_k = \arctan\left(-\frac{\hat{u}_{kb}}{\hat{u}_{ka}}\right) \tag{4.43}$$

bilden die theoretische Grundlage zur Messung der spektralen Signaleigenschaften.

4.1.2.1 Aperiodische Signale.

Jedem Punkt $U(\omega)$ der Amplitudendichtefunktion entspricht nach Gl. (4.33) ein stationäres, exponentielles Teilsignal $[U(\omega)/2\pi]\mathrm{d}\omega \cdot \exp(\mathrm{j}\omega t)$ der infinitesimal kleinen Amplitude $[U(\omega)/2\pi]\mathrm{d}\omega$, deren Dichte $U(\omega)$ gemessen werden soll. Da diese meßtechnisch nur im Zeitbereich als Merkmal des entsprechenden Teilsignals erfaßbar ist, kann die Amplitudenspektralfunktion grundsätzlich nicht als kontinuierliche Funktion der Frequenz, sondern nur diskontinuierlich in endlich vielen diskreten Frequenzpunkten bestimmt werden. Als Grundlage dazu dient das Fourier-Integral von Gl. (4.31), das als Meßvorschrift für die im folgenden erläuterten Meßverfahren interpretierbar ist.

Korrelationsverfahren. Auf der Basis des Fourier-Integrals von Gl. (4.31)

$$U(\omega) = \int_{-\infty}^{+\infty} u(t)\exp(-\mathrm{j}\omega t)\,\mathrm{d}t$$

wird bei diesem Verfahren das Produkt des zu analysierenden Signals $u(t)$ und eines geeigneten Modellsignals gebildet und dieses Produkt über der gesamten (endlichen) Signaldauer integriert. Da das nach Gl. (4.31) als Modellsignal erforderliche komplexe Exponentialsignal $\exp(-j\omega t)$ nicht realisierbar ist, werden die symmetrisch zum Ursprung liegenden Amplitudendichten $U(\omega)$ und $U(-\omega) = U^*(\omega)$ für die Messung zusammengefaßt zu dem Realteil

$$\text{Re}\{U(\omega)\} = \frac{U(\omega) + U(-\omega)}{2} = \int\limits_{-\infty}^{+\infty} u(t)\cos(\omega t)\,dt \tag{4.44}$$

bzw. dem Imaginärteil

$$\text{Im}\{U(\omega)\} = \frac{U(\omega) - U(-\omega)}{2j} = -\int\limits_{-\infty}^{+\infty} u(t)\sin(\omega t)\,dt \tag{4.45}$$

der Amplitudendichte $U(\omega)$, wodurch reelle Sinussignale als Modellsignale verwendbar werden.

Dieses Verfahren wird Korrelationsverfahren genannt, da die Integrale in Gl. (4.44) und (4.45) bis auf einen konstanten Faktor dem Anfangswert der Kreuzkorrelationsfunktion [30] des Signals $u(t)$ und eines Modellsignals $\cos(\omega t)$ oder $\sin(\omega t)$ entsprechen. Zur Messung eines diskreten Punktes $U(\omega)$ der Amplitudendichtefunktion sind nach Gl. (4.44) und (4.45) zwei vollständige, zeitparallel arbeitende Meßketten erforderlich, die aus einem Generator für das Modellsignal, einem Multiplizierer und dem Integrierer bestehen. Sollen n diskrete Punkte bestimmt werden, so müssen demnach $2n$ parallele Meßketten vorgesehen werden. Das Meßprinzip einer derartigen Meßeinrichtung ist in Bild **4.**22 dargestellt. Man kann den Geräteaufwand zu Lasten der Auswertungszeit verringern, indem man das Meßsignal $u(t)$ speichert, z. B. ein elektrisches Signal $u(t)$ auf Magnetband mit endlos umlaufender Bandschleife, und es dann nacheinander $2n$-mal dem gleichen Analysator zuführt, die Signalanalyse also zeitseriell ablaufen läßt. Der Generator zur Erzeugung des Modellsignals muß dann eine in weiten Grenzen einstellbare und mit den Harmonischen des Meßsignals synchronisierbare Frequenz aufweisen.

Filterverfahren. Aufgrund der formalen Ähnlichkeit von Gl. (4.31) mit dem Faltungsintegral in Gl. (3.28) liegt die Umwandlung von $U(\omega)$ nach Gl. (4.31) in

$$U(\omega) = \exp(-j\omega t) \int\limits_{-\infty}^{+\infty} u(\tau)\exp[j\omega(t-\tau)]\,d\tau$$

bzw. in

$$U(\omega)\exp(j\omega t) = \int\limits_{-\infty}^{+\infty} u(\tau)\exp[j\omega(t-\tau)]\,d\tau$$

nahe und ebenso die von $U(-\omega)$ in

$$U(-\omega)\exp(-j\omega t) = \int\limits_{-\infty}^{+\infty} u(t)\exp[-j\omega(t-\tau)]\,d\tau.$$

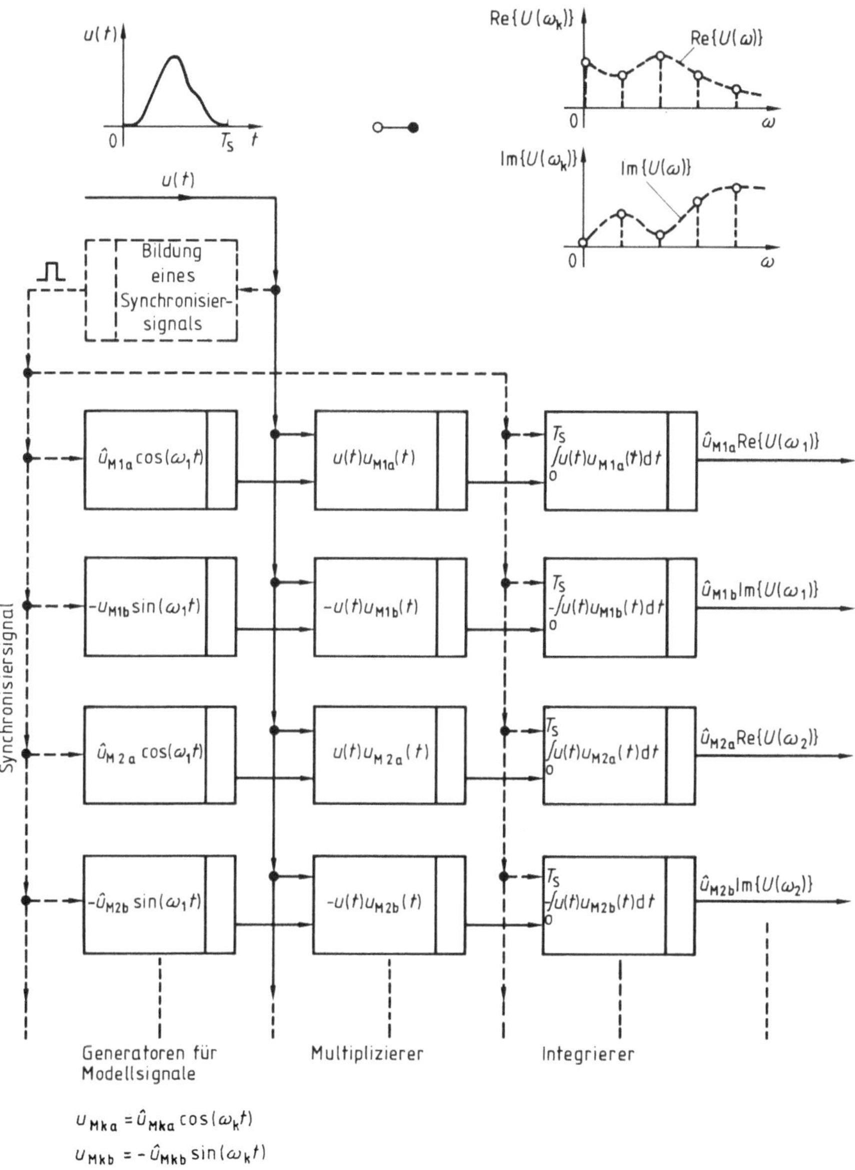

4.22 Meßprinzip der Spektralanalyse eines aperiodischen, zeitbegrenzten Signals nach dem Korrelationsverfahren

Addiert man diese beiden Gleichungen und beachtet, daß

$$U(\omega) = |U(\omega)| \exp[\mathrm{j}\varphi(\omega)] \quad \text{und} \quad U(-\omega) = |U(\omega)| \exp[-\mathrm{j}\varphi(\omega)]$$

ist, so erhält man die Beziehung

$$|U(\omega)| \cos[\omega t + \varphi(\omega)] = \int\limits_{-\infty}^{+\infty} u(\tau) \left[\frac{\exp[j\omega(t-\tau)]}{2} + \frac{\exp[-j\omega(t-\tau)]}{2}\right] d\tau$$

oder

$$|U(\omega)| \cos[\omega t + \varphi(\omega)] = \int\limits_{-\infty}^{+\infty} u(\tau) \cos[\omega(t-\tau)] d\tau, \tag{4.46}$$

die besagt, daß am Ausgang eines Meßgliedes mit der Gewichtsfunktion

$$g(t) = \frac{\exp(j\omega t)}{2} + \frac{\exp(-j\omega t)}{2} = \cos(\omega t) \tag{4.47}$$

das stationäre Signal

$$y(t) = |U(\omega)| \cos[\omega t + \varphi(\omega)] \tag{4.48}$$

erscheint, wenn diesem Meßglied das zu analysierende Signal $u(t)$ als Eingangssignal zugeführt wird (s. Bild **4.23**). Der Gewichtsfunktion Gl. (4.47) entspricht der Frequenzgang

$$G(\eta) = \pi[\delta(\eta - \omega) + \delta(\eta + \omega)], \tag{4.49}$$

der ein ideales Bandfilter der Bandmittenfrequenz $\eta = \omega$, der Bandbreite $d\eta \to 0$ und der Empfindlichkeit $E(\eta = \omega) \to \infty$ beschreibt. In dieser Darstellung erscheint die Messung der Amplitudendichte als Filtervorgang, bei dem mit Hilfe eines speziellen Bandfilters aus dem zu analysierenden Signal $u(t)$ eine stationäre Sinusschwingung gewonnen wird, die nach Gl. (4.48) in Amplitude und Nullphasenwinkel mit Betrag und Phasenwinkel der zu bestimmenden Amplitudendichte $U(\omega)$ übereinstimmt.

Die Wirkung des Filters auf das aperiodische Signal kann man anschaulich so erklären, daß aus den unmeßbar kleinen Amplituden der exponentiellen Teilsi-

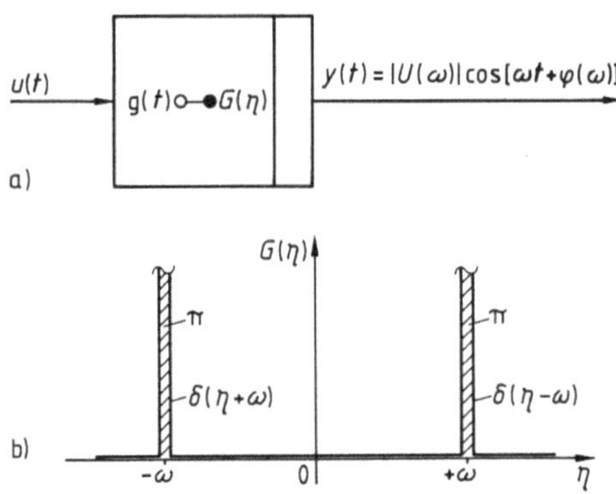

4.23 Darstellung der Fourier-Transformation als Filtervorgang
   a) Signalflußplan
   b) Frequenzgang des Filters

gnale $[U(\omega)/2\pi]\,d\omega\cdot\exp(j\omega t)$ und $[U(-\omega)/2\pi]\,d\omega\cdot\exp(-j\omega t)$ durch die unendlich große Empfindlichkeit des Bandfilters die meßbaren, endlich großen Amplituden der Ausgangssignalkomponenten $[U(\omega)/2]\exp(j\omega t)$ und $[U(-\omega)/2]\exp(-j\omega t)$ gebildet werden. Ein solches Filter ist natürlich nicht realisierbar. Man erkennt dies schon daran, daß das nach Gl. (4.48) berechnete Ausgangssignal $y(t)$ des Filters als stationäre Sinusschwingung theoretisch zu allen Zeiten existiert, unabhängig davon, wann dessen Ursache $u(t)$ an den Eingang des Filters gelangt. Das durch Gl. (4.49) beschriebene Filter ist also **nicht kausal**. Mit realisierbaren, kausalen Filtern kann die durch Gl. (4.49) beschriebene ideale Filterkennlinie aber in einem zur praktischen Messung genügenden Maß approximiert werden, z. B. mit den in den Beispielen 3.44 und 3.45 beschriebenen schwach gedämpften mechanischen Feder-Masse-Systemen.

Abtasttheorem und periodische Fortsetzung. Vorstehend wurde bereits die Möglichkeit der **zeitseriellen** Signalanalyse durch Signalwiederholung erwähnt. Reproduziert man das zeitbegrenzte aperiodische Signal $u(t)$ der Dauer T_S in exakt gleichen zeitlichen Abständen $T_1 \geq T_S$, so erhält man nach Bild **4**.24 für $t > 0$ ein periodisches Signal

$$x(t) = \sum_{i=0}^{\infty} u(t - iT_1), \tag{4.50}$$

das als solches mit den in Abschn. 4.1.2.2 beschriebenen Methoden analysierbar ist. Da das aperiodische Signal $u(t)$ unter der Voraussetzung $T_1 \geq T_S$ als **eine Vollschwingung** in dem periodischen Signal $x(t)$ enthalten ist, besteht ein leicht zu erkennender analytischer Zusammenhang zwischen der kontinuierlichen Amplitudenspektralfunktion

$$U(\omega) = \int_{-\infty}^{+\infty} u(t)\exp(-j\omega t)\,dt$$

des aperiodischen Signals $u(t)$ nach Gl. (4.31) und dem diskreten Linienspektrum

$$\underline{x}_k(\omega_k) = \frac{1}{T_1} \int_{0}^{T_1} x(t)\exp(-jk\omega_1 t)\,dt \tag{4.51}$$

der periodischen Fortsetzung $x(t)$ nach Gl. (4.41). Wählt man die Zeitkoordinate entsprechend Bild **4**.24, so können die Integrationsgrenzen in Gl. (4.31) auch auf 0 und T_1 festgelegt werden.

$$U(\omega) = \int_{0}^{T_1} u(t)\exp(-j\omega t)\,dt \tag{4.52}$$

Außerdem sind im Zeitintervall $0 \leq t \leq T_1$ die beiden Zeitfunktionen $u(t)$ und

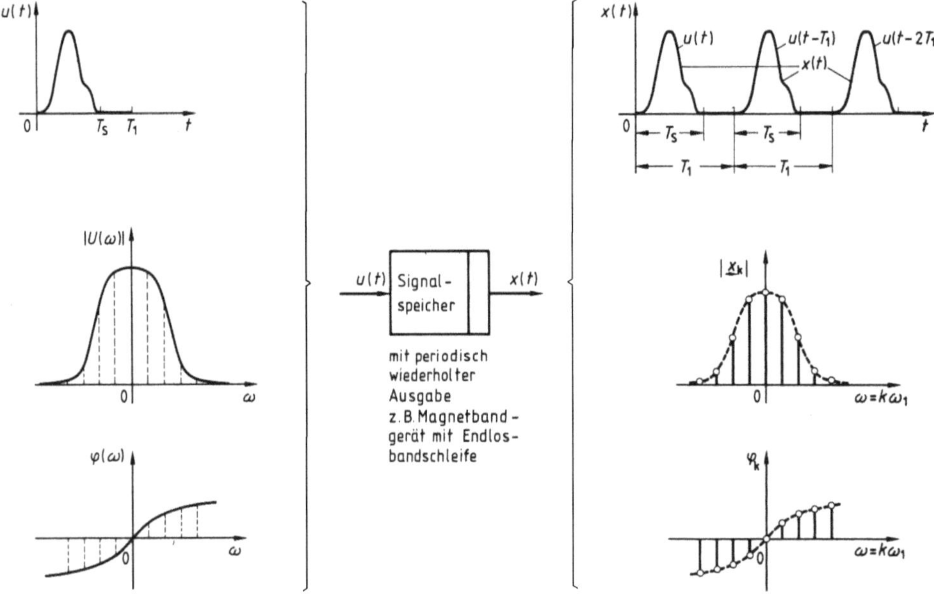

4.24 Periodische Wiederholung eines zeitbegrenzten aperiodischen Signals

$x(t)$ identisch, also $u(t) = x(t)$, so daß Gl. (4.51) in der Form

$$\underline{x}_k(k\omega_1) = \frac{1}{T_1} \int_0^{T_1} u(t)\exp(-jk\omega_1 t)\,dt \tag{4.53}$$

geschrieben werden kann. Aus dem Vergleich von Gl. (4.52) und (4.53) erkennt man, daß die Amplitudenspektralfunktion $U(\omega)$ des zeitbegrenzten aperiodischen Signals $u(t)$ in den diskreten Punkten $\omega_k = k\omega_1 = k2\pi/T_1$ durch die komplexen Fourier-Koeffizienten $\underline{x}_k(k\omega_1)$ des periodischen Signals $x(t)$ eindeutig zu

$$U(k\omega_1) = T_1\underline{x}_k(k\omega_1) \tag{4.54}$$

festgelegt ist. Die periodische Fortsetzung des Signals $u(t)$ im Zeitbereich kann daher im Frequenzbereich als Abtastung der Amplitudenspektralfunktion $U(\omega)$ interpretiert werden. Daraus ergeben sich zwei wichtige Folgerungen:

a) Die Bestimmung der Amplitudenspektralfunktion $U(\omega)$ eines zeitbegrenzten aperiodischen Signals $u(t)$ in diskreten, äquidistanten Punkten $\omega_k = 0$, ω_1, $2\omega_1$, $3\omega_1$, ... ist auf die Bestimmung der Fourier-Koeffizienten $\underline{x}_k(\omega_k)$ eines durch periodische Fortsetzung von $u(t)$ erzeugten periodischen Signals $x(t) = x(t + T_1)$ zurückführbar.

b) Durch äquidistante Abtastwerte $U(k\omega_1)$ der kontinuierlichen Amplitudenspektralfunktion $U(\omega)$ wird das aperiodische Signal $u(t)$ vollständig und eindeutig charakterisiert, vorausgesetzt, daß es in jeder Periode des durch die Fourier-Koeffizienten nach Gl. (4.54) definierten periodischen Signals unverfälscht erkennbar ist. Dies ist der Fall, wenn die Periodendauer $T_1 = 2\pi/\omega_1$ des periodischen Signals $x(t) = x(t + T_1)$ nicht kleiner ist als die Dauer T_S des aperiodischen Signals. Vergrößert man T_1, so rücken die aufeinander folgenden Signalabschnitte $u(t)$, $u(t - T_1)$, ... in Bild **4.24** weiter auseinander, bzw. die Kreisfrequenzabstände ω_1 zwischen den Spektrallinien werden kleiner. Verringert man T_1, so folgen umgekehrt die einzelnen Spektrallinien in immer größer werdenden Kreisfrequenzabständen aufeinander. Die zulässige untere Grenze wird mit $T_1 = T_S$ erreicht, da eine weitere Verringerung von T_1 ein Übereinanderschieben der einzelnen Signalabschnitte $u(t)$, $u(t - T_1)$, ... und damit Formverzerrungen des resultierenden Signals zur Folge hätte, mit denen ein entsprechender Informationsverlust über das Signal $u(t)$ verbunden wäre. Die daraus resultierende Bedingung

$$T_1 \gtreqless T_S \tag{4.55}$$

oder

$$\omega_1 \lesseqgtr \frac{2\pi}{T_S}, \tag{4.56}$$

nach der die Frequenzabstände zwischen je zwei aufeinander folgenden Abtastwerten $U(k\omega_1)$ nicht größer sein dürfen als die der Signaldauer T_S entsprechende Kreisfrequenz $2\pi/T_S$, um einen Informationsverlust zu vermeiden, nennt man **Abtasttheorem für zeitbegrenzte Vorgänge**. Bei einer Signalanalyse nach diesem Prinzip wird das Abtasttheorem infolge der periodischen Fortsetzung des vollständigen Signals $u(t)$ von selbst erfüllt. Das Abtasttheorem muß aber ausdrücklich beachtet werden, wenn Spektralanalysen nach dem Korrelations- oder Filterverfahren durchgeführt werden.

4.1.2.2 Periodische Signale. Die Frequenzanalyse periodischer Signale gestaltet sich aus mehreren Gründen wesentlich einfacher als die aperiodischer Signale:

a) Periodische Signale haben ein diskretes Linienspektrum. Die einzelnen Spektrallinien gehen nicht kontinuierlich ineinander über, sondern folgen mit endlichem Frequenzabstand aufeinander (s. Bild **4.24**). Sie können deshalb durch Bandfilter mit endlich breitem Durchlaßbereich und endlicher Flankensteilheit der Durchlaßkennlinie verhältnismäßig exakt voneinander getrennt werden.

b) Die harmonischen Komponenten periodischer Signale haben endlich große Amplituden, d.h., sie sind als Zeitfunktionen unmittelbar erfaßbar.

c) Periodische Signale sind stationäre Signale, deren Eigenschaften sich mit der Zeit nicht ändern. Die zur Verfügung stehende Meßzeit ist daher theoretisch unbegrenzt; praktisch bedeutet dies, daß auch mittelwertbildende Meßverfahren mit längerer Mittelungszeit angewandt werden können.

Die theoretische Basis der Spektralanalyse aperiodischer Signale war das Fourier-Integral von Gl. (4.31). In ähnlicher Weise stützt sich die Analyse periodischer Signale auf die aus dem Fourier-Integral ableitbaren Bestimmungsgleichungen (4.38) bis (4.43) der Fourier-Koeffizienten, deren Interpretation als Meßvorschrift deshalb ebenfalls auf das Korrelations- und das Filterverfahren führt. Bei ersterem kann man im Hinblick auf die praktisch angewandten Methoden zur Erzeugung des Modellsignals und zur Bildung des Produktes aus Meß- und Modellsignal noch unterscheiden zwischen der Korrelation mit Sinussignalen und der Korrelation mit Schaltfunktionen.

Korrelationsverfahren. Die Fourier-Koeffizienten eines periodischen Signals $u(t)$ nach Gln. (4.39) und (4.40) sind deutbar als Anfangswerte der Kreuzkorrelationsfunktionen (verallgemeinerte Produktmittelwerte) des Signals $u(t)$ und eines sinusförmigen Modellsignals $\cos(k\omega_1 t)$ bzw. $\sin(k\omega_1 t)$. Um die Erläuterung der daran anknüpfenden Analyseverfahren zwanglos auf nichtsinusförmige Modellsignale ausdehnen zu können, wird bei den folgenden Betrachtungen von der Kreuzkorrelationsfunktion des periodischen Meßsignals $u(t)$ und eines i. allg. nichtsinusförmigen periodischen Modellsignals $u_M(t)$ ausgegangen.

Die Kreuzkorrelationsfunktion ist allgemeingültig definiert [30] durch

$$\psi_{u\,u_M}(\tau) = \lim_{T_B \to \infty} \frac{1}{2\,T_B} \int_{-T_B}^{T_B} u(t)u_M(t+\tau)\,\mathrm{d}t \ ^1) \tag{4.57}$$

und kann für periodische Signale, deren Produktfunktion ebenfalls periodisch ist, nach Abschn. 4.1.1.4 auch als

$$\psi_{u\,u_M}(\tau) = \frac{1}{T_B} \int_{0}^{T_B} u(t)u_M(t+\tau)\,\mathrm{d}t \tag{4.58}$$

geschrieben werden. Darin bedeuten τ die Verzögerungsvariable der Korrelationsfunktion und T_B die Mittelungszeit, die im Fall der Gl. (4.58) ein ganzzahlig Vielfaches der Periodendauer der Produktfunktion $x(t, \tau)=u(t)u_M(t+\tau)$ sein soll. Bild **4.**26 zeigt die Kreuzkorrelationsfunktion

$$\psi_{u\,u_M}(\tau) = \frac{\hat{u}\,\hat{u}_M}{2} \cos(\omega\tau+\varphi_M-\varphi) \tag{4.59}$$

zweier gleichfrequenter Sinussignale, die als Funktion der Verzögerungsvariablen τ ebenfalls periodisch mit der Kreisfrequenz ω der Signale verläuft.

Sind die beiden Signale nicht sinusförmig, aber periodisch, und haben sie die gleiche Grundkreisfrequenz ω_1, so verläuft die Kreuzkorrelationsfunktion nach

---

^{1}) Um Verwechslungen mit dem Phasenwinkel φ zu vermeiden, wird für die Korrelationsfunktion hier das Symbol ψ verwendet.

$$\psi_{\mathrm{u\,u_M}}(\tau) = s_0 + \sum_{k=1}^{\infty} \hat{s}_k \cos[k\,\omega_1\,\tau + \varphi_{\mathrm{Mk}} - \varphi_k], \qquad (4.60)$$

mit

$$s_0 = u_0 u_{\mathrm{M0}} \qquad (4.61)$$

und

$$\hat{s}_k = \frac{\hat{u}_k \hat{u}_{\mathrm{Mk}}}{2} = \tilde{u}_k \tilde{u}_{\mathrm{Mk}}. \qquad (4.62)$$

Der Anfangswert

$$\psi_{\mathrm{u\,u_M}}(0) = \overline{u(t)u_{\mathrm{M}}(t)} = s_0 + \sum_{k=1}^{\infty} \hat{s}_k \cos(\varphi_{\mathrm{Mk}} - \varphi_k) \qquad (4.63)$$

ist der Produktmittelwert der beiden Signale $u(t)$ und $u_{\mathrm{M}}(t)$. Aus Gl. (4.63) erkennt man, daß beispielsweise die elektrische Wirkleistung $\overline{p(t)} = \overline{u(t)i(t)}$ als Anfangswert $\psi_{\mathrm{u\,u_M}}(0)$ einer aus dem Strom $i(t)$ und der Spannung $u(t)$ gebildeten Kreuzkorrelationsfunktion deutbar ist. Gl. (4.61) und (4.62) bestätigen dann die bekannte Tatsache, daß zur Wirkleistung stets nur gleichfrequente Strom- und Spannungskomponenten beitragen, so wie dies ganz allgemein für die Kreuzkorrelationsfunktion bezüglich der Komponenten ihren beiden Signalfunktionen $u(t)$ und $u_{\mathrm{M}}(t)$ gilt. Diese Eigenschaft der Kreuzkorrelationsfunktion kann auch zur Signalanalyse genutzt werden.

Korrelation mit sinusförmigem Modellsignal. Es sei

$$u(t) = u_0 + \sum_{k=1}^{\infty} \hat{u}_k \cos(\omega_k t + \varphi_k) \qquad (4.64)$$

die Fourier-Reihe des zu analysierenden Signals. Zur Bestimmung der k-ten harmonischen Komponente des Signals wird dieses nach Bild **4.**25 mit einem sinusförmigen Modellsignal

$$u_{\mathrm{M}}(t) = \hat{u}_{\mathrm{M}} \cos(\omega_k t + \varphi_{\mathrm{M}}) \qquad (4.65)$$

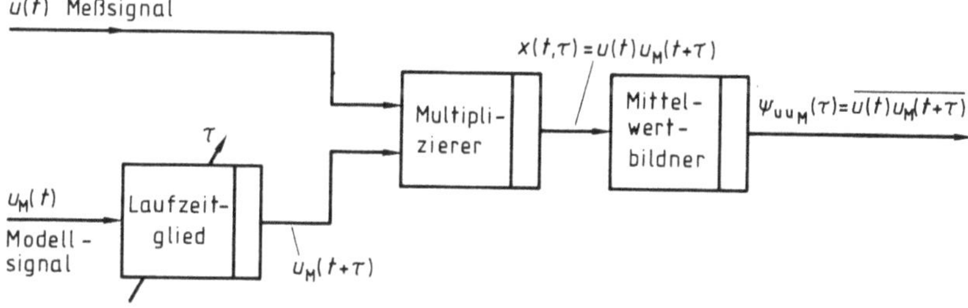

4.25 Prinzip eines Kreuzkorrelators zur Fourier-Analyse eines periodischen Signals $u(t)$
$u_{\mathrm{M}}(t)$ Modellsignal, $\psi_{\mathrm{u\,u_M}}(\tau)$ Kreuzkorrelationsfunktion

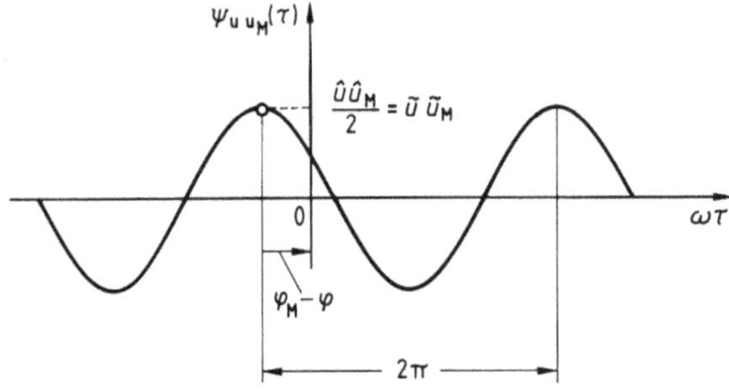

4.26
Kreuzkorrelationsfunktion
$\psi_{uu_M}(\tau)$ zweier gleichfrequenter
Sinussignale $u(t) = \hat{u}\cos(\omega t + \varphi)$
und $u_M(t) = \hat{u}_M\cos(\omega t + \varphi_M)$

korreliert, dessen Kreisfrequenz exakt gleich der Kreisfrequenz $\omega_k = k\omega_1$ der zu messenden Komponente sein muß.

Dann trägt zur Kreuzkorrelationsfunktion nur die k-te Harmonische von $u(t)$ bei; denn es gilt nach Gl. (4.60) bis (4.62)

$$\psi_{uu_M}(\tau) = \frac{\hat{u}_k\hat{u}_M}{2}\cos[\omega_k\tau + \varphi_M - \varphi_k],\qquad(4.66)$$

worin man $\omega_k\tau + \varphi_M$, wie auch aus Bild **4.25** zu erkennen ist, noch zu einem einzigen einstellbaren Nullphasenwinkel $\varphi_M^* = \omega_k\tau + \varphi_M$ zusammenfassen kann.

$$\psi_{uu_M}(\varphi_M^*) = \frac{\hat{u}_k\hat{u}_M}{2}\cos[\varphi_M^* - \varphi_k]\qquad(4.67)$$

Gl. (4.67) ist die Grundlage für das in Bild **4.27** dargestellte Prinzip eines Fourier-Analysators. Die Bestimmung der einzelnen harmonischen Komponenten $u_k(t)$ des Signals $u(t)$ kann in kartesischer Form nach Gl. (4.39) und (4.40) oder in Polarform nach Gl. (4.41) bis (4.43) erfolgen. Im ersteren Fall sind jeweils zwei Teilmessungen mit zwei zueinander orthogonalen Modellsignalen $\hat{u}_M\cos(\omega_k t)$ und $\hat{u}_M\cos(\omega_k t - \pi/2) = \hat{u}_M\sin(\omega_k t)$ erforderlich. Aus den beiden Meßwerten $\psi_{uu_M}(0)$ und $\psi_{uu_M}(-\pi/2)$ erhält man durch Multiplikation mit dem Faktor $2/\hat{u}_M$ die Kosinus- und die Sinus-Komponenten $\hat{u}_{ka}$ und $\hat{u}_{kb}$ der k-ten Harmonischen, aus denen dann nach Gl. (4.42) die resultierende Amplitude $\hat{u}_k$ und nach Gl. (4.43) der Nullphasenwinkel φ_k berechnet werden können. Im zweiten Fall kommt man im Prinzip mit einem Meßvorgang aus, bei dem der Nullphasenwinkel φ_M^* des Modellsignals aber nicht fest vorgegeben, sondern über einen entsprechenden Abgleichvorgang so eingestellt wird, daß der Produktmittelwert $\overline{u_k(t)u_M(t,\varphi_M^*)}$ maximal wird. Die Amplitude $\hat{u}_k$ der zu bestimmenden Signalkomponente ist diesem Maximalwert der Korrelationsfunktion dann direkt proportional. Die Bestimmung des Nullphasenwinkels φ_k ist prinzipiell über den Nullphasenwinkel φ_M^* möglich, da das Maximum der Kreuzkorrelationsfunktion nach Gl. (4.67) an der Stelle $\varphi_M^* = \varphi_k$ auftritt. Nach Bild **4.26** verläuft dieses Maximum jedoch sehr flach über φ_M^*, so daß φ_k praktisch nur mit einer beträchtlichen Unsicherheit bestimmbar ist. Eine Messung in Polarkoordinaten ist deshalb für die Fälle angezeigt, in denen nur das Amplitudenspektrum bestimmt werden soll.

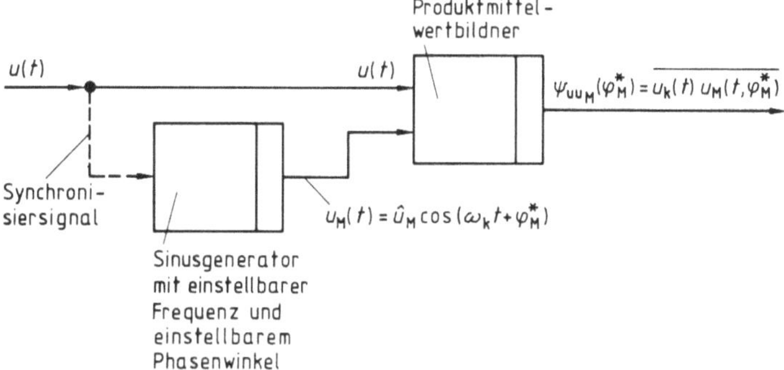

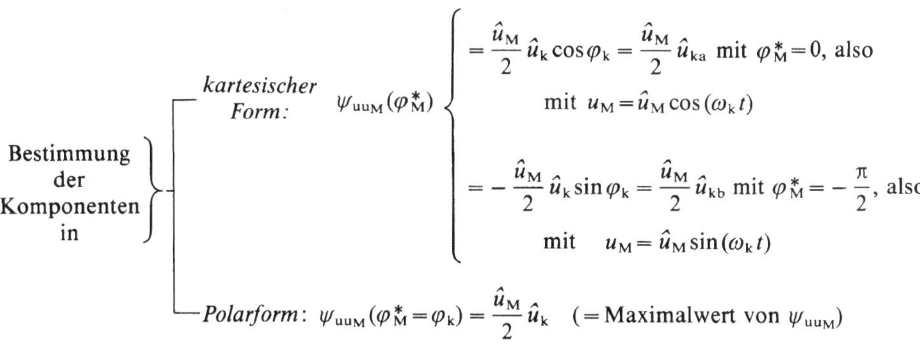

$$\psi_{uu_M}(\varphi_M^*) \begin{cases} = \dfrac{\hat{u}_M}{2}\,\hat{u}_k \cos\varphi_k = \dfrac{\hat{u}_M}{2}\,\hat{u}_{ka} \ \text{mit}\ \varphi_M^* = 0,\ \text{also} \\[2mm] \qquad \text{mit}\ u_M = \hat{u}_M \cos(\omega_k t) \\[4mm] = -\dfrac{\hat{u}_M}{2}\,\hat{u}_k \sin\varphi_k = \dfrac{\hat{u}_M}{2}\,\hat{u}_{kb} \ \text{mit}\ \varphi_M^* = -\dfrac{\pi}{2},\ \text{also} \\[2mm] \qquad \text{mit}\ \ u_M = \hat{u}_M \sin(\omega_k t) \end{cases}$$

Polarform: $\ \psi_{uu_M}(\varphi_M^* = \varphi_k) = \dfrac{\hat{u}_M}{2}\,\hat{u}_k \quad (= \text{Maximalwert von } \psi_{uu_M})$

4.27 Prinzip der Fourier-Analyse nach dem Korrelationsverfahren mit sinusförmigem Modellsignal $u_M(t)$

Das vorstehend erläuterte Korrelationsverfahren ist bezüglich seiner Selektivität dem Filterverfahren prinzipiell weit überlegen, da jede einzelne harmonische Komponente theoretisch exakt erfaßt wird. Nach Abschn. 4.1.2.1 müßte ein dem Korrelationsanalysator gleichwertiges Bandfilter eine nicht realisierbare nadelförmige Filterkennlinie aufweisen. Allerdings erfordert die Analyse periodischer Signale, deren Spektrum ein diskontinuierliches Linienspektrum ist, keine extrem hohe Trennschärfe des Filters. Hier wirkt sich die endliche Filterbandbreite praktisch schwerwiegender in der meßtechnisch undefinierten Phasenverschiebung zwischen dem Ausgangssignal des Filters und der entsprechenden harmonischen Komponente des Eingangssignals aus als Folge des frequenzabhängigen Phasenganges des Filters. Filterverfahren sind daher praktisch nur zur Betragsanalyse, nicht aber zur Phasenanalyse geeignet. Dafür tritt beim Korrelationsverfahren die praktische Schwierigkeit der Synchronisierung und phasenrichtigen Einstellung des Modellsignals auf. Eine verhältnismäßig einfache Möglichkeit, das Modellsignal aus dem Meßsignal selbst abzuleiten und dadurch den Synchronismus sicherzustellen, wird in Beispiel 4.8 gezeigt.

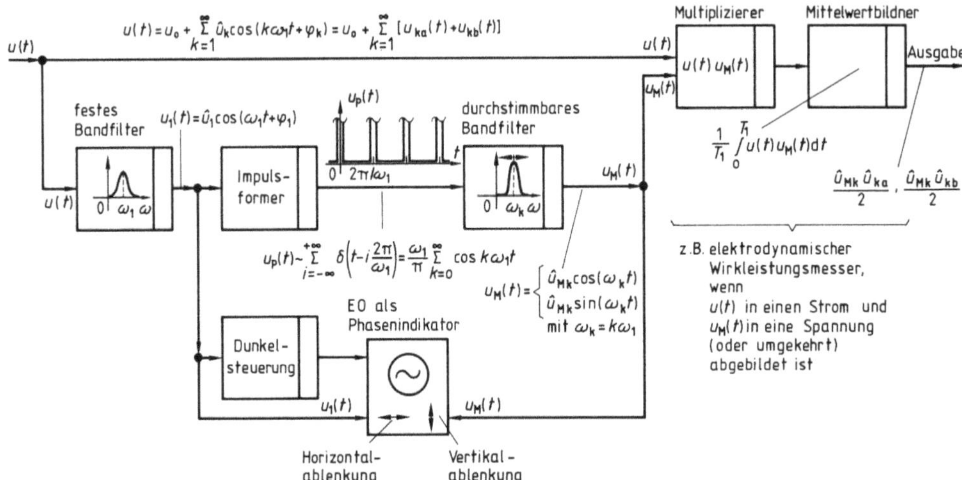

4.28 Prinzipschaltung zur phasenrichtigen Frequenzanalyse periodischer Signale nach dem Korrelationsverfahren

Beispiel 4.8. Bild **4.**28 zeigt eine – in ihrer meßtechnischen Grundfunktion dem Bild **4.**27 entsprechende – Meßschaltung nach dem Korrelationsverfahren, bei dem der Phasengang des Filters genutzt wird, um die Phasenlage des Modellsignals gewollt zu verändern [47].

Die Meßschaltung ist so konzipiert, daß die Anordnung zur Erzeugung eines exakt frequenzsynchronen, phasenrichtigen Modellsignals weitgehend aus handelsüblichen Geräten aufgebaut werden kann, wie sie in Laboratorien meist vorhanden sind. Man leitet dazu aus dem nicht sinusförmigen Meßsignal $u(t)$ über ein festes Bandfilter die Grundwelle $u_1(t)$ ab, deren positive Nulldurchgänge über einen Impulsformer jeweils einen sehr schmalen Spannungsimpuls auslösen, der näherungsweise einem Dirac-Impuls $\delta(t - i\,2\pi/\omega_1)$ mit $i = \ldots; -2; -1; 0; 1; 2; \ldots$ entspricht. Die am Ausgang des Impulsformers erscheinende Impulsfolge setzt sich entsprechend der Fourier-Entwicklung

$$\sum_{i=-\infty}^{+\infty} \delta\left(t - i\,\frac{2\pi}{\omega_1}\right) = \frac{\omega_1}{\pi} \sum_{k=0}^{\infty} \cos k\,\omega_1 t \tag{4.68}$$

aus Kosinussignalen aller Frequenzen $k\omega_1$ zusammen, die mit einem üblichen durchstimmbaren Bandfilter aus dem Summensignal nach Gl. (4.68) ausgesiebt und als Modellsignal zur Analyse benutzt werden können. Sie verlaufen exakt frequenzsynchron mit dem Meßsignal. Ihre – bei fester Einstellung der Filter-Mittenfrequenz – konstante Phase kann über ein als Phasenindikator dienendes Elektronenstrahloszilloskop, dessen Vertikal-Ablenksystem das Modellsignal $u_M(t)$ und dessen Horizontal-Ablenksystem die Grundwelle $u_1(t)$ des Meßsignals zugeführt wird, mit $u_1(t)$ verglichen und durch geringe Frequenzverstimmung des Filters mit dem gewünschten Phasenwinkel relativ zu $u_1(t)$ eingestellt werden. Es wird hierzu die im Durchlaßbereich mit großer Steilheit verlaufende Phasenkennlinie des Filters ausgenutzt. Der Betrag der Vergleichsgröße kann ggf. für sich z. B. durch ein normales Effektivwert-Meßgerät genau ermittelt und bei der Auswertung des Meßergebnisses berücksichtigt werden.

Das Oszilloskop zeigt die bekannten Lissajous-Figuren [9], über die sowohl die Frequenz als auch der Phasenwinkel des Modellsignals mit der Frequenz und dem Phasenwinkel der Meßsignal-Grundwelle u_1 recht genau verglichen werden können.

In bezug auf den Phasenwinkel zwischen $u_1(t)$ und $u_M(t)$ ist das Ergebnis zunächst nicht eindeutig insofern, als die Phasenwinkel $+\pi/2$ und $-\pi/2$ jeweils gleiche Lissajous-Figuren ergeben. Dieser Mangel kann behoben werden, indem mit Hilfe einer Dunkelsteuerung (die bei den meisten handelsüblichen Oszilloskopen möglich ist) in jeder Grundwellenperiode der Strahl nur für die Dauer einer Halbperiode aufgeblendet wird, wodurch jeweils nur halbe Lissajous-Figuren geschrieben werden, deren Lage vom Phasenwinkel abhängig ist.

Als Produktmittelwertbildner kann bei netzfrequenten Vorgängen z.B. ein üblicher elektrodynamischer Leistungsmesser verwendet werden, wenn eines der beiden Signale $u(t)$ und $u_M(t)$ als Strom und das andere als Spannung darstellbar ist, oder aber ein elektronischer Multiplizierer in Verbindung mit einem linearen Mittelwertbildner (Tiefpaß).

Korrelation mit Schaltfunktionen. Bei dem in Beispiel 4.8 beschriebenen Analysator erfordern die Erzeugung, Synchronisierung und phasenrichtige Einstellung des sinusförmigen Modellsignals sowie die analoge Multiplikation von Meß- und Modellsignal einen relativ großen Aufwand. Dieser läßt sich wesentlich verringern, indem man das sinusförmige Modellsignal durch eine Stufenkurve oder eine Pulsfolge approximiert, deren einzelne Werte als Zustände von Schaltern bzw. von Schalterkombinationen interpretierbar sind, so daß die Multiplikation des Modellsignals mit dem Meßsignal auf die Ein- und Ausschaltung des Meßsignals und die Umschaltung seiner Polarität nach einer bestimmten Schaltfunktion zurückgeführt werden kann. Zur näheren Erläuterung des Grundgedankens dieser Methode wird im folgenden Beispiel die Fourier-Analyse netzfrequenter periodischer Spannungen oder Ströme mit einem Synchrongleichrichter als Multiplizierer vorgestellt. Ein klassisches Meßgerät, mit dem eine solche Analyse durchgeführt werden kann, ist der schon in Beispiel 4.3 erwähnte Vektormesser, der einen mechanischen Präzisionsgleichrichter als Multiplizierer und ein Drehspulmeßinstrument als Mittelwertbildner verwendet.

Beispiel 4.9. Die Erzeugung einer zur Fourier-Analyse periodischer Signale geeigneten Schaltfunktion und ihre gleichzeitige Multiplikation mit dem zu analysierenden Meßsignal ist mit dem in Bild 4.29a dargestellten Synchrongleichrichter möglich, der im Prinzip aus einem periodisch betätigten Schalter und Polwender besteht. Lage und Größe der vom Meßsignal frequenzsynchron gesteuerten Schließzeit Δt sind einstellbar. Über den Synchrongleichrichter wird das Meßsignal $u(t)$ jeweils für eine Zeit Δt abwechselnd direkt oder mit vertauschter Polarität zum Mittelwertbildner durchgeschaltet. Diesen Vorgang kann man formal auch als Multiplikation des Meßsignals

$$u(t) = u_0 + \sum_{k=1}^{\infty} \hat{u}_k \cos(k\omega_1 t + \varphi_k)$$

mit einem Modellsignal (Schaltfunktion) beschreiben, das für die Dauer der direkten Durchschaltung des Meßsignals zum Mittelwertbildner den Wert $+1$ und für die Dauer der Durchschaltung mit vertauschter Polarität den Wert -1 aufweist (s. Bild 4.29b). Dieses Modellsignal ist als Fourier-Reihe

$$u_M(t+\tau) = \frac{4}{\pi} \sum_{i=1;3;5;\ldots}^{\infty} \frac{\sin(i\pi\delta)}{i} \cos[i\omega_M(t+\tau)] \qquad (4.69)$$

darstellbar, in der $\delta = \Delta t/T_M$ die bezogene Schließzeit, τ die zeitliche Verschiebung der

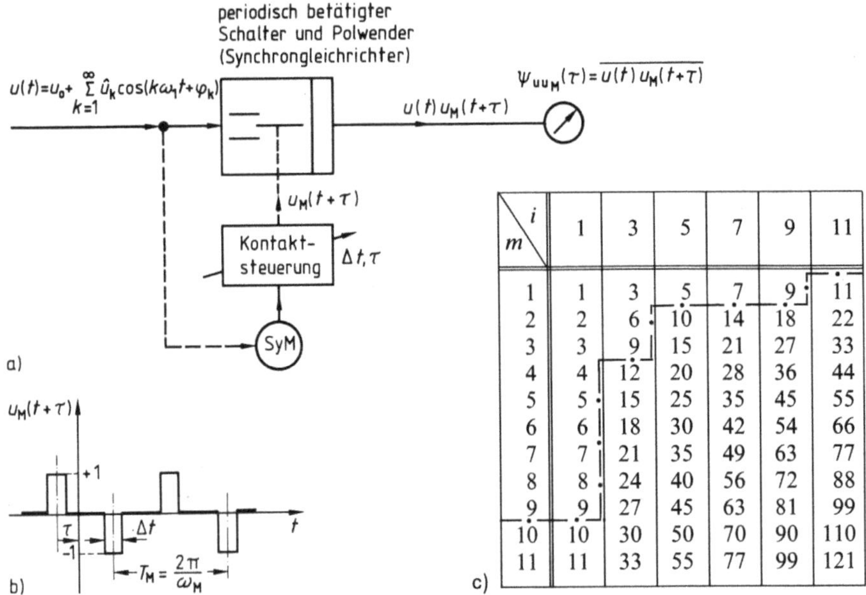

$\dfrac{i}{m}$	1	3	5	7	9	11
1	1	3	5	7	9	11
2	2	6	10	14	18	22
3	3	9	15	21	27	33
4	4	12	20	28	36	44
5	5	15	25	35	45	55
6	6	18	30	42	54	66
7	7	21	35	49	63	77
8	8	24	40	56	72	88
9	9	27	45	63	81	99
10	10	30	50	70	90	110
11	11	33	55	77	99	121

4.29 Fourier-Analyse nach dem Korrelationsverfahren mit Synchrongleichrichter
    a) Prinzipschaltung
    b) Schaltfunktion
    c) Ordnungszahlen $k=im$ der harmonischen Komponenten der Kreuzkorrelationsfunktion im τ-Bereich bei der Messung der m-ten Signalharmonischen

als gerade Funktion aufgefaßten Schaltfunktion aus dem Koordinatenursprung und ω_M die Grundkreisfrequenz dieser Funktion bedeuten. Das Modellsignal besteht also, wie im allgemeinen auch das Meßsignal, aus einer unendlichen Summe harmonischer Komponenten. Somit wird dem Mittelwertbildner das Signal

$$u(t)\,u_M(t+\tau)=\left[u_0+\sum_{k=1}^{\infty}\hat{u}_k\cos(k\omega_1 t+\varphi_k)\right]$$
$$\cdot\left[\frac{4}{\pi}\sum_{i=1;3;5;\dots}^{\infty}\frac{\sin(i\pi\delta)}{i}\cos\{i\omega_M(t+\tau)\}\right]\qquad(4.70)$$

zugeführt, dessen zeitlicher Mittelwert die Kreuzkorrelationsfunktion $\psi_{uu_M}(\tau)$ der Signale $u(t)$ und $u_M(t)$ darstellt, die nach Gl. (4.60) im τ-Bereich im allgemeinen dann ebenfalls aus unendlich vielen harmonischen Komponenten besteht. Für viele praktisch wichtige Anwendungsfälle enthält sie dennoch eine meßtechnisch relativ leicht auswertbare Information, wie man folgender Betrachtung entnimmt:

Um die m-te Harmonische ($k=m$) des Meßsignals $u(t)$ zu bestimmen, wählt man wie bei einem sinusförmigen Modellsignal eine Grundkreisfrequenz $\omega_M=m\,\omega_1$ für das Schaltsignal, die exakt gleich der Kreisfrequenz dieser Harmonischen ist. Da zum Produktmittelwert zweier periodischer Signale jeweils nur gleichfrequente Komponentenpaare beitragen, enthält die Kreuzkorrelationsfunktion im τ-Bereich Komponenten der Kreisfrequenzen $i\omega_M$, die der Bedingung

$$i\omega_M=k\omega_1$$

genügen, worin $\omega_M = m\,\omega_1$ ist, also der Kreisfrequenzen

$$i\,m\,\omega_1 = k\,\omega_1 .$$

Daraus folgt für die Ordnungszahlen der in der Kreuzkorrelationsfunktion vertretenen Harmonischen die Bestimmungsgleichung

$$k = i\,m \quad \text{mit} \quad i = 1; 3; 5; \dots . \tag{4.71}$$

Damit kann aus Gl. (4.70) unmittelbar die Kreuzkorrelationsfunktion

$$\psi_{uu_M}(\tau) = \overline{u(t)u_M(t+\tau)} = \frac{2}{\pi} \sum_{\substack{i=1;3;5;\dots \\ k=i\,m}} \hat{u}_k \frac{\sin(i\,\pi\,\delta)}{i} \cos(k\,\omega_1\,\tau - \varphi_k) \tag{4.72}$$

bestimmt werden.

Beispielsweise wählt man zur Messung der 3. Meßsignalharmonischen $m = 3$ und erhält eine Kreuzkorrelationsfunktion, in der Harmonische der Ordnungszahlen $k = 3 \cdot 1 = 3$; $3 \cdot 3 = 9$; $3 \cdot 5 = 15$; $3 \cdot 7 = 21$ usw. vertreten sind.

Eine Tabelle, aus der diese Zuordnung für alle m-Werte ablesbar ist, zeigt Bild **4.**29c; aus ihr lassen sich folgende allgemeinen Aussagen ableiten:

a) Zur Messung der m-ten Signalharmonischen ($k = m$) ist ein Modellsignal mit der Grundkreisfrequenz $\omega_M = m\,\omega_1$ zu wählen. Dann ist $m\,\omega_1$ auch die tiefste in der Kreuzkorrelationsfunktion enthaltene Kreisfrequenz.

b) Mit steigender Ordnungszahl m folgen höhere in der Kreuzkorrelationsfunktion enthaltene Harmonische in immer größeren Frequenzabständen. Hat man es wie in vielen praktisch wichtigen Fällen mit einem Meßsignal zu tun, dessen Harmonische ab einer bestimmten Ordnungszahl vernachlässigbar klein werden, so reduziert sich der Auswertungsaufwand auf ein vertretbares Maß. Hat z.B. die höchste noch zu berücksichtigende Harmonische die Ordnungszahl $k = 9$, dann kann man sich bei der Messung auf das links von der strichpunktierten Linie in Bild 4.29c angegebene Spektrum beschränken, d.h., ab $m = 4$ verläuft die Kreuzkorrelationsfunktion bereits praktisch sinusförmig mit der Frequenz der betreffenden Harmonischen.

Weitere Harmonische können über die bezogene Schließzeit $\delta = \Delta t / T_M$ unterdrückt werden. Aus Gl. (4.72) ergibt sich die von δ abhängige Empfindlichkeit

$$E_k = \frac{2}{\pi} \cdot \frac{\sin(i\,\pi\,\delta)}{i} = \frac{2}{\pi} \cdot \frac{\sin\left(\dfrac{k}{m}\,\pi\,\delta\right)}{\dfrac{k}{m}} \quad \text{mit} \quad \delta \leqq 0,5 \tag{4.73}$$

für die Abbildung der k-ten Harmonischen in die Kreuzkorrelationsfunktion. E_k hat Nullstellen bei

$$\frac{k}{m}\,\delta = 0; 1; 2; 3; \dots$$

bzw. mit $1/(k/m)$ kleiner werdende Extrema bei

$$\frac{k}{m}\,\delta = \frac{1}{2}, \frac{3}{2}, \frac{5}{2}, \dots .$$

Man wird deshalb stets $\delta = 0,5$ anstreben, um die interessierende Harmonische mit großer Empfindlichkeit zu erfassen, aber von diesem Optimalwert $\delta = 0,5$ ggf. soweit nach unten abweichen, daß die Empfindlichkeit für die nächsthöhere relevante Harmonische entsprechend Gl. (4.73) Null wird. Beispielsweise wird bei der Grundwellenmessung mit $m = 1$ die bezogene Schließzeit $\delta = 1/3$ i. allg. zweckmäßig sein, da die nächsthöhere Harmonische in der Kreuzkorrelationsfunktion gemäß Bild **4.29**c die Ordnungszahl 3 hat. Dann ist die Empfindlichkeit

$$E_1 = \frac{2}{\pi} \cdot \frac{\sin\left(\frac{1}{1}\pi\frac{1}{3}\right)}{\frac{1}{1}} = \frac{2}{\pi}\sin\left(\frac{\pi}{3}\right) = \frac{2}{\pi}\,0{,}866$$

für die Grundwelle nur unwesentlich kleiner als der Optimalwert $2/\pi$, während die 3.; aber auch die 9.; 15.; ... Harmonische gemäß

$$E_3 = \frac{2}{\pi} \cdot \frac{\sin\left(\frac{3}{1}\pi\frac{1}{3}\right)}{\frac{3}{1}} = 0, \qquad E_9 = \frac{2}{\pi} \cdot \frac{\sin\left(\frac{9}{1}\pi\frac{1}{3}\right)}{\frac{9}{1}} = 0 \quad \text{usw.}$$

vollständig unterdrückt werden. Bei der Messung der 2. Harmonischen, also $m = 2$, der in der Kreuzkorrelationsfunktion die 6. Harmonische folgt, läßt sich mit $\delta = 1/3$ bei gleicher Nutzempfindlichkeit wie bei $m = 1$ die 6.; 18.; 30.; ... Harmonische ausschalten bzw. bei $m = 3$ die 9.; 27.; 45. usw. Auf diese Weise kann bei $k = 9$ als höchster relevanter Harmonischen erreicht werden (s. Bild **4.29**c), daß die Kreuzkorrelationsfunktionen auch für $m = 3$ und $m = 2$ praktisch sinusförmig mit der Frequenz der entsprechenden Signalharmonischen verlaufen bzw. bei der Grundwellenmessung nur die 5. und 7. Harmonische noch störend in Erscheinung treten und in einer nachträglichen Korrekturrechnung berücksichtigt werden müssen.

Die praktische Analyse beginnt mit der höchsten Harmonischen, die im Rahmen der Meßaufgabe interessiert bzw. die noch isoliert meßbar ist und für nachfolgende Korrekturrechnungen benötigt wird. Für sie gilt nach Gl. (4.72) und (4.73)

$$\psi_{uu_M}(\tau) = \hat{u}_k \frac{2}{\pi} \cdot \frac{\sin(i\pi\delta)}{i}\cos(k\omega_1\tau - \varphi_k) = E_k\hat{u}_k\cos(k\omega_1\tau - \varphi_k). \tag{4.74}$$

Zweckmäßig bestimmt man jede einzelne Harmonische über ihre Sinus- und Kosinus-Komponente, also durch je zwei Teilmessungen mit

$$\tau = 0: \qquad\qquad \psi_{uu_M}(0) = E_k\hat{u}_k\cos\varphi_k \tag{4.75}$$

und

$$\tau = \frac{\pi}{2k\omega_1}: \psi_{uu_M}\left(\frac{\pi}{2k\omega_1}\right) = E_k\hat{u}_k\sin\varphi_k. \tag{4.76}$$

Die in der zugehörigen Korrelationsfunktion nicht isoliert abgebildeten Signalharmonischen bedürfen einer Korrekturrechnung. Ist beispielsweise die mit $m = k = 1$ und $\delta = 1/3$ erfaßte Grundwelle ($k = 1$) in der Kreuzkorrelationsfunktion noch von nicht vernachlässigbaren Anteilen der 5. und 7. Harmonischen überlagert, dann erhält man nach Gl. (4.72) und (4.74) für die Grundwelle die Meßwerte

$$\psi_{uu_M}(0) \quad = E_1\hat{u}_1\cos\varphi_1 + E_5\hat{u}_5\cos\varphi_5 + E_7\hat{u}_7\cos\varphi_7$$

und

$$\psi_{uu_M}\left(\frac{\pi}{2\omega_1}\right) = E_1\hat{u}_1\sin\varphi_1 + E_5\hat{u}_5\sin\varphi_7 - E_7\hat{u}_7\sin\varphi_7$$

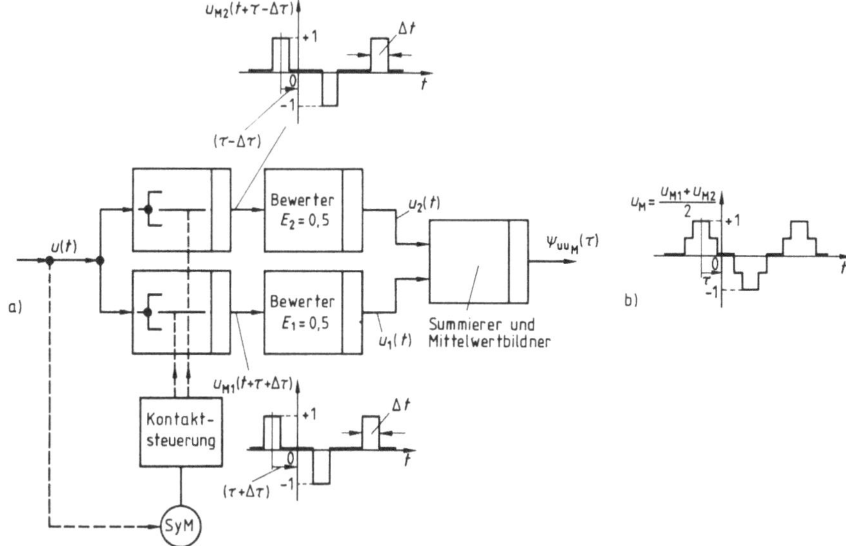

4.30 Korrelationsanalyse mit einer die Sinuskurve besser approximierenden Stufenkurve (b) durch Überlagerung zweier Schaltfunktionen (a)

mit

$$E_1 = \frac{2}{\pi}0,866, \qquad E_5 = -\frac{2}{\pi}\cdot\frac{0,866}{5} \quad \text{und} \quad E_7 = \frac{2}{\pi}\cdot\frac{0,866}{7},$$

zu deren Korrektur die 5. und die 7. Harmonische von $u(t)$ bekannt sein müssen.

Die Selektivität der Messung läßt sich durch Einführen zusätzlicher Parameter weiter erhöhen. Ersetzt man e i n e Messung mit dem Verzögerungsparameter τ durch z w e i Messungen mit den Verzögerungsparametern $\tau\pm\Delta\tau$ (s. Bild **4.**30), dann ist der Mittelwert der beiden Messungen gegeben durch

$$\frac{\psi_{uu_M}(\tau-\Delta\tau)+\psi_{uu_M}(\tau+\Delta t)}{2} = \frac{2}{\pi}\sum_{\substack{i=1;3;5;\ldots \\ k=im}} \hat{u}_k \frac{\sin(i\pi\delta)}{i}$$
$$\cdot\cos(k\omega_1\Delta\tau)\cos(k\omega_1\tau-\varphi_k) \qquad (4.77)$$

und die resultierende Empfindlichkeit für die k-te Harmonische durch

$$E_k(\Delta\tau)=E_k\cos(k\omega_1\Delta\tau). \qquad (4.78)$$

Die Empfindlichkeit $E_k(\Delta\tau)$ wird Null, wenn $\Delta\tau$ der Bedingung

$$k\omega_1\Delta\tau=\pm\frac{\pi}{2}\pm j\pi \quad \text{mit} \quad j=0;1;2;\ldots$$

genügt, d.h., es sind eine weitere Harmonische und bestimmte Vielfache davon eliminierbar. Man kann sich leicht überlegen, daß die auf diese Weise gewonnene größere Selektivität durch eine bessere Annäherung der resultierenden Modellfunktion an die Sinusform erreicht wird. Zu dem Ergebnis der Gl. (4.77) würde man nämlich in einer Messung gelangen, wenn man $u(t)$ mit einer Modellfunktion $u_M(t)$ gemäß Bild **4.**30b korrelieren würde.

Grundsätzlich läßt sich der erläuterte Analysator auch mit dem in Beispiel 4.3 beschriebenen Vektormesser realisieren, der jedoch nur einen einfachen, synchron mit der einfachen Netzfrequenz arbeitenden Schalter ohne Polwendung enthält. Die Schaltfunktion $u_M(t+\tau)$ wird dadurch nachgebildet, daß nacheinander so viele Einzelmessungen mit gegeneinander versetzten Schaltzeiten durchgeführt werden, wie die Schaltfunktion Schließzeiten in einer halben Grundwellenperiode des Meßsignals hat. Der Meß- und Auswertungsaufwand steigt dadurch erheblich an. Beispielsweise sind zur Bestimmung nur der Kosinus-Komponente der 7. Harmonischen (ohne Beachtung evtl. höherfrequenter Komponenten) 7 Einzelmessungen erforderlich, deren Ergebnisse mit wechselnden Vorzeichen addiert werden müssen, was nicht nur zeitraubend ist, sondern auch zusätzliche Fehlerquellen einschließt. Aus heutiger Sicht hat daher diese Anwendung des Vektormessers trotz des äußerst einfachen und übersichtlichen gerätetechnischen Aufbaues mehr didaktische als praktische Bedeutung. Jedoch finden Weiterentwicklungen des in Beispiel 4.9 erläuterten Grundprinzips mit digital gesteuerten elektronischen Schaltern als Multiplizierern zunehmende Beachtung. Beispielsweise wird in [38] ein Fourier-Analysator beschrieben, bei dem eine wesentlich bessere Annäherung der Form des Modellsignals an die Sinusform durch eine Vergrößerung der Zahl der Schalter erreicht wird (s. Bild **4.**31a), die entsprechend Bild **4.**30 parallel arbeiten. Durch sinnvoll aufeinander abgestimmte Schaltfunktionen der einzelnen Schalter, z. B. nach dem System der Walsh-Funktionen [38], und eine diesen angepaßte unterschiedliche Gewichtung der von den Schaltern kommenden Teilsignale ist eine bedeutende Steigerung der Selektivität des Analysators möglich. Bei einem anderen Verfahren [11] wird nur ein Schalter für jede Signalrichtung verwendet, dieser dafür aber pro Halbwelle der zu approximierenden Sinuskurve mehrfach ein- und ausgeschaltet nach einer Schaltfunktion, die außer der gewünschten Grundwelle keine Harmonischen niedriger Ordnungszahlen enthält (s. Bild 4.31b). In der Stromrichtertechnik ist dieses Verfahren als Unterschwingungsverfahren seit längerem bekannt.

Das in Beispiel 4.9 erläuterte Prinzip ist auch in seiner Grundform für bestimmte Anwendungen von Bedeutung, z. B. bei der experimentellen Analyse des Luftspaltfeldes rotierender elektrischer Maschi-

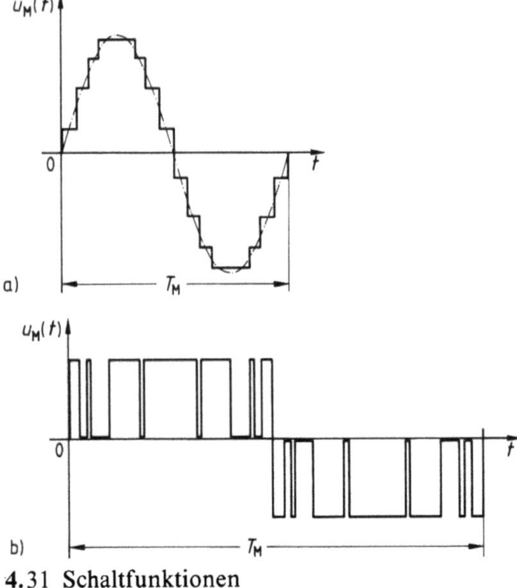

4.31 Schaltfunktionen

nen, das eine periodische Funktion von Orts- und Zeitvariablen darstellt und mit geometrisch geschlossenen Drahtschleifen induktiv abgetastet werden kann, deren Weite in Richtung der Ortskoordinate der Schließzeit obiger Schaltfunktion entspricht.

Filterverfahren. Beim Filterverfahren werden die selektiven Übertragungseigenschaften eines Bandfilters genutzt, um von dem zu analysierenden Signal $u(t)$, das dem Filter als Eingangssignal zugeführt wird, nur diejenige harmonische Komponente zum Ausgang zu übertragen, die in den Durchlaßbereich des Filters fällt (s. Bild 4.32). Dazu muß die Filterkennlinie so schmalbandig sein, daß schon die direkt benachbarten Spektrallinien des Signals genügend stark unterdrückt werden. Da periodische Signale ein diskretes Spektrum haben, ist diese Forderung grundsätzlich erfüllbar. Es ist aber zu beachten, daß die zur Analyse erforderlichen Filter mit einstellbarer Bandmittenfrequenz (durchstimmbare Filter) häufig eine konstante r e l a t i v e Bandbreite haben, so daß sich bei der Messung der höheren Harmonischen breitbandiger Signale die Selektivität des Filters verschlechtert, da die absolute Bandbreite proportional zur Bandmittenfrequenz steigt.

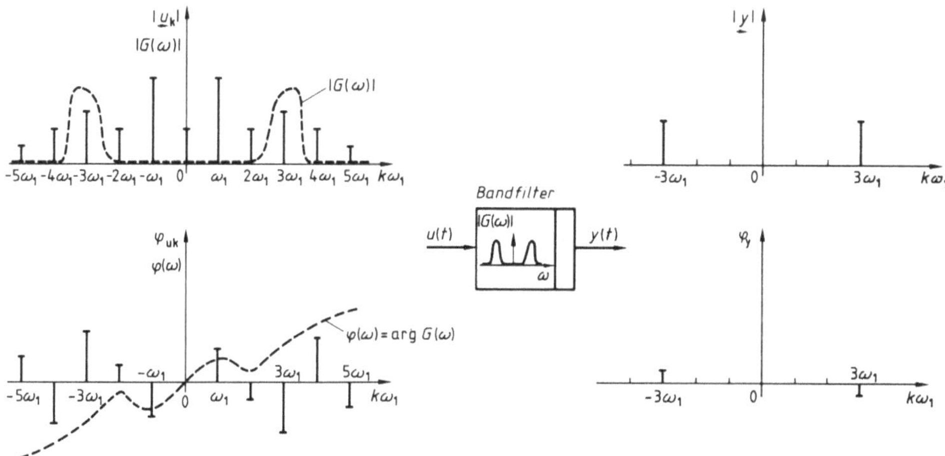

4.32 Prinzip der Signalanalyse nach dem Filterverfahren

Die Analyseergebnisse lassen sich durch Anwendung des Überlagerungs- oder Heterodyn-Verfahrens wesentlich verbessern. Bei diesem Verfahren bleibt die Filtermittenfrequenz und damit auch die absolute Filterbandbreite konstant. Das Meßsignal wird durch Modulation eines höherfrequenten Trägersignals auf das Frequenzniveau des Filters angehoben. Zur Analyse werden die Signalharmonischen durch Veränderung der Trägerfrequenz nacheinander in den Durchlaßbereich des Filters geschoben und selektiv zum Filterausgang übertragen (s. Bild 4.33). Durch anschließende Demodulation können die Signalharmonischen wieder auf ihr ursprüngliches Frequenzniveau herabgesetzt werden.

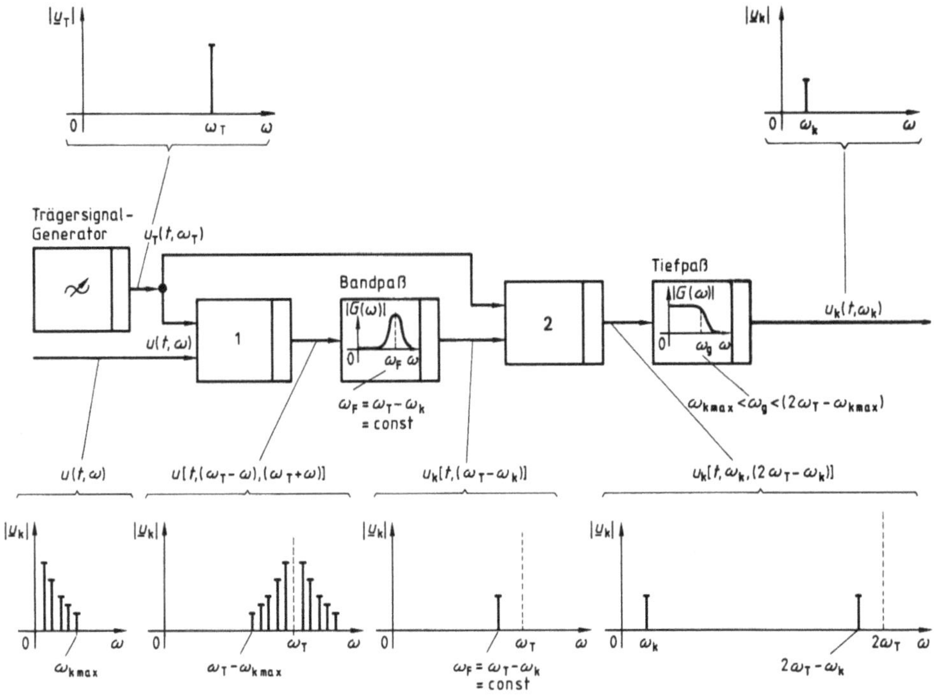

4.33 Überlagerungsprinzip beim Filterverfahren
   1 Multiplizierer (Modulator)
   2 Multiplizierer (Demodulator)

Die Vorteile des Überlagerungsverfahrens sind außer in der konstanten absoluten Filterbandbreite vor allem darin zu sehen, daß die bei durchstimmbaren Filtern erforderliche Verstellung der frequenzbestimmenden Bauelemente entfällt. Da diese wegen der Parameterempfindlichkeit der Filterkennlinie um so gleichmäßiger erfolgen muß, je größer die Anforderungen an die Filtereigenschaften sind, und da die Anzahl der zu verstellenden Bauelemente mit der Anzahl der Filterstufen (Filterkreise) steigt, ergibt sich für verstellbare Filter eine wesentliche Begrenzung der Freizügigkeit beim Filterentwurf.

Mit Filterverfahren ist grundsätzlich nur das Amplitudenspektrum eines Signals bestimmbar, was für viele praktische Anwendungen aber ausreichend ist. Das Ausgangssignal des Filters enthält zwar auch die Phaseninformation, aber nur in der Summe von Signalphasenwinkel und Phasenverschiebungswinkel des Filters. Letzterer hängt aber stark von der Genauigkeit ab, mit der die Signalfrequenz auf die Bandmitte des Filters eingestellt ist (s. Beispiel 4.8). Da diese Einstellung praktisch nur über den in der Mitte des Durchlaßbereiches sehr flach verlaufenden Amplitudengang des Filters kontrolliert werden kann, ergibt sich eine für Meßzwecke i. allg. unzureichende Genauigkeit.

4.2 Dynamische Übertragungseigenschaften linearer, zeitinvarianter Systeme mit konzentrierten Parametern

Die Übertragungseigenschaften eines Systems bestimmen den Zusammenhang zwischen dem zeitlichen Verlauf des Ausgangssignals und dem zeitlichen Verlauf des zugehörigen Eingangssignals. Mathematisch wird dieser Zusammenhang im Zeitbereich durch eine Differentialgleichung und im Frequenzbereich durch eine Übertragungsfunktion oder einen Frequenzgang beschrieben. Die Systemeigenschaften kommen in der Struktur dieser mathematischen Beschreibungsformen und in ihren Parametern zum Ausdruck. Bei linearen, zeitinvarianten Systemen mit konzentrierten Schaltelementen, die hier ausschließlich betrachtet werden, sind diese Parameter aussteuerungsunabhängig und zeitkonstant, und das System wird durch endlich viele Parameter beschrieben.

Man nennt diese das System charakterisierenden mathematischen Beschreibungsformen mathematische Modelle, um damit anzudeuten, daß sie nur ein Abbild bestimmter Eigenschaften des realen Systems sind, und sie diese Eigenschaften im allgemeinen auch nur näherungsweise richtig wiedergeben. Zur genaueren Charakterisierung der gewählten Beschreibungsart spricht man im vorliegenden Fall von parametrischen Eingang-Ausgang-Modellen (s. Bild 3.9).

Als nichtparametrische Modelle (Kennfunktionen) bezeichnet man die Antwortsignale, mit denen das System an seinem Ausgang auf ganz bestimmte Eingangssignale (Testsignale) reagiert (s. Bild 3.9). Je nachdem, ob man die Zeit- oder die Frequenzeigenschaften dieser Antwortsignale betrachtet, spricht man von Zeit- oder Frequenzkennfunktionen.

Entsprechend diesen verschiedenen formalen Möglichkeiten, die Übertragungseigenschaften eines Systems zu charakterisieren, verfolgt man auch bei der Messung der Übertragungseigenschaften unterschiedliche praktische Zielsetzungen (s. Bild 4.34):

a) Messung von Systemkennfunktionen (nichtparametrische Systemmodelle): Diese Aufgabenstellung ergibt sich häufig, wenn man bestimmte charakteristische Merkmale der Übertragungseigenschaften erfassen möchte, z. B. die Ausgleichs- oder die Einstellzeit eines Meßgliedes oder den statischen Übertragungsfaktor (Empfindlichkeit) und die Grenzfrequenz eines Tiefpasses. Oft kann die Messung sich auf einzelne Punkte oder Abschnitte der Systemkennfunktionen beschränken, z. B. auf den Punkt $f = 50$ Hz des Frequenzganges eines elektrischen Zwei- oder Vierpols, der stationär am 50-Hz-Netz betrieben werden soll, oder den Bereich bis zur (oberen) Grenzfrequenz eines Tiefpasses, der auf seine Eignung als kontinuierlich abbildendes Meßglied untersucht wird.

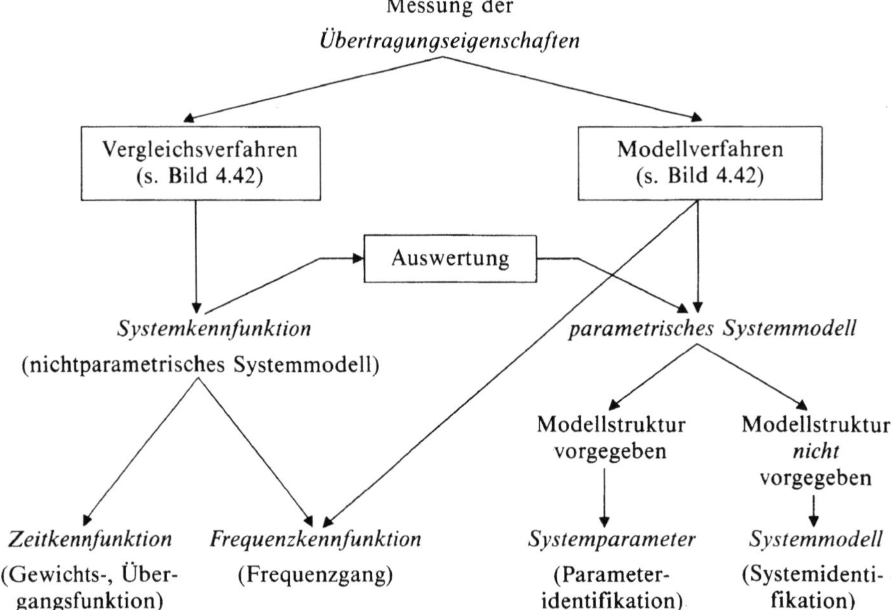

4.34 Verfahren und Ziele der Messung von Übertragungseigenschaften

Systemkennfunktionen werden darüber hinaus häufig mit dem Ziel gemessen, aus ihnen durch eine entsprechende Auswertung die Systemparameter oder ein Systemmodell zu bestimmen.

b) Bestimmung parametrischer Systemmodelle: Parametrische Systemmodelle (Übertragungsfunktion, Gleichung des Frequenzgangs) werden im Rahmen analytischer Systembetrachtungen, beispielsweise im Zusammenhang mit dem Entwurf von Steuerketten oder Regelkreisen oder auch bei der Fehleranalyse von Meßeinrichtungen, benötigt. Die meßtechnische Bestimmung des Systemmodells ist ein Approximationsproblem, das darin besteht, die Struktur und/oder die Parameter des Modells so festzulegen, daß die nichtparametrischen Systemkennfunktionen (Zeit- und/oder Frequenzkennlinien) des Modells und des untersuchten Systems (Meßobjekt) möglichst gut übereinstimmen. Grundsätzlich können reale physikalische Systeme durch Modelle mit endlich vielen konzentrierten Parametern nur näherungsweise nachgebildet werden. Dabei ist eine um so bessere Übereinstimmung erzielbar, je kleiner der betrachtete Frequenzbereich und/oder je größer die Anzahl der zur Anpassung verfügbaren Systemparameter ist.

Häufig können auch mehrere verschiedene Modellstrukturen angegeben werden, mit denen ein Meßobjekt in einem begrenzten Frequenzbereich gleichwertig approximierbar ist.

Von der praktischen meßtechnischen Aufgabenstellung her sind die beiden wichtigen Fälle zu unterscheiden, daß die Modellstruktur vorgegeben ist und nur die Systemparameter bestimmt werden sollen (Parameteridentifikation) oder daß auch die Modellstruktur zu bestimmen ist (Systemidentifikation).

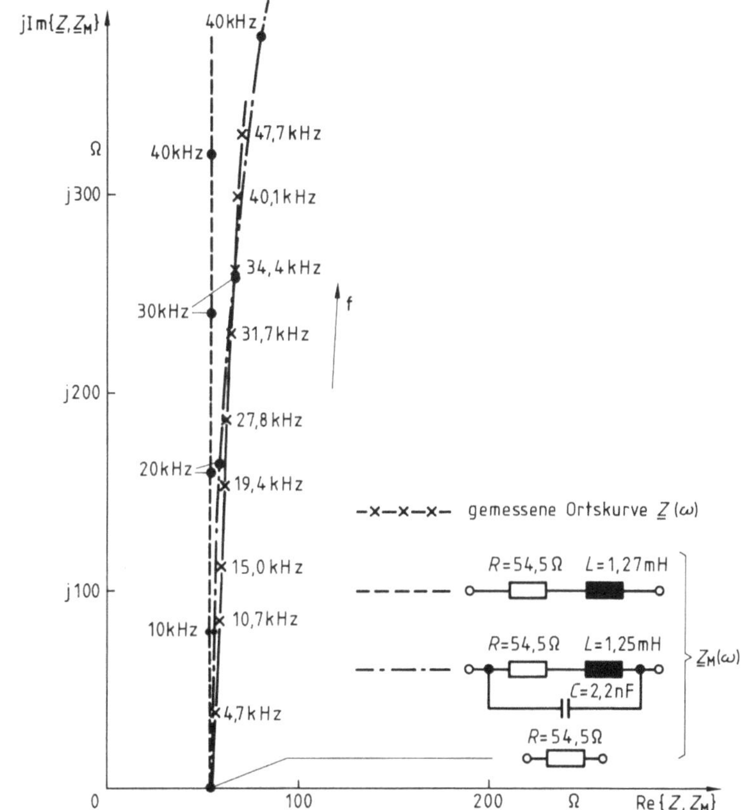

4.35
Approximation der Ortskurve $\underline{Z}=\underline{Z}(\omega)$ eines Widerstandes durch die Ortskurven $\underline{Z}_M=\underline{Z}_M(\omega)$ einfacher parametrischer Modelle

Beispiel 4.10. Das einfachste elektrische System zur Umformung des elektrischen Stromes in eine Spannung, der Widerstand (als konkretes Schaltelement), kann durch einen Parameter, den Gleichstromwiderstand R, hinreichend charakterisiert werden, wenn im Grenzfall nur seine Übertragungseigenschaften für Gleichgrößen ($\omega=0$) oder niederfrequente Wechselgrößen interessieren. Mit steigender Frequenz weicht der komplexe Widerstand $\underline{Z}(\omega)=\tilde{u}(\omega)/\tilde{i}(\omega)$ des Schaltelementes infolge nicht vernachlässigbarer induktiver und kapazitiver Einflüsse aber mehr und mehr vom Gleichstromwiderstand R ab und verläuft z. B. nach der in Bild 4.35 aufgezeichneten gemessenen Ortskurve $\underline{Z}=f(\omega)$, die in der hier verwendeten Bezeichnungsweise ein nichtparametrisches[1]) Systemmodell darstellt. Will man auch diesen frequenzabhängigen Verlauf der Übertragungseigenschaften im parametrischen Systemmodell erfassen, so muß man hierzu um so mehr weitere Widerstandsparameter einführen und mit entsprechendem Auswertungsaufwand bestimmen, je größer der Frequenzbereich ist, in dem das Modell gültig sein

---

[1]) Die in der Ortskurventheorie übliche Bezeichnung Parameter für die Frequenz bezieht sich nur auf die mathematische Darstellungsweise des Zusammenhanges $\underline{Z}=f(\omega)$.

soll. Im vorliegenden Fall geschieht dies in bekannter Weise dadurch, daß die Ersatzschaltung des Widerstandes durch das Grundschaltelement L bzw. die Grundschaltelemente L und C ergänzt wird. Damit läßt sich bereits eine Übereinstimmung der Ortskurve $\underline{Z}_M = f(\omega)$ des Modells und der gemessenen Ortskurve $\underline{Z} = f(\omega)$ des Meßobjektes in einem gewissen Frequenzbereich erzielen, dessen obere Grenze von den Genauigkeitsanforderungen an die Abbildung abhängt (s. Bild **4**.35). Will man die Abbildungsgenauigkeit verbessern oder den Gültigkeitsbereich des Modells weiter ausdehnen, so kann man die Ersatzschaltung in Bild **4**.35 durch Unterteilung der Grundschaltelemente verfeinern und dadurch die Zahl der zur Anpassung der Ortskurve $\underline{Z}_M(\omega)$ an die gemessene Ortskurve $\underline{Z}(\omega)$ verfügbaren Parameter nahezu beliebig vergrößern. Selbstverständlich ist es auch möglich, z.B. für Anwendungen in der NF- oder HF-Technik, die Modellparameter so festzulegen, daß das Meßobjekt in einem Frequenzbereich (oder im Grenzfall auch nur in einem einzigen Frequenzpunkt) approximiert wird, der die Frequenz Null nicht unbedingt enthält.

Die vorliegende Einführung befaßt sich mit der meßtechnischen Bestimmung der Systemkennfunktionen und mit einigen einfachen Verfahren der Bestimmung von Systemparametern durch Auswertung der Systemkennfunktionen. Das umfangreiche, weitgehend selbständige und stark mathematisch orientierte Gebiet der Systemidentifikation einschließlich der komplizierteren Methoden der Parameteridentifikation kann hier nur gestreift werden. Dazu sei auf [40] verwiesen, wo man u. a. auch ein sehr umfangreiches Literaturverzeichnis findet.

4.2.1 Testsignale

Meßtechnisch auswertbare Informationen über die Übertragungseigenschaften eines Systems erhält man durch einen Vergleich des Ausgangssignals, das von dem untersuchten System als Antwort auf ein geeignetes Eingangssignal (Testsignal) abgegeben wird.

Die Auswahl der Testsignale richtet sich nach folgenden meßtechnischen Gesichtspunkten:

a) Die Reaktion des untersuchten Systems auf das Testsignal soll eine möglichst umfassende Aussage über die dynamischen Systemeigenschaften enthalten.

b) Die Testsignale sollen die Zeitfunktionen häufig vorkommender Eingangssignale möglichst gut annähern.

c) Testsignale sollen einfach realisierbar und die Systemreaktionen mit möglichst geringem Aufwand sicher meßbar sein.

d) Testsignale und die von ihnen verursachten Systemreaktionen sollen von Störsignalen, die auf das Meßobjekt oder die Meßeinrichtung einwirken, möglichst gut unterscheidbar sein.

Da eine einzige Signalform nicht allen Anforderungen gleichermaßen gerecht werden kann, sind verschiedene Arten von Testsignalen gebräuchlich, zwischen denen je nach den vorliegenden Gegebenheiten gewählt wird.

a) Aperiodische Signale, mit denen Schaltvorgänge nachgebildet werden, z. B. das Anlegen der Prüfspitzen eines Spannungsmessers an eine Spannungsquelle, oder einmalige zeitbegrenzte physikalische Vorgänge wie die Aufladung eines Kondensators an Gleichspannung. Hierzu gehören sprung- und impulsartig verlaufende Signale, gelegentlich wird auch die Anstiegsfunktion benutzt.

b) Periodische Signale, die deterministische, stationäre physikalische Vorgänge repräsentieren. Beispiele sind Wechselstromvorgänge oder oszillierende mechanische Bewegungen. Das fundamentale periodische Signal ist das Sinussignal; auf dieses lassen sich alle übrigen zurückführen.

c) Stationäre stochastische Signale, die die Einwirkung vieler voneinander unabhängiger Teileinflüsse auf ein System repräsentieren, z. B. die Lastschwankungen in einem großen Energieversorgungsnetz oder thermodynamische Vorgänge, z. B. Rauschsignale. Der als Testsignal wichtigste Vertreter dieser Gruppe ist das stationäre, gleichverteilte Breitbandrauschen (weißes Rauschen).

Bei der Auswahl des Testsignals sind selbstverständlich neben meßtechnischen auch andere Gesichtspunkte zu berücksichtigen. Beispielsweise können impulsartige Testsignale mit großen Dachwerten oft nicht verwendet werden, weil sie eine zu große dynamische Beanspruchung des untersuchten Systems ergeben würden. Bei Systemen, die sich im praktischen Einsatz befinden und für die Messungen auch nicht vorübergehend aus dem technischen Prozeß herausgelöst werden können, muß die Testsignalamplitude im Hinblick auf die Gefahr unzulässiger Prozeßstörungen beschränkt werden, oder man muß versuchen, durch Auswertung der Systemreaktionen auf die natürlichen Eingangs- oder Störsignale des Prozesses die gewünschte Meßinformation zu erhalten. Auf erweiterte praktische Problemstellungen dieser Art kann hier aber nicht näher eingegangen werden.

Die theoretische Grundlage der Messung von Systemeigenschaften durch Vergleich des Ausgangssignals $y(t)$ mit dem gewählten Testsignal $u(t)$ ist durch das Faltungsintegral nach Gl. (3.28)

$$y(t) = \int_{-\infty}^{+\infty} u(\tau) g(t-\tau)\, d\tau,$$

dessen Laplace-Transformierte nach Gl. (3.30)

$$Y(p) = U(p) G(p) \tag{4.79}$$

bzw. dessen Fourier-Transformierte

$$Y(\omega) = U(\omega) G(\omega) \tag{4.80}$$

gegeben. Danach können grundsätzlich mit beliebigen Testsignalen Informationen über das Meßobjekt gewonnen werden. Da lineare Systeme auf harmonische Eingangssignale oder -signalkomponenten nur mit harmonischen Aus-

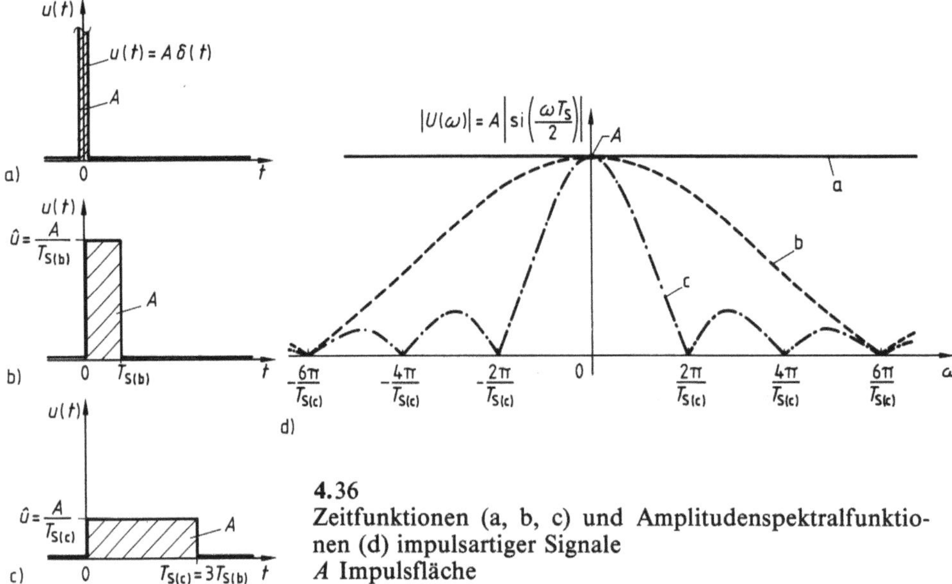

4.36
Zeitfunktionen (a, b, c) und Amplitudenspektralfunktionen (d) impulsartiger Signale
A Impulsfläche

gangssignalen oder -signalkomponenten d e r g l e i c h e n F r e q u e n z reagieren, folgt aus Gl. (4.80), daß diese Informationen sich nur auf diejenigen Frequenzen oder Frequenzbereiche erstrecken, die im Spektrum des Eingangssignals vertreten sind.

Die Auswertung, d. h. der Vergleich des Ausgangssignals mit dem Eingangs-Testsignal, kann nach Zweckmäßigkeit im Zeitbereich durch die mathematisch allerdings verhältnismäßig schwierige Operation der „Entfaltung" des Faltungsintegrals Gl. (3.28) erfolgen oder im Frequenzbereich durch die algebraisch mögliche Auflösung der Gl. (4.80) nach dem gesuchten Frequenzgang $G(\omega)$ des Meßobjektes.

4.2.1.1 Impulsartige Testsignale. Ideale Impulssignale der Form $u(t) = A\delta(t)$ mit der Impulsstärke A wären theoretisch als Testsignale besonders gut geeignet, da ihre Amplitudenspektralfunktion frequenzunabhängig verläuft (s. Bild 4.36a und d), so daß die Systemeigenschaften spektral unverzerrt in das Ausgangssignal abgebildet werden. Man erkennt dieses beispielsweise daran, daß das Eingangssignal $u(t) = A\delta(t)$ mit der Amplitudenspektralfunktion $\underline{U}(\omega) = A$ ein Ausgangssignal nach Gl. (3.28)

$$y(t) = \int_{-\infty}^{+\infty} A\delta(\tau)g(t-\tau)\,\mathrm{d}\tau = A g(t) \text{ }^{1)} \tag{4.81}$$

----

[1]) Die Entfaltung des Faltungsintegrals vereinfacht sich in diesem Sonderfall zu einer Multiplikation des Ausgangssignals mit einem konstanten Faktor.

mit der Amplitudenspektralfunktion nach Gl. (4.80)

$$Y(\omega) = U(\omega)\,G(\omega) = A\,G(\omega) \tag{4.82}$$

zur Folge hat, das im Zeitbereich nach Gl. (4.81) der Gewichtsfunktion $g(t)$ und im Frequenzbereich nach Gl. (4.82) dem Frequenzgang $G(\omega)$ des untersuchten Systems direkt proportional ist. Je nachdem, ob man die Auswertung im Zeit- oder im Frequenzbereich vornehmen möchte, könnte man die Gewichtsfunktion $g(t)$ als aperiodische Zeitfunktion $g(t)=y(t)/A$ oder den Frequenzgang $G(\omega)$ als Amplitudenspektralfunktion $G(\omega)=Y(\omega)/A$ nach Abschn. 4.1 direkt aufnehmen, d. h., die Messung der Systemkennfunktion wäre auf die Messung eines einzigen Signals zurückgeführt.

Praktisch realisierbar sind aber nur endlich hohe Impulssignale mit endlicher Flankensteilheit, wie als Beispiel in Bild **4.**37 dargestellt. In erster Näherung kann man sie durch Rechtecke gleicher Höhe ersetzen, deren Breite gleich der mittleren Breite T_S des Signals ist. Man erkennt aus Bild **4.**36b und c, daß die Amplitudenspektralfunktion eines solchen Testsignales frequenzabhängig nach einer Fensterfunktion

$$U(\omega) = A\,\mathrm{si}\left(\frac{\omega\,T_S}{2}\right)\exp\left(-\mathrm{j}\,\frac{\omega\,T_S}{2}\right) \tag{4.83}$$

verläuft. Sie umfaßt theoretisch den gesamten Frequenzbereich (bis auf die abzählbar unendlich vielen Nullstellen), wird in Wirklichkeit aber bereits bei endlich hoher Frequenz unmeßbar klein. Mit einem solchen Testsignal sind ab dieser Frequenz keine Informationen über das System mehr zu erhalten. Wegen der komplizierteren Auswertung über Gl. (3.28) bzw. (4.80) im Fall eines Testsignals mit nicht frequenzunabhängiger Amplitudenspektralfunktion empfiehlt sich aber ohnehin die Ausnutzung nur des Frequenzbereiches, in dem die Amplitudenspektralfunktion des Testsignals näherungsweise frequenzunabhängig verläuft, für den nach (Gl. 4.83) also gilt

$$\frac{\omega\,T_S}{2} \ll \pi \quad \text{oder} \quad \omega \ll \frac{2\,\pi}{T_S}. \tag{4.84}$$

Ist für eine konkrete Meßaufgabe die größte interessierende Kreisfrequenz ω bekannt oder abschätzbar, dann kann mit dieser nach Gl. (4.84) oder auch unmittelbar nach Gl. (4.83) die höchstzulässige Impulsbreite T_S des Testsignals festgelegt werden.

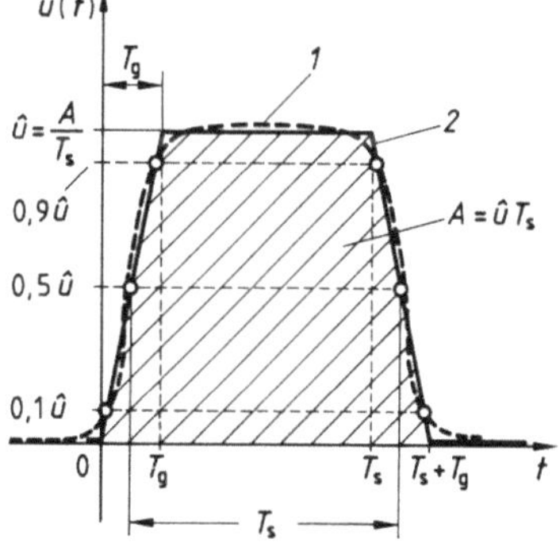

4.37
Pulsartiges Signal mit endlicher Flankensteilheit
1 reales Signal, *2* Ersatz-Trapezkurve, *A* Impulsfläche

Eine noch bessere Annäherung an die reale Impulskurve bietet die Trapezkurve, deren Amplitudenspektralfunktion mit den Bezeichnungen von Bild 4.37

$$U(\omega) = A \operatorname{si}\left(\frac{\omega T_\mathrm{S}}{2}\right) \operatorname{si}\left(\frac{\omega T_\mathrm{g}}{2}\right) \exp\left(-\mathrm{j}\omega\,\frac{T_\mathrm{S}+T_\mathrm{g}}{2}\right) \tag{4.85}$$

lautet. Unter der Voraussetzung $T_\mathrm{g} \ll T_\mathrm{S}$ und bei Erfüllung von Gl. (4.84) kann aber die in Gl. (4.85) zusätzlich auftretende Fensterfunktion $\operatorname{si}(\omega T_\mathrm{g}/2)$ i. allg. vernachlässigt (d. h. gleich Eins gesetzt) werden.

4.2.1.2 Sprungartige Testsignale.

Das ideale Sprungsignal $u(t)=u_\infty\varepsilon(t)$ – mit der Einheitssprungfunktion $\varepsilon(t)$ – eignet sich ebenfalls recht gut als Testsignal. Die Antwort des Systems im Zeitbereich

$$y(t) = u_\infty h(t) \tag{4.86}$$

ist proportional der Übergangsfunktion $h(t) = \int\limits_{-0}^{t} g(\tau)\mathrm{d}\tau$, die gleich dem Integral der Gewichtsfunktion $g(t)$ ist. Dementsprechend ist die Systemantwort im Frequenzbereich

$$Y(\omega) = u_\infty\left[\frac{G(\omega)}{\mathrm{j}\omega} + \pi\delta(\omega)G(0)\right] \tag{4.87}$$

dem mit $1/(\mathrm{j}\omega)$ multiplizierten Frequenzgang $G(\omega)$ des Systems proportional, außer an der Stelle $\omega=0$, an der noch eine Dirac-Funktion $\delta(\omega)$ auftritt. Von der Amplitudenspektralfunktion der Impulsantwort nach Gl. (4.82) unterscheidet sich diese Systemreaktion im wesentlichen um den frequenzabhängigen Faktor $1/(\mathrm{j}\omega)$, in dem sich der Verlauf der Amplitudenspektralfunktion $U(\omega) = u_\infty[1/(\mathrm{j}\omega)+\pi\delta(\omega)]$ des Eingangssignals $u(t)=u_\infty\varepsilon(t)$ widerspiegelt. Berücksichtigt man auch hier die endliche Steilheit der Signalflanke (s. Bild 4.38b und c), die in der Amplitudenspektralfunktion (s. Bild 4.38 d)

$$U(\omega) = u_\infty\left[\frac{\operatorname{si}(\omega T_\mathrm{g}/2)}{\mathrm{j}\omega}\exp(-\mathrm{j}\omega\,T_\mathrm{g}/2) + \pi\delta(\omega)\right] \tag{4.88}$$

auch wieder eine Spaltfunktion zur Folge hat, so erkennt man, daß sich die von Null verschiedene Anstiegszeit T_g des sprungartigen Testsignals auf das Signalspektrum genauso auswirkt, wie die von Null verschiedene Pulsdauer T_S des pulsartigen Testsignals, s. Gl. (4.83). Sprungartige Signale können daher näherungsweise als ideale Sprungsignale aufgefaßt werden, wenn die meßtechnisch interessierende größte Kreisfrequenz ω die Ungleichung

$$\frac{\omega T_\mathrm{g}}{2} \ll \pi \quad \text{oder} \quad \omega \ll \frac{2\pi}{T_\mathrm{g}} \tag{4.89}$$

erfüllt.

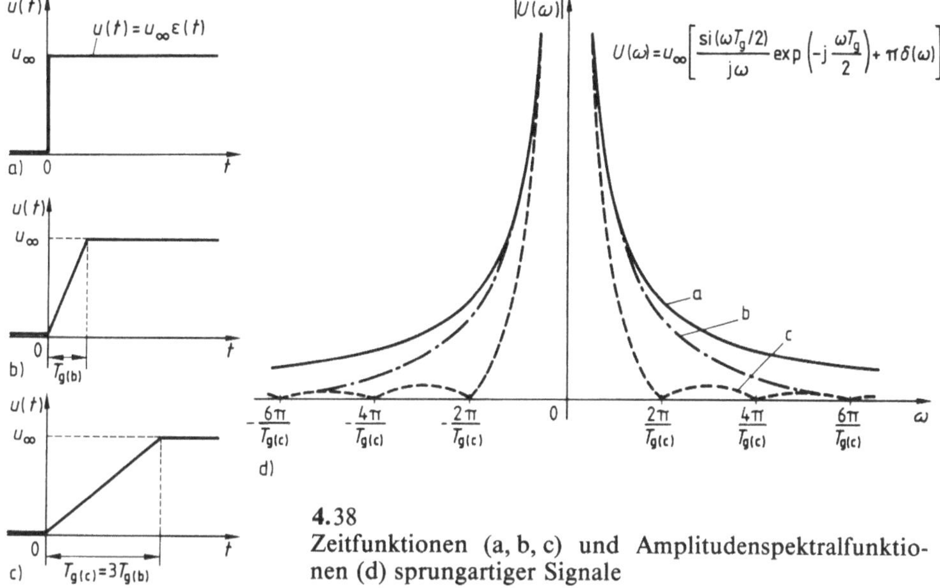

$$U(\omega) = u_\infty \left[\frac{\mathrm{si}(\omega T_g/2)}{j\omega} \exp\left(-j\,\frac{\omega T_g}{2}\right) + \pi\,\delta(\omega) \right]$$

4.38
Zeitfunktionen (a, b, c) und Amplitudenspektralfunktionen (d) sprungartiger Signale

Vergleicht man im Frequenzbereich $\omega \neq 0$ ein sprungartiges Testsignal $u_{\!\_\Gamma}(t)$, das in einer Zeit T_g auf den Endwert u_∞ ansteigt, mit einem impulsartigen Testsignal $u_{\sqcap}(t)$ der Dauer $T_S = T_g$ mit dem Dachwert $\hat{u} = u_\infty$, so erkennt man an dem Verhältnis

$$\left| \frac{U_{\sqcap}(\omega)}{U_{\!\_\Gamma}(\omega)} \right| = \left| \frac{\hat{u}\,T_S\,\mathrm{si}\left(\dfrac{\omega T_S}{2}\right)}{\dfrac{u_\infty}{\omega}\,\mathrm{si}\left(\dfrac{\omega T_g}{2}\right)} \right| = |\omega\,T_S|, \qquad (4.90)$$

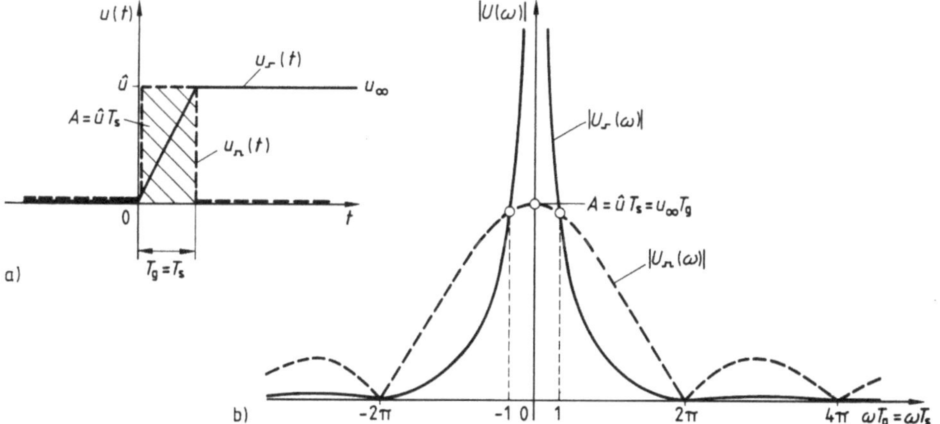

4.39 Vergleich eines sprungartigen und eines impulsartigen Testsignals im Zeitbereich (a) und Frequenzbereich (b)

daß das sprungartige Testsignal in einem Bereich $|\omega| < 1/T_S$, das impulsartige Testsignal in einem Bereich $|\omega| > 1/T_S$ größere Signalamplituden aufweist (s. Bild **4.**39). Sind die Dachwerte $\hat{u}$ und u_∞ der beiden Signale verschieden, so verschiebt sich diese Grenze im Verhältnis der Dachwerte

$$\left| \frac{U_{\sqcap}(\omega)}{U_{\_\Gamma}(\omega)} \right| = \left| \omega \, T_S \, \frac{\hat{u}}{u_\infty} \right|. \tag{4.91}$$

4.2.1.3 Sinusförmige Testsignale. Mit den in Abschn. 4.2.1.1 und 4.2.1.2 betrachteten aperiodischen Testsignalen läßt sich – zumindest theoretisch – der gesamte Frequenzbereich des untersuchten Systems in einem Meßvorgang erfassen. Aber es steht für die Aufnahme der Meßinformation nur der kurze Zeitraum der Dauer des Antwortsignals (bzw. der zeitlichen Änderung des Antwortsignals) zur Verfügung, d. h., die Messung muß dynamisch erfolgen.

Stationäre, periodische Testsignale bieten demgegenüber den prinzipiellen Vorteil der statischen Meßbarkeit über zeitkonstante Signalmittelwerte, aber sie erfassen nur diskrete Frequenzpunkte – im Grenzfall des s i n u s f ö r m i g e n periodischen Testsignals sogar nur einen einzigen Frequenzpunkt – des Übertragungsfrequenzbandes des untersuchten Systems.

Bei der Systemuntersuchung mit Sinussignalen spiegeln sich die Übertragungseigenschaften in den frequenzabhängigen Kenngrößen des sinusförmigen Ausgangssignals wider. Man erhält primär eine Information über das F r e q u e n z - v e r h a l t e n des Systems, aus dem das Zeitverhalten ableitbar ist.

Es sei

$$u(t) = \hat{u}_k \cos(\omega_k t + \varphi_{uk}) \tag{4.92}$$

die Zeitfunktion und

$$U(\omega) = \hat{u}_k \pi [\delta(\omega - \omega_k) + \delta(\omega + \omega_k)] \exp\left(j \, \frac{\omega}{\omega_k} \, \varphi_{uk} \right) \tag{4.93}$$

die Amplitudenspektralfunktion des sinusförmigen Testsignals, wobei der Index k zur Unterscheidung der konstanten Kreisfrequenz ω_k der Zeitfunktion $u(t)$ von der Variablen ω der Amplitudenspektralfunktion $U(\omega)$ eingeführt ist. Das stationäre Antwortsignal des untersuchten Systems lautet dann im Frequenzbereich nach Gl. (4.80)

$$Y(\omega) = G(\omega) \, U(\omega) = G(\omega) \hat{u}_k \pi [\delta(\omega - \omega_k) + \delta(\omega + \omega_k)] \exp\left(j \, \frac{\omega}{\omega_k} \, \varphi_{uk} \right). \tag{4.94}$$

Daraus erhält man durch Rücktransformation nach Gl. (4.33) die Zeitfunktion

$$y(t) = \frac{\hat{u}_k}{2} \{ G(\omega_k) \exp[j(\omega_k t + \varphi_{uk})] + G(-\omega_k) \exp[-j(\omega_k t + \varphi_{uk})] \}$$

des Antwortsignals, die mit $G(\omega_k) = |G(\omega_k)| \exp[j\,\varphi(\omega_k)]$ und $G(-\omega_k) = |G(\omega_k)| \exp[-j\,\varphi(\omega_k)]$ die Zeitfunktion

$$y(t) = \hat{y}_k \cos(\omega_k t + \varphi_{yk}) = \hat{u}_k |G(\omega_k)| \cos[\omega_k t + \varphi_{uk} + \varphi(\omega_k)] \tag{4.95}$$

ergibt. Nach Gl. (4.92) und Gl. (4.95) kann der Frequenzgang des untersuchten Systems an der Stelle $\omega = \omega_k$ aus den Kennwerten der sinusförmigen Ein- und Ausgangssignale zu

$$|G(\omega_k)| = \frac{\hat{y}_k}{\hat{u}_k} = \frac{\tilde{y}_k}{\tilde{u}_k} \tag{4.96}$$

und

$$\varphi(\omega_k) = \varphi_{yk} - \varphi_{uk} \tag{4.97}$$

bestimmt werden. Nach Abschn. 3.3.1.6 können Gl. (4.96) und (4.97) für $\omega_k > 0$ in der Schreibweise der komplexen Schwingungsrechnung zu

$$\underline{G}(\omega_k) = \frac{\hat{\underline{y}}_k}{\hat{\underline{u}}_k} = \frac{\hat{y}_k \exp(j\,\varphi_{yk})}{\hat{u}_k \exp(j\,\varphi_{uk})} \tag{4.98}$$

zusammengefaßt werden.

Da je Meßvorgang nur ein einziger diskreter Punkt des Frequenzganges bestimmt wird und andererseits naturgemäß nur eine endliche Anzahl solcher Meßvorgänge durchführbar ist, kann der Frequenzgang eines Systems mit sinusförmigen Testsignalen grundsätzlich nur diskontinuierlich in endlich vielen diskreten Punkten erfaßt werden (s. hierzu aber Abschn. 4.2.2.2). Auf die Frage, in welchen Frequenzintervallen mindestens gemessen werden muß, um das System hinreichend zu charakterisieren, wird im folgenden Abschnitt eingegangen.

4.2.1.4 Nichtsinusförmige periodische Testsignale. Die Vorteile der Messung mit aperiodischen Signalen – Erfassung des gesamten Übertragungsfrequenzbereiches des untersuchten Systems mit einer einzigen Messung – und der Messung mit Sinussignalen – Messung im eingeschwungenen Zustand des Systems – können bis zu einem gewissen Grad miteinander verbunden werden, indem man periodische, aber nichtsinusförmige Testsignale mit großem Frequenzumfang verwendet. Gut geeignet ist die Rechteckpulsfolge. Man kann sie als Schaltfunktion mit unterschiedlichen Pulslängenverhältnissen technisch verhältnismäßig leicht erzeugen. Dazu sind in Bild **4.**40 als theoretische Grenzfälle die Dirac-Impulsfolge (Pulslängenverhältnis 0) und die Rechteckpulsfolge mit dem Pulslängenverhältnis 1:1 als Zeitfunktion und als diskretes Amplitudenspektrum aufgezeichnet. Das Rechtecksignal wird praktisch auch häufig mit dem Mittelwert Null verwendet, d.h. mit einer um den Wert $\overline{u(t)} = \hat{u}$ nach unten verschobenen Zeitfunktion in Bild **4.**40b. Im zugehörigen Amplitudenspektrum verschwindet dadurch die Spektrallinie an der Stelle $\omega = 0$; sonst bleibt das Spektrum unverändert erhalten.

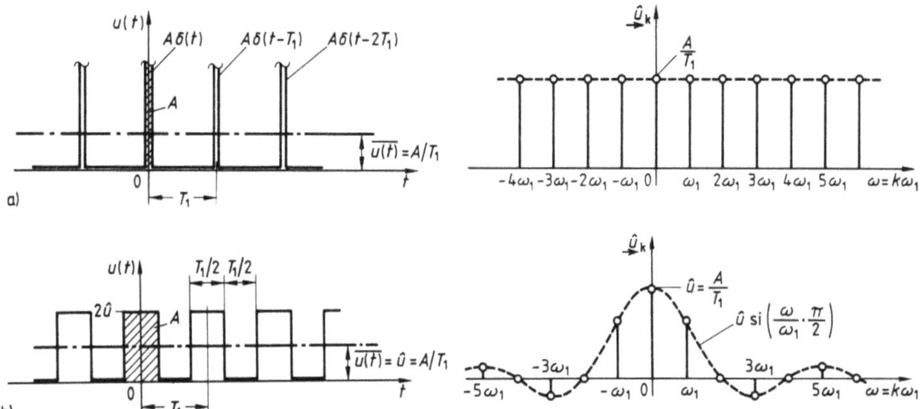

4.40 Nichtsinusförmige periodische Testsignale
  a) periodische Dirac-Impulsfolge
  b) Rechteckpulsfolge mit dem Pulslängenverhältnis 1:1

Periodische Testsignale mit einem von Null verschiedenen Mittelwert eignen sich nicht zur Analyse von Systemen mit integrierendem Verhalten, da der Mittelwert des Ausgangssignals stetig auswandern und sehr bald die Grenzen des Aussteuerungsbereiches überschreiten würde.

Systemanalyse im Frequenzbereich. Die in den Antwortsignalen enthaltenen Informationen über das untersuchte System sind am leichtesten im Frequenzbereich zu erkennen.

Dirac-Impulsfolge. Die periodische Dirac-Impulsfolge nach Bild 4.40a hat die Fourier-Reihenentwicklung

$$u(t) = \frac{A}{T_1} \sum_{k=-\infty}^{+\infty} \exp(jk\omega_1 t) = \frac{A}{T_1}\left[1 + 2 \sum_{k=1}^{\infty} \cos(k\omega_1 t)\right]. \qquad (4.99)$$

Nach Gl. (4.95) ergibt sich daraus für das Ausgangssignal die Reihe

$$y(t) = y_0 + \sum_{k=1}^{\infty} \hat{y}_k \cos(k\omega_1 t + \varphi_{yk})$$

$$= \frac{A}{T_1}\left\{G(0) + 2 \sum_{k=1}^{\infty} |G(k\omega_1)| \cos[k\omega_1 t + \varphi(\omega_k)]\right\}. \qquad (4.100)$$

Durch die periodische Dirac-Impulsfolge wird der Systemfrequenzgang also in den diskreten Kreisfrequenzpunkten $\omega = \omega_k = k\omega_1$ abgetastet. Durch eine Fourier-Analyse des Ausgangssignals $y(t)$ nach Abschn. 4.1.2.2 und den Vergleich der einander entsprechenden harmonischen Komponenten des Ein- und Ausgangssignals nach Gl. (4.96) und (4.97) können die diskreten Werte $G(k\omega_1)$ bestimmt werden. Bezüglich der Auswirkungen einer endlichen Höhe und Breite der Dirac-Impulse im Zeitbereich gilt das in Abschn. 4.2.1.1 Gesagte sinngemäß.

Rechteckpulsfolge. Die Rechteckpulsfolge mit dem Pulslängenverhältnis 1:1 und dem Mittelwert Null ähnlich Bild 4.40b hat die Fourier-Reihe

$$u(t) = \hat{u} \sum_{k=-\infty}^{+\infty} \mathrm{si}\left(k\,\frac{\pi}{2}\right) \exp(\mathrm{j}k\omega_1 t) = 2\hat{u} \sum_{k=1}^{\infty} \mathrm{si}\left(k\,\frac{\pi}{2}\right) \cos(k\omega_1 t), \quad (4.101)$$

aus der hervorgeht, daß

a) der Systemfrequenzgang durch dieses Testsignal an den diskreten Stellen $\omega_k = k\omega_1$ (k ungerade) abgetastet wird, und

b) die harmonischen Komponenten dieses Testsignals mit steigender Frequenz $\omega_k = k\omega_1$ wie $1/k$ kleiner werden (vgl. Abschnitt 4.2.1.2).

Man erhält also eine der Abtastung mit Dirac-Impulsen vergleichbare Information über das System, nur mit dem Unterschied, daß mit der Rechteckpulsfolge der Frequenzgang des Systems an Frequenzstellen abgetastet wird, die doppelt so weit auseinander liegen wie bei der Dirac-Impulsfolge, und daß die Amplituden der Signalkomponenten umgekehrt proportional zur Kreisfrequenz ω_k kleiner werden. Auch hier gilt, daß sich eine endliche Flankensteilheit der Rechteckpulse sinngemäß so auswirkt wie schon in Abschn. 4.2.1.2 erläutert.

Systemanalyse im Zeitbereich. Die mit periodischen Testsignalen zu gewinnende Meßinformation ist im Zeitbereich weniger leicht erkennbar. Da lineare Systeme betrachtet werden, ist das Antwortsignal als Überlagerung zeitverschobener Impuls- bzw. Sprungantworten darstellbar. Aus dem Ergebnis dieser Überlagerung kann aber i. allg. nicht ohne mathematischen Aufwand und auch nicht mit Sicherheit auf den zeitlichen Verlauf der Impuls- bzw. Sprungantworten selbst geschlossen werden. Dies ist nur möglich, wenn die Frequenz des periodischen Testsignals so klein oder umgekehrt die Periodendauer so groß gewählt werden, daß nach jeder durch das Testsignal erfolgten Anregung praktisch ein vollständiger Einschwingvorgang des Systems bis zum Ende ablaufen kann, bevor der nächste Einschwingvorgang angeregt wird. Da die gewünschten Informationen über die Systemeigenschaften dann in jeder einzelnen der periodisch wiederholten Antwortfunktionen enthalten sind, können sie natürlich auch dem periodischen Signal (s. Bild 4.41) entnommen werden. Bei Systemen mit Ausgleich kann der Einschwingvorgang als abgeschlossen angesehen werden, wenn die Gewichtsfunktion $g(t)$ (bzw. die Impulsantwort) praktisch auf Null abgeklungen ist oder die Übergangsfunktion $h(t)$ (bzw. die Sprungantwort) praktisch ihren stationären Endwert erreicht hat. Da dieser Zeitpunkt nicht exakt angebbar ist (s. Bild 3.51), sollte für die Periodendauer im Zweifel eher ein etwas zu langer als ein zu kurzer Wert angenommen werden, um Fehler zu vermeiden.

Bezeichnet man die Dauer des Ausgleichsvorganges mit T_S, dann ist die Periodendauer T_1 der Dirac-Impulsfolge zu $T_1 \geqq T_\mathrm{S}$, die der Rechteckpulsfolge aber zu $T_1 \geqq 2T_\mathrm{S}$ zu wählen (s. Bild 4.40a und b).

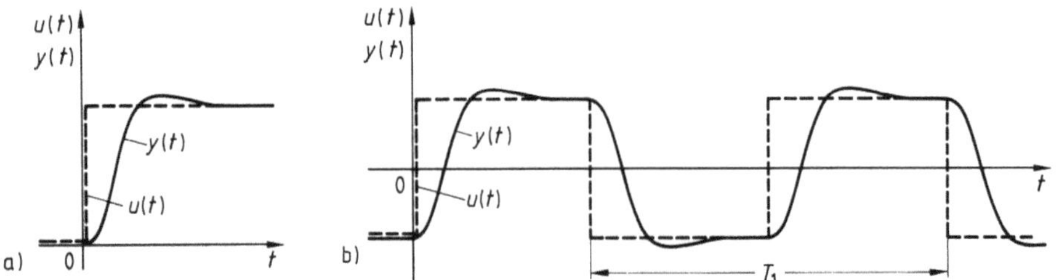

4.41 Aperiodische (a) und periodische (b) Eingangs- und Ausgangssignale eines P-T$_2$-Gliedes

Aus vorstehender Überlegung beantwortet sich auch die Frage nach dem maximal zulässigen Frequenzabstand bei der punktweisen Bestimmung des Frequenzganges. Nach Abschn. 4.1.2.1 sind die maximal zulässigen Abtastintervalle ω_1 für das Amplitudendichtespektrum eines aperiodischen Signals der Signaldauer T_S durch die Kreisfrequenz $\omega_S = 2\pi/T_S$ der periodischen Fortsetzung des vollständigen Signals im Zeitbereich zu

$$\omega_1 = \frac{2\pi}{T_1} \leqq \frac{2\pi}{T_S}$$

bestimmt. Da die Übertragungseigenschaften des Systems durch das vollständige Antwortsignal $g(t) \circ\!\!-\!\!-\!\!\bullet\ G(\omega)$ theoretisch vollständig beschrieben werden, kann das vorstehende, zunächst nur für Signale geltende Abtasttheorem unter den angegebenen Voraussetzungen auf die Systemkennfunktionen $g(t) \circ\!\!-\!\!-\!\!\bullet\ G(\omega)$ und daraus folgend sinngemäß auch auf die Systemkennfunktionen $h(t) \circ\!\!-\!\!-\!\!\bullet\ H(\omega) = [G(\omega)/\mathrm{j}\omega] + \pi\delta(\omega)\,G(0)$ übertragen werden. Wendet man dieses Kriterium zum Vergleich auf die beiden betrachteten Testsignale an, so erhält man folgende Ergebnisse:

Ist als Dauer der Gewichtsfunktion die Zeit T_S anzunehmen, so ist die Periodendauer der Impulsfolge auf $T_1 \geqq T_S$ festgelegt bzw. die daraus folgende Impulskreisfrequenz auf

$$\omega_1 = \frac{2\pi}{T_1} \leqq \frac{2\pi}{T_S}. \tag{4.102}$$

Als Dauer der Übergangsfunktion ist die gleiche Zeit T_S anzunehmen. Nach Bild **4.**41b werden nun aber je Periode des Testsignals zwei volle Einschwingvorgänge des Systems mit entgegengesetzten Vorzeichen durchlaufen, d.h. als Periodendauer der Rechteckpulsfolge ist $T_1 \geqq 2\,T_S$ zu wählen. Da die Rechteckpulsfolge nach Bild **4.**40b aber nur ungeradzahlige Harmonische aufweist, beträgt der Frequenzabstand zweier Abtastpunkte $2\omega_1$, also gilt

$$2\omega_1 = 2\,\frac{2\pi}{T_1} \leqq \frac{2\pi}{T_S} \quad \text{bzw.} \quad \omega_1 = \frac{2\pi}{T_1} \leqq \frac{\pi}{T_S}. \tag{4.103}$$

Wird eine größere Testsignalfrequenz gewählt als nach Gl. (4.102) bzw. (4.103) zulässig, so ist das Abtasttheorem verletzt, und es kann aus dem zeitlichen Verlauf der Antwortfunktionen nicht mehr mit Sicherheit auf die Übertragungseigenschaften des untersuchten Systems geschlossen werden. Dennoch ist es bei einiger Erfahrung und Übung möglich, bestimmte typische Systemmerkmale in dem Ausgangssignalverlauf zu erkennen oder auch bestimmte Kennwerte quantitativ zu bestimmen. Vor allem dienen derartige Untersuchungen, für die wegen der leichten Realisierbarkeit überwiegend rechteckförmige Testsignale mit dem Pulslängenverhältnis 1:1 verwendet werden, aber der qualitativen Beurteilung bestimmter Systemeigenschaften (s. Bild **3**.105) und dem Vergleich verschiedener Systeme. Auf Einzelheiten dieser Technik kann hier jedoch nicht eingegangen werden.

4.2.1.5 Stationäre stochastische Signale. Stationäre stochastische Breitbandsignale, z. B. das weiße Rauschen (s. Bild **3**.73), eignen sich ebenfalls gut zur Systemanalyse. Als Testsignal vereinen sie gewissermaßen die Vorteile des Dirac-Impulses und der Sinusschwingung, da sie eine frequenzunabhängige Leistungsspektralfunktion über einen sehr weiten Frequenzbereich besitzen und ihre meßtechnisch relevanten Zeiteigenschaften als zeitliche Mittelwerte meßbar sind. Je nachdem, ob man bei der Messung die Zeit- oder die Frequenzeigenschaften auswertet, erhält man als Ergebnis unmittelbar die Gewichtsfunktion $g(t)$ oder den Frequenzgang $G(\omega)$ des untersuchten Systems.

Die Verwendung stationärer Rauschsignale bietet als wesentliche Vorteile eine völlige Unempfindlichkeit gegen superponierende unkorrelierte Störsignale, die infolge der Mittelwertbildung unterdrückt werden, und die Möglichkeit, im praktischen Einsatz befindliche Systeme auch während des laufenden Betriebes durch Rauschsignale geringer Amplitude, die den Prozeßablauf nicht stören, zu untersuchen. Außerdem wird das Meßobjekt – beispielsweise im Vergleich zur Messung der Gewichtsfunktion mit impulsförmigen Testsignalen – äußerst schonend und ohne Übersteuerungsgefahr betrieben. Nachteilig ist insbesondere der hohe zeitliche Aufwand, der sich durch die punktweise Messung der Kennfunktion über zeitliche Mittelwerte und die meist erforderliche lange Mittelungszeit ergibt.

Weitere Einzelheiten sind der Literatur (z. B. [2], [39] oder [48]) zu entnehmen.

4.2.2 Meßverfahren

In Abschnitt 4.2.1 ist deutlich geworden, daß die Bestimmung von Systemeigenschaften letztlich auf die Messung und/oder den Vergleich von Signalen zurückgeführt werden muß, da Systemeigenschaften nur durch Untersuchung der Veränderungen erfaßbar sind, die ein Signal auf seinem Weg durch das System erfährt. Die grundlegenden Verfahren zur Messung der Übertragungseigenschaften von Systemen sind deshalb mit den Verfahren zur Messung von Signalen eng verwandt, und sie werden zum Teil auch ähnlich bezeichnet.

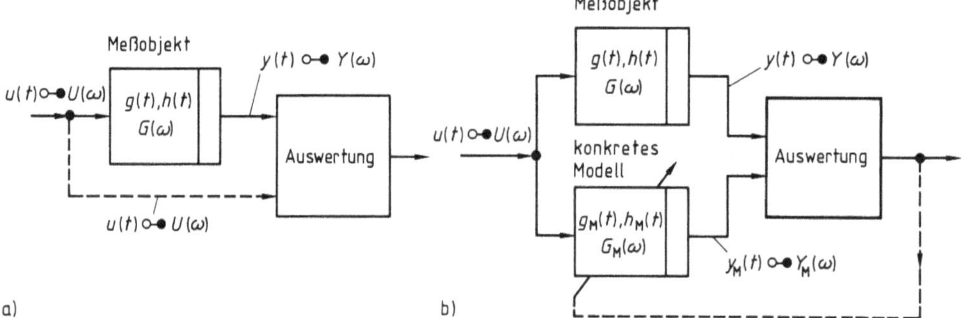

4.42 Grundlegende Verfahren zur Messung der Übertragungseigenschaften von Systemen
    a) Vergleichsverfahren
    b) Modellverfahren

Bei dem in Bild **4.**42a schematisch dargestellten **Vergleichsverfahren**, das etwa dem Ausschlagverfahren nach Abschn. 4.1 entspricht, werden die Zeit- oder/und die Frequenzeigenschaften des Ausgangssignals $y(t)$ und soweit erforderlich des Eingangssignals $u(t)$ gemessen und nach den in Abschnitt 4.2.1 genannten mathematischen Methoden miteinander verglichen. Die Messung des Eingangssignals beschränkt sich meist auf wenige Kennwerte, z. B. die Impulsstärke (Impulsfläche) und die Impulsbreite bei impulsartigen oder die Sprunghöhe und die Anstiegszeit bei sprungartigen Testsignalen, während das Ausgangssignal entsprechend seinem größeren Informationsgehalt i. allg. weitergehend ausgewertet wird, z. B. hinsichtlich des vollständigen zeitlichen Verlaufs. Die erhaltene Meßinformation ist eine zeitliche oder spektrale Systemkennfunktion (nichtparametrisches Modell, s. Bild **4.**34), oder es sind diskrete Punkte einer solchen Funktion. Durch Auswertung können aus ihnen parametrische Systemmodelle abgeleitet werden (s. Abschnitt 4.2.3).

Eine besondere Variante des Vergleichsverfahrens ist das **Korrelationsverfahren**, bei dem Informationen über das untersuchte System durch Auswertung der Kreuzkorrelationsfunktion des Ein- und des Ausgangssignals gewonnen werden. Entsprechend den besonderen Eigenschaften der Kreuzkorrelationsfunktion wird dieses Verfahren im wesentlichen zur Messung der Frequenzkennlinien eingesetzt.

Bei dem **Modellverfahren** entsprechend Bild **4.**42b wird die Meßinformation durch Vergleich des zu untersuchenden Systems mit einem konkreten, in seinen Übertragungseigenschaften genau bekannten und gezielt einstellbaren Modellsystem gewonnen. Dazu werden beide Systeme simultan von dem gleichen Testsignal $u(t)$ erregt und die Antwortsignale $y(t)$, $y_M(t)$ durch **Differenzbildung** miteinander verglichen. In Abhängigkeit vom Ergebnis dieses Vergleiches wird das Modellsystem iterativ so lange verstellt, bis das Differenzsignal $\Delta y(t) = y(t) - y_M(t)$ einen ausreichend kleinen Wert angenommen hat.

Das Verfahren entspricht also dem Kompensationsverfahren nach Abschnitt 4.1. Das wichtigste Anwendungsgebiet des Modellverfahrens ist die Bestimmung parametrischer Systemmodelle (s. Bild **4.34**); es kann aber auch zur Messung der Frequenzkennlinien dienen.

4.2.2.1 Messung der Zeitkennfunktionen. Die Messung der Zeitkennfunktionen, also der Gewichtsfunktion $g(t)$ und der Übergangsfunktion $h(t)$ (gelegentlich auch der hier nicht näher betrachteten bezogenen Anstiegsantwort), erfolgt praktisch ausschließlich nach dem vorstehend erläuterten Vergleichsverfahren. Den prinzipiellen Meßaufbau zeigt Bild **4.43**. Danach besteht die konkrete Meßaufgabe aus den Teilaufgaben

> der Erzeugung eines Testsignals $u(t)$,
> der Messung des Testsignals $u(t)$ und
> der Messung des Antwortsignals $y(t)$,

die für sich in Abschn. 4.2.1, 4.1.1 und 3 bereits behandelt sind. Zu beachten ist, daß die Messung der Signale im Prinzip form- und zeitgetreu zu erfolgen hat, damit die Meßergebnisse sinnvoll interpretiert werden können. Da es nur auf einen Vergleich der Signale ankommt, ist auch eine formgetreue Messung ausreichend, wenn man sicher sein kann, daß die verwendeten Meßgeräte gleiche Totzeiten aufweisen, oder wenn unterschiedliche Totzeiten genau bekannt sind.

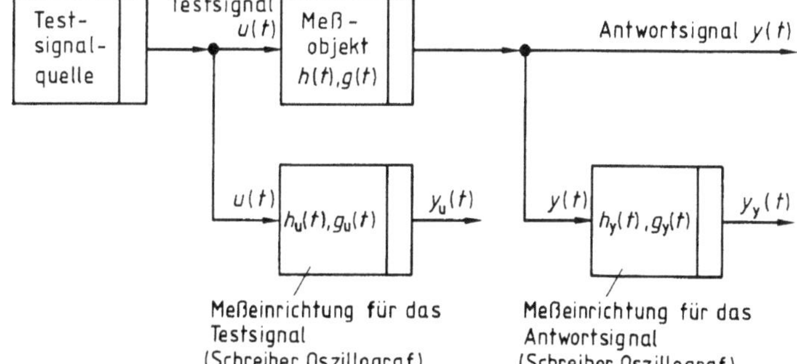

4.43
Anordnung zur Messung der Zeitkennfunktionen eines Systems

Voraussetzung für eine sinnvolle Auswahl der Meßglieder ist ferner eine gewisse a priori-Kenntnis vom Frequenzumfang des Meßobjektes, da von diesem die Anforderungen sowohl an die Testsignale (s. Abschn. 4.2.1) als auch an die Signal-Meßeinrichtungen (s. Abschn. 3) abhängen. Einige Hinweise zu diesem generellen Problem der Gewinnung notwendiger Vorinformationen über Meßgrößen sind dem Abschn. 4.1 zu entnehmen.

4.2.2.2 Messung des Frequenzganges. Streng genommen ist der Frequenzgang nicht als kontinuierliche Funktion meßbar, sondern nur über endlich viele diskrete Punkte dieser Funktion. Die Aufnahme einzelner Wertepaare des (sinusförmigen) Ein- und Ausgangssignals darf entsprechend der Definition des Frequenzganges nur im eingeschwungenen Zustand erfolgen, d.h., nach Einschaltung des Testsignals bzw. nach Veränderung seiner Frequenz muß erst eine bestimmte Zeit gewartet werden, bis alle Ausgleichsvorgänge hinreichend weit abgeklungen sind. Die erforderliche Mindest-Wartezeit richtet sich nach den Frequenzeigenschaften des Prüflings, für Systeme mit Ausgleich kann sie nach den in Abschnitt 3.3.1.2 angegebenen Näherungen aus der Grenzfrequenz des Systems abgeschätzt werden.

Da bei einer hinreichend langsamen zeitlichen Änderung der Frequenz des sinusförmigen Testsignals unter praktischen Gesichtspunkten keine Ausgleichsvorgänge angeregt werden, ist auch eine kontinuierliche Aufnahme des Frequenzganges möglich. Bei diesem Wobbel-Verfahren wird ein vorgegebener Signalfrequenzbereich stetig so langsam durchfahren, daß zu jeder Zeit der eingeschwungene Zustand des Systems angenommen werden kann. Die Messung wird selbsttätig ausgewertet und die Ergebnisse werden zeitsynchron über ein Sichtgerät oder einen Schreiber ausgegeben. Dieses Meßverfahren gewinnt insbesondere in der Hochfrequenztechnik zunehmend an Bedeutung.

Die wichtigsten Verfahren zur Messung diskreter Punkte des Frequenzganges sind in der Übersicht von Bild **4.44** aufgeführt und die diesen Verfahren zugrundeliegenden Prinzipien der Informationsgewinnung in Bild **4.45** bis **4.48** dargestellt. Da Ein- und Ausgangssignale Sinussignale sind, die in ihrer Form und ihrer Frequenz übereinstimmen, sind in jedem Meßpunkt nur zwei Kennwerte zu bestimmen.

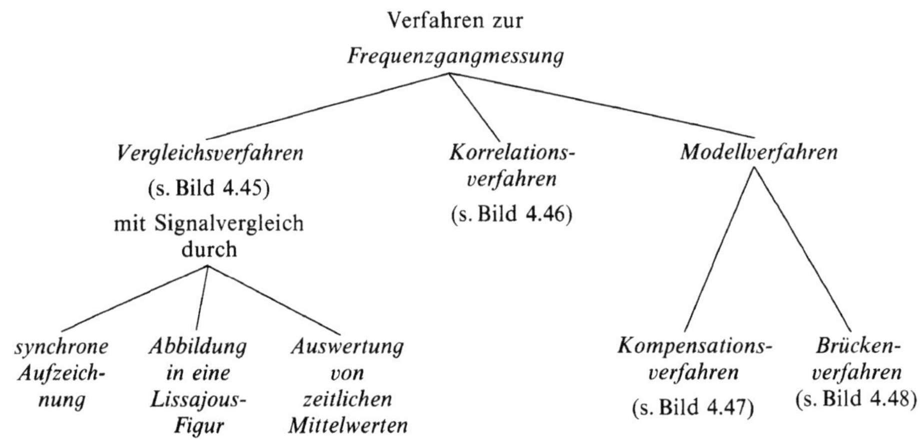

4.44 Verfahren zur Frequenzgangmessung mit Sinussignalen

Bei dem Vergleichsverfahren geschieht dies durch den unmittelbaren Vergleich des Ein- und des Ausgangssignals, wozu in Bild **4.45** verschiedene praktische Möglichkeiten angegeben sind.

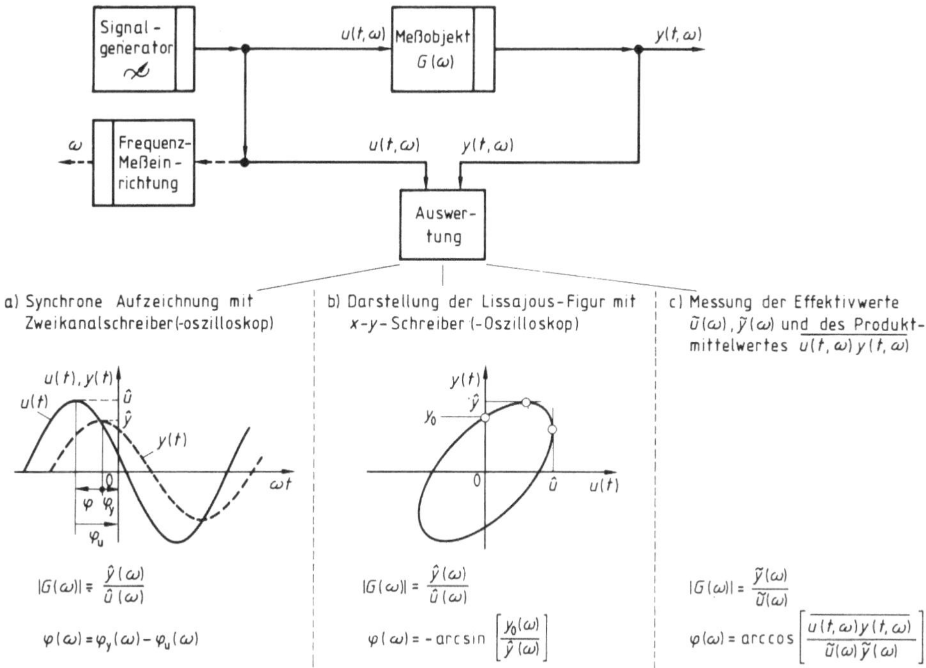

$$|G(\omega)| \doteq \frac{\hat{y}(\omega)}{\hat{u}(\omega)}$$

$$\varphi(\omega) = \varphi_y(\omega) - \varphi_u(\omega)$$

$$|G(\omega)| = \frac{\hat{y}(\omega)}{\hat{u}(\omega)}$$

$$\varphi(\omega) = -\arcsin\left[\frac{y_0(\omega)}{\hat{y}(\omega)}\right]$$

$$|G(\omega)| = \frac{\tilde{y}(\omega)}{\tilde{u}(\omega)}$$

$$\varphi(\omega) = \arccos\left[\frac{\overline{u(t,\omega)y(t,\omega)}}{\tilde{u}(\omega)\,\tilde{y}(\omega)}\right]$$

4.45 Punktweise Aufnahme des Frequenzganges nach dem Vergleichsverfahren

Das Korrelationsverfahren gestattet die Messung des Real- und des Imaginärteils über zwei diskrete Werte der aus dem Eingangs- und dem Ausgangssignal gebildeten Kreuzkorrelationsfunktion. Beide Werte können gleichzeitig aufgenommen werden, wenn wie in Bild **4.46** zwei parallele Auswertungskanäle vorgesehen werden, in denen der Produktmittelwert des Ausgangssignals $y(t)$ und des Eingangssignals $u(t)$ bzw. des um $\pi/2$ phasenverschobenen Eingangssignals $u[t + \pi/(2\omega)]$ gebildet wird. Aus den Mittelwerten

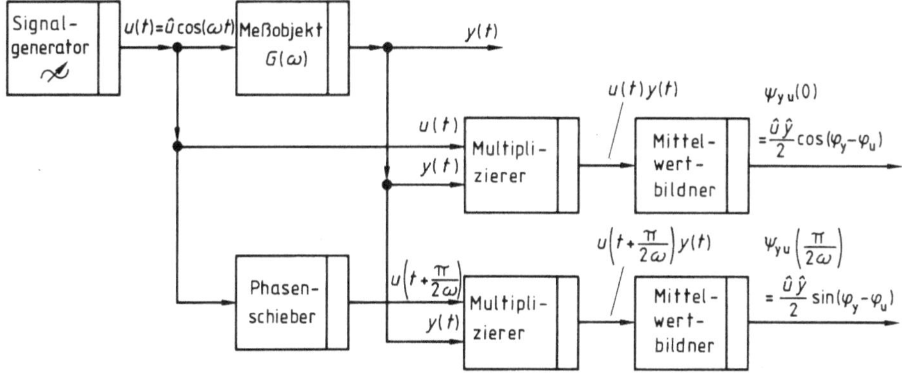

4.46 Punktweise Aufnahme des Frequenzganges nach dem Korrelationsverfahren

$$\psi_{yu}(0) \quad = \frac{\hat{u}\hat{y}}{2}\cos(\varphi_y-\varphi_u) = \frac{\hat{u}^2}{2}|G(\omega)|\cos\varphi$$

und

$$\psi_{yu}\left(\frac{\pi}{2\omega}\right) = \frac{\hat{u}\hat{y}}{2}\sin(\varphi_y-\varphi_u) = \frac{\hat{u}^2}{2}|G(\omega)|\sin\varphi$$

erhält man durch Multiplikation mit $2/\hat{u}^2$ den Realteil

$$\mathrm{Re}\{G(\omega)\} = |G(\omega)|\cos\varphi = \frac{2}{\hat{u}^2}\,\psi_{yu}(0) \tag{4.104}$$

und den Imaginärteil

$$\mathrm{Im}\{G(\omega)\} = |G(\omega)|\sin\varphi = \frac{2}{\hat{u}^2}\,\psi_{yu}\left(\frac{\pi}{2\omega}\right) \tag{4.105}$$

des Frequenzganges an der Stelle ω.

Bei dem **Kompensationsverfahren** nach Bild **4.**47 wird das Meßobjekt mit einem Modellsystem verglichen, das einen bekannten, einstellbaren Betrag und eine bekannte, einstellbare Phase (bzw. bekannte, einstellbare Real- und Imaginärteile) aufweist. Als Vergleicher kann ein normales Effektivwert- oder Gleichrichtwert-Meßgerät verwendet werden. Um den Abgleich mit gezielten Einstellvorgängen am Modellsystem möglichst schnell herbeiführen zu können, empfiehlt sich jedoch die Verwendung eines anzeigenden Zweikanal- oder Koordinaten-Meßgerätes entsprechend Bild **4.**45a und b.

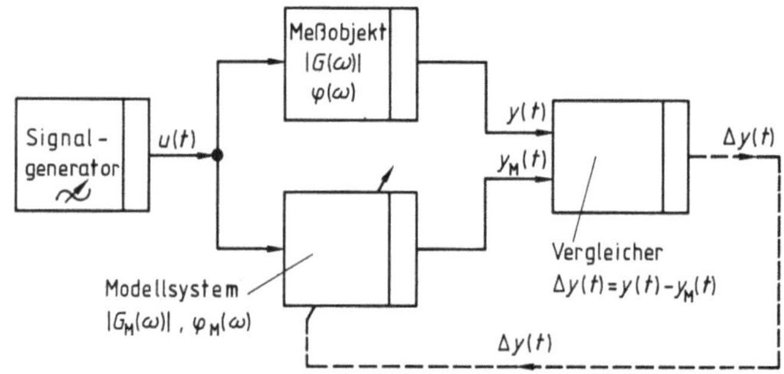

4.47
Kompensationsverfahren als spezielle Anwendung des Modellverfahrens zur Frequenzgangmessung

Eine spezielle Anwendung des Modellverfahrens in der Elektrotechnik ist das **Brückenverfahren** zur Messung von Wechselstromwiderständen (Zweipole). Zwei häufig verwendete Ausführungen sind in Bild **4.**48 dargestellt. Sie dienen i. allg. der Bestimmung der Zweipolparameter R und L bzw. R und C bei einer bestimmten Frequenz, sind bei variabler Speisefrequenz prinzipiell aber auch zur Frequenzgangmessung geeignet.

Es sei erwähnt, daß in vorstehenden Anwendungen die Frequenzkennlinien des Systemmodells nur bei der jeweiligen Meßfrequenz mit dem des Meßobjektes übereinstimmen müssen, sie können im übrigen als Funktion der Frequenz einen völlig andersartigen Verlauf zeigen. In dieser Hinsicht unterschei-

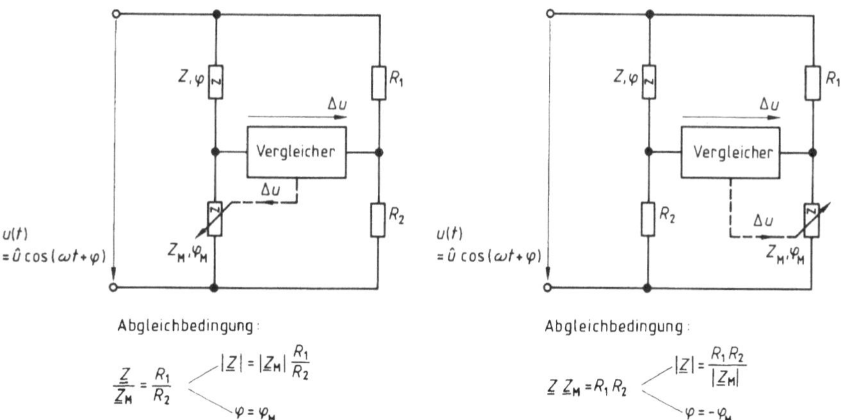

4.48 Wechselstrommeßbrücken als spezielle Anwendungen des Modellverfahrens auf elektrische Zweipole

den sich diese Systemmodelle wesentlich von den zur **Parameter-** oder **Systemidentifikation** verwendeten (s. Abschnitt 4.2.2.3), deren Frequenzkennlinien mit denen des Meßobjektes im gesamten, mindestens aber in dem meßtechnisch relevanten Frequenzbereich deckungsgleich verlaufen sollen.

Fehlereinflüsse der Meßeinrichtung. Auch bei der Frequenzgangmessung sind die nichtidealen Eigenschaften der verwendeten Meßeinrichtungen zu berücksichtigen, die im wesentlichen in deren eigenem Frequenzgang zu sehen sind. Exemplarisch sei das Vergleichsverfahren nach Bild **4.45** betrachtet. Um das Ein- und Ausgangssignal des Meßobjektes dem Vergleicher zuführen zu können, müssen diese durch Meßaufnehmer erfaßt werden, deren Frequenzgänge einen Eigenfehler der Meßeinrichtung bewirken können. Auch der Vergleicher selbst kann einen Frequenzgangfehler verursachen, wenn die Signale $u(t)$ und $y(t)$ der Vergleichsstelle über getrennte Meßkanäle mit nicht identischen Frequenzgängen zufließen. In Bild **4.49** sind diese Fehlereinflüsse in den Frequenzgängen $G_u(\omega)$ und $G_y(\omega)$ der Meßaufnehmer zusammengefaßt, die der Signalanpassung an den Vergleicher dienen, z. B. in bezug auf die physikalische Größenart.

In der normalen Meßschaltung nimmt der Umschalter S die Stellung 1 ein. Von der Auswerteinrichtung wird dann der Frequenzgang

$$G_F(\omega) = G(\omega)\,\frac{G_y(\omega)}{G_u(\omega)} \tag{4.106}$$

ausgegeben, der sich vom Frequenzgang $G(\omega)$ des Meßobjektes um den frequenzabhängigen Faktor $G_y(\omega)/G_u(\omega)$ unterscheidet. Sind die Aufnehmer-Frequenzgänge bekannt, so kann der durch sie verursachte Meßfehler durch Multiplikation des Ergebnisses $G_F(\omega)$ mit dem Korrekturfaktor $G_u(\omega)/G_y(\omega)$ leicht beseitigt werden.

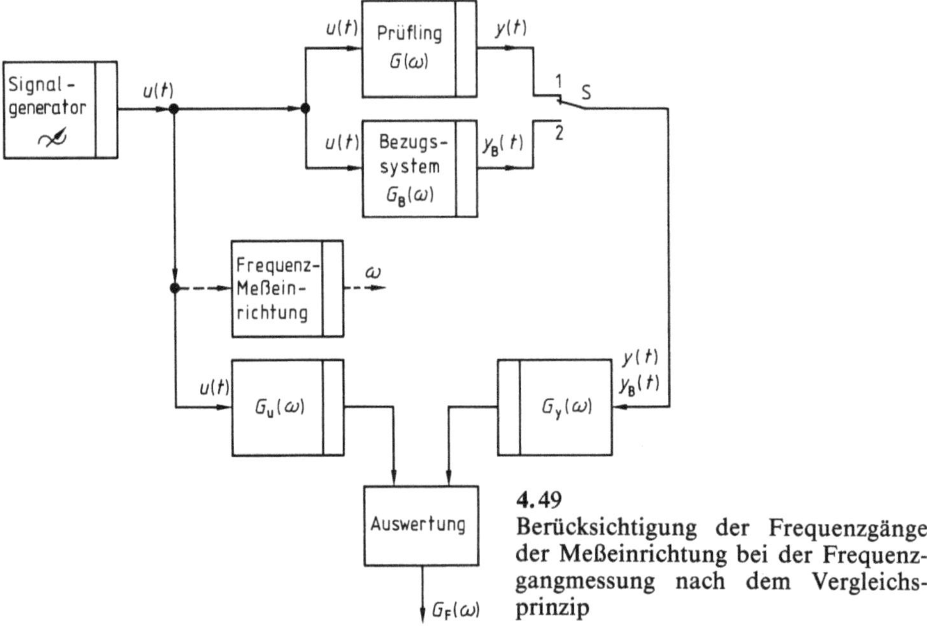

4.49
Berücksichtigung der Frequenzgänge
der Meßeinrichtung bei der Frequenzgangmessung nach dem Vergleichs-
prinzip

Sind die beiden Frequenzgänge nicht bekannt, so läßt sich der Korrekturfaktor in einem zusätzlichen Meßvorgang bestimmen, wenn ein Bezugssystem mit bekanntem Frequenzgang $G_B(\omega)$ zur Verfügung steht, dessen Ein- und Ausgangsgrößen von gleicher physikalischer Größenart sind und annähernd auch die gleichen Wertebereiche aufweisen wie die des Meßobjektes. Dazu wird bei jeder Meßfrequenz in Schalterstellung *1* ein Meßwert

$$G_{F1}(\omega) = G(\omega)\,\frac{G_y(\omega)}{G_u(\omega)} \qquad (4.107)$$

entsprechend Gl. (4.106) aufgenommen und zusätzlich ein Meßwert

$$G_{F2}(\omega) = G_B(\omega)\,\frac{G_y(\omega)}{G_u(\omega)} \qquad (4.108)$$

in Schalterstellung *2*, aus dem mit dem bekannten Frequenzgang $G_B(\omega)$ der Korrekturfaktor

$$\frac{G_u(\omega)}{G_y(\omega)} = \frac{G_B(\omega)}{G_{F2}(\omega)} \qquad (4.109)$$

berechnet werden kann. Durch Zusammenfassung von Gl. (4.107) und (4.109) folgt die Bestimmungsgleichung für den Frequenzgang des Meßobjektes

$$G(\omega) = G_B(\omega)\,\frac{G_{F1}(\omega)}{G_{F2}(\omega)}, \qquad (4.110)$$

in der die unbekannten Frequenzgänge $G_u(\omega)$ und $G_y(\omega)$ nicht mehr vertreten sind. Es ist leicht zu erkennen, daß die Vergleichsmessung in Schalterstellung *2* auch als Kalibriervorgang für die Meßeinrichtung interpretiert werden kann.

4.2.2.3 Messung von Systemparametern. Eine direkte meßtechnische Bestimmung von Systemparametern ist nur nach dem Modellverfahren möglich. Dazu wird ein konkretes, genau bekanntes Modellsystem benötigt, dessen Struktur der bekannten oder vermuteten Struktur des Meßobjektes entspricht, und das so aufgebaut ist, daß den Parametern des zu bestimmenden mathematischen Modells einstellbare, bekannte Parameter des konkreten Modellsystems entsprechen. Die Modellparameter werden dann iterativ so lange nachgestellt, bis die (nichtparametrischen) Kennfunktionen des Modellsystems mit denen des Meßobjektes innerhalb gewisser vorgegebener Zeit- oder Frequenzbereiche und/oder vorgegebener Fehlerschranken übereinstimmen.

Als Testsignale eignen sich prinzipiell sowohl aperiodische Signale, die den gesamten Übertragungs-Frequenzbereich des Meßobjektes abdecken, und deren periodische Fortsetzungen als auch Sinussignale. Um den praktischen Meßaufwand in Grenzen zu halten, empfiehlt sich bei Sinussignalen die Anwendung des Wobbel-Verfahrens (s. Abschn. 4.2.2.1).

Kann mit dem gewählten konkreten Systemmodell die angestrebte Übereinstimmung der (nichtparametrischen) Zeit- oder Frequenzfunktionen nicht erreicht werden, so muß mit einem erweiterten oder in der Grundstruktur modifizierten Systemmodell ein erneuter Versuch unternommen werden, wodurch die Meßaufgabe aber bereits den Charakter einer Systemidentifikation annimmt, bei der nicht nur Parameterwerte, sondern auch Modellstrukturen zu identifizieren sind. Es leuchtet ein, daß es dazu besonderer Meßstrategien bedarf, um in endlicher Zeit ein befriedigendes Meßergebnis zu erhalten. Da in der vorliegenden Einführung auf Einzelheiten dieser Techniken nicht eingegangen werden kann, muß auf die einschlägige Fachliteratur verwiesen werden, z. B. [40].

4.2.3 Bestimmung von Systemparametern aus gemessenen Kennfunktionen

Das in Abschnitt 4.2.2.3 geschilderte Verfahren der experimentellen Parameteridentifikation ließe sich in entsprechend abgewandelter Form grundsätzlich auch zur Bestimmung der Systemparameter aus gemessenen Zeit- oder Frequenzkennfunktionen (Übergangsfunktion, Gewichtsfunktion, Frequenzgang) anwenden. Im Prinzip müßte dazu lediglich die zum Vergleich benötigte Kennfunktion des mathematischen Systemmodells (z. B. der Übertragungsfunktion) graphisch konstruiert statt an einem konkreten Systemmodell gemessen werden. Diese durch Rechnung aus dem mathematischen Systemmodell unter Annahme bestimmter Parameterwerte abgeleitete Kennfunktion hätte man dann mit der gemessenen und aufgezeichneten Kennfunktion des realen Systems (Meßobjekt) zu vergleichen und durch gezielte Änderung der Parameter iterativ so lange zu verbessern, bis eine hinlänglich gute Übereinstimmung zwischen den beiden Kurvenverläufen besteht. Die der letztgültigen Kurvenkonstruktion zugrundeliegenden Parameterwerte könnten dann als Näherungswerte für die gesuchten Systemparameter gelten.

Dieses für eine manuelle Auswertung natürlich viel zu aufwendige Verfahren läßt sich unter Einsatz elektronischer Rechengeräte durchaus realisieren, obgleich dann der umgekehrte Weg einer Analyse der gemessenen Kurve meist günstiger ist.

Für die approximative manuelle Auswertung wurden Kataloge normierter Kurvenscharen für häufig vorkommende Systemtypen zusammengestellt, die auf transparentem Papier gezeichnet sind, so daß sie über die aufgezeichnete, gemessene Kurve gelegt und mit dieser unmittelbar verglichen werden können. Die gesuchten Systemparameter sind dann als Parameter der annähernd dekkungsgleich verlaufenden Katalogkurve direkt ablesbar.

Im vorliegenden Abschnitt soll eine kurze Einführung in diejenigen Auswerteverfahren gegeben werden, die mit geringem mathematischem Aufwand Informationen über Systemparameter aus bestimmten charakteristischen Merkmalen der gemessenen Kurvenverläufe, z. B. Schnittpunkten von Asymptotenkonstruktionen, Extrema, Anfangs- und Endwerten usw., ableiten. Die Betrachtungen bleiben im wesentlichen beschränkt auf die Parameteridentifikation, d. h., es wird vorausgesetzt, daß ein geeignetes Systemmodell bis auf die Parameterwerte bekannt ist, mit dem das gemessene reale System in dem betrachteten Zeit- und Frequenzbereich mit der gewünschten Genauigkeit approximierbar ist. Diese Annahme ist in vielen Fällen durchaus praxisgerecht, da man es häufig mit Systemen zu tun hat, deren Struktur man aus der Erfahrung mit vielen ähnlichen Systemen gut kennt oder durch eine Analyse ihres physikalischen Wirkungsablaufs genügend sicher bestimmen kann (s. Abschnitt 3).

Um den Umfang der Darstellung zu begrenzen, werden von den Systemkennfunktionen nur die Gewichtsfunktion, die Übergangsfunktion und der Frequenzgang untersucht und von den vielen verschiedenen Systemtypen nur die am häufigsten vorkommenden proportional wirkenden Verzögerungsglieder. Diese Beschränkung wird auch dadurch gerechtfertigt, daß man die den verschiedenen Auswertmethoden zugrundeliegende Systematik auf andere Systemtypen übertragen kann. Für ein vertieftes Studium dieser Materie muß aber auf das einschlägige spezielle Schrifttum verwiesen werden, z. B. auf [40].

4.2.3.1 Zurückführung bestimmter Systeme auf P-T_n-Glieder. Bei der Fehleranalyse dynamischer Meßsysteme in Abschn. 3.3 wird bereits von der Möglichkeit Gebrauch gemacht, die Übertragungseigenschaften eines Systems als die einer Kette gedachter oder realer Teilsysteme zu beschreiben. Dadurch ergibt sich in manchen Fällen eine einfachere oder übersichtlichere Darstellung.

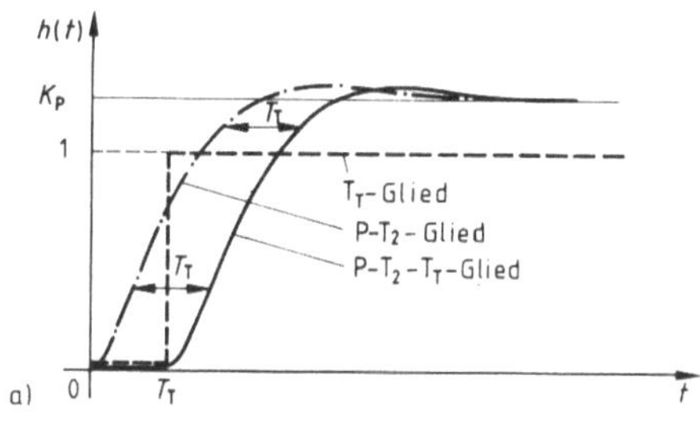

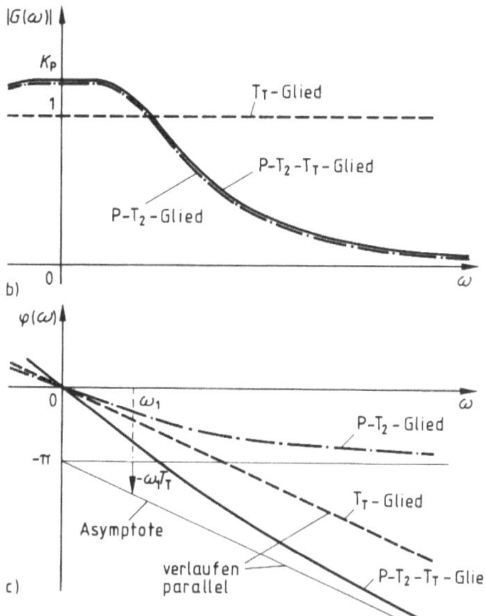

4.50
Übergangsfunktionen (a) und Frequenzkennlinien (b, c) eines P-T$_2$-T$_T$-Gliedes
und seiner Teilglieder (Darstellung der
Frequenzkennlinien in linearem Maßstab)

Im vorliegenden Zusammenhang bietet diese Möglichkeit Vorteile, wenn die
Übertragungseigenschaften solcher Teilsysteme in der gemessenen Kennfunktion des Gesamtsystems erkennbar sind, so daß die gemessene, resultierende
Kennfunktion in die Kennfunktionen der Teilglieder zerlegt werden kann. Als
besonders einfache Beispiele seien Systeme betrachtet, die als Kettenschaltung
eines P-T$_n$-Gliedes und eines T$_T$-, I- oder D-Gliedes aufgefaßt werden können.

P-T$_n$-T$_T$-Glied. Die Übergangsfunktion eines Übertragungssystems wird durch
ein zusätzliches Totzeitglied um die Totzeit T_T dieses Gliedes verzögert, in der
Form aber nicht verändert. Hieraus ergibt sich die Möglichkeit, die Kennfunktion eines Systems mit Totzeit in die eines reinen Totzeitgliedes und eines totzeitlosen Restgliedes aufzuspalten. In der resultierenden Übergangsfunktion ist die Totzeit nur mit einer gewissen Unsicherheit zu erkennen, wenn die
Übergangsfunktion des Restgliedes eine horizontale Anfangstangente aufweist,
wie alle P-T$_n$-Glieder der Ordnung $n \geq 2$ (s. Bild **4.50**a). Dann kann die Bestimmung der Totzeit aus der Phasenkennlinie des resultierenden Systems
nach Bild **4.50**b zweckmäßiger sein. Da alle sog. Mindestphasensysteme, zu
denen auch das P-T$_n$-Glied gehört, einen für $\omega \rightarrow \infty$ asymptotisch gegen einen
konstanten, endlichen Grenzwert strebenden Phasenwinkel haben, gilt für ein
aus Mindestphasen- und Totzeitglied zusammengesetztes System, daß seine
Phasenkennlinie $\varphi(\omega)$ bei linearer Phasenwinkel- und Frequenzdarstellung
für $\omega \rightarrow \infty$ parallel zu der linearen Phasenkennlinie des Totzeitgliedes verläuft.
Aus der Steigung der an die Phasenkennlinie gelegten Asymptote für $\omega \rightarrow \infty$
kann die Totzeit daher bestimmt werden (s. Bild **4.50**c), vorausgesetzt, die Phasenkennlinie ist bis zu hinreichend hoher Frequenz gemessen. Die Konstruktion der Kennlinie des Restgliedes ist, wie aus Bild **4.50** zu erkennen, dann
leicht möglich.

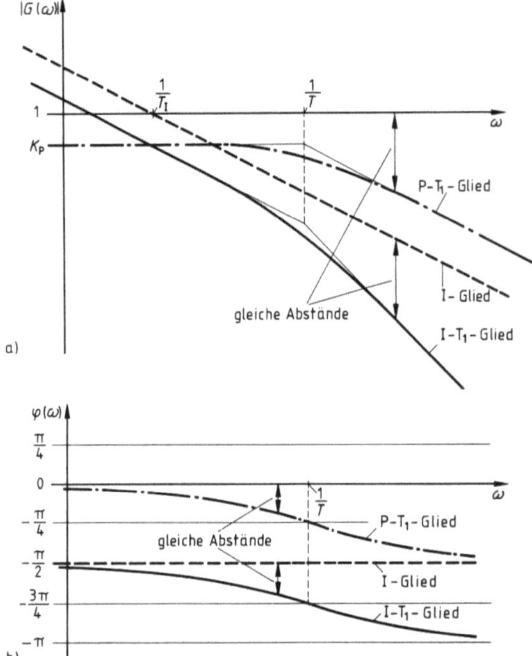

4.51
Bode-Diagramm eines I-T₁-Gliedes
und seiner Teilglieder
a) Amplitudengang
b) Phasengang

I-T$_n$-Glied. Systeme mit I-T$_n$-Verhalten erkennt man im Bode-Diagramm daran, daß die Betragskennlinie für $\omega \to 0$ mit konstanter Steigung gegen Unendlich und der Phasenwinkel gegen den Grenzwert $-\pi/2$ strebt. Aus den Kennlinien des resultierenden Gliedes können die eines I-Gliedes mit beliebig wählbarer Integrationszeitkonstante T_I leicht abgespalten werden (s. Bild 4.51). Die freie Wählbarkeit von T_I folgt aus der Übertragungsfunktion des resultierenden Gliedes

$$G_{\text{I-T}_n}(p) = \frac{1}{p\,T_I} \cdot \frac{K_P}{1 + A_1 p + A_2 p^2 + \cdots} \, , \tag{4.111}$$

in dem durch das reale System nur der Wert des Produktes $(1/T_I)K_P$ vorgegeben ist, nicht aber die Werte der Faktoren $1/T_I$ und K_P. Praktisch bedeutet dies, daß als Betragskennlinie des abzuspaltenden I-Gliedes eine Gerade anzunehmen ist, die mit beliebig **wählbarem** Abstand parallel zur Asymptote der Betragskennlinie des resultierenden Gliedes für $\omega \to 0$ verläuft. Die Lage dieser Geraden kann leicht auch durch zwei Punkte der Betragsfunktion

$$|G_I(\omega)| = \frac{1}{\omega\,T_I} \tag{4.112}$$

des I-Gliedes festgelegt werden, nachdem man einen Wert für die Integrationszeitkonstante T_I angenommen hat, z.B. durch die Punkte $|G_I(\omega)| = 1$ für $\omega = 1/T_I$ und $|G_I(\omega)| = 10$ für $\omega = 0{,}1/T_I$.

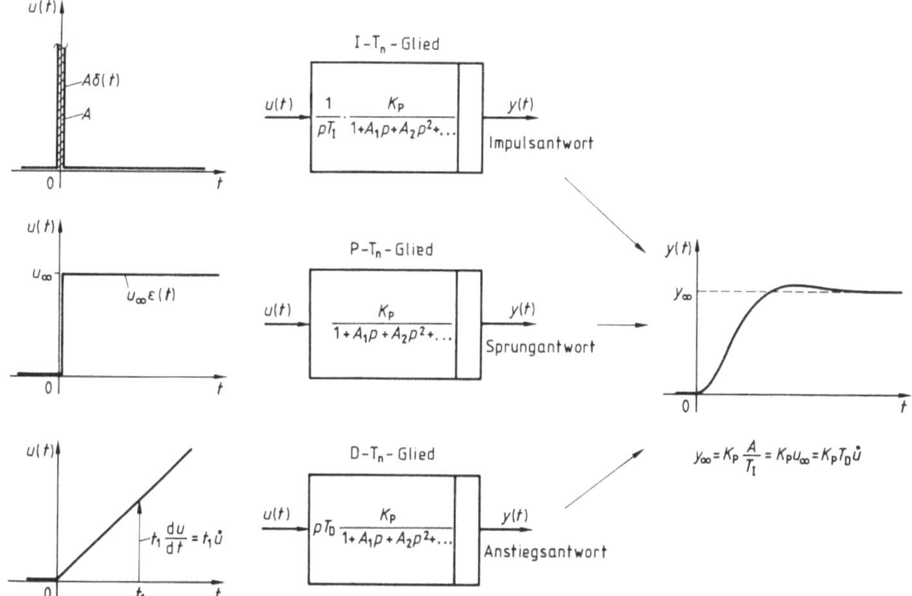

4.52 Zur Auswertung der Impulsantwort des I-T$_n$-Gliedes und der Anstiegsantwort des D-T$_n$-Gliedes

Im Zeitbereich ist die Auswertung der Gewichtsfunktion des I-T$_n$-Gliedes auf die der Übergangsfunktion eines entsprechenden P-T$_n$-Gliedes zurückführbar, denn es gilt mit A als Impulsstärke eines impulsförmigen und u_∞ als Sprunghöhe eines sprungförmigen Testsignals für die Impulsantwort des I-T$_n$-Gliedes die Darstellung

$$A\,g_{\text{I-T}_n}(t) \; \circ\!\!-\!\!\bullet \; A\,G_{\text{I-T}_n}(p) = A\,\frac{1}{p\,T_\text{I}} \cdot \frac{K_\text{P}}{1 + A_1 p + A_2 p^2 + \cdots}, \qquad (4.113)$$

die der Darstellung der Sprungantwort eines P-T$_n$-Gliedes

$$u_\infty\,h_{\text{P-T}_n}(t) \; \circ\!\!-\!\!\bullet \; \frac{u_\infty}{p}\,G_{\text{P-T}_n}(p) = \frac{u_\infty}{p} \cdot \frac{K_\text{P}}{1 + A_1 p + A_2 p^2 + \cdots} \qquad (4.114)$$

entspricht, dessen Eingangssignal die Sprunghöhe $u_\infty = A/T_\text{I}$ hat. Dementsprechend verläuft natürlich auch die Impulsantwort des I-T$_n$-Gliedes wie die Sprungantwort des P-T$_n$-Gliedes (s. Bild **4.**52). Praktisch kann also die Impulsantwort des I-T$_n$-Gliedes nach den für die Sprungantwort des P-T$_n$-Gliedes geltenden Regeln ausgewertet werden, wobei das Produkt $K_\text{P} u_\infty = K_\text{P} A/T_\text{I}$ beliebig in Faktoren K_P und u_∞ aufspaltbar ist, ebenso wie das Produkt $(1/T_\text{I}) K_\text{P}$, das man aus $K_\text{P} u_\infty$ zu

$$\frac{1}{T_\text{I}}\,K_\text{P} = \frac{K_\text{P} u_\infty}{A} \qquad (4.115)$$

bestimmt.

D-T$_n$-Glied. Für das D-T$_n$-Glied, dessen Übertragungsfunktion auf die Form

$$G_{D\text{-}T_n}(p) = p\,T_D\,\frac{K_P}{1 + A_1 p + A_2 p^2 + \cdots} \tag{4.116}$$

gebracht werden kann, lassen sich ganz ähnliche Überlegungen anstellen wie für das I-T$_n$-Glied mit sinngemäß entsprechenden Ergebnissen.

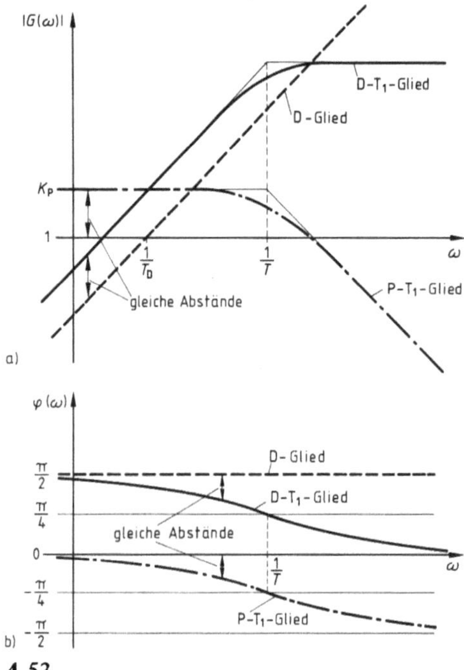

4.53
Bode-Diagramm eines D-T$_1$-Gliedes und seiner Teilglieder
a) Amplitudengang
b) Phasengang

Wie aus Bild **4.**53 zu erkennen ist, können im Bode-Diagramm von den Frequenzkennlinien des resultierenden Gliedes leicht die eines D-Gliedes mit frei wählbarer Differentiationszeitkonstante T_D abgespalten werden (s. a. Bild **4.**57). Im Zeitbereich entspricht die Anstiegsantwort (Systemreaktion auf ein zur Zeit $t = 0$ einsetzendes Anstiegssignal mit der konstanten Anstiegsgeschwindigkeit $du/dt = \dot{u}$) des D-T$_n$-Gliedes der Sprungantwort des P-T$_n$-Gliedes (s. Bild **4.**52). In diesem Fall besteht daher die Möglichkeit, die Anstiegsantwort des D-T$_n$-Gliedes aufzunehmen und diese nach den für die Sprungantwort des entsprechenden P-T$_n$-Gliedes geltenden Regeln auszuwerten. Die der Gl. (4.115) entsprechende Umrechnungsbeziehung lautet hier

$$T_D K_P = \frac{K_P u_\infty}{\dot{u}}. \tag{4.117}$$

4.2.3.2 Bestimmung der statischen Übertragungseigenschaften des P-T$_n$-Gliedes.
Die Übertragungseigenschaften des P-T$_n$-Gliedes im Beharrungszustand werden durch den Proportionalbeiwert K_P beschrieben (in Abschn. 3 als Empfindlichkeit E bezeichnet). Er kann aus allen Systemkennfunktionen leicht abgelesen werden, nämlich als Endwert der Übergangsfunktion (s. Tafel 3.51a)

$$K_P = \lim_{t \to \infty} h(t), \tag{4.118}$$

als Integral der Gewichtsfunktion – graphisch als Fläche unter der Kurve der Funktion $g(t)$ gedeutet (s. Tafel 3.51b) –

$$K_P = \lim_{t \to \infty} \int_{-0}^{t} g(\tau)\,d\tau \tag{4.119}$$

und als Anfangswert des Frequenzganges (s. Tafel 3.51c)

$$K_\mathrm{P} = \lim_{\omega \to 0} G(\omega).$$

(4.120)

4.2.3.3 Parameterbestimmung für Proportionalglieder 1. und 2. Ordnung. Die geometrischen Formen der Systemkennfunktionen des P-T_1- und des P-T_2-Gliedes sind unabhängig von Systemparametern bzw. hängen nur von einem einzigen Systemparameter ab. Aus der Lage und beim P-T_2-Glied der Form der Kennlinien kann daher verhältnismäßig leicht auf die gesuchten Systemparameter geschlossen werden. Die gewünschten Informationen, z.B. über Kennkreisfrequenz ω_0 und Dämpfungsgrad D des P-T_2-Gliedes, können nach Zweckmäßigkeit ein und derselben Kennfunktion oder auch verschiedenen entnommen werden. Prinzipiell sind in jeder Kennfunktion alle Informationen enthalten. Dies gilt auch für den Amplitudengang und für den Phasengang, da der Phasengang jedes Mindestphasensystems durch den Amplitudengang eindeutig bestimmt ist und umgekehrt.

P-T_1-Glied. Der Übertragungsfunktion

$$G_{\text{P-}T_1}(p) = \frac{K_\mathrm{P}}{1+pT}$$

ist zu entnehmen, daß das P-T_1-Glied nur eine, die dynamischen Eigenschaften vollständig charakterisierende Kenngröße aufweist, die Zeitkonstante T oder auch deren Kehrwert, die Kennkreisfrequenz $\omega_0 = 1/T$. Es gibt mehrere Möglichkeiten, diese Kenngröße zu bestimmen:

a) Die Asymptoten des horizontalen und des abfallenden Teils des Amplitudenganges sind im Bode-Diagramm Geraden, deren Schnittpunkt den Abszissenwert $\omega = \omega_0$ aufweist (s. Bild 1.50c). Also ist die Zeitkonstante T gleich dem Kehrwert der Kreisfrequenz ω an dieser Stelle.

b) Die Zeitkonstante T ist nach Bild 3.56b auch gleich dem Kehrwert der Kreisfrequenz ω an der Stelle $\varphi = -\pi/4$ des Phasenganges oder gleich der negativen Steigung $-(\mathrm{d}\varphi/\mathrm{d}\omega)_{\omega=0} = T$ der Anfangstangente an die in linearem Maßstab aufgetragene Phasenkennlinie.

c) Die Übergangs- und die Gewichtsfunktion zeigen einen exponentiellen Verlauf über der Zeit, s. Bild 3.56 und Gl. (3.47). Die Tangente an einen be-

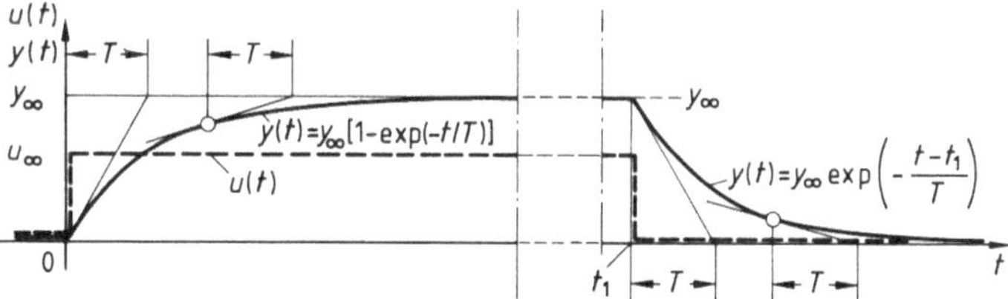

4.54 Zur Bestimmung der Zeitkonstanten T des P-T_1-Gliedes aus der Sprungantwort des Ein- oder Ausschaltvorganges

liebigen Punkt der Übergangs- oder der Gewichtsfunktion bestimmt daher durch ihren Schnittpunkt mit dem Endwert der Zeitfunktionen $h(t)$ oder $g(t)$ einen Abszissenabschnitt (Subtangente) der Länge T (s. Bild **4.**54).

Das Zeitverhalten des P-T_1-Gliedes wird entsprechend Bild **4.**54 durch eine einfache, reelle Exponentialfunktion beschrieben, deren Bild man durch elementare mathematische Umformungen linearisieren kann. Von dieser Eigenschaft kann bei der Inter- oder Extrapolation gemessener Kurvenverläufe oder dem Zeichnen des kontinuierlichen Kurvenverlaufs punktweise gemessener Übergangsfunktionen mit Vorteil Gebrauch gemacht werden, z. B. bei Erwärmungs- oder Abkühlungsvorgängen, die oft in guter Näherung nach einfachen Exponentialfunktionen mit Zeitkonstanten in der Größenordnung von mehreren Minuten oder sogar von Stunden verlaufen. Aber auch für die Bestimmung der Zeitkonstante T ist diese Eigenschaft nützlich, da die Tangentenkonstruktion nach c) bei gemessenen Kurvenverläufen oft recht unsicher ist.

Beispiel 4.11. Die Abkühlkurve $\vartheta = f(t)$ eines homogenen Körpers mit guter innerer Wärmefähigkeit kann näherungsweise durch die Gleichung

$$\vartheta(t)/\vartheta_0 = \exp(-t/T) \tag{4.121}$$

beschrieben werden, worin $\vartheta(t)$ die Übertemperatur des Körpers gegenüber seiner Umgebung, ϑ_0 die Übertemperatur zur Zeit $t = 0$ und T die thermische Zeitkonstante des Systems bedeuten. Durch Logarithmieren erhält man daraus die lineare Gleichung

$$\ln[\vartheta(t)/\vartheta_0] = -t/T$$

und nach Erweiterung des Arguments auf der linken Seite mit der Einheit der Temperatur 1 K die Gleichung einer Geraden

$$y(t) = \ln[\vartheta(t)/K] = \ln(\vartheta_0/K) - t/T \tag{4.122}$$

mit dem Anfangswert $y(0) = \ln(\vartheta_0/K)$ und der Steigung $\mathrm{d}y/\mathrm{d}t = -1/T$. Eine solche Darstellung bietet folgende Vorteile (s. Bild **4.**55):

a) In einem Diagramm mit logarithmischer Ordinaten- und linearer Abszissenteilung läßt sich zu den eingetragenen diskreten Meßwerten der kontinuierliche Verlauf der Abkühlkurve als Gerade besonders leicht bestimmen.

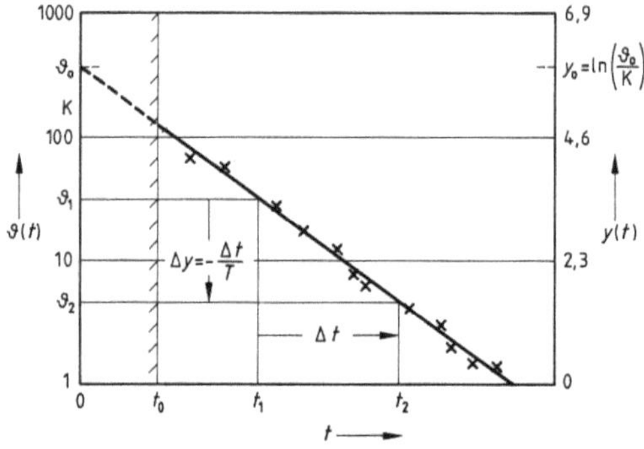

4.55
Exponentiell abklingend verlaufender Ausgleichsvorgang in einfachlogarithmischer Darstellung

b) Kann die Messung des zur Zeit $t=0$ beginnenden Abkühlvorganges (Übergangsfunktion des Ausschaltvorganges) erst ab einer späteren Zeit $t=t_0$ erfolgen, beispielsweise weil das Anbringen des Meßfühlers erst nach Abschaltung einer bis zum Zeitpunkt $t=0$ wirksamen Wärmequelle möglich ist, dann kann der Anfangswert ϑ_0 der Abkühlkurve durch Extrapolation mit Hilfe der Ausgleichsgeraden besonders sicher bestimmt werden.

c) Die Zeitkonstante T ergibt sich als negative Steigung

$$T = -\frac{\Delta t}{\Delta y} \tag{4.123}$$

der linearisierten Abkühlkurve $y = \lg(\vartheta/K) = f(t)$.

Beispiel 4.12. Die Erwärmungskurve des in Beispiel 4.11 betrachteten Körpers bei zeitlich konstanter Wärmezufuhr folgt näherungsweise der Gleichung

$$\vartheta(t)/\vartheta_\infty = 1 - \exp(-t/T), \tag{4.124}$$

worin ϑ_∞ die End-Übertemperatur bedeutet, die theoretisch erst nach unendlich langer Zeit, praktisch je nach Genauigkeitsanforderungen nach einer Zeit von etwa der 3- bis 6-fachen Zeitkonstante T erreicht wird. Eine Abkürzung der bei großer Zeitkonstante T langen Meßdauer ist wieder durch Extrapolation der linearisierten Erwärmungskurve möglich, jedoch mit dem Unterschied, daß Gl. (4.124) durch Logarithmieren nicht linearisierbar ist, wohl aber auf folgende Weise:

Betrachtet sei in Bild 4.56a die Differenz $\overline{\vartheta}(t) = \vartheta_\infty - \vartheta(t)$ zwischen Enderwärmung ϑ_∞ und Augenblickserwärmung $\vartheta(t)$ zu den Zeiten t und $t+\Delta t$. Es gilt

$$\overline{\vartheta}(t+\Delta t) = \overline{\vartheta}(t)\exp(-\Delta t/T),$$

also

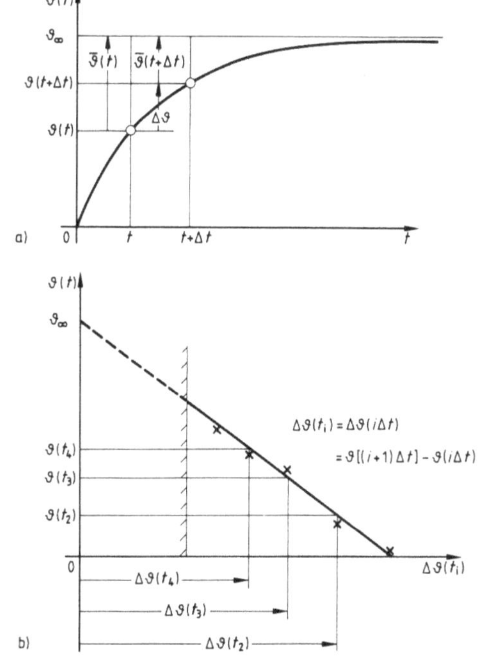

4.56
Linearisierung der anklingenden Exponentialfunktion $\vartheta(t)/\vartheta_\infty = 1 - \exp(-t/T)$

$$\Delta\vartheta = \vartheta(t+\Delta t) - \vartheta(t) = \overline{\vartheta}(t) - \overline{\vartheta}(t+\Delta t) = \overline{\vartheta}(t)[1 - \exp(-\Delta t/T)].$$

Ersetzt man $\overline{\vartheta}(t)$ durch $\vartheta_\infty - \vartheta(t)$ und ordnet die Gleichung, dann erhält man

$$\vartheta(t) = \vartheta_\infty - \frac{1}{1 - \exp(-\Delta t/T)}\Delta\vartheta(t), \tag{4.125}$$

worin der Koeffizient von $\Delta\vartheta(t)$ für konstante Werte von Δt ebenfalls konstant ist.

Nimmt man daher in konstanten Zeitintervallen Δt Meßwerte $\vartheta(\Delta t)$ auf und trägt sie in einem Diagramm mit linearer Koordinatenteilung über der Erwärmungszunahme $\Delta\vartheta(t_i) = \Delta\vartheta(i\,\Delta t) = \vartheta[(i+1)\Delta t] - \vartheta(i\,\Delta t)$ auf, so erhält man als Ausgleichskurve wieder eine Gerade (s. Bild **4.**56b), deren Schnittpunkt mit der Ordinate den gesuchten Endwert ϑ_∞ und deren reziproke Steigung $[-\Delta\vartheta(0)/\vartheta_\infty]$ über Gl. (4.125) die Zeitkonstante

$$T = -\frac{\Delta t}{\ln[1 - \Delta\vartheta(0)/\vartheta_\infty]} \tag{4.126}$$

bestimmt.

P-T$_2$-Glied. Die dynamischen Eigenschaften des P-T$_2$-Gliedes werden durch **zwei** Kenngrößen (Parameter) eindeutig beschrieben, die nach Zweckmäßigkeit aus den in Abschn. 3.3.1.4 angegebenen verschiedenen Definitionen ausgewählt werden können (s. Tafel **3.**58), z. B. durch

Kennkreisfrequenz ω_0 und Dämpfungsgrad D,
Systemzeitkonstanten T_1 und T_2,
Koeffizienten A_1 und A_2 des Nennerpolynoms der Übertragungsfunktion usw.

Aus einem gemessenen Kenngrößenpaar sind die übrigen berechenbar.

Einige der Methoden zur Bestimmung der Parameter sind im folgenden beschrieben:

Amplitudengang. Die Kennkreisfrequenz ω_0 ist im Bode-Diagramm als Abszisse der Schnittpunkte der Asymptoten für $\omega \to 0$ und $\omega \to \infty$ bestimmbar (s. Bild **4.**57a). Der Dämpfungsgrad D ergibt sich aus dem Wert $|G(\omega_0)| = 1/(2\,D)$ des normierten Amplitudenganges an dieser Stelle.

Bei sehr schwach gedämpften Systemen, $D \ll 1$, kann die Kennkreisfrequenz ω_0 auch aus der Lage des Maximums der Amplitudenkennlinie zu $\omega_0 \approx \omega_{max}$ und die Dämpfung aus der Resonanzbandbreite $2\,\Delta\omega$ zu $D \approx (2\,\Delta\omega)/(2\,\omega_0)$ bestimmt werden. Dabei ist die Resonanzbandbreite $2\,\Delta\omega$ als Differenz der beiden Frequenzen definiert, bei denen die Amplitudenkurve jeweils den $1/\sqrt{2}$-fachen Wert ihres Maximalwertes $\approx |G(\omega_0)|$ durchläuft (s. Bild **4.**57a).

Phasengang. Unabhängig vom Dämpfungsgrad D hat der Phasenwinkel an der Stelle $\omega = \omega_0$ den Wert $\varphi = -\pi/2$ (s. Bild **3.**59), wodurch die Kennkreisfrequenz ω_0 bestimmt ist. Der Dämpfungsgrad D ergibt sich dann aus der Anfangssteigung

$$\left[\frac{\mathrm{d}\varphi(\omega)}{\mathrm{d}\omega}\right]_{\omega=0} = \varphi'(0) = -\frac{2\,D}{\omega_0} \tag{4.127}$$

der Phasenkennlinie $\varphi(\omega)$ zu $D = -\omega_0\varphi'(0)/2$. Der Wert von $\varphi'(0)$ läßt sich als Steigung der Tangente an die im linearen Maßstab aufgezeichnete Phasenkennlinie im Punkt $\omega = 0$ ermitteln (s. Bild **3.**59). Bei sehr schwach gedämpften Systemen kann zur Bestimmung der Dämpfung D auch von der Resonanzbandbreite ausgegangen werden, wie dies im vorstehenden Abschnitt Amplitu-

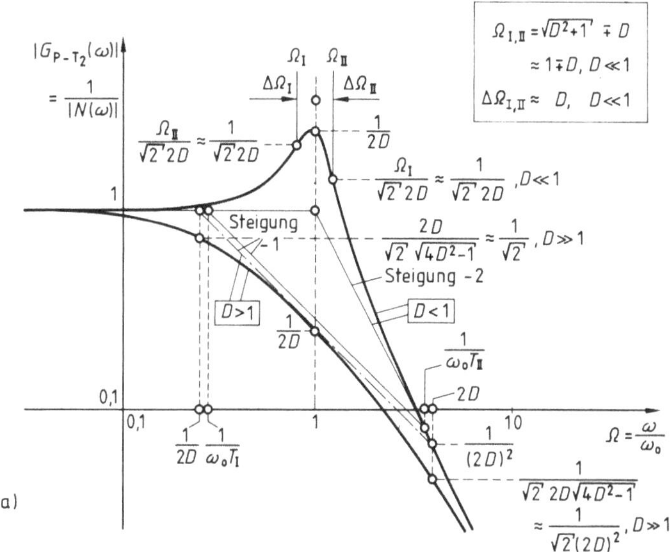

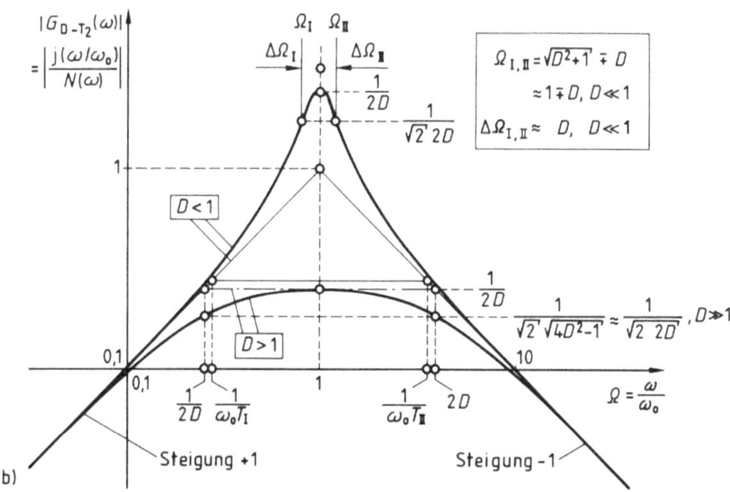

4.57 Asymptoten und charakteristische Punkte der normierten Amplitudengänge des P-T_2-Gliedes (a) und D-T_2-Gliedes (b)
$$N(\omega) = 1 + \mathrm{j}\,2D\,\omega/\omega_0 - (\omega/\omega_0)^2$$

dengang schon beschrieben wurde. In der Phasenkennlinie ergibt sich die Resonanzbandbreite $2\Delta\omega$ aus dem Unterschied der beiden Frequenzen, bei denen der Phasenwinkel um $\pm 45°$ von dem Phasenwinkel $\varphi(\omega_0) = -\pi/2$ des Resonanzpunktes abweicht (s. Bild **3.59**).

Nach einer anderen Methode berechnet man die Polynomkoeffizienten A_1 und A_2 des Frequenzganges

$$G(\omega) = \frac{K_P}{1 - A_2\omega^2 + jA_1\omega} = \frac{K_P}{1 - \dfrac{\omega^2}{\omega_0^2} + j2D\dfrac{\omega}{\omega_0}}$$

aus den Kreisfrequenzen ω_{45} bzw. ω_{90}, bei denen der Phasengang die diskreten Werte $-\pi/4$ bzw. $-\pi/2$ annimmt:

$$\varphi = -\frac{\pi}{4}: \quad \mathrm{Re}\{G(\omega_{45})\} = -\mathrm{I_m}\{G(\omega_{45})\}$$

$$1 - A_2\omega_{45}^2 = A_1\omega_{45}$$

$$\varphi = -\frac{\pi}{2}: \quad \mathrm{Re}\{G(\omega_{90})\} = 0$$

$$1 - A_2\omega_{90}^2 = 0$$

Daraus folgen die Polynomkoeffizienten

$$A_1 = \frac{2D}{\omega_0} = \frac{1}{\omega_{45}}\left[1 - \left(\frac{\omega_{45}}{\omega_{90}}\right)^2\right] \quad \text{und} \quad A_2 = \frac{1}{\omega_0^2} = \frac{1}{\omega_{90}^2}. \tag{4.128}$$

Übergangsfunktion für $D \geq 1$. Überkritisch gedämpfte P-T_2-Glieder sind der Reihenschaltung zweier P-T_1-Glieder äquivalent. Ihre Übertragungsfunktion, die nach Tafel **3.**58 allgemein

$$G_{\text{P-T}_2}(p) = \frac{K_P}{1 + p\dfrac{2D}{\omega_0} + \dfrac{p^2}{\omega_0^2}} = \frac{K_P}{1 + pT_2 + p^2T_1T_2}$$

lautet, kann daher auch in der Form

$$G_{\text{P-T}_2}(p) = \frac{K_P}{(1 + pT_\mathrm{I})(1 + pT_\mathrm{II})} \tag{4.129}$$

angegeben werden, wobei Umrechnungen zwischen den Parametern der Gl. (4.129) und denen der Tafel **3.**58 nach den Beziehungen

$$T_\mathrm{I} = \frac{T_2}{2}\left[1 + \sqrt{1 - 4\frac{T_1}{T_2}}\right] = \frac{D}{\omega_0}\left[1 + \sqrt{1 - \frac{1}{D^2}}\right] \tag{4.130}$$

$$T_\mathrm{II} = \frac{T_2}{2}\left[1 - \sqrt{1 - 4\frac{T_1}{T_2}}\right] = \frac{D}{\omega_0}\left[1 - \sqrt{1 - \frac{1}{D^2}}\right] \tag{4.131}$$

bzw.

$$T_1 = \frac{1}{2D\omega_0} = \frac{T_\mathrm{I}T_\mathrm{II}}{T_\mathrm{I} + T_\mathrm{II}} \quad \text{und} \quad T_2 = \frac{2D}{\omega_0} = T_\mathrm{I} + T_\mathrm{II} \tag{4.132}$$

möglich sind.

Die Übergangsfunktion $h(t)$ kann man als Überlagerung einer Sprungfunktion und zweier reeller Exponentialfunktionen auffassen, wie aus der Partialbruchzerlegung der Laplace-Transformierten von $h(t)$

$$\mathfrak{L}\{h(t)\} = H(p) = \frac{1}{p} \cdot \frac{K_P}{(1+p\,T_I)(1+p\,T_{II})} \tag{4.133}$$

in die Summe

$$H(p) = K_P \left[\frac{1}{p} - \frac{T_I^2}{T_I - T_{II}} \cdot \frac{1}{1+p\,T_I} + \frac{T_{II}^2}{T_I - T_{II}} \cdot \frac{1}{1+p\,T_{II}}\right] \tag{4.134}$$

bzw. aus der zugehörigen Zeitfunktion

$$h(t) = K_P - K_P \underbrace{\frac{T_I}{T_I - T_{II}} \exp(-t/T_I)}_{\displaystyle -h_I(t)} + K_P \underbrace{\frac{T_{II}}{T_I - T_{II}} \exp(-t/T_{II})}_{\displaystyle +h_{II}(t)} \tag{4.135}$$
$$= K_P$$

hervorgeht. Aus den in Bild 4.58a aufgezeichneten Kurvenverläufen für $T_{II} = T_I/5$ erkennt man, daß bei ungleichen Zeitkonstanten $T_{II} < T_I$ der zeitliche Verlauf der Übergangsfunktion nach kurzer Zeit nur noch durch das Glied mit der großen Zeitkonstante, also durch $h_I(t)$, bestimmt wird. In diesem Bereich, in dem $h_{II}(t)$ vernachlässigbar klein gegen $h_I(t)$ geworden ist, läßt sich daher die größere Zeitkonstante T_I durch eine Tangentenkonstruktion an die Kurve $h(t)$ bestimmen (s. Bild 4.58a). Gewählt wird dazu meist ein Kennlinienteil bei etwa 80% bis 90% des Endwertes, weil dort die Tangentenkonstruktion noch einigermaßen sichere Ergebnisse liefert und andererseits $h_{II}(t)$ schon weitgehend abgeklungen ist. In ähnlicher Weise läßt sich eine Näherung zur Bestimmung der Summenzeitkonstante $T_I + T_{II}$ angeben, deren 1,2-fachen Wert man relativ unabhängig vom Zeitkonstantenverhältnis T_{II}/T_I als Zeit $t_{0,7} \approx 1{,}2\,(T_I + T_{II})$ bestimmen kann, zu der die resultierende Übergangsfunktion den 0,7-fachen Endwert erreicht. Für T_{II} ergibt sich damit die Näherung

$$T_{II} = \frac{t_{0,7}}{1{,}2} - T_I. \tag{4.136}$$

Bei dem angegebenen Näherungsverfahren ist mit um so größeren Fehlern zu rechnen, je weniger sich die beiden Zeitkonstanten T_I und T_{II} voneinander unterscheiden. Für $T_I \approx T_{II}$ ist es nicht mehr anwendbar.

Das vorstehend beschriebene Verfahren zur Bestimmung der größeren Zeitkonstante T_I kann auf die zweite, kleinere Zeitkonstante T_{II} ausgedehnt werden, wenn man die Kurvenverläufe wie in Beispiel 4.11 halblogarithmisch aufzeichnet (s. Bild 4.58b). Es ist folgendermaßen vorzugehen:

Man bestimmt zunächst die zeitkonstante Komponente K_P der Übergangsfunktion entsprechend dem ersten Glied in Gl. (4.135), die gleich dem Endwert h_∞ der Übergangsfunktion ist. Diese Komponente zieht man von $h(t)$ ab und er-

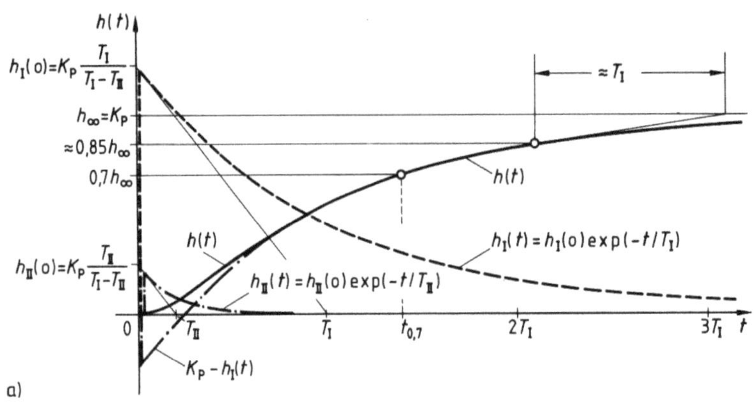

a)

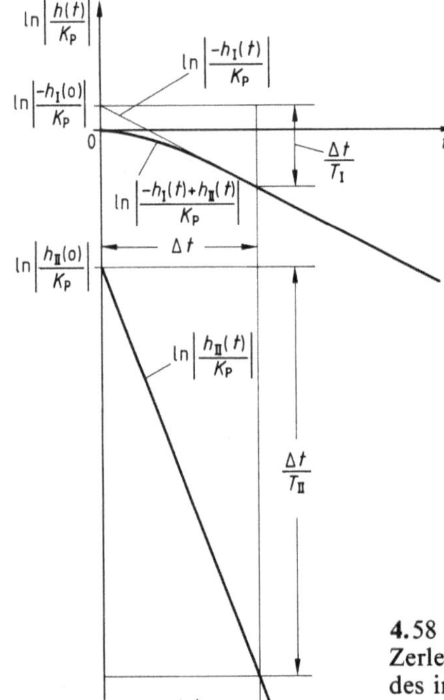

b)

4.58
Zerlegung der Übergangsfunktion des P-T₂-Gliedes in ihre Komponenten
a) lineare, b) halblogarithmische Darstellung für $T_{II} = T_I/5$

hält die Differenzfunktion

$$\Delta h_1(t) = h(t) - K_P,$$

die nach Gl. (4.135) die Form

$$\Delta h_1(t) = -h_I(t) + h_{II}(t)$$

$$= -K_P \frac{T_I}{T_I - T_{II}} \exp(-t/T_I) + K_P \frac{T_{II}}{T_I - T_{II}} \exp(-t/T_{II}) \quad (4.137)$$

hat und für $t \to \infty$ wie

$$\Delta h_1(t) \approx -h_1(t) = -K_P \frac{T_I}{T_I - T_{II}} \exp(-t/T_I) \qquad (4.138)$$

verläuft. Trägt man den Betrag dieser Funktion im halblogarithmischen Maßstab wie in Bild **4.**55 auf, so erhält man eine Kurve, die sich für $t \to \infty$ einer mit der Steigung $-1/T_I$ verlaufenden Geraden nähert (s. Bild **4.**58b). Aus der Steigung der Asymptote für $t \to \infty$ kann also die Zeitkonstante T_I ermittelt werden (s. Beispiel 4.11).

Um nach diesem Verfahren auch die zweite, kleinere Zeitkonstante T_{II} zu bestimmen, zieht man von der Differenzfunktion $\Delta h_1(t)$ die Komponente $[-h_1(t)]$ ab, von der bisher nur die Zeitkonstante T_I bekannt ist. Nach Gl. (4.135) und (4.138) läßt sich aber der Anfangswert $h_1(0)$ dieser Komponente betragsmäßig aus dem Schnittpunkt ihrer Asymptote für $t \to \infty$ mit der Ordinate des Diagramms in Bild **4.**58 und das Vorzeichen nach Gl. (4.138) aus dem Vorzeichen von $\Delta h_1(0)$ leicht bestimmen. Damit kann die Differenzfunktion

$$\Delta h_2(t) = \Delta h_1(t) - [-h_1(t)] = \Delta h_1(t) + h_1(t), \qquad (4.139)$$

$$\Delta h_2(t) = h_{II}(t) = K_P \frac{T_{II}}{T_I - T_{II}} \exp(-t/T_2) \qquad (4.140)$$

gebildet werden, die in halblogarithmischer Darstellung eine Gerade mit der Steigung $-1/T_{II}$ ergibt (s. Bild **4.**58b), aus der die Zeitkonstante T_{II} bestimmt werden kann. Auch dieses Verfahren ist nur anwendbar, wenn die beiden Zeitkonstanten ungleich sind. Praktisch brauchbare Ergebnisse sind zu erwarten, wenn die Zeitkonstanten sich wenigstens um den Faktor $2-3$ voneinander unterscheiden [40].

Zu brauchbaren Resultaten auch bei annähernd gleichen Zeitkonstanten gelangt man, wenn man die Abhängigkeit bestimmter Kennwerte der Übergangsfunktion von den Zeitkonstanten T_I, T_{II} als Kurven darstellt, und aus diesen umgekehrt die zu den gemessenen Kennwerten gehörenden Zeitkonstanten bestimmt. Ein für den praktischen Gebrauch geeignetes Diagramm dieser Art ist in Bild **4.**59 wiedergegeben. Es geht aus von den über die Wendetangente definierten Kennwerten Ausgleichszeit T_g und Verzugszeit T_u (s. Bild **1.**48), die man aus der gemessenen Übergangsfunktion als erstes zu bestimmen hat. Mit

4.59
Diagramm zur Bestimmung der Zeitkonstanten T_I und T_{II} eines überkritisch gedämpften P-T$_2$-Gliedes $(D \geqq 1)$ aus Ausgleichszeit T_g und Verzugszeit T_u (T_g und T_u über Wendetangente der Übergangsfunktion bestimmt)

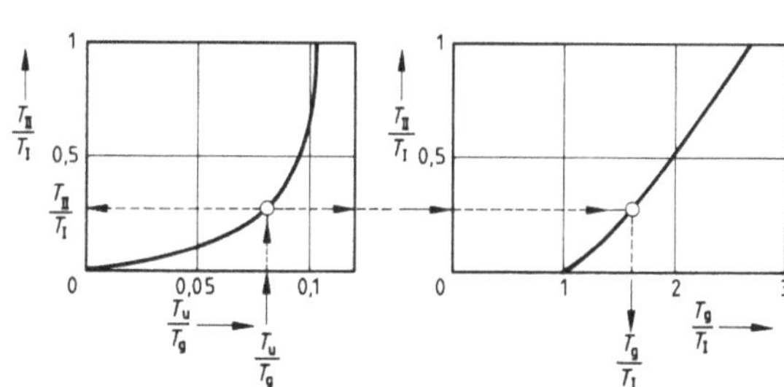

Hilfe des linken Diagramms in Bild **4.**59 ermittelt man dann das Zeitkonstantenverhältnis T_{II}/T_I als Funktion von T_u/T_g und daraus mit Hilfe des rechten Diagramms das Zeitkonstantenverhältnis T_g/T_I als Funktion von T_{II}/T_I. Die gesuchten Parameter ergeben sich zu

$$T_I = T_g \left(\frac{T_I}{T_g}\right), \qquad T_{II} = T_I \left(\frac{T_{II}}{T_I}\right).$$

Übergangsfunktion für $D < 1$. Bei Schwingungsgliedern lassen sich Kennkreisfrequenz ω_0 und Dämpfungsgrad D des Systems aus der Überschwingweite h_m des ersten Extremums der Übergangsfunktion und dem Zeitpunkt t_m seines Auftretens berechnen. Die erforderlichen mathematischen Beziehungen sind Gl. (3.50) und (3.52) zu entnehmen. Bei schwach gedämpften Systemen, $D \ll 1$, kann ω_0 auch aus der Zeitdifferenz Δt zweier aufeinanderfolgender gleichsinniger Maxima der Übergangsfunktion zu

$$\omega_0 = \frac{2\pi}{\sqrt{1 - D^2}\, \Delta t} \tag{4.141}$$

bestimmt werden und die Dämpfung über das Dekrement nach Gl. (3.53) aus dem Verhältnis der zugehörigen Überschwingweiten.

4.2.3.4 Parameterbestimmung für Glieder höherer als 2. Ordnung.

Abschließend sollen in groben Zügen noch einige Auswertverfahren vorgestellt werden, die auch bei Systemen höherer als 2. Ordnung anwendbar sind. Ohne eine Wertung damit zu verbinden, wird exemplarisch nur auf den Frequenzgang und die Übergangsfunktion als nichtparametrische Systemkennfunktionen eingegangen.

Frequenzgang. Die im folgenden genannten Verfahren zur Bestimmung der Systemparameter aus gemessenen Frequenzgängen sind allgemeingültig anwendbar, unabhängig davon, ob das untersuchte System Schwingungsglieder enthält oder nicht.

Graphische Approximation des Amplitudenganges. P-T_n-Glieder sind einer Kettenschaltung von P-T_1- und/oder unterkritisch gedämpften P-T_2-Gliedern äquivalent. Der Amplitudengang dieser Elementarglieder wird im Bode-Diagramm durch Geraden gut approximiert, deren Verlauf durch die Asymptoten für $\omega \to 0$ und $\omega \to \infty$ bestimmt ist (s. Bild 4.60a). Nur in der näheren Umgebung des Schnittpunktes der beiden Asymptoten, der bei einem P-T_1-Glied bei $\omega = \omega_0 = 1/T$ und bei einem P-T_2-Glied bei $\omega = \omega_0 = 1/\sqrt{T_1 T_2} = 1/\sqrt{T_I T_{II}}$ liegt, weicht der wirkliche Kurvenverlauf von der Geradenapproximation so weit ab, daß eine Korrektur erforderlich sein kann (s. a. Bild 3.68 und Bild 4.57). Man verwendet dazu Korrekturkurven wie in Bild 4.61 aufgezeichnet. Sie geben das Verhältnis des wirklichen Funktionswertes zu dem Funktionswert der Geradenapproximation an.

Die Amplitudenkennlinie eines P-T_n-Gliedes kann man sich aus Kennlinien dieser elementaren Glieder nach den Regeln für Kettenschaltungen zusammengesetzt denken. Ihre Geradenapproximation ist ein Polygonzug, aus dessen Verlauf die Geradenapproximationen der Elementarglieder rekonstruierbar sind. Die bestehenden Zusammenhänge sind aus Bild **4.**60 zu erkennen. Die Übereinstimmung zwischen dem Verlauf der resultierenden, gemessenen Amplitudenkennlinie und der zugehörigen Geradenapproximation ist ähnlich gut wie bei den Elementargliedern, wenn die Eckpunkte des Polygonzuges weit genug voneinander entfernt sind, d.h., wenn die Kennkreisfrequenzen der Elementarglieder nicht zu dicht aufeinanderfolgen, s. $G_1(\omega)$ und $G_2(\omega)$ in Bild **4.**60a. Die Geradenapproximation läßt sich dann mit genügender Sicherheit

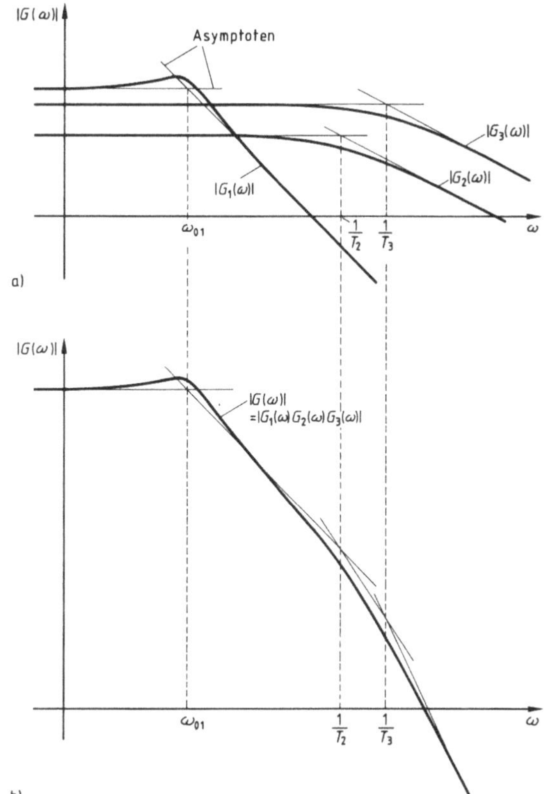

4.60 Konstruktion der resultierenden Betragskennlinie (b) einer Reihenschaltung von einem P-T_2-Glied (G_1) und zwei P-T_1-Gliedern (G_2 und G_3) aus den Betragskennlinien (a) der einzelnen Glieder

aus dem Verlauf der gemessenen Kennlinie bestimmen. Die Lage der Knickpunkte der Geradenapproximation gibt Aufschluß über die Kennkreisfrequenzen der Elementarsysteme. Enthält das untersuchte System auch schwingungsfähige Elementarsysteme, so ist deren Dämpfungsgrad D näherungsweise aus der Resonanzüberhöhung in der Nähe ihrer Kennkreisfrequenz, die auch in der resultierenden Amplitudenkennlinie erkennbar ist, über das Diagramm in Bild **4.**61b bestimmbar. Aus den Kennkreisfrequenzen und den Dämpfungsgraden der Elementarglieder lassen sich dann die Parameter des untersuchten Systems berechnen. Sind aus einer gemessenen Kennlinie entsprechend Bild **4.**60b beispielsweise die Kennkreisfrequenzen ω_{01}, $\omega_{02} = 1/T_2$ und $\omega_{03} = 1/T_3$, die Dämpfung D_1 sowie nach Abschn. 4.2.3.2 der statische Übertragungsfaktor K_P bestimmt worden, dann ist die Übertragungsfunktion des Meßobjektes gegeben durch

$$G(p) = K_\mathrm{P} \frac{1}{1+p\,\dfrac{2D_1}{\omega_{01}} + \dfrac{p^2}{\omega_{01}^2}} \cdot \frac{1}{1+p\,T_2} \cdot \frac{1}{1+p\,T_3},$$

aus der man durch Ausmultiplizieren des Nennerpolynoms

$$G(p) = K_\mathrm{P} \left\{ 1 + p\left(\frac{2D_1}{\omega_{01}} + T_2 + T_3\right) + p^2\left[\frac{1}{\omega_{01}^2} + T_2 T_3 + \frac{2D_1}{\omega_{01}}(T_2 + T_3)\right] \right.$$
$$\left. + p^3\left[\frac{T_2 + T_3}{\omega_{01}^2} + \frac{2D_1}{\omega_{01}} T_2 T_3\right] + p^4\,\frac{T_2 T_3}{\omega_{01}^2} \right\}^{-1}$$

und Koeffizientenvergleich mit dem Polynommodell

$$G(p) = K_\mathrm{P} \frac{1}{1 + p A_1 + p^2 A_2 + p^3 A_3 + p^4 A_4}$$

die gesuchten Systemparameter, in diesem Fall also K_P, $A_1, \dots, A_4$, näherungsweise bestimmen kann.

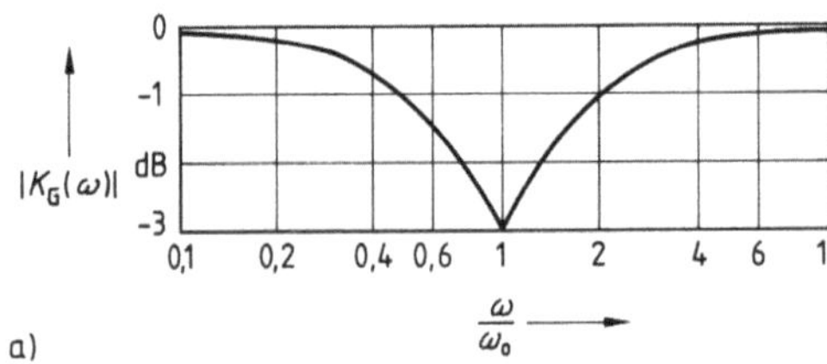

a)

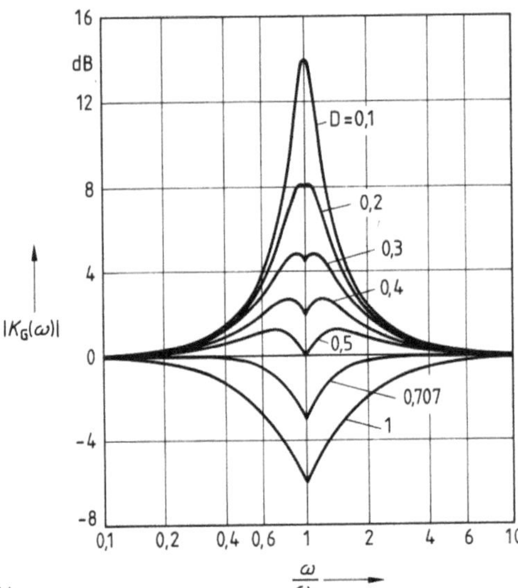

b)

Je dichter die Knickfrequenzen aufeinanderfolgen, desto schwieriger wird es, die Geradenapproximation und auch die Resonanzüberhöhung der Schwingungsglieder aus dem Verlauf der gemessenen Amplitudenkennlinie sicher festzustellen, s. $G_2(\omega)$ und $G_3(\omega)$ in Bild 4.60. Es besteht dann zwar die Möglichkeit, die Ergebnisse iterativ zu verbessern, indem man mit den ermittelten Näherungswerten der Systemparameter die Amplitudenkennlinie des Modells konstruiert und sie mit der gemessenen Kennlinie vergleicht, um danach entsprechende Korrekturen vorzunehmen. Der Auswertungs-

4.61
Korrekturfaktoren $|K_\mathrm{G}(\omega)|$ für die Geradenapproximation von P-T_1-Gliedern (a) und unterkritisch gedämpften P-T_2-Gliedern (b)

aufwand steigt dadurch aber erheblich an. Die praktische Bedeutung des Verfahrens liegt mehr in der Möglichkeit, mit relativ geringem Aufwand schnell zu Näherungswerten für die gesuchten Parameter zu kommen.

Kollokationsverfahren. Das Kollokations- oder Interpolationsverfahren ist ein numerisches Verfahren, mit dem die Parameter des vorgegebenen oder gewählten mathematischen Modells so bestimmt werden, daß die komplexen Frequenzgänge $G(\omega)$ des gemessenen realen Systems und $G_M(\omega)$ des Modells in so vielen Frequenzpunkten ω_i übereinstimmen, wie das Modell unabhängige Parameter besitzt. Beispielsweise sind bei einem System 4. Ordnung, dessen Polynommodell

$$G_M(\omega) = \frac{K_P}{1 + pA_1 + p^2A_2 + p^3A_3 + p^4A_4}$$

lautet, $n + 1 = 5$ Parameter ($K_P, A_1, \ldots, A_4$) zu bestimmen. Dazu entnimmt man der nach Betrag und Phasenwinkel oder Real- und Imaginärteil gemessenen komplexen Frequenzkennlinie des Meßobjektes fünf als geeignet erscheinende Wertepaare $G(\omega_1)$, ω_1; $G(\omega_2)$, ω_2; $\ldots$; $G(\omega_5)$, ω_5 und setzt diese Wertepaare nacheinander in vorstehende Frequenzganggleichung ein, wodurch man fünf unabhängige Gleichungen erhält, mit denen die unbekannten Parameter bestimmt werden können. Da eine komplexe Gleichung zwei reellen Gleichungen entspricht, stehen an sich 10 Gleichungen zur Verfügung, von denen bei Mindestphasensystemen aber nur fünf unabhängig sind. Grundsätzlich genügt es bei P-T$_n$-Systemen also auch, entweder nur den Amplituden- oder nur den Phasengang auszuwerten.

Das Ergebnis dieses Interpolationsverfahrens ist ein Systemmodell, dessen Frequenzkennlinie an den Stellen $\omega = \omega_1, \ldots, \omega_5$ (Stützstellen) exakt mit der gemessenen Kennlinie übereinstimmt. Würde die gewählte Modellstruktur genau der des Meßobjektes entsprechen und wäre die gemessene Frequenzkennlinie fehlerfrei gemessen, so würden gemessene und Modellkennlinie nicht nur an den Stützstellen, sondern wie gewünscht auch zwischen den Stützstellen bzw. außerhalb des von den Stützstellen erfaßten Frequenzbereiches übereinstimmen. Dies ist jedoch niemals in idealer Weise erreichbar, so daß außer an den Stützstellen mit Abweichungen zwischen Modell und Meßobjekt und auch mit einer Abhängigkeit der ermittelten Parameterwerte von der mehr oder weniger zufälligen Wahl der Stützstellen gerechnet werden muß. Besonders große Abweichungen sind natürlich zu erwarten, wenn die gewählte Modellstruktur den Gegebenheiten des Meßobjektes nicht oder nur ungenügend gerecht wird.

Ausgleichsverfahren. Wollte man die Anzahl der Stützstellen erhöhen, um bei vorstehendem Kollokationsverfahren die Approximationsgenauigkeit zwischen den $(n+1)$ Stützstellen zu verbessern, so erhielte man ein nicht eindeutig lösbares, überbestimmtes Gleichungssystem. Diese Überbestimmtheit kann vermieden werden, indem man in den Stützstellen nicht die Gleichheit der gemessenen und der Modellkennlinie verlangt, sondern nur eine im Mittel über alle Stützstellen möglichst geringe Abweichung. Dann kann sogar eine beliebig große Stützstellenzahl zugelassen werden. Mit der Zahl der Stützstellen wächst die Approximationsgenauigkeit aber nicht im gleichen Maß wie der Auswertungsaufwand, so daß ein Optimum zwischen Aufwand und Ergebnis anzustreben ist.

Als zweckmäßiges Ausgleichskriterium wird im allgemeinen die mittlere quadratische Abweichung zwischen gemessener und Modellkennlinie in den Stützstellen herangezogen, für die das Minimum aufgesucht wird (s. Abschnitt 2.6.3). Näheres über Eigenschaften und Anwendung dieses Verfahrens, das vorrangig für Rechnerauswertung geeignet ist, sind in [40] angegeben.

Übergangsfunktion. Neben den im folgenden erwähnten Verfahren werden zur Auswertung der Übergangsfunktion unter anderem auch numerische Verfahren verwendet, bei denen die Übergangsfunktion durch eine Summe leicht transformierbarer Elementarfunktionen approximiert wird [40], sowie Verfahren, die auf einer mehrfachen Integration der Übergangsfunktion beruhen.

Die einer direkten Bestimmung der Parameter der Übertragungsfunktion dienenden Approximationsverfahren sind Verallgemeinerungen der in Abschnitt 4.2.3.3 für das P-T$_2$-Glied behandelten Verfahren. Sie sind in erster Linie für Systeme mit aperiodischen Übergangsfunktionen geeignet.

Sukzessive Polkompensation. Das in Abschn. 4.2.3.3 (P-T$_2$-Glied) ausführlich geschilderte graphische Verfahren, bei dem die exponentiellen Elementarsignale aperiodischer Übergangsfunktionen durch Aufzeichnen in halblogarithmischem Maßstab voneinander getrennt und weiter ausgewertet werden, ist grundsätzlich auch für Glieder höherer als 2. Ordnung geeignet, sofern die Kennkreisfrequenzen des Systems nicht zu dicht aufeinander folgen. Man nennt es das Verfahren der sukzessiven Polkompensation, weil nacheinander einzelne exponentielle Teilsignale abgespalten (kompensiert) werden. Infolge der fortgesetzten Differenzbildung ist die erzielbare Genauigkeit des Verfahrens begrenzt.

Approximation durch Modelle mit vorgegebener Struktur. Praktisch hat man es häufig mit Systemen zu tun, die einige annähernd gleiche oder aber wenige große und mehrere kleine Zeitkonstanten aufweisen. Das Polkompensationsverfahren versagt in solchen Fällen, oder es liefert zu ungenaue Ergebnisse. Um mit geringem Aufwand eine einigermaßen genaue Systembeschreibung geben zu können, wählt man oft das Verfahren der Approximation des Meßobjektes durch Modelle mit vorgegebener Struktur, d.h. durch Modelle, deren Zeitkonstanten in einem festen, vorgegebenen Verhältnis zueinander stehen. Für solche Modelle kann der Zusammenhang zwischen den Kennwerten der Zeitfunktion, z. B. den bereits in Abschn. 4.2.3.3 verwendeten Kennwerten Verzugszeit T_u und Ausgleichszeit T_g, und den Parametern der Übertragungsfunktion durch einfache Diagramme oder Tabellen angegeben werden.

Man kann zwischen mehreren Modellen wählen, z. B. den folgenden, deren Eigenschaften von verschiedenden Autoren [40] untersucht worden sind:

a) Gleiche Zeitkonstanten:

$$G_{\text{M}}(p) = \frac{K_{\text{P}}}{(1+pT)^n} \tag{4.142}$$

b) Einfach gestaffelte Zeitkonstanten:

$$\left. \begin{aligned} G_{\text{M}}(p) &= \frac{K_{\text{P}}}{(1+pT_1)(1+pT_2)^{n-1}} \\ \text{mit} \quad n &= 1 \text{ bis } 10 \text{ und } \frac{1}{20} \leqq \frac{T_2}{T_1} \leqq 20 \end{aligned} \right\} \tag{4.143}$$

c) Harmonisch gestaffelte Zeitkonstanten:

$$G_{\text{M}}(p) = \frac{K_{\text{P}}}{(1+pT)\left(1+p\dfrac{T}{2}\right)\left(1+p\dfrac{T}{3}\right)\dots\left(1+p\dfrac{T}{n}\right)} \tag{4.144}$$

Welches dieser Modelle zur Approximation eines gegebenen Systems am besten geeignet ist, kann bis zu einem gewissen Grad schon danach beurteilt werden, wie genau bestimmte Zeitkenngrößen der Modelle und des Meßobjektes einander entsprechen. Ein Vergleich der vollständigen Übergangsfunktionen ist deshalb häufig nur zur Kontrolle bzw. als letzte Bestätigung für eine angenommene gute Übereinstimmung zwischen Modell und Meßobjekt erforderlich.

Anhang

1 Ergänzende Bücher und Zeitschriftenaufsätze

[1] Arnolds, F.: Elektronische Meßtechnik. Stuttgart 1976
[2] Bendat, J. S.; Piersol, A. G.: Random Data: Analysis and Measurement Procedures. New York-London-Sydney-Toronto 1971
[3] Bergmann, K.: Elektrische Meßtechnik. Braunschweig 1981
[4] Bittel, H.; Storm, L.: Rauschen. Berlin 1971
[5] D'Azzo, J. J.; Houpis, C. H.: Feedback Control System Analysis and Synthesis. 2. Aufl. New York-St. Louis-San Francisco-London-Toronto-Sydney 1966
[6] Dubbel: Taschenbuch für den Maschinenbau. 15. Aufl. Berlin-Heidelberg-New York 1984
[7] Föllinger, O.: Regelungstechnik. 3. Aufl. Berlin-Frankfurt a. M. 1980
[8] Frohne, H.: Einführung in die Elektrotechnik. Bd. I. 4. Aufl. Stuttgart 1982 (=Teubner Studienskripten)
[9] Frühauf, U.: Grundlagen der elektronischen Meßtechnik. Leipzig 1977
[10] Grave, H. F.: Elektrische Messung nichtelektrischer Größen. 2. Aufl. Frankfurt/M. 1965
[11] Gretsch, R.; Krost, G.: Betrags- und winkelrichtige Messung von Spannungs- und Stromharmonischen. etz Archiv 1981, S. 149–152
[12] Großmann, W.: Grundzüge der Ausgleichsrechnung. 3. Aufl. Berlin-Heidelberg-New York 1969
[13] Hart, H.: Einführung in die Meßtechnik. Braunschweig 1978
[14] Hofmann, D.: Zur elektrischen Korrektur des dynamischen Verhaltens von trägen Meßwandlern. msr 1967, S. 20–27
[15] Jesse, G.: Störspannungen. Frankfurt a. M. 1973
[16] Kaufmann, H.: Dynamische Vorgänge in linearen Systemen der Nachrichten- und Regelungstechnik. München 1959
[17] Krauß, M.; Woschni, E.-G.: Meßinformationssysteme. 2. Aufl. Heidelberg 1975
[18] Kreyszig, E.: Statistische Methoden und ihre Anwendungen. 7. Aufl. Göttingen 1979
[19] Kronmüller, H.: Methoden der Meßtechnik. Karlsruhe 1979
[20] Lange, F. H.: Signale und Systeme. 3 Bde. Berlin 1965–1973
[21] Lenk, A.: Elektromechanische Systeme. 3 Bde. Leipzig-Berlin 1973–1975
[22] Leonhard, W.: Einführung in die Regelungstechnik. Braunschweig-Wiesbaden 1981
[23] Lindner, A.: Statistische Methoden. 4. Aufl. Basel-Stuttgart 1964
[24] Merz, L.: Grundkurs der Meßtechnik. 2 Bde. München-Wien 1977 und 1980
[25] Morrison, R.: Grounding and Shielding Techniques in Instrumentation. 2. Aufl. New York-London-Sidney-Toronto 1977
[26] Neumann, H.: Das Messen mit elektrischen Geräten. Berlin 1960
[27] Palm, A.: Elektrische Meßgeräte und Meßeinrichtungen. 4. Aufl. Berlin-Göttingen-Heidelberg 1963

[28] Pflier, P. M.; Jahn, H.: Elektrische Meßgeräte und Meßverfahren. 4. Aufl. Berlin-Heidelberg-New York 1978
[29] Profos, P.: Handbuch der industriellen Meßtechnik. Essen 1978
[30] Profos, P.: Einführung in die Systemdynamik. Stuttgart 1982 (= Teubner Studienbücher)
[31] Rockmann, R.: Verkürzung der Meßzeit von Meßgebern durch Kompensation der dynamischen Verzerrungen. msr 1968, S. 423–428
[32] Rohrbach, C.: Handbuch für elektrisches Messen mechanischer Größen. Düsseldorf 1967
[33] Sachs, L.: Angewandte Statistik. 5. Aufl. Berlin-Heidelberg-New York 1978
[34] Samal, E.: Erdung in Meßschaltungen. ATM 1950, V 30-3
[35] Samal, E.: Schirmung in Meßschaltungen. ATM 1950, V 30-4 u. 5
[36] Samal, E.: Leitungsführung in Meßschaltungen. ATM 1950, V 30-6
[37] Samal, E.: Elektrische Messung von Prozeßgrößen. AEG-Telefunken Handbuch Bd. 17, Berlin 1974
[38] Schirokow, S. M.; Wolf, M.: Adaptive harmonische Spektralanalyse von Schwingungsvorgängen unter Verwendung von Walsh-Funktionen. msr 1978, S. 148–152
[39] Schlitt, H.: Systemtheorie für regellose Vorgänge. Berlin-Göttingen-Heidelberg 1960
[40] Strobel, H.: Experimentelle Systemanalyse. Berlin 1975
[41] Stöckl, M.; Winterling, K. H.: Elektrische Meßtechnik. 7. Aufl. Stuttgart 1982
[42] Stoll, D. u. a.: EMC Elektromagnetische Verträglichkeit. Berlin 1976
[43] Tietze, U.; Schenk, Ch.: Halbleiter-Schaltungstechnik. 5. Aufl. Berlin-Heidelberg-New York 1980
[44] Unbehauen, R.: Systemtheorie. München-Wien 1971
[45] Wehrmann, W. u. a.: Korrelationstechnik. 2. Aufl. Grafenau 1980
[46] Winter, F. W.: Die neuen Einheiten im Meßwesen. 3. Aufl. Essen 1978
[47] Wouterse, H.: Die phasenrichtige Frequenzanalyse periodischer Signale. ATM 1976, S. 21–22
[48] Woschni, E.-G.: Informationstechnik. 2. Aufl. Heidelberg 1981
[49] Woschni, E.-G.: Meßgrößenverarbeitung. Weinheim 1969
[50] Woschni, E.-G.: Meßfehler bei dynamischen Messungen und Auswertung von Meßergebnissen. Braunschweig 1969
[51] Woschni, E.-G.: Meßdynamik. Leipzig 1964
[52] Zurmühl, R.: Praktische Mathematik. 5. Aufl. Berlin-Göttingen-Heidelberg 1965

2 Richtlinien und Normen (Auswahl)

VDE 0100	Bestimmungen für das Errichten von Starkstromanlagen mit Nennspannungen bis 1000 V
VDI/VDE 2600	Metrologie (Meßtechnik)
VDE/VDI 2620	Fortpflanzung von Fehlergrenzen bei Messungen
DIN 1319	Grundbegriffe der Meßtechnik
DIN 19226	Regelungstechnik und Steuerungstechnik
DIN 19229	Übertragungsverhalten dynamischer Systeme
DIN 55302	Häufigkeitsverteilung, Mittelwert und Streuung
DIN 57410	VDE-Bestimmungen für elektrische Meßgeräte

3 Tafeln

A.1 Häufig verwendete SI-Einheiten
(halbfett gesetzte Namen bezeichnen die SI-Basiseinheiten)

Größe	Einheit		
	Symbol	Name	Potenzprodukt der Basiseinheiten
Zeit- und Längengrößen			
Beschleunigung	m/s^2		m/s^2
Drehzahl	$1/s$		$1/s$
ebener Winkel	rad	Radiand	1
Fläche	m^2		m^2
Geschwindigkeit	m/s		m/s
Frequenz	Hz	Hertz	$1/s$
Kreisfrequenz	$1/s$		$1/s$
Länge	m	**Meter**	
Periodendauer	s		
Phasenwinkel	1		1
Raumwinkel	sr	Steradiand	1
Volumen	m^3		m^3
Winkelgeschwindigkeit	rad/s		$1/s$
Winkelbeschleunigung	rad/s^2		$1/s^2$
Zeit	s	**Sekunde**	
Zeitkonstante	s		
Mechanische Größen			
Arbeit, Energie	J	Joule	kgm^2/s^2
Dichte	kg/m^3		kg/m^3
Drall	kgm^2/s		kgm^2/s
Drehmoment	Nm		kgm^2/s^2
Druck	Pa	Pascal	$kg/(ms^2)$
Impuls	kgm/s		kgm/s
Kraft, Gewichtskraft	N	Newton	kgm/s^2
Leistung	W	Watt	kgm^2/s^3
Masse, Gewicht als Wägeergebnis	kg	**Kilogramm**	
spezifisches Volumen	m^3/kg		m^3/kg
Trägheitsmoment	kgm^2		kgm^2
Wirkungsgrad	1		1
Elektrische und magnetische Größen			
Blindleitwert	S		$s^3A^2/(kgm^2)$
Blindwiderstand	Ω		$kgm^2/(s^3A^2)$
elektrisches Dipolmoment	Cm		Asm
elektrische Durchflutung	A		
elektrische Feldstärke	V/m		$kgm/(s^3A)$
elektrischer Fluß	C		As
elektrische Flußdichte	C/m^2		As/m^2

Größe	Einheit		
	Symbol	Name	Potenzprodukt der Basiseinheiten
Elektrische und magnetische Größen			
elektrische Kapazität	F	Farad	$A^2s^4/(kgm^2)$
elektrische Ladung	C	Coulomb	As
elektrischer Leitwert	S	Siemens	$s^3A^2/(kgm^2)$
elektrisches Potential	V		$kgm^2/(s^3A)$
elektrische Spannung	V	Volt	$kgm^2/(s^3A)$
elektrische Stromdichte	A/m^2		A/m^2
elektrische Stromstärke	A	**Ampere**	
elektrischer Widerstand	Ω	Ohm	$kgm^2/(s^3A^2)$
Impedanz	Ω		$kgm^2/(s^3A^2)$
Induktivität	H	Henry	$kgm^2/(s^2A^2)$
magnetische Feldstärke, magnetische Erregung	A/m		A/m
magnetischer Fluß	Wb	Weber	$kgm^2/(s^2A)$
magnetische Flußdichte, Induktion	T	Tesla	$kg/(s^2A)$
magnetisches Moment	A/m^2		A/m^2
magnetische Spannung	A		
magnetisches Vektorpotential	Wb/m		$kgm/(s^2A)$
magnetischer Widerstand	1/H		$s^2A^2/(kgm^2)$
Magnetisierung	A/m		A/m
Thermische Größen			
Celsius-Temperatur	°C		K
Enthalpie	J		kgm^2/s^2
Entropie	J/K		$kgm^2/(s^2K)$
Temperatur, thermodynamische Temperatur	K	**Kelvin**	
Temperaturdifferenz	K		
Wärmekapazität	J/K		$kgm^2/(s^2K)$
Wärme, Wärmemenge	J		kgm^2/s^2
Wärmestrom	W		kgm^2/s^3
Wärmestromdichte	W/m^2		kg/s^3
Wärmewiderstand	K/W		$Ks^3/(kgm^2)$

A.2 Vorsätze zur Bezeichnung von dezimalen Vielfachen und Teilen von Einheiten (DIN 1301)

Tera-	(T)	f. d. 10^{12}-fache	Deka-	(da)	f. d. 10 -fache	Nano-	(n)	f. d. 10^{-9}-fache
Giga-	(G)	f. d. 10^9 -fache	Dezi-	(d)	f. d. 10^{-1}-fache	Pico-	(p)	f. d. 10^{-12}-fache
Mega-	(M)	f. d. 10^6 -fache	Zenti-	(c)	f. d. 10^{-2}-fache	Femto-	(f)	f. d. 10^{-15}-fache
Kilo-	(k)	f. d. 10^3 -fache	Milli-	(m)	f. d. 10^{-3}-fache	Atto-	(a)	f. d. 10^{-18}-fache
Hekto-	(h)	f. d. 10^2 -fache	Mikro-	(μ)	f. d. 10^{-6}-fache			

A.3 Verteilungsfunktion $P(z)$ und $P(-z)$ für Normalverteilung

z	$P(z)$	$P(-z)$	z	$P(z)$	$P(-z)$	z	$P(z)$	$P(-z)$
0,00	0,5000	0,5000	0,45	0,6736	0,3264	0,90	0,8159	0,1841
,01	,5040	,4960	,46	,6772	,3228	,91	,8186	,1814
,02	,5080	,4920	,47	,6808	,3192	,92	,8212	,1788
,03	,5120	,4880	,48	,6844	,3156	,93	,8238	,1762
,04	,5160	,4840	,49	,6879	,3121	,94	,8264	,1736
,05	,5199	,4801	,50	,6915	,3085	,95	,8289	,1711
,06	,5239	,4761	,51	,6950	,3050	,96	,8315	,1685
,07	,5279	,4721	,52	,6985	,3015	,97	,8340	,1660
,08	,5319	,4681	,53	,7019	,2981	,98	,8365	,1635
,09	,5359	,4641	,54	,7054	,2946	,99	,8389	,1611
,10	,5398	,4602	,55	,7088	,2912	1,00	,8413	,1587
,11	,5438	,4562	,56	,7123	,2877	1,01	,8438	,1562
,12	,5478	,4522	,57	,7157	,2843	1,02	,8461	,1539
,13	,5517	,4483	,58	,7190	,2810	1,03	,8485	,1515
,14	,5557	,4443	,59	,7224	,2776	1,04	,8508	,1492
,15	,5596	,4404	,60	,7257	,2743	1,05	,8531	,1469
,16	,5636	,4364	,61	,7291	,2709	1,06	,8554	,1446
,17	,5675	,4325	,62	,7324	,2676	1,07	,8577	,1423
,18	,5714	,4286	,63	,7357	,2643	1,08	,8599	,1401
,19	,5753	,4247	,64	,7389	,2611	1,09	,8621	,1379
,20	,5793	,4207	,65	,7422	,2578	1,10	,8643	,1357
,21	,5832	,4168	,66	,7454	,2546	1,11	,8665	,1335
,22	,5871	,4129	,67	,7486	,2514	1,12	,8686	,1314
,23	,5910	,4090	,68	,7517	,2483	1,13	,8708	,1292
,24	,5948	,4052	,69	,7549	,2451	1,14	,8729	,1271
,25	,5987	,4013	,70	,7580	,2420	1,15	,8749	,1251
,26	,6026	,3974	,71	,7611	,2389	1,16	,8770	,1230
,27	,6064	,3936	,72	,7642	,2358	1,17	,8790	,1210
,28	,6103	,3897	,73	,7673	,2327	1,18	,8810	,1190
,29	,6141	,3859	,74	,7704	,2296	1,19	,8830	,1170
,30	,6179	,3821	,75	,7734	,2266	1,20	,8849	,1151
,31	,6217	,3783	,76	,7764	,2236	1,21	,8869	,1131
,32	,6255	,3745	,77	,7794	,2206	1,22	,8888	,1112
,33	,6293	,3707	,78	,7823	,2177	1,23	,8907	,1093
,34	,6331	,3669	,79	,7852	,2148	1,24	,8925	,1075
,35	,6368	,3632	,80	,7881	,2119	1,25	,8944	,1056
,36	,6406	,3594	,81	,7910	,2090	1,26	,8962	,1038
,37	,6443	,3557	,82	,7939	,2061	1,27	,8980	,1020
,38	,6480	,3520	,83	,7967	,2033	1,28	,8997	,1003
,39	,6517	,3483	,84	,7995	,2005	1,29	,9015	,0985
,40	,6554	,3446	,85	,8023	,1977	1,30	,9032	,0968
,41	,6591	,3409	,86	,8051	,1949	1,31	,9049	,0951
,42	,6628	,3372	,87	,8078	,1922	1,32	,9066	,0934
,43	,6664	,3336	,88	,8106	,1894	1,33	,9082	,0918
,44	,6700	,3300	,89	,8133	,1867	1,34	,9099	,0901

Verteilungsfunktion $P(z)$ und $P(-z)$ für Normalverteilung (Fortsetzung)

z	$P(z)$	$P(-z)$	z	$P(z)$	$P(-z)$	z	$P(z)$	$P(-z)$
1,35	0,9115	0,0885	1,80	0,9641	0,0359	2,25	0,9878	0,0122
1,36	,9131	,0869	1,81	,9649	,0351	2,26	,9881	,0119
1,37	,9147	,0853	1,82	,9656	,0344	2,27	,9884	,0116
1,38	,9162	,0838	1,83	,9664	,0336	2,28	,9887	,0113
1,39	,9177	,0823	1,84	,9671	,0329	2,29	,9890	,0110
1,40	,9192	,0808	1,85	,9678	,0322	2,30	,9893	,0107
1,41	,9207	,0793	1,86	,9686	,0314	2,31	,9896	,0104
1,42	,9222	,0778	1,87	,9693	,0307	2,32	,9898	,0102
1,43	,9236	,0764	1,88	,9699	,0301	2,33	,9901	,0099
1,44	,9251	,0749	1,89	,9706	,0294	2,34	,9904	,0096
1,45	,9265	,0735	1,90	,9713	,0287	2,35	,9906	,0094
1,46	,9279	,0721	1,91	,9719	,0281	2,36	,9909	,0091
1,47	,9292	,0708	1,92	,9726	,0274	2,37	,9911	,0089
1,48	,9306	,0694	1,93	,9732	,0268	2,38	,9913	,0087
1,49	,9319	,0681	1,94	,9738	,0262	2,39	,9916	,0084
1,50	,9332	,0668	1,95	,9744	,0256	2,40	,9918	,0082
1,51	,9345	,0655	1,96	,9750	,0250	2,41	,9920	,0080
1,52	,9357	,0643	1,97	,9756	,0244	2,42	,9922	,0078
1,53	,9370	,0630	1,98	,9761	,0239	2,43	,9925	,0075
1,54	,9382	,0618	1,99	,9767	,0233	2,44	,9927	,0073
1,55	,9394	,0606	2,00	,9773	,0227	2,45	,9929	,0071
1,56	,9406	,0594	2,01	,9778	,0222	2,46	,9931	,0069
1,57	,9418	,0582	2,02	,9783	,0217	2,47	,9932	,0068
1,58	,9429	,0571	2,03	,9788	,0212	2,48	,9934	,0066
1,59	,9441	,0559	2,04	,9793	,0207	2,49	,9936	,0064
1,60	,9452	,0548	2,05	,9798	,0202	2,50	,9938	,0062
1,61	,9463	,0537	2,06	,9803	,0197	2,51	,9940	,0060
1,62	,9474	,0526	2,07	,9808	,0192	2,52	,9941	,0059
1,63	,9484	,0516	2,08	,9812	,0188	2,53	,9943	,0057
1,64	,9495	,0505	2,09	,9817	,0183	2,54	,9945	,0055
1,65	,9505	,0495	2,10	,9821	,0179	2,55	,9946	,0054
1,66	,9515	,0485	2,11	,9826	,0174	2,56	,9948	,0052
1,67	,9525	,0475	2,12	,9830	,0170	2,57	,9949	,0051
1,68	,9535	,0465	2,13	,9834	,0166	2,58	,9951	,0049
1,69	,9545	,0455	2,14	,9838	,0162	2,59	,9952	,0048
1,70	,9554	,0446	2,15	,9842	,0158	2,60	,9953	,0047
1,71	,9564	,0436	2,16	,9846	,0154	2,61	,9955	,0045
1,72	,9573	,0427	2,17	,9850	,0150	2,62	,9956	,0044
1,73	,9582	,0418	2,18	,9854	,0146	2,63	,9957	,0043
1,74	,9591	,0409	2,19	,9857	,0143	2,64	,9959	,0041
1,75	,9599	,0401	2,20	,9861	,0139	2,65	,9960	,0040
1,76	,9608	,0392	2,21	,9864	,0136	2,66	,9961	,0039
1,77	,9616	,0384	2,22	,9868	,0132	2,67	,9962	,0038
1,78	,9625	,0375	2,23	,9871	,0129	2,68	,9963	,0037
1,79	,9633	,0367	2,24	,9875	,0125	2,69	,9964	,0036

Verteilungsfunktion $P(z)$ und $P(-z)$ für Normalverteilung (Fortsetzung)

z	$P(z)$	$P(-z)$	z	$P(z)$	$P(-z)$	z	$P(z)$	$P(-z)$
2,70	,9965	,0035	2,85	,9978	,0022	3,00	,9987	,0013
2,71	,9966	,0034	2,86	,9979	,0021	3,1	,9990	,0010
2,72	,9967	,0033	2,87	,9979	,0021	3,2	,9993	,0007
2,73	,9968	,0032	2,88	,9980	,0020	3,3	,9995	,0005
2,74	,9969	,0031	2,89	,9981	,0019	3,4	,9997	,0003
2,75	,9970	,0030	2,90	,9981	,0019	3,5	,9998	,0002
2,76	,9971	,0029	2,91	,9982	,0018	3,6	,9998	,0002
2,77	,9972	,0028	2,92	,9982	,0018	3,7	,9999	,0001
2,78	,9973	,0027	2,93	,9983	,0017	3,8	,9999	,0001
2,79	,9974	,0026	2,94	,9984	,0016	3,9	1,0000	,0000
2,80	,9974	,0026	2,95	,9984	,0016	4,0	1,0000	,0000
2,81	,9975	,0025	2,96	,9985	,0015			
2,82	,9976	,0024	2,97	,9985	,0015			
2,83	,9977	,0023	2,98	,9986	,0014			
2,84	,9977	,0023	2,99	,9986	,0014			

A.4 Verteilungsfunktion $P(z)$ für t-Verteilung

$P(z)$	Anzahl der Freiheitsgrade						
	1	2	3	4	5	6	7
0,5	0,00	0,00	0,00	0,00	0,00	0,00	0,00
0,6	0,33	0,29	0,28	0,27	0,27	0,27	0,26
0,7	0,73	0,62	0,58	0,57	0,56	0,55	0,55
0,8	1,38	1,06	0,98	0,94	0,92	0,91	0,90
0,9	3,08	1,89	1,64	1,53	1,48	1,44	1,42
0,95	6,31	2,92	2,35	2,13	2,02	1,94	1,90
0,975	12,7	4,30	3,18	2,78	2,57	2,45	2,37
0,99	31,8	6,97	4,54	3,75	3,37	3,14	3,00
0,995	63,7	9,93	5,84	4,60	4,03	3,71	3,50
0,999	318,3	22,3	10,2	7,17	5,89	5,21	4,79

$P(z)$	Anzahl der Freiheitsgrade						
	8	9	10	11	12	13	14
0,5	0,00	0,00	0,00	0,00	0,00	0,00	0,00
0,6	0,26	0,26	0,26	0,26	0,26	0,26	0,26
0,7	0,55	0,54	0,54	0,54	0,54	0,54	0,54
0,8	0,89	0,88	0,88	0,88	0,87	0,87	0,87
0,9	1,40	1,38	1,37	1,36	1,36	1,35	1,35
0,95	1,86	1,83	1,81	1,80	1,78	1,77	1,76
0,975	2,31	2,26	2,23	2,20	2,18	2,16	2,15
0,99	2,90	2,82	2,76	2,72	2,68	2,65	2,62
0,995	3,36	3,25	3,17	3,11	3,06	3,01	2,98
0,999	4,50	4,30	4,14	4,03	3,93	3,85	3,79

Verteilungsfunktion $P(z)$ für t-Verteilung (Fortsetzung)

$P(z)$	Anzahl der Freiheitsgrade						
	15	20	30	50	100	200	∞
0,5	0,00	0,00	0,00	0,00	0,00	0,00	0,00
0,6	0,26	0,26	0,26	0,26	0,25	0,25	0,25
0,7	0,54	0,53	0,53	0,53	0,53	0,53	0,52
0,8	0,87	0,86	0,85	0,85	0,85	0,84	0,84
0,9	1,34	1,33	1,31	1,30	1,29	1,29	1,28
0,95	1,75	1,73	1,70	1,68	1,66	1,65	1,65
0,975	2,13	2,09	2,04	2,01	1,98	1,97	1,96
0,99	2,60	2,53	2,46	2,40	2,37	2,35	2,33
0,995	2,95	2,85	2,75	2,68	2,63	2,60	2,58
0,999	3,73	3,55	3,39	3,26	3,17	3,13	3,09

4 Symbole und Schreibweisen

Schreibweise der zeit- bzw. frequenzabhängigen physikalischen Größen

Die im folgenden angegebenen Symbole gelten für skalare und vektorielle Größen. Im letzten Falle werden sie zusätzlich mit einem Pfeil über dem Größensymbol versehen, z. B. beschreibt $\vec{x}(t)$ den Augenblickswert x, $\hat{\vec{x}}$ den Scheitelwert einer Vektorgröße $\vec{x}$.

$x(t)$	zeitabhängige Größe (Augenblickswert)	$\underset{\sim}{x}$	komplexer Effektivwert (Festzeiger) des Drehzeigers $\underline{x}(t)$
$x(k\,T_\mathrm{P})$	diskrete zeitabhängige Größe ($k = 0; 1; 2; \ldots$)	$\underline{x}$	Modul $\lvert\underline{x}\rvert\exp(\mathrm{j}\varphi)$ der Exponentialschwingung $\underline{x}\exp(\mathrm{j}\omega t)$
$\hat{x}$	Scheitelwert	$X(\omega)$	Fourier-Transformierte $\mathfrak{F}\{x(t)\}$ (Amplitudenspektralfunktion) der zeitabhängigen Größe $x(t)$
$\tilde{x}$	Effektivwert		

$x(t)$ — zeitabhängige Größe (Augenblickswert)

$x(k\,T_\mathrm{P})$ — diskrete zeitabhängige Größe ($k = 0; 1; 2; \ldots$)

$\hat{x}$ — Scheitelwert

$\tilde{x}$ — Effektivwert

$\overline{x(t)}$ — linearer Mittelwert

$\overline{x_{\Delta t}}$ — (linearer) Kurzzeitmittelwert über der Zeit Δt

$\overline{x_{\Delta t}}(t)$ — zeitabhängiger Kurzzeitmittelwert über der Zeit Δt

$\overline{\overline{x}}$ — Scharmittelwert

$\underline{x}(t)$ — komplexer Drehzeiger, der die Sinusgröße $x(t) = \mathrm{Re}\{\underline{x}(t)\}$ symbolisiert

$\hat{\underline{x}}$ — komplexer Scheitelwert (Festzeiger) des Drehzeigers $\underline{x}(t)$

$\underset{\sim}{\underline{x}}$ — komplexer Effektivwert (Festzeiger) des Drehzeigers $\underline{x}(t)$

$\underline{x}$ — Modul $\lvert\underline{x}\rvert\exp(\mathrm{j}\varphi)$ der Exponentialschwingung $\underline{x}\exp(\mathrm{j}\omega t)$

$X(\omega)$ — Fourier-Transformierte $\mathfrak{F}\{x(t)\}$ (Amplitudenspektralfunktion) der zeitabhängigen Größe $x(t)$

$X(p),$ $X(s)$ — Laplace-Transformierte $\mathfrak{L}\{x(t)\}$ der zeitabhängigen Größe $x(t)$ mit der Bildvariablen $p = \sigma + \mathrm{j}\omega$ in der Bedeutung einer Größe (σ Anklingkonstante, ω Kreisfrequenz) bzw. mit der Bildvariablen $s = s' + \mathrm{j}s''$ in der Bedeutung einer Zahl

Besondere mathematische Zeichen

$\mathrm{Re}\{X(\omega)\}$ Realteil von $X(\omega)$
$\mathrm{Im}\{X(\omega)\}$ Imaginärteil von $X(\omega)$
$X^*(\omega)$ konjugiert komplexe Funktion zu $X(\omega)$
$\mathfrak{F}, \mathfrak{F}^{-1}$ Fourier-Transformationsoperator
$\mathfrak{L}, \mathfrak{L}^{-1}$ Laplace-Transformationsoperator
$\mathfrak{F}\{x(t)\}$ Fourier-Transformierte (Bildfunktion) von $x(t)$

$\mathfrak{F}^{-1}\{X(\omega)\}$ Originalfunktion von $X(\omega)$
$\mathfrak{L}\{x(t)\}$ Laplace-Transformierte (Bildfunktion) von $x(t)$
$\mathfrak{L}^{-1}\{X(p)\}$ Originalfunktion von $X(p)$
$\bullet\!\!-\!\!\circ$ Korrespondenzzeichen: ... ist Bild von ...
$\circ\!\!-\!\!\bullet$ Korrespondenzzeichen: ... ist Original von ...
$\{x\}$ Zufallsvariable

Indizes

0   Anfangswert
0   fester Bezugswert, Referenzwert
0   Gleichkomponente
0   Kennwert
0   Leerlaufzustand
1   einzelner Meßwert
1/2   zwei verschiedene Größen 1 und 2
20   auf die Temperatur $\vartheta = 20\,°\mathrm{C}$ bezogen
∞ Beharrungswert, Endwert (für $t \to \infty$)
A   Anfangswert
a   Ausgangsgröße
B   Arbeitspunkt, Betriebspunkt
B   Bezugsgröße, Bezugswert
B   Bestwert
C   Kondensatorgröße
cu   Kupfer
D   Differenz
D   Größe der Drehspule
E   Endwert
E   Erde
E   Erregung
e   Eigenwert
e   Eingangsgröße
F   Wert der fallenden Kennlinie (bei Hysterese)
g   Gegenkopplung
i   ausgegebener Meßwert bzw. Istwert einer Meßgröße
i   innere Größe
i   Einzelgröße ($i = 1$ bis n), bevorzugt für laufende Indizierung der Meßwerte einer Stichprobe
j   Einzelgröße ($j = 1$ bis m), bevorzugt für laufende Indizierung der Meßgrößen einer Stichprobe bzw. der direkten Meßgrößen eines Meßergebnisses

k   Einzelgröße ($k = 1$ bis q), bevorzugt für laufende Indizierung der Klassen einer Häufigkeitsverteilung
k   Kopplung
k   Kompensation, kompensierend
k   korrigierter Wert
k   Wert der k-ten Klasse
ko   obere Klassengrenze
ku   untere Klassengrenze
L   Leitung
M   Modell
M   Modulation, modulierend
M   während der Messung auftretende Größe
MB   Mittelwertbildner
Mot   Motor
m   den Meßgegenstand, die Meßgröße oder die Meßeinrichtung betreffend
m   mittlerer Wert
max   Maximalwert
min   Minimalwert
N   Größe am invertierenden Eingang des Differenzverstärkers
N   Nennwert
N   nichtlinearer Widerstand
N   Normalwert
P   Größe am nichtinvertierenden Eingang des Differenzverstärkers
p   Leistung
p   parallel
q   Quellengröße
R   Widerstand
r   richtiger Wert
rel   relative, bezogene Größe
res   resultierende Größe
S   Wert der steigenden Kennlinie (Hysterese)
Sch   Schirm

Sk	Skalenwert	x	in x-Richtung
Sp	Spule	x	unbekannte bzw. zu messende Größe
s	systematische Größe		
stat	statischer Zustand	y	Ausgangsgröße
Tr	Träger	y	auf die Ausgangsseite bezogen
u	Eingangsgröße	y	in y-Richtung
u	auf die Eingangsseite bezogen	z	in z-Richtung
V	Verstärker	z	Störgröße
v	Vertrauensgrenze	z	zufällige Größe
w	wahrer Wert	μ	Reibung
		ν	Einzelgröße

Formelzeichen

In Klammern ist die Nummer des Abschnittes angegeben, in dem die bezeichnete Größe näher erläutert ist.

A	Fläche	F	absoluter Fehler (2.1.1)
A	Übertragungsfaktor, Verstärkung	f	Kraft
A_{CM}	Gleichtaktverstärkung (3.4.2.2)	f	Frequenz
A_D	Differenzverstärkung (3.4.2.2)	f	scheinbarer Fehler (2.1.1)
A_{DM}	Gegentaktverstärkung (3.4.2.2)	f	zeitabhängiger Fehler (3.1.1.3)
a	Abstand, Länge	f_g	Grenzfrequenz (1.5.2.2)
a	Ausschlag, Auslenkung	f_{go}	obere Grenzfrequenz (1.5.2.2)
a	Beschleunigung	f_{gu}	untere Grenzfrequenz (1.5.2.2)
a	logarithmisches Amplitudenverhältnis (1.5.2.2)	f_{gm}	mittlere Bandbreite des Tiefpasses (3.3.1.2)
a	Faktor	f_u	auf die Eingangsseite bezogener Fehler (3.1.1.3)
B	Bandbreite (1.5.2.2)		
b	magnetische Induktion	f_y	auf die Ausgangsseite bezogener Fehler (3.1.1.3)
b	Regressionskoeffizient (2.6.3.2)		
b	Steigung einer Geraden (2.6.3.2)	f_{uu}	auf die Eingangsseite bezogener Eigenfehler (3.3.2.1)
b	Faktor	f_{uy}	auf die Ausgangsseite bezogener Eigenfehler (3.3.2.1)
C	Kapazität		
c	Federkonstante, Federsteife	f_{zy}	auf die Ausgangsseite bezogener Störeffekt (3.3.2.2)
c	Konstante		
c_0	Ausbreitungsgeschwindigkeit elektromagnetischer Wellen im Vakuum (1.3.2)	$f(\ )$	allgemeines Funktionszeichen
		G	Fallbeschleunigung (1.3.2.1)
		G	Fehlergrenze (2.1.2)
c_d	Drehfedersteife	G	Gleichtaktunterdrückung (3.4.2.2)
c_W	spezifische Wärmekapazität	G	Gravitationskonstante (1.3.2)
D	Durchmesser	$G(p)$	Übertragungsfunktion
D	Dämpfungsgrad (3.3.1.4)	$G(\omega)$	Frequenzgang als Wert der Übertragungsfunktion $G(p)$ auf der imaginären Achse $p = j\omega$
d	Abstand		
d	Dämpfungskoeffizient		
d	elektrische Flußdichte	$\underline{G}(\omega)$	Frequenzgang als Quotient der komplexen Effektivwerte $\tilde{y}(\omega)$ und $\tilde{u}(\omega)$ bzw. der komplexen Scheitelwerte $\hat{y}(\omega)$ und $\hat{u}(\omega)$ der Ausgangs- und Eingangssignale $y(t,\omega)$ und $u(t,\omega)$ des Systems
E	Empfindlichkeit (1.5.2.1)		
E_N	Nennempfindlichkeit (3.3.2.1)		
e	Anzahl der interessierenden Ereignisse (2.3.1.2)		
e	elektrische Feldstärke		
e_q	Elementarladung		

$\lvert G(\omega)\rvert$	Amplitudengang
$\lvert \underline{G}(\omega)\rvert$	Amplitudengang
$G_N(p)$	Nennübertragungsfunktion (3.3.2)
$G_N(\omega)$	Nennfrequenzgang (3.3.2)
$G_F(p)$	Fehlerübertragungsfunktion (3.3.2.1)
$g(\ )$	allgemeines Funktionszeichen
$g(t)$	Gewichtsfunktion
$g_N(t)$	Nenngewichtsfunktion (3.3.2)
$H(x_k)$	Summenhäufigkeit (2.3.2.2)
$h(t)$	Übergangsfunktion
$h(x,\Delta x)$	Häufigkeitsverteilung (2.3.2.2)
$h'(x,\Delta x)$	Häufigkeitsdichte (2.3.2.2)
$h_N(t)$	Nennübertragungsfunktion (3.3.2)
h_m	Überschwingweite der Übergangsfunktion (3.3.1.4)
i	Strom
i_v	Lichtstärke (1.3.2)
J	Massenträgheitsmoment
K	Korrektion (2.1.1.2)
K	Klirrfaktor
K_P	Proportionalbeiwert
K_l	Fehlerklasse (2.1.2)
k	Konstante
k	Boltzmann-Konstante
$k(t)$	Korrektion als Zeitfunktion
L	Länge
L	Induktivität
l	Länge
l	angezeigte Skalenlänge
m	reeller Maßstabsfaktor
m	Modulationsgrad
m	Masse
m	Drehmoment
m	Anzahl der Meßgrößen in einer Stichprobe (2.4.2)
m	Anzahl der Meßgrößen, aus denen ein Meßergebnis bestimmt wird (2.5.1)
m	Anzahl der – evtl. fiktiven – Meßwerte, die das Gewicht einer Meßgröße bestimmen (2.6.2.4)
m_a	Antriebsdrehmoment
m_c	Gegendrehmoment der Feder
m_d	Dämpfungsdrehmoment
m_J	Beschleunigungsdrehmoment
m_R	Reibungsdrehmoment
n	Drehzahl
n	Anzahl der insgesamt möglichen Ereignisse (2.3.1.2)
n	Anzahl der Meßwerte in einer Stichprobe (2.3.2.1)

n	Anzahl der Abtastwerte pro Periode (4.1.1.3)
n	allgemeine Zahl
n	Stoffmenge (1.3.2)
Δn	Anzahl der Meßgrößen bzw. Meßwerte in einer Klasse (2.3.2.2)
$P(E)$	Wahrscheinlichkeit für das Eintreffen eines Ereignisses E (2.3.1.2)
$P(x)$	Wahrscheinlichkeitsfunktion (2.3.2.2)
$\Delta P(x,\Delta x)$	Wahrscheinlichkeitsverteilung (2.3.2.2)
p	Leistung
p	Bildvariable der Laplace-Transformation in der Bedeutung einer (physikalischen) Größe $p=\sigma+j\omega$
$\bar{p}$	Wirkleistung
p_d	Druck
$p(x)$	Wahrscheinlichkeitsdichte (2.3.2.2)
Q	Blindleistung
q	elektrische Ladung
R	elektrischer Widerstand
R_m	molare Gaskonstante (1.3.2)
S	Scheinleistung
s	Stromdichte
s	Bildvariable der Laplace-Transformation in der Bedeutung einer Zahl $s=s'+js''$
s	Standardabweichung (2.3.2.3)
s^2	Varianz (2.6.3.2)
T	Periodendauer
T	Zeitkonstante
T_1	Periodendauer der Grundschwingung periodischer Vorgänge
T_a	Einstellzeit (1.5.2.2)
T_a	elektrische Ankerzeitkonstante (3.3.1.4)
T_{an}	Anschwingzeit (1.5.2.2)
T_B	Meß-(Beobachtungs-)Zeit
T_D	Zeitkonstante des D-Gliedes
T_g	Ausgleichszeit (1.5.2.2)
T_{gs}	Periodendauer eines Sinussignals der Grenzkreisfrequenz ω_{gs}
T_H	Haltezeit (3.3.1.1)
T_I	Zeitkonstante des I-Gliedes
T_M	Meßzeit
T_{mk}	Kurzschluß–Anlaufzeitkonstante (3.3.1.4)

T_P	Abtastintervall (3.3.1.1)
T_S	Dauer eines zeitbegrenzten Signals (4.1.2.1)
T_T	Totzeit (Laufzeit)
T_{Tm}	mittlere Totzeit (3.3.1.2)
T_h	Halbwertszeit (1.5.2.2)
T_u	Verzugszeit (1.5.2.2)
t	Zeit
t_m	Zeitpunkt des Auftretens von h_m (3.3.1.4)
t_T	thermodynamische Temperatur (1.3.2)
u	elektrische Spannung
u	Eingangsgröße, Eingangssignal
u	Meßunsicherheit (2.4.1)
u_{CM}	Gleichtaktspannung (3.4.2.2)
u_D	Differenzspannung (3.4.2.2)
u_{DM}	Gegentaktspannung (3.4.2.2)
u_i	induzierte Spannung
u_o	Offsetspannung (3.2.3.1)
u_q	Quellenspannung
u_y	fiktives Eingangssignal des idealen Meßgliedes (3.1.1.3)
V	Volumen
V_m	molares Volumen (1.3.2)
v	Geschwindigkeit
w	Energie, Arbeit
w	Windungszahl
X	Blindwiderstand
x	Meßgröße allgemein
x	Weg
$\bar{x}$	linearer Mittelwert diskreter Einzelwerte, Bestwert (2.3.2.1)
$\bar{\bar{x}}$	linearer Mittelwert der Mittelwerte (2.6.2.2)
x_k	Klassenmitte (2.3.2.2)
Δx_k	Klassenbreite (2.3.2.2)
y	Ausgangsgröße, Ausgangssignal
y_m	Überschwingweite (1.5.2.2)
y_N	Nennausgangsgröße, Nennausgangssignal (3.1.1.3)
y_u	von Eingangsgröße u verursachte Ausgangsgröße (3.3.2)
y_z	von Störgröße z verursachte Ausgangsgröße (3.3.2)
Z	komplexer Widerstand
z	Störgröße, Störsignal
z	auf die Standardabweichung bezogene Zufallsgröße (2.3.3.3)
α	Ausschlagwinkel beim Zeigerinstrument
α	Winkel, Drehwinkel
α	Temperaturbeiwert
α	Wärmeübergangszahl
β	Winkel
β	Temperaturbeiwert
Γ	Summe (2.6.2.5)
γ	Gewichtsfaktor für Meßwerte unterschiedlicher Genauigkeit (2.6.2.4)
Δ	Differenz, Abweichung von einem Bezugswert
Δ	Dekrement (3.3.1.4)
δ	Temperaturbeiwert
$\delta(t)$	Einheitsimpuls (Dirac-Funktion im Zeitbereich)
$\delta(\omega)$	Dirac-Funktion im Frequenzbereich
ε	Dehnung
ε_0	elektrische Feldkonstante (1.3.2)
$\varepsilon(t)$	Einheitssprungfunktion
ϑ	Celsius-Temperatur
Λ	logarithmisches Dekrement (3.3.1.4)
μ	Mittelwert der Grundgesamtheit (2.3.2.3)
μ_0	magnetische Feldkonstante
ϱ	spezifischer Widerstand
σ	Anklingkonstante
σ	Standardabweichung der Grundgesamtheit (2.3.2.3)
σ^2	Varianz der Grundgesamtheit
τ	Zeitverschiebung
$\phi_x(\omega)$	Leistungsspektralfunktion der Größe $x(t)$ (3.3.2.2)
φ	elektrisches Potential
φ	magnetischer Fluß, Zeitintegral einer Spannung
φ	Phasenverschiebungswinkel
φ	Phasenwinkel, Nullphasenwinkel
φ	Winkel
φ_v	Lichtstrom (1.3.2)
$\varphi(\omega)$	Phasengang (1.5.2.2)
$\varphi_x(\tau)$	Autokorrelationsfunktion der Größe $x(t)$ (3.3.2.2)
$\varphi_{xy}(\tau)$	Kreuzkorrelationsfunktion der Größen $x(t)$ und $y(t)$ (4.1.2.2)
ψ	magnetische Flußverkettung
$\psi_x(\tau)$	Autokorrelationsfunktion der Größe $x(t)$ (3.3.2.2)
$\psi_{xy}(\tau)$	Kreuzkorrelationsfunktion der Größen $x(t)$ und $y(t)$ (4.1.2.2)
ω	Winkelgeschwindigkeit

ω	Kreisfrequenz	ω_{go}	obere Grenzkreisfrequenz (1.5.2.2)
ω	Raumwinkel (1.3.2)	ω_{gS}	Signalgrenzkreisfrequenz (3.3.3)
ω_0	Kennkreisfrequenz (3.3.1.4)	ω_{gu}	untere Grenzkreisfrequenz (1.5.2.2)
ω_1	Kreisfrequenz der Grundschwingung periodischer Vorgänge	ω_P	Abtastkreisfrequenz (3.3.1.1)
ω_e	Eigenkreisfrequenz (3.3.2.3)		
ω_g	Grenzkreisfrequenz (1.5.2.2)		

Sachverzeichnis

Moeller, Leitfaden der Elektrotechnik

Herausgegeben von Prof. Dr.-Ing. **H. Fricke**, Braunschweig, Prof. Dr.-Ing. **H. Frohne**, Hannover, und Prof. Dr.-Ing. **P. Vaske**, Hamburg

Band I

Grundlagen der Elektrotechnik

Teil 1: Elektrische Netzwerke

Von Prof. Dr.-Ing. **H. Fricke**, Braunschweig, und Prof. Dr.-Ing. **P. Vaske**, Hamburg

17., neubearbeitete und erweiterte Auflage. XVIII, 733 Seiten mit 567 teils mehrfarbigen Bildern, 34 Tafeln und 553 Beispielen. Geb. DM 59,– ISBN 3-519-06403-0

Teil 2: Elektrische und magnetische Felder

Von Prof. Dr.-Ing. **H. Frohne**, Hannover

In Vorbereitung ISBN 3-519-06404-9

Band II

Elektrische Maschinen und Umformer

Teil 1: Aufbau, Wirkungsweise und Betriebsverhalten
Von Prof. Dr.-Ing. **P. Vaske**, Hamburg

12., neubearbeitete und erweiterte Auflage. XII, 289 Seiten mit 248 teils zweifarbigen Bildern, 12 Tafeln und 61 Beispielen. Kart. DM 38,– ISBN 3-519-16401-9

Teil 2: Berechnung elektrischer Maschinen
Von Prof. Dr.-Ing. **P. Vaske**, Hamburg, und Dipl.-Ing. **J. H. Riggert** †, Köln

8., überarbeitete Auflage. X, 178 Seiten mit 108 Bildern und 17 Beispielen. Kart. DM 34,–
ISBN 3-519-16402-7

Band III

Bauelemente der Halbleiterelektronik

Von Prof. Dr. rer. nat. **H. Tholl**, Hamburg

Teil 1: Grundlagen, Dioden und Transistoren
XII, 236 Seiten mit 203 Bildern, 18 Tafeln und 60 Beispielen. Kart. DM 38,– ISBN 3-519-06418-9

Teil 2: Feldeffekt-Transistoren, Thyristoren und Optoelektronik
XII, 323 Seiten mit 309 Bildern, 32 Tafeln und 77 Beispielen. Kart. DM 42,– ISBN 3-519-06419-7

Band IV

Grundlagen der elektrischen Meßtechnik

Von Prof. Dr.-Ing. **H. Frohne**, Hannover, und Prof. Dr.-Ing. **E. Ueckert**, Hannover

XII, 548 Seiten mit 271 Bildern, 48 Tafeln und 111 Beispielen. Geb. DM 64,– ISBN 3-519-06406-5

Band V

Grundlagen der Regelungstechnik

Von Prof. Dr.-Ing. **F. Dörrscheidt**, Paderborn, und Prof. Dr.-Ing. **W. Latzel**, Paderborn
In Vorbereitung ISBN 3-519-06421-9

Fortsetzung nächste Seite

B. G. Teubner Stuttgart

Moeller, Leitfaden der Elektrotechnik (Fortsetzung)

Band VI

Hochspannungstechnik

Von Prof. Dr.-Ing. **G. Hilgarth,** Braunschweig/Wolfenbüttel
X, 162 Seiten mit 138 Bildern, 13 Tafeln und 35 Beispielen. Kart. DM 36,–   ISBN 3-519-06422-7

Band VII

Programmierbare Taschenrechner in der Elektrotechnik
Anwendung der TI 58 und TI 59

Von Prof. Dr.-Ing. **P. Vaske,** Hamburg, Prof. Dr.-Ing. **F. Dörrscheldt,** Paderborn, und Prof. Dr.-Ing.
D. Selle, Braunschweig/Wolfenbüttel
unter Mitwirkung von Prof. Dipl.-Ing. **R. Flosdorff,** Aachen, und Prof. Dr.-Ing. **G. Hilgarth,** Braun-
schweig/Wolfenbüttel
XII, 425 Seiten mit 143 Bildern, 32 Tafeln, 129 Beispielen und 40 Programmen. Kart. DM 44,–
ISBN 3-519-06420-0

Band IX

Elektrische Energieverteilung

Von Prof. Dipl.-Ing. **R. Flosdorff,** Aachen, und Prof. Dr.-Ing. **G. Hilgarth,** Braunschweig/Wolfenbüttel
4., neubearbeitete und erweiterte Auflage. XIV, 350 Seiten mit 274 Bildern, 46 Tafeln und 72 Beispielen. Kart. DM 46,–   ISBN 3-519-36411-5

Band X

Grundlagen der Digitaltechnik

Von Prof. Dipl.-Ing. **L. Boruckl,** Krefeld
XII, 238 Seiten mit 262 Bildern, 74 Tafeln und 51 Beispielen. Kart. DM 38,–   ISBN 3-519-06415-4

Band XI

Grundlagen der elektrischen Nachrichtenübertragung

Von Prof. Dr.-Ing. **H. Fricke,** Braunschweig, Prof. Dr.-Ing. habil. **K. Lamberts,** Clausthal, und Prof.
Dipl.-Ing. **E. Patzelt,** Braunschweig/Wolfenbüttel
XV, 375 Seiten mit 302 Bildern, 15 Tafeln und 39 Beispielen. Geb. DM 52,–   ISBN 3-519-06416-2

Band XII

Grundlagen der Verstärker

Von Prof. Dr.-Ing. **H. Gad,** Lemgo, und Prof. Dr.-Ing. **H. Fricke,** Braunschweig
XII, 306 Seiten mit 202 Bildern, 1 Tafel und 90 Beispielen. Kart. DM 48,–   ISBN 3-519-06417-0

Preisänderungen vorbehalten

B. G. Teubner Stuttgart

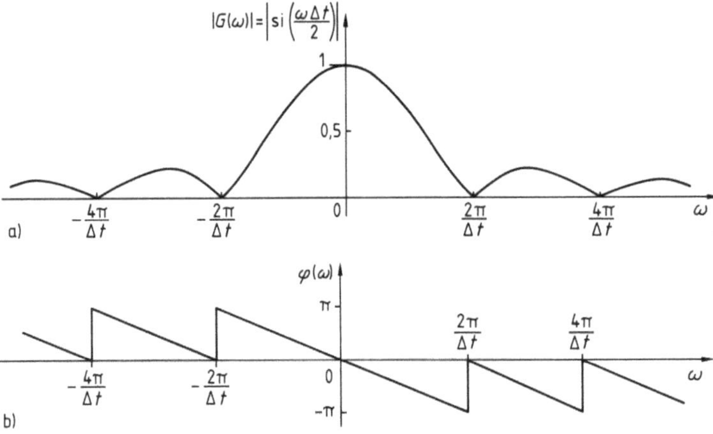

4.4 Amplitudengang (a) und Phasengang (b) einer den Kurzzeitmittelwert $\overline{u_{\Delta t}}(t)$ einer Zeitfunktion $u(t)$ stetig erfassenden Meßeinrichtung

wertbildung zum Ausdruck kommt. An den Nulldurchgängen $\omega = i(2\pi/\Delta t)$ mit $i = \pm 1; \pm 2; \dots$ des Amplitudenganges umfaßt das Zeitfenster jeweils gerade $|i|$ volle Perioden eines sinusförmigen Eingangssignals $u(t)$, deren Mittelwert Null ist. Die Anfangssteigung der Phasenkennlinie entspricht der in Tafel 4.5 erkennbaren **mittleren Totzeit** $T_{\mathrm{Tm}} = \Delta t/2$ des Systems, die ab einer Zeit t vergeht, bis der ein Eingangssignal $u(t)$ approximierende Kurzzeitmittelwert $y(t + \Delta t/2)$ am Systemausgang erscheint. $\Delta t/2$ ist die theoretische Mindestzeit, die von keinem kausalen System unterschritten, wohl aber überschritten werden kann.

Tafel **4.5** Deformation der Impuls- und der Sprungfunktion durch ein den Kurzzeitmittelwert bildendes Meßglied

	a) Gewichtsfunktion	b) Übergangsfunktion
bezogenes Eingangssignal		
bezogenes Ausgangssignal